1990年5月，时任农业部部长何康同志（第2排右3）看望中国农业科学院土壤肥料研究所德州实验站陵县试验区科研人员

1995年8月，时任农业部部长刘江同志（右2）参观中国农业科学院土壤肥料研究所科技夜市

2002年5月，时任农业部部长杜青林同志（右2）到中国农业科学院农业自然资源和农业区划研究所视察工作

2019年1月，时任中国和平统一促进会副会长王钦敏同志（左1）到中国农业科学院农业资源与农业区划研究所视察工作

2019年8月，时任农业农村部部长韩长赋同志（右3）到中国农业科学院农业资源与农业区划研究所视察工作

1991年8月，时任农业部副部长陈耀邦同志（右3）到中国农业科学院土壤肥料研究所视察工作

1999年8月，时任农业部副部长路明（右4）同志、湖北省委书记贾志杰同志（右3）到中国农业科学院农业自然资源和农业区划研究所视察工作

2004年11月，时任农业部副部长范小建同志（前排左3）到中国农业科学院农业资源与农业区划研究所视察工作并与专家座谈

2007年6月，时任农业部副部长危朝安同志出席全国土壤肥料科研协作学术交流暨国家"十一五"科技支撑计划"耕地质量"与"沃土工程"项目启动会

2012年10月，时任农业部副部长余欣荣同志（左1）到中国农业科学院农业资源与农业区划研究所视察工作

2012年2月，时任农业部副部长、中国农业科学院院长李家洋同志（右2）到中国农业科学院农业资源与农业区划研究所视察工作

2017年11月，时任农业部副部长叶贞琴同志（左4）到中国农业科学院农业资源与农业区划研究所视察工作

2017年2月，时任农业部党组成员宋建朝同志（前左2）到中国农业科学院农业资源与农业区划研究所视察工作

2018年6月，时任农业部党组成员吴清海同志（中）到中国农业科学院农业资源与农业区划研究所视察工作

2018年7月，农业农村部党组成员、中国农业科学院院长唐华俊同志（右2）参加中国农业科学院农业资源与农业区划研究所承办的中国工程科技论坛——智慧农业论坛

2000年3月，时任中国农业科学院党组书记、院长吕飞杰同志（前右3）到中国农业科学院土壤肥料研究所德州实验站视察工作

2004年11月，时任中国农业科学院党组书记、院长翟虎渠同志（对面左4）到中国农业科学院农业资源与农业区划研究所视察工作并与专家座谈

2011年5月，时任中国农业科学院党组书记薛亮同志（前中）到中国农业科学院衡阳红壤实验站视察工作

2015年9月，时任中国农业科学院党组书记陈萌山同志（前左2）到中国农业科学院德州盐碱土改良实验站视察工作

2018年11月，中国农业科学院党组书记张合成同志（左2）到中国农业科学院农业资源与农业区划研究所调研

2014年2月，时任中国工程院副院长刘旭同志（左3）出席中国农业科学院农业资源与农业区划研究所主持的国家"973"计划项目启动会

李　博
中国科学院院士（1993年当选）

刘更另
中国工程院院士（1994年当选）

唐华俊
中国工程院院士（2015年当选）

· 中国农业科学院土壤肥料研究所历任所长、党委书记

高惠民
副所长（1957—1969年）
所长、书记（1979—1982年）

耿锡栋
书记（1970年）

李文玉
书记（1970—1979年）

刘更另
所长、书记（1983—1984年）

江朝余
所长（1984—1986年）

谢承桂
书记（1984—1994年）

林 葆
所长（1987—1994年）

官昌祯
书记（1994—1999年）

李家康
所长（1994—2001年）

梁业森
书记（1999—2003年）

梅旭荣
所长（2001—2003年）

·中国农业科学院农业自然资源和农业区划研究所历任所长、党委书记

徐　矶
所长、书记（1981—1983年）

李应中
所长（1983—1996年）
书记（1983—1984年）
（1987—1996年）

于学礼
书记（1984—1987年）

梁业森
书记（1996—1999年）

唐华俊
所长（1996—2003年）

· 中国农业科学院农业资源与农业区划研究所历任所长、党委书记

唐华俊
所长（2003—2009年）

梅旭荣
书记（2003年）

刘继芳
书记（2003—2005年）

王道龙
所长（2009—2017年）
书记（2007—2012年）

陈金强
书记（2012—2017年）

周清波
所长（2017—2019年）

郭同军
书记（2018— ）

杨 鹏
所长（2019— ）

华北农业科学研究所（中国农业科学院前身，
土壤肥料研究所建所地，1953年）

1957—1970年、1979—1982年土肥所在该楼西侧办公

中国农业科学院土壤肥料研究所
湖南祁阳工作站旧址（1964年建）

1982年建成的土肥所实验楼（1999年）

1980—1987年区划所办公场所

1987年建成的区划所办公楼

资划所资源楼（2017年）

资划所区划楼（2017年）

资划所东配楼（2017年）

资划所土肥楼（2017年）

国家土壤肥力与肥料效益监测站网

内蒙古呼伦贝尔草原生态系统国家
野外科学观测研究站办公楼

湖南祁阳农田生态系统国家野外科学观测研究站全景

农业部德州农业资源与生态环境重点
野外科学观测试验站禹城试验区

农业部洛阳旱地农业重点野外科学观测
试验站旱棚试验小区

农业部迁西燕山生态环境重点野外科学观测试验站

国家食用菌改良中心办公楼

农业部昌平潮褐土生态环境野外科学观测试验站

刘更另先生陪同地方领导考察
鸭屎泥田施磷肥防治水稻"坐秋"（1965年）

土壤学家王守纯带领陵县干部群众
规划设计盐碱土改良排水工程（1976年）

著名土壤学家张乃凤在实验室做实验

土壤微生物学家胡济生在办公室工作

区划所菜篮子工程课题组交流讨论（1999年）

资划所科研人员考察玉米高产田（2003年）

资划所科研人员开展野外观测活动（2003年）

资划所专家到田间调研缓释肥料
应用效果（2005年）

资划所专家考察盐碱地农业高效利用技术
模式示范（2010年）

资划所专家进行食用菌技术推广讲解（2013年）

资划所专家与新疆少数民族群众亲切交流（2013年）

资划所专家调研山东青州后史村"毒生姜"田（2014年）

区划所举办灰色系统学习班（1985年）

区划所承办纪念农业资源区划工作
20周年研讨会（1999年）

资划所承办中国农业科技高级论坛——
土壤质量与粮食安全（2003年）

资划所举办"973"项目"肥料减施增效与农田可持续
利用基础研究"项目启动会（2007年）

资划所举办农业资源管理理论问题
学术研讨会（2007年）

资划所主办第一届全国农科院土肥所
所长联席会（2009年）

资划所主办国家微生物资源平台工作会议（2012年）

资划所主办绿肥发展高峰论坛研讨会（2013年）

资划所承办东北黑土地保护协同创新
行动启动会（2015年）

资划所举办建所60周年总结交流会（2017年）

资划所承办中国工程科技论坛——
智慧农业论坛（2018年）

资划所承办绿色发展研讨会（2019年）

建所以来，共获国家级科技奖励25项，其中国家发明一等奖2项

2003—2019年，共获国家发明专利近300项

代表性学术著作

新型肥料产品

2002年中国政府友谊奖获得者，国际植物营养研究所副总裁鲍哲善（Sam Portch）

2012年中国政府友谊奖获得者，比利时根特大学埃里克范兰斯特（Eric Van Ranst）教授

2015年中国政府友谊奖获得者，日本东京大学柴崎亮介教授

土肥所接待阿尔巴尼亚代表团（1975年）

挪威土壤专家到祁阳站调查红壤植被恢复区（1986年）

土肥所主办国际平衡施肥学术研讨会（1988年）

苏联土壤肥料专家到土肥所访问交流（1990年）

比利时驻华大使到区划所考察合作项目（1999年）

日中肥料输出恳谈会向土壤肥料研究中心捐款（2004年）

澳大利亚外交部长亚力山大·唐纳在接见文石林博士，并授予John Dillion奖（2006年）

英国洛桑实验站专家考察北京昌平基地（2006年）

中日合作研究项目在北京举行签字仪式（2007年）

英国生物学家、诺贝尔奖获得者约翰·苏尔斯顿教授到资划所访问（2009年）

资划所承办第十八届国际食用菌大会（2012年）

中国—比利时联合实验室在比利时挂牌（2015年）

资划所承办全球土地计划第三届开放科学大会（2016年）

尼日利亚政府代表团到资划所交流访问（2018年）

FAO代表向资划所授予FAO全球土壤实验室
网络确认证书（2019年）

资划所专家赴德国访问交流（2019年）

资划所研究生集体活动合影（2014年）

资划所研究生参加篮球比赛合影（2015年）

资划所领导与毕业研究生合影（2016年）

资划所举办优秀毕业生经验总结交流会（2019年）

资划所研究生元旦联欢活动（2018年）

资划所举办研究生演讲比赛（2019年）

资划所第一届职工代表大会（2005年）

资划所党委召开第二次党员大会（2009年）

资划所党员参观延安精神展览（2009年）

资划所党员在人民英雄纪念碑前宣誓（2011年）

资划所何萍当选党的十八大代表（2012年）

资划所第一党支部与山东青州后史村
开展支部合作共建（2014年）

资划所团委与钢研温馨家园开展帮扶共建（2016年）

资划所妇委会组织女职工游览颐和园（2017年）

资划所党员参观"真理的力量"主题展览（2018年）

资划所举办庆祝建党97周年暨
"七一"表彰大会（2018年）

资划所组织党员参观北京市全面从严治党
警示教育基地（2019年）

资划所职能党支部与国家开发银行评审管理局支部
联合开展主题党日活动（2019年）

土肥所获得"八五"全国农业科研开发综合
实力百强研究所（1996年）

土肥所获得1998年度中国农业科学院文明单位
（1999年）

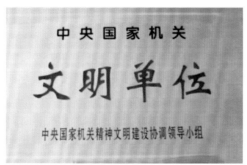

资划所获得中央国家机关文明单位（2009年）

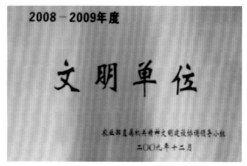

资划所获得农业部文明单位（2009年）

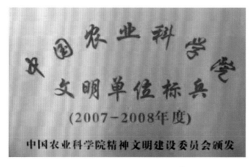

资划所获得中国农业科学院
文明单位标兵（2009年）

资划所获得中央国家机关先进
基层党组织（2011年）

资划所获得全国文明单位（2015年）

资划所获得首都文明单位（2015年）

资划所2009年度总结表彰大会（2010年）

资划所在中央国家机关文明单位授奖仪式上（2010年）

资划所获得中国农业科学院先进基层党组织（2010年）

祁阳站在农业部纪念建党90周年暨部系统
"三种精神"报告会上（2011年）

资划所在农业部文明单位表彰大会上（2012年）

资划所在全国文明单位授牌暨经验交流会上（2015年）

区划所参加中国农业科学院第三届运动会（1997年）

区划所参加庆祝中国农业科学院建院40周年
文艺演出（1997年）

资划所职工进行广播体操训练（2004年）

资划所举办职工拔河比赛（2009年）

资划所举办春节联欢活动（2009年）

资划所举办职工扑克牌比赛（2010年）

资划所组织健步走活动（2011年）

资划所参加院广播体操比赛（2012年）

资划所参加院创新杯篮球比赛（2014年）

资划所参加院第七届职工运动会（2018年）

资划所参加农业农村部文艺汇演（2019年）

资划所参加院迎接新中国成立70周年
兵乓球团体赛（2019年）

区划所离退休职工参加院文艺演出（2001年）

区划所组织离退休职工游览承德避暑山庄（2003年）

资划所举办离退休职工新春团拜会（2010年）

资划所组织离退休职工年度体检（2017年）

资划所组织离退休职工到北京郊区活动（2018年）

资划所离退休职工参加农业农村部"五个一"活动座谈
（2018年）

资划所部分离退休职工参观研究所（2018年）

资划所领导看望慰问中华人民共和国成立前
参加革命的老同志（2019年）

资划所主办《中国农业资源与区划》《中国土壤与肥料》《中国农业信息》《中国农业综合开发》4种期刊杂志，承办《植物营养与肥料学报》《农业科研经济管理》2种期刊杂志

中国植物营养与肥料学会
学术年会（2017年）

中国农业资源与区划学会
换届大会（2019年）

中国农业科学院
农业资源与农业区划研究所所志

（1957-2019）

■ 中国农业科学院农业资源与农业区划研究所　编

中国农业科学技术出版社

图书在版编目（CIP）数据

中国农业科学院农业资源与农业区划研究所所志：1957—2019 ／ 中国农业科学院农业资源与农业区划研究所编. —北京：中国农业科学技术出版社，2021.2
ISBN 978-7-5116-5152-5

Ⅰ.①中…　Ⅱ.①中…　Ⅲ.①中国农业科学院-农业资源-研究所-概况-1957-2019②中国农业科学院-农业区划-研究所-概况-1957-2019　Ⅳ.①F303.4-242②F304.5-242

中国版本图书馆 CIP 数据核字（2021）第 017840 号

责任编辑　闫庆健　朱　绯
责任校对　贾海霞
责任印制　姜义伟　王思文

出 版 者　中国农业科学技术出版社
　　　　　北京市中关村南大街 12 号　邮编：100081
电　　话　（010）82106639（编辑室）　（010）82109702（发行部）
　　　　　（010）82109703（读者服务部）
传　　真　（010）82106625
网　　址　http://www.castp.cn
经 销 者　各地新华书店
印 刷 者　北京地大彩印有限公司
开　　本　880mm×1 230mm　1/16
印　　张　51.25　彩插　32 面
字　　数　1 467 千字
版　　次　2021 年 2 月第 1 版　2021 年 2 月第 1 次印刷
定　　价　300.00 元

中国农业科学院农业资源与农业区划研究所 所志（1957—2019）编纂委员会

主　　　任：杨　鹏　郭同军

副　主　任：王秀芳　周　卫　吴文斌　李文才　王道龙
　　　　　　周清波　陈金强　徐明岗　金　轲

编纂组成员：孟秀华　黄鸿翔　曹尔辰

编 写 人 员（按照姓氏拼音顺序排序）：

第一篇

白丽梅	白由路	蔡典雄	曹尔辰	陈宝瑞	陈京香
陈仲新	陈印军	范丙全	高懋芳	高明杰	顾金刚
何英彬	黄晨阳	姜　昊	姜慧敏	姜瑞波	姜　睿
姜文来	姜　昕	金继运	李春花	李冬初	李　华
李建国	李　俊	李茂松	李　伟	李文娟	李秀英
李　影	李玉义	李召良	李志杰	林治安	刘红芳
刘宏斌	刘继芳	刘青丽	刘　爽	刘晓燕	刘　洋
龙怀玉	卢昌艾	罗其友	马鸣超	马义兵	孟秀华
牛淑玲	牛永春	潘君廷	逄焕成	曲积彬	阮　珊
阮志勇	沈德龙	宋阿琳	单秀枝	苏胜娣	孙蓟锋
汪　洪	王　芳	王立刚	王丽伟	王丽霞	王利民
王　萌	王小彬	王秀芳	王秀芬	温延臣	吴会军
吴文斌	肖碧林	肖　琴	辛晓平	信　军	徐　斌
徐晓慧	徐晓琴	闫　湘	闫玉春	杨俊诚	杨俐苹
杨　鹏	杨瑞珍	杨守信	杨守春	杨亚东	易可可
易小燕	尹昌斌	尤　飞	袁　亮	张　斌	张成娥
张夫道	张帼俊	张　华	张会民	张继宗	张建峰
张建君	张金霞	张　莉	张认连	张瑞福	张树清

张维理　张文菊　张向茹　赵秉强　赵林萍　郑　江
周　卫　周振亚　朱丽丽　邹金秋　左余宝　查　静

第二篇

白由路　蔡典雄　陈礼智　陈永安　褚天铎　郭炳家
郭　勤　顾金刚　何宗宇　黄鸿翔　黄玉俊　姜　睿
金维续　金继运　林　葆　李家康　李　俊　李书田
李　影　李元芳　刘庆城　孟秀华　南春波　商铁兰
苏益三　单秀枝　汪德水　汪　洪　魏由庆　王　斌
吴会军　吴胜军　杨立萍　杨　清　张夫道　张树勤
张毅飞　张金霞　朱传璞

第三篇

白丽梅　曹尔辰　陈尔东　陈印军　宫连英　胡清秀
姜文来　李树文　梁业森　梁佩谦　刘国栋　刘玉兰
罗其友　马忠玉　孟秀华　苏胜娣　唐华俊　王国庆
魏顺义　萧　钵　信　军　许美瑜　杨　光　杨　宏
杨美英　尹光玉　张海林　张　华　周旭英　朱建国
朱忠玉

审稿人（按照姓氏拼音顺序排序）：

第一篇

曹尔辰　陈宝瑞　黄鸿翔　姜文来　刘　爽　孟秀华
王　芳　闫　湘　张帼俊　张　华　张　莉　查　静

第二篇

白由路　陈礼智　黄鸿翔　金继运　孟秀华　曾木祥

第三篇

曹尔辰　陈尔东　陈印军　姜文来　孟秀华

序　言

为推进我国农业科技体制改革，经科学技术部、财政部、中编办发文批准，2003 年 5 月中国农业科学院对土壤肥料研究所（简称"土肥所"）和农业自然资源和农业区划研究所（简称"区划所"）进行合并重组，组建农业资源与农业区划研究所（简称"资划所"），我当时被院党组任命为所长，到 2009 年 4 月卸任研究所所长，至今已经过去十多年了。

追溯两所的发展，土肥所是 1957 年 8 月经原国务院科学规划委员会和农业部批准，以原华北农业科学研究所农业化学系为基础组建的，是中国农业科学院首批建立的 5 个专业研究所之一，主要开展我国土壤肥料和农业微生物等领域的科学研究。区划所是 1979 年 2 月经国务院批准成立的，主要开展农业遥感、农业区域发展、农业资源利用等领域的科学研究。尽管原两所的研究方向存在很大差异，所领导班子始终坚持融合发展的导向，按照农业部和中国农业科学院关于科技体制改革的总体部署和要求，围绕中国农业科学院 9 大学科群对 16 个学科方向进行整合调整，确定了植物营养与肥料、农业遥感与数字农业、土壤、农业水资源利用、农业微生物资源与利用、草地科学与农业生态、资源管理与利用、农业布局与区域发展 8 个主要研究方向，并在此基础上组建了 8 个研究室。同时，按照"合并职能、重组机构、精简人员、提高效率"的原则，对原两所的职能管理部门进行合并重组。到 2004 年年底，研究所合并重组工作全部完成，研究所各项工作进入稳步发展阶段。经过几任领导班子的不懈努力，研究所在农业资源与环境学科建设、平台构建、人才队伍、创新能力、国际合作、精神文明等方面取得了一系列重大进展，为推动我国农业资源与环境学科发展做出了积极的贡献，为加快推进现代农业发展、确保国家粮食安全和生态文明建设提供了坚强的科技支撑。

本书是农业资源与农业区划研究所组建近二十年来正式出版的第一部综合性志书，作为重要献礼成果，记载了党和国家领导人对研究所的关怀、中国农业科学院历届领导对研究所的领导与支持，也记录了全所广大干部职工秉承"团结、奉献、求实、创新"研究所精神。《中国农业科学院农业资源与农业区划研究所所志（1957—2019）》（以下简称《所志》）的编辑出版，不仅是对研究所发展历史和取得成就的一次回顾，也为广大科研人员和职工全面深入了解研究所历史提供了翔实的资料和历史借鉴。希冀《所志》能为研究所今后的发展起到"以史为鉴、启迪未来"的作用，也期望《所志》能激励全所上下弘扬"德诚为人、勤谨为业"的所训，不忘初心、砥砺奋进，努力推动研究所各项事业发展，薪火相传、再创佳绩。

修志存史，继往开来。今年是习近平总书记致中国农业科学院建院 60 周年贺信四周年，希望研究所在新一届领导班子带领下，始终不忘农业科研国家队的职责使命，以"四个面向""两个一流"为引领，传承"执着奋斗、求实创新、情系三农、服务人民"的"祁阳站精神"，弘扬"团结、奉献、求实、创新"的务实作风，坚持迎难而上、协同攻关的科学信念，肩负起历史赋予的重任，勇做新时代农业科技创新的排头兵，为加快推进"两个一流"建设，促进农业农村经济社会发展做出新的更大贡献！

中国农业科学院院长
中国工程院院士

2021 年 1 月于北京

目 录

第二篇　中国农业科学院土壤肥料研究所（1957—2003）

第三篇　中国农业科学院农业自然资源和农业区划研究所（1979—2003）

概　　述

中国农业科学院农业资源与农业区划研究所（简称"资划所"）是中国农业科学院直属的国家级公益性、专业性研究所之一，前身是中国农业科学院土壤肥料研究所（简称"土肥所"）和中国农业科学院农业自然资源和农业区划研究所（简称"区划所"）。其方向任务是围绕国家现代农业发展、国家粮食安全和生态文明建设中的重大战略需求，开展植物营养与肥料、农业遥感与信息、农业土壤、微生物资源利用、农业区域发展以及农业生态等领域的应用基础研究、应用与开发研究，解决我国农业农村发展建设中的科技问题和难题，培养农业资源与环境领域国家高层次人才，开展国内外合作与交流，编辑出版农业科技著作和期刊。

一、中国农业科学院农业资源与农业区划研究所

2003 年 5 月，中国农业科学院根据科学技术部、财政部、中编办文件《关于农业部等九个部门所属科研机构改革方案批复》（国科发政字〔2002〕356 号）和中共中国农业科学院党组文件《关于唐华俊等六同志的任职的通知》（农科院党组发〔2003〕8 号）对中国农业科学院土壤肥料研究所、中国农业科学院农业自然资源和农业区划研究所进行合并重组，并在中国农业科学院土壤肥料研究所基础上更名为中国农业科学院农业资源与农业区划研究所，单位性质属非营利性科研机构。

合并初期，资划所有在职职工 248 人，其中土肥所 176 人（含衡阳站 14 人、德州站 14 人）、区划所 72 人。

为尽快推进两所合并重组进程，资划所按照农业部和中国农业科学院关于科技体制改革的总体要求，制定了《中国农业科学院农业资源与农业区划研究所实施非营利性科研机构管理体制改革方案》（简称《方案》），明确体制改革的指导思想、主要原则、改革目标、主要任务、体系设置、运行机制等。根据《方案》总体设计，围绕中国农业科学院 9 大学科群建设目标，资划所对原两所 16 个学科方向进行整合调整，确定植物营养与肥料、农业遥感与数字农业、土壤、农业水资源利用、农业微生物资源与利用、草地科学与农业生态、资源管理与利用、农业布局与区域发展 8 个主要研究方向，并在 8 个研究方向基础上组建 8 个研究室。按照合并职能、重组机构、精简人员、提高效率的原则，对原两所的职能管理部门进行合并重组，设办公室、党委办公室（人事处）、科研管理处、条件建设与财务处 4 个职能管理部门。整合两所科技支撑机构，成立产业发展服务中心、后勤服务中心和期刊信息室，保留土壤肥料测试中心（国家化肥质量监督检验中心）、菌肥测试中心（农业部微生物肥料质量监督检验测试中心）、德州盐碱土改良实验站和衡阳红壤实验站。自 2003 年 6 月开始，利用 1 年时间完成所有机构调整重组。2005 年 1 月开始，两所财务合并建账并轨运行，资划所全面实现实质性合并。2013 年，资划所根据中国农业科学院科技创新工程的要求，对研究领域和学科方向进行了梳理调整，凝练形成植物营养与肥料、农业遥感与信息、农业土壤、农业生态、微生物资源与利用和农业区域发展等 6 大核心研究领域，每个研究领域确定 2~4 个重点研究方向，并根据重点研究方向组建 14 个创新团队。截至 2019 年年底，研究所内设机构 27 个，包括 14 个研究室、7 个职能管理部门、6 个支撑部门，

在职职工稳定在290人左右。

两所合并以来，研究所在科学研究、条件建设、国际合作与交流、人才队伍建设等方面不断加强，取得了长足进步。

科学研究方面。科研立项、研究经费逐年增加。"十一五"以来牵头承担国家重大科研计划项目（课题）35项，其中国家科技重大专项1项，国家"973"计划项目4项，国家"863"计划项目（课题）15项，国家科技支撑计划项目4项，国家自然科学基金创新研究群体项目1项，国家自然科学基金重点项目2项，国家重点研发计划项目7项，国家社会科学基金重大项目1项。在应用基础研究与共性关键技术研究等方面取得了一批原创性成果，"主要作物硫钙营养特性机制与肥料高效施用技术，主要农作物遥感监测关键技术研究及业务化应用，农业旱涝灾害遥感监测技术，主要粮食产区农田土壤有机质演变与提升综合技术及应用，南方低产水稻土改良与地力提升关键技术，食用菌种质资源鉴定评价技术与广适性品种选育，全国农田氮磷面源污染监测技术体系创建与应用，我国典型红壤区农田酸化特征及防治关键技术构建与应用"等8项成果先后获得国家科技进步奖二等奖，"低成本易降解肥料用缓释材料创制与应用"获得国家技术发明二等奖。在政策咨询方面，牵头完成"全国集中连片特困区划分研究、镰刀弯地区玉米结构调整规划、优势农产品区域布局规划"等成果，由国务院以规划纲要或指导意见形式发布实施。

条件建设方面。2003年以来，研究所获得基本建设和修缮购置项目投资共计48 498万元。通过项目实施，增加了办公和试验用房面积，办公条件得到进一步改善，科技创新能力得到显著提升。实验室、试验基地（野外台站）结构和布局趋于合理。截至2019年年底，研究所建有1个国家工程实验室，5个部级重点实验室，2个部级风险评估实验室，2个质检中心（1个国家级、1个部级），1个菌种保藏中心，10个野外台站（其中，3个国家级、5个部级），形成了功能较为齐全及配套设施完善的实验室、试验基地平台体系。

国际合作与交流方面。主动系统谋划，创新合作机制，在拓展战略合作伙伴、争取国际合作项目、共建国际联合实验室、重大科研成果突破、高端人才引进与培养等方面取得了显著成效。拥有院级以上国际联合实验室和平台7个，与全球40多个国家的农业科研机构、大学和国际组织建立了长期合作伙伴关系，在联合国粮农组织（FAO）全球土壤伙伴（GSP）、国际原子能机构（IAEA）等国际组织和联盟中担任成员，年均引进、接待、派出超300人次，2018年被科技部评为"国家引才引智示范基地"。"十三五"期间，研究所承担各类国际合作项目近50项，同时是中国农业科学院协同创新任务牵头单位，以及首批农科院国际农业科学计划任务承担单位。通过多年国际合作积累，外方合作专家比利时皇家科学院院士埃里克·范·兰斯特教授和日本东京大学柴崎亮介教授先后获得中国政府"友谊奖"。

人才队伍建设方面。根据研究所定位和学科发展需求，通过"海外高层次人才引进计划""万人计划""百千万人才工程"等省部级以上人才计划，吸引高层次人才来所工作。2003年以来，推荐入选省部级以上人才培养计划40余人次，从国内外先后引进高层人才和科研骨干20余人。另一方面，加强自有人才培养，实施"青年英才"培育计划，充分调动自有人才创新积极性，大力培养中青年科技骨干。自2014年实施"青年英才"培育计划以来，研究所先后选拔15人作为重点培养对象。

经过17年的改革与发展，资划所的综合实力得到进一步巩固和提升，在农业资源与环境科学事业发展中发挥着奠基性、开创性和引导性的作用。

二、中国农业科学院土壤肥料研究所

1957年8月27日，经国务院科学规划委员会批准，中国农业科学院土壤肥料研究所在原华北农业科学研究所农业化学系土壤肥料研究室和土壤耕作研究室基础上组建成立，是中国农业科学院首批建立的 5 个专业研究所之一。成立之初，土肥所下设土壤、耕作、肥料和微生物 4 个研究室和 1 个负责行政后勤管理工作的办公室，共有在职职工 91 人，其中科技人员 69 人。1964 年成立了土肥所祁阳工作站和中国农业科学院新乡工作站。《耕作与肥料》于当年 8 月创刊发行，1965 年成立绿肥研究室和政治处。到"文化大革命"开始前，全所职工增加到 210 人。这一时期，参加了全国第一次土壤普查工作，开展了全国化肥试验工作，编著完成了"四图一志"，即《1∶250 万中国农业土壤图》《1∶400 万中国土地利用概图》《1∶400 万中国农业土壤肥力概图》《1∶400 万中国农业土壤改良分区概图》和《中国农业土壤志》；主编了《中国农业土壤论文集》和《中国肥料概论》。在南方红黄壤地区开展了水稻田土壤改良研究，明确了水稻"坐秋"是由于冬泡田冬干后，土壤中速效磷降低所引起。提出了"冬干坐秋、坐秋施磷、磷肥治标、绿肥治本、一季改双季、晚稻超早稻"等一套改良措施。在豫北新乡、鲁西北禹城和陵县等地开展了盐碱地改良研究，提出"以冲沟躲盐巧种"为核心的冬耕晾垡，耙耕地造坷垃和伏耕晒垡、开沟蓄水淋盐的一整套棉麦保苗改土增产技术措施，两项成果均获得 1964 年国家发明一等奖。

1966 年"文化大革命"开始，1970 年土肥所下放山东省齐河县晏城农场，1971 年与山东省德州地区农科所合并迁往德州。1973 年更名为山东省土壤肥料研究所，下设机构有土壤、肥料和微生物 3 个研究室和政工、科研、后勤 3 个管理组，归属山东省农业科学院领导。1978 年农林部从山东省收回土肥所，恢复中国农业科学院土壤肥料研究所名称。1979 年 11 月，经国务院批准，土肥所按原建制迁回北京原址，恢复重建。这一时期，组织了土壤、肥料等全国性会议和全国性协作网方面的一些会议，提出了全国第二次土壤普查建议，编写了《全国第二次土壤普查暂行规程》，与中国科学院共同组织开展了全国第二次土壤普查工作。在山东禹城进行了盐碱地改良研究，提出了井灌与沟排相结合、种植绿肥的综合改土措施，在当地推广应用，取得显著经济效益，获得全国科学大会奖。组织全国协作研究，形成"合理施用化肥及提高利用率研究"成果，获 1978 年全国科学大会奖。同期，《耕作与肥料》杂志先后更名为《土肥与科学种田选编》和《土壤肥料》。

1980 年土肥所恢复建制后，科研工作快速发展。研究机构增加到 6 个，即农业土壤、土壤耕作、土壤改良、化学肥料、有机肥绿肥和微生物等研究室。同年，全国微生物菌种保藏管理中心交由土肥所管理，建立了中国农业科学院祁阳红壤改良实验站（1983 年更名为中国农业科学院衡阳红壤实验站，简称"衡阳站"或"祁阳站"）和山东陵禹盐碱地区农业现代化实验站（1984 年更名为中国农业科学院德州盐碱土改良实验站，简称"德州站"）。1985 年 8 月，土肥所经中国农业科学院批准设置三处（办公室、科研开发处和党办人事处）、八室（农业土壤、土壤耕作、土壤改良、化肥、有机肥、农区草业、微生物、编译信息）、二中心（农业微生物菌种中心和土壤肥料测试中心）、二站（衡阳站、德州站）共 15 个下属机构。这一时期，土肥所办公与测试大楼建成投入使用，国家化肥质量监督检验测试中心（北京）通过验收认证。科研方面，组织全国化肥试验网，开展了我国氮磷钾化肥肥效研究，揭示了肥效演变及其原因，提出了不同农业区主要作物氮磷钾化肥适宜用量和配合比例，促进了不同土壤条件下各种作物的增产，形成的"合理施用化肥及提高利用率的研究"成果获得国家科技进步奖二等奖。研究形成的《中国化肥区划》为国家化肥生产、分配和施用提供了科学依据。对我国主要土壤的供钾特征及钾素状况进行了综合评价，揭示了土壤中水溶性钾、吸附钾的植物有效性高，连续种植条件下，非交换性钾和矿物态钾是植物吸收钾的主要来源，评价了不同土壤供钾潜力，为钾肥的科学施用提供了基础。提出了主要农作物锌、硼微肥使用技术规程，在生产中取得显著经济效益，获得国家科技进步奖三等奖。

1994年10月，中国植物营养与肥料学会挂牌成立并挂靠土肥所，主办的学术期刊《植物营养与肥料学报》于9月创刊。1995年"农业部微生物肥料质量监督检验测试中心"获批准成立，1996年11月农业部植物营养学重点开放实验室批准成立，1998年筹建洛阳试验站。1990—2003年，土肥所内设机构几经增减变化，到2003年两所合并前，土肥所有内设机构16个，其中，职能管理机构有办公室、科技处、党委办公室、人事处和后勤服务中心；研究机构有土壤与农业生态研究室、植物营养与肥料研究室、农业水资源利用研究室、微生物农业利用研究室、信息农业研究室和应用技术研发室，质检中心有国家化肥质量监督检验中心（北京）和农业部微生物肥料质量监督检验测试中心，支撑机构有编辑信息室、衡阳站、德州站。全所在职职工有176人（包括衡阳站和德州站）。这一时期，开展了含氯化肥科学施肥和机理的研究，根据我国气候、土壤、地域差异、作物耐氯能力等因素，提出了科学施用氯化铵和双氯化肥适宜的地区、土壤和作物以及方法途径，研究成果获得国家科技进步奖二等奖。开展了北方土壤供钾能力及钾肥高效施用技术研究，首次对北方主要土壤供钾能力、钾肥的有效施用条件和技术等重大问题开展研究，提出了北方主要土壤供钾潜力自西向东逐渐降低，而土壤对外源钾的吸附固定能力自西向东逐渐增强，这种地带性分布规律与土壤风化程度和黏土矿物的含量有内在联系，研究成果获国家科技进步奖二等奖。开展了"黄胞胶生产的新方法研究""VA菌根主要生物学特性及应用""土壤养分综合系统评价法与平衡施肥技术"等研究，研究成果分别获得国家技术发明三等奖和国家科技进步奖三等奖。

经过多年的发展，土肥所综合实力得到大幅提升，巩固了研究所在全国土壤肥料学科领域的领头羊地位。在1992年和1996年农业部组织的"全国农业科研机构科研开发能力综合评价"中，土肥所获得"全国农业科研单位综合科研能力优秀单位"和"全国农业科研开发综合实力百强研究所"称号。

三、中国农业科学院农业自然资源和农业区划研究所

1979年2月，中国农业科学院根据1979年2月国务院批转国家农委、国家科委、农林部、中国农业科学院《关于开展农业自然资源和农业区划研究的报告》，成立中国农业科学院农业自然资源和农业区划研究所。建所初期，区划所设办公室、农业区划研究室、遥感组3个机构，有在编人员23人，其中科技人员14人，1980年年末增加到44人。1980年筹建了《农业区划》编辑部，1981年年初成立资料室。1985年已建有农业区划、农业资源和新技术应用3个研究室。职能管理机构有办公室、党办人事处和科研处，科辅部门有制图室、期刊室和资料室。全所在编人员87人，其中科技人员71人。这一时期，参加了《全国综合农业区划》和《全国农业经济地图集》编写编制，开展了"中国种植业区划、中国畜牧业综合区划、'三北'防护林地区畜牧业综合区划"研究工作，先后获得农业部技术改进二等奖。

1986—1995年是区划所迅速发展阶段，先后设立了种植业布局研究室、畜牧业布局研究室、可持续农业与农村发展研究室，新技术研究室更名为农业遥感应用研究室，同时挂牌国家遥感中心农业应用部。1995年底，全所已有6个研究室，在职职工79人，其中科技人员67人。这一时期，全国农业资源区划资料库和办公楼建成投入使用，气象卫星地面接收站建设完成，主要接收NOAA气象卫星遥感信息，为农业部门进行灾害监测和农作物长势监测等提供支撑服务。《农业区划》更名为《中国农业资源与区划》，并由内部发行改为公开发行。创办了《农业信息探索》杂志。科研方面，开展了我国粮食产需区域平衡研究，针对粮食供需存在的关键性问题，对20世纪末全国及各省（市、自治区）粮食及其主要品种的产需平衡做了定量定位分析，提出了粮食及其主要品种产需平衡的合理方案，确定了粮食的合理流向，科学划分了全国粮食11个产销一级区和51个二级区，研究成果获得1989年国家科技进步奖二等奖。开展了中国饲料区划研

究，摸清了全国和不同地区的饲料资源现状，对我国当时的饲料供需平衡问题做出了评价，对 2000 年饲料供需情况做了预测，提出了我国农区、半农半牧区、牧区、大中城市郊区、沿海开发城市和特区等 5 个经济类型区的饲料生产发展方向及措施，确立了我国饲料区划的分区体系，提出了我国发展饲料生产的对策，研究成果获 1990 年国家科技进步奖三等奖。此外，还开展了北方旱地农业类型分区及其评价、我国农牧渔业商品基地建设规划等研究工作。

1996—2003 年，区划所各项工作进一步快速发展。1996 年，领导班子进行换届，年富力强的青年干部走上领导岗位。1997 年 10 月，中国农业科学院山区研究室整建制并入区划所，职能管理和支撑机构也几经调整重组，到 2003 年合并前，职能管理和支撑服务机构有办公室、人事处、党委办公室、科研处、开发处、后勤服务中心和期刊资料室等，研究机构有农业遥感应用研究室、农业区域发展研究室、农业资源环境与持续农业研究室、农牧业布局研究室、山区研究室。在职职工 72 人，其中正高级职称人员 9 人、副高级职称人员 26 人。条件建设方面，国家发展改革委员会授予研究所农业工程咨询甲级资质单位，建成了 MODIS 卫星地面接收站，农业部资源遥感与数字农业重点开放实验室获批成立，《农业信息探索》更名为《中国农业信息快讯》。在内蒙古呼伦贝尔、河北迁西和北京密云建立了野外试验站。科研方面，开展了节水农业宏观决策基础、可持续发展条件下水资源价值、全国冬小麦遥感估产业务运行系统、中国土地资源可持续利用的理论与实践、中国粮食总量平衡与区域布局调整、中国土地利用/覆盖变化、西藏自治区农牧业特色产业发展等研究工作，研究成果先后获得农业部和北京市科技进步奖。

第一篇 中国农业科学院农业资源与农业区划研究所（2003—2019）

第一章 发展历程

2003 年 5 月，中国农业科学院根据科学技术部、财政部、中编办文件《关于农业部等九个部门所属科研机构改革方案批复》（国科发政字〔2002〕356 号）和中共中国农业科学院党组文件《关于唐华俊等六同志的任职的通知》（农科院党组发〔2003〕8 号），对中国农业科学院土壤肥料研究所和中国农业自然资源和农业区划研究所进行合并重组，并在中国农业科学院土壤肥料研究所基础上更名为中国农业科学院农业资源与农业区划研究所（简称"资划所"），单位性质明确为非营利性科研机构，拟定创新编制为 160 人。唐华俊任所长，梅旭荣任党委书记，梁业森任党委副书记，王道龙任党委副书记兼副所长，张海林和张维理任副所长。

资划所自 2003 年合并重组以来经历了 4 个时期。

一、合并过渡期（2003 年 5—12 月）

2003 年 5—12 月为合并过渡期。在此阶段，资划所按照农业部和中国农业科学院关于科技体制改革的总体部署要求，结合新组建研究所的实际，积极推进合并重组进程。

2003 年 6 月，制定《中国农业科学院农业资源与农业区划研究所实施非营利性科研机构管理体制改革方案》（简称《方案》）。《方案》明确了体制改革的指导思想、主要原则、改革目标、主要任务、体系设置、运行机制等。根据《方案》总体设计，围绕中国农业科学院 9 大学科群建设目标，对原两所 16 个学科方向进行整合调整，确定植物营养与肥料、农业遥感与数字农业、土壤、农业水资源利用、农业微生物资源与利用、草地科学与农业生态、资源管理与利用、农业布局与区域发展 8 个主要研究方向，并在 8 个研究方向基础上组建 8 个研究室。按照合并职能、重组机构、精简人员、提高效率的原则，对原两所职能管理部门进行合并重组，设办公室、党委办公室（人事处）、科研管理处、条件建设与财务处。整合两所服务和科技支撑机构，成立产业发展中心、后勤服务中心和期刊信息室，保留土壤肥料测试中心（国家化肥质量监督检验中心）、菌肥测试中心（农业部微生物肥料质量监督检验测试中心）、德州盐碱土改良实验站和衡阳红壤实验站。

2003 年 7 月，在土肥所和区划所职能管理部门基础上，正式组建 4 个职能管理部门，即办公室、党委办公室（人事处）、科研管理处、条件建设与财务处。在两所科技开发和后勤服务部门基础上正式组建产业发展服务中心和后勤服务中心。制定了 4 个职能管理部门、2 个服务部门的岗位设置、岗位职责与聘用条件和职能服务机构处级干部竞聘办法，对 4 个职能管理部门和 2 个服务部门的 15 个处级岗位进行公开招聘，任命了 15 位处级干部。

为统一规范各项工作，资划所在进行调研和广泛征求意见的基础上制定了《所长办公会会议制度》《所务会会议制度》《内部请示暂行办法》《公章管理使用办法》《公文处理办法》《在职职工医疗管理试行办法》《退休职工医疗管理试行办法》《职工内部退休暂行规定》《离退休人员管理条例》《财务管理暂行办法》《固定资产管理暂行办法》《基本建设管理暂行办法》等16 项工作规则和规章制度，并于 2003 年 12 月 29 日所务会审议通过，自 2004 年 1 月 1 日起试行。

截至 2003 年年底，资划所 4 个职能管理部门和 2 个服务部门人员到岗到位，完成工作交接。一系列规章制度的出台，为各部门规范有序地推进合并重组工作奠定了良好基础。

二、合并推进期（2004 年）

自 2004 年年初开始，资划所按照统一制度、统一管理、统一实施的原则继续有序推进合并重组工作。2004 年 3 月，成立中共农业资源与农业区划研究所临时委员会。9 月，召开第一届党员代表大会，选举产生中共农业资源与农业区划研究所第一届委员会和纪律检查委员会。2004 年 6 月，按照《方案》总体设计和工作进程，成立"植物营养与肥料研究室（农业部植物营养与养分循环重点开放实验室）、农业遥感与数字农业研究室（农业部资源遥感与数字农业重点开放实验室）、土壤研究室、农业微生物资源与利用研究室（中国农业微生物菌种保藏管理中心）、农业水资源利用研究室、草地科学与农业生态研究室、资源管理与利用研究室、农业布局与区域发展研究室。在保留土壤肥料测试中心（国家化肥质量监督检验中心）、菌肥测试中心（农业部微生物肥料质量监督检验测试中心）、德州盐碱土改良实验站和衡阳红壤实验站 4 个科辅机构的同时，成立期刊信息室。制定科研与科辅机构岗位设置、岗位职责和聘用条件以及科研与科辅机构处级干部竞聘办法。同年 7 月，对 8 个研究室和期刊信息室共 21 个处级岗位进行公开招聘，任命了 21 位处级干部。这一年，资划所继续加强制度建设，先后制定《在职职工收入分配办法》《在职职工请销假管理办法》《职工出国管理办法》《外派实体人员管理办法》《临时人员聘用及管理办法》《职工退休审批办法》《科研管理办法》《科技开发工作管理办法》《科技开发管理实施细则》《产业实体管理实施细则》《离退休人员开发工作管理细则》《车辆管理办法》《安全保卫规章制度》《计划生育管理办法》《职工献血管理办法》《网络管理办法》等规章制度。12 月，承办了"土壤质量与粮食安全"中国农业科技高级论坛，相关部门政府官员、专家学者共同探讨我国粮食安全的思路、措施、方法和途径，为推进耕地质量建设，提高农业综合生产能力献计献策。截至 2004 年年底，资划所各项工作全部实现统一制度、统一管理、统一实施。

三、全面并轨期（2005 年）

自 2005 年 1 月 1 日起，随着研究所财务合并建账统一运行，完成财务实质合并工作，资划所其他各项工作实现全面并轨运行。这一年，成立第一届工会委员会、工会经费审查委员会和妇女工作委员会。迁西、呼伦贝尔、衡阳、昌平、德州、洛阳 6 个野外台站被农业部命名为重点野外科学观测试验站。呼伦贝尔站被遴选为国家级重点野外台站，命名为"呼伦贝尔草原生态系统国家野外科学观测研究站"。衡阳红壤实验站和德州盐碱土改良实验站两个建设项目获批立项，总投资 837 万元。成立中国农业科学院国家测土施肥中心实验室，参加了农业部"测土施肥春季行动"。研究成果"主要作物硫钙营养特性机制与肥料高效施用技术"获得 2005 年度国家科学技术进步奖二等奖。

2003 年 5 月至 2005 年年底，资划所的科研工作主要围绕原两所"十五"时期承担的科研任务开展研究。主要包括国家"973"计划课题、国家"863"计划课题、国家科技攻关计划项目（课题）、国家自然科学基金项目、部委专项、国际合作项目、横向项目等。研究成果获国家奖 1 项，省部级奖 8 项。

四、稳健发展期（2006—2019 年）

自 2006 年开始，资划所进入稳健发展期。这一时期，研究所围绕现代农业发展、国家粮食安全和生态文明建设中的国家战略需求，以及农业资源与环境学科科学前沿，以植物营养与肥料、农业遥感与信息、农业土壤、农业微生物资源与利用、农业生态、农业区域发展为核心研究领域，开展综合性的基础与应用研究，推进科技创新，各项事业稳健发展。

（一）"十一五"时期（2006—2010 年）

2006 年是"十一五"开局之年，也是中国科技政策创新年，科技部先后出台《关于国家科技计划管理改革的若干意见》《关于加强科技部科技计划管理和健全监督制约机制的意见》《国家高技术研究发展计划（"863"计划）管理办法》《国家重点基础研究发展计划（"973"计划）管理办法》等，这些政策的出台为资划所带来了良好发展机遇。

科研方面。"十一五"时期，牵头承担 3 项国家科技支撑计划项目和 2 项国家"973"计划项目。主持国家和省部级科研项目 682 项，项目总经费 60 919 万元，留所总经费 31 185 万元。2007 年"肥料减施增效与农田可持续利用基础研究"项目获准立项，这是国家"973"计划实施以来第一个肥料项目。2010 年"气候变化对我国粮食生产系统的影响机理及适应机制研究"项目是资划所获准立项的第二个国家"973"计划项目。主持完成的"全国农业功能区划研究"（2007—2009 年）成果被国务院发布的《全国主体功能区规划（2011—2020 年）》和农业部发布的《全国农业和农村经济第十二个五年规划》采用。"全国优势农产品区域布局研究"成果被农业部采用并以《全国优势农产品区域布局规划（2003—2007 年）》和《全国优势农产品区域布局规划（2008—2015 年）》文件发布实施。"全国特色农产品区域总体布局研究"成果以《特色农产品区域布局规划（2006—2015 年）》和《特色农产品区域布局规划（2013—2020 年）》文件发布实施。

条件建设方面。农业资源综合利用研究中心、呼伦贝尔站、洛阳站、衡阳红壤实验站、德州盐碱土改良实验站等科研实验楼基本建设项目获准立项，总投资 4 455 万元。肥力站网、衡阳站纳入国家野外科学观测研究站序列管理，分别命名为"国家土壤肥力与肥料效益监测站网"和"湖南祁阳农田生态系统国家野外科学观测研究站"。

学科建设方面。根据资划所学科建设发展规划，将学科方向调整为植物营养、肥料、农业遥感与数字农业、土壤、农业微生物资源与利用、农业水资源利用、现代耕作制、农业生态与环境、草地科学、资源管理与利用、农业布局与区域发展、食用菌产业科技和农情信息等 13 个方向，并根据学科方向成立 13 个研究室。

学术交流方面。建立了全国农业科学院土壤肥料研究所联席会制度，2009 年和 2010 年举办 2 期会议。组织举办"全国土壤肥料科研协作学术交流暨国家'十一五'科技支撑计划'耕地质量'与'沃土工程'项目启动会"。

党建与精神文明建设方面。2009 年 11 月，资划所召开第二届党员代表大会，选举产生第二届委员会和第二届纪律检查委员会。2010 年 4 月召开第二届工会会员代表大会，选举产生第二届工会委员会和经费审查委员会。2010 年 11 月，成立青年工作委员会，将 40 周岁以下青年职工纳入青年工作对象。凝练形成"执着奋斗，求实创新，情系'三农'，服务人民"的祁阳站精神。设计制作所旗、所徽，创作所歌以及"德诚为人、勤谨为业"的所训、"团结、奉献、求实、创新"的所精神。

（二）"十二五"时期（2011—2015 年）

2013 年，中国农业科学院开始实施科技创新工程，资划所入选第一批试点单位。按照中国农业科学院科技创新工程的要求及院学科建设目标，对研究所学科领域进行了梳理凝练，确定"植物营养与肥料、农业遥感与信息、农业土壤、农业生态、微生物资源与利用、农业区域发展"6 个学科领域为重点发展领域。围绕 6 个学科领域，设立"植物营养、肥料及施肥技术、土壤培肥与改良、土壤植物互作、碳氮循环与面源污染、土壤耕作与种植制度、农业布局与区域发展、农业防灾减灾、农业遥感、草地生态遥感、食用菌遗传育种与栽培、农业资源管理与区划、空间农业规划方法与应用以及微生物资源收集、保藏和发掘利用"等 14 个重点学科方向。根据 14 个重点学科方向组建 14 个科技创新团队，分 3 批进入中国农业科学院科技创新团队。将研究机构调整为 12 个，其中农业布局与区域发展和空间农业规划方法与应用两个团队为一个研究室，食用菌遗传育种与栽培和微生物资源收集、保藏和发掘利用两个团队为一个研究室，其他团队单独成立研究室。这一时期，资划所各项工作在"十一五"基础上继续稳步推进。

科研方面。重大科技成果产出增多，先后有 5 项成果获得国家级奖励。其中"主要农作物遥感监测关键技术研究及业务化应用""农业旱涝灾害遥感监测技术""主要粮食产区土壤有机质演变与提升综合技术及应用""南方低产水稻土改良与地力提升关键技术"获得国家科技进步奖二等奖。"低成本易降解肥料用缓释材料创制与应用"获得国家技术发明奖二等奖。主持完成的"全国集中连片特殊困难地区划分研究"成果被中共中央、国务院发布的《中国农村扶贫开发纲要（2011—2020 年）》采纳，2013 年获得国务院第二届友成扶贫科研成果奖。主持完成的"'镰刀弯'地区玉米结构调整规划研究""南方水网地区生猪养殖业区域布局研究"成果被农业部采用，以指导意见文件发布实施。承担多项国家级重大科研项目，主要包括国家科技重大专项（高分重大专项项目）"高分农业遥感监测与评价示范系统"，国家"973"计划项目"肥料养分持续高效利用机理与途径""食用菌产量和品质形成的分子机理与调控"，国家科技支撑计划项目"重大突发性自然灾害预警与防控技术研究与应用"，国家科技基础条件平台专项"国家微生物资源平台"，国家科技基础性工作专项"我国 1∶5 万土壤图集编纂及高精度数字土壤构建"，国家自然科学基金重点项目"全球变化背景下农作物空间格局动态变化与响应机理研究"等。

条件建设方面。2011 年建成农业资源综合利用中心大楼（资源楼）并投入使用，新增科研用房 6 762 平方米。2012 年土肥楼东配楼拆除重建项目即土壤肥料实验室建设项目立项，2015 年建设完成，新增科研用房 5 038 平方米。2014 年土肥农场由中国农业科学院安排用于环境绿化，资划所在绿化公园东侧自筹资金新建温室、网室、食用菌培养室及人工气候室等 950 平方米，还收回了作科所重大工程楼温室 600 余平方米。在河北平泉、江西进贤、广东江门新建 3 个野外台站，其中河北平泉的国家食用菌改良中心在基建项目支持下，建成一栋 2 382 平方米的实验楼。经国家发展改革委员会批准建设的国家耕地培育技术工程实验室正式投入使用。植物营养与肥料、资源遥感与数字农业两个部级重点实验室在农业部启动学科群建设时，全部进入综合性实验室，牵头"植物营养与肥料学科群""农业信息技术学科群"建设，增加 2 个部级专业实验室和 1 个风险评估实验室，还获得 6 286 万元仪器设备购置项目的支持，对部分实验室和野外台站的仪器设备进行补充和更新换代。

国际合作方面。国际合作形式逐渐多样化，互访和交流日益频繁。截至 2015 年，已与全球近 30 个国家的农业科研机构、大学和国际组织建立了长期合作伙伴关系，与美国新罕布什尔大学、国际植物营养研究所（IPNI）、比利时根特大学、新西兰皇家科学院、德国 IAK 农业咨询公司（代表德国农业部）建立院级以上国际合作平台 5 个。"十二五"期间，研究所年均派出因公出国（境）人员从 10 余人次增长至 70 余人次，邀请和接待外宾约 200 人次，主办和承办各类国际会议和培训 3~6 项，支持本所科研人员在国际组织、国外机构和知名国际期刊兼职约 30 人次，推选 2 名长期合作外国专家获得中国政府"友谊奖"。

人才队伍建设方面。为培养和凝聚优秀青年科技人才，研究所启动实施"优秀青年人才培育计划"，对青年科技人才给予重点支持和培养。至 2015 年，选拔两批共 9 人作为重点培养对象。利用各级各类人才培养计划培养人才，先后有 16 人次入选国家"万人计划"、新世纪百千万人才工程、科技部创新人才推进计划、农业部"农业科研杰出人才培养计划"等人才培育计划。在加强人才培养的同时，引进几位高端专家，主要包括国家海外高层人才引进计划、国家杰出青年科学基金项目获得者、国家自然科学基金优秀青年科学基金项目获得者等领军人才。依托中国农业科学院"青年英才计划"，引进一批青年科研骨干人才。

党建与精神文明建设方面。2011 年"执着奋斗，求实创新，情系'三农'，服务人民"的祁阳站精神被农业部列为部系统"三种精神"之一并加以弘扬。资划所党委多次获得中国农业科学院和农业部先进基层党组织。2015 年资划所获得"全国文明单位"和"首都文明单位"称号。

（三）"十三五"时期（2016—2019 年）

"十三五"时期，国家调整科技计划体系，将科技部管理的国家重点基础研究发展计划（"973"计划）、国家高技术研究发展计划（"863"计划）、国家科技支撑计划、国际科技合作与交流专项，国家发展改革委、工信部共同管理的产业技术研究与开发资金，农业部、卫计委13 个部门管理的公益性行业科研专项等，整合形成国家重点研发计划。这一时期，中国农业科学院的科技创新工程也从"试点期"调整为"全面推进期"，资划所的各项工作在"十二五"的基础上继续稳步发展。

科研方面。申报获批 7 项国家重点研发计划项目，合同总经费 27 810 万元。获国家自然科学基金各类项目资助 87 项，2018 年首次获得了国家社会科学基金重大项目"生态补偿与乡村绿色发展协同推进体制机制与政策体系研究"资助，2019 年首次获得国家自然科学基金创新研究群体项目"农业遥感机理与方法"。研究成果"全国农田氮磷面源污染监测技术体系创建与应用""食用菌种质资源鉴定评价技术与广适性品种选育""我国典型红壤区农田酸化特征及防治关键技术构建与应用"获得国家科技进步奖二等奖。主持完成的"全国粮食生产功能区和重要农产品生产保护区划定研究"成果被国务院采用，以《关于建立粮食生产功能区和重要农产品生产保护区的指导意见》（国发〔2017〕24 号）文件发布实施。"种植业结构调整规划（2016—2020 年）研究"成果被农业部采用，以《全国种植业结构调整规划（2016—2020 年）》文件发布实施。2016 年牵头完成的《坚持绿色发展，强化生态文明建设——福建生态文明先行示范经验与建议》得到中央领导的重要批示。

条件建设方面。呼伦贝尔站、河北平泉国家食用菌改良中心、衡阳站、德州站等 4 个野外台站基地获得科研实验用房建设项目资助，总投资 9 223 万元。在京内"国家数字农业示范工程、国家数字农业创新中心" 2 个建设项目获得资助，总投资 3 678 万元。还获得 3 070 万元仪器设备购置项目资助。2017 年 12 月，"农业农村部农产品质量安全肥料源性因子风险评估实验室（北京）"（简称"风险评估实验室"）获批在所建立，同年江门试验站移交给中国农业科学院深圳农业基因组研究所管理。2019 年国家土壤肥力与肥料效益监测站网与北京昌平站合并，被科技部命名为北京昌平土壤质量国家野外科学观测研究站。截至 2019 年 12 月，资划所有国家工程实验室 1 个，部级综合实验室和专业实验室 5 个，风险评估实验室 2 个。野外台站 10 个（其中 3 个为国家站），肥料检测中心 2 个，菌种保藏管理中心 1 个。

学科建设方面。根据发展定位和人才优势，调整了部分研究领域和学科方向。2019 年将研究领域"农业生态"调整为"农业环境"，将"农业防灾减灾、空间规划方法与应用两个学科方向"调整为"耕地质量监测与保育、智慧农业"，创新团队随之调整为耕地质量监测与保育团队和智慧农业团队。这一时期还对部分研究机构进行重设和调整，研究机构增加到 14 个，即植物营养、肥料、土壤改良、土壤植物互作、耕地质量监测与保育、面源污染、土壤耕作、区域发展、农业资源利用、农业遥感、草地生态、智慧农业、食用菌、微生物资源等研究室。

学术交流方面。2016 年 10 月，在北京主办"全球土地计划第三届开放科学大会"。2017 年12 月，组织召开"农业资源与环境学科战略发展研讨暨中国农业科学院资源区划所建所 60 年总结交流会"。2019 年 4 月，承办"农业绿色发展研讨会"，会上发布由资划所牵头编写的《中国农业绿色发展报告 2018》，这是我国首个农业绿色发展绿皮书，也是观察我国农业绿色发展的重要"窗口"。

机构设置方面。2017 年年底，资划所对职能管理机构进行调整，党委办公室和人事处分别单独设立，撤销平台建设管理处和后勤服务中心、产业发展服务中心，成立条件保障处，科研管理处更名为科技与成果转化处，财务处更名为财务资产处，办公室更名为综合办公室。支撑机构中，公共实验室划归土壤肥料测试中心，成立产业开发服务中心，期刊信息室更名为期刊信息中心。截至 2019 年年底，研究所内设机构共 27 个，其中，职能管理部门 7 个，研究机构 14 个，支撑机构 6 个。

人才队伍建设方面。继续利用各级各类人才培养计划培养和引进人才，先后有 10 人入选国家百千万人才工程、国家"万人计划"和科技部创新人才推进计划等人才培养计划，通过中国农业科学院"青年英才计划"引进 7 位科研骨干人才，5 人入选研究所优秀青年人才培养计划。截至 2019 年年底，资划所在职职工总数 287 人（含祁阳站 13 人、德州站 10 人），其中具有正高级职称人员 81 人、副高级职称人员 77 人，具有博士学位人员 189 人、具有硕士学位人员 48 人。培养博士后人才 188 人，培养硕士研究生 483 人（获学位），博士研究生 264 人（获学位）。

党建与精神文明建设方面。2016 年 7 月，按照中国农业科学院直属机关党委要求，学生党员组织关系转入资划所，新成立 5 个学生党支部。2016 年 10 月，依托资划所的中国植物营养与肥料学会经中国科协科技社团党委批准成立功能型党委。2017 年 9 月，通过中央国家机关工委组织的对现有全国文明单位的复查，资划所继续保留"全国文明单位"称号。2018 年 11 月，召开第三次全体党员大会，选举产生第三届委员会和第三届纪律检查委员会。同时根据中国农业科学院直属机关党委关于支部建在科研团队上的总体要求，将原来 15 个党支部调整为 26 个。截至 2019 年年底，资划所共有中共党员 384 人（含德州站 1 人和衡阳站 5 人），其中京内在职党员 190 人（含博士后），离退休党员 82 人，学生党员 106 人。2019 年 9 月，召开第三届工会会员代表大会，选举产生了第三届工会委员会和经费审查委员会。

自 2003 年 5 月两所合并重组到 2019 年 12 月底，资划所已走过 17 个年头。多年来，资划所全体职工以"致力于农业资源与环境领域科学发现和技术创新，服务国家农业可持续发展"为使命，弘扬"执着奋斗、求实创新、情系'三农'、服务人民"的"祁阳站精神"，秉承"德诚为人、勤谨为业"做事做人准则，发扬"团结、奉献、求实、创新"的务实作风，在农业资源与环境学科建设、平台构建、人才队伍、创新能力、国际合作、精神文明等方面取得了一系列重大进步，为推动我国农业资源与环境学科科学发展做出了应有贡献，为现代农业发展、国家粮食安全和生态文明建设提供了强有力的科技支撑。

第二章 机构与管理

第一节 机构设置

一、机构设置

2003 年 6 月，根据中国农业科学院人事局文件《关于同意农业资源与农业区划研究所内设机构设立的批复》（农科人干字〔2003〕38 号），资划所职能管理机构设办公室、党委办公室（人事处）、科研管理处、条件建设与财务处，服务机构设产业发展服务中心和后勤服务中心。

资划所研究及科辅机构继续按照土肥所和区划所研究机构数量及名称运行。土肥所研究及科辅机构有：植物营养与肥料研究室（农业部植物营养与养分循环重点开放实验室）、土壤与农业生态研究室、微生物农业利用研究室（中国农业微生物菌种保藏管理中心）、信息农业研究室、农业水资源利用研究室、应用技术研发室，土壤肥料测试中心暨国家化肥质量监督检验中心（北京）、菌肥测试中心暨农业部微生物肥料质量监督检验测试中心、编辑信息室、衡阳站、德州站。区划所研究及科辅机构有：农牧业布局研究室、农业区域发展研究室、农业资源环境与持续农业研究室、农业遥感应用研究室、山区研究室和期刊资料室。

2004 年 6 月，根据中国农业科学院人事局文件《关于同意农业资源与农业区划研究所内设科研机构调整的批复》（农科人干〔2004〕36 号），土肥所和区划所内设科研机构全部撤销。资划所研究机构设：植物营养与肥料研究室（农业部植物营养与养分循环重点开放实验室）、农业遥感与数字农业研究室（农业部资源遥感与数字农业重点开放实验室）、土壤研究室、农业微生物资源与利用研究室（中国农业微生物菌种保藏管理中心）、农业水资源利用研究室、草地科学与农业生态研究室、资源管理与利用研究室、农业布局与区域发展研究室。科辅机构设土壤肥料测试中心（国家化肥质量监督检验中心）、菌肥测试中心（农业部微生物肥料质量监督检验测试中心）、期刊信息室、德州试验站和祁阳实验站。

2009 年，为加强平台建设管理和食用菌产业技术研究，根据中国农业科学院人事局文件《关于同意农业资源与农业区划研究所内设机构编制调整的批复》（农科人干函〔2009〕37 号）资划所成立平台建设管理处和食用菌产业技术研究室。

2010 年，根据中国农业科学院人事局文件《关于同意农业资源与农业区划研究所内设机构调整的批复》（农科人干函〔2010〕59 号），资划所根据学科建设发展规划组建 13 个研究室，即植物营养研究室、肥料研究室、农业遥感与数字农业研究室、土壤研究室、农业微生物资源与利用研究室、农业水资源利用研究室、现代耕作制研究室、农业生态与环境研究室、草地科学研究室、资源管理与利用研究室、农业布局与区域发展研究室、食用菌产业科技研究室和农情信息研究室。

2011 年，为整合大型仪器设备资源，面向所内外开放共享，资划所成立公共实验室。

2013 年，中国农业科学院科技创新工程启动。根据院学科建设目标，资划所确定植物营养与肥料、农业遥感与信息、农业土壤、农业生态、微生物资源与利用、农业区域发展6大重点学科领域。2014年围绕6大重点学科领域对研究机构进行调整，根据中国农业科学院人事局义件《关于同意农业资源与农业区划研究所内设机构调整的批复》（农科人干函〔2014〕51号），组建12个研究室，即"植物营养研究室、肥料与施肥技术研究室、土壤培肥与改良研究室、土壤植物互作研究室、碳氮循环与面源污染研究室、土壤耕作与种植制度研究室、农业布局与区域发展研究室、农业灾情监测与防控研究室、农业遥感与数字农业研究室、草地生态与环境变化研究室、食用菌遗传育种与微生物资源利用研究室、农业资源利用与区划研究室。

2015年，根据农业部关于进一步规范肥料登记行政审批工作的要求，根据中国农业科学院人事局文件《关于同意农业资源与农业区划研究所内设机构调整的批复》（农科人干函〔2015〕44号），成立肥料评审登记管理处。

2017年9月，根据中国农业科学院人事局文件《关于同意农业资源与农业区划研究所内设机构调整的批复》（农科人干函〔2017〕149号），办公室更名为综合办公室、党委办公室（人事处）分设为党委办公室和人事处、科研管理处更名为科技与成果转化处、财务处更名为财务资产处、肥料与施肥技术研究室更名为肥料研究室、土壤培肥与改良研究室更名为土壤改良研究室、农业遥感与数字农业研究室更名为农业遥感研究室、碳氮循环与面源污染研究室更名为面源污染研究室、土壤耕作与种植制度研究室更名为土壤耕作研究室、农业布局与区域发展研究室更名为区域发展研究室、农业灾情监测与防控研究室更名为智慧农业研究室、草地生态与环境变化研究室更名为草地生态研究室、农业资源利用与区划研究室更名为农业资源利用研究室、祁阳实验站更名为中国农业科学院衡阳红壤实验站、德州试验站更名为中国农业科学院德州盐碱土改良实验站、期刊信息室更名为期刊信息中心，撤销平台建设管理处、食用菌遗传育种与微生物资源利用研究室、公共实验室、后勤服务中心、产业发展服务中心，增设条件保障处、食用菌研究室、微生物资源研究室、耕地质量监测与保育研究室、产业开发服务中心，保留肥料评审登记管理处、植物营养研究室、土壤植物互作研究室、土壤肥料测试中心、菌肥测试中心。

截至2019年年底，资划所内设机构27个。其中，职能管理部门7个，研究部门14个，科辅部门6个。

二、议事机构

2003年5月资划所组建后，实行所长负责制。所长主持制定研究所工作制度，按照制度规定行使行政管理权。重大事项实行集体讨论、所长决策的领导班子会议（所常务会）集体决策制度。一般事项根据议事范围，由所长办公会议、所务会议、学术委员会会议、党委会议等研究决定。日常管理事务按照所领导职责分工，由分管所长决定。科学研究、科技开发、平台条件、合作交流、人事人才、党建与精神文明、行政后勤等方面工作由分管所领导组织实施。

资划所组建初期，健全了重大事项领导班子集体研究（所班子会议）决策制度，建立了所长办公会议、所务会议、党委会议、学术委员会会议等议事制度。2009年，健全了人事办公会议制度。2016年10月，根据所长办公会议研究决定，将领导班子集体研究（所班子会议）决策制度更名为所常务会议事制度，将原人事办公会议事范围内容分别纳入党委会议和所常务会议事范围，废止人事办公会议事制度。2018年对各项议事制度进行修订。截至2019年年底，资划所有所常务会议、所长办公会议、所务会议、党委会议、学术委员会会议和学位评定委员会会议（2012年）6项议事制度。

1. 所常务会议

由所长召集和主持，参会成员为所长、党委书记、副所长、党委副书记，综合办公室主任列席会议，根据需要还可安排议题涉及部门负责人和其他有关人员列席会议。所常务会议由所长根据工作需要决定召开。

议事范围：传达贯彻上级重要指示、决定、政策；研究向上级部门请示的重要事项和重要决策建议；听取重要工作汇报，研究部署重点工作；审议决定研究所年度工作计划、改革发展的综合规划和专项规划、年度经费预决算、重要科研项目、基本建设计划、大型仪器设备的购置计划等；研究所属部门机构设置、职能、人员编制等；研究讨论干部、人才管理和队伍建设事项；审议重要规章制度；研究其他重要事项。

2. 所长办公会议

所长办公会议分两类情况，一是所长召集全体所领导班子成员、管理部门负责人每月召开一次的会议；二是分管所领导召集相关部门负责人或人员根据需要不定期召开的会议。

议事范围（所长召集全体所领导班子成员、管理部门负责人定期召开的会议）：听取各管理部门阶段性工作汇报，通报管理部门需要周知的情况，研究分管所领导提交的需要各管理部门共同讨论、协调的问题，审议全部或多数管理部门共同起草或需要多数管理部门参与组织实施的规章制度，讨论其他重要事项。

议事范围（分管所领导召集相关部门负责人和人员不定期召开的会议）：按所领导分管业务范围，研究处理有关具体工作。

3. 所务会议

由所长或授权其他所领导召集主持，参加成员为所长、党委书记、副所长、党委副书记、各管理和支撑部门负责人、团队首席科学家。所务会议根据工作需要由所长决定召开。

议事范围：传达上级重大部署、通报重大事项，讨论决定研究所发展战略、发展规划、重大工作计划和重大改革发展举措等事项，审定研究所的规章制度和重大奖惩事项，研究审定其他重要事项。

4. 党委会议

由党委书记召集主持，参会成员为党委委员，也可视讨论问题，指定有关人员列席会议。党委会议根据工作需要由党委书记决定召开。

议事范围：传达党的路线、方针、政策和国家法律、法规及上级党组织的重要文件、决定和指示，研究贯彻落实措施和实施方案；研究制定党建与精神文明工作主要制度；研究制定党委工作计划及实施方案等；研究讨论党建与精神文明建设中的重大事项；研究决定党政（群）干部的管理与任免等；根据管理权限，研究讨论对下级党组织和党员实施奖励和处分的决定；研究讨论职代会事项；研究决定研究所有关重大事项；其他有关事项。

5. 学术委员会会议

根据研究所科研工作需要，由所领导或学术委员会（副）主任召集召开、主任或副主任主持，参会人员为学术委员会委员，也可根据讨论议题，指定有关人员列席会议。

议事范围：研究讨论研究所科研发展方向、学科建设、科学研究重大领域或前沿领域项目；审议研究所科技发展规划、科研计划和科技平台发展规划；审查重大或重点科研课题执行（完成）情况；审查或评审科研项目立项、结题及验收；制定重大科研成果培育方案，推荐参加各级各类评奖等；讨论制定研究所科研团队建设方案或改革措施；研究审议研究所科研工作相关的奖励及惩罚等政策的制定；其他相关事项。

2003 年资划所合并重组至 2019 年共有两届学术委员会。

第一届学术委员会于 2004 年 6 月成立，主任委员为刘更另，副主任委员为唐华俊、金继运，委员有刘更另、唐华俊、刘继芳、梁业森、张维理、金继运、黄鸿翔、任天志、梁永超、周卫、徐明岗、姜瑞波、蔡典雄、王旭、李俊、邱建军、周清波、罗其友、陈印军，学术秘书由任天志兼任。

第二届学术委员会于 2009 年 10 月成立，主任委员为唐华俊，副主任委员为王道龙、任天志，委员有唐华俊、王道龙、任天志、陈阜、刘宝存、徐明岗、周清波、苏胜娣、梁永超、周卫、蔡典雄、王旭、李俊、邱建军、罗其友、陈印军、张金霞、陈仲新、杨俊诚，学术秘书由苏胜娣兼任。

6. 学位评定委员会会议

根据研究所研究生工作需要，由研究所召集召开。会议由主席或副主席主持，参会人员为学位评定委员会委员，也可根据讨论议题，指定有关人员列席会议。

议事范围：研究讨论研究所招收和培养研究生的学科、专业与类型；审查本所学位申请人的有关情况，提出建议授予学位人员名单；提出因违反规定而建议撤销授予学位的人员名单；指导和督促研究生导师对学生的指导；培养和推荐优秀博士、硕士学位论文；审查硕士生指导教师备案名单；推荐博士生指导教师遴选名单；组织、协调学位授权点申报、评估及其他有关事宜；评选和推荐国家奖学金、企业奖学金和学业奖学金等名单；研究和处理有关研究生培养和学位授予的事项。

第二节　行政管理

一、机构沿革

2003 年 5 月，土肥所和区划所办公室并行存在，分别处理各自的业务。土肥所办公室职责有：公文处理、公章管理、档案管理、宣传工作，牵头组织规章制度制定、组织接待审计检查，所长办公会议和所务会议等重要会议的组织准备、记录、纪要撰写、会议决议落实及催办等。会计科是所内设科级机构，归口办公室管理。区划所办公室职责有：公文处理、公章管理、日常接待、信访、保密，所长办公会议、所务会议等重要会议的组织准备、记录、纪要撰写、会议决议落实及催办等。

2003 年 6 月，整合两所办公室成立资划所办公室，职责有：公文处理，公章管理、行政规章制度制定，起草所工作计划、总结、情况汇报等，宣传工作，编辑工作简报，所长办公会议、所务会议等重要会议组织准备、记录、会议纪要和会议决议的落实、催办、反馈等，保密管理、局域网运行维护、网站管理、职工住房管理等。

2008 年，安全生产管理领导小组日常办公室从人事处调整到办公室。

2014 年，经所长办公会议研究决定，安全生产管理领导小组日常办公室调整到后勤服务中心。

2017 年 9 月，资划所对职能管理部门进行调整，办公室更名为综合办公室。

2018 年 10 月，经所长办公会议研究决定，安全生产（平安建设）领导小组办公室调整到综合办公室。

截至 2019 年年底，综合办公室职责有：公文处理，公章管理，会议室管理，组织制定研究所规章制度，起草研究所年度工作计划和总结，宣传工作，所常务会议、所长办公会议、所务会议等重要会议的组织准备、会议记录、会议纪要撰写和会议决议的落实、督办，保密管理，基础网络建设及局域网运行维护、信息化建设与管理、职工住房管理、安全生产综合协调等。

办公室先后获得多项荣誉，2010 年获得研究所"文明处室标兵"称号、2011—2019 年连续 9 年获得研究所"文明处室"称号。

二、印章使用管理

单位印章主要包括：所印章、所党委印章、所工会印章、所学会委员会印章、所财务专用章以及综合办公室印章、科技与成果转化处印章、人事处印章。

2003年5月至2005年4月，土肥所和区划所公章及由职能管理部门管理的所其他印章一直延续使用。2004年6月，中国农业科学院农业资源与农业区划研究所、党委、工会、学术委员会及办公室、科研管理处、人事处、后勤服务中心、产业发展服务中心等印章刻制完成。2005年3月25日，经所长办公会议研究决定，启用"中国农业科学院农业资源与农业区划研究所"印章，由职能管理部门管理的所其他印章及部门印章相继启用。2017年9月，职能管理部门调整后，废止"后勤服务中心""产业发展服务中心""办公室""科研管理处"印章。2018年1月，中国农业科学院农业资源与农业区划研究所"综合办公室""科技与成果转化处"印章启用。2019年9月23日，因研究所印章磨损严重，经上级主管部门同意，废止研究所旧印章，启用"中国农业科学院农业资源与农业区划研究所"新印章。印章名称、尺寸及字体与原来保持一直。为规范研究所及部门印章制作、使用与保管，资划所于2004年制定《公章使用管理办法》。2018年6月，废止《公章使用管理办法》，重新制定《印章管理使用办法》。2019年12月，对《印章管理使用办法》再次修订。研究所印章由综合办公室负责保管和使用管理，实行专人保管、审批使用。职能管理部门印章以及由相关职能管理部门管理的所其他印章由相关职能管理部门负责保管、审批使用。

三、网络建设

土肥所局域网始建于1996年，从中国科技网接入，由加拿大钾磷研究所北京办事处（后更名为国际植物营养研究所北京办事处）负责维护和管理，在土肥楼2楼设有独立网络机房，面积20平方米左右。区划所局域网始建于1998年9月，从中国农业科学院信息中心（后更名为农业信息研究所）接入，由农业遥感应用研究室负责维护和管理，网络机房设在区划楼3楼遥感室，面积5平方米左右。2003年5月两所合并后，网络建设与管理职能调整到办公室。9月，铺设了土肥楼和区划楼之间的连接光纤。土肥楼机房增加网络光纤交换机1台，对出口软件防火墙进行了重新安装调试，新增1个内网网段，实现了两所合并后内网联合办公与资源共享。网络出口带宽30兆，其中，中国农业科学院网出口带宽为20兆，中国科技网出口带宽为10兆。

2005年，区划楼机房增加3台服务器做软件防火墙，将原有1个网段扩展为4个网段，全部办公电脑由静态IP地址改为DHCP动态分配IP地址和MAC绑定。

2010年，区划楼整体装修，全楼综合布线，网络机房搬迁至3楼西侧弱电机房，同时更换了全部接入及汇聚交换机。

2011年，资源楼落成并投入使用，资源楼网络通过光纤连接并入区划楼网段。

2012年，土肥楼整体装修，全楼综合布线，网络机房重新装修，出口设备更换为硬件防火墙。

2013年，全所上网计算机超过600台，出口带宽增至60兆。同年12月底，重新规划改造网络架构，增加华为usg5530防火墙、华为s9300核心交换机、深信服AC2200上网行为管理3台核心设备。

2014年9月，中国农业科学院网络整体升级改造，资划所3个办公楼网络连接光纤全部重新铺设，3个办公楼机房汇聚设备全部更换为千兆光纤交换机。中国农业科学院网出口带宽从20兆升级到100兆，加上中国科技网出口带宽50兆，合计出口带宽150兆。

2014年，拆除重建的土肥东配楼落成并投入使用，东配楼网络通过光纤连接并入土肥楼网段。

2015年3月，根据中国农业科学院网络项目集成方案要求，全所所有上网设备全部停止DHCP动态分配IP地址策略，改为实施固定IP地址策略。

2015年，土肥科技开发楼综合布线完成，3楼机房通过光纤连接到土肥楼机房。

2017年，资划所有线网络进一步升级改造，更换办公区域网络交换机27台，铺设光纤超过1 000米，更换出口防火墙、核心交换机、上网行为管理设备3台，新增WAF防火墙1台，DDos防火墙1台。与中国农业科学院网络中心实现了网络万兆连接，出口带宽增至200兆。

2017年9月，在所资料库楼一层新建的数据中心机房投入使用，面积约170平方米，全部按照《GB 50174-2008电子信息机房设计规范》B类机房标准建设，可容纳48个标准工业机柜。资划所原有分散放置的服务器及存储设备全部搬迁到数据中心机房运行。

2018年3月，自筹资金建成覆盖区划楼、土肥楼、东配楼、资源楼、肥力网数据库5个办公区域的无线网络并投入使用，全所网络出口带宽增至300兆。

2019年，资划所被中国农业科学院评为"年度信息化发展水平综合评估优秀单位"。

四、门户网站和信息系统建设

2003年5月，土肥所和区划所各自建有简单门户网页。2004年10月"中国农业科学院农业资源与农业区划研究所"门户网站建成上线试运行，域名为www.iarrp.cn。固定栏目有：本所概括、机构设置、科研管理、科技开发、人才队伍、研究生教育、期刊资料、重点实验室、质检中心、科研条件、论文精选、新书介绍、最新成果、留言板、关于网站；首页动态栏目有：综合新闻、科研动态。2005年12月，网站进行了ICP备案。2008年在工信部信息系统安全等级保护定级备案时，确定为等级保护二级网站。2010年，网站重新建设改版，固定栏目有：本所概况、人才队伍、科研工作、科研条件、科技开发、国际合作、研究生教育、创新文化、党群园地、学术期刊；动态栏目主要有：综合新闻和科研动态。2014年1月，启用中国农业科学院农业信息研究所建设的中国农业科学院网站群网站，门户网站栏目基本保持不变，新增中国农业科学院二级域名iarrp.caas.cn，同时保留原有一级域名www.iarrp.cn。

为提高工作效率和管理水平，资划所于2013年建成科研管理系统并内网上线运行，2017年7月建成OA办公系统并上线运行，2018年3月建成财务信息管理系统并内网上线运行，2019年8月建成人事管理系统并内网上线运行。同年整合科研、OA办公、财务、人事4个业务系统，建成综合办公平台并上线运行，实现了一站式登录。

截至2019年年底，资划所主办门户网站1个，非门户网站6个，业务系统11个。

五、宣传工作

宣传工作是指通过传播媒介对外介绍资划所科学研究、成果转化、国际合作、人才队伍建设、党建与精神文明等方面取得的重要进展及成绩，提高研究所的影响力和知名度。常用的宣传媒介有"工作简报""门户网站""中国农业科学院网站"及中央、地方等视频纸质媒体。

《工作简报》。原名《科技工作简报》，由区划所于1997年创刊，2004年更名为《工作简报》。2004年之前每季度出版1期，年出版4期。从2004年开始改为每两月出版1期，年出版6期。栏目有工作简讯、科研动态、科技开发、专家观点（研究简报）、外事活动、人事简讯、精神文明、新书介绍、研究生教育等栏目。每期出版页数不等，根据稿件实际情况决定页数和版面，年均编辑文字约15万字。2014年前，寄发对象涉及上级主管部门业务相关单位、业务相关的兄弟单位，每期发行200余本。2014年后，不再寄发外单位，但仍按期编辑出版作为档案资料留存。

门户网站及其他媒体。门户网站分为固定栏目和动态新闻栏目。固定栏目主要对研究所基本情况、科研项目及成果、国际合作、科技开发、平台条件、研究生教育、党建与精神文明、主办刊物等方面基本情况进行介绍，定期更新内容。新闻动态栏目主要对实时发生的工作动态进行宣传报道。所门户网站实行专人管理，2018年以来，固定栏目内容更新20余万字，动态新闻年均发布250篇左右。向院网站推荐稿件年均发布60余篇，院外媒体报道研究所新闻年均50余篇。

2011年度、2012年度，资划所获得"中国农业科学院宣传信息工作先进单位"。2013—2014年度、2015—2016年度、2017—2018年度，资划所获得"中国农业科学院科技传播工作先进单位"。

六、职工住房管理

职工住房管理包括组织职工住房分配申请、住房补贴申请、住房信息登记与管理，住房档案资料管理等系列工作。2003年5月以来，中国农业科学院进行过3次住房分配，分别是2006年、2009年和2011年。在3次院经济适用住房分配中，资划所共计136人次住房得以调换或新分配，其中2006年43人、2009年74人、2011年19人。资划所从2003年开始建立职工住房档案，对住房面积不达标或无住房职工给予货币补贴。截至2019年年底，累计发放住房补贴人员共计557人次。

七、行政管理制度建设

根据科技部、财政部和中编办及中国农业科学院关于科技体制改革的部署和要求，合并初期，制定了《中国农业科学院农业资源与农业区划研究所实施非盈利性科研机构管理体制改革方案》。为规范议事决策程序，建立了所长办公会议、所务会议、党委会议、学术委员会会议等议事制度。2009年12月，建立人事办公会议事制度和领导接待日制度（2013年取消）。为规范印章、内部请示、公文及网络管理，制定了《公章管理使用办法》《公文处理管理办法》《内部请示管理办法》《网络管理办法》。2009年，完善了《保密管理规定》《计算机信息网络安全管理规定》以及安全生产系列管理办法（安全保卫、消防、剧毒物品）等制度。2010年4月，制定《重大贡献奖奖励办法》。2011年，制定《信息宣传工作管理规定》。2018年6月，修订《议事制度》《安全管理办法》，制定《印章管理使用办法》，废止《公章管理使用办法》。2019年12月，制定《经济合同管理办法》，修订《印章管理使用办法》《安全管理办法》《计算机网络与信息安全工作管理办法》《信息宣传工作管理规定》《涉密计算机信息系统管理办法》《内部请示管理办法》《公文处理办法》，废止《保密管理规定》《重大贡献奖奖励办法》《内部会议管理规范》等制度。

第三节　科研管理

一、机构沿革

2003年5月，土肥所和区划所科研管理处分别开展科研管理工作。2003年6月，两所科研管理处合并整合为新的科研管理处，主要职责包括：

（1）组织编制科研年度计划和长远规划。

（2）组织各类科研和成果转化项目的策划、申报、实施，组织协调重大科研项目的争取与协作攻关。

（3）国际交流与合作工作，落实与国家、各省市及中国农业科学院相关部门的联系。

（4）安排研究所各种学术活动，承担研究所学术委员会秘书处的日常工作。

（5）组织科研项目执行情况检查、评估和监管科研经费使用，协调编报科研项目支出预算。

（6）组织科研成果鉴定、评审、申报和奖励工作及其编目、登记，对知识产权实施有效管理。

（7）编制研究生招生计划，协助导师对研究生培养、管理及所内研究生导师的遴选工作。

（8）重点实验室和野外台站的宏观管理。

（9）科研仪器设备的登记、入库与日常管理。

（10）科技统计工作和科技档案的管理。

（11）专利的审编、申报与管理等。

2006年3月，为加强野外台站管理，经中国农业科学院人事局批准成立野外台站办公室，挂靠在科研管理处。主要负责野外台站管理，科研管理处副处长任野外台站办公室主任，处长任野外台站办公室副主任。

2009年4月，成立平台建设管理处，野外台站和重点实验室管理职能调整到平台建设管理处。2011下半年，重点实验室管理职能调整到科研管理处。2013年年初，根据《中国农业科学院科技创新工程实施方案》要求，成立中国农业科学院农业资源与农业区划研究所科技创新工程试点筹备工作领导小组，日常办公室设在科研管理处，2013年7月，中国农业科学院科技创新工程正式启动实施，领导小组更名为"中国农业科学院农业资源与农业区划研究所科技创新工程任务执行领导小组"。

2017年9月，为进一步深化体制机制改革，研究所对现有管理职能进行梳理。为加强对科技和成果转化的管理力度，撤销平台建设管理处、产业发展服务中心和后勤服务中心，成立科技与成果转化处，将原平台建设管理处的平台管理和仪器设备共享管理以及原产业发展服务中心成果转化管理职能划转到科技与成果转化处。

截至2019年年底，科技与成果转化处负责全所科研管理、国际合作、研究生管理以及科技创新和成果转化等工作，具体包括：

（1）组织开展科技发展战略研究，组织编制中长期科技发展规划和年度科研目标并具体负责组织实施。

（2）牵头负责科技创新工程组织实施工作，负责科技创新工程任务执行领导小组办公室日常管理工作。

（3）负责学科建设、学科评价与管理工作，组织学术活动、开展学术交流与合作，负责学术委员会办公室日常管理工作。

（4）负责重点科研项目的培育与遴选，负责科研项目申报组织、实施管理和结题验收以及中央级公益性科研院所基本科研业务费专项的组织实施工作。

（5）负责科技成果的培育与管理、科技成果的鉴定与评价工作以及国家、省（部、院）和社会力量等各类成果奖励的申报组织、遴选推荐和协调管理。

（6）负责研究生（含外籍和港澳台）招生、教育、培养和管理以及研究生导师备案、遴选和队伍建设，负责学科培养点和教研室建设与管理以及学位委员会办公室日常管理工作。

（7）组织国际合作与交流谅解备忘录和协议的起草、谈判和签署工作以及挂靠国际合作机构和国际合作平台的管理，牵头组织承办重大国际会议和外事活动以及因公临时出国（境）工作的管理和综合协调。

（8）负责科研管理系统的运行和维护，负责科技统计以及科研业绩核实、统计分析及科研奖励审核，负责组织科研档案归档。

（9）负责制定科研相关管理制度并监督实施。

（10）负责成果转化与产业化项目培育与对外宣传推介，组织成果推介会、科技培训和科技下乡工作；负责科技开发项目支出预算，对外开发经费使用与收益分配监管；负责所办公司组建撤并转制与监督管理，联络参股企业，处理合同纠纷；负责产业联盟管理、知识产权专利申报、使用与管理。

（11）负责重点实验室、重大设施等科技平台的立项建议与申报，协助科研项目预算编报与经费管理。负责野外台站（基地）的基础条件建设、维护及有效利用，制定规章制度，保证各场站高效运转，为各创新团队和科研人员做好服务。

（12）负责大型仪器设备共享工作的制度建设和共享工作的推进落实。负责本所进口仪器审批的申报材料组织、审批过程跟踪等工作。负责进口仪器设备免税的材料准备、海关申报、年检、异地监管等工作。负责科研设施运转费项目的申报、预算编制及使用监督。

（13）负责科技管理与成果转化等信息系统建设与共享，完成上级部门和所领导交办的其他任务。

二、科技发展规划

2003年以来，先后组织编制了《中长期（2006—2020）科技发展规划》《"十一五"科技发展规划》《"十二五"科技发展规划》《"十三五"科技创新工程发展规划》等战略规划文件。

2005年，资划所根据《关于编制中国农业科学院研究所中长期（2006—2020年）科技发展规划的通知》（农科院科〔2005〕88号文件）要求，围绕院"三个中心一个基地"建设目标，编制了《中国农业科学院农业资源与农业区划研究所中长期（2006—2020年）科技发展规划》。总体目标是：用5年左右的时间，形成较为合理的人才队伍，实验室和基地建设取得较大进展，成为上级部委在资源环境方面的主要技术支撑与依托单位。并在重点领域保持国内领先水平，力争与国际靠拢，成为国内资源环境领域的一支有重要影响力的队伍。通过10~15年的努力，使研究所在资源环境领域的前沿研究步入国际先进行列，将研究所建设成为集基础理论研究和应用研究为一体的国际一流科技创新中心、学术交流中心和人才培养基地。

2006年，资划所编制了《中国农业科学院农业资源与农业区划研究所"十一五"科技发展规划》，提出到"十一五"末，把研究所建设成一流的国家级农业科技创新研究所，成为国家部委在资源环境方面的主要技术支撑与依托单位。并在重点领域保持国内领先水平，力争与国际靠拢，成为国内资源环境领域集基础理论和应用研究为一体的、有重要影响力的研究所，为国家粮食安全、农业增效、农民增收和社会主义新农村建设提供有力的科学技术支撑，提升研究所在国内和国际的学术影响力。具体目标是：建立国家肥料工程中心，形成以国家级重点实验室、野外科研试验基地（台站）和检测检验中心为依托的科技创新平台。承担科研课题比"十五"增加10%，科研经费大幅增长，争取科研大项目立项1~2项。力争获得国家级科研成果1~2项，专利20~30项。积极争取科研大楼建设项目立项，改善科研办公条件。优化人才队伍结构，推出领衔科学家3~5名。

2011年，资划所编制了《中国农业科学院农业资源与农业区划研究所"十二五"科技发展规划》，提出将研究所建成集基础理论和应用研究为一体的国内一流、国际有一定影响力的科技创新中心、学术交流中心和人才培养基地。实现学科建设全面推进，以创新团队为主体的人员结构更加合理，实验室和野外台站级别提升，在农业资源、农业微生物、农业遥感、农业区域发展和生态等重点学科领域成为上级部门的技术支撑与依托单位，全部学科在国内保持领先水平，主要学科在国际有影响力，大项目大成果较"十一五"有突破、有增加。学科建设方面，围绕农业资源高效利用与农业区域发展两大主题，重点建设农业资源利用、农业遥感、农业微生物、农业区域发展和生态四大学科领域，主要包括植物营养与肥料、土壤、农业水资源、农业微生物、食用菌、草地科学、农业生态与环境、农业遥感、农业区域发展、农业资源管理等10个具体学科。项目与成果方面，国家重点项目在所有项目中所占比例增长5%~10%，力争获得国家"973"计划项目1项以上，国家"863"计划重点项目3~4项，组织牵头科技支撑计划项目2~3项，国家自然科学基金重点项目1~3项，行业科技专项7~9项，国际合作重点项目1~3项。力争获得国家科技奖2~3项，省部级奖20项以上；授权专利60项；软件著作权15项；向政府部门提供重要咨询报告3~5份；形成标准或规范20~30项；发表核心论文1 200篇以上，SCI/EI论文200篇以上。人才与团队建设方面，一是创新团队建设。建设好现有5个院级科技创新团队，争取1个团队进入国家自然科学基金创新团队行列；二是人才培养。创造条件，在每个学科中选拔培养1~2名在国内外有影响力的学术带头人。加大科研骨干的培养力度，鼓励在职人员，特别是青年科研人员参加国内外培训和攻读学位等，提高其科研综合技能；三是人才引进。根据学科需求，引进国内外有造诣的专家来所工作并担任学术带头人，同时，招聘后备人才，补充人才队伍；四是激励机制。采取政策倾斜、经费支持、人员和平台配备等措施来保证团队的科研创新积极性。平台建设方面，力争达到以下目标。国家级：1个重点实验室、1个工程实验室、1个工程（技术）中心、3~5个野外台站、1个质检中心；部级：2~3个重点开放实验室、1个农业部肥料评审中心；院级：2个重点开放实验室、1个野外观测台站。制度建设方面，一是健全激励机制，完善任务目标考核评价制度，促进人才和团队创新能力建设；二是改进和完善项目管理制度，强化项目申请指导和执行监督，促进重大项目申报和重大成果的培育。

2016年，资划所编制了《中国农业科学院农业资源与农业区划研究所"十三五"科技创新工程发展规划》，提出在"十三五"期间进一步深化农业科技体制机制创新，构建更加符合农业科研规律、更加高效配置科技资源的体制机制，突破一批制约农业生产的核心关键技术，加快农业科技成果转化应用，加强农业领域科技创新合作。通过2013—2020年科技创新工程的实施，瞄准农业资源与环境学科国际学术前沿和国家战略需求，力争实现"158"团队建设目标，即在"农业遥感方向"建成1个国际领先的创新团队，在"植物营养、土壤植物互作、土壤培肥与改良、草地生态遥感、食用菌遗传育种与栽培"等5个方向建成国际先进的创新团队，在"肥料与施肥技术，碳氮循环与面源污染，土壤耕作与种植制度，农业布局与区域发展，农业防灾减灾，农业资源利用与区划，微生物资源收集、保藏与发掘利用，空间农业规划方法与应用"等8个方向建立稳定保持国内领先的团队，最终将研究所建设成特色鲜明、比较优势明显的国际一流科学研究机构，以及国家农业资源与环境领域知识创新、技术创新、国际交流和政府决策咨询中心。

三、科研项目

科研项目（课题）是研究所持续稳定发展的重要组成部分，科研项目管理包括：项目立项策划与申请、项目任务书（合同）签订、项目执行情况监督检查、项目经费登记与使用审核、项目结题验收、项目资料整理归档等全过程管理。

2003年5月两所合并时，正值国家"十五"计划时期，原土肥所和区划所在这一时期共主持承担各类科研项目317项。其中，国家科技攻关计划项目（课题）11项，国家重大科学研究计划（"973"计划）课题8项，国家高技术研究发展计划（"863"计划）项目（课题）10项，国家自然科学基金项目13项。

"十一五"（2006—2010年）时期，研究所共承担各类研究项目（课题）682项。其中，国家重大科学研究计划（"973"计划）项目2项、国家"973"计划课题4项，国家高技术研究发展计划（"863"计划）项目（课题）15项，国家科技支撑计划项目3项、国家科技支撑计划课题16项，国家自然科学基金重点项目1项，国家自然科学基金项目36项，科技基础性工作专项1项，公益性行业（农业）科研专项5项，国家现代农业产业技术体系课题8项。

"十二五"（2011—2015年）时期，研究所共承担各类研究项目（课题）788项，其中，国家重大科学研究计划（"973"计划）项目2项，国家"973"计划课题5项，国家科技支撑计划项目1项，国家科技支撑计划课题15项，国家自然科学基金项目82项，国家科技重大专项1

项，科技基础性工作专项 1 项，公益性行业（农业）科研专项 8 项，国家现代农业产业技术体系课题 2 项。

"十三五"（2016—2019 年）时期，研究所共承担各类研究项目（课题）767 项。其中，国家重点研发计划项目 7 项，国家重点研发计划课题 41 项。国家自然科学基金创新研究群体项目 1 项，国家自然科学基金重点国际（地区）合作研究项目 2 项，国家自然科学基金重点项目 1 项，国家自然科学基金项目 87 项，国家社会科学基金重大项目 1 项，国家科技重大专项 2 项，国家现代农业产业技术体系课题 19 项，国家水体污染控制与治理重大科技专项 2 项。

四、科研产出

科研产出管理主要包括成果、标准、专利、著作权、鉴定（评价）成果、论文、著作、咨询报告与政策建议管理等。

2003—2005 年，资划所以第一完成单位获国家科技进步奖二等奖 1 项，北京市科学技术奖 6 项（一等奖 1 项、二等奖 3 项、三等奖 2 项），农业部全国农牧渔业丰收奖 2 项，中国农业科学院科技成果奖 7 项（一等奖 2 项，二等奖 5 项）。以第一完成单位发表科技期刊论文 402 篇，出版专著 18 部。"十五"期间（2001—2005），两所组织鉴定成果 22 项，获授权专利 59 项。

2006—2010 年，资划所以第一完成单位获得中华农业科技奖 9 项（一等奖 3 项、二等奖 2 项、三等奖 4 项），农业部全国农牧渔业丰收奖一等奖 1 项，环境保护部环境保护科学技术奖二等奖 1 项，北京市科学技术奖 9 项（二等奖 1 项、三等奖 8 项），湖南省科学技术进步奖三等奖 1 项，中国农业科学院科技成果奖 4 项。作为参加单位获得国家科技进步奖二等奖 2 项、省部级奖 5 项。以第一完成单位发表科技期刊论文 913 篇，出版专著 69 部。获授权发明专利 40 项，实用新型专利 18 项，软件著作权 52 件。

2011—2015 年，资划所以第一完成单位获得各类科技成果奖 27 项。其中，国家奖 4 项（国家科技进步奖二等奖 3 项、国家技术发明奖二等奖 1 项），中华农业科技奖 10 项（一等奖 4 项、二等奖 2 项、三等奖 4 项），北京市科学技术奖 3 项，国家烟草总局科技进步奖三等奖 1 项，农业部全国农牧渔业丰收奖一等奖 1 项，国务院扶贫办友成扶贫科研成果特等奖 1 项，中国农业科学院科技成果奖 5 项，中国发明专利优秀奖 1 项，中国标准创新贡献奖二等奖 1 项。以第一完成单位发表科技期刊论文 1 296 篇，出版专著 152 部。获授权发明专利 131 项，制订国家标准 1 项、行业标准 29 项。

2016—2019 年，资划所以第一完成单位获得国家科技进步奖二等奖 4 项、以第一完成人获国家自然科学奖二等奖 1 项。省部级奖 13 项（北京市科学技术奖一等奖 1 项、三等奖 2 项，中国发明专利优秀奖 4 项，中华农业科技奖一等奖 3 项、二等奖 2 项、优秀创新团队一等奖 1 项）。中国农业科学院科技成果奖杰出科技创新奖 4 项、中国农业科学院科技成果奖青年科技创新奖 2 项。以第一单位发表科技期刊论文 1 542 篇，获授权发明专利 125 项，出版专著 132 部，制订国家标准 18 项、行业标准 31 项。

五、基本科研业务费专项

2006 年年底，中央财政设立"中央级公益性科研院所基本科研业务费专项资金"（简称"基本科研业务费"），主要用于支持公益科研院所的优秀科研人员、团队开展符合公益职能定位，代表学科发展方向、体现前瞻布局的自主选题研究工作。

2007 年，资划所根据财政部《中央级公益性科研院所基本科研业务费专项资金管理办法（试行）》（财教〔2006〕288 号）要求，制定并实施《中国农业科学院农业资源与农业区划研究所中央级公益性科研院所基本科研业务费专项资金实施细则》（2019 年年底修订），对课题申报、评审与立项、组织实施、经费使用与管理、绩效考核、成果管理及奖惩等进行了明确规定。

截至 2019 年年底，资划所共获得基本科研业务费专项经费资助 10 477.5 万元，共立项 638 项。基本科研业务项目分为一般和重点两类，重点项目按 2~3 年予以资助，一般项目按 1 年时间予以资助。2016 年开始，基本科研业务费项目支持方式有所变化，分为院统筹部分和所统筹部分。院统筹部分重点支持院基础研究引导计划、重大成果培育计划、重大项目储备计划、重大平台推进计划、农业智库建设计划、国家农业科技创新联盟工作和农业部下达的农业基础性长期性工作、综合性重点实验室应用基础研究任务等。所统筹部分重点支持农业部下达的行业基础性、支撑性、应急性科研工作任务以及符合院、所发展规划和基本科研业务费使用方向的研究工作。2019 年资划所基本科研业务费项目立项 83 项（院统筹部分立项 16 项、所统筹部分立项 67 项）。所统筹部分包括基础研究引导计划重点项目 15 项，基础研究引导计划一般项目 15 项，基础性长期项目 15 项，重大平台推进计划项目 9 项，农业农村部下达任务 2 项，智库建设计划项目 11 项。

六、学科建设

2004 年，资划所围绕中国农业科学院"三个中心一个基地"建设目标和 9 大学科群建设目标以及国家农业战略发展需求，立足当前，兼顾长远，重新整合和调整了学科方向。将原两所 16 个学科方向，调整为 8 个学科方向，即植物营养与肥料、农业遥感与数字农业、土壤学、农业水资源利用、农业微生物、草业科学与农业生态、资源管理与利用、农业布局与区域发展。

2010 年 5 月，资划所围绕国家"十二五"农业科技发展方向和中国农业科学院学科建设规划，制定《农业资源与农业区划研究所学科建设发展规划》，对已有学科进行了梳理整合与资源优化，将原有 8 个学科方向调整为 13 个，即植物营养、肥料、农业遥感与数字农业、土壤、农业微生物资源与利用、农业水资源利用、现代耕作制、农业生态与环境、草地科学、资源管理与利用、农业布局与区域发展、食用菌产业科技、农情信息等，每个学科确立了 2~5 个主攻研究方向。

2013 年，根据中国农业科学院科技创新工程的要求，资划所梳理凝练了植物营养与肥料、农业遥感与信息、农业土壤、农业生态、微生物资源与利用、农业区域发展等 6 个学科领域，设立"植物营养、肥料及施肥技术、土壤培肥与改良、土壤植物互作、碳氮循环与面源污染、土壤耕作与种植制度、农业布局与区域发展、农业防灾减灾、农业遥感、草地生态遥感、食用菌遗传育种与微生物资源利用、农业资源利用与区划"等 12 个研究方向。2014 年食用菌遗传育种和微生物资源利用调整为 2 个方向，即食用菌遗传育种与栽培和微生物资源收集、保藏与发掘利用，空间农业规划方法与应用从农业布局与区域发展学科剥离出来，形成了六大学科领域 14 个研究方向。

2017 年 9 月，根据中国农业科学院学科调整，结合创新团队历年考核结果，对 2 个创新团队学科方向进行优化调整，将农业防灾减灾团队、空间农业规划方法与应用团队调整为耕地质量监测与保育团队、智慧农业团队。

2019 年，根据中国农业科学院科技创新工程整改工作要求，重新梳理学科方向与研究任务，形成了结构合理、特色显著、优势突出的学科布局，与《中国农业科学院学科设置简表（2018版）》中相关学科设置布局保持一致，符合国家农业资源环境领域科技发展需求。

七、科技创新工程及绩效评价

根据《中国农业科学院科技创新工程实施方案》要求，资划所于 2013 年年初成立中国农业科学院农业资源与农业区划研究所科技创新工程试点筹备工作领导小组（简称"领导小组"），主要职责是组织编制创新工程试点研究所方案、创新团队组建和团队首席遴选等。2013年7月，中国农业科学院科技创新工程正式启动，领导小组更名为中国农业科学院农业资源与农业区划研究所科技创新工程任务执行领导小组。主要职责是组织编制研究所创新工程年度经费预算分配方案，制定任务计划，对团队创新工程项目任务书的审定、创新任务及预算执行的考核等。

2013年年初，按照中国农业科学院党组提出的"服务产业重大需求、跃居世界农业科技高端"的重大使命和"建成世界一流农业科研院所"战略目标，资划所根据农业资源与环境研究方面的特色和优势，以及科技创新工程要求，对学科方向和重点领域进行梳理，重新定位学科发展方向，明确学科发展重点，凝练了植物营养与肥料、农业遥感与信息、农业土壤、农业生态、微生物资源与利用、农业区域发展等6个学科领域。

2013年10月，资划所根据《中国农业科学院科技创新工程试点期绩效考评办法（试行）》，结合研究所实际，制定《中国农业科学院农业资源与农业区划研究所科技创新工程绩效考核实施办法（试行）》。考核指标以中国农业科学院对研究所考评指标为基础，兼顾研究所基础性工作岗位关键指标。绩效考核指标设一级指标、二级指标、统计指标和分值，统计指标根据实际执行情况每年进行微调。

2013年7月至2014年10月，资划所组建植物营养，肥料及施肥技术，土壤培肥与改良，土壤植物互作，碳氮循环与面源污染，土壤耕作与种植制度，农业布局与区域发展，农业防灾减灾，农业遥感，草地生态遥感，食用菌遗传育种与栽培，农业资源利用与区划，微生物资源收集、保藏与发掘利用，空间农业规划方法与应用等14个创新团队，分三批进入中国农业科学院科技创新工程。2013年7月资划所顺利进入院科技创新工程第一批试点研究所。

2015年，资划所在中国农业科学院对第一批11个试点研究所启动年综合评估中，获得"优秀"考评结果。2016年，资划所组织专家对14个创新团队试点期（2013—2015年）工作完成情况进行绩效考评，14个创新团队全部完成预期目标任务。其中，土壤培肥与改良、农业遥感、植物营养、肥料及施肥技术4个创新团队绩效考评为"优秀"。2016年5月，在中国农业科学院组织的创新团队试点期（2013—2015年）绩效考评中，资划所再次获得考评"优秀"。

2018年6月，中国农业科学院对第一批试点研究所开展创新工程实施五年（2013—2018年）考核与全面推进期中期（2016—2018.6）评估。根据《中国农业科学院创新工程考核评估方案》要求，研究所组织专家对创新团队进入创新工程5年来的工作进行定量与定性考核，14个创新团队全部完成预期目标任务，资划所顺利通过院里考核，圆满完成五年期任务。在对创新团队全面推进期的中期评估中，碳氮循环与面源污染、土壤培肥与改良、植物营养与农业遥感4个创新团队评估为"优秀"。2018年11月，在中国农业科学院科技局组织的研究所全面推进期中期评估中，资划所位列资源与环境学科第一。

2019年，资划所根据中国农业科学院科技创新工程全面推进期中期评估结果，开展整改工作。研究所系统梳理创新团队的岗位、人员、任务与目标，在此基础上凝练出5项所级重点任务。食用菌遗传育种与栽培团队由院级创新团队调整为所级创新团队。

截至2019年年底，资划所7年共计获得中国农业科学院科技创新工程经费支持2.1亿元，在该经费支持下，资划所科研工作取得了显著进展，科研投入持续增加。在协同创新领域，资划所牵头国家农业科技创新联盟重点工作2项，参与6项。牵头院协同创新任务1项，参与5项。牵头院创新工程重大项目1项。

八、国际合作与交流管理

国际合作与交流管理工作包括：一是负责研究所国际合作与交流工作总体谋划。完善创新合作网络，拓展与境外大学、研究机构与国际组织的科技合作，新建国际联合实验室、研究中心、合作基地等国际合作平台；落实国家和部委农业科技"走出去"计划，参与国际多边治理工作；开展国际化人才培养和海外智力资源引进工作。二是负责研究所国际合作与交流工作推进与管理。组织国际合作与交流年度计划编制与实施，组织国际合作项目和基地申报和管理，进行因公派出和邀请来华手续申办和管理，组织在华多边/双边重大会议、重要培训活动的申办与实施；负责日常外事接待和宣传事务。

2003—2019 年，累计出访国外人员 1 087 人次，累计邀请和接待来访外宾 998 人次。"十二五"以来，年均主持国际合作项目约 20 项。在国际协会、学会或学术期刊任职 37 人次，先后聘请 40 余名国际知名专家为客座教授，2 名与资划所长期合作的外国专家先后获得中国政府"友谊奖"，建有院级以上国际合作平台 7 个。

九、科研管理制度建设

2003 年以来，为规范科研管理，健全完善多项管理制度。2004 年，制定《科研管理办法》《野外台站管理办法》；2007 年修订完善《科研管理办法》，制定《科技成果奖励办法（试行）》《研究生培养和管理办法（试行）》《中央级公益性科研院所基本科研业务费专项资金实施细则》《重点实验室管理办法》等；2009 年后，对上述制度进行修订完善。2011 年制定《重大科技成果培育与管理办法（试行）》，2012 年健全完善《外事工作管理办法》；2014 年制定《优秀青年人才培育计划实施办法》《科研副产品收入管理办法》《科研经费使用信息公开办法》等制度。2016 年制定《科研项目间接费用管理办法》《科研项目结余资金管理办法》等。

2019 年，为推进体制机制改革，资划所系统梳理科研管理制度，查漏补缺。制定《科研诚信与信用管理暂行办法》《科技标兵评选表彰细则》等 6 项制度，修订《科研项目管理办法》《科技成果转化管理办法》等 16 项制度。

第四节　人事管理

一、机构沿革

2003 年 5 月，人事管理由土肥所和区划所人事管理部门分别负责。6 月，资划所在两所人事处、党委办公室基础上合并成立党委办公室（人事处），一个机构、一套人马，两方面职责。其中，人事管理工作主要包括内部机构设置与调整、人员聘用及考核、干部任免、考核及调配、人才引进与培养、出国人员政审；劳动工资计划的编制及劳动工资管理，社会保险、医疗及福利工作的组织与管理；专业技术职务评聘及职工教育与培训；离退休人员管理、人事档案管理、人事管理制度建设等。2017 年 9 月，资划所对内设机构进行调整，人事处单独设立，人事管理职责未变。

二、干部选拔任用

干部选拔任用主要是对处级及以下干部的选拔、任用与培养。2003 年 5 月至 2019 年年底，资划所选拔任用副处级及以上干部共计 141 人次。2003 年 5 月，中国农业科学院党组任命所领导班子成员，其中，所长和党委书记各 1 人，副所长 4 人。同年 6 月，对 4 个职能管理部门和 2 个服务部门 15 个处级岗位进行公开招聘，任命了 15 位处级干部；2004 年 7 月，对 8 个研究室和期刊信息室 21 个处级岗位进行公开招聘，任命了 21 位处级干部；2005—2008 年，对科研处、植物营养与肥料研究室、农业微生物资源与利用研究室、菌肥测试中心等部门处级岗位进行公开招聘任用；2009 年 4 月，资划所领导班子换届任命，其中，所长兼党委书记 1 人，副所长 4 人

（3 人为新提任）。同年 8 月，根据内设机构调整，对 5 个职能部门、2 个服务部门、9 个研究部门、4 个支撑部门 40 个处级岗位进行公开招聘，对 40 位同志进行了任免；2010—2013 年，对平台建设管理处、草地科学研究室、现代耕作制研究室、肥料研究室、产业发展服务中心、土壤肥料测试中心、农业生态与环境研究室、祁阳站、公共实验室、办公室、科研管理处、党委办公室（人事处）、农业遥感与数字农业研究室、植物营养研究室等部门处级岗位进行调整任命，涉及 19 人次任免；2010 年 12 月，提任 1 名副所长；2012 年 8 月，调任 1 名党委书记；2013 年 7 月，提任 1 名副所长；2014 年 7 月，根据研究室调整，重新任命研究室处级干部，提任 4 个研究室、1 个职能管理部门、1 个支撑部门的处级干部共计 8 人次。2015—2016 年，提任 1 名党委副书记，对肥料评审登记管理处、后勤服务中心、党委办公室（人事处）等部门处级岗位进行聘用，共计 4 人次选任为处级干部；2017 年 6 月，所领导班子换届任命，提任所长 1 人、副所长 1 人，调入 1 名副所长，新任命处级干部 4 人；2018 年 1 月，调任 1 名党委书记；2019 年，提任所长 1 人，新任命处级干部 11 人。

三、干部调配与管理

2003 年 5 月两所合并时，资划所只保留土肥所人员编制，区划所人员编制安排用于中国农业科学院新成立的事业单位。资划所在编人员补充主要来自应届高校毕业生、博士后出站人员、留学回国人员、社会在职人员以及按干部管理权限由部党组和院党组任命及引进的高层次人才等。资划所补充编制内人员，坚持公平竞争、择优录用的原则，与学科建设和人才发展规划相结合，与人才梯队建设和结构优化相结合，坚持信息公开、过程公开、结果公开。

合并之初，资划所有在职职工 248 人（其中土肥所 176 人，区划所 72 人），自 2003 年 6 月至 2019 年年底，资划所共计招录应届高校毕业生 91 人，调入人员 102 人，引进人才 17 人，调出人员 64 人，在职离世 4 人，退休人员 101 人。2015—2017 年因受人员编制控制数限制，院未批准研究所招录应届高校毕业生。

四、专业技术职务评审

2003 年 5 月，原土肥所和原区划所共有研究员 33 人，副研究员 72 人。合并当年土肥所和区划所各自组织专业技术职务评审工作。从 2004 年开始统一组织专业技术职务评审工作。专业技术职务评审每年安排进行，专业技术职务指标由中国农业科学院人事局下达，资划所根据下达指标成立专业技术职务评审委员会，组织专业技术职务评审工作。2004—2014 年，专业技术评审委员会为中级评审委员会，评审委员会成员一般具备正高级专业技术职务，经各部门推荐人选，所领导班子会议研究确定。根据中国农业科学院人事局文件，中级专业技术职务评审委员会对中级及以下专业技术职务进行评聘，对副高级、正高级专业技术职务进行评审推荐，报中国农业科学院高级专业技术职务评审委会评审通过，报农业部批准。

2014 年后，专业技术职务评审委员会经批准为副高级专业技术职务评审委员会，可以对副高级及以下专业技术职务进行评聘，对正高级专业技术职务进行评审推荐，报中国农业科学院高级专业技术职务评审委会评审通过，报农业部批准。

资划所专业技术职务评审工作严格按照部、院规定的评审原则、标准、程序和方法进行。一是符合申报条件人员准备申报材料，二是人事部门、科研管理部门依据申报条件对申报材料进行资格审查，三是公示申报材料，四是召开专业技术职务评审会，申报人员现场汇报，评审委员会进行评审推荐。2004—2019 年资划所共组织 16 次评审工作，85 人被评为正高级专业技术职务，131 人被评为副高级专业技术职务，85 人被评为中级专业技术职务。

为缓解专业技术职务评聘压力，更好地调动和激发科研人员争取科研项目的积极性，资划所制定了《内聘研究员管理办法》。自办法实施以来，于 2010 年、2011 年、2012 年、2016 年共组织评审 4 次，评出内聘研究员 20 人。

根据人社部文件精神，从 2009 年开始，资划所执行专业技术岗位聘用制度。专业技术岗位分为科技岗位、科辅岗位和其他专业技术岗位，设置和聘用等级为专业技术岗位一至十三级，原各系列的正高、副高、中级、初级和员级专业技术职务分别对应专业技术四级、七级、十级、十二级和十三级岗位，任职条件按原专业技术职务评审条件执行，其他不同等级岗位的任职条件按照科学研究系列任职条件评聘。专业技术二级岗位人员的聘用评审工作由中国农业科学院高级专业技术职务岗位聘用委员会负责，资划所成立专业技术岗位聘用委员会，负责本所晋升专业技术二级岗位人员推荐和专业技术三级及以下各等级的晋级聘用工作。正高级、副高级和中初级最低等次专业技术职务任职资格的确定，仍按照中国农业科学院及研究所的专业技术职务评审权限进行，不跨级进行正高级、副高级、中级和初级专业技术岗位不同级别的晋升聘用。

自 2009 年专业技术岗位分级聘用开始每两年组织一次，截至 2019 年年底，资划所共组织专业技术岗位分级聘用 6 次，共评出专业技术二级 13 人，专业技术三级 37 人，专业技术五级 41 人，专业技术六级 79 人，专业技术八级 72 人，专业技术九级 93 人，专业技术十一级 2 人。

五、劳动工资管理

（一）工资薪酬

2003—2004 年组建初期，资划所根据农业部《关于深化事业单位分配制度改革的意见》精神，按照"结构工资制"制定《在职职工收入分配办法》。根据科研、管理、科辅、开发和服务不同的工作性质和工作任务，采取不同的分配形式。收入分配遵循"按岗定酬、按任务定酬、按业绩取酬"和"按劳分配、多劳多得、效率优先、兼顾公平"的原则。职工工资由基础工资、岗位津贴和绩效工资三部分构成。

2006 年，根据《农业部关于印发机关事业单位工资收入分配制度实施办法的通知》（农人发〔2006〕15 号），事业单位实行岗位绩效工资制度，将原来的基础工资、职务工资、工龄工资、奖励工资改为岗位工资、薪级工资、绩效工资和津贴补贴 4 部分组成，其中岗位工资和薪级工资为基本工资。人事处按照文件要求对全所在职人员逐一进行工龄、学龄、职级等核对，对在职职工进行工资调整，同时根据要求还提高了离退休职工的基本离退休费。

2007 年，根据《农业部关于印发机关事业单位工资收入分配制度改革实施办法的通知》精神和农业部人事劳动司的统一部署，对上一年度考核结果为称职（含）以上等次人员，从 2007 年 1 月 1 日起每年增加一级薪级工资。

2009 年，根据《关于离退休人员待遇有关问题的通知》（农办人〔2009〕4 号），规范了离退休人员的津贴补贴。2010 年，根据农办人〔2011〕3 号文件要求，规范统一了退休人员津贴补贴标准。2011 年，按照中国农业科学院人事局文件《关于转发调整在京中央事业单位离休人员补贴标准的通知》（农科人劳函〔2011〕14 号）精神，再次调整离退休人员的补贴标准，并从 2011 年起执行。

2015 年，根据党中央、国务院关于调整事业单位工作人员基本工资标准的决定，自 2014 年 10 月 1 日起，调整事业单位工作人员基本工资标准，同时将部分绩效工资纳入基本工资；没有实施绩效工资的，从应纳入绩效工资的项目中纳入。适当提高直接从各类学校毕业生中录用的事业单位工作人员见习期和初期工资标准。建立事业单位工作人员基本工资标准正常调整机制，基本工资原则上每年或每两年调整一次。资划所根据《国务院办公厅转发人力资源社会保障部财政部关于调整机关事业单位工作人员基本工资标准和增加机关事业单位离退休人员离退休费三个实施方案的通知》（国办发〔2015〕3 号）精神和中国农业科学院党组决定，对在职人员工资标准进行调整，并增加了离退休人员离退休费、内部退养人员生活费，并从 2014 年 10 月 1 日起执行。

2016 年，根据《国务院办公厅转发人社部　财政部关于调整机关事业单位工作人员基本工资标准和增加机关事业单位离休人员离休费的通知》（国办发〔2016〕62 号）文件，调整了在职人员基本工资，增加了离休人员离休费，调整了退养人员生活费，自 2016 年 7 月 1 日起执行。

2018 年，根据《国务院办公厅转发人社部　财政部关于调整机关事业单位工作人员基本工资标准和增加机关事业单位离休人员离休费的通知》（国办发〔2018〕112 号）文件，调整在职人员基本工资，增加了离休人员离休费，调整了退养人员生活费，并从 2018 年 7 月 1 日起执行。根据《关于调整在京中央国家机关事业单位退休人员基本养老金的通知》（人社厅发〔2018〕92 号），对退休人员银行账号信息进行维护，对本单位退休人员进行政策宣传解释工作，并提高退养人员生活费，于同年 9 月底前兑现到位。

2019 年，根据《关于调整在京中央国家机关事业单位退休人员基本养老金的通知》（人社厅发〔2019〕89 号），对退休人员银行账号信息进行维护，对本单位退休人员进行政策宣传解释工作，并提高退养人员生活费，于 9 月底前兑现到位。

（二）养老保险

2015 年，根据《国务院关于机关事业单位工作人员养老保险制度改革的决定》（国发〔2015〕2 号），自 2014 年 10 月 1 日起实行单位统筹与个人账户相结合的基本养老保险制度。根据农业部人事司要求，2015 年 3 月，资划所准确界定了参保范围，包括明晰人员参保范围、整理证明资料、核实有关人员编内编外情况、梳理编内在职人员工作变动情况；核定工资渠道和项目，统计单位基本情况、人员情况和工资情况等。

2018 年 6 月开始，离退休职工养老金发放渠道由研究所变更到中央国家机关养老保险管理中心发放。但未纳入养老保险支出的费用，如改革补贴、物业采暖等仍由研究所发放。

2019 年，完成准备期基础信息确认和基金收支结算工作，完成缴纳基本养老保险费及应由基本养老保险基金支付的退休人员养老保险待遇的收支情况的清理、核对和结算。对准备期内职业年金相应进行补归集，补计了准备期（2014 年 10 月 1 日）以来个人账户应缴费用记账利息。

六、离退休职工管理

2003 年 12 月，资划所有在世离退休职工 198 人，其中土肥所有 167 人（京内离休 7 人、退休 139 人，德州站 6 人，祁阳站 3 人，退养 4 人，残疾 2 人，街道代管 6 人），区划所有 31 人（离休 4 人，退休 27 人）。2003—2019 年，资划所先后有 101 名职工退休，其中京内退休 84 人、祁阳站退休 8 人、德州站退休 9 人。截至 2019 年年底，资划所京内在世离退休职工有 191 人，退养职工 4 人。祁阳站在世离退休职工 10 人，德州站在世离退休职工 12 人。

资划所离退休人员实行统一管理，职能设在人事处，配备 1 人具体负责离退休职工管理工作。为加强离退休工作管理，规范审批决策程序，根据党和国家对离退休人员管理有关政策和《中华人民共和国老年权益保障法》的规定，资划所于 2003 年、2004 年先后制定了《离退休人员管理办法》《职工退休审批办法》。

资划所离退休管理工作的基本任务是：宣传、贯彻党和国家有关离退休工作的方针政策，全方位做好离退休人员的待遇落实、医疗保健、组织生活、文体娱乐、"老有所为"等服务和管理，维护离退休人员的合法权益，了解和帮助解决他们的实际困难和问题，做到对离退休人员政治上关心，生活上照顾，组织上管理，保证"老有所养，老有所学，老有所乐"。具体做法是：

（1）建立汇报制度。每年春节前夕，组织召开离退休职工座谈会，所领导通报本年度研究所的工作情况和财务状况。

（2）开展学习和文体活动，与离退休党群组织密切配合，组织离退休人员的政治学习和文化娱乐活动。每年组织离退休人员春游和秋游及摄影、书法、绘画（每年作品约 30 幅）等活动。

（3）关心爱护老同志。所领导不定期走访、看望离退休老领导、老同志及患病老同志，每年约 40 人次。老同志生活有困难，尽可能地帮助解决。每年组织离退休人员进行体检，每年约 200 人。

2016 年，资划所获得"中国农业科学院 2011—2015 年度离退休工作先进集体"。

七、人事人才制度建设

两所合并以来，为规范人事人才管理，先后组织制定了 30 余项管理制度，并根据上级出台的新政策、新规定，结合研究所工作实际和需要，先后对有关规章制度进行补充、修改和完善。下表是 2003—2019 年各项人事人才管理制度的制定、修改情况统计。

2003—2019 年制定修订人事人才制度情况

时间（年）	制度名称	备注
2003	职工内部退休暂行规定	制定
2003	在职职工医疗管理试行办法	制定
2003	退休职工医疗管理试行办法	制定
2003	离退休人员管理办法	制定
2004	职工年度考核实施办法	制定
2004	职工退休审批办法	制定
2004	职工内部退休暂行规定	第一次修订
2004	职工继续教育管理办法	制定
2004	在职职工医疗管理试行办法	第一次修订
2004	退休职工医疗管理试行办法	第一次修订
2004	在职工收入分配办法实施细则	制定
2004	在职职工请销假管理办法	制定
2004	职工出国管理暂行办法	制定
2004	外派实体人员管理办法	制定
2004	派往国际组织驻境内机构人员管理暂行办法	制定
2004	全员聘用制实施办法	制定
2004	聘用客座人员暂行办法	制定
2004	临时人员聘用及管理办法	制定
2004	离退休人员管理条例	第一次修订
2007	职工年度绩效考核办法	第一次修订
2007	在职职工收入分配办法	第一次修订
2007	杰出人才考核工作实施办法	制定
2007	合同制用工管理办法	制定

（续表）

时间（年）	制度名称	备注
2007	科技创新团队建设实施办法	制定
2008	在职职工收入分配办法	第二次修订
2008	合同制用工管理办法	第一次修订
2008	合同制人员规章制度	制定
2010	在职职工医疗管理办法	第二次修订
2010	退休职工医疗管理办法	第二次修订
2010	引进领军人才管理暂行办法	制定
2010	合同制用工管理办法	第二次修订
2011	内聘研究员暂行管理办法	制定
2012	在职职工出国（境）管理办法	第一次修订
2012	博士后管理办法	制定
2013	职工内部退休规定	第二次修订
2013	在职职工薪酬管理办法（试行）	第三次修订
2013	科技创新工程绩效考核实施办法	制定
2014	在职职工医疗管理办法	第三次修订
2014	退休职工医疗管理办法	第三次修订
2014	在职职工出国（境）管理办法	第二次修订
2014	博士后管理办法	第一次修订
2015	科技创新工程绩效考核实施办法	第一次修订
2015	高层次人才短期来所工作管理办法	制定
2017	在职职工医疗管理办法	第四次修订
2017	退休职工医疗管理办法	第四次修订
2017	优秀博士后留所暂行办法（试行）	制定
2017	科技创新工程绩效考核实施办法（试行）	第二次修订
2017	编制外聘用人员管理办法	制定
2017	青年英才计划人才管理实施办法（试行）	制定
2018	在职职工请销假管理办法	第一次修订
2018	农科英才特殊支持管理办法（试行）	制定
2018	科技创新工程绩效考核实施办法（试行）	第三次修订
2018	管理岗位人员绩效考核办法（试行）	制定
2018	高层次人才柔性引进管理暂行办法	制定
2019	管理岗位人员绩效考核办法（试行）	第一次修订

第五节　财务及资产管理

一、机构沿革

2003 年 5 月前，土肥所和区划所分别设有独立的财务科，2003 年 5—7 月合并之初，两所财务科并行存在，分别处理各自的业务。为加强对财务工作的组织领导，2003 年 6 月，资划所整合两所财务科成立条件建设与财务处（简称"条财处"），负责研究所财务、资产及条件建设管理。

2009 年所领导班子换届之后，成立了平台建设管理处，将原来条财处分管的基本建设项目、修缮购置项目、固定资产实物管理等职能调整到平台建设管理处，调整后的条财处负责研究所财务管理与会计核算工作。2010 年，经中国农业科学院人事局批准，条财处更名为财务处。

2017 年所领导班子换届后，资划所对职能管理机构设置进行调整，将部分国有资产管理职能调整到财务处，同时将财务处更名为财务资产处。

截至 2019 年年底，财务资产处的管理职能包括：

（1）贯彻执行国家财经法律、法规和规章制度，建立健全内部各项财务制度。

（2）负责组织编制预算和决算，并根据批复的预算对预算执行情况进行监督，根据决算数据为下一年度预算编制提出调整建议。

（3）负责组织管理全所各项收入，审核监督各类资金的使用情况。

（4）负责职工工资、津补贴及各类人员经费的发放、成本核算及个人所得税代扣代缴工作。负责税务申报、税金缴纳及其他涉税事项。

（5）负责资产的账卡管理、登记清查、处置报废、统计报告及保值增值考核等工作。

（6）负责组织编报政府采购预算和政府采购计划，统计政府采购执行情况。

（7）负责组织编制各类财务报表，提供财务分析报告，对单位的经济活动进行财务监督。

（8）负责财务信息化工作，负责财务管理信息系统及财务软件的维护和更新，负责"科研物资采购平台"的维护与管理。

（9）配合财政、审计等各级主管部门或中介机构做好对研究所开展的各项审计、检查工作。

（10）负责会计人员和资产管理人员的继续教育和财务助理的业务培训，对德州、衡阳两站的财务资产业务进行指导。

财务资产处成立以来，一直坚持科研为本的服务理念，立足职能定位，通过合理设置岗位分工，明确岗位职责，重视财会人员的职业道德教育，培养互帮、互助、互学的团队精神。根据不同时期的业务发展需要不断充实培养财会资产人员，2003—2019 年，先后培养财务资产管理人员 24 名（包括德州、衡阳两站），其中高级会计师 3 名、会计师及中级职称 5 名，初级以下 16人，财务资产队伍整体素质逐年提高，逐步呈现专业化、年轻化的发展局面，为研究所财务资产管理工作可持续发展奠定了基础。财务资产处从 2007 年起连续被评为研究所文明处室，其中2015 年、2016 年、2018 年三年获得"文明标兵处室"称号。

二、财务管理

由于 2003 年 5 月合并之初土肥所、区划所的财政预算户头一直保留到 2004 年 12 月，因此2003 年 5—12 月为财务合并过渡期，2004 年 1—12 月为合并推进期，实行统一管理、统一政策，财政、银行、税务、财务人员等仍按照原两所运行，从 2005 年 1 月 1 日起开始合并建账，从真正意义上完成两所财务的实质性合并。

（一）合并过渡期财务管理（2003 年 5—12 月）

为推进财务合并进程，确保合并过渡时期研究所财务工作正常运转，2003 年 8 月条财处召开专门会议研究确定了以下事项：一是明确从 2003 年 8 月起，原两所财务科日常财务工作归口条财处统一管理；二是条财处对原有两所财务管理制度或办法的执行情况进行调查摸底，尽快建立一套适应非营利科研机构的财务管理制度。在新的财务制度和相关实施细则未出台前，暂按照两所原有财务管理制度或办法处理各项财务工作，以确保财务日常工作正常运转；三是全处人员要牢固树立为科研一线服务的思想，在工作中要加强学习，及时学习掌握新出台的新政策、新文件、新精神，加强协调、沟通，忠于职责，坚守岗位，团结协作，共同做好过渡期两所的财务工作。

会议明确了过渡时期财务工作的总体思路，统一了财务人员思想，提高了认识，为两所财务工作的正常运转及下一步开展各项工作奠定了良好基础。

为推进财务合并工作，条财处对原两所财务、资产、条件建设情况进行了调研摸底，并根据调研情况，制定了资划所《财务管理暂行办法》《固定资产管理暂行办法》《基本建设管理暂行办法》等制度，经 2003 年 12 月 29 日所务会讨论通过，自 2004 年 1 月 1 日起试行。

（二）合并推进期财务管理（2004 年）

从 2004 年年初开始，条财处按照统一制度、统一管理的原则继续有序推进合并重组工作。从 2004 年 1 月起，财政、银行、税务、财务人员等仍按照原两所独立运行，但从财务管理上做到管理办法统一、报销政策统一、会计科目设置统一、报销单据统一。为配合新的财务管理暂行办法的执行，2004 年又相继出台《内部财务报销办法》《差旅费报销实施细则》作为对财务管理办法的补充。截至 2004 年年底，资划所财务工作全部实现了统一政策、统一管理、统一实施。

（三）合并后财务管理（2005—2019 年）

从 2005 年 1 月 1 日起，以 2004 年年底原土肥所和原区划所的年终决算合并数作为新建账套的初始数据，资划所的新建账套开始正式运行，从真正意义上完成财务实质性合并工作。由于上级主管部门对非营利科研机构验收在 2005 年年底，因此在 2005 年 1 月 1 日至 12 月 31 日，研究所出现以土肥所、区划所和资划所为户名的 3 个银行账户、户名同时并存的情况。到 2005 年年底，才彻底完成原两所银行账户、税务账户的清理、撤户等相关工作。

从 2005 年起，资划所财务管理工作开始围绕完善财务制度、加强预算管理、严格执行制度、重视基础性工作、加强财务人员培养等方面有条不紊逐步推进。经过多年持续不断的努力，资划所的各项财务制度不断完善，办事程序日趋规范，财务管理能力和水平逐年提高，在 2005 年、2006 年全院财务统计报表评比中资划所连续两年获二等奖，在 2009—2011 年农业部组织的会计基础工作规范评比中连续两年获得农业部会计基础工作优秀奖表彰。截至 2019 年年底，资划所先后接受审计署、科技部、农业部、地税局等主管部门进行的各类专项财务检查、审计等上百次，接受社会中介对各类财政专项的审计两百余次，均比较顺利地通过了各级部门的审计、检查，资划所的财务管理工作为研究所其他各项事业的健康发展提供了有力保障。

（四）财务收支状况

合并后的研究所各项经济业务呈现多元化发展模式，收入支出规模逐年增加，为研究所各项事业的发展壮大提供了有力的资金保障。下表是 2005—2019 年研究所年终财务决算中当年收入、支出及年末资产总额情况统计。

2005—2019 年收支及资产情况　　　　　　　　　　　　　　　　单位：万元

年度	当年收入	当年支出	当年年末资产总额
2005	11 929.90	9 080.28	16 653.90
2006	9 847.40	11 362.73	19 749.02
2007	15 098.84	14 295.37	23 012.72
2008	18 468.20	18 256.10	24 712.70
2009	18 620.10	20 701.40	26 638.90
2010	23 816.30	25 365.10	27 731.20
2011	25 434.68	24 795.80	27 857.20
2012	27 931.01	27 401.80	33 045.82
2013	34 412.70	33 447.53	46 144.21
2014	34 772.17	33 226.07	54 304.07
2015	33 903.06	35 850.75	63 190.89
2016	39 051.13	35 704.41	61 203.23
2017	34 685.06	37 800.02	62 159.33
2018	38 752.99	41 175.19	62 944.12
2019	46 392.26	44 373.27	66 846.49

　　研究所收入来源主要包括财政拨款和创收收入。财政拨款包括基本支出经费和项目支出经费两部分。基本支出经费包括人员经费、公用经费和住房经费。从 2019 年起财政拨款中单独给予了社会保障支出的拨款。人员经费主要用于离退休和在职职工的工资、津补贴及社会保障性支出等，公用经费主要用于研究所日常运行所需的水电暖维修等公用支出经费，住房经费用于职工提租补贴、住房公积金和购房补贴支出，社会保障支出用于支付研究所承担的职工基本养老保险和职业年金。下表是"十五""十一五""十二五"末，以及"十一五""十二五""十三五"初等不同时期，财政拨入研究所基本支出经费的情况统计。

2005—2019 年财政拨款基本支出经费情况　　　　　　　　　　单位：万元

年度	财政拨款基本支出经费				
	合计	人员经费	公用经费	住房资金	社会保障
2005	897.95	602.08	65.87	230.00	
2006	1 425.74	1 029.50	81.24	315.00	
2010	2 021.10	1 348.23	158.53	514.34	
2011	2 125.47	1 327.91	216.73	580.83	
2015	4 327.54	3 152.83	314.92	859.79	
2016	4 225.63	3 193.66	173.16	858.81	
2017	5 564.34	4 535.57	163.17	865.60	
2018	5 650.15	4 325.65	441.90	882.60	
2019	7 312.77	3 886.45	158.17	960.52	2 307.63

　　财政拨款项目支出经费包括农业部预算内安排的项目经费，从科技部、国家自然基金委等其他部委取得的科研项目经费等。"十一五"以来，国家加大了对科技经费的投入力度，研究所项目经费增长迅猛，农业部预算内安排的项目经费不仅包括科技创新工程经费、基本科研业务费、公益性行业科研专项、现代产业体系、农业部"948"计划项目等科研项目和其他各类农业专项，还包括非营利改革启动费、运转费类项目和基建、修购等条件建设类项目；从科技部取得的项目经费包括"973"计划、"863"计划、国家科技支撑计划、国际合作、基础性工作等科研项目经费。"十三五"时期，国家调整了科技计划体系，将科技部管理的国家重点基础研究发展计划、国家高技术研究发展计划、国家科技支撑计划、国际科技合作与交流专项及农业部等13个部门管理的公益性行业科研专项等，整合形成一个国家重点研发计划。下表是"十五""十一五""十二五"末，以及"十一五""十二五""十三五"初等不同时期农业部预算内安排的项目经费和科技部等其他部委直接拨入的项目经费的情况统计（不包括分项目或子课题的拨入经费）。

2005—2019 年财政拨入项目经费情况　　　　　　　　　　　　　　　单位：万元

年度	财政拨入项目经费合计	农业部预算内项目经费					科技部等其他部委项目经费
		小计	科研项目经费	非营利性科研机构改革启动费	运转费类项目经费	修购、基建等条件建设类项目经费	
2005	6 349.00	5 285.00	1 624.00	394.00	0	3 267.00	1 064.00
2006	5 755.00	3 194.00	1 605.00	394.00	0	1 195.00	2 561.00
2010	13 198.00	8 588.00	5 153.00	640.00	290.00	2 505.00	4 610.00
2011	14 467.00	11 614.00	8 706.00	640.00	340.00	1 928.00	2 853.00
2015	18 863.66	15 843.29	12 059.29	640.00	430.00	2 714.00	3 020.37
2016	32 289.25	19 480.00	15 485.00	640.00	430.00	2 925.00	12 809.25
2017	27 861.26	14 683.26	10 765.26	640.00	430.00	2 848.00	13 178.00
2018	31 803.63	17 209.63	11 365.63	640.00	430.00	4 774.00	14 594.00
2019	31 600.23	21 677.23	15 499.23	640.00	430.00	5 108.00	9 923.00

　　研究所创收收入是指利用研究所资源、技术等条件通过市场取得的各类收入及从其他渠道取得的收入，包括技术服务、技术咨询、技术转让与技术合作等技术性收入，房屋租赁收入，期刊发行、科普活动等学术活动收入以及地方公费医疗拨款、银行存款利息等其他收入。由于财政基本支出人员经费拨款严重不足，技术性收入、房屋租赁收入等成为研究所通过创收来弥补财政人员经费投入不足的重要来源。下表是"十五""十一五""十二五"末，以及"十一五""十二五""十三五"初等不同时期研究所创收收入情况的统计。

2005—2019 年创收收入情况　　　　　　　　　　　　　　　单位：万元

年度	创收收入合计	技术性收入	房屋租赁收入	学术活动收入	其他收入
2005	1 936.31	774.00	854.47	82.32	225.52
2006	2 283.65	769.79	1 256.11	98.16	159.59
2010	3 201.80	1 468.90	1 196.80	137.10	399.00

（续表）

年度	创收收入合计	技术性收入	房屋租赁收入	学术活动收入	其他收入
2011	3 259.70	1 746.80	942.20	148.20	422.50
2015	5 087.28	2 873.00	1 411.17	192.19	610.92
2016	4 659.44	2 511.95	1 462.51	212.41	472.57
2017	5 231.81	3 252.92	1 292.49	231.14	455.26
2018	4 746.14	2 687.29	1 160.36	435.36	463.13
2019	5 000.62	2 123.11	2 073.43	608.30	195.78

（五）财务信息化建设

研究所财务信息化建设按时间顺序分为以下3个阶段。

1. 会计核算电算化阶段（2005—2009年）

2005年1月1日，建立资划所财务核算账套之初，财务部门使用用友ERP U8（V851A版）网络版作为财务核算软件，共有6个站点形成一个内部局域网。该软件具备期初录入、凭证处理、项目（部门）核算、银行对账、账表查询、期末处理、工资核算和发放等功能，能满足6名财务人员同时上线处理财务报销、审核等日常核算管理的基本需要。

2. 财务软件初步管理化阶段（2010—2017年）

随着资划所科研项目经费的逐年增加，原有的会计电算化软件逐渐不能满足管理的需求，一方面由于该软件的财务核算端没有预算管理功能，项目经费使用经常出现超支现象，导致年底调账任务量巨大；另一方面由于科研人员不能实时查询自己主持项目经费执行情况，日常经费支出只能通过自己手工记账，然后再定期与财务部门导出的项目账进行数据核对，效率不高，且出现超支现象无法有效控制。为解决上述问题，2010年院财务局委托用友软件北京分公司开发了项目预算控制和经费查询专用软件，资划所作为全院7个试点单位之一先行先用。该软件实现了项目预算管理功能，可以进行项目经费预算录入、会计制单预算支出实时控制、项目负责人和相关管理人员实时查询项目预算支出情况。2011年，在实现项目预算管理的基础上，委托用友软件北京分公司做了进一步个性化开发，把部门预算也纳入预算软件管理，实现了土壤肥料测试中心、菌肥测试中心等质检中心的收支预算控制和查询功能，资划所财务信息化管理水平得到进一步提升。

3. 财务管理信息一体化阶段（2018年至2019年年底）

2017年6月所领导班子换届后，提出加快推进财务信息化工作进程的要求，建立业务协同、网上报销、数据共享的财务信息一体化管理系统被提到议事日程。经过多地实地调研和多家对比，最终选定北京中科普德科技有限公司作为财务管理信息系统开发商，同时将财务核算软件升级到用友ERP U8（V13.0）版本。2018年年初，财务管理信息系统正式上线运行，该系统涵盖了收入管理、支出管理、项目管理、事前审批、劳资管理、资产管理、报表查询、财务信息公开等多项功能，把研究所各项收支和各项财务规章制度及相关内部控制制度以审批流的形式固化到信息系统中，以信息化手段强化制度执行，确保每一笔收支业务的处理都符合各项财务制度的相关规定，提高了财务管理效率，也为财务信息公开提供了平台。新系统的使用，解决了科研人员审批难、报账繁的问题，促进了研究所财务工作职能从核算到管理的转变，是研究所在财务信息化进程中迈出的重大一步。

（六）德州站和衡阳站的财务管理

德州站、衡阳站原为挂靠土肥所管理的两个独立机构。2003年以前，土肥所对两站财务实行定额补贴、自收自支的管理模式。2004 年，根据院财务局财务检查时提出的关于进一步规范两站财务及资产管理的意见，研究所将德州、衡阳两站的财务决算从 2004 年年底起纳入研究所本级决算合并上报。

2005 年资划所修订后的《财务管理办法》第五条中明确："德州、衡阳两站实行独立核算，根据需要分别设立会计室，按照事业单位会计管理原则，负责两站财务管理工作，接受所条财处的业务领导和审计监督，定期向所条财处报告财务运行状况。"合并后的资划所对两站财务仍实行事业费定额补贴、自收自支的管理模式，每年两站财务预决算纳入研究所本级合并编制上报。

从 2010 年起，财政增加了对衡阳站的运行费专项预算 100 万元/年，2011 年起增加了对德州站的运行费专项预算 50 万元/年，两站也从此结束了多年无财政专项运行经费支持的历史，财政专项支持的运行费为两站工作的正常运转和可持续发展提供了重要的资金保障。

（七）挂靠学会的财务管理

1. 统一代管阶段（2006 年至 2011 年 10 月）

中国植物营养与肥料学会和中国农业资源与区划学会分别为挂靠原土肥所和原区划所管理的一级学会。两所合并前，中国植物营养与肥料学会的财务由学会自行管理，中国农业资源与区划学会的财务由原区划所财务科代管。两所合并后，由于两个学会的管理人员都是兼职，兼职人员有的是条财处现有的财务人员，有的是其他部门的管理人员或业务人员，为避免人员交叉管理，经 2005 年 10 月 19 日所长办公会研究决定，将挂靠研究所的两个一级学会的财务工作从 2006 年 1 月 1 日起交由所条财处统一代管，学会会计、出纳由条财处现有人员兼任，两个学会不需向财务人员支付劳务报酬，学会的财务审批手续等仍执行原有两学会各自的规定，学会负责人要对会计资料的真实性、合法性负责。

为落实所长办公会议要求，条财处从 2006 年 1 月 1 日起开始接收代为管理两个学会的财务工作，并结合处内人员的业务分工，安排蟷新兼职负责两个学会的会计工作，尹光玉兼职负责两个学会的出纳工作，李凤桐协助蟷新办理两个学会纳税申报的相关工作。

2. 自行管理阶段（2011 年 11 月至 2019 年底）

为进一步加强学会财务管理，结合农业部财会中心 2011 年 9 月对两个学会进行财务检查提出的建议，经所领导班子研究，从 2011 年 11 月 1 日起所财务处不再代管两个学会的财务工作，处内财务人员也不再兼职担任两个学会的会计和出纳工作，由两个学会根据财务规范要求分别自行聘任专职财务人员管理学会财务工作。

三、资产管理

2003 年两所合并之初，固定资产管理职能设在条件建设与财务处，2010 年固定资产管理职能调整到新成立的平台建设管理处，2017 年 9 月机构职能再次调整，固定资产实物管理职能又调整到财务资产处。

为加强固定资产管理，资划所于 2003 年 12 月建立《固定资产管理暂行办法》，从固定资产的日常管理、处置及清查等方面，制定了一系列办事流程及规范。结合不同时期管理要求及日常登记、处置中发现的问题，在 2005 年、2016 年和 2019 年先后 3 次对《固定资产管理暂行办法》进行补充、修订和完善，为研究所固定资产规范化管理提供了制度保障。

2003—2019 年，资划所组织过两次大规模的资产清查。第一次资产清查是在 2007 年 3 月，按照财政部的统一要求，研究所成立资产清查工作领导小组和资产清查工作办公室，制定了资产清查方案，以 2006 年 12 月 31 日为资产清查基准日对研究所的资产进行了全面清查，清理了两所合并以前遗留多年的资产管理问题，建立了固定资产账卡管理系统，为实施固定资产动态管理奠定了良好基础。第二次资产清查是在 2016 年 3 月，根据财政部、农业部的统一部署和要求，研究所成立资产清查工作领导小组和资产清查工作办公室，按照"统一政策、统一方法、统一步骤、统一要求和分级实施"的原则，以2015年12月31日为资产清查的基准日对研究所的资产进行了全面清查，摸清了研究所资产家底，进一步完善了国有资产管理信息系统，为进一步实施固定资产科学化精细化管理提供了支撑。

经过两次大规模的资产清查，资划所组建培养了资产管理专业队伍，资产管理业务流程不断优化，资产管理制度逐步完善，固定资产管理工作日趋规范和完善。

随着国家基建投资及各类科技经费投入的逐年增加，资划所固定资产规模也越来越大。根据年度部门决算报表数据，资划所2005年年末固定资产总额为5 499.9万元，"十一五"期间（2006—2010年），通过各类基建、修购项目的建设和实施，资划所固定资产规模快速增长，2010年末固定资产总额增加到14 212.60万元，比2005年增长了158.4%。"十二五"期间（2011—2015年），随着资源楼等重大基建项目的完工和一批修购项目的实施，到2015年年末固定资产总额达到31 624.66万元，比2010年增长了122.5%。2016—2019年正值"十三五"期间，基建修购项目投入持续增加，土肥实验楼、国家食用菌改良中心等重大基建项目的完工和农业部重点实验室仪器设备购置等项目的实施，固定资产大幅度增加，截至2019年年末，资划所固定资产总额达到49 541.07万元，比2015年增长了56.6%。下表是"十五""十一五""十二五""十三五"等不同时期研究所固定资产分类情况的统计。

2005—2019年固定资产分类情况　　　　　　　　　单位：万元

年度	固定资产总额	土地、房屋及构筑物	专用设备	通用设备	图书、档案	家具、用具、装具及动植物
2005	5 499.90	1 089.20	2 394.80	1 948.60	67.30	0
2010	14 212.60	2 278.25	2 226.80	9 392.67	42.39	272.49
2015	31 624.66	9 171.87	2 954.76	18 837.47	46.91	613.65
2019	49 541.07	14 204.37	8 107.63	26 270.60	50.47	908.01

四、财务及资产制度建设

两所合并以来，本着依法治所、制度立所的管理理念，资划所先后组织制定了《财务管理办法》《固定资产管理暂行办法》《内部财务报销暂行办法》等10多项财务资产管理制度，并根据上级不断出台的新政策、新规定，结合研究所实际和各项制度执行过程中遇到的问题，先后对《财务管理办法》等有关制度多次进行补充、修改和完善。下表是2003—2019年各项财务资产制度的制定、修订情况统计。

2003—2019年制定修订财务制度情况

时间	制度名称	备注
2003年12月	财务管理暂行办法	制定
2003年12月	固定资产管理暂行办法	制定
2004年12月	内部财务报销暂行办法	制定
2004年12月	关于差旅费开支的暂行规定	制定
2005年1月	固定资产管理办法	第一次修订
2005年12月	内部财务报销管理办法	第一次修订

（续表）

时间	制度名称	备注
2007 年 11 月	非营利性科研机构改革专项启动费管理办法	制定
2007 年 12 月	基本科研业务费专项资金实施细则	制定
2008 年 1 月	财务管理办法	第一次修订
2008 年 1 月	差旅费管理暂行规定	第一次修订
2008 年 1 月	内部财务报销管理办法	第二次修订
2010 年 3 月	国家农业生态野外观测站运转费管理暂行规定	制定
2012 年 12 月	财务管理办法	第二次修订
2012 年 12 月	内部财务报销管理办法	第三次修订
2012 年 12 月	差旅费、会议费、国际合作交流费管理暂行规定	制定
2012 年 12 月	重大设施系统运转费管理暂行规定	第一次修订
2012 年 12 月	公务卡管理暂行办法	制定
2012 年 12 月	项目经费管理办法	制定
2012 年 12 月	政府采购管理暂行办法	制定
2012 年 12 月	会计档案管理办法	制定
2014 年 5 月	差旅费、会议费、国际合作交流费管理暂行规定	第一次修订
2014 年 7 月	公务接待和加班工作餐费报销管理暂行规定	制定
2014 年 12 月	材料物资管理办法	制定
2015 年 11 月	科技创新工程专项经费管理实施细则	制定
2016 年 11 月	差旅费管理实施细则	制定
2016 年 11 月	会议费管理实施细则	制定
2016 年 12 月	内部财务报销管理办法	第四次修订
2016 年 12 月	固定资产管理暂行办法	第二次修订
2016 年 12 月	科研财务助理工作管理办法	制定
2019 年 12 月	内部财务报销管理办法	第五次修订
2019 年 12 月	差旅费实施细则	第一次修订
2019 年 12 月	会议费实施细则	第一次修订
2019 年 12 月	公务卡管理暂行办法	第一次修订
2019 年 12 月	会计档案管理办法	第一次修订
2019 年 12 月	国际合作交流费报销规定	第一次修订
2019 年 12 月	公务接待和加班工作餐费报销管理暂行规定	第二次修订
2019 年 12 月	财务助理工作管理办法	第一次修订
2019 年 12 月	固定资产管理暂行办法	第三次修订
2019 年 12 月	科研试剂耗材管理办法	第一次修订

第六节　平台管理

一、机构沿革

研究所的平台管理是指科学研究涉及的试验场所、野外台站（基地）、实验室、科研仪器、基本建设等集中统一管理。土肥所和区划所合并重组前，平台管理工作没有集中统一管理安排，与科研联系紧密的野外台站（基地）、重点实验室、科研仪器等由科研管理部门负责管理，基本建设由综合办公室或后勤服务中心等负责。

2003—2009 年，研究所仍未建立集中统一管理部门，野外台站（基地）和重点实验室（实验室）管理职能设在科研管理处，进口仪器设备减免税手续办理由科研管理处负责审核办理，通用设备及在国内采购的仪器设备、基本建设项目、修缮购置项目和固定资产管理职能设在条件建设与财务处。

2006 年 6 月，为加强野外台站（基地）管理建立了野外台站管理办公室，挂靠在科研管理处。

2009 年 5 月，资划所领导班子调整换届后，为加强平台建设管理，成立了平台建设管理处。

2009 年 9 月，将条件建设与财务处分管的基本建设项目、修缮购置项目、固定资产实物管理以及科研管理处分管的野外台站（基地）、重点实验室和进口仪器设备减免税手续办理等条件建设方面的管理职能调整到平台建设管理处。

2017 年 9 月，研究所对职能管理机构进行调整，平台建设管理处撤销，成立条件保障处。原平台建设管理处的基建、修购项目管理职能调整到新成立的条件保障处，平台基地管理、进口仪器设备减免税手续办理职能调整到科技与成果转化处，固定资产实物管理职能调整到财务资产处。

截至 2017 年 9 月，平台建设管理处职责主要包括：

（1）负责制定研究所基本建设管理、修缮购置项目管理的有关制度并监督执行以及各类科技平台的能力建设与运行管理。

（2）负责国家及部重点实验室、野外台站、改良中心/分中心、重大科学工程、工程实验室、工程（技术）研究中心、农产品风险评估实验室、科技基础条件平台、种质资源库（圃）等的立项组织与管理。

（3）负责研究所农业财政专项基建、修购项目的选题建议、申报组织和实施管理等。负责所公共平台修购项目的实施。

（4）负责固定资产实物管理，包括办理固定资产实物入账手续，对固定资产实物进行分类、登记、建账、建卡；组织固定资产实物清查和盘点；对固定资产实物增减、转移、使用等进行监督；组织固定资产处置，并会同财务处办理固定资产处置的报批和审批手续；固定资产管理系统的填报和维护，与固定资产相关的资产类信息上报、决算以及为各类评估、项目申报等提供数据等。

（5）负责进口仪器设备的必要性论证和相关材料准备、进口仪器设备许可申报、进口仪器设备海关减免税办理以及大型仪器设备共享管理。

二、基本建设规划

为进一步明确 2011—2020 年研究所基本建设的指导思想、发展目标、建设任务与重点，围绕提升科技创新保障能力的目标，按照中国农业科学院对科技创新平台建设的总体要求和部署，依据《中国农业科学院基本建设"十二五"规划》等，2011 年制定了《中国农业科学院农业资源与农业区划研究基本建设规划（2011—2020）》（简称《规划》）。该《规划》明确了未来 10 年研究所建设目标、建设任务和建设重点。主要包括：国家耕地质量与土壤改良研究中心、国家食用菌菌种繁育与设施示范和培训基地、国家农业遥感科技创新平台等重大科研平台建设项目谋划，试验基地建设、实验室条件设施建设以及公共基础设施建设等。

三、基本建设项目

基本建设项目管理包括项目立项策划与申请、项目执行监督检查、项目竣工验收以及项目资料整理归档等全过程管理。

2003 年两所合并后，对两所承担的未验收基本建设项目进行了清理，其中土肥所 5 项，共计 1 430.3 万元。区划所 12 项，共计 2 345 万元。详见下页表。

1998—2003 年区划所和土肥所基本建设项目清单

序号	项目名称	投资起始年	总投资（万元）	建设地点	建设单位
1	区划所资源信息管理系统	1998	170	北京	区划所
2	土肥所禹城试验站科技实验楼	1998	50	山东省禹城市	土肥所
3	农业部微生物肥料质检中心	1999	216	中关村南大街 12 号	土肥所
4	部遥感中心综合运行部扩建	1999	70	北京市	区划所
5	区划所卫星遥感接收仪器设备购置	2000	390	北京	区划所
6	区划所国家级农业资源监测设施建设	2001	50	北京	区划所
7	区划所国家级农业资源管理系统建设	2001	100	北京	区划所
8	区划所节水农业监测系统支撑设施建设	2001	500	北京	区划所
9	"十五"第一批节水农业示范基地	2001	40	区划所	区划所
10	"十五"第一批节水农业示范基地	2002	60	区划所	区划所
11	区划所部遥感应用中心综合运行部建设	2002	360	北京	区划所
12	农艺节水技术创新技术基地建设	2002	294.30	河南洛阳	土肥所
13	节水高效农业技术应用研究开发基地	2002	500	河北廊坊	土肥所
14	区划所部遥感应用中心综合运行部	2003	40	北京	区划所
15	节水农业遥感监测地面综合试验基地建设	2003	440	北京市	区划所
16	"十五"第二批"三元结构"种植示范基地	2003	125	宁夏中卫县	区划所
17	土壤墒情监测试验基准站建设	2003	370	河南、山东、湖南、河北、北京	土肥所

2003—2019 年，资划所获得基本建设投资项目 25 项，获经费支持 32 881 万元，其中房屋类建设项目 12 项、升级改造类建设项目 2 项、仪器设备购置类建设项目 11 项。详见下表。

2005—2019 年基本建设项目立项情况

序号	项目名称	投资批复时间	金额（万元）
1	农业遥感监测系统设备购置（2004）	2005	700
2	中国农业科学院衡阳红壤实验站建设项目	2005	412
3	中国农业科学院德州盐碱土改良实验站建设项目	2005	425

序号	项目名称	投资批复时间	金额（万元）
4	遥感监测设备购置（2005）	2005	1 180
5	农业部植物营养与养分循环重点开放实验室仪器设备购置项目	2007	900
6	全国农业资源区划资料库改造项目	2007	220
7	呼伦贝尔草甸草原生态环境重点野外科学观测试验站建设项目	2007	480
8	中国农业科学院农业资源综合利用研究中心建设项目	2008	2 800
9	中国农业科学院洛阳旱作农业重点野外科学观测试验站建设项目	2008	575
10	中国农业科学院祁阳红壤实验站建设项目	2008	600
11	农业部肥料质量安全监督检验中心建设项目	2011	1 672
12	中国农业科学院农业资源与农业区划研究所土壤肥料实验室建设项目	2012	2 560
13	中国农业科学院农业资源与农业区划研究所耕地培育技术国家工程实验室项目	2012	1 500
14	中国农业科学院农业资源与农业区划研究所国家食用菌改良中心建设项目	2012	1 275
15	弱电系统改造及防雷系统升级项目	2012	160
16	农业部面源污染控制重点实验室建设项目	2014	807
17	农业信息技术重点实验室建设项目	2014	1245
18	农业部农业微生物资源收集与保藏重点实验室建设项目	2015	758
19	植物营养与肥料重点实验室建设项目	2015	1211
20	中国农业科学院农业资源与农业区划研究所呼伦贝尔综合试验基地建设项目	2016	2 948
21	中国农业科学院农业资源与农业区划研究所国家食用菌育种创新基地建设项目	2016	723
22	中国农业科学院农业资源与农业区划研究所祁阳试验基地建设项目	2017	2 821
23	中国农业科学院农业资源与农业区划研究所国家数字农业示范工程建设项目	2017	2 346
24	中国农业科学院农业资源与农业区划研究所德州试验基地建设项目	2018	2 731
25	中国农业科学院国家数字农业创新中心建设试点项目	2019	1 332
	合计		32 881

四、修缮购置项目

修缮购置项目管理包括组织项目立项策划与申请、项目执行监督检查、项目竣工验收及项目资料整理归档等全过程管理。

2006—2019 年，资划所获得修缮购置项目 46 项，获经费支持 15 617 万元。其中房屋修缮类项目 11 项，经费 3 237 万元。基础设施改造类项目 10 项，经费 3 150 万元。仪器设备购置类项目 25 项，经费 9 230 万元。详见下表。

2006—2016 年修缮购置项目立项情况

序号	项目名称	类型	年度	经费（万元）
1	中国农业野外试验网络数据中心房屋修缮	房屋修缮	2006	30
2	土壤肥料实验楼修缮	房屋修缮	2006	190
3	中国农业科学院衡阳红壤实验站基础设施改造	基础设施改造	2006	175
4	养分循环与资源高效利用实验室设备购置	仪器设备购置	2006	360
5	土壤肥料测试中心设备购置	仪器设备购置	2006	270
6	微生物实验室设备购置	仪器设备购置	2006	125
7	草地生物量累积动态测定实验室设备购置	仪器设备购置	2006	45
8	中国农业科学院德州盐碱土改良实验站基础设施改造	基础设施改造	2007	190
9	农业生态系统控制与生态修复实验室	仪器设备购置	2007	430
10	数字土壤软件升级	仪器设备购置	2007	45
11	"非损伤微测技术"设备升级改造	仪器设备升购置	2007	20
12	数字土壤实验室	仪器设备购置	2007	340
13	区划实验楼房屋修缮	房屋修缮	2008	130
14	野外台站设备购置	仪器设备购置	2008	340
15	中国农业野外试验网络数据中心设备购置	仪器设备购置	2008	380
16	农业部资源遥感与数字农业重点开放实验室设备购置	仪器设备购置	2008	190
17	微生物资源评价与挖掘实验室仪器设备购置	仪器设备购置	2009	210
18	农业部呼伦贝尔观测实验站仪器设备购置	仪器设备购置	2009	255
19	农业空间信息实验室仪器设备购置	仪器设备购置	2009	450
20	区划楼修缮	房屋修缮	2010	710
21	呼伦贝尔站基础设施改造	基础设施改造	2010	160
22	菌肥测试实验室仪器设备购置	仪器设备购置	2010	125
23	祁阳试验站仪器设备购置	仪器设备购置	2010	155
24	德州实验站仪器设备购置	仪器设备购置	2010	155
25	昌平、禹城实验站房屋修缮	房屋修缮	2011	142
26	禹城、昌平实验站基础设施改造	基础设施改造	2011	165
27	土肥实验楼房屋修缮二期	房屋修缮	2012	590
28	祁阳、洛阳试验站基础设施改造	基础设施改造	2012	230
29	资划所公共实验室仪器设备购置	仪器设备购置	2012	410
30	农业野外观测试验站科研楼及附属设施修缮（2 年）	房屋修缮	2013	485
31	农业资源与农业区划研究所所区基础设施改造	基础设施改造	2013	180
32	农业野外科学观测试验站基础设施改造（2 年）	基础设施改造	2013	900

（续表）

序号	项目名称	类型	年度	经费（万元）
33	农田土壤野外长期观测与综合研究体系建设仪器设备购置	仪器设备购置	2013	915
34	试验基地基础设施改造（2年）	基础设施改造	2014	855
35	农业资源高效综合利用研究共享平台建设仪器设备购置（2年）	仪器设备购置	2014	940
36	作物育种楼（土肥部分）修缮	房屋修缮	2015	220
37	全国农业资源与区划资料库修缮	房屋修缮	2016	320
38	人才引进项目：土壤植物互作相关研究仪器设备购置（一期）	仪器设备购置	2016	205
39	人才引进项目：土壤植物互作与微生物资源利用仪器设备购置	仪器设备购置	2017	1 125
40	综合试验基地项目：农业部迁西燕山生态环境重点野外科学观测试验站房屋修缮	房屋修缮	2018	335
41	综合试验基地项目：农业部迁西燕山生态环境重点野外科学观测试验站基础设施改造	基础设施改造	2018	135
42	人才引进项目：数字农业与环境监测评价研究仪器设备购置	仪器设备购置	2018	830
43	院所共享设施：国家土壤肥力与肥料效益监测站网数据库房屋修缮	房屋修缮	2019	85
44	院所共享设施：资源所土肥楼电路基础设施改造	基础设施改造	2019	160
45	院所共享设备平台：国家土壤肥力与肥料效益监测站网仪器设备购置	仪器设备购置	2019	360
46	常规更新：农业遥感与野外监测仪器设备购置	仪器设备购置	2019	550
	合计			15 617

五、科技平台

（一）野外台站

2003年5月合并之初，资划所拥有肥力站网、衡阳、德州、昌平、洛阳、呼伦贝尔、密云、迁西8个野外台站。

2005年10月，迁西燕山生态环境重点野外科学观测试验站、呼伦贝尔草甸草原生态环境野外科学观测试验站、衡阳红壤生态环境重点野外科学观测试验站、昌平潮褐土生态环境重点野外科学观测试验站、德州农业资源与生态环境野外科学观测试验站、洛阳旱地农业重点野外科学观测试验站被农业部首批命名为农业部重点野外科学观测试验站。

2005年，呼伦贝尔草原生态系统国家野外科学观测研究站被科技部遴选为国家级重点野外台站。

2006年，国家土壤肥力与肥料效益监测站网和湖南祁阳农田生态系统国家野外科学观测研究站通过科技部组织的评估认证，被正式纳入国家野外科学观测研究站序列进行管理。

2009年，廊坊基地和密云试验站申报中国农业科学院重点野外台站并获批，分别命名为：中国农业科学院廊坊数字水肥野外科学观测试验站和中国农业科学院密云生态农业野外科学观测试验站。另外在广东江门筹备建立农业资源试验基地。

2010 年，在河北平泉开始筹备建立国家食用菌研发中心（改良中心），在江西进贤与江西省红壤研究所拟合作共建进贤基地。

2011 年，江西进贤站、广东江门站和河北平泉国家食用菌改良中心站正式建立，其中江西进贤站获得科研用地 80 亩、建设用地 10 亩土地证。江门站获得 50 亩农用地土地证；平泉基地获得 45 亩建设用地土地证。

2017 年，广东江门站移交给中国农业科学院深圳农业基因组研究所管理。

2019 年，国家土壤肥力与肥料效益监测站网与北京昌平站合并，命名为北京昌平土壤质量国家野外科学观测研究站。

（二）实验室

2003 年 5 月两所合并之初，资划所拥有农业部作物营养与施肥重点开放实验室（1996 年）和农业部资源遥感与数字农业重点开放实验室（2002 年）。

2011 年 11 月，农业部按照学科群建设重点实验室时，农业部植物营养与肥料重点实验室和农业部资源遥感与数字农业重点实验室双双进入综合性重点实验室，分别更名为"农业部植物营养与肥料重点实验室（综合性）"和"农业部农业信息技术重点实验室（综合性）"，另外还增加"农业微生物资源收集与保藏""面源污染控制"2 个专业性（区域性）重点实验室。同年，申报的"耕地培育技术国家工程实验室"获得国家发展改革委员会批复和授牌，国拨建设经费 1 500 万元。研究所公共实验室正式成立并起步建设，2012 年正式对外开展测试服务。

2013 年 4 月，农业部微生物产品质量安全风险评估实验室（北京）在研究所挂牌成立，这是我国当时批准设立的农业微生物产品质量安全风险评估唯一的专业性实验室。

2016 年，经农业部批准，研究所从农业部农业信息技术重点实验室退出，组建农业部农业遥感重点实验室（综合性），牵头农业遥感学科群建设。同时还批准研究所组建农业部草地资源监测评价与创新利用重点实验室，参与草牧业创新学科群建设。

2017 年，农业部批准建立"农业部农产品质量安全肥料源性因子风险评估实验室（北京）"，依托研究所运行。

（三）重大设施系统运行费项目

2009 年农业部为规范所属事业单位重大设施系统运行费管理，保证重大设施系统正常运行，启动了重大设施系统运行费项目申报工作，并制定了《农业部所属事业单位重大设施系统运行费管理暂行办法》。当年研究所组织 3 个国家级野外台站申请重大设施系统运行费项目并获批每年 290 万元经费支持，其中衡阳红壤实验站运行费项目 100 万元、国家土壤肥力与肥料效益监测站网运行费项目 90 万元、呼伦贝尔实验站运行费项目 100 万元。2010 年组织德州实验站申报重大设施系统运行费项目并获批每年 50 万元经费支持，2011 年组织中国农业微生物菌种保藏管理中心申报重大设施系统运行费项目获批每年 90 万元经费支持，截至 2019 年年底，研究所有重大设施系统运行费项目 5 项，经费 430 万元。在重大设施系统运行费项目支持下，4 个野外台站和 1 个菌种保藏中心设施系统运行良好。

六、基本建设与平台制度建设

2004 年，为规范基本建设和修缮购置项目及平台管理，资划所制定《野外台站管理办法》和《基本建设管理办法》。2011—2012 年对这些办法进行修订，并健全完善了《修缮购置专项管理办法》，2013 年制定《公共实验室服务收费暂行办法》，2016 年制定《温室使用及管理办法（试行）》，并结合工作实际对《基本建设管理办法》《修缮购置专项管理办法》《野外台站管理办法》等进行了修订。2019 年对《野外台站管理办法》《重点实验室管理办法》等制度进行修订。

第七节　肥料评审登记管理

一、机构沿革

农业部于 1989 年将化学肥料纳入登记管理，委托挂靠土肥所（2003 年合并后更名为资划所）的国家化肥质量监督检验中心（北京）负责具体的肥料登记受理等工作。20 世纪 90 年代初期，微生物肥料产业迎来快速发展时期，农业部于 1996 年将微生物肥料产品纳入肥料登记范畴，并委托挂靠土肥所的农业部微生物肥料质量监督检验测试中心负责具体的登记受理等工作。

为了贯彻落实国务院关于深化行政审批制度改革的部署和要求，进一步规范肥料登记行政审批工作，农业部于 2015 年 9 月 6 日将肥料登记纳入行政审批综合办公，实行肥料登记网上申报。根据肥料登记管理的新要求，两个中心不再承担肥料登记管理职责，由资划所内设的肥料评审登记管理处承担，继续履行农业部肥料登记评审委员会秘书处的职责。在持续近 30 年的肥料登记受理工作中，两个中心及肥料评审登记管理处在肥料登记管理制度建设、引领新型肥料行业发展、肥料产品标准制修订、规范肥料行业发展等方面做出了极大的贡献。

二、肥料登记管理制度由来

（一）背景

20 世纪 80 年代后期，随着农业生产的快速发展，肥料行业呈现出欣欣向荣的发展景象，化肥品种由原来的低浓度、单质肥料迅速向高浓度、复合化、多品种发展，同时还出现了许多新型肥料，如中微量元素肥料、含氨基酸肥料、土壤调理剂、微生物肥料等。这些新型肥料多属于研制阶段、技术还不成熟、应用效果还没有得到广泛的验证，加上一些企业炒作概念、对新型肥料功能进行夸大、虚假宣传，假冒伪劣产品十分严重，农民利益受到了严重损失。因此，把好肥料产品的市场准入关、加强市场监管显得非常迫切。

国务院三定方案中赋予了农业部对肥料管理的职责，其中第 7 条内容为："拟定农业各产业技术标准并组织实施；组织实施农业各产业产品及绿色食品的质量监督、认证和农业植物新品种的保护工作；组织协调种子、农药、兽药等农业投入品质量的监测、鉴定和执法监督管理；组织国内生产及进口种子、农药、兽药、有关肥料等产品的登记和农机安全监理工作。"

（二）"一肥两剂"产品登记管理

为了更好地规范肥料市场，加强肥料、土壤调理剂及植物生长调节剂的管理，防止土壤污染保障人畜健康，保护合法企业和广大农民的利益，依据相关的法律法规，农业部于 1989 年发布了《中华人民共和国农业部关于肥料、土壤调理剂及植物生长调节剂检验登记的暂行规定》（〔1989〕〕农（农）字第 38 号），要求任何组织和个人生产、销售的肥料、土壤调理剂及植物生长调节剂，除国家规定免予登记的肥料品种以外，必须到农业部办理检验、登记，未经登记的产品不得销售使用。外国厂商向中国推销肥料、土壤调理剂及植物生长调节剂也必须进行检验、登记，未经登记的产品不准进口。从此拉开了我国肥料登记管理的序幕，也由此逐步建立起我国的肥料登记管理制度。具体的肥料登记受理工作由挂靠土肥所的国家化肥质量监督检验中心（北京）承担。1997 年根据《农药管理条例》的规定，农业部将植物生长调节剂从肥料管理的范畴调整到农药管理的范围。

（三）微生物肥料产品登记管理

1996 年农业部将微生物肥料产品正式纳入肥料登记管理范畴，并以农农函〔1996〕15 号文明确委托农业部微生物肥料质量监督检验测试中心承担登记受理工作，具体职责为"受理微生物肥料检验登记的申请、咨询和安排国外产品复核试验和国内产品田间验证试验，凡用于农业的各种微生物肥料、接种剂及活菌制剂产品均属于微生物肥料产品检验登记管理范围"。

三、肥料登记管理制度变革

（一）肥料登记管理办法

为适应新形势下肥料登记管理的要求，农业部在 2000 年发布第 32 号部长令，颁布《肥料登记管理办法》，以进一步规范肥料登记管理制度，简化登记审批程序。2001 年农业部颁布了与《肥料登记管理办法》相配套的《肥料登记资料要求》（第 161 号公告），对肥料登记所需资料进行统一的规范，保证了肥料登记资料的科学性、统一性和完整性。2004 年 7 月 1 日，农业部根据《中华人民共和国行政许可法》规定，发布了第 38 号令，对《肥料登记管理办法》的部分条款进行了修改。2017 年 12 月 1 日，农业部发布第 8 号令，对《肥料登记管理办法》的部分条款进行了再次修改。

（二）肥料管理规范的制定

随着肥料行业的快速发展，原有的《肥料登记管理办法》《肥料登记资料要求》已不能完全适应新形势下肥料发展的需求，为了更好地规范肥料登记管理工作，农业部于 2002 年和 2009 年分别出台了两个 2 号文，即《农业部关于进一步规范肥料登记管理的通知》（农农发〔2002〕2号）和《农业部关于切实做好肥料登记管理工作的通知》（农农发〔2009〕2 号），针对当时的肥料管理现状，如一些地方还存在审批程序不规范、越权超范围登记、省际间登记要求不一致和监管不到位等问题，提出了在肥料登记管理工作中要严格审批权限、规范登记要求、公开登记信息和强化管理服务等方面的具体要求。

（三）肥料登记行政审批制度改革

随着现代农业的发展和行政体制改革的深入推进，从 2015 年 9 月起肥料登记进行了行政审批制度改革，肥料登记管理列入了农业部行政许可事项的目录。这次改革主要基于三个方面的考虑：一是加强肥料管理的需要。改革肥料登记行政审批制度，有利于推动建立管理科学、运转高效、职责明确的肥料管理长效机制。二是推进简政放权的需要。农业部按照国务院关于简政放权的统一部署，切实加大行政审批制度改革力度。开展肥料登记行政审批制度改革，就是要适应职能转变的新要求，进一步厘清政府与市场的边界，把该放的事坚决放开，把该管的事坚决管好。三是完善登记审批程序的需要。肥料登记行政审批制度改革，简化不必要的程序和要求，提高行政审批效率，为肥料企业提供更加便捷、高效的服务。

肥料登记行政审批制度改革的内容包括 3 个方面：一是实行综合办公。将肥料登记纳入农业部行政审批综合办公大厅，实行综合办公。有利于企业更加方便、快捷地申请肥料登记，同时，也有利于社会公众对肥料登记管理工作开展监督。二是规范服务流程。农业部第 2287 号公告发布了《肥料正式登记审批标准》《肥料临时登记审批标准》《肥料续展登记审批标准》《肥料变更登记审批标准》，对办理程序和办理时限做出了明确规定。农业部第 2291 号公告发布了肥料登记行政许可项目网上申报的程序和要求，明确肥料登记申请实行网上申报，让企业在办理过程中做到心中有数。三是简化资料要求。农业部办公厅印发的《关于肥料登记行政审批有关事项的通知》（农办农〔2015〕35 号），按照简政放权的要求，结合肥料登记管理的实际，取消了提交肥料样品、质量复核性检测和肥料残留试验、肥料田间示范试验等要求，切实减轻了申请登记企业的负担。

2015 年 9 月，经农业部批准成立了第八届农业部肥料登记评审委员会，依托研究所新成立的肥料评审登记管理处承担评审委员会秘书处的相关工作。新一届评审委员会首次成立了 74 名专家的专家库，每次评审会随机选择部分专家参加会议。投票方式由原来的无记名投票改为实名投票。新一届评审委员会在农业部的统一领导下，严格按照法律法规和《肥料登记评审委员会章程》的规定，切实履行好肥料登记评审职责。

四、肥料登记管理工作成效

截至 2019 年年底，农业农村部有效肥料登记证数量达到近 20 500 个，登记肥料种类达 35 种，登记企业数量超过 5 000 家。肥料登记对规范肥料产品的生产、推广、使用者行为，有效打击假劣肥料产品，提高肥料产品质量，保护合法厂商和农民利益等方面发挥了积极作用。自《肥料登记管理办法》颁布施行以来，挂靠资划所的农业农村部肥料登记评审委员会秘书处按照相关法律法规和规章规定，本着科学、创新、公正、透明的原则，切实履行职责，严格把好肥料安全性、有效性和适宜性审核关，积极引导和推进肥料行业健康有序发展。

（一）规范了肥料市场，促进肥料行业健康发展

自实施肥料登记管理制度以来，新型肥料市场秩序得以改善，肥料产品质量也得到了稳步提高，尤其是近年来在肥料登记过程中加强了对肥料标签、标识方面的审核力度，原来充斥肥料市场的各种虚假、夸大宣传问题得到了一定程度的扭转。这对维护肥料市场秩序，创造公平竞争的市场环境，推动新型肥料工业的健康发展，提升新型肥料产品的竞争力，以及维护农民和合法企业利益等方面做出了重要贡献，新型肥料现已成为肥料产品家族中不可或缺的一员。

（二）把好了肥料登记产品的安全准入关

"十三五"以来，我国农业已进入新的发展阶段，农业生产由增产导向向提质导向转变，肥料是十分重要的生产资料，对推进质量兴农和绿色兴农至关重要。肥料登记从源头上加强对新型肥料产品的安全性把关，对产品中的有毒有害指标，如重金属、大肠菌群、蛔虫卵死亡率等作了严格规定；对所有产品进行小白鼠急性经口毒性试验；对高分子的缓释肥料包膜材料和农林保水剂进行生物降解试验；对具有爆炸性的肥料进行抗爆性试验；对微生物肥料进行微生物菌种安全试验，并逐渐建立了微生物肥料菌种安全管理目录。肥料登记把好产品安全的源头关，让肥料登记成果惠及农业发展。

（三）提高了肥料产品质量

自从实行肥料登记制度以来，一是在生产源头进行严格把关，加强了对生产企业的基本情况、企业质量保证体系、质量控制条件等方面的考核，对不具备生产条件以及产品质量不合格的企业不予发放肥料登记证，禁止进入肥料市场；二是对企业提交的备案标准进行严格的审查，提高产品的准入门槛，促进企业提高产品质量和技术含量，并在时机成熟时制定有关的产品标准；三是加强对登记后肥料产品质量的监督检查，将一些假冒伪劣产品和无登记证产品逐步从市场清除出去，净化了肥料市场秩序。

（四）建立了与登记相适应的新型肥料技术标准体系

新型肥料纳入登记制度以来，在有关部门的支持和配合下，促进了相关标准的研究和制定。经过农业部肥料登记专家评审委员会的共同努力，建立了产品技术指标、田间试验和毒理学检验结果评价等三个层次的技术体系，为新型肥料登记管理提供了技术保障。肥料标准建设方面取得了明显的成效，在国家有关项目支持下，构建了由通用标准、安全标准、产品标准、方法标准和

技术规程等5个方面几十个标准构成的肥料标准体系框架，这对规范肥料行业健康发展提供了坚实的技术支撑。

（五）实现了登记产品的信息共享

随着网络化的普及，肥料登记受理机构加强了网络建设，为实现网上登记和网上办公奠定了基础，为肥料登记管理提供了规范的服务平台。通过网络及时发布肥料产品登记信息，建立了肥料登记信息公开制度，为社会各界查询肥料登记产品信息提供便捷、有效的途径，实现了信息共享。

第八节　条件保障与后勤服务管理

一、机构沿革

2003年两所合并后，继续保留后勤服务中心，人员由原两所后勤服务中心人员组成。根据工作需要，后勤服务中心设社会公益部、有偿服务部、物业管理部。社会公益部主要负责研究所办公区环境卫生保洁、报纸信件收发、电话、计划生育、职工献血、安全保卫、消防、水电暖及公用设施的维修及修缮、所辖区绿化地养护、职工医疗费报销审核及农场内部管理等公益性工作。有偿服务部主要负责交通安全、车辆管理使用及调度、复印打字等有偿服务性工作。物业管理部负责研究所房地产等非经营性资产的开发利用及物业管理。

2009年8月，所领导班子换届后，增加了所属办公、实验用房规划调整分配等管理职能。2012年增加了所属办公、实验用房收费计算及其收费管理职能。

2014年年初，经所长办公会研究决定，安全生产领导小组日常办公室职能从办公室调整到后勤服务中心。

2016年，增加试剂耗材平台建设与管理职能。

2017年9月，研究所对职能管理与服务机构进行调整，撤销后勤服务中心，成立条件保障处。原后勤服务中心职责中的温室管理、信件报刊收发服务管理职能调整到新成立的产业开发服务中心，药费报销和试剂耗材平台建设与管理职能调整到财务资产处，安全生产领导小组日常办公室调整到综合办公室。其余职责调整到条件保障处。

截至2019年年底，条件保障处职责主要包括：

（1）负责制定条件保障与后勤服务职责范围内的规章制度并执行实施。

（2）负责基本建设项目、修缮购置项目规划、申报、实施、验收等全过程管理。

（3）负责危险化学品全过程监督管理工作。

（4）负责科研、办公用房、出租用房的布局调整、合同签订、收费核定、日常管理工作。

（5）负责所属京区的保安、保洁、消防、车辆管理及水、电、暖等公共设施的维修维护、环境卫生等配套管理工作及相关经费支出的审核。

（6）负责条件保障等信息系统建设与共享；负责部门管理工作的统计报表、合同档案建档、归档及安全保密等管理工作。

（7）负责计划生育、交通安全、爱国卫生、节能减排、职工献血等组织管理工作。组织职工子女入托、入学报名。

（8）负责公共区域（各部门、团队管理使用的除外）、强弱电间（井）、出租房屋、廊坊基地、施工、建筑及附属设施的安全生产管理工作。

二、运维修缮

运维修缮是指对所属公共设施及房屋设施的运行维护和修缮。2003 年以来，后勤服务中心承担研究所京区办公区域水、电、暖、电梯、电话、中央空调、消防设施等各种管线及设备的检查、保养和维修以及水、电、暖、电话费的定期收缴等工作。2009 年对土肥楼动力电、菌种保藏中心动力电和农场水管进行改造。2010 年、2012 年、2015 年通过区划楼和土肥楼和科技开发楼 3 个修缮项目实施，对 3 栋楼部分电路进行重新铺设改造，对房屋照明灯和开关进行全部更换，在楼道等公共区域安装了声控照明开关。2015 年根据中国农业科学院统一安排，对所属办公楼外电源进行改造，将总配电箱全部更新为智能电表。2016 年为方便使用新能源汽车职工充电，在资划所温网室院内安装 2 个电动汽车充电桩。2017 年针对资源楼大型仪器增多、电力不足情况，自筹资金进行电力增容改造。2003 年以来，及时对所属楼宇屋顶进行防水修缮维护，对楼宇内外及办公室和实验室的破损进行修补装修，对门窗损坏进行修理或更换，对卫生间问题进行处理，有效保障了各项工作正常开展。

三、环卫与绿化

环境卫生与绿化管理包括所属京区楼宇内外公共区域卫生保洁及楼外环境整治与绿化等工作。2003—2010 年，由研究所直接聘请专门保洁人员对所属楼宇内外进行打扫。2010 年后勤服务中心加大环境卫生工作管理力度，聘请专业保洁公司负责所属楼宇内外卫生保洁工作，环境卫生做到了日日清扫和特殊情况及时清扫，全所卫生保洁状况得到显著改善。

环境整治与绿化是指对所属楼宇周边环境进行规划整治与绿化养护。2012 年后勤服务中心牵头对资划所各办公楼周边环境进行整治和规划，硬化了土肥楼北侧、区划楼西侧和南侧、资源楼周边等区域地面，新划了停车线，整改了停车泊位。在区划楼、科技开发楼前栽种了绿植花草，在土肥楼前建了两个花坛栽种了月季花，并定期进行修剪维护，研究所周边环境得到较大改善。

四、车辆管理

车辆管理主要包括车辆购置、车辆使用与保养维护、驾驶员及交通安全等管理。2003 年 5 月两所合并时，资划所共有机动车 12 辆，其中土肥所 6 辆、区划所 4 辆，德州站 2 辆。2003 年至 2011 年先后购置汽车 11 辆，2007 年、2016 年和 2018 年 3 次处置汽车 13 辆，其中报废 11 辆、拍卖 2 辆，另将 1 辆环保不达标汽车转给京外单位使用。截至 2019 年年底研究所共有公务车 9 辆，其中 3 辆汽车由条件保障处统一管理安排调度，有偿使用，主要用于日常业务、外事接待等。其余 6 辆特种专业技术车，分别由草地生态团队（2 辆）、农业遥感团队（2 辆）、肥料及施肥技术团队（1 辆）、祁阳站（1 辆）用于农业遥感、草地生态遥感及土壤监测等田间测试取样和野外监测使用，由各团队分别使用管理。研究所聘请专业司机驾驶车辆，定期对司机进行驾驶技能和交通安全培训，与之签订交通安全责任书，在责任书中明确"不准""不要"和"要"的具体内容。2017 年，为加强公务车监管，研究所在每辆公务车上安装了 GPS 定位系统，实时对车辆行驶情况进行有效监控。研究所于 2014 年、2015 年被评为"北下关地区交通安全先进单位"。

为加强公务车辆规范管理，研究所于 2004 年制定《机动车管理办法》，2009 年制定《车务管理制度》，2013 年制定《公务车辆运行费用管理办法》，2017 年制定《车辆管理办法（试行）》等制度。

五、物业开发管理

物业开发是指研究所将管理使用的部分房屋调配出来按照市场价格进行出租出借获取一定收入。2003 年合并以来，研究所先后利用土肥科技开发楼、农场部分区域、区划楼部分楼层、科海福林大厦等进行物业开发，物业开发收入逐年增长，2010 年之后每年创收都在 1 000 万元以上，缓解了研究所科研事业费不足的矛盾。

2012 年，研究所为保证房屋合理高效使用，实现资源优化配置，经所务会研究决定，实施办公、实验用房收费管理。当年制定了《办公科研用房管理办法》，对各部门使用的办公科研用房进行了实地测量，根据收费标准计算出各部门应缴纳费用并组织了收缴工作。

六、计划生育管理

一是贯彻执行党和国家计划生育方针政策和法律法规以及上级主管部门有关人口与计划生育工作的指示。二是加强计生统计台帐管理，做好计划生育统计报表工作。三是做好计划生育各项服务，按要求按时为职工发放独生子女费及各类补贴，办理生育证明、独生子女证明等。自2003 年两所合并到 2016 年国家二孩政策全面放开之前，研究所计划生育工作多次被院评为先进单位。

七、安全生产管理

安全生产管理主要包括水、电、暖、消防、安全保卫、危险化学药品、实验室、台站基地、科研实验活动、交通等安全管理。为加强安全生产组织领导，自 2003 年 5 月以来，研究所一直设有安全生产领导小组，具体指导研究所安全生产工作。安全生产领导小组组长由所长和书记担任，副组长由副所长和副书记担任，成员由各部门第一负责人构成。安全生产领导小组设日常办公室，主要工作包括组织制定安全生产管理制度、签订安全生产责任书、安全生产宣传与培训、安全检查及督促整改等。2003—2008 年安全生产领导小组日常办公室设在人事处，2008—2014年根据上级主管部门有关安全生产领导小组职能调整要求，研究所相应将安全生产领导小组日常办公室调整到办公室。2014 年年初，经所长办公会研究决定，安全生产领导小组日常办公室从办公室调整到后勤服务中心。2017 年资划所职能管理机构调整后，安全生产领导小组更名为安全生产（平安建设）领导小组，日常办公室调整到综合办公室。

为加强和规范安全生产管理，研究所结合工作实际，先后制定了多项安全生产规章制度。2004 年制定了《安全保卫规章制度》，2009 年制定了《安全生产管理规定》《消防安全管理规定》《剧毒药品管理制度》。2016 年对原有安全生产管理办法进行梳理废立，制定了《安全管理办法》《安全卫生管理制度》《实验室实验试剂安全管理制度》《实验室废弃物安全管理制度》《危险化学品安全管理制度》《易制毒化学品的安全管理制度》《实验室仪器设备安全使用制度》《实验室培训及实验室人员准入制度》《法定节假日及夜间实验管理制度》《实验室安全管理应急预案》。2018 年对《安全管理办法》进行修订，进一步明确了安全生产领导小组及所属各部门主要职责。

安全生产宣传培训。每年 6 月安全生产月期间，安全生产（平安建设）领导小组会集中举办宣传培训活动。如制作安全生产宣传展板、视频及标语，组织不同主题的消防安全培训及演练活动等，以提高大家安全生产意识和应急处置能力。

安全生产检查。定期对所辖区消防设施设备进行安全检查，更新、更换灭火器。定期对水、电、暖等设施进行安全检查与维护，及时消除安全隐患。在全国两会、国庆节、春节等重要节点，集中组织安排安全生产自查和大检查，发现安全隐患及时进行处理。

安全防范措施。健全完善人防、物防和技防等防范措施，提升安全防范能力。2006 年研究所开始聘请专业保安队伍，加强对所辖区安全值守与巡逻。2006 年在土肥楼、区划楼等楼宇内外区域安装了视频监控系统。2017 年自筹资金对视频监控系统进行更新换代，资源楼、区划楼、土肥楼、东配楼、科技开发楼等所辖楼宇内外全部安装视频监控。安装了门禁系统，2018 年建成投入使用。为加强实验室废弃物安全管理，从 2014 年开始研究所对实验室的废弃物进行统一回收，由专业公司集中处理。2017 年建立化学品试剂库房一间，并设专人负责管理。

第三章　科学研究

2003 年 5 月两所合并后，围绕现代农业发展和生态文明建设中的国家战略需求和农业资源环境学科科学前沿，资划所对学科领域和研究方向进行了梳理和重新定位，确定了以植物营养与肥料、农业遥感与信息、农业土壤、农业微生物资源与利用、农业生态、农业区域发展等 6 大核心研究领域开展综合性的基础与应用基础研究。2013 年在中国农业科学院科技创新工程支持下，围绕植物营养、肥料及施肥技术、土壤培肥与改良、土壤植物互作、碳氮循环与面源污染、土壤耕作与种植制度、农业布局与区域发展、农业防灾减灾、农业遥感、草地生态遥感、食用菌遗传育种与栽培、农业资源利用与区划以及微生物资源收集、保藏与发掘利用和空间农业规划方法与应用 14 个研究方向组建了 14 个创新团队。2017 年将农业防灾减灾、空间农业规划方法与应用 2 个团队调整为耕地质量监测与保育团队、智慧农业团队。

第一节　植物营养与肥料研究

一、植物营养

2004 年 6 月，资划所在原土壤肥料研究所植物营养与肥料研究室基础上，成立植物营养与肥料研究室，2010 年 7 月更名为植物营养研究室。2013 年在植物营养研究室基础上组建了植物营养团队。植物营养学科经几代科学家的努力，已经成为研究所的骨干学科之一。长期以来，团队以养分资源高效利用为目标，研究工作主要集中在养分循环和养分管理等方面。2003 年以来，先后主持国家重点研发计划项目 1 项，国家"973"计划项目 2 项，国家科技支撑计划项目 1 项，公益性行业科研专项 1 项，国家现代农业产业技术体系岗位专家课题 3 项，国家自然科学基金项目 13 项。重点开展养分资源高效利用基础与应用研究，主要包括养分循环与高效利用的分子生态机制，养分管理及协同优化原理与方法，养分高效调控途径与模式。

（一）养分循环研究

"十一五"以来，牵头国家科技支撑计划项目"沃土工程关键支撑技术"总体设计，并主持相关课题，主持农业部公益性行业科研专项"南方低产水稻土改良技术研究与示范"，主持国家水稻产业技术体系稻田培肥岗位专家课题。研究阐明了南方低产水稻土的质量特征，创建了涵盖稻田土壤酶、微生物等生物肥力指标的质量评价指标体系，揭示了主要低产水稻土的低产成因；研发出黄泥田有机熟化、白土厚沃耕层、潜育化水稻土排水氧化、反酸田/酸性田酸性消减、冷泥田厢垄除障等低产水稻土改良关键技术；揭示畜禽有机肥氮磷转化的微生物学机制，对无机肥料氮磷有效性的影响；明确了秸秆和生物炭还田下农田养分供应，碳氮互作机制及调节原理，根际土壤微生物参与碳氮转化的作用机制；研究成果"南方低产水稻土改良关键技术"获得国家科技进步奖二等奖，为我国农田地力提升及养分资源循环利用提供有力支撑。

（二）养分推荐研究

"十一五"以来，牵头承担国家"973"计划项目 2 项，即"肥料减施增效与农田可持续利用基础研究""肥料养分持续高效利用机理与途径"，主持国家科技支撑计划课题"平衡施肥与养分管理技术"，主持国家蔬菜和马铃薯产业技术体系岗位专家课题 2 项。研究揭示了土壤硫素转化与植物有效性机理，创造性提出作物钙素非维管束吸收与果面营养理论；提出了区分旱地和水稻土有效硫临界值，建立了硫肥和钙肥高效施用技术；研究阐明了有机肥资源替代化肥养分的作用机理与技术，建立了基于产量反应和农学效率的作物推荐施肥新方法；从化肥减量增效、化肥替代、专用新型化肥、水肥一体化等途径着手，重点研发基于发育阶段的设施蔬菜肥水精准调控技术。研究成果"主要作物硫钙营养特性机制与肥料高效施用技术"获得国家科技进步奖二等奖，"主要粮食作物养分资源高效利用关键技术"获中华农业科技奖一等奖，为平衡施肥与养分管理以及化肥减施增效与农业绿色发展提供科技支撑。

（三）养分利用研究

针对国内外肥料用缓释材料降解难、成本高、缓释肥生产效率低三大技术难题，选择风化煤、煤矸石和黏土等为主要原料，采用纳米材料技术和现代高分子化工技术，发明了低成本、易降解的系列肥料用缓释材料，解决了缓控释肥料附加成本高、包膜材料降解难的技术难题；根据所研制的各类缓释材料生物降解时间的差异和特性，创制了 60~200 天释放养分的内质型、胶结型和胶结包膜型缓释肥生产工艺，研制出可保证缓释肥养分释放速率与大田作物需肥规律基本吻合的缓/控释肥料生产工艺，解决了化肥利用率低、养分损失量大的技术难题；研制出缓释肥生产关键设备，提高了肥料生产率，实现了规模化连续生产，根据主要大田作物用缓/控释肥料生产工艺，研制出可连续生产 2~3 个时间段释放养分的关键设备，其中包括高塔内质型缓释肥生产设备、水溶性缓释材料包膜圆筒等，单条生产线生产能力为 30 万吨/年，是"十一五"末世界上生产率高的缓释肥专用设备，本项发明技术已在广东、山东、河南等地有关大型企业实现了产业化应用和工业化生产，应用效益显著；项目共获得授权国家发明专利 21 项，"低成本易降解肥料用缓释材料创制与应用"获国家技术发明奖二等奖，其他相关缓控释肥料工艺与材料获省部级科技成果一等奖 2 项。

二、肥料与施肥技术

肥料与施肥技术是资划所的优势学科和重要研究方向。2004 年 6 月，资划所在原土壤肥料研究所植物营养与肥料研究室基础上，组建植物营养与肥料研究室，2010 年成立了肥料研究室。2013 年整合施肥技术课题组、新型肥料课题组和绿肥课题组，组建了肥料及施肥技术创新团队，同时成立了肥料及施肥技术研究室。2017 年 9 月研究室更名为肥料研究室。

团队依托农业农村部植物营养与肥料重点实验室、中国农业科学院新型肥料工程技术中心、德州站、全国绿肥试验协作网等平台，与英国、澳大利亚、丹麦、美国、加拿大以及荷兰等十几个国家开展国际合作，承担国家"863"计划项目、国家"973"计划项目、国家科技支撑计划项目、国家重点研发计划项目、公益性行业科研专项、国家现代农业产业技术体系项目、欧盟国际合作项目及中英国际合作项目等科研任务，设置新型肥料创制、施肥技术、绿肥生产利用技术 3 个研究方向，主要研究内容包括以下 3 个方面：①新型肥料创制与产业化，开展增值肥料、缓释肥料、水溶肥料新产品研制以及高效肥料增效载体开发；②高效施肥技术研究，开展营养诊断与施肥决策研究、土壤和作物养分光谱诊断、作物高效施肥技术研究及科学施肥制度创立；③绿肥生产利用技术，开展绿肥高产高效清洁农业生产技术模式集成、绿肥作物环境效应评价及作用机制研究。截至 2019 年年底，共获得国家和省部级科技成果奖励 20 多项。其中：国家科技进步奖二等奖 1 项，中华农业科技奖一等奖 1 项、二等奖 1 项，中国发明专利优秀奖 2 项，北京市科学技术奖一等奖 1 项，中国农业科学院科技成果一等奖 1 项、二等奖 2 项，其他省部级奖项 18 项。出版专著 30 多部，获得授权专利 40 多项，发表学术论文 300 多篇。

（一）新型肥料创制

围绕"肥料增效载体与增值肥料创制及产业化""复合（混）肥料农艺区域配方原理及制定""缓控释肥料创制及产业化""水溶性肥料创制"等方面开展工作。主持国家"863"计划项目"环境友好型肥料研制与产业化"，"十一五"国家科技支撑计划课题"复合（混）肥养分高效优化技术研究"及"十二五"国家科技支撑计划"复合（混）肥料农艺配方与生态工艺技术研究"，"十二五"国家科技支撑计划课题"环渤海中低产田增值尿素研制与施用技术"，科技部农业科技成果转化资金项目"腐植酸复合缓释肥料新产品中试与示范推广""双控复合型缓释肥料新产品中试与示范推广"，国家自然科学基金项目"控释肥料膜层孔隙结构量化及养分释放的微孔扩散模型研究""基于 pH 分级法的腐植酸结构特征及其对尿素转化的影响机制研究"，农业部"新型肥料创新团队"（现代农业人才支撑计划，2012—2015 年），"十三五"国家重点研发计划项目"新型复混肥料及水溶肥料研制（2016—2020 年）"及欧盟第七框架计划项目"Improving Nutrient Efficiency in Major European Food, Feed and Biofuel Crops to Reduce the Negative Environmental Impact of Crop Production"等项目，主要工作进展有以下五方面。

1. 理论创新

（1）肥料产业"质量替代数量"发展与构建国家绿色肥料体系。提出我国肥料"质量替代数量"发展及绿色肥料体系（绿色原料、绿色制造、绿色产品、绿色流通、绿色施用）战略。

（2）有机物料与化学肥料复合优化化肥养分高效利用原理。通过系统研究，发现了有机物料与化学肥料复合（混），具有调节化学肥料养分转化、释放和供应模式的作用；有机物料通过改善土壤的理化性状、调节土壤酶活性等，减轻氮肥氨挥发损失，减缓磷钾肥在土壤中的固定，土壤供肥能力得到改善，等养分投入条件下，有机无机复合（混）肥料具有较高的化肥养分利用率，实现等养分增效，为有机无机复合（混）肥产业发展奠定了理论基础。

（3）水—肥—根时空高效耦合理论。系统研究冬小麦、春玉米和夏玉米根系数量与活性在时空上的耦合与变化规律，对作物根系数量与活性进了定量化描述和时空动态分区，提出了肥料资源高效利用的水—肥—根耦合理论，为指导肥料养分供应模式的设计、科学灌溉与施肥制度的建立提供了理论依据。

（4）复合（混）肥料农艺配方制定的原理与方法。创立了"肥效反应法"和"农田土壤养分综合平衡法"制定作物专用复混肥配方的原理与方法，填补了国内外空白，为复合（混）肥在全国和省域不同区域尺度实现作物专用及肥料生产提供了理论支撑。

2. "双控复合缓释"制肥新理念

提出了"双控复合缓释"的肥料制作新概念，开发出"有机无机胶结缓释"及海藻或腐植酸包膜双重缓释的有机无机缓释肥料新品种，为缓释肥料的制作提供了新的技术途径和方法。该研究成果获得发明专利授权（ZL2005100051250.9），2010 年获得科技部农业科技成果转化资金项目资助（"双控复合型缓释肥料新产品中试与示范推广"），2015 年获得第十七届中国专利优秀奖。"十二五"初期，建立了年产 20 万吨的双控复合型缓释肥料生产线；肥料新产品可使作物平均增产 10% 以上，氮肥利用率提高 5%～10%；在华北小麦、夏玉米主产区、东北春玉米主产区和南方水稻主产区的大田农作物上推广应用面积超过 350 万亩，增产粮食超过 3 亿千克。

3. 增值肥料创制及产业化

发明和创立了载体增效制肥新理念、新途径与新技术，开拓增值肥料新产业。

（1）创立了利用"生物活性增效载体"提升化肥产品性能与功能、开发高效肥料新产品的技术途径，运用现代生物发酵技术、聚合螯合技术，研制出腐植酸类、海藻酸类和氨基酸类等系列植物源肥料用增效载体材料 8 个，发明了锌腐酸尿素、海藻酸尿素和禾谷素尿素以及锌腐酸磷铵、锌腐酸复合肥等系列增值肥料新产品 20 多个，获得 26 项国家发明专利授权，其中，发明专利"一种腐植酸复合缓释肥料及其生产方法"获得科技部农业科技成果转化资金项目资助（项目编号：2013GB23260576），并于2016年获得第十八届中国专利优秀奖。增值肥料产品改变了过去单纯依靠调控肥料营养功能改善肥效的技术策略，通过生物活性增效载体与肥料相结合，实现对"肥料—作物—土壤"进行综合调控，更大幅度地提高肥料利用率。

（2）依托研究成果于2012年成立"化肥增值产业技术创新联盟"，增值肥料新产品已在联盟中德瑞星集团、骏化集团、中海化学、中化化肥、云天化等30多家大型企业实现产业化，产能超过2 000万吨，累计产量800多万吨，推广面积1.8亿亩，增产粮食80亿千克，增加效益60多亿元。

（3）为促进行业健康发展，制定40多项增值肥料企业/行业标准，其中《含海藻酸尿素》（HG/T 5049—2016）、《含腐植酸尿素》HG/T 5045—2016）和《海藻酸类肥料》（HG/T 5050—2016）3项国家化工行业标准于2017年4月1日实施，标志着增值肥料已逐渐形成新产业。

（4）增值肥料新产品已上升为国家战略，工信部"十三五"促进化肥行业转型升级指导意见（工信部原〔2015〕251号）中提出发展腐植酸、海藻酸、氨基酸增值肥料新产品；中国氮肥工业协会提出，到"十三五"末增值尿素年产量达到1 000万吨。"十四五"末，我国增值肥料年产量将达到5 000万吨，应用面积达10亿亩，每年增产粮食200亿千克。

4. 聚氨酯包膜缓释肥料技术

开发了"连续化、大产能、低成本"聚氨酯包膜缓释肥料产业化生产工艺及成套设备，并建成年产5万吨的连续化包膜肥料生产线，实现产业化，突破了缓释肥料制造的瓶颈，研究成果获得5项发明专利授权，其中1项获得美国发明专利授权。开发的多室流化床包膜工艺与设备，提高了包膜肥料设备生产能力，实现了连续化和自动化控制，具有"大产能、连续化、无溶剂反应成膜"的技术优势；研究通过确定膜层结构与渗透扩散通量的数理关系，建立了测试评价膜层结构和释放性能的新方法，将包膜肥制备工艺、膜材组成和浸泡过程等因素对膜层结构的影响关联起来，并反馈生产控制。

5. 构建了我国区域作物专用复合肥料配方体系

创建了覆盖全国不同区域尺度的作物专用复合肥配方研制技术方法和配方体系，实现复合肥配方制定由工业主导向以农业需求为导向转变。针对不同区域尺度作物、土壤和气候特点，创建肥效反应法、影响因子定量平衡法制定农艺配方，研制出全国作物区划尺度45个生态区，小麦、玉米、水稻、棉花、油菜、花生、马铃薯、大豆8个主要农作物专用肥农艺配方96个，省域尺度108个生态区域相应农艺配方1 296个，系统构建了覆盖全国不同区域尺度的主要粮经作物、果树、蔬菜专用肥配方体系，配方行业应用覆盖率达70%，破解了我国专用复合肥"想生产、无配方"的产业难题。在中国—阿拉伯化肥有限公司、深圳芭田生态工程股份有限公司实现产业化，累计推广专用肥2 400多万吨，应用4.7亿亩，作物增产390亿千克，节肥400万吨，节支增收900亿元。改变了我国过去工业主导的复合肥产业发展状况，开创了以农业需求为导向、工业与农业相结合的复合肥产业发展新模式，引领我国复合肥由通用型走向作物专用化道路，推动我国专用肥产量由21世纪初不足100万吨发展到2016年约4 500万吨，占复合肥总量的2/3。主编出版《中国作物专用复混肥农艺配方区划》《山东省作物专用复混肥料农艺配方》等著作16部。

（二）高效施肥技术

1. 营养诊断研究

以光谱技术和联合浸提化学测试技术为手段，重点开展以下研究：①以氮素的时空运转和分配的生理机制为基础，从冠层、叶片以及细胞结构三个层次监测不同氮素水平光谱特征的变化及其机理，确定作物氮素营养与光谱的定量响应关系，实现植物氮素营养田间光谱快速诊断；②以土壤养分测试的联合浸提技术为支撑，对土壤中多种营养元素进行联合浸提，实现土壤样品测试的批量化、快速化和定量化测定和诊断。

"十一五"期间，主持国家"863"计划项目"多平台作物信息快速获取关键技术与产品研发"（2006—2010 年）和"水稻生长信息远程自动采集与光谱解析技术研究"（2006—2010 年），开展以"星—机—地"等多种平台作物信息获取技术为目标，构建了作物生长、营养诊断、病虫害信息、水分胁迫、植栽密度及生物量等作物信息的快速获取与定量反演模型，开发了基于无线传感器网络的农田信息远程动态监测技术，在国内率先开创了借助信息化技术的作物生长营养状况诊断研究。"十三五"期间，主持国家自然科学基金项目"氮素营养的玉米叶片光谱响应机理及营养诊断"（2011—2013 年）、"氮素供需协同的玉米营养光谱诊断机制与推荐施肥"（2016—2019 年）、"土壤氮素室内外光谱响应机理与预测模型研究"（2015—2017 年）等，利用光谱技术在作物/土壤氮素营养诊断及推荐施肥方面做了探索性的研究。主持国家科技支撑计划项目"高效施肥关键技术研究与示范（2008—2010 年）"、课题"土壤养分高效测试关键技术研究（2008—2010 年）"国家"973"计划项目子课题"区域土壤养分空间分异特征与分区养分调控原理"等，开展了以快速、低廉、方便、准确的土壤测试为目标，根据我国不同地区和不同层次需求的高效快速土壤养分测试技术的研究，研发了一套高效土壤养分测试技术与设备，为我国测土配方施肥工作的长期稳定发展奠定科学基础并提供技术支撑。"十二五"期间，主持转基因生物新品种培育重大专项课题"转基因植物新材料的育种价值评估""养分高效新材料价值评估"等，在转基因材料养分高效评估体系的建立方面做了大量创新研究。

2. 作物施肥技术

作物高效施肥技术开展了精准养分管理和常规养分管理两方面的研究。精准养分管理，以现代 3S 技术为基础，对作物营养的空间差异进行分析，建立基于空间差异的植株长势和营养丰缺分布图，进而确定各施肥单元针对不同养分水平的精准施肥参数；常规养分管理，以批量化、程序化、自动化和快速土壤养分采集和测试为基础，开展测土配方施肥，完善施肥模型，对全国主要作物、蔬菜和果树进行推荐施肥。

"十一五"期间，主持上海市农委重点科技兴农项目"精准农业的研究"、国际合作项目"基于 3S 技术的土壤养分精准管理研究"等。主持国家科技支撑计划课题"高效施肥指标体系与信息化技术研究（2008—2010 年）"，在不同区域不同土壤类型主要作物的施肥指标体系和农田养分评价体系方面、在测土配方施肥数据标准化方面、在实验室数据自动采集系统和数据传输标准方面开展了系统研究，已形成一套适合我国国情的高效施肥技术体系，建立了我国粮食主产区高产高效施肥技术模式，形成了不同区域的技术集成试验示范区，全面提升了我国主要粮食作物的生产能力。"十三五"期间，主持国家科技支撑计划课题"华北平原小麦—玉米轮作高效施肥技术与示范"（2015—2019 年），研究小麦—玉米营养一体化管理技术及其适应性肥料，结合施肥机械提高肥料养分的利用效率，满足华北平原小麦—玉米的一体化营养管理需求。

3. 高效施肥制度

中国农业科学院德州盐碱土改良实验站潮土持续 30 年的化肥、有机肥、有机/无机配合施肥 3 大施肥制度试验群的长期监测结果表明，黄淮海冬小麦—夏玉米两熟制农田每季作物常规施氮量（N 180~225 千克/公顷）下，①单施鸡粪或猪粪（100%替代化肥），作物产量（冬小麦、夏玉米）与化肥相当，基本不减产。牛粪有机肥料氮在冬小麦和夏玉米上可分别替代 1/3 和 2/3 的化学氮肥，牛粪 100%替代化肥，短期（10 年左右）内冬小麦产量明显低于化肥，但长期替代（10 年以后），随着有机肥培肥地力效果的逐渐累积，牛粪处理冬小麦产量与化肥没有差异；牛粪 100%替代化肥，夏玉米产量短期（3~5 年）内略有降低，但 5 年后产量与化肥相同。②无论鸡粪、猪粪或是牛粪 50%替代化肥（50%化肥+50%有机肥），实行有机无机配施，冬小麦、夏玉米产量与化肥处理相当或高于化肥（随时间延长）；同时，有机肥 50% 替代化肥，土壤物理、化学与生物肥力明显较化肥处理得到改善，农田氨挥发、氧化亚氮排放以及硝酸盐淋失风险也比化肥处理大大降低。有机/无机配合施肥是破解高产施肥环境矛盾的有效途径，建立化肥与有机肥相结合的科学施肥制度，实现作物高产、土壤培肥和环境保护协调发展。

（三）绿肥生产与利用

2005 年以来，主要承担了公益性行业（农业）科研专项"绿肥作物生产与利用技术集成研究及示范"（2008—2015 年）、科技部国家科技基础条件平台"农作物种质资源标准化整理整合及共享试点"（2005—2010 年）、作物种质资源保护"绿肥种质资源收集、编目与利用"（2011年开始持续）、国家科技基础条件平台"国家绿肥种质资源平台"（2011 年开始持续）、现代农业人才支撑计划"绿肥生产与利用创新团队"（2016—2020 年）等项目，主要开展如下工作：

1. 创新绿肥作物种质资源

研究建立绿肥种质资源描述规范、数据标准、数据质量控制规范，挖掘、整理、提纯复壮及创新绿肥种质资源，开展绿肥种质资源综合评价研究。

2. 研究突破绿肥作物生产利用技术轻简化瓶颈，研发综合利用技术

开展绿肥作物高产栽培管理技术措施研究，优化绿肥作物种植过程的关键栽培与水肥管理等技术。开展绿肥作物种植利用的轻简化技术研究，研发紫云英专用肥料产品。研究探索提高绿肥附加值的综合加工利用技术与途径。

3. 集成绿肥作物种植利用技术模式并开展示范推广

研究绿肥作物与主作物体系的水肥调控等管理技术措施，综合评价绿肥作物在化肥减量等方面的作用。通过研究和集成，形成能确保主作物产量和经济效益稳定提高、耕地土壤质量稳步提升的绿肥作物种植利用优化技术模式，在有关省区建立示范样板，同时通过技术培训等方式向周围辐射，开展大规模示范推广。

4. 建立绿肥行业产学研队伍，探索绿肥作物产业化

建立一支绿肥作物应用基础研究、产业化技术开发和成果推广应用队伍，培养一批本领域后备人才。在示范样板的基础上，开展技术培训活动，培训一批科技示范户。探索绿肥作物种子和应用绿肥发展优势农产品的产业化途径，培育一批具有一定生产规模和能力的产业化企业。

绿肥有关研究成果，支撑了农作物轻简高效清洁生产，夯实了全国绿肥科研基础。多数地区实现了绿肥生产全程机械化。绿肥与秸秆碳氮互济技术，增强了绿肥氮和秸秆碳的供肥培肥协同性。以化肥减施为核心的农作物—绿肥化肥运筹技术，保障作物产量，减少化肥投入，阻控养分流失，生产更加清洁。通过绿肥提升耕地质量效果明显，提升了社会对于绿肥的认知。绿肥措施的引入，可缓解困扰社会的农业生态环境恶化难题。绿肥作物种质资源库的建立和新品种创新，为今后开展持续科学研究及生产应用提供了资源保障。人才队伍培养和科研基地建设，形成了未来多学科交叉的重要科研平台和条件。

第二节　农业遥感与信息研究

一、农业遥感

2004 年 6 月，资划所在原农业自然资源和农业区划研究所农业遥感应用研究室基础上成立农业遥感与数字农业研究室，2017 年 9 月更名为农业遥感研究室，2013 年在研究室基础上组建农业遥感创新团队。依托国家遥感中心农业应用部、农业部遥感应用中心研究部（1999 年）、农业部资源遥感与数字农业重点开放实验室（2002—2011 年）、农业部农业信息技术重点实验室

（2011—2016 年）、全国农业农村信息化技术创新型示范基地（2013 年）、农业部农业遥感重点实验室（2016 年至 2019 年年底）等科研平台，研究室已成为国家级农业遥感创新中心、农业高分数据中心、农业遥感信息服务中心、农业遥感国际交流与合作中心以及农业遥感人才培养基地。

农业遥感应用研究针对国家重大需求，开展农业遥感学科基础前沿及共性关键技术研究，先后主持国家级、省部级以及地方政府科技项目 150 余项，在农业定量遥感、农作物遥感、农业资源遥感 3 个研究方向取得了多项研究成果。农业遥感团队成员以第一完成人获得国家自然科学奖二等奖 1 项，以第一完成单位获得国家科技进步奖二等奖 2 项、省部级奖励 5 项、中国农业科学院级奖励 3 项。

（一）农业定量遥感

"十一五"以来，主持国家自然科学基金创新研究群体项目"农业遥感机理与方法"、高分辨率对地观测重大专项课题"基于 GF-5 数据的地表温度与水体温度反演技术"及国家自然科学基金项目"基于静止气象卫星数据时间和空间信息的区域蒸散发遥感反演研究""农作物旱情遥感监测中像元地表温度可比性校正方法研究""耦合遥感与作物生长模型的农业干旱预警研究""静止气象卫星数据时间和光谱信息耦合的热红外地表温度反演研究""基于静止气象卫星数据时间信息的表层土壤水分定量遥感反演模型研究"等。主要研究地表温度、土壤水分、蒸散发等地表水热平衡关键参数遥感反演与验证方法，探讨水热关键参数在农业干旱监测理论与方法研究中的应用，研究被动微波地表温度产品与热红外地表温度产品相互融合的方法和理论，开展全天候高空间分辨率地表温度反演方法研究。探索超光谱热红外数据地表温度、地表比辐射率、大气温湿廓线一体化反演方法，完善提高陆地表面温度的热红外定量遥感反演方法与精度。开展静止气象卫星陆面蒸散发与土壤水分遥感定量反演研究，探索基于遥感时间信息定量反演陆面蒸散发与土壤水分的新方法，完善蒸散发与土壤水分遥感定量反演理论，促进我国自主研发的风云系列静止气象卫星数据在农业过程水热关键参数定量反演的实际应用。

（二）农作物遥感

"十一五"以来，先后主持了国家中长期重大科技专项—高分辨率对地观测系统重大专项项目"农业遥感监测与评价系统""GF-6 卫星数据模拟仿真技术""GF-6 卫星宽幅相机作物类型精细识别与制图技术"，国家自然科学基金项目"基于时空耦合数据同化的作物单产过程模拟研究""区域作物生长模拟遥感数据同化的不确定性研究""基于定量遥感和数据同化的区域作物监测与评价研究"，国家"863"计划项目"农村抽样调查空间化样本抽选与管理系统""多平台作物信息快速获取关键技术与产品研发"等。以作物面积、长势、灾害和产量监测为核心，建立高精度农情遥感监测系统，开展农业空间抽样理论与技术、作物遥感空间分布制图、作物生长诊断与产量预测模型、农业灾损遥感快速评价技术、农情遥感信息系统集成和农业遥感技术标准等研究，实现了水稻、小麦、玉米、大豆、棉花、油菜和甘蔗 7 大类作物的监测，监测内容包括作物面积、品种识别、长势、土壤墒情、单产、总产。平均每年向农业农村部提交长势、墒情、单产、面积、产量和灾害等监测报告 100 余期。向农业农村部领导报送各类监测信息 180 余期，被农业农村部《每日要情》采用近 100 期，被中共中央办公厅、国务院办公厅《昨日要情》采用 20 余期，直送国务院和相关部委领导参阅。

（三）农业资源环境

"十一五"以来，主持国家"973"计划项目"气候变化对我国粮食生产系统的影响机理及适应机制研究"，国家自然科学基金重点项目"全球变化背景下农作物空间格局动态变化与响应机理研究"，国际科技合作重点项目"粮食安全预警的关键空间信息技术合作研究"和"草地生态系统优化管理关键技术合作"，中国工程院项目"面向 2035 的我国粮食生产系统适应气候变化战略研究"等。以农业土地、草地资源、农业灾害等为研究对象，重点开展农业资源空间分布制图、时空动态变化监测和模拟、全球环境/气候变化影响和适应机理等方面的理论、技术方法和系统集成研究。开展农业土地系统多维度格局的遥感探测理论和技术方法研究，重点突破了我国复杂地形和复杂种植条件下耕地和农作物空间格局遥感监测效率低、精度差的技术瓶颈；集成遥感观测和空间模型，创建了农作物空间格局信息获取新方法，填补了国内长时间序列农作物空间分布数据缺乏的空白；率先在空间尺度上揭示了过去 30 年我国小麦、玉米、水稻等农作物种植结构变化的过程和规律，为优化国家农业土地资源利用与粮食生产主体功能区布局提供了科学支撑；重点突破了农业旱涝遥感监测中"监测精度低、响应时效差、应用范围小"等三大技术难题，建立了国家旱涝灾害遥感监测工程化运行系统，为科学指导农业生产、降低灾害损失提供了重要信息参考。

二、草地生态遥感

2004 年 6 月，资划所整合原土壤肥料研究所土壤研究室、农业自然资源和农业区划研究所农业遥感应用研究室、山区研究室相关课题组成员，组建草地科学与农业生态研究室。2009 年成立草地科学研究室，2013 年在草地科学研究室基础上组建草地生态遥感团队，2014 年 4 月研究室更名为草地生态与农业环境变化研究室，2017 年更名为草地生态研究室。团队（室）主要开展草地长期生态学、草原生态遥感、草原遥感监测和现代草牧业实用技术创新应用等方面研究。

2003 年 5 月以来，先后承担国家自然科学基金、国家"973"计划、国家"863"计划、国家科技支撑计划、公益性行业科研专项、国家重点研发计划、国家国际科技合作等科研项目（课题）130 余项。获各类科技成果奖励 19 项，其中：国家奖 1 项、省部级奖励 8 项、院级及其他奖励 10 项；出版著作 25 部，发表研究论文 478 篇，授权专利 57 项，其中发明专利 16 项；软件著作权 65 项，行业与地方标准 10 项。

（一）草地长期生态学研究

2010 年以来，主持国家自然科学基金项目"温性草甸草原根系碳储量及碳素转化对放牧强度的响应""草原不同利用方式下土壤温室气体释放的冻融效应研究""草原降尘的截存机制及对土壤的作用机理""典型草原风吹凋落物迁移特征与截存机制研究""基于全生命周期分析的多尺度草甸草原经营景观碳收支研究"等。

在生态系统长期观测研究方面，完善和提升内蒙古呼伦贝尔草原生态系统国家野外科学观测研究站（呼伦贝尔站）观测系统，开展区域和样地空间尺度生物、土壤、大气、水文各要素的长期定位观测。结合农业部长期基础性工作，开展全国草地土壤和生物群落的全方位观测，建立农业部草地长期观测分中心，综合分析和揭示我国草地生态系统变化过程及机理。

在草地利用的生态学与生物学机制研究方面，基于呼伦贝尔站长期观测，探索不同类型草地生态系统自然演替过程、特点和方向，揭示自然生态系统结构与功能、格局与过程之间的关系；基于大型控制放牧实验平台、长期刈割实验平台、草地改良与栽培草地实验平台，研究个体、种群、群落、生态系统到景观等不同尺度上，草地利用方式和强度对生态系统自然过程的定量影响。

在草地生态系统全球变化响应与适应研究上，建立全球变化控制实验研究网络，研究草地生态系统主要功能和过程、碳氮水循环对全球变化的响应和适应机制，揭示不同地域草地生态系统对全球变化的差异性响应规律。

2011 年出版专著《北方草地及农牧交错区生态—生产功能分析与区划》，2017 年出版专著

《典型草原风蚀退化机理与调控》，2019 年出版专著《呼伦贝尔草原植物图鉴》；一种测量草本植物的方法和装置（2010 年）、一种天然植物饲料添加剂制备方法及饲料（2013 年）和一种草原土壤改良一体机（2016 年）、一种水土流失测定用实验平台（2019 年）分别获得发明专利授权。

（二）草地生态遥感研究

2014 年以来，主持国家自然科学基金项目"温性典型天然草原合理载畜量测算方法精度提高研究""内蒙古草甸草原物候高精度遥感反演与验证研究"，国家科技支撑计划课题"草原生态系统立体监测评估技术研究及应用"等。

在草地关键参数反演与尺度转换研究方面，探索不同尺度下地物光谱（植被、土壤）的特征提取和量化方法；针对反映草地植被的关键冠层参数（LAI/FPAR、LUE、NPP 等）和环境水热参数等（土壤水分、地表温度等），开展基于多平台、多传感器、多时相遥感数据的定量反演算法和真实性检验研究。

在草地生态系统监测与评估方面，基于新型卫星遥感、多平台低空遥感、地基观测网络和地面调查等草地生态系统"天—空—地"立体监测技术，开展站点、区域到国家尺度的草原生态系统结构与功能（景观格局、生产力、长势、物候）、环境与灾害（退化、沙化、旱灾、雪灾）等动态监测，以及草地生态系统评估（草地资源承载力、重大工程生态效益）等研究。

研究成果"中国草原植被遥感监测关键技术研究与应用"获得中华农业科技奖一等奖（2009 年），"基于 MODIS 的中国草原植被遥感监测关键技术研究与应用"获得北京市科学技术奖二等奖（2009 年），"草原植被及其水热生态条件遥感监测理论方法与应用"获得北京市科学技术奖三等奖（2012 年），"草原植被遥感动态监测关键技术与应用"获得大北农科技奖一等奖；《草原植被遥感监测》专著于 2016 年出版；《农业气象遥感关键参数反演算法及应用研究》专著于 2017 年出版；从被动微波遥感数据 AMSR-E 反演地表温度的方法（2012 年），利用 GNSS-R 信号监测土壤水分变化的装置与方法（2013 年），从 MODIS 数据估算近地表空气温度方法（2013 年），一种草原卫星遥感监测系统及方法（2013 年），草原雪灾遥感监测与灾情评估系统及方法（2014 年），一个从 VIIRS 数据反演地表温度的方法（2016 年），一种有效的卷云监测方法（2016 年），一种无人机 LIDAR 反演草地植被参数的精度改进方法（2018 年）等获得发明专利授权。

（三）现代草牧业实用技术创新应用

2012 年以来，主持国家国际科技合作项目"草地生态系统优化管理关键技术合作"，公益性行业（农业）科研专项"半干旱牧区天然打草场培育利用技术研究、监测评价与集成示范""牧区草原环境容量评估与饲草料生产保障技术体系建设"，国家重点研发计划项目"北方草甸退化草地治理技术与示范"等。

在天然草地改良与合理利用研究方向上，围绕群落优化配置、生物多样性维持、生态系统功能提升与稳定维持等问题，研发呼伦贝尔植被低扰动快速恢复、草地综合复壮及稳定重建、土壤定向修复等关键技术、饲草高效转化与绿色养殖技术，提出呼伦贝尔草地生态恢复—持续利用模式及技术体系。

在栽培草地生产与高效利用研究方向上，结合现代生物技术手段，开展高纬度地区抗寒牧草培育工作；基于养分和水分资源高效调控机制，集成优化栽培草地高效建植模式；围绕高质量草产品生产和管理技术环节薄弱问题，研制推广牧草高效转化利用技术与安全贮藏和品质控制技术。

在生态牧场智能管理研究方面，将传统生态学与现代信息技术有机结合、开展数字草业与智能牧场研究，"中国北方草地监测管理数字技术平台研究与示范" 2009 年获得北京市科学技术进步奖三等奖，"中国主要栽培牧草适宜性区划研究" 获得中国农业资源与区划学会科学技术奖一等奖；出版《中国主要栽培牧草适宜性区划》（2014 年）、《数字草业：理论、技术与实践》（2015 年）、《内蒙古苜蓿研究》（2018 年）3 部专著，出版《农业生态系统中生物多样性管理》（2011 年）、《作物田间与在地遗传多样性：研究实践中的原理和应用》（2019 年）2 部译著；草甸草原区退化打草场打孔后施肥改良方法（2018 年），草甸草原区退化羊草打草场切根施肥改良方法（2018 年），一种牧草自动收割散料设备（2019 年）等技术方法获得发明专利授权。

三、智慧农业

智慧农业研究室于 2017 年 9 月由农业遥感研究室部分科研骨干和农情信息研究室整合组建而成。同年在该研究室基础上组建智慧农业创新团队。

研究室依托国家智慧农业科技创新联盟、国家数字农业创新中心、农业农村部农业遥感重点实验室、中国农业科学院智慧农业科学技术中心等平台，聚焦国家现代农业发展的战略需求和农业信息技术学科的国际前沿，利用遥感网、物联网、移动互联网、大数据等新一代信息技术，重点开展天空地一体化的农业智能感知与控制、智能监测与诊断、智能决策与服务等方面的研究，构建智慧农业的核心理论、技术、装备和集成系统，为我国智慧农业发展提供强有力的科技支撑。

研究室先后承担国家级项目 20 项，其中国家 "973" 计划项目 1 项、国家重点研发计划项目 1 项、国家自然科学基金重点项目 1 项。先后以第一完成单位获国家科技进步奖二等奖 2 项，获授权专利 20 余项，发表论文 200 余篇，出版著作 10 余部。

（一）数字大田种植

大田种植在保障国家粮食安全大局中具有重要的地位和作用。虽然我国大田生产的数字化、网络化和信息化取得了明显进展，但智慧种植仍面临很多科技挑战，生产管理粗放、生产效率低、信息化水平和竞争力弱等问题突出，限制了农民增产增收、农业产业可持续发展。2003 年以来，在 "星陆双基遥感农田信息协同反演技术" 和 "国家级农情遥感监测与信息服务系统" 等国家级项目支持下，瞄准国际农业信息化发展的新理念和新方向，开展数字大田种植理论、技术和装备等关键科学问题研究，以信息获取、数据管理及挖掘、信息服务、装备及平台等为核心，综合应用物联网、传感器、"互联网+" 等技术，开展数字大田关键硬件、软件及系统研发，推进大田种植装备、实用成熟技术和系统的组装、集成、熟化，实现天空地大数据驱动的精准种植。

研究内容包括以下方面：

（1）利用卫星遥感、无人机遥感和地面物联网等现代空间信息技术，开展天空地一体化智能感知和精准控制装备研发，重点研发新型生物传感器、智能移动终端、无人机载荷等；围绕天空地一体化农业智能感知的关键技术开展深入研究，重点解决天空地一体化的信息采集和协同处理、高分遥感农业应用、北斗导航农业应用、物联网农业观测和大数据农业应用的核心技术，建立天空地一体化的农业感知系统，实时获取农业资源要素、生产过程大数据。

（2）利用数据挖掘、云计算、人工智能等技术进行分析，探索遥感网、物联网、大数据、云计算和互联网等与农业生产全过程感知融合的技术模式和方法；重点开展农田地块尺度的农情信息智能感知与诊断的新型算法、模型研究，研究建立耕地、作物智能识别和时空变化检测、农作物苗情、墒情、灾情、病情等四情监测、农作物产量和品质诊断、土壤水肥诊断等关键技术，建立支撑智慧种植应用的关键理论、方法、技术和标准规范。

（3）天空地一体化农业智能服务与精准管理系统研发，进行核心技术的组装与系统集成研究，研发智慧种植大数据管理平台，支撑政府部门宏观决策；开展农业生产精准管理和智能作业系统研发，实现农机自动驾驶与精量播种、农田智能灌溉、精准打药和精准施肥，达到优化配置农业资源要素，提高农业生产效率，打造新型农业生产体系的目的。

经过多年研究，针对驱动智慧农业的数据缺乏，研制了天空地一体化农业智能感知与监测平台，研发了系列基于无线传感网的农田信息采集产品和信息智能分析与利用软件，开发了智慧农业监测业务化运行系统，实现了天空地一体化智能获取每个地块的周边环境因素、土地利用类型、农作物长势、农户生产决策信息等关系到粮食生产的农业生产大数据。先后在河南鹤壁、吉林长春和榆树等粮食主产区开展了水稻、小麦、玉米等大宗作物精准种植的科学研究和试验示范，为指导当地农业生产、推动数字农业发展发挥了重要作用，获得了温家宝、卢展工、巴音朝鲁等领导的高度评价。

（二）智慧果园

我国水果生产区域集聚格局已经形成，规模化生产优势明显，但与发达国家相比，仍然面临很多问题。如果园生产管理总体较粗放，水肥药施用没有实现精准管控，影响果品产量与质量；果园管理效率低，费时费工，数字化、机械化管理水平低，逐年增加的生产成本，成为制约果农收入增加、水果产业综合竞争力提升的关键瓶颈。面对新的产业发展困境，推进果园生产全方位、全角度、全链条数字化改造，构建现代化数字果园发展模式具有重要的现实意义。2017年以来，在中国农业科学院—山东省农业科学院科技创新工程协同创新任务"智慧农业关键技术与系统集成"和中国农业科学院—广西农业科学院科技创新工程协同创新任务"智慧柑橘"的支持下，经过多年攻关，研发出一套果园生产智能管控系统，可应用于苹果、柑橘、梨等园艺作物生产的精准管理。

果园生产智能管控系统以"数据—知识—决策"为主线，以果园生产数字化、装备智能化和作业无人化为目标，包括果园智能感知、快速诊断和精准作业等3个核心内容，实现农业信息技术、农学农艺与农机装备的融合应用。果园智能感知进行遥感网、物联网和互联网三网融合，构建天空地一体化的果园智能感知技术体系，进行果园环境和果树生产信息的快速感知、采集、传输、存储和可视化，实现果园生产信息全天时、全天候、大范围、动态和立体监测，解决了"数据从哪里来"的基础问题。在天空地一体化观测体系获取的果园大数据支撑下，集成果树模型、图像视频识别、深度学习与数据挖掘等方法，研发果园、果树与果实监测、识别与诊断的专有模型和算法，将这些模型与算法集成固化到装备智能处理一体机，实现田间地头一键式、简单化、便捷的数据诊断与分析能力，解决数字技术应用中数据处理难和分析难的痛点。基于得到的果园环境信息、果树分布、长势与病虫害信息、生产作业的处方图，结合果园机械精准导航、传感器和自动控制技术，进行数据赋能作业装备，实现果园生产的精准和无人作业，解决了"数据如何服务"的重要问题。尤其研发的田间作业服务一体机在无网络情况下可以提供田间地头的数据链路，实现作业装备的互联互通；同时进行装备智能化管理与状态监测，管控智能巡田机器人、作业跟随机器人、无人除草机器人、无人喷药机器人、采摘机器人、水肥智能一体化灌溉系统等，为作业装备提供变量作业的决策数据和多机协同的作业能力。

研究成果已经应用于农业农村部、山东、陕西、四川、广西等省区的苹果、柑橘、梨的精准管理，推动了水果产业的数字化转型升级，取得了良好效果，得到《新华社》《科技日报》《人民网》等媒体报道。

（三）农业资源大数据平台研发

在中国农业区划资源数据库平台的基础上，完善数据库功能，结合农业农村部农业资源云平台建设任务，建立国家、省级、区域、县域、农业园区/农场和城市建筑物空间等多空间尺度农业资源基础数据平台，制定相应的数据库建设规范，攻关编制全国农业资源一张图的关键技术。

2003 年以来，在科技部国家科学数据共享工程项目"全国农业资源与区划基础数据库建设及共享"和科技部国家科技基础条件平台项目"国家农业科学数据中心—全国农业区划数据共享利用"等项目支持下，在现有农业资源调查数据与农业区划成果的基础上，综合利用和集成用户角色权限、数据加密及备份、时空对象空间数据模型、元数据和数据字典等关键技术，利用 Oracle 10g 和 ArcGIS 9.2 等平台，建立了集影像、栅格、矢量、属性和多媒体等数据于一体的我国最大的农业资源与区划基础数据库及其管理系统，并对全社会开展农业资源数据的公益服务，从而实现全国农业资源调查与农业区划基础数据的合理保护、动态更新、网络共享与充分利用。截至 2019 年年底，已经建成超过 40 TB 的全国农业资源区划数据，研发了单机管理系统 6 个，网络共享平台 2 个，省级共享网络节点 8 个，取得软件著作权 19 项。

第三节　农业土壤研究

一、土壤培肥与改良

2004 年 6 月，资划所整合原土壤肥料研究所土壤与农业生态研究室、信息农业研究室和中国农业科学院原子能利用研究所农业生态环境研究室成立土壤研究室，2013 年在土壤研究室基础上组建土壤培肥与改良创新团队，2017 年 9 月研究室更名为土壤改良研究室。

自中国农业科学院土壤肥料研究所成立至"九五"期间，传统的土壤学主要从事土壤资源研究、土壤改良与利用、土壤肥力、土壤耕作与管理四个方面的研究。2003 年以来，主要从事土壤肥力演变与培肥、中低产土壤改良、土壤水肥调控与保护性耕作等方面研究。以土壤肥力演变、土壤快速培肥、酸化土壤改良、土壤重金属污染修复、土壤改良剂研发为主攻方向，致力于我国土壤肥力的提升。

研究室依托"耕地培育技术国家工程实验室""中国农业科学院土壤质量重点开放实验室""国家农田土壤肥料长期试验网络"等创新平台，研究成果获得省部级以上科技奖励 40 项，其中团队成员以第一完成人获国家科技进步奖二等奖 2 项、省级一等奖 4 项、省部级二等奖 16 项。

（一）土壤肥力演变与培肥

研究立足于我国农田土壤有机质提升技术，基于农田土壤肥料长期试验网络，重点开展了土壤肥力演变、土壤快速培肥与改良的机理和技术，探讨典型区域农田土壤化学、物理和生物肥力演变过程与提升原理，促进了畜禽粪便和秸秆等有机废弃物资源的高效利用，增强了农田土壤碳汇功能，促进了我国土壤氮磷钾等养分的有效管理和合理利用，为全国耕地地力评价、高标准农田建设和耕地肥力培育提供了科学依据与技术支撑。

"十一五"至"十三五"期间，主持公益性行业科研专项"粮食主产区土壤肥力演变与培肥技术研究与示范""水田两熟区耕地培肥与合理农作制"，国家重点研发计划课题"耕地地力水平与化肥养分利用率关系及其时空变化规律""高产稻田的肥力变化与培肥耕作途径"以及国家自然科学基金重点国际合作项目"长期不同施肥下中美英典型农田土壤固碳过程的差异与机制"等。主要阐明了我国粮食主要产区典型土壤类型（黑土、潮土、黑垆土、红壤、黄壤、水稻土）等的肥力演变特征，特别是系统阐明了我国农田土壤有机质的演变规律，土壤氮、磷、钾的演变特征及其主要驱动因素；构建适合我国不同区域特点的土壤肥力提升技术模式，集成土壤肥料长期试验结果，提出我国东北、华北、长江流域水田、南方丘陵区旱地、西北地区等五大典型区域不同肥力土壤培肥的核心技术 18 项、提出土壤培肥的轻简化技术模式 27 项；在我国五大典型区域农田建立土壤培肥技术模式核心示范区 38 个，显著提升农田土壤肥力和生产能力；示范区 5 年土壤地力提升 1 个等级，作物产量平均提高 12.6%；5 年示范推广面积 1 200 万亩；强化长期试验数据的整理和统计分析能力，显著提升了我国农田长期试验的科研能力及其国际影响力。该成果于 2015 年获得国家科技进步奖二等奖。

（二）土壤培肥改良与生态安全

针对我国中低产田存在的酸、黏、板、盐和干旱等障碍因子导致的水肥资源利用效率低等制约农业生产的障碍因素，对我国酸化红壤、沙化和盐碱化等中低产田的土壤障碍因素进行改良，为提高中低产田基础地力提供科学理论及技术产品支撑。

"十一五"以来，主持科技部国家科技合作专项"中低产田障碍因子消控关键技术合作研究"、国家"973"计划课题"主要类型区红壤酸化的驱动因子及时空演变规律"、国家自然科学基金联合基金重点项目"黄土丘陵区煤矿区复垦土壤质量演变过程与定向培育"、科技部国际合作项目"中欧土壤质量评价技术及应用"、科技部农业科技成果转化资金项目"风化煤多功能肥料修复荒漠化土壤技术的中试与示范推广"、国际合作项目"盐碱化荒地生物修复技术"及国家自然科学基金项目"典型土壤改良剂对土壤微生物的生态效应影响研究"等。以盐渍化、沙化、红壤酸化和贫瘠化等典型中低产田土壤为研究对象，以中低产田障碍因子消控为核心，在明晰中低产田障碍因子形成机理与驱动机制基础上，以新型和环保农用功能性材料研制与应用为重点，研制了系列价格低廉、适合不同区域、不同类型障碍因子的复合功能型土壤改良材料与产品，建立了不同类型土壤改良剂的应用技术规范，同时开展了材料的生态应用环境安全评价研究，重点研究土壤改良材料对土壤主要微生物、主要功能群和具有代表性土壤动物群落的影响，阐明了复合功能型土壤改良剂对土壤健康质量的影响机理，为新型土壤改良剂的土壤生态环境安全评价与管控提供重要科学依据。

系统阐明了不同化肥、有机肥和改良剂及其组合修复 Pb、Cd 污染土壤的原理与技术途径。阐明了 Pb、Cd 等典型重金属在土壤中的老化机制及其影响因素；明确了其在土壤中的老化过程符合二级动力学方程，pH 值是影响其老化的关键因子。阐明了不同磷肥、钾肥、有机肥与改良剂及其组合通过改变土壤中重金属的吸附特性、pH 值和重金属形态来改善作物生长和重金属吸收特性，从而有针对性地提出了调节土壤中 Pb、Cd 生物有效性的施肥与改良剂修复技术和途径。研制出钝化土壤重金属活性的专用肥料和改良剂产品。该成果于 2011 年获得中华农业科技奖一等奖。

针对南方红壤酸化加剧的突出问题，基于南方红壤地区长期试验联网研究，探明了红壤农田酸化时空演变特征；阐明了有机肥降低硝化潜势阻酸、中和氢离子和络合活性铝控酸的双重作用机制；构建了石灰类物质精准施用降酸技术，创建了有机肥阻酸与减氮控酸关键技术；创建了极强酸性土壤降酸治理、强酸性土壤调酸增产、中度酸性土壤阻酸培肥以及弱酸性土壤控酸稳产等 4 种综合防治技术模式，经 6 省多点大面积示范，土壤 pH 值提高 0.2~1.0 个单位，农作物增产 12%~27%，实现了酸化防治与肥力提升协同发展。该成果于 2018 年获得国家科技进步奖二等奖。

基于我国稻田土壤磺酰脲类除草剂和重金属 Cd 复合污染的突出问题，在国家自然科学基金"苄嘧磺隆与 Cd 复合污染对水稻细胞、分子毒性研究""水稻在镉与苄嘧磺隆胁迫下的基因应答研究"项目资助下，以水稻土典型除草剂和重金属复合污染为重点，系统研究了苄嘧磺隆与 Cd 复合污染对水稻生理生化、细胞超微结构和基因水平上的影响机理。基于集约化畜禽养殖产生的大量有机资源在土壤培肥中的安全利用，在公益性行业（农业）专项的资助下，重点研究了我国典型区域设施菜田土壤中重金属累积、成因和形态转化规律。以典型设施蔬菜种植区不同种植年限、有机肥不同施用量的设施菜地为研究对象，通过田间大样本量的调查与实验室分析，并结合室内模拟试验，系统研究了 Cd、Cr、Cu、Ni、Pb 和 Zn 等 6 种典型重金属元素在设施菜地土壤—蔬菜系统中的累积特征、累积成因及其有效性的影响因素、转移吸收规律及主要累积的重金属元素对番茄生长的生物学效应等，取得系列重要进展，为土壤生态环境安全评价与管控提供重要科学依据。

（三）保护性耕作与水肥高效利用

立足于我国农田土壤水肥高效利用，重点开展了土壤水肥协同机制、旱作节水农业、农田水肥管理、土壤水肥调理剂研制、保护性耕作增碳培肥等研究，在旱作农业、作物高效用水、土壤水肥协同增效机制、保护性耕作等技术方面做了大量理论研究和技术储备，取得了一批研究成果。为减少农田土壤侵蚀，保护农田生态环境，提高水肥利用效率、并获得生态效益、经济效益及社会效益协调发展提供了技术支撑。

"十一五"和"十二五"期间，主持科技支撑计划课题"黄土高原东部平原区（山西）增粮增效技术研究与示范"，国家"973"计划课题"养分与环境要素协同效应及其机制"、科技部社会公益项目"农业水资源利用与水环境监测重要技术研究"、国际合作项目"水土保持耕作技术研究"等。以节水、节肥、高效和环保最佳嵌合为目标，以水肥互励的水资源深层次利用为切入点，系统探讨了"以肥调水，以水促肥"的机理，研究了不同供水条件和用水方式下主要作物农田水分与养分库源平衡关系，确立了水肥互馈调节机制与协同互馈定量关系，建立了最佳水分利用效率下的作物水肥调控指标（参数）与精量控制模型，形成了不同区域主要作物水肥联合调控技术，为我国旱作区域不同环境条件下最大限度提高水肥利用效率提供了理论依据；系统进行了保护性耕作作用机理理论研究，通过研究明确了保护性耕作的长期固碳培肥效应与蓄水保墒机制，明确了不同耕作措施下土壤团聚体数量、组成和稳定性的变化特征，把深松和秸秆覆盖有机结合起来，创造性地提出了高留茬深松技术，以水分为核心，围绕高留茬深松蓄水、保水材料保水、缓释肥调水、抗旱品种节水、优化播种用水五个方面，形成我国北方丘陵旱区农业持续发展的生态农业保持耕作技术体系。该技术成果已在我国北方干旱、半干旱地区得到大面积推广应用，应用前景广阔，经济、生态和社会效益十分巨大。研发了多个土壤水肥调理剂与结构改良剂，形成了旱地农业结构改良与水肥调控技术多项，其中"土面液膜覆盖保墒技术"获北京市科学技术奖三等奖（2009年）；"豫西旱作区小麦玉米一体化少（免）耕覆盖技术研究与应用"获河南省科技进步奖三等奖（2007年）。

（四）土壤养分转化与持续高效利用

针对我国东北、华北、长江中下游三大粮食主产区，化肥用量大、有机资源浪费、土壤养分转化过程和机理研究薄弱和养分利用率低的问题，研究建立了有机肥替代，秸秆、生物炭还田，氮肥缓释，微肥协同促效等途径促进土壤养分高效转化，维持土壤生态健康，提高作物养分持续高效利用与减施化肥的技术途径与模式。

"十一五"和"十二五"期间，主持国家"973"计划课题"典型区域减肥增效与农田可持续利用途径与模式""肥料养分持续高效利用途径及模式"，针对传统施肥模式存在的主要问题，以氮肥和磷肥减施增效为主要目标，在东北、华北、长江中下游典型试验区，以黑土、潮土和水稻土为研究对象，选择玉米、小麦、水稻、蔬菜等作物，结合主要种植制度，研究典型区域当前氮磷肥料利用的途径与模式（简称"传统模式"），典型区域氮肥和磷肥减施增效的集成途径与模式（简称"集成模式"）和典型区域氮肥和磷肥减施增效的优化途径与模式（简称"优化模式"）及其农学、经济和环境效应；同时围绕氮肥和磷肥养分可持续高效利用这一主要目标，应用同位素示踪、原位监测等手段，主点定位试验与附点试验相结合，研究明确了三大区域典型种植体系氮磷养分可持续利用的最佳实现途径，提出不同生态区主要作物种植体系下的肥料养分高效利用的集成模式，通过比较研究集成模式下养分的农学效应、经济效应和环境效应，提出了典型区域氮磷养分持续高效利用的优化集成模式，为减施化肥 20% ~ 25% 及养分持续高效利用提供了重要支撑。

二、土壤植物互作

"土壤植物互作"是国际上土壤、植物科学最热门和最前沿的交叉学科。2013 年，资划所以植物营养研究室和土壤研究室部分课题组为基础，组建"土壤植物互作"创新团队，同时成立土壤植物互作研究室。2005 年以来，针对我国农田化肥农药过量施用所导致的环境污染等问题，主要围绕"土壤植物系统养分元素转化及其循环机制""土壤植物系统有害物转化与循环机制及预警"两个重要方向开展基础和应用基础前沿研究。先后主持承担国家自然科学基金重大国际合作项目、国家重点研发计划项目、公益性行业科研专项、国家"973"计划课题等多项研究，依托项目共发表论文 150 余篇。

（一）土壤植物系统养分元素转化及其循环机制

"十一五"以来，在国家科技支撑计划课题、国家"973"计划课题、国家"863"计划课题等项目支持下，围绕土壤植物系统养分元素转化及其循环机制开展了系统性研究，并取得了如下进展。

研究发现高等植物对硅的吸收与运输同时存在主动和被动两种机制，其相对重要性取决于植物种类和外界供硅浓度；首次报道了黄瓜对硅的吸收与运输是逆浓度梯度的主动过程，阐明了硅提高大麦耐盐性机制并提出硅提高抗氧化酶系活性从而减轻如盐害、冻害、重金属（镉、锌、锰等）毒害引起的膜脂质过氧化伤害是硅提高植物对非生物胁迫抗性的共性机制。研究还发现除了"机械屏障"作用外，硅提高植物诱导抗性是其重要抗病机制，并首次提出叶面喷施硅酸盐不能提高诱导抗性，其抗病机理是通过"渗透胁迫"抑菌而实现的。

研究探明了土壤中不同有机碳库与土壤生物物理过程对退化红壤结构恢复和土壤生物稳定性的影响机制，明确了低丘红壤区不同尺度农田水土流失规律和土壤产流过程及其对小流域养分迁移的贡献，揭示了双季稻区长期施化肥、有机肥和秸秆还田对土壤结构和基础土壤肥力的影响机制，初步阐明养分输入改变土壤有机质矿化和土壤碳固定的微生物机制。研究还明确了我国东北寒冷地区有机和无机肥对土壤硝化作用的影响主要源于氨氧化细菌群落结构的变化，以及硝化抑制剂影响土壤硝化过程的微生物分子机理。

针对长期施肥对土壤磷、钾有效性的影响，解析了其主控因素，首次研制出有机结合态磷肥，显著提高磷肥的有效性，同时也解析了作物对土壤磷素状况响应的重要调控因子，首次在陆生植物中鉴定出液泡中无机磷输出转运体。针对作物根系在土壤中的生长机制，在国际上首次提出了植物激素水杨酸调控水稻根系生长的分子生理机制。

相关研究结果在 *Nature Plants*、*PNAS*、*Plant Cell*、*Molecular Plant*、*Plant Physiology*、*New Phytologist*、*Soil Biology and Biochemistry* 等国际 SCI 刊物上发表多篇学术性论文；主编和参编著作各 1 部；获江西省科技进步奖二等奖 2 项；获发明专利多项。主办第五届"硅与农业"国际会议；应邀作国际会议大会主题报告或分组报告 10 余次。

（二）土壤植物系统有害物转化与循环机制及预警

"十一五"以来，在公益性行业科研专项、国家"863"计划课题，国家科技支撑计划项目、国家重点研发计划项目和国家自然科学基金项目等项目资助下，对土壤植物系统有害物转化与循环机制及预警开展了系统性研究，并取得如下成绩。

首先，探明了土壤中重金属的老化过程主要是表面沉淀和微孔扩散过程，提出了基于机理的老化模型。揭示了不同植物对污染土壤中重金属毒性的敏感性规律；建立了利用同位素

（^{65}Cu）示踪技术对污染土壤中 Cu 的 E，L-值测定方法，并揭示了植物根细胞不同组成与 Cu、Pb、Cd 吸收、转运间的耦合关系。探索出适合我国国情的重金属污染土壤修复技术体系，并制备了不同功能化纳米型（<100 纳米）高效重金属络合（螯合）剂（NPs）。其中，建立的基于风险和生物敏感性分布的土壤重金属阈值的方法学，被鉴定为达到国际领先水平。

其次，针对土壤中有机有害物的问题，探明了磺酰脲类除草剂在土壤中形成的结合残留的生态风险，及其对水稻生长及根土界面微生物的抑制作用。阐明了作物对三氯乙烯、氯甲苯和阿托拉津等有机污染物的吸收、木质部和韧皮部的运输机理。通过分析典型兽用抗生素及其抗性基因在猪粪堆肥过程中的消减特征规律及其影响因素，探明了典型抗生素对猪粪堆肥过程中相关参数、微生物多样性等的影响规律，为猪粪堆肥过程中快速削减典型抗生素及其抗性基因技术的建立提供了理论和数据支撑。

相关研究结果在 *Journal of Hazardous Material*、*Chemosphere*、*Environmental Pollution* 等 SCI/EI 刊物上发表论文 82 篇，获授权专利 13 件。在国际会议上做主题报告及分组报告 17 次，合著中英文著作和论文集 6 部，获省部级科技进步奖 2 项。

（三）土壤重金属污染防治及农产品安全生产研究

在国家重点研发计划课题、国家"863"计划课题、国家自然科学基金项目、农业部/财政部行业专项、国家自然科学基金重大国际合作项目、中—澳国际合作项目、公益性行业科研专项及国家科技支撑计划项目等项目支持下，围绕土壤中重金属形态转化与生物有效性、土壤中重金属的无害化与减量化技术及土壤中重金属环境基准等方面，从基础理论创新、应用技术研发与推广应用等开展了一系列工作。主要成果包括：①利用 EXAFS、SEM/TEM-EDS、XRD 等技术，从分子水平上初步探明了土壤中不同胶体吸附/固定重金属（Cd、Pb 等）的微界面过程与机制；②对不同作物根系吸收转运重金属生理机制进行了研究，探明了根细胞壁组分中半纤维素对植物耐重金属胁迫的影响与相关机制；③叶面喷施胺类激素可通过影响叶片 Cd 吸收和转运相关基因的转录降低 Cd 的植物毒害，研究结果从细胞分子水平上揭示了提高植物对 Cd 耐受性的作用机理；④通过测定镉 Cd 胁迫环境下作物不同根系土壤微生物群落组成，研究作物产量、土壤 pH、有效态 Cd 含量在不同处理之间的差异，及与作物基因表达水平、土壤微生物群落之间的联系，明确微生物群落特征的关键驱动因素；⑤研究推导出基于不同性质土壤中重金属（Cd、Pb）的环境阈值（HC5）并在农田土壤污染评价中得到应用；⑥建立了基于不同性质土壤中重金属 Cd、Pb、Zn、Cu 毒性的陆地生物配体（t-BLM）预测模型；⑦研制出适合不同土壤性质的纳米（微米）型重金属高效钝化剂、叶面阻抗剂及退化土壤改良剂、微生物肥料，所制备的相关修复材料与污染土壤修复技术（集成），在农业部农田土壤污染修复专项中得到了大面积推广应用。

围绕土壤重金属污染机制、农田重金属污染土壤防治与安全利用，相关研究结果在《中国环境科学》《农业工程学报》、*Environmental Pollution*、*Science of The Total Environment*、*Environment International*、*Bioresource Technology* 等环境科学国际主流刊物上发表研究性论文多篇；主编著作 1 部，参编著作 3 部；获农业部科技进步奖、广东省自然科学一等奖等多项；获发明专利多项。应邀作国际会议大会主题报告或分组报告 10 余次。

三、土壤耕作与种植制度

2010 年，资划所整合农业水资源利用研究室、土壤研究室和农业布局与区域发展研究室相关课题组，成立现代耕作制研究室，2013 年在此基础上组建土壤耕作与种植制度创新团队，2017 年研究室更名为土壤耕作研究室。研究工作针对我国农业土壤耕层建设与种植制度存在的问题，以"土壤合理耕层构建与水肥高效利用高产种植制度优化"为研究方向，在耕层土壤保水保肥性能的土壤耕作技术、机理和主控因素；典型种植制度下提高作物产量的生态生理机理和水肥高效利用的机制与技术；数字土壤构建与制图等方面，开展基础和应用基础性研究。

截至 2019 年年底，先后主持和承担公益性行业（农业）科研专项（课题）5 项、国家科技基础性工作专项（课题）5 项、国家重点研发计划项目（课题）5 项、国家"973"计划课题 1 项、国家科技支撑计划课题 4 项、国家"863"计划课题 2 项、国家自然科学基金项目 4 项，统领我国 1∶5 万土壤图籍编撰及高精度数字土壤构建，建立了覆盖北方农区的"土壤耕作研究网络"和"高产高效种植制度技术网络"研究平台；在西南等烟区持续开展烟草营养监测、调控关键技术以及烟田土壤质量提升研究；在西北生态脆弱区开展了盐碱障碍因素消减和合理生态系统构建技术研究。通过以上研究工作，取得了多项科研成果，其中以第一完成单位获省部级二等奖 2 项、三等奖 4 项，与其他单位合作获省部级一等奖 2 项、二等奖 2 项、三等奖 5 项。

（一）耕层结构优化与模式研究

重点围绕土壤结构与作物生长、农田水肥盐动态监测与模拟以及秸秆还田与合理耕层构建模式等方面开展系统研究，揭示了不同类型（盐碱化、耕层浅化、沙化）土壤合理耕层构建的主控因子及技术途径，阐明了影响耕层土壤保水保肥控盐性能的土壤耕作技术和机理，研发出耕层土壤水肥盐调控技术及配套产品。

"十一五"期间，在盐碱化土壤改良与"淡化肥沃层"构建方面，主持公益性行业（农业）科研专项"黄河上中游次生盐碱地农业高效利用技术模式研究与示范"。针对西北沿黄灌区盐碱地长期存在土壤盐分"表聚化"严重、作物产量低下甚至绝产等突出问题，以创建盐碱地"淡化肥沃"根系分布层为目标，以"阐明盐分时空分布调控机制—创新快速改良关键技术—研创改良新产品—集成改良模式"为研究主线，发明了利用秸秆隔层改变水盐运移规律快速实现盐碱地耕层脱盐的"上膜下秸"控抑盐技术，创建了以控抑盐为核心的盐碱地枸杞"垄膜沟灌"节水控抑盐技术，研创了适宜于不同类型盐碱地改良的配套产品，全面构建了适用于西北沿黄灌区盐碱地高效改良利用的技术体系，大幅度提升了盐碱地地力水平、产量和综合效益。

"十二五"期间，在盐碱土壤改良机理方面，主持 3 项国家自然科学基金项目"河套灌区盐渍土秸秆隔层控盐机理研究""内蒙古河套灌区盐渍土保护性耕作技术节水控盐机理与模式研究""不同盐碱程度对还田秸秆腐解过程及土壤团聚结构的影响"等，重点研究盐渍化土壤下如何应用保护性耕作技术、秸秆隔层形成"淡化"根系分布密集层，阐明其水盐调控机制，明确不同盐碱程度对还田秸秆腐解过程及土壤团聚结构的影响程度。主持公益性行业（农业）科研专项"粮食主产区高产高效种植模式及配套技术集成研究与示范""北方旱地合理耕层构建技术与配套耕作机具研究"等项目。以"明确有效耕层厚度指标—研创全新耕作机具—创新耕层加厚技术—集成技术模式"为研究主线，通过多年系统研究，阐明了旱地犁底层分布特征，首次揭示了耕层加厚程度对作物生产及固碳减排的影响；研创出可变革现行土壤耕作方式的全新土壤深旋松耕作机具，构建了旱地有效耕层加厚与作物产量提升技术体系。在沙化土壤培育方面，主持国家科技支撑计划课题"川西北藏区农牧废弃物综合利用及沙化土壤改良技术研究与示范"，针对川西北藏区土壤沙化、有机质含量低等特点，以农牧废弃物资源化利用为切入点，在明确川西北藏区高寒沙地生境修复类型分区及沙化土壤改良路径模式的基础上，研发了适于沙化土壤改良培肥的农林生物质及牛羊粪便资源化利用关键技术及产品，制定了技术规范并开展示范应用，实现了农牧废弃物资源综合利用与沙性土壤改良培肥的有机结合。

"十三五"期间，主持公益性行业专项课题"旱地两熟区耕地培肥与合理农作制"，通过在山东、河北典型麦玉轮作区布置磷钾统筹田间试验，全年监测土壤、植株磷钾养分变化动态，筛选优化技术模式；使得土壤磷、钾养分库更加适合作物生长发育的需求，土壤磷盈余、钾亏缺趋势得以遏止并改善，提升肥料利用率和土壤有机质，整体提升土壤质量；主持国家重点研发计划课题"河套平原盐碱地微生物治理与修复关键技术"，开展次生盐渍化/碱化土原位土壤微生物多样性及其微生物菌株筛选、单株菌或复合菌高效发酵技术体系构建、微生物改良产品配方研究、微生物改良菌剂/肥料产品开发及配套技术体系构建等研究；主持国家自然科学基金项目"河套灌区盐碱地秸秆隔层对深层土壤有机碳矿化过程及影响机制的研究"，系统分析不同盐分梯度下秸秆隔层处理剖面 DOC 含量、化学组成变化特征及对深层土壤 DOC 的贡献，阐明淋洗DOC 的矿化、转化特征以及对深层原有有机碳的激发效应，揭示深层有机碳矿化机制。此外，还承担了国家重点研发计划课题"东北黑土区秸秆碳高效利用的全程机械化保护性耕作技术体系""河北高氮磷残留土壤修复与污染控制技术集成示范"等国家级项目的部分研究内容。

（二）生态高效种植制度构建与优化研究

围绕作物生产系统水碳氮循环过程、调控机理及农作系统管理开展研究，构建了典型农区水肥高效利用与高产同步协调的种植制度，提出因地制宜的种植模式。

"十一五"期间，主持国家科技支撑计划课题"城郊集约化农田污染综合防控技术集成与示范"，以"资源高效、循环利用"为指导思想，采用"源头控制、过程阻断和污染治理"相结合的途径，研究集成城郊集约化农田污染综合防控技术，有效防控农田污染，保障农产品安全，为城郊集约农业与生态环境的持续、和谐发展提供技术支撑与示范样板。针对不同城郊集约化农田种植类型和我国南北方种植制度和自然条件的差异，分别集成和示范了北方保护地菜田肥料农药精准化管理结合夏季敞棚期种植填闲作物的技术体系、南方露地蔬菜养分精准管理—田间"3池"系统—生态拦截沟的技术体系和南方丘陵区果园优化施肥—生物篱拦截—小型湿地净化技术体系等3套城郊集约化农田污染防控技术体系。通过对城郊种植制度的系统研究，筛选了资源高效利用，环境友好的种植结构优化配置及轮作模式；通过畜禽粪便安全全量和减少损失技术研究，提出了畜禽粪便安全使用技术；同时，针对城郊型农业体系中有机种植，建立水肥高效利用技术体系和非农药型病虫害防治体系。技术集成过程中，形成了5项专利技术，开发了5个新产品。

主持国家科技支撑计划课题"有机肥资源综合利用技术"，以我国长江中下游与成都平原、华北和东北平原三大集约化种植、养殖农区为重点，围绕绿肥、畜禽粪便、污泥等有机肥的资源总量与土地最大承载量、畜禽猪粪、牛粪、鸡粪、污泥等有机肥料中重金属等有毒有害物质污染状况、畜禽粪便与污泥在土壤—作物生态系统中的循环流动特征特性为研究重点，提出有机肥施用的安全阈值、农田有机肥—无机肥合理配合施用标准，建立我国主要有机肥综合利用与安全高效施用技术体系。阐明了畜禽粪便产生量、构成比例的年际变化及时空分布规律，完成了不同畜禽粪便中重金属及养分含量状况分析，基本摸清了畜禽粪便中 Cu、Zn、As、Cd 等有毒有害元素含量水平，并对畜禽粪便中重金属的安全风险进行了评价。

主持公益性行业（农业）科研专项课题"资源节约型农作制技术研究与示范"，重点开展全国分县资源节约型农作制数据库构建以及不同农作制类型区农作制现状、问题及限制因素分析，提出我国不同农作制类型区资源节约型农作制发展潜力及开发途径；通过优化组装，构建区域主导性资源节约型农作制模式。建立了资源节约农作制数据资源管理与评价系统，明确了我国农作区资源压力空间分布，制定了基于水资源约束或不同气候年型的农作制度预案，提出了区域发展途径，提出了节地型农作制发展潜力及开发途径、节肥型农作制发展潜力及开发途径，筛选出适合不同农作区特点的节水、节地、节肥型农作制主导模式36套。

"十二五"期间，主持国家"863"计划课题"作物生长水分与营养土壤生境调控技术"。研制出高性能 PVFM 负压渗水材料，研制了机械式负压阀、电磁开关式负压阀、液体式负压阀稳定系统，其中液体式负压阀不需要电能，体积小、负压稳定、精确测量，基本上克服了现有的负压稳定系统存在的缺点；初步设计土壤水分养分平稳供应新装置8套，其中2套得到了批量试验制作和运用；筛选出高水溶性肥料配方11个；明确了油菜、烟草、小白菜、甜菜、茄子、甘蓝、花生、小番茄、辣椒、黄瓜、甜菜等 13 种作物的土壤水分平稳供应条件下的水分参数。主持公益性行业科研专项课题"华北平原中南部两熟区耕地培肥与合理农作制技术集成与示范"，针对华北平原土壤磷养分库盈余、钾库亏缺现状，通过磷、钾养分的周年统筹，调控土壤养分库，提升肥料利用率和土壤有机质，为华北平原两熟区耕地养分资源高效利用提供支撑。

"十三五"期间，主持国家重点研发计划政府间国际科技创新合作重点专项"土壤水分时间变异影响作物水分利用效率和养分吸收的机制"，该项目利用业界最新的土壤水分精准调控技术，研究作物对土壤水分时间变异的响应，筛选作物适宜土壤水分条件，从作物响应、土壤生境等方面阐明土壤水分时间变异影响作物 WUE、NUT 的机理，为研发区域适宜性灌溉技术、水肥一体化技术提供通用性较好的理论依据。结合田间监测数据，利用模型情景模拟技术，阐明不同空间尺度下土壤水分时间变异对作物 WUE、NUT 的影响。通过中美双方共同制定实验方案、共享实验/观测数据、互派工作人员和研究生到对方实验室学习、联合主办国际学术研讨会、合作培养研究生、联名发表学术论文等方式展开合作。

（三）土壤图籍与高精度数字土壤

我国优质土壤资源紧缺，完成全国大比例尺土壤图籍与高精度数字土壤对了解、掌握我国各地土壤资源与质量状况，实现粮食安全、环境安全和可持续发展均具有极其重要的作用。

资划所自 20 世纪末开始探索用土壤大数据方法完成我国大比例尺土壤图籍与高精度数字土壤，在科技部连续支持和各届所领导高度重视下，自 1999 年开始，历时近 20 年，取得了以下主要进展。

一是完成了对我国分散存留各地的 1∶5 万土壤调查图件和土壤调查资料的系统收集和整理。这项工作使我国价值千亿元的宝贵土壤调查成果得到永久性保存，实现跨部门、跨行业、跨地区的传播应用。

二是完成了覆盖我国全域的五万分之一土壤图与高精度数字土壤。该项成果能以 1 公顷为单元提供我国各地详尽的土壤资源与质量状况信息，含土壤母质，土体构型，土体各分层土壤结构、质地，土壤碳、氮、磷、钾、中微量养分含量，酸碱度，含盐量等多项土壤理化性状，是我国迄今为止最完整和精细的土壤资源与质量科学记载。我国高精度数字土壤不仅为各地开展耕地保育、科学施肥、节水农业、面源污染防治、基本农田保护提供了科学数据，也为农学、地学、环境科学、气象、测绘和水利等多学科领域的科学研究提供了土壤基础信息。

三是创建了以人机交互、人工智能为核心内容的土壤大数据方法，使我国在海量土壤要素智能化提取、人机交互式土壤图制图表达、异源农业资源环境空间信息整合表达等多项技术领域中跃居国际领先。利用土壤大数据方法，本项目已基本完成了含多图层、不同精度类别的土壤空间数据产品、高中低不同精度类别的土壤图制图表达产品、1∶5 万中华人民共和国土壤图集和中国土壤剖面数据集等。

本项研究工作始于"九五"科技部科技基础性工作项目"农业国土资源数据库"（1999—2000 年）。在这一阶段，资划所数字土壤实验室科研人员完成了我国中低精度土壤资源与质量数据的采集、矢量化和含 13 个图层的土壤空间数据库构建。

"十五"时期，通过实施国家社会公益性研究专项"土壤资源与农田质量预警"（2003—2006 年），在前期研究基础上，完成了 300 个县域的高精度土壤资源与质量时空数据采集和数字化建模，探索并初步建立了人机交互式的土壤大数据分析方法，对异源、异质、异型、异构土壤数据进行提取、分类、建模、整合与表达。

"十一五"时期，在科技基础性工作专项"我国 1∶5 万土壤图籍编撰及数字土壤构建"（2006—2010 年）任务范畴内，深入全国 30 余个省（市、区）以及数百个县，完成了分散存留各地的分县 1∶5 万土壤调查图件和分县土壤调查资料采集。并对之前建立的土壤大数据方法不断改进，用改进方法完成了覆盖我国一半地区的分县土壤质量数据的提取和数字化建模。

"十二五""十三五"期间，本项研究得到科技部持续支持，实施科技基础性工作专项"我国1：5万土壤图籍编撰及高精度数字土壤构建——二期工程"（2012—2019年）。在此期间，完成了覆盖我国全域的五万分之一土壤图集编撰和高精度数字土壤。我国高精度数字土壤含六大图层，能为全国各地提供精细至1公顷的详细的土壤资源与质量科学数据，对了解我国土壤与环境质量时空演变还具有起始点数据的意义。在项目实施过程中，采用边建设、边共享方式，本项研究已为农业、国土、环境、气象、测绘、水利、科研、教育等多个部门提供了土壤科学数据。

（四）耕地质量分区与土系调查

"十一五"期间，主持国家科技支撑计划课题"耕地质量分区评价与保育技术及指标体系研究"。针对我国在土壤培肥与肥力评价上，缺少分区、分类、量化评价指标，应用全国耕地质量高精度海量数据的空间分析和各地区大田检验试验，初步建立了不同地区的分区耕地质量评价技术指标，每套分区指标中均包括13种土壤养分因子与土壤酸化评价的量化指标，有利于促进我国农民实现标准化、定量化的耕地保育。主持"863"计划课题"农产品认证数字化管理平台"，针对我国农产品认证效率难以满足社会对农产品安全性要求的状况，建立了无公害农产品认证管理系统与产地认证评价系统、无公害农产品现场检查系统、基于WebGIS的无公害农产品信息发布系统、基于手机短信平台的无公害农产品信息发布系统，创建了无公害农产品认证数字化管理技术。在农业部以及重庆、河南、贵州等省市的50个农产品认证管理机构、生产企业中得到示范运用，推广5年已经产生了96.30亿元经济效益。主持科技基础性工作专项课题"河北省土系调查与《中国土系志河北卷》编制"。在河北省开展系统的土系调查和基层分类研究，按照统一的技术规范，建立河北省土系，获得典型土系的完整信息、部分典型土系的整段标本。根据定量化分类的原则，建立了河北省土壤从土纲到土系的完整分类。详细观测175个剖面，拍摄科考照片1.5万余张，获取各类剖面形态信息近3万个，采集发生层土样600多个，鉴定出162个土系。

"十二五"期间，主持科技基础性工作专项课题"宁夏回族自治区土系调查与土系志编制"，通过收集、转换和整理大量的资料，采用目的性采样和传统采样结合的方法，布设采样点，结合地形地貌等分布，初步检索了典型土壤剖面的诊断层和诊断特性，初步建立了划分宁夏土系的指标和依据，初步建立典型剖面土壤从高级分类到基层分类的完整的系统分类。

四、耕地质量监测与保育

在国家"藏粮于地、藏粮于技"和"农业绿色发展"等重大战略需求驱动下，在现代土壤学发展前沿和多学科交叉发展趋势引领下，在中国农业科学院加快"两个一流"建设补齐重点学科的安排下，2017年9月，资划所整合土壤培肥与改良研究室、土壤植物互作研究室及农业微生物资源利用研究室具有土壤物理学、土壤化学、土壤微生物学研究背景的科研人员，组建耕地质量监测与保育创新团队，并在团队基础上组建耕地质量监测与保育研究室。研究工作围绕"耕地土壤质量的评价理论、保育机制和技术"开展有特色的创新性研究，为农业绿色发展提供理论和技术支撑。以耕地土壤健康保育研究为核心，设立研究方向包括：土壤组分调控及其土壤健康保育机制；土根界面过程及其土壤健康保育机制；禾豆轮作与土壤接续保育技术体系；耕地质量评价方法和理论。团队针对土壤健康保育需求，依托所建立的长期定点联网、定点观测研究平台、国际合作平台，系统研究"土壤结构—有机质—微生物组"的互作过程及其对作物品种、秸秆类型和土壤耕作管理技术的响应，以明确基于禾豆系统、高效利用生物（质）资源为路径的农业绿色生产技术，体现现代土壤学多学科交叉和多尺度跨越的特点；以土壤微生物组为研究对象，从土壤生态系统，农田生态系统根土界面和关键带等尺度研究土壤微生物组演变的环境因素驱动机制（改善土壤环境、调谐微生物组）及其对土壤功能的调控作用（畅通氮循环路，实现绿色增产）；建立基于生物（质）资源高效利用禾豆系统和集成周年协调减障增效技术，为农业绿色发展提供了一条新的技术路径。

团队设立的重点研究任务有：①土壤组分调控及其土壤健康保育机制：研究土壤结构—土壤有机质—土壤微生物组间的相互过程；揭示保护性耕作技术下土壤结构保护及其对土壤健康的调控机制；探索微生物组演替驱动机制和功能微生物定向培育机制；阐明和模拟土壤有机质分解和形成过程及调控机制。②土根界面过程及其土壤健康保育机制：研究前茬作物秸秆还田和不同作物根系定向改良土壤结构和微生物组的过程和禾豆系统调控机制；研究根际有机碳输入和功能微生物定向培育过程及其对氮循环调控作用。③禾豆轮作与土壤接续涵养技术体系；创建和系统评价禾豆轮作和休耕新型耕作制度；集成配套前后作物茬口衔接和减障碍技术、农用化学品和生物资源周年运筹的土壤接续涵养绿色生产技术体系。④耕地质量评价方法和理论。明确土壤质量评价的最小指标集并优化耕地质量评价新技术；以黑土为例，监测和评价集约化持续农业发展与关键带土壤健康状况。通过完成这些研究目标，建立"改善土壤环境、调谐微生物组；畅通氮循环路，保障绿色增产"的藏粮于菌的理论和技术体系，为实现"藏粮于地、藏粮于技"、农业供给侧改革和农业绿色发展战略提供理论和技术支撑。

2013—2019 年，承担国家级项目 20 项，经费 5 000 万多元。主要包括国家自然科学基金重点项目 2 项、面上项目 3 项、中德合作项目 1 项和青年项目 2 项；国家重点研发计划课题 2 项、国家科技支撑计划课题 1 项；公益性行业（农业）科研专项 2 项、国家现代农业产业技术体系项目 1 项、中德农业科技合作平台项目 1 项。中国农业科学院和国际热带农业研究所（CAAS-CIAT）联合实验室项目 1 项；中国博士后科学基金特别资助项目 1 项。发表 70 余篇 SCI 论文，获得 11 项发明专利，省级奖励 3 项。1 份咨询报告得到中央常委批示，2 份咨询报告得到部级领导批示。团队利用国家大豆产业技术体系岗位科学家项目，与黄淮海地区的大豆实验站合作，在安徽宿州农业科学院、河南新乡八里营和商丘农业科学院（永城）以及山东济宁农业科学院（汶上）、建立了轮作、轮耕、轮肥长期定点联网实验；与华大基因生命科学院和国家地调局沈阳中心签订长期合作协议，分别在土壤微生物组学和黑土关键带等方面开展研究；与美国欧道明大学、斯坦福大学、佐治亚大学、北亚利桑那大学、佛蒙特大学、田纳西州立大学；英国洛桑试验站、詹姆斯霍顿研究所、阿伯丁大学和利兹大学；澳大利亚联邦科学与工业研究组织 CSIRO、德国的明斯特大学和汉诺威大学、比利时根特大学、国际热带农业研究中心等研究单位保持密切合作关系。承担中国农业科学院与国际热带农业研究中心建立的联合实验室（CAAS-CIAT Joint Laboratory on Advanced Technology for Sustainable Agriculture）、中国农业农村部与德国农业和食品部共同建立的中德农业中心下属的中德农业科技平台管理。

2017 年耕地质量监测与保育创新团队成立之前，团队成员在各自团队从事相关方向研究工作，创新成果有以下方面。

（一）特殊土壤生境中功能性微生物挖掘和利用

从各类污染或极端环境样品中分离筛选了 616 株降解多种环境污染物的菌株资源，获得了 30 余株具有抗生素耐受与消减能力的资源。为提升环境中农药残留的微生物降解能力，利用高通量测序技术对各阶段复合系中微生物的组成进行分析。连续降解试验研究结果表明，复合系中 Delftia 属能高效降解复合污染物特性，其丰度由最初的 0.1%（稀有微生物）到第七代时增至 30%，复合污染物的降解效率已达 60%以上；并从降解复合系中获得 4 株 Delftia 属菌株，开始全基因组测序。

针对当前环渤海地区盐碱地改良、培肥和综合开发利用的技术需求，从环渤海地区盐碱土壤样品中分离得到可培养细菌资源 181 株，多数为首次从盐碱地中分离得到的微生物资源，获得了 10

株疑似新种，如 *Frigoribacterium sp.*，*Photobacterium sp.*，*Algoriphagus sp.* 和 *Chitinophaga sp.* 等。这些资源大都具有优良的耐盐、耐旱、固氮、解磷、解钾、产植物生长刺激素、拮抗病原的功能。利用高通量测序技术（MiSeq 技术），发现长期改良的盐碱土壤种群中的优势种群有明显的提高。

筛选和评价了 40 株具有高效溶磷、解钾细菌、耐旱抗逆菌、固氮菌、耐盐菌、生防及促生等功能微生物菌株的生物学特性和实际功能。构建了耐旱固氮和耐旱耐盐的 2 组高效功能微生物复合系，并优化了功能微生物菌株的高效生产发酵工艺，添加生长刺激因子等提高生产效率，降低了发酵成本，提升了产品的经济价值。并应用在烟台苹果和葡萄上，起到了改良土壤结构、提升养分，降低病害对作物的影响，提高了作物产量及品质，提升了其经济价值。发表相关学术论文 50 余篇，其中 SCI 收录论文 30 余篇包括《Bioresource Technology》论文 3 篇。以第一发明人身份获授权国家发明专利 6 项。完成专利转让 4 项。

（二）土壤有机质变化的土壤组分调控机制

综合采用室内控制实验、野外长期定位观测，应用程序升温脱附与红外和质谱连用技术（TPD-FTIR-MS）、热重分析（TG）及差示扫描量热（DSC）技术，探索了土壤矿物表面的物理化学性质对有机质稳定性的控制机理及土壤管理措施的影响。发现了被土壤矿物固持有机碳的稳定性并非线性增加，而是存在变化拐点；在此基础上评估了传统最小二乘回归法预测土壤矿物固持有机碳潜力的不足，提出了利用边界分析法和表面最大负荷法替代土壤黏粉粒含量法估算土壤矿物最大固碳量；验证了在长期施用有机和无机肥后，大多数农田土壤矿物均未达到碳饱和程度，表明农田土壤矿物仍然具有巨大的固碳潜力，该研究为减缓大气 CO_2 上升提供了理论支持。

结合应用 ^{12}C 和 ^{13}C 富集技术、定量 ^{13}C 核磁共振技术和微生物群落分析技术，在国际上首次区分了土壤有机质形成和分解过程，提供了土壤有机质结构循环变化的直接证据，明确土壤有机质形成和分解速度与初始土壤微生物群落及其对类根系分泌物葡萄糖利用效率的影响有关，发现了底层土壤有机质循环速率大于表层土壤，在相同有机碳投入条件下固定更多的土壤有机质。提出了土壤有机碳丰度以及土壤矿物的物理固定潜力分别影响土壤有机质分解和固定过程。

利用长期野外增温平台，采用宏基因组学、数据整合和数据反演方法，阐明了微生物过程对土壤有机碳分解的影响。研究发现增温后，微生物分解惰性有机碳的功能增强，而且土壤惰性有机碳的分解速率加快，二者显著正相关，该发现表明微生物群落功能直接影响到土壤碳分解，也为如何在模型中表征微生物群落结构和功能提供了可行性方案。

（三）保护性耕作和秸秆还田技术对土壤组分互作关系的影响

以河南洛阳、山西寿阳、河北廊坊长期定位实验为依托，开展潮土和黄土农田土壤有机碳循环与稳定机制、有机碳与土壤结构关系研究。

CT 扫描结果表明与传统耕作相比保护性耕作土壤总孔隙度增加，孔径分布由单峰变为双峰；其大团聚体内总孔隙度、孔隙链接性和表面积均有提高，且 >150 微米与 90~120 微米孔隙均显著提高，且分布团聚体中心位置，而常规耕作孔隙在大团聚内均匀分布。

研究发现保护性耕作能提高土壤表层（0~10 厘米）有机碳储量，提高了土壤团聚体结构稳定性，增加了大团聚体数量，提高了大团聚体中稳定性有机碳含量，土壤有机碳含量与团聚体稳定性呈正相关关系，但孔隙形态和 SOC 含量之间没有显著的关系。土壤结构保护的颗粒态有机碳提高比例最大，其次是黏粒结合态（<53 微米）和轻组有机碳部分。研究区保护性耕作土壤外层有机碳的含量与内层无差异，这与国外的研究结果不同。核磁共振技术研究结果表明不同物理组分有机碳的化学不同。与轻组有机碳相比，团聚体保护的有机碳的 O/N-烷基 C 的丰度下降，芳香族 C 的丰度有所增加；重组有机碳组分，随着土壤粒径的降低，芳香族 C 丰度降低，烷基 C 的丰度逐渐增加。保护性耕作中的轻组有机碳中以 O-烷基 C 和较低的芳香族 C 为主；团

聚体保护的有机碳中，保护性耕作降低了芳香烃C丰度。

（四）黑土初始成土过程中土壤组分互作过程

利用中国科学院海伦农业生态实验站的8年实验，开展黑土初始成土过程中土壤组分互作过程研究。

研究了农业利用方式和深度对土壤微生物群落结构（磷脂脂肪酸）的影响。发现了耕作和不耕作通过改变氧化还原条件，氮肥施用是否配合大量秸秆还田通过改变养分和pH是驱动0~40厘米土壤微生物群落结构（磷脂脂肪酸）反方向分异的主要驱动因素，且土壤表层的分异大于底层；发现了无论利用方式是否相同，相同大小的团聚体中的微生物群落结构具有一定的相似性，不同大小团聚体中的微生物群落结构差异较大，说明土壤团聚过程通过改变氧化还原条件是驱动土壤微生物群落演变的关键过程；发现了线虫和土壤微生物群落组成的食物网的演变更取决于食植物线虫在线虫群落中的控制作用；区分了土壤微生物活体和残体（氨基糖）对土壤有机质的贡献，发现真菌残体是土壤有机质的最大来源，且受土地利用方式影响。

研究了不同利用方式下土壤黏土矿物的大小、与土壤有机碳的结合以及深度对土壤黏土矿物组成的影响，发现了土地利用方式通过影响钾素的植物利用和在土壤剖面分布，通过影响与土壤有机碳结合形成团聚体影响粘土矿物的迁移和钾素循环，通过影响土壤pH破坏硅铝层状结构等机制，控制含钾矿物（伊利石和混层矿物）与蒙脱石之间的在不同大小黏土矿物中的转化。

研究了土壤有机碳在土壤团聚中的分布及其随时间的变化，并通过区分冬季和夏季改进了土壤有机碳—土壤团聚体耦合形成土壤结构模型（CAST），成功模拟了高寒地区不同利用方式对土壤团聚和有机碳固定过程的影响。研究发现了利用方式不影响初级团聚过程，但是通过改变有机碳在不同大小团聚体中的转运效率，影响次级团聚过程。应用土壤切片和同步辐射微CT，研究了黑土母质熟化初期，不同生态系统条件下容积土壤和团聚体内的孔隙组成、分布和连通状况。发现了耕作和土壤有机质对不同土壤孔隙分布的影响。

（五）智慧水肥一体化管理系统及服务平台研发

在小麦玉米田间水肥管理参数优化研究的基础上，完成了智慧水肥一体化管理系统硬件、软件开发和试验示范区。该系统是集水肥管理硬件和软件为一体的综合系统平台，软件系统是基于物联网、GPRS传输等现代信息技术为一体的信息平台。该系统通过将多个种植和灌溉专家的经验编制成为计算机数据模型，形成多种灌溉方案。该系统是集成信息采集、无线传输与智能控制技术相结合的智能灌溉系统，可实现土壤墒情和田间气象信息的实时采集、传输和处理，以及田间灌溉过程的实时监控和信息反馈，构建田间灌溉技术体系，确定作物节水灌溉制度，实现智能灌溉和施肥。同时它可以根据灌溉和施肥后的种植结果的反馈，来进一步调整和优化编制的数据模型和灌溉方案。在智慧水肥一体化管理系统研发的基础上，研发了基于气候和土壤特征的"黄土高原东部平原区农田灌溉施肥预报系统"，开展了"手机端远程监控田间灌溉施肥装备系统"部分研发工作，后续工作将进一步开发针对基层管理人员的手机端APP系统。研究形成的"小麦—玉米微喷水肥一体化技术规程"通过山西省地方标准颁布；"冬小麦滴灌水肥一体化栽培技术规程"通过临汾市地方标准颁布。该技术在临汾市尧都区屯里镇韩村小麦研究所国家实验基地进行示范。2016—2018年小麦—玉米水肥一体化技术在山西临汾和运城示范推广面积达上万亩，该技术可节约灌溉用水40%~50%，减少化肥用量20%~30%，节省田间管理用工70%~80%，增产5%以上，符合我国"一控两减三基本"和"化肥零增长"等基本国策。观摩会被《临汾新闻网》《临汾日报》报道，被认为引领了当地水肥一体化技术的应用与发展。

第四节　农业微生物资源与利用研究

一、农业微生物资源

2004 年 6 月，资划所在原土壤肥料研究所农业微生物研究室基础上成立农业微生物资源与利用研究室，2011 年以农业微生物资源与利用研究室、中国农业微生物菌种保藏管理中心、食用菌产业科技研究室、农业部微生物肥料和食用菌菌种质量监督检验测试中心为基础，组建了农业部农业微生物资源收集与保藏重点实验室，2014 年在研究室基础上组建微生物资源收集、保藏与发掘利用创新团队，同年与食用菌产业科技研究室合并成立食用菌遗传育种与微生物资源利用研究室，2017 年 9 月成立微生物资源研究室，2019 年团队更名为农业微生物资源创新团队。团队以微生物资源收集保藏与发掘利用为核心，从农业微生物资源收集保藏评价、植物微生物与宿主互作机制、农用微生物制剂研发与应用等方面开展基础与应用基础研究。研究成果获中华农业科技奖 2 项，发表新种 55 个，获得国家发明专利 49 件。

（一）农业微生物资源收集与评价

"十一五"期间，承担科技部平台项目"微生物菌种资源描述规范制定"和"微生物菌种资源保藏技术规程研制"（2003—2004 年），制定了 80 个微生物资源描述和 38 个技术规程，用于微生物资源的描述、整理和保藏。承担科技部平台项目"农业微生物资源整理整合共享"（2005—2008 年），通过 3 年微生物菌种整理整合，中国农业微生物菌种保藏管理中心（ACCC）库藏资源由 4 000 株左右达到 1 万株以上。水稻内生细菌方面获得 900 余株水稻根际及内生细菌资源，发现了 13 个新种；从 13 个省 20 多种作物的 180 多个样品中，共收集细菌资源 1 500 多株，获得具有较好促生、抗病、降解除草剂、改良土壤等作用的高效微生物菌剂 20 余株，发现多株具有或兼具较强促生和拮抗土传病害或降解除草剂等功能特性，获得国家发明专利 19 件。根瘤菌资源方面获得与大豆、花生、苜蓿、紫云英等豆科作物和豆科牧草高效共生固氮的根瘤菌资源 3 000 余株。通过实验室及田间的小区试验，获得一批植物促生性能稳定、结瘤固氮能力强、抗病性能好、具有有机物降解功能的菌株。木霉资源方面收集 23 种 500 余株木霉菌，获得一批产脂肪酶、木聚糖酶、葡聚糖酶和抗多种植物病害、耐盐碱抗病的木霉菌株，获得国家发明专利 5 件。

（二）根际微生物研究

根际微生物对植物的生长和健康发挥重要作用，被看作是植物的第二基因组，类似于肠道微生物对人体的功能。根际微生物中的益生菌具有活化根区养分、促进植物生长、增强植物抗逆、抑制土传病害等功能，是微生物肥料和微生物农药的主要菌种。随着国内外微生物组研究的开展，根际微生物组的整体功能更受关注，充分挖掘根际微生物组的功能促进作物增产是农业微生物的主要研究前沿之一。因此根际微生物在化肥农药减施增效、农业绿色发展中意义重大。研究从根际益生菌个体和根际微生物组群体两个方面揭示了典型根际益生菌促进植物生长、增强植物耐逆、诱导植物系统抗性的作用机理；系统阐明了其根际趋化定殖的分子调控机制；分析了根际微生物组装配的驱动因素、装配过程和功能特点。研究成果揭示了典型根际益生菌趋化定殖和植物益生的新机制，提出了根际微生物组装配的新理论。研究结果深化了对根际微生物的认识，引领了根际微生物研究方向，促进了根际益生菌的利用和微生物肥料的发展。"十二五"以来，在 *Nature Communications*、*Microbiome*、*Cell Reports*、*Current Opinion in Microbiology*、*Environmental Microbiology*、*Molecular Plant-Microbe Interactions*、*Soil Biology & Biochemistry*、*Journal of Proteomic*

Research、*Applied and Environmental Microbiology*、*FEMS Microbiology Ecology* 等国际著名期刊发表 SCI 论文 60 余篇。研究成果受到国际同行广泛关注和认可，被 SCI 论文引用近 3 000 次，3 篇论文被 ESI 列为高被引论文，1 篇论文被 Faculty 1000 点评推荐。

（三）多功能微生物肥料研制与应用

针对作物连茬障碍、土传病害、土壤农药污染严重等问题，从全国 13 个省市采集植株、土壤及环境样品 350 余份，分离获得固氮微生物菌种资源 3 500 余株，系统研究了菌株的形态学、生理生化特性、利用碳源、抗逆性以及固氮、抗病、促生、污染物降解等重要农业特性，获得具有固氮并且拮抗作物赤霉病菌、蔬菜菌核病菌和棉花黄萎病菌的菌株 22 株，抑菌率达到 22%～70%；具有固氮及 ACC 脱氨酶活性的菌株 28 株，其中 5 株菌酶活性大于 10 微摩 α-丁酮酸/h·mg 蛋白，显示提高作物抗逆巨大潜能；高效降解有机污染菌 60 株，对芳香烃、多菌灵、乙草胺、氯嘧黄隆、普施特、杂草焚等的降解率到达 35%～95%。利用上述优良种质资源，依托专利技术"一株固氮芽孢乳杆菌及其用途""一株降解除草剂普施特的细菌及其用途""一株降解除草剂氯嘧磺隆和乙草胺的细菌及其用途""一株降解除草剂氯嘧磺隆的细菌及其用途""产 ACC 脱氨酶的小麦内生固氮菌及其用途"等，研制新型生物有机肥料、有机污染修复菌剂、生荒地培肥菌剂和盐碱地改良菌剂等，形成 4 种微生物肥料，9 个试验产品，3 套生产技术。在全国各地开展了水稻、大豆、玉米、蔬菜、水果等多种作物田间试验示范 870 亩，累计推广 134 万亩，增产粮食 2 550 万千克，新增经济效益 5 300 万元。

（四）技术服务与企业合作

围绕微生物肥料产品研发和专利菌种转让、种植技术研发以及企业生产工艺优化等方面开展技术服务与合作。①微生物肥料产品研发和专利菌种转让方面：与亿利生态修复股份有限公司合作，开发荒山造林微生物制剂；与内蒙古金丰盛达农业有限公司合作开发出微生物肥料产品，转让专利 1 项，获得产品登记 5 项。②种植技术研发方面：与烟草总公司合作，研发优质雪茄烟外包皮烟叶关键栽培技术和云南烟草黑胫病发生及微生态控制研究。③企业生产工艺优化方面：与广东省广垦橡胶集团有限公司合作，对企业生产工艺进行优化，建立了在泰国工厂现场、低成本培养除臭微生物的方法和完整的除臭工艺流程，除臭效果达到了国家环境保护部门要求的标准；与烟草总公司合作，开发海南雪茄烟叶常规发酵技术。研发的微生物产品、作物种植技术以及优化的企业生产工艺，广泛应用于农业种植和企业生产，取得了较好的社会效益和经济效益。

二、微生物肥料标准研制及产业化应用基础研究

成立于 1996 年的菌肥测试中心，即农业农村部微生物肥料和食用菌菌种质量监督检验测试中心，一直承担着我国微生物肥料标准研制和产业化应用基础研究，构建了国际首创的微生物肥料标准体系，开展了微生物机理与微生物生态学研究，研究成果在规范我国微生物肥料产业中取得了显著成效，推进了微生物肥料的标准化与产业化，推动了微生物肥料在培肥土壤、提高肥料利用率、增产提质、节本增效、环境友好和绿色农业中的规模化应用。

（一）研究构建了国际首创的微生物肥料标准体系

在农业农村部和科技部的标准专项持续支持下，截至 2019 年年底，资划所作为第一起草单位研究制定并颁布实施的微生物肥料标准共计 30 余项，其中国家标准 3 项。在构建的标准体系中，基础标准包括《微生物肥料术语》（NY/T 1113—2006）和《农用微生物产品标识要求》（NY 885—2004）；菌种质量安全标准由《微生物肥料生物安全通用技术准则》（NY 1109—2006）、《硅酸盐细菌菌种》（NY 882—2004）、《根瘤菌生产菌株质量评价技术规范》（NY/T 1735—2009）和《微生物肥料生产菌株质量评价通用技术要求》（NY/T 1847—2010）组成；产

品标准有《农用微生物菌剂》（GB 20287—2006）、《生物有机肥》（NY 884—2012）、《复合微生物肥料》（NY/T 798—2015）、《农用微生物浓缩制剂》（NY/T 3083—2017）和《有机物料腐熟剂》（NY 609—2002）；方法标准包括《肥料中粪大肠菌群值的测定》（GB/T 19524.1—2004）、《肥料中蛔虫卵死亡率的测定》（GB/T 19524.2—2004）和《微生物肥料生产菌株的鉴别 PCR 法》（NY/T 2066—2011）；技术规程有《农用微生物菌剂生产技术规程》（NY/T 883—2004）、《农用微生物肥料试验用培养基技术条件》（NY/T 1114—2006）、《肥料合理使用准则微生物肥料》（NY/T 1535—2007）、《微生物肥料田间试验技术规程及肥效评价指南》（NY/T 1536—2007）、《微生物肥料菌种鉴定技术规范》（NY/T 1736—2009）、《微生物肥料产品检验规程》（NY/T 2321—2013）和《秸秆腐熟菌剂腐解效果评价技术规程》（NY/T 2722—2015）。以上标准构成了我国特色的微生物肥料标准体系，也是国际上首创的微生物肥料标准体系。它实现了我国微生物肥料标准研究制定的跨越，达到了从单一的产品标准发展到多层面的标准、从农业行业标准升至国家标准、标准内涵从数量评价为主到质量数量兼顾的 3 个转变的目标。鉴于在标准研究与制定的出色成绩，2005 年获中国农业科学院科技进步奖二等奖。

技术培训服务与科普工作。10 多年来先后举办了 20 期微生物肥料标准和技术培训班，共培训全国各地方同类产品质量检验机构和企业的质检技术人员 1 100 多人次。通过培训达到了统一操作方法，熟悉和掌握标准，了解检验登记程序，改进生产工艺和提高产品质量的目的。组织编写并先后正式出版《微生物肥料的生产应用及其发展》《微生物肥料生产应用基础》《微生物肥料生产及其产业化》《农业微生物研究及产业化进展》和《微生物肥料生产应用技术百问百答》5 部专著。

（二）系统开展了农用微生物机理与微生物生态学研究

围绕根瘤菌结瘤固氮、胶质类芽孢杆菌解钾、秸秆腐解菌系选育、功能菌株生态效应、土壤微生物区系等开展了较深入系统的研究。

1. 大豆根瘤菌相关机理与应用研究，为减肥增效提供了技术方案

"十一五"以来，承担国家大豆产业技术体系根瘤固氮岗位的研发等多项课题任务，开展了根瘤菌应用及大豆高效施肥技术研究、大豆高产综合配套技术试验与示范的重点任务和高效根瘤菌和肥料田间定位试验跟踪等工作。截至 2016 年年底，从我国 15 个省采集、分离、鉴定了大豆根瘤菌资源累计 3 000 余株，明确了我国大豆根瘤菌分布有明显的生物地理区域特性，即是东北以慢生大豆根瘤菌 Bradyrhizobium japonicum 为主，也有少量的 B. elkanii 和 B. liaoningense 分布；华北以快生根瘤菌 Sinorhizobium fredii 为主，还分布少量的 B. liaoningense、B. yuanmingense、B. japonicum 和 B. elkanii；热带及亚热带以大豆慢生根瘤菌 B. japonicum 为主，还有少量的 B. elkanii 和 B. yuanmingense；新疆土壤中存在的主要根瘤菌是 B. liaoningense 和 S. fredii。经室内和田间筛选得到与全国主要大豆品种相匹配的高效根瘤菌菌株 12 株，为根瘤菌剂生产应用提供了菌株保障。完成了大豆根瘤菌 4534 和 4222 两菌株的全基因组测序及其特性分析，首次从比较基因组、蛋白质组学和转录组水平上较深入系统地揭示了大豆根瘤菌株 4534 和 4222 的选择性结瘤差异的分子差别，并改进大豆根系分泌物的制备方法，取得的创新性结果发表在 Biology and Fertility of Soils 等高水平期刊上。通过对黄淮海夏大豆产区土壤质量调查及田间试验研究，建立了大豆产区的根瘤菌接种技术和合理施肥配套技术模式 2 个。一是以济宁种植区为代表的模式是接种根瘤菌结合追施氮肥技术，氮肥用量分别为纯氮 1.7 千克/亩；另一是黑河、铁岭、南宁种植区采用接种根瘤菌配施缓释氮肥的技术模式，氮肥用量分别为纯氮 1.65 千克/亩、1.35 千克/亩和 1.2 千克/亩。这些技术模式在大豆增产 5%以上的同时，可减少化学氮肥 30%以上的施用量，实现减肥增效的目标。进入"十三五"，集中力量研发新型大豆根瘤菌包衣技术，经 6 省 15 个地区进行了 30 次以上的田间示范试验结果表明，根瘤菌包衣处理比不包衣对照的产量提高幅度

在 5%~35%，且可减少氮肥用量 30%，并能与机械化播种配套，实现了根瘤菌的轻简化应用，成为大豆不可或缺的绿色增产增效技术。

2. 高效解钾菌菌株的筛选及其应用研究，提高了养分资源利用效率

"十一五"以来，承担国家"863"计划课题，从北京、山东、河北、湖南、云南 5 个省市 12 个地区共收集解钾菌菌株 118 株，筛选获得高效解钾菌菌株 32 株。通过生物学功能的测定比较，筛选获得一株高效多功能胶质类芽孢杆菌 *Paenibacillus mucilaginosus* 3016。该菌株的溶磷、解钾效果分别比对照增加至 127.92% 和 132.16%，并显著高于目前生产中常用的菌株；还发现菌株 3016 有一定的固氮能力，以及能产生苹果酸、乙酸、生长素和赤霉素等促生物质，具备了多功能的优良菌株特性，可作为后续高效解钾菌制剂的生产菌株。首次完成了 *Paenibacillus mucilaginosus* 3016 菌株的全基因组测序及其特性分析，建立了快速鉴别技术和评价方法，结果发表在 *Journal of Bacteriology* 等高水平期刊上。通过工艺优化，将该菌株应用于生产，并与 PGPR 功能菌复合，取得了良好的增产增效、绿色增收的多重效果。

3. 高效秸秆腐解菌系选育，为优良菌株筛选及其复合菌系构建提供了新思路

"十一五"以来，主持承担国家科技支撑计划"秸秆还田有效利用和快速腐解技术"等课题，研究形成了高效的外淘汰技术和微生物分子生态学等新技术方法。优良菌株及其复合菌系在筛选与构建的思路和方法上不同于"单个菌种分离—筛选—再复配"的传统模式，而是采取"腐解功能菌群富集—条件（定向）诱导—筛选培育—稳定高效复合菌系"的新模式。其具体过程为：从多年秸秆还田的农田生态系统中采集富含分解木质纤维的微生物作为菌源，以秸秆类型（小麦、水稻、玉米、油菜秸秆等）与相应环境因素（旱地、水淹环境，不同环境温度）为富集、诱导的条件，通过外淘汰技术与现代微生物生态学技术（16S rDNA PCR-DGGE，16S rDNA 和 18S rDNA 克隆文库等）等免培养手段定向地进行筛选与培育，获得菌系组成稳定、功能协调、腐解高效的复合菌。项目针对水稻、小麦等主要作物秸秆及其水分、温度等应用条件，通过定向诱导筛选，构建获得了秸秆高效原位腐解复合菌系 5 个。其中，WSS-1 菌系经分析鉴定其主要菌种组成为枯草芽孢杆菌（*Bacillus subtilis*）、双酶梭菌（*Clostridium bifermentans*）、粪产碱菌（*Alcaligenes faecalis*）、粪肠球菌（*Enterococcus faecalis*）和乳酸菌。研究获得的复合菌系在试验中表现出腐解效率高、环境适应性强、效果稳定的优点。复合菌系 WSS-1 可在 26℃ 下 7 天内将滤纸分解，并在四川成都平原及丘陵区示范试验中应用，经该菌剂处理麦秸 20 天后，麦秸失重率（降解率）为 36.7%，表现出快速促进秸秆腐解效果，应用 WSS-1 后，水稻增产幅度 7.7%~13.3%，平均增产幅度达 10.5%。研究获得的秸秆高效腐解复合菌系适应主要作物秸秆类型以及旱地、水淹条件。在发酵工艺上，通过发酵培养基的优化及控制其中的溶解氧含量，研究形成了液—固两级混合生产流程，该工艺过程简单，成本低廉。

4. 开展长期施肥条件下土壤微生物区系特征研究，为功能菌营养调控与高产、抑病土壤微生物区系定向培育提供依据

"十一五"以来，在国家"973"计划课题和 2 个国家自然科学基金项目（2016—2019年）支持下，依托山东褐土功能微生物接种试验点和黑龙江省农业科学院长期定位试验站，针对 PGPR 与根瘤菌复合接种、有机肥及其与无机配施试验，借助高通量测序技术和传统分子生物学技术，研究了 PGPR 与根瘤菌复合接种、长期施用有机肥条件下的土壤微生物区系特征，探讨了引起微生物区系变化的主效环境因子，解释了接种功能微生物和有机无机配施和对土壤微生物区系的定向调控效果和作用机制。结果表明：长期不同施肥会引起黑土土壤理化性质、细菌群落丰度和结构、大豆产量的改变，且三者的变化之间存在显著相关性；相对于化学肥料，施用胶质类芽孢杆菌和慢生大豆根瘤菌的各处理，对土壤肥力提高效果更有持久性，且对土壤 pH 值影响

更小，其中复合接种能显著改善土壤肥力。复合接种还能够丰富土壤微生物群落多样性，提高微生物总量，尤其是增加细菌和放线菌数量，抑制真菌增长，有利于土壤实现由"真菌型"向"细菌型"的良性转变；pH 值和速效钾是引起土壤细菌群落变化的主控环境因子。取得的创新性结果发表在 *Biology and Fertility of Soils*、*Applied Soil Ecology* 和 *Soil Biology & Biochemistry* 等期刊上。

三、食用菌遗传育种与栽培

2009 年 4 月，资划所以"农业部微生物肥料和食用菌菌种质量监督检验测试中心"食用菌课题组为基础，组建食用菌产业科技研究室。2013 年在研究室基础上组建食用菌遗传育种与栽培创新团队，2014 年与农业微生物资源与利用研究室合并成立食用菌遗传育种与微生物资源利用研究室，2017 年 9 月成立食用菌研究室。食用菌产业科技是农业微生物学的重要分支学科，是随着近年食用菌产业的迅猛发展逐渐形成的年轻学科，是研究食用菌资源利用科学规律和技术创新的学科。遵循科学为产业服务的指导思想，团队坚持"面向产业需求，以任务带学科"的宗旨，根据不同时期产业发展的特点和需求，将"食用菌菌种鉴定评价""食用菌菌种质量控制和检测技术""食用菌遗传规律与遗传改良"和"食用菌栽培生理与珍稀食用菌栽培"为主攻方向，开创和主导多项全国性的食用菌科学技术研究，组织全国食用菌研究单位和大专院校参与研究，取得多项重要科研成果，获省部级以上奖励 11 项，其中，国家科技进步奖二等奖 1 项、中华农业科技奖一等奖 1 项、北京市科学技术奖三等奖 1 项、农业部科技推广一等奖 2 项，获发明专利 16 件。

在以任务带动学科发展的工作中，先后建立国家食用菌产业技术中心、农业农村部微生物肥料和食用菌菌种质量监督检验测试中心、国家食用菌标准菌株库（China Center for Mushroom Spawn Standards and Control，CCMSSC）、国家农作物种质资源平台食用菌种质资源子平台、国家食用菌改良中心、国家食用菌育种创新基地、北方食用菌标准化基地，为我国食用菌产业技术持续创新提供了公益性技术平台。

（一）食用菌种质资源及其鉴定评价技术

针对我国食用菌育种材料匮乏的问题和种质资源利用率低的技术瓶颈，系统开展种质资源的采集、收集、鉴定、评价和菌种质量控制的技术研究。

"十一五"期间，主持农业部"948"计划项目"食用菌优异种质与优质安全生产技术引进与创新"、公益性行业（农业）科研专项"食用菌菌种质量评价与菌种信息系统研究与建立"，国家科技基础条件平台项目"食用菌标准化体系研究"等。

引进国外鉴定用参照菌株和多种食用菌商业品种，为丰富育种遗传材料，加快新品种选育奠定了材料基础。结合引进食用菌病虫害生物防治技术，形成了适合我国国情的食用菌生产优良操作规范，并在全国推广应用。

研究建立了食用菌多层级精准鉴定评价技术，组织实施了全国的食用菌菌种普查清理，鉴定评价全国菌种样本 2 500 余份，正名 388 个，摸清了全国食用菌栽培品种的家底，促进了良种化进程。

建立了国家食用菌标准菌株库和数据库。库藏菌株涵盖全部可栽培种类，总计 418 种，16 000 余株，全部于液氮超低温气相保藏，占全国保藏野生种质 85% 以上，栽培品种占国内外 90% 以上。发明的菌种纯化技术，解决了保藏中霉菌侵染导致的种质资源丧失问题。建立了物种、种内菌株、菌株性状多层级精准鉴定评价技术体系。系统评价了库藏种质的遗传特征特性和经济性状，DNA 指纹图谱和栽培特征特性相结合，建立了信息全面的数据库。其中平菇、香菇、金针菇、杏鲍菇、白灵菇、黑木耳、双孢蘑菇等具有 SSR/SNP/IGS2-RFLP 标准指纹图库，为国内外的品种鉴定提供标准菌株。建设了以食用菌种质资源为主的专业网站，首次在国内外实现了食用菌菌种库与信息库同步、资源与数据共享，成为种质资源持续高效利用技术平台。

构建了我国食用菌菌种技术标准体系，制定国家和行业标准20项，涵盖种质资源、鉴定评价、品种选育、育种技术、菌种生产、质量检测等菌种业产业链各个环节，为食用菌菌种质量的全面提高，推进良种化进程，提供了系统的技术保障。出版的《食用菌种质资源学》《中国食用菌菌种学》《食用菌菌种生产规范技术》《中国食用菌栽培品种》和《国家食用菌标准菌株库目录》，为食用菌种质资源的利用和持续创新奠定了材料和方法学基础，构建了食用菌种质资源学和菌种学分支学科。

（二）种质资源挖掘利用与高效育种技术

"十一五"期间，主持国家基础性工作专项"我国山区菌物资源保护和利用"、农业部"948"计划项目"食用菌新品种和种质资源与利用"和国家科技支撑计划课题"人工栽培食用菌优质新品种选育研究"等。2008年以来，作为国家食用菌产业技术体系首席科学家建设依托单位，建设国家食用菌产业技术研发中心，承担侧耳类品种改良、菌种质量控制技术两个岗位；牵头承担了北京市地方创新团队遗传育种与制种技术研究。

通过对野生种质资源的系统鉴定评价和挖掘，发现一批周期短、质优、耐高温、耐低温、抗冻、喜碱、美观等优异种质，创制一批亟需特性的育种材料，并提供给全国的育种工作者。发现食用菌生殖体与营养体之间多个特性的共线性相关性，建立了食用菌"结实性、丰产性、广适性"等三大核心性状的室内预测技术和方法，创建了食用菌结实性、丰产性、广适性"三性"为核心的"室内鉴定结实性→室内预测丰产性→田间实测丰产性→室内检测广适性→田间综合鉴评"的"五步筛选"高效育种技术，育种效率提高1倍以上，成本节约78%；提出食用菌品种"广适性"理念，育成平菇、白灵菇等审认定新品种18个，占全国同类生产面积60%~95%；育成专利品种6个。

通过对我国山区食用菌资源的调查研究，建立了资源、政策法规、行业信息、人工驯化、栽培技术等6大类食用菌数据库，提出食用菌资源野外促繁增效技术策略。

（三）产量和品质形成的分子机理与调控

2014年以来，组织实施国家重点基础研究发展计划项目（"973"计划项目）"食用菌产量和品质形成的分子机制与调控"（2014—2018年），主持课题"食用菌温度响应的分子机制"，参加课题"食用菌优异种质性状形成的遗传基础"。明确了高温导致侵染性烂棒和烧菌性烂棒的生理机制，阐明了食用菌温度响应的ROS途径、海藻糖代谢调控和产中高温导致的厌氧烧菌机理，提出"优先通风"的高温伤害预防技术措施，提出食用菌"低温发菌、低温出菇"促进稳产优质的栽培理念，全国推广应用，促进了食用菌的稳产优质和效益的提高。

（四）食用菌营养生理研究与栽培技术研究

"十一五"期间，承担农业科技成果转化项目"利用农业废弃物生产优质食用菌技术示范与推广"。承担国家食用菌产业技术体系珍稀食用菌栽培岗位，探明了氮素与磷、钾、铜、锰等12种矿质元素营养对白灵菇生长发育的影响，明确了白灵菇生长发育过程中漆酶、纤维素酶和半纤维酶等变化规律以及Ca^{2+}、K^+、H^+跨膜流动规律。优化了白灵菇、杏鲍菇、茶树菇等栽培配方，提高了产量和效益。建立了白灵菇、杏鲍菇和秀珍菇的精准化栽培技术模式。

（五）食用菌栽培基质与资源利用

"十一五"期间，主持农业部丰收计划项目"我国东南沿海地区'稻菇畜'结合可持续发展创汇农业示范及推广"和天津市科技成果转化项目"食用菌菌渣高效循环利用技术集成与示范"。建立了"农业废弃物—草腐菌（双孢蘑菇、草菇）—菌渣—有机肥"循环技术体系，促进了农业资源高效可持续利用。

第五节　农业环境研究

2010 年，资划所整合土壤研究室和草地科学与农业生态研究室从事面源污染相关课题组，成立农业生态与环境研究室，2013 年在研究室基础上组建碳氮循环与面源污染创新团队，研究室更名为碳氮循环与面源污染研究室，2017 年 9 月更名为面源污染研究室，2019 年团队更名为面源污染创新团队。

研究工作主要围绕"农业面源污染负荷估算与风险评估""农业面源污染发生与驱动机制""农业面源污染防治方案与技术"三大方向开展。在面向现代农业科技前沿方面，重点研发农业面源污染监测和评估方法，揭示面源污染主要过程和作用机制，实现方法和理论创新；在面向国家农业重大需求方面，重点研发流域/区域面源污染综合防控技术体系，形成一批新技术、新产品和新装备；在面向现代农业主战场方面，重点围绕农业主产区和重点流域，推动农业面源污染防控技术成果落地转化。"十二五"以来，在农业面源污染特征与减排、农业源温室气体监测与控制技术等方面取得多项科研成果，获各类成果奖 8 项，其中，国家科技进步奖二等奖 1 项，省部级科技进步奖一等奖 2 项，二等奖 4 项，三等奖 1 项。收录 SCI、EI 的论文 100 余篇，中文核心期刊 150 余篇，出版专著 10 余部；获授权发明和实用新型专利 30 余项，制定技术标准 8 项，软件著作权 40 余项。

一、面源污染监测与预警

"十一五"期间，组织全国 120 多家科研教学单位实施完成了第一次全国污染源普查科技重大专项"种植业源污染物流失系数测算"项目，创建了首个国家尺度"全国农田面源污染监测网"。该网络覆盖全国六大分区 54 类种植模式，应用统一的农田面源污染监测技术规范，对我国农田地表径流、地下淋溶流失状况进行了连续监测。研究明确了我国农田氮磷流失时空格局和不同区域主要种植模式农艺措施的减排效果。

"十二五"期间，主持公益性行业（农业）科研专项"主要农区农业面源污染监测预警与氮磷投入阈值研究"，在原有农田面源污染监测基础上，对我国养殖业（畜禽和水产）氮磷排放和地膜残留状况进行了监测和研究，系统摸清了我国农业面源污染的发生特征，提出了我国主要作物氮磷投入阈值，研究成果获国家科技进步奖二等奖 1 项，省部级一等奖 1 项。"十二五"期间还通过主持公益性行业（农业）科研专项"农业源温室气体监测与控制技术研究"，创建了"农业温室气体监测与控制技术监测网"，完成了旱地、水田、畜禽养殖和放牧草地温室气体监测方法与技术规程的制定，填补了我国在农业源温室气体监测方法与技术规程上的空白，研究成果获省部级二等奖 1 项。

二、流域/区域面源污染综合防控

主持"十一五"国家水体污染重大专项"大规模农村与农田面源污染的区域性综合防治技术与规模化示范"、国家"863"计划课题"休闲期集约化蔬菜种植区地下水硝酸盐污染控制技术研究"等项目。针对洱海坝区小春经济作物布局不合理、施肥量大、形成了大蒜间作作物定向、快速选择与间作技术，基于环境安全与经济保障的农田分区限量施肥技术、土壤氮磷养分库增容技术以及农田尾水生态沟渠与缓冲带联合净化技术等农田面源污染的区域性综合防治技术，揭示了敞棚休闲期设施菜地硝态氮淋失数量与特征，筛选出多种适宜北方夏季生长、兼顾经济和环境效应的夏季填闲作物，阐明了填闲作物在控制敞棚休闲期设施菜地硝态氮淋失中的作用以及防止休闲期菜田硝态氮淋洗的物理、化学和生物学机制。

　　"十一五"时期，通过主持公益性行业（农业）科研专项"环渤海区域农业碳氮平衡定量评价及调控技术研究"项目、国家留学基金委创新型人才国际合作培养项目"典型流域农业生态系统碳氮气体交换与面源污染调控机制人才培养"等，首次对我国北方平原地区典型小流域（小清河流域）碳氮平衡进行了系统评价，提出了综合产量水平、土壤肥力、氮素淋溶控制、温室气体减排等多目标控制的集约化农区清洁种植技术和清洁养殖技术。通过国家自然科学基金项目"不同碳氮管理措施下土壤固碳与减排效应及其协同机制""设施菜地温室气体交换与氮淋失相互关系及调控机制"和农业部"948"计划项目"大尺度农田温室气体监测及减排关键技术引进与创新"等项目实施，遴选确定了针对不同生态类型区典型种植模式旱地、水稻田温室气体控制技术4大类共计25项、畜禽养殖及废弃物处理减排技术4项、放牧草地固碳减排技术3项，对各项技术减排效果进行了实际的验证，并选择有条件的地区进行了相应控制技术的示范推广，研究成果获省部级二等奖1项。

　　"十二五"期间，主持公益性行业（农业）科研专项"典型流域主要农业源污染物入湖负荷及防控技术研究与示范""十二五"国家水体污染重大专项"洱海流域农业面源污染综合防控技术体系研究与示范"等项目。通过项目实施，基本摸清了洱海流域、三峡库区和太湖流域内3个典型小流域农业源氮、磷等污染物的排放、迁移过程与入湖负荷，明确了不同来源农业源污染物及其在湖库水体污染中的贡献，全面掌握农业源污染的时空发生特点和主控因素，科学预测农业源污染发展趋势；研究集成了农业污染控源、减排、净化关键技术，建立了一整套适合我国典型流域特点的农业源污染防治技术体系和相关规范。部分研究成果获省部级二等奖1项，三等奖1项。

三、农业面源污染防治技术成果落地转化

　　2006年开始负责全国农业面源污染监测和调查工作，协助农业农村部编制年度实施方案，先后组织监测技术培训和现场技术指导100余场（次），审核分析数据，截至2019年已经编制多部"中国农田面源污染状况报告"白皮书。

　　区域/流域面源污染综合防控技术成果支撑了我国《农业环境突出问题治理总体规划（2014—2018年）》《重点流域农业面源污染综合治理示范工程建设规划（2016—2020年）》《农业资源与生态环境保护工程规划（2016—2020年）》等一系列重要规划的制定和实施。研究的农业面源污染工程化治理技术和模式，支撑了云南、湖南、湖北、江西等一批国家试点项目的实施。承担中国工程院重大咨询项目课题"我国农业面源污染防治战略研究"，明确了我国农业面源污染的成因及防治现状，针对现行的面源污染防治政策及未来的防治战略，制定了切实可行的面源污染防治战略，并完成《中国农业资源环境若干战略问题研究》系列成果之《面源污染防治卷》。

四、生态农业标准体系建设

　　针对我国生态农业建设模式"多、乱、杂"的问题，"十一五"期间主持"生态农业标准体系及重要技术标准研究""农业废水生物净化与安全回灌技术研究与集成"等项目。科学界定了生态农业模式的分类，创新性地提出以生态农业模式为核心、以配套技术标准为主体，包含基础层、共性层、个性层和细化层4级结构的我国生态农业标准体系框架及其核心内容，并建立了生态农业模式关键技术标准的制定规程；系统地研究制定了北方"四位一体"、南方"猪—沼—果"、西北"五配套"、畜禽养殖场大中型沼气工程等4种生态农业模式的20项关键技术标准草案。2009年和2011年连续获得北京市科学技术奖三等奖、中华农业科技奖二等奖。

五、区域农业可持续发展战略

针对我国西藏、青海等重点地区农业可持续发展，"十一五""十二五"时期先后承担"西藏农牧业特色产业发展规划""西藏自治区十一五农业发展规划""西藏农牧业增长方式研究""青藏高原现代农业发展模式及对策研究"等项目。获得青藏高原农牧业第一手详实的资料与数据，在充分分析其发展现状及其存在问题的基础上，在中央精神指导下，建立了对口帮扶的"青藏高原现代农业研究中心"，放眼全国和世界，提出青藏高原农牧业发展方向及其对策措施。研究成果于 2004 年获得北京市科学技术奖二等奖。

第六节　农业区域发展研究

一、农业布局与区域发展

2004 年 6 月，资划所整合原农业自然资源和农业区划研究所区域农业发展研究室和农牧业布局研究室组建农业布局与区域发展研究室，2013 年在本室基础上组建农业布局与区域发展创新团队。2017 年 9 月更名为区域发展研究室。

2003 年以来，研究室面向国家重大需求，主动适应新形势，抓住农业空间格局加速演进的新机遇，创新研究方法，开拓研究领域，重点围绕"产业布局、地区发展和区际协调"等农业重大区域问题开展研究，加快构建我国农业发展空间决策方案库和思想库，相关研究成果为规范我国农业发展空间秩序，建设优势特色农产品产业带，保障国家粮食安全和资源安全提供了强有力的科技支撑。牵头主持完成 150 多项全国性、宏观性、前瞻性和战略性的农业发展区域问题研究任务，其中国家科技计划课题 16 项。10 项研究成果被省部级及以上人民政府直接采用并以规划或指导意见形式发布实施，7 项研究成果获省部级科技进步奖，12 项咨询研究报告获省部级以上领导批示（其中中央级领导批示 1 项），出版学术专著 45 部，发表论文 350 多篇。

（一）农业空间布局研究

重点开展农业区域格局演变规律及其模型表达、产业空间转移、聚集与优势特色农产品产业带建设问题研究，主持完成多项相关研究课题，出版《农业区域发展学导论》《中国农业空间格局与区域战略研究》《中国农产品区域发展战略研究》等学术著作，主要研究进展有以下方面。

1. 主持国家自然科学基金青年科学基金项目"基于综合模型的区域粮食作物空间竞争机制及模拟研究"，以东北地区玉米、水稻和大豆为研究对象，耦合地理信息系统、作物生长 EPIC 模型和原创的 Agent-based 类农户作物种植选择模型（FCS）建立区域粮食作物空间竞争模拟综合方法，实现粮食作物空间竞争结果空间化表达，并对模拟结果加以验证；模拟 2030 年主要粮食作物空间竞争变化趋势。

2. 主持国家"973"计划课题"气候变化对我国粮食作物区域布局影响份额研究"（2010—2014 年），首次采用埃塔平方法分析气候因素和其他社会经济因素对粮食生产的独立贡献份额和交换贡献份额。江西省 50 年气候因素与水稻产量关系研究表明，50 年间气候因素对水稻产量的总贡献份额为 10%左右；科技进步和生产投入的总贡献份额为 25%左右；社会经济因素的总贡献份额为 7%左右；气候因素、科技进步和生产投入、社会经济因素不是彼此独立而是相互影响共同作用的，这些因素共同作用的贡献份额为 60%左右。

3. 主持农业部重点课题"全国优势农产品区域布局研究"（2003 年），通过研究筛选出关系国计民生的 16 种大宗农产品，测算了各产品的市场竞争力和区域比较优势，划定了各产品优势区，辨识了各产品的瓶颈制约因素，系统设计各产品优势区建设方案与支持政策。研究成果为

21世纪初我国农业应对入世挑战提供了重要支撑，被农业部采用并以《全国优势农产品区域布局规划（2003—2007年）》和《全国优势农产品区域布局规划（2008—2015年）》文件发布实施。

4. 主持农业部重点课题"全国特色农产品区域总体布局研究"（2005年），研究选择了具有特定生产区域、特定产品品质、特殊市场优势的10类144种小宗特色农产品，分析了特色农产品的市场前景和生态环境基础，确立了特色农产品优势区布局和主攻方向，提出特色农产品产业建设重点与政策措施。研究成果被农业部采用并以《特色农产品区域布局规划（2006—2015年）》和《特色农产品区域布局规划（2013—2020年）》文件发布实施。

5. 主持国家自然科学基金面上项目"基于动态过程导向的马铃薯种植适宜性时空精细化评价研究"，项目旨在实现作物种植适宜性评价由静态到动态模式的突破，明确基于动态过程导向的马铃薯种植适宜性时空精细化评价机理。选择东北"镰刀弯"部分地区耕地区域为研究区，选择当地典型的马铃薯早、中晚熟品种为研究对象开展研究。通过田间试验获取马铃薯生长期相关生长生理参数，在空间基本单元内基于收敛式有效积温判定马铃薯潜在物候期，分析其空间差异性；以此为基础，研究基于动态过程导向的马铃薯种植适宜性精细评价机理，包括评价指标体系动态精细化选取机理、以每日和空间基本单元为评价基础的指标精细化赋值机理及基于横纵二维空间导向的指标精细化加权机理，重点完成马铃薯不同生长阶段评价指标动态化选取、指标函数化赋值及应用马铃薯干重曲线一阶导数完成评价指标纵向加权等内容；应用马铃薯生长模型模拟单产验证适宜性评价结果，分析适宜性评价影响因子敏感性；将适宜性评价结果成图。

（二）地区农业功能与结构研究

重点开展农业功能区划、地区产业结构演进规律及其模型表达、地区主体功能、主导产业及关联产业培育研究，主持完成多项相关研究课题，出版《中国农业功能区划研究》《马铃薯产业经济研究》等著作，主要研究进展有以下方面。

1. 主持农业部重点课题"全国农业功能区划研究"（2007—2009年），系统揭示了我国农产品供给功能、就业和生存保障功能、文化和休闲功能和生态调节功能等四类农业基本功能地域空间分异规律，采用农业多功能指标体系将全国划分为10个一级区、45个二级区，并设计了各区农业主导功能及其实现路径。成果被国务院发布的《全国主体功能区规划（2011—2020年）》和农业部发布的《全国农业和农村经济第十二个五年规划》采用，为确立国家农业"七区二十三带"农业战略格局目标提供了重要理论支撑。

2. 主持中国工程院重大项目课题"新时期农业结构调整战略研究"（2016—2017年），从作物结构、种养加服结构、品质结构、空间结构等4个方面揭示了我国农业结构存在的主要问题；分析了入世以来我国主要农产品供需态势变化，全面测算粮棉油糖肉奶等主要农产品的供给保障能力；构建了农产品进口阈值估算方法，计算了未来我国主要农产品合理安全进口量；基于消费时间序列模型和膳食营养平衡方法，测算了未来我国主要农产品消费需求量；构建了基于农产品安全需求底线和资源承载能力的种养业结构调整方法，制定了未来15年我国农业结构调整方案。

3. 主持农业部重点课题"种植业结构调整规划（2016—2020年）研究"（2015年），适应新时期农业供给侧结构性改革和转变农业发展方式要求，以提高供给有效性和质量效益为中心，系统规划设计了"十三五"期间推进种植结构调整的总体战略、品种结构与区域布局和相关政策措施。研究成果被农业部采用并以《全国种植业结构调整规划（2016—2020年）》文件发布实施。

4. 主持国家现代农业产业技术体系课题"马铃薯产业经济研究"（2008—2015年、2016—2020年），建立全国马铃薯产业经济（省县户三级）监测网络与信息平台；从全球视野、全国视野、全产业链视野，采用定量分析、定位分析与定性分析相结合的方法，分析了我国马铃薯产业发展的现状特征与变化趋势；系统论述了马铃薯的种植、加工、消费、市场、贸易、组织等关键环节的运行状态和运行效率，并预测了我国马铃薯中长期供求关系发展前景。

（三）农业区域政策研究

重点开展区域农业政策设计、区域协调发展的机制与途径研究，主持完成多项相关研究课题，出版《农业区域协调发展评价研究》《西藏农牧业发展模式研究》《农业综合开发：理论·支撑·实践》等著作，主要研究进展有以下方面。

1. 主持国家发展改革委员会重点课题"全国粮食生产功能区和重要农产品生产保护区（简称'两区'）划定研究"（2016年），系统界定了两区的概念、内涵和主体功能定位，阐明两区与主产区和优势区、与基本农田和高标准田的关系；综合考虑耕地复种、数据口径、耕地质量等因素，测算了基于国土资源部资源数据的粮棉油糖等目标作物生产可用优质耕地面积，生成两区划分的资源底数；建立基于生产能力底线、两区对生产力底线贡献率和目标作物单产增长等多要素影响的两区划定方法体系，并制定了两区划定的高、中、低三个方案；提出了两区运行机制与政策创设建议。研究成果被国务院采用，并以《关于建立粮食生产功能区和重要农产品生产保护区的指导意见》（国发〔2017〕24号）文件发布实施。

2. 主持农业部重点课题"'镰刀弯'地区玉米结构调整规划研究"（2015年），系统设计了2016—2020年'镰刀弯'地区玉米结构调整基本原则、重点任务和技术路径，划定了结构调整重点区域与主攻方向，提出规划实施的保障措施。研究成果被农业部采用并以《关于'镰刀弯'地区玉米结构调整的指导意见》文件发布实施，为主动调减非优势区玉米、缓解国内玉米库存压力提供重要支撑。

3. 主持农业部重点课题"南方水网地区生猪养殖业区域布局研究"（2015年），划定了我国南方水网地区的区域范围，构建了区域畜禽养殖承载量测算模型和测算方法，并对我国南方水网地区的珠江三角洲水网区、长江三角洲水网区、长江中游水网区、淮河下游水网区和丹江口库区的畜禽养殖承载量进行了测算，并提出了相应的区域调整方案和调整任务。研究成果被农业部采用并以《关于促进南方水网地区生猪养殖布局调整优化的指导意见》文件发布实施。

4. 主持国务院扶贫办重点课题"全国集中连片特殊困难地区划分研究"（2010—2011年），分析确立了全国集中连片特殊困难地区划分的原则、划分方法和划分标准，提出了全国14个集中连片特殊困难地区的划分方案，并分析确立了各片区的空间范围、区域特征和关键问题，研究提出了不同类型区扶贫模式与扶贫政策。研究成果被中共中央、国务院发布的《中国农村扶贫开发纲要（2011—2020年）》采纳，直接支撑了新十年扶贫开发工作主战场的空间决策，2013年获国务院第二届友成扶贫科研成果奖。

5. 主持农业部重点课题"西藏农牧区经营状况比较研究"（2014—2015年），以统计数据、抽样调查数据为基础，对比分析了2004—2013年西藏农牧民收入、就业与消费水平变化，开展了西藏10年来农牧业经营综合评价、典型农牧村和农牧户经营状况比较分析、农牧业经营模式及创新路径和农牧业发展战略研究，系统揭示了西藏农牧业发展规律性问题，并提出对策措施。

6. 主持农业部重点课题"县域城乡统筹研究"（2008—2012年）。从经济、社会、环境3个维度构建由11项具体指标构成的县域城乡统筹发展评价指标体系，并设计出相应的线性综合评价模型；利用2008—2012年数据对我国东、中、西部地区典型县（区）城乡统筹发展水平进行了量化实证分析，研究提出我国东、中、西部不同类型县域城乡统筹发展的优化方向与对策建议。

7. 主持国家软科学研究计划课题"国有农业运行绩效评价及改革方向研究"（2011—2014年），通过对农垦企业与国有农场制度变迁道路研究，分析市场机制、技术创新、组织创新、工业化和城镇化与垦区农业现代化建设的互动关系，提出各类型农垦企业和农垦区域的分类制度变迁路径和发展方向。

8. 主持基本科研业务费院级统筹项目"四川省乡村振兴战略模式研究"，重点研究乡村振兴战略的历史逻辑与现实依据和时代意义、四川实施乡村振兴战略的重大现实需求、四川乡村振兴的优势基础和主要短板制约、四川乡村振兴的历史经验与模式、四川未来深化乡村振兴的战略目标与战略路径和政策建议。

9. 主持中央农办、农业农村部乡村振兴专家咨询委员会软科学课题"'十四五'培育根植于乡村的优势特色产业研究"，总结乡村产业发展的国际经验，分析我国乡村优势特色产业发展现状、存在问题，总结各地发展乡村优势特色产业的典型模式，着眼于将就业、效益、收入更多留在乡村，提出"十四五"培育根植于乡村的优势特色产业的总体思路、重大举措、对策建议。

10. 主持中央农办、农业农村部乡村振兴专家咨询委员会软科学课题"'十四五'建设现代农业园区引领驱动产业兴旺研究"，总结借鉴国外发达国家和地区现代农业园区建设经验与发展模式；探索现代农业园区成长规律，探究现代农业园区引领驱动乡村产业兴旺的作用机理；梳理我国现代农业园区发展历程，评估我国各地推进现代农业园区建设的成功经验、存在的问题、扶持政策绩效；面向乡村产业兴旺引领，构建"十四五"现代农业园区建设战略。

11. 主持农业农村部农业法制建设与政策调研项目"农业绿色发展财政扶持政策研究"，梳理我国农业绿色发展财政扶持政策演变历程，分析现有财政扶持政策在促进耕地地力提升、资源节约、环境改善、生态保育、农产品质量提升等方面取得的成效，从财政投入力度、投入方式、投入方向、支出结构、政策精准度、政策实施效果等方面剖析现行政策存在的问题，明确了绿色生态导向下财政支农政策优化的原则和目标、政策支持重点和支持方向，提高政策的精准性、指向性和实效性。

（四）农业资源环境安全研究

重点开展农业资源供求关系、资源安全战略与资源安全阈值、资源合理配置与养护管理制度创新问题研究，主持完成多项相关研究课题，出版《中国农业综合生产能力安全及其资源保障研究》《中国农业可持续发展研究》《中国农业绿色发展报告2018》《中国农业绿色发展报告2019》等著作，主要研究进展有以下方面。

1. 主持国家自然科学基金项目"水资源生命周期条件下水资源增值理论、模式及其机制研究"（2008—2010年），以水资源增值为核心，在水资源生命周期和社会—经济—环境（生态）所组成的复合系统"双重约束"条件下，以生命周期理论、系统论为基础，结合水资源特征，提出了水资源生命周期条件下水资源增值理论与方法，具体包括水资源生命周期理论、水资源增值理论、水资源增值模式、水资源增值机制，为综合提高水资源利用效率，科学地评价水资源开发利用整体效果提供了新思路和方法。

2. 主持科技部科研院所社会公益研究专项"中国农业综合生产能力安全及其资源保障研究"（2005—2007年），在分析农业综合生产能力安全的基本理论与资源保障机制的基础上，构建了基于农业综合生产能力安全的资源阈值模型与资源供给保障程度评测标准，测算了2020—2030年我国农业综合生产能力安全的国家目标及其耕地、农用水、草地和水产四大资源阈值，评估了同期农业综合生产能力安全的资源保障程度。研究成果于2013年获神农中华农业科技奖三等奖。

3. 主持农业部重点课题"农业可持续发展研究"（2015—2016年），采用综合评价指标体系定量评价了我国农业可持续发展能力的时空差异及其变化趋势；从资源休养生息和永续利用角度，科学测算了现有技术经济条件下我国农业自然资源可承载的适度农业活动规模；分析了农业可持续发展主要影响因素的地域分异特征，提出了我国农业可持续发展的空间布局方案与区域发展方式改革取向；从工程、技术、管理、政策和法律等多角度设计了农业可持续发展的推进路径。

4. 主持公益性行业（农业）科研专项课题"农药环境风险评估模型研究与场景构建"（2009—2013年），基于我国土壤、气候和农事实践大数据，运用科学方法，首次将我国划分为6个环境风险评估场景区，构建场景点，以场景为平台，建立我国农药环境风险评估模型。研究成果被我国首部农药登记行业标准（农药登记环境风险评估程序）应用，成为我国农药环境风险评估的重要工具。

5. 主持编制《中国农业绿色发展报告2018》。该报告系中国农业科学院智库系列报告之一，拟每年发布，旨在为社会各界观察判断我国农业绿色发展状况提供重要"窗口"、为推动我国农业农村绿色发展提供重要指引，为全球农业可持续发展推介"中国样板"。报告以客观、权威数据为支撑，从生产、生活和生态等多角度系统反映了近年来（2012—2017年为主）我国推进农业绿色发展的重大行动、重大成就、主要经验、典型模式、体制机制创新等，共分综合、行业和地方3篇。其中，综合篇主要分析我国农业绿色发展的主要措施、总体进展和成就；行业篇阐述了种植业、畜牧业、渔业、热作、农产品加工、农机装备等领域绿色发展的主要行动与成效；地方篇以国家农业可持续发展试验示范区（农业绿色发展先行区）为重点，兼顾各地农业绿色发展典型，展示农业绿色发展先行先试的产业模式、技术集成模式、运行机制和政策创新探索等内容。本报告由中国农业科学院于2019年4月3日在北京发布。这是我国首部农业绿色发展皮书，具有开创性、权威性和系统性。农业农村部余欣荣副部长高度评价报告的出版发布，《新华社》《科技日报》《经济日报》《农民日报》等多家媒体对本报告出版给予了积极报道，引起了社会各界广泛关注。

6. 主持编制《中国农业绿色发展报告2019》。报告在社会关切的核心板块上保持相对稳定，同时也有诸多创新，突出数据支撑，用数据说话，进一步提升报告的生命力、说服力和可接受性。报告以客观、权威数据为支撑，系统反映2018—2019年我国农业绿色发展的总体水平、重大行动和重要进展。报告共10章，在框架上既保留了农业资源保护与节约利用、农业产地环境保护与治理、农业生态系统养护与修复、农村人居环境整治、农业绿色科技创新等传统核心板块，又增加了农业绿色发展定量评价、农业绿色发展十大突破性技术和农业绿色发展十大典型案例等新内容。基于农业绿色发展的资源节约保育、生态环境安全、绿色产品供给、生活富裕美好等四大核心要义和现有数据基础，构建了农业绿色发展指标体系及绿色发展指数模型，首次系统定量评价了全国及省（区、市）和先行区农业绿色发展水平，明晰了各地区农业绿色发展的制约短板和主攻方向，为加强地方绩效考核、有序推进农业绿色发展提供了科学支撑。

7. 主持中国工程院重点咨询项目"面向2035年的基本现代化的华北地区农业资源环境问题研究"（2018—2019），在阐明华北地区农业不可替代战略地位的基础上，系统分析了华北地区水土资源、生态环境和农业结构等面临的重大挑战，确立了2035年国家基本实现现代化背景下华北地区农业发展定位和四大战略方向，提出实施地下水超采区精准调控农业节水工程等重点工程，为华北地区率先实现农业农村现代化和资源环境可持续发展提供了科学依据。

8. 主持中央级公益性科研院所基本科研业务费专项资金课题"东北三省作物生长季极端天气气候特征分析"，利用1961—2014年黑龙江省、吉林省和辽宁省67个气象站点逐日最高气温资料，选取高温日数、高温天气出现频率和高温积温等指标，系统分析了东北三省水稻生长季内极端高温天气的时空变化特征；选取年无降雨日数、生长季无降雨日数等7个极端降水指标，运用线性趋势分析方法和GIS空间表达方法，分析了水稻生长季内极端降水天气的时空变化特征。

9. 主持中国工程院重大项目课题"至2050年中国农业资源环境与可持续发展战略研究"之专题二"面向2050年农业环境安全问题研究"，系统分析了农业土地生态环境、水生态环境、农村人居环境、农业废弃物资源化利用、农业碳排放的现状，并分析了其影响因素，进行了趋势预测。基于此，提出了农业生态环境管控目标和措施。

10. 主持农业部项目"农业水资源台账制度建设研究"，对农业水资源台账进行了系统研究，研究了建立农业水资源台账必要性、可行性，探索了农业水资源台账相关理论，提出了农业水资源台账制度框架和指标体系。

11. 主持农业农村部"绿色发展背景下农业水价综合研究"，在绿色发展背景下农业水价综合改革研究意义基础上，提出了绿色发展对农业水价综合改革提出的要求，选择吉林、黑龙江、青海、宁夏、内蒙古、江苏等典型地区，系统地分析农业水价综合改革取得进展，典型做法，存在的问题，通过案例提出农业水价综合改革与绿色发展关系，以及政策性建议。

12. 主持农业农村部项目"基于农业资源台账的农业水资源评价研究"，利用国家重要农业资源台账数据，对我国农业水资源进行了系统评价，包括国家和试点县，从长江流域、黄河流域、农业综合区划分区、京津冀等多个区域进行了分析，研究其趋势，存在的问题，并提出了建议，形成"基于农业资源台账的农业水资源评价研究报告"上报农业农村部。

13. 主持水利部"水资源价值测算方法分析"，研究了国内外水资源价值研究进展，对国内外水资源价值测算模型方法优缺点进行了分析，推荐水资源价值模糊数学模型作为我国水资源价值测算模型，并选择了我国南北方多个案例进行测算。

14. 主持国家重点研发计划"安徽粮食多元种植规模化丰产增效技术集成与示范"（2018—2020年）项目的课题"安徽粮食主产区作物多元化种植模式资源效率与生态经济分析"，科学评估安徽省三大区域6种绿色丰产增效技术模式在项目示范区、辐射区的应用效果；量化不同绿色丰产增效技术模式下粮食增产的科技进步贡献和粮食生产潜力，并提出技术优化方案；测算不同绿色丰产增效技术模式下农业资源投入品利用率变化；设计安徽省各生态类型区农业生产区风险预防体系。

15. 主持中国工程院重大咨询项目"中国农业发展战略研究（2050）"课题"面向2050年中国农业资源环境与可持续发展战略研究"，以水土资源及其环境为研究重点，在全球化背景下，分析研判至2050年我国农业发展面临的重大资源环境问题，研究提出至2050年及分时段我国农业可持续发展的战略重点、关键措施和政策建议，为确保国家粮食安全、推进农业可持续发展和乡村全面振兴提供决策支撑。

16. 主持自然资源部项目"长江经济带农业发展与农田保护研究"，确定长江经济带粮食生产功能区和重要农产品生产保护区划定任务，研究未来长江经济带耕地保护和生态退耕的重点区域和数量，优化长江经济带农业空间布局，提出长江经济带农业农村高质量发展的对策建议，为长江经济带国土空间规划提供技术支撑。

17. 合作承担农业部项目"构建具有自主知识产权的我国农药环境风险评估模型"，已经正式发布，并在农药登记中开始使用的 China Pearl 旱作地下水暴露模型和 TopRice 水稻田暴露模型的基础上，全面构建我国旱作地表水模型，模型的征求意见版已经向社会公开发布。主持完成了《我国农药登记环境风险评估标准场景》系列行业标准的制定，该系列标准已经通过专家审定，并上报国标委。

二、农业资源利用与区划

2004年6月，研究所在原农业自然资源和农业区划研究所农业资源环境与持续农业研究室基础上成立农业资源管理与利用研究室，2013年在研究室基础上组建了农业资源利用与区划创新团队。2017年9月，研究室更名为农业资源利用研究室。

研究工作主要围绕农村土地资源利用管理与粮食安全、农业废弃物资源化利用与循环农业、农业知识产权管理、农业绿色发展战略等四个方向开展。2003年两所合并以来，先后主持国家社科基金重大项目、国家重点研发计划、国家自然科学基金、科技支撑计划、科技部各类专项、公益性行业科研专项、农业部"948"计划项目等国家级科研项目与课题 30 余项，先后承担省部级及其他相关课题 120 余项；获省部级科研成果奖 10 项，国家发明专利 2 项，制定行业标准 1 项，实用新型专利 6 项，软件著作权 10 项，出版著作 30 余部，发表学术论文 200 余篇，获中央领导批示咨询报告 9 份，获省部级领导批示咨询报告 20 余份。

（一）土地资源利用管理与粮食安全研究

围绕土地资源高效化可持续利用与粮食安全需求，开展农用土地保护与利用评价方法、土地资源高效化与可持续利用相协调的技术模式与保障机制、耕地质量保护与提升保障机制等研究工作，为我国农用土地高效化利用与保护及粮食安全提供理论与技术支撑。

1."十五"期间，主持国家科技攻关课题"城镇产业转型、重组的对策与生态产业建设示范""农业资源综合利用与生态产业技术研究与示范""社会发展科技战略研究""区域农业协调发展总体战略——长江中下游地区农业持续发展战略研究""区域农业协调发展总体战略——我国中部地区粮食生产潜力和布局研究"以及科技部社会公益研究专项"中国区域农业结构调整评估决策支持系统研究"等课题。重点围绕区域农业资源利用与结构调整，提出农业资源综合利用技术模式、生产布局等可持续发展策略。

2."十一五"期间，主持国家科技支撑计划课题"全国耕地调控技术综合集成研究"、公益性行业（气象）科研专项"农业气候资源评价与高效利用技术研究"、国家科技基础性工作专项课题"河北省土系调查与《中国土系志·河北卷》编制"以及农业部"部分典型区域耕地占补平衡调查研究""典型地区农民耕地流转行为与模式研究""典型地区城乡建设用地增减挂钩政策问题研究"等课题。重点围绕耕地质量提升、耕地占补平衡、城乡建设用地增减挂钩等国家土地资源利用政策开展支撑研究，提出了防止耕地"占优补劣"，土地流转"非粮化""非农化"等政策建议。

3."十二五"期间，主持国家软科学计划课题"基于农户土地利用行为的农村居民点整理政策研究""十二五"农村领域国家科技计划子课题"东北平原中低产田改良技术模式集成研究"，以及农业部"城乡建设用地增减挂钩中的农民权益保护对策研究""农村居民点整理对土地利用及农民生活的影响""东北粮食主产区耕地地力变化态势与可持续利用对策研究""我国北方农牧大县粮饲生产用地结构优化研究""我国土地资源可持续利用研究""东北黑土地保护评价指标体系研究""十三五粮食主产区资源环境承载力和增产潜力研究"等课题。重点围绕东北黑土地保护、区域耕地资源环境承载力、农村宅基地整理等相关土地利用政策开展研究，为《东北黑土保护规划纲要（2017—2030 年）》等国家重大战略需求提供了决策支撑。

4."十三五"期间，主持国家自然科学基金项目"基于利益博弈视角的农村宅基地整理收益分享机制研究"、中国工程院重大咨询项目课题"种植业发展方式转变与美丽乡村建设"、农业部软科学课题"乡村土地利用类型与模式研究"、中国农业科学院协同创新项目"东北粮仓水土和气候资源可持续利用战略研究"等课题。重点围绕东北黑土地保护与利用机制、典型区域耕地持续高效化利用结构优化、耕地流转与保护机制、农业发展方式转变与乡村发展等问题开展研究，为土地资源持续利用与农业农村可持续发展提供了研究基础。

（二）农业废弃物资源化利用与循环农业研究

围绕农业废弃物高效利用研究方向，与我国农业发展方式转变相适应的农业环境治理要求，就农业废弃物资源综合利用模式、农业废弃物资源定量生态价值量评价方法、农业废弃物资源循环利用技术集成体系及配套措施包括激励型的运行措施研究、农业废弃物资源化综合利用管理制度等内容进行重点研究，测算典型农业废弃物资源化利用物质流动参数、新型能源化利用效率与价值增值机理，因地制宜地提出农业废弃物资源生态友好型利用的管理范式和利用重点，提出基于农业资源可持续利用的生态友好型农业发展激励机制和政策框架。

1. "十五"期间，主持科技部重大科技问题前瞻性研究课题"县（市）科技发展模式研究""地方科技发展的问题与政策建议研究""十五"国家科技攻关计划课题"县（市）科技工作发展研究"、国家科技基础条件平台工作专项课题"农田与草地退化的评价体系与经济核算体系"，撰写的"关于加强地方科技工作的调研报告""循环农业发展战略与对策建议"等报告和文件提交至科技部、农业部等有关部门得到高度重视，支持了政府部门决策，出版《地方科技工作发展战略研究》专著，获 2006 年度中国农业科学院科技成果二等奖，北京市科学技术奖三等奖。

2. "十一五"期间，主持科技部科研院所社会公益研究专项"循环农业模式研究"与行业（农业）科研专项"北方旱作区农业清洁生产与农村废弃物循环利用技术集成、示范及政策配套"、农业结构调整重大技术研究专项"我国区域农业循环经济发展模式研究"，系统地研究循环农业的基础理论及动力机制，归纳与分类现有的循环农业模式类型与总结规律性特征，全面地分析循环农业发展方向和重点领域，探讨不同区域适宜性的循环农业模式类型，提出循环农业发展的技术支撑、制度创新与政策支持等。出版著作《循环农业发展理论与模式》。

3. "十二五"期间，主持公益性行业科研专项"农业清洁生产及农业废弃物循环利用技术集成与示范"、中日合作项目"环境友好型畜牧业可持续发展的评价研究"、UNEP 项目"华北平原循环农业典型案例研究"等循环农业发展模式、农作物秸秆资源化利用相关课题 50 余项，建立了秸秆残留还田量定量估算参数体系，估算秸秆残留还田量，"中国秸秆资源评价与应用"获得中国农业科学院科学技术成果奖二等奖，出版"十二五"国家重点图书《农业清洁生产与农村废弃物循环利用研究》。

4. "十三五"期间，围绕创新团队"十三五"重点任务"农业废弃物资源化利用与激励机制"，主持国家自然科学基金项目"农作物秸秆综合利用生态价值量估算方法研究""北方地区秸秆沼气集中供气工程冬季增温保温能源边际报酬分析"、中日合作项目"玉米—小麦种植环境保护的有机物应用技术""环境友好型的畜牧业发展模式研究"、中国工程院重大咨询项目"面向 2035 年的华北地区农业废弃物资源化利用战略研究"、农业部项目"我国种养结合一体化区域模式研究""秸秆新型能源化利用与节能减排""秸秆新型能源化利用潜力评估与发展途径研究"等课题 50 余项，为推动农业废弃物资源化利用系统性政策支持提供理论支撑与方法支持。

（三）农业知识产权管理研究

以系统采集的全球农业智慧资源大数据为对象，通过研究突破农业智慧资源本体知识库建设、基于本体论的综合相似度分析模型和基于约束的知识推荐算法等学科技术难点，重点研究解决农业智慧资源大数据驾驭、知识挖掘和个性化信息推送中所面临的异构数据集成、海量异构数据的高效管理与访问、针对多源异构数据综合相似度分析、智慧资源生态系统分析以及农业智慧资源与多元农业生产环境实时信息的高效匹配等理论、方法和实现路径。

1. "十一五"期间，主持农业部"948"计划项目"低环境负荷农业技术动态跟踪、引进和开发"，承担完成了农业部委托的"植物新品种保护法立法准备前期研究"和《植物新品种保护条例（农业部分）》修订研究。

2. "十二五"期间，主持国家科技支撑计划课题"转基因植物新材料的育种价值评估"、国家科技重大专项"转基因技术知识产权、安全管理和技术发展方向及策略研究"和"植物转基因的知识产权研究"、国务院发展研究中心课题"转基因知识产权保护和应用策略研究"以及国家自然科学基金项目"基于专利数据挖掘的我国农业生物技术和产业发展路径研究""基于资源池模式下的遗传资源配置机制研究""植物新品种权动态利益分享价值评估模型研究""专利资助政策对专利质量演化的影响机制研究：以生物技术为例""水稻专利序列数据解析及全机遇组专利图谱构建"，相关成果得到了国家部委的充分认可，农业知识产权战略决策支撑系统荣获2014年北京市科学技术奖三等奖。

3. "十三五"时期，主持国家自然科学基金项目"基于大数据平台的农业遗传资源共享机制研究"，还承担农业部（现农业农村部。下同）、国家知识产权局、中国农业科学院、部分省市相关课题40余项。"基于大数据平台的农业遗传资源共享机制研究"，针对农业遗传资源信息的数据量大、种类繁多、来源和需求多样等特点，采取互联网、大数据挖掘等信息技术与产权经济学、资源科学以及育种创新价值链理论等多学科相结合的方法，通过构建农业遗传资源本体知识库、基于本体论的综合相似度分析模型以及技术生态系统分析方法体系，探索建立优化遗传资源配置的信息机制，实现对农业遗传资源信息的异构数据整合、大数据挖掘、以及针对多元化需求的高效匹配。

（四）农业绿色发展战略研究

党的十八大报告将生态文明纳入"五位一体"总体布局，团队聚焦国家重大战略需求，围绕农业生态文明与农业绿色发展开展了一系列研究。主持国家社科基金重大项目"生态补偿与乡村绿色发展协同推进体制机制与政策体系研究"、中国工程院重大咨询项目"生态文明建设和现代农业化研究""农业发展方式转变与美丽乡村建设""农业绿色发展方式与结构优化研究""长江中游生态文明总体研究"、中日第五期合作项目"绿色稻米价值链增值研究"、现代农业产业技术体系—绿肥产业经济岗位科学家，聚焦我国农业农村经济绿色发展进程中面临的关键性、全局性、战略性问题，科学地阐述解决路径，提出相应的体制机制创新和生态补偿制度。出版著作《生态文明建设和农业现代化研究》《农业发展方式转变与美丽乡村建设》等，作为执笔人参与研究和起草的《关于创新体制机制推进农业绿色发展的意见》（中办发〔2017〕56号）由中办国办颁布实施，获得习近平总书记、李克强总理重要批示（2017年）；作为执笔人参与研究和起草的《坚持绿色发展，强化生态文明建设—福建生态文明先行示范经验与建议》获得中央领导重要批示（2016年）；作为主要执笔人参与研究和起草的《生态文明建设若干战略问题研究报告（摘要）》获得国务院领导的重要批示（2015年），推动了国家生态文明建设相关制度的出台和落地。同时，中国农业科学院"中国农业绿色发展研究中心"秘书处挂靠在本团队，作为"中国农业绿色发展研究会"的重要研究支撑力量。

三、农业防灾减灾

2010年7月，资划所成立农情信息研究室主要开展农业防灾减灾及其相关研究工作，2013年在该室基础上组建农业防灾减灾创新团队。2017年9月，撤销该团队和研究室组建智慧农业创新团队和研究室。2010—2017年，团队围绕现代农业发展中农业防灾减灾的国家重大需求，针对全球气候变化加剧，农业自然灾害发生规律不清，"防抗避减救灾"科技支撑不足，监测预警不及时不准确等科学问题，重点开展农业自然灾害致灾成灾机理、孕灾环境演变规律研究，灾害实时可视化远程自动监测预警研究，防灾避灾抗灾减灾救灾新技术、新模式、新材料、新产品、新装置、新机制研发。

"十二五"以来，主要承担国家"973"计划课题、国家科技支撑计划项目、国家自然科学基金项目、公益性行业科研专项、农业部财政专项等研究任务，研究工作主要围绕农业自然灾害致灾机理与孕灾环境演变规律、农业自然灾害监测预警与风险管理关键技术研发，在农业自然灾害监测预警、农业防灾减灾技术研发、农业旱灾遥感监测技术、气候变化对农业影响等方面开展研究，取得了相关研究成果。

（一）农业旱灾灾变规律研究

围绕中国农业旱灾的发生发展，在国家科技支撑计划课题"南方季节性干旱及其防控技术研究"支持下，开展了季节性干旱指标体系、南方季节性干旱分区评价指标体系研究，将南方17个省（市、区）划分为6个一级区、22个二级区，在此基础上对每个一级区和二级区如何规避季节性干旱风险，合理布局农业生产，趋利避害发展可持续农业提出了针对性对策。通过对近60年来干旱造成的粮食损失、重特大干旱发生的年际代变化、农业干旱受灾、成灾和绝收面积的区域变化等进行系统分析，进一步明确了我国农业干旱发生的总体趋势即发生频率不断加快、危害范围不断扩大、干旱程度不断加剧、造成损失不断攀升。

（二）灾情监测预警技术

围绕农业旱灾、洪涝、低温、霜冻、冻害、干热风、寒露风等主要农业气象灾害发生的时间、地点、范围、持续时间等重要参数的动态变化过程，重点开展农田尺度的远程实时可视化动态自动监测关键设备研发，截至2016年年底第六代农情监测系统——农情1号已经装备在22个部级农情信息重点县和11个农情信息基点县，同时还制定了设备安装、运行和观测规范，使灾情监测的时效性、准确性得到极大提高；与此同时，还使苗情、病情和虫情监测技术得到提升。

（三）农业防灾减灾技术研发

在国家"十二五"科技支撑计划项目"重大突发性自然灾害预警与防控技术研究与应用"支持下，针对影响我国农业生产的旱灾、洪涝（涝害、湿害）、低温灾害（冷害、冻害、霜冻、寒露风）和干热风等自然灾害，以"工程防灾、生物抗灾、结构避灾、技术减灾、制度救灾"为总体思路，研究农业灾害监测新技术，研发基于农田尺度的地面监测技术与设备，实现农业灾害的自动化、强时效和高精度监测，初步建立我国农业灾害监测技术支撑体系；充分挖掘生物抗灾的潜力，通过研究农艺、工程、物理与化学相结合的防灾减灾新技术，实现农业重大自然灾害防、抗、避、减技术和措施的一体化，形成我国农业防灾减灾技术体系。在"三北"、长江中下游、西南地区开展示范应用和技术集成，为我国预防和减轻农业重大突发性自然灾害、确保国家粮食安全提供科技支撑。

（四）农业自然灾害应急与风险管理研究

围绕"气候变化对农业影响与适应减缓技术"这一主题，重点开展气候变化背景下我国农业气候资源时空变化，气候变化对我国农业特别是种植业生产的影响研究，我国农业适应气候变化对策研究，农业自然灾害变化趋势及其对策研究，这些研究成果在第二次国家气候变化评估报告和科学评估报告中得到充分体现。在气候变化对农业旱灾影响方面，提出了基于我国农业旱灾强度指数，并系统地分析了我国及各省区农业旱灾对粮食影响，定量估算了农业旱灾对国家粮食安全的影响程度。与此同时，在农业自然灾害应急预案制修订过程中提供了科技支撑。

四、空间农业规划方法与应用

2015年1月，资划所整合农业布局与区域发展研究室和农业遥感研究室相关课题组组建了空间农业规划方法与应用创新团队，2017年9月该团队撤销，团队成员并入新组建的智慧农业团队。团队主要围绕农业规划理论与方法体系，重点开展空间农业规划理论方法等方面的研究。

面对中国特色新型工业化、信息化、城镇化、农业现代化"四化"同步发展的新形势，结合传统的农业区划理论，系统研究多维空间农业规划的理论体系，提出统一的编制农业规划的标准规范，开发基于多维信息的空间农业规划平台（数字沙盘），建立农业资源多维信息管理理论体系和空间农业规划学科构架，总结形成农业资源数据收集技术规程、农业资源数据库建设标准和规范、农业项目投资估算和财务评价规范等，开发了农业区域规划多维可视化应用系统。

建立了三维空间农业规划应用平台。平台硬件系统包括 60 寸触摸屏的三维规划展示系统、服务器、磁盘阵列、网络设备等。平台软件系统包括团队以往开发的三维规划应用系统，包括凤冈烟草农业示范园区规划管理系统、贵州贵阳国家农业科技园区空间规划管理系统、河北肃宁现代农业发展规划管理系统等。

开发了农业区域规划多维可视化应用系统 V1.0。将传统的规划表达方式，融入计算机三维图形处理技术，结合 GIS 技术，开发了三维场景构建与漫游模块、规划成果数据加载、分析功能、数据查询、标注功能等 10 个模块，使规划成果数字化、可视化、互动化。实现农业规划由传统的"文字+图"版，提升为"规划成果+三维空间"立体表达方式，并实现规划的智能化管理，取得软件著作权 9 项，在中国农业科学院深圳农业基因组学研究所智慧农场规划中得到应用。

主持国家科技支撑计划课题"城镇碳汇保护和提升关键技术集成研究与示范"，选择了城市绿化的生物固碳功能为技术切入点和突破口，优化配置城市土地利用格式和建筑物立体空间，在科学制定碳汇计量方法和评估的基础上，集成城镇绿地和湿地为主要内容的城镇景观生态系统碳汇的保护与提升技术体系，建立城镇建筑物空间立体绿化技术体系。在资划所区划楼西配楼建立了 120 平方米的楼顶和墙体空间农业实验平台，2014 年投入生产并实施了相关实验研究。

第四章　科技开发与成果转化

第一节　科技开发管理

2003 年 6 月，为加大科技成果推广和产业化进程，强化产业开发工作的集中统一管理和指导，在两所科技开发部门基础上成立产业发展服务中心，负责全所技术开发、成果转化及产业化组织与管理。其主要职责是：制定科技开发规章制度、编制科技开发中长期发展规划和阶段性科技产业发展规划，负责农业工程咨询、科技成果转化和技术服务，科技兴农与院地合作、知识产权和所属企业管理，负责科技开发项目备案及合同审批登记等管理。2017 年 9 月，研究所对内设机构进行调整，撤销产业发展服务中心，原产业发展服务中心的管理职能调整到科技与成果转化处。

为规范和激励科技开发与成果转化工作，2003—2006 年研究所先后制定多项科技开发管理制度，主要有《科技开发管理办法》《科技开发管理实施细则》《产业实体管理实施细则》《离退休人员开发工作管理细则》等。2010 年，制定《知识产权管理办法》《全资参股控股公司财务审计管理办法》《非在岗人员暂行管理办法》。2013 年，制定《科技产业岗位考核管理办法及人员岗位分工细则》。2016 年，制定《横向经费使用管理实施细则》《对外投资管理办法》《科技成果转化管理办法》等。随着国家科技成果转化管理办法的完善，研究所于 2019 年适时修订了《科技成果转化管理办法》，废止《科技开发工作管理办法》。2003 年以来，研究所开发收入逐年增加，两所合并之初，全年科技开发收入仅 479 万元，随后逐年增加。2011—2019 年每年科技开发收入年均 2 500 万元以上，其中 2018 年达 5 408 万元，创历史新高。开发收入主要来自农业工程咨询、"四技" 服务（技术开发、技术转让、技术咨询、技术服务）以及化肥菌肥检测、菌种销售等。

第二节　农业工程咨询

研究所依托工程咨询单位甲级资质（1996 年由国家发展改革委员会授予、2007 年和 2012 年通过国家发展改革委员会资格认证），开展 "规划咨询、编写项目建议书、可行性研究报告、资金申请报告、项目申请报告、项目评估" 等业务工作。2010 年，为加强农业工程咨询工作集中统一管理，打造农业工程咨询品牌，提升研究所在行业领域的影响力和知名度，成立工程咨询与项目评估中心（挂靠在产业发展服务中心），主要开展业务咨询交流、技术服务、宣传推介、洽谈项目，指导项目执行管理等工作。2018 年，根据国家行业管理调整，研究所被行业协会重新认定为工程咨询单位甲级专业资信。

为加强农业工程咨询人才队伍建设，2006 年建立了农业工程咨询人才奖励机制，2013 年将注册咨询工程师和注册环境评价师纳入科研团队绩效考核指标，以此鼓励科研人员参加咨询工程师（投资）职业资格考试，提高科研人员参与工程咨询业务的积极性。截至 2019 年年底，研究所多名科研人员获得咨询工程师（投资）职业资格，常年参与工程咨询业务的技术人员达50余人。

2003年以来，研究所依托人才、信息、科技等资源优势，推动了工程咨询工作的持续发展。

2003—2006年，工程咨询业务发展速度总体平缓。承担的项目少、规模小。主要项目有"延庆农业产业发展规划""云南省昭通农业发展规划""唐山现代农业发展规划""天津生态农业区总体规划"等近40项，项目收入360万元。

2007—2011年，工程咨询业绩稳步攀升。研究所把握"三农"发展机遇，以市场为导向，承担的项目数量和规模明显增加。主要项目有"三亚热带特色现代农业规划""吉林省黑土地保护规划""镇江和诚农业园区规划"等101项，项目收入1 550万元。

2012—2016年，工程咨询业务快速增长，行业影响力显著提升。主要项目有"屯昌生态有机农业发展规划""宁夏回族自治区现代农业发展规划""三门峡特色农业发展规划""湖北襄阳'中国有机谷'发展总体规划""云南省昆曲绿色经济示范带规划""泸州市现代农业发展规划""襄阳国家现代农业示范区建设规划"等112项，项目收入5 921万元。

2017—2019年，工程咨询业务高速发展，围绕乡村振兴和农业产业园，行业影响力逐步占主导地位。主要项目有"泸州援藏援彝特色农牧业发展规划""垦利区现代农业发展规划""松原市宁江区三江口现代农业示范区总体规划""敖汉乡村振兴总体规划""德庆县乡村振兴战略规划""山东省栖霞市乡村振兴战略规划""潍坊市农业'新六产'发展规划"和"潍坊市蔬菜产业发展规划"等93项，项目收入4 351万元。

随着数字中国战略的实施，研究所在数字农业农村发展规划、数字农业试点建设技术咨询与服务、数字农业技术系统研发等方面取得新进展。先后完成湖南华容和永州、四川三台、贵州湄潭县、广西贵港市、福建南平市等县市的数字农业规划和试点方案编制，开展了苹果、食用菌、宅基地、蔬菜基地等领域的数字技术、系统和平台技术开发，实现成果转化和技术服务收入600万元。

2003—2019年，研究所完成的规划项目先后获奖14项。其中获中国农业科学院科技成果奖1项，北京市科学技术奖1项，全国优秀工程咨询成果奖4项，北京市优秀工程咨询成果奖8项。详见下表：

2003—2019年农业发展规划获奖情况

序号	项目名称	获奖名称	获奖年度
1	西藏自治区农牧业特色产业发展研究	中国农业科学院科技成果一等奖	2004年
2	西藏自治区农牧业特色产业发展研究	北京市科学技术奖二等奖	2004年
3	三亚市热带特色现代农业发展规划	全国优秀工程咨询成果二等奖	2010年
4	石家庄市现代都市农业发展规划	北京市优秀工程咨询成果二等奖	2012年
5	镇江和诚现代高效农业园区总体规划	北京市优秀工程咨询成果三等奖	2012年
6	三峡生态屏障区农业面源污染防治专题规划	全国农业优秀工程咨询成果三等奖	2012年
7	江西广昌白莲产业发展规划	北京市优秀工程咨询成果二等奖	2013年
8	江西广昌白莲产业发展规划	全国农业优秀工程咨询成果二等奖	2014年
9	甘肃张掖绿洲现代农业试验示范区总体规划	全国农业优秀工程咨询成果二等奖	2014年

（续表）

序号	项目名称	获奖名称	获奖年度
10	杨凌种子产业园建设项目可行性研究报告	北京市优秀工程咨询成果二等奖	2014 年
11	凤冈县现代烟草农业示范园区规划	北京市优秀工程咨询成果二等奖	2014 年
12	河南省卢氏县特色生态农业发展规划	北京市优秀工程咨询成果二等奖。	2015 年
13	湖北省襄阳国家现代农业示范区建设规划（2015—2020 年）	北京市优秀工程咨询成果一等奖	2016 年
14	湖北襄阳"中国有机谷"总体规划（2014—2020 年）	北京市优秀工程咨询成果二等奖	2016 年

第三节　"四技"服务

2003 年以来，依托研究所人才和技术优势，开展技术开发、技术转让、技术咨询、技术服务（含技术培训、技术中介）等"四技"服务活动。2004—2019 年，转让多项专利技术，先后与多家企业建立合作伙伴关系，签订技术转让、技术服务等合同 344 项，合同金额达 13 631 万元。

2004 年，与哈尔滨太龙公司、南通丰乐公司、烟台宝源公司、锦州富农公司合作，签订技术转让、技术服务项目 10 项，合同收入 200 万元。内容涉及微量元素肥料、有机无机肥料、腐殖酸有机肥等。协调推进与湖南益阳康利泰公司缓控肥合作项目的落实。

2005 年，与中化化肥、中海油、周口中信科技等公司、海拉尔农垦局建立合作关系，承接中海化学公司合作研究缓释尿素研制、周口市 15 万吨有机肥生产示范等项目，签订"四技"开发合同 13 项，合同收入 145 万元。

2006 年，在继续与中信国安、上海宝钢等企业合作的基础上，签订"四技"开发合同 11 项，合同收入 254 万元。与中化化肥合作，完成中化测土施肥农化服务体系建设，相关专家配合中化公司开展大型测土施肥农化服务到农户活动。与海拉尔农垦局建立合作关系，完成海拉尔农垦测土施肥网络体系建设，建立 10 个实验室及开展人员培训工作，受到企业及部有关领导肯定。

2007 年，完成北京中科龙泰公司生物肥料、重庆重钢公司三产硅钙肥、山西运城天眷二分公司高效硫钙肥、河南新乡长垣恒友集团规模猪场畜禽粪便处理及有机肥生产、鲁西化工集团、齐鲁味精集团循环生产有机肥等多个技术合作项目的洽谈和考察。承担齐鲁味精集团利用渣液生产优质专用有机肥产品研发。据不完全统计，2007 组织合作洽谈项目 20 多项，完成项目考察 13 项，形成合作意向 11 项，新启动"四技"开发项目 8 项，合同收入 163 万元。

2008 年，组织专家赴四川、辽宁、浙江、广东、内蒙古、陕西、河南、河北、山东等地考察合作项目 20 余项，合作内容涉及肥料增效剂、有机无机复混肥、生物肥料、腐植酸有机缓释复混肥、缓控释肥料、沼液沼渣制肥、测土施肥、多功能可降解地膜、草木灰农用等生产技术。与相关企业新签或滚动执行技术服务项目 10 项，合同收入 150 万元。

2009 年，与中海化学有限公司、中化化肥公司（三期）、四川美丰集团、山东利丰化工公司、河南财鑫化工公司、山东中化肥业公司等单位在新型肥料研发、测土配方施肥、农化技术服务等方面签订技术服务、专利转让合同 10 项，合同收入 1 088 万元。组织专家赴四川、辽宁、广东、内蒙古、陕西、河南、河北、山东、甘肃等地洽谈、考察合作项目 23 项，合作内容涉及肥料增效剂、有机无机复混肥、微生物肥料、腐植酸有机无机复混肥、缓控释肥料、沼液沼渣制肥、测土施肥、腐植酸降解地膜、工农业废弃物资源化利用等技术。

2010年，与上海环垦生态科技有限公司签订《有机废弃物肥料化》、与山东威海市海洋时代食品有限公司签订《海藻生物有机液肥生产技术》、与国科中农（北京）生物科技有限公司签订《利用酒糟生产高效生物有机肥技术》、与双赢集团有限公司签订《生态肥料工程研究中心》；与辽宁沈宏集团股份有限公司签订《生物有机肥及生物菌剂生产技术》、与山东百丰农业技术有限公司签订《150万吨生物肥料可研》、与四川广安恒立化工有限公司签订《纳米—亚微米级石蜡混合物包膜剂生产方法》，还与天脊煤化工集团股份有限公司签订《硝酸磷钾肥田间试验》、与秦皇岛领先科技发展有限公司签订《硅肥及其系列产品开发与应用》、与梅花生物科技集团股份有限公司签订《氨基酸有机复合肥田间试验》、与中国中化集团公司签订《硫酸钾镁肥田间试验》。合同收入500余万元。

2011年，与江苏徐州心实公司、山西天脊集团、北京善耕原公司、美国GLG公司、深圳偌普信公司、北京永盛丰公司、烟台五洲丰公司、青岛丰泰公司、吉林德正生物公司、江西赣丰肥业公司、山东史丹利肥业公司、宁夏农垦集团、黑龙江金事达公司、湖北宜施壮肥料公司、陕西横山黄土恩生物公司、深圳诺普信农化公司等30多家单位洽谈合作项目，内容涉及新型肥料缓/控释材料、有机无机复合缓释肥料、缓释长效复合肥、生物肥料、盐碱地改良技术、田间试验示范等，签订技术服务合同16项，合同收入1 018万元。其中，与宜兴市大地博元生物技术有限公司达成污染降解微生物专利转让技术1项，转让费100万元。

2012年，与烟台五洲丰肥料、中农舜天肥业、河北善绿福生物肥料、黑龙江肇东生物肥业、重庆万植生态肥业、烟台海城生物科技、山西曲沃迈乐肥料等公司及金昌扶贫循环经济科技园区等签订技术项目合同15项，合同收入596万元。技术服务内容涉及增效复合肥、微生物肥料、有机无机肥料、土壤调理剂生产技术等。

2013年，与天脊集团、北京天地创合、江西广源、河北宽城、新疆惠尔、云南天润、内蒙古青青草原、河南骏化、北京德邦华源、深圳润康、东莞施普旺、广东福利龙、山西天鹏集团等公司以及涿州市现代农业产业协会等单位签订技术服务合同15项，合同收入851万元，技术服务内容涉及增效复合肥、微生物肥料、有机无机肥料、土壤调理剂生产技术及肥料试验示范。同年10月，与河北省平泉市签订共建河北平泉食用菌产业技术研究院协议，研究所食用菌专家出任研究院院长（2018年）。研究院的建立，不仅为研究所食用菌技术科技成果中试和转化提供了条件，也为研究所建在平泉的国家食用菌改良中心和国家食用菌育种创新基地增强了后勤保障。

2014年，与吉林榆树政府、山东德州农业科学院、云南云维集团、天津援疆办、新疆丰沃生物、江西狮王生物、云南海利实业公司签订战略科技合作协议6项。与史丹利公司、广东农垦、山西天鹏公司、山东民和生物、河南德邦华源、江苏建湖稼禾、江苏南通宏阳、新疆天山通、浙江嘉邦签订19项技术服务合同，合同收入1365万元。技术服务内容涉及缓/控释肥、增效复合肥、掺混肥、有机肥、水溶肥、微生物肥料、有机无机肥料、土壤调理剂生产技术及橡胶防腐、污水处理技术。

2015年，与中化化肥、河南科技厅、天水科技园区、安徽亳州农委、首钢集团等50多家单位进行项目洽谈，签订战略科技合作协议5项。与河南心连心、烟台只楚、淄博田邦化工、唐山实施绿德、甘肃中农紫源公司签订25项技术服务合同，合同收入1 830万元。技术服务内容涉及增效复合肥、缓/控释肥、掺混肥、有机肥、生物有机肥及农化服务、试验示范项目。

2016年，与商务部投资促进局、中国循环经济协会、西藏生态环保基金会、宁夏石嘴山市科协、正大集团、澳大利亚GrowGreen公司、广东植物龙公司、青岛蔚蓝集团、山东聊城联威肥业公司、黑龙江青冈县政府、兰州市红古区政府、攀枝花钢铁集团、青海西钢集团等70多家单位洽商合作，涉及新型肥料、食用菌、生态环境治理、现代农业等项目业务咨询，与吉林安图县、上海申农公司等政府、企业签订战略科技合作协议 8 项。签订技术服务合同 13 项，合同收入 572 万余元。

2017 年，依托科技、人才和资源优势，开展对接活动。先后接待商务部投促局、河北灵寿、广东江门、贵州六盘水、正大集团、甘肃农资等政府部门、企业 120 多人次的技术咨询、合作洽谈；赴江苏南京、内蒙古赤峰、山西太原等地开展项目对接商洽和考察 20 余次；与贵州开磷、湖南中烟等企业签订技术服务合同 16 项，合同收入达 595 万余元。

2018 年，共签订技术服务合同 67 项，合同收入 2 314 万元，科技成果转化速度不断加快，向北京企业转让"无人机载定位和拍摄装置""一种遥感图像城区提取方法" 2 项专利，转让费 200 万元，与内蒙古企业针对盐碱地"上膜下秸"控抑盐技术签订技术转让合同，转让费 180 万元。

2019 年，不断加强研企合作，增强成果转化能力，研究所依托"智慧农业""新型肥料""食用菌"和"遥感应用"等一批具有良好产业化前景的、适合绿色发展理念的创新性科技成果，加强与企业的合作关系，2019 年共签订技术服务合同 89 项，合同收入 2 219 万元。

第四节　宣传推介

2003 年以来，研究所派员参加有关农博会、农展会、科技交流会、产品对接会、洽谈会等活动，推介研究所在测土施肥、施肥通等农化服务技术和产品、高效钙、硅钙肥、缓释肥等新型肥料技术、多抗生物肥料生产技术、食用菌栽培与品种开发、农业废弃物无害化处理和循环利用、遥感农业应用等方面的技术。通过产品展览、技术推介、信息发布、悬挂展板、实物展示、对接洽谈、现场答疑、发放宣传资料等方式，宣传推介应用技术，扩大了行业影响，有力推动了研究所科技成果转化应用。

2007 年，组织参加全国肥料双交会、山西运城农业科技交流、河北廊坊农博展、中国农业科学院赴马来西亚科技成果展示交流、江苏科技成果技术交流、北京—抚顺科技对接等行业交流及技术对接和展览展示活动。

2009 年，组织参加第十二届锦州农业新技术新产品交易会、第十三届中国（廊坊）农产品交易会、第九届运城农业新技术新产品展示会、江苏南京第二届产学研合作成果展示洽谈会、云南省地省院合作项目洽谈会、福建第七届中国海峡项目成果交易会、安徽第十届国产高浓度磷复肥产销会议、北京市科委及河北保定 6 县市科技对接会等。此外，还参加了江西南昌、湖北武汉、江苏丹阳及中国农业科学院技术转移中心组织的技术成果合作展示洽谈会。

2010 年，组织参加第十三届锦州农业新技术新产品交易会、第十四届中国（廊坊）农产品交易会、第十届运城农业新技术新产品展示会、江苏南京第十一届国产高浓度磷复肥产销会等、北京市科委组织的张北地区农业科技交易洽谈会、徐州农业科技展览会、中国科学院北京分院技术转移中心会议等。

2011 年，组织参加第七届放心农资下乡进村现场咨询活动，第五届唐山农业生产资料展示农产品产销对接大会，第十五届中国（锦州）北方农业新品种、新技术展销会，第三届中国（宁夏）园艺博览会，第十五届中国（廊坊）农产品交易会，第十二届全国磷复肥大会和第十五届农业部肥料双交会。

2012 年，组织参加辽宁锦州农交会、廊坊农业展览会、第十四届肥料双交会和江门第三届农博会及第一届中国国际生物刺激物研讨会和深圳高交会。

2013 年，组织参加第十五届肥料"双交会"暨河南郑州 2013 中原现代农博会、中国锦州第十七届农博会、第十七届中国（廊坊）农产品交易会。组织参展在武汉市召开的第十一届农产品交易会。

2014 年，组织参加第十八届中国（锦州）北方农业新品种新技术展销会、第十八届中国（廊坊）农业及农产品交易会、第十五届山东寿光蔬菜博览会和中国长春第十三届农业博览会等。

2015 年，组织举办"第六届中国国际水溶性肥料高层论坛"暨终端服务推广模式对接会。组织参加 2015 土壤生态环境可持续发展论坛、第十三届全国绿色环保肥料（农药）新技术、新产品交流会、第十九届中国（锦州）北方农业新品种新技术展销会、第十九届中国（廊坊）农产品交易会、美丽乡村博览会、2015 中国新疆（昌吉）种子展示交易会、2015 中国安徽（合肥）农业产业化交易会、第十三届中国国际农产品交易会和第十七届中国国际高新技术成果交易会等。

2016 年，组织参加"第七届中国国际水溶性肥料高层论坛"暨终端服务推广模式对接会、第二十届中国（锦州）北方农业新品种新技术展销会、第十五届中国长春国际农业·食品博览（交易）会、第二十届中国（廊坊）农产品交易会、第十八届中国国际高新技术成果交易会等。

2017 年，组织参与在河北省廊坊市举办的第二十一届中国（廊坊）农产品交易会，现场解答指导生物肥料、测土施肥技术；组织召开化肥减施增效长期试验与新型肥料示范现场会。

2018 年，组织参加第二十二届中国（廊坊）农产品交易会，展出植物营养创新团队开发的"养分专家系统"，系统注重大、中、微量元素的平衡施用，能够保障作物高产，提高农民收入，现场解答农民提出的测土施肥技术和措施。参加第十五届中国—东盟博览会，肥料及施肥技术创新团队研发的绿色高效增值肥料新产品亮相先进技术展，还组织参加"大数据空间信息应用博览会"。

2019 年，组织参加了第二十三届中国（廊坊）农产品交易会、第二十一届中国国际高新技术成果交易会，组织微生物创新团队和面源污染创新团队参加展览。

第五节　科技兴农

2003—2008 年，研究所以科技培训、科技示范、技术服务等多种形式参与科技兴农、送科技下乡、科技入户活动，落实农业部、中国农业科学院"科技兴农、科技推广、送科技下乡、测土施肥行动"等工作，为新农村建设，服务"三农"做了大量工作，取得良好效果，获得广泛好评。

2009 年，为贯彻落实农业部和中国农业科学院有关"十大行动"计划、"百县基层农技人员和农村实用人才培训活动""三百"科技支农行动计划科技入户等工作精神，研究所组织有关专家赴西藏、甘肃、四川、宁夏、河南、吉林、黑龙江、海南、四川等地培训指导测土配方施肥技术。赴北京、天津、河北等地举办食用菌栽培技术现场展示、观摩会、培训班、讲座、咨询等活动，直接培训农民、技术人员。同时利用参加各类科技下乡、科技入户、技术培训活动机会，重点推出测土施肥、农化服务、食用菌栽培等应用技术成果。

2010 年，继续推进科技兴农"三百科技支农行动计划"，为美丰、广安等企业培训测土配方施肥技术，为企业建立了测土配方施肥工作体系；数字土壤课题组举办了"施肥通"技术成果培训班，对国内 20 家大企业科技人员进行培训指导。食用菌室利用农业废弃物栽培优质食用菌、菌菜套种、林地栽培等技术，为河北、山东、福建等地开展科技下乡服务。针对云南、贵州、广西等西南地区严重旱情对农业生产的影响，选派专家参加农业部组派的抗旱保春耕科技服务团，走进田间地头，深入旱情受灾区调查，开展巡回技术指导和科技服务，促进各项保春耕措施的落实，将旱灾损失降低到最低程度。并提出了抗旱生产的建议。

2011 年，组织开展食用菌栽培技术、科学测土施肥技术、新型肥料研制应用等方面科技兴农活动。研究所水稻产业技术体系岗位专家在江西南昌组织开展"双季稻高产栽培与高效施肥技术"培训，对示范县有关领导、农技人员、科技示范户、种植大户等进行培训。国家食用菌产业技术体系首席专家、栽培岗位专家就食用菌品种、栽培技术、采收保鲜加工、病虫害防治等内容对北京房山、通州、顺义、密云、大兴 5 个示范县主要技术骨干进行培训。国家大宗蔬菜产业技术体系岗位专家到衡阳综合试验站考察和指导蔬菜生产。有关专家为山东史丹利、金利丰肥业、江西赣丰肥业、四川恒立化工等企业以及示范村、种植大户等培训测土配方施肥技术，为企业建立了测土配方施肥科学施肥工作体系。此外，防灾减灾专家奔赴云南、贵州和广西等旱区，会同地方科技人员开展科技服务工作，帮助农民恢复和发展生产。积极发挥农业遥感技术优势，及时发布秋收农情信息，为我国粮食生产发展，促进社会稳定和谐贡献了应有的力量。

2012 年，按照农业部和中国农业科学院"科技兴农"计划要求，推进科技兴农水稻"双增一百"和玉米"双增二百"活动，"南方低产水稻土改良技术研究与示范"课题组，在 10 省 5 类低产水稻土建立 24 个示范基地，累计示范推广面积达 30 万亩，增产水稻约 3.2 万吨。绿肥课题组以冬闲田削减、化肥减施、耕地质量提升、清洁稻米生产为主要目标，开展了大规模联合试验研究和示范，形成适应现代农业需要的稻区绿肥—水稻高产高效清洁生产的完整技术体系，示范应用取得巨大社会、经济和环境效益。测土配方施肥专家先后赴吉林、辽宁、内蒙古、新疆、四川、西藏、贵州等 18 个省份县乡村和大型农场开展测土配方施肥技术培训与指导。大宗蔬菜产业技术体系岗位科学家先后在河北高邑等进行优化灌溉施肥技术等科技培训指导。食用菌产业技术体系岗位科学家在山东、福建等地完成食用菌栽培技术指导。

2013 年，按照农业部、中国农业科学院"科技兴农"要求，"南方低产水稻土改良技术研究与示范"项目在 9 省 5 类低产水稻土建立 20 个示范基地，累计示范推广面积达 25 万亩，增产水稻约 2.9 万吨；累计培训农技人员和农民达 6 324 人，基本达到示范区土壤肥力提高 1~2 个等级，水稻产量提高 30% 或增加 100 千克/亩以上，亩增效益 100 元以上效果。"绿肥作物生产与利用技术集成研究及示范"项目以冬闲田削减、化肥减施、耕地质量提升、清洁稻米生产为主要目标，开展了大规模联合试验研究和示范，建立稻区绿肥核心试验区 11 个，培训农技人员和农户 2 万多人次。大宗蔬菜产业技术体系岗位科学家带领团队开展对菜农的现场指导与咨询，开展技术培训共 32 次 1 125 人。食用菌产业技术体系岗位专家赴陕西宁陕县、汉阴县等地开展"秦巴山区食用菌产业服务行动"，就当地食用菌产业发展中的野生食用菌资源保护与利用、有机食用菌生产、菌种质量控制等系列关键技术问题提出建设性建议和对策。开展技术指导 28 次，培训 12 次。农情信息专家率团队在东北平原、黄淮海平原和长江中下游平原的 33 个农业部农情信息基点县开展农情信息现代化推进工作，为农业部高产创建发挥了重要作用。

2014 年，国家食用菌产业技术体系首席科学家在工作实践中，建立"岗—站—示范县骨干—合作社—种菇大户"的一竿子插到底的技术研发和快速转化机制，并与 11 个省（市、区）地方创新团队建立全面合作的工作机制，形成全国一盘棋，优势互补，互利共赢，共同推进产业技术进步。岗位专家赴山东莘县，福建南屏、漳州，河北唐县、遵化、唐山，北京通州、昌平，天津蓟县，新疆，河南许昌、郑州，湖南长沙等地开展白灵菇、杏鲍菇生产技术指导和培训；国家大宗蔬菜产业技术体系土壤与肥料岗位专家针对春季河北高邑、藁城、饶阳、正定等示范基地部分菜农和蔬菜种植大户因过量使用未腐熟好的有机肥、超量施用氮肥及大水灌溉而导致蔬菜生长受阻、病害加重、死苗、落果、黄叶等问题，对菜农进行了现场指导与咨询，制订日光温室番茄优化肥水管理、有机无机肥料安全配施等技术应急方案，并建立示范对比样板棚，平均增产 15.8%；测土配方施肥专家指导海拉尔农垦局建立基于地理信息系统的测土配方施肥技术体系，该系统可实时指导每一块地的施肥情况，推广面积近 300 万亩，增产粮食 7.5 万吨，节约化肥 9 000 吨。与中化化肥等大型肥料生产企业建立合作，指导企业建立测土配方施肥实验室 8 个，辐射面积约 5 000 万亩，增产粮食约 10 亿斤（1 斤＝500 克），节约肥料 100 万吨；利用"国家农业遥感监测系统"平台，系统监测水稻、小麦、玉米、大豆四大粮食作物及棉花、油菜等主要经济作物，监测内容主要包括作物种植面积、作物种植面积本底调查、作物长势、土壤墒情、作物单产、作物总产等。其中，全国农作物长势和土壤墒情每旬监测 1 次，作物单产每月预报 1 次。监测的灾害主要包括旱涝、雪灾、冰冻灾害、农田秸秆焚烧和火灾等。为国家主管部门提供及时、准确的农业监测信息，为国家有效开展农业防灾减灾，降低灾害损失，采取正确的农业生产管理措施，增强农业抗灾能力，做出突出贡献。

2015 年，食用菌产业技术体系岗位专家赴山东莘县、福建屏南和漳州、河北唐县、遵化和唐山、北京通州和昌平、天津蓟县、新疆、河南许昌和郑州、湖南长沙等开展白灵菇和杏鲍菇栽培技术培训指导，发放《珍稀食用菌栽培实用技术》以及茶树菇、白灵菇、杏鲍菇等栽培技术小册子、《平菇栽培实用技术》《香菇栽培实用技术》等资料。国家大宗蔬菜体系土壤与肥料岗位专家针对河北高邑、藁城、青县、定州、饶阳、枣强县等示范基地不同季节蔬菜（番茄、黄瓜、大白菜、辣椒等）生长过程中出现的问题对菜农和蔬菜种植大户进行现场技术指导与培训。"十一五"开始，德州实验站依托项目支持，以新型肥料为核心，集成高产品种、优化均衡施肥、水肥一体化、病虫害全程防控以及现代耕作栽培新技术等，探索现代农业绿色增产模式，开展黄淮海平原冬小麦—夏玉米栽培体系大面积超高产创建和示范推广，登海 605 夏玉米高产示范田亩产 1 004.1 千克，突破鲁西北地区夏玉米亩产超吨粮的记录。冬小麦亩产量达到 789.1 千克，创造本区域冬小麦高产记录。

2016 年，参加中国农业科学院组织的甘肃陇南、陕西安康等 6 次科技对接活动，建立企业试验示范基地 5 个，举办各种形式的培训，共培训人员 1 000 余人次，达成技术服务、技术咨询项目 30 余项，参与的展会、科技下乡、科技咨询活动达百余人次，推广示范新肥料、新技术 10 余项，落实定点科技扶贫工作，在全国首批建立科技扶贫示范基地 10 个，通过建立科技扶贫示范基地，推进农科教、产学研结合，推广研究所一批适合当地现代农业发展需要的新成果、新技术、新模式、新农资，扶持当地农业龙头企业、农民合作社，促进了当地主导产业、特色产业开发，带动农户脱贫。

2017 年，结合重大科研项目，发挥台站示范作用，以促进新农村建设为重点，以多种形式参与科技兴农、科技扶贫活动。着重开展政策调研、食用菌技术、测土配方施肥等方面的技术培训、科技咨询、现场指导、展览展示等工作。与地方政府及企业科技对接，建立马铃薯绿色增产技术试验示范基地 1 个，化肥减施增效长期试验与新型肥料示范基地 2 个，建立企业产品中试平台及试验示范基地 3 个。举办各种科技下乡、科技咨询及培训活动达 180 余场次，受训人员 3 200 余人次，推广示范新品种、新技术 10 余项。同时，做好科技扶贫工作，组织有资深经验的规划编制专家赴西藏林芝、四川甘孜州乡城、稻城开展精准扶贫援藏工作。根据中国农业科学院党组的部署，对接扶持阜平食用菌产业。针对该县食用菌产业发展存在的木屑资源紧张、新品种短缺、菌种扩繁技术不稳定等问题，开展食用菌技术培训 4 次，引进平菇、香菇品种 4 个，解决当地香菇生产中出现的技术难题，共建立科技扶贫示范基地 3 个。扶持当地农业龙头企业、农民合作社，促进了当地主导产业、特色产业开发，带动农户脱贫。

2018 年，依托国家水稻产业技术体系、国家绿肥产业技术体系、种植业绿色增产增效技术集成与创新工程，分别在湖南祁东县、祁阳县、冷水滩区、东安县和江永县等 5 个示范县（区）开展技术示范，举办培训班 18 期，累积培训农技人员 259 人次，种田专业户 1 261 人次，农民 3 230 人次。召开各类现场及试验研讨会 8 次，累计参加人数 569 人次。依托国家食用菌产业技术体系实施，持续在我国山东、河北、北京、福建、河南、贵州、陕西等食用菌主产区开展食用菌新品种、菌种繁育和栽培新技术示范推广，赴河北阜平、陕西紫阳、贵州六盘水、山西交口等地开展科技扶贫工作，结合调研进行现场指导，受益人员达 300 人次以上。参加地方组织培训讲课 4 次，培训人员 370 人次，其中技术人员 150 人次，农民 220 人次，科技咨询 400 人次以上。依托第二次全国污染源普查农业源秸秆利用量的普查工作，多次赴北京、云南、河北、山东、内蒙古自治区等地开展秸秆利用量技术培训，在秸秆普查群回复来自 28 个省份、121 个县的问题咨询。智慧农业团队与陕西省果业局开展技术合作，探索利用数字技术打造智慧果业新模式，助力洛川脱贫攻坚区域主战场。

2019 年，呼伦贝尔站研制了一系列的成熟技术与模式（6 项标准、4 项技术、2 个模式和 1 个系统），与呼伦贝尔市政府合作，以台站主要技术成果为核心，组织培训 10 余次，培训人数达 300 多人次，技术示范达 5 万余亩，为区域草地畜牧业和牧草产业化发展提供技术支撑。食用菌遗传育种与栽培团队在北京、河北、河南、天津、山东等 15 个省份、40 余县开展食用菌菌种良种良繁、高效栽培技术等技术培训和现场技术指导，服务 2 000 人次以上；在贵州剑河、纳雍、织金、大方、威宁和贵定、甘肃舟曲、陕西紫阳、河北阜平和平泉、湖北丰县、山西临县、黑龙江泰来和拜泉、西藏林芝等地，通过现场指导、技术培训和赠送书籍等方式进行科技帮扶，合计提供科技帮扶 31 人次，培训人员近千人次。智慧农业团队为曲靖市麒麟区、赤峰敖汉旗、贵港市财政局，以及山东德州乐陵市有关人员举办乡村振兴专题培训会，约 1 660 人参加培训会；为洛川县 178 户种植户开展服务，总覆盖面积约 1 300 亩，实现量、质、收入同步提升。

第六节　科技成果开发应用

2003 年以来，在各类项目支持下，在土壤改良、植物营养、科学施肥、新型肥料、微生物及食用菌、遥感应用、废弃物资源利用等方面多次获得国家或省部级科技奖励，研发获得了一批关键专利技术，这些成果和技术已在农业生产中得到广泛推广应用并取得了显著社会和经济效益。

一、天空地一体化农情大数据集成应用技术

该技术主要利用航天遥感、航空遥感、地面物联网等技术手段，构建天空地一体化的农业大数据的采集、融合、挖掘与集成应用，实现我国农情信息全天候、大范围、动态监测与应用服务。其技术特点如下：

（1）天空地一体化大数据获取由卫星遥感系统、无人机感知系统、地面传感网和基于移动互联网的农户调查系统等组成，弥补感知系统只能获取农田自然属性特征的不足。

（2）天空地一体化大数据挖掘分析利用深度学习等人工智能方法对多源数据进行知识训练，快速挖掘有效信息，实现农情信息的智能化和定量化分析。

（3）天空地一体化大数据服务包括宏观和微观层面。宏观层面是在国家或区域层面进行农情监测、工程监管和信息服务，服务对象为政府、事业单位等资源环境监管和决策部门。微观应用是以地块为单元的精准或智能农业管理服务，实现基于空间变异的定位、定时、定量和精准操作，服务面向农户、农场主和涉农企业。截至 2019 年年底，已在河南鹤壁、吉林长春和榆树、黑龙江哈尔滨、四川成都、山东烟台、陕西洛川等地进行示范应用，产生了显著经济、社会和生态效益，《新华社》《科技日报》《人民网》等媒体进行了报道。

二、农业旱涝灾害遥感监测技术

该技术针对我国农业自然灾害种类众多、发生频繁、范围广泛、危害严重及农业主管部门灾情信息需求，紧扣"理论创新—技术突破—应用服务"主线，以农业旱涝灾害遥感监测理论创新为切入点，重点突破"旱涝灾害信息快速获取、灾情动态解析和灾损定量评估"三大技术瓶颈，创建国内首个精度高、尺度大和周期短的国家农业旱涝灾害遥感监测系统，长期用于农业部、国家防汛抗旱总指挥部、中国气象局和国家减灾中心等部门的全国农业防灾减灾工作。

该技术先后在黑龙江、河南和山东等 15 个省进行推广应用，累计监测受灾面积 34.9 亿亩，实现间接经济效益 243 亿元。尤其是在 2003 年和 2007 年淮河流域重大洪涝、2008 年汶川地震后堰塞湖、2009 年黄淮海冬小麦产区特大干旱、2010 年长江流域洪涝和西南特大干旱，以及 2013 年东北松花江流域洪涝等重（特）大农业旱涝灾害监测与评估中发挥了关键作用，对及时和准确地获取我国农业旱涝灾害动态发生发展和损失信息，对科学指导农业防灾减灾，确保国家粮食安全，以及服务国家农产品贸易具有重要意义。

三、测土配方施肥技术与土壤养分高效测试系列设备

该技术设备是针对我国科学施肥、平衡施肥技术手段落后，常规土壤养分技术滞后的现状，引进美国、加拿大土壤测试实验室先进技术，经消化吸收和国产化配套创新，适合于我国大部分地区的测土平衡施肥、农化服务和专用肥生产的技术与设备。该系列设备具有测试范围广、速度快、工作效率高，单人操作每天可分析 60 个以上土壤样品的 13 项指标，为用户提供科学施肥方案。土壤养分高效测试系列设备分为大、中、小型，可供农业技术推广部门、农场、肥料生产和销售企业、经销商选用。该测土配方施肥技术设备，是以肥料田间试验和土壤测试为基础，根据作物需肥规律、土壤供肥性能和肥料效应，在合理施用有机肥料的基础上，提出氮、磷、钾及中、微量元素等肥料的施用品种、数量、施肥时期和施用方法。2005 年为农业部"测土配方施肥"行动计划支撑技术。截至 2019 年年底，该系列设备已在全国 31 个省份、农垦及兵团推广应用。

四、星陆双基遥感农田信息协同反演技术

该成果可以自动、稳定地获取和生成空气温度、空气湿度、风向、土壤温度、土壤湿度、植被光合有效辐射、叶面积指数等 7 类参数 9 个指标的农田环境时空连续数据集。该成果的技术特征和优势：在国内率先研制了满足大范围农田环境参数获取的无线传感器组网关键技术，研发了相关硬件产品并构建了基于 WEB 的网络系统管理软件，实现了基于远程主机对观测数据和无人值守节点状态的实时查询和维护。突破了陆基无线传感器网络与星载遥感数据协同的农田参数定量反演关键技术。首次研发了田间叶面积指数传感器，实现了田间冬小麦和玉米全生育期叶面积指数的自动连续观测，其中地表温度、光合有效辐射、叶面积指数比单独遥感反演精度提高了 5%以上，植被干旱指数和土壤水分缺失指数等比单独遥感反演精度提高了 10%以上。建立星陆双基遥感农田信息协同反演系统，实现了农田生态环境参数时空连续数据集的生成。构建了农田视频监测器，可以实现 360°旋转和无极缩放，实现了足不出户地实时观测作物田间长势，可用于长势、墒情和病虫害监测。适合我国农业、林业、牧草业生产与管理和监测。

该成果技术中的视频监测系统已经在黑龙江、河南南阳、湖北荆州进行了推广，服务当地的水稻生产。无线传感网产品在内蒙古呼伦贝尔进行了推广，服务当地的牧草生产管理。

五、腐植酸缓释复合肥料生产技术及新产品

腐植酸缓释复合肥料利用发明的腐植酸功能缓释增效载体与氮磷钾养分科学配伍，制成具有氮素缓释、磷素防固定等功能的肥料新产品，新产品于 2011 年获得国家发明专利授权（ZL 2008102397335）。腐植酸功能缓释增效载体与氮磷钾化肥养分通过键合、胶结、螯合等作用，调控土壤脲酶活性，减少磷钾固定，提高根系活力，有机/无机共济，延长和提高肥效，减少养分流失和降低环境风险，促进绿色增产。新产品在大田作物上可实行一次性施肥，起到省工、高效的作用，可广泛应用于我国不同区域的大田粮食作物、蔬菜和果树等。在山东、河南、陕西、新疆、江西等不同区域大田粮棉作物上的大面积示范推广结果表明，腐植酸缓释复合肥料新产品对比传统复合肥料，可使小麦、玉米、水稻和棉花增产 5%～15%，肥料养分利用率提高 10%。腐植酸缓释复合肥料新产品在中农舜天、昊华骏化等大型肥料企业实现产业化。该技术为我国缓释肥料产业提供了一款价格低廉、效果好的新产品，为推动我国肥料产业质量替代数量发展做出贡献。

六、红壤酸化及其综合防治技术

该技术是针对我国南方红壤酸化引起的土壤质量退化这一突出问题，经过近 10 年的系统研究取得了突破性重大进展。研究探明了红壤酸化对作物生长及产量的影响，明确了南方主要作物（小麦、玉米、油菜、大豆和花生）的酸害阈值；提出了红壤酸化的化学改良（主要包括施用红壤改良调理剂、白云石粉、石灰、钙镁磷肥等）、生物治理（主要包括种植耐酸作物和牧草）和施用有机肥、秸秆还田等综合防治技术，可在 2～3 年内提高土壤 pH 值 0.5 左右，平均增产 15% 以上。

经初步推广应用，该成果提出的红壤酸化综合防治技术已取得显著的经济、生态和社会效益。自 2006 年以来，先后在福建、广西、湖南、江西等地进行多点试验示范和推广。统计结果显示，一般可增加产量 15%～21%，增加产值 95～194 元/亩，扣除成本平均纯增收 51～137 元/亩。3 年累计推广面积 6 327 万亩，累计新增产值 70.11 亿元，累计新增纯收入 46.75 亿元。此成果可在我国南方红壤旱地上广泛应用。据统计，我国南方红壤旱地约有耕地面积 3.5 亿亩，其中大部分都存在不同程度的酸化现象，如果该技术应用到上述面积的 50%，即约 1.75 亿亩，按每亩平均增收 120 元的保守估计，则每年可新增产值 210 亿元，应用前景十分广阔。

七、高效硫肥和高效钙肥创制技术

我国土壤严重缺硫，且呈急剧增长态势，酸性和砂质土壤缺钙以及果树和蔬菜的生理缺钙严重。高效硫肥和高效钙肥是在系统研究作物硫钙营养理论和技术的基础上开发形成的作物高效补硫和高效补钙产品，能够有效解决主要农作物缺硫和果树蔬菜生理缺钙问题。高效硫肥产品是根据作物养分需求不同而生产的含硫作物专用肥，适于缺硫地区水稻、小麦、玉米和油菜等主要作物；高效钙肥含有活性钙、钙吸收促进剂等，适于全国苹果、柑橘等果树以及果菜类和包心叶菜类蔬菜。该研究成果累计推广 9 400 万亩，新增纯收入 44 亿元。

八、低成本易降解肥料用缓释材料创制技术

针对国内外肥料用缓释材料降解难、成本高、缓释肥生产效率低三大技术难题，研制出 13 种纳米—亚微米级水溶性缓释材料、大田作物用缓/控释材料生产工艺和缓释肥生产关键设备，提高了肥料生产率，实现了规模化连续生产。该技术已在广东、山东、河南等地有关大型企业实现了产业化应用，推广大田作物用缓/控释肥 430 多万吨，总产值 115 亿元，累计推广面积

8 700 多万亩。

九、食用菌种质资源鉴定、选育评价技术与品种推广

该技术针对制约产业发展的首要技术瓶颈——菌种问题，历经 23 年开展"资源搜集—鉴定评价—高效育种—广适性品种—示范推广"系列研究与推广示范，重点突破食用菌种质资源精准鉴定评价和高效育种两大技术瓶颈，创建菌种与信息同步的种质资源库，创新种质资源鉴定评价和高效育种技术体系，选育广适性新品种，并在全国示范推广。

该技术成果创建了世界最大的菌种实物和可利用信息同步的国家食用菌标准菌株库，解决了我国食用菌育种长期种质资源匮乏问题。库藏菌株 8 000 余个，隶属于 418 种，涵盖全部可栽培种类，占全国保藏野生种质的 85% 以上，占国内外栽培品种的 90% 以上；全部具 DNA 指纹和特征特性双数据；对外提供种质 2 284 份。建立了物种、菌株、经济性、菌种质量等多层级精准鉴定评价技术体系，突破了种质资源属性特性不清制约高效利用的技术瓶颈，解决了菌种管理中品种鉴定和菌种质量判别的技术难题。澄清近缘种 19 个；明确库藏菌株遗传特异性和重要性状，鉴评获得广温、高温、抗冻、抗病、丰产等优异种质 274 株；鉴评生产用种 2 100 余份，正名 388 个；支撑了农业部《食用菌菌种管理办法》的制定实施，显著促进了全国菌种质量的提高。首创结实性、丰产性、广适性"三性"为核心"五步筛选"高效育种技术，室内预测缩时 90%，田间筛选工作量缩减 79%，育种效率显著提高。突破了性状预测难、田间筛选量大导致效率低的技术瓶颈，促进了食用菌育种技术的发展。育成适合我国园艺设施条件生产的平菇、金针菇、毛木耳等广适性新品种，促进了我国食用菌品种的更新换代。该技术在全国 19 个省份推广，3 年累计新增利润 129.45 亿元。

针对工厂化和农法栽培不同方式生产要求的食用菌种类，研发的菌株维护技术，服务于工厂化栽培企业，摆脱了对国外种源和技术的依赖，保证了企业的稳产高产，持续发展，服务于农法生产主产区，提高了菌种质量，栽培成本降低 4%~6%，单产提高 15.3%~25%，优质菇率平均提高 24%，在河北、河南、辽宁、内蒙古、贵州、云南、陕西等主产区推广，新增社会经济效益 9.26 亿元。

十、中重度盐碱地秸秆隔盐增产技术

针对西北盐碱地长期存在盐分"表聚化"严重、作物产量低甚至绝产等突出问题，采用"隔层"调控水盐运动规律的新思路，在秋季作物收获后，通过专用秸秆深埋机具在地表以下 35~40 厘米处铺设 5~10 厘米长度的作物秸秆层，中度盐碱地一般埋设 5 厘米厚秸秆层（600~800 千克/亩），重度盐碱地秸秆隔层厚度一般 7~8 厘米（800~1 000 千克/亩），然后进行灌溉压盐，春季结合地表覆盖地膜，实现了盐碱地耕层快速脱盐"淡化"与作物增产增收。同时还研制出实现秸秆深埋的专用配套机具。该技术的可操作性、轻简化、成熟度均领先于国内外其他同类技术成果，被农业部确定为主推技术，已累计推广应用面积 800 万亩。2018 年该技术通过专利使用权转让方式转让给企业，从而为该技术成果的大面积推广应用创造了条件。

十一、酶法生产海藻生物肥技术

酶法生产海藻生物肥技术是以鲜海藻为原料，通过酶解分离提取海藻多糖等营养活性物质，生产有机液肥。海藻肥具有抗病功效的直接原因在于海藻中含有的特殊种类有机物质，它可以调节细胞质和叶绿体的渗透压，保护一系列酶在植物受病伤害的细胞内转化为活跃的抵抗性化学物质，增强抗虫、抗病菌能力。海藻肥的特点是：

（1）肥料养分全面均衡，符合作物生长中的需养原理，满足作物的不同生长期的养分需要。

（2）改良土壤，培肥地力，促进作物根系发育，有效地预防土传病害的发生。

（3）增强作物抗旱、抗涝、抗倒伏、防冻等抗逆能力。

（4）可以提高光合利用率，促进作物生长，保花保果、膨果快、增产幅度大。

（5）提高作物品质，增加果实糖度、果实饱满、光泽度好，并促进早熟。

（6）缓解病虫害、肥害、药害、无毒、无公害、无副作用等特点。该技术于2012年获得国家发改委颁发的"第十四届高交会提升产业创新能力推进发展方式转变主题展览"优秀展示奖，2015年在深圳举办的第十七届中国国际高新技术成果交易会上获交易会优秀产品奖。

十二、增值肥料

增值肥料是利用腐植酸类、海藻酸类、氨基酸类等将天然/植物源材料研发的生物活性肥料增效载体，将肥料增效载体与尿素、磷铵、复合肥等大宗化肥科学配伍生产的肥料增值产品。增值肥料的优势是：

（1）产业优势，即产能高、成本低。

（2）环保优势，即载体安全环保、利用率高。

（3）技术优势，即改变了过去单纯依靠调控肥料营养功能改善肥效的技术策略，通过综合调控"肥料—作物—土壤"系统，更大幅度提高肥料利用率。

中国农业科学院新型肥料创新团队研发了腐植酸类、海藻酸类和氨基酸类等植物源肥料增效载体8个，研制出锌腐酸尿素、海藻酸尿素、锌腐酸磷铵、海藻酸磷铵等系列绿色增值肥料新产品20多个，建立了增效载体与尿素、磷铵、复合肥大宗化肥生产装置结合工艺，突破了新型肥料"低成本、大产能"技术短板。全国20多个省份的田间试验表明，与常规肥料相比，增值肥料在粮食作物上的增产潜力为14%～17%，减肥潜力超过10%～30%；等用量条件下，增值肥料增产幅度6%～30%，减量20%条件下仍增产4%～16%，实现了从"减肥不减产"到"减肥增产"的跨越，为推动我国化肥使用量负增长做出贡献。

2012年，研究所联合中国氮肥工业协会与全国大型尿素、磷铵、复合肥生产企业成立"化肥增值产业技术创新联盟"，联盟企业的尿素和磷铵产能分别占全国的70%和60%，成为我国肥料产业绿色转型升级的重要力量。在"联盟"的推动和带动下，系列增值肥料新产品在瑞星集团、骏化集团、中海化学、中化化肥、云天化、开磷集团等30多家大型企业实现产业化，产能超过2 000万吨/年，累计生产1 000万吨，推广2亿亩，增产粮食60亿千克，节肥120万吨；创造了80万吨/年尿素装置一次性连续生产10万吨腐植酸尿素的世界纪录。制定了《含腐植酸尿素》《含海藻酸尿素》《海藻酸类肥料》《含腐植酸磷酸一铵、磷酸二铵》等6项国家行业标准及200多项企业标准，促进了增值肥料行业健康发展。

十三、多功能微生物肥料—土壤解毒产品研制

该产品针对作物连茬障碍、土传病害、土壤农药污染严重等问题，从全国13省市采集植株、土壤及环境样品350余份，分离获得固氮微生物菌种资源3 500余株，系统研究了菌株的形态学、生理生化特性、利用碳源、抗逆性以及固氮、抗病、促生、污染物降解等重要农业特性，获得具有固氮并且拮抗作物赤霉病菌、蔬菜菌核病菌和棉花黄萎病菌的菌株22株，抑菌率达到22%～70%；具有固氮及ACC脱氨酶活性的菌株28株，其中5株菌酶活性大于10微摩α-丁酮酸/小时·微克蛋白，显示提高作物抗逆巨大潜能；高效降解有机污染菌60株，对芳香烃、多菌灵、乙草胺、氯嘧黄隆、普施特、杂草焚等的降解率达到35%～95%。利用上述优良种质资源，研制新型生物有机肥料、有机污染修复菌剂、生荒地培肥菌剂和盐碱地改良菌剂等，形成4种微生物肥料，9个试验产品，3套生产技术。在全国各地开展了水稻、大豆、玉米、蔬菜、水果等

多种作物田间试验示范 870 亩，累计推广 134 万亩，增产粮食 2 550 万千克，新增经济效益 5 300 万元。

十四、基于稻壳废弃物的土壤调理剂制备技术

该技术是利用发明专利授权产品——基于稻壳废弃物的土壤调理剂的制备方法，利用废弃的稻壳作为原料采用封闭式无火焰燃烧方式进行炭化，通过硅铝氧碳的化能反应，合成一种无污染无重金属的有机无机复合型土壤调理剂。本发明制备的土壤调理剂为干燥的粉剂产品，具有较大的活性表面，有多孔状的晶体结构，使用简单，撒施地表后翻入耕层土壤即可，该产品不仅能够改善土壤结构，而且具有保水保肥的功效，并能激活土壤中的无效态养分，促进植物的养分吸收，使施入土壤中的养分得到最大限度的利用，减少重金属等有害物质在植物体内的吸收与累积，改善作物品质。该产品在江西九江进行的克服山药连作障碍试验、甘薯栽培试验、保护地蔬菜试验均取得显著效果，同时在吉林盐碱地水稻种植区、辽宁水稻栽培土壤、保护地番茄栽培、草莓、蓝莓等种植区连续几年的田间与大棚试验均有上佳的改土效果，农产品品质得到明显提升。

十五、养分专家系统

养分专家系统是一款基于计算机软件的施肥决策系统，能够针对某一具体地块或操作单元给出个性化的施肥方案。该系统以多年田间试验的强大数据库为依托，以土壤基础养分供应（不施肥小区产量或养分吸收）表征土壤肥力，作物施肥后产量反应越高，肥料需要量越高，同时利用 QUEFTS 模型分析作物最佳养分需求量。该系统除了考虑土壤养分供应，还考虑土壤以外的其他养分来源，如有机肥、秸秆还田、轮作体系、大气沉降和降水等带入的养分，并采用 4R 养分管理策略，时效性强，在有或没有土壤测试的条件下均可使用。该系统注重大、中、微量元素的平衡施用，能够保障作物高产，提高农民收入。目前该平台覆盖玉米、小麦、水稻等主要粮食作物，陆续推出马铃薯、大豆、油菜、棉花、花生、甘蔗、茶叶、白菜、番茄、萝卜、大葱和苹果、柑橘、梨、桃、葡萄、香蕉、西瓜、甜瓜等主要作物的施肥量推荐。

十六、改性聚天肥料增效剂及其增效尿素产品

中国已成为全球最大的氮肥生产和施用国。随着化肥用量的增高，肥料利用率却在不断下降，肥料的损失不但造成严重的资源浪费，而且导致严重的土壤退化、水体污染以及大气污染等生态环境问题。

基于此，研发了一种改性聚天门冬氨酸/盐肥料增效剂，与化肥复合后，可极大地促进营养元素包括中微量元素利用率，对 N、P、K 的利用率可分别提高约 70%、12%、11%。通过种植试验，对常规作物如小麦、玉米、水稻、花生可分别增产 15%、19%、21%、22%。与传统聚天肥料增效剂对比，加入改性聚天肥料增效剂后，对水田农作物如水稻的增产效果更为显著。对小麦减施肥料 20% 的实验结果表明，改性聚天复合尿素仍然能够保持增产，增产率为 4%~5%。改性聚天复合尿素产品的优点是：①可生物降解，不会对环境造成污染；②生产工艺可采用化肥生产企业原有设备，不增加额外投入；③施用方法与常规施肥相同，不增加农民负担；④使用成本低，效益明显，每亩地增加成本 5~10 元，按增产农产品收益折算可增加 100~300 元/亩的收益。中国可用耕地面积约为 18.26 亿亩，按照最低 100 元/亩的增加利润，应用改性聚天增效尿素可产生 1 826 亿元/年的经济效益。即使仅有 10% 的耕地使用，也有 182.6 亿元/年的收益。

十七、数字牧场技术

牧场是牧区草原和家畜的统一体，具有多要素、跨尺度等复杂特性，导致草原和家畜生产信

息获取精度低、时效差，牧场生产管理粗放、经营效率低，制约了牧区生态、牧业生产、牧民生活的协同发展。针对牧场生产监测管理中"监测精度低、管理效果差、应用产品缺乏"等技术难题，发明了多尺度、高精度、定量化的牧场监测管理数字技术产品集成系统，包括草原监测与分发技术（软件与网络）、草原地面测量技术（硬件设备和 App）、放牧家畜监测技术（硬件设备和 App）、牧场草畜生产决策系统（软件和 App）。

草原监测与分发技术可登录草原监测信息发布网络，注册、勾绘和定制"我的牧场"信息，通过网络或短信获取牧场产草量、长势、旱情信息。草原地面测量技术通过开发的一款便携式草原测量设备，结合固态面阵激光雷达与图像扫描技术，实现草原群落高度、盖度、生物量的一次成像与同步测量，测量精度达到 98%。放牧家畜监测技术通过 GPS 的定位模块、基于重力加速度原理的采食模块以及信息传输模块获取放牧家畜的行走、卧息、采食、发情等行为信息，通过 App 实现放牧家畜行为信息的在线显示和监控，并可通过离线建模估算家畜采食量。牧场草畜生产决策系统以草原监测结果为输入值，开展牧场草畜平衡诊断、进行牧场生产动态规划、以报表、图表和专题图方式输出，提供牧场家畜精细饲养决策方案。该技术成果在内蒙古、新疆、西藏、青海、四川、甘肃六大牧区 90 余个县示范应用，产生了重大社会效益和生态效益，有效促进草原生态恢复，草原植被覆盖度提高 10%～30%；家畜死亡率减少 0.5%～1.5%，牧民增收 317～350 元/年。2019 年该技术被农业农村部确定为主推技术。

十八、草原植被时空动态监测关键技术

受气候变化和过度利用的影响，我国 90% 的天然草原出现了不同程度的退化沙化现象，生态环境保护迫在眉睫。长期以来，国内外草原植被监测通常以地面采样、人工作业为主，费时费力、效率低下，获取完整监测数据的周期长达数年。该成果根据我国草原面积大、地域分布广、植物种类多等特点，针对草原植被遥感监测中大面积复杂条件下草原植被监测难、国家尺度高精度监测难、国家层面草原植被监测系统技术集成难等三大难题，创建了草原植被遥感监测技术方法体系，提出了返青、长势和产草量监测一系列关键技术；提出了县域草畜平衡的新概念，科学破解了草原承载力时空分布准确计算的难题；创建了草原遥感动态监测信息化管理体系，突破了数据远程传输、多源数据融合的难题。该成果实现了全国天然草原植被时空动态监测以人工作业、地面调查为主向以遥感监测为主、数字化处理、信息化和智能化管理模式的跨越。成果在全国 30 个省份 2 055 个县进行推广应用，为各级草原主管部门提供监测评价报告 500 余份。经测算，2006—2016 年，该科研成果累计间接经济效益达 214 亿元。

十九、农业气象遥感关键参数反演技术及应用

面向国家对气象预报和农业灾害信息高效获取的迫切需求，立足于高中低分辨率遥感卫星数据日益丰富的现状，创建了基于高、中、低分辨率遥感数据的关键农业气象参数反演技术，每个参数反演算法都具有原创性，具有全球监测业务应用能力。

通过利用同极化不同频率微波指数克服粗糙度的影响，建立了标准极化微波指数模型，提高了土壤水分反演精度。该方法克服了以往需要同步获得大尺度地表温度的困难，反演误差降低了 10%。发明了一套利用 GPS 地面反射信号反演土壤水分的装置和方法，填补了国内在地面一定高度获得大面积土壤水分参数仪器的空白，解决了星上土壤水分验证时地面点观测难以匹配且缺乏代表性的难题。首次提出利用地表温度和发射率作为先验知识，建立迭代优化的人工智能方法，从而使得直接从遥感数据大面积反演近地表空气温度的反演方法变得通用，误差大约 1 K；进一步利用大气水汽含量作为先验知识提高近地表空气温度反演精度；提出利用卡曼滤波迭代优化方法估算发射率及大气水汽含量，提高了反演精度。通过利用近

红外波段克服以往算法从气象站点获取水汽的困难，提出了地表温度反演的新劈窗算法，简化了反演过程，提高了反演精度。针对多热红外波段数据，通过建立邻近波段发射率之间的关系克服方程不足的困难，提出了同时反演地表温度和发射率的多波段反演算法，并利用深度学习进行优化计算，提高了反演精度和算法适用性；为克服云的影响，提出了利用深度学习技术从被动微波数据中反演地表温度。

该研究成果在国家重大自然灾害监测中发挥了重要作用，为防灾减灾提供了有力支撑，凸显了遥感在大尺度灾害监测中的作用。

二十、农田温室气体监测体系创建与稳产减排技术

针对我国农田温室气体监测体系缺乏、监测方法不规范、排放特征不清晰、减排技术效果不明确等农业温室气体减排的关键问题，首次从国家层面创建了"一规范三统一"的农田温室气体监测体系，实现了农田温室气体的全国联网研究。该体系共 22 个监测点，覆盖我国主要农区 11 种典型种植模式，每个监测点均采取规范的联网监测方法、统一的试验设置方式、统一的温室气体排放通量有效性控制方法和统一的"捆绑式"组织方式。填补了我国在粮食—露地蔬菜、设施蔬菜、马铃薯等种植模式缺乏 N_2O 排放因子的空白，揭示了不同种植模式稳产减排调控途径及机制。科学评估了我国主要粮食作物稳产基础上的温室气体净减排潜力，研发、优化、筛选了不同种植模式稳产减排技术 4 大类 30 项，为我国农业温室气体排放清单的编制和农业绿色发展提供了基础数据与科技支撑。2014—2018 年，在山东、安徽、江西、河北、辽宁、甘肃等农业主产区推广应用共 6 624 万亩，节本增效 5.63 亿元，总经济效益达 33.34 亿元，温室气体减排 276.66 万吨 CO_2 当量，累计培养农技人员 2.89 万人次，培养新型职业农民 14.2 万人次。

二十一、烟田精控施肥与起垄装备一体化技术

烟田精控施肥以烟草基地单元为管理对象，以 GPS 支持下的土壤养分信息和作物养分信息为基础，以 GIS 支持下的土壤养分性状的空间分布图为手段，以管理模型支持下的分区精准施肥图为途径，以推荐施肥卡、智能 App 软件和精控智能施肥机为技术载体，实现不同种植规模和条件下的烤烟养分精准管理。2009 年以来已开发多款精准变量施肥机。2009—2014 年开发完成了施肥起垄一体变量施肥机；2015—2016 年开发完成了具有划线功能的有机无机一体变量施肥机；2016—2018 年开发了轻便可自行走的变量施肥机。自行走变量施肥机特点是轻便、施肥效率高，每天可施肥 40 亩。1 台施肥机在 1 个烤烟生长季施肥作业可节约人工成本 6 750 元。使用精控施肥机烟田施肥作业节肥 5%，1 台施肥机在 1 个烤烟生长季施肥作业可节约肥料成本 750 元。该技术已在贵州、云南、四川、安徽等地进行推广，推广面积累计 80 余万亩。

二十二、作物主动式灌水技术

作物主动式灌水技术利用透水不透气材料将作物耗水累积的土壤水分势能转化成灌溉水吸力、机械动力，进而控制系统的供水过程和供水数量。全过程没有任何能耗（没有电子原件）、不需要人工干预，由作物根据自身耗水的需要，适时地触发系统供应适量水分。其技术要点为：高性能负压透水不透气材料、将土壤水分势能转化成机械动力的装置、负压维持器、作物最佳生长的势能阈值。

在 13 种作物上田间小区试验、盆栽试验以及示范的结果表明，该技术显著减少了用水量和施肥量，提高了产量和品质，降低了农作物果实中的硝酸盐含量，减少了土壤硝态氮淋失，大大提高了水分、肥料的利用率。例如，烟草耗水量减少 40%，钾肥用量减少了 50%，WUE

提高了 173%，氮磷钾肥利用率提高了 7.8%、2.7%、11.5%；相比于滴灌，菠菜耗水量降低了 38%，产量提高了 60%，WUE 提高了 88%，氮磷钾肥利用率提高了 86%、100%、83%；茼蒿耗水量降低了 36%，产量提高了 60%，WUE 提高了 79%，氮磷钾肥利用率提高了 87%、158%、107%；辣椒的耗水量减少了 57%，产量提高了 14%，WUE 提高了 205%，氮磷钾肥利用率提高了 49%、38%、72%，维生素 C、辣椒素含量分别提高 50%、300%。试验表明，该技术通过节水节肥、节省劳动、提高产量和品质，实现了降本增效，而且与施肥相结合可以形成作物主动式以水减肥技术，与水溶性肥料、作物养分需求规律相结合可以形成高效的作物主动式水肥一体化技术。

第七节　所办公司（含参股）

一、北京丰润达高技术开发有限公司

1998 年 4 月 13 日，中国农业科学院土壤肥料研究所以技术入股（占股 12.5%）与北京陆海丰科技咨询服务中心、北京燕山石油化工公司研究院 2 家单位及陈锡德、叶志强个人组建成立北京丰润达高技术有限公司，注册资金 100 万元。注册地址为北京市门头沟区润峰经济技术开发园区。经营范围是：①开发、生产、销售：土面液膜；农用化学制剂、生物发酵制品、农副产品、化工产品、精细化工技术开发、咨询、服务；②销售：农副产品，化工产品（除易燃易爆品），机电设备，仪器仪表，建筑材料。公司自成立以来，主要从事土面液膜、农用化学制剂等产品试验示范、推广销售，但由于经营管理不善一直处于亏损状态。2004 年研究所根据实际状况和股东会议意见，启动退出程序，办理相关手续。2005 年公司因未通过年检被吊销、注销。2008 年 10 月，由北京市法院召集公司股东单位会议，按法律程序对公司清算完毕。

二、北京龙安泰康科技有限公司

2002 年 7 月 16 日，中国农业科学院农业自然资源和农业区划研究所出资货币 10 万元及非专利技术 10 万元共 20 万元与其他股东孙富臣出资货币 20 万元共同成立。注册资金 40 万元。注册地址为北京市海淀区中关村南大街 12 号三区办公楼 107 号。经营范围是：销售定型包装食品，销售谷物、不再分装的包装种子、礼品、文化用品、电子产品、计算机、软件及辅助设备、通信设备。该公司自成立以来维持正常经营，略有盈余。公司主营业务收入主要是以销售灵芝孢子粉、螺旋藻、蜂产品、燕麦等产品为主。随着保健品行业竞争日趋激烈，公司难以适应国家对保健品行业标准管理规范要求，为规避国有资产流失，2009 年 11 月 24 日按照所务会的工作安排和股东会议决议，对研究所参股企业北京龙安泰康公司进行撤资解散，并按照公司法有关程序核准办理。2010 年 9 月该公司依法注销。

三、北京中农福得绿色科技有限公司

2002 年 8 月，由中国农业科学院及所属研究所与中国绿色食品发展中心联合成立，属农业高科技企业。股东成员包括：中国农业科学院、中国绿色食品发展中心、中国农业科学院兰州兽医研究所、中国农业科学院饲料研究所、中国农业科学院果树研究所、中国农业科学院蔬菜花卉研究所、中国农业科学院土壤肥料研究所（简称"土肥所"）、中国农业科学院畜牧研究所、中国农业科学院甜菜研究所、中国农业科学院茶叶研究所等。公司注册资金 1 000 万元，注册地址为北京市海淀区学院南路 80 号 1 号楼 1 层。2002 年 8 月 20 日，土肥所以实资货币投资 50 万元参股该公司，所占股份 5%。公司经营之初立足于中国农业科学院的人才、技术等整体优势和中国绿色食品发展中心的绿色食品资源优势以及在质量认证、监督等方面的权威，致力于绿色（有机）食品的研发、生产加工和销售，并创建中国绿色（有机）科技产业的第一品牌。设立了中国农业科学院名优特农产品展销中心，负责中国农业科学院各所研究技术与成果的转让和产业化。专业投资农业领域高科技的研发项目以及名优特农产品的生产与销售项目，致力于从田地到餐桌的食品安全问题，致力于安全、健康、营养食品的推广事业。但经过多年经营、人员更替，终因经营管理不善而处于亏损状态。该公司经营一直由中国农业科学院产业局（成果转化局）管理。2019年11月，被海淀区市场监督管理局作出行政处罚决定，吊销该公司营业执照。

四、北京中农新科生物科技有限公司

2002年7月3日，由中国农业科学院土壤肥料研究所与北京阳光中农科技有限责任公司共同投资创立，该公司是北京市高新技术企业生物技术科技型企业。公司注册资金1 818万人民币，研究所以2项发明专利成果评估后作价出资818万元，占股45%；北京阳光中农科技有限责任公司出资货币1 000万元，占股55%。公司注册地址为北京市海淀区中关村南大街12号土壤肥料研究所主楼220室。公司依托研究所强大的科研资源，以高新生物技术为核心，集科研、开发、生产、销售为一体，形成了微生物菌剂和复合微生物肥料规模化生产能力，产品大类以生物复合肥料、复合菌剂、有机物料腐熟剂、生物环境修复剂、生物农药、饲料等农用生物制剂为主。公司成立以来，由于经营思路定位不准确，销售状况不佳，加之当初研究所以技术入股时评估数额过大，摊销过大。致使经营利润微薄。根据中国农业科学院清理整顿要求，计划通过股东大会，逐步按照法律程序注销，截至2019年年底仍未完成注销程序。

五、北京中肥世纪科技发展有限公司

2004年10月9日，由中国农业科学院农业资源与农业区划研究所与广州绿源泰环境科技有限公司、中肥（香港）有限公司合资兴办的农业科技企业。注册资金500万元人民币，研究所占股15%（商标入股），其他股东广州绿源泰环境科技有限公司实资占股52%，中肥（香港）有限公司实资占股33%。注册地址为北京市海淀区中关村南大街2号A座2316室。经营范围是：开发肥料产品，提供技术服务。针对中国各区域的土壤状况、化肥施用现状、产业现状及区域性肥料使用误区，利用中国农业科学院雄厚的技术力量研究开发一批有针对性的复合肥，采用OEM的方式批量生产，以达到改良土壤、帮助农民增产增收，进而解决中国的"三农"问题。由于经营不善，2006年后查无注册地址，连续4年以上均无工商年检。2018年4月20日，被北京市工商行政管理局海淀分局（京工商海处字〔2018〕第D 4186号）作出行政处罚通知，吊销当事人营业执照。

六、中咨国业工程规划设计（北京）有限公司

2010年6月24日，由中国农业科学院农业资源与农业区划研究所和阜阳环球工程咨询有限公司、安徽水苑工程设计咨询有限公司共同出资成立。注册资本100万元，研究所出实资35万元人民币，占股比例35%；阜阳环球工程咨询有限公司出资33万元，占股比例33%；安徽水苑工程设计咨询有限公司出资32万元，占股比例32%。2015年4月公司变更注册资本，由原来100万元增资为500万元，研究所没有能力继续投入实资，占股7%。阜阳市环球工程咨询有限公司占股86.6%，安徽水苑工程设计咨询有限公司占股6.4%。注册地址为北京市海淀区中关村南大街12号12号楼105室。经营范围是：面向全国开展工程咨询技术服务，编制产业规划、可行性研究报告、资金申请报告、商业计划书、节能评估、工程勘察设计报告及组织文化艺术交流活动，承办展览展示活动等。2013年8月，公司取得丙级工程咨询资质，由于资质等级低、经

营周期短，2010—2017 年收支基本持平，各股东无分配利润。2018 年按照研究所发展规划和所务会决议，并通过公司股东大会研究决定，研究所拟采用股权变更或转让方式完成股份退出，2019 年 4 月，中国农业科学院批复同意将研究所持有的该公司股权进行转让。

七、中农民生（北京）农业科技有限公司

2014 年 4 月 11 日，由中国农业科学院农业资源与农业区划研究所与中坤汉能投资集团有限公司、北京中石国联化工有限公司联合成立。公司注册资本 2 000 万元人民币，其中研究所以 1 件"中肥"商标和 1 项发明专利成果评估作价出资 700 万元，占股 35%，相对控股。其他股东中坤汉能投资（北京）有限公司出资货币 660 万元，占股 33%。北京中石国联化工有限公司出资货币 640 万元，占股 32%。注册地址为北京市海淀区中关村南大街 12 号院 2 区 10 号楼 512 室。公司建立之初，经营理念以土壤肥料产品生产及农业技术服务为主，主要产品为"中肥"商标系列大量元素水溶肥、微生物菌肥、氨基酸水溶肥、腐殖酸水溶肥。由于企业处于初创阶段，成本费用较高，市场处于开拓阶段收入较低，生产设备及配套设施达不到环保标准处于部分停工状态，暂无盈利。公司股东投资均未到位，仅在中国农业科学院成果转化局备案，研究所拟召开股东会议，采用股权变更或协商解散公司方式完成研究所股份退出。

八、北京华蕈生物科技有限公司

2016 年 12 月 20 日，中国农业科学院农业资源与农业区划研究所召开对外投资会议，同意成立北京华蕈菌种研发中心有限公司，工商核准公司名称为"北京华蕈生物科技有限公司"。公司注册资金 1 000 万元，研究所以知识产权（发明专利）评估作价投资 200 万元，占公司股权 20%；其他股东江苏华绿生物科技股份有限公司认缴货币出资 510 万元，占股 51%；江苏安惠药用真菌科学研究所有限公司认缴货币出资 290 万元，占股 29%。注册地址为北京市海淀区中关村南大街 12 号土肥科技开发楼 412 室。公司以经营食用菌的研发、种植、产品销售、进出口业务为主，兼营与食用菌相关的技术开发、技术推广、技术转让、技术咨询；承办相关的展览展示活动及会议服务等。公司股东投资均未到位，仅在中国农业科学院成果转化局备案，研究所拟召开股东会议，采用股权变更或协商解散公司方式完成研究所股份退出。

九、中科润隆（北京）农业技术有限公司

2015 年 6 月 18 日，由北京中科梦成生物技术有限公司、正大奥格（福建）生态农业发展有限公司、中国农业科学院农业资源与农业区划研究所 3 家单位联合成立。注册资金 100 万元，其中正大奥格（福建）生态农业发展有限公司占股 40%，北京中科梦成生物技术有限公司占股 38%，中国农业科学院农业资源与农业区划研究所占股 22%（实际没有认缴出资）。注册地址为北京市海淀区中关村南大街 12 号二区 10 号楼。公司主要从事农业有机废弃物处理和资源化利用。因企业注册后未实际运营，按照《中国农业科学院关于印发"深化五个领域专项整治工作方案"的通知》精神，研究所已采用股权变更的方式于 2019 年 7 月完成退出程序。

十、山东金利丰生物科技股份有限公司

2010 年 10 月 18 日，由圣龙实业集团有限公司和中国农业科学院农业资源与农业区划研究所联合成立，属高科技公司。注册资金 1 000 万元，其中圣龙实业集团有限公司占股 51%、中国农业科学院农业资源与农业区划研究所占股 20%（实际没有认缴出资）、宋良江个人占股 15%、刘德书个人占股 14%，法人代表宋良江。注册地址为寿光市稻田镇工业园。2013 年股份变更，中国农业科学院农业资源与农业区划研究所占股 20%（实际没有认缴出资），李文强个人

占股 34%，李文栋个人占股 32%，刘德书个人出资 140 万元，法人代表李文强。2017 年 5 月股份再次变更，山东东方誉源农资连锁股份有限公司占股 80%，中国农业科学院农业资源与农业区划研究所占股 20%（实际没有认缴出资），法人代表李乃家。公司成立以来，主要从事新型肥料的研发、生产与销售，同时还从事农业新技术的培训、推广，以及农药、种子、化工原料、饲料添加剂等产品的研发与销售。研究所拟采用股权变更的方式完成退出程序。

第五章　交流与合作

第一节　学术活动

一、学术报告

2003年以来，研究所围绕本所学科领域和研究方向组织开展多种形式的学术报告活动。

（1）课题组利用项目启动会、项目进展会等活动，组织学术报告，开展学术交流，互通研究信息，如全国土壤肥料科研协作学术交流暨国家"十一五"科技支撑计划"耕地质量"与"沃土工程"项目启动会、国家"973"计划项目——肥料减施增效与农田可持续利用基础研究启动会、食用菌菌种质量评价与菌种信息系统研究与建立项目启动会、国家科技资源平台"农业微生物资源标准化整理、整合及共享试点"项目启动会等。

（2）围绕某主题举办论坛，邀请相关专家做学术报告，如中国农业科技高级论坛——土壤质量与粮食安全（2003）、农业工程咨询高层论坛、现代农业示范区与农业科技园区规划建设咨询重点论坛、中国工程科技论坛——智慧农业论坛（2018）等。

（3）利用学术年会，围绕主题邀请相关专家做学术报告，如全国土壤肥料研究所所长联席会议（2009年开始）、挂靠研究所的学会和专业委员会在年度学术交流会上安排专家做学术报告。

（4）各课题组组织研究生和年轻科技人员定期开展学术报告活动，交流工作进展。

（5）利用国外专家到所访问、合作交流机会，邀请其为科研人员和学生做学术报告，报告相关领域国际研究动态等。

二、学术会议

2003年以来，研究所组织召开的学术会议大致分为3类，即行业联席会议、专业学术会议和国际性学术会议（在国际合作章节介绍）。

（一）全国农业科学院土壤肥料研究所所长联席会

最早始于北方土壤肥料研究所所长会议，当初针对不同主题在不同省市农业科学院土壤肥料研究所支持下，不定期组织召开，期间南方部分省市农业科学院的土肥所如广东省农业科学院土肥所、江西省农业科学院土肥所开始参加该项会议，后来逐渐形成了全国性的土壤肥料研究所所长会议。2009年7月，首届全国农业科学院土壤肥料研究所所长联席会在长春召开，会议决定全国农业科学院土壤肥料研究所所长联席会由中国农业科学院农业资源与农业区划研究所为主办方，每年定期举办，由各省（市、区）农业科学院土肥所轮流承办。截至2019年年底，全国农业科学院土壤肥料研究所所长联席会（2014年改为全国农业科学院土壤肥料研究所管理与发展研讨会）已举办了11届。

1. 第一届全国农业科学院土壤肥料研究所所长联席会

2009年7月14—16日，首届全国农业科学院土肥所所长联席会在吉林长春召开。会议由吉林省农业科学院承办，来自全国31个省（市、区）农业科学院土肥所所长、书记等100多位代表参加会议。会议围绕"土壤资源高效利用、肥料资源高效利用、土壤肥料对国家粮食安全的作用和土壤肥料与农业环境、土壤肥料协作网平台建设"等进行了交流和讨论。

会议决定，将全国农业科学院土壤肥料研究所所长会议办成促进土壤肥料研究所交流、发展和协作的会议，办成特色明显、形式多样、轮流承办的"奥林匹克"会议。为了会议的长期稳定发展、建立长效机制，成立会议组织，规范会议承办形式，实行理事会管理制度。会议强调，要充分利用这个平台，加强中央与省级科研机构在土壤肥料界的联合协作，充分发挥各土肥所优势，提升土壤肥料学科在现代农业中的地位与作用，提高我国土壤肥料领域的科研协作能力、科技创新能力，更好地为建设我国现代农业和保障粮食安全创造良好的条件。此次会议标志着全国农业科学院土肥所所长联席会议正式开始。

2. 第二届全国农业科学院土壤肥料研究所所长联席会

2010年9月8—12日，第二届全国农业科学院土壤肥料研究所所长联席会在上海召开。会议由上海市农业科学院生态环境保护研究所承办，来自全国各省（市、区）农业科学院土壤肥料研究所所长及专家参加会议。会议围绕"我国土壤和肥料的研究进展及发展方向"主题开展了交流研讨。

3. 第三届全国农业科学院土壤肥料研究所所长联席会

2011年10月14—16日，第三届全国农业科学院土壤肥料研究所所长联谊会在湖南长沙召开。会议由湖南省农业科学院土壤肥料研究所承办，来自北京、河北、山东、河南、吉林、辽宁、黑龙江、陕西、甘肃、新疆、安徽、广东、福建、云南、湖南、江西、四川、重庆、西藏等省（市、区）35个农业科学院土肥所的100余位代表参加会议。会议围绕现代农业中的生态环境问题、保护性耕作研究进展与趋势、全球变化与低碳农业、当代土肥工作的重大挑战及科技创新的思考、植物营养学研究进展与展望等主题做了学术报告。部分研究所的领导做了典型发言，交流研究所在科研管理与学科发展方面的经验和体会。其他各省（市、区）土肥所所长、书记也相继介绍各所的基本情况，交流管理经验、科研思路，并就新形势下研究所学科建设、区域协作与攻关及发展等问题进行协商和探讨。

4. 第四届全国农业科学院土壤肥料研究所所长联席会

2012年12月1—3日，第四届全国农业科学院土壤肥料研究所所长联席会议在四川成都召开。会议由四川省农业科学院土壤肥料研究所承办，来自全国31个省（市、区）、新疆生产建设兵团农业科学院土壤肥料研究所的80余名所长、专家参加会议。会议围绕我国新型肥料发展若干问题探讨、当前农业面源污染研究中的热点问题和镉污染防治技术研究做了专题报告。部分研究所所长就研究所科研绩效考评、学科建设、人才队伍培养等方面的先进经验做了典型发言。与会代表还就全国土壤肥料领域科研发展现状和存在问题、下一步如何围绕国家战略需求和国际学术前沿深入开展研究、如何促进该领域研究人员的科研大协作等进行了探讨。

5. 第五届全国农业科学院土壤肥料研究所所长联席会

2013年10月19—20日，第五届全国农业科学院土壤肥料研究所所长联席会在江苏南京召开。会议由江苏省农业科学院农业资源与环境研究所承办，来自全国23个省（市、区）的农业科学院土肥所以及中国科学院、沈阳农业大学、浙江农林大学等单位的领导和专家参加会议。会议特邀中国航天科技集团、江苏省农业科学院、农业部环境保护科研监测所专家分别就复杂情景条件下科学研究系统思维与系统方法——以航天科技为背景、资源研究领域研究现状与发展趋势、基因与环境对水稻镉积累特性的影响做了专题报告。与会代表围绕研究所科研管理和行政管理的经验进行交流，探讨新形势下各地区土壤肥料学科发展存在的问题等。

6. 第六届全国农业科学院土壤肥料研究所管理与发展研讨会

2014 年 8 月 10—12 日，第六届全国农业科学院土壤肥料研究所管理与发展研讨会在甘肃兰州召开。会议由甘肃省农业科学院土壤肥料与节水农业研究所承办，来自 29 个省（市、区）农业科学院土肥所的 120 余名代表参加会议。会议邀请农业部科技教育司技术引进与条件建设处、种植业管理司耕地与肥料管理处负责人分别就科研体制改革新形势下的农业科技定位与发展、耕地质量保护与提升项目创设与农业可持续发展进行介绍。来自兰州大学生命科学院、中国农业科学院农业资源与农业区划研究所、甘肃省农业科学院土壤肥料与节水农业研究所的专家分别就黄土高原旱地农田生产力与土壤质量的协同演化、盐碱地控抑盐技术与机理探讨和国家生态安全屏障建设与土肥学科面临的机遇挑战做了专题报告。与会代表分别就研究所的管理与发展进行了交流发言。

7. 第七届全国农业科学院土壤肥料研究所管理与发展研讨会

2015 年 9 月 21—23 日，第七届全国农业科学院土壤肥料研究所管理与发展研讨会在江西南昌召开。会议由江西省农业科学院土壤肥料与资源环境研究所承办，来自全国各省（市、区）农业科学院土壤肥料、资源环境领域共计 30 余个单位 110 余名代表参加会议。来自中国农业科学院、江西农业大学和江西省农业科学院土壤肥料与资源环境研究所的专家分别就化肥替代率的原理与技术、化肥农药减施专项情况介绍、土壤遥感与信息技术的应用与发展、红壤改良技术研究与展望做了主题报告。与会代表围绕管理与科研方面的报告进行了交流研讨。

8. 第八届全国农业科学院土壤肥料研究所管理与发展研讨会

2016 年 11 月 1—3 日，第八届全国农业科学院土壤肥料研究所管理与发展研讨会在浙江杭州召开。会议由浙江省农业科学院环境资源与土壤肥料研究所承办，来自全国各省（市、区）农业科学院土壤肥料研究所所长及专家参加会议。会议以"土肥科技与农产品安全"为主题，围绕如何在资源环境约束下保障农产品有效供给和质量安全、提升农业可持续发展能力这一重大课题，研讨如何加强土壤肥料和资源环境学科的建设与发展，在提升耕地质量、减少化肥使用、促进资源高效利用、转变农业发展方式、实现农业可持续发展等方面做出更大贡献。来自中国农业科学院、中国科学院南京土壤研究所、浙江大学等单位的专家就转型期农业科技重点任务、中低产田土壤质量与产能提升、我国绿肥生产与科研现状、农田土壤重金属污染与安全利用等做了专题报告。

9. 第九届全国农业科学院土壤肥料研究所管理与发展研讨会

2017 年 9 月 15—16 日，第九届全国农业科学院土壤肥料研究所管理与发展研讨会在安徽合肥举办，会议由安徽省农业科学院土壤肥料研究所承办，来自全国各省（市、区）农业科学院土壤肥料研究所所长及专家参加会议。会议围绕土壤肥料研究所发展新机制、新形势下发展新途径及科研管理等方面进行讨论。中国农业科学院财务局和资划所专家分别做了关于英国洛桑研究所、养分资源高效利用机理与途径的专题报告。会议传达了习近平总书记在中国农业科学院建院 60 周年的指示精神，介绍了国家关于绿色发展的相关举措，指出目前土壤肥料学科面临着前所未有的机遇与挑战，土壤肥料科学的春天已经到来。

10. 第十届全国农业科学院土壤肥料研究所管理与发展研讨会

2018 年 10 月 19—20 日，面向乡村振兴的农业资源环境暨全国（第十届）土壤肥料研究所管理与发展研讨会在北京召开。会议由北京市农林科学院植物营养与资源研究所承办，来自全国各省（市、区）农业科学院土壤肥料研究所所长及专家参加会议。会议特邀北京市农林科学院和资划所专家围绕农业绿色发展做了主题报告。与会专家围绕面向乡村振兴的农业资源环境工作重点及方向等议题进行交流与讨论，一致认为要抓住机遇，加快推进全国土肥学科和资源环境学科向农业绿色发展转变，要适应国家战略新需求，服务农业经济建设主战场，要全国协同攻关，把农业绿色发展摆在生态文明建设突出位置，推动资源环境学科创新工作迈上新台阶。

11. 第十一届全国农业科学院土壤肥料研究所管理与发展研讨会

2019年10月14—17日，第十一届全国农业科学院土壤肥料研究所管理与发展研讨会在福建福州召开。会议由福建省农业科学院土壤肥料研究所承办，来自全国各省（市、区）36个农业科学院土肥所领导和专家共计130余人参加会议。会议邀请福建省农业科学院、北京市农林科学院和资划所专家做了主题报告，报告针对土壤肥料、资源环境学科发展形势和研究动态进行交流和探讨。与会专家还围绕新形势下如何优化科研管理，实现藏粮于地、藏粮于技，推动农业农村绿色发展这一重大课题，从产业发展、科技创新等支撑现代农业绿色发展方面进行了交流。

（二）专业学术研讨会

1. 中国农业科技高级论坛——土壤质量与粮食安全

2004年12月9日，中国农业科技高级论坛——土壤质量与粮食安全在北京举行。论坛由中国农业科学院主办，中国农业科学院农业资源与农业区划研究所承办。农业部副部长范小建、国务院研究室农村司司长黄守宏、社会发展司巡视员李萌、国家发展改革委农经司副司长方言、科技部计划司助理巡视员杨一峰、农业部种植业司司长陈萌山、发展计划司副司长邓庆海、科教司助理巡视员石燕泉以及农业部农技中心、国家环保总局、水利部、中国农业大学等有关单位的领导和专家参加了论坛。中国工程院院士刘更另、资划所所长唐华俊、中国农业大学教授张福锁等专家学者分别就我国土壤与粮食安全问题做了专题发言，指出土壤质量如果不能得到有效改善和提高，将对我国的粮食安全、居民生活质量和发展循环经济构成严重威胁，必须尽快采取综合措施，切实提高土壤质量，为粮食安全保驾护航。

2. 中国食用菌菌种专家论坛

2005年8月12—14日，中国食用菌菌种专家论坛在北京举行。论坛由农业部微生物肥料和食用菌菌种质量监督检验测试中心（依托资划所）组织，这是我国首次举办的食用菌菌种专题论坛。农业部种植业管理司、中国农业科学院科技管理局、农业质量标准与检测技术研究所和资划所等单位的领导及我国食用菌主产区福建、浙江、河南、山东等省的管理专家、中国科学院微生物所、福建农业大学、华中农业大学、福建三明真菌所、河南省科学院、浙江省林科院、吉林农业大学、农业部微生物肥料和食用菌菌种质量监督检验测试中心等单位的食用菌专家参加了论坛。论坛旨在对我国食用菌菌种的管理和规范进行全面深入的讨论，全行业管理专家和技术专家献计献策，为即将颁布的行业法规《食用菌菌种管理办法》的实施明确具体推进进程，促进我国食用菌菌种质量的提高，推动食用菌产业的健康持续发展。与会专家还就我国食用菌菌种产业现状、食用菌菌种生产中的问题、食用菌菌种质量评价技术等问题进行交流和讨论，一致认为我国食用菌产业发展到今天的规模，菌种质量已经成为制约食用菌产业持续健康发展的瓶颈，亟待规范。作为全球食用菌产业第一大国的我国亟须菌种管理的立法，亟须进行全国食用菌菌种现状调查，加强食用菌菌种质量评价和监督检验检测技术的研究。

3. 耕地保育与预警学术研讨会

2006年1月6日，耕地保育与预警学术研讨会在北京召开。会议由中国农业科学院科技局组织，中国农业科学院农业资源与农业区划研究所承办。来自全国30个省（市、区）农业科学院土壤肥料研究所所长、10个农业大学的教授和专家，共51个单位的120余人参加会议。21位专家在会上做了报告，并分组讨论了耕地保育与预警的学术问题、重点研究内容及提高土壤肥力、提升耕地质量的关键技术，进一步完善了耕地保育与预警研究的框架。

4. 2007年中国食用菌产业发展论坛

2007年6月5—7日，2007年中国食用菌产业发展论坛——食用菌食品质量与安全研讨会在福建漳州举行。论坛由中国农业科学院农业资源与农业区划研究所和中国食品土畜进出口商会、福建省农业厅、福建省对外经济贸易厅、漳州市人民政府共同主办。论坛围绕"提高食用菌食品质量安全意识"议题，以"建立食用菌食品质量安全可追溯体系"为主题，分专题介绍了国内外食用菌产业发展现状及趋势、食用菌进出口食品安全现状及对策、食用菌菌种生产、食用菌病虫害防治、食用菌标准化生产出口基地备案、食用菌食品质量安全管理体系建立、食用菌行业标识建立和管理、食用菌食品安全信用体系建设、日本"肯定列表"制度对我国食用菌产业的影响及对策等。

5. 中国 2007 年食用菌菌种技术与管理研讨会

2007 年 8 月 30 日至 9 月 2 日，中国 2007 年食用菌菌种技术与管理研讨会在北京举行。会议由中国农业科学院农业资源与农业区划研究所、农业部微生物肥料和食用菌菌种质量监督检验测试中心和中国农业科学院食用菌工程技术研究中心联合举办。会议围绕我国食用菌菌种技术和生产现状、食用菌育种和菌种鉴定、食用菌菌种信息库建设、食用菌菌种管理等开展交流和讨论。

6. 农业资源研究与进展论坛学术座谈会

2007 年 10 月 26 日，农业资源研究与进展论坛学术座谈会在北京召开，会议旨在纪念中国农业科学院建院和研究所建所 50 周年，以"回顾历史，展望未来，打造资源环境领域的创新团队"为主题，中国农业科学院副院长雷茂良、中国农业科学院研究生院副院长刘荣乐以及资划所历届老领导参加了会议。研究所 5 位专家分别针对农业资源环境、农业遥感科学、植物营养与肥料、土壤学等方面的研究现状与进展做了专题报告。

7. 绿肥发展高峰论坛

2012 年 8 月 16—20 日，绿肥发展高峰论坛在青海西宁举办。论坛由中国农业科学院农业资源与农业区划研究所主办、青海省农林科学院土壤肥料研究所和甘肃省农业科学院土壤肥料与节水农业研究所协办，来自全国 20 多个省（市、区）的 30 余家农业科研、教学单位的 40 余名科研人员参加论坛。论坛围绕绿肥生产前景与对策、绿肥研究重点与手段和新增耕地中的绿肥应用三大主题，特邀中国科学院南京土壤研究所、广东省生态环境与土壤研究所、中国农业科学院农业经济与发展研究所和国土资源部土地整治中心等单位的专家分别从固碳减排、土壤水溶性有机物及环境效应、产业经济和土地整治等方面的研究热点与手段，以及对绿肥科研、生产的建议进行了专题报告。

8. 第十届全国食用菌学术研讨会

2014 年 3 月 22—24 日，第十届全国食用菌学术研讨会在北京举行。会议由中国菌物学会主办，中国农业科学院农业资源与农业区划研究所、中国科学院真菌学国家重点实验室和北京市农林科学院植物保护研究所共同承办，来自全国各地的 336 名专家学者参加会议。本届研讨会针对食用菌产业持续健康发展的科学技术问题，从基础科学、遗传育种、营养、生理、栽培技术、病虫害、产后等不同方面进行了较为全面系统的学术交流。与往届会议不同的是，在分组研讨后，本次大会针对产业发展中的核心科学技术问题，设食用菌产业发展与科技创新大会专场，研讨菌种、栽培、产业经济和技术创新等科学基础问题。

9. 智慧农业论坛

2018 年 7 月 27—30 日，中国工程科技论坛——智慧农业论坛在北京举办。论坛由中国工程院主办，中国农业科学院农业资源与农业区划研究所、国家智慧农业科技创新联盟和北京合众思壮科技股份有限公司联合承办，唐华俊院士担任论坛主席，500 余人参加了论坛。论坛邀请 11 位国内领域知名院士、40 多位国内外知名专家进行学术报告和研讨，17 家本领域企业进行了技术和产品展览。智慧农业论坛以"加强智慧农业科技创新，服务国家乡村振兴战略"为主题，主要议题包括农业遥感、农业物联网、农业大数据、农业智能装备、农业机器人与自主作业系统等，及其在农业资源调查、精准农业、农业生产过程管控、农业环境监测监管、农业灾情预警分析、农产品质量溯源、农机调度管理、农业电子商务、管理决策等领域的应用，以及智慧农场、智慧牧场、智慧渔场、智慧果园、智能化植物工厂等集成示范。本次论坛提供了一个良好的智慧农业产学研交流平台，一方面通过主题报告、专题报告和产品展示等多种形式，促进智慧农业最新研究成果交流，分享智慧农业应用案例和经验；另一方面探讨未来智慧农业科技创新所面临的机遇与挑战，凝练未来科技创新的主要目标和战略发展方向，推进我国智慧农业发展和应用实践，更好服务于乡村振兴战略和农业农村现代化建设。

10. 智慧科技创新研讨会暨示范观摩会

2019 年 10 月 11—12 日，2019 年智慧农业科技创新研讨会暨示范观摩会在四川成都召开。会议由中国农业科学院、四川省农业科学院、国家智慧农业科技创新联盟和中国农学会农业信息分会共同主办，中国农业科学院农业资源与农业区划研究所和四川省农业科学院遥感应用研究所承办，国家农业科技中心、中国农业科学院农田灌溉研究所、中国农业大学和《中国农业信息》编辑部共同协办。农业农村部党组成员、中国农业科学院院长、中国工程院院士唐华俊，中国农业科学院党组书记张合成，中国农业科学院副院长、中国工程院院士王汉中出席大会。中国科学院院士周成虎，中国工程院院士荣廷昭、李坚、赵春江，自然资源部原副部长曹卫星，俄罗斯宇航科学院外籍院士龚克，欧洲科学院院士兰玉彬，以及来自农业农村部，中国农业科学院机关及院有关研究所，国家成都农业科技中心，全国有关省（市、区）政府部门、科研机构、高等院校、涉农企业的近 400 名代表参加了大会议。会议主题是"科技兴农、数据赋能"。在田间分会场，中国农业科学院智慧农业创新团队展示了农业云操作系统，包括天空地农情信息时空数据库系统、物联网观测系统、农业大数据多维可视化系统、农情智能诊断与监测系统、智能装备对接与管理系统、智慧农业云平台的现场运行情况；演示了云边端一体化的农业智能作业装备，包括智能巡田机器人、作业跟随机器人、无人除草机器人、无人喷药机器人、果蔬采摘机器人、水肥智能一体化灌溉系统的田间工作情况。在室内分会场，多位院士专家联袂贡献近 30 场报告，为我国智慧农业发展提供了一次难得的学术盛宴。

11. 国家食用菌产业技术体系产业技术交流会

国家食用菌产业技术体系产业技术交流会每两年召开一次，自 2012 年开始，分别在河北平泉（2012 年）、广西南宁（2013 年）、北京（2015 年）、黑龙江哈尔滨（2017 年）、辽宁沈阳（2019 年）等地召开了 5 届，每届参会人数达百余人，主要包括国家食用菌产业技术体系的岗位专家、综合试验站站长及团队成员，各省创新团队首席或成员代表以及全国食用菌科研和技术推广人员。会议主要展示产业体系围绕食用菌学科的科学问题及产业发展所需的关键技术所取得的系统化研究成果，重点推介在遗传育种、菌种质量控制、栽培技术、设备研发等方面的新品种、新技术、新产品，加强体系与地方团队和推广单位的技术交流与合作，促进成果推广应用。

12. 全国微生物资源学术暨国家微生物资源共享服务平台运行服务研讨会

依托研究所建设的中国微生物学会微生物资源专业委员会和国家菌种资源库（国家微生物资源平台），承担国内微生物菌种资源收集、保藏、鉴定、共享服务、国际交流任务。自 2011 年开始，每年主办全国微生物资源学术暨国家微生物资源共享服务平台运行服务研讨会，会议聚焦微生物资源领域研究热点，共同探讨微生物资源领域的研究进展与发展趋势，以期为微生物资源的开发利用开辟新的途径，推进我国微生物资源研究及其产业发展，更好地服务于国家未来经济与社会发展战略需求。截至 2019 年，该会议已成功举办 11 届，会议规模稳定在 500 人左右。

三、学术培训

2003 年两所合并至"十一五"时期，研究所先后组织举办中国农业可持续发展中的养分管理（NMS）项目培训、食用菌菌种法规标准与检测技术培训班、微生物肥料培训班、肥料登记相关标准培训、食用菌菌种检测技术培训班、基于高效土壤养分测试技术的测土配方施肥学习班等。根据科技兴农工作需要，还多次组织测土配方施肥、食用菌栽培、肥料质检等技术培训活动。

"十二五"以来，研究所举办了APEC遥感与GIS技术在作物生产中的应用培训班，促进了APEC成员体在该领域的国际交流与合作，推动了遥感与GIS技术在作物生产中的应用，对进一步加强APEC成员体间农业技术合作起到积极作用；举办了全球DNDC模型研究网络2013年国际讨论会和DNDC模型国际培训班，加强了农业生态系统模型研究领域国际学术交流，推广了DNDC模型的使用，提高了我国在该领域的整体研究水平和国际知名度，进一步扩大了国际合作空间。还组织了现代农业发展理论技术培训班、"施肥通"技术成果培训班等。同时，积极开展科技兴农与技术服务活动，通过产业体系和行业科技项目实施与技术服务、科技成果转化应用、与地方政府合作、科技援疆、定点扶贫和片区扶贫等方式，为农业企业和农业一线培训技术人才，具体指导农业生产。

第二节　国际合作交流

2003年以来，研究所先后与40多个国家的农业科研机构、大学和国际组织建立长期合作伙伴关系。在拓展战略合作伙伴、谋划国际合作项目、建立联合实验室、加强高端人才引进与培养等方面取得长足进展，有力促进了人才队伍建设和学科发展。

一、出入境情况

2012年以前，受出国指标限制和政策控制，研究所年均因公出访约20人次左右、邀请和接待外宾约35人次左右。随着国际合作的发展，研究所专家因公出国访问、参加国际会议、进行合作研究，以及邀请外国专家和学者来华考察、洽谈、合作需求日渐增加。2013年，根据中国农业科学院国际合作局要求采用外事专办制度，出入境手续规范化，当年出访增至45人次、邀请接待外宾增至43人次；2014—2016年，年均出入境分别迅速增长至74人次和182人次；2017—2019年，年均出入境分别迅速增长至130人次和118人次，较2012年以前年均增长6倍和4倍。

二、在华举办国际会议

2003年以来，研究所举办在华国际会议60余次，主题覆盖植物营养与肥料研究、农业遥感与信息、农业土壤、农业生态学、微生物资源与利用和农业区域发展等六大科研领域。在华国际会议的召开对掌握世界农业的最新动态、发展、变化、问题以及经验，提高我国农业在国际上的影响力和话语权，推动农业对外交往和国际合作，促进农业经济社会发展等方面发挥着重要的作用。"十二五"以来，由资划所主办的规模较大、影响深远的国际会议如下。

（一）第五届国际硅与农业大会

2011年9月14—18日，受"硅与农业"国际组织委员会委托，由中国农业科学院主办、中国农业科学院农业资源与农业区划研究所承办的第五届国际硅与农业大会在北京举行。来自美国、日本、韩国、欧洲和东南亚等20多个国家和地区的90余名科研人员，以及上百名中国各研究机构、大学的相关专业人员参会。大会以"硅与农业可持续发展"为主题，围绕高等植物吸收和转运硅的生理与分子机理、硅提高植物抗生物胁迫的机理、提高作物产量和品质及环境质量的硅素管理、硅肥的生产技术和标准等议题进行深入探讨和交流。本次会议有利于提高我国硅营养科研及硅肥生产应用水平，加大我国硅素营养和硅肥生产应用科研、生产等领域的对外交流，促进我国由硅肥施用大国向硅肥生产和应用强国的转变。

（二）第十八届国际食用菌大会

2012年8月26—30日，由中国农业科学院与中国食用菌协会、中国食品土畜进出口商会共同主办、中国农业科学院农业资源与农业区划研究所和北京市通州区人民政府承办的第十八届国际食用菌大会在北京举行。中国农业科学院党组书记薛亮、联合国粮农组织驻华代表 Percy Misi-ka、国际食用菌学会主席 Greg Seymour、农业部种植业管理司曾衍德巡视员、北京市委副秘书长赵玉金等出席会议，来自65个国家和地区的1 000余名代表参加会议。大会以"食用菌与健康"为主题，围绕食（药）用菌种质资源及其多样性、生物化学和分子生物学、遗传与育种、病虫害防治与质量控制、产后加工与市场管理、营养与药用、菌种制作与栽培技术和菌根菌等多个议题展开讨论。来自美洲、欧洲、亚洲的10个国家的28家企业以及中国的40多家企业参加了产业技术与新产品展览。与会人员参观了金针菇、杏鲍菇工厂化生产线及食用菌夏栽和中国独特的白灵菇工厂化栽培，进一步了解了中国食用菌产业特色和发展成果。本次会议加强了世界食用菌技术和产业发展最新动态的交流，促进了食用菌产学研各个领域的合作，成为我国世界食用菌科技强国的标志性会议。

（三）全球 DNDC 模型研究网络国际研讨会

2013年9月14—17日，由中国农业科学院农业资源与农业区划研究所主办、中美可持续农业生态系统研究联合实验室承办的全球 DNDC 模型研究网络2013年国际研讨会在北京召开。中国农业科学院副院长唐华俊到会致辞，DNDC 模型的创始人美国新罕布什尔大学 Chang-sheng Li 教授，全球 DNDC 模型研究网络发起人新西兰土地保护研究所的 Surinder Saggar 博士应邀出席会议，来自中国、美国、英国、波兰、巴西、日本等15个国家和地区的100余名专家参加会议。会议围绕 DNDC 模型在种植业和养殖业碳氮生物地球化学循环研究方面的新进展、模型在田间或农场尺度的验证和应用、模型在区域或全球尺度的应用三个主题，中外科学家共做了23个学术报告。与会专家就模型的碳氮循环核心模块机理、畜禽养殖模块验证、牛奶场氨挥发模拟、泥炭地碳氮循环模拟、模型的长期验证和敏感性分析等热点问题开展了深入而广泛的讨论。

（四）全球土地计划第三届开放科学大会

2016年10月24—27日，由中国农业科学院主办，中国农业科学院农业资源与农业区划研究所和中国土地学会共同承办的全球土地计划第三届开放科学大会在北京召开。农业部副部长屈冬玉、国土资源部副部长曹卫星，中国农业科学院副院长唐华俊院士，以及全球土地计划主席彼得·凡布格在开幕式上致辞，来自全球60多个国家和地区的600余人参加会议。大会以"土地系统科学：理解科学事实、寻求解决方案"为主题，对土地科学的前沿问题进行研讨，并通过技术产品展示了相关仪器设备、技术专利、土地测绘制图软件和应用系统、计算机模型与分析平台等。会议首次设立 GLP 青年学者奖，包括最佳报告奖和最佳海报奖。此次会议展示了全球土地科学领域的国际前沿研究的焦点、范例和模式，加强了世界各国在土地利用、资源高效配置、产业布局和可持续发展等领域的合作与交流，推动了主办国的土地科学和全球变化研究。

三、国际合作平台

国际合作平台是增强国际合作与交流的硬件基础，是国际合作的内在需求和动力。2003年以来，研究所国际合作平台建设取得显著成效，先后与美国、国际植物营养研究所、比利时、新西兰、德国、日本和国际热带农业中心等国家和国际组织建立了7个联合实验室。

（一）中国农业科学院—美国新罕布什尔大学可持续农业生态系统研究联合实验室

1995 年以来，中国农业科学院农业资源与农业区划研究所与美国新罕布什尔大学建立了稳定长久的合作关系，在粮食安全保障、农业温室气体减排、面源污染防控、土壤固碳及长期肥力培育等方面合作取得显著成果。为实现资源共享与优势互补，进一步加强双边农业科技合作与交流，2011 年 3 月中国农业科学院与新罕布什尔大学在美国签署《中国农业科学院与美国新罕布什尔大学关于成立可持续农业生态系统研究联合实验室的谅解备忘录》，并于同年 6 月 7 日在北京举办了联合实验室揭牌仪式，时任中国农业科学院副院长唐华俊和美国新罕布什尔大学生命科学与农学院 Tom Brady 院长共同为实验室揭牌。中美双方以联合实验室为平台，进一步提升合作层次，拓展合作领域，强化在农业生态环境、面源污染防控、遥感与数字农业、土壤与水资源、植物营养与肥力培育等多领域的联合研发及人才培养，为我国农业可持续发展提供强有力的技术支撑。

（二）中国农业科学院—国际植物营养研究所植物营养创新研究联合实验室

2000 年以来，为执行中国—加拿大政府间农业科技合作项目，中国农业科学院与国际植物营养研究所（IPNI）合作，会同全国 31 个省（市、区）的 45 个科研教学机构，创建了全国性土壤肥料合作研究网络平台，孵化了一批国家"973"计划、国家"863"计划和国家科技支撑计划等国家重点项目，研发了一批国家级奖项。为实现资源共享与优势互补，进一步强化合作关系，提升合作水平，经双方反复交换意见，2013 年 10 月 18 日，双方共同举办了中国农业科学院—国际植物营养研究所植物营养创新研究联合实验室签约揭牌仪式，中国农业科学院副院长吴孔明与 IPNI 负责亚非地区事务的副所长艾德里安·约翰斯顿（Adrian Johnston）签署了《共建植物营养创新研究联合实验室谅解备忘录》。

（三）中国农业科学院—比利时根特大学全球变化与粮食安全联合实验室

2000 年以来，中国农业科学院农业资源与农业区划研究所与比利时根特大学紧密合作，双方在人才培养、合作研究、成果转化等方面建立了深厚的合作基础。2014 年 3 月 31 日，在中国和比利时两国领导人的共同见证下，依托中国农业科学院农业资源与农业区划研究所建设的"中国农业科学院—根特大学全球变化与粮食安全联合实验室"正式签署协议并启动运行。根据合作协议，双方将通过共建联合实验室，实现资源共享与优势互补，进一步加强中比双方在全球变化与粮食安全研究领域的学术交流和科技创新。依托联合实验室，双方进行项目合作，关键技术科技攻关，共同申请国内国际项目，举办国际会议，联合培养行业人才及学生，交换学术资料和出版物，增强技术创新的动力和能力，提升双方在全球变化和粮食安全方面的科研能力和国际影响力。

（四）中国农业科学院—新西兰皇家科学院林业研究所土壤分子生态学联合实验室

2009 年以来，中国农业科学院农业资源与农业区划研究所与新西兰皇家科学院林业研究所（SCION）紧密合作，在土壤生态学领域建立了深厚的合作基础。2015 年，双方初步达成共建联合实验室的意向，拟定以"环境中新型有机污染物的归趋、消除技术及其分子生态学机理"作为今后合作的重点，并就签署联合实验室谅解备忘录进行了深入探讨，达成一致意见。

2015 年 11 月 10 日，在中国农业科学院副院长王汉中赴新西兰考察期间，代表签署了"中国农业科学院—新西兰皇家科学院林业研究所土壤分子生态学联合实验室"合作备忘录，并确定实验室挂靠中国农业科学院农业资源与农业区划研究所运行。根据合作协议，双方将通过共建联合实验室，实现资源共享与优势互补，进一步加强中新双方在农业环境安全尤其是根土界面物质转化方面的学术交流和科技创新。

2016 年 10 月 28 日，SCION 首席科学家 Peter William Clinton 博士和中国农业科学院农业资源与农业区划研究所王道龙所长为"中新土壤分子生态学联合实验室"揭牌，进一步明确了双方依托联合实验室，进行项目合作和关键技术科技攻关，共同申请国内国际项目，联合培养行业人才及学生，增强技术创新的动力和能力，提升双方的科研能力和国际影响力。

（五）中德农业科技合作平台

基于 2014 年 3 月中国和德国农业部共同签署的《中华人民共和国农业部与德意志联邦共和国食品与农业部关于中德农业中心的框架协议》（简称《框架协议》），2014 年 12 月，中国农业科学院党组书记陈萌山出访德国，与德国食品与农业部食物政策、粮食安全与创新司 Klaus Heider 司长，共同签署在"框架协议"下建立"中德农业科技合作平台"（以下简称"平台"）的合作意向书。2015 年 3 月 23 日，受双方农业部授权，农业部对外经济合作中心与德国国际合作机构在北京共同签署《中德农业中心技术合作项目实施协议》。2015 年 5 月 22 日，中德农业中心官方负责人 Dietrich Guth 博士率团访问中国农业科学院，与中国农业科学院国际合作局冯东昕局长就依托中国农业科学院建设"平台"等相关事宜进行磋商，并达成一致意见。

经过中德双方积极磋商，2015 年 11 月 17 日，在德国议会国务秘书 Peter Bleser 访问农业部期间，双方共同签署《中华人民共和国农业部与德意志联邦共和国食品与农业部关于建立中德农业科技合作平台的联合声明》。11 月 18 日，在中国农业部张桃林副部长和德国议会国务秘书 Peter Bleser 的共同见证下，中国农业科学院吴孔明副院长和德国国际合作机构（GIZ）代表 Ursula Becker 共同签署《中德农业科技合作平台的实施协议》，由张桃林副部长和德国议会国务秘书 Peter Bleser 为"平台"揭牌，中国农业科技合作平台正式运行。该平台为中德两国政界、学术界和企业发展提供决策支撑。

（六）中国农业科学院—日本国际农林水产研究所农业发展研究联合实验室

1997 年中日政府间第 16 次农业工作组会议后，双方农业部签署 4 期连续中日合作项目协议，展开长达 20 年的稳定合作。4 期项目的日方项目承担单位为日本国际农林水产业研究中心（JIRCAS），其中中国农业科学院农业资源与农业区划研究所承担了第 2 期项目"中国粮食生产与市场变动的稳定供求系统的开发研究"（2004—2008 年）和第 4 期项目"中国北方旱作地区循环型农业生产系统设计与评价"（2011—2015 年）。

基于长期密切的合作基础，中国农业科学院农业资源与农业区划研究所与 JIRCAS 达成共建中日农业发展联合实验室的共识。2016 年 3 月 2 日，中国农业科学院农业资源与农业区划研究所在北京举办北方地区循环型农业系统设计与评价项目研讨会，中国农业科学院国际合作局局长冯东昕、日本驻华大使馆参赞伊藤优志、中国农业科学院农业资源与农业区划研究所所长王道龙、JIRCAS 亚洲区项目负责人齐藤昌义出席会议。会议提出，共建"中国农业科学院—日本国际农林水产业研究中心农业发展研究联合实验室"，作为一个长期、开放、稳定的科技合作平台，有利于进一步提升中日两国农业科技交流层次，加强双方在农业高新技术领域合作研究和产业开发能力，促进优势互补和人才交流、培养，为中日两国粮食安全、农业可持续发展以及农业经济发展等方面提供科技支撑。

2016 年 10 月，中国农业科学院农业资源与农业区划研究所王道龙所长随中国农业科学院团组赴日本交流访问，在日本筑波与 JIRCAS 相关人员对联合实验室的合作细节进行深入探讨。2016 年 10 月 24 日，中国农业科学院院长顾问魏琦和 JIRCAS 理事长岩永胜（IWANAGA Masaru）分别代表中日双方签署《中国农业科学院与日本国际农林水产业研究中心关于建立中日农业发展研究联合实验室的谅解备忘录》。自此，中日农业发展研究联合实验室正式成立。

（七）中国农业科学院—国际热带农业中心可持续农业高技术联合实验室

为推动中国农业科学院与国际热带农业中心（CIAT）开展农业科技交流与合作研究工作，根据双方2018年7月及2019年4月在中国北京与越南河内组织召开的联合规划研讨会的重要建议，计划在《中国农业科学院和国际热带农业中心科技合作谅解备忘录》框架下成立国际联合实验室。

2019年5月27日，中国农业科学院副院长梅旭荣和国际热带农业中心主任Ruben Echeverria代表双方在越南河内签署《中国农业科学院—国际热带农业中心关于成立可持续农业联合实验室的协议书》。自此，可持续农业联合实验室正式成立并挂靠资划所运行。

该实验室将致力于亚洲地区土壤健康和农业生态可持续发展技术合作研究，在微生物技术、农业环境和气候变化评估与监测预警、作物—牲畜—土地利用及资源综合规划等方面开展深入交流和合作。

四、国际合作项目

2003年5月以来，研究所先后与美国、加拿大、澳大利亚、俄罗斯、日本、韩国、比利时、新西兰、德国、以色列、泰国，以及联合国粮食及农业组织（FAO）、国际植物营养研究所（IPNI）、国际食物政策研究所（IFPRI）、亚洲太平洋经济合作组织（APEC）等40多个国家和国际组织开展合作研究，并申请到科技部、农业部、国家外国专家局、国家留学基金委和境外合作等各类国际合作项目。合作项目的数量和规模呈增长趋势，2003—2010年，年均国际合作项目数约为10项，经费约170万元；2011—2019年，年均国际合作项目数约为20项，年均项目经费超过300万元。

（一）国家国际科技合作专项

2010年，研究所承担科技部国际合作重大项目"粮食安全预警的关键空间信息技术合作研究"（2010—2013）。该项目联合国际上拥有最先进的农业遥感监测技术的国家——美国、欧盟等国家或地区的核心研究机构，通过自主创新与吸收引进相结合，解决了我国粮食安全预警中急需的空间信息技术难题，使我国空间信息支持下的粮食安全预警关键技术实现跨越式发展。引进了基于空间信息技术的粮食安全预警关键技术3项，建立了适用我国的小麦、玉米优良品种资源数据库，自主开发了适合我国区域作物种植结构遥感监测的技术方法，改进了区域作物长势监测与评价技术，建立了区域作物生产潜力预测模型与基于遥感技术的区域粮食安全预警模型，填补了我国在该领域的相关技术空白。2012年承担国际科技合作专项"草地生态系统优化管理关键技术合作"，该项目以我国内蒙古呼伦贝尔草原为主要研究区域，以草地—家畜放牧系统生产过程和生态服务为核心，与美国、澳大利亚等发达国家合作研究草地放牧系统生产过程定量监测与调控技术，监测精度提高了8%～10%，并开展多尺度草地碳平衡计量、模拟与预测，实现了草地管理从定性到定量的转变，将我国放牧系统低碳高效生产技术研究向前推进5～10年。2015年承担国际科技合作专项"中低产田障碍因子消控关键技术合作研究"，与美国新罕布什尔大学联合，通过吸收引进与自主创新相结合，解决我国中低产田障碍因子消控关键技术难题，使我国在多障碍因子对土壤功能障碍驱动模拟和相关改良剂合成技术实现跨越式发展。

（二）重点研发计划

2016年承担科技部政府间国际科技创新合作重点专项"中欧农田土壤质量评价与提升技术合作"，与荷兰瓦赫宁根大学、意大利欧洲委员会联合研究中心、瑞士有机农业研究中心、瑞士伯恩大学和葡萄牙埃武拉大学5所欧盟国家核心科研机构，以中欧不同农作系统及不同气候带的长期定位试验点为基础，通过收集和测定土壤物理、化学和生物学指标，建立土壤管理措施对土壤物理、化学和生物学指标的响应函数，提出一个评价土壤质量的综合指标，为不同区域、不同管理措施下的农户提出改进土壤质量的措施，并为政府部门制定土壤质量标准提供政策策略。

（三）国家自然科学基金委员会项目

承担多项具有代表性的国家自然科学基金委员会国际合作项目，包括重点项目"土壤中铜和镍的生物毒性及其主控因素和预测模型研究"（2007—2009 年），以及国际（地区）合作与交流项目"基于定量遥感和数据同化的区域作物监测与评价研究"（2016—2019 年）、"长期不同施肥下中美英典型农田土壤固碳过程的差异与机制"（2017—2021 年）。项目研究优化了我国区域农业生产结构与布局，提高了区域主动适应全球变化的能力，改进了我国农业部门区域农情遥感监测的关键技术，促进了区域农业遥感技术的发展，进一步明确了全球农田土壤固碳过程区域差异、关键影响因素及差异性机制。

（四）境外国际合作项目

2011—2013 年，与日本三菱公司开展"全生物降解膜在中国适应性研究"项目合作，在我国新疆、云南、甘肃和黑龙江等不同土壤环境下进行生物降解薄膜试验，了解和考核生物可降解地膜的经济性和适用性，以及全生物可降解地膜对于减少地膜"白色污染"的显著效果，促进我国农业清洁生产方式的转变。2013—2017 年，与美国哈斯科公司开展"钢渣农业资源化利用技术的研究与示范"项目合作，围绕钢渣硅钙肥和钢渣栽培基质生产和应用的技术难题，针对我国钢铁企业钢渣产生量大、钢渣资源化综合利用率低的现状，以发展新型钢渣硅钙肥和钢渣栽培基质为突破口，建立钢渣可持续大规模农业资源化应用关键技术体系，研发系列新型钢渣硅钙肥和栽培基质品种，提高钢渣硅钙肥和钢渣栽培基质有效硅、钙和镁等营养元素含量，降低生产成本，减少作物病虫害和农药用量，农业资源综合利用率提高 10%~15%。2016—2019 年，分别与英国阿伯丁大学、英国伦敦大学学院（UCL）开展牛顿基金项目"中英农业氮素管理中心"和"基于定量遥感与数据同化的区域作物生长监测"合作研究。其中，"中英农业氮素管理中心"项目针对不同尺度氮素高效利用、转换和迁移等关键问题，设定了农业系统氮素循环调控模拟、提高氮肥利用率、减少温室气体排放、豆科固氮及其最大化、减少作物氮素需求、降低人畜需求、区域氮素优化管理、示范与推广 8 项任务。"基于定量遥感与数据同化的区域作物生长监测"突破了区域作物生长遥感监测与评估的遥感数据同化技术方法，提高了作物参数定量遥感的精度与时效，提出了适合地面观测数据缺乏和云雨天气限制条件下区域作物生长与健康监测的技术体系，项目成果"面向粮食安全的作物遥感监测"获得 2019 年度牛顿奖最高奖项——主席奖。

五、国家外国专家局项目与中国政府"友谊奖"

为吸收和借鉴外国的先进技术和管理经验，以及宣传示范外国科研成果，研究所大力支持申报国家外国专家局引智类、示范类和培训类项目。2011—2019 年，共获外国专家局资助项目 32 项，资助金额合计约 350 万元。其中，引进国外技术和管理人才项目 10 项，高端外国专家项目 6 项，重点外国专家项目 2 项，引智成果示范推广项目 4 项，出国（境）培训项目 10 项。

引智类项目中，研究所获得高端和重点外国专家项目共 8 项，其中，2012—2015 年连续获得"粮食主产区土壤肥力演变与培肥技术研究与示范"项目资助，2015 年突破每年一项的资助数量，另获批 1 项"全球变化农业生产系统影响模拟与分析"。2016—2018 年，国家外国专家局设立重点外国专家项目，研究所获得"农业资源高效利用关键技术引进"和"生态农业构建关键技术的引进与创新"项目资助。2019 年引智类项目转变为高端外国专家引进计划，研究所获得"北方草地放牧生态系统碳储量评估技术引进"项目资助。

培训类项目中，研究所获得短期培训项目 3 项、5 人次，中长期项目 7 项、10 人次，派往国家和地区包括美国、澳大利亚、英国等农业科技发达国家的科研机构、知名大学和国际组织。

基于长期以来稳定和频繁的国际交流合作，比利时皇家科学院自然科学和医学部主任埃里克·范·兰斯特（EricVanRanst）教授和日本东京大学空间信息科学研究中心柴崎亮介教授在我国人才培养和农业科技进步中做出了突出成绩，国家外国专家局分别于 2012 年、2015 年给予表彰，授予中国政府"友谊奖"。

六、国家留学基金委项目

研究所始终跟随中国农业科学院把学科建设作为"建设世界一流现代农业科研院所"的基础工程和核心引领的要求，不断进行系统规划和优化布局。通过深入分析学科建设中存在的突出问题，研判新兴学科和传统优势学科的培养重点，选拔优秀科研人员和研究生出国深造，打造适合研究所科研发展的人才矩阵。2014—2019 年，共有 23 位科研人员在国家留学基金委公派出国留学项目资助下赴美国、加拿大、澳大利亚、荷兰和英国等国的科研机构和知名大学进行学术访问。另外，2015 年研究所获批中国留学基金委创新型人才国际合作培养项目，连续 3 年向美国新罕布什尔大学派出 7 位科研人员和研究生进行专业培养，开拓了一种新的高水平创新性人才培养模式，对培养紧缺型、复合型现代农业发展国际化人才具有重要意义。与此同时，帮助研究生争取出国联合培养和攻读机会，2016—2019 年，研究所获批国家建设高水平大学项目 16 项，博士研究生出国培养和深造比例已达到全所在读博士总数的 10%。

第三节　学术团体

截至 2019 年年底，挂靠在研究所全国性一级学术性社会团体有中国植物营养与肥料学会、中国农业资源与区划学会。

一、中国植物营养与肥料学会

中国植物营养与肥料学会（Chinese Society of Plant Nutrition and Fertilizer Science，CSPNF）（简称"学会"）是根据《社会团体登记管理条例》，经民政部批准，依法成立的全国性一级学术性、公益性法人社会团体。业务主管为农业部（2018 年更名为农业农村部），挂靠单位为中国农业科学院农业资源与农业区划研究所（2003 年前挂靠中国农业科学院土壤肥料研究所），是中国科学技术协会的团体会员。

学会的基本任务和宗旨是团结广大植物营养与肥料和相关学科的科技工作者，学习和运用辩证唯物主义，坚持实事求是科学态度，认真贯彻"百花齐放、百家争鸣"和"经济建设必须依靠科技进步，科技工作必须面向经济建设"的方针，开展学术交流和科技咨询，普及科学技术知识，倡导"献身、创新、求实、协作"精神，为繁荣和发展我国植物营养与肥料科学技术事业，提高和普及我国植物营养与肥料的科学技术水平，促进我国植物营养与肥料工作更好地为实现农业现代化建设服务。

中国植物营养与肥料学会常设办事机构有：学会办公室、咨询服务中心、《植物营养与肥料学报》编辑部。截至 2019 年年底，学会有个人会员 9 000 余人，团体会员 150 余个。设有学术、教育、编译出版、科普、组织、青年和绿肥等 7 个工作委员会和植物生物学、土壤与环境、测试与诊断、施肥技术、化学肥料、生物与有机肥料、新型肥料、肥料装备等 8 个专业委员会。学会主办期刊《植物营养与肥料学报》《中国土壤与肥料》。

（一）历史沿革

中国植物营养与肥料学会前身是中国农学会土壤肥料研究会。1978年由140名土壤肥料工作者联名向中国农学会建议，经中国农学会常务理事会讨论决定成立"中国农业土壤肥料学会"，作为中国农学会的分科学会。1979年6月，中国农学会在北京召开中国农业土壤肥料学会筹委会第一次会议，筹委会建议将拟成立的学会定位为"中国农业土壤与肥料学会"。1981年8月，在河北昌黎召开筹委会第二次会议，建议先成立中国农学会下属的农业土壤肥料专业委员会或农业土壤肥料研究会。

1982年2月15—21日，全国土壤肥料学术讨论会暨中国农学会土壤肥料研究会成立大会在北京举行，会议选举产生了研究会理事会与常务理事会。华中农学院院长陈华癸教授（中国科学院学部委员）当选理事长，叶和才、朱祖祥、张乃凤、陆发熹、沈梓培、杨景尧、姚归耕、高惠民当选副理事长，王金平等27人为常务理事，马福祥等78人为理事，刘更另当选秘书长。大会决定成立土壤调查、土壤改良、土壤肥料与耕作、化肥、有机肥、绿肥、菌肥及生物固氮、水土保持、理化分析9个专业组，会议通过了研究会会章和组织条例。

1985年11月，学会在湖北武汉召开第二届会员代表大会，选举陈华癸为理事长，毛达如、刘更另、华孟、朱祖祥、李学垣、杨国荣、杨景尧、张世贤、段炳源为副理事长，江朝余兼秘书长，选举王瑛等29人为常务理事，理事会由80人组成。本届学会成立了学术、教育、科普和开发、编译出版4个工作委员会。成立了土地资源与土壤调查、土壤改良、土壤肥力与植物营养、化学肥料、农区草业、有机肥、农业微生物、农业分析测试、水土保持、土壤环境生态和山区开发等11个专业委员会。

1990年5月，学会在北京市召开第三届会员代表大会，选举刘更另为理事长，马毅杰、毛达如、甘晓松、林葆、张世贤和段炳源为副理事长，黄鸿翔任秘书长。选举马毅杰等23人为常务理事长，理事会由55人组成。本届学会继续设立学术、教育、科普和开发、编译出版工作委员会，新增组织工作委员会。根据全国第二次土壤普查工作的需要，设立了10个专业委员会，即植物营养与土壤肥力、土壤资源与土壤普查、土壤管理、化学肥料、绿肥饲草、有机肥、农业微生物菌肥、农业分析测试与肥料质量监测、肥料与土壤环境条件和山区开发与水土保持专业委员会。

1993年9月2日，民政部部长多吉才让签署证号为社证字第（1487）号的登记证，中国植物营养与肥料学会符合中华人民共和国社会团体登记的有关规定，准予注册登记。登记类别为学术团体，宗旨为促进植物营养与肥料科技研究的开展，活动地域为全国，会址为北京，负责人为林葆。自此，本会正式从中国农学会分离出来，成为独立的一级学会。

1994年10月，学会在四川成都召开第四届会员代表大会，选举刘更另为理事长，马毅杰、毛达如、朱钟麟、李家康、林葆、张世贤为副理事长，黄鸿翔为秘书长。选举干学林等36人为常务理事，理事会由104人组成。本届学会设立学术、教育、编译出版、科普开发、青年和组织6个工作委员会，矿质营养与化学肥料、有机肥料与绿肥、肥料与环境、根际营养与施肥、土壤肥料与管理、山地开发与水土保护、微生物与菌肥和测试与诊断8个专业委员会。

1999年4月6—10日，学会在广西桂林召开第五届会员代表大会暨学术年会，180余名代表出席会议。会议选举林葆为理事长，毛达如、邢文英、朱钟麟、吴尔奇、李家康、张世贤为副理事长，李家康兼秘书长。选出39人为常务理事，理事会由149人组成。本届学会设立学术、教育、编译出版、科普开发、组织和青年6个工作委员会，土壤肥力与管理、矿质营养与化学肥料、有机肥与绿肥、肥料与环境、微生物与菌肥、根际营养与施肥、测试与诊断7个专业委员会。

2004年4月21—22日，学会在江西南昌召开第六届会员代表大会，240余名代表出席会议。

李家康副理事长兼秘书长代表第五届理事会做工作报告，并就会章修改及会费标准做了说明。与会代表审议通过了第五届理事会工作报告，同意会章修改意见及会费标准修改意见。会议选举金继运为理事长，张维理、罗奇祥、陈明昌、张福锁、施卫明、徐能海、高祥照为副理事长，李家康为秘书长。选出 51 名常务理事，选出 151 名理事组成理事会。本届学会设立学术、教育、编译出版、科普、组织、青年 6 个工作委员会，土壤肥力、矿质营养与施肥、肥料与环境、有机肥料、根际营养、农化测试、新型肥料、微生物与菌肥 8 个专业委员会。

2008 年 4 月 15—17 日，学会第七届会员代表大会暨学术讨论会在海南海口召开，会议同意了会章修改及会费收取标准的调整。选举金继运连任理事长，张维理、罗奇祥、陈明昌、张福锁、施卫明、高祥照、徐茂为副理事长，白由路任秘书长。选出 168 人（会上选举 163 人，会后增补 5 人）组成本届理事会。本届学会继续设立学术、教育、编译出版、科普、组织、青年 6 个工作委员会，土壤肥力、化学肥料、肥料与环境、有机肥料、根际营养、农化测试、新型肥料、微生物与菌肥 8 个专业委员会。

2010 年 7 月 16—18 日，学会第七届理事扩大会暨 2010 年学术年会在宁夏银川召开，主题是"发展植物营养与肥料科技，保障国家粮食安全"。理事会决定，以加入中国科协成为中国科协团体会员为契机，加强本会制度化建设，规范专业委员会设置，更好地与学科建设相结合；建立分支机构的工作规范；规范理事考核制度，改进理事提名与更换制度，每届改选三分之一理事与常务理事。

2012 年 11 月 12—17 日，学会第八届会员代表大会暨 2012 年学术年会在广州召开，600 余名代表出席会议。会议选举白由路为理事长，栗铁申、王敬国、周卫、孙波、杨少海、刘宝存、郑海春为副理事长，赵秉强为秘书长；选出 50 人为常务理事，选出 162 名理事组成理事会。本届学会设立学术、教育、编译出版、科普、组织、青年 6 个工作委员会，化学肥料、施肥技术、新型肥料、植物营养学、生物与有机肥料、农化测试、养分循环与环境、肥料工艺与设备 8 个专业委员会。

2016 年 11 月 21—23 日，学会第九届会员代表大会暨 2016 年学术年会在济南召开，会议选举白由路连任理事长，王敬国、谢建华、周卫、杨少海、孙波、王俊忠、赵秉强 7 人为副理事长。从本届理事会开始，学会秘书长不再进行选举产生改为聘任制。本届学会设立学术、教育、编译出版、科普、组织、青年和绿肥 7 个工作委员会，植物生物学、土壤与环境、测试与诊断、施肥技术、化学肥料、生物与有机肥料、新型肥料、肥料装备等 8 个专业委员会。同期，中共中国植物营养与肥料学会第九届理事会党员大会召开，中国植物营养与肥料学会第九届理事会及第一届监事会中的党员参加了大会。会议传达了中国科协党组《中国科协关于加强科技社团党建工作的若干意见》文件精神。

（二）学术活动

学会自成立以来，积极开展国内外学术交流，普及科学技术知识，促进学科发展；针对国家有关重大科学技术政策、法规和技术措施以及植物营养与肥料在科研、教学和生产中存在的问题，提出意见和建议，充分发挥桥梁和纽带作用。

1986 年 7 月，学会在北京召开"七五""八五"及 2000 年全国化肥需求量学术讨论会，在陈华癸教授等一批有声望专家的参加下，结合我国国情，提出到 2000 年全国氮磷钾化肥总需求量和氮磷钾比例的建议。

1987 年 3 月，由学会牵头，会同有关学会和单位，在北京举行非豆科作物固氮学术讨论会。与会专家指出，非豆科作物固氮是当前研究的热点问题，应进一步深入讨论。

1990 年 5 月，学会在北京召开全国土壤肥料学术讨论会，30 个省（市、区）农业科学院土壤肥料研究所、农业高等院校等单位 120 多名代表参加会议，交流"七五"科研成果，探讨今后的研究方向与目标，并提出"八五"植物营养与施肥科研选题的建议。

1991年7月，学会在黑龙江佳木斯召开全国经济施肥和培肥技术学术讨论会，就配方施肥、有机肥和无机肥配施、绿肥种植、秸秆还田等改土培肥有效途径提出意见和建议。

1992—1993年，学会先后组织召开第七届全国土壤微生物学术讨论会、全国高产高效农田建设和施肥效益学术讨论会、南方吨粮田地力建设和肥料效应学术讨论会、微生物肥料检测技术研讨会等。对"两高一优"农田地力建设和肥料效益以及微生物肥料检测技术国家标准提出意见和建议。

1994年10月，学会在成都会同中国土壤学会联合召开全国土壤肥料长期定位试验学术讨论会，肯定了作物高产、稳产、优质、高效必须要氮磷钾养分配合使用，并对今后加强长期定位研究的内容和方法提出具体意见。

1995年4月，学会在北京会同有关学会和单位联合召开"95"全国微生物肥料专业会议，总结我国微生物肥料研究、生产、应用中的经验教训，并提出对策建议。

1996年4月，学会在北京会同有关学会和单位联合召开提高肥料养分利用率学术讨论会，交流国内外肥料产、供、用情况，研讨提高肥料利用率的途径、方法等问题，并向国家提出大力提高化肥利用率和肥效的建议。1996年7月国务院副总理姜春云对建议做了批示："建议很好，应当抓好落实工作。对配方施肥和深层施肥应加以强调。"

1997年8月，学会在乌鲁木齐同新疆土壤肥料学会联合召开全国有机肥、绿肥学术讨论会。来自2个省的77名代表参加会议，收到论文5篇。会议听取了新疆维吾尔自治区与新疆生产建设兵团发展有机肥与绿肥的经验介绍，参观了兵团农八师148团有机肥、绿肥改土和棉花高产现场。

1998年9月，学会在北京举办旱地土壤管理与施肥技术学术讨论会，邀请加拿大、美国专家学者，就粪肥应用管理、减少重金属镉从土壤向植物中的转移、硫肥管理技术、免耕体系下肥料管理等进行讨论。

2000年11月16—18日，学会与中国农业科学院土壤肥料研究所在昆明联合召开全国复混肥料高新技术产业化学术讨论会。来自全国25个省（市、区）的129名代表参加会议，17位专家做专题报告。

2002年10月21—24日，学会在深圳召开全国新型肥料与废弃物农用研讨及展示交流会。代表们建议中国植物营养与肥料学会应尽快筹备成立"新型肥料行业协会"。

2003年9月15—19日，学会在包头召开全国新型肥料产业化研讨展示暨协会筹备会、包头市废弃物资源化利用研讨会。来自20多个省（市、区）的120余名代表出席会议，收到论文40余篇，20多位代表在会上做报告。代表们建议国家及早制定肥料法，建议加强高效施肥、提高化肥利用率和农产品质量的研究，支持建立全国性的长期试验与监控网络，同意组建新型肥料产业化协会。

2006年11月14—15日，学会农化测试专业委员会与国家化肥质量监督检验中心在北京联合主办农业部肥料登记第一期相关标准培训及产品技术交流会。会议就肥料登记程序、登记资料要求、水溶肥料检验技术规范、水溶肥料包装标识与监督抽查等进行培训，还就测土配方施肥等问题请专家做专题报告。

2013年11月16日，学会在北京召开农业部植物营养与肥料学科群2013年年会。

2014年8月13—15日，学会第八届三次理事扩大会暨2014年学术年会在哈尔滨召开，近600人参加会议。会议围绕"现代大农业中的植物营养与肥料"主题，重点研讨现代农业发展中我国植物营养与肥料研究与应用的最新成果和进展。会议设置分组会议，内容涵盖植物营养生物学、养分循环与环境、高效施肥技术、肥料创新与产业发展论坛以及植物营养与肥料科学论文刊发等。

2015年4月28—30日，第六届全国新型肥料学术研讨会在济南召开，来自新型肥料专业委员会委员和全国各地科研院所、大专院校、新型肥料生产和销售企业、农技推广部门以及媒体记者等180余名代表参加会议。会议以"创新、高效、环保"为宗旨，以"提质增效，全面提升作物营养"为主题，围绕我国新型肥料技术创新与突破、新产品研发及产业化技术发展、新型肥料应用与化肥减量增效等进行研讨。

2015年10月25—27日，由学会肥料工艺与设备专业委员会主办的第二届新型肥料研究开发与新产品、新工艺、新设备研讨会在武汉召开。会议由肥料工艺与设备专业委员会主任、华南农业大学樊小林教授主持，来自50多个单位的近200名专家学者与企业代表参加会议。会议围绕"零增长时代化肥新技术新工艺新设备与企业新机遇"的主题，就新型肥料关键技术、工艺、肥料标准以及已有研究结果的梳理和科研成果申报等进行专题报告和讨论。

2015年9月23—25日，学会八届四次理事会暨2015年学术年会在河南郑州召开，来自大专院校、科研院所、肥料企业等300余名植物营养与肥料科技工作者和专家学者参加会议。赵秉强秘书长代表学会八届理事会做工作报告，汇报自八届三次理事扩大会以来学会工作及下一步工作重点。会议围绕"粮食增产与环境保护双重压力下植物营养与肥料发展"主题，重点介绍并研讨植物营养与肥料领域的热点问题及进展，17位专家做学术报告。

2016年3月16—18日，由国际植物营养研究所（IPNI）、中国农业科学院农业资源与农业区划研究所、中国植物营养与肥料学会共同举办的化肥零增长下养分高效利用国际学术研讨会在北京召开，主题是"化肥零增长下肥料减施增效策略"。来自美国、英国、德国、加拿大、澳大利亚、印度、法国、意大利等国的专家和国内学者共300余人参加会议，会议报告31场，内容涉及粮食作物、经济作物、蔬菜、果树化肥减施增效技术以及新型肥料5个议题。

2016年4月11—13日，第七届全国新型肥料学术研讨会——中微量元素肥料国际学术交流会在大连召开，来自新型肥料专业委员会委员在内的中国植物营养与肥料学会会员和全国各地科研院所、大专院校、中微量元素肥料生产和销售企业、农技推广部门以及媒体记者等200余名代表参加会议。会议围绕中微量元素对作物和人体的重要性以及缺乏现状、中微量元素肥料的应用效果和研究进展、我国中微量元素肥料技术创新与突破、新产品研发及技术发展、中微量元素肥料与化肥减量增效等进行研讨，并就国内外中微量元素肥料新产品进行推广和交流。

2016年5月18—20日，由学会青年工作委员会、中国土壤学会青年工作委员会主办的第十五届中国青年土壤科学工作者暨第十届中国青年植物营养与肥料科学工作者学术讨论会在济南召开，来自全国高等院校、科研院所等118个单位，518名土壤、植物营养与肥料学界的青年科学工作者代表参加了会议。会议主题为"土壤肥料与生态环境"。本次会议旨在展示我国青年学者在土壤、植物营养与肥料、农业资源利用与环境保护等领域的最新研究进展与成果，推动土壤肥料科学持续发展，增进土壤肥料科学青年工作者间的学术交流。

2017年7月12—14日，由学会青年工作委员会和中国土壤学会青年工作委员会共同主办的第十六届中国青年土壤科学工作者暨第十一届中国青年植物营养与肥料科学工作者学术研讨会在福建召开。来自全国132个单位共450余名学者参加了本次会议。会议旨在增进土壤、植物营养与肥料学科青年学者间的学术交流，推动学科的进一步发展。

2017年8月6—9日，由学会主办的中国植物营养与肥料学会2017年学术年会在苏州召开，1 300余人参加了会议。年会主题为"减肥增效形势下的植物营养与肥料科技进步与创新"。在"植物营养生物学""养分循环与环境""施肥技术""化学肥料""生物与有机肥料""新型肥料""肥料工艺与设备""农化测试技术""绿肥技术"和"青年科技工作者"10个分会场报告学术会上，260多名专家学者和研究生做了报告。

2017 年 12 月 18—20 日，学会在北京香山饭店举办肥料减施增效高端论坛，来自生态环境、化工等多个学科领域的高层领导专家 30 余人参加论坛。与会专家围绕"我国肥料的现状、问题与对策"主题，分析了我国肥料发展的现状与问题，并对我国肥料健康发展提出了对策与建议。研讨了我国肥料不平衡和不充分发展的问题，提出了肥料在我国绿色发展背景下的对策建议。

2018 年 8 月 6—9 日，由学会主办的中国植物营养与肥料学会 2018 年学术年会在陕西西安召开，1 800 余人参加了会议。年会以"肥料、食物健康与绿色发展"为主题，设置了 10 个专题分会场，安排了 4 个大会报告、200 多个分会场口头报告和 100 多个墙报展示，以及"一带一路"肥料科技创新与国际合作论坛等形式多样、内容丰富的研讨交流活动。

2018 年 10 月 18—20 日，学会青年工作委员会和中国土壤学会青年工作委员会共同主办的第十七届中国青年土壤科学工作者暨第十二届中国青年植物营养与肥料科学工作者学术研讨会在郑州召开。来自全国 60 多个单位的 350 余名代表参加了会议。会议以"高效施肥提升土壤生态健康"为主题，安排了 93 个口头报告和 52 个墙报展示。

2018 年 12 月 25—26 日，由学会主办的我国磷肥结构调整高层论坛在北京香山饭店举行。全国政协委员、中国农业科院原党组书记陈萌山，中国科学院院士朱兆良，中国工程院院士、清华大学教授金涌等 50 位来自植物营养与肥料领域专家、化工领域专家以及企业代表出席会议。与会专家围绕磷肥生产结构调整，转型升级，促进肥料产业可持续健康发展，选择适应国内资源特点的原料改造路线，全面优化产品结构，整合淘汰落后产能，在新形势下寻找企业的生存之路等方面展开交流研讨，提出促进我国磷肥调整的意见和建议。

2019 年 5 月 24—26 日，由学会青年工作委员会和中国土壤学会青年工作委员会主办的第十八届中国青年土壤科学工作者暨第十三届中国青年植物营养与肥料科学工作者学术会议在安徽蚌埠召开，来自全国 60 多个单位的 250 余名代表参加会议。会议以"健康土壤与乡村振兴"为主题，邀请 7 位专家学者做了大会特邀报告，并设置了肥料开发与科学施用、土壤生态与环境、土壤资源与永续利用、植物营养与健康土壤等四个专题分会场开展了 70 多个学术交流、进行了 41 份墙报报告展示。

2019 年 8 月 6—9 日，学会 2019 年学术年会在重庆召开，来自 31 个省（市、区）1 800 余名专家学者参加了年会。会议以"植物营养与农业高质量发展"为主题，设置一个主会场和十个专题分会场，安排了 7 个主题报告、200 余个专题报告及 50 余个学术交流墙报展示，与会专家就现阶段我国植物营养与肥料学科的形势和任务进行了深入的讨论。

2019 年 12 月 24 日，学会在北京举办农业有机废弃物利用方向与对策高层次专家论坛，中国科学院朱兆良院士，中国农业大学李季教授等 20 余人参加论坛。会议形成的建议报告，提交中国科协等部门供其决策参考。

学会除举办重要学术会议外，还多次承办重要的国际会议，与多个国家建立良好密切的学术关系，先后派员到日本和原苏联等国家考察访问，并与美国、加拿大、澳大利亚、德国、日本等国家和亚太地区的专家学者建立联系，加强协作和交流。

1983 年 9 月，组团 5 人出访日本，就土壤肥料学进行为期 21 天的学术交流活动；1987 年 9 月，邀请美国土壤学会主席进行"土壤水分植物生长"学术交流；1988 年 11 月，在北京召开国际平衡施肥学术讨论会，针对实行配方施肥、建立和巩固长期定位试验、肥料效应和施肥对环境的影响进行探讨；1991 年 6 月，派员出访苏联，进行为期 15 天的科学考察活动；1993 年 6 月，会同美国硫磺研究所等单位，在北京召开中国硫资源和硫肥需求的现状及展望国际学术讨论会；1995 年 10 月，在北京与农业部软科学委员会、加拿大磷钾研究所、美国硫酸钾镁协会共同举办中国农业发展中的肥料战略研讨会，对肥料的发展战略、管理法规、质量监测等问题提出了相应的对策和建议；1996 年 10 月，在北京与加拿大磷钾研究所共同召开"国际肥料与农业发展学术讨论"，对各类肥料在农业增产中的作用和提高肥料利用率等问题提出对策建议。

2010 年 6 月 27—30 日，学会在北京举办农业土壤固氮减排与气候变化国际学术研讨会。来自中国、美国、英国、法国、日本、澳大利亚、印度等国的 100 余名代表出席会议。40 余名代表做报告，交流农业土壤固碳减排方面的最新研究成果。

2011 年 9 月 14—18 日，学会联合承办的第五届硅与农业国际会议在北京召开。来自美国、英国、澳大利亚、日本、韩国、土耳其、巴基斯坦及我国相关科研院所、高校的 160 余名代表参加会议。会议围绕"硅与农业可持续发展"主题进行研讨，收到论文 112 篇，大会报告 57 个，论文墙报展示 28 篇。

2012 年 7 月 21—24 日，学会与中国农业科学院、西北农林科技大学、中国农业大学等联合主办的第三届农业土壤固碳减排与气候变化国际学术研讨会在北京召开。内容涉及土壤有机碳循环、土壤碳氮相互作用、土壤无机碳变化及其在全球陆地碳循环中的作用、陆地生态系统碳循环的模型模拟等方面。

2014 年 9 月 21—24 日，学会、中国农业科学院、西北农林科技大学等联合主办的第四届农业土壤固碳与气候变化国际学术研讨会在陕西杨凌召开。来自美国、英国、澳大利亚、德国、巴基斯坦以及我国相关科研院所、高校的 120 余名代表参加会议。会议围绕土壤生态系统温室效应气体释放与减排、长期定位试验与土壤碳库转化、人为土及固碳作用、养分管理与土壤固碳、新仪器及方法在土壤碳氮转化中的应用 5 个方面共做报告 30 多场，论文墙报展示 35 篇。

2017 年 9 月 8 日，由学会和营口菱镁化工集团共同举办的 2017 中国国际镁肥料研讨会在大连召开。来自全球 20 多个国家和地区的 130 多位知名企业和行业著名专家学者参加了会议。会议主题是"与世界对话，引领国际镁肥料产业发展"，大会就国际镁肥的使用及镁肥料产业的发展进行了研讨与交流。

二、中国农业资源与区划学会

中国农业资源与区划学会（China Agricultural Resources and Regional Planning Association）（下文简称"学会"）是经民政部批准，依法成立的全国性一级学术性、非营利性社会组织，接受农业农村部和民政部的业务指导与监督管理，挂靠单位为中国农业科学院农业资源与农业区划研究所（2003 年前挂靠中国农业科学院农业自然资源和农业区划研究所）。

学会宗旨是团结广大科技工作者，以经济建设为中心，促进科教与经济的结合，实施科教兴农和可持续发展战略，贯彻"百花齐放、百家争鸣"的方针，坚持理论联系实际的学风，倡导献身、创新、求实、协作的精神，促进农业资源与区划学科的发展，为合理利用农业资源，搞好农业区域开发和农村经济宏观决策的科学化、民主化服务，为社会主义物质文明和精神文明建设服务，为加速实现我国农业和农村的现代化做贡献。本会的一切活动以中华人民共和国宪法为根本准则，遵守国家的法律和法规，遵守国家政策，遵守社会道德风尚。

学会基本任务是组织农业资源调查、监测、评价、开发治理、立法管理和农业区划、区域开发的学术交流，向有关部门提出建议；开展农业资源、农业区划和区域开发的理论及其实用技术方法的研究；开展科技咨询服务，参与农业区域开发和重大投资项目的前期论证、综合评估和有关政策、法规的研究和制定以及农业区域开发综合实验区的工作；配合有关部门举办培训班、研讨班、展览会，普及农业资源与区划科学知识和科学成果，开展表彰奖励与推荐人才活动；编辑出版《中国农业资源与区划》杂志及有关学术著作等。

截至 2019 年年底，中国农业资源与区划学会有个人会员约 3 500 名，团体会员近 800 个。设学会办公室 1 个工作机构和农业区域发展、农业资源、农业遥感、农业生态与环境、农业自然灾害减灾、有机农业、休闲农业、农业灾害风险、特色小镇与农业园区、农业生物质能、农村合作组织发展研究 11 个专业委员会。学会主办《中国农业资源与区划》期刊。

（一）历史沿革

中国农业资源与区划学会成立于 1980 年，是中国农学会中的农业经济学会下设的农业区划研究会，即三级学会；1987 年升为中国农学会下设的农业区划分科学会，即二级学会；1991 年 12 月 25 日，经民政部批准注册登记为中国农业资源与区划学会，即一级学会。

1992 年 8 月 28—31 日，中国农业资源与区划学会在北京召开成立大会，选举何康为理事长，向涛、张肇鑫、张仲威、石玉林、李应中为副理事长，向涛兼秘书长。杜润生、孙颔、周立三、孙鸿烈、卢良恕、吴传钧、邓静中、陈述彭、沈煜清为学会顾问。选举 86 人组成理事会。本届学会设立学术部、科普部、培训部、开发部、信息部和办公室，并设立宏观研究专业委员会、农业区划专业委员会、农业资源专业委员会、农业遥感专业委员会和农业系统工程专业委员会。

1997 年 2 月 26—30 日，中国农业资源与区划学会在河北秦皇岛召开第二次会员代表大会，选举何康为连任理事长，李晶宜、李仁宝、石玉林、张仲威、向涛、张巧玲、唐华俊为副理事长，李仁宝兼秘书长。杜润生、孙颔、周立三、孙鸿烈、卢良恕、吴传钧、陈述彭、沈煜清、张肇鑫为学会顾问。本届学会增设可持续发展专业委员会。

1997 年 8 月，中国农业资源与区划学会挂靠中国农业科学院农业自然资源和农业区划研究所。

2001 年 1 月 20 日，根据民政部有关整顿社团组织与重新登记的指示，中国农业资源与区划学会经整顿后获得民政部批准重新登记。

2001 年 8 月 11—14 日，中国农业资源与区划学会在青海西宁召开第三次会员代表大会。选举唐华俊为理事长，石玉林、刘更另、任继周、许越先、李晶宜、向涛、王道龙为副理事长，王道龙兼任秘书长。杜润生、何康、孙颔、孙鸿烈、卢良恕、洪绂增、路明、吴传钧、陈述彭、沈煜清、张肇鑫、张仲威、薛亮、张巧玲为顾问，何康、韩德乾为名誉理事长。理事会由 133 人组成，常务理事会由 104 人组成。

2005 年 9 月 2—8 日，中国农业资源与区划学会在湖北宜昌召开第四次会员代表大会。选举唐华俊连任理事长，马晓河、王宗礼、王道龙、李晶宜、许越先、陈百明、贺东升、崔明、谢俊奇为副理事长，王道龙兼任秘书长。何康、韩德乾为名誉理事长，杜润生、孙颔、孙鸿烈、卢良恕、洪绂增、路明、陈述彭、张巧玲、杨坚、石玉林、刘更另、任继周、杨邦杰为学会顾问。理事会由 123 人组成，常务理事会由 72 人组成。本届学会将"农业区划专业委员会"更名为"农业区域发展专业委员会"，负责人由李应中变更为罗其友；农业资源专业委员会负责人由石玉林变更为陈印军；农业遥感专业委员会负责人由张巧玲变更为周清波。新成立"农业生态与环境专业委员会"和"农业自然灾害减灾专业委员会"，负责人分别为邱建军、李茂松。

2010 年 11 月 26 日至 12 月 1 日，中国农业资源与区划学会在海南三亚召开第五次会员代表大会。选举王道龙为理事长，马晓河、王奋宇、李伟方、任天志、许世卫、谷树忠、宋洪远、陈阜、陈百明、贺东升、秦富、莫明荣为副理事长，张华为秘书长。段应碧、唐华俊、方言为名誉理事长。理事会由 98 人组成，常务理事会由 58 人组成。经大会审议通过，注销宏观研究专业委员会和系统工程专业委员会。

2014 年 10 月 30 日至 11 月 2 日，中国农业资源与区划学会在福建福州召开第六次会员代表大会。选举王道龙连任理事长，李伟方、宋洪远、王奋宇、许世卫、秦富、谷树忠、任天志、陈阜、吴文良、刘彦随、陈金强为副理事长，张华为秘书长。段应碧、唐华俊、方言、刘北桦为名誉理事长。理事会由 108 人组成，常务理事会由 35 人组成。大会审议并通过了学会章程修订方案。经本届理事会审议通过，新成立"农业灾害风险专业委员会""休闲农业专业委员会""有机农业专业委员会""城乡统筹发展专业委员会"，负责人分别是霍治国、冯建国、张树清、李征。农业遥感专业委员会负责人变更为陈仲新，农业生态与环境专业委员会负责人变更为刘宏斌。

2017 年 7 月，经第六届常务理事会审议通过，城乡统筹发展专业委员会更名为"特色小镇与农业园区专业委员会"。

2018 年 9 月和 12 月，经第六届理事会审议通过，新成立"农业生物质能专业委员会""农村合作组织发展研究专业委员会"，负责人分别为毕于运、傅泽田。

2019 年 12 月 4 日，中国农业资源与区划学会在北京召开第七次会员代表大会，选举余欣荣为理事长，刘北桦、魏百刚、廖西元、梅旭荣、黄璐琦、张福锁、赵春江、周清波、朱信凯、王韧为副理事长，杨鹏为秘书长。理事会由 101 人组成，常务理事会由 27 人组成。大会审议通过了学会更名为中国农业绿色发展研究会。

（二）中国农业资源与区划学会科学技术奖

2007 年年初，中国农业资源与区划学会向科技部国家奖励办公室申请"社会力量设立科学技术奖"。2009 年科技部国家奖励办公室批准设立"中国农业资源与区划学会科学技术奖"。

中国农业资源与区划学会于 2011 年开展第一次评奖活动。本次授奖项数：一等奖 22 项，二等奖 48 项，三等奖 77 项；授奖单位：一等奖 45 个，二等奖 93 个，三等奖 138 个；授奖个人：一等奖 228 人，二等奖 410 人，三等奖 454 人。2015 年开展了第二次评奖活动。本次授奖项数：一等奖 23 项，二等奖 28 项，三等奖 52 项；授奖单位：一等奖 44 个，二等奖 59 个，三等奖 86 个；授奖个人：一等奖 203 人，二等奖 216 人，三等奖 293 人。2018 年开展了第三次评奖活动。授奖项数：一等奖 15 项，二等奖 23 项，三等奖 25 项；授奖单位：一等奖 30 个，二等奖 34 个，三等奖 30 个；授奖个人：一等奖 161 人，二等奖 180 人，三等奖 133 人。

（三）学术活动

2001 年 8 月 11—14 日，学会在青海西宁召开了第三届会员代表大会暨学术研讨会，主题是"农业结构战略性调整与区域布局"，68 位代表参加会议，收到论文 34 篇。

2002 年 9 月 20—24 日，学会与中国农业科学院农业自然资源和农业区划研究所共同组织召开 WTO 与中国农业竞争力研讨会。

2003 年 10 月 25—29 日，学会在安徽合肥召开学术年会，主题是"发挥资源优势，全面建设农村小康社会"。16 个省（市、自治区）的 58 位代表出席会议，收到论文 20 篇。

2004 年 8 月 13—16 日，学术年会在黑龙江哈尔滨召开，17 个省（市、自治区）农业资源区划办公室和区划研究所的 60 余名代表参加会议，收到论文 25 篇。

2005 年 9 月 2—8 日，学会第四届会员代表大会暨学术年会在湖北宜昌召开。18 个省（市、自治区）农业资源区划办公室和区划研究所的 130 余名代表参加会议，收到论文 29 篇。

2006 年 8 月 11—17 日，学会学术年会在吉林延吉召开，主题是"发展农村经济、新农村建设中资源配置问题"。19 个省（市、自治区）农业资源区划办公室和区划研究所的 130 余名代表参加会议，收到论文 50 余篇。

2007 年 9 月 14—19 日，学会学术年会在四川成都召开，主题是"新农村和现代农业建设与农业资源利用"。18 个省（市、自治区）的 94 名代表参加会议，收到论文 50 余篇。

2008 年 11 月 7—13 日，学会学术年会在云南昆明召开，主题是"粮食安全与资源利用"。18 个省（市、自治区）的 78 名代表参加会议，收到论文 71 篇。

2009 年 12 月 25—30 日，学会学术年会在江西南昌召开，主题是"我国农业资源中长期开发利用保护对策"。20个省（市、自治区）110名代表参加会议，收到论文40多篇。

2010年11月26日至12月1日，学会第五届会员代表大会暨学术年会在海南三亚召开。会议内容是我国粮食及大宗农产品的供求关系演变趋势及水、土资源保障动态研究，农业区域发展研究。28个省（市、自治区）的110多名代表参加会议，收到论文44篇。

2011年11月4—8日，学会学术年会在浙江绍兴召开。会议内容是深入研讨新时期农业区域的主体功能，农业区划、重点区域发展规划和重大发展战略，推动农业资源区划学科的发展。26个省（市、自治区）农业资源区划办公室和区划研究所的140余名代表参加会议，收到论文52篇。

2012年11月21—27日，学会学术年会在湖南长沙召开，主题是"现代农业发展与资源高效利用"。28个省（市、自治区）农业资源区划办公室和区划研究所的160余名代表参加会议，收到论文45篇。

2013年9月13—17日，学会学术年会在宁夏银川召开，主题是"中国特色现代农业发展与农业资源可持续利用"。各省（市、自治区）、计划单列市和新疆生产建设兵团农业资源区划办公室、农业资源区划学会、农业资源区划研究所，有关科研、教学单位的160余名代表参加会议，收到论文55篇。

2014年10月30日至11月2号，学会第六届会员代表大会暨2014年学术年会在福州召开，主题是"粮食安全与可持续发展"。各省（市、自治区）农业资源区划办公室、区划研究所的155名代表参加会议，收到论文47篇。

2015年7月22—26日，学会学术年会在青海西宁召开，主题是"农业资源利用与农业可持续发展"。160余名代表参加会议，收到论文47篇。

2016年11月20—22日，学会学术年会在四川阆中召开，主题是"农业可持续发展与农业资源管理"。140名代表参加会议，收到论文37篇。

2017年10月18—21日，学会学术年会在山东临沂召开，主题是"农业资源监测与管理"。约120名代表参加会议，收到论文45篇。

2018年11月8—11日，学会学术年会在广东湛江召开，主题是"农村振兴与绿色发展"。约110名代表参加会议，收到论文33篇。

另外，挂靠研究所的学会分会或专业委员会有中国农学会农业信息分会、中国农学会农业分析测试分会、中国农学会高新技术农业应用专业委员会，中国可持续发展研究会可持续农业专业委员会、中国微生物学会农业微生物学专业委员会、中国微生物学会微生物资源专业委员会、中国植物营养与肥料学会土壤肥力专业委员会、中国植物营养与肥料学会化学肥料专业委员会、中国植物营养与肥料学会农化测试专业委员会、中国植物营养与肥料学会新型肥料专业委员会、中国植物营养与肥料学会微生物与菌肥专业委员会、中国农业资源与区划学会农业区域发展专业委员会、中国农业资源与区划学会农业生态与环境专业委员会、中国农业资源与区划学会农业遥感专业委员会、中国农业资源与区划学会农业资源专业委员会、中国农业资源与区划学会农业自然灾害减灾专业委员会、北京市微生物学会农业微生物学专业委员会、北京市土壤学会肥料与施肥技术专业委员会。

第四节　学术期刊

截至2019年年底，资划所编辑的期刊有《植物营养与肥料学报》《中国农业资源与区划》《中国土壤与肥料》《中国农业信息》《农业科研经济管理》和《中国农业综合开发》。

一、《植物营养与肥料学报》

（一）历史沿革

1994年，经中国植物营养与肥料学会常务理事会研究，并报经农业部批准，创办本学科领域的专业学术性期刊《植物营养与肥料学报》（季刊）（简称《学报》）。《学报》由中国植物营养与肥料学会主办，中国农业科学院土壤肥料研究所承办，2003年以后由土肥所与区划所合并组建的中国农业科学院农业资源与农业区划研究所承办。

1994年9月，《植物营养与肥料学报》（试刊）第1期出版。1995年4月经北京市新闻出版局批准为非正式报刊，同年申请公开发行。1996年1月经原国家科委批准公开发行（国科发信字〔1996〕028号）。后因国家期刊整顿，逾期至1998年以内刊公开发行。四年试刊期间，获得了中国农业大学、南京农业大学、浙江农业大学、华中农业大学、西北农林科技大学、沈阳农业大学等单位的支持，使《学报》创刊后产生了较大的影响力，期间刊出稿件中有33篇进入创刊20年被引频次前100篇文章。

1998年11月27日，《学报》经科技部批准为正式出版物（国科发财字〔1998〕492号），国内统一刊号为CN11-3996/S，并于2000年进入邮局发行。2004年《学报》由季刊改为双月刊；2019年《学报》由双月刊改为月刊。截至2019年年底，《学报》共编辑出版25卷135期。

（二）基本任务与宗旨

《学报》以促进我国植物营养与肥料学科发展为宗旨，坚持科学性、理论性和实践性相结合的原则，主要刊登原创学术论文、学科前沿综述、研究简报等。刊登内容包括：植物营养生理与分子生物学，养分、水分资源高效利用，植物-土壤互作过程与调控，新型肥料研制与高效施用，施肥与农产品品质，农田养分管理、耕作制度与土壤质量，植物营养与生态环境，以及与植物营养领域交叉的原创性研究。

（三）期刊影响力

《植物营养与肥料学报》是本领域具有影响力的专业性学术期刊。2018年度复合类影响因子为3.875，在农业基础科学期刊（共22种）和农艺类期刊（49种）中均排名第1。核心影响因子为2.294，核心总被引频次5 896，综合评分82.2，在核心统计源2 049种期刊总排名分别为第26、55和54位。

《学报》于1999年正式入编中国学术期刊（光盘版）；2000年入选北京大学图书馆的中文核心期刊；2003年进入中国科技核心统计源期刊，为中国科技核心期刊；2004年荣获"第四届全国优秀农业期刊学术类一等奖"；2006年和2010年，连续入选《中国农业核心期刊》；2007年获得"中国百种杰出学术期刊"；2008、2011、2017年获得"中国精品科技期刊"称号；2012年被认定为中国农业科学院科技创新工程"院选中文核心期刊"（共37种）；2009、2017、2018、2019年刊登的4篇论文荣获"中国百篇最具影响力国内学术论文"；2012—2018年，刊登的100多篇论文入选"领跑者5000——中国精品科技期刊顶尖学术论文"；2015年获"中国科协精品科技期刊工程——学术质量提升项目"资助（2015—2017年）；2018年获"中文科技期刊精品建设计划——学术创新引领项目"资助（2018—2019年）；2019年获"中国科技期刊卓越行动计划——梯队项目"资助（2019—2024年）。《学报》已被多个国外重要数据库收录，如Scopus数据库、美国《化学文摘》（CA）数据库、英国国际农业与生物中心（CABI）文摘数据库、日本《科学技术文献速报》（CBST）数据库、联合国粮农组织（FAO）AGRIS数据库等。

（四）信息化建设和数字化出版

2006年底，《学报》开通网站和稿件远程管理系统（http：//www.plantnutrifert.org），实现

了稿件的网络化管理，加强了"作者—编辑部—审稿专家—读者"的互动；2010 年实现了创刊以来论文免费开放获取（Open Access）及现刊的网络同步出版；2013 年成为中文 DOI 会员，为所有刊出文章注册 DOI；2014 年开通英文投稿系统，依托中国知网进行网络首发；2015 年建立微信平台，定向推送本刊论文；2016 年使用 XML 排版系统，对论文进行 E-mail 推送。

（五）编委会及编辑队伍

《学报》自创刊至 2004 年由林葆任主编、陈礼智任副主编。2004 年后金继运任主编、张成娥任副主编。2013 年白由路任主编、李春花任副主编，2017 年增补刘晓燕为副主编。自 2004 年起，《学报》设立顾问组，先后有刘更另院士、朱兆良院士、于振文院士、毛达如教授、谢建昌研究员等任顾问。编委会有植物营养、土壤和肥料学领域的多名院士、知名专家，其中国际编委 2 名。编辑部主要工作人员 1994—2003 年为陈礼智、廖超子、徐晓芹、胡文新，2004—2012 年为张成娥、徐晓芹、刘晓燕，2013 以来为徐晓芹、刘晓燕和李春花。

二、《中国农业资源与区划》

（一）历史沿革

《中国农业资源与区划》创刊于 1980 年 9 月，原名《农业区划》，主管单位为农业部，主办单位为中国农业科学院农业自然资源和农业区划研究所，为不定期出版的内部刊物。1980 年主办单位改为全国农业区划委员会办公室，编辑部设在区划所。1984 年 4 月主办单位改由区划所和全国农业区划委员会办公室共同主办。1987 年正式公开发行，定为双月刊。1994 年更名为《中国农业资源与区划》，主办单位改由区划所和全国农业区划委员会办公室、中国农业资源与区划学会联合主办。2015 年 10 月，变更为月刊（京新广函〔2015〕356 号）。2019 年主办单位变更为中国农业科学院农业资源与农业区划研究所和中国农业资源与区划学会。

（二）基本任务与宗旨

《中国农业资源与区划》以促进农业资源与区划学科的发展为宗旨，主要宣传农业资源开发利用与保护治理、农业计划、农业发展规划、农业投资规划、农村区域开发、商品基地建设等方面的方针政策；介绍农业资源调查、农业区划、区域规划、区域开发、农村产业结构布局调整、农村经济发展战略研究、持续农业等方面的经验、成果和国外动态及新技术、新方法的应用，探讨市场经济发展和运行机制与农业计划和农业资源区划的关系和影响；推动农业计划和农业资源区划学术理论发展；普及有关基础知识。

（三）期刊影响力

《中国农业资源与区划》为指导性与学术性相结合的综合性期刊。1989 年《中国农业资源与区划》列入我国科技论文统计源期刊。1991 年被《中国地理科学文摘》选为摘录期刊，1996 年 9 月与清华大学光盘国家工程研究中心学术电子出版物编辑部签订期刊合作出版协议书。1998 年入选国家科技部"中国科技论文统计源期刊"（中国科技核心期刊）。2002 年获得全国优秀农业科技期刊二等奖。2009 年年底，成为中文核心期刊。2011 年入编《中文核心期刊要目总览》2011 年版（即第六版）之农业经济类的核心期刊。在第三届《中国学术期刊评价报告》（2013—2014）中，被评为"RCCSE 中国核心学术期刊"。2016 年经过中国科学引文数据库（Chinese Science Citation Database，CSCD）定量遴选、专家定性评估。2019 年获得中国国际影响力优秀期刊，入选南京大学社会科学引文索引（CSSCI）扩展板，成为双 C 刊。

《中国农业资源与区划》被国内多家权威检索系统和数据库收录，如《中国期刊方阵》（双效期刊）《中文核心期刊》《中国科技核心期刊》《中国农业核心期刊》《中国科技论文与引文数据库》《万方数据库》《中国期刊全文数据库》《中国学术期刊全文数据库》等。《中国农业资源与区划》期刊影响力稳步提高，据中国学术期刊引证报告显示，期刊的复合影响因子由 2009 年的 1.006 提升为 2018 年的 2.492，位列农业经济学科排名 9/47。

（四）信息化建设与数字化出版

2009 年，《中国农业资源与区划》建立了网站，开通了远程投稿系统，实现网上投稿、审稿，提高了编辑部与专家、作者沟通效率，促进了编辑工作的现代化。同时将每期刊出论文题名、作者和单位署名、论文摘要及论文全文在网站发布。同年引进期刊学术不端检索系统，有效保证了研究所期刊远离学术不端行为。2013 年开通 DOI 论文注册，2016 年 5 月开通微信公众平台，推送每期目录和全文。

（五）编委会及编辑队伍

1984 年 4 月，《中国农业资源与区划》成立了由李应中任主编的编委会，1994 年调整了编委会，增设了顾问组，李应中继续担任主编，向涛、李仁宝先后任副主编。1998 年 1 月编委会调整，成立了以唐华俊为主编的编委会，副主编由陈凤荣、李仁宝和李树文担任。2009 年以来，由于主办单位人事变动，《中国农业资源与区划》先后由王道龙（2009—2017）、周清波（2017—　）担任主编，杨鹏、张华担任副主编。2003—2019 年，在编辑部工作的专职编辑先后有张华、王健梅、李刚、陈京香、李影等。

三、《中国土壤与肥料》

（一）历史沿革

《中国土壤与肥料》创刊于 1964 年 8 月，原名《耕作与肥料》，由中国农业科学院土壤肥料研究所主办，双月刊，国内公开发行，当年出版 3 期。受"文化大革命"影响，1966 年出版 3 期后停刊。1972 年 4 月复刊，刊名变更为《土肥与科学种田选编》，仍为双月刊，当年出版 4 期。从 1973 年第一期开始改称为《土壤与科学种田》，1974 年第一期开始更名为《土壤肥料》。1978 年 9 月 29 日国家科学技术委员会（78）国发字第 363 号文批复同意《土壤肥料》杂志在国内公开发行，1979 年土肥所迁回北京后，于 1980 年 9 月 24 日，北京市出版事业管理局发给北京市期刊登记证，1991 年 1 月 4 日国际连续出版物数据系统中国国家中心发给《土壤肥料》杂志国际标准连续出版物号。2004 年增加国家化肥质量监督检验中心（北京）、农业部微生物肥料和食用菌菌种质量监督检验测试中心为协办单位。2004 年开始申请《土壤肥料》更名。2006 年 1 月 20 日国家新闻出版总署批复《土壤肥料》变更为《中国土壤与肥料》。同年 6 月第 3 期更名为《中国土壤与肥料》。国内统一刊号 CN 11-5498/S，国际标准刊号 ISSN 1673-6257，刊期、出版日期和发行代码不变。2005 年主办单位变更为中国农业科学院农业资源与农业区划研究所和中国植物营养与肥料学会。截至 2019 年年底，《中国土壤与肥料》共出版了 284 期。

（二）基本任务与宗旨

《中国土壤与肥料》以促进土肥科技交流、指导农业生产为基本任务，坚持普及与提高相结合、百花齐放与百家争鸣的方针，把刊物办成交流科技成果、传播科技知识、推动农业生产和土壤肥料学科发展的工具。办刊宗旨为搞好我国土壤与肥料的学术导向，促进土壤肥料科技的发展，加快学术交流和科技成果转化，提高土壤肥料技术水平。主要栏目有专家论坛、专题综述、研究报告、研究简报、分析方法等，主要刊登土壤资源与利用、植物营养与施肥、农业水资源利用、农业微生物、分析测试、环境保护、生态农业等方面的新理论、新技术、新产品的试验研究成果与动态。

为适应农业生产发展与土壤肥料科技进步的新形势，《中国土壤与肥料》杂志注意扩大报道领域与读者范畴，开辟国外科技、研究方法、专题讲座、新知识新技术、经验交流、产品介绍、政策分析、市场分析、质量标准、小经验、小知识、信息窗、读者来信、会议报道、书讯等栏目，加强为肥料生产、农资经销、环境保护、地质矿产等相关行业的有关人员服务，以及为正在努力学习科技知识、提高科学种田的农民服务。重视刊登土壤资源、土壤改良、土壤培肥、植物营养、化肥、有机肥、农业微生物肥料、各种新型肥料和土壤肥料分析测试等方面的最新成果和国内外最新发展动态。

（三）期刊影响力

《中国土壤与肥料》是中文核心期刊、中国科技核心期刊、中国农业核心期刊、RCCSE 中国核心学术期刊。已被中国科技论文与引文数据库（CSTPCD）、中国科学引文数据库（CSCD）、中国学术期刊综合评价数据库、日本《科学技术文献速报》（CBST）数据库、中国学术期刊文摘、美国《化学文摘》（CA）数据库、英国《国际农业与生物科学研究中心文摘》（CABA）等收录。2018 年度期刊的复合类影响因子为 1.768，农业基础学类期刊（22 种）中排名 11 位。

《中国土壤与肥料》1972 年以来的期刊被《中国学术期刊（光盘版）》《中国知网》全文收录，1983 年以来的期刊被《万方数据—数字化期刊群》全文收录，2002 年入编《维普资讯网》，2005 年加入《华艺—CEPS 中文电子期刊》。2014 年中国知网独家收录全文。2016 年搜集了创刊初期（1964—1972 年）的期刊，制作了期刊 1964—2015 年的光盘，并在中国知网发布。至此创刊以来出版的期刊已经全部在中国知网发布。作为国家新闻出版署选定的百家期刊赠送单位，多年来向贵州、西藏、云南等省的贫困地区的 30 个单位赠送期刊。

（四）信息化建设与数字化出版

2012 年，《中国土壤与肥料》建立了独立网站，开通网上投稿评审系统，并将每期刊出论文题名、作者和单位署名及论文摘要在网站发布。2014 年开始，在发行纸质刊的同时，在网站发布电子版全文。2013 年完成 DOI 码的申请和注册，并逐步注册 2000 年以来刊出论文的 DOI 码。

（五）编委会及编辑队伍

《中国土壤与肥料》的历任主编为高惠民（1964—1983 年）、林葆（1983—1993 年）、黄鸿翔（1994—2013 年）。自 2008 年开始，王小彬为兼职副主编；自 2012 年开始，徐明岗、卢昌艾为兼职副主编；自 2014 年开始，徐明岗任主编。2012 年，《中国土壤与肥料》组建并召开第一届编委会。编委有王旭、王秋兵、石孝均、白由路等 22 人。当年第 1 期刊出编委会成员名单。2003—2016 年，编辑部工作人员先后有曾木祥、单秀枝、贾硕。2003 年曾木祥退休后，一直由单秀枝、贾硕担任专职编辑。

四、《中国农业信息》

（一）历史沿革

《中国农业信息》创刊于 1989 年 3 月，原名《农业信息探索》，主管单位为农业部，主办单位为中国农学会农业信息分会。创刊初期受经验、稿源和办刊条件的限制，定为试刊、季刊。1991 年 12 月，获得内部准印证，改为正式刊物内部发行。1993 年获准公开发行，主办单位调整为中国农学会农业信息分会和农业部农业司共同主办。1996 年与清华大学光盘国家工程中心学术电子出版物编辑部签订期刊合作出版协议书，1997 年正式改为双月刊。2000 年 8 月，《农业信息探索》更名为《中国农业信息快讯》，主办单位调整为中国农业科学院农业自然资源和农业区划研究所与中国农学会农业信息分会。2001 年，《中国农业信息快讯》由双月刊变更为月刊。2002 年 8 月，《中国农业信息快讯》更名为《中国农业信息》。2008 年 3

月，编辑部对《中国农业信息》杂志全面改版，重新设置栏目，加大约稿力度。2009 年 3 月，由月刊变更为半月刊。2018 年 3 月，由半月刊变更为双月刊，同时变更为学术期刊，重新设置栏目，包括智慧农业、农业遥感、综合研究、专题报道等。截至 2019 年 12 月，《中国农业信息》共出版 298 期。

（二）基本任务与宗旨

《中国农业信息》定位为传播和刊载农业信息的获取、处理、分析和应用服务的理论、技术、系统集成、标准规范等方面最新进展和成果，促进学术交流以及农业信息学科关键技术与产品的创新研发、集成推广和应用示范的综合性科学技术期刊。主要刊登农业遥感、农业传感器、农业信息智能处理、精准农业/智慧农业、农业监测预警与信息服务系统、农业物联网、智能装备与控制、虚拟农业、人工智能、信息技术标准等方向学科热点领域的最新、最重要的理论研究和应用成果。2018 年以来，主要栏目有农业遥感、智慧农业、综合研究、农业信息技术、农业物联网、专题报道等。

（三）期刊影响力

《中国农业信息》是中国知网（CNKI）全文收录刊、ASPT 来源刊、中国期刊网来源刊、中国学术期刊综合评价数据库来源期刊、中国学术期刊网（光盘版）收录期刊。自 2018 年改版到 2019 年年底，已发表学术论文 141 篇，通过中国知网文献计量分析统计，论文篇均被引达 1.11，文献下载达 24 427 篇，篇均下载达 173.24 篇。《中国农业信息》曾于 2002 年获得全国优秀农业科技期刊三等奖。

（四）信息化建设

2011 年 5 月，《中国农业信息》建立网站，开通网上投稿评审系统，可进行网上投稿、审稿、学术不端检测以及发布每期刊出论文的题名、作者和单位署名、论文摘要、论文全文等。2016 年 5 月开通微信公众平台，推送每期目录和全文。2018 年申请加入中文 DOI 会员，为刊出文章注册 DOI 码。

（五）编委会及编辑队伍

1989 年 3 月，创刊初期由罗文聘任主编，赵汉阶、寇有观、李树文任副主编。1993 年杂志公开发行后，罗文聘继续任主编，副主编有赵汉阶、李树文。2000—2003 年王道龙任主编。2004 年以来，先后由唐华俊（2004—2008 年）、王道龙（2009—2017 年）、周清波（2017 年至今）任主编，张华（2000—2017 年）、孟宪君（2000—2017 年）任副主编。2018 年以来，吴文斌、李召良、李刚任副主编。1999—2019 年年底，专职编辑先后有佟艳洁、李英华、周颖、李艳丽、王健梅、韩东寅、陈京香、李影、李刚等。欧洲科学院院士李召良，中国工程院院士、国家农业信息化工程技术研究中心主任赵春江，美国乔治梅森大学空间信息科学与系统研究中心主任狄黎平，中国农业大学长江学者特聘教授李道亮，长江学者、国际食物政策研究所高级研究员游良志等一大批国际知名学者担任本刊编委。

五、《农业科研经济管理》

（一）历史沿革

《农业科研经济管理》于 1993 年创刊，是中国科学技术学会主管、中国农学会主办、农业科研经济管理杂志社编辑出版，以农业科研单位、农业院校及有关农业的政府决策、咨询部门的管理、科研、开发等人员为主要读者对象的综合性农业期刊。

2002 年，中国农学会农业科研经济管理分会、中国农业科学院财务局委托中国农业科学院农业自然资源和农业区划研究所期刊资料室承办《农业科研经济管理》。

2007 年，按照核心期刊要求对《农业科研经济管理》全面改版，使刊物更加规范化。

（二）基本任务与宗旨

《农业科研经济管理》坚持"突出实践，致力于理论创新"的理念，博采众长，广纳言论，形成了独有的"开启思路、广布经验、引领实践、构建理论"的特色，刊物坚持以马列主义、毛泽东思想和邓小平理论为指导，以宣传、交流科技体制改革，特别是农业科研经济管理体制及运行机制改革的理论、思路、措施、方法与经验为重点，着重刊登农业科研经济管理理论的最新研究成果，报道农业科研经济管理建设的实践与经验。

（三）期刊影响力

截至 2019 年年底，《农业科研经济管理》已被中国核心期刊（遴选）数据库、中国学术期刊综合评价数据库、中国期刊全文数据库、中国学术期刊（光盘版）、万方数据—数字化期刊群、龙源国际期刊网等收录。根据中国学术期刊影响因子年报（2019 版）统计结果，2018 年复合影响因子为 0.350、综合影响因子为 0.243。

（四）信息化建设

2011 年，《农业科研经济管理》建立网站，开通了远程投稿系统。可进行网上投稿、审稿、学术不端检测以及发布每期刊出论文的题名、作者和单位署名、论文摘要、论文全文等。

（五）编委会及编辑队伍

2004 年第 4 期起，《农业科研经济管理》成立编委会，顾问有翟虎渠、卢良恕、陈万金，编委会主任为屈冬玉，编委有牛西午、叶志华、付静彬、司洪文等 17 人，主编为沈贵银。2005 年第 1 期，新增王庆煌为编委，张春发辞去编委。2005 年第 4 期起，沈贵银辞去主编职务，史志国任主编。2010 年第 4 期，新增编委陈彤，李寿山辞去编委。2014 年第 3 期，岳德荣辞去编委。2017 年后由周清波任主编。

六、《中国农业综合开发》

（一）历史沿革

《中国农业综合开发》原名《农业综合开发》，1995 年 3 月在江苏创刊，双月刊，由江苏省农业资源开发局主办。时任国务委员陈俊生同志为《农业综合开发》题词"办好农业综合开发推动开发事业发展"，并题写刊名。

1997 年 1 月，《农业综合开发》改由国家农业综合开发办公室主办，江苏省农业资源开发局承办，办刊地点仍在江苏。1996 年 12 月，时任中央政治局委员、书记处书记、国务院副总理姜春云，时任中央政治局候补委员、书记处书记温家宝分别为《农业综合开发》题词。姜春云题词是"农业综合开发大有可为"；温家宝题词是"搞好农业综合开发，提高农业生产水平"。时任国务委员陈俊生专门发来贺辞。时任国务院副秘书长刘济民、财政部部长刘仲藜也为《农业综合开发》题词。陈俊生还亲自担任《农业综合开发》编委会顾问。

2003 年 7 月，《农业综合开发》更名为《中国农业综合开发》，借用中国农业科学院文献信息中心刊号，由财政部国家农业综合开发评审中心和中国农业科学院文献信息中心共同主办，并改为月刊，每月 5 日出版发行，每期 64 页，约 9.5 万字，月发行量 4.2 万册。国务院原副总理田纪云为《中国农业综合开发》题写刊名，创刊号于 2003 年 7 月 5 日正式发行。

2008 年 6 月（2008 年第 6 期）起，《中国农业综合开发》改由国家财政部主管、国家农业综合开发评审中心主办。

2018 年 3 月，中央和国家机关机构改革，《中国农业综合开发》转为配合新组建的农业农村部农田建设管理司工作。

2018 年 12 月，《中国农业综合开发》编辑部搬至中国农业科学院农业资源与农业区划研究所，并从 2019 年第 1 期（总第 187 期）起，由农业农村部主管、中国农业科学院农业资源和农业区划研究所主办。经国家新闻出版署批准，从 2020 年第 1 期（总第 199 期）起，主管和主办单位正式变更。截至 2019 年年底，《中国农业综合开发》共出版 198 期。

（二）基本任务与宗旨

《中国农业综合开发》是全国唯一有关农田建设管理、耕地质量管理、农田整治、农田水利建设和绿色农业综合开发等领域的政策发布、工作交流、学科建设和理论探讨的平台。围绕农田建设工作需要，开展农田建设理论成果与技术示范宣传交流，刊发高标准农田建设管理办法及相关政策，刊发理论性、政策性、指导性文章，组织到各地调研采风农田建设好经验好做法，加强各地农田建设管理工作交流，根据工作需要适时制作高标准农田建设宣传专刊，协助农业农村部农田建设管理司开展宣传、培训和通联站建设等工作。

办刊宗旨是围绕"三农"，突出农田建设主题；交流经验，展示农田建设风貌；聚焦工作，服务基层；探索学科建设，提升理论水平。

（三）期刊影响力

截至 2019 年年底，《中国农业综合开发》还未被中国知网、中国期刊全文数据库、万方数据—数字化期刊群等收录。

（四）编委会及编辑队伍

《中国农业综合开发》自 1997 年由国家农业综合开发办公室主办以来，李延龄、廖晓军先后担任编委会主任；张秉国、赵鸣骥、韩国良、楼小惠、卢贵敏先后任主编或代主编。2019 年改由中国农业科学院农业资源与农业区划研究所主办以来，先后由周清波（2019 年）、杨鹏（2019 年至今）任主编。

第六章　人才队伍

第一节　职工概况

2003年5月两所合并之初，研究所有在职职工248人，其中土肥所176人（含祁阳站14人、德州站14人）、区划所72人。具有正高级专业技术职务人员33人、副高级专业技术职务人员72人，具有博士学位人员51人，硕士学位人员42人。在职人员中，国家有突出贡献的中青年专家2人，农业部有突出贡献的中青年专家4人，农业部"神农计划"入选者2人，享受政府特殊津贴专家12人。

2003年6月至2019年年底，研究所在职职工更替变动比较大。17年间共招录应届高校毕业生91人，调入人员102人，引进人才17人，调出人员64人，其他（离世）减少人员4人，退休人员101人。2015—2017年，因受人员编制控制数限制，未招录应届高校毕业生。

截至2019年年底，研究所有在职职工287人（含祁阳站13人、德州站10人），其中具有正高级专业技术人员81人、副高级专业技术人员77人，具有博士学位人员189人、硕士学位人员48人。在职人员中有中国工程院院士1人，中央直接掌握联系的高级专家1人，海外高层次人才引进计划人才1人、国家有突出贡献的中青年专家1人，新世纪百千万人才工程国家级入选专家5人，国家万人计划青年拔尖人才1人，国家万人计划科技创新领军人才7人，科技部创新人才推进计划中青年科技创新领军人才6人、农业部有突出贡献的中青年专家2人，农业部"神农计划"入选者1人，国家杰出青年科学基金项目获得者1人，国家自然科学基金优秀青年科学基金项目获得者1人，科技部创新人才推进计划重点领域创新团队1个，全国农业科研杰出人才6人，中国科学院百人计划入选者2人，农业部专业技术二级岗位专家6人，享受政府特殊津贴专家6人。

第二节　创新团队

一、科技创新团队建设工程

"十一五"时期，中国农业科学院为进一步推动全院学科建设和人才队伍建设，组织实施"科技创新团队建设工程"，研究所围绕资源、遥感、微生物、土壤和农业区域发展五大研究领域，以优势学科为重点，通过整合资金、项目、条件和人才，组建创新团队，植物营养与肥料、农业遥感、区域农业发展与生态环境、农业微生物资源与利用、土壤学等5个科技创新团队进入中国农业科学院重点科技创新团队。其中，植物营养与肥料科技创新团队进入中国农业科学院首批优秀科技创新团队行列，农业遥感、区域农业发展与生态环境建设、农业微生物资源与利用、土壤学进入中国农业科学院重点科技创新团队。

1. 植物营养与肥料优秀科技创新团队

2008年首批进入中国农业科学院优秀科技创新团队。团队依托农业部作物营养与施肥重点开放实验室、国家化肥质量监督检测中心和中国农业科学院国家测土施肥中心实验室等，拥有国内最先进的技术和仪器设备，在各主要农业区设有一批国内外一流的野外试验台站和试验基地，形成了全国性的合作研究网络，自团队形成以来，本领域全国性的重大科研项目大部分是由该团队承担或组织实施。

2. 农业遥感重点科技创新团队

2009 年进入中国农业科学院重点科技创新团队。团队依托农业部资源遥感与数字农业重点开放实验室、内蒙古呼伦贝尔草甸草原生态环境野外观测实验站和廊坊重点野外台站等科技平台，形成以全国农业遥感监测网络为应用平台的农业遥感研究中心。团队以农业遥感前沿领域的农情遥感、灾害遥感、草地遥感和土地利用作为主要研究方向。

3. 区域农业发展与生态环境建设重点科技创新团队

2009 年进入中国农业科学院重点科技创新团队。团队依托国家土壤肥力与肥料效益监测站网和 2 个农业部重点野外台站（迁西站和昌平站）、全国种植业污染源普查监测网等科研平台，立足研究区域农业发展与生态环境建设问题，为国家农业区域发展宏观决策提供科学依据，在农业污染源普查和面源污染防治方面的研究获得较大进展，取得突破性成果，培养了一支在国内具有影响力的农业资源环境科研创新队伍，在农业区域发展和农业面源污染防治领域处于全国领先位置。

4. 农业微生物资源与利用重点科技创新团队

2009 年进入中国农业科学院重点科技创新团队。团队依托中国农业微生物菌种保藏管理中心、农业部微生物肥料和食用菌菌种质量监督检验测试中心，结合国家微生物资源平台等国家重要科技计划，重点开展农业微生物菌种资源的评价、发掘和利用研究，着力解决土壤地力保持和恢复、农业环境保护和修复、农作物安全生产和食用菌生产中的微生物高效利用的基础问题。通过创新团队建设，形成了具有明显特色和较强优势的农业微生物资源科研创新团队，使农业微生物资源在我国可持续农业发展中更好地发挥作用。

5. 土壤学重点科技创新团队

2009 年进入中国农业科学院重点科技创新团队。团队依托国家土壤肥力与肥料效益监测站网和中国农业科学院土壤质量重点实验室，利用现代土壤学知识和技术手段，立足解决涉及农业生产、环境保护、土壤质量等问题，实现土壤健康、肥沃、可持续利用，为国家粮食安全、环境安全保驾护航，为政府部门宏观决策和农民增收服务，打造一支国内领先、国际知名的研究团队。在耕地质量演变、土壤碳库提升、污染土壤修复、高精度数字土壤建设、耕地质量评价等科研领域发挥团队在全国的引领作用，不断培育新的学科增长点，推动建成土壤质量国家工程重点实验室，为农业可持续发展提供理论和技术支持。

二、科技创新工程

2013 年，中国农业科学院实施科技创新工程，研究所对重点研究领域和学科方向进行梳理，凝练了植物营养与肥料、农业土壤、微生物资源与利用、农业生态、农业区域发展、农业遥感与信息六大学科领域。围绕六大学科领域，研究所分 3 批建立了 14 个创新团队。其中植物营养、肥料及施肥技术、土壤培肥与改良、土壤植物互作、碳氮循环与面源污染、土壤耕作与种植制度、农业布局与区域发展、农业防灾减灾、农业遥感、草地生态遥感 10 个团队于 2013 年 7 月第一批进入科技创新工程；食用菌遗传育种与微生物资源利用（2014 年更名为食用菌遗传育种与栽培团队）、农业资源利用与区划 2 个团队于 2013 年 11 月第二批进入科技创新工程；空间农业规划方法与应用，微生物资源收集、保藏与发掘利用 2 个团队于 2014 年 9 月第三批进入科技创新工程。

2017年，根据中国农业科学院学科调整，结合创新团队历年考核结果，研究所对2个创新团队进行优化调整，将农业防灾减灾团队、空间农业规划方法与应用团队调整为耕地质量监测与保育团队、智慧农业团队。

2019年，根据中国农业科学院科技创新工程整改要求，研究所将食用菌遗传育种与栽培团队由院级创新团队调整为所级创新团队。2019年1月研究所为13个院级创新团队配备了青年助理首席。

1. 植物营养创新团队

植物营养创新团队属植物营养与肥料领域，于2013年7月组建。团队固定人员12人，其中首席1人，科研骨干6人，研究助理5人。团队首席科学家为周卫研究员，青年助理首席为艾超副研究员。

研究方向：养分循环、养分推荐、养分利用。

研究目标：阐明养分循环的分子生态机制，建立农田养分协同优化方法研发养分高效利用技术产品。

研究内容：研究养分转化分子生态机制，有机肥和秸秆在土壤中的微生物转化过程与调控，基于产量反应与农学效率的作物推荐施肥方法，主要作物养分高效利用途径与模式。

2. 肥料及施肥技术创新团队

肥料及施肥技术创新团队属植物营养与肥料领域，组建于2013年7月。团队固定人员11人，其中首席1人、科研骨干7人，研究助理3人。首席科学家为赵秉强研究员，青年助理首席为王磊副研究员。

研究方向：新型肥料创制、施肥技术、绿肥生产利用技术。

研究目标：开发聚氨酯包膜肥料、助剂与生物活性物质中微量元素肥料的制备工艺和设备，实现产业化；建立土壤与植株营养快速诊断和作物精准施肥技术体系；集成基于绿肥的高产高效清洁农业生产模式并揭示绿肥效应机制。

研究内容：研究不同聚合物包膜材料的制备工艺和设备，揭示控释膜结构对养分渗透释放的作用机理；开发天然植物源肥料增效助剂，研究肥料助剂的增效作用机制；研究生物活性物质对中微量元素的协同效应，开发中微量元素水溶肥料；研究营养诊断与施肥决策，作物精准施肥技术，探索主要农区及果园绿肥作物生产与利用技术及评价、不同施肥制度农田养分损失途径及通量。

3. 土壤培肥与改良创新团队

土壤培肥与改良创新团队属农业土壤领域，组建于2013年7月。团队固定人员11人，其中首席1人，科研骨干7人，研究助理3人。首席科学家为徐明岗研究员，青年助理首席为张文菊研究员。

研究方向：耕地质量演变规律及提升技术、保护性耕作与水肥增效技术、土壤酸化的过程机制与酸性土壤改良。

研究目标：明确土壤肥力及其要素演变规律及培肥指标；农田土壤肥力要素与生产力的耦合关系，构建不同区域土壤培肥技术体系，掌握农田加速酸化的机制与改良技术。

研究内容：研究土壤肥力和土壤生产力演变规律及其驱动机制，农田土壤肥力要素与生产力的耦合关系，农田土壤肥力关键要素演变的关键过程及主控因素，典型区域土壤肥力提升的培肥目标与技术模式。研究农田土壤加速酸化的趋势、关键过程与主控要素，酸性土壤的改良技术与产品研制。

4. 土壤植物互作创新团队

土壤植物互作创新团队属农业土壤领域，组建于2013年7月。团队固定人员10人，其中首席1人，科研骨干6人，研究助理3人。首席科学家为梁永超研究员，2014年梁永超调出本所，

2015 年 5 月团队首席变更为易可可研究员，青年助理首席为王萌副研究员。

研究方向：养分元素转化循环过程、有害物质转化过程及预警。

研究目标：明确土壤植物系统中土壤结构—土壤有机质—土壤微生物群落结构的相互作用及其对土壤碳氮循环的调控机制、土壤微生物碳氮磷转化对施肥等农业管理措施的响应和反馈调节机理、硅的生物地球化学循环过程及硅调控植物抗逆性生理与分子机制；阐明重金属在不同土壤—植物体系的剂量—效应关系，明确除草剂等农用有机化学品在土壤—微生物—植物系统的迁移、转化、分配及生态脱毒机制。

研究内容：研究土壤植物系统新老有机碳周转及其对土壤养分保持和释放的作用机制，微生物碳氮磷转化对施肥等农业管理措施的响应及其对养分转化过程、温室气体释放和植物生长反馈调节的微生物机理，硅素在土壤—植物系统中的转化与循环过程，硅与氮、磷、铁、锰和镁等营养元素互作机制及硅的抗逆生物学机制；研究典型污染物（Cd、Hg、As、Cr、Pb 等重金属和农药、除草剂等农用有机化学品）在土壤—植物体系中迁移转化过程、有毒机理和主控因素，重金属剂量—效应关系、机理性和广适性的量化有效性/毒害模型，农用有机化学品降解专用菌剂，构建农产品产地土壤环境基准的理论、方法与标准，研发预测预警体系。

5. 面源污染创新团队

面源污染创新团队原属农业生态领域，2019 年调整为农业环境领域，组建于 2013 年 7 月。团队固定人员 8 人，其中首席 1 人，科研骨干 4 人，研究助理 3 人。首席科学家为刘宏斌研究员，青年助理首席为翟丽梅研究员。团队名称原为碳氮循环与面源污染创新团队，2019 年更名为面源污染创新团队。

研究方向：农业面源污染监测与预警，农业面源污染过程与机制，农业面源污染防治与应用。

研究目标：立足农业面源污染防治国家重大战略需求，针对农业面源污染发生机制中的科学问题，凝炼重大科研选题，坚持基础研究与应用研究并举，力争通过五年的时间，争取在基础理论和应用技术研究方面取得突破，形成农业面源污染发生特征和减排方法与技术体系，为我国面源污染治理提供理论支撑和技术支撑。

研究内容：依托国家农业面源污染监测平台，融合信息化在线监测手段与生理生态过程模拟方法，研究明确我国主要农区、重点流域典型污染物排放现状、特征与关键期，研究面源污染发生的主控因子，明确主控因子阈值指标，搭建基于全国监测和调查大数据平台的面源污染发生预警平台。研究典型农业面源污染物的来源、去向、通量、迁移转化过程及其作用机制，研究典型农业源温室气体与面源污染物排放之间的关系及其协同减排机制，明确化肥减施增效环境效应，初步掌握农业面源污染发生机理。研发农田面源污染控制、农业废弃物高效处理及资源化利用、农村污染防治技术及新材料、新工艺，初步构建流域面源污染综合防控技术模式，形成以"污染防治—绿色发展—合作共赢"为导向的流域面源污染综合防控技术体系，探究农户采纳面源污染防控技术的补偿意愿影响因素，支撑与提升我国农业面源污染治理政策效能。

6. 土壤耕作与种植制度创新团队

土壤耕作与种植制度创新团队原属农业生态领域，2019 年调整到农业土壤领域，组建于 2013 年 7 月。团队固定人员 7 人，其中首席科学家 1 人，科研骨干 4 人，研究助理 2 人。首席科学家为逄焕成研究员，青年助理首席为李玉义研究员。

研究方向：土壤耕作技术进行结构性和功能性障碍土壤生态调控和生产力重建；种植制度优化及水分养分高效利用。

研究目标：阐明典型土壤合理耕层构建的机理和主控因子及技术途径，构建典型农区水肥高效利用与高产同步协调的种植制度，提出因地制宜的土壤耕作模式与种植模式。

研究内容：研究影响耕层土壤保水保肥性能的土壤耕作技术、机理和主控因素，探讨典型种植制度下提高作物产量的生态生理机理和水肥高效利用的机制与技术，研发耕层土壤水肥调控技术产品与水肥高效利用高产种植模式。

7. 耕地质量监测与保育创新团队

耕地质量监测与保育创新团队属农业土壤领域，组建于 2017 年 9 月。团队固定人员 9 人，其中首席 1 人，科研骨干 5 人，研究助理 3 人。首席科学家为张斌研究员，青年助理首席为尧水红副研究员。

研究方向：土壤健康调控机制、土壤健康保育技术与耕地质量监测。

研究目标：通过建立"改善土壤环境、调谐微生物组、畅通氮循环路、保障绿色增产"的藏粮于菌的理论和技术体系，为实现"藏粮于地、藏粮于技"、农业供给侧改革和农业绿色发展战略提供理论和技术支撑；为我国耕地质量监测和评价提供技术培训和支持。

研究内容：研究土壤结构—土壤有机质—土壤微生物组间相互过程；明确保护性耕作下土壤结构形成和调控机制；阐明轮作制度下微生物组演替驱动机制和功能微生物定向培育机制；揭示秸秆还田条件下土壤有机质提升及调控机制。优化轮作制度下的秸秆还田、保护性耕作、根际微生物群落定向培育、茬口接续和减障技术、资源周年高效利用等绿色生产技术，构建土壤健康接续涵养技术体系。维持团队所建立的轮作制度与健康土壤长期定位实验和保护性耕作长期定位实验；与其他团队合作，研究耕地质量评价新技术和评价标准，分析耕地质量变化趋势。

8. 农业布局与区域发展创新团队

农业布局与区域发展创新团队属农业区域发展领域，组建于 2013 年 7 月。团队固定人员 11 人，其中首席 1 人，科研骨干 6 人，研究助理 4 人。首席科学家为罗其友研究员，青年助理首席为高明杰副研究员。

研究方向：农牧业空间格局演变机制与模拟研究、区域现代农业发展与政策调控研究、基于全维信息的农业区域规划理论与方法研究。

研究目标：阐明粮食作物区域格局演变规律、产业集群效应，构建粮食作物布局全维信息规划方法体系，揭示我国农业地域分异规律，区域农业发展动力机制，构建区域现代农业发展调控体系。

研究内容：研究开放条件下我国主要粮食作物区域格局演变过程、机制及其模型表达，粮食产业集群成长机制及其培育，产业链利益分享机制，粮食作物布局优化规划方法；探讨新形势下我国农业地域空间分异特征及其区域划分，区域现代农业产业结构演进规律及其模拟，区域农业与现代生产要素的耦合机制，区域农业现代发展模式与政策调控。

9. 农业资源利用与区划创新团队

农业资源利用与区划创新团队属农业区域发展领域，组建于 2013 年 11 月。团队固定人员 9 人，其中首席 1 人，科研骨干 5 人，研究助理 3 人。首席科学家为尹昌斌研究员，青年助理首席为李虎研究员。

研究方向：农村土地资源利用管理与粮食安全、农业废弃物资源化利用与循环农业、农业知识产权管理和农业绿色发展战略。

研究目标：围绕农业资源可持续利用，服务国家重大战略需求，构建农业资源可持续利用评估体系，集成农业废弃物资源化利用模式，提出农业资源可持续利用补偿机制与管控措施。

研究内容：阐明农业绿色发展的着力点与关键点，构建农业绿色发路线图，提出高标准农田建设模式标准、耕地资源可持续利用路径、农业废弃物资源利用技术范式、农村人居环境整治模式和生态补偿机制；探讨农业生物技术的知识产权创造和保护策略，提出激励社会资源参与农业生物遗传资源的激励机制。

10. 农业遥感创新团队

农业遥感创新团队属农业遥感与信息领域，组建于 2013 年 7 月。团队固定人员 13 人，其中首席 1 人，科研骨干 7 人，研究助理 5 人。首席科学家为李召良研究员，青年助理首席为高懋芳副研究员。

研究方向：农业定量遥感、农业灾害遥感、空间分析与模拟、农业空间信息标准与规范。

研究目标：创新农业定量遥感多模式协同反演理论与反演方法；提高作物遥感识别精度与效率；发展以遥感可反演参数为基础的农情监测与预报模型；创新遥感数据与过程机理模型同化方法，耦合遥感模型与过程机理模型，建立以定量遥感为基础的农情监测与预报综合系统；建立全国或区域性的农业资源遥感调查、监测和模拟的理论与技术方法；科学阐明全球变化背景下我国农业资源环境动态变化过程、驱动力机制及其环境效应。

研究内容：完善、提高陆地表面温度的热红外定量遥感反演方法与精度；研究被动微波地表温度产品与热红外地表温度产品相互融合的方法和理论；探索超光谱热红外数据地表温度、地表比辐射率、大气温湿廓线一体化反演方法；研究作物遥感识别算法及模型的改进；开展以遥感可反演参数为基础的新型农情监测与预报模型、遥感数据与过程机理模型同化方法的研究，耦合遥感模型与过程机理模型；开展耕地资源、农业土地利用、农作物空间格局、后备耕地资源的遥感制图和时空变化遥感监测的理论和应用研究；开展全球环境变化、气候变化和农业土地利用、农作物空间格局的作用机理机制的遥感探测和空间模拟评估研究；开展土地资源数量和空间变化对我国农业综合生产能力、粮食安全的综合影响分析研究。

11. 草地生态遥感创新团队

草地生态遥感创新团队属农业遥感与信息领域，组建于 2013 年 7 月。团队固定人员 13 人，其中首席 1 人，科研骨干 8 人，研究助理 4 人。首席科学家为辛晓平研究员，青年助理首席为闫玉春副研究员。

研究方向：草地生态系统综合观测分析、关键生态参数遥感获取、草地生态系统管理技术。

研究目标：阐明重要草地关键生态过程及其对全球变化响应机理，创新草地生态学方法论和技术产品。

研究内容：开展草地生态系统全球气候变化响应的多尺度观测与模拟研究，全球变化背景下草地生态系统适应性管理技术；进行草地生态参数定量反演方法及其真实性检验技术研究，探索草地生态系统立体监测中的尺度和多角度问题、多源多时相数据的匹配技术、遥感数据与机理模型结合的草地生态遥感同化技术，将草地生态遥感前沿方法应用于国家监测评估业务，突破多尺度草地生态监测的技术瓶颈。

12. 智慧农业创新团队

智慧农业创新团队属农业遥感与信息领域，组建于 2017 年 9 月。团队固定人员 11 人，其中首席 1 人，科研骨干 8 人，研究助理 2 人。首席科学家为吴文斌研究员，青年助理首席为余强毅副研究员。

研究方向：农业智能感知、农业智能诊断与农业智能决策。

研究目标：面向智慧农业的国际科学前沿，开展大田智慧农业理论、技术和装备等重大问题研究，解决重大科学技术难题，促进智慧农业学科发展，全面提升我国智慧农业研究和应用水平。面向国家农业信息化发展的战略需求，进行先进装备、技术、系统的标准化组装、集成和验证，加快智慧农业科研成果的转化和示范应用，推动大田智慧农业产业化发展。

研究内容：天空地一体化农业智能感知关键共性技术研究，重点开展天空地一体化的信息采集和协同处理、高分遥感农业应用、北斗导航农业应用、物联网农业观测和大数据农业应用的核心共性技术研究，解决"数据从哪里来"的问题，构建支撑智慧农业研究和应用的基础平台。

开展农田地块尺度的农情信息智能感知与诊断的新型算法与模型研究，研究建立耕地、作物智能识别和时空变化检测、农作物势情、墒情、灾情、病情等四情监测、农作物产量和品质诊断、土壤水肥诊断等关键技术，建立支撑智慧农业应用的关键理论、方法、技术和标准规范。围绕数据驱动的宏观决策与微观精准生产管理，重点研发新型生物传感器、智能移动终端、无人机载荷等；进行核心技术的组装与系统集成研究，研发农业智能规划空间平台、农情信息监测与农业工程监管决策系统，支撑政府部门宏观决策；开展农业生产精准管理系统研发，实现农机自动驾驶与精量播种、农田智能灌溉和精准施肥。

13. 农业微生物资源创新团队

农业微生物资源创新团队属微生物资源与利用领域，组建于 2014 年 9 月。团队固定人员 9 人，其中首席 1 人，科研骨干 6 人，研究助理 2 人。首席科学家为张瑞福研究员，青年助理首席为魏海雷研究员。团队名称原为微生物资源收集、保藏与发掘利用创新团队，2019 年更名为农业微生物资源创新团队。

研究方向：农业微生物资源、根际微生物、植物内生菌、植物—微生物互作、土壤与植物微生物多样性、微生物转化降解、微生物肥料。

研究目标：利用微生物肥料及微生物与土壤及植物的有益互作，促进植物生长，维护土壤和植物健康，提高土壤肥力和环境质量。

研究内容：农业微生物资源的收集、鉴定、保藏、评价，农业微生物功能基因资源的挖掘利用，农业典型有益微生物组学、功能机理、与土壤及宿主植物互作的分子机制，土壤、植物微生物多样性与分子生态学，农用微生物制剂研发与应用。

14. 食用菌遗传育种与栽培创新团队

食用菌遗传育种与栽培创新团队属微生物资源与利用领域，组建于 2013 年 11 月。团队固定人员 8 人，其中首席 1 人，科研骨干 3 人，研究助理 4 人。首席科学家为张金霞研究员，2019 年变更为黄晨阳研究员。

研究方向：食用菌遗传育种、菌种质量控制和高效栽培技术。

研究目标：阐明食用菌重要农艺性状形成的分子机理及调控机制；阐明菌种质量的关键要素及分子机理；阐明食用菌高效栽培技术原理。

研究内容：研究食用菌重要农艺性状的遗传规律及表达调控机制，开展分子标记辅助育种遗传标记和技术研究；开展菌种质量评价及种源维护研究；开展珍稀食用菌高效栽培技术研究。

15. 空间农业规划方法与应用创新团队

空间农业规划方法与应用创新团队属农业区域发展领域，组建于 2014 年 9 月。首席科学家原为吴永常研究员，2016 年吴永常调出本所，团队首席变更为周清波研究员。2017 年该团队被取消。

研究方向：基于多维信息的空间农业规划理论及其方法体系研究、多空间尺度中国农业资源基础数据平台建设、多维空间农业规划平台开发及应用。

研究目标：建立新学科——空间农业规划学；建设特色平台，编制中国农业资源一张图；创新方法——多维信息空间农业规划平台（数字沙盘）。

研究内容：面对中国特色新型工业化、信息化、城镇化、农业现代化"四化"同步发展的新形势，结合传统的农业区划理论，系统研究空间农业规划的理论体系，提出统一的规划编制标准规范；在中国农业区划资源数据库平台的基础上，结合农业部农业资源云平台建设任务，建立多空间尺度农业资源基础数据平台；开发基于多维信息的空间农业规划数字沙盘平台。

16. 农业防灾减灾创新团队

农业防灾减灾创新团队属农业遥感与信息领域，组建于 2013 年 7 月。首席科学家为李茂松研究员，2017年该团队被取消。

研究方向：灾害监测预警评估，防灾减灾技术的研究以及灾后的风险转移和生产的恢复指导。

研究目标：阐明旱灾对玉米、小麦、水稻、大豆等主要粮食作物的致灾机理与危害机制，构建基于致灾因子、承灾体、环境参数相结合的综合农业旱灾等级指标体系，探明我国近60年农业旱灾发生时空规律和气候变化情景下未来重大农业旱灾发生的演变趋势。

研究内容：研究基于致灾因子、承灾体、环境参数相结合的综合农业旱灾等级指标体系，揭示近60年来我国农业旱灾发生发展的时间和空间分布规律，分析其对粮食生产的影响，研究其对主要粮食作物的致灾机理与危害机制，探索特重大旱灾发生的周期性规律和气候变化情景下未来重大农业旱灾发生的趋势，提出我国农业防旱抗旱的主要技术对策。

第三节　人才培养与引进

2003年5月以来，研究所坚持引育并举，实施人才强所发展战略。经过十几年的队伍建设，已形成一支以院士为龙头、高级科技人员为主体、优秀青年科技人才济济、在国内外具有较高影响力的农业资源与环境科技人才队伍。

一、继续教育与进修学习

2003年5月以来，研究所鼓励管理及科研岗位人员到国内外高等院校或研究机构攻读学位或进修学习，提高业务素质和创新能力。据不完全统计，截至2019年年底，研究所有80余人通过继续教育学习获得了博士或硕士学位；有40余人通过公派留学基金项目和外国专家局项目资助，到国外研究机构或高等学府进修学习或开展合作研究。

二、推荐各级各类人才

2003—2019年，推荐获批中国工程院院士1人，中央直接掌握联系的高级专家2人，国家级有突出贡献的中青年专家1人，新世纪百千万人才工程国家级入选专家4人，国家"万人计划"领军人才7人，科技部创新人才推进计划中青年科技创新领军人才入选者6人，农业部有突出贡献的中青年专家3人，全国农业科研杰出人才及团队7人，中国科学院"百人计划"入选1人，农业农村部专业技术二级岗位专家13人，中国农业科学院科研英才培育工程院级入选者2人，享受政府农村特殊津贴专家5人。

三、引进领军人才

引进人才试行"特批制"，在引进程序和入所待遇等方面，全面实行绿色通道。通过实施"杰出人才工程""科技创新团队建设工程""青年英才计划"和"科研英才培育工程"等重大人才建设工程引进和聚集国内外著名科学家和优秀科技人才。截至2019年年底，研究所引进国家百千万人才工程有突出贡献中青年专家、国家自然科学基金优秀青年科学基金项目获得者、国家"万人计划"青年拔尖人才1人，国家自然科学基金创新研究群体负责人、国家杰出青年科学基金项目获得者、新世纪百千万人才工程国家级人选专家、中国科学院"百人计划"入选者1人，海外高层次人才引进计划人才2人，中国农业科学院"青年英才计划"海外引进人才10人，国内引进人才4人，其他引进人才2人。

四、实施优秀青年人才培养计划

2014 年 12 月，研究所设立"优秀青年人才培育计划"，制定了《优秀青年人才培育计划实施办法》，旨在重点支持和培养青年科技人才。截至 2019 年年底，选拔 3 批共 15 人作为重点培养对象。其中一级 7 人，2014 年有吴文斌（农业遥感）、张晓霞（土壤微生物），2015 年有范分良（植物营养）、毛克彪（农业遥感），2016 年有张文菊（土壤培肥与改良）、张桂山（农业微生物）、阮志勇（农业微生物）；二级 8 人，2014 年有仇少君（植物营养）、段英华（农业土壤）、李正国（农业生态）、高淼（农业微生物），2015 年有尧水红（农业土壤）、宋阿琳（植物营养），2016 年有段四波（农业遥感）、艾超（植物营养）。

五、基本科研业务费项目向年轻科技人员倾斜

自 2007 年基本科研业务费项目实施以来，共自主命题设立项目 638 项，这些项目 98% 由年轻科技人员主持承担。截至 2019 年，研究所 98% 的青年科技人员都承担过基本科研业务费项目，其中部分青年科技人员在该项目资助下迅速成长，申请获批国家自然科学基金项目和北京市自然科学基金项目等，成为国家和省部级项目的科研骨干力量，挑起了科技工作大梁。

六、健全人才管理与评价制度

2006—2010 年间，研究所健全完善了《科技创新团队建设实施办法》《领军人才管理暂行办法》《内聘研究员暂行管理办法》和《职工年度绩效考核办法》《杰出人才考核工作实施方法》等规章制度，为创新型科技人才提供了政策支持和成长土壤。

2011—2015 年间，为适应科技创新需求，除对原有规章制度进行修订完善外，还制定了《科技创新工程绩效考核办法（试行）》《引进领军人才管理暂行办法》《高层次人才短期来所工作管理办法》《优秀青年人才培育计划实施办法》《博士后管理办法》等制度。通过制度建设，推进依法治所，为研究所农业科技创新提供制度保障。

第四节　研究生教育

研究生管理。2003 年 5 月以来，研究生教育管理职能一直设在科研管理处（2017 年更名为科技与成果转化处）。主要任务是配合中国农业科学院研究生院完成本所研究生的日常管理，包括编制招生计划、研究生（含外国留学生、中外合作办学项目）招生录取、培养管理、论文答辩、毕业就业及其他日常工作；研究所学位授予、学科培养点建设和管理、研究生导师队伍建设；研究生教学和课程建设等。2012 年成立了第一届学位委员会，主要负责导师遴选、学位论文审查与授予等工作。2013 年 12 月，研究所成立第一届研究生会，到 2019 年已历经 7 届。主要工作是组织学生开展学术讲座、学术交流、文体娱乐等活动。2009 年以来，研究所多次被中国农业科学院研究生院评为"研究生管理工作先进集体"。

研究生招生。研究生招生主要包括全日制统招（硕士、博士）、非全日制硕士、国内高校联合培养、中外合作项目联合培养博士、外国留学生等类型。2003 年合并之初，研究所招生规模较小，当年硕士、博士共计招生 41 人。"十一五"期间，研究所招生规模逐步扩大，年均招生硕士、博士 53 人。"十二五"时期增长到年均 63 人的规模。进入"十三五"时期，研究生招生规模进一步扩大。2018 年研究生年度招生规模首次突破 100 人，达到 101 人，2019 年达到 108 人。为吸引更多优秀大学生报考中国农业科学院研究生院，研究所根据研究生院要求，于 2013—2017 年配合研究生院先后举办 5 期暑期夏令营大学生活动。2018 年 7 月，研究所首次组

织全国优秀大学生夏令营活动，来自 23 个省（市、自治区）28 所高校的 50 名大学生参加了活动。2003—2019 年，研究所共招收研究生 1 038 人，其中硕士生 678 人、博士生 360 人。

研究生教学。2012 年之前，研究生教学工作由院研究生院统一组织管理。2012 年 6 月，根据研究生院教学改革，研究所开始筹备成立农业资源与环境教研室，职责是负责研究生课程教学管理。2014 年农业资源与环境教研室正式启动运行，教研室设主任、副主任及秘书。首任教研室主任是徐明岗，白由路、陈仲新担任副主任。下设 5 个教学小组，有任课教师 30 余人，承担高级植物营养与肥料学、土壤生物学、农业遥感原理与应用、土壤物理学、现代土壤耕作学、地理信息系统、土壤化学、环境化学、土壤学研究进展、作物营养与施肥专题、农业水资源利用学、农业遥感科学进展、农业区域发展专题、植物营养的土壤化学、生态学专题等课程教学。2018 年教研室主任调整为杨鹏。2014 年申报土壤学和农业遥感原理两门"三有"（有教材、有讲义、有课件）课程建设获得资助。截至 2019 年年底，研究所共有研究生导师 164 名，其中博士生导师 75 名、硕士生导师 89 名。自院研究生院开始评选优秀教师和教学名师以来，研究所有多位导师获得优秀教师或教学名师。

学科建设。2003 年 5 月合并初期，研究所是农业资源利用（后更名为农业资源与环境）一级学科牵头培养单位，拥有农业资源利用一级学科下设的植物营养和土壤学 2 个博士培养点和 1 个作物生态博士学位授权点，拥有土壤学、植物营养与施肥、土壤微生物学、环境工程、农业生态学 5 个硕士学位培养点。2011 年研究所牵头申报的生态学一级学科获国务院学位办批准，同年还申请对农业遥感、农业生态、农业水资源利用与环境、农业区域发展与规划等 4 个二级学科进行重新自主设置。2015 年 3 月，在对学科专业进行梳理的基础上，建立植物营养学、土壤学、农业遥感、微生物学、生态学、环境科学、区域发展、农业经济管理等 8 个学位培养点。截至 2019 年年底，研究所牵头农业资源与环境、生态学两个一级学科，拥有农业资源与环境、生态学、农林经济管理一级学科下设的 9 个博士和硕士学术学位授权点：即植物营养学、土壤学、农业遥感、微生物学、生态学、农业环境学、环境科学、区域发展、农业经济管理，以及 4 个硕士专业学位授权点：即农业资源利用与植物保护、农业工程与信息技术、农村发展、农业管理，学科专业覆盖农、理、工、管理学等四大门类。

"十二五"以来，研究所配合院研究生院完成多次学科评估工作。2012 年牵头组织完成农业资源与环境、生态学两个一级学科的全国第三轮学科评估。2013 年牵头组织完成农业资源与环境、生态学两个一级学科的研究生培养方案制定、修订和论证。2015—2016 年先后分两批组织开展 8 个培养点自评估工作。2017 年完成全国第四轮学科评估，研究所参加的生物学、农业资源与环境、生态学、农林经济管理、环境科学与工程等 5 个一级学科均获得 B 类以上佳绩（全院 12 个 B 类以上）。2018 年，配合研究生院完成《中国农业科学院学位授予标准》修订，同年年还组织完成农业资源与环境一级学科授权点自评估。

研究生培养。为加强研究生培养与管理，根据院研究生院有关管理规定，研究所于 2007 年制定了《研究生培养与管理办法》，2012 年、2019 年对办法进行修订。2003 年以来，研究所有 747 名研究生毕业获得学位，其中获硕士学位 483 人（其中 17 人硕博连读，留学生 2 人），获博士学位 264 人（其中留学生 13 人）。自 2012 年中国农业科学院研究生院开始评选优秀学位论文以来，研究所有 19 名研究生获得优秀学位论文。其中，硕士研究生 11 人、博士研究生 8 人。自 2012 年财政部、教育部设立国家奖学金以来，研究所招录的研究生共有 40 人获得国家奖学金。其中，硕士研究生 23 人、博士研究生 17 人。此外，还有 10 余人获得企业奖学金。博士研究生赵澍于 2011 年在北京市研究生英语演讲决赛中获一等奖；硕士研究生李昂等同学申报的"北京市郊区农田中重金属含量的调研"项目于 2011 年获得中华环境保护基金会的资助。

研究所从 2010 年开始招收留学生，截至 2019 年年底共计招收留学生 58 人，其中硕士 2 人，博士 56 人，截至 2019 年年底已有 13 人获得博士学位，2 人获得硕士学位。留学生主要来自埃及、埃塞俄比亚、巴基斯坦、贝宁、布隆迪、刚果（金）、加纳、孟加拉国、缅甸、南非、尼日尔、尼日利亚、苏丹、泰国、伊拉克、印度尼西亚、越南等国家。从 2013 年开始参与中国—比利时联合培养博士项目，2015 年参与中国—荷兰联合培养博士项目。截至 2019 年年底先后有 28 人参加联合项目培养，其中参加中比联合培养的有 21 人，中荷联合培养的有 7 人。另外在 2016 年夏季，研究所还举办了国际农业地理信息暑期学校。

校园文化。在抓好研究生教育教学的同时，注重研究生的文化娱乐生活。组织在校研究生参加或开展形式多样的文体活动并取得较好成绩。2007 年，2006 级硕士班在研究生院运动会中摘得团体桂冠，2007 级硕士班在"一二·九"大合唱比赛获得第一名。2012 年，2012 级硕士班在"一二·九"大合唱比赛夺得一等奖。2013 年建立第一届研究生会，研究所依托研究生会自主开展丰富校园活动。每年研究生会组织迎新生、欢送毕业生篮球赛、新生见面会、毕业生交流会、元旦晚会、社会实践等大量文体活动。

第五节　博士后

研究所是中国农业科学院农业资源利用博士后流动站依托单位。随着研究所科研实力的增强，博士后招收专业领域进一步拓展，主要涉及生物化学、分子生物、生物物理学、作物生态学、植物营养、土壤科学、农业水资源利用、农业区域发展、农业遥感、草地资源利用及农业微生物 10 个研究方向。

2003—2019 年，研究所累计招收博士后 188 人，其中出站 134 人、退站 9 人，2019 年年底在站 45 人。先后有 36 人获得中国博士后科学基金面上项目资助，6 人获得中国博士后科学基金特别资助项目资助；有 30 名博士后获得中国农业科学院院级优秀博士后荣誉（详见附录）。

为加强博士后管理与培养，2013 年 1 月，成立了农业资源与农业区划研究所博士后联谊会，制定了《农业资源与农业区划研究所博士后联谊会章程》，王宜伦、金云翔、赵梦然当选第一届博士后联谊会理事长、副理事长和秘书长。2015 年 3 月，博士后联谊会换届选举，王东亮、杨富强、陆苗当选第二届博士后联谊会理事长、副理事长和秘书长。2016 年 3 月，博士后联谊会换届选举，耿宇聪、杨富强、陆苗当选第三届博士后联谊会理事长、副理事长和秘书长。

第七章　科研条件

2003 年 5 月，研究所在京内有土肥楼、土肥东配楼、区划楼、区划资料库、土肥农场、土肥科技开发楼等办公场所及试验场所。2007 年农业资源综合利用研究中心建设项目（简称资源楼）获准立项建设，2012 年竣工验收，新建科研用房 6 762 平方米。2012 年土肥东配楼拆除重建项目即土壤肥料实验室建设项目立项，2015 年建设完成，重建后的土肥东配楼有 5 038 平方米。2014 年土肥农场由院安排用于环境绿化，研究所在绿化公园东侧自筹资金新建温室、网室、食用菌培养室及人工气候室等共计 950 平方米，另外还获得做为原土肥所温网室补偿的重大工程楼温室 600 平方米、工作间三间 150 平方米。截至 2019 年年底，京内所区共有科研办公用房 24 747 平方米，主要包括区划楼（含书库）7 955 平方米、土肥楼 4 692 平方米、资源楼 6 762 平方米、土肥实验室（原土肥东配楼）5 038 平方米、肥力网数据库 300 平方米，还有温网室 1 000 余平方米。

祁阳站、德州站、呼伦贝尔站、洛阳站、平泉基地等野外台站，在基建和修缮改造项目支持下，新建或修缮改造了科研办公楼、实验楼、科研辅助用房、温网室和田间观测场等，改善了办公条件、测试能力得到显著提升。

在财政部、农业部相关项目支持下，重点实验室和野外台站仪器设备得以补充和更新换代，测试能力进一步提升。截至 2019 年 12 月，研究所仪器设备共有 10 641 台/套，账面原值 34 139.83 万元；拥有野外台站 10 个（其中国家级野外台站 3 个），质检中心 2 个，菌种保藏管理中心 1 个，国家工程实验室 1 个，部级重点实验室 5 个，风险评估实验室 2 个。

第一节　基本建设

2004—2019 年，研究所申请获批农业部基本建设项目 25 项，总投资 32 881 万元。其中科研和实验用房建设项目 12 项，总投资 18 350 万元。主要包括：衡阳红壤实验站建设、德州盐碱土改良实验站建设、呼伦贝尔草甸草原生态环境重点野外科学观测试验站建设、农业资源综合利用研究中心建设、洛阳旱作农业重点野外科学观测试验站建设、祁阳红壤实验站建设、土壤肥料实验室建设、国家食用菌改良中心建设、呼伦贝尔综合试验基地建设、国家食用菌育种创新基地建设、祁阳试验基地建设、德州试验基地建设等项目。

一、衡阳红壤实验站建设项目

衡阳红壤实验站建设项目于 2004 年获得农业部批复立项（农计函〔2004〕86 号），2005 年 9 月项目初步设计和概算获得农业部批复（农办计〔2005〕59 号），项目总投资 412 万元，全部为中央预算内投资。建设地点在湖南省衡阳市，项目于 2006 年 9 月开工建设，2007 年 4 月完成全部建设内容。通过项目实施，新建综合试验楼 3 168 平方米，传达室及车库 80 平方米，院内停车场及道路硬化 740 平方米，围墙 132 米，绿化 2 527 平方米，建设污水处理系统及变配电系统，购置了计算机、服务器、网络终端及多媒体配套仪器设备。

二、德州盐碱土改良实验站建设项目

德州盐碱土改良实验站建设项目于 2004 年获得农业部批复立项（农计函〔2004〕87 号），2005 年 9 月项目初步设计和概算获得农业部批复（农办计〔2005〕62 号），项目总投资 425 万元，全部为中央预算内投资。建设地点在山东德州市中国农业科学院德州实验站院内，项目于2006 年 2 月开工建设，2006 年 10 月完成全部建设内容。通过项目实施，新建科研实验楼 2 981平方米，辅助用房 315 平方米，维修围墙 210 米，改造大门 1 座，道路硬化 500 平方米，绿化1 000 平方米，室外管网（排水沟、暖气沟）200 米，购置仪器设备、空调、电脑及办公家具等60 多台/套。

三、洛阳旱地农业重点野外科学观测试验站建设项目

洛阳旱地农业重点野外科学观测试验站建设项目于 2007 年 1 月获得农业部批复立项（农计函〔2007〕4 号），2008 年 6 月项目初步设计和概算获得农业部批复（农办计〔2008〕54 号），项目总投资 575 万元，全部为中央预算内投资。建设地点在河南省洛阳市农业科学院内，项目于2009 年 3 月开工建设，2010 年 12 月完成全部建设内容。通过项目实施，新建实验辅助及生活用房 1 934 平方米，试验温室 896 平方米，购置配套仪器设备 39 台/套。

四、呼伦贝尔草甸草原生态环境重点野外科学观测试验站建设项目

呼伦贝尔草甸草原生态环境重点野外科学观测试验站建设项目于 2006 年 12 月获得农业部批复立项（农计函〔2006〕206 号），2007 年 12 月项目初步设计和概算获得农业部批复（农办计〔2007〕141 号），项目总投资 480 万元，全部为中央预算内投资。建设地点在内蒙古自治区呼伦贝尔市海拉尔区谢尔塔拉农牧场，项目于 2007 年开工建设，2009 年 9 月建设完成。通过项目实施，新建实验室、办公用房 1 302 平方米，食堂及厨房等附属用房 287. 53 平方米，新建围栏10 000 米，田间道路 1 500 平方米，新建标准气象观测场 1 个，标准径流观测场 3 个，购置仪器设备 41 台/套。

五、祁阳红壤实验站建设项目

祁阳红壤实验站建设项目于 2007 年 10 月获得农业部批复立项（农计函〔2007〕224 号），2009 年 2 月项目初步设计和概算获得农业部批复（农办计〔2009〕8 号），项目总投资 600 万元，全部为中央预算内投资。建设地点在湖南省祁阳县文富市镇祁阳红壤实验站内，项目于2009 年 8 月开工建设，2010 年 12 月完成全部建设内容。通过项目实施，新建实验辅助及生活用房 832. 92 平方米，温室 308. 46 平方米，网室 394. 93 平方米，大型径流观测场 3 632 平方米，田间气象观测场 1 200 平方米，规范化样地 15 074 平方米，长期定位试验 6 667 平方米，机井1 眼，蓄水池 160 立方米，购置配套野外观测和实验仪器设备 45 台/套，征地 63. 1 亩。

六、农业资源综合利用研究中心建设项目

中国农业科学院农业资源综合利用研究中心建设项目于 2007 年 10 月获农业部（农计函〔2007〕218 号文）批准立项，2008 年 12 月项目初步设计和概算获农业部批复（农办计〔2008〕163 号），项目总投资 2 800 万元，全部为中央预算内投资。建设地点在中国农业科学院内，项目于 2010 年 4 月 16 日开工建设，2012 年 11 月 22 日完成竣工验收。通过项目实施，新建科研用房 6 762 平方米，7 层框架结构，地上 6 层，地下 1 层，建设配套室外工程，购置配套实验台1 套。

七、土壤肥料实验室建设项目

中国农业科学院农业资源与农业区划研究所土壤肥料实验室建设项目于 2011 年 11 月获农业部批准立项（农计函〔2011〕167 号），2012 年 3 月项目初步设计和概算获农业部批复（农办计〔2012〕30 号），项目总投资 2 560 万元，全部为中央预算内投资。建设地点在中国农业科学院农业资源与农业区划研究所东侧，项目于 2013 年 5 月开工建设，2015 年完成全部建设内容。通过项目实施，建成 6 层 5 038 平方米实验楼 1 座。

八、国家食用菌改良中心建设项目

国家食用菌改良中心建设项目于 2012 年 3 月获得农业部批准立项（农计函〔2012〕20 号），2012 年 5 月项目初步设计和概算获得农业部批复（农办计〔2012〕57 号），项目总投资 1 275 万元，全部为中央预算内投资。建设地点在河北省承德市平泉县，项目于 2013 年 3 月 8 日开工建设，2015 年 11 月 30 日竣工验收。通过项目实施，新建 2 382.89 平方米实验楼 1 座（共 3 层），原料及机具库 298.89 平方米，传达室及大门 41.65 平方米，厂区道路 2 694.84 平方米，围墙 535.30 米，厂区平整回填 24 230.48 平方米，消防水池及泵房 238.56 平方米，日光温室 337.18 平方米，野生种质圃 1 140 平方米；修建安装变压器 1 座，机井与泵房 1 座，建设配套室外工程；购置配套实验台 1 套，购置仪器设备 20 台/套。

九、呼伦贝尔综合试验基地建设项目

呼伦贝尔综合试验基地建设项目于 2015 年 11 月获得农业部批准立项（农计发〔2015〕190 号）立项，2016 年 6 月项目初步设计和概算获得农业部批复（农办计〔2016〕45 号），项目总投资 2 948 万元，全部为中央预算内投资。建设地点在内蒙古自治区呼伦贝尔市海拉尔区谢尔塔拉农牧场。建设内容包括新建实验室 3 788.46 平方米，农机具库 568.49 平方米，食堂 274 平方米，消防泵房及水池 330.91 平方米，配套场区给排水、电气、道路等工程；建设网围栏 6 098.02 米，田间道路 18 966.22 平方米；购置实验台 248 米；征地 3 057.24 亩。

十、国家食用菌育种创新基地建设项目

国家食用菌育种创新基地建设项目于 2016 年 5 月获得农业部批准立项（农计发〔2016〕74 号），2016 年 9 月项目初步设计和概算获得农业部批复，项目总投资 723 万元，全部为中央预算内投资。建设地点在河北省承德市平泉县卧龙镇八家村。建设内容包括改造试验车间 3 360 平方米，土方工程 2 956 立方米；购置仪器设备 8 台/套，其中安装净化系统、环控系统、智能中控系统、培养架及培养框各 1 台/套，大型灭菌器 2 台，叉车、冷藏车各 1 台/套。

十一、祁阳试验基地建设项目

祁阳试验基地建设项目于 2016 年 12 月获得农业部批复立项（农计发〔2016〕101 号），2017 年 11 月项目初步设计和概算获得农业部批复（农办计〔2017〕93 号），项目总投资 2 821 万元，全部为中央预算内投资。建设地点在湖南省祁阳县文富市镇祁阳红壤实验站内。截至 2019 年 12 月底，通过项目实施，新建实验室和样品库 3 617.6 平方米，食堂 181.3 平方米，农机具库 151.5 平方米；修建旱棚 206 平方米，渗漏池 587 平方米，围墙 207 米，扩宽池塘 400 平方米，道路 2 099.2 平方米，排水沟 1 300 米，改造道路 3 080 平方米；新购置仪器设备 8 台/套；新征土地 81.04 亩。

十二、德州试验基地建设项目

德州试验基地建设项目于 2017 年 11 月 7 日获得农业部批复立项（农计发〔2017〕123 号），2018 年 10 月 31 日项目初步设计和概算获得农业部批复（农办规〔2018〕8 号），项目总投资 2 731 万元，其中建筑安装工程费 1 844.95 万元，仪器设备及农机具购置费 254.24 万元，工程建设其他费用 539.83 万元，预备费 91.98 万元，全部为中央预算内投资。建设地点分别在德州实验站陵县和禹城试验区。建设内容包括新建综合实验室 3 494 平方米，网室 2 100 平方米，晒场 2 100 平方米，日光温室 1 600 平方米，渗漏池 72 个，试验隔断小区 182 个，配套建设道路、田间排水沟、田间灌溉管道、输电线路、围栏等工程，征地 72 亩，购置智能人工气候箱、小区微耕机等仪器设备和农机具 42 台/套。

第二节　仪器设备

2003 年以来，研究所申请获批国家发展改革委、财政部、农业部仪器购置项目 36 项，总投资 22 881 万元。主要包括农业遥感监测系统设备购置、遥感监测设备购置、农业部植物营养与养分循环重点开放实验室仪器设备购置、农业部肥料质量安全监督检验中心、耕地培育技术国家工程实验室建设、农业部面源污染控制重点实验室建设、农业信息技术重点实验室建设、农业部农业微生物资源收集与保藏重点实验室建设、植物营养与肥料重点实验室建设、国家数字农业示范工程建设、国家数字农业创新中心建设试点等 11 项基建购置项目和 25 项仪器设备购置项目。通过项目实施，购置了高精度红外定标黑体、红外光谱辐射计、大气干湿沉降观测系统、ICP-MS、激光光谱元素分析仪、土壤粒径分析系统、稳定同位素质谱仪、激光烧蚀进样系统、X 射线衍射仪、电感耦合等离子体质谱仪、核磁共振仪、气质联用仪、液质联用仪、氨基酸自动分析仪、等离子光谱仪、自动微生物快速检测系统、土壤二氧化碳同位素通量监测系统、红外显微成像系统、元素分析仪、离子色谱仪、等离子体发射光谱仪等大型仪器设备（70 万元以上设备），对植物营养与肥料、农业遥感监测、农业信息技术、农业微生物、面源污染、肥料质量监测、草原监测等科研仪器设备进行了补充配备和更新换代。

截至 2019 年 12 月，资划所仪器设备共有 10 641 台/套，账面原值 34 139.83 万元，其中 50 万元上 100 万元以下大型仪器设备 107 台/套，100 万元以上 200 万元以下大型仪器设备 29 台/套，200 万元以上大型仪器设备 9 台/套，包括车载无人机一体化农情感知装备（长航时固定翼全功能版）1 套，傅立叶变换红外光谱辐射测量系统 1 套，近红外可见光反射透射测量分析系统 1 套，长波红外遥感光谱成像系统 1 套，超高效液相色谱/四极杆—飞行时间质谱联用仪 1 台，扫描电子显微镜 1 台，稳定同位素质谱仪 1 台、存储单元及存储介质 1 套，核磁共振仪 1 台。

第三节　实验室建设

2003 年 5 月两所合并时，研究所有 2 个农业部重点开放实验室，即农业部植物营养与养分循环重点开放实验室和农业部资源遥感与数字农业重点开放实验室。"十二五"时期增加 1 个国家工程实验室、3 个农业部专业实验室、1 个农业部风险评估实验室。截至 2019 年年底，研究所拥有实验室 8 个。其中国家工程实验室 1 个，农业部综合性实验室和专业性实验室 5 个，风险评估实验室 2 个。

一、耕地培育技术国家工程实验室

（一）历史沿革

2011年8月，耕地培育技术国家工程实验室获国家发展改革委批复立项，2011年下半年对实验室建设实施方案进行了讨论与论证。

2012—2014年，完成了所有建安改造工程和仪器购置，并全面投入试运行。

2016年，完成了农业部对项目的竣工验收，正式开始办公/科研工作。

该实验室依托土壤研究室（2014年更名为土壤培肥与改良研究室、2017年更名为土壤改良研究室）建设，是以土壤培肥技术为核心，以土壤资源高效利用和提高粮食生产能力为目标的国家级技术研发共享平台。

实验室成立以来，一直由王道龙担任实验室主任，徐明岗担任常务副主任，唐华俊院士担任学术委员会主任。

（二）研究方向

该实验室围绕东北、黄淮海和长江流域等粮食主产区的玉米、小麦、水稻、大豆等粮食作物生产的迫切需求，瞄准国内外先进技术水平和学科前沿，通过创新运行机制和提高自主与集成创新能力，重点突破以提升土壤有机质为核心的高产土壤培肥技术，以消减障碍、阻控退化和定向培育为目标的中低产土壤治理技术，以信息化为支撑的土壤质量评价技术，以肥料缓/控释、有机无机复合化和功能化为代表的新型肥料研制技术，以提高肥料利用率和高产稳产为中心的高效施肥技术等五大共性关键技术体系，在中试基地和粮食核心主产区进行技术工程化创新集成和转化应用，为粮食持续增产提供强有力的技术支撑。

（三）科研条件

1. 基础设施

实验室位于中国农业科学院院内，下设高产土壤培肥技术、中低产土壤治理技术、土壤质量评价技术、新型肥料技术和高效施肥技术5个技术研究室，建有土壤调理剂和新型肥料2个中试车间，并在6个粮食主产区建立了技术示范基地。截至2019年年底，实验室拥有5 393.57平方米的房屋和2 660亩的标准实验田，其中办公和实验用房4 536平方米，中试车间857.57平方米。

2. 仪器设备配置

截至2019年年底，实验室拥有仪器设备164台/套，5个技术研究室有设备115台/套，2个中试车间有设备49台/套，6个技术示范基地有设备54台/套。

（四）科研与产出

实验室成立以来，依托5个技术研究室、2个中试车间和6个技术示范基地，科研工作取得很大进展。

2016年为"十三五"开局之年，实验室人员主持"肥料养分推荐方法与限量标准""新型复混肥料及水溶肥料研制"等4项国家重点研发计划项目，项目经费达17 000万元；实验室人员还在其他项目中主持课题8项，任务经费突破4 000万元；通过与相关兄弟单位合作，2018年成功申请国家自然科学基金重点项目"黄土丘陵区煤矿区复垦土壤质量演变过程与定向培育"。

针对我国农田土壤酸化严重，存在酸化趋势不明确且难以预测、关键影响因素难以判别与消减、改良的临界pH值难以确定等三大技术瓶颈，通过点面结合、田间和盆栽试验结合、示范和推广结合的方法，集成的成果"我国典型红壤区农田酸化特征及防治关键技术构建与应用"获得 2018 年国家科技进步奖二等奖。

二、农业部植物营养与肥料重点实验室（综合性）

（一）历史沿革

1996 年 11 月 30 日，农业部植物营养与肥料重点实验室获农业部批准建立，首次命名为农业部植物营养学重点开放实验室。2002 年 11 月，在农业部第四轮农业部重点开放实验室评估命名时，更名为农业部植物营养与养分循环重点开放实验室。2008 年 8 月，在第五轮农业部重点开放实验室评估命名时，更名为"农业部作物营养与施肥重点开放实验室"。2011 年，农业部按照学科群布局建设农业部重点实验室时，更名为农业部植物营养与肥料重点实验室。实验室是农业部"十二五"时期重点建设的 30 个综合性实验室之一，牵头植物营养与肥料学科群建设。该实验室负责指导本学科群下的 4 个区域（东北、西北、长江中下游、南方）重点实验室，5 个专业（新型肥料、生物肥料、作物专用肥料、腐植酸类肥料和海藻类肥料）实验室以及 8 个农业科学观测实验站的建设与运行。其主要任务是：开展植物营养与肥料领域农业应用基础研究和前沿技术创新，解决制约农业生产中植物—土壤—肥料的共性和关键技术问题，提升我国植物营养与肥料科技的自主创新能力，为植物营养与肥料学科理论与科技创新、国际交流与合作以及人才培养提供平台。

实验室建立以来，先后由李家康（1996—2001 年）、金继运（2001—2011 年）担任实验室主任。2011 年实验室更名为"农业部植物营养与肥料重点实验室（综合性）"后，由王道龙担任实验室（综合性）主任、白由路担任常务副主任，朱兆良院士担任学术委员会主任。实验室固定人员主要来自植物营养、肥料等研究室。截至 2019 年年底，实验室固定研究人员 42 人，有正高级研究人员 16 人，副高级研究人员 19 人，其中具有博士学位人员 42 人，国家"973"计划项目首席科学家 2 人，国家科技支撑计划项目首席科学家 1 人，入选农业部农业科研杰出人才及创新团队计划 4 人，新世纪百千万人才工程国家级入选专家 1 人，国家级重大科技项目科学家 1 人，农业部有突出贡献中青年专家 1 人，中国农业科学院科技创新工程首席科学家 3 人。

（二）研究方向

围绕国家植物营养与肥料发展的战略需求和国际科技发展趋势，以提升农业科技自主创新能力、满足产业发展的科技需求为目标，主要从事植物营养与肥料学科的基础研究和应用基础研究，开展植物营养与肥料共性和区域性重大科技问题公益性研究，加强技术推广，确保国家粮食安全，生态环境安全以及资源高效利用。

重点研究方向：①植物营养生物学，包括植物对养分吸收、转运与利用的过程与分子基础；植物矿质营养性状遗传规律与改良。②养分循环，包括土壤养分转化及损失途径；根土界面养分的活化与转化。③高效施肥，包括高产土壤养分供应与作物养分需求规律；土壤—作物养分诊断与肥料推荐；有机肥料的养分替代与秸秆还田机理与技术。④新型肥料，包括肥料养分的控释机制与材料创新；水肥耦合与水肥一体化原理与技术。

（三）科研条件

1. 基础设施

实验室位于中国农业科学院院内，拥有房屋面积 4 100 平方米。实验室主要依托植物营养、肥料等研究室建设。

2. 仪器设备配置

实验室于 2006 年获得 360 万元、2008 年获得 900 万元实验室仪器设备购置项目支持，2015 年获得 1 121 万元实验室基本建设项目的支持。通过项目实施，购置扫描电子显微镜、同位素质谱仪、超高效液相色谱/四级杆—飞行时间质谱联用仪、高分辨激光共聚焦显微拉曼光谱仪、学科群服务器、数据存储系统、防火墙、路由器、UPS 电源、操作系统及数据库软件、物联网数据获取与处理系统、扩散皿低温冰箱、台式高速大容量冷冻离心机器和农作物及土壤养分近红外光谱仪等仪器设备共 23 台/套。

截至 2019 年年底，实验室拥有仪器设备 140 余台/套，仪器设备总价值 3 800 万元，其中 10 万元以上设备有 72 台/套，总价值 2 700 万元。实验室定期发布学科群大型仪器和设施设备运行情况，拟将实验室建成本领域的公共平台。统筹制定科研仪器设备的工作方案，有计划地实施科研仪器设备的更新改造和自主研制，保障科研仪器的高效运转和"学科群"内统一使用，并按照有关规定和要求实施数据共享。

（四）科研与产出

"十五"期间，依托实验室承担科研课题有国家"863"计划课题、国家"973"计划课题、国家自然科学基金项目、国家科技攻关专题以及省部级重点课题等多项。

"十一五"开始至 2019 年年底，主持国家科技计划项目（课题）10 项，主要包括国家科技支撑计划项目"沃土工程关键支撑技术研究"（2006—2010 年）、"高效施肥关键技术研究与示范"（2006—2010 年）和"华北平原小麦—玉米轮作区高效施肥技术研究与示范"（2015—2019 年），国家重点基础研究发展计划项目（"973"计划项目）"肥料减施增效与农田可持续利用基础研究"（2007—2011 年）和"肥料养分持续高效利用机理与途径"（2013—2017 年），国家重点研发计划项目"新型复混肥料及水溶肥料研制"（2016—2020 年）、"肥料养分推荐方法与限量标准"（2016—2020 年），公益性行业科研专项"绿肥作物生产与利用技术集成研究及示范"和"南方低产水稻土改良技术研究与示范"；主持国家级课题 75 项，国家自然科学基金项目 51 项。

依托重点实验室，1996—2019 年，以第一完成单位获得国家级科技奖励 7 项，其中"含氯化肥科学施肥和机理的研究"1998 年获得国家科技进步奖二等奖、"土壤养分综合系统评价法与平衡施肥技术"1999 年获得国家科技进步奖三等奖、"北方土壤供钾能力及钾肥高效施用技术研究"2000 年获得国家科技进步奖二等奖、"主要作物硫钙营养特性机制与肥料高效施用技术"2005 年获得国家科技进步奖二等奖，"低成本易降解肥料用缓释材料创制与应用"2013 年获得国家技术发明奖二等奖，"主要粮食产区农田土壤有机质演变与提升综合技术及应用"2015 年获得国家科技进步奖二等奖，"南方低产水稻土改良与地力提升关键技术"2016 年获得国家科技进步奖二等奖。

"十一五"以来，以第一完成单位获得省部级及院级奖励 7 项。其中，"环境友好型肥料研制与产业化"2007 年获中华农业科技奖二等奖；"新型缓/控释肥料技术"2008 年获中华农业科技奖一等奖；"多种功能高效生物肥料研究与应用"2009 年获中华农业科技奖一等奖；"新型生态修复功能材料技术与产业化应用"2010 年获环保部科技成果奖二等奖；"稻田绿肥—水稻高产高效清洁生产体系集成及示范"2013 年获中华农业科技奖一等奖；"主要粮食作物养分资源高效利用关键技术"获 2018—2019 年中华农业科技奖一等奖；"主要粮食作物化肥减施增效关键技术"获 2019 年中国农业科学院科学技术成果奖杰出科技创新奖。此外，"双控复合型缓释肥料及其制备方法"发明专利于 2015 年获第十七届中国发明专利优秀奖，"一种腐植酸复合缓释肥料及其生产方法"发明专利于 2016 年获第十八届中国发明专利优秀奖。

截至 2019 年年底，依托重点实验室，在国内外权威学术刊物发表论文 572 篇，其中 SCI 收录论文 227 篇，EI 收录论文 22 篇，中文核心期刊 161 篇，其他 162 篇；主编和参编专著 29 部；软件著作权 12 项；获得国家发明专利 58 项，鉴定成果 11 项，技术转让 15 项。

研究系列成果从基础理论到应用实践为作物持续增产和农田可持续利用提出了养分资源高效

利用的战略与对策以及高效施肥的理论、方法和技术体系，为集约化栽培区节肥增效与保障农田可持续利用提供理论基础与技术支撑。成果的实施，在我国农业生产领域尤其在养分资源管理、高效施肥以及肥料产业方面产生了巨大的社会效益、经济效益和生态效益。重点实验室已成为我国植物营养与肥料领域拥有自主创新能力并具有国际竞争力的研发主体。同时，随着重点实验室的建设与发展，重点实验室与国内外研究机构及企业建立的广泛合作关系，成为国内植物营养与肥料学科领域重要的学术交流基地。

三、农业部农业遥感重点实验室（综合性）

（一）历史沿革

2002 年 11 月，在第四轮农业部重点开放实验室评估命名时批准成立（农科教发〔2002〕10 号），首次命名为农业部"资源遥感与数字农业"重点开放实验室。

2008 年 8 月，在第五轮农业部重点开放实验室评估命名时沿用农业部"资源遥感与数字农业"重点开放实验室名称。

2011 年 11 月，农业部以"学科群"为单元建设农业部重点实验室时，实验室更名为"农业部农业信息技术重点实验室"，是"农业信息技术学科群"下的综合性重点实验室，牵头农业信息技术学科群建设。

2016 年 12 月，根据《农业部办公厅关于公布"十三五"农业部重点实验室及科学观测实验站建设名单的通知》，实验室退出"农业部农业信息技术重点实验室"，名称调整为"农业部农业遥感重点实验室"，实验室为"农业遥感学科群"下的综合性重点实验室，牵头"农业遥感学科群"建设，负责指导本"学科群"下的 4 个专业性重点实验室（农业部耕地利用遥感重点实验室、农业部草地与农业生态遥感重点实验室、农业部农业灾害遥感重点实验室和农业部农业遥感机理与定量遥感重点实验室）建设与运行。

2011 年前，实验室主任一直由唐华俊担任，学术委员会主任由孙九林院士担任。2011 年 11 月，实验室更名为农业部农业信息技术重点实验室，主任由周清波（2011—2013 年）和唐华俊（2013—2016 年）担任，学术委员会主任先后由童庆禧院士（2011—2013 年）、汪懋华院士（2013—2016 年）担任；2016 年 12 月，实验室调整为农业部农业遥感重点实验室后，主任由周清波担任（2016 年至今），学术委员会主任由周成虎担任（2016 年至今）。实验室固定人员主要来自农业遥感、智慧农业 2 个研究室。截至 2019 年年底，有固定研究人员 52 人，其中研究员 19 人，副研究员 15 人，具有博士学位 39 人，中国工程院院士 1 人，欧洲科学院院士 1 人，比利时皇家科学院通讯院士 1 人，农业部"神农计划"入选者 1 人，农业部有突出贡献中青年专家 3 人，欧美著名大学客座或兼职教授 2 人，联合国粮农组织（FAO）"全球农业监测运行系统"专家 1 人。研究人员的学科专业覆盖遥感、地理信息系统、地理学、农学、生态学、气象学、计算机、自动化和经济学等多个领域。

（二）研究方向

围绕农业遥感技术促进农业现代化的国家重大需求，瞄准农业遥感科学国际前沿，以农业遥感理论、方法、技术和系统集成研究为核心，围绕农业遥感基础前沿及共性关键技术，重点开展农业定量遥感、农情遥感、农业资源环境遥感、热带农业遥感、智慧农业 5 个方面的研究。

农业定量遥感研究主要包括：面向农业遥感监测的光谱响应与诊断技术、作物与农田参数遥感定量反演技术、农业定量遥感产品生产系统等。

农情遥感研究主要包括：农业空间抽样理论与技术、作物遥感空间分布制图、作物生长诊断与产量预测模型、农业灾损遥感快速评价技术、农情遥感信息系统集成和农业遥感技术标准等。

农业资源环境遥感研究主要包括：农业土地资源遥感技术、草地资源遥感技术、农业污染遥感监测技术、农业灾害遥感监测技术和农业生态系统碳排放量遥感计量技术等。

热带农业遥感研究主要包括：在热带作物高光谱遥感数据库研建、关键参数遥感定量反演、长势/产量监测模型、作物精细识别、农业灾害监测与快速评估等方面开展技术攻关，构建热带作物农情监测系统，探索热带智慧农业新模式。

智慧农业研究主要包括：天空地一体化农情信息采集技术、遥感大数据挖掘和互联网发布技术、灾害监测与农业保险服务技术、地面/农户调查装备及大田农情监测装备、遥感大数据管理及服务平台研发等。

（三）科研条件

1. 基础设施

实验室位于中国农业科学院院内，截至2019年年底，实验室拥有房屋面积 3 180 平方米。

实验室于 2002 年建成 EOS/MODIS 卫星接收与处理系统，这是当时国内农业系统唯一的可以全天候接收和处理 MODIS 卫星图像的系统。同年，牵头建立了全国第一个业务化运行的农业遥感监测系统（CHARMS）。2003 年实验室在河北廊坊建成了大型综合农业遥感试验基地，2005年实验室的内蒙古呼伦贝尔站纳入国家野外台站序列管理。另外，实验室在全国建设了 200 多个数据采样县和 7 000 余个地面采样点，形成了覆盖全面、层次多样的农业遥感信息地面获取网络体系。

2. 仪器设备配置

在农业部第五轮重点实验室评估（2008 年）前，实验室仪器设备原值为 1 880 万元，其中单价 10 万元以上的大型设备 36 台/套，总价值 1 300 万元。主要包括：气象卫星遥感信息自动接收/处理/存储设备，空间数据加工处理设备，野外观测设备，便携式野外观测设备，遥感、GIS 处理软件，大型数据库处理软件以及其他专用软件，输入/输出设备，局域网络系统，办公用设备，及数码照相机、越野考察车等仪器设备。

在农业部按照学科群建设实验室（2011 年）前，实验室有仪器设备 200 台/套，仪器设备原值为 3 000 万元，其中包括气象卫星遥感信息自动接收/处理/存储设备、空间数据加工处理设备、野外观测设备、遥感、GIS 处理软件、大型数据库处理软件等专用软件以及大型输入/输出设备等 10 万元以上的大型设备 44 台/套，总价值 1 900 万元。

2014 年，实验室获得"农业信息技术重点实验室建设项目"支持，经费 1 245 万元。截至2019 年年底，实验室拥有服务于农业遥感与数字农业等信息获取、信息分析处理和信息决策支持的各类仪器设备总价值 3 728 万元，包括国际先进的超高分辨率傅立叶热红外成像系统（单套价值 500 多万）、天空地一体化农业信息获取与实时处理系统、卫星遥感信息自动接收/处理/存储设备、空间数据加工处理设备等。

（四）科研与产出

2002 年以来，依托实验室共承担国家"863"计划课题 11 项、国家"973"计划课题 2 项、国家科技攻关/科技支撑计划课题 16 项、国家自然科学基金项目 29 项，以及国家自然科学基金重大、重点项目、农业部"948"计划项目、国际合作和省部委重点项目等百余项，设立开放课题 30 多项。获得国家和省部级科技成果奖励 46 项。其中，国家科技进步奖 3 项，省部级奖 26项。"十二五"以来，共获授权专利 29 项，出版专著 31 部，发表论文 412 篇（其中 SCI/EI 收录论文 251 篇），制定国家和行业标准 11 项，与 10 多个国际一流大学和研究机构签订合作协议，建有 1 个国际联合实验室。

实验室创建了适合于国家及区域尺度农作物和旱涝灾害遥感监测的理论、方法和技术体系，建立了国内首个国家农作物遥感监测系统（CHARMS）和国家农业旱涝灾害遥感监测系统，以第一完成单位分别于2012年和2014年获得国家科技进步奖二等奖2项，以第一完成人获得国家自然科学奖二等奖1项。

"主要农作物遥感监测关键技术研究及业务化应用"获得2012年国家科技进步奖二等奖。该项目创建了多源多尺度农作物遥感监测技术体系，并首次创建了天（遥感）地（地面）网（无线传感网）一体化的农作物信息获取技术，在国内率先研制出面向农作物遥感监测的光谱响应诊断技术，研发出全面覆盖农作物和农田环境参数的定量反演算法和模型，建立了国内唯一稳定运行超过10年的国家农作物遥感监测系统（CHARMS），成为国际地球观测组织（GEO）向全球推广的农业遥感监测系统之一。

"农业旱涝灾害遥感监测技术"获得2014年国家科技进步奖二等奖。该项目重点突破了旱涝灾害信息快速获取、灾情动态解析和灾损定量评估3大技术瓶颈，创建了国内首个精度高、尺度大和周期短的国家农业旱涝灾害遥感监测系统，实现了国家和区域尺度的业务化应用和信息服务。

"地表水热关键参数热红外遥感反演理论与方法"获得2019年度国家自然科学奖二等奖。地表水热关键参数热红外遥感反演与验证是遥感科学界公认的重大难题。针对这一难题，项目创建了地表温度遥感反演的"通用分裂窗法"，实现了反演精度优于1度的业界长期奋斗目标；首创了仅以遥感可反演的地表参数为输入的"两段分离法"，形成了蒸散发遥感反演的"梯形特征空间"理论与方法，实现了蒸发与蒸腾的有效分离。8篇代表性论文SCI他引923次，其中4篇是基本科学指标（ESI）数据库高被引论文。

四、农业部农业微生物资源收集与保藏重点实验室

（一）历史沿革

2011年11月，农业部农业微生物资源收集与保藏重点实验室成立，属于农业微生物资源利用学科群下的专业性重点实验室。

2016年8月，实验室通过农业部重点实验室"十二五"建设工作评估。

实验室成立以来，实验室主任先后由任天志（2011—2017年）和张瑞福（2017至今）担任，学术委员会主任先后由陈文新院士（2011—2017年）和赵国屏院士（2017至今）担任。实验室固定人员主要来自微生物资源研究室、食用菌研究室和菌肥测试中心。截至2019年，实验室有固定人员36人，其中正高级专业技术职务人员10人，副高级专业技术职务人员15人，具有博士学位人员23人，硕士学位人员9人，专业涉及微生物学、植物保护、植物营养与肥料、食用菌、生物技术等。拥有科技部"中青年科技创新领军人才"1人，国家现代农业产业技术体系岗位科学家3人，其中包括首席专家1人。

（二）研究方向

实验室围绕农业微生物资源收集、保藏及利用开展基础和应用基础研究，重点开展农业微生物资源收集与保藏、微生物肥料研发与应用、食用菌资源与育种、微生物肥料和食用菌菌种质量安全检测与评价技术4个方向研究。

研究内容包括：生物肥料中的微生物在复杂根际环境中的竞争定殖机制和生物肥料的作用机理研究、食用菌菌种退化机理研究、食用菌菌种扩繁和菌种质量监测技术研究以及微生物肥料产品功效评价与环境监测技术研究等。

（三）科研条件

1. 基础设施

实验室位于中国农业科学院院内，截至2019年，实验室拥有房屋面积2 330平方米，其中

专用实验室面积 670 平方米，资源库面积 500 平方米，拥有中国农业微生物菌种保藏管理中心和农业部微生物肥料和食用菌菌种质量监督检验测试中心。实验室用于菌种保藏的液氮保藏库、-80℃超低温冰箱保藏库、油管库和冷冻干燥低温保藏库，可保证 2 万余株微生物菌种资源的长期安全保藏。2014 年，农业部农业微生物资源收集与保藏重点实验室建设项目获农业部批准立项，总投资 758 万元，主要进行实验室改造和仪器购置。

2. 仪器设备配置

截至 2019 年年底，实验室拥有仪器设备 65 台/套，总价值达 1 642.71 万元。其中 10 万元以上设备 50 台，主要包括全自动菌种微生物鉴定系统、实时荧光定量 PCR 仪、低温显微镜系统、核蛋白分析仪、液相色谱仪、气象色谱仪等先进设备。

（四）科研与产出

自 2011 年实验室成立以来，累计承担各类课题 70 余项，获得省部级奖励 3 项，发表论文 200 余篇，专著 14 部，获得专利 62 项，制定国家标准 1 项，行业标准 8 项，选育食用菌新品种 9 个。

2015 年，实验室主持完成的"食用菌菌种资源及其利用的技术链研究与产业化应用"获得 2014—2015 年度中华农业科技奖一等奖，"高效固氮、改土微生物资源筛选与菌剂研制应用"成果发现了类芽孢杆菌属（*Paeni bacillus*）和芽孢杆菌属（*Bacillus*）是农田环境固氮微生物优势种群，获国家发明专利 5 项、发表论文 31 篇，鉴定为国际先进水平。

2016 年，"中国白灵菇种质资源挖掘与创新利用"成果创新了白灵菇种质资源研究和挖掘的技术方法，构建了"品种—菌种—栽培技术—设施设备—产品"一体化的白灵菇产业关键技术体系。该成果获国家发明专利 4 项，制定行业标准 3 项、地方标准 2 项，出版专著 1 部，发表论文 19 篇。该成果在河南、河北、新疆、北京等地应用，取得了显著社会、经济和生态效益。

2017 年，"食用菌种质资源鉴定评价技术与广适性品种选育"成果获国家科技进步奖二等奖。实验室针对制约我国食用菌产业发展的首要技术瓶颈菌种问题，系统开展了"食用菌种质资源鉴定评价技术与广适性品种选育"研究，重点突破了种质资源精准鉴定评价和高效育种两大技术瓶颈，创建了食用菌种质资源库和数据库，建立了食用菌种质资源鉴定评价和高效育种技术体系，并选育出一批广适性新品种。

作为农业微生物资源保藏单位，实验室每年为 150 多家从事微生物肥料、微生物农药、微生物饲料、微生态制剂的企业、食用菌种植大户，200 多家从事农业微生物科研的高等院校和科研院所提供 1 500 株左右的菌种服务及保藏鉴定等服务，支撑了我国生物农业产业的发展和科研进步。

五、农业部面源污染控制重点实验室

（一）历史沿革

2011 年 11 月，农业部面源污染控制重点实验室成立，属于农业环境学科群下的专业性重点实验室。

2016 年，实验室通过农业部重点实验室"十二五"建设工作评估。

实验室建立以来，一直由刘宏斌担任实验室主任，朱兆良院士担任第一届学术委员会主任，陈温福院士担任第二届学术委员会主任。实验室固定人员主要来自面源污染研究室，截至 2019 年，实验室有固定人员 31 人，其中高级专业技术职务人员 24 人，正高级专业技术职务人员 12 人，50 岁以下研究骨干 13 人。

（二）研究方向

依据我国农业面源污染面临的主要问题与重点任务，实验室主要研究领域为碳氮循环与面源污染，重点研究农业面源污染防治，主要研究内容包括农业面源污染负荷估算与风险评估、农业面源污染发生与驱动机制、农业面源污染防治方案与技术3个方面，并据此设置5个具体研究任务。

1. 农业面源污染发生与驱动机制

主要研究氮、磷、重金属、有机污染物等主要农业面源污染物在产生、排放、迁移、入湖等过程中所发生的形态和数量变化规律及其物理、化学、生物学作用机制；研究、揭示农业面源污染驱动因子和主要影响因素；研究建立农业面源污染产生、排放、入湖监测技术方法、规范与模拟模型。

2. 农业清洁生产

主要研究节约型农业生产技术（包括肥料、农药等农用化学投入品以及农业灌水的安全高效利用）、生态养殖技术等，建立农业清洁生产技术，转变资源依赖型农业生产方式，从源头控制面源污染排放。

3. 农业废弃物处理与循环利用

主要研究农业废弃物无害化处理与循环利用技术，重点关注农业废弃物处理利用过程中氮磷养分、典型重金属和有机污染物的形态、数量变化特征及其对水体、土壤、作物的安全性影响，明确农业废弃物土地安全承载力，建立农业废弃物安全利用模式与技术规范，推动农业废弃物资源化利用水平。

4. 农业农村污水处理与利用

主要研究高效收集、生态处理与循环利用技术，重点关注污水处理利用过程中氮磷、典型重金属和有机污染物的形态、数量变化特征及其对水体、土壤、作物的安全性影响，建立适合我国不同区域、不同规模的农业农村污水处理与利用技术模式，提高农业农村污水处理与再利用水平。

5. 农田地膜污染控制与修复

主要研究标准地膜高效利用、新型可降解地膜研发、农田残膜回收与资源化利用、农田残膜快速降解等，建立农田地膜污染控制与修复成套技术，有效控制"白色污染"。

（三）科研条件

1. 基础设施

实验室位于中国农业科学院院内，拥有房屋面积1 000平方米，设有办公室以及常规分析实验室、痕量分析实验室、环境微生物实验室等。

2. 仪器设备配置

2013年11月，"农业部面源污染控制重点实验室建设项目"获农业部批准立项，总投资807万元，2016年项目通过竣工验收。通过项目实施，购置仪器设备18台/套，主要包括：总有机碳分析仪、全自动凯氏定氮仪、离子色谱仪、微波消解系统、原子吸收分光光度计、超高效液相色谱仪、气相色谱仪、微生物鉴定系统、倒置荧光显微镜、实时荧光定量PCR仪、土壤呼吸监测系统、高速冷冻离心机、植物光合测定仪、土壤非饱和导水率测量系统、多气体分析仪、双通道原子荧光光度计各1台/套，流动注射分析仪2台等。截至2019年，实验室拥有仪器设备89台/套，其中10万元以上的大型仪器23台/套。

（四）科研与产出

2011年11月成立以来，实验室承担国家和省部级科研项目30余项，获国家科技进步奖二等奖 1 项，省部级科技进步奖一等奖 2 项、二等奖 5 项，收录 SCI、EI 的论文 100 余篇，中文核心期刊 200 余篇，出版专著 20 余部；取得发明专利 20 余项；实用新型专利、软件著作权等 80 余项。

六、农业部草地资源监测评价与创新利用重点实验室

（一）历史沿革

农业部草地资源监测评价与创新利用重点实验室于 2017 获农业部批准建立，属于草牧业创新学科群下的专业性重点实验室；2018 年通过农业农村部试运行重点实验室考核评估。

实验室成立以来，一直由陈金强担任主任，学术委员会主任为南志标院士。固定人员主要来自草地生态遥感团队以及所内相关专业人员。截至 2019 年年底，有固定人员 22 人。

（二）研究领域及方向

实验室主要研究领域包括草地资源信息获取技术体系研究、草地资源动态监测研究与应用、草地资源定量评价研究和草地资源创新利用等方面。

1. 草地资源信息获取技术体系研究

（1）基于长期观测网络的信息获取技术。基于呼伦贝尔站工作积累，依托农业部长期基础性工作，制定监测指标体系和技术规范，开展草地资源水土气生数据获取和质量控制技术研究，建立数据汇交、挖掘和大数据分析系统，创新草地生态测量方法。

（2）天空地一体化的信息实时获取技术。创建以卫星遥感数据为主体来源、近地航拍为重点区域信息插补、地基协同网络为支撑的"天—空—地"一体化信息获取技术体系，研制国家到区域尺度的草地资源信息快速获取方法，有效提高草地资源监测的精度与时效性。

2. 草地资源动态监测研究与应用

（1）草地生产与环境参数遥感获取技术创新。针对反映草地植被的关键参数（LAI/FPAR、NPP 等）和环境水热参数等（土壤水分、地表温度等），开展反演算法和真实性检验研究。

（2）多尺度草地资源高精度动态监测研究。开展国家到区域尺度的草原生产力、长势、物候、草畜平衡等动态监测研究，建立高效稳定的信息平台，开展业务化运行和应用服务。

3. 草地资源定量评价研究

（1）草地资源生产能力评价研究。研究草地生产能力评估指标体系，构建草原生长旺季最大产草量、净初级生产力、可采食牧草产量和草地承载力等评价模型，从牧草和牲畜的角度，综合评判草地资源的生产能力。

（2）草地资源生态状况评价研究。构建草地生态状况评价指标体系和方法，研发草地生态健康、退化沙化、生态服务价值等定量评价技术，系统揭示草地生态状况及其时空格局。

4. 草地资源创新利用研究

（1）草地资源创新利用途径与潜力挖掘。优化创新控制放牧、合理刈割和人工草地高效生产等传统利用方式，拓展草地动植物资源、有机肥料资源、菌类资源培育等特色资源开发利用途径。

（2）草地生态产业技术创新及试点研究。开展区域生态草业、生态畜牧业和生态旅游产业技术集成创新；面向大型农牧场和家庭牧场，进行生态草牧业产业化示范和试点研究。

（3）草地资源优化管理与决策支持技术研究。研制草地资源监测、评价、管理数字软硬件技术平台，实现草地资源优化管理与决策支持，开展区域与全国尺度的业务化运行。

（三）科研条件

1. 基础设施

实验室位于中国农业科学院院内，拥有呼伦贝尔草原生态系统国家野外科学观测研究站和国家农业数据中心草地分中心。实验室积累了大量的草地资源长时间序列资料；具有永久科研用地3 200亩、50年以上租期的观测样地3 500亩；拥有科研实验楼及附属生活设施1 589平方米，在建项目"中国农业科学院呼伦贝尔综合试验基地"完成后将达到5 000平方米。

2. 仪器设备配置

实验室拥有各类观测仪器、设备和大型农机具417台/套，能够胜任草地立体监测、草地评价和创新利用的研究工作。

（四）科研与产出

2017年成立以来，实验室承担国家和省部级科研项目20余项，获得省部级科技成果奖励1项，发表国内外期刊论文120篇，出版著作5部；取得发明专利6项；实用新型专利、软件著作权等20余项。

七、农业部微生物产品质量安全风险评估实验室（北京）

（一）历史沿革

农业部微生物产品质量安全风险评估实验室（北京）成立于2013年4月，是农业部第二批批准成立的农产品质量安全风险评估实验室之一（农质发〔2013〕6号），也是我国批准设立的农业微生物产品质量安全风险评估唯一的专业性实验室。

实验室成立以来，一直由李俊担任主任，杨鹏为学术委员会主任。实验室主要依托菌肥测试中心及相关部门人员组建，有工作人员24人，其中研究员4人，副研究员6人，具有博士学位人员9人、硕士学位人员11人，涵盖了微生物、食用菌、生物化学、化学分析等方面的专业人才。

（二）研究方向

实验室承担农业微生物产品质量安全风险评估、摸底排查、风险监测和风险交流任务，开展相关科学研究，为政府监管、风险预警、风险处置、生产指导、消费引导、标准制定和进出口贸易提供技术支撑。

实验室设置研究方向有微生物菌种的安全性评价研究、微生物产品特质功效与活性物质研究、不同来源载体的安全性评价研究、微生物产品的环境安全性及微生态学研究、微生物产品质量安全风险交流与标准制修订5个方面。

（三）科研条件

1. 基础设施

实验室位于中国农业科学院院内，拥有房屋面积近1 300平方米，下设业务办公室、农用微生物产品评估研究室、食用微生物产品评估研究室、风险评估信息交流室。

2. 仪器设备配置

实验室拥有高压液相色谱仪、气相色谱仪、原子吸收光度计、原子分光光度计、凯氏自动定氮仪、紫外分光光度计、多功能显微镜、BIOLOG微生物鉴定系统等仪器设备60余台/套，具备开展微生物肥料（菌剂）、食用菌等农业微生物产品的质量安全风险评估研究、功能评价、风险监测和风险交流等所需的硬件条件。

（四）科研与产出

2013年实验室成立以来，按农业部要求完成了微生物产品风险评估重大专项4项，承担国家重点研发计划重点专项、国家自然科学基金项目、公益性行业科研专项、农业行业标准制定和修订等项目19项。

六年来，实验室取得以下三方面的科研成果：①识别了以微生物肥料为典型代表的微生物产品中潜在风险因子，并对其主要危害进行了描述和评估；②组织全国 7 家部级风险评估实验室，开展了全国 16 个典型省市的有机肥料、沼肥和生物有机肥产品中污染物对农产品质量安全影响调查及产品安全性验证评估研究，建立了相关测试方法，并依照相关产品标准，摸清了有机类肥料产品质量安全现状，识别潜在风险因子，明确了现行的行业标准存在的问题，评估了产品中污染物对农产品质量安全及产品安全性影响，提出行业标准修订以及风险评估研究重点等风险交流建议；③利用现有技术和方法针对存在较大问题的螺旋藻、纳豆等微生物产品进行质量安全调查和验证工作，厘清生产、销售、运输、保鲜等环节中存在的安全风险，评估各种风险因子的危害程度，提出管理措施和建议。

通过风险评估工作的开展，相关成果在国内外专业期刊发表学术论文 30 余篇；制修订农业行业标准 6 项，出版专著 2 部，申报专利 2 项；在《农民日报》《科技日报》等媒体发表微生物产品风险评估科普解读 30 余篇，举办全国性的学术会议 3 次，开展国际交流与合作 2 次。

八、农业部农产品质量安全肥料源性因子风险评估实验室（北京）

（一）历史沿革

2017 年 12 月，根据《农业部关于新增农业部农产品质量安全风险评估实验室及实验站的通知》（农质发〔2017〕13 号），依托研究所和国家化肥质量监督检验中心（北京）建设的农业部农产品质量安全肥料源性因子风险评估实验室（北京）（简称"风险评估实验室"）获批建立。

风险评估实验室成立以来，金轲任主任，常务副主任和技术负责人由汪洪担任，张福锁院士任学术委员会主任。实验室固定人员主要来自土壤肥料测试中心及相关专业人员，实验室人员的专业领域涵盖植物营养学、分析化学、应用化学、农药学、环境科学、农业资源利用等。

（二）研究方向

风险评估实验室围绕国家对农产品质量安全和农业绿色发展的重大需求，跟踪国际风险评估发展趋势与前沿，在肥料源头、施用过程、产品收获等 3 个层面开展应用基础与技术研究，揭示肥料产品质量与施用过程中带入的风险因子与农产品质量安全、作物品质及营养功能之间的关系，建设我国农产品质量安全肥料源性因子风险评估、预警与防控体系。为我国肥料产品质量与施用安全提供重要技术保障与决策咨询服务，为农产品质量安全执法监管、生产指导、消费引导、应急处置、科普解读、贸易性技术措施研判等工作提供重要的技术支撑。

（三）科研条件

1. 基础设施

风险评估实验室位于中国农业科学院院内，截至 2019 年年底，拥有 1 200 余平方米的实验室，以国家化肥质量监督检验中心（北京）为研究平台。

2. 仪器设备配置

风险评估实验室有 210 余台/套分析测试设备，其中 30 万元以上的仪器设备约 25 台/套，50 万元以上的仪器设备约 17 台/套，如核磁共振波谱仪、电感耦合等离子质谱仪、傅立叶红外光谱仪、X 射线衍射仪、稳定性同位素比例质谱仪、电感耦合等离子体发射光谱仪、氨基酸自动分析仪、原子吸收分光光度计、原子荧光分光光度计等大型分析仪器设备，满足开展土壤肥料检验检测、培养和评价等各种研究任务的条件。

（四）科研与产出

风险评估实验室成立以来，围绕国家对农产品质量安全和农业绿色发展的重大需求，陆续承担了包括国家重点研发计划项目、国家自然科学基金项目、国家农产品质量安全风险评估项目、农业行业标准制修订等多项基础研究和行业任务。在行业标准制修订方面，2017—2019年承担制定《有机肥料钙、镁、硫含量的测定》、修订 NY/T 1978—2010《肥料汞、砷、镉、铅、铬含量的测定》标准、修订 NY/T 1973—2010《水溶肥料水不溶物》标准；参与了农业部 NY 1107—2010《大量元素水溶肥料》、NY 525—2012《有机肥料》等重要肥料产品标准的修订工作，聚焦于肥料安全限量指标的合理设定和相应分析检测方法的配套完善，为肥料登记管理提供技术支撑和研究数据。发表 SCI 论文 6 篇，中文论文 20 篇，申请专利 1 项。

第四节　质检与菌保中心

截至 2019 年年底，资划所拥有 1 个国家化肥质量监督检验中心、1 个农业部微生物肥料和食用菌菌种质量监督检验测试中心、1 个中国农业微生物菌种保藏管理中心。

一、国家化肥质量监督检验中心（北京）

（一）历史沿革

1959 年 11 月，中国农业科学院土壤肥料研究所成立分析室，内设土壤农化、土壤物理和土壤微生物 3 个分析组。

1979 年 11 月，在分析室基础上组建成立土壤肥料测试中心，由世界银行贷款投资 100 万美元扩建，成为农业部全国九大农业科研测试中心之一。

1985 年 6 月，土壤肥料测试中心承担了第一批国家级产品质量监督检验测试中心的筹建任务。

1987 年 4 月，土壤肥料测试中心通过了国家标准局组织的验收认证，同年 7 月 15 日，由国家经济委员会以经质〔1987〕444 号文件，批准授权为"国家化肥质量监督检验中心（北京）"（简称"中心"），并颁发证书及印章。

1989 年 9 月，农业部授权中心负责"肥料、土壤调理剂及植物生长调节剂"登记检验和受理工作。10 月，中心首次通过了计量认证。

1991 年 10 月，根据中国农业科学院人事局（91）农科（人干）字第 101 号"关于土肥所成立国家化肥质量监督检验中心的通知"，在土壤肥料测试中心基础上成立"国家化肥质量监督检验中心"。

1992 年 7 月，由国家技术监督局授权"国家化肥质量监督检验中心（北京）"，并颁发证书及印章。

1993 年 2 月，中心第二次通过了国家技术监督局组织的计量认证和国家产品质量监督检验中心审查认可。

1998 年 11 月，中心第三次通过了国家质量技术监督局及中国实验室国家认可委员会组织的计量认证、国家产品质量监督检验中心审查认可和国家实验室认可。2003 年 11 月、2008 年 7 月、2011 年 7 月、2014 年 6 月、2017 年 7 月，中心顺利通过了国家认证认可监督管理委员会及中国合格评定国家认可委员会定期组织的计量认证、国家产品质量监督检验中心审查认可和国家实验室认可。

2000 年 6 月，《肥料登记管理办法》实施后，继续确定中心为肥料登记受理机构和农业部肥料登记评审委员会肥料秘书组挂靠机构，同时明确研究所为农业部肥料登记田间试验承担机构。

2002 年 12 月，国家质量监督检验检疫总局授权中心承担我国化肥"全国工业产品生产许可证"的审查和产品检验工作。涉及 14 个省（市、区），包括北京市、天津市、河北省、山西省、内蒙古自治区、辽宁省、吉林省、黑龙江省、陕西省、甘肃省、青海省、宁夏回族自治区、新疆维吾尔自治区、西藏自治区。

2015 年 9 月 6 日，农业部将肥料登记纳入行政审批综合办公，并实行肥料登记网上申报。根据肥料登记管理的新要求，中心不再承担肥料登记管理职责，由研究所新成立的肥料评审登记管理处承担。

2017 年 1 月 6 日，研究所党委会研究决定公共实验室和土壤肥料测试中心合署办公。1 月 11日，所党委会研究决定汪洪任土壤肥料测试中心主任。2017 年 3 月 2 日，国家认证认可监督管理委员会批准同意国家化肥质量监督检验中心（北京）常务副主任和技术负责人变更为汪洪。

2017 年 12 月，根据《农业部关于新增农业部农产品质量安全风险评估实验室及实验站的通知》（农质发〔2017〕13 号），以中心为基础申报的"中国农业科学院农产品质量安全肥料源性因子风险评估研究中心"和"农业部农产品质量安全肥料源性因子风险评估实验室"获批建立。

2018 年，以中心为基础申请联合国粮食及农业组织（FAO）全球土壤实验室网络国家土壤参考实验室。2019 年 11 月 25 日，FAO 副总干事 Maria Helena M. Q. Semedo 代表 FAO 向中国农业科学院农业资源与农业区划研究所授予 FAO 全球土壤实验室网络（Global Soil Laboratory Network，GLOSOLAN）确认证书。

中心成立以来，中心主任先后由林葆（1987—1994 年）、李家康（1994—2001 年）、梁业森（2001—2008 年）、王道龙（2008—2017 年）、周清波（2017—2019 年）、杨鹏（2019 年至今）担任，常务副主任先后由钱侯音（1988—1997 年）、王旭（1997—2016 年）、汪洪（2017 年至今）担任，副主任先后由瞿晓坪（1987—1996 年）、朱海舟（1987—1988 年）、王敏（1997—2002 年）、封朝晖（2002—2010 年）、闫湘（2010—2015 年）等担任。截至 2019 年年底，中心有固定人员 25名，其中在职人员 7 人，劳务派遣人员 18 人；管理岗位 7 人，检验岗位 18 人；具有高级职称人员3 人，中级职称人员 3 人，初级职称人员 17 人。

（二）职责与任务

国家化肥质量监督检验中心（北京）是经国家认证认可监督管理委员会授权（CAL）、国家计量认证（CMA）、中国合格评定国家认可委员会（CNAS）实验室认可、具有第三方公正性的国家及产品质量监督检验机构。是承担农业部肥料登记产品检验和安全性评价试验任务的检测机构。

中心检测范围包括：肥料、土壤调理剂、植物、土壤、土壤环境等，承接委托、仲裁和监督检验监测等，向社会出具具有证明作用的数据和结果。开展检测新技术和新方法研究；开展肥料与土壤调理剂安全风险评估；制修订国家与行业标准和技术规范；实施大型仪器设备对外开放共享，为科研项目提供测试分析服务。

（三）条件建设

1. 基础设施

国家化肥质量监督检验中心（北京）位于中国农业科学院内。截至 2019 年年底，中心拥有房屋 1 200 余平方米，其中试验场地 1 000 余平方米。一层主要包括档案室、消化室、气相色谱分析室、有机前处理实验室、原子荧光分析室、元素分析室、3 个土壤植物前处理实验室、原子吸收分析室、农化分析综合实验室、超低温实验室、肥料前处理实验室、液相色谱/氨基酸分析室、气质联用分析室、天平室、等离子质谱分析室、等离子发射光谱分析室、恒温实验室、固体试剂库、液体试剂库和气瓶库。二层主要包括接待室、管理办公室、2 个综合办公室、肥料—土壤调理剂评价实验室、卡水实验室、标准计量室、天平室、2 个综合仪器分析室、肥料钾检验实验室、农化分析综合实验室、流转工作间、植物营养诊断实验室、肥料样品库、土壤植物样品库、样品制备室、氮检验实验室、磷检验实验室、钾检验实验室、消化室。

2. 仪器设备配置

2010 年 9 月，"农业部肥料质量安全监督检验中心建设项目"获农业部批准立项，批复投资 1 672 万元，2014 年 1 月项目通过竣工验收。通过项目实施，购置检验检测仪器设备 75 台/套；改造实验室 2 791.34 平方米，电路改造面积 1 457.89 平方米，还有气路管道改造和通风改造。

截至 2019 年年底，中心拥有仪器设备约 210 台/套，其中 30 万元以上的仪器设备约 27 台/套，50 万元以上的仪器设备 17 台/套，如核磁共振波谱仪、电感耦合等离子质谱仪、傅立叶红外光谱仪、X 射线衍射仪、稳定性同位素比例质谱仪、电感耦合等离子体发射光谱仪、氨基酸自动分析仪、原子吸收分光光度计、原子荧光分光光度计等大型分析仪器设备。

（四）科研与管理

1. 建立肥料和土壤调理剂标准技术体系

1989 年至 2019 年 12 月，中心承担农业部肥料登记管理工作，根据肥料行业发展的需要，制修订肥料和土壤调理剂相关标准 60 余项，主要包括《大量元素水溶肥料》《中量元素水溶肥料》《微量元素水溶肥料》等产品标准，《水溶肥料总氮、磷、钾含量的测定》《土壤调理剂钙、镁、硅含量的测定》和《肥料增效剂双氰胺含量的测定》等检测方法标准，《水溶肥料汞、砷、镉、铅、铬的限量要求》等限量要求标准，《肥料登记急性经口毒性试验及评价要求》等安全评价标准和《缓释肥料通用要求》等通用要求标准，构建了中国特色的肥料和土壤调理剂标准技术体系。为肥料登记行政审批进行技术把关，为肥料行业安全规范发展、推动肥料立法提供了技术保障与支撑。

2. 承担国家监督抽查和肥料打假工作

1986 年至 2011 年，中心承担国家监督抽查任务，涉及约 800 家企业以及尿素、碳酸氢铵、磷酸一铵、磷酸二铵、过磷酸钙、钙镁磷肥、氯化钾、硫酸钾、复混肥料、掺混肥料 10 个肥种。通过监督抽查，全面了解主要肥料产品质量及肥料行业发展存在的主要问题，并撰写总结报告，分析存在产品质量问题的原因，提出相关政策建议，为国家出台相关管理政策提供依据。

从 1987 年起，中心还参与打击假冒伪劣肥料产品的工作，如经过深入调查及检测，证实了"田力宝""稀土催酶尿素""芬兰复混肥"是伪劣产品，并向公众揭露，为国家严厉打击生产假冒伪劣肥料产品的企业提供证据，同时也维护了农民利益。2018 年和 2019 年，参与农业农村部肥料质量监督抽查样品复验工作。

3. 承担农业肥料登记管理工作

受农业部委托，自 1989 年至 2015 年 9 月，中心承担农业部肥料登记检验、受理和评审工作，并承担农业部肥料登记评审委员会肥料评审组秘书处的工作。从最初的几种肥料发展到 2015 年的 20 余种肥料品种，中心提出对肥料登记实行目录管理，规范肥料通用名称，为农业部肥料登记管理提供了科学依据。到 2015 年，肥料登记企业发展到 5 000 余家，获证产品超过 6 000 个。中心还承担对已获证产品实施抽查工作，主要涉及微量元素水溶肥料、含氨基酸水溶肥料、缓释肥料等。2017—2019 年，中心被遴选为农业农村部肥料登记产品样品检验检测资格的检验检测机构，承担登记肥料样品的检验检测任务。

4. 科研产出

截至 2019 年年底，以中心人员为第一作者或通讯作者发表文章共计 70 余篇，其中涉及检测方法的有 34 篇，涉及安全评价的有 9 篇，研究项目等其他方面的有 26 篇。参编著作 2 部。

二、农业部微生物肥料和食用菌菌种质量监督检验测试中心

（一）历史沿革

1992 年，中国农业科学院土壤肥料研究所开始筹建农业部微生物肥料质量监督检验测试

中心。

1995 年 6 月 19 日，根据中国农业科学院人事局《关于同意成立"农业部微生物肥料质量监督检验测试中心"的通知》，"农业部微生物肥料质量监督检验测试中心"正式成立。

1995 年 12 月，中心首次通过国家计量认证和农业部机构认证评审，成为全国微生物肥料法定检验机构，具有第三方地位。

2005 年，经国家和农业部双认证复查评审后，更名为"农业部微生物肥料和食用菌菌种质量监督检验测试中心"（简称"微生物质检中心"），是部级专业性微生物肥料和食用菌菌种质检机构。

2001 年、2005 年、2009 年、2012 年、2015 年和 2018 年先后 6 次通过双认证复查评审。

微生物质检中心成立以来，中心主任先后由李家康（1995—2001 年）、梁业森（2001—2007 年）、王道龙（2008—2017 年）、周清波（2017—2019 年）、杨鹏（2019 至今）担任，常务副主任先后由葛诚（1995—2000 年）、李俊（2001 至今）担任。截至 2019 年年底，有工作人员 26 人（含合同制聘用人员 9 人）。

（二）职责与任务

微生物质检中心主要承担微生物肥料产品和食用菌菌种及产品的质量安全检测、标准研究制定、微生物作用机理研究与功效评价、产品登记受理与行业监管、行业引导与服务等方面工作。主要包括 8 个方面：①承担全国微生物肥料产品（包括微生物接种剂，下同）和食用菌菌种及产品的质量监督检验工作；②受农业部种植业司委托，承担全国微生物肥料产品的登记受理工作（2015 年 9 月后，登记受理工作调整到肥料评审登记管理处），以及对微生物肥料新产品、新品种投产和科研成果鉴定检验；③对实施质量认证或生产许可证的食用菌菌种及其产品进行检验，以及对新菌种、新产品和科研成果鉴定检验；④承担微生物肥料企业和食用菌企业的定级、升级产品检验和产品质量分等分级的检验；⑤负责有关微生物肥料产品和食用菌菌种及产品质量的仲裁检验和其他委托检验；⑥对地方同类产品质量检验机构进行技术指导和人员培训；⑦研究新的检测技术和方法，承担或参与国家标准、行业标准的制修订及有关标准的试验验证工作；⑧开展微生物作用机理研究与功效评价研究，引导和推进我国微生物肥料技术创新与行业发展。

（三）条件建设

1. 基础设施

微生物质检中心位于中国农业科学院院内，拥有实验室近 1 300 平方米，设有理化检测室、微生物检测室、菌种鉴定和分子生物学检测室。

2. 仪器设备配置

截至 2019 年年底，微生物质检中心拥有多功能显微镜、BIOLOG 细菌自动鉴定仪、菌落自动计数仪、原子吸收光度计、原子分光光度计、高压液相色谱仪、气相色谱仪、凯氏自动定氮仪、凝胶分析系统、紫外分光光度计、超低温冰箱、变性梯度凝胶电泳仪、PCR 仪、高速离心机、珠式细胞破碎仪等 90 多台/套的仪器设备，具备了微生物肥料（菌剂）、食用菌菌种及产品 4 大类 34 种产品、74 个参数检验的能力。

（四）科研与管理

2003 年以来，微生物质检中心在推动我国微生物肥料行业发展、新技术研发应用、标准体系建设及质量检测，以及食用菌菌种认定等方面做了大量卓有成效的工作，主要科研成果体现在微生物肥料标准体系构建、微生物作用机理创新研究严把微生物肥料产品质量关和拓展业务能力范围等 4 个方面。

主持建立国际首创的微生物肥料标准体系，实现了微生物肥料标准从单一的产品标准发展到多层面的标准、从农业行业标准升至国家标准、标准内涵从数量评价为主到质量数量兼顾的 3 个突破。"微生物肥料标准研制和应用"获得了中国农业科学院科技成果二等奖以及 2019 年中华农业科技奖一等奖。

主持开展了微生物作用机理创新研究，先后主持完成国家"973"计划课题、国家"863"计划课题、国家科技支撑计划课题、国家自然科学基金项目、国家现代农业产业技术体系项目等 21 项，完成了大豆根瘤菌和胶质类芽孢菌 2 个代表菌株的全基因组序列的测定和关键基因功能的分析。累计发表论文 80 余篇，其中 SCI 34 篇（含 SCI 一区 4 篇）；主编专著 5 部；获得国家发明专利 9 项。

严把微生物肥料产品质量安全关，为国家决策和产业发展提供依据，推动了我国微生物肥料产业发展。自 2003 年以来，先后完成 10 次全国性的微生物肥料产品的抽查和普查工作，共抽查企业 620 多家，检测样品近 4 200 批次，检测项目逾 1 万项次；撰写相关总结报告 12 份 20 多万字，为国家摸清微生物行业的整体现状，制定发展政策提供了第一手资料。十几年来共接受仲裁检验和委托检验样品超 21 万批次，出具检验报告和菌种鉴定报告 21 万余份，为社会、用户及时提供了公证、准确的检测数据；累计检测技术收入超过 1.5 亿元，支撑了研究所的发展。同时，微生物质检中心受农业部的委托承担微生物肥料登记的受理与审核等工作，累计完成 7 000 多个产品的登记工作。

拓展业务能力和范围，建成全国唯一具备生态环保优质农业投入品（微生物肥料）技术评价与认定、微生物肥料产品全程质量控制技术、名特优新农产品营养品质评价鉴定于一身的综合技术机构，为微生物质检中心发展奠定了良好基础，并将推进我国微生物肥料产业的高质量发展和在绿色农业中的应用。

三、中国农业微生物菌种保藏管理中心

（一）历史沿革

1979 年，根据国家科委（79）国字 535 号文件，中国农业微生物菌种保藏管理中心（简称"菌种保藏中心"）成立。

1981 年，中国农业微生物菌种中心实验楼竣工，中心组织架构基本确立，设有细菌组、酵母菌组、小型丝状真菌组。

1983 年，中国农业微生物菌种保藏管理中心增设食用菌组。

1986 年，农业部在上海农业科学院食用菌研究所成立"农业微生物中心上海食用菌分中心"，受农业微生物中心的业务指导。

1991 年，出版《中国农业菌种目录》（1991 版）。

1991 年，中国农业微生物菌种保藏管理中心增设牧草根瘤菌资源组。

1999 年，开始承担国家科技基础性工作农业微生物资源收集、整理、鉴定与保藏。

2001—2002 年，牵头农业、林业、医学、药用微生物菌种保藏管理中心共同承担国家基础性工作。2001 年中心完成对库藏资源系统调查，出版《中国农业菌种目录》（2001 年版，2005 年版）。从国外菌种保藏机构引进模式菌，出版《模式菌目录》（2005 年）。中国农业微生物菌种保藏管理中心网站（www.accc.org.cn，第一版）建成上线。

2003—2004 年，承担国家微生物资源平台项目的试点工作，牵头其他国家级微生物菌种中心承担微生物菌种资源描述规范和微生物菌种资源收集整理与保藏技术规程研究制定工作。

2005 年，中国农业微生物菌种保藏管理中心网站（www.accc.org.cn，第二版）建成上线，实现菌种信息检索和网上菌种订购业务。

2005—2008 年，牵头其他国家级微生物菌种中心共同承担国家微生物资源整理整合与共享

项目工作。

2006 年，国家微生物资源平台网站（www.cdcm.net，第一版）建成并运行。参与出版《中国菌种目录》（2007 年版）。

2009 年，成立中国微生物学会微生物资源专业委员会。出版《微生物菌种资源描述规范汇编》（2009 年）。

2011 年，国家微生物资源平台获得财政部、科技部认定。同年，以中国农业微生物菌种保藏管理中心为核心的农业部农业微生物资源收集与保藏重点实验室挂牌成立。出版《中国农业菌种目录》（2011 年版）。出版《微生物菌种资源收集整理保藏技术规程汇编》（2011 年）。

2012 年，中国农业微生物菌种保藏中心获得农业部运行经费支持。中国农业微生物菌种保藏管理中心搬迁至中国农业科学院农业资源与农业区划研究所资源楼。资源库和实验室条件进一步改善。

2015 年，菌种保藏中心通过 GB/T 19001—2008《质量管理体系要求》、GB/T 24001—2004《环境管理体系要求及使用指南》、GB/T 28001—2011《职业健康安全管理体系要求》认证。

2019 年 6 月，科技部、财政部正式发布科技资源共享服务平台优化调整名单（国科发基〔2019〕194 号），国家微生物资源平台优化调整为国家菌种资源库（National Microbial Resource Center，NMRC）。

2002 年以前，菌种保藏中心是土肥所一个独立处级机构，先后由叶柏龄（1979—1989 年）、宁国赞（1989—2002 年）担任主任。2002 年菌种保藏中心划归微生物农业利用研究室管理，研究室主任兼任菌种保藏中心主任，先后由姜瑞波（2002—2005 年）、张瑞福（2015 至今）担任主任，牛永春（主持工作，2006—2009 年）、孙建光（主持工作，2009—2014 年）、顾金刚（2009 至今）担任副主任。截至 2019 年年底，菌种保藏中心工作人员有 26 人（含聘用人员）。

（二）任务及研究方向

作为国家级农业微生物菌种保藏管理专门机构，负责全国农业微生物菌种资源的收集、鉴定、评价、保藏、供应及国际交流任务。研究方向涉及 3 个层面：①农业微生物资源的收集、整理、鉴定与保藏；②农业微生物资源功能、挖掘与评价；③农业微生物资源可持续及高效利用技术研究。

（三）条件建设

1. 基础设施

菌种保藏中心位于中国农业科学院院内，拥有实验室 2 500 余平方米，其中专用菌种库面积 206 平方米。

菌种保藏中心采用超低温冻结法、冷冻干燥法、矿物油保藏法和斜面转接法等保藏微生物菌株，设有液氮库、超低温冰箱库、4～10℃冷冻干燥菌种保藏库、4～10℃低温保藏库以及 10～15℃低温矿油保藏库。建有冷冻干燥室、数据管理室、菌种信息档案室、分类鉴定实验室、分子生物学实验室、无菌操作室等。

2. 仪器设备配置

菌种保藏中心拥有相应的分子生物学、生物化学、微生物学实验设备和设施，可满足微生物资源保藏、分类鉴定、资源鉴别等需求，具备齐全的微生物保藏体系和多相分类鉴定的设备。例如液氮罐保藏罐 10 个，容积 2 780 升；液氮供给罐 10 个，容积 2 120 升；-80℃超低温保藏鉴定设备 32 台/套，包括冷冻干燥机 4 台、气相色谱仪 3 台、液相色谱仪 2 台、微生物鉴定系统 2 套、荧光定量 PCR 仪 1 台、磁珠纯化系统 1 套、显微镜 5 台、PCR 仪 12 台、核酸测定仪 1 台、凝胶成像系统 1 套。

（四）科研与管理

截至 2019 年年底，菌种保藏中心保藏各类农业微生物资源总量达 1 7441 株，备份 38 万余份，分属于 497 个属，1 774 个种，覆盖国内主要农业优势微生物资源总量的 35% 左右。其中，网上可共享菌株数达 16 401 株，涵盖食（药）用菌（栽培、野生）、植物病原菌、农药用微生物（生物防治、农用抗生素）、肥效微生物（根瘤菌、根际促生菌等）、饲料微生物（饲料酶产生菌、益生菌）、能源微生物（转化生产沼气、生物柴油、生物乙醇等的微生物）、污染物降解及环境修复微生物、极端环境微生物（耐盐碱、高温、干旱、耐辐射）等各种农业微生物菌种资源。累计承担国家级项目 100 余项。

1983 年，中国农业菌种的收集和鉴定获农业部技术改进二等奖。2006 年，农业微生物菌种资源收集鉴定整理与保藏成果获中国农业科学院科技进步奖一等奖。

第五节　基地与野外台站

2003 年 5 月，资划所拥有 8 个野外台站，分别是昌平试验站、洛阳试验站、衡阳红壤实验站、德州盐碱土改良实验站、迁西燕山试验站、密云试验站、国家土壤肥力与肥料效益监测站网、呼伦贝尔试验站。

2003 年，建立廊坊数字水肥野外科学观测试验站。2009 年，建立华南（江门）农业资源高效利用观测试验站。2011 年，建立国家食用菌改良中心（平泉）和江西进贤土壤肥料试验基地。

2017 年，广东江门站移交给中国农业科学院深圳农业基因组研究所管理。2019 年，国家土壤肥力与肥料效益监测站网与北京昌平试验站合并，命名为北京昌平土壤质量国家野外科学观测研究站。

截至 2019 年年底，研究所野外台站共计 10 个，分别是北京昌平土壤质量国家野外科学观测研究站、内蒙古呼伦贝尔草原生态系统国家野外科学观测研究站、湖南祁阳农田生态系统国家野外科学观测研究站、农业部德州农业资源与生态环境重点野外科学观测试验站、农业部迁西燕山生态环境重点野外科学观测试验站、农业部洛阳旱地农业重点野外科学观测试验站、国家食用菌改良中心、中国农业科学院密云生态农业野外科学观测试验站、中国农业科学院廊坊数字水肥野外科学观测试验站、中国农业科学院江西进贤土壤肥料试验基地。

一、北京昌平土壤质量国家野外科学观测研究站

（一）历史沿革

1987 年，国家计划委员会将"土壤肥力与肥料效应长期监测基地建设"作为"七五"时期重点工业性项目，投资 734 万元，各省配套资金共计 878 万元，建立"全国土壤肥力和肥料效益长期监测点"。项目由农牧渔业部主管、中国农业科学院主持、中国农业科学院土壤肥料研究所负责，中国农业科学院土壤肥料研究所承建褐潮土监测点和北京数据库标本室、祁阳红壤实验站承建红壤监测点、新疆农业科学院土肥所承建灰漠土监测点、吉林省农业科学院土肥所承建黑土监测点、陕西省农业科学院土肥所承建黄土监测点、河南省农业科学院土肥所承建潮土监测点、浙江省农业科学院土肥所承建水稻土监测点、广东省农业科学院土肥所承建赤红壤监测点（随城市化在 1996 年消失）、西南农业大学承建紫色土监测点。

1990 年，各土壤类型站点建成并开始进行长期监测试验。

1991 年 3 月，"全国土壤肥力和肥料效益长期监测基地"项目通过农业部科技司组织的验收。

1999 年，国家土壤肥力与肥料效益监测站网（简称"肥力网"）被科技部遴选为首批国家重点野外科学观测试验站（试点站）。

2005 年 10 月，上述 8 个监测试验站全部进入农业部重点野外科学观测试验站。

2006 年，肥力网正式被纳入国家野外科学观测研究站序列，命名为国家土壤肥力与肥料效益监测站网。

2019 年，国家土壤肥力与肥料效益监测站网与北京昌平站合并，命名为北京昌平土壤质量国家野外科学观测研究站。

肥力网成立以来，站长先后由陈子明（建站—1995 年）、张夫道（1995—2005 年）、徐明岗（2005—2006 年）、马义兵（2006—2019 年）担任，2019 年国家土壤肥力与肥料效益监测站网与北京昌平站合并后由刘宏斌担任。2003 年以来，肥力网先后由植物营养与肥料研究室、土壤研究室建设和管理，2013 年以来由土壤植物互作团队建设和管理，2019 年调整由面源污染团队建设和管理。固定工作人员主要来自研究所相关团队及 8 个监测点。截至 2019 年年底，肥力网有固定人员 88 名，其中正高级专业技术职务人员 22 人，副高级专业技术职务人员 28 人；研究人员 65 人，管理人员 13 人，技术人员 10 人。肥力网 8 个基地是 20 多所大学教育实习基地，为百余名大学生提供了课程实习和毕业实习平台。

（二）功能定位（科研领域）

国家肥力与肥料效益监测站网主要研究领域为农业资源与环境，研究方向包括：①研究我国不同土壤长期施肥条件下肥料的农学效应，养分利用率及去向；②研究我国不同水热梯度带农田土壤肥力质量和环境质量演变规律；③研究耕地土壤有机碳库演变规律及驱动因子；④研究大型畜禽场的粪便有机肥引起的土壤中重金属的累积及毒害效应。

（三）基础条件

1. 地貌条件

国家土壤肥力与肥料效益监测站网横跨我国中温带、暖温带、中亚热带和南亚热带 4 个气候带，分布在我国 9 个农区的东北、甘新、黄土高原、黄淮海、长江中下游、华南和西南 7 个农区内，土壤类型有黑土、灰漠土、黄土、褐潮土、潮土、红壤、赤红壤、紫色土和水稻土。

2. 基础设施

截至 2019 年年底，国家土壤肥力与肥料效益监测站网（不算数据库）拥有土地面积 411 亩，共建有田间试验小区 288 个，养分渗漏池 6 个，田间定位试验微区池 446 个，田间气象观测哨 6 个，盆栽网室 3 664 平方米，试验用房 7 148 平方米，示范田块和部分其他研究设施。还拥有土壤养分分析实验室、土壤重金属分析实验室。肥力网样品库存储 29 年连续土壤、植物样品 10 万余个，数据库存储相应历史数据百余万个。

3. 仪器设备配置

截至 2019 年年底，肥力网拥有仪器设备 101 台/套，主要包括 AA3 连续流动分析仪、原子吸收、原子荧光光度计、高效液相色谱、TOC 分析仪、全自动定氮仪、紫外可见分光光度计、微波消解仪、各种规格生物培养箱等。

（四）科研与产出

2003 年以来，在肥力网实施的科研项目（课题）155 项，其中国家重点研发计划项目及课题 6 项，国家"973"计划课题 4 项，国家"863"计划课题 4 项，国家基础性和公益性研究项目 7 项，国家科技攻关课题 13 项，国家自然科学基金项目 16 项。总经费 4 407 万元，获得省部级以上科技奖励 23 项，国家发明专利 3 项，技术转让 5 项。出版专著 29 部。发表各类学术论文 500 多篇，其中 SCI 论文 120 多篇，中文核心学术刊物论文 380 多篇。

1. 专题服务

利用长期定位试验联网数据探索建立"小麦—玉米轮作土壤氮磷长期演变规律分析及其管理"，主要内容有土壤外源磷长期有效性及管理，土壤中氮肥的长期有效性及管理，施肥推荐程序—施肥计算器，农业土壤中磷肥管理原理与模型。

2. 实施的科研项目

依托肥力网实施了多项国家科技计划项目，主要有：国家重点研发计划项目"水稻主产区氮磷流失综合防控技术与产品研发""农田系统重金属迁移转化与安全阈值研究"，国家"973"计划项目"农田地力形成与演变规律及其主控因素""肥料养分持续高效利用机理与途径"，公益性行业（农业）科研专项"主要农产品产地土壤重金属污染阈值研究与防控技术集成示范""粮食主产区土壤肥力演变与培肥技术研究""东北地区黑土保育与有机质提升关键技术研究与示范""黑土长期试验土壤肥力演变与培肥技术研究""南方湿润平原农业面源污染监测氮磷化肥投入阈值研究"，国家"863"计划课题"土壤扩蓄增容肥对土壤质量的影响"，国家自然科学基金项目"不同植物与夏玉米间作修复模式阻控农田氮污染研究""长期定位施肥与新疆灰漠土动物群落结构与生态影响"等。

3. 科研成果

"南方红黄壤地区综合治理与农业可持续发展技术研究""黄淮海地区农田地力提升与大面积均衡增产技术及其应用""主要粮食产区农田土壤有机质演变与提升综合技术及应用""全国农田面源污染监测技术体系的创建与应用"4项成果获得国家科技进步奖二等奖；"稻田绿肥—水稻高产高效清洁生产体系集成及示范""松嫩平原黑土可持续高效利用技术体系""我国农田土壤有机质演变规律与提升技术"获中华农业科技奖一等奖，"我国粮食产区耕地质量主要性状演变规律研究"获中华农业科技奖二等奖；"我国农田土壤有机质演变规律与提升技术""我国农田有机质演变规律与提升技术"2项成果获得中国农业科学院科学技术进步奖一等奖，"瘠薄土壤熟化过程及定向快速培育技术研究与应用"获中国农业科学院科学技术进步奖二等奖。出版《南方稻区稻作理论与栽培技术》和《浙江省作物专用复混肥农艺配方》等著作。编辑出版10年数据集《国家土壤肥力与肥料效益监测站网（1989—2000）》。建立了农田养分管理系统。

4. 其他工作

先后为国务院有关领导、国家计委、农业部起草报告，主要有"我国土壤肥力演化趋势分析""我国化肥施用效果及提高化肥利用率技术""我国有机肥料使用现状及发展对策""我国肥料使用与发达国家比较分析""化肥需求预测""中国肥料'十五'规划"等。

二、内蒙古呼伦贝尔草原生态系统国家野外科学观测研究站

（一）历史沿革

1997年，中国农业科学院农业自然资源和农业区划研究所呼伦贝尔野外研究基地建立（简称"呼伦贝尔站"），其前身为"八五"国家科技攻关项目"北方草地畜牧业动态监测研究"建立的半定位观测样条，研究历史可以追溯到1956年北京大学李继侗院士开展的谢尔塔拉种畜场的植被调查；

2001年以来，在刘钟龄教授指导下，规范了常规观测内容、指标与技术；

2005年10月，农业部命名为"内蒙古呼伦贝尔草甸草原生态环境野外观测实验站"。

2005年11月，呼伦贝尔站被科技部遴选为国家级重点野外台站，命名为"呼伦贝尔草原生态系统国家野外科学观测研究站"。

2008年，呼伦贝尔站入选"国家牧草产业体系综合试验站"；

2011年，呼伦贝尔站成为"内蒙古草产业体系综合实验站"；

2013 年，呼伦贝尔站被列入"全国遥感网"地面验证场；

2015 年，呼伦贝尔站入选国防科工委"高分遥感地面站"；

2019 年 7 月 8 日，呼伦贝尔站入选农业部第二批国家农业科学观测实验站，命名为"国家土壤质量呼伦贝尔观测实验站"。

呼伦贝尔站首任站长是唐华俊研究员，2006 年 4 月辛晓平任常务副站长。2016 年 12 月以来由辛晓平担任站长。

（二）功能定位（科研领域）

1. 草地长期生态学研究核心领域

（1）长期生态系统观测研究。完善和提升呼伦贝尔站观测系统，开展区域和样地空间尺度生物、土壤、大气、水文各要素的长期定位观测。结合农业部长期基础性工作，开展全国草地土壤和生物群落的全方位观测，建立农业部草地长期观测分中心，综合分析和揭示我国草地生态系统变化过程及机理。

观测方法方面，在完善传统生态学观测指标和技术规范的前提下，一方面利用微电子技术、物联网技术和大数据处理技术，开发适用于草地野外环境下运行的手持及原位观测软硬件系统，实现草地植被与环境参数地基观测自动化；另一方面应用新型对地观测技术（高分遥感与无人机遥感），结合呼伦贝尔生态遥感试验验证场，创新草地生态测量方法。

（2）草地利用的生态学与生物学机制。呼伦贝尔草原是我国北方草原畜牧业最具代表性的地区，由于历史和气候条件等原因，草地利用方式一直是放牧、刈割与开垦并存，自然和利用状况下的草地生态学与生物学机制是核心理论问题。

基于呼伦贝尔站长期观测，探索不同类型草地生态系统自然演替过程、特点和方向，揭示自然生态系统结构与功能、格局与过程之间的关系；基于大型控制放牧实验平台、长期刈割实验平台、草地改良与栽培草地实验平台，研究个体、种群、群落、生态系统到景观等不同尺度上，草地利用方式和强度对生态系统自然过程的定量影响；建立草地生态系统机理模型，梳理不同利用干扰对多尺度草地生态系统格局与过程的影响机理，探讨草地生态系统人为和自然恢复途径，为草地合理利用奠定理论基础。

（3）草地生态系统全球变化响应与适应。依托呼伦贝尔站气候变化控制实验平台、极端干旱研究平台，通过广泛合作与联网研究，采用统一的实验设计和技术规范，建立全球变化控制实验研究网络，引领我国全球变化联网实验的发展，争取将国际上现有的研究网络纳入其中，建立全球范围的全球变化研究网络；研究草地生态系统主要功能和过程、碳氮水循环对全球变化的响应和适应机制，揭示不同地域草地生态系统对全球变化的差异性响应规律，通过大数据整合与模型模拟分析区分环境因素和生态系统因素在应对全球变化中的相对贡献；系统评估草地生态系统服务功能、承载能力和可持续发展能力对全球变化的响应，为各级政府制定应对全球变化的对策和可持续发展战略提供科学依据。

2. 草地生态遥感研究核心领域

（1）草地关键参数反演与尺度转换。以呼伦贝尔草地生态遥感试验验证场为核心，与全国遥感网及国家高分验证场的相关台站开展联网研究，探索不同尺度下地物光谱（植被、土壤）的特征提取和量化方法；针对反映草地植被的关键冠层参数（LAI/FPAR、LUE、NPP等）和环境水热参数等（土壤水分、地表温度等），开展基于多平台、多传感器、多时相遥感数据的定量反演算法和真实性检验研究；研究冠层遥感参数与生态系统过程模型同化方法，为实现不同尺度草地生态过程的准确监测奠定基础。

（2）草地生态系统监测与评估。基于新型卫星遥感、多平台低空遥感、地基观测网络和地面调查等草地生态系统"天—空—地"立体监测技术，开展站点、区域到国家尺度的草原生态系统结构与功能（景观格局、生产力、长势、物候）、环境与灾害（退化、沙化、旱灾、雪灾）等动态监测，以及草地生态系统评估（草地资源承载力、重大工程生态效益）等研究。

3. 现代草牧业实用技术创新应用核心领域

（1）天然草地改良与合理利用。呼伦贝尔草原利用方式多元，退化过程和机制复杂。基于草地利用生态学机制，结合国家重点研发计划、生态草牧业试验等契机，围绕群落优化配置、生物多样性维持、生态系统功能提升与稳定维持等问题，研发呼伦贝尔植被低扰动快速恢复、草地综合复壮及稳定重建、土壤定向修复等关键技术、饲草高效转化与绿色养殖技术，提出呼伦贝尔草地生态恢复—持续利用模式及技术体系，服务呼伦贝尔草原畜牧业可持续发展。

（2）栽培草地生产与高效利用。针对北方地区抗寒高产牧草种质资源匮乏问题，结合现代生物技术手段，开展高纬度地区抗寒牧草培育工作；基于养分和水分资源高效调控机制，集成优化栽培草地高效建植模式；围绕高质量草产品生产和管理技术环节薄弱问题，研制推广牧草高效转化利用技术与安全贮藏和品质控制技术，为我国北方牧区饲草料供求平衡、促进草牧业健康发展提供理论依据与技术支撑。

（3）生态牧场智能管理。将传统生态学与现代信息技术有机结合、开展数字草业与智能牧场研究是呼伦贝尔站独特的研究方向。开展草地生态系统信息技术创新应用，开展牧场环境—土壤—草地—家畜等定量监测、智能诊断的硬件研发与集成，完善基于多平台遥感和地面验证网络的生态牧场智能管理软件，实现家庭牧场、区域到全国尺度草牧场的动态监测、数字预警、远程调控和优化决策。

（4）技术转化应用。面向国家科技创新和区域可持续发展需求，以生态牧场智能管理、天然草原改良与生态治理技术为核心，结合相关国家政策和重大工程，强化技术成果转化应用，为上级部门和地方政府提供强有力的技术支撑。

（三）基础条件

1. 地理位置

呼伦贝尔站位于内蒙古自治区呼伦贝尔市海拉尔区谢尔塔拉农牧场境内（北纬49°19′，东经120°03′），距离海拉尔区40千米。

2. 基础设施

呼伦贝尔站建有350公顷长期观测样地，包括5种草地类型的7个长期观测样地，配备了先进的草原生态系统观测野外设施，具备每秒、每时、每日、每月、每年等不同时间频度草原水土气生数据采集能力，可以开展个体、种群、群落、生态系统到景观等多尺度草原结构功能的观测研究。收集了1956年以来样地区域历史观测数据，构建了长时间序列草甸草原观测数据；采集观测数据2 000万条、积累土壤/植物样品22 000余份、采集植物标本1 000余份。

2005年以来，呼伦贝尔站通过基本建设项目（2008年480万元）、基础设施修缮项目（2010年160万元，2013年389.77万元）和仪器设备购置项目（2009年255万元）的投资建设，科研条件和试验能力得到显著改善。

2006年，呼伦贝尔草甸草原生态环境重点野外科学观测实验站建设项目（农计函〔2006〕206号）获批立项，2007年初步设计和概算获农业部批复（农办计〔2007〕141号），项目总投资480万元。通过项目实施，新建实验室、办公用房1 302平方米，食堂及厨房等附属用房287.53平方米，新建围栏10 000米，田间道路1 500平方米，新建标准气象观测场1个，标准径流观测场3个，购置仪器设备41台/套。还自筹资金增建标准气象观测场1个，路面硬化1 000平方米；实际投资为485.49万元。

2009年，农业部呼伦贝尔观测实验站仪器设备购置项目获批立项（农科办〔2009〕18号），项目总投资255万元，购置仪器设备12台/套，仪器总值250.80万元。

2010年，呼伦贝尔站基础设施改造项目获批立项（农科办〔2010〕33号），项目总投资160万元。通过项目实施，铺设光缆从谢尔塔拉基站延长到站区，长7.8千米；打井深度100米，安装水泵、净化系统及水路系统，修建井房20平方米；架设谢尔塔拉11队至综合观测场输电线路4.9千米，配备10千伏变压器1台；站区修建电工房30平方米；大门改造及站区围墙修建，站区及楼房安装实时监控设备；实际建设污水处理池50立方米，建垃圾处理场1个，面积30平方米。

2016年，呼伦贝尔综合试验基地建设项目（农计发〔2015〕190号）获批立项，当年初步设计和概算获农业部批复（农办计〔2016〕45号），项目总投资2 948万元。建设内容包括新建实验室3 788.46平方米，农机具库568.49平方米，食堂274平方米，消防泵房及水池330.91平方米，配套场区给排水、电气、道路等工程；建设网围栏6 098.02米，田间道路18 966.22平方米等；购置实验台248米；征地3 057.24亩。

通过以上项目实施，呼伦贝尔站的观测、试验和服务能力大幅提高，站区200亩土地持有产权，修建了1 500平方米综合实验楼及附属设施，完成试验站大门、路网、围墙及安防系统修缮，改造了站区网络光缆通信、供水、电、暖及净水系统；采购包括自动气象站、涡度相关系统、气相色谱仪、激光粒度分析仪等野外观测和实验室分析设备200余台/套。截至2019年年底，呼伦贝尔站具备同时接待80~100人到站工作的食宿、交通、通讯和实验条件。

（四）科研与产出

1. 定位实验方面

呼伦贝尔站设计了一批国际标准的长期实验平台，在机理探索方面设置了长期放牧实验平台、长期刈割实验平台、气候变化实验平台，探索气候变化和人类活动对草原生态系统结构功能的影响；在技术创新方面设置了草地改良实验平台、栽培草地实验平台，研究草原实用技术的基础原理和传播途径；在方法论创新方面，利用现代信息技术，建立了天—空—地一体化的大型生态遥感地面验证场，开发新型生态测量技术、促进新型对地观测在草原生态系统研究中的应用。

2. 实施科研项目与产出方面

2005年以来，实施完成国家自然科学基金项目、国家"973"计划课题、国家"863"计划课题、国家科技支撑计划项目、公益性行业科研专项、重大国际科技合作专项、农业部"948"计划项目、国家重点研发计划项目、内蒙古自治区重点科技计划等科研项目（课题）130余项，研究经费上亿元；获得各种奖励总计19项，其中国家奖1项，省部级奖励8项，院级及其他奖励10项；出版著作25部，发表研究论文478篇，授权专利57项，其中发明专利19项，软件著作权65项，行业与地方标准10项。

3. 理论进展方面

提出了草原刈割与放牧退化机理、阐释了退化草甸草原的综合恢复机制，基于此促成农业部、科技部分别对公益性行业（农业）科研专项"半干旱牧区天然打草场培育利用技术研究与集成示范"、国家重点研发计划"北方草甸退化草地治理技术与示范"项目立项，进行理论成果的深化和转化。

4. 技术进展方面

研制了天然打草场改良、草原土壤培育、草地高产栽培、草地控制放牧、数字牧场管理等实用技术，建立了呼伦贝尔草原利用与管理技术系统，包括标准、技术、模式和品种；参与《内蒙古草原奖补机制实施方案》讨论；通过政协组织为呼伦贝尔草原发展提供10余项建议。

5. 成果转化方面

在呼伦贝尔全区开展草地监测管理技术成果应用，协助地方草原生产管理部门和牧民更好地管理草原；在大兴安岭西麓 7 个旗县针对性地开展适宜牧草高产栽培技术及配套模式、天然打草场修复利用技术和配套模式的推广应用，通过基地示范、技术培训、田间指导等方式提供技术咨询与服务，示范面积 20 余万亩、家庭牧场管理示范 50 余户；2013 年呼伦贝尔站作为技术支撑团队，整体加盟呼伦贝尔生态产业研究院，协助引进了保护性耕作技术、测土配方施肥技术、智能农机与精准生产技术、油菜牧草高产栽培与加工技术、奶牛饲养和饲料配方技术，并推动 2015 年中国农业科学院与呼伦贝尔市农垦签订了全面合作协议，在草原生态环境保护、现代畜牧业、优质粮油生产、设施农业技术和特色农产品等多领域联合开展科技成果转化。

6. 政策咨询方面

协助完成农业部咨询报告"我国六大牧区的主要问题及对策：牧民财政补贴研究"，为 2010 年国家出台草原奖补机制提供依据；通过呼伦贝尔市人民政协，提出草原生态建设、现代草原畜牧业发展相关提案 10 余项，其中"种草改良双管齐下，振兴草业促进畜牧业升级转型（2013）""加强天然打草场改良建设，促进呼伦贝尔草地畜牧业升级转型（2014）""关于呼伦贝尔草地畜牧业发展的几点建议（2015）"等提案被地方政府接受，并出台"呼伦贝尔市促进草原畜牧业转型升级 3 年行动规划（2014—2016）""关于加强呼伦贝尔天然打草场保护利用的指导意见（2016）"等相关农牧业发展政策。

7. 开放交流方面

呼伦贝尔站已为 10 余个国家、近百家国内同行机构、几百名科学家和上千名学子提供研究平台；2014 年建立了呼伦贝尔生态遥感虚拟实验室，凝聚了国内外相关领域 20 余支团队、近百名科学家，联合开展草甸草原生态系统的理论探索、方法创新和技术攻关，形成一个区域草地生态及遥感应用领域的研究中心。在国际合作方面，与澳大利亚、美国、英国、巴西、苏丹等国多边合作，开展了全球草地放牧系统对比研究；以草地生态系统碳循环遥感为核心，呼伦贝尔站配合国家遥感中心与美国地质调查局共同发起的"中美遥感领域技术合作计划"，开展了"大兴安岭和落基山地区碳循环遥感对比研究"；同时，与美国国家生态观测站网络（NEON）、欧亚大陆北部地球科学合作计划（NEESPI）建立了长期合作关系。

呼伦贝尔站在学科发展、条件改善的同时，也非常重视制度与文化建设，着力打造积极进取、团结互助、敢打敢拼的"呼伦贝尔站精神"。唐华俊站长 2015 年当选中国工程院院士，辛晓平入选科技部创新人才推进计划（2016 年）、内蒙古自治区草原英才（2011），毛克彪入选全国优秀科技工作者（2016），徐丽君、陈宝瑞分别入选内蒙古自治区草原英才（2019），呼伦贝尔站于 2012 年和 2018 年分别获得中央国家机关和共青团中央"青年文明号"称号。

三、湖南祁阳农田生态系统国家野外科学观测研究站

（一）历史沿革

1960 年 3 月，中国农业科学院土壤肥料研究所响应中共中央、国务院发出的"改良低产田"的号召，派遣科技人员赴湖南祁阳黎家坪区文富市公社官山坪大队驻点，进行低产田改良研究，会同湖南省农业厅、湖南省农业科学院、衡阳专区农业局、衡阳农科所、衡阳农校和祁阳县农业局等单位的农业科技人员 22 人，在湖南省委农村工作部、衡阳地委和祁阳县委的关怀下，在祁阳县文富市公社官山坪大队建立了"低产田改良联合工作组"；

1964 年，祁阳官山坪农村基点改为祁阳工作站；

1966 年，湖南省衡阳专区"官山坪农业技术学校"在祁阳官山坪试验站内成立，旨在培养农业技术人才，推广官山坪低产田改良联合工作组的低产改良经验。1967 年，"文化大革命"开始后停办；

1980 年 9 月，经中国农业科学院院务会议研究，祁阳工作站改为中国农业科学院祁阳红壤

改良实验站；

　　1983 年 6 月，根据农牧渔业部（83）农（计）字第 106 号文件，中国农业科学院土壤肥料研究所祁阳红壤改良实验站站址改在衡阳市，定名为中国农业科学院衡阳红壤实验站，原祁阳站改作该站实验区；

　　2000 年 8 月，祁阳站列为"湖南省红壤农业示范基地"；

　　2000 年，祁阳站遴选为国家野外台站试点站，命名为湖南祁阳农田生态系统国家野外科学观测研究站；

　　2002 年 8 月，祁阳站成为湖南农业大学教学科研实习（试验）基地；

　　2005 年 10 月，祁阳站入选农业部重点野外科学观测试验站，命名为"农业部衡阳红壤生态环境重点野外科学观测试验站"；

　　2006 年，湖南祁阳农田生态系统国家野外科学观测研究站通过科技部评估认证，被正式纳入国家野外科学观测研究站序列进行管理；

　　2008 年，祁阳站入选现代农业产业技术体系，命名为"国家水稻产业技术体系祁阳综合试验站"；

　　2014 年，祁阳站入选国家农业科技创新与集成示范基地；

　　2015 年，祁阳站正式挂牌"国家民用空间基础设施祁阳遥感真实性检验站"；

　　2017 年，祁阳站挂牌"国家绿肥产业技术体系祁阳综合试验站"；

　　2018 年 1 月 30 日，祁阳站入选农业部第一批国家农业科学观测实验站，命名为"国家土壤质量祁阳观测实验站"，同年入选"教育部中小学研学实践教育基地"；

　　2019 年，祁阳站挂牌"农业农村部耕地质量祁阳区域监测站"。

　　祁阳站自 1960 年建站以来，先后由江朝余（1960—1962 年）、章士炎（1963 年）、刘更另（1964—1966 年，1980—1984 年）、陈福兴（1985—1995 年）、徐明岗（1996—2011 年）、张会民（2014 至今）担任站长，余太万（1960—1962 年）、杨守春（1964—1966 年）、陈福兴（1980—1984 年）、谢良商（1985—1995 年）、刘继善（1985—1995 年）、邹长明（1996—2001 年）、秦道珠（2001—2011 年）、文石林（常务副站长，2003 至今）、张会民（主持工作，2011—2014 年）、李冬初（2011 至今）担任副站长。

　　1960 年建站以来，祁阳站先后有 41 人在站工作，2003 年两所合并时祁阳站有在职职工 14 名。2003—2019 年 17 年间祁阳站招录及调入人员共 8 人，退休 8 人，调出 1 人。截至 2019 年年底，祁阳站有在职职工 13 人，其中高级专业技术职务人员 5 人。

　　（二）功能定位（科研领域）

　　祁阳站立足于土壤学和农田生态学，以土壤学研究为核心，主要开展红壤肥力演变与培育、红壤改良、土壤养分管理、区域治理与生态建设及管理等方面的研究，在红壤改良与高效利用、红壤地区农业环境保护、退化红壤修复技术等方面具有明显的学科优势。

　　祁阳站地处中国典型红壤丘陵区，所代表的红壤类型无论在中国还是在世界上都有非常重要的地位。红壤丘陵区是我国一个特殊的区域，世界上与其同纬度的大部分地区现今多为干旱草原或沙漠所据。因此，与世界同纬度地区相比，我国红壤地区自然资源优越，生产潜力巨大，是我国重要的粮食生产基地。该区高强度人为活动下的土壤退化和土地利用变化对全球变化的响应和相互作用研究在国际上倍受关注。因此，该区的气候、土壤、生物和农业利用特点在世界热带亚热带地区具有典型性，在该地区开展研究、监测和高效利用技术所取得的成果在解决世界类似地区土地环境和退化问题也有重要的借鉴作用。

　　（三）基础条件

　　1. 基础设施

祁阳站位于湖南省永州市祁阳县文富市镇官山坪村，从 1960 年建站开始历经多次征地与基础设施建设，2003 年两所合并后通过 3 个基建项目、2 个基础设施改造项目和 1 个设备购置项目的实施，截至 2019 年年底，祁阳站土地面积 764.9 亩，建筑面积约 7 000 平方米。其中，位于湖南省祁阳县文富市镇的祁阳试验基地，土地面积 348.6 亩（其中 2017 年新征 81.04 亩），各类房屋约 3 500 多平方米，建有住房、实验室、网室、加工厂、畜牧场等，普通招待房 8 间，生活用房 40 间，实验室 12 间，温室 300 平方米，网室 400 平方米。位于湖南省衡阳市的生活办公区，土地面积 13.9 亩，建有 1 栋 3 243 平方米的科研实验楼。位于湖南省永州市冷水滩区伊塘镇长木塘村的辐射示范基地，土地面积 402.4 亩，建有宿舍 200 平方米。

自 20 世纪 70 年代以来，祁阳站相继建立 18 个以上土壤肥力和生态环境长期定位试验，30 年以上的长期监测试验有 6 个，这些试验对作物和土壤生态环境进行了长期连续和系统的研究与观测，积累观测研究数据 160 万个。在野外设有综合观测场、辅助观测场、气象观测场、水田长期实验区、旱地长期实验区、生态恢复实验区、水土保持实验区、丘陵植被恢复观测区等 20 个，共设置采样地 40 个。

自 1982 年起祁阳站长期保存历史土壤样品，并建立了长期试验样品库。样品库占地 200 平方米，采用标准化样品架、磨口玻璃瓶保存土壤和植株样品。截至 2019 年年底，该站保存有历史土壤样品 20 000 个，植株样品 4 110 个，长期试验基础土壤样品（原始土壤）28 个，土壤剖面样品 6 个。

2. 仪器设备配置

截至 2019 年年底，祁阳站站区拥有仪器设备 1 000 台/套，价值 1 068 万元。其中，室内仪器主要包括原子吸收分光光度计、紫外分光光度计、火焰光度计、连续流动自动分析仪、中子水分仪、凯氏定氮仪、电子天平等，野外配有自动气象站、大型蒸渗仪、自动径流测定装置、水碳涡度相关测定系统、土壤呼吸测定仪、植物冠层测定仪、BaPS 土壤氮循环监测系统、土壤水分及水势自动监测系统等。

（四）科研与产出

1. 科学研究

建站以来，祁阳站立足南方红壤区，先后承担"南方红壤丘陵综合治理与立体农业发展研究""红壤丘陵区粮食与经济林果牧综合发展研究""红壤丘陵区持续高效农业发展模式与技术研究"等国家重点科技攻关课题以及中国—加拿大、中国—澳大利亚、中国—西德、中国—挪威、中国—日本、中国—韩国等多项国际合作项目。"十一五"以来，承担多项国家科技支撑计划课题、国家自然科学基金项目、国家重点研发计划课题、公益性行业科研专项以及国际合作项目，取得显著科研进展。

（1）红壤改良与培肥。该研究立足于我国南方红壤地区土壤酸化、肥力退化的关键科学问题，开展红壤改良和培肥研究，为红壤地区的农业持续发展提供决策性和科学性依据。

"十一五"期间，祁阳站牵头主持国家科技支撑计划课题"湘中南低山丘陵区红壤退化防治与生态农业技术集成和示范"，针对湘中南丘岗区长期不适当的顺坡耕作与全垦造林导致水土流失加剧、土壤酸化、土壤肥力退化、林木成活率低、产业开发模式趋同等问题，发展高效立体生态农业模式，加强坡耕地的水土流失治理和土壤培肥，提高坡耕地抗季节性干旱的能力，集成酸化和贫瘠红壤的农业、化学改良剂和生物修复技术，恢复退化红壤坡地，增加红壤生态系统综合生产力和经济效益。

"十三五"期间，主持国家自然科学基金项目"酸化红壤施用石灰后根际土壤钾素转化特征及机制"，利用红壤（酸化及改良）长期定位试验，采用田间原位观测和根箱盆栽、原状土柱模拟及动力学和电化学研究相结合的方法，通过对不同时期根际和剖面不同层次及施石灰不同年限土壤钾素（水溶性、交换性和非交换性钾）含量、吸附解吸、淋溶迁移、表面电荷性质等的深入研究，阐明施用石灰红壤根际和非根际钾素转化的时空特征，并揭示其机理。

"十三五"期间，参加国家重点研发计划课题"稻田耕层绿肥还田培肥关键技术"，针对稻田培肥中存在的经济效益低、技术推广难度大等问题，开展稻田绿肥（紫云英）培肥、经济绿肥（蚕豆、萝卜、豌豆等）培肥关键技术研究，集成双季稻区典型稻田全耕层培肥与质量保育关键技术模式，为典型稻区绿肥培肥增效提供技术支撑。

（2）水田与旱地土壤肥力演变。"十二五"期间，主持国家自然科学基金项目"长期不同施肥下红壤钾素有效性的演变机理"，研究红壤及其各粒级复合体中不同形态钾素含量和各粒级缓效钾释放特性，以及钾素含量和释放特性的时间演变规律，同时结合土壤各粒级含钾矿物组成分析，揭示长期不同施肥（不施钾、施钾、施有机肥、化肥和有机肥配合施用）条件下红壤钾素有效性演变的机制。主持国家自然科学基金青年科学基金项目"化学氮肥配施有机肥减缓红壤酸化的机制研究"，研究长期不同施肥下肥料氮的去向和土壤酸度有关性质的演变特征及相互关系，并结合室内模拟实验阐明化学氮肥配施有机肥减缓红壤酸化的机制，研究结果为我国南方红壤区农田土壤酸化防治的合理施肥技术选择提供科学依据。

"十二五"期间，主持国家重点基础研究发展计划课题"农田地力形成与演变规律及其主控因素"，阐明了包括南方水田和旱地土壤基础地力变化特征、农田地力时空演变规律，并明确了典型农田地力形成的关键控制因子。主持公益性行业科研专项"祁阳红壤水稻土长期试验土壤肥力演变和培肥技术研究与示范"。以祁阳红壤水稻田肥力长期定位试验为基础，结合短期田间试验，探讨土壤肥力和土壤生产力演变规律及培肥指标，构建土壤培肥技术体系并进行技术集成与示范，从而形成南方红壤水稻土培肥技术体系，为国家和地方政府农业决策提供科学依据。主持"南方丘陵区旱地土壤肥力特性及综合培肥技术"。系统总结祁阳站旱地长期试验结果，开展红壤旱地土壤肥力演变特征、驱动因素及其与生产力耦合关系研究，为我国南方红壤旱地土壤培肥指标建立和培肥技术提供重要的理论基础和技术支撑。根据长期定位试验不同培肥模式形成的土壤改良、有机培肥、生物培肥等的技术集成，实现红壤区农田高效利用的重要途径。

"十三五"期间，主持国家自然科学基金项目"土壤及团聚体钾素形态对红壤 pH 和有机质的响应机制"，利用红壤长期定位试验、薄膜扩散梯度技术（DGT）试验、因子调控试验和微生物培养实验相结合的研究方法，通过调控土壤 pH 和有机质水平，试图从土壤物理（团聚体组分）、土壤化学（钾的吸附和解吸）和微生物学（解钾菌群落）角度，揭示团聚体钾形态和含量对红壤 pH 和有机质的响应机制，探明不同 pH 和有机质水平及解钾菌参与下，含钾矿物的释钾过程和表面结构变化，明确土壤 pH/有机质—团聚体钾—解钾菌在红壤钾素转化中的相互关系。

（3）红壤地区农业可持续发展模式与技术体系。"十一五"期间，主持公益性行业科研专项"湘南红壤区稻田绿肥技术模式集成与示范"。通过引进适合湘南红壤区稻田水稻生产区的绿肥作物品种，研究绿肥作物在提高水稻产量、培肥地力的作用，建立湘南红壤区稻田绿肥作物生产与利用技术模式，在相应关键技术集成及示范方面取得突破性进展。

"十二五"期间，主持公益性行业科研专项"湘南桂北绿肥作物种质资源创新和应用技术研究及示范"。为充分利用湘南地区第二雨季的水热资源，研究集成一批适宜湘南地区绿肥作物种植利用技术模式以及开展稻区绿肥示范推广和绿肥长期定位监测，建立南方红壤地区绿肥原种资源圃，推动湘南桂北地区绿肥作物生产利用的恢复和发展，进一步发挥绿肥的重大作用，促进湘南桂北地区粮食稳定增产、提质增效和农业生态的良性发展。

"十二五"至"十三五"期间，承担国家现代农业产业技术体系项目"国家水稻产业技术体系祁阳综合试验站"，开展水稻高产栽培及配套技术的研发和示范推广，截至 2019 年年底，分别在湖南省祁东县、祁阳县、冷水滩区、东安县和江永县 5 个示范县开展技术推广与示范，建立示范基地 17 个（其中万亩 1 个，千亩 10 个，百亩 6 个），总面积 33 104 亩。筛选水稻品种 23 个，展示品种 68 个。累积在 5 个示范县开展培训班 200 场次，现场会 20 场次，调研 60 人次，技术咨询 100 人次；累积培训基层技术人员 488 人次，种粮大户 1 914 人次，农民 6 137 人次，发放各类培训资料 59 150 份。

"十三五"期间，主持国家重点研发计划"粮食丰产增效科技创新"重点专项课题"高产稻田的肥力变化与培肥耕作途径"，在田间监测和区域调查及生产调研的基础上，结合文献综合和历史数据挖掘，采用模型分析和地统计学等方法，研究稻田主要肥力与系统生产力指标的年际变化关系、稻田肥力与作物生产力指标的年内不同生育期变化关系，以及稻田肥力指标的区域差异与系统生产力指标空间差异的关系、稻田肥力指标的剖面差异与作物生产力指标生育期差异的关系；通过方法比较和指标分析，建立稻田肥力评价指标体系和方法，形成稻田肥力的评价标准和方法。主持国家现代农业产业技术体系项目"国家绿肥产业技术体系祁阳综合试验站"，开展稻田培肥、绿肥轻简化栽培及配套技术的研发和示范推广。截 2019 年年底，已开展各类试验 30 个（其中长期定位试验 4 个），示范推广绿肥轻简化栽培、绿肥替代化肥效果、绿肥稻草还田培肥技术、经济绿肥培肥技术等 10 项。每年培训农民技术员 500 人次，培训农民 2 000 余人次，发放技术资料 3 000 份。在湖南祁阳、祁东、冷水滩、东安、衡阳县建立绿肥示范基地 18 个，其中万亩基地 2 个，千亩基地 6 个，百亩基地 10 个，为南方稻田培肥、耕地质量提升、美丽乡村建设、农业绿色发展提供技术支撑。

2. 科研产出

自 1960 年建站至 2019 年年底，祁阳站主持完成或参加获国家和省部级科技成果奖 41 项，发表论文 400 余篇，出版专著 20 部，代表性成果如下。

1964 年，"冬干鸭屎泥水稻'坐秋'及低产田改良"获国家技术发明奖一等奖；

1975 年，"种植制度改革—晚稻超早稻"获湖南省科技成果奖；

1976 年，"施用钾肥防治棉花黄叶枯萎病"获湖南省科技成果奖；

1978 年，"低产田改良"获湖南省科学大会奖；

1981 年，"湘南丘陵区水稻施肥制度和经济使用化肥"获农业部技术改进三等奖；

1983 年，"湘南红壤稻田高产稳产的综合研究和推广——提高晚稻产量和防治水稻'僵苗'"获农业部技术改进一等奖；

1985 年，"深泥脚田水稻垄栽增产技术体系的研究"获农业部科技进步奖二等奖；

1985 年，"红壤稻田持续高产的研究"获国家科技进步奖三等奖；

1985 年，"盐湖钾肥合理使用和农业评价"获农业部科技进步奖二等奖；

1991 年，"南方红黄壤综合改良及粮经果持续增产配套技术"获农业部科技进步奖三等奖；

1992 年，"国家土肥长期监测基地建设的技术体系研究"获中国农业科学院科技成果三等奖；

1996 年，"湘南丘陵区立体农作制度及配套技术"获农业部科技进步奖三等奖；

1996 年，"红壤丘陵立体农作制度及配套技术"获国家"八五"攻关重大科技成果奖；

2000 年，"红壤丘陵区草畜综合发展配套技术"获湖南省科技进步奖三等奖；

2000 年，"南方红黄壤丘陵中低产地区综合治理与农业持续发展"获四川省科技进步奖二等奖（第二完成单位）；

2001 年，"南方红壤地区土壤镁素状况及镁肥施用技术"获湖南省科技进步奖二等奖；

2002 年，"南方红黄壤地区综合治理与农业可持续发展技术研究"获国家科技进步奖二等奖；

2003 年，"双季稻田肥料氮的去向与环保型施肥新技术"获中国农业科学院科技成果二等奖；

2005 年，"南方陆稻高产优质栽培理论与技术体系的研究"获湖南省科技进步奖三等奖；

2005 年，"长期施肥红壤质量演变规律与复合调理技术"获中国农业科学院科技成果二等奖；

2006 年，"红壤丘陵区草畜综合发展配套技术"获湖南省科技进步奖三等奖；

2006 年，"红壤丘陵区种草养牛研究"获江西省科技进步奖二等奖（第二完成单位）；

2007 年，"长期施肥红壤质量演变规律与复合调理技术"获中华农业科技奖三等奖；

2007 年，"红壤旱地肥力退化与复合调理技术研究"获湖南省科技进步奖一等奖（第三完成单位）；

2009 年，"南方红壤区旱地肥力演变、调控技术及产品应用"获国家科技进步奖二等奖（第三完成单位）；

2009 年，"南方冬季亚麻产业化关键技术"获湖南省科技进步奖三等奖（第二完成单位）；

2010 年，"红壤酸化防治技术推广与应用"获全国农牧渔业丰收奖一等奖；

2011 年，"施肥与改良剂修复 Pb、Cd 污染土壤技术研究与产品应用"获中华农业科技奖一等奖；

2012 年，"南方稻田绿肥—水稻高产高效清洁生产体系集成及示范"获中国农业科学院科技成果一等奖；

2013 年，"我国农田土壤有机质演变规律与提升技术"获中国农业科学院科技成果一等奖；

2013 年，"我国农田土壤有机质演变规律与提升技术"获中国土壤学会科学技术奖一等奖；

2013 年，"稻田绿肥—水稻高产高效清洁生产体系集成及示范"获中华农业科技奖一等奖；

2013 年，"瘠薄土壤熟化过程及定向快速培育技术研究与应用"获中华农业科技奖二等奖；

2013 年，"我国粮食产区耕地质量主要性状演变规律研究"获中华农业科技奖二等奖；

2015 年，"主要粮食产区农田土壤有机质演变与提升综合技术及应用"获国家科技进步奖二等奖；

2015 年，"幼龄林果园地红壤退化生态修复关键技术研究与应用"获中华农业科技奖三等奖；

2017 年，"我国典型区域农田酸化特征及其防治技术与应用"获中华农业科技奖一等奖；

2017 年，"我国典型区域农田酸化特征及防治技术与应用"获中国农业科学院科技成果奖杰出科技创新奖；

2018 年，"东南红壤区农田酸化特征及防治技术"获中国土壤学会科学技术奖二等奖；

2018 年，"我国典型红壤区农田酸化特征及防治关键技术构建与应用"获国家科技进步奖二等奖；

2019 年，祁阳站张会民、文石林、蔡泽江、申华平等获中华农业创新团队奖。

四、农业部德州农业资源与生态环境重点野外科学观测试验站

（一）历史沿革

中国农业科学院德州盐碱土改良实验站（简称"德州站"），由德州市区科研办公区、陵县（今陵城区）试验基地、禹城试验基地 3 部分组成，其创建历史可追溯到 20 世纪 60 年代。

1966 年，针对黄淮海平原广泛存在的大面积旱、涝、盐碱危害农业生产发展的现实，国务院委派原国家科委副主任范长江带领中央赴山东抗旱工作队，经过全面考察调研，在山东省禹城县城西南 13.9 万亩盐碱荒地上创建"禹城县井灌井排旱涝碱综合治理实验区"，组织中央、省、地各级科研单位，开展大规模盐碱土改良治理工作，创建了禹城试验基地。

1971 年，中国农业科学院土壤肥料研究所下放山东德州后，又组织大批科研人员前往德州地区陵县西部的"陵西大洼"，开展盐碱土治理工作，建立了陵县试验基地。

1979 年土肥所回迁北京后，以禹城、陵县 2 个试验基地为基础，整合研究所土壤改良研究人员，并招聘当地部分农业科研人员，经农业部批准，中国农业科学院于 1980 年 9 月 20 日正式下发文件〔农科院（土）字第 365 号〕，在土肥所德州原址组建"中国农业科学院山东陵禹盐碱地区农业现代化实验站"。1984 年 2 月，实验站更名为"中国农业科学院德州盐碱土改良实验站"。

2005 年 10 月，农业部命名为农业部德州农业资源与生态环境重点野外科学观测试验站。

2008 年 1 月，首批进入国家现代农业产业技术体系野外试验站。

2011 年，成为农业部重点实验室"植物营养与肥料"学科群成员，命名为"农业部华北设施栽培与施肥科学观测实验站"。

2018 年 1 月 30 日，入选农业部第一批国家农业科学观测实验站，命名为"国家土壤质量德州观测实验站"。

德州站建站以来，先后由王守纯（1980—1985 年）、魏由庆（1985—1995 年）、李志杰（1995—2004 年）、赵秉强（2004 至今）担任站长，杨守信（1980—1995 年）、黄照愿（1980—1985 年）、许建新（1996—2016 年）、李志杰（2004—2008 年，常务副站长）、林治安（2008 至今）担任副站长。先后有 37 位正式职工在站工作，2003 年两所合并时德州站有在职职工 14 名。2003—2019 年 17 年间德州站招录及调入人员共 8 人，退休 8 人，调出 1 人。截至 2019 年年底，德州站有在职职工 13 人。

（二）功能定位（科研领域）

1966—1985 年，以黄淮海平原内陆盐碱地整理为主攻方向。

1986—2000 年，以中低产田改造、土壤培肥与作物持续增产为主要目标。

2003 年两所合并以来，德州站研究重点转向科学施肥制度、绿色高效肥料、绿色增产为中心内容。

经过 50 多年发展，德州站初步建立起"土壤培肥与改良、新型肥料与科学施肥和作物绿色丰产栽培" 3 个特色研究学科。在土壤培肥与改良方向，传承历史优势学科，同时与院、所相关创新团队紧密合作，主要开展盐碱地土壤肥力与水盐动态监测、盐碱障碍土壤改良与生物利用技术、有机无机配合施肥长期定位监测、保护性耕作技术研究；新型肥料与科学施肥领域，以国家工程实验室新型肥料中试车间为中心，在肥料增效载体、增值肥料、缓控释肥料、水溶性肥料、土壤调理剂等新产品研制、机理和标准、配套施肥技术等方面开展创新研究；在作物绿色丰产栽培方面，利用实验站系列不同施肥制度长期定位试验平台，开展施肥制度与土壤可持续利用、水肥一体化、设施园艺综合丰产等技术研究，为推动区域现代农业高产与生态相协调的绿色发展道路提供技术支持与示范模板。

（三）基础条件

德州站位于山东省德州市，下设禹城和陵县 2 个试验基地。拥有自主产权土地 297 亩。实验站设有农业气象与农田生态自动检测系统，作物光合作用测定系统，大气干湿沉降监测系统，温室气体通量在线监测系统，土壤水热、溶质耦合运移观测系统等大型野外试验监测设施，建成一批集有机无机结合优化施肥制度、作物高产优化栽培、秸秆还田与保护性耕作等内容的长期定位试验平台。

禹城试验基地。位于山东省禹城市区西南 13 千米处，始建于 1966 年。基地拥有 800 平方米综合试验楼一栋，科研、生活、仓储等各种用房 60 余间，1 500 平方米，精细试验田 50 余亩；

建有土壤理化分析实验室，拥有原子吸收分光光度计、中子水分仪、压力膜仪等科研仪器设备；建有包括树脂包膜、喷浆造粒、尿素溶融造粒、圆盘造粒、挤压造粒及硫包衣技术在内的新型肥料试验中心；拥有一批包括土壤培肥、保护性耕作、新型控释肥料、高产优化栽培等项内容的长期田间定位试验，其中有机无机结合土壤培肥长期定位试验开始于 1986 年，已持续运行 34 年，积累了大量宝贵的历史资料。试验基地水、电、通信、生活、后勤服务等设施齐全，经过几十年的发展，现已成为功能较完备、科研、工作及生活设施较齐全的农业科技综合试验研究基地。

陵县试验基地。位于德州市区东 25 千米，陵县县城西 5 千米，距 104 国道 2 千米，京福高速公路 15 千米。国有土地使用权 217 亩，其中工作生活区 25 亩，可使用试验耕地 100 亩。建有实验室、种子库、挂藏风干室、晒场、模拟室、水泥隔断试验微区等。土壤类型为盐化潮土，土壤质地为轻壤；高肥力土壤（有机质 10 克/千克以上）50 亩左右，中等土壤肥力（有机质 6~10 克/千克）30 亩左右，低肥力（有机质 6 克/千克以下）盐碱地 20 亩左右。土地平整，灌排条件齐全，适宜开展高产栽培、种植制度、盐碱土生物改良、节水灌溉、气候变化监测、土壤墒情监测、土壤肥力监测、土壤水盐动态监测等试验。

（四）科研与产出

1966—1971 年，以王守纯为代表的老一辈实验站人，先后在盐碱威胁严重的鲁西北禹城、陵县等地建立盐碱土改良试验区，历经艰苦攻关，建立了"井、沟、平、肥、林、改"内陆盐碱土综合治理技术，推动本地区大面积盐碱地得到根本治理，实现了盐碱荒滩能够产出粮食的梦想，粮食单产达到 200 千克/亩，研究成果"禹城试验区井灌井排盐碱地综合治理技术"获全国科学大会奖，"鲁北内陆平原盐碱地综合治理的研究"获农业部技术改进一等奖，同时带动我国盐碱土改良技术走在世界前列。

自 1986 年"七五"国家科技攻关开始，德州站联合中国农业科学院原子能所、区划所、作物所、畜牧所、果树所、棉花所等 10 余个研究所 300 多名科技人员，在禹城、陵县试验区开展综合治理科技攻关，推动区域大面积农田粮食单产翻番，取得了高产田突破亩产吨粮的可喜成绩。研究成果先后获得农业部科技进步奖特等奖、国家科技进步奖特等奖、联合国第三世界科学院农业奖。1988 年 6 月 18—20 日，时任国务院总理李鹏亲临禹城试验区进行为期 3 天的系统调研，他指出："这里取得的成就，对黄淮海平原，乃至对全国农业的发展都提供了有益的经验。"以推广试验区科研成果为契机，国家设立专项资金，在涵盖京、津、冀、鲁、豫、苏、皖 7 省市，总面积 38 万平方公里的大地上，启动开展长达 10 年的黄淮海平原农业综合开发项目，之后又把这一项目扩展到全国，为我国农业发展做出重大贡献。

"十五"以来，实验站先后主持国家级科研课题 9 项，圆满完成各项任务，顺利通过国家验收。

2001—2005 年，主持国家科技攻关计划课题"黄淮海平原中低产区高效农业模式与技术研究"。研究形成了黄淮海平原中低产区林农快速高效综合治理与空间配置工程技术体系；中低产区膜上播种植棉新技术；重盐碱地台基—渔塘种养和设施隔盐栽培的治理模式技术；中低产区土壤养分分区管理与作物环保高效分区平衡施肥技术。为黄淮海平原中低产区提供快速高效治理模式与技术。

2008 年，德州站首批进入国家现代农业产业技术体系，成为国家小麦产业技术体系综合试验站，实验站以长期农田土壤肥力质量监测试验和农业综合信息数据平台为基础，立足德州，通过禹城市、临邑县、陵县、宁津县、乐陵市 5 个重点开展工作的示范县，辐射带动整个鲁西北地区，主要从事与现代农业产业技术体系相关的土壤、植物营养与肥料、节水农业、小麦高产超高产等方面的研究与示范推广。

2008—2010 年，主持国家科技攻关课题"配方肥料生产与配套施用技术体系研究"。制定我国测土配方施肥区划，提出主要作物施肥配方 30 余个并形成系列中试产品，在全国不同区域推广应用；完成 4 项配方复合肥料生产工艺技术并形成工业化生产；建成配方复合肥料产业化生产基地和配方 BB 肥料自动化生产设备研发与生产基地。

2008—2010 年，主持公益性行业科研专项课题"山东中低产田绿肥作物生产与利用技术集成研究与示范"。引进、整理国内外绿肥作物种质资源 486 个，优选出适宜盐碱地区粮（棉）肥轮作栽植的 6 个耐盐绿肥种类，适宜棉田套作的冬绿肥 4 个种类。研究形成棉花冬闲田冬季绿肥作物生产利用模式与关键技术和夏玉米间作豆科绿肥模式与技术，在山东东营和陵县进行棉田套作冬绿肥示范。

2009—2013 年，主持公益性行业科研专项课题"黄淮海平原盐碱障碍耕地农业高效利用技术模式研究与示范"。先后筛选出适于黄淮海地区盐碱障碍耕地种植利用的耐盐作物品种 20 余个，试验建立了与耐盐品种相配套的高效栽培技术体系，研究提出耐盐品种耐盐性快速鉴定方法；分别研究提出 7 项盐碱地农业高效利用特色技术，建立 9 项盐碱地农业高效利用技术模式，制定 3 项盐碱地农业高效利用技术规程；研制开发出盐碱改良与调理制剂系列产品；在鲁西北陵县、冀东南沧州和鲁北惠民分别建立 3 个盐碱障碍耕地农业高效利用万亩示范区，累计示范推广面积 5 000 亩，辐射面积 60 余万亩，实现直接经济效益 6 000 万元。

2011—2015 年，主持公益性行业科研专项课题"山东中低产农田及果园绿肥利用技术研究及示范"。建立绿肥种质资源圃与储存库；研究形成山东绿肥作物生产理论与技术模式，解决了在复种指数较高的种植制度下发展绿肥的技术难题，确定了以发展冬绿肥为主的间、套作模式与技术理论；形成 5 套包括棉田冬绿肥、果园鼠茅草绿肥覆盖、桃园绿肥覆盖种植多功能综合利用、夏玉米超常规宽窄行间作大豆、冬闲农田绿肥作物产业化生产利用等绿肥作物生产利用技术模式，示范推广取得显著生态经济效益。

2016 年，主持国家自然科学基金项目"基于 pH 分级法的腐植酸结构分析及其对尿素转化的影响机制"。分析了腐植酸的结构特征与 pH 范围的关系及不同产地间的异同，明确了不同的腐植酸基团与尿素的结合方式和反应特点，探明了不同腐植酸结构与尿素转化。

五、农业部迁西燕山生态环境重点野外科学观测试验站

（一）历史沿革

1996 年，经刘更另院士建议、河北省政府批准，由河北省科技厅、唐山市科技局、迁西县人民政府和中国农业科学院山区研究室（1997 年并入区划所）联合兴建"燕山科学试验站"。试验站位于河北省唐山市迁西县境内，建站目标是"集野外观测、科学试验、成果展示、技术咨询、人才培养等于一体的综合性野外科学试验站。"

2005 年 10 月，农业部命名为"农业部迁西燕山生态环境重点野外科学观测试验站"（简称"迁西站"）。2008 年 10 月，迁西站初步形成"三场两站一网络"试验观测体系，通过农业部重点野外科学观测试验站（第一批）的中期评估。

迁西站设科研站长和后勤管理站长。科研站长由研究所委派，主要负责试验站的学科建设、人才培养、项目申报、野外观测等科研管理工作；后勤管理站长由河北省科技厅和迁西县政府任命，主要负责协调试验站与地方政府的关系和后勤管理工作。试验站首任站长为刘更另院士，科研站长曾由邱建军担任、副站长由张士功担任，2013 年调整为王立刚担任站长、李虎担任副站长。后勤管理站长、副站长，曾由迁西县科技局局长员海河和享受政府特殊津贴专家赵国强担任，2013 年站长调整由迁西县科技局局长蒋宝进担任，2019 年调整由迁西县工信局局长张志宏担任。

（二）功能定位（科研领域）

迁西站立足于华北典型农林复合地区，通过长期定位科学试验与监测、典型地带推广与应用，以基础性数据积累、合理性试验观测和科学性定点示范为主要工作内容。建站以来，主要形成了以农林特色资源开发与高效利用、地带性山区生态系统结构、功能及其演替规律、土壤肥力演变规律与培育体系、北方农林生态系统旱作节水技术与示范、水资源长期监测与综合调控技术、农林生态系统碳、氮循环6个基本研究方向。同时，对符合当地资源环境条件的区域农村发展模式、设施农业建设、自然保护区（湿地）维护与持续发展技术等进行探讨。

1. 农林特色资源开发与高效利用

包括当地农林特色资源调查与评价，农林特色资源的保存、选育，优良品种的改良与进化，与品种特性相配套的优化高效栽培技术体系，产品的开发与产业化发展模式，特色资源利用效益评价分析等。

2. 地带性山区生态系统结构、功能及其演替规律

以典型的燕山自然环境为基地，研究地带性山区生态系统的生物种类、种群构成和群落结构，探讨结构与功能、格局与进程的相互关系，明确该地带性山区生态系统的演替过程与规律。

3. 土壤肥力演变规律与培育体系

通过典型样地调查与长期试验观测，研究不同土地利用类型和土地覆盖变化类型的土壤肥力演变动态、土壤养分变化动态、不同肥力水平和不同施肥水平的演变动态、土壤养分变化动态以及对植物生物量、品质的影响；并进一步探讨不同培肥方式的优劣。

4. 北方农林生态系统旱灾监测与旱作节水技术与示范

针对北方地区水资源匮乏的实际情况，研究北方农业旱灾形成机理及典型旱地农林生态系统节水技术的遴选与效益分析，探讨节水条件下水、肥耦合规律和作物生长规律，并对技术体系较为完整成熟的节水技术进行典型示范。

5. 水资源长期监测与综合调控技术

对迁西县境内的水资源进行全面了解与评价，在主要河流与湖泊（水库）设置长期监测断面、定期测定水质指标，分析水质变化与农业生产发展的关系、确定面源污染的污染比重，研究当地水土流失状况及其防治技术。

6. 农林生态系统碳、氮循环

以典型样带的农林生态系统为对象，研究我国中高纬度地区农林生态系统气候特点，碳、氮循环规律，温室气体排放通量，探讨生物地球化学循环模型的开发与应用、进而探寻全球变化的影响及其响应机制。

截至2019年年底，迁西站在以上6个研究方向上具备承担国家和省部级重大研究与推广项目的能力和条件，正逐步成为燕山地区乃至国内外颇具影响力的生态学、土壤学和农业资源开发的综合研究基地。

（三）基础条件

1. 基础设施

迁西站拥有河北省迁西县人民政府无偿提供的试验、办公和生活用地172.14亩，土地使用年限属于永久；同时试验站还承租了山场和农田200多亩，承租期限为30年，用于相关的野外观测和试验。2010年依托国家发展改革委项目，建设完成"板栗科研大楼"。

截至2019年年底，迁西站已建立较为完善的"三场（水土流失观测场、植被恢复与群落演替观测场、土壤生态系统观测场）两站（气象与小流域）一网络（信息网络）"的观测体系。2018年获得农业农村部修购专项的支持，对试验站及其各个试验场进行了修缮，提升了整个试

验站的研究创新水平和技术推广应用能力。

2. 仪器设备配置

截至 2019 年年底，迁西站拥有自动气象站、涡度相关测定仪、干湿沉降仪、土壤呼吸测定仪等野外监测仪器设备，并配备了气相色谱仪、液相色谱仪、分光光度仪、光照培养箱、振荡培养箱、灭菌锅、氮素流动分析仪、火焰分光光度计、pH 计、电子天平、显微镜、无菌室（内有超净工作台 4 台）以及常规分析用的各种仪器和其他主要辅助性设备以及器皿、药品、耗材等。

（四）科研与产出

建站以来，实施的项目有国家科技攻关项目、中国工程院咨询项目、科技部公益性研究专项、国家科技基础条件平台建设项目、国家自然科学基金项目、河北省攻关项目、河北省山区开发项目等课题 40 多项，合作发表相关学术论文 100 多篇，获得省（部）级奖励 10 余项。并在生产实际中为实现山区资源优势向经济优势快速转变，带动当地经济发展，促进山区农民增收等方面发挥了较大作用。并对我国其他同类地区的资源开发和生态环境保护也具有一定的指导和借鉴作用。

合作完成的研究成果主要包括：

（1）2001 年"燕山东段农业特色产业开发项目管理"获河北省人民政府"山区创业奖"二等奖，该项目在栗蘑规模化生产及加工技术、板栗标准化生产技术、安梨稳产高效栽培技术、酸枣嫁接大枣技术以及单项技术的集成和组装配套等方面取得了一批有应用前景的技术成果。

（2）2003 年"燕山地区农牧系统耦合发展的研究"获河北省人民政府"山区创业奖"二等奖，该项研究针对燕山资源特点，提出山区农业发展的关键问题，找出了限制牧业发展的主要因素，采用引进优种、围山转树下种植、冬闲田种植和保护地种植优质草，配合秸秆、山草进行牧业转化。首次应用营养体产业高效理论，并提出农牧耦合的 5 种途径。

六、农业部昌平潮褐土生态环境重点野外科学观测试验站

（一）历史沿革

农业部昌平潮褐土生态环境重点野外科学观测试验站（简称"昌平站"）于 1987 年由原国家计划委员会批复建立（计科〔1987〕1533 号），是我国 8 个国家级土壤肥力与肥料效益长期监测基地之一；

1999 年，确定为国家重点野外科学观测试验站试点；

2005 年 10 月，农业部命名为"农业部昌平潮褐土生态环境重点野外科学观测试验站"；

2009 年，中国农业科学院命名为"中国农业科学院重点野外科学观测站"；

2018 年 1 月 30 日，昌平站入选农业部第一批 36 个国家农业科学观测实验站。命名为"国家土壤质量昌平观测实验站"。

2019 年，昌平站与国家土壤肥力与肥料效益监测站网合并，命名为北京昌平土壤质量国家野外科学观测研究站。

昌平站首任站长是陈子明，1997 年调整由张夫道担任站长，2000 年调整由赵秉强担任站长，2006 年以来一直由刘宏斌担任站长。

（二）功能定位（科研领域）

昌平站面向国家粮食安全、生态文明建设中的国家战略需求和土壤学科发展长远需要，立足我国北方典型性、代表性土壤类型——褐潮土，以土壤肥力质量、土壤环境质量和土壤生态质量演变规律与调控为 3 大主攻方向，研究特大型城市变迁背景下我国北方褐潮土土壤质量演变规律、农田碳氮气体交换和氮磷流失机制、农田生物多样性变化特征和农产品污染因子累积规律。

1. 土壤肥力演变规律与驱动机制

开展长期定位观测，研究自然环境（撂荒）和不同农业生产活动（施肥、耕作、秸秆还田、灌溉、种植制度等）下土壤系统内部物理、化学、生物学过程的时空演变规律，重点剖析土壤有机碳的累积、氮磷等养分的转化及其有效化过程，明确土壤肥力质量变化过程与作物产量之间的相互关系，阐明土壤肥力变化的主要驱动机制，结合土壤肥力和养分利用的协同增效原理，建立最佳施肥、耕作制度。

2. 土壤—环境物质交换与调控

开展长期定位观测，研究自然环境和农业生产活动作用下耕地土壤有机碳库和氮库的演变规律，量化土壤有机碳库和氮库的储量及其库容潜力；研究人类活动对土—气间气体交换通量的影响，明确土—气间物质交换与区域环境及全球气候变化之间的响应关系；研究氮、磷等元素随径流/渗漏水向地表/地下水迁移的变化规律，明确土—水间的物质交换与水体环境质量之间的响应关系；重点剖析土壤氮素向大气及水体中迁移转化的主要来源，阐明土壤氮素的形态转化、运动迁移、输入输出等反应的过程、调控机制，强化土壤对温室气体和氮磷排放的调控能力。

3. 农田生物多样性与调控

系统观测自然状态和农业生产活动条件下，农田生物多样性（包括土壤微生物、蚯蚓等指示动物、田间杂草）变异敏感性特征，揭示农田生物多样性与土壤肥力质量、环境质量的内在联系，提出基于土壤质量提升的农田生物多样性评价方法和调控途径。

4. 土壤质量与农产品安全

开展长期定位观测，研究土壤对人类活动带来的有毒有害污染物的消纳净化能力，重点分析畜禽粪便、有机肥、污泥以及沼渣沼液等外源投入品施用下，重金属和持久性有机污染物等在土壤中的累积动态变化规律；深入剖析外源投入品添加量与土壤有毒有害污染物累积之间，土壤有毒有害污染物累积与农产品品质之间的响应关系，提出保障土壤质量安全和农产品安全的技术管理规范。

5. 土壤质量评价方法

遴选表征土壤肥力质量、土壤环境质量和土壤健康质量的指标，运用综合、多指标量化手段，遵循主导性、生产性、综合性原则，确定不同区域、不同类型土壤质量参评指标，建立最小数据集；进而利用统计分析与评价模型相结合的分析方法，确定各评价指标权重，进一步采用土壤质量指数模型法进行不同类型土壤质量综合评价；通过土壤质量提升潜力指数计算，研究评价指标主导因素—次要因素的评价指标因子的全排列。

（三）基础条件

1. 地理条件

昌平站位于北京市昌平区沙河镇西沙屯村村北百葛路西 500 米（北纬 40.13°，东经 116.14°），气候类型为暖温带半湿润大陆性季风气候，夏季高温多雨，冬季寒冷干燥，春、秋短促。全年无霜期 180~200 天。

2. 基础设施

截至 2019 年年底，昌平站拥有土地使用证土地面积 30 余亩。建有网室 800 平方米，样品库 500 平方米，实验室 400 平方米，挂藏室 100 平方米，考种室 100 平方米，农机库 150 平方米。昌平站建有 30 年长期定位试验场 3 个，10 年以上长期定位试验场 2 个，具体如下。

土壤肥力与肥料效益长期定位观测试验场。该试验开始于 1990 年，主要探讨在长期施用氮磷钾化肥、有机肥及不同组合条件下，肥料效益变化和土壤肥力质量演变规律。种植制度为冬小麦—夏玉米轮作，设置不施肥、单施氮肥、氮磷配施、氮钾配施、氮磷钾配施等 13 个处理，试验小区面积 200 平方米。土壤有机碳提升长期定位观测试验场。该试验开始于 1990 年，主要探讨不同农艺管理措施对土壤有机碳和作物产量的影响。种植制度为冬小麦—夏玉米轮作，设置不施肥、氮磷钾、增施小麦秸秆、增施玉米秸秆、增施猪粪等7个处理，4次重复，小区面积3平方米。城市生活污泥农用风险长期定位观测试验场。该试验开始于2006年，主要探讨城市生活污泥长期农用是否会出现土壤重金属污染和作物重金属污染，造成农田质量安全和食品质量安全。种植制度为冬小麦—春玉米轮作，共设置了常规施肥、氮肥减施、污泥半量替代化肥、污泥增施等8个处理，3次重复，小区面积60平方米。渗滤池长期定位观测试验场。该试验始于2007年，主要探讨在长期施肥条件下，氮、磷、重金属、农药等在土壤剖面的淋溶特征、机制及控制技术。该试验依托网室内的40个渗滤池而建，种植制度为春玉米，共设置不施氮肥、常规施肥、施用生物炭等13个处理，3次重复，小区面积为2平方米。自然植被演替及多样性长期定位观测试验场。该试验开始于1990年，以农田生态系统为对照，探讨无人为活动干扰、自然条件下植被演替、生物多样性变化和土壤质量演变规律。试验观测场面积400平方米。

3. 仪器设备

截至2019年年底，昌平站有包括全自动凯氏定氮仪、AA3连续流动分析仪、气象色谱仪、原子吸收分光光度计、原子荧光光度计、BaPS土壤氮循环监测系统、气象站等观测、分析仪器及农机设备18台/套。

（四）科研与产出

1. 实施了一批国家及省部级重点项目

"十三五"以来，在昌平站实施项目或课题13项。其中，国家重点研发计划项目2项，即"农田系统重金属迁移转化和安全阈值研究""水稻主产区氮磷流失综合防控技术与产品研发"。课题2项，即"北方主要农区农田氮磷淋溶时空规律与强度研究""北方稻区化肥减施增效及替代技术研究与应用"。公益性行业科研专项2项，即"主要农区农业面源污染监测预警与氮磷投入阈值研究""典型流域主要农业源污染物入湖负荷及防控技术研究与示范"。课题1项，即"生物炭防治农业面源污染关键技术研究"；国家自然科学基金项目4项，即"生物炭对不同类型土壤中磷有效性和磷释放的影响研究""秸秆对我国北方设施菜地土壤硝态氮固持转化的作用机制""有机碳介导下化肥氮在华北农田中固持转化的微生物调控机理""非生物导电材料介导的好氧堆肥温室气体调控机制研究"。

2. 取得了一批科研成果

2014年以来，围绕农田碳氮循环、土壤肥力提升和农田生态系统功能提升等领域开展系统研究，发表论文120余篇，其中SCI收录70余篇。获国家科技进步奖二等奖1项，省部级科技成果奖3项。2015年，"农田面源氮磷流失监测及减排技术研究与应用"获北京市科学技术奖二等奖、"农田面源污染国控监测网的构建与运行"获中国农业科学院杰出科技创新奖、"全国农田面源污染监测技术体系的创建与应用"获中华农业科技奖一等奖；2017年，"全国农田面源污染监测技术体系的创建与应用"获国家科技进步奖二等奖。

3. 保存了一批珍贵的土壤和植株样品

昌平站自1990年起长期保存历史土壤样品，并建立了长期试验样品库。采用标准化样品架、磨口玻璃瓶保存土壤和植株样品。截至2019年年底，本站保存有历史土壤样品30 000个，植株样品15 000个，长期试验基础土壤样品（原始土壤）500个，土壤剖面样品8个。

4. 开展了一系列的技术示范和推广

2014年以来，开展土壤培肥及修复、农业面源污染防控技术人员培训班100余场，培训各类技术和管理人员5 000余人，发放多种科技资料万余份。依托昌平站取得的研究成果在云南、江西、河南、湖北、湖南、内蒙古等地得到了推广应用。

七、农业部洛阳旱地农业重点野外科学观测试验站

（一）历史沿革

"七五"时期，中国农业科学院土壤肥料研究所专家在河南洛阳开展以旱地节水农业为主的试验研究并设立了试验站，该站是根据我国旱地农业生产、生态环境保护需要和国际旱地农业研究新动向而建立的旱地农业综合试验站。

1998年，经农业部立项建成中国农业科学院洛阳旱地农业试验站并投入使用；

1999年，建成孟津送庄田间试验观测场；

2003年，建成国家旱作节水信息监测基准站；

2005年10月，农业部命名为"农业部洛阳旱地农业重点野外科学观测试验站"（简称"洛阳试验站"）；

2007年，成立"洛阳市旱作节水工程技术研究中心"；

2009年，中国农业科学院命名为"中国农业科学院洛阳重点野外科学观测站"；

2018年1月30日，入选农业部第一批国家农业科学观测实验站，命名为"国家土壤质量洛龙观测实验站"。

洛阳站首任站长是白占国（1998—2005年），2005年开始由蔡典雄担任站长，2018年后由吴会军负责试验站工作。

（二）功能定位（科研领域）

洛阳试验站主要进行旱地农田生态因子长期定位监测，开展旱地农田生态系统水分生态过程与节水技术，旱地农田生态系统土壤养分循环转化过程与驱动因素研究及试验示范工作。

旱地农田生态系统水分生态过程与节水技术，研究农田生态系统水分生态过程与循环规律，集成创新探讨适合该区域特点的农业节水技术。

旱地农田生态系统土壤养分循环转化过程研究，研究耕作和施肥等农田管理措施对产量和农田环境的影响，研究农田土壤养分库消长、形态变化规律及其主要驱动因素，集成农田水肥优化管理技术模式。

（三）基础条件

1. 基础设施

洛阳试验站位于河南洛阳洛龙区，地处中原腹地，气候类型属于暖温带半湿润大陆性季风气候。截至2019年年底，洛阳试验站拥有永久使用权土地30亩，综合实验办公楼2 000余平方米和多种野外观测设施，可满足科研人员实验办公和生活需要。建有自动干旱棚，田间径流观测场。

2. 仪器设备配置

截至2019年年底，洛阳试验站拥有仪器设备34台/套，主要有自动气象站、TDR土壤水分测定仪、径流记录仪、张力计等监测设备、实验室配备凯氏定氮仪、分光光度计、流动分析、火焰光度计、烘干箱等实验仪器。可以开展农田土壤水分养分运移、转化等过程研究。

（四）科研与产出

洛阳试验站主要承担田间"监测、研究、示范"的科研功能任务，同时是人才培养、学术交流、科学普及的重要平台。通过近20年长期旱地节水农业研究，以及以农业水资源、农田生态环境和物质循环过程研究为特色的长期定位监测，试验站积累了大量科学数据资料，形成了以旱作节水农业研究为特色，以农田生态因子长期定位观测为重点的区域重点试验基地。

1. 实施了一批国家重点科技项目

"十二五"时期，在洛阳试验站实施完成国家"973"计划课题，国家"863"计划课题，国际合作、FAO、财政部项目等课题10余项。申报地方项目，开展与河南省农业科学院、河南农业大学、河南科技大学、华北水利水电学院等地方单位的横向合作研究。

2. 取得了一系列的科研成果

洛阳试验站主要对农田生态系统的物质和能量循环过程进行监测和研究，主要包括农田水分、碳氮营养元素的循环转化及其驱动因子。明晰了长期耕作体系对土壤环境和生产的影响，揭示了深松覆盖与免耕覆盖技术在提高降水利用率、水分利用效率以及减少水土流失、培肥地力与降低沙尘暴等方面的作用及其机制。研究不同水肥条件下相互作用关系及对产量的影响。发表论文100余篇，获得省部级奖励5项。

3. 积累了一批科研基础数据

洛阳试验站监测农田生态系统重要生态过程的变化状况，特别是农田生态系统中作物生产，水分、氮素和有机碳的长期演变规律的监测。具体就土壤、生物、气候、水分4类生态要素进行长期定位监测。布置开展了不同耕作、施肥、水肥管理的长期定位试验，积累了有关作物、土壤、大气等方面的研究试验数据。收集土壤、气象等基础数据，积累了有关作物、土壤、大气等方面的研究试验数据。主要包括长期耕作、施肥实验数据，农田水碳通量数据，环境气象因子等数据。

4. 开展了大面积生产示范和技术推广

围绕旱作节水领域开展新技术和新产品研发，提出高留茬深松覆盖技术，研究和发展少免耕覆盖等保护性耕作技术，组装集成适宜我国北方旱区推广和应用的节水丰产高效技术体系。自2010年以来相继建立保护性耕作等各类示范基地20余个，通过技术培训，田间示范小区建设，技术观摩交流会，科技下乡明白纸等形式，加大技术成果的示范和推广工作，建设田间示范田2 000亩，技术观摩展示会3次，发放科技宣传材料5 000余份。

八、国家食用菌改良中心

（一）历史沿革

"十一五"期间，资划所食用菌科技人员在河北平泉开展农业部"948"计划项目"食用菌安全优质生产技术试验示范"，效果显著。2010年11月，平泉县政府与资划所签署共建"国家食用菌产业技术研发中心"协议，无偿给予建设用地进行项目建设。

2011年6月，根据《农业部办公厅关于印发种子工程和植保工程储备项目可行性研究报告申报指导意见的通知》（农办计〔2011〕50号）精神，资划所上报了"国家食用菌改良中心"建设项目请示。

2011年，在河北省平泉县获得45亩建设用地土地证。

2012年3月，农业部批复"国家食用菌改良中心建设项目"立项（农计函〔2012〕20号）；

2012年4月，完成项目初步设计及概算编制并上报农业部，5月获得农业部批复（农办计〔2012〕57号），总投资1 275万元。建设地点在河北省承德市平泉县卧龙岗镇八家村，建设内容包括食用菌实验用房等土建工程2 646.3平方米，完善田间工程，购置仪器设备等。

2014年12月，完成土建工程建筑面积2 382.89平方米，温室312平方米、野生种质圃500平方米以及配套室外工程等，购置仪器设备22台/套，其中实验台1套115.46延米，2016年投入使用，这是我国唯一的国家级食用菌改良技术平台。为了品种鉴定评价的规范实施，还进行了北方食用菌生产标准化技术设施升级。

为了满足我国食用菌生产对优质种源的需求，将好品种扩繁生产成为好菌种，在国家食用菌改良中心和北方食用菌生产标准化技术设施基础上，作为"国家食用菌改良中心"的二期工程

"国家食用菌育种创新基地建设项目"于 2016 年 5 月获得农业部批准立项（农计发〔2016〕74号）。

2016 年，国家食用菌育种创新基地建设项目初步设计和概算获农业部批复（农办计〔2016〕92 号），项目总投资 723 万元，建设内容包括改造试验车间 3 360 平方米，土方工程 2 956 立方米；购置仪器设备等。2019 年完成建设和调试并通过验收。

国家食用菌改良中心建立以来，主要依托食用菌研究室建设和使用管理，由研究室主任负责，团队成员安排试验，以长期聘用人员和学生为主开展各项试验，设在中心院内的河北平泉食用菌产业技术研究院协助试验工作。

（二）功能定位（科研领域）

针对我国食用菌种业各个环节的技术问题，系统开展相关技术研发与集成，包括种质资源可利用性评价、种质材料创新、育种技术和优良品种选育、菌种保藏、菌株维护（种源维护）、菌种质量控制技术、良种良法配套技术等，将中心建设成为我国食用菌种质资源高效利用和种业技术综合研发平台以及全国优质种源保藏、维护和供应中心。中心联合各方力量，致力于打造我国食用菌种业科技和产业高地。

（三）基础条件

1. 地理条件

国家食用菌改良中心位于河北省承德市平泉县卧龙岗镇八家村，处冀北燕山丘陵区，海拔高度 500 米，属大陆性季风气候，四季分明，昼夜温差大，适宜多种食用菌园艺设施条件下的优质品生产。

2. 基础设施

国家食用菌改良中心拥有永久使用权建设用地 41.12 亩，实验楼 1 栋 2 382.89 平方米，试验温室 2 座 312 平方米，菌种试验车间和培养室 5 555.6 平方米，野生种质圃 500 平方米，仓库等辅助设施 900 平方米，可满足科研人员试验、办公和生活需要。有超低温保藏种质库、小型机械化专业实验室系列工房、培养基制备室、灭菌室、万级净化三级冷却室、百级净化接种室、菌种制作室、十万级净化培养室、低温诱导室、周年菇房、抗病性鉴定室、生理实验室、育种实验室，中控和远程控制终端以及配套室外工程，智能化、信息化、设备施舍配套齐全的食用菌健康种源培养设备设施。

3. 仪器设备配置

截至 2019 年年底，国家食用菌改良中心拥有设备 48 台（件、套），包括超净工作台、冷藏柜、灭菌器、液氮储存罐、低温培养箱、自动化机械设备（装袋机、搔菌机、搅拌机、洗瓶机、挖瓶机等）、标本柜、叉车、铲车、木屑加工机、自动接种线、升架机、环控系统、净化系统、中控系统、配气系统、冷藏运输车等。

（四）科研与产出

1. 实施了一批国家和农业部科技项目

国家食用菌改良中心先后实施完成国家"973"计划项目、"863"计划项目、国家科技支撑计划项目、科技基础性工作专项等 6 项，公益性行业科研专项、产业结构调整项目、农业部"948"计划项目等 5 项，实施了国家食用菌产业技术体系的各项技术研发与集成试验示范。

2. 取得了食用菌种业系统性的技术成果

国家食用菌改良中心成立以来，收集了大量国内外种质资源，丰富了设在本所的国家食用菌标准菌株库（CCMSSC）；开展了食用菌种质资源鉴定评价利用技术的系统研究，形成了系统的食用菌种质资源利用技术；开展了食用菌育种技术方法研究，形成了定向育种高效筛选的育种技术模型，选育了一批食用菌新品种；开展了系统的食用菌菌种检测技术方法研究，建立了食用菌菌种技术标准体系。相关成果"食用菌菌种资源及其产业链技术研究与产业化应用"获 2015 年中华农业科技奖一等奖，"食用菌种质资源鉴定评价技术与广适性品种选育"获 2017 年度国家科技进步奖二等奖。

3. 获得一批优异种质并选育一批食用菌优良品种

国家食用菌改良中心周年化的种质资源评价工作，发现和创制优异种质 30 余份，选育适合我国生产方式广适性平菇品种 7 个、耐高温黑木耳品种 1 个、低温型黑木耳品种 1 个、抗病丰产型白灵菇品种 2 个、丰产型杏鲍菇品种 1 个、工厂化平菇品种 2 个、工厂化白灵菇品种 3 个。其中，广适性耐高温的"中农平丰"和"中农平抗"填补了国内夏季平菇品种的空白，在全国主产区周年推广应用，占总面积的 60% 以上。

4. 创新食用菌优质菌种生产技术成效显著

利用食用菌种业链的全套设备设施和实验条件，开展优质菌种生产和质量控制技术研究，形成了"种源维护—母种筛选—良种繁育"的菌种质量控制体系和"两高一低"的优质菌种培养技术。在河北、辽宁、河南、湖北、贵州、陕西、山西等地推广应用，效果显著，单产提高 15.3%～25%，优质菇率提高 24%，2018—2019 年度节本增效 2.2 亿元。

九、中国农业科学院密云生态农业野外科学观测试验站

（一）历史沿革

1998 年，经刘更另院士建议，北京市政府批准，依托中国农业科学院农业自然资源和农业区划研究所建设管理的北京市密云科学试验站建立。

2009 年，被中国农业科学院命名为"中国农业科学院密云生态农业野外科学观测试验站"（简称"密云站"）。

密云站建站以来，先后依托山区研究室、农业生态与草地科学研究室和碳氮循环与面源污染团队建设及管理。首任站长是刘更另院士，2006 年研究所决定密云站由张士功负责，2008 年调整由邱建军担任密云站站长，2011 年调整由王立刚担任站长。

（二）功能定位（科研领域）

密云站立足于我国北方山区和华北典型农林复合地区，旨在通过长期定位科学试验与监测、典型地带推广与应用，以基础性数据积累、合理性试验观测和科学性定点示范为主要工作内容。建站以来，主要形成了以燕山山区生态系统结构、功能及其演替观测，都市郊区农业生态环境长期演变监测，农业旱作节水技术与示范，生态农业建设等 4 大基本研究方向。同时，对符合当地资源环境条件的区域农村发展模式、设施农业建设、自然保护区（湿地）维护与持续发展技术等进行探讨。重点研究以下方面：

1. 燕山山区生态系统结构、功能及其演替观测

以燕山为基地研究地带性山区生态系统的生物种类、种群构成和群落结构，探讨结构与功能、格局与进程的相互关系，明确该地带性山区生态系统的演替过程与规律。为生态系统研究网络积累在这一典型地带的基础数据，为国家和区域山区的持续发展提供理论与实际依据。

2. 都市郊区农业生态环境长期演变监测

针对都市郊区农业生产的特点和生态环境建设对都市发展的影响，开展都市郊区生态带建设及维护；不同植物优势种群演替规律；当地农林特色资源调查与评价；农林特色资源的保存、选育；优良品种的改良与进化；特色资源利用效益评价分析等。为同类型的地区提供资源咨询、技术保障和样板参照。

3. 农业旱作节水技术与示范

针对北方地区水资源匮乏的实际情况，研究北方农业旱灾形成机理及典型旱地农林生态系统节水技术的遴选与效益分析；探讨节水条件下水、肥耦合规律和作物生长规律；对技术体系较为完整成熟的节水技术进行典型示范。为节水农业技术的推广应用提供依据。

4. 生态农业建设

在充分调研、民意调查的基础上，立足于北方山区的资源环境特点和发展目标，建设性地提出生态农业模式和建设方法，创建和谐生态的社会主义新农村。主要包括农作物废弃物的综合利用、农户秸秆气化装置的研制和开发、生物质能源的开发、不同生态农业模式的应用和推广等。

（三）基础条件

1. 基础设施

密云站位于燕山山脉中段，密云水库东南部，北京市密云县穆家峪镇娄子峪村。拥有北京市密云县人民政府提供的试验、办公和生活用地108.75亩，同时密云站还承租了山场和农田70多亩，承租期限为50年，用于相关的野外观测和试验用地。

截至2019年年底，已初步形成"三区""四场"的观测体系。"三区"，即核心实验区、植被恢复区、保护区；"四场"，即燕山山区水土流失观测场、林草生态观测场、燕山群落演替观测场和玉米—油菜轮作土壤生态观测场。

2. 仪器设备配置

截至2019年年底，密云站配备了自动气象观测系统、电子天平、显微镜、烘干箱、振荡器以及常规分析取样用的各种仪器和其他主要辅助性设备以及冰箱、器皿、药品、耗材等。

（四）科研与产出

密云站建站以来，实施了包括国家科技攻关项目、中国工程院咨询项目、公益性行业科研专项、国家基础条件建设平台项目、环保部咨询项目等各类课题20多项，参与发表相关学术论文50多篇，参加完成成果获得省（部）级奖励3项，其他奖励4项。

2000年，中国工程科技奖理事会鉴于刘更另院士对中国工程科学技术事业做出的突出贡献，授予中国工程科技奖。

2006年，"中国土地利用/土地覆盖变化研究"获北京市科学技术奖二等奖。

2008年，"农区水污染调查评价与富营养化水体治理技术研究"获中国农业科学院科技进步奖一等奖。

十、中国农业科学院廊坊数字水肥野外科学观测试验站

（一）历史沿革

2003年，中国农业科学院廊坊节水高效农业研究开发基地成立。

2009年，被中国农业科学院命名为"中国农业科学院廊坊数字水肥野外科学观测试验站"（简称"廊坊试验站"）。

廊坊试验站建立以来，主要依托农业水资源利用研究室（课题组）、植物营养与肥料团队、农业遥感团队建设与使用管理。2006年4月，资划所决定由金轲负责，2009年调整为蔡典雄负责，2018年交由研究所条件保障处管理。

（二）功能定位（科研领域）

廊坊试验站依托研究所先进的技术、雄厚的人才、广泛的国际交流优势和廊坊市良好的区位优势、优惠的政策优势，瞄准农业科技前沿，主要开展节水高效农业技术研究与新型固态、液态

肥料、土壤调理剂、缓控释肥等抗旱创新产品研发，农田地力提升技术研究与农田生态环境监测，开展测土配方施肥、高效施肥示范、作物生长与农田环境信息自动采集与传输，开展农业低空遥感等研究，是节水农业、植物营养与肥料、农业生态环境、农业遥感等学科开展科学研究和成果转化示范、推广、开发的科技平台。

（三）基础条件

1. 地理条件

廊坊试验站位于中国农业科学院（万庄）国际农业高新技术产业园中。产业园位于河北省廊坊市万庄镇，北与北京经济技术开发区（亦庄）接壤，东靠京沪（G2）高速公路，处于京津冀三角地带。土壤以砂壤质潮土为主，处在华北地下水大漏斗，属水资源严重紧缺的地区。

2. 基础设施

廊坊试验站现有土地380亩，全部为农业用地，中国农业科学院（万庄）国际农业高新技术产业园占地2 000亩。试验站有试验及生活用房40余间；1 000平方米的全自动连栋温室1座；日光温室10栋共3 000平方方米；240平方米（40个种植池）旱棚1座；300平方米中试车间1座；田间自动观测气象站1座；还配备有大田生产及试验用的大、中、小型农机及相应的配套农机具；田间配备了灌溉深水井及节水喷灌管道。2014年获得"农业野外科学观测试验站基础设施改造——廊坊试验站"项目316万元的支持，对试验站的基础设施进行了修缮。建有国家发改委耕地培育技术国家工程实验室土壤调理剂中试车间。

3. 仪器设备配置

廊坊试验站主要仪器设备有：①移动式喷灌、微喷灌、超低压微喷灌、滴灌、渗灌等节水设施设备，围绕农业水资源保障和水环境安全领域的若干重大科学问题，开展以农艺节水、旱地农业以及提高植物抗旱能力、节水抗旱产品等研究。②建有自动气象站及作物湍流实时观测系统、地物光谱仪、多功能光合作用仪器等农作物耗水和环境监测设施。可以对农业水环境进行监测与评价，研究包括我国水环境现状与规律、农业活动与水环境的关系、作物水分信号快速诊断技术、区域土壤墒情预报技术、作物精量控制灌溉技术及其配套设备和智能化灌溉预报与决策系统等。③建有节水农业新产品研制中试车间，配备有超细粉粉碎机、包衣机、造粒机、乳化剂等研制设备，可以开展与节水农业有关的新型固态、液态肥料、土壤调理剂、缓控释肥、液态地膜等新产品的研制。

（四）科研与产出

截至2019年年底，廊坊试验站可为、新型肥料及土壤调理剂研制、节水新产品研制与开发、土壤肥料长期定位试验、测土配方施肥和精准施肥、农业生态遥感应用开发技术等领域提供科技支撑服务。

"十二五"以来，廊坊试验站每年承担中国农业科学院研究生院土壤物理学、土壤耕作学两门课程硕、博士研究生的野外实习任务。学生在此可参观了解肥料生产、造粒、包衣以及液体肥料的自动化灌装生产线，到农田挖2米深的土壤剖面、打土钻、取环刀土等，增强学生对课本知识的理解。

建站以来，获得北京市科技进步奖三等奖1项（土面液膜覆盖保墒技术）；出版专著3部（其中《农业立体污染理论与实践——江河流域与平原区》获得省部级一等奖）；发表核心期刊论文10余篇，申请发明专利5个，实用新型专利3个。

十一、中国农业科学院江西进贤土壤肥料试验基地

（一）历史沿革

中国农业科学院江西进贤土壤肥料试验基地始建于2011年，是中国农业科学院农业资源与

农业区划研究所和江西省红壤研究所为贯彻落实江西省政府与中国农业科学院签署的科技合作协议精神，在南方红壤（进贤）区共同建立的土壤肥料综合性试验基地（简称"进贤基地"）。同年研究所在江西省进贤县获得科研用地 80 亩、建设用地 10 亩土地证。

进贤基地建立以来，主要依托土壤培肥与改良团队建设与管理，由张建峰担任站长。

（二）功能定位（科研领域）

进贤基地主要为红壤地区中低产田综合治理和生态环境恢复重建提供科学技术支撑，主要研究包括红壤耕地土壤的肥力演变监测、作物养分的高效管理、土壤培肥、退化土壤改良等。

进贤基地主要围绕红壤地区低产田土壤培肥与改良开展基础和应用基础研究。主要包括：①红壤耕地质量演变规律研究。利用长期施肥定位试验开展长期施肥对红壤耕地碳、氮、磷形态和生物特性及其相互关系的影响，红壤耕地养分供应特点及优化施肥方案，长期施肥条件下耕地红壤质量的演变规律等研究；②红壤地区土壤改良功能材料创制与应用。利用工农业废弃物为主要原料，采用现代化工合成技术，创制性能高效、价格低廉、环境友好的土壤改良剂，为提高红壤地区耕地质量、培肥土壤提供新的技术思路和产品；③中低产田改造和红壤资源综合利用。重点开展典型低产农田改良技术，红壤耕地高效持续利用模式，低丘红壤循环农业、生态高值农业发展模式，低丘红壤资源多级利用集成技术模式等研究；④红壤作物品种的培育创制。重点开展红壤旱地作物新品种的选育与创制，红壤旱地作物的高效栽培技术研究等。

（三）基础条件

1. 地理条件

进贤基地位于江西省南昌市进贤县张公镇江西省红壤研究所所内，距南昌市 50 千米，距南昌国际机场 70 千米，离进贤县城 10 千米。试验基地处于鄱阳湖南岸，江南丘陵区的中部，地形为典型低丘，海拔 20~35 米，丘岗相对高度 10~15 米，自然坡度 5°~8°；成土母质为第四纪红黏土，均质土层深厚，厚度达 1 米至数米。地貌、地质和土壤在江南丘陵红壤区有非常好的代表性。

2. 基础设施

截至 2019 年年底，进贤基地土地面积 90 亩，其中建设用地 10 亩，试验用地 80 亩（其中，水田 60 亩、旱地 20 亩），设红壤稻田化肥/有机肥长期定位试验和旱田化肥/有机肥长期定位试验，基地设置 3 组统一坡度的径流试验区，每组设置 20 米×5 米的标准径流试验小区 16 个，自然坡度 3°，并安装全自动径流监测设备，通过物联网建设，实现了监测数据远程传输和动态画面远程实时展现。

3. 仪器设备配置

截至 2019 年年底，进贤基地拥有自动气象监测站、紫外分光光度计、COD/TOC 多参数水质综合测定仪、全自动凯氏定氮仪、火焰分光光度计、土壤多功能测量仪、土壤水分及水势自动监测系统等常规监测分析设备以及拖拉机、插秧机、收割机等田间农耕、种、收割基本机具等。

（四）科研与产出

自建站至 2019 年年底，进贤基地实施完成国家"973"计划课题、国家科技支撑计划课题、公益性行业科研专项、科技部科技成果转化资金项目、科技部科研院所技术开发研究专项、国家自然科学基金项目等 30 余项科研课题野外观测试验任务，依托基地实施完成的课题获得国家技术发明奖二等奖 1 项，国家科技进步奖二等奖 1 项，发表学术论文 48 篇。重点开展的研究工作包括以下方面。

1. 红壤、水稻土农田基础地力现状及演变特征研究（国家"973"计划课题）

以长期定位试验为基础，结合盆栽试验，研究不同施肥和管理模式以及土壤理化性质对红壤、水稻土基础地力演变的影响，分析基础地力对红壤、水稻土生产力的贡献及其区域变化特征。

2. 华中贫瘠及潜育中低产稻田改良技术集成示范（国家科技支撑计划课题）

选择江西双季稻区淹育贫瘠及潜育中低产稻田土壤为研究对象，以促进区域土壤结构的改善、土壤有机质和肥力的提升、资源的高效利用和农业的持续良性发展为目标，研究提出江西双季稻区淹育贫瘠及潜育中低产稻田土壤水分调控技术、有机质及肥力提升技术、土壤结构改良技术，结合高效施肥与耕作栽培管理技术，集成江西双季稻区中低产稻田土壤地力提升及综合改良关键技术模式并开展示范。

3. 南方低产水稻土改良技术研究与示范（公益性行业科研专项）

构建一整套适合我国南方不同稻区特点的低产水稻土改良与水稻产量提升的核心技术体系与配套技术模式，在我国西南、华中和华南稻区建立核心示范样板区，开展规模示范，大幅度提高低产水稻土的肥力水平和水稻产量。

4. 典型缓/控释肥料包膜材料对红壤型水稻土生态影响研究（国家自然科学基金项目）

重点研究树脂包膜尿素和水溶性聚合物包膜尿素对土壤生物的影响机制，及对土壤有机无机复合胶体等功能性物质机构和功能的影响，明确典型缓/控释肥料包膜材料的土壤生态剂量效应和对土壤质量的影响，揭示典型缓/控释肥料包膜材料的红壤性水稻土生态毒理机制。

5. 南方丘陵区旱地与水田土壤肥力特性及综合培肥技术（公益性行业科研专项子课题）

以南方丘陵区多个土壤肥料长期试验为基础，通过土壤肥力要素长期监测、探讨土壤肥力和土壤生产力演变规律及培肥指标，构建我国南方丘陵区土壤培肥技术体系。阐明南方丘陵区农田土壤肥力要素的时空演变特征及其与生产力的耦合关系，构建土壤培肥的指标及其关键技术，形成我国南方丘陵区农田土壤培肥技术体系。

6. 红壤稻田脲酶抑制剂节氮效应研究（国家科技支撑计划子课题）

重点研究红壤稻田尿酶抑制剂 NBPT 节氮效应，为探索红壤稻田节氮增效技术模式提供数据支撑。

7. 水稻不同种植密度下氮肥利用效率研究（水稻产业技术体系子课题）

研究红壤稻田水稻不同种植密度条件下的氮肥利用效率，为红壤稻田氮肥合理施用提供科学基础。

十二、中国农业科学院华南（江门）农业资源高效利用观测试验站

（一）历史沿革

中国农业科学院华南（江门）农业资源高效利用观测试验站（简称：江门试验站）始建于2009 年，是中国农业科学院在华南沿海经济发达地区建设的现代农业技术展示和成果转化试验示范基地。2011 年，江门试验站获得 50 亩农用地土地证。2017 年，研究所将江门试验站移交给中国农业科学院深圳农业基因组研究所建设管理。

（二）功能定位（科研领域）

江门试验站主要围绕中国农业科学院及广东现代农业发展战略方向和重点，整合资划所创新团队资源，搭建智慧农业、农情监测、新型肥料、土壤修复等现代农业科研与成果转化平台，开展产学研合作，有序引导对外农业科技合作与交流，建立农业资源高效利用综合试验站体系，促进科技创新和技术成果转移，实现省、地合作协调发展，提升当地农业科技和产业经济水平。功能定位是：开展农田土壤肥力动态监测、农情遥感动态监测、农业灾害野外监测与模拟试验、亚

热带特色农作物品种资源开发、新型肥料产品及土壤调理剂耕地修复试验，以及现代农业新技术、新成果、新产品应用试验研究与示范推广工作。

1. 开展智慧农业技术集成示范推广

利用江门现代农业园区现有的农业设施条件，集成信息技术、物联网技术、互联网技术等，开展设施农业水肥一体化、遥感种植数据监测及田间综合技术管理等智能化、自动化装备与技术示范推广。建立研、企联合协作攻关，推进技术和设备创新，构建产业"一条龙"农业科研创新组织模式。

2. 开展农情监测预报与大数据获取

利用已有的农作物长势监测系统、农业灾害试验监测设备、气象自动观测站、农业机械设备，开展具有华南特色的农情监测预报与大数据获取、农业灾害监测预警与减灾技术试验，以及建立分析和决策系统，同时开展优质稻、甜玉米、冬种食用菌、马铃薯示范推广。

3. 开展新型肥料养分调控技术示范

面对农村面源污染严峻形势和农产品安全问题，开展新型肥料技术研究与示范推广工作。广东养殖业废弃物资源十分丰富，肥料企业较多，重点研制和示范推广有机肥、生物有机肥、功能性复合微生物肥料、高端水溶肥料及土壤调理剂。带动提高肥料资源利用效率，抑制土壤退化，提升农产品品质，改善生态环境。

4. 开展土壤酸化、重金属修复试验

与广东省土壤生态研究所合作，开展土壤肥力和水稻生长影响田间试验，重点实施南方酸化土壤、重金属污染风险评估试验，集成修复技术和示范推广。研究土壤调理剂配方与相对土壤类型作用机理和防治修复重大关键技术，解决南方红壤地区农业生产中主要障碍问题和农产品安全问题。

（三）基础条件

1. 地理位置

江门试验站位于广东省江门辖属的开平市，地处珠江三角洲西南部，是珠江三角洲城市群重要的粮食和果蔬生产供应基地。毗邻港澳，北距广州市 110 千米。

2. 基础设施

江门试验站占地面积 50 亩，其中办公、实验建设用地 6.64 亩。2013 年获得 150 万元农业部修购专项——国产仪器设备采购项目支持，主要用于购置农作物长势检测系统、农业灾害试验监测设备、气象自动观测站、农业机械设备等 23 台/套，2015 年完成到位。截至 2017 年底，江门试验站水、电、路、渠基础已完备，设备仪器已安装就绪。

（四）科研与产出

截至 2017 年年底，江门试验站为国家"973"计划课题、国家"863"计划课题、国家科技支撑项目、公益性行业科研专项、粤台园区等地方项目及企业横向委托开发试验与产业开发等项目实施提供了科技支撑服务。

第六节　图书资料

一、图书资料

2003 年 5 月两所合并后，土肥所的图书资料搬至资料库 9 层，并将外文期刊及图书、中文期刊、中文图书、工具书按照图书分类号上架，然后依次输入电脑，最后导入检索系统，以便读者查询。合并后的阅览室订阅报纸 18 种、杂志 46 种，方便不同领域的科员人员借阅。随着中国农业科学院图书馆文献资料的不断丰富，以及与《植物营养与肥料学报》《中国土壤与肥料》《中国农业资源与区划》《中国农业信息》《农业科研经济管理》5 个刊物的交换，再加上网络传播，研究所订刊减少到 28 种，大大节省了经费支出。资料借阅主要以统计年鉴为主。在数据库里检索到所要的资料，可提供纸质书本。图书主要是交换及科研人员出版的书，还有因办公室装修、搬家或清理不需要的书籍；资料有农业部赠送的、有各省赠送的、有科研人员赠送的，还有中国农业资源与区划学会科学技术奖各省申报材料等；统计资料主要是购买各省的统计年鉴及《中国农村统计年鉴》《中国物价年鉴》《全国农产品成本收益资料汇编》《中国农业年鉴》《行政区划简册》等相关统计资料 50 多种。

二、全国农业区划委员会资料库

全国农业区划委员会资料库是全国农业资源区划系统的信息中心，与各省（市、区）农业资源资料库建立了文献资料交流制度，保持信息流通。拥有全国农业资源和区划报告、数据、图集，是全国最全、信息量最大的资料库，库藏资料 4 万多册。资料库有 4 层，第一层是统计资料和图书，第二层是资料，第三层是过刊和公开出版物，第四层是原土肥所的图书资料及农业遥感的物品。

三、档案管理

2003 年两所合并后，资划所形成新的立档单位，全所有档案全宗 3 个。合并前的档案分别构成独立全宗，合并之后形成的档案构成一个新的全宗。资划所档案分为科研成果档案、文书档案、基建档案、奖状档案等档案门类。为方便利用，制作各种检索工具并进行档案计算机编目、检索。档案对科研课题项目申报、科学研究的后续研究、工作查考、研究所基本建设等工作起到凭证、支撑作用。

四、国家农业资源数据共享平台

1979 年，全国农业区划委员会组织了大规模的农业资源调查。在此基础上，形成国家、省、市、县各级农业资源调查、综合农业区划报告，这些珍贵的一手农业资源调查资料完整收藏在全国农业区划委员会资料库。

在科技部支持下，2003—2007 年对全部农业资源调查资料进行了数字化，2001—2015 年对农业区划数据进行矢量化。同时，针对改革开放 40 多年来没有再开展大规模的农业资源调查，现有我国农业资源数据涉及农业部、国土资源部、水利部、气象等多部门，数据分散、格式和尺度不一等问题，项目组历时 2 年开发完成全国农业资源数据共享平台，将现有农业资源调查数据资料，以及我国农业水、土、气、生、农业废弃物资源的统计、调查、公告数据，整合在一个空间共享平台上，实现多种格式和多种尺度的农业资源图件和数据的更新、共享，为实现农业资源学科发展提供基础数据支撑。

全国农业资源数据共享平台数据涵盖 2000 年以来的农用地资源、水资源、气候资源、生物资源、农业废弃物资源的 10 000 多个指标，数据来源于《中国统计年鉴》《中国国土资源年鉴》《中国水利年鉴》《中国农村统计年鉴》《中国农业统计资料》《全国农业成本收益数据》《中国畜牧业统计年鉴》《测土配方施肥土壤养分数据集（2005—2014）》《国土资源公报》《中国水利公报》《全国耕地质量等级情况公报》《农业主导品种和主推技术》，以及 1951 年至今的气候资源数据等。

第八章 党群组织与精神文明

第一节 党组织

2003 年 5 月以来，资划所一直设专门机构负责全所党务工作。2003 年 6 月，在职能管理部门设党委办公室（人事处），2017 年为加强党建与精神文明建设工作，将人事工作与党建工作职责分设，专门成立党委办公室，负责全所党建、纪检监察以及精神文明建设工作，承担所党委的组织、宣传、纪律检查等日常工作；对统战工作及群团组织的管理；承担对所职代会、工会、共青团及青工委、妇委会和民主党派工作的检查、指导等。

一、临时党委（2004 年 3—9 月）

2003 年 5 月，资划所有 10 个党支部，其中原土肥所 7 个、原区划所 3 个，党员共计 156 人（原土肥所在职党员 60 人、离退休党员 46 人，原区划所在职党员 28 人、离退休党员 13 人，德州站党员 2 人、祁阳站党员 7 人），梅旭荣任党委书记（2003 年 12 月调出）。2004 年 3 月，根据中国农业科学院直属机关党委文件《关于同意成立中共农业资源与农业区划研究所临时委员会的批复》（直党字〔2004〕7 号），中共中国农业科学院农业资源与农业区划研究所临时委员会正式成立，临时党委由刘继芳（2003 年 12 月调入）、梁业森、唐华俊、张海林、杨宏、金继运、郭同军 7 位同志组成，刘继芳任党委书记，梁业森任副书记。

二、第一届党委（2004—2009 年）

2004 年 9 月，资划所召开全体党员大会，选举产生了中共中国农业科学院农业资源与农业区划研究所第一届委员会和纪律检查委员会，选举刘继芳、杨宏、张海林、金继运、郭同军、唐华俊、梁业森 7 位同志为党委委员，选举梁业森、白丽梅、王秀芳 3 位同志为纪委委员，选举刘继芳为党委书记，梁业森为党委副书记和纪委书记。同月对党支部进行调整，将原来 10 个支部调整为 8 个支部。通过各支部民主推荐，产生了新一届支部委员。8 个党支部分别由马晓彤、姚艳敏、白由路、李力、陈庆祥、黄玉俊、李元芳、宫连英担任书记。刘继芳 2005 年 9 月调出；2007 年 8 月王道龙调入任党委书记。第一届党委成立以来，发展党员共 22 人，至第一届党委换届前，研究所京内共有党员 199 人（在职党员 132 人、离退休党员 67 人）。除此之外，德州站有党员 6 人、祁阳站有党员 14 人。

三、第二届党委（2009—2018 年）

2009 年 11 月，资划所召开全体党员大会，选举产生了中共中国农业科学院农业资源与农业区划研究所第二届委员会和纪律检查委员会，选举王道龙、任天志、徐明岗、周清波、郭同军、邱建军、白丽梅 7 位同志为党委委员，选举任天志、王旭、王秀芳 3 位同志为纪委委员，选举王道龙为党委书记、任天志为党委副书记和纪委书记。2009 年 12 月，党支部换届，将原来 8 个支部调整为 10 个支部，其中在职党支部 6 个、离退休党支部 4 个。10 个党支部书记分别由孙建光、姚艳敏、白由路、张华、杨俊诚、牛淑玲、吴育英、张树勤、宁国赞、宫连英担任。

2012 年 8 月，陈金强调入任党委书记；2018 年 1 月，郭同军调入任党委书记。2013 年 1—4 月，邱建军任纪委书记；2015 年 4 月至 2016 年 6 月，白丽梅任纪委书记；2017 年 6 月至 2018 年 11 月，金轲任纪委书记。

2013 年 1 月，党支部换届选举，10 个党支部书记分别由周振亚、黄晨阳、刘红芳、姚艳敏、孙静文、张华、王雅儒、曾木祥、李元芳、宫连英担任。

2016 年 5 月，党支部换届选举，10 个党支部书记分别由周振亚、张莉、李兆君、徐丽君、螳新、张怀志、王雅儒、王小彬、金继运、宫连英担任。

2016 年 7 月，按照中国农业科学院直属机关党委要求，学生党员组织关系转入研究所。2016 年 12 月，新成立 5 个学生党支部，即 2014 级博士党支部、2015 级博士党支部、2016 级博士党支部、2014 级硕士党支部和 2015 级硕士党支部。5 个学生党支部分别由何翠翠、杨亚东、常乃杰、迟亮、王传杰担任书记。

2017 年 11 月，资划所召开全体党员大会，选举王秀芳、金轲、杨鹏同志为中共中国农业科学院农业资源与农业区划研究所第二届委员会委员。

四、第三届党委（2018 至今）

2018 年 11 月，资划所召开全体党员大会，选举产生了中共中国农业科学院农业资源与农业区划研究所第三届委员会和纪律检查委员会，选举郭同军、周清波、王秀芳、杨鹏、肖碧林、王芳、白由路 7 位同志为党委委员，选举杨鹏、姜慧敏、张继宗、刘爽、李俊 5 位同志为纪委委员。选举郭同军为党委书记、杨鹏为纪委书记。

2019 年 3 月，根据中国农业科学院直属机关党委关于支部建在科研团队上的总体要求，研究所将原来 15 个党支部调整为 26 个，其中在职党支部 18 个、离退休党支部 4 个、学生党支部 4 个。26 个党支部书记分别由周卫、王磊、保万魁、王萌、尧水红、翟丽梅、李玉义、杨亚东、尹昌斌、高懋芳、闫玉春、吴文斌、黄晨阳、魏海雷、肖碧林、刘爽、张华、李俊、王斌、范丙全、牛永春、曹尔辰、李格、周伟、高圣超、范玲玲担任。

截至 2019 年 12 月，研究所中共党员共有 394 人。其中京内在职党员 190 人（含博士后），离退休党员 82 人，学生党员 106 人。京外中共党员 16 人，其中德州站在职党员 1 人，退休党员 4 人；衡阳站在职党员 5 人，退休党员 6 人。

五、荣誉与奖励

研究所党委曾获得 2011 年度中央国家机关"先进基层党组织"，农业部 2006—2007 年度、2009—2010 年度"先进基层党组织"，中国农业科学院 2006—2007 年度、2007—2008 年度、2008—2009 年度、2010—2011 年度"先进基层党组织"。共有 4 人次获得农业部优秀共产党员，4 人次获得农业部优秀党务工作者，10 人次获得中国农业科学院优秀共产党员，8 人次获得中国农业科学院优秀党务工作者，181 人次获得研究所优秀共产党员，96 人次获得研究所优秀党务工作者。2012 年何萍研究员当选中国共产党第十八次全国代表大会代表。

第二节　共青团及青工委

一、共青团组织

2003年5月至2005年3月，资划所共青团工作继续由原土肥所和区划所团支部书记分别负责。

2005年3月14日，资划所召开全体团员青年会议，选举产生第一届团支部，吴文斌、黄晨阳、唐曲3位同志当选资划所第一届团支部委员。在会后召开的第一次团支部委员会议上，选举吴文斌任团支部书记，黄晨阳任组织委员，唐曲任宣传委员。

2010年4月2日，资划所召开团员青年大会，选举产生第二届团支部委员，肖碧林、李娟、张弛当选第二届团支部委员。在会后召开的第一次团支部委员会议上，选举肖碧林任第二届团支部书记，李娟任组织委员，张弛任宣传委员。

2019年11月13日，资划所召开第三届团支部换届大会，选举产生第三届团支部委员。杨亚东、姜昊、宋茜3名同志当选第三届团支部委员，选举杨亚东任第三届团支部书记，姜昊任组织委员，宋茜任宣传委员。

二、青工委

2010年11月24日，资划所召开青年工作委员会（简称"青工委"）成立大会，会议选举产生了第一届青工委委员，表决通过《中国农业科学院农业资源与农业区划研究所青年工作委员会章程》（草案）。第一届青工委由7人组成，邱建军任主任委员，肖碧林任副主任委员，吴文斌和孙静文任学术委员，张弛任宣传委员，李娟和李玲玲任文艺委员。研究所青工委成立是基于研究所青年数量多（40周岁以下职工137人，占全所职工的近45%）、28周岁以下团员青年数量少（19人）、共青团工作难以有效开展的现实，在中国农业科学院团委支持和指导下，为探索创新青年团的工作方法，扩大青年团的工作对象，拟将所40周岁以下青年职工也纳入青年工作对象。所团支部于2010年4月底向所党委汇报成立所青工委的建议，所党委于2010年5月10日专题研究了团支部的建议，并同意成立农业资源与农业区划研究所青工委，筹备工作由所党委委员邱建军牵头，所团支部负责筹划组建方案、起草章程等工作。

2019年11月13日，资划所召开第二届青工委换届大会，选举产生第二届青工委。第二届青工委由8人组成，肖碧林任主任委员，杨亚东任副主任委员，马鸣超任学术委员，刘盛洁任文艺委员，宋茜任宣传委员，姜昊任组织委员，李虎任文体委员，艾超任生活委员。

三、活动与荣誉

团支部、青工委成立以来，根据青年人活泼好动、思想活跃的特点，组织开展了一系列活动。

2010年4月29日，选派青年职工姜慧敏以"扎根红土谱华章，挥洒汗水铸辉煌"为题参加中国农业科学院团委举办的"以学习贯彻两则、做一名合格农科人"为主题的"青春风采"演讲比赛并获得比赛三等奖。

2011年4月26—28日，在中国农业科学院团委组织的"学党史、知党情、跟党走"知识竞赛中，资划所青年职工孙静文、张弛和朱丽丽代表研究所在比赛中表现精彩，在预决赛中均获第一名。

所团支部选派青年团员参加中国农业科学院团委组织的回乡调研活动，在2010年4月16日院团委 2011 年工作会上获得回乡调研报告优秀组织奖。

2010 年以来，青工委、团支部为促进青年交流、推进青年成长，先后举办三届青年论坛，邀请学科带头人、青年科研骨干从不同角度探讨青年人才的培养与个人成长等问题。

2012 年 5 月，呼伦贝尔站获得农业部"青年文明号"称号；2013 年 7 月，呼伦贝尔站获得"中央国家机关青年文明号"。2019 年 6 月，呼伦贝尔站被评为"2017—2018 年度全国青年文明号"。

2013 年 8 月 22 日，姜慧敏在"我向院长建言跨越式发展"青年演讲比赛决赛中，以《凝聚正能量 共筑农科梦》为题参加比赛，荣获演讲比赛三等奖。

在每年的 3 月学雷锋月，组织团员青年开展献爱心和青年志愿者活动。2010 年以来，所青工委与钢研温馨家园结成共建对子，帮助残障人士勇敢、积极地面对生活。

2015 年开始，由资划所承办的"跨越杯"青年足球友谊赛已举办三届，成为中国农业科学院品牌活动。

资划所团委曾在中国农业科学院团委年度工作会上和中国农业科学院青年工作委员会上做典型发言，介绍研究所团组织工作和活动开展情况等方面的经验。所团支部曾获得 2009—2011 年度农业部"先进基层团组织"称号。肖碧林获得 2013—2016 年度农业部直属机关"优秀共青团干部"称号。2008 年 12 月何萍研究员荣获"中央国家机关十大杰出青年"称号，杨鹏获2009—2011 年度中国农业科学院"十佳青年"称号，吴文斌获 2012—2015 年度中国农业科学院"十佳青年"称号。

第三节　职代会及工会

一、职代会

2006 年 4 月 28 日，资划所召开所第一届职工代表大会，本次大会代表有 55 人。党委副书记梁业森主持会议并就职代会筹备情况向大会做报告。唐华俊所长代表研究所做工作报告，报告内容包括研究所合并 3 年来取得的主要业绩、经验及 2006 年主要工作任务等 3 个方面。白由路同志受职代会筹备组委托做代表资格审查情况的报告。工会副主席白丽梅同志宣读《农业资源与农业区划研究所职代会工作实施细则》，屈宝香同志做提案审查的报告。张海林副所长就职工代表提交的具有共性的提案向与会代表做答复。经过讨论，会议通过大会主席团名单、所长工作报告及《农业资源与农业区划研究所职代会工作实施细则》。

本次大会共收到 15 名代表提交的各类提案 19 件，经提案组审查立案 19 件。提案内容涉及科研条件、科研管理、科技开发、职工福利、后勤管理及人事管理 6 类问题。

二、工　会

2005 年 1 月 28 日，资划所召开工会会员代表大会，选举产生了中国农业科学院农业资源与农业区划研究所工会第一届委员会和经费审查委员会。第一届工会委员会由梁业森、白丽梅、姜文来、周青、白由路、李雪雁、徐晓慧 7 位同志组成，梁业森任工会主席，白丽梅任工会副主席。经费审查委员会由杨宏、王秀芳、冯晓辉 3 位同志组成，王秀芳任经费审查委员会主任。

2010 年 4 月，选举产生中国农业科学院农业资源与农业区划研究所工会第二届委员会和经费审查委员会。第二届工会委员会由王道龙、徐晓慧、张华、肖碧林、牛淑玲、陈慧君、刘洪玲7 位同志组成，王道龙任工会主席，徐晓慧任工会副主席；经费审查委员会由王秀芳、陈欣、李凤桐 3 位同志组成，任天志任经费审查委员会主任。

2019年9月，选举产生了中国农业科学院农业资源与农业区划研究所工会第三届委员会和经费审查委员会。第三届工会委员会由郭同军、姜慧敏、张认连、孙静文、高明杰、李虎、保万魁7位同志组成，郭同军任工会主席，姜慧敏任工会副主席；经费审查委员会由杨鹏、张帼俊、陈欣3位同志组成，杨鹏任经费审查委员会主任。

研究所工会在所党委领导下，围绕服务所中心工作，切实履行工会职责，发挥工会作用。工会每年定期组织全体职工体检、走访慰问困难职工、为职工发放福利等，努力打造职工群众信赖的"职工之家"。依托舞蹈、篮球、乒乓球、羽毛球、足球等开展群众性文体活动，组织职工参加中央国家机关、农业部、中国农业科学院组织的各项文体活动。

2003年5月以来，研究所工会曾2次获得农业部"优秀工会工作奖"，3次获得中国农业科学院"优秀工会工作奖"；5人次获得中国农业科学院"优秀工会工作者"，2人次获得农业部直属机关工会"优秀工会工作者"；1人次获得2012—2014年度农业部直属机关"工会优秀积极分子"；15人次被评为中国农业科学院工会优秀积极分子。

第四节　妇委会

2005年3月1日，资划所召开全体女职工大会，选举产生研究所第一届妇女工作委员会（简称"妇委会"）。徐晓慧、周青、屈宝香3人当选第一届妇委会委员。徐晓慧当选妇委会主任。

2010年4月28日，资划所召开全体女职工大会，选举产生研究所第二届妇委会。屈宝香、李雪雁、曾其明当选第二届妇委会委员，屈宝香当选妇委会主任。

2019年5月30日，资划所召开全体女职工大会，选举产生研究所第三届妇委会。张莉、高懋芳、查燕、李娟、张建君当选第三届妇委会委员，张莉当选妇委会主任。

妇委会成立以来，组织妇女同志申报各级巾帼建功文明岗、巾帼建功标兵、先进基层妇女组织、优秀妇女工作干部、五好文明家庭和妇女之友等荣誉，所妇委会先后3次获得"中国农业科学院先进妇女组织"荣誉称号（2005—2006年度、2007—2008年度、2011—2012年度）。先后有6人获得"中国农业科学院巾帼建功标兵"荣誉称号，她们是辛晓平（2005—2006年度）、何萍（2007—2008年度）、张金霞（2009—2010年度）、胡清秀（2011—2012年度）、杨秀春（2013—2014年度）、刘佳（2015—2016年度）。刘宏斌家庭荣获"中国农业科学院五好文明家庭"称号（2007—2008年度），辛晓平家庭荣获"中国农业科学院五好文明家庭"称号（2017—2018年度），屈宝香荣获2011—2012年度、2017—2018年度中国农业科学院优秀妇女干部。梁业森获2005—2006年度中国农业科学院妇女之友，王道龙获2007—2008年度、2009—2010年度、2013—2014年度中国农业科学院妇女之友，陈金强获2011—2012年度中国农业科学院妇女之友，郭同军获2017—2018年度中国农业科学院妇女之友。张维理于2005年获得"农业部和中央国家机关巾帼建功先进个人"，何萍和辛晓平分别于2011年、2014年获得"全国三八红旗手"称号。

第五节　民主党派

资划所党委重视和关心统战工作，重视民主党派参政议政、民主协商的重要作用。多形式地组织开展民主党派人士座谈交流、建言献策等活动，建立领导干部与民主党派人士联系制度，充分吸收民主党派人士的意见建议。同时，各民主党派人士自觉接受党的领导，坚定中国特色社会主义道路，履行自身职责，发挥政治协商、民主监督等作用，增强和谐的政党关系。

2003 年 5 月两所合并之初，资划所共有民主党派人士 29 人。其中九三学社 11 人，农工党 5 人，民革 4 人，民盟 7 人，致公党 2 人。截至 2019 年 12 月，研究所共有民主党派人士 41 人。其中九三学社 18 人、民建 1 人、民盟 7 人、农工党 4 人、致公党 2 人、无党派人士 5 人，民革 4 人。

研究所的民主党派人士和党外知识分子积极参政议政、建言献策，较好地履行了参政党成员的责任。例如黄鸿翔担任第十届、第十一届全国政协委员，辛晓平担任呼伦贝尔市政协常委（2009 年增补），曹卫东担任海淀区第十届政协常务委员（2011 年 12 月当选）期间积极参政议政。

第六节　精神文明建设

一、精神文明争创活动

2004 年，资划所为加强精神文明建设，促进各项工作顺利开展，成立以党委书记任组长、其他所领导班子成员和职能部门负责人为成员的精神文明建设领导小组，并把精神文明工作目标任务列入年度重点和单位岗位目标责任制。研究所制定《文明处室、文明职工评选表彰办法》《优秀共产党员、优秀党务工作者、先进基层党组织评选表彰办法》。2003—2019 年，每年在所内开展文明处室、文明职工和优秀共产党员、优秀党务工作者、先进基层党组织评选活动，通过评选活动激发和调动全所职工争创文明的意识和积极性。

树立先进典型，发挥先进典型引领作用。2005 年 10 月 20 日，中国农业科学院举办庆祝祁阳红壤实验站建站 45 周年纪念活动，对祁阳站 45 年来一代代科技人员坚持的"献身农业、服务基层、不畏艰苦、团结奋斗、以研为本、努力攻关、脚踏实地、开拓创新"精神给予高度赞扬和肯定，《人民日报》《新华社》《光明日报》《科技日报》《农民日报》《湖南日报》等中央和地方十几家媒体对祁阳站扎根基层、献身农业的先进事迹进行广泛宣传和报道。2006 年 1 月 9 日，祁阳红壤实验站农业科技工作者群体荣获 2005 年湖南省十大新闻人物。为更好地发挥好祁阳站示范效应，研究所将祁阳站的事迹凝练形成"执着奋斗、求实创新、情系'三农'、服务人民"的"祁阳站精神"加以弘扬学习。2006 年，中央宣传部将"祁阳站精神"作为全国重点典型进行了广泛宣传。2006 年 11 月 3 日，中国农业科学院召开"祁阳站精神"报告会，时任翟虎渠院长号召全院广大干部职工深入学习"祁阳站精神"，中共中国农业科学院党组也做出学习"祁阳站精神"的决定。2006 年 11 月 5 日，中央电视台新闻联播以"四十六载情系红壤 扎根山村奉献'三农'"为题，对祁阳站 40 年扎根山村事迹进行报道。2009 年祁阳站被评为全国野外科技工作先进集体，2013 年被评为全国农业先进集体。2011 年，在建党 90 周年之际，农业部将"祁阳站精神"列为农业部系统"三种精神"之一，并号召部系统广大干部职工进行学习弘扬。先进典型是精神文明建设的有效载体，"祁阳站精神"是研究所精神文明建设的内在动力，不仅影响研究所，同时也影响农业部系统乃至全国，祁阳站已成为党员干部主题实践活动基地、大学生科普教育基地和农业科学院干部锻炼的基地。

开展爱国主义和职业道德教育，倡导诚信做人。组织职工开展"讲文明、树新风"活动，开展爱国主义、集体主义、社会主义核心价值观教育，通过爱国歌曲大家唱、观看主题展览、爱国主义题材影片、文艺汇演等多形式教育活动，增强职工的爱国主义信念。学习《中国农业科学院职工守则》和《中国农业科学院科技人员道德准则》，倡导诚信为本，引导职工加强职业道德、个人品德建设。

加强职工思想教育，树立正确理想信念和人生价值观。坚持抓职工的思想政治建设不放松，扎实推进社会主义核心价值体系建设，每年通过专题讲座、先进事迹报告会、观看宣传片、参观教育基地等形式，大力强化"爱国、爱院、爱所、爱科研"教育，使职工坚定理想信念，树立正确的世界观、人生观、价值观、道德观。

开展创先争优活动，推动精神文明创建。开展以"五比五争当，岗位建新功"为主题的实践活动。一是比学习、争当时代先锋，二是比业务、争当行家里手，三是比作风、争当勤廉表率，四是比奉献、争当道德楷模，五是比业绩、争当岗位标兵。主题实践活动的开展，有力推动了研究所科研和各项事业的发展。科研产出数量和质量大幅提升，"十二五"以来，研究所连续7年获得国家奖8项，2015年SCI论文突破100篇，达到120篇。工青妇组织开展的群众性文体活动，丰富了职工的文化生活，研究所的凝聚力进一步增强。关心离退休职工生活，切实解决老干部的困难，营造和谐向上环境氛围。2011年6月，研究所党委在中央国家机关"两优一先"先进表彰大会上获得"中央国家机关先进基层党组织"称号，王道龙书记代表研究所出席人民大会堂的表彰大会并受到温家宝总理会见。同年9月，在中央考察组考察农业部创先争优活动座谈会上，王道龙书记代表研究所做典型发言。

研究所3次获得中国农业科学院精神文明标兵单位（2005—2006年度、2007—2008年度、2009—2010年度）、2次获得中国农业科学院文明单位（2010—2012年度、2015—2017年度），2009年、2012年2次获得"农业部文明单位"称号，2010年获得"中央国家机关文明单位"称号、2013年通过复审继续保留"中央国家机关文明单位"称号。2015年获得"全国文明单位"和"首都文明单位"称号，2017年全国文明单位"通过复审继续保留"。2012年呼伦贝尔站获得"农业部青年文明号"和"中央国家机关青年文明号"称号，2019年获得"全国青年文明号"称号。

二、创新文化建设

为加强创新文化建设，凝聚力量和共识，资划所制定了《创新文化建设工作实施方案》。2006年4月7日，所长办公会研究决定设计创作所歌、所训、所徽等文化标识。2006年当年由黄鸿翔研究员执笔完成所歌的词曲。歌词是"前进的脚步在大地回响，我们奋斗在田野农庄，合理利用农业资源，科学布局农业生产，我们用智慧和汗水，为祖国耕耘丰收的希望；前进的号角在天空飘荡，我们奋斗在科学殿堂，发展农业科技事业，努力攀登科技高峰，我们用青春和热血，为祖国谱写永远的辉煌"。2007年创作完成所徽设计，所徽由圆环、地球和地球上的亮点组成，颜色是蓝白相间。圆环代表团结、和谐。地球代表研究所服务方向，全球资源和地域分异；代表脚踏祖国，面向世界。地球上亮点代表创新发展。2008年创作了所训、所精神。所训是"德诚为人　勤谨为业"，所精神是"团结、奉献、求实、创新"。之后根据研究所文化标识，制作了所旗、信封、手提袋、信纸、笔记本等附带所文化标识的系列产品，营造了"文化搭台、科研唱戏"的良好氛围。

第九章　人物介绍

第一节　院　士

截至 2019 年年底，中国科学院院士李博教授，中国工程院院士刘更另研究员、唐华俊研究员先后在所工作，下文按照当选院士先后顺序进行介绍。

李博　　院士

1997—1998 年在中国农业科学院农业自然资源和农业区划研究所工作
1993 年当选中国科学院院士
1998 年 5 月去世

李博，男，1929 年 4 月出生，山东省夏津县人，中共党员，著名草原生态学家，中国科学院院士。1953 年 7 月毕业于北京农业大学农学系，同年 8 月分配到北京大学担任著名生物学家、中国科学院学部委员、一级教授李继侗的助教，从事植物生态教研工作。1959 年初调入内蒙古大学生物系任教，历任内蒙古大学生物系植物生态学教研室主任、生物学系主任，内蒙古自然资源研究所所长、内蒙古大学生命科学学院名誉院长。1987—1995 年任中国农业科学院草原研究所所长，农业部草地资源生态重点开放实验室主任。1993 年当选中国科学院院士。1997 年 5 月，调到中国农业科学院农业自然资源和农业区划研究所工作。1998 年 5 月在匈牙利参加国际会议期间不幸殉职。

曾兼任内蒙古自治区科学技术顾问委员会委员，内蒙古自治区第三届科协名誉主席，中国科学院出版基金专家委员会生命科学专业组成员，北京大学遥感应用研究所兼职教授，北京师范大学国家教委环境演变与自然灾害开放研究实验室第二届学术委员会主任，中国草原学会、中国自然资源学会、中国生态学会副理事长，内蒙古生态学会理事长，中国植被图编委员会副主编，《中国草地》主编，《生态学报》和《遥感学报》副主编，《植物生态学报》常务编委，国家自然科学基金委员会生态学组评审委员。内蒙古自治区第五届、第八届人民代表大会代表，第九届全国人民代表大会代表等。

1986 年被内蒙古自治区党委授予优秀共产党员称号，同年被评为内蒙古自治区特等劳动模范；1989 年获国家级高校优秀教学 2 成果奖。1990 年被评为全国高等学校先进工作者，内蒙古自治区优秀教育专家，中国农业科学院先进工作者；1993 年获第二届乌兰夫奖金基础科学特别奖。

长期从事我国植被生态学与草地资源研究。1977 年在内蒙古大学主持建立了我国第一个植物生态学专业。1983 年与北京大学遥感应用研究所所长陈凯共同主持国家"六五"科技攻关项目"遥感在内蒙古草场资源调查中的应用研究"，前后组织全国 9 所高校的近百名专家和专业技术人员展开研究，撰写近百篇论文和专题报告，编制出了草场资源系列图。1991 年，提出以生态系统理论和生态工程方法改良和管理草原，主持国家"八五"科技攻关项目"中国北方草地草畜平衡动态监测"，建立了草地资源数据库，成功进行大面积草地估产、草畜平衡评估和监测，建立了我国北方草地资源动态监测系统。

1995 年，建成我国北方牧区 221 个旗县、300 万平方千米的草地遥感估产与草畜平衡监测系统，使我国草地资源的信息管理步入国际先进行列。1997 年 5 月，组织中国农业科学院区划所、草原所、气象所和环保所有关专家申请建立了生态学专业硕士点，为中国农业科学院生态学研究生学科建设奠定了基础。1998 年 2 月，牵头申请的国家自然科学基金重大项目"中国东部陆地农业生态系统与全球变化相互作用机理研究"获准立项启动。

先后主持国家科技攻关课题 2 项、专题 4 项，省部级课题多项。利用 GIS 建成中国北方草地估产与动态监测系统，使我国草地遥感估产与监测达到国际先进水平。先后获国家自然科学奖二等奖 2 项，国家科技进步奖二等奖、三等奖各 1 项，省部级科技进步奖多项。发表学术论文 154 篇，主编和参编《中国植被》《普通生态学》《中国的草原》等专著 21 部，主编了《内蒙古自治区草场资源系列地图》（1：150 万），为内蒙古自治区自然资源的调查与评价做出贡献。

刘更另　　院士

1959—1970 年，1980—1984 年在中国农业科学院土壤肥料研究所工作
1994 年当选中国工程院院士
2010 年去世

刘更另，男，1929 年 2 月出生，湖南省桃源县人，中共党员，著名土壤肥料与植物营养学家，中国工程院院士。1952 年毕业于武汉大学农业化学系，1959 年毕业于苏联莫斯科农学院研究生院，获博士学位。同年回国分配到中国农业科学院土壤肥料研究所，担任研究室副主任、湖南祁阳工作站站长。1978 年任中国科学院湖南长沙农业现代化研究所副所长。1980—1984 年担任中国农业科学院土壤肥料研究所副所长、所长。1983—1990 年担任中国农业科学院副院长。1981 年开始连续三届任农业部科学技术委员会常委，1984 年任中国科学院学术委员会副主任，1985 年任国务院学位委员会评审组成员，1984 年连续三届任国家自然科学基金委员会评审组成员，1994 年 5 月当选中国工程院院士。

自 20 世纪 60 年代开始，一直在湖南祁阳、桃源等地进行科学研究工作，在水稻田施肥，水稻持续增产的综合措施等方面取得显著成绩。20 世纪 60 年代首次解决了水稻"坐秋"问题，揭示了磷肥防治"坐秋"的机理；20 世纪 70 年代研究提出施用钾肥，实行氮磷钾养分平衡原理，提高了绿肥田稻谷产量；20 世纪 80 年代揭示了亚砷酸根在土壤中的化学行为，为改良"砷毒田"提供了理论与方法；20 世纪 90 年代解决了红壤地区旱坡地季节性干旱缺水问题。1958—1990 年公开发表论文 68 篇，其中俄文 5 篇，英文 7 篇。先后获农业部技术改进奖 2 项，农业部科技进步奖 2 项，国家科技进步奖 1 项。翻译世界名著《化学在农业和生理学上的应用》，并主编《中国有机肥料》等著作，审校《农业化学与生物图》，撰写《鸭屎泥改良》等科普读物。

唐华俊　　院士

1982—2003 年在中国农业科学院农业自然资源和农业区划研究所工作
2003—2009 年在中国农业科学院农业资源与农业区划研究所工作
2015 年当选中国工程院院士

　　唐华俊，男，1960 年 10 月出生，四川省阆中市人，中共党员，农业土地资源遥感专家。中国工程院院士，比利时皇家科学院（海外）通讯院士。1982 年毕业于西南农学院农业经济系农业经济管理专业，获学士学位；同年分配到中国农业科学院农业自然资源和农业区划研究所。1985 年 10 月至 1991 年 10 月在比利时根特大学土地资源系资源管理专业学习并获得硕士、博士学位；1994 年 10 月至 1996 年 7 月先后任室主任、副所长；1996 年 7 月至 2007 年 12 月先后任中国农业科学院农业自然资源和农业区划研究所、农业资源与农业区划研究所所长；2007 年 12 月至 2009 年 4 月任中国农业科学院副院长、党组成员，农业资源与农业区划研究所所长；2009 年 4 月至 2012 年 6 月任中国农业科学院副院长、党组成员；2012 年 6 月至 2012 年 10 月任中国农业科学院副院长、党组成员，农业部食物与营养发展研究所所长；2012 年 10 月至 2016 年 12 月任中国农业科学院党组副书记、副院长；2016 年 12 月任农业部党组成员，中国农业科学院院长；2018 年 3 月任农业农村部党组成员、中国农业科学院院长、第十九届中央候补委员。2004 年当选比利时皇家科学院（海外）通讯院士，2015 年 11 月当选中国工程院院士。兼任国家扶贫领导小组专家咨询委员会副主任委员，农业部专家咨询委员会委员，北京市人民政府专家咨询委员会委员，中国土地学会副理事长，中国农业资源与区划学会理事长，联合国粮农组织粮食安全高级专家，亚太经社会农业技术合作工作组主席，担任《中国农业科学》副主编，美国 *Journal of Sustainable Agriculture*、《资源科学》编委等。

　　长期从事基于遥感技术的农业土地资源合理利用、农作物种植面积空间分布和结构变化研究。先后主持中国—比利时政府间、中国—日本政府间、中国—美国政府间合作研究项目，国家"九五"科技攻关专题，农业部重点项目等；先后任国家"973"计划项目"气候变化对我国粮食生产系统的影响机理及适应机制研究"首席科学家，国家自然科学基金重大项目课题"中国东部陆地农业生态系统与全球变化相互作用机理研究"和重点项目"全球变化背景下农作物空间格局动态变化与响应机理研究"主持人。在传统耕地资源研究基础上，开拓到耕地内部的农作物空间格局研究。发展了农作物遥感监测系统，科学监测农作物播种面积、种植区域及产量；创建了系列空间模型，定量解析了过去我国主要农作物种植面积空间分布和结构变化过程及规律；建立了耦合自然和社会经济因子的综合模型，模拟未来农作物空间分布变化趋势及其对我国粮食安全的影响。研究成果"主要农作物遥感监测关键技术研究及业务化应用""农业旱涝灾害遥感监测技术"分别于 2012 年、2014 年获得国家科技进步奖二等奖，发表论文 220 余篇，出版著作 10 部。

第二节　历届所领导

一、历届所长

　　2003—2019 年，资划所先后有唐华俊、王道龙、周清波、杨鹏 4 人担任所长，下文按照任职所长先后顺序进行介绍。

唐华俊　　所长

1982—2003 年在中国农业科学院农业自然资源和农业区划研究所工作
1996—2003 年任中国农业科学院农业自然资源和农业区划研究所所长
2003—2009 年任中国农业科学院农业资源与农业区划研究所所长
2009 年调出

详见第一篇《资划所》，第九章《人物介绍》，第一节《院士》

王道龙　　所长

1998—2003 年在中国农业科学院农业自然资源和农业区划研究所工作
2003，2007—2017 年在中国农业科学院农业资源与农业区划研究所工作
2009—2017 年任中国农业科学院农业资源与农业区划研究所所长

王道龙，男，1956 年 10 月出生，河南省泌阳县人，中共党员。1978 年 2 月至 1984 年 12 月在北京农业大学（现中国农业大学）学习，先后获得学士和硕士学位，同年留校任教；1987 年 8 月调到农业部农业资源区划管理司工作，先后任副处长、处长；1998 年 9 月调到中国农业科学院农业自然资源和农业区划研究所工作，任党委副书记、副所长；2003 年 5 月任中国农业科学院农业资源与农业区划研究所党委副书记、副所长；2003 年 12 月任中国农业科学院农业环境与可持续发展研究所党委书记、副所长；2007 年 9 月任中国农业科学院农业资源与农业区划研究所党委书记、副所长。2009 年任中国农业科学院农业资源与农业区划研究所所长、党委书记（2013 年后任副书记）。先后兼任中国农业资源与区划学会副理事长兼秘书长、理事长，农业部种植业专家顾问组成员，农业部旱作节水农业项目专家组副组长，中国农业科学院学术委员会委员，中国可持续发展研究会常务理事，中国农学会农业信息分会副理事长兼秘书长、耕作制度分会副理事长。

主要从事农业资源开发利用与管理、区域发展与规划、农业生态环境保护和可持续农业的研究工作。在农业资源开发利用与区域发展，农业生产布局和结构调整，可持续农业的理论、方法、技术与模式，农业生态建设，节水农业，农业气象灾害风险评估与对策等方面，为政府部门的科学决策和指导生产发挥了积极作用。先后主持完成国家"863"计划项目、国家科技支撑项目、国家自然科学基金项目、部委项目和国际合作项目等多项，获省部级科技奖 10 余项。主编或副主编出版著作 10 余部，在国家级刊物上发表论文 50 余篇。研究成果"中国粮食总量平衡与区域布局调整研究"获北京市科学技术奖二等奖，"渭河滩涂综合开发利用与生态环境保护示范"获陕西省科学技术奖三等奖，"我国东南沿海地区'稻菇畜'结合可持续农业技术示范及推广""冬牧 70 黑麦种养殖与农业结构调整技术示范"分别获农业部全国农牧渔业丰收奖一等奖、三等奖，"基于网络的中国牧草适宜性选择及生产管理智能信息系统"获中国农业科学院科学技术成果奖二等奖，"中国耕地永续利用之研究"获农业部全国农业资源区划科技成果奖二等奖。

周清波　　所长

1996—2003 年在中国农业科学院农业自然资源和农业区划研究所工作
2003—2019 年在中国农业科学院农业资源与农业区划研究所工作
2017—2019 年任中国农业科学院农业资源与农业区划研究所所长
2019 年调出

周清波，男，1965 年 9 月出生，湖南省沅江人，中共党员。1987 年 7 月毕业于北京农业大学（现中国农业大学）农业气象系，获学士学位；1990 年 7 月毕业于北京大学地球物理系，获硕士学位；1993 年 7 月毕业于中国科学院地理研究所，获博士学位。博士毕业后分配到中国农业科学院农业自然资源和农业区划研究所工作。1996 年以来，先后任农业遥感研究室副主任、主任、研究所副所长等职务。2017 年任中国农业科学院农业资源与农业区划研究所所长、党委副书记。2019 年调任中国农业科学院信息研究所所长。兼任农业农村部农业遥感重点实验室主任，国家自然科学基金委地球科学部会评专家，国家重大科技专项"高分"专项应用系统副总设计师，中国测绘地理信息学会遥感影像应用工作委员会副主任，中国农业资源与区划学会副理事长，中国农学会理事兼农业信息分会主任委员。2011 年入选全国农业科研杰出人才、农业农村部农业遥感创新团队首席科学家。

主要从事农作物和农情遥感监测、土地资源监测与评价、灾害监测与评估等领域的研究工作。主持国家重大科技专项、国家"863"计划、国家科技支撑计划、国家自然科学基金和省部级项目（课题）30 余项。2012 年作为主要完成人获国家科技进步奖二等奖 1 项（主要农作物遥感监测关键技术研究与应用排名第三），省部级科技奖励 4 项。截至 2019 年，共发表论文 102 篇，其中 SCI、EI 索引论文 29 篇，主编专著 3 部，获发明专利 3 项。

杨鹏　　所长

2000—2003 年在中国农业科学院农业自然资源和农业区划研究所工作
2003 年至今　在中国农业科学院农业资源与农业区划研究所工作
2019 年至今　任中国农业科学院农业资源与农业区划研究所所长

杨鹏，男，1975 年 9 月出生，湖南省冷水江市人，中共党员。1996 年毕业于武汉大学，获学士学位；2000 年毕业于中国农业科学院研究生院，获硕士学位；2005 年毕业于日本东京大学，获工学博士学位。2000 年 7 月分配到中国农业科学院农业自然资源和农业区划研究所工作。2009 年以来，先后任科研管理处副处长、处长，研究所副所长、纪委书记。2019 年任中国农业科学院农业资源与农业区划研究所所长、党委副书记。兼任农业农村部农业遥感重点实验室副主任、中国农业资源与区划学会（中国农业绿色发展研究会）秘书长，国家智慧农业科技创新联盟秘书长，中国农学会农业信息分会副主任委员，《中国农业资源与区划》和《中国农业综合开发》主编。

长期从事农业资源与环境、全球变化与区域可持续发展研究工作，先后主持和承担国家自然科学基金项目（含创新群体、重点项目、面上项目）、国家"863"计划课题、国家"973"计划子课题等 20 余项；获国家科技进步奖二等奖 1 项，其他省部级科技奖励 6 项；在国内外学术期刊上发表研究论文 100 余篇。

二、历届党委书记

2003—2019 年，资划所先后有梅旭荣、刘继芳、王道龙、陈金强、郭同军 5 人担任党委书记，下文按照任职党委书记先后顺序进行介绍。

梅旭荣　党委书记

2001—2003 年在中国农业科学院土壤肥料研究所工作
2003 年在中国农业科学院农业资源与农业区划研究所工作
2003 年任中国农业科学院农业资源与农业区划研究所党委书记
2003 年调出

梅旭荣，男，1963 年 4 月出生，山东省莱州市人，中共党员。1984 年毕业于北京农业大学农业气象学专业，获学士学位；1987 年毕业于中国农业科学院研究生院农业气象学专业，获硕士学位。同年分配到中国农业科学院农业气象研究所工作，曾任气象灾害研究室副主任，1993—1999 年任中国农业科学院农业气象研究所副所长，1999—2001 年任中国农业科学院农业气象研究所党委书记，2001—2003 年任中国农业科学院土壤肥料研究所所长，2003 年任中国农业科学院农业资源与农业区划研究所党委书记、副所长，2003—2014 年任中国农业科学院农业环境与可持续发展研究所所长；2013 年 5 月任中国农业科学院科技管理局局长，2017 年 9 月任中国农业科学院副院长、党组成员。兼任中国农学会常务理事、农业气象分会理事长、农业部旱作节水农业技术专家组组长、作物高效用水与抗灾减损国家工程实验室主任、农业农村部农业环境重点实验室主任，国家水体污染控制与治理重大科技专项总体组专家、国家"863"计划农业领域主题专家组专家。农业部"神农计划"人选，农业部有突出贡献中青年专家，首批新世纪百千万人才工程国家级人选，全国农业科研杰出人才，政府特殊津贴专家。2010 年获全国优秀科技工作者称号，2011 年获得国家科技计划执行突出贡献奖。

长期从事我国北方干旱缺水地区农业水土资源利用的科学研究，重点聚焦农作物水分生理生态、生物性节水理论与技术、旱作农业与节水农业模式等领域研究。先后主持"晋东豫西旱农地区农林牧综合发展研究""北方旱区高效农业结合发展模式与技术研究""环境协调型旱作节水农作制度研究""农田节水标准化技术研究与新产品""节水高效农业技术研究""农业水资源利用与水环境监测关键技术研究""农田生态系统健康与突变机制研究"等国家科技攻关项目、国家"863"计划课题、国家"973"计划课题，国家水体污染控制与治理重大科技专项"村镇饮用水安全保障适用技术研究与示范"，国家科技支撑计划项目"旱作农业关键技术研究与示范"，科技部国际合作项目"低耗低排放高效农业关键技术合作研发"，中国工程院重大咨询项目"华北农业结构调整与绿色旱作农业发展战略"，国际原子能机构基金项目"利用核素技术优化华北小麦—玉米连作系统的亏缺灌溉制度"，国家自然科学基金国际（地区）合作与交流项目"旱地不同覆盖条件下作物根系吸水机制与数值模拟"等。

研究成果"主要类型旱农地区农田水分状况及调控技术"1992 年获农业部科技进步奖二等奖；"秸秆覆盖的农田生态效益及其开发利用"1995 年获山西省科技进步奖三等奖；"晋东豫西旱农类型区农林牧综合发展优化模式"于 1998、1999 年分别获农业部科技进步奖二等奖和国家科技进步奖三等奖；"北方旱农区域治理与综合发展研究"获 2001 年国家科技进步奖二等奖，"旱地农业关键技术及集成应用"获 2013 年国家科技进步奖二等奖。发表学术论文150 余篇，出版专著 15 部。

刘继芳　党委书记

1991—2002 年在中国农业科学院土壤肥料研究所工作
2003—2005 年在中国农业科学院农业资源与农业区划研究所工作
2003—2005 年任中国农业科学院农业资源与农业区划研究所党委书记
2005 年调出

刘继芳，男，1965 年 10 月出生，山东省郯城县人，中共党员。1988 年毕业于兰州大学化学系，获学士学位；1991 年毕业于中国农业大学，获硕士学位；2001 年毕业于中国农业大学，获博士学位。1991 年到中国农业科学院土壤肥料研究所工作，曾任研究室副主任、研究所所长助理、副所长，新疆农业科学院副院长，农业资源与农业区划研究所党委书记、副所长（2003—2005），中国农业科学院办公室副主任、主任。2012 年任中国农业科学院农业信息研究所党委书记、副所长。兼任中国农学会计算机应用分会副理事长，中国农业现代化研究会副主任委员等。

长期从事可持续发展与信息技术研究工作。首次通过实验发现且命名了环境重金属多离子竞争吸附的"非稳态饱和点"，并用竞争吸附动力学模型进行了数字模拟，对丰富土壤环境化学理论及实践具有重要意义。与课题组成员一起在国内首次提出了盐渍环境土壤修复的系列肥力指标及量化标准，并负责研制出盐渍土改良有机培肥"淡化肥沃层"信息管理与咨询系统，成为当时国际上两个此类型系统之一。研制的黄淮海区域电子配方施肥系统，在山东等地转化应用。主持和参加了国家科技攻关项目、国家自然科学基金项目、公益性行业科研专项、北京自然科学基金项目等 30 余项科研项目的研究工作。研究成果获得国家科学技术进步奖二等奖、新疆维吾尔自治区科技进步奖三等奖、农业部科技进步奖三等奖、国家教育部科技进步奖二等奖等奖励。发表论文 60 多篇，关于促进农业科技成果转化等论文被《中国现代化建设研究文库》（中央文献出版社）等多个重要文献收录，出版专著 6 部。5 篇科研论文获得专业学会的奖励，先后 3 次被评为中国农学会计算机农业应用分会优秀青年科技工作者，获农业农村部、中国农业科学院、中国农村专业技术协会等 10 多项先进个人表彰和奖励。

王道龙　党委书记

1998—2003 年在中国农业科学院农业自然资源和农业区划研究所工作

2003，2007—2017 年在中国农业科学院农业资源与农业区划研究所工作

2007—2012 年任中国农业科学院农业资源与农业区划研究所党委书记

　　详见第一篇《资划所》，第九章《人物介绍》，第二节《历届所领导》

陈金强　党委书记

2012—2017 年在中国农业科学院农业资源与农业区划研究所工作

2012—2017 年任中国农业科学院农业资源与农业区划研究所党委书记

2017 年调出

　　陈金强，男，1966 年 3 月出生，江苏省兴化市人，中共党员。1989 年 7 月毕业于南京农业大学畜牧系，获学士学位；2002 年 8 月毕业于加拿大阿尔伯达大学农业、食品和营养系，获硕士学位。1989 年 7 月参加工作，先后在全国畜牧兽医总站、农业部畜牧兽医司、农业部草原监理中心、农业部财务司工作，熟悉畜牧业管理和农业支持政策。1995 年 10 月至 1996 年 10 月、1997 年 3 月至 1998 年 6 月在美国旧金山美中国际人才交流基金会从事人才交流工作。2012 年 9月任中国农业科学院农业资源与农业区划研究所党委书记、副所长。曾参与我国畜牧法起草的相关工作，牵头翻译出版了《国外畜牧业法规选编》，共收集、翻译欧美等国家的畜牧业相关法规50 多部。

郭同军　党委书记

2002—2003 年在中国农业科学院土壤肥料研究所工作

2003—2013，2018 至今在中国农业科学院农业资源与农业区划研究所工作

2018 至今任中国农业科学院农业资源与农业区划研究所党委书记

　　郭同军，男，1960 年 12 月生，山东省莱芜市人，中共党员。1979 年 11 月入伍，1984 年 7月毕业于中国人民解放军石家庄陆军学院。先后任排长、连长、参谋、股长、营长、副团长。2002 年 7 月转业到中国农业科学院土壤肥料研究所工作任办公室主任。2009 年 4 月任中国农业科学院农业资源与农业区划研究所副所长。2013 年调任中国农业科学院后勤服务中心副主任。2018 年 1 月任中国农业科学院农业资源与农业区划研究所党委书记、副所长。

　　长期从事行政管理和党务工作。

第三节　离退休研究员

2003 年 5 月至 2019 年年底，研究所先后有 25 位研究员退休，本节主要介绍离退休研究员的简历和学术成就。介绍按照晋升研究员年份先后排序，同一年份晋升按照姓氏拼音顺序排序。

张乃凤　　研究员

1957—2003 年在中国农业科学院土壤肥料研究所工作
2003—2007 年在中国农业科学院农业资源与农业区划研究所工作
1958 年晋升研究员
2007 年去世

详见第二篇《土肥所》，第八章《人物介绍》，第二节《离退休研究员》

林葆　　研究员

1960—2003 年在中国农业科学院土壤肥料研究所工作
2003—2004 年在中国农业科学院农业资源与农业区划研究所工作
1986 年晋升研究员
2004 年退休

详见第二篇《土肥所》，第八章《人物介绍》，第一节《历届所领导》

黄鸿翔　　研究员

1962—2003 年在中国农业科学院土壤肥料研究所工作
2003—2013 年在中国农业科学院农业资源与农业区划研究所工作
1992 年晋升研究员
2013 年退休

黄鸿翔，男，1940 年 7 月出生，江西省泰和县人，九三学社社员。1962 年毕业于兰州大学地质地理系自然地理专业，分配至中国农业科学院土壤肥料研究所工作。曾任土肥所副所长，《中国土壤与肥料》主编，北京市科协委员，第八届、九届北京市政协委员，第十届、十一届全国政协委员。北京市土壤学会理事长，中国土壤学会理事、常务理事，中国植物营养与肥料学会秘书长、常务理事，中国农村技术协会专家委员会主任委员，全国第二次土壤普查科学技术顾问，全国第二次土壤普查汇总编委会副主任兼编图组组长。曾赴保加利亚和意大利考察。1993 年起享受政府特殊津贴。

长期从事土壤资源调查与利用方面的科研工作。主持全国性的科研协作网与国家重点科研项目，国际合作项目多项。研究提出将常规土壤调查与农化调查相结合的土壤普查技术；修改完善了航卫片土壤判读程序与方法；提出北方水稻土以水型划分亚类的分类方法，对潮土、风沙土、山地草甸土、褐土、黄褐土等土壤的分类体系进行了修改完善；通过制定土属分类，进行高级分类单元与基层分类单元的链接，从而首次在我国完成了从土纲到土种的六级分类体系的编制，并被批准为国家标准；参加了全国第二次土壤普查的组织领导与技术指导工作，主笔编写《全国第二次土壤普查暂行技术规程》，主持编写了航片与卫片的土壤判读制图技术要点与多种比例尺的土壤图制图规范；主编了我国第一套 1∶100 万《中国土壤图集》，1∶250 万和 1∶1 000 万《中国土壤图》和 1∶400 万《中国土壤系列图》；在我国首次大面积研究土壤镁素的含量与肥效，促进了镁肥的推广使用；在有机肥应用现状调查的基础上，提出了我国发展有机肥的目标与可行途径。1987 年开始从事科研管理工作，多次参与制定我国土壤肥料学科的发展预测、科研规划、选题论证等，还担任过滇池污染治理等重大项目的专家组成员。获得各级科技成果奖励 13 项。发表论文 40 余篇，参加编写学术专著 21 部，还撰写了《中国大百科全书》第二版的全部有关土壤的条目。

在 20 年的政协委员任期内，提出的许多可持续发展的政策与技术建议得到了党和政府的重视，多项提案与调研报告被评为优秀，加强耕地质量建设，加强科研基础性工作等建议均被采纳 2，得到落实。

金继运　　研究员

1978—2003 年在中国农业科学院土壤肥料研究所工作
2003—2010 年在中国农业科学院农业资源与农业区划研究所工作
1993 年晋升研究员
2010 年退休

金继运，男，1950 年 11 月出生，河南省范县人，中共党员。1977 年毕业于吉林农业大学农学系，分配到吉林省四平市农林办公室工作。1978 年 8 月调到中国农业科学院土壤肥料研究所工作。1979 年 9 月考入中国农业科学院研究生院，师从张乃凤研究员攻读作物营养与施肥专业研究生，获硕士学位。1982 年 1 月由农业部派出赴美国弗吉尼亚综合理工学院暨州立大学学习，1985 年 7 月获农学博士学位后回国，继续在中国农业科学院土壤肥料研究所工作，历任化肥室副主任、所长助理。1990—2012 年兼任加拿大钾磷研究所（2007 年更名为国际植物营养研究所）北京办事处（中国项目部）主任。曾任中国农业科学院"植物营养与肥料"优秀创新团队首席科学家，农业部作物营养与施肥重点实验室主任，国务院第四届和第五届学位委员会学科评议组成员，全国博士后管理委员会专家组专家，农业部第六届和第七届科学技术委员会委员。2004—2012 年任中国植物营养与肥料学会第七届和第八届理事会理事长，《植物营养与肥料学报》主编。2012 年以来，任中国植物营养与肥料学会名誉理事长。1995 年获农业部"有突出贡献中青年专家"称号，2001 年获"全国优秀农业科技工作者"称号，2004 年获首届中国土壤学会奖，2004 年获"全国优秀科技工作者"称号，2007 年评为全国农业科技推广标兵，2010 年获国际肥料工业协会（IFA）Norman Borlaug 奖，1992 年起享受政府特殊津贴。

长期从事植物营养与肥料领域研究，主要研究领域包括土壤钾素与钾肥施用、土壤养分状况评价、土壤测试与施肥推荐、平衡施肥、土壤养分精准管理等。先后主持国家自然科学基金、国家科技攻关计划项目、国家"973"计划和国家"863"计划课题、国际合作项目等项目（课题）20余项。系统研究了我国土壤钾素状况和供钾能力，形成钾肥高效施用和平衡施肥技术体系；研究建立高效土壤测试与推荐施肥咨询服务系统，为国家测土配方施肥行动提供技术支撑；开展土壤养分精准管理研究，形成适合分散和规模经营的养分精准管理理论和施肥技术体系；参与《国家中长期科学和技术发展规划战略研究》，提出建立经济、环境和社会效益统一的施肥技术体系战略研究重点；推动广泛的国际合作，组织形成了全国性土壤肥料协作研究网络。研究成果获国家科技进步奖二等奖1项，三等奖2项，均为第一完成人；获省部级科技进步奖5项。发表论文170篇，其中SCI论文18篇。出版学术著作12部。

梁业森　　研究员

1982—1999年在中国农业科学院农业自然资源和农业区划研究所工作
1999—2003年在中国农业科学院土壤肥料研究所工作
2003—2011年在中国农业科学院农业资源与农业区划研究所工作
1998年晋升研究员
2011年退休

梁业森，男，1947年10月出生，河北省肃宁县人，中共党员。1982年毕业于北京农业大学畜牧专业，获学士学位；同年分配到中国农业科学院区划所工作。1988年以来，先后任区划所所长助理、畜牧业布局室副主任、主任和副所长。1996年7月任中国农业科学院区划所党委书记、副所长，1999—2003年任中国农业科学院土壤肥料研究所党委书记、副所长。2003—2009年任中国农业科学院农业资源与农业区划研究所党委副书记（正所级）。曾兼任国家化肥质量监督检验中心（北京）主任、农业部微生物肥料和食用菌菌种质量监督检验测试中心主任、中国食用菌协会副会长、农业部畜牧经济专家顾问组成员、西北农业大学研究员、全国畜牧经济研究会常务理事、中国农业资源与区划学会副秘书长、中国植物营养与肥料学会常务理事。1992年获得"农业部有突出贡献的中青年专家"称号，1998年获得"国家级有突出贡献的中青年专家"称号。1992年起享受政府特殊津贴。

长期从事农业资源经济和畜牧业可持续发展研究，先后主持和参加课题20余项。主持完成的"中国饲料区划"1988年获农业部科技进步奖二等奖，1990年获国家科技进步奖三等奖；"中国不同地区农牧结合模式与前景"1996年获农业部科技进步奖三等奖；"中国主要农产品市场分析与菜篮子工程布局"1998年获农业部科技进步奖三等奖；"2000年饲料生产与畜禽结构"1995年获农业部全国农业资源区划优秀成果一等奖；"非常规饲料资源的开发与利用"1999年获北京市科技进步奖三等奖。参加完成的"中国畜牧业综合区划"1983年获农业部技术改进二等奖；"'三北'防护林地区畜牧业综合区划"1984年获农业部技术改进二等奖；"秸秆养畜示范推广项目"1998年获国家科技进步奖二等奖。1999年主持召开"第三次利用地方资源发展畜牧业生产国际会议"。发表论文40余篇，代表性论文有《三元种植结构浅议》《论农牧结合的实质和功能》《饲料生产的挑战及其对策》《中国肉类市场分析》等。主编著作6部，参加编写著作14部。

张夫道　　研究员

1967—2003 年在中国农业科学院土壤肥料研究所工作
2003—2006 年在中国农业科学院农业资源与农业区划研究所工作
1998 年晋升研究员
2006 年退休

　　张夫道，男，汉族，1943 年 1 月出生，江苏省铜山县人（现徐州市），中共党员。1966 年 7 月毕业于南京农学院土壤农业化学系，1967 年 11 月分配到中国农业科学院土壤肥料研究所工作。1978 年 10 月至 1981 年 10 月在浙江农业大学农业化学专业学习，获硕士学位；1986 年 7 月至 1991 年 8 月在莫斯科季米里亚捷夫农学院学习，获放射化学副博士和生物科学博士学位。2003—2006 年在中国农业科学院农业资源与农业区划研究所工作。曾任肥力站网和昌平站站长，推动"国家土壤肥力与肥料效益监测站网"和"中国农业科学院衡阳红壤改良实验站"升级为国家级野外台站工作。2014 年获农业部离退休干部先进个人荣誉称号。

　　长期从事固体废物资源化与农业再利用、农用纳米材料与提高化肥利用率、土壤生态环境修复等研究，承担国家和部级课题（项目）20 余项，获得国家技术发明奖二等奖 1 项，农业部、环保部科技进步奖一、二等奖 5 项。代表性获奖成果有"低成本易降解肥料用缓释材料创制与应用"获国家技术发明奖二等奖；"大田作物专用缓/控释肥料技术"获农业部科技进步奖一等奖；"新型生态修复功能材料技术与产业化应用"获环保部科技进步奖二等奖。发表学术论文150 余篇，代表性论文有《氨基酸对水稻营养作用的研究》《作物秸秆炭在土壤中分解和转化规律研究》《长期施肥对土壤氮的有效性和腐殖质氮组成的影响》等。主编学术专著 3 部、参编 2 部，代表性著作有《中国土壤生物演变及安全评价》《固废资源化与农业再利用》《中国土壤肥力演变》。获国家授权发明专利 30 余项。

张维理　　研究员

1982—2003 年在中国农业科学院土壤肥料研究所工作
2003—2013 年在中国农业科学院农业资源与农业区划研究所工作
1999 年晋升研究员
2013 年退休

　　张维理，女，1953 年 11 月生出于北京，民革会员。1976 年毕业于山西农业大学土壤农化系，1982 年于中国农业科学院研究生院，获硕士学位；1989 毕业于德国哥廷根大学农业化学系，获博士学位。1976—1979 年在山西省农业科学院工作，1982 年到中国农业科学院土壤肥料研究所工作，1989—1990 年在荷兰瓦赫宁根农业大学从事博士后研究；2003—2013 在农业资源与区划研究所工作，曾任研究室主任、土肥所和资划所副所长。中国土壤学会第十届、十一届副理事长，中国植物营养与肥料学会第六届、第七届副理事长，现任《中国农业科学》与《Journal of Integrated Agriculture》栏目主编。2003 年获得农业部有突出贡献的中青年专家，曾获全国优秀留学归国人员成就奖、农业部和中央国家机关巾帼建功先进个人、国际粮农组织杰出贡献科学家奖等。2000 年起享受政府特殊津贴。

　　长期从事土壤与肥料研究。创建了区域尺度农业面源污染调查方法，首次以确凿的实验数据证实我国北方集约化农区氮肥过量施用已造成严重地下水硝酸盐污染，提出造成我国重要流域水体富营养化加剧的三大驱动因素，该发现在科学界引起持久反响。创建了土壤大数据方法，主持并完成覆盖我国全域的五万分之一土壤图与高精度数字土壤。该项成果能以 1 公顷为单元提供我国各地土壤资源与质量信息，是我国迄今为止最完整和精细的土壤资源与质量科学记载。研究成果获省部级科技进步奖 5 项、发表论文多次获"中国百篇最具影响力国内学术论文"。

王道龙　　研究员

1998—2003 年在中国农业科学院农业自然资源和农业区划研究所工作
2003，2007—2017 在中国农业科学院农业资源与农业区划研究所工作
2000 年晋升研究员
2017 年退休

详见第一篇《资划所》，第九章《人物介绍》，第一节《历届所领导》

蔡典雄　　研究员

1981—2003 年在中国农业科学院土壤肥料研究所工作
2003—2018 年在中国农业科学院农业资源与农业区划研究所工作
2000 年晋升研究员
2018 年退休

　　蔡典雄，男，汉族，1958 年 9 月出生于上海，中共党员。1981 年年底毕业于华东理工大学化学系，后分配到中国农业科学院土壤肥料研究所工作；1988 年 1 月至 1989 年 2 月在美国华盛顿州立大学农艺与土壤学院学习，2008 年 8 月毕业于首都师范大学生物学院，获博士学位。先后任土壤研究室、土壤耕作研究室和农业水资源利用研究室主任。曾任全国旱作节水农业专业委员会副主任委员，中国土壤学会理事和土壤物理专业委员会委员，中国太平洋经济合作全国委员会粮农资源开发委员会委员，农业部节水农业咨询专家，国际土壤与耕种学会（ISTRO）中国分会主席，农业部洛阳旱地农业试验站站长。现任中国农业科学院农业立体污染防治与产地环境质量研究中心副主任，中国中医农业产业联盟副理事长兼秘书长。曾获周光召基金会"农业科学奖"。

　　长期从事农业土壤、水资源与环境，保护性耕作、水肥耦合、节水农作制度等方面研究，先后主持国际、国家和部级（重大）项目（课题）40 余项。在国际上首次提出农业立体污染综合防治新理论和中医农业系统工程技术与理念等，并研发了土壤水肥调理剂、小分子团水和食药同源多功能食品产品。研究成果获国家级及省部级科技奖励 10 余项，在国内外核心刊物发表学术论文 430 余篇（其中 SCI 论文 30 多篇），主编和合作出版著作 9 部。

李建国　　研究员

2006—2017 年在中国农业科学院农业资源与农业区划研究所工作
2000 年晋升研究员
2017 年退休

　　李建国，男，汉族，1957 年 4 月出生，河北省石家庄市鹿泉区人，中共党员。1979 年9 月毕业于河北农业大学农学系；1979 年 10 月分配到中国农业科学院作物育种与栽培研究所工作；1987 年 9 月毕业于中国农业科学院研究生院，获硕士学位；1999 年 3 月至 2000年 12 月任中国农业科学院烟草研究所副所长、副书记；2001 年 1 月至 2006 年 9 月任中国农业科学院果树研究所所长、党委书记；2006 年 10 月至 2017 年 4 月在中国农业科学院农业资源与农业区划研究所产业发展中心工作。曾任中国生态学会常务理事，中国耕作学会副秘书长，作物学会理事。2003 年获农业部有突出贡献的中青年专家，2004 年起享受政府特殊津贴。

　　主要从事小麦生育进程叶龄与穗分化关系、小麦品种不同生态区生长发育规律、小麦不同生育阶段抗旱性、黄淮海旱地农业、晋东豫西干旱区农林牧结合发展模式、微生物肥料在新疆棉花栽培中应用效果等研究，承担国家和部级课题（项目）10 余项，主持编制农业规划 6 项。研究成果获得国家级成果奖 1 项，省部级成果奖 4 项。其中"晋东豫西旱农类型区农林牧综合发展优化模式"获国家科技进步奖三等奖，"小麦沟播集中施肥配套技术""小麦叶龄指标促控法技术推广"获得农业部科技进步奖三等奖，"肥料缓控释剂研究及应用"获黑龙江省科技进步奖二等奖。发表学术论文 7 篇，参编著作 4 部。

张成娥　　研究员

2002—2003 年在中国农业科学院土壤肥料研究所工作
2003—2012 年在中国农业科学院农业资源与农业区划研究所工作
2000 年晋升研究员
2012 年退休

　　张成娥，女，1957 年 1 月出生，陕西省西安市人，九三学社社员。1982 年毕业于西北农学院土壤农化专业（现西北农林科技大学），获理学学士学位；同年分配至中国科学院西北水土保持研究所工作。一直从事土壤养分和土壤微生物方面的研究。曾三次赴联邦德国吉森李比希大学土壤与土壤保持研究所进修学习和高访。主持和参加过 11 个课题的研究工作。曾获陕西省科技进步奖三等奖。共发表科学论文 30 余篇，合作出版著作 1 部。

　　2002 年调入中国农业科学院土壤肥料研究所，从事《植物营养与肥料学报》杂志编辑工作，担任学报副主编，曾任期刊信息室副主任。自担任编辑、副主编以来，学报于 2003年进入核心期刊行列，为"中国科技论文统计源期刊"和多个学术期刊引文和综合评价数据库来源期刊，被美国化学文摘等多个数据库收录。为中国中文核心期刊和中国农业核心期刊。2004 年学报由季刊改为双月刊，论文刊载量逐年增加。从 2003 年（季刊）全年刊文 98 篇至 2012 年全年刊文 220 篇，学报的学术影响力不断攀升，影响因子等指标均已跃居学科前列。学报于 2004 年获"第四届全国优秀农业期刊奖"一等奖；获 2007 年度"中国百种杰出学术期刊"和 2008 年"中国精品科技期刊"。2007 年建立学报网站，开通了稿件网上远程管理系统；2009 年做了学报全部过刊的上网工作，实现了稿件管理和编辑部办公等完全网络化。

姜瑞波　　研究员

1979—2003 年在中国农业科学院土壤肥料研究所工作
2003—2011 年在中国农业科学院农业资源与农业区划研究所工作
2001 年晋升研究员
2011 年退休

姜瑞波，女，汉族，1945 年 7 月出生，山东省海阳县人。1969 年 7 月毕业于山东农业大学植物保护专业。1979 年 4 月至 2003 年在中国农业科学院土壤肥料研究所工作，2003—2011 年在中国农业科学院农业资源与农业区划所工作。曾任农业微生物研究室（后更名为农业微生物资源与利用研究室）主任、中国农业微生物菌种保藏管理中心主任。兼任中国微生物学会常务理事，中国微生物学会微生物资源专业委员会主任委员。1993 年起享受政府特殊津贴。

长期从事农业微生物资源的收集、分类鉴定、保藏及资源评价及利用的研究工作。先后从事土传病害、生物农药、微生物多糖、根瘤菌剂、水处理、微生物肥料等方面的研究。主持完成生物肥料界第一个国家"863"计划课题"多功能新型生物有机肥的研究与开发"；主持完成农业部"948"计划项目"农业微生物模式菌"；1999—2002 年主持科技部科技基础性工作专项"农、林、医、药微生物菌种资源的收集、鉴定、评价与保藏"；2004—2011 年牵头主持 9 个国家菌种保藏管理中心及 108 个加盟单位共同执行的"国家微生物资源平台"科技基础条件平台项目。研究成果获科技奖励 7 项，其中主持完成的"中国农业微生物菌种资源的收集、鉴定、整理与保藏"获中国农业科学院科技成果奖一等奖，共同完成的"快生型大豆根瘤菌特性及应用研究"获农业部科技进步奖三等奖。发表论文 60 余篇，主编出版 4 部《中国农业菌种目录》，主编出版《模式菌种目录》《微生物菌种资源描述规范汇编》；申报专利 10 项。

牛永春　　研究员

2006—2017 年在中国农业科学院农业资源与农业区划研究所工作
2001 年晋升研究员
2018 年退休

牛永春，男，1957 年 12 月出生，河南省原阳县人，中共党员。1978 年毕业于河南百泉农业专科学校植保系，留校任助教。1987 年毕业于西北农业大学植物病理学专业，获硕士学位；同年考取本校植物病理学专业博士研究生，师从李振岐院士，1991 年 10 月毕业获理学博士学位。1991 年 12 月进入中国科学院微生物研究所博士后流动站，师从魏江春院士从事真菌学研究。1993 年 12 月博士后出站进入北京林业大学任副教授兼系副主任，1995 年 10 月调入中国农业科学院植物保护研究所任副研究员，2001 年 2 月晋升研究员。2006 年 1 月调入中国农业科学院农业资源与农业区划研究所工作，曾任农业微生物资源与利用研究室（中国农业微生物菌种保藏管理中心）副主任（主持工作）。兼任多届中国菌物学会常务理事及植物病原菌物专业委员会副主任委员、中国植物保护学会理事、北京植物病理学会常务理事、中国微生物学会农业微生物专业委员会和微生物资源专业委员会委员，《菌物学报》《菌物研究》《植物保护》等学术期刊编委。

长期从事植物病理学和真菌学方面研究，曾主持国家自然科学基金项目、国家"863"计划课题、国家"973"计划课题、国家科技攻关计划子课题、国家重点研发计划课题等 10 余项及多项国家部委课题。对麦类真菌病害尤其是小麦条锈病开展了深入研究并获重要成果，鉴定出大批抗病种质资源，获得一些重要抗病基因的分子标记，发现和定位了多个新的抗病基因，及时监测了我国小麦生产上的病菌变异和小麦品种抗性状况，主持制定了小麦条锈病防治技术规范。对真菌资源的研究着重在瓜类植物内生真菌和禾草病原真菌方面。阐明了瓜类植物内生真菌的区系，发现了多个新的真菌物种，明确了部分内生真菌具有促进植物生长和抑制病害的功能。从一些内生真菌的次级代谢产物中分离鉴定到不同骨架类型的多个新化合物，明确了其中部分化合物的生物活性。基本明确了我国常见禾草病原真菌的资源状况并开展了其除草活性研究。通过调查基本摸清了我国保藏微生物资源现状，为上级有关部门的管理工作提供了建议。研究成果获省部级科技进步奖一等奖 1 项、二等奖 1 项，院级二等奖 1 项。在国际国内学术期刊发表论文 120 余篇，参编和参译著作 7 部，制定发布国家标准 1 部，授权专利 3 项。

杨俊诚　　研究员

2003—2015 年在中国农业科学院农业资源与农业区划研究所工作
2001 年晋升研究员
2015 年退休

杨俊诚，男，汉族，1955 年 6 月出生，陕西省横山人，中共党员。1980 年 7 月毕业于北京大学应用化学专业。1981 年在浙江大学进修。1993 年在奥地利维也纳国际原子能机构赛巴斯道夫实验室进修。曾赴美国、英国、澳大利亚、奥地利、意大利、荷兰、墨西哥、韩国等国家及中国台湾、香港等地区进行学术交流。1980 年 7 月至 2003 年 5 月在中国农业科学院原子能利用研究所工作。2003 年 5 月至 2015 年 6 月在农业资源与农业区划研究所工作。曾任土壤研究室副主任、主任，国家耕地培育技术工程实验室副主任。兼任中国原子能农学会副理事长，同位素示踪专业委员会主任；中国核学会同位素分会副理事长；北京核学会副理事长。《农业环境科学学报》《核农学报》《植物营养与肥料学报》《应用基础与工程科学学报》（EI）《同位素》《核化学与放射化学》《原子能科学技术》（EI）《中国土壤与肥料》等期刊编委、审稿专家。1997 年起享受政府特殊津贴。

主要从事土壤养分转化和土壤环境方面研究，主持完成的项目有：国家"973"计划课题"典型区域减肥增效与农田可持续利用途径与模式""肥料养分持续高效利用途径及模式"；国家自然科学基金项目"DNA 氢素定位内靶核反应的生物诱变新方法研究""苄嘧磺隆与 Cd 复合污染对水稻细胞、分子毒性研究""水稻在镉与苄嘧磺隆胁迫下的基因应答研究"。研究成果获国家奖 2 项、省部级奖 8 项；发表学术论文 130 余篇，主编参编著作 8 部，获发明专利 3 项。代表性成果"低成本易降解肥料用缓释材料创制与应用"2013 年获国家技术发明奖二等奖（第三完成人）；"我国核试验场下风向地区农业生态环境中的放射性水平调查与评价"1996 年获国家科技进步奖三等奖（第二完成人）；"磷肥中的放射性核素活度及其在土壤和作物中的分布"1980年获农业部科技进步奖三等奖（第三完成人）。代表性著作有《集约化农田节肥增效理论与实践》（2012，参编）《肥料养分持续高效利用机理与途径》（2018，参编）《中国核农学通论》（2016，副主编）。

李志杰　　研究员

1982—2016 年在中国农业科学院德州盐碱土改良实验站工作
2002 年晋升研究员
2016 年退休

李志杰，男，1956 年 12 月出生，河北省武强县人，中共党员。1982 年 1 月毕业于华北水利水电学院农田水利工程专业，同时分配到中国农业科学院德州盐碱土改良实验站工作。1995 年 7 月至 2004 年 9 月任中国农业科学院德州盐碱土改良实验站站长。曾任中国土壤学会盐渍土专业委员会委员，1987 年被评为德州市直机关优秀共产党员，1995 年获科教兴禹先进工作者称号。

长期在农业科研一线致力于黄淮海平原治理的科学技术研究，主要研究方向为盐碱土改良与土壤培肥。主持国家科技攻关课题 2 项，主持国家公益性行业（农业）科研专项课题 2 项，参加农业部"948"计划项目 1 项，参加中日、中韩国际合作研究项目 3 项。研究提出了内陆盐渍区潜水蒸发规律及调控途径及盐碱土综合改良技术、土壤有机培肥提高土壤水分利用率的肥水效应、微咸水灌溉利用的综合调控技术、中低产田均衡养分供应的耕地质量提升技术、华北耕地保育型棉花冬闲田绿肥作物生产利用技术。确立了华北区不与主作物争地、以冬绿肥为主、间套作的绿肥生产模式，解决了华北地区复种指数较高情况下发展绿肥作物生产的技术难题。在农业科学研究方面获各种奖励 7 项，其中农业部科技进步奖三等奖 3 项，山东省科委二等表彰奖励 1 项，国家科技进步奖二等奖 1 项；发表学术论文 39 篇，出版专著 4 部。

徐斌　　研究员

1998—2003 年在中国农业科学院农业自然资源和农业区划研究所工作
2003—2017 年在中国农业科学院农业资源与农业区划研究所工作
2003 年晋升研究员
2017 年退休

徐斌，男，1957 年 7 月出生，陕西省三原县人，中共党员。1983 年 7 月毕业于西北农业大学土壤农化专业，获学士学位。1983 年 7 月至 1995 年 8 月在中国科学院兰州沙漠研究所工作，先后任助研、副研究员等。1992 年 7 月至 1995 年 6 月在兰州大学生物系学习，获理学（生态学）博士学位，1995 年 8 月至 1997 年 7 月在北京大学城市与环境学系做博士后。1998 年 1 月调到中国农业科学院农业自然资源和农业区划研究所工作，曾任草地科学研究室副主任和主任。中国农业科学院草业科学首届杰出人才，兰州大学兼职教授，北京林业大学客座教授，《生态科学》常务编委，农业部草原监理中心咨询专家，农业部草原防火专家，中国草学会草地资源专业委员会委员，国家科学技术进步奖会评专家等。

长期从事草原遥感和草原生态等研究工作，先后主持国家自然科学基金项目、国家"863"计划课题、国际合作项目、及农业部等部委课题 50 余项。在草原植被遥感监测、草畜平衡监测、草原沙化遥感监测等方面取得多项创新性研究成果，主要包括：①构建了草原产草量遥感监测的新方法和模型库；②提出了草原植被长势遥感监测新方法；③提出了县域草畜平衡的概念，解决了草原承载力时空分布计算的难题，为草原合理利用等奠定了重要基础，实现了对我国牧区和半牧区草畜平衡的定期监测和优化管理；④构建了草原沙化的遥感监测方法，实现了草原沙化自动解译，比传统目视解译效率明显提高。研究成果已应用到各级草原主管部门，每年为农业部和省级草原主管部门等提供草原资源和草原生态遥感监测评价报告，监测结果覆盖全国天然草地。监测结果以《全国草原监测报告》《中国草原发展报告》《遥感快讯》《草原监理工作动态》等形式上报和下发。获省部级科技奖 6 项，其中以第 1 完成人获省部级一等、二等和三等奖各 1 项；2017 年获大北农科技奖—智慧农业奖（第 1 完成人）。在 *Remote Sensing of Environment*、*International Journal of Remote Sensing*、《中国科学》《生态学报》等国内外学术刊物上发表学术论文 160 余篇，主编和参编著作 7 部，获发明专利 2 项，取得软件著作权 8 项，制定行业标准 2 项。

范丙全　　研究员

2001—2003 年在中国农业科学院土壤肥料研究所工作
2003—2016 年在中国农业科学院农业资源与农业区划研究所工作
2004 年晋升研究员
2016 年退休

范丙全，男，1956 年 11 月出生，河北省武强县人，中共党员。1982 年毕业于河北农业大学土化专业；1997—1998 年在加拿大农业部硕士学习；2001 年毕业于中国农业科学院研究生院植物营养学专业。1982 年 3 月至 1997 年 8 月在河北省农业科学院土肥所工作。1993—1994 年在加拿大农业部开展合作研究，2011 年到美国农业部做访问学者。曾任农业微生物资源与利用研究室副主任，兼任中国微生物学会、中国植物营养与肥料学会、中国土壤学会相关专业委员会委员，北京土壤学会理事，《植物营养与肥料学报》编委。

长期从事多功能生物肥料、秸秆原位还田、土壤微生物多样性以及环境污染生物修复研究，致力于解决农业生产中带有普遍性的突出问题和前瞻性关键技术。先后承担国家和省部级项目 30 余项。获得了新颖高效的溶磷菌、抗病增产菌、秸秆腐解菌、多环芳烃降解菌和聚磷菌；研制了高效溶磷节肥、抗病增产的生物肥料，建立了秸秆原位微生物转化还田技术，明确了不同农业措施对土壤微生物多样性的影响，丰富了土壤多环芳烃污染、水体富营养化治理的微生物技术。为国家发改委和科技部提供了发展我国生物肥料的意见。研究成果获省部级奖 8 项，发表论文 50 余篇，副主编论著 1 部，获专利授权 12 项。

李茂松　　研究员

1984—1988 年在中国农业科学院农业自然资源和农业区划研究所工作
2011—2019 年在中国农业科学院农业资源与农业区划研究所工作
2005 年晋升研究员
2019 年退休

李茂松，男，1959 年 6 月出生，四川省三台县人，中共党员。1984 年 7 月毕业于北京农业大学农业气象专业，同年分配到中国农业科学院农业自然资源和农业区划研究所工作。1989—2010 年在中国农业科学院农业环境与可持续发展研究所工作。2011—2018 年在中国农业科学院农业资源与农业区划研究所工作，任农业防灾减灾创新团队首席科学家、研究室主任。曾任中国农业资源与区划学会常务理事，中国农业资源与区划学会农业自然灾害减灾专业委员会主任委员，国家减灾委第二、第三届专家委员会专家，农业农村部农情重点市县专家咨询组组长，农业部农业减灾专家组第一届委员，科学技术部农业农村领域"十二五""十三五""十四五"规划编制专家组成员，全国减灾救灾专业标准化技术委员会第一、第二届委员，全国农业气象专业标准化技术委员会第一届委员，全国农业信息化专业标准化技术委员会第一届委员，全国气象灾害专业标准化技术委员会第一届委员，中国农学会农业信息分会常务理事，《灾害学》《中国农业资源与区划》《中国农业气象》《中国农业信息》等期刊编委。2012 年、2013 年被评为农业部粮食生产突出贡献农业科技工作者。

长期致力于农业防灾减灾理论与实践研究，主要研究方向为农业自然灾害发生规律、灾害监测预警与综合防控技术研究。先后主持国家科技攻关（支撑计划、重点研发计划）项目、课题 10 余项，主持和参加国家"863"计划课题、国家"973"计划课题 4 项，主持农业部财政专项项目 1 项。经过多年研究，提出了"监测预灾、工程防灾、生物抗灾、技术减灾、制度救灾"的农业自然灾害防灾减灾救灾、减灾就是增产新理念，研发的抗旱种子包衣剂、多功能保水剂等减灾产品在生产中得到大面积应用。其中，北方旱地农业类型分区及其评价获农业部科技进步奖二等奖；晋东南旱地农业发展战略研究获中国农业科学院科技进步奖一等奖；"三剂"在旱地农业中的应用研究获农业部科技进步奖三等奖；抗旱种衣剂的研制及产业化开发应用获中国农业科学院科技进步奖一等奖；玉米种子包衣及综合配套增产技术获农业部全国农牧渔业丰收奖三等奖；抗旱种衣剂研制及推广应用获北京市科技进步奖三等奖；湖南季节性干旱与防控技术获湖南省科技进步奖二等奖；重大农业气象灾害监测预警与防控获中国气象学会一等奖。发表学术论文 150 余篇，出版专著 15 部；授权国家发明专利 27 项，实用新型专利 17 项；制定国家标准 9 项，行业标准 3 项。

马义兵　　研究员

2004—2019 年在中国农业科学院农业资源与农业区划研究所工作
2005 年晋升研究员
2019 年退休

马义兵，男，1957 年 1 月出生，河北省蠡县人。1982 年毕业于北京农业大学土壤和农业化学系，获学士学位；1987 年毕业于北京农业大学，获硕士学位（在职）；1997 年毕业于澳大利亚 La Trobe 大学，获博士学位。1982—1992 年，历任北京农业大学助教、讲师、副教授、土壤和土地资源系副主任、农业部土壤和水重点实验室副主任。1997 年开始，先在澳大利亚 DEBCO 集团总公司研究开发部任研究员，后在澳大利亚联邦科学与工业研究组织（CSIRO）土地和水研究所任研究科学家。2004 年回国在中国农业科学院农业资源与农业区划研究所工作（杰出人才引进）。曾任土壤研究室副主任，国家土壤肥力和肥料效益监测站网负责人，亚洲重金属研究中心主任；兼任国际痕量元素生物地球化学委员会委员（ICOBTE），世界环境毒理与化学学会科学委员会委员（SETAC），联合国粮食和农业组织/世界银行污染农田综合管理项目咨询专家，农业农村部农用地污染防治专家指导组组长，农业农村部耕地质量建设专家指导组成员，全国专业标准化技术委员会委员，国家重点专项"场地土壤污染成因与治理技术"总体专家组成员，中国生态环境部"土壤污染状况详查"咨询专家组成员兼报告编写组副组长，中国科学院大学"环境土壤学"首席教授。

长期从事土壤/环境化学和毒理学研究，包括土壤中污染物形态，有效性/毒害及其可预测性模型研究；污染环境风险评价和修复；以及固体废弃物资源化利用。先后主持科研项目或课题30 多项，包括国家"973"计划课题、国家"863"计划课题、国家科技支撑计划课题，国家自然科学基金面上及重大国际合作项目，农业部公益性行业科研专项，国家"十三五""农田系统重金属迁移转化和安全阈值研究"重点专项项目等。参与我国农田重金属污染防治的有关管理规范和规划的制定。研究成果获国家/省部级科技进步奖 4 项；共发表学术论文 270 多篇，其中SCI 源刊论文 160 多篇；国际会议论文 44 篇，国际会议主题/分组报告 19 次，国际合作项目技术总结报告（英文）11 个；主编/合著中英文著作 7 部；授权发明专利 15 项；参与编制国家标准 3项，行业标准 3 项。

杨瑞珍　　研究员

1983—2003 年在中国农业科学院农业自然资源和农业区划研究所工作
2003—2014 年在中国农业科学院农业资源与农业区划研究所工作
2006 年晋升研究员
2014 年退休

杨瑞珍，女，1960 年 3 月出生，内蒙古丰镇市人，中共党员。1979 年 9 月至 1983 年 7 月在内蒙古大学生态学专业学习。1983 年 8 月至 2014 年 3 月在中国农业科学院农业资源与农业区划研究所工作。1997 年 9 月至 1999 年 6 月在中国农业科学院研究生院在职研究生农业经济管理专业学习。2007 年 9 月至 10 月，赴巴西参加由科技部组织的"农业科技园区管理人员培训班"。2012 年 9 月，参加美国乔治梅森大学空间信息科学与系统中心举办的"中美农业信息资源管理培训班"。

　　长期主要从事耕地资源、农业可持续发展等农业宏观性研究工作。主要承担完成"全国农业生产结构与布局研究""社会发展科技战略研究""西部农村科技传播与普及体系研究""我国不同类型区农业结构调整研究""中西部地区农业增收的途径与对策研究"等国家科技攻关项目、国家自然科学基金项目、社科基金项目、部委课题 30 多项。曾获农业部科技进步奖二等奖 1 项、三等奖 1 项，北京市科技进步奖二等奖 1 项，三等奖 3 项，中国农业科学院科学技术进步奖一等奖 2 项和二等奖 5 项。"西部农村科技传播与普及体系研究"获 2004 年北京市科技进步奖三等奖，"可持续发展条件下资源资产理论与实践研究"获 2004 年北京市科技进步奖三等奖，"我国耕地资源及其开发利用"获 1999 年农业部科技进步奖三等奖。发表学术论文 100 多篇，出版著作 12 部。

王小彬　　研究员

1982—2003 年在中国农业科学院土壤肥料研究所工作
2003—2010 年在中国农业科学院农业资源与农业区划研究所工作
2007 年晋升研究员
2010 年退休

　　王小彬，女，1955 年 11 月出生于北京市，中共党员。1981 年毕业于西北农业大学土壤农化系，分配至中国农业科学院土壤肥料研究所土壤耕作室工作。1988 年毕业于中国农业科学院研究生院土壤管理专业，获硕士学位；1993—1994 年赴加拿大农业部 Brandon 研究中心进行土壤保持研究［中加人才开发项目（CCHDTP）资助］；2006 年毕业于荷兰 Wageningen 大学农业生产生态和资源保持研究生院（PE&RC），获博士学位。曾任中国耕作制度研究会第六届理事会理事/兼常务理事（1998 年），《中国农业科学》第一届理事会常务理事（2006 年），《中国土壤与肥料》副主编（2007 年）。2011—2016 年聘职于中国科学院大气物理研究所"973"项目办主任。

　　1982 年以来，主要从事旱地土壤保持与养分管理研究。主持国家自然科学基金项目、中国科协政策调研课题、国家"973"计划课题、国家"863"计划课题、国家旱农攻关项目专题、农业部"948"计划项目、国家留学基金项目、留学回国人员资助项目等，参与中荷、中比、中韩、中日、中英、FAO 国际合作等项目。在旱地农田水肥关系、保护性耕作、节水农业、土壤水盐运动、盐渍化土壤改良、农田生态系统碳氮循环、气候变化与固碳减排等领域开展长期田间试验和动态模拟研究，对工农业固体废物农用的环境安全风险进行调研和评价研究。研究成果获省部级以上成果奖 7 项。在国内外学术刊物发表论文 100 余篇，其中在《中国农业科学》《生态学报》《农业工程学报》《土壤学报》《植物营养与肥料学报》等刊物发表论文多篇；在 Journal of Integrative Agriculture、Journal of Soil Science and Plant Nutrition、Arid Land Research and Management、Agronomy for Sustainable Development、Field Crops Research、Irrigation Science、Agricultural Water Management、Nutrient Cycling in Agroecosystems、Soil & Tillage Research、CATENA、Journal of the Science of Food and Agriculture、Pedosphere、Canadian J of Plant Science 等 SCI 收录刊物发表论文 20 余篇。

曹尔辰 研究员

1984—2003 年在中国农业科学院农业自然资源和农业区划研究所工作
2003—2014 年在中国农业科学院农业资源与农业区划研究所工作
2009 年晋升研究员
2014 年退休

曹尔辰，男，1954 年出生，河北省元氏县人，中共党员。1972 年 1 月高中毕业回乡，任中学教员。1978 年 8 月于华中工学院自动控制系电气自动化专业毕业，2005 年 3 月于中央党校经济学研究生毕业。

1978 年 8 月分配至冶金工业部北京钢铁设计研究总院工作，1984 年调至中国农业科学院农业自然资源和农业区划所工作。1984 年负责区划所计算组，承担所内各课题计算机数据处理和统计工作。1986—1993 年在区划所信息室工作，1993 年临时主持信息室工作，1993—1996 年在农业遥感应用研究室。1997—2003 年任区划所党委办公室副主任、主任，2003 年 5 月区划所和土肥所合并后，任资划所条件建设与财务处副处长（正处级），2009—2014 年任资划所后勤服务中心主任。2007 年、2011 年分别被聘为财政部、北京市评标专家。

先后主持"农村资源经济信息系统综合研究""我国东中西部耕地减少趋向比较研究"课题 2 项。参与"全国县级农业资源区划资料数据国家汇总研究""全国农业资源农村经济信息动态监测研究"，国家"八五"科技攻关课题"商丘试验区节水农业持续发展研究""全国农业资源数据库建设""省级资源环境信息服务示范研究与应用"以及"吉林省延边州农业综合发展规划""贵州省农业结构调整规划"等课题多项。参加完成的"全国县级农业资源区划资料数据国家汇总研究"获农业部、全国农业区划委员会优秀科技成果一等奖和中国农业科学院科学技术进步奖二等奖；"商丘试验区节水农业持续发展研究"获农业部科技进步奖三等奖；"省级资源环境信息服务示范研究与应用"获北京市科技进步奖三等奖和中国农业科学院科技成果奖一等奖。发表论文 20 余篇，主要包括《农业环节传递函数的确定》《网点县耕地监测分析》《我国省级农业资源信息管理的现状和发展设想》等。主编参编著作 10 部，主要包括《中国农业资源与区划》《农业资源利用与区域可持续发展研究》《贵州省农业结构调整规划》《绿豆》以及《中国农业科学院志》《中国农业科学院农业自然资源和农业区划研究所所志》等。

苏胜娣 研究员

1980—2003 年在中国农业科学院农业自然资源和农业区划研究所工作
2003—2013 年在中国农业科学院农业资源与农业区划研究所工作
2010 年晋升研究员
2013 年退休

苏胜娣，女，汉族，1957 年 5 月出生，广西桂林人，中共党员。1980 年 1 月毕业于黑龙江八一农垦大学农业专业。曾任科研处副处长、处长（所学术委员会秘书）。2003 年获科技部农业部星火计划先进个人，2003 年获中国农业科学院"科技管理先进个人"称号，2007 年获中国农业科学院"研究生管理先进个人"称号，2007 年获院"'十五'科研管理先进个人"称号。

长期从事科研管理工作，牵头制定多项科研管理制度。获省部级科技成果奖 5 项，其中北京市科技进步奖 2 项、广东省科技进步奖 1 项、全国农牧渔业丰收奖 2 项，征文奖 1 项。发表论文 4 篇，主要有《浅析植物新品种保护在农业科研单位科技创新中的作用》《我国奶业区域发展研究》等。主编专著《新时期西部地区农村科技体系研究》《中国农业科学院农业资源与农业区划研究所科技成果管理汇编》2 部。

杨俐苹　　研究员

1991—2003 年在中国农业科学院土壤肥料研究所工作
2003—2019 年在中国农业科学院农业资源与农业区划研究所工作
2012 年晋升研究员
2019 年退休

杨俐苹，女，1964 年 4 月出生于重庆市，中共党员。1985 年西南农业大学土壤农化系毕业后分配到中国农业科学院科技情报研究所工作。1988—1991 年在中国农业科学院农业经济研究所工作。1988—1989 年参加中央讲师团赴云南西双版纳支教 1 年。1991 年调至中国农业科学院土壤肥料研究所工作。1998 年毕业于中国农业科学院研究生院作物营养与施肥专业，获硕士学位。2000—2005 年受荷兰热带发展科学基金资助，在荷兰格罗宁根大学植物生理实验室做博士研究，2005 年毕业于格罗宁根大学，获博士学位。多次赴加拿大、美国、英国、法国、德国、波兰、意大利、泰国、印度等国家访问和开展学术交流。2005 年任中国农业科学院国家测土施肥中心实验室副主任。兼任中国植物营养与肥料学会施肥技术专业委员会主任、中国化工学会化肥专业委员会委员等。2007 年获农业部"全国测土配方施肥工作先进个人"称号。2008 年获美国土壤学会颁发的 Leo M. Walsh 基金土壤肥力杰出学者奖。

长期从事养分资源高效利用、土壤植物测试与推荐施肥技术研究，研究建立了高效土壤测试与推荐施肥系统，为国家测土配方施肥提供了技术支撑。曾主持国家科技支撑计划课题、国际合作项目课题、转基因重大专项课题等，作为技术骨干承担国家"973"计划课题、国家"863"计划课题以及跨越计划项目课题等。研究成果获得国家科技进步奖二等奖 1 项（北方土壤供钾能力及钾肥高效施用技术研究，20601）、国家科技进步奖三等奖 1 项（土壤养分综合系统法与平衡施肥技术，1999），获省部级科技进步奖一等奖、二等奖、三等奖多项。发表中英研究论文 100 余篇，获得专利授权 10 余项。

左余宝　　研究员

1982—2013 年在中国农业科学院德州盐碱土改良实验站工作
2012 年晋升农业技术推广研究员
2013 年退休

　　左余宝，男，1953 年 10 月出生，山东省历城县人。1982 年 1 月毕业于中国农业大学土壤农化专业，获学士学位；同年分配至中国农业科学院德州盐碱土改良实验站工作，曾赴日本国际农林水产业研究中心进行合作研究，赴乌兹别克斯坦进行援外工作。近 30 年一直在农村基地工作，2009 年被国家授予"全国野外科技工作先进个人"称号。

　　长期从事盐渍土改良、作物施肥与节水农业研究。参加了黄淮海平原区域治理陵县试验区"六五"至"十五"期间国家科技攻关项目。获得各级科技成果奖 4 项，其中黄淮海平原农业研究与开发获山东省科委二等奖、盐渍化地区"淡化肥沃层"培育的机理与综合技术获农业部科学技术进步奖三等奖、抑制蒸腾剂的研制及节水增产机理研究获农业部科学技术进步奖二等奖。发表论文 50 余篇，代表性论文有《鲁北地区主要作物不同生育期需水量和作物系数的试验研究》《马铃薯节水、高产、高效栽培技术模式》和《不同水分含量对潮土和火山灰土硝化动态的影响》。参编专著 4 部，主要有《土壤分析法》《黄淮海平原两个农业自然经济类型区粮田土壤养分平衡现状评价》和《节水农作制度理论与技术》。

第十章　大事记

2003 年

4 月，根据中共中国农业科学院党组文件《关于唐华俊等六同志的任职的通知》（农科院党组发〔2003〕8 号）文件，唐华俊任农业资源与农业区划研究所所长，梅旭荣任党委书记兼副所长，梁业森任党委副书记，王道龙任党委副书记兼副所长，张海林、张维理任副所长。5 月 14 日，中国农业科学院组织召开会议，宣布新整合的"中国农业科学院农业资源与农业区划研究所"领导班子。

6 月，根据中国农业科学院人事局文件《关于同意农业资源与农业区划研究所内设机构设立的批复》（农科人干字〔2003〕38 号），资划所职能管理机构设办公室、党委办公室（人事处）、科研管理处、条件建设与财务处。服务机构设产业发展服务中心和后勤服务中心。

6 月 24 日，资划所公开招聘处级干部，涉及 4 个职能部门、2 个服务部门共计 15 个处级岗位。

9 月 3 日，农业部种植业司司长陈萌山、副司长隋鹏飞一行 5 人在中国农业科学院副院长屈冬玉、院办副主任刘继芳、科技局副局长袁学志陪同下到资划所考察指导工作。

9 月 18—21 日，唐华俊所长赴泰国清迈参加联合国粮农组织举办的食物安全和可持续发展多目标环境和自然资源信息基础的发展会议，就即将开展的联合国粮农组织项目的相关问题进行协商和交流。

10 月 13—20 日，唐华俊所长随农业部代表团赴日本参加"中日农业科学技术交流工作组第 22 次会议"及"第 8 次中日农业合作研究联络协调会议"。

11 月 16—24 日，陈佑启应亚太经合组织农业技术合作工作组（ATCWG）邀请，赴中国台湾台中市参加 APEC 第三届可持续农业发展国际研讨会。

12 月，根据农科院党组发〔2003〕64 号文件，任命刘继芳为中国农业科学院农业资源与农业区划研究所党委书记兼副所长，免去梅旭荣中国农业科学院农业资源与农业区划研究所党委书记、副所长、党委委员职务，免去王道龙中国农业科学院农业资源与农业区划研究所党委副书记、副所长、党委委员职务。

2004 年

2 月 16 日，唐华俊、张维理获得 2003 年度"农业部有突出贡献的中青年专家"称号。

3 月 2 日，农业部发展计划司司长杨坚一行 3 人在中国农业科学院副院长章力建、院办副主任汪飞杰陪同下，到资划所检查指导工作。

3 月 9—13 日，资划所承担的中国—加拿大（CIDA/PPIC）合作项目"中国农业可持续发展中的养分管理（NMS）"年会及项目培训在北京举行。来自加拿大的有关专家和全国 31 个省

（市、区）40多个合作单位的120余名代表参加了年会和培训。

3月26日，中共中央政治局委员、国务院副总理回良玉一行视察资划所和农业部遥感应用中心综合运行部，听取了唐华俊所长关于农业遥感应用工作进展和2004年全国冬小麦遥感监测工作汇报。

3月28日，根据中国农业科学院直属机关党委直党字〔2004〕7号文件《关于同意成立中共农业资源与农业区划研究所临时委员会的批复》，中共农业资源与农业区划研究所临时委员会正式成立。临时党委由刘继芳、梁业森、唐华俊、张海林、杨宏、金继运、郭同军七位同志组成，刘继芳任党委书记，梁业森任副书记。

4月1日，为落实回良玉副总理考察资划所时的指示，农业部办公厅副主任刘维佳，发展计划司副司长李伟方一行4人在中国农业科学院办公室副主任沈贵银等陪同下，考察资划所农业遥感应用研究室（农业部资源遥感与数字农业重点开放实验室）。

5月24日，"中外优势农产品产业带形成机制比较研究"成果获2001—2003年度农业部软科学二等奖。

6月，根据中国农业科学院农科人干函〔2004〕34号文件，任天志任农业资源与农业区划研究所所长助理。

9月14日，中日合作研究项目"中国农产品稳定生产与市场变动"分协议签字仪式在中国农业科学院举行（项目总协议7月在西安签署），中国农业科学院农业资源与农业区划研究所、农业环境与可持续发展研究所、农业经济研究所及国务院发展研究中心、黑龙江省农业科学院的负责人和项目主持人分别与日本国际农林水产业研究中心（JIRCAS）岩元睦夫理事长和小山修部长在项目协议书上签字。项目执行期限5年。

9月16日，资划所召开第一届全体党员大会，选举产生中共中国农业科学院农业资源与农业区划研究所第一届委员会和纪律检查委员会，选举刘继芳为党委书记。

10月27日，农业部副部长范小建、发展计划司副司长邓庆海等在中国农业科学院院长翟虎渠、院党组副书记王红谊等陪同下，到资划所考察指导遥感技术在农业领域的应用工作。

12月9日，由中国农业科学院主办、资划所承办的"土壤质量与粮食安全"中国农业科技高级论坛在北京举行。

12月，《植物营养与肥料学报》获第四届全国优秀农业期刊奖学术类一等奖。

2005 年

1月6—7日，中国农业科学院刘旭副院长到中国农业科学院衡阳红壤实验站考察。

1月，"农业立体污染防治研究工程中心"成立并挂靠在资划所农业水资源利用研究室。

3月，张维理获得2002—2004年度农业部直属机关"巾帼建功标兵"和中央国家机关"巾帼建功先进个人"。

4月14日，财政部农业司丁学东司长等在农业部种植业司陈萌山司长和中国农业科学院屈冬玉副院长陪同下，就如何通过平衡施肥减少化肥用量、促进农民增收、农业增效、保持农业可持续发展能力等重大问题到资划所调研座谈。

4月14日，为配合农业部"测土施肥春季行动"，资划所组成5个小分队奔赴山东、上海等5省市开始土样采集工作。

4月15—18日，中国农业科学院副院长屈冬玉率团赴中国农业科学院衡阳红壤实验站进行考察和现场办公。

5月9日，根据中国农业科学院任免通知《关于任天志任职的通知》（农科院任字〔2005〕

2 号），任天志任中国农业科学院农业资源与农业区划研究所副所长、党委委员。

8 月 5—6 日，农业部微生物肥料和食用菌菌种质量监督检验测试中心承担的三个微生物肥料行业标准《微生物肥料术语》《微生物肥料实验用培养基技术条件》和《微生物肥料生物安全通用技术规范》通过农业部审定。

8 月 8 日，中国农业科学院国家测土施肥中心实验室举行揭牌仪式。

8 月 12—14 日，农业部微生物肥料和食用菌菌种质量监督检验测试中心组织的"中国食用菌菌种专家论坛"在北京举行，这是我国首次举办的食用菌菌种专题论坛。

8 月 24 日，何萍博士入选 2005 年北京市科技新星计划（A 类）。

8 月 25 日，农业部微生物肥料和食用菌菌种质量监督检验测试中心起草的国家标准《食用菌品种描述技术规范》和农业行业标准《食用菌菌种真实性鉴定 酯酶同工酶电泳法》通过审定。

9 月 5 日，中国农业科学院刘旭副院长就贯彻落实农业部测土配方施肥秋季行动方案，到资划所检查指导测土配方施肥工作。

9 月 19 日，由农业部种植业管理司主办，全国农技推广服务中心和中国农业科学院联合承办的"全国测土配方施肥试点补贴资金项目技术培训"在资划所举行开班仪式。

9 月 21 日，来自德国、澳大利亚、波兰、克罗地亚、荷兰、匈牙利等国的 16 名外国专家考察了祁阳红壤实验站。

9 月，根据中共农业部党组文件（农党组发〔2005〕69 号）和 10 月 24 日中国农业科学院任免通知《关于李建国、刘继芳职务任免的通知》（农科院任字〔2005〕13 号），免去刘继芳同志中国农业科学院农业资源与农业区划研究所党委书记、副所长职务（调任外单位），李建国同志任中国农业科学院农业资源与农业区划研究所正所级调研员。

10 月 13 日，全国人大常委会委员长吴邦国同志到资划所视察农业遥感应用工作，并参观了农业部资源遥感与数字农业重点开放实验室。

10 月 14 日，根据农业部《关于命名 2005 年农业部重点野外科学观测试验站的通知》（农科教发〔2005〕14 号），农业部迁西燕山生态环境重点野外科学观测试验站、农业部呼伦贝尔草甸草原生态环境野外科学观测试验站、农业部衡阳红壤生态环境重点野外科学观测试验站、农业部昌平潮褐土生态环境重点野外科学观测试验站、农业部德州农业资源与生态环境重点野外科学观测试验站、农业部洛阳旱地农业重点野外科学观测试验站榜上有名。

10 月 20 日，中国农业科学院举办庆祝衡阳红壤实验站建站 45 周年活动。

10 月 22—26 日，梁永超赴巴西参加"第三届农业中的硅"国际会议（III International Conference on Silicon in Agriculture）并作了题为"Silicon and Abiotic Stresses in Plants"（硅与高等植物的非生物胁迫）的大会主题报告。

11 月 19 日，全国农业技术推广服务中心和中国农业科学院农业资源与农业区划研究所联合共建的"数字土壤实验室"在北京举行揭牌仪式。

本年度，周卫、徐明岗、姜文来获得"农业部有突出贡献的中青年专家"称号。

2006 年

1 月 9 日，中国农业科学院衡阳红壤实验站农业科技工作者群体荣获 2005 年湖南省十大新闻人物。

1 月 9 日，周卫主持完成的"主要作物硫钙营养特性机制与肥料高效施用技术研究"荣获 2005 年度国家科技进步奖二等奖。

1月20日，经新闻出版总署批准，《土壤肥料》杂志更名为《中国土壤与肥料》。

2月15日，农业部危朝安副部长在中国农业科学院翟虎渠院长、农业部科教司张凤桐司长、石燕泉副司长等陪同下，到资划所视察指导工作。

2月17日至3月25日，访澳期间，文石林荣获澳大利亚国际农业研究中心 John Dillon 纪念奖，澳大利亚外交部亚历山大唐纳部长接见了文石林并亲自为其颁发了 John Dillon 纪念奖牌。

5月15—16日，中国农业科学院党组副书记、直属机关党委书记罗炳文到衡阳红壤实验站考察指导工作。

6月22日，中央党校省部级干部进修班一行60余人在农业部副部长张宝文、农业部总经济师兼办公厅主任薛亮和中国农业科学院院长翟虎渠的陪同下到资划所农业部资源遥感与数字农业重点开放实验室参观考察。

6月28日，在农业部纪念建党85周年暨"两优一先"表彰大会上，徐明岗获得"中央国家机关优秀共产党员"。

7月6—7日，祁阳红壤实验站站长徐明岗出席全国农业科技创新工作会议，并代表祁阳站科技工作者群体在会上作科技创新典型发言。

7月27日，资划所面向国内外公开招聘的节水农业一级岗位杰出人才德国专家威尔克·施威尔斯到所正式上岗。

11月3日，中国农业科学院召开"祁阳站精神"事迹报告会，农业部张宝文副部长，危朝安副部长，农业部党组成员、中纪委驻农业部纪检组组长朱保成及翟虎渠院长、院党组副书记罗炳文，院党组成员兼人事局局长贾连奇等出席报告会。中共中国农业科学院党组做出关于开展学习"祁阳站精神"的决定。

11月5日，中央一台新闻联播以《四十六载情系红壤　扎根山村奉献三农》为题报道祁阳站。

11月30日，来自摩洛哥、几内亚、突尼斯、贝宁、马里、中非、科特迪瓦、多哥、尼日利亚等14个非洲法语国家的近30名农业官员到资划所访问、交流与考察学习。

本年度，赵秉强主持完成的"环境友好型肥料研制与产业化"成果获2006年度北京市科技进步奖二等奖。

本年度，曹卫东获得2004—2005年度农工民主党北京市委员会先进个人，并再次当选中国农工民主党农科院支部主任委员。

本年度，梁永超教授与塞尔维亚贝尔格莱德大学 Miroslav Nikolic 教授以共同第一作者身份（前三位作者同等贡献）联合撰写的论文"Germannium-68 as an Adequate Tracer for Silicon Transport in Plants. Characterization of Silicon Uptake in Different Crop Species"，发表在国际著名 SCI 期刊 *Plant physiology*（2005年影响因子6.114）。

本年度，国家土壤肥力与肥料效益监测站网和湖南祁阳农田生态系统国家野外科学观测研究站通过科技部评估认证，正式纳入国家野外科学观测研究站序列管理。

本年度，根据2004年度我国农业科研机构综合实力评估结果，中国农业科学院农业资源与农业区划研究所名列2004年全国农业科研机构综合实力评估第二名。

本年度，张维理和白由路分别获得2005年度全国农业"先进农业科研人员"和"先进农业科技普及宣传人员"称号。

本年度，农业部植物营养与养分循环重点开放实验室和农业部资源遥感与数字农业重点开放实验室通过中期评估，其中植物营养与养分循环重点开放实验室评估结果为A，资源遥感与数字农业重点开放实验室评估结果为B。

2007 年

3月30日，在全国农业科技推广标兵表彰视频会议上，金继运被评为全国农业科技推广标兵。在农业部举办的2007年全国测土配方施肥管理与技术培训班上，白由路、杨俐苹、张继宗被评为全国测土配方施肥先进个人。

6月2—3日，"全国土壤肥料科研协作学术交流暨国家'十一五'科技支撑计划'耕地质量'与'沃土工程'"项目启动会在北京召开。

7月14—16日，中国农业科学院党组书记、院长翟虎渠视察内蒙古呼伦贝尔草原生态系统国家野外科学观测研究站。

7月25日至8月1日，张树清代表资划所随中国农业科学院代表团赴马来西亚考察访问，受到时任马来西亚巴达维首相接见，并交流、展示了资划所测土配方施肥、微生物肥料、食用菌栽培、废弃物资源化利用等科技新成果。

8月24日，根据农业部党组（农党组发〔2007〕37号）任免通知，王道龙同志任中国农业科学院农业资源与农业区划研究所党委书记。8月27日，根据中国农业科学院（农科院任字〔2007〕10号）任免通知，王道龙任中国农业科学院农业资源与农业区划研究所副所长。

10月11—12日，"973"计划项目"肥料减施增效与农田可持续利用基础研究"启动会在北京召开。项目经费3 000万元。这是我国"973"计划实施十年来资助的第一个肥料项目，也是资划所作为项目主持单位获批立项的第一个"973"项目。

10月16日，梁永超教授应邀出任 Plant and Soil 顾问编辑（Consulting Editor），并被聘为该刊的顾问编辑委员会委员（Member of Consulting Editorial Board）。

10月26日，资划所举办"农业资源研究与进展论坛学术座谈会"，纪念中国农业科学院建院五十周年。

本年度，周卫被批准享受2006年政府特殊津贴。

2008 年

1月，周卫入选国家人事部等7部委2007年度"新世纪百千万人才工程国家级人选"。

4月26—27日，中国农业科学院刘旭副院长、中国工程院院士刘更另到祁阳站考察调研。

5月8日，农业部发展计划司张天佐巡视员、刘北桦处长一行4人到资划所考察指导工作。

6月9—17日，陈佑启、何英彬随农业部代表团赴印度尼西亚巴厘岛参加亚太经济合作组织（APEC）农业技术合作工作组（ATCWG）第12次会议。

7月3日，中国农业科学院党组书记薛亮到资划所调研指导工作。

9月12日，中国农业科学院农业知识产权研究中心举行揭牌仪式，该中心于6月27日由中国农业科学院批准成立，挂靠在资划所。

9月17—19日，在第十届中国科协年会上，徐明岗和蔡典雄获得周光召基金会首次颁发的"农业科学奖"。

10月4—11日，在美国地理学会（GSA）、美国土壤学会（SSSA）、美国农学会（ASA）以及美国作物学会（CSSA）等六学会联合举办的2008年年会上，杨俐苹获得美国土壤学会授予的Leo M. Walsh 基金"优秀学者"奖。

10月26日至11月1日，梁永超赴南非参加第四届"硅与农业"国际会议并做了"硅提高高等植物非生物胁迫抗性机制"的大会主题报告。梁永超因多年从事"硅与植物抗逆性"研究工作所做出的杰出贡献，获得大会组委会的嘉奖。

12月9日，在中国科技论文统计结果发布会上，《植物营养与肥料学报》被评选为"2008年度中国精品科技期刊"，并获得2007年度"中国百种杰出学术期刊"称号。

12月20日，在中央国家机关团工委和中央国家机关青联共同主办的中央国家机关青年纪念改革开放30周年论坛暨第八届中央国家机关"十大杰出青年"颁奖典礼上，何萍获得第八届中央国家机关"十大杰出青年"称号。

本年度，张维理于2004年发表在《中国农业科学》上的论文《中国农业面源污染形势估计及控制对策》获得2007年"中国百篇最具影响国内学术论文"。

2009 年

1月9日，资划所举行农业科技新成果——"施肥通"发布会。"施肥通"是由资划所科研人员经过十余年艰苦努力、自主创新完成的新一代科学施肥与耕地保育高技术。

2月3日，资划所举行现代食用菌产业技术体系启动会。

2月17日，国家"863"计划课题——地球观测与导航技术领域"星陆双基遥感农田信息协同反演技术"课题（目标导向类），获准立项。

3月4日，江西省省委常委、副省长陈达恒率省政府办公厅、发展改革委、农业科学院领导一行10人参观考察资划所数字土壤实验室，深入了解大比例尺土壤图籍库与"施肥通"技术。

3月31日，诺贝尔生理和医学奖得主、英国皇家学会会员、曼彻斯特大学科学伦理与创新研究中心主任、"基因图谱之父"约翰·萨尔斯顿（John E. Sulston）教授一行访问挂靠资划所的中国农业科学院农业知识产权研究中心。

4月1—2日，中国工程院院士余松烈教授到德州实验站考察指导工作。

4月21日，国际植物新品种保护联盟（UPOV）副秘书长沃尔夫·爵顿，访问挂靠资划所的中国农业科学院农业知识产权研究中心。

4月，根据农业部任免通知《关于王道龙、唐华俊职务任免的通知》（农任字〔2009〕27号），王道龙任中国农业科学院农业资源与农业区划研究所所长，免去唐华俊的中国农业科学院农业资源与农业区划研究所所长职务（调任外单位）。根据中国农业科学院任免通知《关于任天志等6人职务任免的通知》（农科院任字〔2009〕8号），任天志、徐明岗、周清波、郭同军任中国农业科学院农业资源与农业区划研究所副所长，免去张海林、张维理的中国农业科学院农业资源与农业区划研究所副所长职务。

6月11日，中国农业科学院刘旭副院长考察呼伦贝尔草原生态系统国家野外科学观测研究站。

6月16日，在首届全国野外科技工作会议上，刘更另院士获得"野外科技工作突出贡献者"称号，湖南祁阳农田生态系统国家野外科学观测研究站获得"全国野外科技工作先进集体"称号，呼伦贝尔草原生态系统国家野外科学观测研究站辛晓平、农业部德州农业资源与生态环境重点野外科学观测试验站左余宝获得"全国野外科技工作先进个人"称号。

6月22—25日，由农业部国际合作司主办、资划所承办的亚太经济合作组织（APEC）农业技术合作工作组（ATCWG）第13次年会在苏州举行。

9月23—26日，农业部微生物肥料和食用菌菌种质量监督检验测试中心通过由农业部、国家认监委组织的农产品质量安全检测机构考核、机构审查认可和国家计量认证现场评审。

9月22日，唐华俊主持的"全球变化背景下农作物空间格局动态变化与响应机理研究"获得国家自然科学基金委员会重点项目资助。

11 月 24 日，资划所召开第二届全体党员大会，选举产生了中共第二届委员会和第二届纪律检查委员会，选举王道龙为党委书记。

12 月 15 日，逄焕成的专著《节水节肥型多熟超高产理论与技术》荣获第 13 批"华夏英才基金"资助。

12 月 23 日，农业部部长韩长赋一行考察资划所农业遥感与数字农业研究室，参观了遥感技术在农业利用方面的部分成果展览。

12 月，吴会军入选 2009 年度北京市科技新星计划（A 类）。

12 月，邱建军被聘为国务院扶贫开发领导小组专家咨询委员会专家。

本年度，徐斌主持完成的"中国草原植被遥感监测关键技术研究与应用"、范丙全主持完成的"多种功能高效生物肥料研究与应用"成果荣获 2009 年度中华农业科技奖一等奖。

本年度，赵秉强主持的欧盟第七框架项目"EU-SEVENTH FRAMEWORK PROGRAMME, Improving nutrient efficiency in major European food, feed and biofuel crops to reduce the negative environmental impact of crop production"获得国外资金资助，资助经费 36 万欧元。

2010 年

4 月 2 日，资划所荣获 2009 年度"中央国家机关文明单位"称号。

4 月 12 日，金继运获得国际肥料工业协会（IFA）授予的 2010 年度 IFA Norman Borlaug 奖。

5 月 21 日，资划所牵头、联合 6 家单位共同承担的"973"计划项目"气候变化对我国粮食生产系统的影响机理及适应机制研究"获准立项，这是中国农业科学院在全球变化研究国家重大科学研究计划中首个获批立项的项目。9 月 7 日，该项目启动会在北京召开。

5 月 30 日，食用菌产业技术创新战略联盟成立大会在资划所举行。食用菌产业技术创新战略联盟由 17 家企业、5 所大学和 7 家研究机构组成，江苏安惠生物科技有限公司和资划所为理事长单位。

8 月 1—6 日，徐明岗率团赴澳大利亚布里斯班参加第 19 届世界土壤大会。

8 月 13 日，澳大利亚联邦科学与工业研究组织（Commonwealth Scientific and Industrial Research Organisation，CSIRO）可持续农业领域旗舰计划项目（National Research Flagships Program）首席科学家 BRIAN Keating 博士一行 3 人访问资划所。

8 月 16 日，国际土壤资源信息中心（World Soil Information，ISRIC）主任 Prem Bindraban 博士及 Zhanguo Bai 博士一行 2 人访问资划所。

10 月 29 日，中国农业科学院副院长王韧到资划所调研指导工作。

10 月下旬，中国植物营养与肥料学会经中国科协七届常委会第十三次会议审议同意，正式成为中国科协团体会员。

11 月，根据玉市干〔2010〕103 号文件，邱建军挂任广西玉林市人民政府副市长。

11 月 26 日，张树清等人于 2005 年在《植物营养与肥料学报》第 11 卷 6 期发表的《规模化养殖畜禽粪主要有害成分测定分析研究》论文，被评为 2009 年中国百篇最具影响力国内学术论文。

12 月 13 日，在第一次全国污染源普查农业源产排污系数测算项目先进集体和先进个人表彰会议上，资划所获得"第一次全国污染源普查先进集体"。

12 月 18 日，中国农业科学院祁阳红壤试验站举行已故中国工程院院士、祁阳站第一任站长刘更另铜像揭幕仪式及祁阳站实验楼落成典礼和红壤丰碑揭幕仪式等活动，纪念建站 50 周年。

12 月，根据中国农业科学院任免通知《关于邱建军任职的通知》（农科院任字〔2010〕41

号），邱建军任中国农业科学院农业资源与农业区划研究所副所长。

2011 年

1月22日，国务院总理温家宝在河南省鹤壁市淇滨区钜桥万亩粮食高产核心示范区实地考察旱情时，高度评价资划所"星陆双基"系统为河南农情信息科学监测做出的贡献。

3月7日，在创先争优巾帼建功全国三八红旗手（集体）表彰大会上，何萍获得全国三八红旗手称号并出席表彰大会。

3月24日，农业部发展计划司钱克明司长、刘北桦副司长等到资划所调研指导工作。

4月，根据农科资源人〔2011〕2号文件，刘宏斌任农业生态与环境研究室副主任（主持工作），免去邱建军农业生态与环境研究室主任职务。

5月10日，中国农业科学院党组薛亮书记、科技局王小虎局长、财务局史志国局长到衡阳红壤实验站调研指导工作。

6月7日，"中国农业科学院—美国新罕布什尔大学可持续农业生态系统研究联合实验室"在北京举行揭牌仪式。

6月22日，在中央国家机关"两优一先"先进单位表彰大会上，资划所党委被授予"中央国家机关先进基层党组织"称号，王道龙所长代表资划所出席人民大会堂的表彰大会并受到温家宝总理的接见。

7月12日，在"十二五"国家粮食丰产科技工程启动会上，徐明岗、金继运获得"十一五"工程实施先进个人奖。

9月13—18日，资划所在北京承办第五届"硅与农业"国际会议。

9月21日，"耕地培育技术国家工程实验室"获得国家发展改革委员会批复和授牌，建设经费1 500万元。

9月29日，在中共中央政治局委员、中央书记处书记、中组部部长李源潮，中央组织部常务副部长沈跃跃、中央国家机关工委副书记俞贵麟等组成的调研组到农业部调研为民服务创先争优座谈会上，王道龙所长做了题为《扎根基层　敬业奉献　全面推进创先争优活动》的典型发言。

11月17日，资划所与黑龙江金事达农业科技开发有限公司合作组建的"新型肥料缓/控释材料工程技术研发中心"成立大会在北京召开。

11月，周清波、周卫入选农业部首批全国农业科研杰出人才培育计划。

11月，农业部植物营养与肥料重点实验室入选"植物营养与肥料学科群"综合重点实验室，农业部资源遥感与数字农业重点实验室入选"农业信息技术学科群"综合性重点实验室，更名为农业部农业信息技术重点实验室。增加"农业部农业微生物资源收集与保藏重点实验室（专业）"和"农业部面源污染控制重点实验室（专业）"。

12月2日，根据"中国科技论文统计结果发布会"信息，《植物营养与肥料学报》被评选为科技部"第二届中国精品科技期刊"，这是继2008年首次入选后再次蝉联该奖项。

12月13—16日，在中国人民政治协商会议北京市海淀区第九届委员会第一次会议上，曹卫东当选海淀区政协常务委员。

本年度，"红壤酸化防治技术推广与应用"成果获得2010年全国农牧渔业丰收一等奖。

本年度，"我国1∶5万土壤图籍编撰及高精度数字土壤构建"研究团队获得"十一五"国家科技计划执行优秀团队，张维理获得"十一五"国家科技计划执行突出贡献奖。

2012 年

2 月 22 日，农业部副部长、中国农业科学院院长李家洋在科技局王小虎局长等陪同下到资划所调研指导工作。

3 月 6 日，中国农业科学院王韧副院长调研挂靠资划所的中国农业科学院农业知识产权研究中心。

4 月 15 日，资划所和黑龙江肇东市庆东肥业举行"高效螯合肽生物肥技术合作协议"签字仪式，旨在共同开展集有机、无机、微生物和缓/控释"四位"一体的新型生物肥料—高效螯合肽生物肥研究开发和推广应用。

5 月 15 日，农业部公布第五批"青年文明号"入选名单，呼伦贝尔站获得"青年文明号"称号。

5 月 29—30 日，中共中央国家机关工委在北京召开中央国家机关党代表会议，选举产生中央国家机关出席党的十八大代表，资划所何萍当选为党的十八大代表。

6 月 26 日，在中国农业科学院纪念建党 91 周年暨创先争优表彰大会上，资划所党委被评为中国农业科学院 2010—2011 年度先进基层党组织，王道龙被评为中国农业科学院 2010—2011 年度优秀党务工作者，何萍、姜文来、李应中被评为中国农业科学院 2010—2011 年度优秀共产党员，杨鹏被评为 2008—2011 年度中国农业科学院"十佳青年"。

6 月，根据中国农业科学院任免通知《关于任天志免职的通知》（农科院任字〔2012〕19号），免去任天志的中国农业科学院农业资源与农业区划研究所副所长职务。根据中国农业科学院党组文件《关于任天志同志免职的通知》（农科院任字〔2012〕28 号），免去任天志同志的中国农业科学院农业资源与农业区划研究所党委副书记、纪委书记职务（调任外单位）。

8 月 16 日，经国务院批准，国家外国专家局授予与资划所合作近 20 年的比利时籍埃里克·范·兰斯特（Eric Van Ranst）教授 2012 年中国政府"友谊奖"。

8 月，根据农业部党组文件《关于陈金强、王道龙同志职务任免的通知》（农党组发〔2012〕63 号），陈金强同志任中国农业科学院农业资源与农业区划研究所党委书记，免去王道龙同志的中国农业科学院农业资源与农业区划研究所党委书记职务；根据中国农业科学院任免通知《关于陈金强任职的通知》（农科院任字〔2012〕22 号），陈金强任中国农业科学院农业资源与农业区划研究所副所长。

9 月 14 日，澳大利亚西澳大学 Daniel Murphy 教授受聘资划所高端专家，并为其颁发证书。

10 月 11 日，农业部部长韩长赋一行在山东省副省长王随莲、德州市副市长黄金忠、禹城市市长张磊等省市领导陪同下，前往德州实验站禹城试验基地考察指导工作。

10 月 12 日，农业部财务司李健华司长、邓庆海巡视员、冀名峰副司长等在中国农业科学院唐华俊副院长陪同下到资划所调研指导工作。

10 月 12 日，农业部公布 2012 年农业科研杰出人才及其创新团队名单，赵秉强及其领衔的新型肥料创新团队入选。

10 月 12 日，根据科技部办公厅关于转发第八批"海外高层次人才引进计划"重点实验室平台引进人才名单的通知，资划所农业部农业信息技术重点实验室引进人才李召良入选第八批"海外高层次人才引进计划"重点实验室平台创新人才长期项目，这是资划所引进的首个国家"海外高层次人才引进计划"海外高层次人才。

10 月 23 日，农业部党组副书记、副部长余欣荣一行在中国农业科学院陈萌山书记、李金祥副院长、唐华俊副院长等陪同下到资划所调研指导农业遥感工作。

11月23日，中国农业科学院党组书记陈萌山在院办公室主任汪飞杰、院直属机关党委常务副书记高淑君等陪同下，到资划所调研座谈。

12月，根据中央国家机关团工委《关于命名2011—2012年度中央国家机关青年文明号的决定》（国团工发〔2012〕15号），呼伦贝尔站获得2011—2012年度中央国家机关青年文明号称号。

2013 年

1月18日，唐华俊主持完成的"主要农作物遥感监测关键技术研究及业务化应用"获得2012年度国家科技进步奖二等奖。

1月，根据中国农业科学院直属机关党委文件《关于同意邱建军同志为中共中国农业科学院农业资源与农业区划研究所纪委书记的批复》（直党字〔2013〕2号），邱建军任中国农业科学院农业资源与农业区划研究所纪委书记。

2月6日，中国农业科学院党组书记陈萌山在院纪检组组长史志国、后勤服务中心主任卢玉明和院办主任汪飞杰等陪同下到资划所检查指导安全生产工作。

2月，根据中共中国农业科学院党组文件《关于王道龙同志任职的通知》（农科院党组发〔2013〕12号），王道龙任中国农业科学院农业资源与农业区研究所党委副书记。

2月25—26日，资划所牵头承担的国家"973"计划项目"肥料养分持续高效利用机理与途径"启动实施会在北京举行。

3月26日，科技部农村司副司长郭志伟一行在永州市市委常委、常务副市长戴菊芳和祁阳县县委常委、县委副书记桂砺锋的陪同下，到祁阳站考察指导国家野外台站运行情况及祁阳站长期定位试验工作。

4月，根据中国农业科学院任免通知《关于邱建军免职的通知》（农科院任字〔2013〕14号），免去邱建军中国农业科学院农业资源与农业区划研究所副所长职务。根据中共中国农业科学院党组文件《关于邱建军同志免职的通知》（农科院党组发〔2013〕17号），免去邱建军中国农业科学院农业资源与农业区划研究所纪委书记职务（调任外单位）。

4月，根据农质发〔2013〕6号文件，农业部微生物产品质量安全风险评估实验室（北京）在资划所挂牌成立。

6月，根据中国农业科学院任免通知《关于王秀芳、郭同军职务任免的通知》（农科院任字〔2013〕21号），王秀芳任中国农业科学院农业资源与农业区划研究所副所长，免去郭同军的中国农业科学院农业资源与农业区划研究所副所长职务（调任外单位）。

6月30日，资划所入选"中国农业科学院科技创新工程"第一批试点研究所。

7月12日，资划所与美国乔治梅森大学空间信息科学与系统中心在北京举行"中美区域农业发展合作研究中心"签字与揭牌仪式。

8月18日，中国农业科学院党组副书记、副院长、院党的群众路线教育实践活动领导小组副组长唐华俊和院党组成员、副院长李金祥到中国农业科学院衡阳红壤实验站调研指导工作。

9月11日，李金祥副院长一行到中国农业科学院德州盐碱土改良实验站调研指导工作。

10月18日，资划所与国际植物营养研究所（IPNI）签署"共建植物营养创新研究联合实验室"谅解备忘录。

12月，曹卫东主持完成的"稻田绿肥—水稻高产高效清洁生产体系集成及示范"成果获得中华农业科技奖一等奖。

12月26日，曹卫东被聘为北京市人民政府特约监察员。

本年度，资划所牵头起草修订的GB/T 17296—2009《中国土壤分类与代码》国家标准，获得国家质量监督检验检疫总局和国家标准化管理委员会 2013 年度"中国标准创新贡献奖"二等奖。

2014 年

1 月 10 日，张夫道主持完成的"低成本易降解肥料用缓释材料创制与应用"成果荣获 2013 年度国家技术发明奖二等奖。

1 月 15 日，农业部发展计划司司长叶贞琴、副司长刘北桦及计划司、种植业司有关人员一行到资划所遥感室调研指导工作。

2 月 15 日，我国食用菌研究领域首个国家"973"计划项目"食用菌产量和品质形成的分子机理及调控"在北京正式启动。

2 月 28 日，在纪念"三八"国际劳动妇女节暨全国三八红旗手（集体）表彰大会上，辛晓平获得全国三八红旗手荣誉称号并参加了表彰大会。

3 月 19—21 日，遥感室吴文斌、李正国、余强毅和夏天等 4 人，赴德国洪堡参加全球土地计划（Global Land Project，GLP）第二届开放科学大会，并做了"Change of Maize Cropping System in Northeast China""CroPaDy Model：Progress and Challenges""Linking Farmer's Decisions with Land System Change"等 3 个专题报告。

3 月 31 日，在中国和比利时两国领导人的共同见证下，依托资划所建设的"中国农业科学院—根特大学全球变化与粮食安全联合实验室"正式签署协议并启动运行。

6 月底，资划所与荷兰瓦赫宁根大学植物育种系签署成立中荷联合蘑菇实验室合作备忘录。

6 月 19 日，中央电视台记者深入湖南省祁阳县文富市镇官山坪村红壤实验站采访"最美科技人员"——祁阳农田生态系统国家野外观测研究站文石林研究员。7 月 4 日，中央电视台《朝闻天下》栏目，以"用科学改变土地"为题，对以文石林研究员为代表的几代祁阳站人，几十年如一日，坚持用科学方法改良红壤，打破国外科学家红壤将变成"红色沙漠"预言的先进事迹进行报道。

7 月 21 日，新疆农垦科学院党委会决定授予杨秀春等三位同志新疆农垦科学院三等功荣誉称号，以表彰杨秀春等三位同志在援疆工作期间为新疆农垦科学院做出的积极贡献。

7 月 24 日，中央政策研究室、中央改革办农村局冯海发局长到资划所作"三农工作新思路新举措"学术报告。

8 月 6 日，中国农业科学院党组书记陈萌山一行到呼伦贝尔草原生态系统国家野外科学观测研究站调研指导工作。

8 月 11—14 日，美国乔治梅森大学（George Mason University）、资划所、美国农业部国家农业统计局（USDA-NASS）、中国农学会联合主办的"第三届农业地理信息科学与工程国际会议（Agro—Geoinformatics 2014）"在北京召开。

9 月 14 日，资划所主持完成的《湖北襄阳"中国有机谷"总体规划》被湖北省发展和改革委员会确定为湖北省省级战略规划。

9 月 29 日，在中央民族工作会议暨国务院第六次全国民族团结进步表彰大会上，杨秀春被授予"全国民族团结进步模范个人"称号，这是农业部系统唯一一位获此殊荣的农业科技专家。

10 月 31 日，资划所与企业合作研制的"海神丰"海藻生物肥产品上市销售。这是我国第一款采用生物酶解技术生产的海藻生物肥，该肥料已成功打入日本及美国市场。

本年度，屈宝香承担完成的《广昌县白莲产业发展规划》和李全新承担完成的《甘肃张掖绿洲现代农业试验示范区总体规划》获得农业部"全国农业优秀工程咨询成果二等奖"。

2015 年

1 月 8 日，唐华俊主持完成的"农业旱涝灾害遥感监测技术"成果获 2014 年度国家科技进步奖二等奖。

2 月 26 日，根据科技部关于公布 2014 年创新人才推进计划入选名单的通知，何萍入选科技部创新人才推进计划中青年科技创新领军人才。

2 月，资划所获得 2013—2014 年度"全国文明单位"称号。

3 月，资划所获得 2012—2014 年度"首都文明单位"称号。

3 月 5 日，国家外国专家局党组副书记、副局长孙照华，经济技术专家司司长袁旭东等一行 3 人到资划所就引智项目执行情况及相关需求等进行调研座谈。

3 月 11 日，李正国博士入选首批遥感青年科技人才创新资助计划。

3 月，根据中共中国农业科学院党组文件《关于白丽梅同志任职的通知》（农科院党组发〔2015〕10 号），白丽梅任中国农业科学院农业资源与农业区划研究所党委副书记、纪委书记。

4 月 15—17 日，资划所在山东省德州市召开 2015 年野外台站（基地）工作会议。农业部科教司、中国农业科学院科技局等单位领导到会指导，所领导及所属 12 个野外台站（基地）负责人参加了会议。

4 月 19—23 日，张维理等 4 人赴德国柏林参加第三届全球土壤论坛。

4 月 21 日，由资划所牵头承担的中国农业科学院科技创新工程协同创新项目"东北黑土地保护"在哈尔滨启动。

5 月 8 日，资划所荣获"全国文明单位"授牌暨经验交流会在北京举行，中央国家机关工委委员、宣传部部长刘涛为资划所授牌。

5 月 18 日，中国农业科学院李金祥副院长率"2015 年院所发展暨创新工程综合调研"第五组到资划所调研指导工作。

5 月 21 日，资划所主持制定的《农作物病害遥感监测技术规范》《农作物低温冷害遥感监测技术规范》等系列农业行业标准由农业部批准发布，并于 8 月 1 日起正式实施。

5 月 23 日，中国农业科学院举行"中国肥料产业链科技创新战略联盟"成立大会，该联盟由资划所与中国农村科技杂志社共同联合政府机构、协（学）会、大专院校、科研院所、企业、金融机构、媒体等跨行业多领域成员发起并成立。

5 月 25—29 日，由国家测绘地理信息局牵头，资划所等单位参与完成的全球地表覆盖遥感制图项目研制的 30 米分辨率全球地表覆盖遥感制图项目获得"2015 年世界地理信息技术创新奖"。1 月 31 日入选 2014 年中国十大科技进展新闻之一。

6 月，资划所引进人才王红入选第十一批"海外高层次人才引进计划"国家重点创新项目平台人才。

8 月 14 日，中国农业科学院党组书记陈萌山、基建局局长刘现武、人事局副局长李红康等到中国农业科学院衡阳红壤实验站调研考察。

9 月 1 日，中国农业科学院副院长雷茂良看望资划所离休干部陈庆祥，并向陈庆祥同志转交中共中央、国务院、中央军委颁发的中国人民抗日战争胜利 70 周年纪念章。

9 月 15 日，农业部副部长、中国农业科学院院长李家洋及副院长王汉中等领导到资划所廊坊试验示范基地视察指导工作。

9 月 16 日，张金霞主持完成的"食用菌菌种资源及其利用的技术链研究与产业化应用"和任天志主持完成的"全国农田面源污染监测技术体系的创建与应用"获得中华农业科技奖一等奖，逄焕成主持完成的"小麦玉米一次性施肥技术与产品研制及应用"和文石林主持完成的"幼龄林果园地红壤退化生态修复关键技术研究与应用"获得中华农业科技奖三等奖。

9月18日，资划所农业遥感团队对我国大豆种植主产省——黑龙江的非转基因大豆种植格局进行了研究，揭示了黑龙江大豆种植格局时空变化特征和机理，研究成果发表在《Nature》杂志出版集团的《科学报告（Scientific Reports）》期刊。

9月26日，中国农业科学院党组书记陈萌山到德州盐碱土改良实验站视察工作。

9月30日，与资划所长期合作的日本东京大学教授柴崎亮介获得2015年度中国政府"友谊奖"。

11月6—10日，在农业部主办的第十三届中国国际农产品交易会暨2015年农业信息化高峰论坛上，资划所展示了"多维信息空间农业规划系统""微型无人机农业遥感平台及数据处理软件（SAGIS）""智慧农业平台—星陆双基农情遥感监测系统"三个创新研究成果。

11月16—21日，在深圳举办的第十七届中国国际高新技术成果交易会上，张树清研发的"酶法生产海藻生物肥技术"获得本届交易会优秀产品奖。

11月18日，农业部副部长张桃林和德国食品和农业部议会国务秘书彼得·布莱塞尔出席"中德土壤学和土壤保护研讨会"，见证了中国农业科学院和德国国际合作机构（GIZ）签署"中德农业科技合作平台实施协议"，并为"中德农业科技合作平台"揭牌，该平台依托资划所建设管理。

12月2日，刘宏斌及其农业面源污染监测评估与防控创新团队、何萍及其养分管理创新团队、陈仲新及其农业空间信息技术创新团队、曹卫东及其绿肥生产与利用创新团队入选农业科研杰出人才及其创新团队。

12月7日，资划所农业部农业信息技术重点实验室主任唐华俊当选中国工程院农业学部院士。

12月16日，赵秉强等人的发明专利"双控复合型缓释肥料及其制备方法"获得第十七届中国专利奖优秀奖。

本年度，徐明岗享受政府特殊津贴。

2016 年

1月8日，徐明岗主持完成的"主要粮食产区农田土壤有机质演变与提升综合技术及应用"成果获得2015年度国家科技进步奖二等奖。

1月11日，中英牛顿基金国际合作项目"中英农业氮素管理中心"（N—CIRCLE：Virtual Joint Centre for Closed—Loop Cycling of Nitrogen in Chinese Agriculture）获得英国牛顿基金资助，该项目由资划所和英国阿伯丁大学共同主持，4月25—27日在北京召开启动会。

1月12日，尹昌斌作为主要执笔人编写的《坚持绿色发展，强化生态文明建设—福建生态文明先行示范经验与建议》，通过中国工程院上报习近平总书记和国务院，先后得到习近平总书记和张高丽副总理的重要批示。

2月29日，中央第八巡视组专项巡视中国农业科学院，巡视期间，资划所按照院党组统一部署和《中共中国农业科学院党组关于开展科研经费使用管理自查活动的通知》要求，组织对资划所2013—2015年度科研经费使用管理情况进行了自查。

3月16—18日，由国际植物营养研究所（IPNI）和资划所、中国植物营养与肥料学会共同举办的"化肥零增长下养分高效利用国际学术研讨会"在北京召开。

5月3—10日，何英彬随农业部代表团赴秘鲁阿雷基帕参加PPFS（APEC粮食安全政策伙伴关系论坛）2016年第二次全体会议、PPFS—OFWG（APEC渔业工作组）联席会议及2016年度APEC粮食安全部长级会议筹备会。

5月16日，周卫领衔的养分资源高效利用创新团队入选科技部重点领域创新团队，辛晓平入选科技部中青年科技创新领军人才。

5月，段四波入选科技部遥感青年科技人才创新资助计划。

7月18—20日，由资划所与天津工业大学共同承办的第五届农业地理信息科学与工程国际会议（Agro-Geoinformatics 2016）在天津召开。

7月，何萍入选中组部第二批国家万人计划科技创新领军人才。

9月14—30日，何英彬随农业部代表团赴秘鲁皮乌拉参加第四届APEC粮食安全部长会及相关会议。

10月24—28日，由中国农业科学院和全球土地计划联合主办，资划所承办的"全球土地计划第三届开放科学大会（the 3rd Global Land Project Open Science Meeting）"在北京召开，农业部副部长屈冬玉、国土资源部副部长曹卫星、中国农业科学院副院长唐华俊等领导和嘉宾出席开幕会。

10月28日，资划所举行"中国—新西兰土壤分子生态学联合实验室"揭牌仪式。

12月1日，国家智慧农业科技创新联盟在成都成立，该创新联盟理事长单位由资划所担任，首批成员由16家副理事长单位、47家常务理事单位和64家理事单位组成。中国农业科学院唐华俊担任理事会理事长。

12月29日，根据农业部公布的"十三五"农业部重点实验室及科学观测实验站建设名单，农业部农业遥感重点实验室（综合）依托资划所建设，牵头农业遥感学科群建设。农业部草地资源监测评价与创新利用重点实验室（专业）依托资划所建设，参加草牧业创新学科群建设。

12月，赵秉强团队的发明专利"一种腐殖酸复合缓释肥料及其生产方法"获得第十八届中国专利奖优秀奖。

本年度，徐明岗主持的"长期不同施肥下中美英典型农田土壤固碳过程的差异与机制"和陈仲新主持的"基于定量遥感和数据同化的区域作物监测与评价研究"获得国家自然科学基金重点国际合作项目资助。

本年度，资划所主持编制完成的《河南省卢氏县特色生态农业发展规划》获得北京市农业优秀工程咨询成果二等奖。

本年度，《植物营养与肥料学报》《中国土壤与肥料》《中国农业资源与区划》三刊影响因子分别达2.735（学科排名第1/47）、1.348（学科排名第10/21）、1.601（学科排名第7/47）。2016年《中国农业资源与区划》获中国自然资源学会优秀期刊，入选中国农业核心期刊；《中国土壤与肥料》入选RCCSE中国核心期刊，CSCD核心期刊，被英国《农业与生物科学研究中心文摘》收录。

2017 年

1月9日，周卫主持完成的"南方低产水稻土改良与地力提升关键技术"成果获得2016年国家科技进步奖二等奖。

1月18日，由中国农业科学技术出版社出版，资划所徐明岗等著的《中国土壤肥力演变》（第二版）获第六届中华优秀出版物（图书）奖。

1月22日，农业部副部长余欣荣一行到资划所调研，听取有关轮作休耕遥感监测工作和农业资源空间数据共享平台建设的情况汇报。

2月15日，中央纪委驻农业部纪检组长党组成员宋建朝一行到资划所农业遥感与数字农业研究室调研。

2月20日，农业对外合作部联席会议代表参观资划所资源遥感与数字农业研究室。

3月14日，资划所土壤植物互作团队易可可在水稻水杨酸合成及水杨酸调控根系发育方面取得了新进展。相关研究成果于3月14日在线发表于植物学国际权威期刊《植物细胞（Plant Cell）》上。

3月30日，余欣荣副部长在资划所主持召开天空地农业管理系统会议。

4月25日，张维理率领的"互动施肥"代表团获得联合国开发计划署（UNDP）等主办的"极·致未来（GEEK For GOOD）责任创新挑战赛"第二名。

5月10日，余欣荣副部长在资划所主持召开会议，听取轮作休耕督导组工作汇报。

5月14—16日，中国农业科学院党组书记陈萌山到德州盐碱土改良实验站视察工作。

5月25日，汪洋副总理到资划所资源遥感与数字农业研究室考察。

5月，根据中国农业科学院任免通知《关于徐明岗免职的通知》（农科院任字〔2017〕11号），免去徐明岗中国农业科学院农业资源与农业区划研究所副所长职务（调任外单位）。

5月，根据农业部任免通知《关于周清波任职的通知》（农任字〔2017〕82号），周清波任中国农业科学院农业资源与农业区划研究所所长。根据农业部任免通知《关于王道龙免职退休的通知》（农任字〔2016〕154号），免去王道龙的中国农业科学院农业资源与农业区划研究所所长职务（退休）。根据中国农业科学院任免通知《关于金轲、周清波职务任免的通知》（农科院任字〔2017〕19号），金轲任中国农业科学院农业资源与农业区划研究所副所长；免去周清波中国农业科学院农业资源与农业区划研究所副所长职务。6月14日，中国农业科学院人事局局长贾广东到所宣布干部任免通知。

6月，根据中共中国农业科学院党组文件《关于周清波同志任职的通知》（农科院党组发〔2017〕31号），周清波同志任中国农业科学院农业资源与农业区划研究所党委副书记。根据中共中国农业科学院党组文件《关于王道龙同志免职的通知》（农科院党组发〔2017〕32号），免去王道龙同志的中国农业科学院农业资源与农业区划研究所党委副书记职务（退休）。

6月29日，杨秀春获得"全国对口支援新疆先进个人"称号。

7月6日，财政部农业司司长、国务院农村综合改革办公室主任吴奇修，农业部财务司司长陶怀颖，中国农业科学院副院长万建民等到资划所农业部农业遥感重点实验室调研座谈。

7月22日，由中国农业科学院和日本国际农林水产业研究中心主办，资划所承办的中日农业科技合作20周年学术研讨会在北京召开。

7月，根据中国农业科学院任免通知《关于杨鹏任职的通知》（农科院任字〔2017〕26号），杨鹏任中国农业科学院农业资源与农业区划研究所副所长。根据中共中国农业科学院党组文件《关于金轲同志任职的通知》（农科院党组发〔2017〕37号），金轲同志任中国农业科学院农业资源与农业区划研究所纪委书记。8月4日，中国农业科学院人事局局长贾广东到所宣布干部任免通知。

8月，根据农业部党组文件《关于陈金强免职的通知》（农党组发〔2017〕79号），免去陈金强同志中国农业科学院农业资源与农业区划研究所党委书记职务。9月，根据中国农业科学院任免通知《关于陈金强免职的通知》（农科院任字〔2017〕32号），免去陈金强中国农业科学院农业资源与农业区划研究所副所长职务（调任外单位）。

9月8日，全国人大常委会副委员长张宝文到资划所农业部农业遥感重点实验室参观考察。

9月14日，联合国粮食与农业组织（Food and Agriculture Organization，简称"FAO"）气候、生物多样性、水土资源部助理总干事卡斯特罗（René Castro）先生访问资划所，希望在中国农业部—FAO合作框架下，加强双方在智慧农业等领域的合作。

9月18日，根据中国农业科学院人事局农科人干函〔2017〕149号文《关于同意农业资源与农业区划研究所内设机构调整的批复》，资划所内设机构调整为27个，其中职能部门7个，研究部门14个，科技支撑部门6个。

9月26日，资划所毛克彪获得2016年度茅以升北京青年科技奖。

9月，李召良当选欧洲科学院院士。

10月30日，曹卫东入选新世纪百千万人才工程国家级专家。

10月31日，由资划所主办、天津工业大学协办的APEC农业可持续发展路径探索研讨会在天津工业大学召开。

11月13日，中国农业科学院研究生培养实践基地在祁阳站正式建立，中国农业科学院党组成员、研究生院党委书记、院长刘大群和资划所副所长杨鹏共同为实践基地揭牌。

11月14日，农业部副部长叶贞琴带领中央党校中青班43期三支部学员约45人，到资划所农业部农业遥感重点实验室参观。

11月，赵秉强等人的发明专利"一种腐植酸尿素及其制备方法"获得第十九届中国专利优秀奖。

12月5日，"牧场监测管理数字技术研究与应用""我国典型区域农田酸化特征及其防治技术与应用"获得2016—2017年度中华农业科技奖一等奖，"西北黄灌区盐碱地高效改良利用关键技术"获2016—2017年度中华农业科技奖二等奖。

12月20日，根据《农业部关于新增农产品质量安全风险评估实验室及实验站的通知》（农质发〔2017〕13号），"农业部农产品质量安全肥料源性因子风险评估实验室（北京）"获批在资划所成立，该实验室主要承担肥料源性因子对农产品质量安全风险评估与营养品质影响评价等。

12月23日，资划所在北京举办"农业资源与环境学科发展战略研讨暨中国农业科学院资源区划所建所60周年总结交流会"。农业部党组成员、中国农业科学院院长唐华俊院士出席开幕式。中国农业科学院党组书记陈萌山出席会议并讲话。

2018 年

1月8日，任天志牵头完成的"全国农田氮磷面源污染监测技术体系创建与应用"，张金霞牵头完成的"食用菌种质资源鉴定评价技术与广适性品种选育"成果分别获2017年度国家科技进步奖二等奖。

1月，根据农业部党组文件《关于郭同军同志任职的通知》（农党组发〔2018〕14号），郭同军任中国农业科学院农业资源与农业区划研究所党委书记。2月26日，中国农业科学院人事局局长贾广东到所宣布任免通知。9月，根据中国农业科学院任免通知《关于郭同军任职的通知》（农科院任字〔2018〕18号），郭同军任中国农业科学院农业资源与农业区划研究所副所长。

1月18日，徐斌主持完成的"草原植被遥感动态监测关键技术与应用"成果获第十届大北农科技奖智慧农业奖。赵秉强主持完成的"作物专用复混肥料研究与产业化"成果获得植物营养奖。

1月23日，资划所获得2015—2017年度中国农业科学院文明单位。

1月30日，根据《农业部办公厅关于确定第一批国家农业科学观测实验站的通知》，资划所"国家农业科学土壤质量德州观测实验站、国家农业科学土壤质量祁阳观测实验站、国家农业科学土壤质量昌平观测实验站和国家农业科学土壤质量洛龙观测实验站"获批建设。

2月8日，辛晓平、张瑞福、周卫入选第三批国家万人计划科技创新领军人才。

2月，姜文来、刘洋、冯欣作为主要完成人起草的《农业水价综合改革调研报告》，获得中共中央政治局常委、国务院副总理汪洋批示。

3月，资划所承办的"全球土地计划第三届开放科学大会"获2017年度北京市会奖旅游奖励。

4月2日，资划所土壤植物互作团队在《植物细胞（Plant Cell）》在线发表题为"An SPX-RLI1 Module Regulates Leaf Inclination in Response to Phosphate Availability in Rice"的研究论文。论文揭示了水稻响应外界磷素状况调节叶片直立性的细胞学及分子生理学机制，为通过分子设计培育磷养分高效且耐密植的水稻种质提供了理论依据。

4月11日，资划所与科技部联合共建的"现代科研院所创新绩效评估研究中心"举行揭牌仪式。

4月12日，泰国科技部副部长Kanyawim Kirtikara女士率东盟团组（外宾共13人）到资划所访问。

5月，周振亚和罗其友主持完成的"粮食生产功能区和重要农产品生产保护区划定研究"成果获国家发展和改革委员会优秀研究成果一等奖。

6月，资划所退休职工养老金发放渠道变更到中央国家机关养老保险管理中心。

6月8日，中央纪委驻农业农村部纪检组组长、农业农村部党组成员吴清海到资划所就"乡村振兴大背景下农业区域发展及农业农村规划"等进行调研座谈。

6月10—14日，金轲入选新一届联合国粮农组织（FAO）全球土壤伙伴关系（GSP）跨政府土壤技术专家组（ITPS）。此前，金轲被遴选为联合国粮农组织国际肥料使用和管理行为守则工作组（CoFer）专家。

6月20日，由世界银行官员组织的尼日利亚政府代表团（26人）到资划所交流访问。

7月19日，农业农村部农垦局局长邓庆海、中国农业科学院副院长王汉中到呼伦贝尔草原生态系统国家野外科学观测研究站调研。

7月23日，在农业农村部副部长余欣荣和波兰农业与乡村发展部国务秘书西蒙·吉任斯基共同见证下，周清波所长与波兰土壤科学和作物栽培研究所所长威斯洛·奥勒斯泽克在波兰共同签署"中波土壤可持续发展合作研究平台谅解备忘录"。

7月28—29日，由中国工程院主办，资划所联合承办的"2018年中国工程科技论坛——智慧农业论坛"在北京召开。

8月20日，巴拿马农业发展部部长卡尔勒斯（Eduardo E. Carles）先生率代表团访问中国农业科学院并参观了资划所农业遥感研究室。

9月29日，张文菊入选2017年创新人才推进计划——中青年科技创新领军人才。

9月，根据中国农业科学院任免通知《关于金轲免职的通知》（农科院任字〔2018〕25号），免去金轲中国农业科学院农业资源与农业区划研究所副所长职务（调任外单位）。

11月6日，尹昌斌牵头申报的2018年度国家社科基金重大项目"生态补偿与乡村绿色发展协同推进体制机制与政策体系研究"获得全国哲学社会科学工作领导小组批准立项。

11月7日，资划所召开第三次全体党员大会，选举产生了第三届党委和纪委。郭同军为新一届党委书记、周清波为新一届党委副书记；杨鹏为新一届纪委书记。

11月13日，中国农业科学院党组书记张合成及科技局任天志、机关党委副书记王晓举、院办公室主任高士军、人事局局长贾广东一行到资划所调研座谈。

11 月 22 日，资划所被中国国家航天局和巴西航天局联合授予"中巴地球资源卫星项目突出贡献单位"。

11 月，赵秉强等人的发明专利"一种腐植酸增效磷铵及其制备方法"和袁亮等人的发明专利"一种海藻增效尿素及其生产方法"获得第二十届中国专利优秀奖。

12 月 7 日，根据《科技部关于命名 2018 年国家引才引智示范基地的通知》（国科发专〔2018〕293 号），资划所被科技部命名为国家引才引智示范基地（农业与乡村振兴类），有效期为 2018 年 11 月至 2023 年 11 月。

2019 年

1 月 8 日，徐明岗主持完成的"我国典型红壤区农田酸化特征及防治关键技术构建与应用"成果获得国家科技进步奖二等奖。

1 月 27 日，辛晓平在科技盛典"中央电视台 2018 年度科技创新人物颁奖典礼"上，荣获"2018 年度科技创新人物奖"。

2 月 3 日，吴文斌、张文菊、易可可入选第四批国家万人计划科技创新领军人才。

3 月 1 日，赵秉强主持完成的"我国主要农作物区域专用复合肥料研制与产业化"成果获北京市科学技术奖一等奖。

4 月 3 日，中国农业科学院在北京发布我国农业绿色发展首部绿皮书《中国农业绿色发展报告 2018》。

6 月 30 日，由资划所王旭（女）和中国土壤学会徐明岗副理事长牵头提出的"废弃物资源生态安全利用技术集成"入选中国科协 2019 重大科学问题和工程技术难题。

7 月 2 日，由农业农村部与联合国粮农组织（FAO）共同举办的"南南合作框架下数字农业能力建设研讨"代表团到资划所交流访问。

7 月 8 日，呼伦贝尔站入选农业农村部第二批国家农业科学观测实验站，命名为"国家土壤质量呼伦贝尔观测实验站"。

8 月，李召良领衔的"农业遥感机理与方法"创新研究群体，获得国家自然科学基金委创新研究群体项目资助，资助经费 1 050 万元，项目执行期 2020—2024 年。

8 月 12 日，内蒙古自治区科技厅厅长孙俊青一行到呼伦贝尔草原生态系统国家野外科学观测研究站考察调研。

9 月 16 日，资划所召开第三届工会会员代表大会，选举产生了第三届工会委员会和经费审查委员会。

9 月 24 日，刘宏斌入选新世纪百千万人才工程国家级专家。

9 月，根据农业农村部任免通知《关于杨鹏、周清波职务任免的通知》（农任字〔2019〕155 号），杨鹏任中国农业科学院农业资源与农业区划研究所所长，免去周清波中国农业科学院农业资源与农业区划研究所所长职务（调任外单位）。10 月 18 日，中国农业科学院党组书记张合成、副院长刘现武、人事局局长陈华宁到所宣布所领导任免通知。

11 月 12—14 日，由中国农业科学院与联合国粮农组织（FAO）、国际农业研究磋商组织（CGIAR）、国际原子能机构（IAEA）和成都市人民政府共同主办的第六届"国际农科院院长高层研讨会（GLAST-2019）在成都召开。资划所智慧农业团队主持了 GLAST-2019"农业信息化与智慧农业"分论坛。

11 月 20 日，由中国农业科学院主办，资划所等单位承办的 2019 中国农业农村科技发展高峰论坛—绿色农业与可持续发展分论坛在江苏南京举行。

11月25日，联合国粮农组织（FAO）副总干事 Maria Helena M. Q. Semedo 代表 FAO 向资划所授予 FAO 全球土壤实验室网络（Global Soil Laboratory Network，GLOSOLAN）确认证书，唐华俊院长和杨鹏所长代表中国农业科学院和申请单位接受证书。

11月，《植物营养与肥料学报》入选"中国科技期刊卓越行动计划"梯队期刊项目，资助经费40万元/年，资助周期5年，共200万元。

12月4日，中国农业资源与区划学会第七届会员代表大会在北京举行。大会选举产生了新一届理事会，农业农村部党组副书记、副部长余欣荣当选第七届理事会理事长。

12月17日，吴庆钰在《美国科学院院刊（PNAS）》在线发表《玉米 G 蛋白 GB 亚基调控分生组织发育和免疫应答》解析了玉米信号开关分子——G 蛋白对发育及免疫信号的双重调控机制，为平衡发育及免疫应答，提高玉米综合产量提供了重要的理论依据。

附　　录

一、职工名录

（一）京内职工名录

序号	姓名	性别	工作时间	去向	来源
1	白可喻	女	2003—	*	区划所
2	白丽梅	女	2003—	*	区划所
3	白由路	男	2003—	*	土肥所
4	白占国	男	2003—2005	离职	土肥所
5	柏宏	男	2003—2007	退休	区划所
6	毕于运	男	2003—	*	区划所
7	蔡典雄	男	2003—2018	退休	土肥所
8	苍荣	女	2003	退休	区划所
9	曹尔辰	男	2003—2014	退休	区划所
10	曹凤明	女	2003—	*	土肥所
11	曹卫东	男	2003—	*	土肥所
12	陈慧君	男	2003—	*	土肥所
13	陈京香	女	2003—	*	区划所
14	陈世宝	男	2003—	*	土肥所
15	陈印军	男	2003—	*	区划所
16	陈佑启	男	2003—	*	区划所
17	陈仲新	男	2003—	*	区划所
18	程明芳	男	2003—	*	土肥所
19	程宪国	男	2003—	*	土肥所
20	邓春贵	男	2003—2010	退休	土肥所
21	杜莉莉	女	2003—2008	退休	区划所
22	范丙全	男	2003—2016	退休	土肥所
23	范洪黎	女	2003—	*	土肥所
24	封朝晖	女	2003—2011	调出	土肥所
25	冯瑞华	女	2003—	*	土肥所

注：＊表示截至 2019 年年底在职。

（续表）

序号	姓名	性别	工作时间	去向	来源
26	冯晓辉	女	2003—2015	退休	土肥所
27	甘金淇	男	2003—2019	退休	区划所
28	甘寿文	男	2003—	*	区划所
29	高淑琴	女	2003—2006	退休	土肥所
30	顾金刚	男	2003—	*	土肥所
31	关大伟	男	2003—	*	土肥所
32	郭同军	男	2003—2013，2018—	调出，调入	土肥所
33	韩桂梅	女	2003—2012	退休	土肥所
34	禾军	女	2003—2006	退休	区划所
35	何明华	女	2003—2010	退休	区划所
36	何萍	女	2003—	*	土肥所
37	胡连生	男	2003—2018	退休	土肥所
38	胡清秀	女	2003—	*	区划所
39	胡文新	男	2003—2011	辞职	土肥所
40	胡志全	男	2003—2004	调出	区划所
41	黄晨阳	男	2003—	*	土肥所
42	黄鸿翔	男	2003—2013	退休	土肥所
43	黄绍文	男	2003—	*	土肥所
44	贾硕	女	2003—	*	调入
45	江旭	女	2003—	*	土肥所
46	姜瑞波	女	2003—2011	退休	土肥所
47	姜睿	女	2003—	*	土肥所
48	姜文来	男	2003—	*	区划所
49	姜昕	女	2003—	*	土肥所
50	金继运	男	2003—2010	退休	土肥所
51	金轲	男	2003—2009，2017—2018	调出，调入，调出	土肥所
52	雷秋良	男	2003—	*	土肥所
53	李春花	女	2003—	*	土肥所
54	李丹丹	女	2003—	*	土肥所
55	李凤桐	女	2003—2019	调出	土肥所
56	李桂花	女	2003—	*	土肥所
57	李建平	男	2003—	*	区划所
58	李菊梅	女	2003—	*	土肥所
59	李俊	男	2003—	*	土肥所

（续表）

序号	姓名	性别	工作时间	去向	来源
60	李 力	男	2003—	*	土肥所
61	李世贵	男	2003—	*	土肥所
62	李书田	男	2003—	*	土肥所
63	李文娟	女	2003—2005，2008—	离职，调入	区划所
64	李 霞	女	2003—2013	退休	区划所
65	李小平	女	2003—2006	退休	土肥所
66	李秀英	女	2003—	*	土肥所
67	李雪雁	女	2003—2017	退休	土肥所
68	李艳丽	女	2003—2004	调出	区划所
69	李燕婷	女	2003—	*	土肥所
70	李 影	女	2003—	*	土肥所
71	李志宏	男	2003—	*	土肥所
72	梁国庆	男	2003—	*	土肥所
73	梁会云	女	2003—	*	土肥所
74	梁鸣早	女	2003	退休	土肥所
75	梁业森	男	2003—2011	退休	土肥所
76	林 葆	男	2003—2004	退休	土肥所
77	刘国栋	男	2003—2006	调出	区划所
78	刘红芳	女	2003—	*	土肥所
79	刘宏斌	男	2003—	*	土肥所
80	刘洪玲	女	2003—	*	土肥所
81	刘 佳	女	2003—	*	区划所
82	刘 蜜	男	2003—	*	土肥所
83	刘培京	男	2003—	*	土肥所
84	刘荣乐	男	2003	调出	土肥所
85	刘士安	男	2003—2013	退休	土肥所
86	刘小秧	男	2003—2017	退休	土肥所
87	刘秀玲	女	2003—2015	退休	土肥所
88	刘智刚	男	2003—	*	土肥所
89	龙怀玉	男	2003—	*	土肥所
90	卢昌艾	男	2003—	*	土肥所
91	罗其友	男	2003—	*	区划所
92	罗 文	女	2003	调出	区划所
93	马晓彤	女	2003—	*	土肥所

（续表）

序号	姓名	性别	工作时间	去向	来源
94	梅旭荣	男	2003	调出	土肥所
95	孟秀华	女	2003—	*	区划所
96	缪建明	男	2003	调出	区划所
97	牛淑玲	女	2003—	*	区划所
98	逄焕成	男	2003—	*	土肥所
99	钱吉祥	男	2003—2013	退休	土肥所
100	邱建军	男	2003—2013	调出	区划所
101	屈宝香	女	2003—	*	区划所
102	任天志	男	2003—2012	调出	区划所
103	荣向农	男	2003—	*	土肥所
104	阮志勇	男	2003—	*	土肥所
105	单秀枝	女	2003—	*	土肥所
106	商铁兰	女	2003	退休	土肥所
107	尚 平	男	2003—2013	退休	区划所
108	申淑玲	女	2003	退休	土肥所
109	沈德龙	男	2003—	*	土肥所
110	宋永林	男	2003—	*	土肥所
111	苏胜娣	女	2003—2013	退休	区划所
112	孙富臣	男	2003—	*	区划所
113	孙 楠	女	2003—	*	土肥所
114	孙又宁	女	2003—2012	退休	土肥所
115	覃志豪	男	2003—	*	区划所
116	唐华俊	男	2003—2009	调出	区划所
117	唐 曲	女	2003—2016	调出	区划所
118	陶 成	男	2003—2007	退休	土肥所
119	陶 陶	男	2003—2016	退休	区划所
120	佟艳洁	女	2003	退休	区划所
121	万 敏	女	2003—	*	土肥所
122	万 曦	女	2003	离职	土肥所
123	汪 洪	男	2003—	*	土肥所
124	王爱民	男	2003—	*	土肥所
125	王 斌	女	2003—2009	退休	土肥所
126	王道龙	男	2003，2007—2017	调出，调入，退休	区划所
127	王尔大	男	2003—2005，2006	离职，调入，调出	区划所

（续表）

序号	姓名	性别	工作时间	去向	来源
128	王凤英	女	2003—2009	退休	区划所
129	王立刚	男	2003—	*	区划所
130	王丽霞	女	2003—2018	退休	土肥所
131	王利民	男	2003—	*	区划所
132	王　敏	女	2003	调出	土肥所
133	王树忠	男	2003—2017	退休	土肥所
134	王小彬	女	2003—2010	退休	土肥所
135	王　兴	男	2003—	*	土肥所
136	王秀斌	男	2003—	*	高校毕业生
137	王秀芳	女	2003—	*	土肥所
138	王秀山	男	2003—2011	退休	区划所
139	王　旭	女	2003—	*	土肥所
140	王雅儒	女	2003—2010	退休	土肥所
141	王玉军	男	2003—	*	调入
142	王占华	男	2003—2019	退休	土肥所
143	韦东普	女	2003—	*	土肥所
144	魏顺义	男	2003—2006	退休	区划所
145	吴会军	男	2003—	*	土肥所
146	吴荣贵	男	2003	离职	土肥所
147	吴胜军	男	2003	调出	土肥所
148	吴文斌	男	2003—	*	区划所
149	吴永常	男	2003—2016	调出	区划所
150	吴育英	女	2003	退休	土肥所
151	武淑霞	女	2003—	*	土肥所
152	武雪萍	女	2003—	*	调入
153	肖瑞琴	女	2003—2018	退休	土肥所
154	谢晓红	女	2003—2018	退休	土肥所
155	辛晓平	女	2003—	*	区划所
156	信　军	男	2003—	*	区划所
157	徐爱国	女	2003—	*	土肥所
158	徐　斌	男	2003—2017	退休	区划所
159	徐　芳	女	2003—2010	退休	土肥所
160	徐　晶	女	2003—2017	退休	土肥所
161	徐明岗	男	2003—2017	调出	土肥所

（续表）

序号	姓名	性别	工作时间	去向	来源
162	徐晓慧	女	2003—	*	土肥所
163	徐晓芹	女	2003—	*	土肥所
164	闫 湘	女	2003—	*	土肥所
165	严 兵	男	2003—2016	去世	区划所
166	杨桂霞	女	2003—	*	区划所
167	杨 宏	女	2003—2009	退休	区划所
168	杨俊诚	男	2003—2015	退休	土肥所
169	杨俐苹	女	2003—2019	退休	土肥所
170	杨 鹏	男	2003—	*	区划所
171	杨瑞珍	女	2003—2014	退休	区划所
172	杨小红	女	2003—	*	土肥所
173	杨秀云	女	2003—2013	退休	土肥所
174	杨正礼	男	2003—2004	调出	土肥所
175	姚艳敏	女	2003—	*	调入
176	叶立明	男	2003—2005，2010—	离职，调入	区划所
177	螳 新	男	2003—	*	土肥所
178	尹昌斌	男	2003—	*	区划所
179	尹光玉	女	2003—2013	退休	区划所
180	于慧梅	女	2003—2007	调出	区划所
181	曾木祥	男	2003	退休	土肥所
182	曾其明	女	2003—2016	退休	区划所
183	曾希柏	男	2003—2004	调出	土肥所
184	查 燕	女	2003—	*	土肥所
185	张保华	男	2003—2017	退休	土肥所
186	张保辉	男	2003—	*	高校毕业生
187	张成娥	女	2003—2012	退休	土肥所
188	张崇霞	女	2003—2012	退休	区划所
189	张夫道	男	2003—2006	退休	土肥所
190	张海林	男	2003—2010	退休	区划所
191	张 华	女	2003—	*	区划所
192	张建峰	男	2003—	*	土肥所
193	张建君	女	2003—	*	土肥所
194	张金霞	女	2003—	*	土肥所
195	张 骏	男	2003—	*	土肥所

（续表）

序号	姓名	性别	工作时间	去向	来源
196	张乃凤	男	2003—2007	去世	土肥所
197	张佩芳	女	2003—2008	退休	土肥所
198	张 锐	女	2003—2005	去世	土肥所
199	张士功	男	2003—2008	调出	区划所
200	张淑香	女	2003—	*	土肥所
201	张维理	女	2003—2013	退休	土肥所
202	张文泉	男	2003—2010	退休	土肥所
203	张晓霞	女	2003—	*	土肥所
204	张 岩	女	2003—2014	退休	土肥所
205	张毅飞	男	2003	离职	土肥所
206	张玉洁	女	2003	退休	土肥所
207	张 跃	男	2003—2018	退休	土肥所
208	张云贵	男	2003—	*	土肥所
209	张振山	男	2003—2013	退休	土肥所
210	赵秉强	男	2003—	*	土肥所
211	赵红梅	女	2003—2004	调出	土肥所
212	赵林萍	女	2003—	*	土肥所
213	周法永	男	2003—2017	退休	土肥所
214	周 青	女	2003—2009	退休	土肥所
215	周清波	男	2003—2019	调出	区划所
216	周 卫	男	2003—	*	土肥所
217	周旭英	女	2003—	*	区划所
218	周 颖	女	2003—	*	区划所
219	周 湧	男	2003—2004	调出	土肥所
220	朱传璞	女	2003	退休	土肥所
221	朱建国	男	2003—2015	退休	区划所
222	朱志强	男	2003—2013	退休	区划所
223	邹金秋	男	2003—	*	区划所
224	左雪梅	女	2003—2012	退休	土肥所
225	邓 辉	男	2004—	*	高校毕业生
226	龚明波	男	2004—2018	调出	高校毕业生
227	郭淑敏	女	2004—2009，2014—	调出	调入
228	韩东寅	女	2004—2017	退休	调入
229	何英彬	男	2004—	*	高校毕业生

（续表）

序号	姓名	性别	工作时间	去向	来源
230	冀宏杰	男	2004—	*	调入
231	刘继芳	男	2004—2005	调出	调入
232	梁永超	男	2004—2014	调出	调入
233	马义兵	男	2004—2019	退休	调入
234	宋　敏	男	2004—	*	调入
235	王健梅	女	2004—2019	退休	调入
236	张　晴	女	2004—	*	调入
237	张认连	女	2004—	*	高校毕业生
238	张瑞颖	男	2004—	*	高校毕业生
239	张树清	男	2004—2019	调出	调入
240	赵全胜	男	2004—	*	高校毕业生
241	李建国	男	2005—2017	退休	调入
242	牛永春	男	2005—2017	退休	调入
243	陈　强	男	2005—	*	高校毕业生
244	高春雨	男	2005—	*	高校毕业生
245	黄洪武	男	2005—	*	高校毕业生
246	李兆君	男	2005—	*	高校毕业生
247	卢　布	男	2005—	*	调入
248	孙建光	男	2005—	*	调入
249	张怀志	男	2005—	*	调入
250	寇丽梅	女	2005—2007	调出	高校毕业生
251	邓　晖	女	2005—	*	调入
252	任　萍	女	2005—	*	高校毕业生
253	张　莉	女	2005—	*	调入
254	高懋芳	女	2006—	*	高校毕业生
255	姜慧敏	女	2006—	*	高校毕业生
256	任建强	男	2006—	*	高校毕业生
257	孙静文	男	2006—	*	高校毕业生
258	王　贺	男	2006—2017	调出	高校毕业生
259	王　旭	男	2006—	*	高校毕业生
260	殷一平	女	2006—2008	调出	调入
261	张继宗	男	2006—	*	高校毕业生
262	周振亚	男	2006—	*	高校毕业生
263	朱丽丽	女	2006—	*	高校毕业生

（续表）

序号	姓名	性别	工作时间	去向	来源
264	陈　欣	女	2007—	＊	调入
265	高　巍	女	2007—	＊	高校毕业生
266	胡海燕	女	2007—	＊	高校毕业生
267	黄　青	女	2007—	＊	高校毕业生
268	李玉义	男	2007—	＊	高校毕业生
269	毛克彪	男	2007—	＊	高校毕业生
270	王　磊	男	2007—	＊	高校毕业生
271	肖碧林	男	2007—	＊	高校毕业生
272	杨秀春	女	2007—	＊	调入
273	张宏斌	男	2007—2013	调出	高校毕业生
274	保万魁	男	2008—	＊	高校毕业生
275	陈学渊	男	2008—2016	调出	高校毕业生
276	范分良	男	2008—	＊	调入
277	方　芳	女	2008—2016	退休	调入
278	高明杰	男	2008—	＊	高校毕业生
279	韩　昀	女	2008—	＊	调入
280	李　娟	女	2008—	＊	高校毕业生
281	刘　佳	男	2008—	＊	区划所
282	刘晓燕	女	2008—	＊	调入
283	卢艳丽	女	2008—	＊	调入
284	马鸣超	男	2008—	＊	高校毕业生
285	王洪媛	女	2008—	＊	调入
286	闫玉春	男	2008—	＊	高校毕业生
287	易小燕	女	2008—	＊	高校毕业生
288	张文菊	女	2008—	＊	调入
289	赵士诚	男	2008—	＊	高校毕业生
290	曾闹华	女	2009—	＊	调入
291	姜　昊	男	2009—	＊	高校毕业生
292	李　刚	男	2009—2019	调出	高校毕业生
293	李　虎	男	2009—	＊	高校毕业生
294	李全新	男	2009—	＊	调入
295	曲　虹	女	2009—2018	退休	调入
296	王　迪	男	2009—	＊	调入
297	王　芳	女	2009—	＊	调入

（续表）

序号	姓名	性别	工作时间	去向	来源
298	王丽伟	女	2009—	*	调入
299	尤 飞	男	2009—	*	调入
300	翟丽梅	女	2009—	*	调入
301	张 斌	男	2009—	*	调入
302	张 弛	男	2009—2016	调出	高校毕业生
303	庄 严	男	2009—2015	调出	高校毕业生
304	白金顺	男	2010—	*	高校毕业生
305	陈宝瑞	男	2010—	*	高校毕业生
306	仇少君	男	2010—	*	高校毕业生
307	窦 军	女	2010—	*	调入
308	方琳娜	女	2010—	*	高校毕业生
309	高 淼	女	2010—	*	高校毕业生
310	郭丽英	女	2010—	*	调入
311	洪玉华	女	2010—	*	调入
312	李玲玲	女	2010—2017	调出	高校毕业生
313	李正国	男	2010—2015	去世	调入
314	刘丽军	男	2010—2014	调出	高校毕业生
315	马海龙	男	2010—	*	高校毕业生
316	齐群源	女	2010—	*	调入
317	唐鹏钦	男	2010—2016	调出	高校毕业生
318	滕 飞	女	2010—	*	高校毕业生
319	田世英	女	2010—2018	调出	调入
320	王春艳	女	2010—	*	调入
321	王虹扬	女	2010—	*	调入
322	王秀芬	女	2010—	*	调入
323	王亚静	女	2010—	*	调入
324	王迎春	女	2010—2019	调入，调出	调入
325	邬向丽	女	2010—	*	高校毕业生
326	杨相东	男	2010—	*	调入
327	尧水红	女	2010—	*	调入
328	张会民	男	2010—	*	调入
329	段英华	女	2011—	*	调入
330	贾 轲	男	2011—	*	高校毕业生
331	李 华	女	2011—	*	调入

（续表）

序号	姓名	性别	工作时间	去向	来源
332	李茂松	男	2011—2019	退休	调入
333	刘青丽	女	2011—	＊	调入
334	曲积彬	男	2011—	＊	高校毕业生
335	任　静	女	2011—	＊	高校毕业生
336	宋阿琳	女	2011—	＊	调入
337	王　婧	女	2011—	＊	调入
338	韦文珊	女	2011—2016	调出	调入
339	徐丽君	女	2011—	＊	调入
340	闫瑞瑞	女	2011—	＊	调入
341	岳现录	男	2011—	＊	调入
342	郑　江	女	2011—	＊	高校毕业生
343	郑钊光	男	2011—2016	调出	高校毕业生
344	邹亚杰	女	2011—	＊	调入
345	陈金强	男	2012—2017	调出	调入
346	李　征	男	2012—	＊	调入
347	高　伟	男	2013—	＊	调入
348	李建伟	男	2013—2018	调出	人才引进
349	李召良	男	2013—	不在编	人才引进
350	刘　洋	男	2013—	＊	高校毕业生
351	史　云	男	2013—	＊	人才引进
352	孙蓟锋	男	2013—	＊	调入
353	王欣欣	女	2013—2019	调出	调入
354	吴尚蓉	女	2013—	＊	高校毕业生
355	余强毅	男	2013—	＊	高校毕业生
356	张帼俊	女	2013—	＊	调入
357	易可可	男	2014—	＊	人才引进
358	张桂山	男	2014—	＊	人才引进
359	张瑞福	男	2014—	不在编	人才引进
360	郭　毅	男	2015—2018	调出	调入
361	艾　超	男	2016—	＊	调入
362	金云翔	男	2016—	＊	调入
363	刘念唐	男	2016—	＊	调入
364	王　红	女	2016—2018	不在编，调出	人才引进
365	吴国胜	男	2016—	＊	调入

（续表）

序号	姓名	性别	工作时间	去向	来源
366	肖琴	女	2016—	*	调入
367	赵梦然	女	2016—	*	调入
368	段四波	男	2017—	*	调入
369	冯文婷	女	2017—	*	人才引进
370	陆苗	女	2017—	*	调入
371	邵长亮	男	2017—	*	人才引进
372	王萌	女	2017—	*	人才引进
373	魏海雷	男	2017—	*	人才引进
374	吴红慧	女	2017—	*	人才引进
375	庾强	男	2017—	*	人才引进
376	孔令娥	女	2018—	*	调入
377	冷佩	男	2018—	*	调入
378	刘盛洁	女	2018—	*	调入
379	刘爽	男	2018—	*	调入
380	宋茜	女	2018—	*	调入
381	孙晶	男	2018—	*	人才引进
382	孙亮	男	2018—	*	人才引进
383	王天舒	女	2018—	*	高校毕业生
384	邬磊	男	2018—	*	高校毕业生
385	徐新朋	男	2018—	*	调入
386	杨亚东	男	2018—	*	高校毕业生
387	查静	女	2018—	*	调入
388	张水勤	女	2018—	*	高校毕业生
389	樊晋爽	女	2019—	*	高校毕业生
390	李国景	男	2019—	*	高校毕业生
391	李宏丽	女	2019—	*	调入
392	李俊杰	女	2019—	*	调入
393	廖超子	女	2019—	*	调入
394	刘萌	女	2019—	*	高校毕业生
395	刘云鹏	男	2019—	*	调入
396	潘君廷	男	2019—	*	调入
397	钱建平	男	2019—	*	调入
398	阮文渊	男	2019—	*	调入
399	吴庆钰	男	2019—	*	人才引进

（续表）

序号	姓名	性别	工作时间	去向	来源
400	徐大伟	男	2019—	＊	高校毕业生
401	张利姣	女	2019—	＊	高校毕业生
402	张仙梅	女	2019—	＊	调入
403	张向茹	女	2019—	＊	高校毕业生
404	张洋	男	2019—	＊	调入
405	张月玲	女	2019—	＊	调入
406	赵红伟	女	2019—	＊	调入
407	赵斯瑶	女	2019—	＊	高校毕业生

（二）德州站职工名录

序号	姓名	性别	工作时间	去向	来源
1	安文钰	男	2003—2017	退休	土肥所德州站
2	李志杰	男	2003—2016	退休	土肥所德州站
3	林治安	男	2003—	＊	土肥所德州站
4	鲁保华	女	2003—2006	退休	土肥所德州站
5	马卫萍	女	2003—2011	退休	土肥所德州站
6	戚剑	男	2003—	＊	土肥所德州站
7	唐继伟	男	2003—	＊	土肥所德州站
8	田昌玉	男	2003—	＊	土肥所德州站
9	王来清	男	2003—2013	退休	土肥所德州站
10	温海涛	男	2003—	＊	土肥所德州站
11	许建新	男	2003—2016	退休	土肥所德州站
12	殷光兰	女	2003—2008	退休	土肥所德州站
13	张雪瑶	女	2003—2011	退休	土肥所德州站
14	左余宝	男	2003—2013	退休	土肥所德州站
15	孙文彦	男	2007—2016	调出	高校毕业生
16	袁亮	男	2007—	＊	高校毕业生
17	阮珊	女	2009—	＊	调入
18	车升国	男	2010—2017	调出	高校毕业生
19	温延臣	男	2010—	＊	高校毕业生
20	李伟	男	2013—	＊	高校毕业生
21	王雪	男	2014—	＊	高校毕业生

注：＊表示截至 2019 年年底在职

（三）衡阳站职工名录

序号	姓名	性别	工作时间	去向	来源
1	奉明端	男	2003—2016	退休	土肥所衡阳站
2	高菊生	男	2003—	*	土肥所衡阳站
3	黄佳良	男	2003—2013	退休	土肥所衡阳站
4	黄平娜	女	2003—2011	退休	土肥所衡阳站
5	蒋华斗	男	2003—2011	退休	土肥所衡阳站
6	李冬初	男	2003—2004，2007—	调出，调入	土肥所衡阳站
7	秦道珠	男	2003—2013	退休	土肥所衡阳站
8	秦 琳	男	2003—	*	土肥所衡阳站
9	申华平	女	2003—	*	土肥所衡阳站
10	王伯仁	男	2003—	*	土肥所衡阳站
11	魏长欢	男	2003—2014	退休	土肥所衡阳站
12	文石林	男	2003—	*	土肥所衡阳站
13	伍梅元	男	2003—2014	退休	土肥所衡阳站
14	谢慧英	女	2003—2014	退休	土肥所衡阳站
15	黄 晶	男	2005—	*	高校毕业生
16	刘淑军	女	2007—	*	高校毕业生
17	董春华	男	2009—2014	调出	高校毕业生
18	蔡泽江	男	2010—	*	高校毕业生
19	张 璐	女	2010—	*	高校毕业生
20	黄明英	女	2013—	*	高校毕业生
21	郭永礼	男	2013—	*	调入
22	刘立生	男	2014—	*	高校毕业生

注：＊表示截至 2019 年年底在职

二、历届所领导名录

（一）历届所长、副所长名录

所长	任职时间	副所长	任职时间
		梅旭荣	2003.04—2003.12
		王道龙	2003.04—2003.12，2007.08—2009.04
		张海林	2003.04—2009.04
唐华俊	2003.04—2009.04	张维理	2003.04—2009.04
		刘继芳	2003.12—2005.09
		任天志	2005.05—2009.04

（续表）

所长	任职时间	副所长	任职时间
王道龙	2009.04—2017.05	任天志	2009.04—2012.06
		徐明岗	2009.04—2017.05
		周清波	2009.04—2017.05
		郭同军	2009.04—2013.06
		邱建军	2010.12—2013.04
		陈金强	2012.08—2017.05
		王秀芳	2013.06—2017.05
周清波	2017.05—2019.09	陈金强	2017.05—2017.08
		郭同军	2018.09—2019.09
		王秀芳	2017.05—2019.09
		杨 鹏	2017.07—2019.09
		金 轲	2017.06—2018.11
杨 鹏	2019.09—	郭同军	2019.09—
		王秀芳	2019.09—

（二）历届党委书记、副书记及党委委员名录

届序	时间	书记	任职时间	副书记	任职时间	党委委员
筹备时期	2003.05—2004.03	梅旭荣	2003.05—2003.12	梁业森	2003.05—2004.03	
		刘继芳	2003.12—2004.03	王道龙	2003.05—2003.12	
临时党委	2004.03—2004.09	刘继芳	2004.03—2004.09	梁业森	2004.03—2004.09	
第一届	2004.09—2009.11	刘继芳	2004.09—2005.09	梁业森	2004.09—2009.11	唐华俊、刘继芳、王道龙、梁业森、张海林、金继运、杨 宏、郭同军、任天志
		王道龙	2007.08—2009.11			
第二届	2009.11—2018.11	王道龙	2009.11—2012.08	任天志	2009.11—2012.07	王道龙、任天志、陈金强、徐明岗、周清波、郭同军、邱建军、白丽梅、王秀芳、金 轲、杨鹏
		陈金强	2012.08—2017.08	王道龙	2013.02—2018.11	
				白丽梅	2015.03—2016.06	
		郭同军	2018.01—2018.11	周清波	2017.06—2018.11	
第三届	2018.11—	郭同军	2018.11—	周清波	2018.11—2019.09	杨 鹏、郭同军、周清波、王秀芳、王 芳、肖碧林、白由路
				杨 鹏	2019.11—	

（三）历届纪律检查委员会委员名录

届序	时间	书记	任职时间	委员
第一届	2004.09—2009.11	梁业森	2004.09—2009.11	梁业森、白丽梅、王秀芳、王　旭（女）
第二届	2009.11—2018.11	任天志	2009.11—2012.07	任天志、邱建军、金　轲、白丽梅、王秀芳、王　旭（女）
		邱建军	2013.01—2013.04	
		白丽梅	2015.04—2016.06	
		金　轲	2017.06—2018.11	
第三届	2018.11—	杨　鹏	2018.11—2019.11	杨　鹏、姜慧敏、张继宗、刘　爽、李　俊

三、历届处级机构负责人名录

（一）职能部门负责人名录

部门名称	职务	姓名	任职时间
办公室（2003.06—2017.09）综合办公室（2017.09—　）	主任	郭同军	2003.06—2009.04
		张保华	2009.08—2012.08
		孟秀华	2012.08—2017.12
		张继宗	2017.12—
	副主任	苏胜娣	2003.06—2004.07
		孟秀华	2009.08—2012.08
		唐鹏钦	2013.02—2016.11
		查　静	2018.11—
党委办公室（人事处）（2003.06—2017.09）	主任（处长）	杨　宏	2003.06—2009.08
		白丽梅	2009.08—2015.05
		肖碧林	2016.09—2017.12
	副主任（副处长）	赵红梅	2003.06—2003.12
		白丽梅	2003.06—2009.08
		肖碧林	2013.04—2016.09
		王　贺	2015.08—2017.12
人事处（2017.09—　）	处长	肖碧林	2017.12—
	副处长	张　莉	2019.03—
党委办公室（2017.09—　）	主任	王　芳	2017.12—
	副主任	朱丽丽	2019.03—

（续表）

部门名称	职务	姓名	任职时间
科研管理处 （2003.06—2006.03） 科研管理处（野外台站办公室） （2006.03—2017.09） 科技与成果转化处 （2017.09— ）	处长（主任）	任天志	2003.06—2005.05
		苏胜娣	2006.06—2013.02
		赵林萍（主任）	2006.06—2009.08
		杨 鹏	2013.02—2017.12
		刘 爽	2019.03—
	副处长	赵林萍	2003.06—2009.08
		苏胜娣	2004.07—2006.06
		杨 鹏	2009.08—2013.02
		张继宗	2013.02—2017.12
		刘 爽	2017.12—2019.03
		姜 昊	2019.03—
		张建峰	2019.09—
条件建设与财务处 （2003.06—2011.07） 财务处 （2011.07—2017.09） 财务资产处 （2017.09— ）	处长	王秀芳	2004.09—2014.07
		张帼俊	2014.07—
	副处长	王秀芳（主持工作）	2003.06—2004.09
		曹尔辰（正处级）	2003.06—2009.08
		张帼俊（主持工作）	2013.12—2014.07
		尹光玉	2009.08—2013.12
		蔺 新	2013.12—2016.01
平台建设管理处 （2009.04—2017.09）	处长	赵林萍	2009.08—2017.12
	副处长	闫 湘	2009.08—2010.08
		王 芳	2010.08—2017.12
产业发展服务中心 （2003.06—2017.09）	主任	王雅儒	2003.06—2009.08
		张树清	2009.08—2017.12
	副主任	周 湧	2003.06—2003.12
		张树清	2006.06—2009.08
		信 军	2010.10—2017.12
		金 轲	2009.01—2009
后勤服务中心 （2003.06—2017.09）	主任	张保华	2003.06—2009.08
		曹尔辰	2009.08—2012.08
		牛淑玲	2012.08—2017.12
	副主任	王 斌	2003.06—2009.02
		牛淑玲	2009.08—2012.08
		蔺 新	2016.01—2017.12

（续表）

部门名称	职务	姓名	任职时间
条件保障处 （2017.09—　）	处长	张树清	2017.12—2019.09
	副处长	螣　新	2017.12—
		陈宝瑞	2019.10—
肥料评审登记管理处 （2015.04—　）	主任	闫　湘	2015.08—
	副主任	沈德龙	2015.08—

（二）研究部门负责人名录

部门名称	职务	姓名	任职时间
植物营养与肥料研究室 （2004.06—2010.07） 植物营养研究室 （2010.07—　）	主任	白由路	2005.12—2014.07
		周　卫	2014.07—
	副主任	白由路（主持工作）	2004.07—2005.12
		周　卫	2004.07—2010.08
		梁永超	2004.07—2013.04
		李兆君	2013.04—2014.04
肥料研究室 2010.07—2014.04 肥料与施肥技术研究室 （2014.04—2017.09） 肥料研究室 （2017.09—　）	主任	周　卫	2010.08—2014.07
		白由路	2014.07—
土壤研究室 （2004.06—2009.07） 土壤研究室（肥力肥效监测室） 2009.04—2014.04 土壤培肥与改良研究室 （2014.04—2017.09） 土壤改良研究室 （2017.09—　）	主任	徐明岗	2004.07—2009.08
		杨俊诚	2009.08—2014.07
	副主任	杨俊诚（正处级）	2004.07—2009.08
		龙怀玉	2004.07—2014.07
		卢昌艾	2014.07—
		庄　严	2014.07—2015.02
		张文菊	2019.09—
土壤植物互作研究室 （2014.04—　）	主任	易可可	2019.03—
	副主任	李兆君	2014.04—2019.09
耕地质量监测与保育研究室（2017.09—　）	主任	张　斌	2019.03—
草地科学与农业生态研究室 （2004.06—2010.07） 农业生态与环境研究室 （2010.07—2014.04） 碳氮循环与面源污染研究室 （2014.04—2017.09） 面源污染研究室 （2017.09—　）	主任	邱建军	2004.07—2011.04
		刘宏斌	2014.07—2019.07
	副主任	刘宏斌（主持工作）	2011.04—2014.07
		徐　斌	2004.07—2010.08

（续表）

部门名称	职务	姓名	任职时间
现代耕作制研究室 （2010.07—2014.04） 土壤耕作与种植制度研究室 （2014.04—2017.09） 土壤耕作研究室 （2017.09—　）	主任	逄焕成	2010.08—
	副主任	吴永常	2010.08—2014.07
		龙怀玉	2014.07—2016.05
农业布局与区域发展研究室 （2004.06—2017.09） 区域发展研究室 （2017.09—　）	主任	罗其友	2004.07—
	副主任	姜文来	2004.07—2019.09
资源管理与利用研究室 （2004.06—2014.04） 农业资源利用与区划研究室 （2014.04—2017.09） 农业资源利用研究室 （2017.09—　）	主任	陈印军	2004.07—2014.07
		尹昌斌（主持工作）	2014.07—
	副主任	吴永常	2004.07—2010.08
农业遥感与数字农业研究室 （2004.06—2017.09） 农业遥感研究室 （2017.09—　）	主任	周清波	2004.07—2009.08
		陈仲新	2009.08—
	副主任	陈佑启	2004.07—2013.04
		陈仲新	2004.07—2009.08
		辛晓平	2009.08—2010.08
		吴文斌	2013.04—2017.09
草地科学研究室 （2009.04—2014.04） 草地生态与环境变化研究室 （2014.04—2017.09） 草地生态研究室 （2017.09—　）	主任	徐　斌	2010.08—2014.07
		辛晓平	2014.07—
	副主任	辛晓平	2010.08—2014.07
		陈宝瑞	2019.09—2019.10
农情信息研究室 （2010.07—2014.04） 农业灾情监测与防控研究室 （2014.04—2017.09） 智慧农业研究室 （2017.09—　）	主任	李茂松	2010.07—2017.09
		吴文斌	2019.03—
	副主任	吴文斌	2017.09—2019.03
食用菌产业科技研究室 （2009.04—2014.04） 食用菌研究室 （2017.09—　）	主任	张金霞	2009.08—2014.04
	副主任	黄晨阳	2019.09—
农业微生物资源与利用研究室 （2004.06—2014.04） 食用菌遗传育种与微生物资源利用研究室 （2014.04—2017.09） 微生物资源研究室 （2017.09—　）	主任	姜瑞波	2004.07—2006.12
		张金霞	2014.07—2016.04
	副主任	牛永春（主持工作）	2006.12—2009.08
		范丙全	2004.07—2009.08
		孙建光	2009.08—2014.07
		顾金刚	2009.08—

（续表）

部门名称	职务	姓名	任职时间
农业水资源利用研究室 （2004.06—2014.07）	主任	蔡典雄	2004.07—2014.07
	副主任	逄焕成	2004.07—2010.08

（三）科辅部门负责人名录

部门	职务	姓名	任职时间
土壤肥料测试中心 （国家化肥质量监督检验中心） （2003.05—　）	主任	王　旭	2003.05—2016.05
		汪　洪	2017.09—
	副主任	封朝晖	2003.05—2010.08
		闫　湘	2010.08—2015.08
菌肥测试中心（农业部微生物肥料质量监督检验测试中心） （2003.05—2005） 菌肥测试中心（农业部微生物肥料和食用菌质量监督检验测试中心） （2005—　）	主任	李　俊	2003.05—
	副主任	沈德龙	2003.05—2015.08
期刊信息室 （2004.06—2017.09） 期刊信息中心 （2017.09—　）	主任	张　华	2004.07—
	副主任	张成娥	2004.07—2009.08
产业开发服务中心 （2017.09—　）	主任	信　军	2017.12—
德州试验站 （2003.05—2017.09） 中国农业科学院德州盐碱土改良实验站 （2017.09—　）	站长	赵秉强	2004.09—
	副站长	李志杰（正处级，常务副站长）	2004.09—2007.07
		许建新	2004.09—2016.04
		林治安	2008.08—
祁阳实验站 （2003.05—2017.09） 中国农业科学院衡阳红壤实验站 （2017.09—　）	站长	徐明岗	2004.09—2011.08
		张会民	2014.07—
	副站长	张会民（主持工作）	2011.08—2014.07
		文石林	2004.09—
		秦道珠	2004.09—2011.08
		李冬初	2011.08—
公共实验室（内部） （2011.11—2014.04） 公共实验室 （2014.04—2017.09）	主任	汪　洪	2014.07—2017.09
	副主任	汪洪（主持工作）	2011.11—2014.07
		王迎春	2011.11—2017.09

四、研究员及副研究员名录

（一）研究员名录

序号	姓名	职称	任职时间	备注
1	张乃凤	研究员	1958 年	2007 年去世
2	林 葆	研究员	1986.12	2004 年退休
3	黄鸿翔	研究员	1992.03	2013 年退休
4	金继运	研究员	1993.11	2010 年退休
5	梁业森	研究员	1998.03	2010 年退休
6	张夫道	研究员	1998.03	2006 年退休
7	唐华俊	研究员	1999.03	2009 年调出
8	张维理	研究员	1999.03	2013 年退休
9	蔡典雄	研究员	2000.03	2018 年退休
10	梁永超	研究员	2000.01	2004 年调入，2014 调出
11	梅旭荣	研究员	2000.03	2003 年调出
12	王道龙	研究员	2000.03	2017 年退休
13	张成娥	研究员	2000.12	2012 年退休
14	赵秉强	研究员	2000.04	*
15	周清波	研究员	2000.03	2019 年调出
16	白由路	研究员	2001.02	*
17	陈印军	研究员	2001.01	*
18	姜瑞波	研究员	2001.02	2011 年退休
19	李建国	研究员	2001.02	2005 年调入，2017 年退休
20	刘荣乐	研究员	2001.02	2003 年调出
21	牛永春	研究员	2001.02	2005 年调入，2017 年退休
22	徐明岗	研究员	2001.02	2017 年调出
23	杨俊诚	研究员	2001.03	2015 年退休
24	白占国	研究员	2002.01	2005 年离职
25	陈佑启	研究员	2002.01	*
26	李志杰	研究员	2002.01	2016 年退休
27	罗其友	研究员	2002.01	*
28	任天志	研究员	2002.01	2012 年调出
29	张金霞	研究员	2002.01	*
30	姜文来	研究员	2003.01	*
31	刘国栋	研究员	2003.01	2006 年离职

注：＊表示截至 2019 年年底在职

（续表）

序号	姓名	职称	任职时间	备注
32	王　旭	研究员	2003.01	*
33	吴荣贵	研究员	2003.01	2003 年离职
34	徐　斌	研究员	2003.01	2017 年退休
35	曾希柏	研究员	2003.01	2004 年调出
36	周　卫	研究员	2003.01	*
37	范丙全	研究员	2004.01	2016 年退休
38	邱建军	研究员	2004.01	2013 年调出
39	覃志豪	研究员	2004.01	*
40	辛晓平	研究员	2004.01	*
41	杨正礼	研究员	2004.01	2004 年调出
42	张　斌	研究员	2004.05	2009 年调入
43	逢焕成	研究员	2005.01	*
44	李茂松	研究员	2005.01	2019 年退休
45	马义兵	研究员	2005.01	2019 年退休
46	宋　敏	研究员	2005.01	*
47	周旭英	研究员	2005.01	*
48	李　俊	研究员	2006.01	*
49	杨瑞珍	研究员	2006.01	2014 年退休
50	张淑香	研究员	2006.01	*
51	陈仲新	研究员	2007.01	*
52	何　萍	研究员	2007.01	*
53	王小彬	研究员	2007.01	2010 年退休
54	李书田	研究员	2008.01	*
55	屈宝香	研究员	2008.01	*
56	毕于运	研究员	2009.01	*
57	曹尔辰	研究员	2009.01	2014 年退休
58	程宪国	研究员	2009.01	*
59	李志宏	研究员	2009.01	*
60	刘宏斌	研究员	2009.01	*
61	龙怀玉	研究员	2009.01	*
62	尹昌斌	研究员	2009.01	*
63	曹卫东	研究员	2010.01	*
64	黄绍文	研究员	2010.01	*
65	苏胜娣	研究员	2010.01	2013 年退休

（续表）

序号	姓名	职称	任职时间	备注
66	吴永常	研究员	2010.01	2016年调出
67	张瑞福	教授	2010.05	*
68	沈德龙	研究员	2011.01	*
69	汪洪	研究员	2011.01	*
70	王立刚	研究员	2011.01	*
71	张华	正高级	2011.01	*
72	金轲	研究员	2012.01	2017年调入，2018年调出
73	卢昌艾	研究员	2012.01	*
74	文石林	研究员	2012.01	*
75	武雪萍	研究员	2012.01	*
76	杨俐苹	研究员	2012.01	2019年退休
77	赵林萍	研究员	2012.01	*
78	易可可	研究员	2012.11	*
79	胡清秀	研究员	2013.01	*
80	李召良	研究员	2013.01	*
81	李建平	研究员	2013.01	*
82	梁国庆	研究员	2013.01	*
83	林治安	研究员	2013.01	*
84	杨鹏	研究员	2013.01	*
85	张会民	研究员	2013.01	*
86	左余宝	研究员	2013	2013年退休
87	陈世宝	研究员	2014.01	*
88	范洪黎	研究员	2014.01	*
89	李菊梅	研究员	2014.01	*
90	王玉军	研究员	2014.01	*
91	姚艳敏	研究员	2014.01	*
92	李兆君	研究员	2015.01	*
93	任建强	研究员	2015.01	*
94	史云	研究员	2015.01	*
95	吴文斌	研究员	2015.01	*
96	杨秀春	研究员	2015.01	*
97	张树清	研究员	2015.01	2019年调出
98	王伯仁	研究员	2015	*
99	李文娟	研究员	2016.01	*

（续表）

（续表）

序号	姓名	职称	任职时间	备注
100	刘 佳（女）	研究员	2016.01	＊
101	毛克彪	研究员	2016.01	＊
102	王秀芳	研究员	2016.01	＊
103	王迎春	研究员	2016.01	2019年调出
104	张文菊	研究员	2016.01	＊
105	杨桂霞	研究员	2016.12	＊
106	李春花	研究员	2017.01	＊
107	李燕婷	研究员	2017.01	＊
108	尤 飞	研究员	2017.01	＊
109	张晓霞	研究员	2017.01	＊
110	张云贵	研究员	2017.01	＊
111	范分良	研究员	2018.01	＊
112	何英彬	研究员	2018.01	＊
113	黄晨阳	研究员	2018.01	＊
114	姜 昕	研究员	2018.01	＊
115	李玉义	研究员	2018.01	＊
116	钱建平	研究员	2018.01	＊
117	魏海雷	研究员	2018.01	＊
118	闫 湘	研究员	2018.01	＊
119	翟丽梅	研究员	2018.01	＊
120	张建峰	研究员	2018.01	＊
121	雷秋良	研究员	2019.01	＊
122	李 虎	研究员	2019.01	＊
123	孙 楠	研究员	2019.01	＊
124	王洪媛	研究员	2019.01	＊
125	王利民	研究员	2019.01	＊
126	王秀斌	研究员	2019.01	＊
127	庾 强	研究员	2019.01	＊

（二）副研究员名录

序号	姓名	职称	任职时间	备注
1	曾木祥	副研究员	1992.03	2003年退休
2	刘小秧	副研究员	1993.11	2017年退休

注：＊表示截至2019年年底在职

（续表）

序号	姓名	职称	任职时间	备注
3	佟艳洁	副研究员	1993.11	2003 年退休
4	张玉洁	副研究员	1993.11	2003 年退休
5	李小平	副研究员	1995.12	2006 年退休
6	王　敏	副研究员	1995.12	2003 年调出
7	孙又宁	副研究员	1996.12	2012 年退休
8	商铁兰	副研究员	1996.12	2003 年退休
9	申淑玲	副研究员	1996.12	2003 年退休
10	王尔大	副研究员	1996.12	2006 年调出
11	朱建国	副研究员	1996.12	2015 年退休
12	卢　布	副教授	1997.05	2005 年调入
13	刘继芳	副研究员	1998.03	2004 年调入，2005 年调出
14	陶　陶	副研究员	1998.03	2016 年退休
15	徐　晶	副研究员	1998.03	2017 年退休
16	洪玉华	中教高级	1998.07	2010 年调入
17	甘寿文	副研究员	1999.03	*
18	梁鸣早	副研究员	1999.03	2003 年退休
19	吴胜军	副研究员	1999.03	2003 年调出
20	张　锐	副研究员	1999.03	2005 年去世
21	任　萍	高级工程师	1999.07	*
22	王健梅	副编审	2000.01	2004 年调入
23	程明芳	副研究员	2000.03	*
24	冯瑞华	副研究员	2000.03	*
25	李全新	副研究员	2000.12	2009 年调入
26	李　征	高级工程师	2000.12	2012 年调入
27	禾　军	副研究员	2001.02	2006 年退休
28	赵红梅	副研究员	2001.03	2004 年调出
29	单秀枝	副研究员	2002.01	*
30	田昌玉	副研究员	2002.01	*
31	魏顺义	副研究员	2002.01	2007 年退休
32	杨　宏	副研究员	2002.01	2009 年退休
33	周法永	副研究员	2002.01	2017 年退休
34	田世英	副主任医师	2002.09	2010 年调入，2019 年调出
35	高　伟	中教高级	2002.12	2013 年调入
36	封朝晖	副研究员	2003.01	2011 年调出

（续表）

序号	姓名	职称	任职时间	备注
37	于慧梅	副研究员	2003.01	2007 年调出
38	郭丽英	副教授	2003.12	2010 年调入
39	白可喻	副研究员	2004.01	*
40	张海林	副研究员	2004.01	2010 年退休
41	徐爱国	副研究员	2005.01	*
42	孙建光	副研究员	2006.01	*
43	武淑霞	副研究员	2006.01	*
44	张士功	副研究员	2006.01	2008 年调出
45	郭淑敏	副研究员	2007.01	*
46	魏义长	副研究员	2007.01	2007 年调出
47	张怀志	副研究员	2007.01	*
48	李秀英	副研究员	2008.01	*
49	马卫萍	副研究员	2008.01	2011 年退休
50	秦道珠	副研究员	2008.01	2013 年退休
51	王春艳	副研究员	2008.01	2010 年调入
52	曹凤明	副研究员	2009.01	*
53	邓 晖	副研究员	2009.01	*
54	高菊生	高级农艺师	2009.01	*
55	顾金刚	副研究员	2009.01	*
56	冀宏杰	副研究员	2009.01	*
57	王 迪	副研究员	2009.01	*
58	韦东普	副研究员	2009.01	*
59	张认连	副研究员	2009.01	*
60	周 颖	副研究员	2009.01	*
61	李 力	副研究员	2010.01	*
62	唐继伟	副研究员	2010.01	*
63	徐 方	副研究员	2010.01	2010 年退休
64	尧水红	副研究员	2010.06	2010 年调入
65	陈 欣	高级会计师	2011.01	*
66	张继宗	副研究员	2011.01	*
67	黄 青	副研究员	2012.01	*
68	刘红芳	副研究员	2012.01	*
69	卢艳丽	副研究员	2012.01	*
70	叶立明	副研究员	2012.01	*

（续表）

序号	姓名	职称	任职时间	备注
71	陈金强	副研究员	2013.01	2017 年调出
72	高春雨	副研究员	2013.01	*
73	李正国	副研究员	2013.01	2015 年去世
74	刘晓燕	副编审	2013.01	*
75	信　军	高级农艺师	2013.01	*
76	张宏斌	副研究员	2013.01	2013 年调出
77	段英华	副研究员	2014.01	*
78	韩　昀	副研究员	2014.01	*
79	李　刚	副研究员	2014.01	2019 年调出
80	宋永林	高级农艺师	2014.01	*
81	王　磊	副研究员	2014.01	*
82	易小燕	副研究员	2014.01	*
83	张　晴	副研究员	2014.01	*
84	陈京香	副编审	2015.01	*
85	仇少君	副研究员	2015.01	*
86	高明杰	副研究员	2015.01	*
87	李桂花	副研究员	2015.01	*
88	宋阿琳	副研究员	2015.01	*
89	肖碧林	副研究员	2015.01	*
90	闫玉春	副研究员	2015.01	*
91	张瑞颖	副研究员	2015.01	*
92	赵士诚	副研究员	2015.01	*
93	段四波	副研究员	2016.01	*
94	高懋芳	副研究员	2016.01	*
95	高　淼	副研究员	2016.01	*
96	胡海燕	副研究员	2016.01	*
97	李冬初	高级农艺师	2016.01	*
98	王　婧	副研究员	2016.01	*
99	王　旭	副研究员	2016.01	*
100	王亚静	副研究员	2016.01	*
101	闫瑞瑞	副研究员	2016.01	*
102	姜慧敏	副研究员	2017.01	*
103	李　影	副研究员	2017.01	*
104	陆　苗	副研究员	2017.01	*

（续表）

序号	姓名	职称	任职时间	备注
105	阮志勇	副研究员	2017.01	＊
106	申华平	高级实验师	2017.01	＊
107	王秀芬	副研究员	2017.01	＊
108	徐晓芹	副编审	2017.01	＊
109	杨相东	副研究员	2017.01	＊
110	岳现录	副研究员	2017.01	＊
111	张桂山	副研究员	2017.01	＊
112	张帼俊	高级会计师	2017.01	＊
113	艾超	副研究员	2018.01	＊
114	高巍	副研究员	2018.01	＊
115	冷佩	副研究员	2018.01	＊
116	李娟	副研究员	2018.01	＊
117	刘蜜	高级实验师	2018.01	＊
118	刘洋	副研究员	2018.01	＊
119	刘云鹏	副研究员	2018.01	＊
120	阮文渊	副研究员	2018.01	＊
121	宋茜	副研究员	2018.01	＊
122	王萌	副研究员	2018.01	＊
123	徐丽君	副研究员	2018.01	＊
124	余强毅	副研究员	2018.01	＊
125	袁亮	副研究员	2018.01	＊
126	周振亚	副研究员	2018.01	＊
127	邹亚杰	副研究员	2018.01	＊
128	白金顺	副研究员	2019.01	＊
129	陈宝瑞	副研究员	2019.01	＊
130	李世贵	副研究员	2019.01	＊
131	刘爽	副研究员	2019.01	＊
132	马鸣超	副研究员	2019.01	＊
133	马晓彤	高级实验师	2019.01	＊
134	潘君廷	副研究员	2019.01	＊
135	吴会军	副研究员	2019.01	＊
136	徐新朋	副研究员	2019.01	＊
137	张洋	副研究员	2019.01	＊
138	张月玲	副研究员	2019.01	＊
139	邹金秋	副研究员	2019.01	＊

五、获得省部级（含）以上人才名录

人才类别	批准单位	获得年度	人才姓名
国家自然科学基金创新研究群体项目	国家自然科学基金委员会	2019	李召良、唐华俊、吴文斌、杨　鹏、覃志豪、段四波
国家杰出青年科学基金项目获得者	国家自然科学基金委员会	2004	李召良
国家自然科学基金优秀青年科学基金项目获得者	国家自然科学基金委员会	2013	易可可
享受政府特殊津贴专家	国务院	1990	张乃凤
		1991	林　葆
		1992	梁业森、金继运
		1993	黄鸿翔、姜瑞波
		1994	覃志豪、李文娟
		1995	刘小秧
		1997	杨俊诚
		2000	张维理、李建国、唐华俊
		2006	周　卫
		2016	徐明岗
		2017	曹卫东、易可可、刘宏斌
新世纪百千万人才工程国家级入选专家	人社部	2007	周　卫
		2009	李召良
		2014	易可可
		2017	曹卫东
		2019	刘宏斌
国家级有突出贡献的中青年专家	人社部	1990	林　葆
		1998	梁业森
		2014	易可可
国家万人计划青年拔尖人才	中组部	2012	易可可
国家万人计划科技创新领军人才	中组部	2016	何　萍
		2018	周　卫、辛晓平、张瑞福
		2019	吴文斌、张文菊、易可可
科技部创新人才推进计划中青年科技创新领军人才入选者	科技部	2014	何　萍、易可可
		2015	辛晓平
		2016	张瑞福
		2018	张文菊
		2019	吴文斌

（续表）

人才类别	批准单位	获得年度	人才姓名
海外高层次人才引进计划	科技部	2012	李召良
		2015	王　红
科技部创新人才推进计划重点领域创新团队	科技部	2015	周卫领衔的养分资源高效利用创新团队
农业部"神农计划"入选者	农业部	1997	刘小秧
		1999	唐华俊
农业部有突出贡献的中青年专家	农业部	1992	梁业森
		1994	金继运
		1997	刘小秧
		2003	唐华俊、李建国、张维理
		2005	周　卫、徐明岗、姜文来
农业部专业技术二级岗位专家	农业部	2009	黄鸿翔、梁业森、金继运、周　卫、梁永超
		2013	王道龙、何　萍
		2015	徐明岗
		2017	周清波
		2019	赵秉强、辛晓平、张　斌、罗其友
全国农业科研杰出人才	农业部	2011	周　卫、周清波
		2012	赵秉强
		2015	曹卫东、刘宏斌、何　萍、陈仲新
中央直接掌握联系的高级专家	农业部	2005	唐华俊、金继运
中国科学院百人计划入选者	中国科学院	2004	李召良
		2012	张　斌
浙江省杰出青年基金获得者	浙江省	2012	易可可
法国功勋与奉献金质奖章	法国功勋与奉献机构	2009	李召良

注：此表为2003年两所合并后曾在职的人才

六、获得省部级（含）以上先进工作者名录

授予年份	先进/荣誉称号	受表彰人
2004	国家中长期科学和技术发展规划战略研究重要贡献	姜瑞波
2004	农业部全国生态农业建设先进工作者	任天志
2004	农业部全国农村能源建设先进个人	毕于运
2005	农业部和中央国家机关巾帼建功先进个人	张维理
2006	农业部直属机关优秀共产党员	徐明岗

（续表）

授予年份	先进/荣誉称号	受表彰人
2007	农业部全国农业技术推广先进个人	金继运
2007	农业部全国测土配方施肥先进个人	白由路、杨俐苹、张继宗
2007	2004—2005 年度农业部优秀工会干部	白丽梅
2008	农业部十佳青年、中央国家机关十大杰出青年	何　萍
2008	2006—2007 年度农业部优秀党务工作者	白丽梅
2009	全国野外科技工作先进个人	辛晓平、左余宝
2011	农业部直属机关优秀党务工作者	白丽梅
2011	农业部直属机关优秀共产党员	郭同军
2011	农业部直属机关优秀共产党员	何　萍
2011	全国三八红旗手	何　萍
2011	中央国家机关十大杰出青年	何　萍
2012	2010—2011 年度农业部直属机关优秀共产党员	何　萍
2012	2010—2011 年度农业部直属机关优秀党务工作者	王道龙
2012	2009—2011 年度农业部优秀工会干部	徐晓慧
2012	2012 年全国粮食生产突出贡献农业科技人员	李茂松
2013	2013 年全国粮食生产突出贡献农业科技人员	李茂松
2014	全国三八红旗手	辛晓平
2014	全国民族团结进步模范个人	杨秀春
2014	农业部离退休干部先进个人	张夫道
2015	农业部工会优秀积极分子	肖碧林
2015	农业部离退休干部先进个人	宫连英
2015	青海省赴青博士服务团优秀成员	王　迪
2016	最美野外科技工作者	辛晓平
2016	中国生态文明奖先进个人	刘宏斌
2017	全国对口支援新疆先进个人	杨秀春
2017	2017 年度全国农资行业影响力人物	赵秉强
2017	2013—2016 年度农业部直属机关优秀共青团干部	肖碧林
2018	CCTV2018 年度科技创新人物	辛晓平
2018	农业农村部直属机关 2016—2017 年度优秀党务工作者	周振亚
2018	农工民主党北京市委员会 2018 年度反映社情民意信息工作优秀信息员、2017 年度参政议政工作先进个人、2017 年度社会服务工作先进个人、农工民主党 2018 年度理论宣传工作先进个人、农工党北京市委纪念中共中央发布"五一口号"70 周年征文二等奖	曹卫东
2018	"竭诚为民树形象，优化服务展风采"主题演讲比赛三等奖	李　华

（续表）

授予年份	先进/荣誉称号	受表彰人
2018	为氮肥工业发展做出突出贡献个人、2017 年度全国农资行业影响力人物	赵秉强
2018	2018 中国有机肥行业突出贡献人物	陈廷伟
2019	农业农村部离退休干部先进个人	宫连英
2019	九三学社北京市委员会 2017—2018 年度优秀社员	屈宝香
2019	中共呼伦贝尔市委员会、呼伦贝尔市人民政府 2018 年度优秀领导干部	陈宝瑞

七、获得集体奖励及荣誉目录

授予年份	荣誉及奖励称号	受表彰单位
2004	2003—2004 年度中国农业科学院文明单位	资划所
2004	中国农业科学院计划生育工作先进单位	资划所
2004	全国农业期刊一等奖	植物营养与肥料学报
2006	中国农业科学院先进妇女组织	资划所妇委会
2006	中国农业科学院先进基层党组织	资划所第二党支部
2007	2005—2006 年度中国农业科学院精神文明标兵单位	资划所
2007	2004—2005 年度农业部优秀工会工作奖	资划所
2007	中国农业科学院第五届职工运动会组织奖	资划所
2008	2007—2008 年度中国农业科学院精神文明标兵单位	资划所
2008	2006—2007 年度中国农业科学院先进基层党组织	资划所党委
2008	2005—2006 年度中国农业科学院先进妇女组织	资划所妇委会
2008	牵头组织院乒乓球队参加农业部比赛获总分第二名	资划所
2008	2006—2007 年度农业部先进基层党组织	资划所党委
2008	2007—2008 年度中国农业科学院先进基层党组织	资划所党委
2008	2007 年度人事劳动统计工作先进单位	资划所
2009	全国野外科技工作先进集体	资划所祁阳站
2009	2006—2008 年度中国农业科学院优秀工会工作奖	资划所工会
2009	中国农业科学院先进基层妇女组织奖	资划所妇委会
2009	2008—2009 年度农业部文明单位	资划所
2010	2009 年度中央国家机关文明单位，2013 年通过复审继续保留中央国家机关文明单位	资划所
2010	2008—2009 年度中国农业科学院先进基层党组织	资划所党委
2010	第一次全国污染源普查先进集体	资划所

（续表）

授予年份	荣誉及奖励称号	受表彰单位
2011	"十一五"国家科技计划执行优秀团队	"我国1∶5万土壤图籍编撰及高精度数字土壤构建"研究团队
2011	中央国家机关先进基层党组织	资划所党委
2011	2009—2011年度农业部先进基层党组织	资划所党委
2011	农业部广播体操比赛三等奖	资划所
2011	中国农业科学院先进基层团组织	资划所团支部
2011	2010年度中国农业科学院人事劳动统计工作先进单位	资划所
2011	2009—2010年度中国农业科学院精神文明单位标兵	资划所
2012	2010—2012年度中国农业科学院文明单位	资划所
2012	2011—2012年度中央国家机关青年文明号 2011—2012年度农业部青年文明号	呼伦贝尔站
2012	2010—2011年度中国农业科学院先进基层党组织	资划所党委
2012	2009—2011年度农业部先进基层团组织	资划所团支部
2012	2009—2011年度农业部优秀工会奖 2009—2011年度中国农业科学院优秀工会奖	资划所
2012	中国农业科学院两研会2011—2012年度论文二等奖、论文优秀奖	资划所
2012	中国农业科学院2011年度信息宣传工作先进单位	资划所
2012	2010—2012年度农业部文明单位	资划所
2012	2011年度人事劳动统计工作先进单位	资划所
2013	全国农业先进集体	祁阳站
2013	2012年度中国农业科学院党建信息报送先进单位	资划所
2013	中国农业科学院2012年度信息宣传工作先进单位	资划所
2013	2013年度中国农业科学院人事统计先进单位	资划所
2013	2011—2012年度中国农业科学院先进基层妇女组织	资划所妇委会
2014	中国农业科学院"魅力巾帼芳耀农科"赛诗会二等奖	资划所
2014	2014年度农业部先进基层服务型党组织 2012—2013年度中国农业科学院先进基层党组织	资划所党委
2014	2014年度北下关地区交通安全先进单位	资划所
2014	2012—2013年度中国农业科学院先进基层团组织	资划所团支部
2014	中国农业科学院"创新杯"篮球赛女子定点投篮冠军 中国农业科学院"创新杯"篮球赛男子团体第六名	资划所
2014	中国农业科学院2014年"创新杯"职工篮球赛特别贡献奖	资划所
2015	2013—2014年度全国文明单位，2017年通过复审继续保留全国文明单位	资划所
2015	2012—2014年度首都文明单位	资划所
2015	中央国家机关24式太极拳比赛一等奖	资划所

（续表）

授予年份	荣誉及奖励称号	受表彰单位
2015	中国农业科学院足球比赛亚军	资划所
2015	2013—2014 年度中国农业科学院科技传播先进单位	资划所
2015	中国农业科学院研究生院研究生管理工作先进单位	资划所
2015	北下关地区安委会交通安全先进单位	资划所
2016	2011—2015 年度中国农业科学院离退休工作先进集体	资划所
2016	2014—2015 年度中国农业科学院先进集体	草地生态遥感团队
2016	2014—2015 年度农业部直属机关先进基层党组织	资划所第一党支部
2016	2014—2015 年度中国农业科学院先进基层党组织	资划所第一党支部
2016	中国农业科学院跨越杯足球赛冠军	资划所
2017	2015—2017 年中国农业科学院文明单位	资划所
2017	2017 年度国家农产品质量安全重大专项优秀集体	农业部微生物产品质量安全风险评估实验室（北京）
2017	第四届中国精品科技期刊	植物营养与肥料学报
2018	创新文化建设先进单位	资划所
2018	中巴地球资源卫星（CBERS）项目突出贡献单位	资划所
2018	"放歌新时代"农业农村部职工文艺汇演一等奖	资划所
2018	中国农业科学院第七届职工运动会团体第 5 名、职工运动会精神文明奖	资划所
2018	中国农业科学院群众性体育活动先进单位	资划所
2018	2015—2016 年科技传播先进单位	资划所
2018	中国农业科学院人事部门能力建设培训班优秀学习小组	人事处
2018	2016—2017 年度"先进基层党组织"	资划所第二党支部
2019	2017—2018 年度全国青年文明号	呼伦贝尔站
2019	中国农业科学院 2017—2018 年度科技传播工作先进单位	资划所
2019	中国农业科学院 2019 年度信息化发展水平综合评估优秀单位	资划所
2019	中国农业科学院"2018 年度纪检工作先进集体"	资划所纪委
2019	中国农业科学院"迎接新中国成立 70 周年乒乓球团体赛"第一名	资划所
2019	中国农业科学院第四届职工羽毛球团体赛第五名	资划所
2019	中国农业科学院职工健步走"优秀组织奖"与"凯旋奖"	资划所
2019	中国农业科学院离退休职工"庆祝新中国成立 70 周年"主题征文书画摄影活动优秀组织奖	资划所
2019	中国农业科学院优秀创新团队	智慧农业（农业遥感）团队
2019	2019 中国国际影响力优秀学术期刊	中国农业资源与区划
2019	中国农业科学院青年文明号	智慧农业团队
2019	中国农业科学院离退休干部先进集体	离退休三支部

（续表）

授予年份	荣誉及奖励称号	受表彰单位
2019	中国农业科学院"五四"红旗团组织	资划所团支部

八、历届人大代表、党代表与政协委员名录

会议类别	代表类别	姓名	任职时间
第十届全国政治协商会议	全国政协委员	黄鸿翔	2003—2008
第十一届全国政治协商会议	全国政协委员	黄鸿翔	2008—2013
中国共产党第十八次全国代表大会	党代表	何　萍	2012—2017

九、获奖科技成果目录

序号	获奖成果名称	获奖类别及等级	获奖年份	完成人
1	中国粮食总量平衡与区域布局调整研究	北京市科学技术奖二等奖	2003	王道龙、屈宝香、周旭英、张华、马兴林、蒋湘梅、佟艳杰、于慧梅、任天志
2	冬牧70黑麦种养殖与农业结构调整技术示范	全国农牧渔业丰收奖三等奖	2003	王道龙、王文祯、徐斌、周旭英、毕于运、马兴林、吴永常、史君、苏胜娣、刘佳
3	可持续发展条件下资源资产理论与实践研究	中国农业科学院科技成果二等奖	2003	姜文来、杨瑞珍、罗其友、陶陶、唐曲、李建平、雷波
4	双季稻田肥料氮的去向与环保型施肥新技术	中国农业科学院科技成果二等奖	2003	徐明岗、秦道珠、王伯仁、高菊生、李冬初、邹长明、李菊梅、申华平、曾希柏、文石林、黄平娜
5	中国不同地区农牧结合模式与前景	全国农业资源区划优秀科技成果奖	2003	梁业森、周旭英、李育慧、关喆、李应中、张乐昌、曾大昭、张小川、潘雨乐、叶立明
6	燕山地区农牧系统耦合发展的研究	河北省山区创业二等奖	2003	刘国栋、邱建军、赵国强、刘彦
7	我国东南沿海地区"稻菇畜"结合可持续农业技术示范及推广	全国农牧渔业丰收奖一等奖	2004	王道龙、胡清秀、周旭英、曾希柏、魏顺义、苏胜娣、任天志
8	作物硫钙营养研究与应用	北京市科学技术奖一等奖	2004	周卫、李书田、林葆、魏丹、刘光荣、朱平、李早东、孙克刚、高义民、戴万宏
9	西藏自治区农牧业特色产业发展研究	北京市科学技术奖二等奖	2004	唐华俊、邱建军、魏顺义、周旭英、屈宝香、陶陶、甘寿文、李建平、庄银正
10	可持续发展条件下资源资产理论与实践研究	北京市科学技术奖三等奖	2004	姜文来、杨瑞珍、罗其友、陶陶、唐曲、李建平、雷波

（续表）

序号	获奖成果名称	获奖类别及等级	获奖年份	完成人
11	西部农村科技传播与普及体系研究	北京市科学技术奖三等奖	2004	陈印军、杨瑞珍、尹昌斌
12	西藏自治区农牧业特色产业发展研究	中国农业科学院科技成果一等奖	2004	唐华俊、邱建军、魏顺义、周旭英、屈宝香、陶陶、甘寿文、李建平、庄银正
13	作物硫钙营养研究与应用	中国农业科学院科技成果一等奖	2004	周卫、李书田、林葆、陈见晖、汪洪
14	微生物肥料标准研制和应用	中国农业科学院科技成果二等奖	2004	李俊、沈德龙、姜昕、曹凤明、李力、朱昌雄、冯瑞华、杨小红、关大伟、葛诚、张玉洁、樊惠、陈慧君、葛一凡
15	主要作物硫钙营养特性机制与肥料高效施用技术	国家科学技术进步奖二等奖	2005	周卫、李书田、林葆、魏丹、刘光荣、朱平、李早东、孙克刚、高义民
16	中国土地利用/土地覆盖变化研究	北京市科学技术奖二等奖	2005	唐华俊、陈佑启、邱建军、陈仲新、王立刚
17	环境友好型肥料研制与产业化	中国农业科学院科技成果二等奖	2005	赵秉强、张福锁、廖宗文、李菂萍、徐秋明、姜瑞波、曹一平、许秀成、李燕婷、张夫道、陈凯、王德汉、王好斌、李秀英、范丙全
18	长期施肥红壤质量演变规律与复合调理技术	中国农业科学院科技成果二等奖	2005	徐明岗、王伯仁、李菊梅、曾希柏、赵林萍、高菊生、蒋德元、秦道珠、陈福兴、王水生、申华平、黄佳良、文石林、黄平娜、孙小凤
19	地方科技工作发展战略研究	北京市科学技术奖三等奖	2006	申茂向、尹昌斌、王道龙、任天志、邱建军、卢琦、黄丽娅、郭晓林、李纪珍、屈宝香、林涛、胡志全、赵爱云、周颖、黄鹤羽
20	红壤丘陵区草畜综合发展配套技术	湖南省科技进步奖三等奖	2006	文石林、徐明岗、常嵩华、黄平娜、高菊生、李菊梅
21	农业微生物菌种资源收集鉴定整理与保藏	中国农业科学院科技成果一等奖	2006	姜瑞波、顾金刚、张晓霞、李世贵、马晓彤、宁国赞、阮志勇、张瑞颖、张金霞、左雪梅、王爱民
22	中国草业生产管理网络化信息系统	中国农业科学院科技成果二等奖	2006	辛晓平、邓庆海、王宗礼、张保辉、张海林、姚艳敏
23	地方科技工作发展战略研究	中国农业科学院科技成果二等奖	2006	申茂向、尹昌斌、王道龙、任天志、邱建军、卢琦、董丽娅、郭晓林、李纪珍、屈宝香、林涛、胡志全、赵爱云、周颖、黄鹤羽

（续表）

序号	获奖成果名称	获奖类别及等级	获奖年份	完成人
24	环境友好型肥料研制与产业化	北京市科学技术奖三等奖	2006	赵秉强、张福锁、廖宗文、李菊萍、徐秋明、姜瑞波、曹一平、许秀成、李燕婷、张夫道、陈凯、王德汉、王好斌、李秀英、毛小云
25	环境友好型肥料研制与产业化	中华农业科技奖二等奖	2007	赵秉强、张福锁、廖宗文、李菊萍、徐秋明、姜瑞波、曹一平、许秀成、李燕婷、张夫道、陈凯、王德汉、王好斌、李秀英、毛小云
26	数字草业技术平台研究与示范	中华农业科技奖二等奖	2007	唐华俊、辛晓平、杨桂霞、邹金秋、张保辉、陈全功、刘佳、春亮、梁天刚、陈仲新、周清波、苏胜娣、张宏斌、陈宝瑞、陈金明
27	农业微生物菌种资源收集鉴定整理与保藏	中华农业科技奖三等奖	2007	姜瑞波、顾金刚、张晓霞、李世贵、马晓彤、宁国赞、阮志勇、张瑞颖、张金霞、左雪梅、王爱民、梁绍芬、刘慧琴、黄晨阳、吴胜军、范丙全、徐晶、牛永春、郭好礼、管南珠
28	长期施肥红壤质量演变规律与复合调理技术	中华农业科技奖三等奖	2007	徐明岗、王伯仁、李菊梅、曾希柏、赵林萍、高菊生、蒋德元、秦道珠、陈福兴、王水生、申华平、黄佳良、文石林、黄平娜、孙小凤
29	大田作物专用缓/控释肥料技术	中华农业科技奖一等奖	2008	张夫道、王玉军、张建峰、史春余、刘秀梅、肖强、王茹芳、何绪生、张树清、邹绍文、杨俊诚、刘蕴贤、徐庆海、黄培钊、段继贤、王学江、于华熙、徐德威、鲁守尊、黄滨
30	国家级农情遥感监测信息服务系统研究与开发	中华农业科技奖三等奖	2008	周清波、陈仲新、王长耀、李林、刘佳、姚艳敏、邹金秋、杨桂霞
31	农区水污染调查评价与富营养化水体治理技术研究	中华农业科技奖三等奖	2008	任天志、邱建军、王立刚、王道龙、王迎春、张士功、屈宝香、周旭英、白可喻、王宗礼
32	中国北方草地监测管理数字技术平台研究与示范	北京市科学技术奖三等奖	2008	辛晓平、唐华俊、王道龙、杨桂霞、张保辉、陈全功
33	国家级农情遥感监测信息服务系统研究与开发	北京市科学技术奖三等奖	2008	周清波、陈仲新、王长耀、刘佳、李林、姚艳敏
34	中国草原植被遥感监测关键技术研究与应用	中华农业科技奖一等奖	2009	徐斌、杨秀春、覃志豪、刘海启、陶伟国、缪建明、王道龙、杨智、朱晓华、杨季、刘佳、高懋芳、陈佑启、张莉、居为民

（续表）

序号	获奖成果名称	获奖类别及等级	获奖年份	完成人
35	多种功能高效生物肥料研究与应用	中华农业科技奖一等奖	2009	范丙全、李顺鹏、吴海燕、隋新华、杨苏声、龚明波、刘巧玲、邢少辰、何健、崔凤俊、王磊、李力、蒋建东、曾昭海、孙淑荣
36	生态农业标准体系及重要技术标准研究	北京市科学技术奖三等奖	2009	邱建军、任天志、王立刚、唐春福、屈锋、黄武
37	土面液膜覆盖保墒技术	北京市科学技术奖三等奖	2009	蔡典雄、武雪萍、吴会军、王小彬、张建君、查燕
38	食用菌品种多相鉴定鉴别技术体系	北京市科学技术奖三等奖	2009	张金霞、黄晨阳、郑素月、张瑞颖、管桂萍、左雪梅
39	矫正推荐施肥技术	北京市科学技术奖三等奖	2009	张维理、张怀志、张燕卿、岳现录、张认连、冀宏杰
40	基于 MODIS 的中国草原植被遥感监测关键技术研究与应用	北京市科学技术奖二等奖	2009	徐斌、杨秀春、覃志豪、刘海启、陶伟国、缪建明、王道龙、杨智、朱晓华、杨季
41	红壤酸化防治技术推广与应用	全国农牧渔业丰收奖一等奖	2010	徐明岗、王伯仁、张会民、李本荣、管建新、蔡开地、何天春、文石林、聂军、彭春瑞、谭宏伟、孙楠、董春华、伍斌、赖赚生、刘志平、梁鸿宁、罗涛、匡红梅、李铁球、杨震、夏海敖、贺海滨、谢堂军、周志成
42	新型生态修复功能材料技术与产业化应用	环境保护科学技术奖二等奖	2010	张夫道、王玉军、张建峰、张树清、杨俊诚、吕明磊、赖涛、张俊清、史春余
43	防堵渗灌系统研制与应用	中国农业科学院科技成果二等奖	2010	逄焕成、梁业森、李玉义、刘彧、王秀珍
44	施肥与改良剂修复 Pb Cd 污染土壤技术研究与产品应用	中华农业科技奖一等奖	2011	徐明岗、罗涛、曾希柏、杨少海、李菊梅、黄东风、艾绍英、王伯仁、宋正国、何盈、包耀贤、张青、张文菊、刘平、王艳红、张晴、孙楠、武海雯、申华平、张会民
45	生态农业标准体系及重要技术标准研究与应用	中华农业科技奖二等奖	2011	邱建军、任天志、王立刚、唐春福、屈锋、黄武、张士功、李金才、高春雨、李哲敏、李惠斌、甘寿文、徐兆波、窦学诚、谢列先
46	主要农作物遥感监测关键技术研究及业务化应用	国家科学技术进步奖二等奖	2012	唐华俊、王长耀、周清波、毛留喜、刘海启、陈仲新、刘佳、张庆员、吴文斌、王利民
47	我国主要植烟土壤氮素矿化特性与供氮潜力及应用研究	国家烟草总局科技进步奖三等奖	2012	李志宏、石俊雄、王树会、张忠锋、张云贵、刘青丽、王鹏、石屹、夏海乾、尚志强

（续表）

序号	获奖成果名称	获奖类别及等级	获奖年份	完成人
48	草原植被及其水热生态条件遥感监测理论方法与应用	北京市科学技术奖三等奖	2012	徐斌、杨秀春、李召良、覃志豪、王道龙
49	低成本易降解肥料用缓释材料创制与应用	国家技术发明奖二等奖	2013	张夫道、张建峰、杨俊诚、王玉军、黄培钊、王学江
50	全国集中连片特殊困难地区划分研究	国务院扶贫办友成扶贫科研成果特等奖	2013	邱建军、高明杰、罗其友、刘洋、陶陶
51	食用菌对农业废弃物多级循环利用技术集成与示范推广	全国农牧渔业丰收奖一等奖	2013	胡清秀、翁伯琦、黄秀声、张瑞颖、卢政辉、罗涛、雷锦桂、邹亚杰、林代炎、王煌平、张怀民、吴飞龙、谢艳丽、陈钟佃、侯桂森、李怡彬、韩林、刘志平、蔡建兴、雷建华、耿耿、杨涛、苏贵平、石神炳、刘兆辉
52	稻田绿肥—水稻高产高效清洁生产体系集成及示范	中华农业科技奖一等奖	2013	曹卫东、徐昌旭、聂军、耿明建、林新坚、刘春增、郭熙盛、鲁剑巍、王允青、潘兹亮、王建红、高菊生、张辉、陈云峰、鲁明星、吕玉虎、苏金平、廖育林、刘英、谢志坚
53	瘠薄土壤熟化过程级定向快速培育技术研究与应用	中华农业科技奖二等奖	2013	卢昌艾、高菊生、孙建光、李菊梅、张会民、田有国、孙楠、聂军、韩宝文、徐明岗、张淑香、张文菊、王伯仁、段英华、李桂花
54	GB/T 17296—2009《中国土壤分类与代码》	中国标准创新贡献奖二等奖	2013	田有国、姚艳敏、李小林、黄鸿翔、徐爱国、张认连、江洲、章士炎
55	农业综合生产能力与资源保障研究	中华农业科技奖三等奖	2013	罗其友、高明杰、姜文来、张晴、屈宝香、周旭英、周振亚、唐曲、陶陶、李建平
56	农业知识产权战略决策支撑系统	中华农业科技奖三等奖	2013	宋敏、朱岩、寇建平、林祥明、吕波、刘平、孙洪武、陈超、刘丽军、孙俊立
57	农业知识产权战略决策支撑信息系统	北京市科学技术奖三等奖	2013	宋敏、朱岩、寇建平、林祥明、吕波、刘平、刘丽军、任静、赵军、刘莉、王磊、丁玲、任欣欣
58	我国农田土壤有机质演变规律与提升技术	中国农业科学院科技成果一等奖	2013	徐明岗、张文菊、黄绍敏、朱平、杨学云、边全乐、黄庆海、聂军、石孝均、吴春艳、娄翼来
59	农业旱涝灾害遥感监测技术	国家科学技术进步奖二等奖	2014	唐华俊、黄诗峰、霍治国、黄敬峰、陈仲新、吴文斌、杨鹏、李召良、刘海启、李正国

（续表）

序号	获奖成果名称	获奖类别及等级	获奖年份	完成人
60	西北沿黄灌区盐碱地改良关键技术研究与应用	中国农业科学院科技成果一等奖	2014	逄焕成、李玉义、王婧、杨思存、张永宏、赵永敢、付金民、张建丽、靳存旺
61	中国秸秆资源评价与应用	中国农业科学院科技成果二等奖	2014	毕于运、王亚静、王瑞波、高春雨、刘海启、郝先荣、方放、闫成、李刚、王红彦、韩昀、熊凤山、杨海燕、李砚飞、李建政
62	主要粮食产区农田土壤有机质演变与提升综合技术及应用	国家科学技术进步奖二等奖	2015	徐明岗、张文菊、魏丹、黄绍敏、朱平、杨学云、聂军、石孝均、辛景树、黄庆海
63	全国农田氮磷面源污染监测技术体系的创建与应用	中华农业科技奖一等奖	2015	任天志、刘宏斌、范先鹏、邹国元、翟丽梅、胡万里、张富林、杜连凤、王洪媛、郑向群
64	食用菌菌种资源及其利用的技术链研究与产业化应用	中华农业科技奖一等奖	2015	张金霞、黄晨阳、陈强、高巍、王波、谢宝贵、赵永昌、赵梦然、张瑞颖、黄忠乾、江玉姬、陈为民、邬向丽、刘秀明、鲜灵
65	农田面源氮磷流失监测及减排技术研究与应用	北京市科学技术奖二等奖	2015	刘宏斌、邹国元、任天志、欧阳喜辉、翟丽梅、杜连凤、王洪媛、施卫明、黄宏坤、高月香
66	幼龄林果园地红壤退化生态修复关键技术研究与应用	中华农业科技奖三等奖	2015	文石林、孙楠、王兴祥、张杨珠、戴传超、周卫军、张璐、罗涛、孙刚、申华平
67	小麦玉米一次性施肥技术与产品研制及应用	中华农业科技奖三等奖	2015	逄焕成、衣文平、李玉义、肖强、周明贵、吴江、王婧、李华、周小薇、梁业森
68	双控复合型缓释肥料及其制备方法	第十七届中国发明专利优秀奖	2015	赵秉强、李燕婷、李秀英、李小平、王丽霞
69	南方低产水稻土改良与地力提升关键技术	中国农业科学院科技成果奖杰出科技创新奖	2015	周卫、李双来、徐芳森、吴良欢、杨少海、秦鱼生、何艳、张玉屏、余喜初、李录久、梁国庆、王秀斌、孙静文、林新坚、蔡红梅
70	农田面源污染国控监测网的构建与运行	中国农业科学院科技成果奖杰出科技创新奖	2015	任天志、刘宏斌、方放、张继宗、习斌、陈安强、罗春燕、张敬锁、李晓华、周洁、潘泉、浦碧雯、黄翀、欧计寅、阳路芳
71	南方低产水稻土改良与地力提升关键技术	国家科学技术进步奖二等奖	2016	周卫、李双来、杨少海、吴良欢、梁国庆、徐芳森、秦鱼生、何艳、张玉屏、李录久
72	一种腐植酸复合缓释肥料及其生产方法	第十八届中国发明专利优秀奖	2016	赵秉强、李燕婷、林治安、袁亮、李秀英、王丽霞

（续表）

序号	获奖成果名称	获奖类别及等级	获奖年份	完成人
73	国产 GF-1 卫星冬小麦面积遥感监测技术	中国农业科学院科技成果奖杰出科技创新奖	2016	刘佳、王利民、李丹丹、滕飞、杨玲波、王飞、刘跃辰、陈仲新、邵杰、杨福刚、邓辉、高建孟、邹金秋
74	全国农田氮磷面源污染监测技术体系创建与应用	国家科学技术进步奖二等奖	2017	任天志、刘宏斌、范先鹏、邹国元、翟丽梅、胡万里、张富林、杜连凤、王洪媛、郑向群
75	食用菌种质资源鉴定评价技术与广适性品种选育	国家科学技术进步奖二等奖	2017	张金霞、黄晨阳、陈强、高巍、王波、谢宝贵、赵永昌、赵梦然、张瑞颖、黄忠乾
76	一种腐植酸尿素及其制备方法	第十九届中国发明专利优秀奖	2017	赵秉强、袁亮、李燕婷、林治安、温延臣、李娟
77	西北黄灌区盐碱地高效改良利用关键技术	中华农业科技奖二等奖	2017	逢焕成、李玉义、任天志、陈阜、王婧、张建丽、林淑华、杨思存、付金民、张永宏、赵永敢、刘景辉、靳存旺、严慧峻、魏由庆
78	施肥制度与土壤可持续利用	北京市科学技术奖三等奖	2017	赵秉强、李娟、温延臣、刘恩科、林治安、刘鹏
79	牧场监测管理数字技术研究与应用	中华农业科技奖一等奖	2017	辛晓平、闫瑞瑞、刘爱军、陈晋、王旭、阿斯娅. 曼里克、徐丽君、高新华、毛克彪、曹鑫、陈宝瑞、宋萍、闫玉春、王道龙、高娃、唐华俊、杨桂霞、郑逢令、沈秒根、王东亮
80	我国典型区域农田酸化特征及其防治技术与应用	中华农业科技奖一等奖	2017	徐明岗、周世伟、崔勇、文石林、邵华、任意、聂军、彭春瑞、李志明、刘延生、陀少芳、孟远夺、杨锡良、周海燕、薛彦东、蔡泽江、孙楠、王伯仁、廖育林、杨琳
81	我国典型区域农田酸化特征及其防治技术与应用	中国农业科学院科技成果奖杰出科技创新奖	2017	徐明岗、周世伟、崔勇、文石林、张会民、任意、聂军、彭春瑞、杨锡良、周海燕、蔡泽江、孙楠、王伯仁、段英华、申华平
82	农业遥感关键参数反演算法研究	中国农业科学院科技成果奖青年科技创新奖	2017	毛克彪、李召良、覃志豪
83	我国典型红壤区农田酸化特征及防治关键技术构建与应用	国家科学技术进步奖二等奖	2018	徐明岗、徐仁扣、周世伟、马常宝、李九玉、文石林、鲁艳红、彭春瑞、张青、詹绍军
84	一种腐植酸增效磷铵及其制备方法	第二十届中国发明专利优秀奖	2018	赵秉强、李燕婷、袁亮、林治安、温延臣
85	一种海藻酸增效尿素及其生产方法与用途	第二十届中国发明专利优秀奖	2018	袁亮、赵秉强、李燕婷、林治安、温延臣

（续表）

序号	获奖成果名称	获奖类别及等级	获奖年份	完成人
86	我国主要农作物区域专用复合肥料研制与产业化	北京市科学技术奖一等奖	2018	赵秉强、李燕婷、袁亮、林治安
87	我国主要农作物区域专用复合肥料研制与产业化关键技术	中国农业科学院科技成果奖杰出科技创新奖	2018	赵秉强、沈兵、袁亮、林治安、李燕婷、黄培钊、王金铭、王礼龙、郑秀兴、张运森、段继贤、张兵印、马凯、车升国、石学勇
88	京津冀地区生态环境用水遥感监测关键技术创新与应用	北京市科学技术奖三等奖	2018	李召良、唐荣林、邸苏闯、董大明、李小涛、姜小光
89	地表水热关键参数热红外遥感反演理论与方法	国家自然科学奖二等奖	2019	李召良、唐伯惠、唐荣林、周成虎、吴骅
90	农田温室气体监测体系创建与稳产减排技术应用	中华农业科技奖二等奖	2019	王立刚、徐慧、颜晓元、巨晓棠、郑循华、徐钰、陈宝雄、王迎春、孟凡乔、刘慧颖、马静、刘春岩、马友华、吕晓东、江丽华、陈金、潘志华、孙玉芳、宋振伟、李虎
91	神农中华农业科技奖优秀创新团队奖	中华农业科技奖一等奖	2019	徐明岗、卢昌艾、张文菊、张淑香、张会民、孙楠、段英华、王旭、刘红芳、李桂花、保万魁、邬磊
92	主要粮食作物养分资源高效利用关键技术	中华农业科技奖一等奖	2019	周卫、何萍、艾超、孙建光、黄绍文、王玉军、孙静文
93	主要粮食作物化肥减施增效关键技术	中国农业科学院科技成果奖杰出科技创新奖	2019	周卫、何萍、艾超、孙建光、黄绍文、王玉军、孙静文、徐新朋、仇少君、王秀斌、赵士诚、梁国庆
94	农业干旱监测关键参数定量遥感反演方法研究	中国农业科学院科技成果奖青年科技创新奖	2019	段四波、冷佩、高懋芳、李召良

十、主要著作目录

序号	著作名称	编著（译）者	出版时间	出版社
1	湿地	姜文来、袁军	2003	气象出版社
2	农业资源利用与区域可持续发展研究2002卷	唐华俊	2003	中国农业科学技术出版社
3	西部农村科技传播与普及体系研究	陈印军、杨瑞珍	2003	中国农业科学技术出版社
4	西藏自治区农牧业特色产业发展研究	邱建军	2003	中国农业科学技术出版社
5	食物供求农业结构调整可持续发展	唐华俊、钱小平、刘志仁、屈宝香	2003	气象出版社

（续表）

序号	著作名称	编著（译）者	出版时间	出版社
6	Sustainable Agricultural Development RUS	唐华俊、任天志、陈佑启	2003	气象出版社
7	中国农业土地资源利用	唐华俊	2003	气象出版社
8	西藏自治区林芝县天然林资源与保护	徐　斌、杨　修	2003	中国环境科学出版社
9	中国肥料产业研究报告	金继运	2003	中国财政经济出版社
10	水资源管理学导论	姜文来、杨瑞珍	2004	化学工业出版社
11	中国粮食总量平衡与区域布局调整研究	王道龙、屈宝香	2004	气象出版社
12	化肥与无公害农业	林　葆	2004	中国农业出版社
13	农业资源利用与区域可持续发展研究2003卷	唐华俊	2004	中国农业科学技术出版社
14	草原保护建设和饲料生产加工	徐　斌	2004	中国科学技术出版社
15	中国土地利用、土地覆盖变化研究	邱建军、陈仲新	2004	中国农业科学技术出版社
16	资源遥感与数字农业：3S技术与农业应用	唐华俊、周清波	2005	中国农业科学技术出版社
17	可持续农业概论	王道龙、任天志、吴永常	2005	气象出版社
18	中国农业菌种目录（2005年版）	姜瑞波、张晓霞	2005	中国农业科学技术出版社
19	红壤特性与高效利用	徐明岗	2006	中国农业科学技术出版社
20	高效土壤养分测试技术与设备	金继运	2006	中国农业出版社
21	中国土壤生物演变及安全评价	张夫道	2006	中国农业出版社
22	食用菌菌种生产与管理手册	张金霞	2006	中国农业出版社
23	食用菌技术标准汇编	张金霞	2006	中国标准出版社
24	城市化之动力	钟秀明、武雪萍	2006	中国经济出版社
25	农业区域发展论	罗其友、陶　陶	2006	气象出版社
26	测土配方施肥原理与实践	白由路、杨俐苹	2007	中国农业出版社
27	无公害食用菌安全生产手册	张金霞、黄晨阳	2007	中国农业出版社
28	The Effect of Different Tillage Practices on Soil Erosion, Nutrient Loses and Nitrogen Dynamics in the Chinese Loess Plateau	金　轲	2007	Proefschrift Universiteit Gent
29	绿色水利：水资源与环境新论	姜文来	2007	中国水利水电出版社

（续表）

序号	著作名称	编著（译）者	出版时间	出版社
30	Simulation of Soil Organic Carbon Storage and Changes in Agricultural Cropland in China and its Impact on Food Security（中国耕地土壤有机碳储量变化及其对粮食安全影响的模拟研究）	唐华俊	2007	China Meteorological Press（气象出版社）
31	都市型农业产业发展研究——以北京市房山区为例	郭淑敏	2007	中国农业出版社
32	基于热红外和微波数据的地表温度和土壤水分反演算法研究	毛克彪	2007	中国农业科学技术出版社
33	绿肥种质资源描述规范和数据标准	曹卫东	2007	中国农业出版社
34	微生物肥料生产及其产业化	葛　诚、李　俊	2007	化学工业出版社
35	社会发展科技战略研究	陈印军、杨瑞珍	2007	中国农业科学技术出版社
36	西藏农牧业增长方式研究	课题组	2007	中国农业出版社
37	中国北方地区节水种植模式	逄焕成、李玉义	2008	中国农业科学技术出版社
38	农业综合生产能力与资源保障研究	唐华俊	2008	中国农业出版社
39	中国草地综合生产能力研究	周旭英	2008	中国农业科学技术出版社
40	生态农业标准体系及重要技术标准研究	邱建军、任天志	2008	中国农业出版社
41	北京市门头沟区王平镇都市型现代农业发展规划 2007—2020	覃志豪	2008	中国农业科学技术出版社
42	循环农业发展理论与模式	尹昌斌、周　颖	2008	中国农业出版社
43	耕地质量演变趋势研究	徐明岗、张淑香	2008	中国农业科学技术出版社
44	长期施肥土壤钾素演变	张会民、徐明岗	2008	中国农业出版社
45	中国秸秆资源评价与利用	毕于运	2008	中国农业科学技术出版社
46	我国中部生态脆弱带生态建设与农业可持续发展研究	毕于运、王道龙	2008	气象出版社
47	我国中东部粮食主产区粮食综合生产能力研究	郭淑敏、陈印军	2008	中国农业出版社
48	中国土地制度的经济学分析	宋　敏	2008	中国农业出版社
49	食品供给与安全性	宋　敏	2008	中国农业科学技术出版社
50	肥料合理施用与配制技术	梁业森	2008	科学普及出版社
51	节水农作制度理论与技术	唐华俊	2008	中国农业科学技术出版社
52	食用菌菌种生产规范技术	张金霞	2008	中国农业出版社
53	水知识读本（高中版）	姜文来	2008	科学普及出版社

（续表）

序号	著作名称	编著（译）者	出版时间	出版社
54	水知识读本（教师版）	姜文来	2008	科学普及出版社
55	农业区域发展学导论	唐华俊	2008	科学出版社
56	生态农业标准体系与循环农业发展全国学术研讨会论文集	邱建军、任天志	2008	气象出版社
57	中国秸秆资源综合利用技术	毕于运	2008	中国农业科学技术出版社
58	循环农业 100 问	尹昌斌、周　颖	2009	中国农业出版社
59	秸秆综合利用 100 问	高春雨、毕于运	2009	中国农业出版社
60	江西省吉安市农业产业化发展规划（2010—2025 年）	覃志豪	2009	中国农业科学技术出版社
61	中国食用菌产业科学与发展	张金霞	2009	中国农业出版社
62	食用菌技术 100 问	食用菌课题组	2009	中国农业出版社
63	中国粮食生产区域布局优化研究	陈印军	2009	中国农业科学技术出版社
64	中国区域粮食发展研究	卢　布、陈印军	2009	中国农业出版社
65	地理信息系统及其在土壤养分管理中的应用	白由路	2009	中国农业科学技术出版社
66	作物叶面施肥技术与应用	李燕婷	2009	北京科学出版社
67	水资源探秘	姜文来	2009	中国水利水电出版社
68	绿洲农区城市化模式研究	尤　飞	2009	中国农业出版社
69	微生物菌种资源描述规范汇编	微生物菌种资源项目组	2009	中国农业科学技术出版社
70	农田土壤培肥	徐明岗	2009	科技出版社
71	中国华北地区集约化农业环境战略：技术对策	本书编委会	2009	中国农业出版社
72	农业资源与农业区划研究所科技成果汇编（1985—2007）	苏胜娣	2009	中国农业科学技术出版社
73	中国区域性耕地资源变化影响评价与粮食安全预警研究	陈佑启、姚艳敏、何英彬	2010	中国农业科学技术出版社
74	养生好食材：食用菌	黄晨阳	2010	中国农业出版社
75	农业区域协调发展评价研究	罗其友	2010	中国农业科学技术出版社
76	城乡统筹发展研究	罗其友、高明杰	2010	气象出版社
77	现代农业综合开发示范区发展研究：以安徽省颍上县红星示范区为例	李建平	2010	中国农业科学技术出版社
78	陕西省榆林现代农业科技示范园建设规划	覃志豪	2010	中国农业科学技术出版社
79	中国北方节水高效农作制度	蔡典雄、武雪萍	2010	科学出版社

（续表）

序号	著作名称	编著（译）者	出版时间	出版社
80	典型地区耕地流转的模式与农户行为研究	易小燕	2010	中国农业科学技术出版社
81	农业知识产权	宋　敏	2010	中国农业出版社
82	日本环境友好型农业研究	宋　敏	2010	中国农业出版社
83	中国主要农区绿肥作物生产与利用技术规程	曹卫东	2010	中国农业科学技术出版社
84	肥料使用技术手册	曹卫东	2010	金盾出版社
85	有机肥加工与施用	曹卫东	2010	化学工业出版社
86	新时期西部地区农业科技推广体系研究	苏胜娣	2010	中国农业科学技术出版社
87	节水节肥型多熟超高产理论与技术	逢焕成	2010	科学出版社
88	绿肥在中国现代农业发展中的探索与实践	曹卫东	2011	中国农业科学技术出版社
89	农业规划编制概论	卢　布	2011	中国农业科学技术出版社
90	中国农业功能区划研究	唐华俊、罗其友等	2011	中国农业出版社
91	北方草地及农牧交错生态—生产功能分析与区划	王道龙、辛晓平等	2011	中国农业科学技术出版社
92	农民教育与农村可持续发展研究	张　晴	2011	陕西人民出版社
93	中国水产资源综合生产能力研究	屈宝香	2011	气象出版社
94	中国农业资源区划30年	中国农业科学院资源区划所	2011	中国农业科学技术出版社
95	扶贫开发与青藏高原减灾避灾产业发展研究	范小建、唐华俊、邱建军等	2011	中国农业出版社
96	中国特色现代农业建设研究	尤　飞	2011	经济科学出版社
97	中国耕地质量调控技术集成研究	陈印军、杨瑞珍	2011	中国农业科学技术出版社
98	第二次气候变化国家评估报告	李茂松	2011	科学出版社
99	四川季节性干旱与农业防控节水技术研究	李茂松、王春艳	2011	科学出版社
100	图说白灵菇栽培关键技术	黄晨阳、陈　强、张金霞	2011	中国农业出版社
101	农业微生物学研究与产业化进展	李　俊、沈德龙	2011	科学出版社
102	微生物资源收集整理与保藏技术规程汇编	顾金刚	2011	中国农业科学技术出版社
103	Ecosystem Services for Poverty Alleviation	蔡典雄、查　燕	2011	科学出版社
104	植物新品种保护案例评析	宋　敏	2011	法律出版社
105	农产品地理标志概述	宋　敏	2011	知识产权出版社

（续表）

序号	著作名称	编著（译）者	出版时间	出版社
106	秸秆综合利用	毕于运、黄晨阳、王亚静	2011	中国农业出版社
107	中国食用菌菌种学	张金霞	2011	中国农业出版社
108	珍稀食用菌栽培实用技术	胡清秀	2011	中国农业出版社
109	新开垦土壤绿肥利用技术（韩文）	张会民	2011	
110	10 000个科学难题　农业科学卷	周　卫、孙静文	2011	科学出版社
111	农业生态系统中生物多样性管理	白可喻	2011	中国农业科学技术出版社
112	集约化农田节肥增效理论与实践	何　萍、金继运等	2012	科学出版社
113	施肥制度与土壤可持续利用	赵秉强、李秀英等	2012	科学出版社
114	中国烟草灌溉学	龙怀玉	2012	科学出版社
115	固废资源化与农业再利用	张建峰、杨俊诚	2012	中国农业出版社
116	环渤海区域农业碳氮平衡定量评价及调控技术研究	邱建军、王立刚	2012	科学出版社
117	Distribution and Transformation of Nutrients in Large -scale Lakes and Reservoirs	王洪媛	2012	浙江大学出版社
118	农业灾害与减灾对策	李茂松、王道龙、王春艳	2012	中国农业大学出版社
119	中国农业应对气候变化研究进展与对策	李茂松、王春艳	2012	中国农业科学技术出版社
120	中国自然灾害与防灾减灾知识读本	李茂松、王春艳	2012	人民邮电出版社
121	The Application of Remote Sensing and GISTechnology on Crop Productivity	何英彬、陈佑启、姚艳敏	2012	APEC秘书处、中国农业出版社
122	中国农业菌种目录	顾金刚	2012	中国农业科学技术出版社
123	陆地生态系统生物观测数据质量保证与质量控制	韦文珊	2012	中国环境科学出版社
124	利水型社会	姜文来	2012	中国水利水电出版社
125	国家知识产权事业发展"十二五"规划研究	宋　敏	2012	知识产权出版社
126	国家食用菌标准菌株库菌种目录	黄晨阳、张金霞	2012	中国农业出版社
127	中国食用菌品种	张金霞、黄晨阳	2012	中国农业出版社
128	Proceedings of the 18th Congress of the International Society for Mushroom Science	张金霞	2012	中国农业出版社
129	生物肥料与绿色生态农业．绿色经济在中国	李　俊、马鸣超、姜　昕、沈德龙	2012	人民邮电出版社
130	西北沿黄灌区盐碱地改良与利用	逄焕成	2013	科学出版社

（续表）

序号	著作名称	编著（译）者	出版时间	出版社
131	绿色水利—水资源与环境新论	姜文来	2013	中国水利水电出版社
132	中国植物油产业发展战略研究	周振亚	2013	中国农业科学技术出版社
133	新型肥料	赵秉强	2013	科学出版社
134	旱区苜蓿	徐丽君	2013	科学出版社
135	中日良好农业规范的经济学研究	宋 敏	2013	中国农业出版社
136	中国荒漠草原生态系统研究	白可瑜	2013	科学出版社
137	图说中国水情	姜文来	2013	中国水利水电出版社
138	中国水情读本	姜文来	2013	中国水利水电出版社
139	京津风沙源治理工程二期规划思路研究	徐 斌	2013	中国林业出版社
140	农产品数量安全智能分析与预警的关键技术及平台研究	周清波	2013	中国农业出版社
141	牧草产业技术研究综述	辛晓平	2013	中国农业大学出版社
142	中国牧草主产区产业发展报告	杨桂霞	2013	中国农业大学出版社
143	Food Safety and The Agro-Environment In China：the Perceptions and Behaviors of Farmers and Consumer	宋 敏	2013	InTech-Publisher
144	现代农业技术：理论与实践	范丙全	2013	中国农业科学技术出版社
145	中国循环经济发展报告（2011—2012）	尹昌斌	2013	中国社会文献出版社
146	低产水稻土改良与管理	周 卫	2014	科学出版社
147	施肥与土壤重金属污染修复	徐明岗	2014	科学出版社
148	县域农田 N_2O 排放量估算及其减排碳贸易案例研究	高春雨	2014	中国农业科学技术出版社
149	水价听证研究	姜文来	2014	中国水利水电出版社
150	全球变化背景下农作物空间格局动态变化	唐华俊	2014	科学出版社
151	四川省农业水土资源承载力研究	刘 洋	2014	中国农业科学技术出版社
152	Quantitative Remote Sensing in Thermal Infrared：Theory and Applications	唐华俊	2014	Springer Berlin Heidelberg
153	非金属矿物农业应用	张树清	2014	中国农业出版社

（续表）

序号	著作名称	编著（译）者	出版时间	出版社
154	全国主要农区农田面源污染排放系数手册	刘宏斌	2014	中国农业出版社
155	烤烟营养与施肥技术	张云贵	2014	中国农业出版社
156	奶牛规模化养殖与环境保护	易小燕	2014	中国农业科学技术出版社
157	耕地质量培育技术与模式	孙 楠	2014	中国农业出版社
158	中国南方季节性干旱特征及种植制度适应	李茂松	2014	气象出版社
159	中国粮食生产适应气候变化政策研究	覃志豪	2014	中国农业科学技术出版社
160	热红外地表发射率遥感反演研究	李召良	2014	科学出版社
161	中国主要栽培牧草适宜性区划	辛晓平	2014	科学出版社
162	气候变化对作物生产的影响及其对策	李茂松	2014	中国农业出版社
163	中国农业菌种目录大全	顾金刚	2014	中国农业科学技术出版社
164	秸秆还田沃土实用技术	任 萍	2014	中国农业出版社
165	APEC区域粮食安全新动向及对策研究	何英彬	2014	中国农业科学技术出版社
166	气候变化与农业	蔡典雄	2014	中国农业科学技术出版社
167	滴滴传奇	姜文来	2014	中国水利水电出版社
168	The Application of Remote Sensing and GIS Technology in Crop Production	何英彬	2014	中国农业科学技术出版社
169	简明施肥技术手册（第二版）	褚天铎	2014	金盾出版社
170	吉林省作物专用复混肥料农艺配方	赵秉强	2014	中国农业出版社
171	江西省作物专用复混肥料农艺配方	赵秉强	2014	中国农业出版社
172	长期施肥红壤农田地力演变特征	徐明岗	2014	中国农业科学技术出版社
173	新疆作物专用复混肥料农艺配方	赵秉强	2014	中国农业出版社
174	甘肃省作物专用复混肥料农艺配方	赵秉强	2014	中国农业出版社
175	中原地区大都市现代农业发展研究	尹昌斌	2014	中国农业科学技术出版社
176	气象灾害风险管理	李茂松	2014	气象出版社
177	2014农业资源环境保护与农村能源发展报告	刘宏斌	2014	中国农业出版社
178	河南省作物专用复混肥料农艺配方	赵秉强	2014	中国农业出版社
179	内蒙古作物专用复混肥料农艺配方	赵秉强	2014	中国农业出版社
180	湖北省作物专用复混肥料农艺配方	赵秉强	2014	中国农业出版社

（续表）

序号	著作名称	编著（译）者	出版时间	出版社
181	山东省作物专用复混肥料农艺配方	赵秉强	2014	中国农业出版社
182	广东省作物专用复混肥料农艺配方	赵秉强	2014	中国农业出版社
183	四川省作物专用复合肥农艺配方	赵秉强	2014	中国农业出版社
184	湖南省作物专用复混肥料农艺配方	赵秉强	2014	中国农业出版社
185	美丽乡村十大创建模式	刘申	2014	中国环境出版社
186	重庆市作物专用复混肥料农艺配方	赵秉强	2014	中国农业出版社
187	果园间作套种立体栽培实用技术	任萍	2014	中国农业出版社
188	食用菌工厂化栽培实践	黄晨阳	2014	福建科学技术出版社
189	Setting Environmental Criteria for Risk Assessment	李文娟	2014	荷兰瓦赫宁根大学
190	Chinesescenarious for Groundwater Leaching and Aquatic Exposure	李文娟	2014	荷兰瓦赫宁根大学
191	旱区苜蓿	徐丽君	2014	科学出版社
192	农作物面积空间抽样方法研究	王迪	2015	中国农业科学技术出版社
193	农业清洁生产与农村废弃物循环利用研究	尹昌斌	2015	中国农业科学技术出版社
194	高原农田养分高效利用理论与实践	刘宏斌	2015	科学出版社
195	全国农田面源污染排放系数手册	刘宏斌	2015	中国农业出版社
196	烤烟清香型风格形成的生态基础	李志宏	2015	科学出版社
197	Silicon in Agriculture	梁永超	2015	Springer
198	农田面源污染监测方法与实践	刘宏斌	2015	科学出版社
199	土壤生物学前沿——第十四章土壤生物与土壤物理	张斌	2015	科学出版社
200	北京市奶牛养殖现状及粪污处理模式	易小燕	2015	中国农业科学技术出版社
201	中国土壤肥力演变（第二版）	徐明岗	2015	中国农业科学技术出版社
202	红壤质量演变与培肥技术	徐明岗	2015	中国农业科学技术出版社
203	Phosphate in Soils	徐明岗	2015	CRC
204	全国集中连片特困地区划分研究	高明杰	2015	中国农业出版社
205	中国水利与环境评论	姜文来	2015	中国水利水电出版社
206	土地利用/覆被动态模拟与景观评价研究	陈学渊	2015	中国农业科学技术出版社
207	区域冷害影响水稻单产研究	何英彬	2015	中国农业科学技术出版社

（续表）

序号	著作名称	编著（译）者	出版时间	出版社
208	流域尺度农业面源氮素污染模拟研究	高懋芳	2015	中国农业科学技术出版社
209	农业废弃物资源化综合利用管理	王亚静	2015	化学工业出版社
210	农垦农业现代化研究	尤飞	2015	中国农业科学技术出版社
211	农作物种植空间适宜性分析研究	何英彬	2015	中国农业科学技术出版社
212	数字草业：理论、技术与实践	辛晓平	2015	科学出版社
213	马铃薯产业经济研究	罗其友	2015	中国农业出版社
214	低碳城镇：碳汇保护与提升技术模式	吴永常	2015	中国农业科学技术出版社
215	湖南会同森林植物图鉴	韦文珊	2015	中国环境出版社
216	2049年中国科技与社会愿景：生物技术与未来农业	王道龙	2015	中国科学技术出版社
217	房山模式：国家现代农业示范区北京房山区创新发展模式研究	郭淑敏	2015	中国农业科学技术出版社
218	江西省吉安市吉水县现代农业产业发展规划	覃志豪	2015	中国农业科学技术出版社
219	马铃薯产业及其区域格局研究	刘洋	2015	中国农业科学技术出版社
220	健康土壤200问	徐明岗	2015	中国农业出版社
221	中国农田土壤肥力长期试验网络	徐明岗	2015	中国大地出版社
222	陈福兴学术思想研究—红壤地区农业可持续发展	徐明岗	2015	科学出版社
223	环境保护知识读本	姜文来	2015	科学普及出版社
224	智能配肥生产设备与技术	赵秉强	2015	中国农业科学技术出版社
225	黑龙江作物专用复混肥料农艺配方	赵秉强	2015	中国农业出版社
226	陕西省作物专用复混肥料农艺配方	赵秉强	2015	中国农业出版社
227	特色休闲农业经典规划案例赏析	尤飞	2015	中国农业科学技术出版社
228	中国作物专用复混肥料农艺配方区划	赵秉强	2015	中国农业出版社
229	中国主要牧区草原牧养技术	闫玉春	2015	中国农业出版社
230	中国における農業環境.食料リスクと安全確保（中国农业环境.食品风险与安全研究）	宋敏	2015	日本城岛印刷株式会社
231	畜禽养殖与废弃物处理过程模拟	高懋芳	2015	中国农业科学技术出版社
232	高光谱植被遥感	李召良	2015	中国农业科学技术出版社

（续表）

序号	著作名称	编著（译）者	出版时间	出版社
233	农业技术转移决策支持系统（DSSAT）在改进非洲施肥技术方面的应用	雷秋良	2015	中国农业科学技术出版社
234	燃蕈菌火炬遍五洲——蕈菌先生张树庭	张金霞	2015	中国农业出版社
235	农业低空遥感平台技术	白由路	2015	中国农业出版社
236	地理信息系统数据分析技术	白由路	2015	中国农业科学技术出版社
237	豫西革命老区特色生态农业发展道路研究——以河南省卢氏县为例	周　颖	2015	中国农业科学技术出版社
238	中国主要栽培牧草适宜性区划	辛晓平	2015	科学出版社
239	中国农业气候资源图集·作物光温资源卷	王道龙、姚艳敏	2015	浙江科学技术出版社
240	国家现代农业示范区建设路径与战略研究	高春雨	2016	中国农业科学技术出版社
241	历程—中国植物营养与肥料学会30年	白由路	2016	科学出版社
242	肥料养分高效利用策略	何　萍	2016	中国农业科学技术出版社
243	农业空间信息标准与规范	姚艳敏	2016	中国农业出版社
244	病虫害对马铃薯生长机理影响的研究	何英彬	2016	中国农业科学技术出版社
245	气象因子对马铃薯种植影响的研究	何英彬	2016	中国农业科学技术出版社
246	红壤双季稻田施肥与可持续利用	高菊生	2016	科学出版社
247	土肥水资源高效种植制度优化与机理研究	逢焕成	2016	中国农业科学技术出版社
248	农业可持续发展战略问题研究	罗其友	2016	中国农业科学技术出版社
249	中国农作物空间分布高分遥感制图——小麦篇	唐华俊	2016	科学出版社
250	农田清洁生产技术补偿的农户响应机制研究	周　颖	2016	中国农业科学技术出版社
251	新时期循环农业发展模式与路径研究	周　颖	2016	中国农业科学技术出版社
252	烤烟氮素养分管理	李志宏	2016	科学出版社
253	西藏农牧业发展方式研究	尤　飞	2016	中国农业科学技术出版社
254	水利绿色发展	姜文来	2016	中国水利水电出版社
255	国家现代农业示范区高效生态农业创新发展	毕于运	2016	中国农业科学技术出版社

（续表）

序号	著作名称	编著（译）者	出版时间	出版社
256	承德县现代农业发展模式研究	李全新	2016	中国农业科学技术出版社
257	承德县现代农业发展战略研究	李全新	2016	中国农业科学技术出版社
258	邢台市现代农业发展规划（2016—2020）	尹昌斌	2016	中国农业科学技术出版社
259	区域资源环境与生猪产业发展研究——以赤峰为例	李全新	2016	中国农业科学技术出版社
260	草原植被遥感监测	徐　斌	2016	科学出版社
261	沟渠水生植物氮素去除潜力与影响因素研究	高懋芳	2016	中国农业科学技术出版社
262	观察一个科技工作者眼中的万象	姜文来	2016	光明日报出版社
263	国家现代农业示范区特色农业发展规划研究——以河南省渑池县为例	李　虎	2016	中国农业科学技术出版社
264	基于合成孔径雷达数据的旱地作物识别与长势监测研究	王　迪	2016	中国农业科学技术出版社
265	农业综合开发理论·实践·政策	李建平	2016	中国农业科学技术出版社
266	气候变化背景下我国农业水热资源时空演变格局研究	刘　洋	2016	中国农业出版社
267	中国农业空间格局与区域战略研究	罗其友	2016	中国农业出版社
268	用经济的眼光看中国的耕地保护	王秀芬	2016	中国农业科学技术出版社
269	农业源温室气体监测技术规程与控制技术研究	王立刚	2016	科学出版社
270	食用菌种质资源学	张金霞	2016	科学出版社
271	中国农业灾害遥感监测病害卷	王利民	2017	中国农业科学技术出版社
272	中国农业灾害遥感监测	周清波	2017	中国农业科学技术出版社
273	植物生物刺激素	白由路	2017	中国农业科学技术出版社
274	华北地区玉米清洁稳产种植模式研究	张继宗	2017	中国农业科学技术出版社
275	生态文明建设和农业现代化研究	尹昌斌	2017	科学出版社
276	农作物面积遥感监测原理与实践	刘　佳	2017	科学出版社
277	土壤保护300问	徐明岗	2017	中国农业出版社
278	中国植物营养与肥料学会思想库建设丛书、朱兆良论文选	白由路	2017	中国农业出版社
279	中国土系志·河北卷	龙怀玉	2017	科学出版社

（续表）

序号	著作名称	编著（译）者	出版时间	出版社
280	中国农业可持续发展研究	罗其友	2017	中国农业科学技术出版社
281	区域土壤侵蚀评估模型研究	吴国胜	2017	中国水利水电出版社
282	APEC 农业可持续发展研究	何英彬	2017	中国农业科学技术出版社
283	区域资源环境与现代农业发展	张怀志	2017	中国农业科学技术出版社
284	中国农谷现代农业发展之路——荆门模式	李全新	2017	中国农业科学技术出版社
285	农业气象遥感关键参数反演算法及应用研究	毛克彪	2017	中国农业科学技术出版社
286	国际植物新品种保护联盟热点议题和议事规程	宋　敏	2017	中国农业出版社
287	授权植物品种综合质量与价值评估研究	任　静	2017	中国农业科学技术出版社
288	中国都市型现代农业可持续发展的土地利用问题研究	郭淑敏	2017	中国农业科学技术出版社
289	园区带动型现代农业发展研究	高春雨	2017	中国农业科学技术出版社
290	大型秸秆沼气工程温室气体减排计量研究	高春雨	2017	中国农业科学技术出版社
291	中国西部农村集体经济发展基础研究	郭淑敏	2017	中国农业科学技术出版社
292	粮食主产区绿色高产高效种植模式与优化技术	逄焕成	2017	中国农业科学技术出版社
293	西北绿洲灌区现代农业发展研究	李全新	2017	中国农业科学技术出版社
294	粮食主产区资源节约农作制研究	李玉义	2017	中国农业科学技术出版社
295	农村宅基地整理及其收益分配研究	易小燕	2017	中国农业科学技术出版社
296	基于 MODIS 数据的中国地表温度反演	高懋芳	2017	中国农业科学技术出版社
297	农业知识产权（第二版）	宋　敏	2017	中国农业出版社
298	河套平原与鄂尔多斯高原盐碱地常见植物图谱手册	王　婧	2017	中国农业科学技术出版社
299	中国农业减缓气候变化对策与关键技术	李虎	2017	中国农业科学技术出版社
300	典型草原风蚀退化机理与调控	闫玉春	2017	科学出版社
301	经验与启示—发达国家农作物秸秆计划焚烧与综合利用	毕于运	2017	中国农业科学技术出版社

（续表）

序号	著作名称	编著（译）者	出版时间	出版社
302	中国食物安全与农业结构调整研究	刘　洋	2017	中国农业科学技术出版社
303	农田清洁生产技术评估的理论与方法	周　颖	2017	中国农业科学技术出版社
304	作物长势遥感监测中物候和轮作方式的影响分析	王　迪	2017	中国农业科学技术出版社
305	中国市级现代农业发展专项规划范例	姜文来	2017	中国农业科学技术出版社
306	基于产量反应和农学效率的作物推荐施肥方法	何　萍	2018	科学出版社
307	我国新型粮食安全观研究	陈印军	2018	中国农业科学技术出版社
308	中国马铃薯生产与市场分析	罗其友	2018	中国农业科学技术出版社
309	粮食生产与需求：影响因素及贡献份额	李文娟	2018	中国农业科学技术出版社
310	我国科技人才评价体系研究	李建平	2018	中国农业科学技术出版社
311	中国畜牧业保险的微观效果与政策优化研究	鞠光伟	2018	中国农业科学技术出版社
312	旱地合理耕层构建耕作机具研究	逄焕成	2018	中国农业科学技术出版社
313	APEC 区域粮食安全新动向及对策研究（二）	何英彬	2018	中国农业科学技术出版社
314	INCA-N 模型用户指南	雷秋良	2018	中国农业出版社
315	氮素利用效率	白由路	2018	中国农业科学技术出版社
316	马铃薯表观特征及空间分布信息提取与分析	何英彬	2018	中国农业科学技术出版社
317	基于分形和结构推理的玉米旱情遥感监测方法研究	沈永林、王　迪	2018	中国农业科学技术出版社
318	田园综合体规划经典案例赏析	尤　飞	2018	中国农业科学技术出版社
319	农村抽样调查空间化样本抽选与总体推断研究	王　迪	2018	中国农业科学技术出版社
320	基于多源数据的蒸散发与旱灾损失评估研究	高懋芳	2018	中国农业科学技术出版社
321	国家法规与政策——农作物秸秆综合利用和禁烧管理	毕于运	2018	中国农业科学技术出版社
322	养分资源高效利用机理与途径	周　卫	2018	科学出版社
323	中国农业用水安全	姜文来	2018	长江出版传媒

（续表）

序号	著作名称	编著（译）者	出版时间	出版社
324	地表温度热红外遥感反演方法	段四波	2018	科学出版社
325	休闲农业理论发展与实践创新研究	周　颖	2018	中国农业科学技术出版社
326	设施菜地节水减肥增效机制与技术	武雪萍	2018	中国农业出版社
327	河南省农业资源与环境研究	张怀志	2018	中国农业科学技术出版社
328	内蒙古苜蓿研究	徐丽君	2018	中国农业科学技术出版社
329	转基因作物风险测度及管控机制研究	李建平	2018	中国农业科学技术出版社
330	区域发展的驱动力探索	李文娟	2018	中国农业科学技术出版社
331	作物旱情遥感监测	覃志豪	2018	中国农业科学技术出版社
332	APEX 模型用户指南	雷秋良	2018	中国农业出版社
333	有机农业建设路径与实践研究	刘　洋	2018	中国农业科学技术出版社
334	2018APEC 农业合作报告	何英彬	2018	中国农业科学技术出版社
335	巴彦淖尔市盐碱地改良分区与治理技术方案	李玉义	2018	中国农业科学技术出版社
336	云南省澜沧拉祜族自治县农业绿色发展规划（2018—2025 年）	易小燕	2018	中国农业科学技术出版社
337	土壤中铜的风险评估和污染防治	马义兵	2018	中国农业出版社
338	农业发展方式转变与美丽乡村建设战略研究	尹昌斌	2018	科学出版社
339	微生物肥料生产应用技术百问百答	李　俊	2019	中国农业出版社
340	冬小麦条锈病遥感监测研究	王利民	2019	中国农业科学技术出版社
341	红壤稻区绿肥效应及机制—湖南长期冬绿肥—双季稻轮作	高菊生	2019	中国农业出版社
342	现代苹果产业谱写黄土高原乡村振兴新篇章	李全新	2019	中国农业科学技术出版社
343	新时代中国农业结构调整战略研究	罗其友	2019	中国农业出版社
344	中国农业面源污染防治战略研究	刘宏斌	2019	中国农业出版社
345	作物田间与在地遗传多样性：研究实践中的原理和应用	龙春林	2019	科学出版社
346	筑梦：一名科技工作者的人文思考	姜文来	2019	光明日报出版社
347	作物—土壤主要养分高光谱监测基础与应用	卢艳丽	2019	中国农业出版社

（续表）

序号	著作名称	编著（译）者	出版时间	出版社
348	黄土高原东部平原区作物节水减肥栽培理论与技术	武雪萍	2019	中国农业出版社
349	顾及空间效应的农作物面积空间抽样方法研究	王迪	2019	中国农业科学技术出版社
350	北方地区苜蓿种植技术	徐丽君	2019	上海科学技术出版社
351	蒙古高原东部干旱监测和预警研究	高懋芳	2019	中国农业科学技术出版社
352	我国丘陵山区农户马铃薯种植规模与绩效研究	马力阳、罗其友	2019	中国农业科学技术出版社
353	呼伦贝尔草原植物图鉴	辛晓平	2019	科学出版社
354	绿色质量品牌兴农	姜文来	2019	长江出版传媒湖北科学技术出版社
355	2019APEC农业合作报告	何英彬	2019	中国农业科学技术出版社
356	农业产业结构调整理论方法与应用案例	高春雨	2019	中国农业科学技术出版社
357	中澳农产品贸易分析报告	何英彬	2019	中国农业科学技术出版社
358	上膜下秸隔抑盐机理与盐碱地改良效应	逄焕成	2019	科学出版社
359	APEC名词缩写汇编	何英彬	2019	中国农业科学技术出版社
360	中国桑蚕空间格局演变及其优化研究	张晴	2019	中国农业科学技术出版社
361	我国县域生态与产业协调发展研究	周振亚	2019	中国农业科学技术出版社
362	隆尧县现代农业发展战略研究	屈宝香	2019	中国农业科学技术出版社
363	隆尧县现代农业园区发展研究	屈宝香	2019	中国农业科学技术出版社
364	设施蔬菜绿色高效精准施肥原理与技术	黄绍文	2019	中国农业科学技术出版社
365	精准施肥实施技术	白由路	2019	中国农业科学技术出版社
366	西北沿黄灌区盐碱地农业高效利用技术规程	逄焕成	2019	中国农业科学技术出版社
367	现代农业发展项目可行性研究理论方法与案例剖析	覃志豪	2019	中国农业科学技术出版社
368	现代农业产业园规划研究	尤飞	2019	中国农业科学技术出版社
369	秸秆综合利用政策解读	毕于运	2019	中国农业出版社

（续表）

序号	著作名称	编著（译）者	出版时间	出版社
370	种植业废弃物资源化利用技术模式与技术价值评估研究	周　颖	2019	中国农业科学技术出版社
371	秸秆还田技术生态补偿标准核算方法理论与实证研究	周　颖	2019	中国农业科学技术出版社

十一、发明专利目录

序号	专利名称	专利号	授权或批准部门	授权或批准时间	第一发明人
1	一种对作物施肥量进行推荐的方法	ZL03153814.2	国家知识产权局	2005.06.01	张维理
2	一种微生物多抗菌肥及其制备方法和应用	ZL03156709.6	国家知识产权局	2005.07.27	刘小秧
3	纳米级多功能固沙保水剂生产方法	ZL200310116855.2	国家知识产权局	2006.04.05	张夫道
4	一种指导科学施肥的智能工具	ZL03153815.0	国家知识产权局	2006.04.12	张维理
5	纳米—亚微米级泡沫塑料混聚物肥料胶结包膜剂生产方法	ZL200410088477.6	国家知识产权局	2006.10.11	张夫道
6	纳米级烯烃类—淀粉混聚物肥料包膜胶结剂生产技术	ZL200310116857.1	国家知识产权局	2006.10.11	张夫道
7	纳米—亚微米级石蜡混合物包膜剂生产方法	ZL200410101497.2	国家知识产权局	2006.12.13	张夫道
8	一种保水型包膜尿素肥料的生产方法	ZL200410078165.7	国家知识产权局	2007.01.17	何绪生
9	生活污泥—废弃塑料混聚物修复岩石坡面技术	ZL200310116856.7	国家知识产权局	2007.01.17	张夫道
10	一株苜蓿根瘤菌及其发酵培养方法与应用	ZL200510102912.0	国家知识产权局	2007.06.27	马晓彤
11	纳米—亚微米级酸化磷矿粉混合物生产方法	ZL200410101498.7	国家知识产权局	2007.07.11	张夫道
12	计算作物各施肥期施肥量的方法和装置	ZL200410009368.0	国家知识产权局	2007.08.08	张维理
13	双控复合型缓释肥料及其制备方法	ZL200510051250.9	国家知识产权局	2007.10.03	赵秉强
14	微型搅拌器	ZL200410086252.7	国家知识产权局	2008.01.16	金继运
15	掺混型高浓度缓释肥料生产方法	ZL200510002732.5	国家知识产权局	2008.01.23	张夫道
16	设施西红柿用缓/控释肥料生产方法	ZL200510002731.0	国家知识产权局	2008.01.23	张夫道
17	纳米—亚微米级沼渣—煤矸石化合物混聚物生产方法	ZL200410004533.3	国家知识产权局	2008.01.23	张夫道

（续表）

序号	专利名称	专利号	授权或批准部门	授权或批准时间	第一发明人
18	一种浸提土壤中营养元素的方法及其专用浸提剂	ZL200410086357.2	国家知识产权局	2008.03.26	杨俐苹
19	基于 MODIS 数据自动探测草原火灾迹地的方法	ZL200510109291.9	国家知识产权局	2008.08.13	陈　晋 陈仲新
20	冬小麦用缓/控释肥料生产方法	ZL200410088478.0	国家知识产权局	2008.11.26	张夫道
21	夏玉米用缓/控释肥料生产方法	ZL200410088480.8	国家知识产权局	2008.11.26	张夫道
22	土样风干盘	ZL200410086249.5	国家知识产权局	2009.01.7	白由路
23	提取火灾迹地面积的 MODIS 时间序列数据合成方法及其装置	ZL200510109290.4	国家知识产权局	2009.05.06	陈　晋 陈仲新
24	自洗式酸度计搅拌器	ZL200410088975.0	国家知识产权局	2009.05.20	白由路
25	泵吸式进样器	ZL200410088976.5	国家知识产权局	2009.05.20	白由路
26	水稻用缓/控释肥料生产方法	ZL200410088479.5	国家知识产权局	2009.06.03	张夫道
27	纳米—亚微米级聚乙烯醇混聚物肥料胶结包膜剂生产方法	ZL200410091315.8	国家知识产权局	2009.10.28	张夫道
28	农田或坡地径流水自动监测及取样装置	ZL200610165291.5	国家知识产权局	2009.11.04	龙怀玉
29	淀粉基磷肥及其制备方法	ZL200710176549.6	国家知识产权局	2010.04.14	李菊梅
30	一种白灵菇新品种及菌种生产和栽培方法	ZL200510052226.7	国家知识产权局	2010.04.14	张金霞
31	一种自动控制土壤水势恒定的方法	ZL200710178524.X	国家知识产权局	2010.06.09	龙怀玉
32	自流式农田地下淋溶液收集装置	ZL200810102682.1	国家知识产权局	2010.07.28	任天志
33	一种自动控制土壤水势恒定的装置	ZL200710178527.3	国家知识产权局	2010.08.04	龙怀玉
34	一株高效降解有机污染物的细菌及其用途	ZL200810226193.7	国家知识产权局	2010.08.18	孙建光
35	一株高效固氮短芽孢杆菌及其用途	ZL200810226194.1	国家知识产权局	2010.08.18	孙建光
36	遥感影像的处理方法及系统	ZL200910079375.0	国家知识产权局	2010.08.25	陈　晋 陈仲新
37	一种狗尾草平脐蠕孢菌株及其用于防除杂草的用途	ZL200910086284.X	国家知识产权局	2010.10.27	邓　晖
38	一种鉴定微生物肥料中沼泽红假单胞菌的方法	ZL200710304326.3	国家知识产权局	2010.11.24	关大伟
39	植物乳杆菌在冷却肉保鲜中的应用	ZL200810057437.3	国家知识产权局	2010.12.08	张晓霞
40	植物乳杆菌 A71 及其在冷却肉保鲜中的应用	ZL200810057436.9	国家知识产权局	2010.12.08	张晓霞
41	一种测量草本植物的方法和装置	ZL200810222077.8	国家知识产权局	2010.12.15	杨桂霞

（续表）

序号	专利名称	专利号	授权或批准部门	授权或批准时间	第一发明人
42	水旱轮作条件下的径流收集管和径流收集装置	ZL200810102677.0	国家知识产权局	2010.12.15	刘宏斌
43	一种缓释尿素及其制备方法	ZL200810103916.4	国家知识产权局	2010.12.29	李菊梅
44	一种秸秆磷肥及其制备方法	ZL200910081315.2	国家知识产权局	2011.01.12	李菊梅
45	一种作物收获指数的获取方法	ZL200910087977.0	国家知识产权局	2011.02.02	任建强
46	农田地下淋溶原位监测装置	ZL200810102689.3	国家知识产权局	2011.02.16	任天志
47	一种钝化修复土壤镉污染的方法	ZL200810239918.6	国家知识产权局	2011.04.13	马义兵
48	一种腐植酸复合缓释肥料及其生产方法	ZL200810239733.5	国家知识产权局	2011.04.20	赵秉强
49	一种测定作物活体生物量变化的方法	ZL200710178525.4	国家知识产权局	2011.04.20	龙怀玉
50	一种提高占补地土壤肥力的微生物制剂	ZL200810226195.6	国家知识产权局	2011.05.04	孙建光
51	农田地下淋溶和地表径流原位监测一体化装置	ZL200810102681.7	国家知识产权局	2011.05.04	刘宏斌
52	一种用于降解秸秆的菌剂	ZL200810224244.2	国家知识产权局	2011.06.15	顾金刚
53	一种测定作物活体生物量变化的装置	ZL200710178526.9	国家知识产权局	2011.06.15	龙怀玉
54	一种钠型纳米蒙脱土在去除污染物中铜方面的应用	ZL201010034308.X	国家知识产权局	2011.08.10	陈世宝
55	一种复合土壤调理剂及其制备方法	ZL200910079403.9	国家知识产权局	2011.08.24	李菊梅
56	黄伞新菌株	ZL200810226057.8	国家知识产权局	2011.09.21	胡清秀
57	多环芳烃降解微生物菌剂	ZL200810118077.3	国家知识产权局	2011.10.12	范丙全
58	一种空间数据的融合方法	ZL201010230447.X	国家知识产权局	2011.11.09	雷秋良
59	一种用于旱地豆科绿肥作物的基肥及其制备方法	ZL200910087593.9	国家知识产权局	2011.11.30	曹卫东
60	利用淡水发光细菌检测铜污染土壤急性毒性的方法	ZL200910079402.4	国家知识产权局	2011.12.21	韦东普
61	一种土壤养分分级指标的校正方法	ZL200810227871.1	国家知识产权局	2011.12.28	张认连
62	猴头菇的液体深层发酵培养方法	ZL201010109627.2	国家知识产权局	2012.01.11	张金霞
63	从被动微波遥感数据AMSR-E反演地表温度的方法	ZL200810226669.7	国家知识产权局	2012.02.15	毛克彪
64	一种溶磷草酸青霉菌P8	ZL200810118076.9	国家知识产权局	2012.03.28	范丙全
65	一种真菌代谢产物及其作为除草剂的用途	ZL201010000237.1	国家知识产权局	2012.04.18	邓　晖
66	一种弯孢属菌株及其用于防除杂草的用途	ZL201010001011.3	国家知识产权局	2012.04.18	邓　晖
67	秸秆有机肥料及其制备方法	ZL200810224245.7	国家知识产权局	2012.05.23	顾金刚

（续表）

序号	专利名称	专利号	授权或批准部门	授权或批准时间	第一发明人
68	黄伞多糖及其制备方法	ZL200810226056.3	国家知识产权局	2012.06.20	胡清秀
69	一种胶冻样类芽孢杆菌及其培养方法和培养基	ZL201010276707.7	国家知识产权局	2012.07.04	李　俊
70	一种快速检测白灵侧耳出菇性能的方法	ZL201010173430.5	国家知识产权局	2012.07.18	张金霞
71	一种长效锌肥及其制备方法	ZL200910087592.4	国家知识产权局	2012.07.25	曹卫东
72	环保型多功能农用土面营养液膜及其制备方法	ZL201110006868.9	国家知识产权局	2012.08.08	蔡典雄
73	一种原位确定作物蒸散量的方法	ZL200810239423.3	国家知识产权局	2012.08.08	龙怀玉
74	用于除臭的复合微生物菌剂	ZL201010572453.3	国家知识产权局	2012.09.19	顾金刚
75	一种木质纤维素降解菌及其应用	ZL201010290141.3	国家知识产权局	2012.10.03	范丙全
76	一种有机物料复合型缓释尿素及其制备方法	ZL200810056589.1	国家知识产权局	2012.11.14	赵秉强
77	一种西红柿抗病肥料组合物	ZL201010503054.1	国家知识产权局	2012.11.21	张淑香
78	一种滨海盐碱地土壤快速脱盐的方法	ZL201010256423.1	国家知识产权局	2012.11.21	王小彬
79	一种长柄木霉及其在防治蔬菜病害中的应用	ZL201110118264.3	国家知识产权局	2012.12.19	顾金刚
80	一株根瘤菌及其应用	ZL201110127362.3	国家知识产权局	2012.12.19	张晓霞
81	产 ACC 脱氨酶并拮抗多种病原真菌的大豆根际固氮菌及其用途	ZL201110197670.3	国家知识产权局	2013.01.16	孙建光
82	一种降解秸秆的赭绿青霉 Y5 及其菌剂	ZL201010574302.1	国家知识产权局	2013.01.23	范丙全
83	一种海藻有机液态肥及其制备方法	ZL201110184524.7	国家知识产权局	2013.01.30	张树清
84	一种用于滨海盐碱土壤快速脱盐的调理剂	ZL201010256422.7	国家知识产权局	2013.02.13	王小彬
85	一种降解秸秆的微生物菌剂	ZL201010574323.3	国家知识产权局	2013.02.27	范丙全
86	一种施肥装置及施肥方法	ZL201110093923.2	国家知识产权局	2013.03.13	龙怀玉
87	一株产 ACC 脱氨酶的小麦内生固氮菌及其用途	ZL201110197638.5	国家知识产权局	2013.03.20	孙建光
88	拮抗多种病原真菌的小麦根际固氮菌及其用途	ZL201110197653.X	国家知识产权局	2013.03.20	孙建光
89	拮抗赤霉病菌和菌核病菌的水稻内生固氮菌及其用途	ZL201110197669.0	国家知识产权局	2013.03.20	孙建光
90	利用 GNSS-R 信号监测土壤水分变化的装置与方法	ZL200910085118.8	国家知识产权局	2013.04.03	毛克彪
91	一种天然植物饲料添加剂、制备方法及饲料	ZL201110442829.3	国家知识产权局	2013.04.10	闫瑞瑞

（续表）

序号	专利名称	专利号	授权或批准部门	授权或批准时间	第一发明人
92	一种复合微生物海藻有机液态肥及其制备方法	ZL201110184523.2	国家知识产权局	2013.04.10	张树清
93	利用清水通道防治山区/半山区农村面源污染的方法	ZL201110006051.1	国家知识产权局	2013.04.17	刘宏斌
94	一种草原卫星遥感监测系统及方法	ZL200910093973.3	国家知识产权局	2013.05.01	徐 斌
95	一株产 ACC 脱氨酶并拮抗赤霉病菌的水稻内生固氮菌及其用途	ZL201110197651.0	国家知识产权局	2013.05.29	孙建光
96	从 MODIS 数据估算近地表空气温度方法	ZL200910091029.4	国家知识产权局	2013.06.05	毛克彪
97	一种降解秸秆的地衣芽孢杆菌 CH15 及其菌剂	ZL201010574304.0	国家知识产权局	2013.06.19	范丙全
98	新型抗旱增效水肥调理剂、制备方法及其用途	ZL201110006867.4	国家知识产权局	2013.06.19	蔡典雄
99	一种防治植物真菌病害的菌剂	ZL200810224678.2	国家知识产权局	2013.06.19	李世贵
100	抗生素降解促进剂及其制备方法和应用	ZL201110186996.6	国家知识产权局	2013.07.10	李兆君
101	一种高效溶磷促生菌、由其制备的微生物菌剂及应用	ZL201210030659.2	国家知识产权局	2013.07.17	范丙全
102	一种溶磷复合微生物菌剂及其应用	ZL201110421297.5	国家知识产权局	2013.07.31	范丙全
103	高效降解残留农药多菌灵的细菌及其用途	ZL201110247634.3	国家知识产权局	2013.07.31	孙建光
104	一种磷素活化剂及其制备方法和应用	ZL201110230335.9	国家知识产权局	2013.08.14	李兆君
105	一种猴头菇	ZL201110265993.1	国家知识产权局	2013.09.11	张金霞
106	一种抗生素降解促进剂及其制备方法和应用	ZL201110187027.2	国家知识产权局	2013.09.11	李兆君
107	一种确定参考作物蒸散量的方法	ZL200810239422.9	国家知识产权局	2013.09.11	龙怀玉
108	一种基于远程监控的农情信息实时监测方法及系统	ZL201010178052.X	国家知识产权局	2013.09.18	李志海
109	一种改性谷氨酸肥料增效剂及其生产方法与用途	ZL201210215827.5	国家知识产权局	2013.10.16	袁 亮
110	一株具有水稻促生功能的根瘤菌及其用途	ZL201110301394.0	国家知识产权局	2013.10.23	张晓霞
111	一种腐植酸尿素及其制备方法	ZL201210086696.5	国家知识产权局	2013.10.23	赵秉强
112	一种螯合型微量元素肥药合剂	ZL201110355244.8	国家知识产权局	2013.11.13	汪 洪
113	一种有机质包膜尿素及其生产方法	ZL201110401581.6	国家知识产权局	2013.11.20	袁 亮
114	基于远程监控的农作物产量实时测量装置、系统及方法	ZL200910223968.X	国家知识产权局	2013.12.11	李茂松

（续表）

序号	专利名称	专利号	授权或批准部门	授权或批准时间	第一发明人
115	一种海藻增效尿素及其生产方法与用途	ZL201110402369.1	国家知识产权局	2014.02.05	袁　亮
116	一种三元缓释复混肥料及其制备方法	ZL201210300111.5	国家知识产权局	2014.03.26	王玉军
117	草原雪灾遥感监测与灾情评估系统及方法	ZL200910093972.9	国家知识产权局	2014.04.30	杨秀春
118	果树单株管理控制系统及其控制方法	ZL201210129815.0	国家知识产权局	2014.05.07	白由路
119	德氏乳杆菌 PCR 检测、鉴定特异引物对	ZL201110027639.5	国家知识产权局	2014.05.07	杨小红
120	植物乳杆菌 PCR 检测、鉴定特异引物对	ZL201110027662.4	国家知识产权局	2014.05.07	杨小红
121	鼠李糖乳杆菌 PCR 检测、鉴定特异引物对	ZL201110027673.2	国家知识产权局	2014.05.07	杨小红
122	嗜酸乳杆菌 PCR 检测、鉴定特异引物对	ZL201110027688.9	国家知识产权局	2014.05.07	杨小红
123	一种温室大棚	ZL201110379078.5	国家知识产权局	2014.06.04	尹昌斌
124	盐碱地控抑盐方法及盐碱地控抑盐系统	ZL201110320898.7	国家知识产权局	2014.06.11	逄焕成
125	一种高效溶磷促生菌、由其制备的微生物菌剂及应用	ZL201310016437.X	国家知识产权局	2014.06.25	范丙全
126	基于稻壳废弃物的土壤调理剂的制备方法	ZL201210465570.9	国家知识产权局	2014.07.30	程宪国
127	一株降解农药氯嘧磺隆和多菌灵的细菌及其用途	ZL201310272243.6	国家知识产权局	2014.08.13	孙建光
128	一株降解除草剂氯嘧磺隆的细菌及其用途	ZL201310271687.8	国家知识产权局	2014.08.13	孙建光
129	一株降解除草剂普施特的细菌及其用途	ZL201310271794.0	国家知识产权局	2014.08.13	孙建光
130	一株降解除草剂氯嘧磺隆和乙草胺的细菌及其用途	ZL201310272123.6	国家知识产权局	2014.08.20	孙建光
131	一株可可木霉及其在防治蔬菜病害中的应用	ZL201310023319.1	国家知识产权局	2014.08.20	顾金刚
132	一种促进乙酸分泌的溶磷基因	ZL201310365040.1	国家知识产权局	2014.10.08	龚明波
133	一株降解除草剂乙草胺的细菌及其用途	ZL201310271167.7	国家知识产权局	2014.10.15	孙建光
134	一种促进有机酸分泌的溶磷基因	ZL201310365037.X	国家知识产权局	2014.10.29	龚明波
135	一种设施黄瓜专用可控缓释 BB 肥及其制备方法	ZL201110397076.9	国家知识产权局	2014.10.29	王玉军
136	一株固氮叶杆菌及其用途	ZL201310271863.8	国家知识产权局	2014.11.05	孙建光
137	一株固氮微球菌及其用途	ZL201310271879.9	国家知识产权局	2014.11.19	孙建光
138	一种尿素包膜复合乳液、它们的制备方法与用途	ZL201210447434.7	国家知识产权局	2014.11.26	杨相东

（续表）

序号	专利名称	专利号	授权或批准部门	授权或批准时间	第一发明人
139	一种恒负压灌水装置及恒负压灌水方法	ZL201310103129.0	国家知识产权局	2014.12.17	龙怀玉
140	基于土壤水盐运移规律的土柱模拟装置	ZL201310040017.5	国家知识产权局	2014.12.24	逄焕成
141	一种鉴定微生物肥料中侧孢短芽孢杆菌的方法	ZL201010522661.2	国家知识产权局	2015.01.07	曹凤明
142	纳他霉素及其组合物在纯化被污染的食用菌菌种上的应用	ZL201310145995.6	国家知识产权局	2015.01.21	陈　强
143	一种以 pH 方式分离腐植酸的方法与用途	ZL201410026137.4	国家知识产权局	2015.02.18	袁　亮
144	应用于农业灌溉的恒负压灌水系统	ZL201310554433.7	国家知识产权局	2015.03.11	龙怀玉
145	一株降解除草剂杂草焚的细菌及其用途	ZL201310271961.1	国家知识产权局	2015.03.11	孙建光
146	一种试验田匀地方法	ZL201310168041.7	国家知识产权局	2015.03.11	林治安
147	新型增效复合肥及其制备方法	ZL201210394289.0	国家知识产权局	2015.03.25	张树清
148	一种以碳酸氢铵为主要氮源的颗粒氮肥及其制备方法	ZL201410026149.7	国家知识产权局	2015.04.15	袁　亮
149	一种用于烟草防病促生的复合微生物肥料菌剂及其应用	ZL201310249962.6	国家知识产权局	2015.04.29	顾金刚
150	应用于农业灌溉的负压调节装置	ZL201310554435.6	国家知识产权局	2015.05.13	龙怀玉
151	一株华葵中间根瘤菌及其用途	ZL201310646319.7	国家知识产权局	2015.05.27	马晓彤
152	一种复合氨基酸肥料增效剂及其制备方法	ZL201410026086.5	国家知识产权局	2015.06.17	袁　亮
153	一种聚合氨基酸肥料助剂及其制备方法	ZL201410027295.1	国家知识产权局	2015.06.17	袁　亮
154	一株耐盐碱长枝木霉及其应用	ZL201310392175.7	国家知识产权局	2015.06.17	顾金刚
155	一株耐盐碱哈茨木霉及其应用	ZL201310392172.3	国家知识产权局	2015.07.01	顾金刚
156	一种聚氨酯包膜肥料的制备方法	ZL201310342031.0	国家知识产权局	2015.07.01	杨相东
157	降低烟草对土壤中镉吸收的喷施剂及其制备和使用方法	ZL201310273627.X	国家知识产权局	2015.07.01	陈世宝
158	一种有机水稻生产方法	ZL201310435272.X	国家知识产权局	2015.07.29	曹卫东
159	一种以碳酸氢铵为主要氮源的颗粒复混肥及其制备方法	ZL201410026159.0	国家知识产权局	2015.08.26	袁　亮
160	一种肥料中尿素缓释性检测方法与它的用途	ZL201410061658.3	国家知识产权局	2015.09.02	袁　亮
161	一种具有可塑边界的地下淋溶原位收集装置	ZL201310276395.3	国家知识产权局	2015.09.09	刘宏斌
162	一株固氮芽孢乳杆菌及其用途	ZL201310271991.2	国家知识产权局	2015.09.16	孙建光

（续表）

序号	专利名称	专利号	授权或批准部门	授权或批准时间	第一发明人
163	一种腐植酸增效磷铵及其制备方法	ZL201310239009.3	国家知识产权局	2015.09.23	赵秉强
164	一种颗粒状的酸性或酸化土壤调理剂及其制备方法	ZL201410027395.4	国家知识产权局	2015.10.07	袁　亮
165	一种发酵海藻液肥料增效剂及其生产方法与用途	ZL201210215693.7	国家知识产权局	2015.10.07	袁　亮
166	一种摩加夫芽胞杆菌及微生物菌剂和它们的应用	ZL201310626589.1	国家知识产权局	2015.10.14	阮志勇
167	固/液肥料转换器	ZL201310287803.5	国家知识产权局	2015.10.14	白由路
168	一种田间微域试验模型的构建和样品采集方法	ZL201410270447.0	国家知识产权局	2015.10.28	王玉军
169	深根茎作物整地机	ZL201410282997.4	国家知识产权局	2015.11.11	逄焕成
170	一种颗粒状的盐碱土壤调理剂及其生产方法	ZL201410027551.7	国家知识产权局	2015.11.18	袁　亮
171	一株固氮节杆菌及其用途	ZL201310272206.5	国家知识产权局	2015.11.18	孙建光
172	一种用于连续化生产包膜控释肥料的多喷头喷动床	ZL201310342339.5	国家知识产权局	2015.11.25	杨相东
173	一种含有螯合微量元素的有机无机复混肥及其生产方法	ZL201410061829.2	国家知识产权局	2015.12.30	李燕婷
174	一种库特氏菌及微生物菌剂和它们的应用	ZL201310626560.3	国家知识产权局	2015.12.30	阮志勇
175	适用于含水量层状变化的中子仪水分曲线标定模拟土柱	ZL201110163786.5	国家知识产权局	2016.02.03	林治安
176	一种黄泥田有机熟化的改良方法	ZL201410356931.5	国家知识产权局	2016.02.10	周　卫
177	一种华癸库特氏菌及微生物菌剂和它们的应用	ZL201310632005.1	国家知识产权局	2016.02.10	阮志勇
178	重金属诱导启动子在培育土壤重金属污染预警转基因植物中的应用	ZL201410162769.3	国家知识产权局	2016.03.02	孙静文
179	来源于拟南芥的重金属诱导启动子及其应用	ZL201410163386.8	国家知识产权局	2016.03.02	孙静文
180	一种治疗青春痘的中药外抹制剂	ZL201410052469.X	国家知识产权局	2016.03.30	毛克彪
181	一种悬浮态土壤调理剂及其制备方法	ZL201410027499.5	国家知识产权局	2016.03.30	袁　亮
182	以农村有机废弃物为发酵原料制备有机肥的菌剂及其应用	ZL201310652256.6	国家知识产权局	2016.03.30	李世贵
183	测定土壤容重的方法及土壤容重测定系统	ZL201310554449.8	国家知识产权局	2016.03.30	龙怀玉
184	农田或坡地径流水流量监测装置	ZL201010514892.9	国家知识产权局	2016.03.30	龙怀玉
185	生物炭基聚天冬氨酸缓释尿素、其制备方法及应用	ZL201410026050.7	国家知识产权局	2016.04.06	刘宏斌

（续表）

序号	专利名称	专利号	授权或批准部门	授权或批准时间	第一发明人
186	一种从雷达原始数据中提取运动参数做干涉测量的方法	ZL201410303010.2	国家知识产权局	2016.04.13	王东亮
187	农村有机废弃物堆腐发酵方法	ZL201310651925.8	国家知识产权局	2016.04.13	尹昌斌
188	一种聚氨酯包膜肥料及其包膜材料	ZL201310342033.X	国家知识产权局	2016.04.20	杨相东
189	一种低pH值土壤调理剂的制备方法	ZL201310552802.9	国家知识产权局	2016.05.18	李兆君
190	钢渣型无土栽培基质及其制备方法	ZL201410304855.3	国家知识产权局	2016.05.25	梁永超
191	一种苜蓿与无芒雀麦的轮作方法	ZL201410232740.8	国家知识产权局	2016.05.25	徐丽君
192	一种同温层芽胞杆菌及微生物菌剂和它们的应用	ZL201310628563.0	国家知识产权局	2016.06.22	阮志勇
193	一种设施栽培体系水肥一体化的施肥方法	ZL201410575823.7	国家知识产权局	2016.06.29	王玉军
194	一种甲基营养型芽胞杆菌及微生物菌剂和它们的应用	ZL201310628536.3	国家知识产权局	2016.07.06	阮志勇
195	盐渍土壤调理剂	ZL201410217493.4	国家知识产权局	2016.07.20	王　婧
196	用于土壤翻耕和秸秆深埋还田的犁具	ZL201310040016.0	国家知识产权局	2016.08.03	逄焕成
197	一种菌柄短的白灵菇及其栽培方法	ZL201510006889.9	国家知识产权局	2016.08.10	陈　强
198	一种草原土壤改良一体机	ZL201510131575.1	国家知识产权局	2016.08.24	陈宝瑞
199	一种白灵菇及其栽培方法	ZL201510007502.1	国家知识产权局	2016.08.24	张金霞
200	解淀粉芽胞杆菌及微生物菌剂和它们的应用	ZL201310628798.X	国家知识产权局	2016.08.24	阮志勇
201	一个从VIIRS数据反演地表温度的方法	ZL201410144775.6	国家知识产权局	2016.08.31	毛克彪
202	一株降解除草剂的细菌及其用途	ZL201410704883.4	国家知识产权局	2016.10.12	高　淼
203	一种有效的卷云监测方法	ZL201410146828.8	国家知识产权局	2016.11.16	毛克彪
204	一株降解除草剂普施特和乙草胺的细菌及其用途	ZL201410705124.X	国家知识产权局	2017.01.18	高　淼
205	一株降解除草剂乙草胺和杂草焚的细菌及其用途	ZL201410705138.1	国家知识产权局	2017.01.25	高　淼
206	一株降解除草剂普施特的细菌及其用途	ZL201410708660.5	国家知识产权局	2017.02.01	高　淼
207	一种设施栽培体系水肥一体化专用肥、制备方法及应用	ZL201410578919.9	国家知识产权局	2017.02.15	王玉军
208	一种菌柄细的白灵菇及其栽培方法	ZL201510006895.4	国家知识产权局	2017.02.22	黄晨阳
209	一种阿魏菇及其栽培方法	ZL201510006890.1	国家知识产权局	2017.03.15	陈　强

（续表）

序号	专利名称	专利号	授权或批准部门	授权或批准时间	第一发明人
210	一种出菇整齐的白灵菇及其栽培方法	ZL201510006876.1	国家知识产权局	2017.03.15	赵梦然
211	一种土壤空间数据制图的注记生成方法	ZL201410277230.2	国家知识产权局	2017.03.22	雷秋良
212	一种白灵菇及其栽培方法2	ZL201510006865.3	国家知识产权局	2017.04.12	陈　强
213	一株降解四种除草剂的红球菌及其用途	ZL201410772625.X	国家知识产权局	2017.04.12	高　淼
214	一种高效促进大豆根瘤菌竞争结瘤的大豆根系分泌物的制备方法	ZL201410439069.4	国家知识产权局	2017.05.03	李　俊
215	一种遥感图像城区提取方法	ZL201410662642.8	国家知识产权局	2017.05.03	唐华俊
216	一种MSG2-SEVIRI数据估算地表温度日较差的方法	ZL201510648463.3	国家知识产权局	2017.05.10	段四波
217	一种农田面源污染县域地表径流总磷排放量的预测方法	ZL201510303193.2	国家知识产权局	2017.05.10	刘　申
218	一种农田面源污染县域地下淋溶总磷排放量的预测方法	ZL201510142587.4	国家知识产权局	2017.05.10	刘　申
219	高产吲哚-3-乙酸的重组细胞及其构建方法与应用	ZL201410675072.6	国家知识产权局	2017.05.24	张瑞福
220	一种筛分和制备土壤碳氮矿化组分的方法	ZL201510515426.5	国家知识产权局	2017.06.16	卢昌艾
221	一种全球和区域空气质量监测方法	ZL201410202487.1	国家知识产权局	2017.07.04	毛克彪
222	一种生产周期短的白灵菇及其栽培方法	ZL201510006886.5	国家知识产权局	2017.07.18	陈　强
223	生物合成吲哚-3-乙酸的成套蛋白质及其应用	ZL201410677417.1	国家知识产权局	2017.07.21	张瑞福
224	一种烟草专用叶面喷剂、制备方法及使用方法	ZL201410652965.9	国家知识产权局	2017.07.25	李菊梅
225	纳豆芽孢杆菌的培养方法及其应用	ZL201510336555.8	国家知识产权局	2017.08.25	马晓彤
226	有机质复合颗粒肥	ZL201410667942.5	国家知识产权局	2017.08.25	逄焕成
227	一种质地硬的白灵菇及其栽培方法	ZL201510006874.2	国家知识产权局	2017.09.01	黄晨阳
228	一种提高油菜产量及品质的水溶肥	ZL201510243506.X	国家知识产权局	2017.09.15	赵秀娟
229	复合秸秆有机颗粒肥	ZL201410667968.X	国家知识产权局	2017.09.15	王　婧
230	沙尘采集仪	ZL201310270478.1	国家知识产权局	2017.10.27	庄　严
231	利用高效液相色谱同时检测畜禽粪便中多种抗生素的方法	ZL201510921060.1	国家知识产权局	2017.11.10	李兆君
232	一种确定作物氮肥施用量的方法	ZL201310721918.0	国家知识产权局	2017.11.24	李菊梅
233	秸秆颗粒无机微生物肥	ZL201410667953.3	国家知识产权局	2017.11.28	逄焕成

（续表）

序号	专利名称	专利号	授权或批准部门	授权或批准时间	第一发明人
234	白酒糟分级去除稻壳和一种有机液肥基液制备方法	ZL201610224126.6	国家知识产权局	2017.12.12	王玉军
235	镉污染灌溉水入田前快速净化装置和方法	ZL201510565904.3	国家知识产权局	2017.12.22	李菊梅
236	耐盐碱植物生长促进剂	ZL201510601141.3	国家知识产权局	2018.01.02	王　婧
237	一种大豆优化推荐施肥方法	ZL201510479108.8	国家知识产权局	2018.01.09	何　萍
238	一株纳豆芽孢杆菌及其应用	ZL201510337233.5	国家知识产权局	2018.01.09	马晓彤
239	一种基于学习用户操作习惯的自动省电方法	ZL201410834279.3	国家知识产权局	2018.01.09	夏　浪
240	一种促进黄瓜生长的复合菌剂及其应用	ZL201510861441.5	国家知识产权局	2018.01.16	龚明波
241	流域农业面源污染物河道削减系数计算方法	ZL201510300768.5	国家知识产权局	2018.02.06	刘　申
242	一种农田面源污染县域地下淋溶总氮排放量的预测方法	ZL201510142611.4	国家知识产权局	2018.02.23	刘　申
243	一种田间淋溶水样简便化取样装置	ZL201511018339.5	国家知识产权局	2018.03.02	刘宏斌
244	一种流域尺度氮素化肥最大允许投入量的确定方法	ZL201510391990.0	国家知识产权局	2018.03.16	刘宏斌
245	一种模拟不同耕层结构下土壤水肥迁移转化规律的装置	ZL201610256275.0	国家知识产权局	2018.03.20	李玉义
246	一种农田面源污染县域地表径流总氮排放量预测方法	ZL201510303181.X	国家知识产权局	2018.04.03	刘　申
247	一种应用于负压渗水器的聚乙烯醇缩甲醛	ZL201410667927.0	国家知识产权局	2018.05.04	龙怀玉
248	一种FY-3C被动微波数据估算土壤湿度的方法	ZL201610009067.0	国家知识产权局	2018.05.25	韩晓静
249	一种农业用二氧化碳发生器	ZL201410408863.2	国家知识产权局	2018.06.15	刘元望
250	一种日光温室二氧化碳发生器	ZL201410408886.3	国家知识产权局	2018.06.15	李兆君
251	制药固体废弃物中庆大霉素的检测方法	ZL201610089947.3	国家知识产权局	2018.06.29	李兆君
252	农田面源污染地下淋溶量监测装置及方法	ZL201610460763.3	国家知识产权局	2018.07.06	刘　申
253	流域农业面源污染物入湖负荷估算方法	ZL201510300876.2	国家知识产权局	2018.07.06	刘宏斌
254	草地植被参数获取方法	ZL201610827579.8	国家知识产权局	2018.07.10	王东亮
255	一种基于区域尺度旱地作物氮投入环境阈值的确定方法	ZL201510654696.4	国家知识产权局	2018.07.24	刘宏斌
256	去除厌氧消化液中未被消化物和有机液肥基液制备方法	ZL201610223980.0	国家知识产权局	2018.07.27	王玉军
257	来源于巨大芽孢杆菌的酸性磷酸酶及其编码基因与应用	ZL201610051653.1	国家知识产权局	2018.08.31	孙静文

（续表）

序号	专利名称	专利号	授权或批准部门	授权或批准时间	第一发明人
258	表达葡萄糖脱氢酶的工程菌及其构建方法与应用	ZL201611153688.2	国家知识产权局	2018.10.26	孙静文
259	高效溶磷促生菌、由其制备的生物有机肥及应用	ZL201510920917.8	国家知识产权局	2019.01.01	范丙全
260	酸性磷酸酶及其相关生物材料在构建溶磷工程菌中的应用	ZL201610051877.2	国家知识产权局	2019.01.29	孙静文
261	一种水土流失测定用实验平台	ZL201710112863.1	国家知识产权局	2019.02.15	陈宝瑞
262	一种评估水稻产量的方法	ZL201610236111.1	国家知识产权局	2019.02.15	张会民
263	一种同时检测蔬菜中多种抗生素残留的方法	ZL201610031006.4	国家知识产权局	2019.02.19	李兆君
264	水肥一体化温室黄瓜负压灌溉系统	ZL201610329413.3	国家知识产权局	2019.03.01	武雪萍
265	一种新型无能耗负压调节系统	ZL201610329434.5	国家知识产权局	2019.03.01	武雪萍
266	一株庆大霉素降解真菌及其应用	ZL201610108374.4	国家知识产权局	2019.04.05	李兆君
267	一株庆大霉素降解菌株及其应用	ZL201610140723.0	国家知识产权局	2019.04.05	李兆君
268	一种距离传感器外参数标定方法和系统	ZL201710362353.X	国家知识产权局	2019.04.09	段玉林
269	一种用于高光谱图像的配准方法	ZL201710362220.2	国家知识产权局	2019.04.09	史　云
270	一种基于激光点云的道路边界检测方法	ZL201710376969.2	国家知识产权局	2019.04.09	史　云
271	一株降解除草剂乙草胺和杂草焚的细菌	ZL201611006095.3	国家知识产权局	2019.04.16	高　淼
272	一种促进丙酮酸分泌的基因、其提取方法和应用	ZL201610096612.4	国家知识产权局	2019.04.19	龚明波
273	一种牧草自动收割散料设备	ZL201710359288.5	国家知识产权局	2019.05.17	徐丽君
274	一种药渣堆肥方法	ZL201610941528.8	国家知识产权局	2019.05.17	李兆君
275	一种小型可拆卸土柱模拟装置	ZL201611159859.2	国家知识产权局	2019.05.21	王　婧
276	一种维持恒负压灌水的方法	ZL201610953424.9	国家知识产权局	2019.05.28	龙怀玉
277	一种高效去除庆大霉素药渣中庆大霉素的方法	ZL201610841592.9	国家知识产权局	2019.06.04	李兆君
278	一株促进毛叶苕子增长的根瘤菌及其应用	ZL201710354501.3	国家知识产权局	2019.06.11	曹卫东
279	苜蓿和菌剂构成的降解多环芳烃的成套产品及其应用	ZL201610298130.7	国家知识产权局	2019.06.25	张晓霞
280	紫云英和微生物菌剂构成的降解多环芳烃的成套产品及其应用	ZL201510395128.7	国家知识产权局	2019.06.25	张晓霞
281	葡萄糖脱氢酶及其编码基因与应用	ZL201611153702.9	国家知识产权局	2019.07.09	孙静文

（续表）

序号	专利名称	专利号	授权或批准部门	授权或批准时间	第一发明人
282	一种饲喂型微生态制剂及其应用	ZL201510684450.1	国家知识产权局	2019.07.12	顾金刚
283	一种基于冬小麦面积指数的冬小麦种植面积计算方法	ZL201610772593.2	国家知识产权局	2019.07.16	王利民
284	"石灰类物质+有机肥"改良酸化土壤的精准配比方法	ZL201710423820.5	国家知识产权局	2019.07.19	徐明岗
285	棘孢曲霉P93及由其制备的生物肥料制剂与应用	ZL201711050872.9	国家知识产权局	2019.07.23	范丙全
286	细菌类漆酶laclK的基因和蛋白及应用	ZL201610179415.9	国家知识产权局	2019.07.23	阮志勇
287	高效溶磷促生菌、由其制备的生物肥料制剂及应用	ZL201510809316.X	国家知识产权局	2019.07.23	范丙全
288	一株产ACC脱氨酶的固氮菌及其在土壤生态修复中的应用	ZL201610960300.3	国家知识产权局	2019.08.02	孙建光
289	一株豌豆根瘤菌及其发酵培养方法与应用	ZL201611072530.2	国家知识产权局	2019.08.09	马晓彤
290	一种慢浸式根灌装置	ZL201710250414.3	国家知识产权局	2019.08.13	陈宝瑞
291	RLI1蛋白在调控水稻叶片夹角中的应用	ZL201810015980.0	国家知识产权局	2019.08.30	易可可
292	酒糟厌氧消化液分级去除稻壳和有机液肥基液制备方法	ZL201610223594.1	国家知识产权局	2019.08.30	王玉军
293	一种快速确定秸秆还田条件下农作物所需化肥用量的方法	ZL201710066622.8	国家知识产权局	2019.10.18	周 卫
294	一种有机肥定量替代化肥的施用方法	ZL201611200395.5	国家知识产权局	2019.10.18	周 卫
295	一种直接反演地表温度的多光谱星载传感器通道装置及方法	ZL201811578666.X	国家知识产权局	2019.10.22	郑小坡
296	一种考虑荧光效应的干旱预警方法	ZL201910016649.5	国家知识产权局	2019.12.17	高懋芳
297	一种食用菌快速制种方法	ZL201610765308.4	国家知识产权局	2019.12.20	陈 强
298	一种联合遥感和气象数据获取全天候蒸散发的方法	ZL201710257387.2	国家知识产权局	2019.12.24	冷 佩
299	一株促进箭筈豌豆生长的根瘤菌及其应用	ZL201710354470.1	国家知识产权局	2019.12.31	韩 梅

十二、主要科研课题目录

（一）国家级项目

序号	项目/课题类型	项目/课题名称	主持人	起止时间
1	国家重点基础研究发展计划（"973"计划）项目	肥料减施增效与农田可持续利用基础研究	何 萍	2007.07—2011.08

（续表）

序号	项目/课题类型	项目/课题名称	主持人	起止时间
2	国家重点基础研究发展计划（"973"计划）项目	气候变化对我国粮食生产系统的影响机理及适应机制研究	唐华俊	2010.06—2014.12
3	国家重点基础研究发展计划（"973"计划）项目	肥料养分持续高效利用机理与途径	周　卫	2013.01—2017.08
4	国家重点基础研究发展计划（"973"计划）项目	食用菌产量和品质形成的分子机理与调控	张金霞	2014.01—2018.08
5	国家科技支撑计划项目	耕地质量关键技术研究	张维理	2006.01—2010.12
6	国家科技支撑计划项目	沃土工程关键支撑技术研究	周　卫	2006.01—2010.12
7	国家科技支撑计划项目	高效施肥关键技术研究与示范	白由路	2006.01—2010.12
8	国家科技支撑计划项目	重大突发性自然灾害预警与防控技术研究与应用	李茂松	2012.01—2016.12
9	国家重点研发计划项目	肥料养分推荐方法与限量标准	何　萍	2016.01—2020.12
10	国家重点研发计划项目	新型复混肥料及水溶肥料研制	赵秉强	2016.01—2020.12
11	国家重点研发计划项目	水稻主产区氮磷流失综合防控技术与产品研发	刘宏斌	2016.01—2020.12
12	国家重点研发计划项目	农田系统重金属迁移转化和安全阈值研究	马义兵	2016.01—2020.12
13	国家重点研发计划项目	北方草甸退化草地治理技术与示范	唐华俊	2016.01—2020.12
14	国家重点研发计划项目	畜禽养殖废弃物生物降解与资源转化调控机制	李兆君	2018.01—2020.12
15	国家重点研发计划项目	全球变化对粮食产量和品质的影响研究	吴文斌	2019.11—2024.10
16	国家科技重大专项	高分农业遥感监测与评价示范系统	周清波	2012.09—2015.06
17	科技基础性工作专项	我国1：5万土壤图集编撰及高精度数字土壤构建	张维理	2006.12—2011.11
18	科技基础性工作专项	我国1：5万土壤图籍编撰及高精度数字土壤构建（二期工程）	张维理	2012.05-2017.05
19	国家自然科学基金重点项目	全球变化背景下农作物空间格局动态变化与响应机理研究	唐华俊	2010.01—2013.12
20	国家自然科学基金创新研究群体项目	农业遥感机理与方法	李召良	2019.11—2024.12
21	国家自然科学基金重点项目	土壤有机质物理保护的矿物调控及模拟	张　斌	2019.11—2024.12
22	国家自然科学基金重点国际（地区）合作研究项目	土壤中铜和镍的生物毒性及其主控因素和预测模型研究	马义兵	2007.01—2009.12
23	国家自然科学基金重点国际（地区）合作研究项目	基于定量遥感和数据同化的区域作物监测与评价研究	陈仲新	2017.01—2021.12

（续表）

序号	项目/课题类型	项目/课题名称	主持人	起止时间
24	国家自然科学基金重点国际（地区）合作研究项目	长期不同施肥下中美英典型农田土壤固碳过程的差异与机制	徐明岗	2017.01—2021.12
25	国家社会科学基金重大项目	生态补偿与乡村绿色发展协同推进体制机制与政策体系研究	尹昌斌	2018.11—2023.09
26	公益性行业科研专项	食用菌现代产业技术体系研究与建立	张金霞	2007.01—2010.12
27	公益性行业科研专项	绿肥作物生产与利用技术集成研究及示范	曹卫东	2008.01—2010.12
28	公益性行业（农业）科研专项	主要农产品产地土壤重金属污染阈值研究与防控技术集成示范	马义兵	2009.10—2013.12
29	公益性行业（农业）科研专项	主要农区农业面源污染监测预警与氮磷投入阈值研究	刘宏斌	2010.01—2014.12
30	公益性行业（农业）科研专项	南方低产水稻土改良技术研究与示范	周　卫	2010.10—2014.12
31	公益性行业（农业）科研专项	农业源温室气体监测方法、技术规程及数据控制研究	邱建军	2011.01—2015.12
32	公益性行业（农业）科研专项	绿肥作物生产与利用技术集成研究及示范	曹卫东	2011.03—2015.12
33	公益性行业（农业）科研专项	粮食主产区土壤肥力演变与培肥技术研究与示范	徐明岗	2012.01—2016.12
34	公益性行业（农业）科研专项	半干旱牧区天然打草场培育利用技术研究、监测评价与集成示范	辛晓平	2013.01—2017.12
35	公益性行业（农业）科研专项	北方旱地合理耕层构建技术及配套耕作机具研究与示范	逄焕成	2013.01—2017.12
36	公益性行业（农业）科研专项	典型流域农业源污染物入湖负荷研究	任天志	2013.01—2017.12
37	公益性行业（农业）科研专项	水田两熟区土壤培肥指标体系与提升技术途径	卢昌艾	2015.01—2019.12
38	公益性行业（农业）科研专项	坡耕地合理耕层构建技术指标研究	张　斌	2015.01—2019.12

（二）国家级课题

序号	项目/课题类型	项目/课题名称	主持人	起止时间
1	国家重点基础研究发展计划（"973"计划）课题	土壤质量演变规律与持续利用	金继运	1999.01—2004.12
2	国家重点基础研究发展计划（"973"计划）课题	草原和农牧交错带生态重建机理及生产—生态范式研究	辛晓平	2001.01—2005.12
3	国家重点基础研究发展计划（"973"计划）课题	中国农田养分非均衡化与土壤健康功能衰退研究	赵秉强	2002.01—2003.12

（续表）

序号	项目/课题类型	项目/课题名称	主持人	起止时间
4	国家重点基础研究发展计划（"973"计划）课题	典型污染物在菜地生态系统中累积、转化机理及其对蔬菜品质影响	张维理	2002.12—2008.10
5	国家重点基础研究发展计划（"973"计划）课题	高风险污染土壤环境的生物修复与风险评估	徐明岗	2003.01—2007.12
6	国家重点基础研究发展计划（"973"计划）课题	农田生态系统健康与突变机制研究	梅旭荣	2004.01—2005.12
7	国家重点基础研究发展计划（"973"计划）课题	保持系统持续稳定的关键土壤生态学过程与主要控制因子	梁永超	2005.01—2010.12
8	国家重点基础研究发展计划（"973"计划）课题	磷钾循环过程、有效性机制及其影响因素	马义兵	2005.12—2010.08
9	国家重点基础研究发展计划（"973"计划）课题	农田养分时空分异特征与精准调控原理	何　萍	2007.07—2011.08
10	国家重点基础研究发展计划（"973"计划）课题	农田典型区域减肥增效与农田可持续利用途径与模式	杨俊诚	2007.07—2011.08
11	国家重点基础研究发展计划（"973"计划）课题	气候变化对粮食作物种植制度与区域布局的影响机理及适应机制的研究	唐华俊	2010.07—2014.12
12	国家重点基础研究发展计划（"973"计划）课题	气候变化驱动的我国粮食生产系统空间数值模拟预测研究	覃志豪	2010.07—2014.12
13	国家重点基础研究发展计划（"973"计划）课题	农田地力形成与演变规律及其主控因素	张会民	2011.01—2015.12
14	国家重点基础研究发展计划（"973"计划）课题	农田养分协同优化原理与方法	周　卫	2013.01—2017.08
15	国家重点基础研究发展计划（"973"计划）课题	肥料养分持续高效利用途径及模式	杨俊诚	2013.01—2017.08
16	国家重点基础研究发展计划（"973"计划）课题	食用菌温度响应的分子机制	张金霞	2014.01—2018.08
17	国家重点基础研究发展计划（"973"计划）课题	主要类型区红壤酸化的机理、驱动因子及时空演变规律	徐明岗	2014.01—2018.12
18	国家高技术研究发展计划（"863"计划）课题	环境友好型肥料研制与产业化	赵秉强	2001.01—2003.12
19	国家高技术研究发展计划（"863"计划）课题	农田节水标准化技术研究与产品开发	梅旭荣 蔡典雄	2001.01—2003.12
20	国家高技术研究发展计划（"863"计划）课题	区域节水型农作制度与节水高效旱作保护耕作技术研究	蔡典雄	2002.01—2005.12
21	国家高技术研究发展计划（"863"计划）课题	节水高效农业技术研究	梅旭荣 蔡典雄	2002.01—2005.12
22	国家高技术研究发展计划（"863"计划）课题	纳米肥料关键技术研究	张夫道	2002.01—2005.12
23	国家高技术研究发展计划（"863"计划）课题	新型多功能生物有机肥研究与开发	姜瑞波	2002.01—2005.12

（续表）

序号	项目/课题类型	项目/课题名称	主持人	起止时间
24	国家高技术研究发展计划（"863"计划）课题	草业信息管理和决策系统研究	唐华俊	2002.07—2005.12
25	国家高技术研究发展计划（"863"计划）课题	分散经营条件下数字农业精准生产平台技术	金继运	2003.01—2005.12
26	国家高技术研究发展计划（"863"计划）课题	新型多功能生物肥料关键技术研究与新产品开发	范丙全	2003.05—2005.06
27	国家高技术研究发展计划（"863"计划）课题	国家级农情遥感监测与信息服务系统	周清波	2003.07—2005.12
28	国家高技术研究发展计划（"863"计划）课题	草原监测管理系统关键技术研究	徐 斌	2006.01—2010.12
29	国家高技术研究发展计划（"863"计划）课题	基于多源遥感数据组网与同化模型区域农作物长势监测与模拟的关键遥感技术研究	陈仲新	2006.01—2010.12
30	国家高技术研究发展计划（"863"计划）课题	草地生产数字化管理关键技术研究	唐华俊	2006.01—2010.12
31	国家高技术研究发展计划（"863"计划）课题	占补地的肥力重建与定向培育技术	徐明岗	2006.01—2010.12
32	国家高技术研究发展计划（"863"计划）课题	多平台作物信息快速获取关键技术与产品研发	任天志	2006.01—2010.12
33	国家高技术研究发展计划（"863"计划）课题	农村抽样调查空间化样本抽选与管理系统	周清波	2006.01—2010.12
34	国家高技术研究发展计划（"863"计划）课题	水稻生长信息远程自动采集与光谱解析技术研究	白由路	2006.10—2010.12
35	国家高技术研究发展计划（"863"计划）课题	重金属污染农田综合修复技术研究	马义兵	2006.12—2010.12
36	国家高技术研究发展计划（"863"计划）课题	农产品产地认证管理数字化技术平台	龙怀玉	2006.12—2010.12
37	国家高技术研究发展计划（"863"计划）课题	作物秸秆田间原位生物转化还田关键技术研究	范丙全	2006.12—2010.12
38	国家高技术研究发展计划（"863"计划）课题	草畜业数字化管理与优化决策技术研究	辛晓平	2007.01—2010.12
39	国家高技术研究发展计划（"863"计划）课题	休闲期集约化蔬菜种植区地下水硝酸盐污染控制技术研究	刘宏斌	2008.01—2010.12
40	国家高技术研究发展计划（"863"计划）课题	重金属污染农田原位纳米修复技术	陈世宝	2008.01—2010.12
41	国家高技术研究发展计划（"863"计划）课题	草浆造纸废液农业综合利用技术	刘荣乐	2008.01—2010.12
42	国家高技术研究发展计划（"863"计划）课题	星陆双基遥感农田信息协同反演技术	王道龙	2009.01—2010.12
43	国家高技术研究发展计划（"863"计划）课题	遥感产品真实性检验网规划与设计	辛晓平	2012.01—2014.12

（续表）

序号	项目/课题类型	项目/课题名称	主持人	起止时间
44	国家科技攻关计划课题	黄淮海平原中低产区高效农业模式与技术研究	金继运	2001.01—2005.12
45	国家科技攻关计划课题	肥料饲料安全控制技术标准研究	刘荣乐	2002.01—2005.12
46	国家科技攻关计划课题	地方科技发展战略研究	王道龙 邱建军	2002.11—2003.10
47	国家科技攻关计划课题	城镇产业转型、重组的对策与生态产业建设示范	王道龙	2002.12—2004.12
48	国家科技攻关计划课题	主要农作物优质高效栽培模式研究	梅旭荣	2003.01—2005.12
49	国家科技攻关计划课题	区域持续高效农业综合技术研究与示范	徐明岗	2004.01—2005.12
50	国家科技攻关计划课题	玉米营养条件与品质产量形成机理	何　萍	2004.06—2006.12
51	国家科技攻关计划课题	社会发展科技战略研究	陈印军	2005.01—2005.12
52	国家科技攻关计划课题	地方科技发展的问题与政策建议研究	尹昌斌	2005.01—2007.12
53	国家科技攻关计划课题	农业资源综合利用与生态产业技术研究与示范	王道龙	2005.06—2006.06
54	国家科技支撑计划课题	耕地质量分区评价与保育技术及指标体系研究	张维理	2006.01—2010.12
55	国家科技支撑计划课题	东北黑土区地力衰减农田综合治理技术模式研究与示范	梁永超	2006.01—2010.12
56	国家科技支撑计划课题	中南贫瘠红壤与水稻土地力提升关键技术模式研究与示范	徐明岗	2006.01—2010.12
57	国家科技支撑计划课题	平衡施肥与养分管理技术	周　卫	2006.01—2010.12
58	国家科技支撑计划课题	秸秆还田有效利用和快速腐解技术	李　俊	2006.01—2010.12
59	国家科技支撑计划课题	有机肥资源综合利用技术	梁业森	2006.01—2010.12
60	国家科技支撑计划课题	污染农田治理关键技术研究	马义兵	2006.01—2010.12
61	国家科技支撑计划课题	城郊集约化农田污染综合防控技术集成与示范	任天志	2006.01—2010.12
62	国家科技支撑计划课题	复合（混）肥养分高效优化技术	赵秉强	2006.01—2010.12
63	国家科技支撑计划课题	西南季节性干旱区环境协调性旱作节水农作制度研究	罗其友	2007.01—2010.12
64	国家科技支撑计划课题	全国耕地调控技术综合集成研究	陈印军	2007.01—2010.10
65	国家科技支撑计划课题	人工栽培食用菌优质新品种选育研究	张金霞	2008.01—2010.12

（续表）

序号	项目/课题类型	项目/课题名称	主持人	起止时间
66	国家科技支撑计划课题	配方肥料生产与配套施用技术体系研究	林治安	2008.01—2010.12
67	国家科技支撑计划课题	高效施肥关键技术研究与示范	白由路	2008.01—2012.12
68	国家科技支撑计划课题	湘中南低山丘陵区红壤退化防治与生态农业技术集成和示范	文石林	2009.01—2011.12
69	国家科技支撑计划课题	复合（混）肥农艺配方与生态工艺技术研究	赵秉强	2011.01—2015.12
70	国家科技支撑计划课题	城镇碳汇保护和提升关键技术集成研究与示范	吴永常	2011.01—2014.06
71	国家科技支撑计划课题	农业干旱与干热风监测预警与应急防控关键技术研究	李茂松	2012.01—2015.12
72	国家科技支撑计划课题	农业灾害遥感监测、损失评估技术与系统	周清波	2012.01—2014.12
73	国家科技支撑计划课题	气候变化对草原影响与风险评估技术	辛晓平	2012.01—2015.12
74	国家科技支撑计划课题	中低产田耕层养分活化与地力提升技术与应用研究	梁永超	2012.01—2016.12
75	国家科技支撑计划课题	华中淹育贫瘠及潜育中低产稻田改良技术集成示范	卢昌艾	2012.03—2016.12
76	国家科技支撑计划课题	草原生态系统立体监测评估技术研究及应用	杨桂霞	2013.01—2016.12
77	国家科技支撑计划课题	钢渣农业资源化利用技术的研究与示范	梁永超	2013.01—2017.12
78	国家科技支撑计划课题	转基因植物新材料的育种价值评估	宋　敏	2013.01—2013.12
79	国家科技支撑计划课题	北方城郊环保型多功能生态农业模式研究与示范	王道龙	2014.01—2017.12
80	国家科技支撑计划课题	农田重金属安全阈值与风险减控技术研究	马义兵	2015.01—2019.12
81	国家科技支撑计划课题	川西北藏区农牧废弃物综合利用及沙化土壤改良技术研究与示范	李玉义	2015.04—2019.12
82	国家科技支撑计划课题	华北平原小麦-玉米轮作区高效施肥技术研究与示范	白由路	2015.04—2019.12
83	国家科技支撑计划课题	黄土高原东部平原区（山西）增粮增效技术研究与示范	武雪萍	2015.04—2019.12
84	国家重点研发计划课题	设施蔬菜化肥减施关键技术优化	黄绍文	2016.01—2020.12
85	国家重点研发计划课题	旱地保护性耕作及其农艺化机械作业技术	吴会军	2016.01—2020.12

（续表）

序号	项目/课题类型	项目/课题名称	主持人	起止时间
86	国家重点研发计划课题	化肥农药减施增效技术环境效应评价方法研究	王立刚	2016.01—2020.12
87	国家重点研发计划课题	高产稻田的肥力变化与培肥耕作途径	张会民	2016.01—2020.12
88	国家重点研发计划课题	作物生长与生产力卫星遥感监测预测	刘　佳	2016.01—2020.12
89	国家重点研发计划课题	北方主要农区农田氮磷淋溶时空规律与强度研究	王洪媛	2016.01—2020.12
90	国家重点研发计划课题	耕地地力水平与化肥养分利用率关系及其时空变化规律	段英华	2016.01—2020.12
91	国家重点研发计划课题	新型增效复混肥料研制与产业化	李燕婷	2016.01—2020.12
92	国家重点研发计划课题	典型水稻种植模式氮磷控源增汇技术研究	刘宏斌	2016.01—2020.12
93	国家重点研发计划课题	化学肥料减施增效调控途径	梁国庆	2016.01—2020.12
94	国家重点研发计划课题	粮食作物养分推荐方法与限量标准	何　萍	2016.01—2020.12
95	国家重点研发计划课题	蔬菜养分推荐方法与限量标准	李书田	2016.01—2020.12
96	国家重点研发计划课题	土壤阳离子型重金属安全阈值研究	马义兵	2016.01—2020.12
97	国家重点研发计划课题	重度污染农田土壤高效钝化—农艺调控—植物阻控耦合技术	陈世宝	2016.01—2020.12
98	国家重点研发计划课题	呼伦贝尔退化草甸草原综合治理技术与模式	闫玉春	2016.07—2020.12
99	国家重点研发计划课题	新型肥料质量控制与评价标准及标准样品研究	王　旭	2016.07—2020.06
100	国家重点研发计划课题	苏打盐碱地耐盐碱植物种植与修复技术	程宪国	2016.07—2020.12
101	国家重点研发计划课题	河套平原盐碱地微生物治理与修复关键技术	冀宏杰	2016.07—2020.12
102	国家重点研发计划课题	北方草甸草地生态草牧业技术与集成示范	唐华俊	2016.07—2020.12
103	国家重点研发计划课题	中欧农田土壤质量评价与提升技术合作	李建伟	2016.12—2019.11
104	国家重点研发计划课题	气候变化对水稻生产的影响特征及未来情景分析	王春艳	2017.02—2020.12
105	国家重点研发计划课题	主要作物高效利用磷的生物学潜力及生理机制	易可可	2017.07—2020.12
106	国家重点研发计划课题	珠三角农业废弃物资源化综合利用关键技术装备研发与示范	李兆君	2017.07—2020.12
107	国家重点研发计划课题	聚醚类聚氨酯包膜缓控释肥料研制与应用	杨相东	2017.07—2020.12

（续表）

序号	项目/课题类型	项目/课题名称	主持人	起止时间
108	国家重点研发计划课题	耕地地力与农业有害生物发生关系的大数据平台建立	牛永春	2017.07—2020.12
109	国家重点研发计划课题	北方防沙治沙重大生态工程生态效益监测评估	杨秀春	2017.07—2020.12
110	国家重点研发计划课题	农田草地生态质量监测技术集成与应用示范	孙　楠	2017.07—2020.12
111	国家重点研发计划课题	生态脆弱区生态系统功能和过程对全球变化的响应机理	庾　强	2017.07—2022.06
112	国家重点研发计划课题	全局尺度耕地利用可持续性提升模式研究	余强毅	2018.01—2020.12
113	国家重点研发计划课题	北方小麦化肥农药减施技术应用效应评估	武雪萍	2018.07—2020.12
114	国家重点研发计划课题	菜地氮磷养分流失综合阻控技术优化与集成	李　虎	2018.07—2020.12
115	国家重点研发计划课题	长江流域冬麦田养分运转规律与肥料施用限量标准研究	王秀斌	2018.07—2020.12
116	国家重点研发计划课题	北方稻区化肥减施增效及替代技术研究与应用	翟丽梅	2018.07—2020.12
117	国家重点研发计划课题	安徽粮食主产区作物多元化种植模式资源效率与生态经济分析	尤　飞	2018.07—2020.12
118	国家重点研发计划课题	露地蔬菜化学肥料减施增效与替代技术筛选、优化与应用	汪　洪	2018.07—2020.12
119	国家重点研发计划课题	畜禽养殖污染物和屠宰废弃物无害化处理和综合利用	赵林萍	2018.07—2021.06
120	国家重点研发计划课题	畜禽养殖废弃物转化中异味气体与抗生素消减特征及综合调控机制	李兆君	2018.06—2020.12
121	国家重点研发计划课题	主要经济作物气象灾害防控技术研发与产品创制	李茂松	2019.05—2022.12
122	国家重点研发计划课题	土传病害成因、流行规律与治理方案研究	魏海雷	2019.05—2022.12
123	国家重点研发计划课题	气候变化对农作物空间分布的影响机理	吴文斌	2019.11—2024.10
124	国家重点研发计划课题	土壤水分时间变异影响作物水分利用效率和养分吸收的机制	龙怀玉	2019.11—2022.10
125	国家粮食丰产科技工程	粮食主产区地力培育与农田污染防治技术研究	金继运	2004.01—2006.12
126	国家粮食丰产科技工程	粮食主产区农田肥水资源可持续高效利用技术研究	金继运	2006.01—2010.12
127	科技部科技成果转化资金项目	亚表层渗灌房堵技术	梁业森	2004.01—2006.12

（续表）

序号	项目/课题类型	项目/课题名称	主持人	起止时间
128	科技部科技成果转化资金项目	农业废弃物生产优质食用菌技术示范推广	胡清秀	2004.09—2007.04
129	科技部科技成果转化资金项目	新型高效肥料的开发与示范推广	梁业森	2006.01—2008.12
130	农业科技成果转化资金项目	高效硫肥和高效钙肥系列产品开发与示范	周　卫	2006.01—2007.12
131	农业科技成果转化资金项目	风化煤多功能肥料修复荒漠化土壤技术的中试与示范推广	杨俊诚	2007.05—2009.09
132	农业科技成果转化资金项目	草业数字化监测、控制与决策技术中试与示范	唐华俊	2008.04—2010.04
133	农业科技成果转化资金项目	我国主要类型土壤、作物适配型高效溶磷生物肥料开发与示范	范丙全	2009.06—2011.06
134	农业科技成果转化资金项目	双控复合型缓释肥料新产品中试示范与推广	李燕婷	2010.05—2012.05
135	农业科技成果转化资金项目	植物营养功能性材料技术与应用示范	杨俊诚	2012.04—2014.04
136	农业科技成果转化资金项目	腐植酸复合缓释肥料新产品中试与示范推广	赵秉强	2013.01—2015.12
137	科技基础性工作专项	全国农业资源与区划基础数据库建设及共享	唐华俊 陈佑启	2002.01—2005.12
138	科技基础性工作专项	我国山区菌物资源保护和利用	胡清秀	2003.01—2006.06
139	科技基础性工作专项	河北省土系调查与《中国土系志河北卷》编制	陈印军 龙怀玉	2009.06—2013.12
140	科技基础性工作专项	宁夏回族自治区土系调查与土系志编制	陈印军 龙怀玉	2013.05—2017.12
141	科技基础性工作专项	陆地植被数据产品中国东北典型区验证	辛晓平	2014.01—2014.12
142	科技基础性工作专项	中俄蒙国际经济走廊草地资源考察	白可喻	2017.02—2022.12
143	国家科技重大专项	植物转基因的知识产权研究	宋　敏	2014.01—2015.12
144	国家科技重大专项	转基因技术知识产权、安全管理和技术发展方向及策略研究	宋　敏	2014.01—2016.12
145	国家科技重大专项	GF—6卫星宽幅相机作物类型精细识别与制图技术	王利民	2018.01—2019.12
146	国家科技重大专项	GF—6卫星数据模拟仿真技术	刘　佳	2018.01—2018.12
147	国家科技基础条件平台项目	MODIS数据产品开发验证与应用示范	陈仲新	2003.01—2004.12
148	国家科技基础条件平台项目	草地生态监测网络建设	辛晓平	2003.01—2004.12
149	国家科技基础条件平台项目	微生物菌种资源收集、整理、技术规程研究与制定	顾金刚	2003.12—2004.12

（续表）

序号	项目/课题类型	项目/课题名称	主持人	起止时间
150	国家科技基础条件平台项目	微生物菌种资源描述标准和规范的研究制订及共享试点建设	姜瑞波	2003.12—2005.12
151	国家科技基础条件平台项目	MODIS 数据产品开发与共享服务	唐华俊 陈仲新	2004.01—2006.12
152	国家科技基础条件平台项目	食用菌技术标准体系研究	张金霞	2004.12—2006.12
153	国家科技基础条件平台项目	绿肥种质资源标准化整理、整合及共享试点	曹卫东	2005.01—2010.12
154	国家科技基础条件平台项目	微生物菌种资源	唐华俊 姜瑞波	2005.12—2008.12
155	国家科技基础条件平台项目	全国农业区划数据共享利用	陈佑启	2006.01—2017.12
156	国家科技基础条件平台项目	国家微生物资源平台	唐华俊	2011.12—2015.12
157	国家科技基础条件平台项目	农业微生物资源平台运行与服务	顾金刚	2011.12—2015.12
158	国家科技基础条件平台项目	国家微生物资源平台	王道龙	2015.12—2018.12
159	国家科技基础条件平台项目	国家微生物资源平台	杨 鹏	2019—
160	科技部科研院所技术开发研究专项	食用菌新品种培育与新产品开发研究	胡清秀	2005.09—2008.09
161	科技部科研院所技术开发研究专项	新型土壤改良功能材料研发与应用示范	张建峰	2012.01—2014.12
162	科技部科研院所社会公益研究专项	中国区域农村工业化发展的评价体系研究	尹昌斌	2004.10—2005.10
163	科技部科研院所社会公益研究专项	我国农业面源污染的监测、评价与预警研究	张维理	2004.10—2007.10
164	科技部科研院所社会公益研究专项	中国区域性耕地资源变化影响评价及其预警	陈佑启	2004.10—2005.10
165	科技部科研院所社会公益研究专项	中国农业综合生产能力安全及其资源保障研究	唐华俊	2004.10—2005.10
166	科技部科研院所社会公益研究专项	循环农业模式研究	尹昌斌	2006.01—2008.12
167	国家国际科技合作专项	粮食安全预警的关键空间信息技术合作研究	唐华俊	2010.03—2012.12
168	国家国际科技合作专项	草地生态系统优化管理关键技术合作	王道龙	2012.05—2015.05
169	国家国际科技合作专项	欧亚温带草原东缘生态样带草原植被及生态遥感监测研究	杨秀春	2013.04—2015.03
170	国家国际科技合作专项	中低产田障碍因子消控技术合作研究	张建峰	2015.04—2018.03
171	国际科学基金	不同衰老类型玉米^{15}N 吸收及光合酶活性差异研究	何 萍	2002.01—2005.12
172	公益性行业（农业）科研专项	食用菌菌种质量评价与菌种信息系统研究与建立	张金霞	2007.01—2010.12

（续表）

序号	项目/课题类型	项目/课题名称	主持人	起止时间
173	公益性行业（农业）科研专项	精细化农业气候区划及其应用系统研究（精细化农业气候区划）	陈印军	2007.01—2010.12
174	公益性行业（气象）科研专项	农业气候资源评价与高效利用技术研究	唐华俊	2007.11—2010.10
175	公益性行业（农业）科研专项	环渤海区域农业碳氮平衡定量评价及调控技术研究	邱建军	2008.01—2010.12
176	公益性行业（农业）科研专项	资源节约型农作制技术研究与示范	逄焕成	2008.01—2010.12
177	公益性行业（农业）科研专项	山东中低产田绿肥作物生产与利用技术集成研究与示范	李志杰	2008.01—2010.12
178	公益性行业（农业）科研专项	黄淮海平原盐碱障碍耕地农业高效利用技术模式研究与示范	林治安	2009.01—2013.12
179	公益性行业（农业）科研专项	农药环境风险评估模型研究与场景构建	李文娟	2009.01—2013.12
180	公益性行业（农业）科研专项	北方旱作区农业清洁生产与农村废弃物循环利用技术集成、示范及政策配套	尹昌斌	2009.09—2013.12
181	公益性行业（农业）科研专项	黄河上中游次生盐碱地农业高效利用技术模式研究与示范	逄焕成	2009.11—2013.12
182	公益性行业（农业）科研专项	草甸草原牧区家庭牧场资源优化配置技术模式试验与示范	杨桂霞	2010.01—2014.12
183	公益性行业（农业）科研专项	牧区草原环境容量评估与饲草料生产保障技术体系建设	闫玉春	2010.01—2014.12
184	公益性行业（农业）科研专项	牧区家庭牧场资源数字信息与优化模型建立	白可喻	2011.01—2014.12
185	公益性行业（农业）科研专项	粮食主产区高产高效种植模式及配套技术集成研究与示范	任天志	2011.01—2015.12
186	公益性行业（农业）科研专项	农业源温室气体监测与控制技术研究	邱建军	2011.01—2015.12
187	公益性行业（农业）科研专项	山东中低产农田及果园绿肥利用技术研究及示范	李志杰	2011.01—2015.12
188	公益性行业（环保）科研专项	耕地土壤风险管控模式与成效评估方法研究	马义兵	2015.01—2017.12
189	公益性行业（农业）科研专项	华北平原中南部两熟区耕地培肥与合理农作制技术集成与示范	冀宏杰	2015.01—2019.12
190	公益性行业（农业）科研专项	东北一熟区土壤培肥指标及培肥技术研究与示范	张淑香	2015.01—2018.12
191	公益性行业（农业）科研专项	秸秆转化真菌资源利用	邹亚杰	2015.01—2019.12
192	农业部"948"计划项目	农业微生物模式菌	姜瑞波	2001.01—2003.12

（续表）

序号	项目/课题类型	项目/课题名称	主持人	起止时间
193	农业部"948"计划项目	微生物工程治理水污染技术	王道龙 任天志	2001.01—2004.12
194	农业部"948"计划项目	高光谱农作物识别、长势分析与信息处理系统	唐华俊	2001.09—2003.12
195	农业部"948"计划项目	草地利用和畜牧业管理空间综合决策系统	王道龙 辛晓平	2003.01—2005.12
196	农业部"948"计划项目	食用菌种质资源引进与利用	张金霞	2004.01—2007.12
197	农业部"948"计划项目	低环境负荷农业技术动态跟踪、引进和开发	宋　敏	2006.01—2008.12
198	农业部"948"计划项目	食用菌优异种质和优质安全生产技术体系引进与创新	张金霞	2006.01—2010.12
199	农业部"948"计划项目	节水农作制度关键技术引进与创新	逄焕成	2006.01—2010.12
200	农业部"948"计划项目	基于平衡栽培原理生产高产、优质、安全农产品技术试验与示范	孙建光	2007.01—2009.12
201	农业部"948"计划项目	引进欧盟美国农业资源遥感监测先进技术	唐华俊	2009.01—2010.12
202	农业部"948"计划项目	高效新型微生物资源引进与创新	张晓霞	2011.01—2015.12
203	农业部"948"计划项目	农业废弃物循环利用控制技术引进及产业化开发	沈德龙	2011.01—2015.12
204	农业部"948"计划项目	高效新型微生物资源引进与创新	范丙全	2011.01—2016.12
205	农业部"948"计划项目	农业遥感监测系统关键技术引进	唐华俊 陈仲新	2011.01—2017.12
206	农业部"948"计划项目	大尺度农田温室气体监测及减排关键技术引进与创新	邱建军	2012.01—2012.12
207	农业部"948"计划项目	基于产量反应和农学效率的作物推荐施肥方法引进与创新	何　萍	2013.01—2013.12
208	农业部"948"计划项目	农田生态系统水氮优化管理技术引进与创新	李　虎	2015.01—2015.12
209	农业部"948"计划项目	农田生态系统水氮优化管理技术引进与创新	刘宏斌	2016.01—2017.12
210	国家现代农业产业技术体系	国家水稻产业技术体系祁阳综合试验站	李冬初	2007.01—2020.12
211	国家现代农业产业技术体系	国家小麦产业技术体系综合试验站	赵秉强	2008.01—2010.12
212	国家现代农业产业技术体系	国家食用菌产业技术体系—侧耳育种岗位	张金霞	2008.01—2015.12
213	国家现代农业产业技术体系	国家大宗蔬菜产业技术体系岗位科学家经费项目	黄绍文	2008.01—2015.12

（续表）

序号	项目/课题类型	项目/课题名称	主持人	起止时间
214	国家现代农业产业技术体系	国家食用菌产业技术体系—首席	张金霞	2008.01—2020.12
215	国家现代农业产业技术体系	稻田培肥岗位	周 卫	2008.01—2020.12
216	国家现代农业产业技术体系	珍稀食用菌栽培岗位专家	胡清秀	2008.12—2015.12
217	国家现代农业产业技术体系	马铃薯产业经济研究	罗其友	2009.01—2020.12
218	国家现代农业产业技术体系	国家小麦产业技术体系综合试验站	林治安	2011.01—2015.12
219	国家现代农业产业技术体系	科研杰出人才及新型肥料创新团队	赵秉强	2012.01—2015.12
220	国家现代农业产业技术体系	小宗种类食用菌栽培（食用菌体系岗位科学家）	胡清秀	2016.01—2020.12
221	国家现代农业产业技术体系	水稻综合试验站站长	李冬初	2016.01—2020.12
222	国家现代农业产业技术体系	食用菌产业技术体系首席科学家（2016—2020）	张金霞	2016.01—2020.12
223	国家现代农业产业技术体系	侧耳育种岗位科学家（2016—2020）	黄晨阳	2016.01—2020.12
224	国家现代农业产业技术体系	国家水稻产业技术体系岗位科学家	周 卫	2016.01—2020.12
225	国家现代农业产业技术体系	大豆产业技术体系岗位科学家	李 俊	2016.01—2020.12
226	国家现代农业产业技术体系	国家大宗蔬菜产业技术体系岗位科学家	黄绍文	2016.01—2020.12
227	国家现代农业产业技术体系	人工草地生态评价（牧草体系岗位科学家）	辛晓平	2016.01—2020.12
228	国家现代农业产业技术体系	国家小麦产业技术德州综合试验站	林治安	2016.01—2020.12
229	国家现代农业产业技术体系	土壤管理与轮作制度（大豆体系岗位科学家）	张 斌	2017.01—2020.12
230	国家现代农业产业技术体系	绿肥产业技术体系首席科学家	曹卫东	2017.01—2020.12
231	国家现代农业产业技术体系	菌种质量控制技术（食用菌体系岗位科学家）	张瑞颖	2017.01—2020.12
232	国家现代农业产业技术体系	绿肥养分截获与高效利用（绿肥体系岗位科学家）	曹卫东	2017.01—2020.12
233	国家现代农业产业技术体系	栽培生理（绿肥体系岗位科学家）	易可可	2017.01—2020.12
234	国家现代农业产业技术体系	产业经济（绿肥体系岗位科学家）	尹昌斌	2017.01—2020.12
235	国家现代农业产业技术体系	国家绿肥产业技术体系祁阳综合试验站	高菊生	2017.01—2020.12
236	国家现代农业产业技术体系	国家水稻产业技术体系岗位专家	李建平	2019.09—2020.09

（续表）

序号	项目/课题类型	项目/课题名称	主持人	起止时间
237	国家现代农业产业技术体系	国家马铃薯产业技术体系岗位科学家	何 萍	2019.09—2020.09
238	国家现代农业产业技术体系	国家葡萄产业技术体系	李兆君	2019.09—2020.09
239	国家软科学研究计划项目	中国农业转基因技术风险研究	唐华俊	2011.01—2012.12
240	国家软科学研究计划项目	国有农业运行绩效评价及改革方向研究	尤 飞	2011.07—2014.07
241	国家软科学研究计划项目	基于农户土地利用行为的农村居民点整理政策研究	易小燕	2013.12—2014.12
242	国家水体污染控制与治理重大科技专项	大规模农村与农田面源污染的区域性综合防治技术与规模化示范	刘宏斌	2008.10—2010.12
243	国家水体污染控制与治理重大科技专项	洱海流域农业面源污染综合防控技术体系研究与示范	刘宏斌	2014.01—2016.12
244	农业部专项	全国玉米遥感监测	周清波	2003.01—2003.12
245	农业部专项	全国冬小麦遥感监测	周清波	2003.10—2004.06
246	农业部专项	肥料登记专项	王 旭	2006.01—2010.12
247	农业部专项	2007年全国小麦、玉米遥感监测业务运行	唐华俊	2007.01—2007.12
248	农业部专项	农业生态环境保护	任天志	2009.01—2009.12
249	农业部专项	农业资源监测与评价	周清波	2010.01—2010.12
250	农业部专项	农业信息预警	李茂松	2010.01—2010.12
251	结构调整	化肥减施技术补贴机制及示范	张维理	2006.01—2008.12
252	结构调整	我国区域农业循环经济发展式	尹昌斌	2006.01—2008.12
253	结构调整	野生食用菌人工培养与深加工技术研究	胡清秀	2006.01—2008.12
254	结构调整	食用菌新品种DNA检测技术研究	张金霞	2006.01—2008.12
255	国际合作项目	黄土高原水土养分控失技术与提高水土资源利用模式研究	蔡典雄	2005—2009
256	国际合作项目	农业立体污染防治技术与模式研究	蔡典雄	2006—2008
257	国际合作项目	EU – SEVENTH FRAMEWORK PROGRAMME, Improving nutrient efficiency in major European food, feed and biofuel crops to reduce the negative environmental impact of crop production	赵秉强	2009—2014
258	国际合作项目	Assessment of agronomic and economic benefit and	梁永超	2011.01—2013.12

（三）国家自然科学基金项目

序号	项目/课题类型	项目/课题名称	主持人	起止时间
1	国家自然科学基金面上项目	小麦"拒镉"与"非拒镉"差异的机理研究	周 卫	2001.01—2003.12
2	国家自然科学基金面上项目	不同衰老型玉米碳氮代谢的差异及其机理研究	何 萍	2001.01—2003.12
3	国家自然科学基金青年科学基金项目	缺钙导致苹果果实生理失调的机理—着重钙和钙信使方面	周 卫	2002.01—2004.12
4	国家自然科学基金面上项目	溶磷青霉菌 P8 的根际定殖能力和对土壤微生物的影响	范丙全	2003.01-2005.12
5	国家自然科学基金面上项目	菜区土壤养分空间变异规律与作物分区平衡施肥技术研究	金继运	2003.01—2005.12
6	国家自然科学基金面上项目	用非损伤微测技术快速筛选磷高效小麦的方法研究	刘国栋	2003.01—2005.12
7	国家自然科学基金国际（地区）合作交流项目	第2届土壤-植物连续体中磷的动力学国际学术会议	刘国栋	2003.09—2003.09
8	国家自然科学基金青年科学基金项目	细菌在土壤中的运移机理及影响因子的实验研究与分析	李桂花	2004.01—2006.12
9	国家自然科学基金面上项目	镉诱导的植物氧化代谢与钙信使的变化及分子机理	周 卫	2005.01—2007.12
10	国家自然科学基金面上项目	菜地土壤理化属性空间变异对重金属生物有效性的影响	黄绍文	2005.01—2007.12
11	国家自然科学基金面上项目	不同施肥制度土壤功能衰退机理与修复原理	赵秉强	2005.01—2005.12
12	国家自然科学基金面上项目	硅提高冬小麦抗寒性的生物学机制研究	梁永超	2005.01—2007.12
13	国家自然科学基金面上项目	畜禽粪便中重金属的形态、转化和植物有效性研究	刘荣乐	2005.01—2005.12
14	国家自然科学基金面上项目	钾素营养调节玉米糖类与酚类代谢的机制及其与茎腐病抗性的关系	何 萍	2006.01—2008.12
15	国家自然科学基金面上项目	污染土壤中铜的老化机理研究	马义兵	2006.01—2006.12
16	国家自然科学基金面上项目	我国农业旱灾机理与监测方法研究	覃志豪	2006.01—2008.12
17	国家自然科学基金面上项目	重要小麦农家品种抗条锈病基因的分子标记与定位	牛永春	2006.01—2008.12
18	国家自然科学基金面上项目	苄嘧磺隆与 Cd 复合污染对水稻细胞、分子毒性研究	杨俊诚	2006.01—2008.12
19	国家自然科学基金面上项目	土壤保持耕作系统能流．碳流关联及其动态响应	王小彬	2006.01—2006.12
20	国家自然科学基金面上项目	土壤中铜对植物和微生物毒害的生物配体模型研究	马义兵	2007.01—2009.12

（续表）

序号	项目/课题类型	项目/课题名称	主持人	起止时间
21	国家自然科学基金面上项目	硅提高水稻对稻瘟病抗性的生理与分子机理	梁永超	2007.01—2009.12
22	国家自然科学基金青年科学基金项目	农田和草坪杂草上 Bipolaris 及其相近属病原真菌资源研究	邓　晖	2007.01—2009.12
23	国家自然科学基金国际（地区）合作交流项目	土壤中铜和镍的生物毒性及其主控因素和预测模型研究	马义兵	2007.01—2009.12
24	国家自然科学基金面上项目	缺钙导致苹果果实生理失调的分子生理机制	周　卫	2008.01—2010.12
25	国家自然科学基金面上项目	氮素对玉米叶片衰老中信号物质的影响及其作用机理	何　萍	2008.01—2010.12
26	国家自然科学基金面上项目	细胞膜磷脂水解酶在植物低温驯化过程中的作用与机理	王道龙	2008.01—2010.12
27	国家自然科学基金面上项目	水资源生命周期条件下水资源增值理论、模式及其机制研究	姜文来	2008.01—2010.12
28	国家自然科学基金面上项目	呼伦贝尔草原多尺度空间格局及其对干扰的响应研究	辛晓平	2008.01—2008.12
29	国家自然科学基金面上项目	过氧化氢和钙在缺锌植物气孔运动中的信号作用机制	汪　洪	2008.01—2008.12
30	国家自然科学基金青年科学基金项目	兽用抗生素在小麦根-土界面的消减、微生态效应及机理研究	李兆君	2008.01—2010.12
31	国家自然科学基金青年科学基金项目	辽西北地区土地荒漠化过程与景观变化作用关系及其生态效应	杨秀春	2008.01—2010.12
32	国家自然科学基金面上项目	我国典型农业土壤长期施肥下有机碳库组分差异及演变规律	徐明岗	2009.01—2011.12
33	国家自然科学基金面上项目	水稻在镉与苄嘧磺隆胁迫下的基因应答研究	杨俊诚	2009.01—2011.12
34	国家自然科学基金青年科学基金项目	分子改良的转基因植物在土壤重金属污染预警及生物修复中的应用	孙静文	2009.01—2011.12
35	国家自然科学基金青年科学基金项目	长期施肥下中国典型农田土壤碳循环的模型模拟	徐明岗	2009.07—2009.12
36	国家自然科学基金重点项目	全球变化背景下农作物空间格局动态变化与响应机理研究	唐华俊	2010.01—2013.12
37	国家自然科学基金面上项目	长期施肥下石灰性潮土氮、磷和硫的生物转化机制	周　卫	2010.01—2012.12
38	国家自然科学基金面上项目	土壤中镍的有效形态、生物急性毒性及生物配体模型研究	马义兵	2010.01—2012.12
39	国家自然科学基金面上项目	稻田土壤磷素的积累规律、预测模型与归宿研究	李菊梅	2010.01—2012.12
40	国家自然科学基金面上项目	基于时空耦合和数据同化的作物单产过程模拟研究	周清波	2010.01—2012.12

（续表）

序号	项目/课题类型	项目/课题名称	主持人	起止时间
41	国家自然科学基金面上项目	放牧和刈割利用对温性草甸草原多尺度空间格局的影响研究—以呼伦贝尔草原为例	辛晓平	2010.01—2010.12
42	国家自然科学基金面上项目	我国实现植物遗传资源惠益分享的产权安排研究	宋　敏	2010.01—2012.12
43	国家自然科学基金面上项目	硅提高水稻对白叶枯病抗性的生理与分子机理	梁永超	2010.01—2010.12
44	国家自然科学基金青年科学基金项目	长期施肥旱地土壤碳、氮相互作用：红壤非耦合机制研究	张文菊	2010.01—2012.12
45	国家自然科学基金青年科学基金项目	植物有机碳降解及其对土壤有机质激发效应的微生物学机制研究	范分良	2010.01—2012.12
46	国家自然科学基金青年科学基金项目	草原降尘的截存机制及对土壤的作用机理	闫玉春	2010.01—2012.12
47	国家自然科学基金青年科学基金项目	水稻内生根瘤菌的系统分类及其功能特性研究	张晓霞	2010.01—2012.12
48	国家自然科学基金国际（地区）合作交流项目	农业土壤固碳减排与气候变化国际学术研讨会	徐明岗	2010.01—2010.07
49	国家自然科学基金国际（地区）合作交流项目	遗传资源惠益分享产权安排国际合作研究	宋　敏	2010.06—2012.12
50	国家自然科学基金面上项目	长期不同施肥下红壤钾素有效性的演变机理	张会民	2011.01—2013.12
51	国家自然科学基金面上项目	土壤中锌的形态对生物毒性的影响、生物配体模型与田间验证	陈世宝	2011.01—2013.12
52	国家自然科学基金面上项目	缺锌介导植物细胞凋亡及其影响机制研究	汪　洪	2011.01—2013.12
53	国家自然科学基金青年科学基金项目	氮素营养的玉米叶片光谱响应机理及营养诊断	王　磊	2011.01—2013.12
54	国家自然科学基金青年科学基金项目	长期施肥下典型农业土壤团聚体中有机氮库稳定性机制研究	段英华	2011.01—2013.12
55	国家自然科学基金青年科学基金项目	内蒙河套灌区盐渍土保护性耕作技术节水控盐机理与模式研究	李玉义	2011.01—2013.12
56	国家自然科学基金青年科学基金项目	基于综合模型的区域粮食作物空间竞争机制及模拟研究	何英彬	2011.01—2013.12
57	国家自然科学基金青年科学基金项目	农作物分布格局变化对农田生态系统服务功能的影响	黄　青	2011.01—2013.12
58	国家自然科学基金青年科学基金项目	作物面积空间抽样方案优化设计试验研究	王　迪	2011.01—2013.12
59	国家自然科学基金国际（地区）合作交流项目	长期施肥下典型农田土壤有机氮转化的^{15}N示踪技术	段英华	2011.05—2011.12

（续表）

序号	项目/课题类型	项目/课题名称	主持人	起止时间
60	国家自然科学基金国际（地区）合作交流项目	中国农田土壤长期不同施肥下的固碳及其模拟	徐明岗	2011.06—2011.12
61	国家自然科学基金国际（地区）合作交流项目	第5届硅与农业国际会议	梁永超	2011.07-2011.12
62	国家自然科学基金面上项目	长期不同施肥下我国典型农田土壤的固碳潜力及其模型预测	徐明岗	2012.01—2015.12
63	国家自然科学基金面上项目	基于交叉信息熵理论的我国东北地区农作物空间分布研究	杨鹏	2012.01—2015.12
64	国家自然科学基金面上项目	农业旱地 N_2O 排放的温度敏感性及其微生物驱动机制研究	梁永超	2012.01—2015.12
65	国家自然科学基金青年科学基金项目	尿素秸秆配施下黑土碳氮转化及秸秆生物有效性研究	仇少君	2012.01—2014.12
66	国家自然科学基金青年科学基金项目	典型缓/控释肥料包膜材料的土壤生态影响研究	张建峰	2012.01—2014.12
67	国家自然科学基金青年科学基金项目	环渤海地区统筹城乡土地配置机制与模式研究	郭丽英	2012.01—2014.12
68	国家自然科学基金青年科学基金项目	快速城市化地区不透水表面格局演变及其水环境效应模拟-以深圳市为例	刘珍环	2012.01—2014.12
69	国家自然科学基金青年科学基金项目	草原不同利用方式下土壤温室气体释放的冻融效应研究	王旭	2012.01—2014.12
70	国家自然科学基金青年科学基金项目	平菇疏水蛋白基因的克隆及其抗细菌性褐斑病功能研究	张瑞颖	2012.01—2014.12
71	国家自然科学基金青年科学基金项目	多功能内生菌对设施番茄田间接种效果的作用机理研究	高淼	2012.01—2014.12
72	国家自然科学基金青年科学基金项目	呼伦贝尔草甸草原主要群落类型遥感识别方法研究	张宏斌	2012.01—2014.12
73	国家自然科学基金面上项目	基于产量反应和农学效率的玉米高效施肥方法研究	何萍	2013.01—2016.12
74	国家自然科学基金面上项目	溶磷细菌的分子改良及其溶磷作用机制	孙静文	2013.01—2016.12
75	国家自然科学基金面上项目	长期秸秆还田对华北潮土氮素生物转化的影响及其机理	赵士诚	2013.01—2016.12
76	国家自然科学基金面上项目	基于 pH 分段土壤中镉对水稻毒性的生态风险阈值（HCx）研究	陈世宝	2013.01—2016.12
77	国家自然科学基金面上项目	不同碳氮管理措施下土壤固碳与减排效应及其协同机制	王立刚	2013.01—2016.12
78	国家自然科学基金面上项目	基于农户决策行为的农作物时空格局动态变化机理机制研究	吴文斌	2013.01—2016.12
79	国家自然科学基金面上项目	基于资源池模式下的遗传资源配置机制研究	宋敏	2013.01—2016.12

序号	项目/课题类型	项目/课题名称	主持人	起止时间
80	国家自然科学基金面上项目	长期稻–稻–绿肥轮作对水稻根际微生物多样性及功能群落的影响	张晓霞	2013.01—2016.12
81	国家自然科学基金青年科学基金项目	红壤长期施用有机肥容重增高的过程与机制	孙　楠	2013.01—2015.12
82	国家自然科学基金青年科学基金项目	典型农田土壤不同组分有机碳对有机培肥的响应特征及机制	娄翼来	2013.01—2015.12
83	国家自然科学基金青年科学基金项目	设施菜地温室气体交换与氮淋失相互关系及调控机制	李　虎	2013.01—2015.12
84	国家自然科学基金青年科学基金项目	农田排水沟渠对面源氮素污染物的去除机制研究	高懋芳	2013.01—2015.12
85	国家自然科学基金青年科学基金项目	生物炭对不同类型土壤中磷有效性和磷释放的影响研究	翟丽梅	2013.01—2015.12
86	国家自然科学基金青年科学基金项目	近 30 年东北三省作物候期特征提取及其对气温变化的响应	李正国	2013.01—2015.12
87	国家自然科学基金青年科学基金项目	东北地区农作物时空格局变化过程模拟及特征分析研究	夏　天	2013.01—2015.12
88	国家自然科学基金青年科学基金项目	呼伦贝尔羊草草甸草原 CO_2、CH_4 和 N_2O 通量对放牧强度的响应机理研究	闫瑞瑞	2013.01—2015.12
89	国家自然科学基金青年科学基金项目	温度胁迫下侧耳 DNA 甲基化动态变化及其生物学效应研究	黄晨阳	2013.01—2015.12
90	国家自然科学基金青年科学基金项目	麦–玉轮作系统实施测土施肥减排 GHG 碳贸易量核算	高春雨	2013.01—2015.12
91	国家自然科学基金青年科学基金项目	胶质类芽孢杆菌与慢生大豆根瘤菌互作及其促进结瘤机理研究	马鸣超	2013.01—2015.12
92	国家自然科学基金面上项目	长期施肥下根际微生物参与土壤碳、氮转化的机制	周　卫	2014.01—2017.12
93	国家自然科学基金面上项目	秸秆生物炭对潮土氮素转化的影响及微生物学机制	王秀斌	2014.01—2017.12
94	国家自然科学基金面上项目	土壤氮素室内外高光谱响应机理与预测模型研究	卢艳丽	2014.01—2017.12
95	国家自然科学基金面上项目	典型农田土壤物理–化学稳定性碳组分对长期碳输入的响应机制	张文菊	2014.01—2017.12
96	国家自然科学基金面上项目	酸化红壤施用石灰后根际土壤钾素转化特征及机制	张会民	2014.01—2017.12
97	国家自然科学基金面上项目	转基因作物生态风险测度及其控制责任机制研究	李建平	2014.01—2017.12
98	国家自然科学基金面上项目	区域作物生长模拟遥感数据同化的不确定性研究	陈仲新	2014.01—2017.12

（续表）

序号	项目/课题类型	项目/课题名称	主持人	起止时间
99	国家自然科学基金面上项目	温性典型天然草原合理载畜量测算方法精度提高研究	徐　斌	2014.01—2017.12
100	国家自然科学基金面上项目	苋菜超积累镉特性及施肥对镉积累的影响	范洪黎	2014.01—2017.12
101	国家自然科学基金面上项目	缺锌胁迫下生长素和活性氧对玉米侧根生长发育的调控机制	汪　洪	2014.01—2017.12
102	国家自然科学基金青年科学基金项目	不同施肥制度土壤有机碳矿化对温度的响应及微生物驱动机制	李　娟	2014.01—2016.12
103	国家自然科学基金青年科学基金项目	秸秆还田对我国南方典型水稻土壤硅素释放过程影响的定量研究	宋阿琳	2014.01—2016.12
104	国家自然科学基金青年科学基金项目	秸秆对我国北方设施菜地土壤硝态氮固持转化的作用机制	王洪媛	2014.01—2016.12
105	国家自然科学基金青年科学基金项目	吉林省农作物生产风险测度及保险区划研究	王秀芬	2014.01—2016.12
106	国家自然科学基金青年科学基金项目	基于地表温度−植被指数特征空间进行土壤水分监测研究	孙　亮	2014.01—2016.12
107	国家自然科学基金青年科学基金项目	无人机载和地面车载间多平台遥感影像的自动配准方法研究	史　云	2014.01—2016.12
108	国家自然科学基金青年科学基金项目	北方地区秸秆沼气集中供气工程冬季增温保温能源边际报酬分析	王亚静	2014.01—2016.12
109	国家自然科学基金青年科学基金项目	基于利益博弈视角的农村宅基地整理收益分享机制研究	易小燕	2014.01—2016.12
110	国家自然科学基金青年科学基金项目	化学氮肥配施有机肥减缓红壤酸化的机制研究	蔡泽江	2014.01—2016.12
111	国家自然科学基金青年科学基金项目	专利资助政策对专利质量演化的影响机制研究：以生物技术为例	刘丽军	2014.01—2016.12
112	国家自然科学基金应急管理项目	基于遥感研究2013年夏季高温干旱对我国粮食生产影响	毛克彪	2014.05—2015.06
113	国家自然科学基金国际（地区）合作交流项目	农田长期试验数据深度分析与模拟国际学术研讨会	徐明岗	2014.07—2014.12
114	国家自然科学基金面上项目	基于QUEFTS模型的水稻养分吸收特征与推荐施肥方法研究	何　萍	2015.01—2018.12
115	国家自然科学基金面上项目	长期施肥下稻麦轮作体系土壤团聚体碳氮转化特征	梁国庆	2015.01—2018.12
116	国家自然科学基金面上项目	我国典型旱地农田土壤固碳效率的时空差异特征及驱动机制	李建伟	2015.01—2018.12
117	国家自然科学基金面上项目	黑土磷形态与结构对施磷与不施磷有效磷效率差异的影响机制	张淑香	2015.01—2018.12

（续表）

序号	项目/课题类型	项目/课题名称	主持人	起止时间
118	国家自然科学基金面上项目	典型农田土壤不同来源有机氮组分的稳定性差异及其机制	段英华	2015.01—2018.12
119	国家自然科学基金面上项目	稻田土壤结构变化及其主控因素研究	尧水红	2015.01—2018.12
120	国家自然科学基金面上项目	河套灌区盐渍土秸秆隔层控盐机理研究	李玉义	2015.01—2018.12
121	国家自然科学基金面上项目	热红外遥感图像中有云像元的地表温度估算方法研究	覃志豪	2015.01—2018.12
122	国家自然科学基金面上项目	抽样单元空间相关性和变异性对农作物面积空间抽样效率的影响机理研究	王　迪	2015.01—2018.12
123	国家自然科学基金面上项目	作物种植面积和产量统计数据降尺度空间表达及时空变化分析	任建强	2015.01—2018.12
124	国家自然科学基金面上项目	温性草甸草原根系碳储量及碳素转化对放牧强度的响应	辛晓平	2015.01—2018.12
125	国家自然科学基金青年科学基金项目	外源腐解菌对土壤分解功能稳定性的控制机制研究	尧水红	2015.01—2017.12
126	国家自然科学基金青年科学基金项目	除草剂氟磺胺草醚在大豆根-土界面的降解机理及其微生态效应	胡海燕	2015.01—2017.12
127	国家自然科学基金青年科学基金项目	基于气温变率的东北玉米生育期和产量变化响应机制研究	胡亚南	2015.01—2017.12
128	国家自然科学基金青年科学基金项目	集合四维变分作物模型数据同化的区域作物产量估测与不确定性	姜志伟	2015.01—2017.12
129	国家自然科学基金应急管理项目	酸化机制下溶磷微生物与土壤无机磷转化互作关系	龚明波	2015.01—2015.12
130	国家自然科学基金应急管理项目	人工快速渗滤系统（CRI）微生物特征及堵塞机制	姜　昕	2015.01—2015.12
131	国家自然科学基金应急管理项目	长期秸秆还田黑土全氮含量下降机制	李桂花	2015.01—2015.12
132	国家自然科学基金面上项目	氮素供需协同的玉米营养光谱诊断机制与推荐施肥	王　磊	2016.01—2019.12
133	国家自然科学基金面上项目	控释肥料膜层孔隙结构量化及养分释放的微孔扩散模型研究	杨相东	2016.01—2019.12
134	国家自然科学基金面上项目	典型土壤改良剂对土壤微生物的生态效应影响研究	张建峰	2016.01—2019.12
135	国家自然科学基金面上项目	我国典型区域旱田土壤主要物源有机碳稳定效率的差异及机制	徐明岗	2016.01—2019.12

（续表）

序号	项目/课题类型	项目/课题名称	主持人	起止时间
136	国家自然科学基金面上项目	典型兽用抗生素及其抗性基因在猪粪堆肥过程中消减的微生物分子生态学机制	李兆君	2016.01—2019.12
137	国家自然科学基金面上项目	长期施肥影响红壤中^{13}C秸秆及组分降解与截留的微生物机理研究	范分良	2016.01—2019.12
138	国家自然科学基金面上项目	高原农业洱海流域农田氮素径流损失模拟研究	雷秋良	2016.01—2019.12
139	国家自然科学基金面上项目	基于静止气象卫星数据时间和空间信息的区域蒸散发遥感反演研究	李召良	2016.01—2019.12
140	国家自然科学基金面上项目	基于遥感研究气候变化背景下农业旱灾时空变化对粮食生产影响	毛克彪	2016.01—2019.12
141	国家自然科学基金面上项目	内蒙古草甸草原物候高精度遥感反演与验证研究	杨秀春	2016.01—2019.12
142	国家自然科学基金面上项目	松辽平原主栽玉米内生固氮菌多样性及其与玉米品种和土壤肥力的关系研究	孙建光	2016.01—2019.12
143	国家自然科学基金面上项目	两组分系统ResD/E调控根际促生菌解淀粉芽孢杆菌SQR9根际定殖的分子机理研究	张瑞福	2016.01—2019.12
144	国家自然科学基金面上项目	长期施肥下东北黑土微生物区系演替与土壤生物地球化学特征耦联效应	姜　昕	2016.01—2019.12
145	国家自然科学基金青年科学基金项目	土壤有机碳对肥料氮向土壤有机氮库转化的调控机制	姜慧敏	2016.01—2018.12
146	国家自然科学基金青年科学基金项目	不同施肥下我国典型旱地和水田土壤固碳饱和特征的差异及机制	邸佳颖	2016.01—2018.12
147	国家自然科学基金青年科学基金项目	不同盐碱程度对还田秸秆腐解过程及土壤团聚结构的影响	王　婧	2016.01—2018.12
148	国家自然科学基金青年科学基金项目	基于环境感知视角的农户土地利用区域差异机理研究	余强毅	2016.01—2018.12
149	国家自然科学基金青年科学基金项目	基于植被指数斜率的地表覆盖变化检测方法研究	陆　苗	2016.01—2018.12
150	国家自然科学基金青年科学基金项目	静止气象卫星数据时间和光谱信息耦合的热红外地表温度反演研究	段四波	2016.01—2018.12
151	国家自然科学基金青年科学基金项目	基于无人机遥感数据的非生长季草地生物量反演方法与尺度扩展研究	王东亮	2016.01—2018.12
152	国家自然科学基金国际（地区）合作交流项目	基于定量遥感和数据同化的区域作物监测与评价研究	陈仲新	2016.04—2019.03

（续表）

序号	项目/课题类型	项目/课题名称	主持人	起止时间
153	国家自然科学基金面上项目	水稻种子内生核心细菌的界定及其系统进化和功能特性研究	张晓霞	2017.01—2020.12
154	国家自然科学基金面上项目	磺酰脲类除草剂微生物降解复合系的结构解析及稀有降解菌种的发掘	阮志勇	2017.01—2020.12
155	国家自然科学基金面上项目	细菌种间群感信号 AI-2 调控根际促生解淀粉芽孢杆菌 SQR9 成膜和运动性的分子机理研究	张桂山	2017.01—2020.12
156	国家自然科学基金面上项目	典型草原风吹凋落物迁移特征与截存机制研究	闫玉春	2017.01—2020.12
157	国家自然科学基金面上项目	土壤及团聚体钾素形态对红壤 pH 和有机质的响应机制	张会民	2017.01—2020.12
158	国家自然科学基金面上项目	滴灌技术对华北农田碳氮气体排放与氮淋失的协同影响与调控机制	李 虎	2017.01—2020.12
159	国家自然科学基金面上项目	基于大数据平台的农业遗传资源分享机制研究	宋 敏	2017.01—2020.12
160	国家自然科学基金青年科学基金项目	根际促生解淀粉芽孢杆菌 SQR9 组氨酸激酶 KinA-E 响应的根系分泌物信号鉴定	刘云鹏	2017.01—2019.12
161	国家自然科学基金青年科学基金项目	糙皮侧耳锌指转录因子 PoZF1 的耐热性机理研究	邬向丽	2017.01—2019.12
162	国家自然科学基金青年科学基金项目	高温胁迫下糙皮侧耳热激蛋白 PoHsp104 的功能研究	邹亚杰	2017.01—2019.12
163	国家自然科学基金青年科学基金项目	水稻低磷响应顺式作用元件 B-motif 结合蛋白的鉴定及其分子调控机制研究	阮文渊	2017.01—2019.12
164	国家自然科学基金青年科学基金项目	番茄 Ca^{2+}/H^+ 转运蛋白对钙离子分配与转运的调控机制及对生理失调的影响	吴庆钰	2017.01—2019.12
165	国家自然科学基金青年科学基金项目	基于 pH 分级法的腐植酸结构分析及其对尿素转化的影响机制	袁 亮	2017.01—2019.12
166	国家自然科学基金青年科学基金项目	石灰性潮土玉米秸秆碳氮转化的微生物学机制	艾 超	2017.01—2019.12
167	国家自然科学基金青年科学基金项目	我国典型农田土壤不同 Olsen-P 水平下磷有效性的差异及化学机制	申 艳	2017.01—2019.12
168	国家自然科学基金青年科学基金项目	土壤-作物系统中有机结合态磷肥的高效机理研究	刘 瑾	2017.01—2019.12
169	国家自然科学基金青年科学基金项目	我国典型旱地农田土壤活性有机碳转化特征及驱动机制	梁 丰	2017.01—2019.12

（续表）

序号	项目/课题类型	项目/课题名称	主持人	起止时间
170	国家自然科学基金青年科学基金项目	基于静止气象卫星数据时间信息的表层土壤水分定量遥感反演模型研究	冷 佩	2017.01—2019.12
171	国家自然科学基金青年科学基金项目	基于全价值链动态利益分享模型的植物新品种权价值评估研究	任 静	2017.01—2019.12
172	国家自然科学基金国际（地区）合作交流项目	长期不同施肥下中美英典型农田土壤固碳过程的差异与机制	徐明岗	2017.01—2021.12
173	国家自然科学基金联合基金项目	黄土丘陵区煤矿区复垦土壤质量演变过程与定向培育	徐明岗	2018.01—2021.12
174	国家自然科学基金面上项目	玉米田中禾本科植物叶斑病原真菌的多样性和寄主专一性研究	邓 晖	2018.01—2021.12
175	国家自然科学基金面上项目	东北侵蚀型黑土有机碳迁移-再分布规律及其对土壤呼吸影响机制的研究	王立刚	2018.01—2021.12
176	国家自然科学基金面上项目	外界磷素状况调控水稻磷素平衡及株型的分子生理机制研究	易可可	2018.01—2021.12
177	国家自然科学基金面上项目	稻田秸秆分解的微生物学过程与调控机理	周 卫	2018.01—2021.12
178	国家自然科学基金面上项目	典型兽用抗生素浅表层土壤光降解机理研究	成登苗	2018.01—2021.12
179	国家自然科学基金面上项目	基于全生命周期分析的多尺度草甸草原经营景观碳收支研究	辛晓平	2018.01—2021.12
180	国家自然科学基金面上项目	秸秆还田驱动的土壤有机质周转过程及其控制机制	张 斌	2018.01—2021.12
181	国家自然科学基金面上项目	农作物旱情遥感监测中像元地表温度可比性校正方法研究	覃志豪	2018.01—2021.12
182	国家自然科学基金面上项目	基于动态过程导向的马铃薯种植适宜性时空精细化评价研究	何英彬	2018.01—2021.12
183	国家自然科学基金面上项目	农作物秸秆综合利用生态价值量估算方法研究	毕于运	2018.01—2021.12
184	国家自然科学基金青年科学基金项目	细胞结构、组分对微藻破损响应的分子机制	王 萌	2018.01—2020.12
185	国家自然科学基金青年科学基金项目	黄瓜内生真菌多样性及其对土传真菌病害的生防潜能	苏 磊	2018.01—2020.12
186	国家自然科学基金青年科学基金项目	中国典型农田土壤有机碳周转的区域格局与主导因素	冯文婷	2018.01—2020.12
187	国家自然科学基金青年科学基金项目	根际分泌物驱动土壤有机质周转的微生物控制机制研究	张月玲	2018.01—2020.12
188	国家自然科学基金青年科学基金项目	白灵侧耳生长周期性状的关键基因发掘及功能验证	高 巍	2018.01—2020.12

（续表）

序号	项目/课题类型	项目/课题名称	主持人	起止时间
189	国家自然科学基金青年科学基金项目	基于硝态氮淋失源头控制的华北春玉米施氮阈值研究	张亦涛	2018.01-2020.12
190	国家自然科学基金青年科学基金项目	气候协变性对我国东北粮食作物单产影响的空间分异机制研究	曹隽隽	2018.01-2020.12
191	国家自然科学基金青年科学基金项目	我国典型红壤潜在酸化的过程及机制	周海燕	2018.01-2020.12
192	国家自然科学基金青年科学基金项目	顾及邻近像元效应的高空间分辨率卫星热红外地表温度反演方法研究	霍红元	2018.01—2020.12
193	国家自然科学基金青年科学基金项目	开垦对温性草甸草原土壤氮转化与氮平衡的影响及微生物学机制	徐丽君	2018.01—2020.12
194	国家自然科学基金应急管理项目	基于丁香假单胞效应蛋白多聚突变体 D36E 与 Tn7-GATE-WAY 克隆技术的效应蛋白组学研究	魏海雷	2018.01-2018.12
195	国家自然科学基金面上项目	我国主产区水稻内生固氮菌多样性、nifH 基因信息数据库构建与固氮活跃菌群研究	孙建光	2019.01—2022.12
196	国家自然科学基金面上项目	"健康型—连作障碍型—严重连作障碍型—抑病型"大蒜根际微生物群落结构解析及关键病原菌/拮抗菌的收集鉴定	高淼	2019.01—2022.12
197	国家自然科学基金面上项目	根际益生菌 SQR9 特异基因岛合成新型天然活性物质分析及其参与生物膜形成的自噬作用机制	张瑞福	2019.01—2022.12
198	国家自然科学基金面上项目	热浪发生期提前对草甸草原碳水循环关键过程影响研究	邵长亮	2019.01—2022.12
199	国家自然科学基金面上项目	河套灌区盐碱地秸秆隔层对深层土壤有机碳矿化过程及影响机制的研究	李玉义	2019.01—2022.12
200	国家自然科学基金面上项目	丁香假单胞菌 III 型分泌系统组分 HrpH 的多功能解析	魏海雷	2019.01—2022.12
201	国家自然科学基金面上项目	控释肥对土壤氮素迁移转化的阻控和调节机制研究	杨相东	2019.01—2022.12
202	国家自然科学基金面上项目	热红外与被动微波遥感地表温度融合方法研究	段四波	2019.01—2022.12
203	国家自然科学基金面上项目	耦合遥感与作物生长模型的农业干旱预警研究	高懋芳	2019.01—2022.12
204	国家自然科学基金面上项目	区域冬小麦收获指数遥感定量估算模型与方法及其时空特征	任建强	2019.01—2022.12
205	国家自然科学基金面上项目	中国耕地复种潜力提升空间及优化配置	吴文斌	2019.01—2022.12

（续表）

序号	项目/课题类型	项目/课题名称	主持人	起止时间
206	国家自然科学基金面上项目	基于信息熵模型和空间面板分析的东北水稻时空格局及其演变机理研究	杨 鹏	2019.01—2022.12
207	国家自然科学基金面上项目	基于生态化学计量学研究典型旱地土壤有机碳转化与演变过程	张文菊	2019.01—2022.12
208	国家自然科学基金面上项目	非稳态 pe+pH 水稻土中硫对镉形态与有效性的影响机理	陈世宝	2019.01—2022.12
209	国家自然科学基金青年科学基金项目	水杨酸调控水稻根系分生组织活力的分子生理机制研究	徐 磊	2019.01—2021.12
210	国家自然科学基金青年科学基金项目	水稻液泡膜磷酸转运体调控液泡磷素平衡的分子机制研究	赵红玉	2019.01—2021.12
211	国家自然科学基金青年科学基金项目	水稻磷素感应器 SPX4 蛋白稳定性调节因子的鉴定及分子生理机制研究	郭美娜	2019.01—2021.12
212	国家自然科学基金青年科学基金项目	基于作物产量反应的水稻养分限量标准研究	徐新朋	2019.01—2021.12
213	国家自然科学基金青年科学基金项目	放牧强度对草甸草原根系凋落物分解及土壤碳输入的影响	金东艳	2019.01—2021.12
214	国家自然科学基金青年科学基金项目	基于像元聚集度的小尺寸地物亚像元定位模型研究	吴尚蓉	2019.01—2021.12
215	国家自然科学基金青年科学基金项目	植被覆盖农田土壤水分的光学和多波段 SAR 协同反演研究	刘长安	2019.01—2021.12
216	国家自然科学基金青年科学基金项目	基于参考时间序列遥感数据的农作物提早识别研究	郝鹏宇	2019.01—2021.12
217	国家自然科学基金青年科学基金项目	多云多雨区水稻熟制信息高精度提取方法	宋 茜	2019.01—2021.12
218	国家自然科学基金青年科学基金项目	我国典型农田玉米氮肥利用率对土壤肥力提升的响应与机制	付海美	2019.01—2021.12

（四）国家及部级行业标准

序号	标准类型	标准名称	本所主持人	标准编号	发布时间
1	国家标准	地理信息 元数据	姚艳敏	GB/T 19710—2005	2005
2	国家标准	食用菌术语	张金霞	GB/T 12728—2006	2006
3	国家标准	食用菌品种选育技术规范	张金霞	GB/T 21125—2007	2007
4	国家标准	中国土壤分类与代码	姚艳敏	GB/T 17296—2009	2009
5	国家标准	地理信息 专用标准	姚艳敏	GB/T 30171—2013	2013
6	国家标准	地理信息 参考模型 第1部分：基础	姚艳敏	GB/T 33188.1—2016	2016
7	国家标准	地理信息 概念模式语言	姚艳敏	GB/T 35647—2017	2017

（续表）

序号	标准类型	标准名称	本所主持人	标准编号	发布时间
8	国家标准	作物节水灌溉气象等级—玉米	李茂松	GB/T 34810—2017	2017
9	国家标准	作物节水灌溉气象等级—小麦	李茂松	GB/T 34811—2017	2017
10	国家标准	作物节水灌溉气象等级—棉花	李茂松	GB/T 34812—2017	2017
11	国家标准	作物节水灌溉气象等级—大豆	李茂松	GB/T 34813—2017	2017
12	国家标准	农业干旱预警等级	王春艳	GB/T 34817—2017	2017
13	国家标准	农田水分亏盈量的计算方法	李茂松	GB/T 34818—2017	2017
14	国家标准	小麦条锈病防治技术规范	牛永春	GB/T 35238—2017	2017
15	国家标准	农用污泥污染物控制标准	张建峰	GB 4284—2018	2018
16	国家标准	遥感产品真实性检验导则	李召良	GB/T 36296—2018	2018
17	国家标准	光学遥感载荷性能外场测试评价指标	李召良	GB/T 36297—2018	2018
18	国家标准	光学遥感辐射传输基本术语	李召良	GB/T 36299—2018	2018
19	国家标准	土壤制图 25000 50000 100000 中国土壤图用色和图例规范	徐爱国	GB/T 36501—2018	2018
20	国家标准	农用地土壤污染风险管控标准	马义兵	GB 15618—2018	2018
21	国家标准	种植根茎类蔬菜的旱地土壤镉、铅、铬、汞、砷安全阈值	马义兵	GB/T 36783—2018	2018
22	国家标准	水稻生产的土壤镉、铅、铬、汞、砷安全阈值	马义兵	GB/T 36869—2018	2018
23	国家标准	农田信息监测点选址要求和监测规范	李　虎	GB/T 37802—2019	2019
24	农业行业标准	杏鲍菇和白灵菇菌种	张金霞	NY/T 862—2004	2004
25	农业行业标准	农林保水剂	王　旭	NY/T 886—2004	2004
26	农业行业标准	液体肥料密度的测定	王　旭	NY/T 887—2004	2004
27	农业行业标准	食用菌菌种真实性鉴定酯酶同工酶电泳法	黄晨阳	NY/T 1097—2006	2006
28	农业行业标准	食用菌品种描述技术规范	张金霞	NY/T 1098—2006	2006
29	农业行业标准	含腐植酸水溶肥料	王　旭	NY/T 1106—2006	2006
30	农业行业标准	大量元素水溶肥料	王　旭	NY/T 1107—2006	2006
31	农业行业标准	水溶肥料汞、砷、镉、铅、铬的限量及其含量测定	王　旭	NY/T 1110—2006	2006
32	农业行业标准	水溶肥料钙、镁、硫含量的测定	王　旭	NY/T 1117—2006	2006
33	农业行业标准	水溶肥料水不溶物含量的测定	封朝晖	NY/T 1115—2006	2006
34	农业行业标准	液体肥料包装技术要求	封朝晖	NY/T 1108—2006	2006
35	农业行业标准	草业资源信息元数据	姚艳敏	NY/T 1171—2006	2006
36	农业行业标准	含氨基酸水溶肥料	王　旭	NY/T 1429—2007	2007

（续表）

序号	标准类型	标准名称	本所主持人	标准编号	发布时间
37	农业行业标准	无公害食品食用菌产地环境条件	胡清秀	NY/T 5338—2007	2007
38	农业行业标准	食用菌菌种真实性鉴定 RAPD 法	黄晨阳	NY/T 1743—2009	2009
39	农业行业标准	食用菌菌种真实性鉴定 ISSR 法	黄晨阳	NY/T 1730—2009	2009
40	农业行业标准	食用菌菌种通用技术要求	黄晨阳	NY/T 1742—2009	2009
41	农业行业标准	食用菌菌种良好作业规范	黄晨阳	NY/T 1731—2009	2009
42	农业行业标准	微量元素水溶肥料	王 旭	NY/T 1428—2010	2010
43	农业行业标准	大量元素水溶肥料	王 旭	NY/T 1107—2010	2010
44	农业行业标准	肥料汞、砷、镉、铅、铬含量的测定	孙又宁	NY/T 1978—2010	2010
45	农业行业标准	肥料登记标签技术要求	王 旭	NY/T 1979—2010	2010
46	农业行业标准	肥料登记急性经口毒性试验及评价要求	刘红芳	NY/T 1980—2010	2010
47	农业行业标准	含氨基酸水溶肥料	王 旭	NY/T 1429—2010	2010
48	农业行业标准	含腐植酸水溶肥料	王 旭	NY/T 1106—2010	2010
49	农业行业标准	农林保水剂	刘红芳	NY/T 886—2010	2010
50	农业行业标准	水溶肥料腐植酸含量的测定	孙又宁	NY/T 1971—2010	2010
51	农业行业标准	水溶肥料钙、镁、硫、氯含量的测定	刘 蜜	NY/T 1117—2010	2010
52	农业行业标准	水溶肥料汞、砷、镉、铅、铬的限量要求	王 旭	NY/T 1110—2010	2010
53	农业行业标准	水溶肥料钠、硒、硅含量的测定	范洪黎	NY/T 1972—2010	2010
54	农业行业标准	水溶肥料水不溶物含量和 pH 值的测定	范洪黎	NY/T 1973—2010	2010
55	农业行业标准	水溶肥料铜、铁、锰、锌、硼、钼含量的测定	范洪黎	NY/T 1974—2010	2010
56	农业行业标准	水溶肥料游离氨基酸含量的测定	刘 蜜	NY/T 1975—2010	2010
57	农业行业标准	水溶肥料有机质含量的测定	孙又宁	NY/T 1976—2010	2010
58	农业行业标准	水溶肥料总氮、磷、钾含量的测定	孙又宁	NY/T 1977—2010	2010
59	农业行业标准	微量元素水溶肥料	王 旭	NY/T 1428—2010	2010
60	农业行业标准	液体肥料密度的测定	刘 蜜	NY/T 887—2010	2010
61	农业行业标准	白灵菇等级规格	胡清秀	NY/T 1836—2010	2010
62	农业行业标准	农作物品种审定规范食用菌	黄晨阳	NY/T 1844—2010	2010
63	农业行业标准	食用菌菌种生产技术规程	张金霞	NY/T 528—2010	2010

（续表）

序号	标准类型	标准名称	本所主持人	标准编号	发布时间
64	农业行业标准	食用菌菌种区别性鉴定拮抗反应法	张金霞	NY/T 1845—2010	2010
65	农业行业标准	食用菌菌种检验规程	张金霞	NY/T 1846—2010	2010
66	农业行业标准	肥料三聚氰胺含量的测定	刘 蜜	NY/T 2270—2012	2012
67	农业行业标准	缓释肥料登记要求	王 旭	NY/T 2267—2012	2012
68	农业行业标准	缓释肥料效果试验和评价要求	王 旭	NY/T 2274—2012	2012
69	农业行业标准	农业用改性硝酸铵	王 旭	NY/T 2268—2012	2012
70	农业行业标准	农业用硝酸铵钙	王 旭	NY/T 2269—2012	2012
71	农业行业标准	土壤调理剂钙、镁、硅含量的测定	范洪黎	NY/T 2272—2012	2012
72	农业行业标准	土壤调理剂磷、钾含量的测定	范洪黎	NY/T 2273—2012	2012
73	农业行业标准	液体肥料包装技术要求	刘红芳	NY/T 1108—2012	2012
74	农业行业标准	中量元素水溶肥料	刘红芳	NY/T 2266—2012	2012
75	农业行业标准	食用菌生产技术规范	张金霞	NY/T 2375—2013	2013
76	农业行业标准	植物新品种区别性、一致性、稳定性测试指南白灵侧耳	张金霞	NY/T 2438—2013	2013
77	农业行业标准	肥料钾含量的测定	范洪黎	NY/T 2540—2014	2014
78	农业行业标准	肥料磷含量的测定	刘 蜜	NY/T 2541—2014	2014
79	农业行业标准	肥料硝态氮、铵态氮、酰胺态氮含量的测定	孙又宁	NY/T 1116—2014	2014
80	农业行业标准	肥料总氮含量的测定	保万魁	NY/T 2542—2014	2014
81	农业行业标准	肥料效果试验和评价通用要求	王 旭	NY/T 2544—2014	2014
82	农业行业标准	肥料增效剂效果试验和评价要求	刘红芳	NY/T 2543—2014	2014
83	农业行业标准	肥料和土壤调理剂有机质分级测定	王 旭	NY/T 2876—2015	2015
84	农业行业标准	肥料增效剂双氰胺含量的测定	保万魁	NY/T 2877—2015	2015
85	农业行业标准	尿素硝酸铵溶液	王 旭	NY/T 2670—2015	2015
86	农业行业标准	水溶肥料钴、钛含量测定	范洪黎	NY/T 2879—2015	2015
87	农业行业标准	水溶肥料聚天门冬氨酸含量的测定	刘 蜜	NY/T 2878—2015	2015
88	农业行业标准	农作物病害遥感监测技术规范第1部分：小麦条锈病	王利民	NY/T 2738.1—2015	2015
89	农业行业标准	农作物病害遥感监测技术规范第2部分：小麦白粉病	王利民	NY/T 2738.2—2015	2015
90	农业行业标准	农作物病害遥感监测技术规范第3部分：玉米大斑病和小斑病	王利民	NY/T 2738.3—2015	2015

（续表）

序号	标准类型	标准名称	本所主持人	标准编号	发布时间
91	农业行业标准	农作物低温冷害遥感监测技术规范 第1部分：总则	姚艳敏	NY/T 2739.1—2015	2015
92	农业行业标准	农作物低温冷害遥感监测技术规范 第2部分：北方水稻延迟型冷害	姚艳敏	NY/T 2739.2—2015	2015
93	农业行业标准	农作物低温冷害遥感监测技术规范 第3部分：北方春玉米延迟型冷害	姚艳敏	NY/T 2739.3—2015	2015
94	农业行业标准	无公害农产品生产质量安全控制技术规范	胡清秀	NY/T 2798.3—2015	2015
95	农业行业标准	肥料和土壤调理剂水分含量、粒度、细度的测定	孙蓟锋	NY/T 3036—2016	2016
96	农业行业标准	肥料增效剂 2—氯—6—三氯甲基吡啶含量的测定	刘 蜜	NY/T 3037—2016	2016
97	农业行业标准	肥料增效剂正丁基硫代磷酰三胺（NBPT）和正丙基硫代磷酰三胺（NPPT）含量的测定	保万魁	NY/T 3038—2016	2016
98	农业行业标准	缓释肥料通用要求	王 旭	NY/T 2267—2016	2016
99	农业行业标准	缓释肥料养分释放率的测定	王 旭	NY/T 3040—2016	2016
100	农业行业标准	农林保水剂	刘红芳	NY/T 886—2016	2016
101	农业行业标准	水溶肥料聚谷氨酸含量的测定	刘 蜜	NY/T 3039—2016	2016
102	农业行业标准	土壤调理剂铝、镍含量的测定	范洪黎	NY/T 3035—2016	2016
103	农业行业标准	土壤调理剂通用要求	王 旭	NY/T 3034—2016	2016
104	农业行业标准	土壤调理剂效果试验和评价要求	王 旭	NY/T 2271—2016	2016
105	农业行业标准	农用微生物浓缩制剂	马鸣超	NY/T 3083—2017	2017
106	农业行业标准	微生物肥料生物安全通用技术准则	姜 昕	NY/T 1109—2017	2017
107	农业行业标准	水溶肥料海藻酸含量的测定	王 旭	NY/T 3174—2017	2017
108	农业行业标准	水溶肥料 壳聚糖含量的测定	刘红芳	NY/T 3175—2017	2017
109	农业行业标准	肥料和土壤调理剂 急性经口毒性试验及评价要求	刘红芳	NY/T 1980—2018	2018
110	农业行业标准	肥料和土壤调理剂标签及标明值判定要求	王 旭	NY/T 1979—2018	2018
111	认证认可行业标准	区域特色有机产品生产优势产地评价技术指南	徐爱国	RB/T 170—2018	2018
112	农业行业标准	耕地污染治理效果评价标准	马义兵	NY/T 3343—2018	2018
113	农业行业标准	肥料增效剂 3，4—二甲基吡唑磷酸盐（DMPP）含量的测定	保万魁	NY/T 3423—2019	2019

（续表）

序号	标准类型	标准名称	本所主持人	标准编号	发布时间
114	农业行业标准	水溶肥料 总铬、三价铬、六价铬含量的测定	刘红芳	NY/T 3425—2019	2019
115	农业行业标准	肥料和土壤调理剂 氟含量的测定	刘红芳	NY/T 3422—2019	2019
116	农业行业标准	水溶肥料 无机砷和有机砷含量的测定	刘红芳	NY/T 3424—2019	2019
117	农业行业标准	畜禽粪便堆肥技术规范	李兆君	NY/T 3442—2019	2019
118	农业行业标准	石灰质物质改良农用地酸性土壤技术规范	马义兵	NY/T 3443—2019	2019
119	农业行业标准	受污染耕地治理与修复导则	马义兵	NY/T 3499—2019	2019
120	农业行业标准	天然打草场退化分级	辛晓平	NY/T 3448—2019	2019
121	化工行业标准	含腐植酸磷酸一铵、磷酸二铵	赵秉强	HG/T 5514—2019	2019
122	化工行业标准	含海藻酸磷酸一铵、磷酸二铵	赵秉强	HG/T 5515—2019	2019
123	农业行业标准	农情监测遥感数据预处理技术规范	王利民	NY/T 3526—2019	2019
124	农业行业标准	农作物种植面积遥感监测规范	刘 佳	NY/T 3527—2019	2019
125	农业行业标准	耕地土壤墒情遥感监测规范	王利民	NY/T 3528—2019	2019

十三、导师名录

（一）博士生导师名录（按照姓氏拼音顺序排序）

序号	姓名	学历	学位	所学专业	专业技术职务
1	艾 超	研究生	博士	植物营养学	副研究员
2	白由路	研究生	博士	土壤	研究员
3	毕于运	研究生	博士	作物生态	研究员
4	蔡典雄	研究生	博士	化学	研究员
5	曹卫东	研究生	博士	土壤化学	研究员
6	陈世宝	研究生	博士	环境科学	研究员
7	陈印军	研究生	博士	自然地理	研究员
8	陈佑启	研究生	博士	农学	研究员
9	陈仲新	研究生	博士	植物生态	研究员
10	程宪国	研究生	博士	土壤	研究员
11	范丙全	研究生	博士	植物营养	研究员
12	范分良	研究生	博士	植物营养学	研究员
13	范洪黎	研究生	博士	植物营养学	研究员
14	冯文婷	研究生	博士	土壤学	研究员
15	逄焕成	研究生	博士	土壤学	研究员
16	何 萍	研究生	博士	植物营养学	研究员

注：＊表示调出本所，＃表示外聘导师

（续表）

序号	姓名	学历	学位	所学专业	专业技术职务
17	何英彬	研究生	博士	环境工程	研究员
18	胡清秀	研究生	博士	微生物学	研究员
19	黄晨阳	研究生	博士	蔬菜学	研究员
20	黄绍文	研究生	博士	作物营养与施肥	研究员
21	姜 昕	研究生	博士	微生物	研究员
22	姜瑞波	大学	学士	植物保护	研究员
23	姜文来	研究生	博士	资源与环境	研究员
24	金 轲*	研究生	博士	土壤化学	研究员
25	金继运	研究生	博士	土壤化学	研究员
26	李 俊	研究生	博士	微生物	研究员
27	李建平	研究生	博士	农业经济管理	研究员
28	李菊梅	研究生	博士	植物营养	研究员
29	李茂松	研究生	博士	农业生态	研究员
30	李书田	研究生	博士	作物营养与施肥	研究员
31	李燕婷	研究生	博士	植物营养学	研究员
32	李玉义	研究生	博士	农业生态学	研究员
33	李召良	研究生	博士	环境物理与遥感	研究员
34	李兆君	研究生	博士	植物营养	研究员
35	梁国庆	研究生	博士	土壤化学	研究员
36	梁业森	大学	学士	畜牧	研究员
37	梁永超*	研究生	博士	土壤学	教授
38	林 葆	研究生	博士	农业科学/农学	研究员
39	刘冬梅#	研究生	博士	农业经济管理	研究员
40	刘更另	研究生	博士	农业科学	研究员
41	刘宏斌	研究生	博士	植物营养学	研究员
42	刘荣乐*	研究生	博士	土壤	研究员
43	刘现武#	研究生	博士	农业经济管理	研究员
44	龙怀玉	研究生	博士	水土保持	研究员
45	卢昌艾	研究生	博士	生态学	研究员
46	罗其友	研究生	博士	农业区域发展	研究员
47	马义兵	研究生	博士	土壤肥料	研究员
48	毛克彪	研究生	博士	地图学与地理信息系统	研究员
49	牛永春	研究生	博士	农业微生物学	研究员
50	邱建军*	研究生	博士	农业生态学	研究员
51	任天志*	研究生	博士	作物栽培与耕作	研究员
52	任建强	研究生	博士	农业遥感	研究员
53	史 云	研究生	博士	农业遥感	研究员
54	宋 敏	研究生	博士	资源环境	研究员
55	覃志豪	研究生	博士	地理	研究员
56	唐华俊	研究生	博士	资源管理	研究员
57	汪 洪	研究生	博士	作物营养与施肥	研究员
58	王 红*	研究生	博士	农业经济管理	研究员
59	王道龙	研究生	硕士	气象	研究员

（续表）

序号	姓名	学历	学位	所学专业	专业技术职务
60	王立刚	研究生	博士	生态	研究员
61	魏海雷	研究生	博士	植物与微生物学	研究员
62	吴红慧	研究生	博士	土壤学	研究员
63	吴文斌	研究生	博士	空间信息	研究员
64	吴永常*	研究生	博士	作物栽培与耕作	研究员
65	武雪萍	研究生	博士	农学	研究员
66	辛晓平	研究生	博士	植物生态	研究员
67	徐　斌	研究生	博士	生态	研究员
68	徐明岗*	研究生	博士	土壤学	研究员
69	许越先#	大学	学士	农业经济管理	研究员
70	杨　鹏	研究生	博士	土木工程	研究员
71	杨秀春	研究生	博士	自然地理	研究员
72	易可可	研究生	博士	细胞与发育生物学	研究员
73	尹昌斌	研究生	博士	农业经济管理	研究员
74	尤　飞	研究生	博士	人文地理学	研究员
75	袁　亮	研究生	博士	植物营养学	副研究员
76	翟丽梅	研究生	博士	生态学	研究员
77	张　斌	研究生	博士	土壤学	研究员
78	张夫道	研究生	博士	土壤化学	研究员
79	张会民	研究生	博士	土壤学	研究员
80	张建峰	研究生	博士	环境科学	研究员
81	张金霞	研究生	博士	微生物学	研究员
82	张瑞福	研究生	博士	微生物学	研究员
83	张淑香	研究生	博士	土壤环境保护	研究员
84	张维理	研究生	博士	农化	研究员
85	张文菊	研究生	博士	土壤学	研究员
86	张晓霞	研究生	博士	微生物学	研究员
87	章力建#	研究生	博士	农业经济管理	研究员
88	赵秉强	研究生	博士	作物营养与施肥	研究员
89	周　卫	研究生	博士	作物营养与施肥	研究员
90	周清波*	研究生	博士	自然地理	研究员

（二）硕士生导师名录（按照姓氏拼音顺序排序）

序号	姓名	学历	学位	所学专业	专业技术职务
1	白可喻	研究生	博士	草地科学	副研究员
2	曾希柏*	研究生	博士	土壤学	研究员
3	程明芳	研究生	博士	植物营养学	副研究员
4	仇少君	研究生	博士	植物营养学	副研究员
5	邓　晖	研究生	博士	微生物学	副研究员
6	段英华	研究生	博士	植物营养学	副研究员

（续表）

序号	姓名	学历	学位	所学专业	专业技术职务
7	封朝晖*	研究生	硕士	作物遗传育种	副研究员
8	冯瑞华	研究生	硕士	农业微生物	副研究员
9	高 巍	研究生	博士	植物育种	副研究员
10	高 淼	研究生	博士	微生物学	副研究员
11	高春雨	研究生	博士	农业生态学	副研究员
12	高懋芳	研究生	博士	农业遥感	副研究员
13	高明杰	研究生	博士	农业经济管理	副研究员
14	顾金刚	研究生	硕士	微生物	副研究员
15	郭淑敏	研究生	博士	农业生态学与农业可持续发展	副研究员
16	胡海燕	研究生	博士	环境科学	副研究员
17	黄 青	研究生	博士	地理学	副研究员
18	黄鸿翔	大学	学士	地理	研究员
19	冀宏杰	研究生	博士	植物营养学	副研究员
20	雷秋良	研究生	博士	环境科学	研究员
21	冷 佩	研究生	博士	地图学与地理信息系统	副研究员
22	李 娟	研究生	博士	植物营养学	副研究员
23	李 虎	研究生	博士	农业生态学	研究员
24	李 力	研究生	硕士	农业应用物理	副研究员
25	李春花	研究生	博士	农业、食品和自然资源	研究员
26	李 刚*	研究生	博士	草地资源利用与保护	副研究员
27	李桂花	研究生	博士	土壤学	副研究员
28	李建伟*	研究生	博士	环境学	研究员
29	李文娟	研究生	博士	生产布局	研究员
30	李正国	研究生	博士	自然地理	副研究员
31	李志宏	研究生	博士	资源与环境	研究员
32	李志杰	大学	学士	农田水利	研究员
33	林治安	大学	学士	植物营养学	研究员
34	刘 洋	研究生	博士	农业区域发展	副研究员
35	刘 佳（女）	研究生	硕士	自动控制	研究员
36	刘光荣#	大学	学士	植物营养学	研究员
37	刘继芳*	研究生	博士	土壤环境	研究员
38	刘云鹏	研究生	博士	微生物学	副研究员
39	卢 布	研究生	博士	区域发展	副研究员

（续表）

序号	姓名	学历	学位	所学专业	专业技术职务
40	卢艳丽	研究生	博士	植物营养学	副研究员
41	梅旭荣*	研究生	硕士	农业气象	研究员
42	屈宝香	研究生	博士	农业经济管理	研究员
43	任　萍	研究生	博士	地球化学	高级工程师
44	阮文渊	研究生	博士	生物化学与分子生物学	副研究员
45	阮志勇	研究生	博士	微生物	副研究员
46	沈德龙	研究生	博士	生物物理	研究员
47	宋　茜	研究生	博士	农业遥感	副研究员
48	宋阿琳	研究生	博士	植物营养	副研究员
49	孙　楠	研究生	硕士	土壤学	研究员
50	孙建光	研究生	博士	微生物学	副研究员
51	孙静文	研究生	博士	植物学	副研究员
52	王　萌	研究生	博士	生物与农业工程	副研究员
53	王　迪	研究生	博士	农业遥感	副研究员
54	王　旭（男）	研究生	博士	农业生态学	副研究员
55	王　旭（女）	研究生	硕士	土壤学	研究员
56	王　婧	研究生	博士	作物栽培与耕作	副研究员
57	王　磊	研究生	博士	植物营养学	副研究员
58	王伯仁	大学	学士	土化	研究员
59	王春艳	研究生	博士	农业生态学	副研究员
60	王洪媛	研究生	博士	环境工程	研究员
61	王利民	研究生	博士	生态	研究员
62	王小彬	研究生	博士	土壤学	研究员
63	王秀斌	研究生	博士	植物营养学	研究员
64	王秀芬	研究生	博士	地理	副研究员
65	王亚静	研究生	博士	农业经济管理	副研究员
66	王迎春*	研究生	博士	作物生态学	研究员
67	王玉军	研究生	硕士	植物营养学	研究员
68	韦东普	研究生	博士	环境科学	副研究员
69	文石林	研究生	博士	土壤学	研究员
70	武淑霞	研究生	博士	植物营养学	副研究员
71	肖碧林	研究生	博士	农业区域发展	副研究员
72	徐　晶	大学	学士	微生物	副研究员
73	徐爱国	研究生	博士	土壤学	副研究员

（续表）

序号	姓名	学历	学位	所学专业	专业技术职务
74	徐丽君	研究生	博士	草业科学	副研究员
75	闫 湘	研究生	博士	植物营养学	研究员
76	闫瑞瑞	研究生	博士	草业科学	副研究员
77	闫玉春	研究生	博士	生态学	副研究员
78	杨俐苹	研究生	博士	植物生理	研究员
79	杨相东	研究生	博士	植物营养	副研究员
80	杨正礼*	研究生	博士	农学	副教授
81	尧水红	研究生	博士	土壤学	副研究员
82	姚艳敏	研究生	博士	土壤学/土地土壤信息管理	研究员
83	叶立明	研究生	博士	土壤学	副研究员
84	易小燕	研究生	博士	农业经济管理	副研究员
85	余强毅	研究生	博士	农业区域发展	副研究员
86	岳现录	研究生	博士	植物营养学	副研究员
87	张桂山	研究生	博士	微生物	副研究员
88	张 华	研究生	博士	作物生态学	副研究员
89	张怀志	研究生	博士	作物栽培与耕作	副研究员
90	张继宗	研究生	博士	植物营养学	副研究员
91	张认连	研究生	硕士	植物营养学	副研究员
92	张瑞颖	研究生	博士	微生物学	副研究员
93	张树清*	研究生	博士	土壤与植物营养	研究员
94	张云贵	研究生	博士	农业生态学	研究员
95	赵士诚	研究生	博士	植物营养学	副研究员
96	周 颖	研究生	博士	生态学	副研究员
97	周旭英	研究生	博士	农业经济管理	研究员
98	周振亚	研究生	博士	农业区域发展	副研究员
99	邹亚杰	研究生	博士	微生物学	副研究员

注：*表示调出本所，#表示外聘导师

十四、博士后名录

（一）博士后名录

序号	姓名	性别	流动站名称	合作导师	进站时间	出站时间
1	石瑞香	女	农业资源与环境	辛晓平	2003.07	2005.09

（续表）

序号	姓名	性别	流动站名称	合作导师	进站时间	出站时间
2	张怀志	男	农业资源与环境	张维理	2003.08	2005.09
3	武雪萍	女	农业资源与环境	梅旭荣	2003.08	2006.07
4	卢　布	男	农林经济管理	许越先	2004.02	2005.12
5	周青平	男	农业资源与环境	金继运	2004.04	2008.05
6	春　亮	男	农业资源与环境	唐华俊	2004.07	2007.07
7	杨秀春	女	农业资源与环境	徐　斌	2004.07	2007.03
8	魏义长	男	农业资源与环境	白由路	2004.12	2007.09
9	卢艳丽	女	农业资源与环境	白由路	2005.07	2008.06
10	王克如	男	农业资源与环境	徐　斌	2005.07	2008.10
11	刘景辉	男	作物学	任天志	2005.07	2008.11
12	樊廷录	男	农业资源与环境	徐明岗	2005.11	2008.06
13	杨敬华	男	农业资源与环境	许越先	2006.02	2008.10
14	刘　杨	男	农业资源与环境	周清波	2006.02	2008.05
15	罗　磊	男	农业资源与环境	马义兵	2006.07	2008.07
16	刘晓燕	女	作物学	任天志、金继运	2006.07	2008.06
17	张文菊	女	农业资源与环境	徐明岗	2006.07	2008.06
18	王　迪	男	作物学	周清波	2006.10	2009.02
19	汪立刚	男	农业资源与环境	梁永超	2007.01	2009.07
20	冯建中	男	农业资源与环境	唐华俊	2007.03	2010.09
21	张洁瑕	女	农业资源与环境	陈佑启	2007.07	2012.07
22	郭雪雁	女	农业资源与环境	马义兵	2007.08	2010.10
23	李正国	男	农业资源与环境	周清波	2007.09	2010.07
24	王亚静	女	农林经济管理	唐华俊	2007.09	2010.03
25	张会民	男	农业资源与环境	徐明岗	2007.09	2009.12
26	吕粉桃	女	农业资源与环境	徐明岗	2007.09	2009.07
27	李金才	男	农业资源与环境	邱建军	2007.09	2009.02
28	管道平	男	植物保护	牛永春、沈德龙	2007.09	2010.05
29	李全新	男	农业资源与环境	唐华俊	2007.09	2009.10
30	李新权	男	农林经济管理	章力建	2007.09	2014.12
31	李宝明	男	农业资源与环境	姜瑞波	2007.09	2010.04
32	郭丽英	女	农业资源与环境	王道龙	2008.09	2010.10
33	郭燕枝	女	农业资源与环境	唐华俊	2008.09	2010.09
34	段英华	女	农业资源与环境	徐明岗	2008.09	2011.11
35	闫瑞瑞	女	农业资源与环境	辛晓平	2008.09	2011.01

序号	姓名	性别	流动站名称	合作导师	进站时间	出站时间
36	孙　芳	女	农业资源与环境	张维理	2008.09	2012.03
37	李　娟	女	农业资源与环境	杨俊诚	2008.09	2011.10
38	尧水红	女	生物学	张　斌	2008.09	2010.07
39	周尧治	男	农业资源与环境	唐华俊	2006.07	2009.01
40	徐丽君	女	农林经济管理	唐华俊	2009.08	2011.12
41	包耀贤	男	农业资源与环境	徐明岗	2009.08	2012.08
42	邹亚杰	女	生物学	张金霞	2009.08	2011.12
43	段庆伟	男	农业资源与环境	辛晓平	2009.08	2013.01
44	钱银飞	男	农业资源与环境	任天志	2009.08	2012.02
45	杨俊兴	男	农业资源与环境	马义兵	2009.09	2011.07
46	王　靖	女	农业资源与环境	逄焕成	2009.09	2011.12
47	宋阿琳	女	农业资源与环境	梁永超	2009.09	2011.11
48	张　睿	男	农业资源与环境	白由路	2009.09	2012.05
49	孔维威	男	生物学	张金霞	2010.03	2012.11
50	申秋红	女	农业资源与环境	王道龙	2010.03	2014.02
51	武海雯	女	农业资源与环境	徐明岗	2010.03	2012.12
52	路　超	男	农业资源与环境	杨俊诚	2010.08	2012.09
53	李　慧	女	农业资源与环境	徐明岗	2010.08	2014.03
54	黄大鹏	男	农业资源与环境	唐华俊	2010.08	2010.09 退站
55	肖红波	女	农业资源与环境	王道龙	2010.08	2013.06
56	修文彦	女	农业资源与环境	王道龙	2010.08	2014.03
57	娄翼来	男	农业资源与环境	徐明岗	2010.08	2013.10
58	李轶冰	女	作物学	逄焕成	2011.02	2013.07
59	罗春燕	女	作物学	任天志	2011.02	2014.11
60	李忠芳	男	作物学	逄焕成	2011.02	2014.03
61	廖上强	男	农业资源与环境	刘宝存、张维理	2011.07	2013.07
62	刘珍环	男	农业资源与环境	唐华俊	2011.08	2013.06
63	陈　颖	女	农业资源与环境	王道龙	2011.08	2016.02
64	马雪峰	女	农业资源与环境	程宪国	2011.08	2013.08
65	宋莉莉	女	农业资源与环境	唐华俊	2011.08	2013.06
66	夏　天	男	农业资源与环境	周清波	2011.08	2014.12
67	郭静利	男	农业资源与环境	唐华俊	2011.09	2014.09
68	刘　申	男	农业资源与环境	任天志	2012.02	2015.08
69	王宜伦	男	农业资源与环境	白由路	2012.02	2015.02

（续表）

序号	姓名	性别	流动站名称	合作导师	进站时间	出站时间
70	金云翔	男	作物学	邱建军、徐　斌	2012.07	2015.08
71	李菊丹	女	农林经济管理	宋　敏	2012.07	2015.11
72	孙　亮	男	农业资源与环境	陈仲新	2012.07	2015.02
73	吴国胜	男	农业资源与环境	王道龙	2012.07	2015.08
74	郭　勇	男	农业资源与环境	王道龙	2012.08	2016.09 退站
75	赵梦然	女	农业资源与环境	王道龙	2012.08	2016.08
76	宋宁宁	女	农业资源与环境	马义兵	2012.08	2014.08
77	桂宗彦	男	农业资源与环境	蔡典雄	2012.08	2016.09 退站
78	姚增福	男	农业资源与环境	唐华俊	2012.08	2014.08
79	王小庆	女	农业资源与环境	马义兵	2012.08	2015.08
80	何亚婷	女	农业资源与环境	徐明岗	2012.08	2015.12
81	王志勇	男	农业资源与环境	白由路、高文靠	2012.10	2015.08
82	郭　熙	男	农业资源与环境	徐明岗、谢金水	2012.12	2015.01
83	孙　媛	女	农业资源与环境	邱建军	2013.06	2016.06
84	邸佳颖	女	农业资源与环境	徐明岗	2013.06	2017.08
85	张晓晴	女	农业资源与环境	马义兵	2013.06	2013.10 退站
86	李淑敏	女	农业资源与环境	马义兵	2013.07	2015.08
87	卢　垚	女	农业资源与环境	宋　敏	2013.08	2016.08
88	胡亚南	女	农业资源与环境	唐华俊	2013.09	2017.08
89	李丽华	女	农业资源与环境	梁永超	2013.09	2016.08
90	姜琳琳	女	生物学	程宪国	2013.10	2016.10
91	于玲玲	女	农林经济管理	尹昌斌	2013.10	2016.11
92	赵　智	女	农业资源与环境	张　斌	2013.10	2016.09
93	刘秀明	女	农业资源与环境	张金霞	2013.12	2017.06
94	王东亮	男	农业资源与环境	辛晓平	2014.03	2016.07
95	张　娟	女	农林经济管理	王道龙	2014.03	2014.10 退站
96	段四波	男	农业资源与环境	李召良	2014.06	2016.07
97	张　琳	女	农业资源与环境	蔡典雄	2014.06	2017.08
98	窦晓琳	女	农业资源与环境	周　卫	2014.06	2016.06
99	金东艳	女	农业资源与环境	辛晓平	2014.08	2018.07
100	周世伟	男	作物学	逄焕成	2014.08	2017.09
101	赵蓉蓉	女	农业资源与环境	何　萍	2014.08	2018.05
102	陆　苗	女	农业资源与环境	唐华俊	2014.09	2017.08
103	梁　丰	女	农业资源与环境	李建伟	2014.09	2018.06

（续表）

序号	姓名	性别	流动站名称	合作导师	进站时间	出站时间
104	赵秀娟	女	农业资源与环境	张淑香	2014.01	2017.01
105	阮文渊	男	农业资源与环境	易可可	2014.12	2019.07
106	单娜娜	女	农业资源与环境	白由路、岳继生	2014.12	2018.09
107	崔健	男	农业资源与环境	唐华俊	2014.12	2018.06
108	杨富强	男	农业资源与环境	何萍	2015.03	2018.03
109	冷佩	男	农业资源与环境	李召良	2015.06	2018.12
110	高翔	男	农业资源与环境	张淑香	2015.06	2019.09
111	苏磊	男	生物学	牛永春	2015.06	2017.08
112	李玲	女	农业资源与环境	徐明岗	2015.06	2018.08
113	时安东	男	农业资源与环境	张斌	2015.06	2019.09
114	李建政	男	农业资源与环境	任天志	2015.08	2017.08
115	张曦	女	农业资源与环境	马义兵	2015.08	2017.08
116	王士超	女	农业资源与环境	卢昌艾	2015.08	2019.06
117	刘尧	男	农业资源与环境	周卫	2015.08	2017.11
118	刘云鹏	男	生物学	张瑞福	2015.08	2019.07
119	张亦涛	男	农业资源与环境	刘宏斌	2015.08	2018.09
120	倪润祥	男	农业资源与环境	马义兵	2015.08	2017.12
121	成登苗	男	农业资源与环境	李兆君	2015.10	2019.10
122	申艳	女	农业资源与环境	徐明岗	2015.12	2019.01
123	耿宇聪	男	农业资源与环境	刘宏斌	2016.03	
124	侯胜鹏	男	农业资源与环境	周卫	2016.03	2017.12
125	段玉林	男	农业资源与环境	史云	2016.03	2019.12
126	刘瑾	女	农业资源与环境	马义兵	2016.04	2018.06
127	潘君廷	男	农业资源与环境	刘宏斌	2016.06	2019.08
128	付海美	女	农业资源与环境	徐明岗	2016.06	2019.08
129	周海燕	女	农业资源与环境	徐明岗	2016.06	2019.04
130	张月玲	女	作物学	杨鹏	2016.06	2019.07
131	Houssou Assa Albert	男	生物学	牛永春	2016.07	2018.01 退站
132	王红彦	女	农业资源与环境	王道龙	2016.07	2018.08
133	刘长安	男	农业资源与环境	陈仲新	2016.07	
134	陈金	男	农业资源与环境	徐明岗、彭春瑞	2016.07	
135	荆常亮	男	作物学	张瑞福、李义强	2016.07	2018.07
136	陈亚东	女	农业资源与环境	刘现武	2016.08	2019.06

（续表）

序号	姓名	性别	流动站名称	合作导师	进站时间	出站时间
137	宋 茜	女	农林经济管理	唐华俊	2016.08	2018.07
138	霍红元	男	农业资源与环境	李召良	2016.08	2018.12
139	郭树芳	女	农业资源与环境	刘宏斌	2016.08	2018.11
140	王晓琳	男	农业资源与环境	曹卫东、石　屹	2016.08	2019.08
141	唐古拉	男	农业资源与环境	李召良	2016.09	
142	曹隽隽	男	农业资源与环境	周清波	2016.09	
143	张 洋	男	农林经济管理	尹昌斌	2016.12	2019.08
144	姜 蓉	女	农业资源与环境	何 萍	2017.03	
145	张运龙	男	农业资源与环境	庾 强	2017.06	
146	郝鹏宇	男	农业工程	唐华俊	2017.06	2019.07
147	曹远博	男	农业资源与环境	庾 强	2017.07	
148	李文军	男	农业资源与环境	徐明岗、黄庆海	2017.07	
149	杜 芳	女	生物学	胡清秀	2017.08	
150	李丽君	女	农业资源与环境	马义兵	2017.08	
151	蒋 宝	女	生物学	李 俊	2017.08	2019.12
152	秦丽欢	女	农业资源与环境	刘宏斌	2017.08	
153	李兴锐	女	生物学	张瑞福	2017.08	2018.08 退站
154	赵红玉	女	农业资源与环境	易可可	2017.10	
155	徐 磊	男	农业资源与环境	易可可	2017.10	
156	郭美娜	女	农业资源与环境	易可可	2017.10	
157	董 刚	男	农业资源与环境	邵长亮	2018.01	
158	刘欣超	男	草学	邵长亮	2018.03	
159	黄亚捷	女	农业资源与环境	马义兵	2018.06	
160	谷医林	男	生物学	魏海雷	2018.07	
161	孙巧玉	女	农业资源与环境	刘宏斌	2018.07	
162	高志娟	女	农业资源与环境	逄焕成	2018.07	
163	程 伟	女	农业资源与环境	辛晓平	2018.07	
164	万亚男	女	农业资源与环境	马义兵	2018.07	
165	刘胜利	男	农业资源与环境	吴文斌	2018.07	
166	孙 晓	女	农业资源与环境	唐华俊	2018.07	
167	李小燕	女	农业资源与环境	赵秉强、俞为民	2018.08	
168	李艳丽	女	农业资源与环境	李兆君	2018.08	
169	Ndzana Georges Martial	男	作物学	张 斌	2018.08	

（续表）

序号	姓名	性别	流动站名称	合作导师	进站时间	出站时间
170	马倩倩	女	农业资源与环境	李兆君	2018.09	
171	韩晓静	女	农林经济管理	唐华俊	2018.09	
172	曹 娟	女	草学	辛晓平	2018.09	
173	蒋雨洲	男	农业资源与环境	李志宏	2018.09	2019.7 退站
174	黄亚萍	女	农业资源与环境	张文菊、徐明岗	2018.10	
175	闫铁柱	男	农业资源与环境	刘宏斌	2018.12	
176	所凤阅	女	农业资源与环境	魏海雷、李义强	2019.03	
177	Benyamin Khoshnevisan	男	农业资源与环境	刘宏斌	2019.05	
178	谭琦亓	男	生物学	庾 强	2019.07	
179	于 森	女	农林经济管理	尹昌斌	2019.07	2019.10 退站
180	肖燕子	女	农业资源与环境	辛晓平	2019.07	
181	李杉杉	女	农业资源与环境	陈世宝	2019.07	
182	黎广祺	男	农业资源与环境	张瑞福	2019.07	
183	张 鑫	女	农业资源与环境	张 斌	2019.07	
184	田彦芳	女	农业资源与环境	张文菊	2019.08	
185	刁万英	女	农业资源与环境	张会民	2019.08	
186	郭晓楠	女	农业资源与环境	李召良	2019.10	
187	乌 兰	女	草学	辛晓平	2019.11	
188	于文凭	女	农业资源与环境	李召良	2019.12	

（二）中国博士后科学基金资助人员名录

序号	时间	姓名	获得资助项目
1	2006.11	樊廷录	第 39 批中国博士后科学基金面上项目一等资助
2	2007.07	罗 磊	第 41 批中国博士后科学基金面上项目一等资助
3	2007.07	刘晓燕	第 41 批中国博士后科学基金面上项目二等资助
4	2007.12	王亚静	第 42 批中国博士后科学基金面上项目二等资助
5	2007.12	郭雪雁	第 42 批中国博士后科学基金面上项目二等资助
6	2007.12	冯建中	第 42 批中国博士后科学基金面上项目二等资助
7	2008.08	李全新	第 43 批中国博士后科学基金面上项目一等资助
8	2008.12	李全新	第 1 批中国博士后科学基金特别资助
9	2008.12	张会民	第 44 批中国博士后科学基金面上项目二等资助
10	2009.07	段英华	第 45 批中国博士后科学基金面上项目二等资助
11	2009.07	李 娟	第 45 批中国博士后科学基金面上项目二等资助

（续表）

序号	时间	姓名	获得资助项目
12	2009.12	郭丽英	第 46 批中国博士后科学基金面上项目二等资助
13	2009.12	尧水红	第 46 批中国博士后科学基金面上项目二等资助
14	2010.07	李文娟	第 47 批中国博士后科学基金面上项目二等资助
15	2010.10	段英华	第 3 批中国博士后科学基金特别资助
16	2010.12	段庆伟	第 48 批中国博士后科学基金面上项目二等资助
17	2012.05	娄翼来	第 51 批中国博士后科学基金面上项目二等资助
18	2013.04	李菊丹	第 53 批中国博士后科学基金面上项目二等资助
19	2013.04	宋宁宁	第 53 批中国博士后科学基金面上项目二等资助
20	2013.06	娄翼来	第 6 批中国博士后科学基金特别资助
21	2013.09	姚增福	第 54 批中国博士后科学基金面上项目二等资助
22	2014.04	胡亚楠	第 55 批中国博士后科学基金面上项目二等资助
23	2014.04	卢 垚	第 55 批中国博士后科学基金面上项目二等资助
24	2015.05	段四波	第 57 批中国博士后科学基金面上项目一等资助
25	2015.05	周世伟	第 57 批中国博士后科学基金面上项目二等资助
26	2015.05	窦晓琳	第 57 批中国博士后科学基金面上项目二等资助
27	2015.11	王东亮	第 58 批中国博士后科学基金面上项目一等资助
28	2015.11	冷 佩	第 58 批中国博士后科学基金面上项目二等资助
29	2016.05	刘云鹏	第 59 批中国博士后科学基金面上项目二等资助
30	2016.11	成登苗	第 60 批中国博士后科学基金面上项目一等资助
31	2016.11	霍红元	第 60 批中国博士后科学基金面上项目二等资助
32	2017.05	刘 瑾	第 61 批中国博士后科学基金面上项目二等资助
33	2017.06	刘云鹏	第 10 批中国博士后科学基金特别资助
34	2017.11	郝鹏宇	第 62 批中国博士后科学基金面上项目一等资助
35	2017.11	张运龙	第 62 批中国博士后科学基金面上项目二等资助
36	2018.06	张月玲	第 11 批中国博士后科学基金特别资助
37	2018.11	孙 晓	第 64 批中国博士后科学基金面上项目一等资助
38	2019.05	郭美娜	第 65 批中国博士后科学基金面上项目二等资助
39	2019.05	徐 磊	第 65 批中国博士后科学基金面上项目二等资助
40	2019.06	张运龙	第 12 批中国博士后科学基金特别资助
41	2019.11	韩晓静	第 66 批中国博士后科学基金面上项目二等资助
42	2019.11	刘胜利	第 66 批中国博士后科学基金面上项目二等资助

（三）中国农业科学院优秀博士后荣誉人员名录

序号	年度	姓名	合作导师
1	2012	娄翼来	徐明岗
2	2012	夏 天	周清波
3	2013	赵梦然	王道龙
4	2013	孙 亮	陈仲新
5	2014	金云翔	邱建军 徐 斌
6	2014	宋宁宁	马义兵
7	2015	王东亮	辛晓平
8	2015	周世伟	逄焕成
9	2015	段四波	李召良
10	2016	窦晓琳	周 卫
11	2016	陆 苗	唐华俊
12	2016	刘云鹏	张瑞福
13	2016	冷 佩	李召良
14	2016	梁 丰	李建伟
15	2017	阮文渊	易可可
16	2017	杨富强	何 萍
17	2017	张亦涛	刘宏斌
18	2017	霍红元	李召良
19	2017	宋 茜	唐华俊
20	2018	成登苗	李兆君
21	2018	张月玲	杨 鹏
22	2018	张 洋	尹昌斌
23	2018	郝鹏宇	唐华俊
24	2018	潘君廷	刘宏斌
25	2018	申 艳	徐明岗
26	2019	刘长安	陈仲新
27	2019	徐 磊	易可可
28	2019	韩晓静	唐华俊
29	2019	孙 晓	唐华俊
30	2019	杜 芳	胡清秀

十五、毕业博士研究生名录

序号	姓名	性别	在校时间	指导老师	专业	研究方向	论文题目
1	袁璋	男	2003—2006	许越先 唐华俊	农业经济管理	农业区域发展	我国中部地区农业产业结构演进及调整优化方向研究
2	陶怀颖	男	2003—2006	唐华俊	农业经济管理	农业发展战略	我国农业产业区域集群形成机制与发展战略研究
3	肖树忠	男	2003—2006	刘更另 唐华俊	农业经济管理	农业技术经济	地市级农业技术创新体系研究——以唐山市为例
4	曲环	女	2003—2007	任天志	作物栽培学与耕作学	耕作制度与资源环境建设	农业面源污染控制的补偿理论与途径研究
5	张继宗	男	2003—2006	张维理	施肥与环境	信息技术与农田养分管理	太湖水网地区不同类型农田氮磷流失特征
6	李瑞	男	2003—2006	白由路	植物营养学	土壤养分精准管理	规模经营条件下土壤养分精准管理研究
7	刘平	女	2003—2006	徐明岗	植物营养学	土壤化学	钾肥伴随阴离子对土壤铅和镉有效性的影响及机制
8	刘晓燕	女	2003—2006	金继运	植物营养学	植物营养生理	氯化钾抑制玉米茎腐病发生的机理研究
9	闫湘	女	2003—2008	金继运	植物营养学	现代施肥	我国化肥利用现状与养分资源高效利用研究
10	宋正国	男	2003—2006	徐明岗	植物营养学	土壤化学	共存阳离子对土壤镉有效性影响及其机制
11	许仙菊	女	2003—2007	张维理	植物营养学	信息技术与农田养分管理	上海郊区不同作物及轮作农田氮磷流失风险研究
12	张锐	女	2003—2006	刘更另	植物营养学	节水植物营养	资料不详
13	陈见晖	男	2003—2006	张维理	植物营养学	植物营养生理	资料不详
14	李哲敏	女	2004—2007	唐华俊	农业经济管理	食物消费与营养	中国城乡居民食物消费及营养发展研究
15	何英彬	男	2004—2007	陈佑启	环境工程	农业遥感3S技术及应用	基于MODIS与TM的冷害影响水稻产量评估研究
16	屈宝香	女	2004—2007	王道龙	农业经济管理	农业发展、区域布局	中国水产资源综合生产能力发展研究
17	周旭英	女	2004—2007	唐华俊	农业经济管理	农业资源利用	中国草地资源综合生产能力研究
18	李宝明	男	2004—2007	姜瑞波	农业微生物学	环境微生物学的分子生物学	石油污染土壤微生物修复的研究
19	周世伟	男	2004—2007	徐明岗	土壤学	土壤环境化学	外源铜在土壤矿物中的老化过程及影响因素研究
20	雷秋良	男	2004—2008	张维理	植物营养学	信息技术与农田养分管理	上海水网地区平方公里尺度下农田氮磷流失特征研究

注：①表示与中国农业大学联合培养，②与华中农业大学联合培养，③表示少数民族骨干计划。下同

（续表）

序号	姓名	性别	在校时间	指导老师	专业	研究方向	论义题目
21	刘恩科	男	2004—2007	赵秉强	植物营养学	长期肥力监测	不同施肥制度土壤团聚体微生物学特性及其与土壤肥力的关系
22	谭德水	男	2004—2007	金继运	植物营养学	植物营养与土壤养分管理	长期施钾对北方典型土壤钾素及作物产量、品质的影响
23	王红娟	女	2004—2007	白由路	植物营养学	土壤养分精准管理	我国北方粮食主产区土壤养分分布特征研究
24	王磊	男	2004—2007	白由路	植物营养学	精准营养诊断	玉米营养光谱诊断技术研究
25	肖强	男	2004—2007	张夫道	植物营养学	信息肥料	有机—无机复合材料胶结包膜型缓/控释肥料的研制与评价
26	徐爱国	女	2004—2009	张维理	植物营养学	信息技术与农田养分管理	原位模拟降雨条件下太湖地区不同农田类型氮磷流失特征研究
27	范洪黎	女	2004—2007	周卫	植物营养学	营养生理	苋菜超积累镉的生理机制研究
28	黄治平	男	2004—2007	徐斌	作物生态学	牧草作物生态学	规模化猪场区域农田土壤重金属污染研究
29	张华	女	2004—2009	王道龙	作物生态学	作物栽培学与耕作学	区域特色农业持续发展诊断预警研究
30	李森	男	2004—2007	周清波	作物信息科学	资源遥感与数字农业	基于 IEM 的多波段、多极化 SAR 土壤水分反演算法研究
31	李金才	男	2004—2007	任天志	作物栽培学与耕作学	农作制度与可持续发展	生态农业标准体系与典型模式技术标准研究
32	林鹏生	男	2005—2008	唐华俊	农业经济管理	农业区域发展	我国中低产田分布及增产潜力研究
33	高明杰	男	2005—2008	张宝文	农业经济管理	农业区域发展	基于农业综合生产能力需求的耕地资源安全阈值研究
34	袁平	男	2005—2008	章力建 蔡典雄	农业经济管理	区域发展与环境经济	农业污染及其综合防控的环境经济学研究—理论探讨与实证分析
35	张宏斌	男	2005—2007	唐华俊	作物信息科学	草地遥感	基于多源遥感数据的草原植被状况变化研究：以内蒙古草原为例
36	王海胜	男	2005—2008	姜瑞波	农业微生物学	环境微生物分子生物学	一株产蓝色素细菌的鉴定、色素的结构解析及其基因的克隆与表达
37	白金明	男	2005—2008	任天志	作物栽培学与耕作学	循环农业	我国循环农业理论与发展模式研究
38	韦东普	女	2005—2010	马义兵	土壤学	土壤化学	应用发光细菌法测定我国土壤中铜、镍毒性的研究

（续表）

序号	姓名	性别	在校时间	指导老师	专业	研究方向	论文题目
39	佟小刚	男	2005—2008	刘更另	土壤学	土壤肥力	长期施肥下我国典型农田土壤有机碳库变化特征
40	孙万春	男	2005—2008	梁永超	植物营养学	植物逆境生理与分子生物学	硅提高水稻对稻瘟病抗性的生理与分子机理
41	高伟	女	2005—2008	金继运	植物营养学	土壤养分管理	我国北方不同地区玉米养分吸收与利用研究
42	孔庆波	男	2005—2008	白由路	植物营养学	土壤养分管理	基于 GIS 我国农田土壤磷素管理及磷肥需求预研究
43	李娟	女	2005—2008	赵秉强	植物营养学	长期肥力监测	长期不同施肥制度土壤微生物学特性及其季节变化
44	岳现录	男	2005—2009	张维理	植物营养学	作物施肥	华北平原小麦—玉米轮作中有机肥的氮素利用与去向研究
45	罗春燕	女	2005—2008	张维理	植物营养学	农业资源与环境	我国东南水网平原地区不同土地利用方式氮磷流失特征
46	赵士诚	男	2005—2008	周卫	植物营养学	植物营养管理	镉诱导植物氧化代谢与钙信使的变化及分子机理
47	毕于运	男	2005—2010	徐斌	作物生态学	农作物秸秆综合利用	秸秆资源评价与利用研究
48	李章成	男	2005—2008	周清波	作物信息科学	农业灾害遥感	作物冻害高光谱曲线特征及其遥感监测
49	雷波	男	2006—2010	姜文来	农业水土工程	水资源可持续利用	农业水资源效用评价研究
50	高文永	男	2006—2009	任天志	作物栽培学与耕作学	农作制度与可持续发展	中国农业生物质能源评价与产业发展模式研究
51	郝桂娟	女	2006—2009	任天志	作物栽培学与耕作学	农作制度与可持续发展	大兴安岭东麓旱作丘陵区耕地质量演变与可持续利用
52	张贵龙	男	2006—2009	任天志	作物栽培学与耕作学	农业生态学	蔬菜保护地氮素利用与去向研究
53	唐政	男	2006—2009	邱建军	作物生态学	养分管理与环境安全	有机蔬菜种植体系中水肥配置的农学及环境效应研究
54	李虎	男	2006—2009	邱建军	作物生态学	农业生态	小清河流域农田非点源氮污染定量评价研究
55	程振煌	男	2006—2009	梁业森	农业经济管理	资源经济与畜牧业可持续发展	资料不详
56	李俊岭	男	2006—2009	唐华俊	农业经济管理	区域发展	东北农业功能分区与发展战略研究
57	刘苏社	男	2006—2009	唐华俊	农业经济管理	宏观农业	我国政府农业投资效率研究

（续表）

序号	姓名	性别	在校时间	指导老师	专业	研究方向	论文题目
58	栾海波	男	2006—2009	唐华俊	农业经济管理	农业区域发展	农业综合开发产业化经营项目效果评价研究
59	邵雪民	男	2006—2009	章力建 蔡典雄	农业经济管理	农业资源与环境	资料不详
60	吴会军	男	2006—2010	蔡典雄	农业资源利用	农田碳循环研究	长期不同耕种措施对土壤呼吸和有机碳影响研究
61	万利	女	2006—2009	陈佑启	农业遥感	农业土地利用	城乡交错带土地利用变化的生态环境影响研究
62	石淑芹	女	2006—2009	陈佑启	农业遥感	农业土地利用	基于多源数据的吉林省玉米生产力区划研究
63	李刚	男	2006—2009	辛晓平	草地资源利用与保护	生产力遥感监测模型研究	呼伦贝尔温带草地 FPAR/LAI 遥感估算方法
64	高静	女	2006—2009	徐明岗	土壤学	土壤化学	长期施肥下我国典型农田土壤磷库与作物磷肥效率的演变特征
65	李忠芳	男	2006—2009	徐明岗	土壤学	土壤肥力	长期施肥下我国典型农田作物产量演变特征和机制
66	唐旭	男	2006—2009	马义兵	土壤学	土壤化学	小麦—玉米轮作土壤磷素长期演变规律研究
67	胡昊	男	2006—2009	白由路	植物营养学	精准农业	基于可见光—近红外光谱的冬小麦氮素营养诊断与生长监测
68	李录久	男	2006—2009	刘荣乐	植物营养学	施肥与农产品品质	施用氮磷钾对生姜产量和品质的影响
69	孙桂芳	女	2006—2009	金继运	植物营养学	肥料资源高效利用	改性木质素和有机酸类物质对土壤磷素有效性的影响
70	吕双庆	男	2006—2009	金继运	植物营养学	肥料资源高效利用施肥与农产品品质	滴灌施肥条件下玉米（Zea mays L.）氮素运筹效应研究
71	薛高峰	男	2006—2009	梁永超	植物营养学	植物营养生理与分子生物学	硅提高水稻对白叶枯病抗性的生理与分子机理
72	刘增兵	男	2006—2009	赵秉强	植物营养学	土壤生物肥力	腐植酸增值尿素的研制与增效机理研究
73	王秀斌	男	2006—2009	周卫	植物营养学	养分循环废弃物资源管理	优化施氮下冬小麦/夏玉米轮作农田氮素循环与平衡研究
74	李文娟	女	2006—2009	金继运	植物营养学	植物营养生理	钾素提高玉米（Zea mays L.）茎腐病抗性的营养与分子生理机制
75	陕红	女	2006—2009	李书田	植物营养学	废弃物资源管理	有机物对土壤镉生物有效性的影响及机理

（续表）

序号	姓名	性别	在校时间	指导老师	专业	研究方向	论文题目
76	刘青丽	女	2006—2009	任天志	作物栽培学与耕作学	土壤氮素管理	土壤供氮特征及其对烤烟氮素营养的影响
77	高春雨	男	2007—2011	邱建军	作物生态学	农业生态	县域农田 N_2O 排放量估算及其减排碳贸易案例研究
78	王姗娜	女	2007—2012	徐明岗	土壤学	土壤学	长期施肥下我国典型红壤性水稻土肥力演变特征与持续利用
79	刘海龙	男	2007—2010	白由路	植物营养学	作物生长模型与施肥	作物生产系统水分和氮素管理的 DSSAT 模型模拟与评价
80	裴雪霞	女	2007—2010	周卫	植物营养学	养分循环	典型种植制度下长期施肥对土壤微生物群落多样性的影响
81	杜伟	男	2007—2010	赵秉强	植物营养学	新型肥料	有机无机复混肥优化化肥养分利用的效应与机理
82	刘丽军	男	2007—2010	宋敏	农业区域发展	农业知识产权	植物遗传资源惠益分享及产权安排的经济学研究
83	魏琦	男	2007—2010	唐华俊	农业区域发展	农业生态评价	北方农牧交错带生态脆弱性评价与生态治理研究
84	李滋睿	男	2007—2010	覃志豪	农业区域发展	农业区域发展	我国重大动物疫病区划研究
85	罗其友	男	2007—2010	唐华俊	农业区域发展	农业布局与区域发展	农业区域协调评价的理论与方法研究
86	汪学军	男	2007—2010	唐华俊	农业区域发展	区域发展研究	中美农业科技发展模式比较研究
87	王瑞波	男	2007—2011	姜文来	农业区域发展	水资源管理	生命周期条件下水资源增值研究
88	吕海燕	女	2007—2010	徐斌	农业遥感	草地遥感	草原产草量模型方法研究
89	邹金秋	男	2007—2010	周清波	农业遥感	农业遥感与GIS 集成	农情监测数据获取及管理技术研究
90	李志斌	男	2007—2010	陈佑启	农业遥感	土地利用与"3S"技术	基于地统计学方法和Scorpan 模型的土壤有机质空间模拟研究
91	陈宝瑞	男	2007—2010	辛晓平	草地信息生态学	草地资源利用与保护	呼伦贝尔草原多尺度植被空间格局及其对干扰的响应
92	李世贵	男	2007—2010	牛永春	农业微生物学	农业微生物分子生物学	两种木霉菌对黄瓜枯萎病菌生防作用及根际土壤微生物影响研究
93	杨永坤	男	2007—2010	蔡典雄	农业资源与环境经济学	资源与环境	黄河流域农业立体污染综合防治模式研究
94	胡世辉	男	2007—2010	蔡典雄	农业经济管理	生态经济	工布自然保护区森林生态系统服务功能及可持续发展研究

（续表）

序号	姓名	性别	在校时间	指导老师	专业	研究方向	论文题目
95	汤秋香	女	2008—2011	任天志	作物栽培学与耕作学	农田生态环境	洱海流域环境友好型种植模式及作用机理研究
96	李文才	男	2008—2011	邱建军	作物生态学	农业生态学	生态脆弱地区农牧户生产经营行为研究
97	丛日环	女	2008—2012	徐明岗	土壤学	土壤肥力与培育	小麦—玉米轮作体系长期施肥下农田土壤碳氮相互作用关系研究
98	刘杰	男	2008—2012	马义兵	土壤学	土壤生态	小麦—玉米轮作体系农田氮素长期有效性，盈亏规律，模拟及其应用研究
99	姜慧敏	女	2008—2011	刘更另	土壤学	污染土壤修复	氮肥管理模式对设施菜地氮素残留与利用的影响
100	李波	女	2007—2010	马义兵	土壤学	土壤生态	外源重金属铜、镍的植物毒害及预测模型研究
101	王晋臣	男	2008—2012	唐华俊	农业区域发展	农业布局与区域发展	典型西南喀斯特地区现代农业发展研究
102	米健	男	2008—2011	唐华俊	农业区域发展	农业布局与区域发展	中国居民主观幸福感影响因素的经济学分析
103	路亚洲	男	2008—2012	唐华俊	农业区域发展	农业布局与区域发展	全球化背景下中美农业科技合作模式与机制研究
104	高懋芳	女	2008—2011	邱建军	农业遥感	农业减灾遥感	小清河流域农业面源氮素污染模拟研究
105	刘卫东	男	2008—2012	陈佑启	农业遥感	农业资源遥感	资料不详
106	李文彪	男	2008—2011	刘荣乐	植物营养学	土壤肥力	内蒙古河套灌区小麦和玉米推荐施肥研究
107	夏文建	男	2008—2011	周卫 梁国庆	植物营养学	农田养分循环与环境	优化施氮下稻麦轮作农田氮素循环特征
108	李萍	女	2008—2011	梁永超	植物营养学	植物营养生理生化与分子生物学	硅提高水稻抗锰毒害的生理和分子机制
109	杜君	男	2008—2012	白由路	植物营养学	养分资源管理与现代施肥技术	基于GIS的我国小麦施肥指标体系的构建
110	朱晓晖	女	2008—2011	张维理	植物营养学	植物营养与环境	施用有机肥对土壤磷组分和农田磷流失的影响
111	刘继培	女	2008—2011	刘荣乐	植物营养学	土壤肥力	秸秆和秸秆木质素在土壤中的降解及其对土壤性质的影响
112	王建平[③]	男	2009—2012	姜文来	农业区域发展	区域资源管理	内蒙古自治区农业水价研究

（续表）

序号	姓名	性别	在校时间	指导老师	专业	研究方向	论文题目
113	周振亚	男	2009—2012	唐华俊	农业区域发展	区域资源管理	中国植物油产业发展战略研究
114	肖碧林	男	2009—2014	王道龙	农业区域发展	农业布局与区域发展	气候变化背景下东北水稻气候适宜性研究
115	吴洪伟	男	2009—2012	唐华俊	农业区域发展	区域资源管理	中国重点型灌区节水配套改造发展战略研究
116	马强③	男	2009—2012	王道龙	农业区域发展	农业布局与区域发展	内蒙古自治区现代特色农业发展研究
117	代快	女	2009—2012	蔡典雄	农业水资源利用	土壤水与环境	华北平原冬小麦/夏玉米水氮优化利用研究
118	赵杏利	女	2009—2012	牛永春	农业微生物学	农业微生物资源与分类学	常见禾草病原真菌资源调查和除草潜力研究
119	赵梦然	女	2009—2012	张金霞	农业微生物学	农业微生物资源与分类学	新疆野生阿魏蘑种群分析
120	金云翔	男	2009—2012	徐斌	农业遥感	农业资源遥感	基于"3S"技术的草原生物量与碳贮量遥感监测研究
121	姜志伟	男	2009—2012	陈仲新	农业遥感	农业空间信息	区域冬小麦估产的遥感数据同化技术研究
122	姜桂英	女	2009—2013	徐明岗	土壤学	土壤肥力与培育	中国农田长期不同施肥的固碳潜力及预测
123	许咏梅	女	2009—2014	徐明岗	土壤学	土壤肥力与培育	长期不同施肥下新疆灰漠土有机碳演变特征及转化机制
124	孙文彦	男	2009—2013	赵秉强	植物营养学	肥料资源利用	氮肥类型和用量对不同基因型小麦玉米产量及水氮利用的影响
125	刘红芳	女	2009—2015	梁永超	植物营养学	植物营养生理生化与分子生物学	硅对水稻倒伏和白叶枯病抗性的影响
126	郝小雨	男	2009—2012	金继运 黄绍文	植物营养学	肥料资源利用	设施菜田养分平衡特征与优化调控研究
127	王志勇③	男	2009—2012	白由路	植物营养学	肥料资源利用	小麦/玉米轮作条件下秸秆还田钾素效应研究
128	王贺	男	2009—2012	白由路	植物营养学	肥料资源利用	华北平原砂质土壤夏玉米对肥料类型及施肥方法的响应研究
129	赵营	男	2009—2012	张维理	植物营养学	农田养分循环与环境	宁夏引黄灌区不同类型农田氮素累积与淋洗特征研究
130	张云贵	男	2009—2012	邱建军	作物生态学	农业生态学	基于土壤养分空间变异的烤烟变量施肥研究

（续表）

序号	姓名	性别	在校时间	指导老师	专业	研究方向	论文题目
131	余强毅	男	2010—2013	唐华俊	农业区域发展	农业布局与区域发展	基于农户决策的农业土地系统变化模型研究
132	张钏	男	2010—2013	辛晓平	草业科学	草地监测与管理	呼伦贝尔草甸草原生态系统碳循环动态模拟与未来情景分析
133	娄博杰	女	2010—2015	宋敏	农业区域发展	区域资源管理	基于农产品质量安全的农户生产行为研究
134	左旭	女	2010—2015	王道龙	农业区域发展	农业布局与区域发展	我国农业废弃物新型能源化开发利用研究
135	赵澍③	男	2010—2015	唐华俊	农业区域发展	农业布局与区域发展	草原产权制度变迁与效应研究
136	刘洋	男	2010—2013	姜文来	农业区域发展	水资源可持续利用与管理	气候变化背景下我国农业水热资源时空演变格局研究
137	冯方祥③	男	2010—2013	王道龙	农业区域发展	农业布局与区域发展	呼伦贝尔绿色产业发展研究
138	张俊峰	男	2010—2013	蔡典雄	农业水资源利用	农业水环境保护	北京生态屏障区循环农业主导模式与技术研究
139	刘秀明	女	2010—2013	张金霞	农业微生物	农业微生物资源与分类学	糙皮侧耳和肺形侧耳热胁迫响应的海藻糖代谢调控研究
140	李淑华	女	2010—2016	周清波	农业遥感	农情定量遥感	农田土壤墒情监测与智能灌溉云服务平台构建关键技术研究
141	高添	男	2010—2013	徐斌	农业遥感	农业资源遥感	内蒙古草地植被碳储量的时空分布及水热影响分析
142	沈浦	男	2010—2013	徐明岗	土壤学	土壤肥力与培育	长期施肥下典型农田土壤有效磷的演变特征及机制
143	袁亮	男	2010—2013	赵秉强	植物营养学	肥料资源利用	增值尿素新产品增效机理和标准研究
144	串丽敏	女	2010—2013	何萍	植物营养学	肥料资源利用	基于产量反应和农学效率的小麦推荐施肥方法研究
145	陈志强	男	2010—2013	白由路	植物营养学	肥料资源利用	不同氮素水平下玉米叶片的高光谱响应及其诊断
146	王利	男	2010—2013	张维理	植物营养学	数字土壤制图	资料不详
147	刘占军	男	2010—2013	周卫	植物营养学	农田养分循环与环境	东北春玉米氮磷增效施肥模式研究
148	杨黎	女	2010—2013	邱建军	作物生态学	农业生态学	辽西地区春玉米农田 N_2O 排放特征与固碳减排机制

（续表）

序号	姓名	性别	在校时间	指导老师	专业	研究方向	论文题目
149	王磊	男	2011—2014	宋敏	农业区域发展	农业布局与区域发展	全球一体化背景下中国种业国际竞争力研究
150	李建政	男	2011—2014	王道龙	农业区域发展	农业区域发展	农田生态系统温室气体减排技术评价及实证分析
151	陈静	女	2011—2014	邱建军	农业区域发展	区域资源管理	华北小麦—玉米滴灌施肥下水氮运移和 N_2O 排放研究
152	任静	女	2011—2016	宋敏	农业区域发展	农业知识产权	授权植物品种综合质量与价值评估研究
153	陈学渊	男	2011—2015	唐华俊	农业区域发展	区域资源管理	基于 CLUE—S 模型的土地利用/覆被景观评价研究
154	郑盛华	男	2011—2015	覃志豪	农业区域发展	区域现代农业发展研究	松嫩平原干旱特征及对春玉米生产潜力的影响研究
155	布尔金[3]	男	2011—2015	王道龙	农业区域发展	牧区经济	新巴尔虎左旗草地畜牧业转型升级研究
156	侯智惠[3]	女	2011—2016	逄焕成	农业区域发展	盐碱地改良技术	内蒙古农业资源利用可持续性评价
157	查燕	女	2011—2015	蔡典雄	农业水资源与环境	农田地力与水肥高效利用	长期不同施肥条件下黑土区春玉米农田基础地力演变特征
158	刘尧	男	2011—2015	李俊	微生物学	农业微生物技术	4534 和 4222 菌株选择性结瘤的分子生物学机理比较研究
159	宋驰	男	2011—2015	张金霞	微生物学	农业微生物资源与利用	两种侧耳高温胁迫导致的细胞凋亡研究和球孢白僵菌胁迫响应转录机制的研究
160	李宗南	男	2011—2014	陈仲新	农业遥感	农业资源遥感	基于光能利用率模型和定量遥感的玉米生长监测方法研究
161	李金亚	男	2011—2014	徐斌	农业遥感	农业资源与灾害遥感	科尔沁沙地草原沙化时空变化特征遥感监测及驱动力分析
162	刘轲	男	2011—2014	周清波	农业遥感	农情遥感	冬小麦叶面积指数高光谱遥感反演方法研究
163	海全胜	男	2011—2017	辛晓平	农业遥感	生态遥感	资料不详
164	王金洲[1]	男	2011—2016	徐明岗	土壤学	农田土壤碳循环	RothC 模型模拟我国典型旱地土壤的有机碳动态及平衡点
165	王斌[3]	男	2011—2015	马义兵	土壤学	土壤肥力与培育	土壤磷素累积、形态演变及阈值研究
166	车升国[1]	男	2011—2014	赵秉强	植物营养学	农田养分循环与环境	区域作物专用复合（混）肥料配方制定方法与应用

（续表）

序号	姓名	性别	在校时间	指导老师	专业	研究方向	论文题目
167	宁东峰	女	2011—2014	梁永超	植物营养学	植物营养生理生化与分子生物学	钢渣硅钙肥高效利用与重金属风险性评估研究
168	张文学	女	2011—2014	周　卫 何　萍	植物营养学	农田养分循环	生化抑制剂对稻田氮素转化的影响及机理
169	艾　超	男	2011—2015	周　卫	植物营养学	农田养分循环	长期施肥下根际碳氮转化与微生物多样性研究
170	习　斌	男	2011—2014	任天志	作物生态学	农田生态学	典型农田土壤磷素环境阈值研究
171	赵永敢	男	2011—2014	逄焕成	作物生态学	农业生态学	"上膜下秸"调控河套灌区盐渍土水盐运移过程与机理
172	王红彦	女	2012—2016	王道龙	农村与区域发展	农业布局与区域发展	基于生命周期评价的秸秆沼气集中供气工程能值分析
173	肖　琴	女	2012—2015	唐华俊 罗其友	农村与区域发展	农业布局与区域发展	转基因作物生态风险测度及控制责任机制研究
174	刘海清	男	2012—2016	姜文来	农村与区域发展	区域资源管理	中国菠萝产业国际竞争力研究
175	夏国华[3]	男	2012—2017	唐华俊	农业区域发展与规划	农业布局与区域发展	内蒙古赤峰市现代农业发展研究
176	张　晴	女	2012—2018	唐华俊	农业区域发展与规划	农业布局与区域发展	中国桑蚕空间格局演变及其优化研究
177	张珺穜	男	2012—2015	逄焕成	农业生态学	生态农业	黄淮海平原北部区秸秆不同处理与还田方式对土壤肥力和产量的影响
178	张亦涛	男	2012—2015	任天志	农业生态学	生态农业	基于农学效应和环境效益的华北平原主要粮食作物合理施氮量确定方法研究
179	戴　震	男	2012—2018	王立刚	农业生态学	生态环境效应评价	缓控释肥对水稻—油菜轮作体系环境效应的影响研究
180	卫　炜	男	2012—2015	周清波	农业遥感	农情定量遥感	MODIS双星数据协同的耕地物候参数提取方法研究
181	唐鹏钦	男	2012—2018	陈仲新	农业遥感	农业资源遥感	基于空间信息重构技术的东北三省作物种植结构时空演变研究
182	张　莉	女	2012—2018	陈佑启	农业遥感	农业资源遥感	2000—2010年非洲耕地利用格局时空变化研究
183	殷中伟[1]	男	2012—2015	范丙全	生物化学与分子生物学	微生物分子生物学与基因工程	真菌溶磷相关基因的克隆与功能分析

（续表）

序号	姓名	性别	在校时间	指导老师	专业	研究方向	论文题目
184	展晓莹	女	2012—2015	张淑香	土壤学	土壤生态	长期不同施肥模式黑土有效磷与磷盈亏响应关系差异的机理
185	张旭博	男	2012—2015	徐明岗	土壤学	土壤肥力与培育	中国农田土壤有机碳演变及其增产协同效应
186	张月玲[①]	女	2012—2016	张　斌	土壤学	土壤生物物理与土壤肥力	黑土土壤剖面有机质周转及其控制机制的分子证据
187	刘利花	女	2012—2015	尹昌斌	农业经济管理	农业经济理论与政策	苏南地区稻田保护的激励机制研究
188	徐新朋	男	2012—2015	何　萍	植物营养学	资源高效利用	基于产量反应和农学效率的水稻和玉米推荐施肥方法研究
189	温延臣	男	2012—2015	赵秉强	植物营养学	肥料资源利用	不同施肥制度潮土养分库容特征及环境效应
190	崔培媛	女	2013—2016	梁永超	植物营养学	植物营养学生理生化与分子生物学	施肥、硝化抑制剂和温度对农田土壤 N_2O 释放的影响及其微生物驱动机制
191	王山虎	男	2012—2018	白由路	植物营养学	肥料资源利用	资料不详
192	王吉鹏	男	2013—2016	唐华俊	农业区域发展与规划	农业区域发展	我国农民专业合作社财政扶持政策效应研究
193	姜　昊[①]	男	2013—2018	尹昌斌	农业经济管理	农业经济理论与政策	河北地下漏斗区农户耕地轮作休耕政策选择研究
194	张　颖	女	2013—2016	王道龙	农业区域发展与规划	农业区域发展	北京市休闲农业布局评价及优化研究
195	牛敏杰	男	2013—2016	唐华俊	农村与区域发展	农业区域发展	基于生态文明视角的我国农业空间格局评价与优化研究
196	张蓉斌	女	2013—2019	姜文来	农村与区域发展	农业区域发展	资料不详
197	鞠光伟	男	2013—2016	陈印军	农村与区域发展	区域发展	中国畜牧业保险的微观效果与政策优化研究
198	周　颖	女	2013—2016	周清波	农业生态学	生态农业与清洁生产	农田清洁生产技术补偿的农户响应机制研究
199	翟　振	男	2013—2016	逄焕成	农业生态学	农业生态系统与气候变化	犁底层对作物生产与环境效应的影响及其机制研究
200	范蓓蕾	女	2013—2019	辛晓平	农业遥感	农业空间信息技术	基于多尺度环境分析的设施奶牛场精细化管理关键技术研究
201	宋　茜	女	2013—2016	周清波	农业遥感	农业灾害遥感监测	农作物空间分布信息提取及其时空格局变化分析研究
202	李　贺	男	2013—2016	陈仲新	农业遥感	农业灾害遥感监测	区域冬小麦生长模拟遥感数据同化的不确定性研究

（续表）

序号	姓名	性别	在校时间	指导老师	专业	研究方向	论文题目
203	陈媛媛	女	2013—2017	李召良	农业遥感	地表温度遥感反演	高分五号热红外数据地表温度反演算法研究
204	江红梅	女	2013—2018	范丙全	生物化学与分子生物学	植物分子生物学与基因工程	真菌溶磷相关基因的克隆与功能验证
205	于国红[①]	女	2013—2018	程宪国	生物化学与分子生物学	植物分子生物学与基因工程	番茄转录因子 SlDREB2 基因功能验证
206	蒋 宝[①]	女	2013—2016	马义兵	土壤学	土壤生态与修复	土壤铜镍长期老化行为及有效态生态阈值研究
207	孙 楠	女	2013—2019	徐明岗	土壤学	土壤肥力与培育	烘干温度对辽单565种子活力及生理生化特性的影响
208	周 晶[①]	女	2013—2016	李 俊	微生物学	农业微生物资源	长期施氮对东北黑土微生物及主要氮循环菌群的影响
209	陈 强	男	2013—2016	牛永春	微生物学	农业微生物资源	可溶性木质素促进糙皮侧耳菌丝生长的生理机制研究
210	尹 昌	男	2013—2017	梁永超	植物营养学	微生物分子生态学	农田土壤 N_2O 产生和还原及相关功能微生物对温度及施肥的响应
211	何文天	男	2013—2016	周 卫	植物营养学	农田养分循环与环境	基于作物—土壤模型的作物产量与农田氮素平衡模拟研究
212	李燕青	男	2013—2016	赵秉强	植物营养学	肥料资源利用	不同类型有机肥与化肥配施的农学和环境效应研究
213	李俊杰	女	2014—2017	王道龙	农业区域发展与规划	农业区域发展	农业综合开发对优势特色产业的影响研究
214	张治会	男	2014—2017	唐华俊	农业区域发展与规划	农业区域发展	西南山区农业现代化研究
215	何翠翠	女	2014—2017	尹昌斌	农业生态学	农业生态系统与气候变化	麦玉轮作有机无机肥料配施的土壤团聚体及微生物群落特征
216	张 莉	女	2014—2018	逄焕成	农业水资源与环境	土壤耕作与培肥	黄淮海平原玉米秸秆颗粒还田的培肥效应及机制
217	李振旺	男	2014—2017	辛晓平	农业遥感	草地生态遥感	中国北方草原关键光合参数遥感反演与验证方法研究
218	哈斯图亚	女	2014—2017	陈仲新	农业遥感	农情遥感监测	基于多源数据的地膜覆盖农田遥感识别研究
219	韩晓静	女	2014—2017	李召良	农业遥感	农业定量遥感	云下地表温度被动微波遥感反演算法研究
220	刘逸竹	女	2014—2017	李召良	农业遥感	农情遥感	大区域灌溉耕地制图技术研究

（续表）

序号	姓名	性别	在校时间	指导老师	专业	研究方向	论文题目
221	张文博	男	2014—2017	徐　斌	农业遥感	草地资源遥感	基于遥感信息提取的气候变化对冬小麦产量影响研究
222	胡　琼	女	2014—2018	唐华俊	农业遥感	农业资源遥感监测	基于时序 MODIS 影像的农作物遥感识别方法研究
223	李　景[②]	女	2014—2017	蔡典雄	土壤学	土壤培肥与改良	领域本体的构建方法与应用研究
224	岳龙凯	男	2014—2019	张　斌	土壤学	土壤物理	作物类型和品种对黑土压实响应差异研究
225	邵兴芳	女	2014	徐明岗	土壤学	土壤肥力与培育	资料不详
226	雷　敏[①]	女	2014—2017	张金霞	微生物学	农业微生物资源	热胁迫下糙皮侧耳菌丝体海藻糖代谢调控研究
227	丁建莉	女	2014—2017	李　俊	微生物学	环境微生物学与农业生态	长期施肥对黑土微生物群落结构及其碳代谢的影响
228	张水勤[①]	女	2014—2017	赵秉强	植物营养学	新型肥料	不同腐植酸级分的结构特征及其对尿素的调控
229	马进川	男	2014—2018	何　萍	植物营养学	养分循环	我国农田磷素平衡的时空变化与高效利用途径
230	荣勤雷	男	2014—2017	黄绍文	植物营养学	养分管理	有机肥/秸秆替代化肥模式对设施菜田土壤团聚体微生物特性的影响
231	吴启华[①]	女	2014—2017	张淑香	植物营养学	农田养分循环与环境	长期不同施肥下三种土壤磷素有效性和磷肥利用率的差异机制
232	张　倩	女	2014—2017	周　卫	植物营养学	农田养分循环	长期施肥下稻麦轮作体系土壤团聚体碳氮转化特征
233	仇志恒	男	2014—2018	张金霞	微生物学	农业微生物资源	糙皮侧耳栽培中高温引发木霉侵染的生理机制研究
234	李文超	男	2015—2019	刘宏斌	农业生态学	农业环境生态	流域尺度农业盈余氮素的流失—输移过程及其环境效应
235	盖霞普	女	2015—2019	任天志	农业生态学	农业环境生态	华北平原不同有机物料投入对农田碳氮协同转化及环境效应研究
236	张　婧	女	2015—2019	王立刚	农业生态学	农业环境生态	设施蔬菜地土壤 N_2O 排放与硝态氮淋溶的模拟研究
237	王碧胜	男	2015—2019	蔡典雄	土壤学	土壤培肥与改良	长期保护性耕作土壤团聚体有机碳转化过程及机制
238	吴尚蓉	女	2015—2019	陈仲新	农业遥感	农情遥感	基于流依赖背景误差同化系统的冬小麦估产研究
239	徐大伟	男	2015—2019	辛晓平	农业遥感	农业资源遥感	呼伦贝尔草原区不同草地类型分布变化及分析
240	赵俊伟[①]	男	2015—2019	尹昌斌	农业经济管理	农业经济理论与政策	生猪规模养殖粪污治理行为研究

（续表）

序号	姓名	性别	在校时间	指导老师	专业	研究方向	论文题目
241	杨亚东	男	2015—2018	王道龙	区域发展	农业区域发展	中国马铃薯种植空间格局演变机制研究
242	胡韵菲	女	2015—2019	罗其友	区域发展	农业区域发展	基于农户视角的淮河流域玉米种植驱动机制研究
243	蔡泽江	男	2015—2019	徐明岗	土壤学	土壤培肥与改良	有机物料调控红壤化学氮肥致酸效应的差异与机制
244	柳开楼	男	2015—2019	张会民	土壤学	土壤培肥与改良	长期施肥下 pH 和有机碳影响红壤团聚体钾素分配的机制
245	叶洪岭[①]	男	2015—2019	卢昌艾	土壤学	土壤生态与修复	长期不同施肥下土壤、玉米主要属性空间异质性特征研究
246	韩亚	女	2015—2019	张斌	土壤学	土壤生物物理	黑土区玉米秸秆腐解特征及其改土效果的研究
247	王丽宁	女	2015—2019	张金霞	微生物学	农业微生物资源与利用	糙皮侧耳过氧化氢酶基因特征分析和功能研究
248	王庆峰	男	2015—2019	李俊	微生物学	农业微生物肥料工程	胶质类芽孢杆菌胞外多糖调节及相关基因的转录分析
249	郭腾飞	男	2015—2019	周卫	植物营养学	养分循环	稻田秸秆分解的碳氮互作机理
250	高嵩涓	女	2015—2018	曹卫东	植物营养学	养分循环	长期冬绿肥—水稻制度下稻田土壤部分环境化学及分子生态学特征
251	刘晓永	男	2015—2018	李书田	植物营养学	养分循环	中国农业生产中的养分平衡与需求研究
252	张金尧[②]	男	2015—2019	汪洪	植物营养学	植物营养生物学	活性氧介导缺锌胁迫下玉米根系生长发育的研究
253	安江勇	男	2016—2019	李茂松	农业生态学	农业环境生态	基于图像深度学习的小麦干旱识别和分级研究
254	丛萍	女	2016—2019	逄焕成	农业生态学	作物生态	秸秆高量还田下东北黑土亚耕层的培肥效应与机制
255	蔡岸冬	男	2016—2019	徐明岗	土壤学	土壤培肥与改良	我国典型陆地生态系统凋落物腐解的时空特征及驱动因素
256	宋书会	女	2016—2019	汪洪	植物营养学	植物营养生物学	磷肥减施及覆膜条件下黑土磷素供应特征与转化机制
257	杨璐	女	2016—2019	曹卫东	植物营养学	养分循环	紫云英种植及与稻草协同利用的减肥效应和紫云英固氮调控机制
258	周丽平	女	2016—2019	赵秉强	植物营养学	新型肥料	过氧化氢氧化腐植酸的结构性及其对玉米根系的调控

（续表）

序号	姓名	性别	在校时间	指导老师	专业	研究方向	论文题目
259	张 丹	女	2016—2019	刘宏斌	植物营养学	养分循环	资料不详
260	陈 迪	女	2016—2019	周清波	农业遥感	农情遥感监测	耕地数量与质量时空变化遥感监测研究
261	马力阳	男	2016—2019	罗其友	区域发展	农业区域发展	地形视角下农户马铃薯种植规模与绩效研究
262	关 鑫	男	2016—2019	姜文来	区域发展	农业资源管理	基于水—能源—粮食关联性的粮食安全研究

十六、毕业硕士研究生名单

序号	姓名	性别	在校时间	指导老师	专业	研究方向	论文题目
1	王美云	女	2003—2006	任天志 李少昆	作物栽培学与耕作学	农业制度与可持续发展	热量限制两熟区双季青贮玉米模式及其技术体系研究
2	杜 伟	男	2003—2006	赵秉强	植物营养	新型肥料	不同施肥制度土壤生物肥力特征研究
3	王玉涛	男	2003—2006	刘荣乐	植物营养与蔬菜品质	氮、磷和钾营养对番茄风味物质的影响
4	周红梅	女	2003—2006	王 旭	植物营养	新型肥料	海藻提取物对石灰性土壤磷及小油菜品质的影响
5	蓟红霞	女	2003—2006	李志宏	土壤学	信息技术在土壤学中的应用	土壤条件对烤烟生长、养分累积和品质的影响
6	李伟杰	男	2003—2006	姜瑞波	农业微生物	土壤微生物	番茄青枯病拮抗菌的筛选、鉴定和应用研究
7	庄 严	男	2003—2006	梅旭荣	生态学	节水农业	农业节水技术潜力评价方法研究
8	姜慧敏	女	2003—2006	杨俊诚	生物物理	农业生态环境	外源磷对镉、锌复合污染土壤修复的机理研究
9	唐 颖	女	2003—2006	李 俊	微生物	微生物农业应用基础	根瘤菌耐盐工程菌株的构建及其生理特性研究
10	王 宁	男	2003—2006	程宪国	分子生物学	调控植物抗逆分子机制	调控大豆抗逆反应的转录因子基因的分离与功能鉴定
11	刘红芳	女	2003—2006	梁国庆	植物营养	微量元素	硅对水稻倒伏和白叶枯病抗性的影响
12	孙 楠	女	2003—2006	曾希柏	土壤学	土壤环境变化与可持续利用	烘干温度对辽单565种子活力及生理生化特性的影响
13	李世贵	男	2003—2006	姜瑞波	微生物	真菌资源学	防治黄瓜枯萎、青椒疫病木霉菌的研究

（续表）

序号	姓名	性别	在校时间	指导老师	专业	研究方向	论文题目
14	李虎	男	2003—2006	邱建军 王立刚	生态学	农业生态	黄淮海平原农田土壤 CO_2 和 N_2O 释放及区域模拟评价研究
15	周振亚	男	2003—2006	唐华俊 李建平	农业经济管理	农产品国际贸易	中日禽肉贸易与对策
16	宫春宇	男	2003—2006	胡清秀	微生物	食用菌	野生菌黄伞的培养及多糖研究
17	石淑芹	女	2003—2006	陈佑启	环境工程	土地利用与 GIS 工程	耕地变化对粮食生产能力的影响评价——以吉林中西部地区为例
18	马帅	男	2003—2006	陈印军	农业经济管理	资源经济与农村可持续发展	中东部粮食主产区粮食生产能力研究
19	郭守平	女	2003—2006	徐斌	生态学	恢复生态	不同固沙模式土壤水分动态变化及预测研究
20	李刚	男	2003—2006	王道龙	生态学	生态遥感	内蒙古草地生产力和锡林浩特市草畜空间管理模拟研究
21	余福水	男	2003—2006	陈仲新	环境工程	农业环境遥感	EPIC 模型应用于黄淮海平原冬小麦估产的研究——以栾城为例
22	张莉娜	女	2003—2006	周清波	生态学	作物长势监测	基于 MODIS 的冬小麦长势监测模型研究——以石、衡、邢地区为例
23	段庆伟	男	2003—2006	辛晓平	生态学	草地生态学	家庭牧场草地模拟与生产管理决策研究
24	韩颖	女	2003—2006	侯向阳	生态学	草地生态与管理	内蒙古地区退牧还草工程的效益评价和补偿机制研究
25	李书民	男	2003—2007	王东阳	农业经济管理	农业投资	我国农业投资变动趋势及增长机制研究
26	李志斌	男	2004—2007	陈佑启	环境工程	土地利用与 GIS 工程	粮食生产安全预警研究
27	江道辉	男	2004—2007	周清波	环境工程	农业遥感应用	基于遥感的农作物病虫害监测方法研究
28	肖伸亮	男	2004—2007	陈仲新	环境工程	遥感应用	作物叶面积指数遥感反演与验证研究
29	陈宝瑞	男	2004—2007	辛晓平	生态学	草地生态与生态建模	呼伦贝尔草原群落空间格局地形分异及环境解释
30	陶伟国	男	2004—2007	徐斌	生态学	草地遥感	内蒙古草原产草量遥感监测方法研究
31	李贵春	男	2004—2007	邱建军	生态学	农业生态学	农田退化价值损失评估研究
32	刘丽军	男	2004—2007	屈宝香	管理学	农业经济管理	基于经济增长的耕地非农化收敛性研究

（续表）

序号	姓名	性别	在校时间	指导老师	专业	研究方向	论文题目
33	夏铭君	男	2004—2007	姜文来	管理学	农业经济管理	我国粮食生产水资源安全研究
34	吉叶梅	女	2004—2007	胡清秀	微生物	大型真菌	黄伞多糖的纯化方法、组分析与功效研究
35	杨慧	女	2004—2007	范丙全	微生物	环境微生物	溶磷高效菌株筛选鉴定及其溶磷作用研究
36	李全霞	女	2004—2007	范丙全	微生物	环境微生物学	PAHs 降解菌的筛选、降解基因克隆及作用效果
37	杨佳波	男	2004—2007	曾希柏	土壤学	土壤环境变化与可持续利用	水溶性有机物的化学行为及其对土壤中 Cu 形态和有效性的影响
38	闫海丽	女	2004—2007	张淑香	土壤学	土壤生态	不同磷效率小麦根际土壤磷的活化机理研究
39	刘萌萌	女	2004—2007	程宪国	生物化学与分子生物	植物抗逆分子机理	大豆 C_2H_2 型锌指蛋白转录因子基因的克隆与鉴定
40	铙小莉	女	2004—2007	沈德龙	微生物	植物微生物相互作用机理	甘草有益微生物的分离、鉴定及共接种效果初探
41	杨雪	女	2004—2007	牛永春	植物病理学	抗病分子遗传	小麦农家品种红麦（苏1661）中主效抗条锈病基因的分子标记与定位研究
42	李文娟	女	2004—2007	何萍	植物营养学	植物营养生理	钾素提高玉米（Zea mays L.）茎腐病抗性的营养与分子生理机制
43	刘海龙	男	2004—2007	何萍	植物营养学	高效施肥	施氮对高淀粉玉米源库特性的影响
44	陕红	女	2004—2006	李书田	植物营养学	废弃物资源管理	硕博连读
45	夏文建	男	2004—2007	梁国庆	植物营养学	施肥与作物品质	长期施肥对石灰性潮土某些物理、化学及生物学特征的影响
46	李长生	男	2004—2007	杨正礼	生态学	资源与环境生态	黄淮海粮田污染评价指标体系研究
47	刘爽	男	2004—2007	蔡典雄	土壤学	节水农业	基于水资源安全的节水高效种植制度评价研究
48	梁二	男	2004—2007	王小彬	土壤学	土壤管理	近40年中国农业土壤碳汇源时空格局变化初探
49	李国媛	女	2004—2007	李俊	微生物学	微生物分子生态学	秸秆腐熟菌剂的细菌种群分析及其腐熟过程的动态研究
50	王涛	女	2004—2007	张维理	植物营养学	农业资源与环境	滇池流域施用有机肥农田氮磷流失模拟研究
51	张茜	女	2004—2007	徐明岗	土壤学	土壤化学	磷酸盐和石灰对污染土壤中铜锌的固定作用及其影响因素

（续表）

序号	姓名	性别	在校时间	指导老师	专业	研究方向	论文题目
52	李辉平	男	2004—2007	张金霞	农业微生物	大型真菌	ISSR 在食用菌遗传多样性研究中的应用
53	刘青丽	女	2004—2006	任天志	作物栽培学与耕作学	土壤氮素管理	硕博连读
54	刘 明	女	2004—2007	逄焕成	作物栽培学与耕作学	节水农业	三种土壤下小麦水肥交互效应比较研究
55	周 颖	女	2004—2008	邱建军 尹昌斌	生态学	农业生态学	循环农业模式分类与实证研究
56	吴文斌	男	2004—2007	唐华俊	环境工程	遥感应用	基于遥感和 GIS 的土地适宜性评价研究——以突尼斯扎格万省为例
57	郭 斌	男	2005—2008	陈佑启	环境工程	3S 技术与数字农业	城乡交错带土地利用变化及其作用机制研究
58	韩超峰	男	2005—2008	陈仲新	环境工程	3S 技术与农业	唐山南部地区土地利用/覆盖变化及其驱动机制研究
59	曲绍轩	女	2005—2008	张金霞	农业微生物学	大型真菌	白灵侧耳栽培菌株的不亲和性因子和 rDNA—IGS2 序列分析
60	张 敏	女	2005—2008	沈德龙	微生物学	微生物与植物互作机理	内蒙古甘草内生细菌多样性研究
61	刘 娣	女	2005—2008	范丙全	微生物学	环境微生物	秸秆纤维素高效降解真菌的筛选、鉴定及其纤维素酶基因克隆
62	闫梅霞	女	2005—2008	胡清秀	农业微生物	大型真菌	药用菌液体培养和多糖活性研究
63	马中雨	男	2005—2008	李 俊	微生物学	生物固氮与基因工程	大豆根瘤菌与大豆品种共生匹配性研究
64	赵长海	男	2005—2008	逄焕成	作物栽培学与耕作学	水肥高效利用	三种土壤下玉米水肥交互效应比较研究
65	莫 喆	女	2005—2008	吴永常	作物栽培学与耕作学	农业资源信息化管理与利用	县域农作物生产监测规范与产量预报方法研究
66	王晓飞	女	2005—2008	程宪国	生物化学与分子生物学	植物抗逆分子机制	大豆转录因子 GmDREB 的功能分析
67	米 健	男	2005—2008	罗其友	农业经济管理	区域经济	区域脆弱性与农村贫困研究
68	程磊磊	男	2005—2008	尹昌斌	农业经济管理	环境经济	无锡市的环境污染变迁与经济发展
69	王学君	男	2005—2008	宋 敏	农业经济管理	农业知识产权经济学	植物新品种保护制度下品种权人维权决策研究
70	吴庆钰	男	2005—2008	杨俊诚	生物物理学	复合污染环境毒理	苄嘧磺隆与镉复合污染对水稻的毒害机理研究
71	王 燕	女	2005—2008	王小彬	土壤学	土壤管理	养分管理与耕作措施对旱地土壤碳消长过程影响的研究

（续表）

序号	姓名	性别	在校时间	指导老师	专业	研究方向	论文题目
72	徐兴华	男	2005—2008	马义兵	土壤学	土壤环境化学	城市污泥农用的农学和环境效应研究
73	李波	女	2005—2008	马义兵	土壤学	土壤环境化学	外源重金属铜、镍的植物毒害及预测模型研究
74	张承先	男	2005—2008	蔡典雄	土壤学	土壤管理	水分和氮肥种类对麦田氨挥发及硝化反硝化的影响
75	保万魁	男	2005—2008	王旭	植物营养与肥料	植物营养学	海藻提取物与铜铁硼配施对小油菜营养特性的影响
76	于兆国	男	2005—2008	张淑香	植物营养学	土壤生态	不同磷效率玉米自交系根系形态与根际特征的差异
77	赵鲁	男	2005—2008	王旭	植物营养学	肥料	海藻提取物与 Mn、Zn 配施对生菜营养特性的影响
78	焦永鸽	男	2005—2008	李志宏	植物营养学	烟草营养与施肥技术	红壤供氮特性及对烤烟氮素营养的贡献
79	谷海红	女	2005—2008	刘宏斌	植物营养学	施肥与环境	水旱轮作植烟土壤供氮特征及对烤烟氮素积累分配的影响
80	唐浩	男	2005—2008	黄绍文	植物营养学	土壤养分管理与施肥技术	小麦和玉米生长过程中氮钾水互作效应研究
81	姚志鹏	男	2005—2008	梁永超	植物营养学	环境污染风险评价	土霉素的微生态效应及其在土壤环境中的降解特征研究
82	姚东伟	男	2005—2008	何萍	植物营养学	植物营养	资料不详
83	巩永凯	男	2005—2008	龙怀玉	土壤学	作物(烤烟)生态适宜性	南方多雨地区烟田养分流失特征研究
84	范琼花	女	2005—2008	梁永超	植物营养学	植物逆境生理	硅对低温胁迫小麦光合作用和膜脂肪酸组成及膜功能的影响
85	习斌	男	2006—2009	刘宏斌	植物营养学	施肥与环境	保护地菜田氮素去向及调控研究
86	崔伟超	女	2006—2009	曹卫东	植物营养学	肥料	资料不详
87	赵建忠	男	2006—2009	封朝晖	植物营养学	肥料学	铅、铬、镉在小白菜中累积规律及其在肥料中限量的研究
88	刘相甫	男	2006—2009	王旭	植物营养学	肥料学	不同方式施用砷汞对蔬菜吸收累积特性的影响
89	吴迪	男	2006—2009	黄绍文	植物营养学	土壤养分管理与施肥技术	东北春玉米养分吸收动态及其同步调控技术研究
90	叶东靖	男	2006—2009	何萍	植物营养学	高效施肥	春玉米对土壤供氮的反应及氮肥推荐指标研究
91	张燕	女	2006—2009	龙怀玉	土壤学	土壤质量与农产品安全	基于 PDA 的无公害农产品产地土壤质量现场评价系统的研究

（续表）

序号	姓名	性别	在校时间	指导老师	专业	研究方向	论文题目
92	张洪涛	男	2006—2009	刘继芳 马义兵	土壤学	土壤环境化学	土壤外援镍的植物毒害主控因子和预测模型研究
93	文方芳	女	2006—2009	李菊梅	土壤学	新型磷肥	有机结合态磷肥研制与有效性研究
94	李梦雅	女	2006—2009	王伯仁 徐明岗	土壤学	施肥与环境	长期施肥下红壤温室气体排放特征及影响因素的研究
95	胡育骄	女	2006—2009	王小彬	土壤学	土壤管理	海冰水灌溉棉田水盐调控农艺技术研究
96	刘璇	女	2006—2009	张淑香	土壤学	土壤生态	两种磷效率小麦根系形态及根际特征差异研究
97	赵杏利	女	2006—2009	牛永春	农业微生物学	植物病理学	我国北方部分地区主要禾本科杂草病原真菌资源研究
98	慕林轩	女	2006—2009	牛永春	农业微生物学	植物—微生物相互关系	黄瓜内生真菌初步研究
99	魏娜	女	2006—2009	姚艳敏	农业遥感	3S 技术与土地利用	土壤含水量高光谱遥感监测方法研究
100	姜昊	男	2006—2009	尹昌斌	农业资源与环境经济学	环境经济与区域发展	基于 CVM 的耕地非市场价值评估研究
101	周磊	男	2006—2009	辛晓平	生态学	草地遥感	呼伦贝尔草原主要优势种、退化指示种的光谱特征研究
102	史金丽	女	2006—2009	邱建军	生态学	作物蒸散模拟	基于 SIMETAW 模型的河西走廊地区主要作物蒸散量研究
103	侯彦楠	女	2006—2009	杨俊诚	生物物理学	土壤环境	耐低磷基因型玉米评价指标体系的研究
104	李远东	男	2006—2009	张金霞	微生物学	大型真菌	新疆阿勒泰地区阿魏蘑野生种质资源评价
105	李文学	男	2006—2009	李俊	微生物学	微生物分子生态学	小麦秸秆高效腐解复合菌系的选育及其应用基础研究
106	王玉珏	女	2006—2009	陈印军	农业经济管理	农业资源管理	耕地面积增减变化及对粮食生产能力的影响
107	余涛	男	2006—2009	刘现武	经济管理	农业企业管理与战略	财政支农对农业增长作用的地区差异性分析
108	申昌跃	女	2006—2009	罗其友	农业区域发展	农业布局与统筹发展	我国北方地区节水农作制度综合效益评价
109	郑妍	女	2006—2009	武雪萍	农业水资源利用	土壤与节水农业	棉田海冰水安全灌溉利用指标研究
110	陈红奎	男	2006—2009	吴永常	作物栽培学与耕作	农业资源管理决策支持系统	中国农村社会发展和谐度的分析与评价

（续表）

序号	姓名	性别	在校时间	指导老师	专业	研究方向	论文题目
111	张莉	女	2006—2011	周清波	环境工程	遥感应用	基于 EOS/MODIS 数据的晚稻面积提取技术研究——以湖南省为例
112	徐海红	男	2007—2010	侯向阳	草地资源利用与保护	草地生态系统经营与管理	不同放牧制度对短花针茅荒漠草原碳平衡的影响
113	王勇	男	2007—2010	陈印军	农业经济管理	农业资源管理与利用	黄淮海地区小麦生产布局演变研究
114	高晓鸥	女	2007—2010	宋敏	农业区域发展	资源环境经济学	乳制品供应链的质量安全管理研究
115	钱静斐	女	2007—2010	屈宝香	农业区域发展	区域发展	山东省县域经济发展差距与协调发展研究
116	余强毅	男	2007—2010	周旭英 陈佑启	农业区域发展	区域发展	APEC 地区粮食综合生产能力与粮食安全研究
117	裴永辉	男	2007—2010	尹昌斌	农业区域发展	环境经济	农业面源污染控制的生态补偿机制研究
118	刘洋	男	2007—2010	罗其友	农业区域发展	区域发展	茄病镰刀菌瓜类专化型的鉴定及其侵染途径研究
119	杨娜	女	2007—2010	罗其友	农业区域发展	农业布局与区域发展	县域城乡统筹发展综合评价研究
120	李宗南	男	2007—2010	陈仲新	农业遥感	3S 与土地利用	冬小麦长势遥感监测指标研究
121	唐鹏钦	男	2007—2010	姚艳敏	农业遥感	3S 与土地利用	基于小波去噪 NDVI 数据的耕地复种指数提取技术研究
122	许新国	男	2007—2010	陈佑启	农业遥感	3S 与土地利用	城乡交错带空间边界界定方法研究
123	王迎波	女	2007—2010	程宪国	生物化学与分子生物学	植物抗逆分子机理	番茄 LeDREB1 转录因子基因在转基因拟南芥中的功能分析
124	张璐	女	2007—2010	文石林	土壤学	红壤特性与改良	双季稻田氮肥减施效应与机制研究
125	郑洁	女	2007—2010	刘宏斌	土壤学	施肥与环境	洱海流域农田土壤氮素矿化及调控研究
126	胡玮	男	2007—2010	张淑香	土壤学	土壤生态	钾对番茄部分抗性生理指标的影响及其对根结线虫的防治效果
127	李银坤	男	2007—2010	武雪萍	土壤学	地壤与水资源高效利用	不同水氮条件下黄瓜季保护地氮素损失研究
128	谢安坤	女	2007—2010	李志宏	土壤学	施肥与环境	不同水氮条件下黄瓜季保护地氮素损失研究
129	代快	女	2007—2010	王小彬	土壤学	土壤耕地	硕博连读
130	张金涛	男	2007—2010	卢昌艾	土壤学	土壤生态	玉米秸秆直接还田对土壤中氮素生物有效性的影响

（续表）

序号	姓名	性别	在校时间	指导老师	专业	研究方向	论文题目
131	蔡泽江	男	2007—2010	王伯仁	土壤学	红壤肥力演变与改良	长期施肥下红壤酸化特征及影响因素
132	段淑辉	女	2007—2010	龙怀玉	土壤学	农田水肥高效利用	我国不同生态类型烟田蒸散量特征研究
133	樊晓刚	男	2007—2010	金轲	土壤学	土壤肥力	耕作对土壤微生物多样性的影响
134	刘甲锋	男	2007—2010	沈德龙	微生物学	微生物分子生态学	水稻秸秆腐解复合菌系的筛选构建
135	张红侠	女	2007—2010	冯瑞华	微生物学	生物固氮	黄土高原地区大豆根瘤菌遗传多样性、高效菌株筛选及应用效果的研究
136	肖文丽	女	2007—2010	李俊	微生物学	生物固氮	大豆根瘤菌竞争结瘤机理及其主要影响因子的初步研究
137	殷中伟	男	2007—2010	范丙全	微生物学	环境微生物	秸秆纤维素高效降解菌株的筛选及对秸秆降解效果初步研究
138	何威明	男	2007—2010	王旭	植物营养学	肥料	氮肥增效剂作用效果及评价方法研究
139	刘占军	男	2007—2010	李书田	植物营养学	作物营养与施肥	东北春玉米氮磷增效施肥模式研究
140	李冉	女	2007—2010	封朝晖	植物营养学	肥料	不同产地腐植酸对小白菜营养特性的影响
141	黄立梅	女	2007—2010	黄绍文	植物营养学	土壤养分管理与高效安全施肥	农田养分空间变异特征及精准/分区管理技术研究
142	刘佳	男	2007—2010	曹卫东	植物营养学	肥料	二月兰的营养特性及其绿肥效应研究
143	宁东峰	女	2007—2010	李志杰	植物营养学	土壤培肥与高效施肥	黄淮海地区冬小麦水氮高效利用栽培技术研究
144	张杰	女	2007—2010	刘荣乐	植物营养学	农业资源管理	木质素对土壤中氮素转化及其有效性的影响
145	高翔	男	2007—2010	刘荣乐	植物营养学	植物根系发育与养分高效利用	硝态氮供应条件下不同基因型小麦根系形态的变化特征
146	刘高洁	女	2007—2010	逄焕成	作物栽培与耕作学	作物生态	长期施肥对麦玉两熟作物光合和保护酶活性的影响
147	刘万秋	男	2007—2010	王道龙	农村与区域发展	农村与区域发展	山东省昌邑市主要农作物能源消耗调查与评价
148	邵元军	男	2008—2011	李建平	农业经济管理	农业发展	农业区位优势测度模型研究
149	任静	女	2008—2011	宋敏	农业区域发展	区域发展	跨国种业公司在我国的技术垄断策略分析
150	武其甫	男	2008—2011	武雪萍	农业水资源利用	水肥高效利用	不同水氮管理下保护地番茄季主要氮素损失研究

（续表）

序号	姓名	性别	在校时间	指导老师	专业	研究方向	论文题目
151	李润林	男	2008—2011	姚艳敏	农业遥感	农业资源遥感	农产品产地土壤锌的空间插值及其采样数量优化研究——以吉林省舒兰市为例
152	李金亚	男	2008—2011	陈仲新	农业遥感	农业空间信息技术	基于 TM 数据的草原沙化遥感监测方法研究与应用
153	李建政	男	2008—2011	王道龙	生态学	农业资源生态	秸秆还田农户意愿与机械作业收益实证研究
154	杨 黎	女	2008—2010	王立刚	生态学	农业生态工程	硕博连读
155	单曙光	男	2008—2011	程宪国	生物化学与分子生物学	植物抗逆分子机理	大豆转录因子 GmC2H2 基因转化拟南芥效果分析
156	解丽娟	女	2008—2011	王伯仁	土壤学	土壤肥力	长期施肥下我国典型农田土壤有机碳与全氮分布特征
157	杜晓玉	女	2008—2011	徐爱国	土壤学	土壤与环境	有机肥用量及种类对土壤氮组分和农田氮流失的影响
158	贾兴永	男	2008—2011	李菊梅	土壤学	土壤肥力演变	土壤性质对外源磷化学有效性及吸附解吸的影响研究
159	邹春芳	女	2008—2011	李志宏	土壤学	土壤与环境	光质对云南烤烟生长发育及品质的影响
160	王金洲	男	2008—2011	卢昌艾	土壤学	土壤肥力演变与培育	RothC 模型模拟我国典型旱地土壤的有机碳动态及平衡点
161	刘 爽	女	2008—2011	范丙全	微生物学	环境微生物与基因工程	中低温秸秆降解菌的筛选及其秸秆降解效果研究
162	冯作山	男	2008—2011	胡清秀	微生物学	食用菌	白灵菇栽培配方优化与生理生化特性研究
163	薛晓昀	女	2008—2011	冯瑞华	微生物学	固氮微生物与基因工程	大豆根瘤菌与促生菌复合系筛选及机理研究
164	张珺穜	男	2008—2011	曹卫东	植物营养学	植物营养与环境	种植利用紫云英对南方稻田土壤肥力性状影响的研究
165	刘东海	男	2008—2011	梁国庆	植物营养学	养分循环	县域尺度农田养分空间变异与肥力综合评价
166	王营营	女	2008—2011	封朝晖	植物营养学	植物营养与环境	不同绿豆品种用作绿肥的筛选评价研究
167	陈 磊	男	2008—2011	汪 洪	植物营养学	根际营养	磷素供应及过氧化氢对小麦根系形态的影响
168	刘培财	男	2008—2011	刘宏斌	植物营养学	施肥与环境	保护性施肥对洱海北部农田氮素流失及作物产量的影响
169	李玲玲	女	2008—2011	李书田	植物营养学	肥料资源高效利用	有机肥氮素有效性和替代化肥氮比例研究

（续表）

序号	姓名	性别	在校时间	指导老师	专业	研究方向	论文题目
170	易琼	女	2008—2011	何萍	植物营养学	高效施肥	麦—稻作物系统氮素优化管理技术研究
171	史晓霞	女	2008—2011	吴永常	作物栽培学与耕作学	资源信息化管理与利用	科技信息在农村传播的机制与模式研究
172	王海霞	女	2008—2011	逄焕成	作物栽培学与耕作学	农作制度	黄淮海北部平原区资源节约型种植制度研究
173	陈倩	女	2008—2011	孙建光 徐晶	作物栽培学与耕作学	环境与土壤微生物	根际细菌的固氮、抗病与促生潜能研究
174	王小平	女	2008—2011	卢布 邬定荣	作物栽培学与耕作学	作物生态适应性	气候变化背景下黄淮海地区冬小麦气候生产潜力研究
175	单鹤翔	男	2009—2012	卢昌艾	土壤学	土壤生态	长期秸秆与化肥配施条件下土壤微生物群落多样性研究
176	孙蓟锋	男	2009—2012	王旭	农业资源利用	肥料资源利用	几种矿物源土壤调理剂对土壤养分、酶活性及微生物特性的影响
177	王萌	女	2009—2012	陈世宝	农业资源利用	环境土壤学：土壤污染与控制	纳米修复剂对溶液中重金属的吸附机制及镉污染土壤修复效果
178	肖琴	女	2009—2012	李建平	农业资源利用	农业资源利用	我国农作物转基因技术风险评价研究
179	张亦涛	男	2009—2012	刘宏斌	农业资源利用	农田养分循环与环境	华北典型城郊夏玉米大豆间作模式经济与环境效应研究
180	黄锦孙	男	2009—2012	马义兵	环境科学	农业环境污染的机理与修复技术	土壤铜镍植物毒害的室内和田间实验差异研究
181	刘颖	女	2009—2012	张维理	环境科学	农业环境监测与评价	冀北灰色森林土与黑土灰化过程研究
182	张敬业	男	2009—2012	徐明岗	环境科学	土壤环境修复	长期施肥对红壤不同来源有机碳组分及周转的影响
183	张锐	男	2009—2012	宋敏	农业经济管理	农业经济理论与政策	国际规则下国家遗传资源惠益分享模式研究
184	张振兴	男	2009—2012	刘现武	农业经济管理	区域发展	我国农产品加工业利用风险资本研究
185	邱莉	女	2009—2012	屈宝香	农业区域发展	农业布局与区域发展	北京市休闲观光农业发展研究
186	王红彦	女	2009—2012	王道龙	农业区域发展	农业布局与区域发展	秸秆气化集中供气工程技术经济分析
187	王磊	男	2009—2011	宋敏	农业区域发展	农业布局与区域发展	硕博连读
188	阴晴	男	2009—2012	刘冬梅	农业区域发展	区域贸易与政策	县域中小企业技术进步研究

（续表）

序号	姓名	性别	在校时间	指导老师	专业	研究方向	论文题目
189	张莉娜	女	2009—2012	卢　布	农业区域发展	区域资源管理	我国粮食流通安全问题研究
190	范丽颖	女	2009—2012	周清波	农业遥感	农业资源遥感	基于集合 kalman 滤波的作物生长模型与遥感数据的同化研究
191	卫　炜	男	2009—2012	周清波	农业遥感	农业资源遥感	基于主被动微波遥感联合的土壤水分监测研究
192	李倩倩	女	2009—2012	陈印军	农业资源与环境经济学	农业资源管理	基于粮食安全的我国耕地保护红线研究
193	陈海燕	女	2009—2012	邱建军	生态学	农业生态学	京郊典型设施蔬菜地温室气体排放规律及影响因素
194	刘海静	女	2009—2012	任　萍	生态学	农业生态学	小麦秸秆高效降解菌的筛选及应用效果研究
195	张丁辰	男	2009—2012	王小彬	生态学	农业生态学	寿阳旱作春玉米不同耕作施肥农田土壤呼吸及碳排放估算
196	张　静	女	2009—2012	王立刚	生态学	农业生态工程	冬小麦/大葱套作系统温室气体交换规律及其影响因素研究
197	董国政	男	2009—2012	杨俊诚	生物物理学	环境生物物理学	典型农药对设施菜地土壤质量与番茄生长的影响
198	于国红	女	2009—2012	程宪国	生物物理学	分子生物物理学	番茄转录因子 SlDREB2 基因功能验证
199	安红艳	女	2009—2012	龙怀玉	土壤学	土壤资源管理	河北省主要土壤腐殖质特征研究
200	孙　健	女	2009—2012	李志宏	土壤学	土壤资源管理	调控施肥下京郊蔬菜保护地氮素利用与平衡研究
201	展晓莹	女	2009—2012	张淑香	土壤学	土壤生态与修复	磷形态和培养条件对两种磷效率小麦根系指标与根际特征的影响
202	杜广红	女	2009—2012	沈德龙	微生物学	微生物肥料工程	不同施肥处理对黄淮海地区土壤微生物区系的影响
203	解林奇	男	2009—2012	徐　晶	微生物学	农业微生物资源	多菌灵降解菌系筛选、组成分析及其降解效果
204	马银鹏	男	2009—2012	张金霞	微生物学	食用菌	环境因子对白灵侧耳原基形成的影响研究
205	艾　超	男	2009—2011	周　卫	植物营养学	农田养分循环与环境	硕博连读
206	苗建国	男	2009—2012	金继运 何　萍	植物营养学	肥料资源利用	养分优化管理对玉米种植体系氮素效应的影响
207	潘晓丽	女	2009—2012	赵秉强	植物营养学	肥料资源利用	不同水肥措施对小麦玉米水氮吸收与利用的影响
208	王　淳	男	2009—2012	刘光荣 周　卫	植物营养学	农田养分循环与环境	双季稻连作体系氮素循环特征

（续表）

序号	姓名	性别	在校时间	指导老师	专业	研究方向	论文题目
209	王向阳	男	2009—2012	曹卫东	植物营养学	肥料学	春玉米大豆超常规宽窄行间作体系生产力研究
210	徐新朋	男	2009—2012	何萍	植物营养学	肥料资源利用	基于产量反应和农学效率的玉米推荐施肥方法研究
211	尹昌	男	2009—2012	梁永超 范分良	植物营养学	植物营养生理生化与分子生物学	长期不同施肥处理对反硝化菌群落结构及功能的影响
212	张曦	女	2009—2012	王旭	植物营养学	肥料资源利用	四种土壤调理剂对镉铅形态及生物效应的影响
213	左红娟	女	2009—2012	白由路	植物营养学	肥料资源利用	基于高丰度^{15}N的肥料氮去向及利用率研究
214	刘自飞	男	2009—2012	刘荣乐 汪洪	土壤学	土壤肥力管理	木质素磺酸铁肥研制及其对花生的施用效果
215	梁振飞	男	2010—2013	马义兵	环境科学	农业环境污染的机理与修复技术	土壤中镉的吸附和淋失动力学及植物富集规律研究
216	林蕾	女	2010—2013	陈世宝	环境科学	农业环境污染的机理与修复技术	基于不同终点测定土壤中锌的毒性阈值、预测模型及田间验证
217	王桂珍	女	2010—2013	李兆君	环境科学	农业环境污染的机理与修复技术	鸡粪堆肥中土霉素的快速降解及其微生态机理研究
218	王卫	男	2010—2013	刘继芳	环境科学	农业环境污染的机理与修复技术	烟草中镉的富集规律与田间消减技术研究
219	孔琳	女	2010—2013	刘现武	农业经济管理	农业经济理论与政策	我国农产品冷链物流企业融资模式研究
220	贡付飞	男	2010—2013	武雪萍	农业水资源利用	水肥高效利用	长期施肥条件下潮土区冬小麦—夏玉米农田基础地力的演变规律分析
221	丁娅萍	女	2010—2013	陈仲新	农业遥感	农业资源遥感	基于微波遥感的旱地作物识别及面积提取方法研究
222	于士凯	男	2010—2013	姚艳敏	农业遥感	农业资源遥感	基于高光谱的土壤有机质含量反演研究
223	张伟	男	2010—2013	覃志豪	农业遥感	农业灾害遥感	川东丘陵区耕地复种指数遥感反演研究
224	张文博	男	2010—2013	陈佑启	农业遥感	农业资源遥感	基于遥感信息提取的气候变化对冬小麦产量影响研究
225	穆真	女	2010—2013	龙怀玉	农业资源利用	农业地质与农产品品质	清香型与浓香型烟区土壤稀土元素含量及主要化学指标比较研究
226	王盛锋	男	2010—2013	汪洪	农业资源利用	作物微量元素营养	缺锌胁迫介导玉米叶片细胞凋亡

（续表）

序号	姓名	性别	在校时间	指导老师	专业	研究方向	论文题目
227	杨若珺	女	2010—2013	逄焕成	农业资源利用	农业生态学	湖南省水稻熟制变化与农民选择行为分析
228	占镇	男	2010—2013	李志宏	农业资源利用	土壤学	不同光质和光强对烤烟生长及质体色素代谢的影响
229	张帆	女	2010—2013	卢布	农业资源利用	农业资源管理与利用	辽宁绒山羊品种资源保护与利用研究
230	张景振	男	2010—2013	李菊梅	农业资源利用	新型肥料	脲甲醛肥料研制及效果研究
231	才吉卓玛	女	2010—2013	任天志	生态学	农业环境保护	生物炭对不同类型土壤中磷有效性的影响研究
232	滕晓龙	男	2010—2013	张斌	生态学	农业生态学	轻型栽培和秸秆还田对土壤性状和水稻产量的影响
233	刘振东	男	2010—2013	尹昌斌	生态学	农业生态学	粪肥配施化肥对华北褐土团聚体稳定性及养分含量的影响
234	杨雪	女	2010—2013	逄焕成	生态学	农业生态学	黄淮海北部平原区不同土壤耕作法比较研究
235	于海达	女	2010—2013	杨秀春	生态学	农业生态学	草原植被长势遥感监测指标适宜性评价：以内蒙古锡林郭勒盟为例
236	翟振	男	2010—2013	王立刚	生态学	农业生态工程	北方春玉米农田 N_2O 排放规律及减排措施研究
237	周建娇	女	2010—2013	孙建光	生态学	微生物生态学	促生菌筛选及蔬菜内生固氮菌研究
238	李树山	男	2010—2013	杨俊诚	生物物理	土壤培肥	外源氮在三种典型土壤中的形态转化及作物响应
239	刘晓斌	男	2010—2013	张淑香	土壤学	土壤生态	黑土磷有效性及影响因素的研究
240	袁敏	女	2010—2013	文石林	土壤学	土壤肥力与培育	湘南红壤丘陵区不同生态种植模式下土壤磷钾流失特征
241	高丽丽	女	2010—2013	刘荣乐 汪洪	土壤学	土壤肥力与培育	两个花生品种苗期钙素营养特性比较
242	王卫卫	男	2010—2013	李俊	微生物	微生物肥料工程	东北地区大豆根瘤菌遗传多样性和适中低温菌蛋白质组学分析
243	邹勇	男	2010—2013	牛永春	微生物	农业微生物资源	瓜类内生真菌对三种土传病菌拮抗作用及黄瓜立枯病抑制作用研究
244	崔培媛	女	2010—2013	梁永超	植物营养学	土壤养分循环过程与调控	施肥、硝化抑制剂和温度对农田土壤 N_2O 释放的影响及其微生物驱动机制
245	侯文通	男	2010—2013	杨俐苹	植物营养学	肥料资源利用	转植酸酶基因（phyA2）玉米磷高效利用机理

（续表）

序号	姓名	性别	在校时间	指导老师	专业	研究方向	论文题目
246	侯晓娜	女	2010—2013	王　旭	植物营养学	肥料资源利用	黄腐酸和聚天冬氨酸对蔬菜氮素吸收及肥料氮转化的影响
247	李燕青	男	2010—2013	李志杰	植物营养学	肥料资源利用	耐盐绿肥筛选及棉田冬绿肥效应研究
248	李志坚	男	2010—2013	林治安	植物营养学	肥料资源利用	增效剂对化学磷肥的增效作用与机理研究
249	徐　娜	女	2010—2013	程宪国	植物营养学	植物营养生理生化与分子生物学	番茄 SlMIP 基因的克隆与耐盐性分析
250	杨　璐	女	2010—2013	曹卫东	植物营养学	肥料资源利用	种植翻压二月兰对春玉米氮素吸收与利用的影响
251	张召喜	女	2010—2013	刘宏斌 雷秋良	植物营养学	农田养分循环与环境	基于 SWAT 模型的凤羽河流域农业面源污染特征研究
252	张志强	男	2010—2013	黄绍文	植物营养学	肥料资源利用	设施菜田土壤四环素类抗生素污染与有机肥安全施用
253	程　敏	女	2010—2013	李文娟	农业区域发展	农业布局与区域发展	我国南方地表水农药环境风险评估沟渠场景构建研究
254	孙　聪	女	2011—2014	陈世宝	环境科学	重金属的环境行为与生物有效性	水稻 Cd 毒害的敏感性分布及土壤主控因子研究
255	文伯健	男	2011—2014	李文娟	农村与区域发展	农村与区域发展	不同农药地下水暴露模型的比较研究——以 SCI-GROW. PRZM-GW，China-PEARL 为例
256	李俊杰	女	2011—2014	刘冬梅	农业经济管理	农业经济理论与政策	中国农村科技扶贫路径及机制研究
257	刘时东	男	2011—2014	陈印军	农业区域发展	区域资源管理	东北地区中低产田综合治理模式研究
258	朱　聪	男	2011—2014	罗其友	农业区域发展	农业布局与区域发展	马铃薯产销价格传导效应研究
259	李　景	女	2011—2014	武雪萍	农业水资源利用	农业水环境保护	长期耕作对土壤团聚体有机碳及微生物多样性的影响
260	李志鹏	男	2011—2014	杨　鹏	农业遥感	农业资源遥感	近30年黑龙江水稻种植区域遥感提取及其时空变化分析
261	王德营	男	2011—2014	姚艳敏	农业遥感	农业资源遥感	吉林省耕地土壤有机碳变化的 DNDC 模拟预测研究

（续表）

序号	姓名	性别	在校时间	指导老师	专业	研究方向	论文题目
262	侯艳林	男	2011—2014	姜文来	农业资源利用	水资源管理	气候变化对东北地区玉米单产影响研究——以吉林公主岭为例
263	刘立生	男	2011—2014	文石林 高菊生 徐明岗	农业资源利用	农村与区域发展	长期不同施肥和轮作稻田土壤有机碳氮演变特征
264	郑凯	男	2011—2014	吴永常	作物栽培学与耕作学	农村社区碳足迹	典型农村社区碳足迹计量方法研究——以浙江安吉可持续发展实验区为例
265	何福龙	男	2011—2014	龙怀玉	农业资源利用	土壤地理	不同香型烤烟典型产区的土壤发生发育对比研究
266	岳龙凯	男	2011—2014	张会民	农业资源利用	土壤钾素循环与土壤培肥	长期施肥及不同 pH 下红壤钾素有效性研究
267	何翠翠	女	2011—2014	王迎春	农业资源利用	土壤学	长期不同施肥措施对黑土土壤碳库及其酶活性的影响研究
268	于会丽	女	2011—2014	林治安	农业资源利用	新型肥料	铁高效叶面肥研制及其应用效果
269	张文	男	2011—2014	张树清	农业资源利用	新型肥料	γ-聚谷氨酸制备及其农用效果
270	张婧	女	2011—2014	王立刚	生态学	农业生态工程	京郊典型设施蔬菜地土壤 N_2O 排放与氮素淋溶规律及其关系研究
271	杨晓梅	女	2011—2014	尹昌斌	生态学	农业生态学	华北地区冬小麦保护性耕作的土壤水热及作物产量效应研究
272	孙经伟	男	2011—2014	张斌	生态学	农业生态学	农业恢复措施对黑土母质发育的新成土土壤结构性质的影响
273	杨方	女	2011—2014	李茂松 王春艳	生态学	应用气象	基于农业灾情的农业旱灾等级划分研究
274	张盼弟	女	2011—2014	辛晓平	生态学	草地生态学	温带草甸草原碳循环组分分析研究
275	辛士超	男	2011—2014	程宪国	生物化学与分子生物学	植物养分吸收的分子机理	番茄 SlAQP 基因功能及互作蛋白的初步分析
276	张丽	女	2011—2014	张淑香	土壤学	土壤生态与修复	长期施肥黑土有效磷演变与磷平衡关系及其机理
277	徐艳丽	女	2011—2014	李志宏	土壤学	土壤肥力与培育	移栽期与施氮量对不同品种烤烟生长发育及品质的影响
278	张水勤	女	2011—2014	杨俊诚	土壤学	土壤环境	关中地区典型设施菜地土壤重金属累积与番茄吸收规律研究
279	孟繁华	男	2011—2014	卢昌艾	土壤学	土壤肥力与培育	长期有机无机配施黑土氮素转化特征

（续表）

序号	姓名	性别	在校时间	指导老师	专业	研究方向	论文题目
280	崔西苓	女	2011—2014	顾金刚	微生物学	农业微生物资源	耐盐碱木霉菌株的筛选鉴定、抗病促生及耐盐机理研究
281	柏宇	男	2011—2014	李俊	微生物学	微生物肥料工程	不同氮素水平对大豆根瘤菌多样性与结瘤固氮的影响
282	杨娟	女	2011—2014	胡清秀	微生物学	农业微生物资源	白灵侧耳漆酶活性、纯化及其性质研究
283	薛庆婉	女	2011—2014	牛永春	微生物学	农业微生物资源	常见瓜类植物内生真菌多样性及对病害影响的初步研究
284	史发超	男	2011—2014	范丙全	微生物学	微生物肥料工程	高效溶磷真菌的筛选鉴定及溶磷促生效果研究
285	王美	女	2011—2014	李书田	植物营养学	肥料资源利用	长期施肥对土壤及作物产品重金属累积的影响
286	高嵩涓	女	2011—2014	曹卫东	植物营养学	肥料资源利用	长期冬绿肥—水稻制度下稻田土壤部分环境化学及分子生态学特征
287	李文超	男	2011—2014	刘宏斌 雷秋良	植物营养学	农田养分循环与环境	凤羽河流域农业面源污染负荷估算及关键区识别研究
288	李昂	男	2011—2014	王旭	植物营养学	肥料资源利用	四种土壤调理剂对酸性土壤铝毒害改良效果研究
289	李国龙	男	2011—2014	黄绍文	植物营养学	肥料资源利用	甘肃戈壁滩日光温室基质栽培番茄和黄瓜氮磷钾均衡管理研究
290	荣勤雷	男	2011—2014	梁国庆	植物营养学	肥料资源利用	黄泥田有机培肥效应及机理研究
291	宋文恩	男	2012—2015	陈世宝	环境科学	农业环境污染的机理与修复技术	土壤镉污染对不同品种水稻的毒性阈值及其物种敏感性分布
292	王艳丽	女	2012—2015	王立刚	环境科学	农业生态系统碳氮循环	京郊设施菜地水肥一体化条件下土壤 N_2O 排放的研究
293	崔三荣	男	2012—2015	李茂松	环境科学	农业防灾减灾	资料不详
294	谭杰扬	男	2012—2015	杨鹏	农村与区域发展	农业遥感与全球变化	中国东北玉米时空格局对气候变暖的空间响应研究
295	夏浪	男	2012—2015	毛克彪	农村与区域发展	农业遥感	多途径的干旱监测方法研究
296	郭倩倩	女	2012—2015	宋敏	农业经济管理	农业经济理论与政策	国内外种子企业竞争力比较研究
297	王芳	女	2012—2015	尤飞	农村与区域发展	农业布局与区域发展	江苏省生猪养殖业空间格局变化及其驱动机制研究

（续表）

序号	姓名	性别	在校时间	指导老师	专业	研究方向	论文题目
298	杨俊彦	女	2012—2015	陈印军	农村与区域发展	区域资源管理	东北地区耕地资源分析及对粮食生产影响研究
299	胡琼	女	2012—2014	吴文斌	农业遥感	农业资源遥感	硕博连读
300	赵芬	女	2012—2015	徐斌	农业遥感	农业资源遥感	基于CASA模型的锡林郭勒盟草地净初级生产力遥感估算与验证
301	司海青	男	2012—2015	姚艳敏	农业遥感	农业资源遥感	含水量对土壤有机质含量高光谱估算的影响研究
302	丛萍	女	2012—2015	龙怀玉	农业资源利用	农村与区域发展	PVFM负压渗水材料的制备与性能分析
303	邵娜	女	2012—2015	徐爱国	农业资源利用	土壤资源与管理	海南岛土壤全氮时空变异特征的研究
304	姬钢	男	2012—2015	文石林	农业资源利用	农村与区域发展	不同土地利用方式下红壤酸化特征及趋势
305	何莹	女	2012—2015	王旭	农业资源利用	肥料和土壤调剂评价	酸性土壤调理剂对石灰性土壤无机磷转化的影响
306	李俊霞	女	2012—2015	杨俐苹	农业资源利用	农村与区域发展	不同玉米自交系氮效率差异的研究
307	于维水	女	2012—2015	卢昌艾	土壤学	土壤培肥与改良	长期不同施肥下我国四种典型土壤易、耐分解碳氮的组分特征
308	王碧胜	男	2012—2015	蔡典雄	农业水资源与环境	农业水环境保护	长期旱作春玉米农田土壤碳水协同增产效应研究
309	王相玲	女	2012—2015	武雪萍	农业资源利用	农业水资源利用	负压灌溉对土壤水分分布与油菜水分利用的影响
310	丁双双	女	2012—2015	李燕婷	农业资源利用	新型肥料	糖醇和氨基酸在水溶性钙肥研制中的应用
311	郭腾飞	男	2012—2015	梁国庆	农业资源利用	农村与区域发展	施肥对稻麦轮作体系温室气体排放及土壤微生物特性的影响
312	易晓峰	男	2012—2015	罗其友	农业资源与环境经济学	农业环境经济	西部马铃薯合作社技术效率研究
313	于涛	男	2012—2015	吴永常	作物学	作物栽培学与耕作学	屋顶农业微系统功能分析
314	霍龙	男	2012—2015	李玉义	农业生态学	农业生态学	"上膜下秸"措施对河套灌区盐渍土壤有机碳和CO_2排放的影响
315	谭红妍	女	2012—2015	辛晓平	农业生态学	农业生态学	放牧与刈割对草甸草原土壤微生物性状及植被特征的影响
316	郭俊姊	男	2012—2015	杨俊诚	土壤学	土壤肥力与培育	不同施肥模式对东北春玉米氮素利用与农田温室气体排放的影响

（续表）

序号	姓名	性别	在校时间	指导老师	专业	研究方向	论文题目
317	朱经纬	男	2012—2015	李志宏	土壤学	土壤质量评价	石灰与有机物料对整治烟田的改良研究
318	曹晨亮	男	2012—2015	马义兵	土壤学	土壤生态与修复	烟草镉的健康风险评价和消减技术研究
319	王庆峰	男	2012—2015	李俊	微生物学	微生物肥料工程	胶质类芽孢杆菌胞外多糖调节及相关基因的转录分析
320	孟利娟	女	2012—2015	张金霞	微生物学	农业微生物资源	一氧化氮和海藻糖对白灵侧耳高温响应抗氧化途径的影响研究
321	王秀呈	女	2012—2015	张晓霞	微生物学	农业微生物资源	稻—稻—绿肥长期轮作对水稻土壤及根系细菌群落的影响
322	刘晓梅	女	2012—2015	胡清秀	微生物学	农业微生物资源	杏鲍菇菌渣纤维素降解菌的筛选、复合菌剂构建及应用
323	刘云霞	女	2012—2015	汪洪	植物营养学	肥料资源利用	黑土磷素供应特征及玉米覆膜施磷效果
324	强晓晶	女	2012—2015	程宪国	植物营养学生理生化与分子生物学	植物营养学生理生化与分子生物学	小盐芥 ThPIP1 基因的水稻遗传转化及耐盐机理研究
325	王文锋	男	2012—2015	黄绍文	植物营养学	肥料资源利用	有机物料部分替代化肥对设施菜田土壤微生物特性的影响
326	常单娜	女	2012—2015	曹卫东	植物营养学	肥料资源利用	我国主要绿肥种植体系中土壤可溶性有机物特性研究
327	张倩	女	2012—2014	周卫	植物营养学	农田养分管理	硕博连读
328	盖霞普	女	2012—2015	刘宏斌	植物营养学	农田养分循环与环境	生物炭对土壤氮素固持转化影响的模拟研究
329	刘娜	女	2013—2016	白可喻	草地资源利用与保护	草地生态	放牧对内蒙古荒漠草原生态系统服务功能影响的评估
330	伊热鼓	女	2013—2016	姜文来	产业经济	水资源可持续利用	农业水价综合改革绩效评估研究
331	李宁	男	2013—2016	陈世宝	环境科学	农业环境污染的机理与修复技术	基于不同终点测定土壤铅的地下生态风险阈值及其预测模型
332	冯瑶	女	2013—2016	李兆君	环境科学	农业环境污染的机理与修复技术	鸡粪堆肥过程中诺氟沙星削减规律及微生物分子生态学机制
333	王磊	男	2013—2016	毕于运	农村与区域发展	农业资源利用	大型秸秆沼气工程温室气体减排计量研究

（续表）

序号	姓名	性别	在校时间	指导老师	专业	研究方向	论文题目
334	郑钊光	男	2013—2016	罗其友	农村与区域发展	农业产业发展	广东省冬作马铃薯产业竞争力研究
335	吴思齐	女	2013—2016	吴永常	农村与区域发展	农村与区域发展	基于风水理论农业园区规划五纲之研究
336	关 鑫	男	2013—2016	卢 布	农村与区域发展	农业区域发展	农业规划区内主导产业优选方法集成研究
337	姬 悦	女	2013—2016	李建平	农村与区域发展	农村与区域发展	都市型休闲农业发展模式与机制研究
338	杨 芳	女	2013—2016	吴永常	农村与区域发展	农业区域发展与规划	基于能量分析的农业可持续发展指数评价研究
339	韩亚恒	男	2013—2016	刘现武	农业经济管理	农业经济理论与政策	农户兼业背景下小麦技术效率研究
340	向 雁	女	2013—2016	屈宝香	农业经济管理	农业经济理论与政策	基于 GIS 的京津冀休闲农业空间布局研究
341	胡韵菲	女	2013—2015	尤 飞	农业区域发展与规划	农业区域发展	硕博连读
342	崔艺凡	女	2013—2016	尹昌斌	农业区域发展与规划	农业区域发展	种养结合模式及影响因素分析
343	程婉莹	女	2013—2016	王春艳	农业生态学	农业防灾减灾	基于田间监视器的冬小麦晚霜冻害研究
344	常乃杰	男	2013—2016	张云贵	农业生态学	农业生态系统与气候变化	生态因素对云南烤烟品质影响
345	何文斯	男	2013—2016	吴文斌	农业遥感	农业资源遥感监测	1980—2010 中国耕地复种时空格局变化研究
346	东朝霞	女	2013—2016	王 迪	农业遥感	农作物遥感监测	基于全极化 SAR 数据的旱地作物识别与生物学参数反演研究
347	胡文君	女	2013—2016	叶立明	农业遥感	农业资源遥感	基于 MODIS 和农业气象观测数据的农作物生长季长度变化研究
348	刘 斌	男	2013—2016	任建强	农业遥感	农业灾害遥感监测	基于敏感波段筛选的多源遥感数据作物生物量估算研究
349	郭 剑	男	2013—2016	杨秀春	农业遥感	农业资源遥感监测	草原植被返青期的遥感监测及其与气象因子的关系研究
350	武红亮	男	2013—2016	卢昌艾	土壤学	土壤培肥与改良	长期不同施肥土壤易、耐分解碳氮组分的矿化特性
351	王倩倩	女	2013—2016	尧水红	农业资源利用	土壤培肥与改良	秸秆配施氮肥冬季还田对水稻土微生物学性质和碳库组成的影响
352	张 敏	女	2013—2016	范分良	农业资源利用	农业资源利用	改变微生物群落对油菜和玉米生长的影响

（续表）

序号	姓名	性别	在校时间	指导老师	专业	研究方向	论文题目
353	倪露	女	2013—2016	白由路	农业资源利用	肥料效应	脲甲醛缓释肥的制备及其肥料效应研究
354	戚瑞敏	女	2013—2016	李志杰	农业资源利用	土壤微生物生态	不同施肥制度潮土有机碳矿化对温度和牛粪的响应及其机制研究
355	赵凯丽	女	2013—2016	王伯仁	农业资源利用	土壤肥力与培育	不同母质红壤的酸化特征及趋势
356	温云杰	男	2013—2016	刘荣乐	农业资源利用	土壤肥力与培育	水体和土壤磷的批量快速测定及土壤磷酸盐氧同位素分析
357	和君强	男	2013—2016	李菊梅	土壤学	重金属污染治理技术	镉污染灌溉水快速净化技术研究
358	崔超	男	2013—2016	翟丽梅	土壤学	农业面源污染防治	三峡库区香溪河流域氮磷入库负荷及迁移特征研究
359	梁国鹏	男	2013—2016	蔡典雄	土壤学	土壤碳循环	施氮水平下土壤呼吸及土壤生化性质的季节性变化
360	蔡岸冬	男	2013—2016	张文菊	土壤学	土壤肥力与培育	我国典型农田土壤固碳效率特征及影响因素
361	郭玉杰	男	2013—2016	邓晖	微生物学	微生物资源与利用	中国平脐蠕孢属和弯孢属真菌分子系统学研究
362	丁文成	男	2013—2016	李书田	植物营养学	肥料资源利用	氮肥管理对秸秆氮转化和有效性影响
363	沈欣	女	2013—2016	李燕婷	植物营养学	农田养分循环与环境	氨基酸对锌肥有效性的影响及其在水溶性锌肥研制中的应用
364	周丽平	女	2013—2016	杨俐苹	植物营养学	肥料资源利用	不同氮肥缓释化处理及施肥方式对夏玉米田间氨挥发和氮素利用的影响
365	王雪翠	女	2013—2016	曹卫东	植物营养学	肥料资源利用	青海箭筈豌豆和毛叶苕子根瘤菌的筛选及其耐盐性研究
366	袁梅	女	2013—2016	孙建光	植物营养学	肥料资源利用	湖南水稻内生固氮菌资源收集及特性研究
367	曹祥会	男	2013—2016	雷秋良	植物营养学	农田养分循环与环境	宁夏南部山区土壤性状与系统分类研究
368	贺美	女	2013—2016	王迎春	植物营养学	农田养分循环与环境	秸秆还田对黑土有机质变化的影响效应
369	迟克宇	男	2013—2016	范洪黎	植物营养学	肥料资源利用	不同积累型苋菜镉吸收转运的生理机制研究
370	张涵宇	男	2014—2017	姜文来	产业经济	产业组织与供应链管理	小农水工程管护模式与效率研究
371	迟亮	男	2014—2017	李建平	产业经济	产业组织与供应链管理	农业综合开发产业化经营项目扶持方式比较研究
372	牛云霞	女	2014—2017	刘现武	产业经济	产业组织与供应链管理	京津冀蔬菜产业集群发展机制研究

（续表）

序号	姓名	性别	在校时间	指导老师	专业	研究方向	论文题目
373	包阿茹汗	女	2014—2017	覃志豪	产业经济	产业风险管理	宁夏玉米和小麦干旱风险评价研究
374	余婧婧	女	2014—2017	高春雨	产业经济	产业组织与供应链管理	大兴安岭农垦种养结构优化研究
375	刘彬	女	2014—2017	陈世宝	环境科学	农业环境污染的机理与修复技术	水稻对 Cd 吸收的差异性机理及 Cd 污染土壤农艺修复
376	刘元望	男	2014—2017	李兆君	环境科学	农业环境污染的机理与修复技术	庆大霉素降解菌筛选及其促进药渣堆肥残留降解机制研究
377	申格	男	2014—2017	杨秀春	农业遥感	草原遥感	若尔盖高原湿地生态退化遥感监测及其驱动力定量分析
378	刘影	女	2014—2017	姚艳敏	农业遥感	农作物遥感监测	基于 Hapke 模型的土壤含水量高光谱反演研究
379	陈浩	男	2014—2017	杨鹏	农业遥感	农业资源遥感监测	中国东北地区水稻时空分布变化及其驱动因素分析
380	王晶晶	女	2014—2017	史云	农业遥感	农业资源遥感监测	无人机载框幅式高光谱影像的波段配准研究
381	陈迪	女	2014—2016	周清波	农业遥感	农业资源遥感监测	硕博连读
382	栗欣如	女	2014—2017	尤飞	农村与区域发展	农业布局研究机制	广西木薯生产时空演变及其影响因素研究
383	李然嫣	女	2014—2017	陈印军	农村与区域发展	区域资源管理	我国东北黑土区耕地利用与保护对策研究
384	孙宁	女	2014—2017	毕于运	农村与区域发展	秸秆资源及其新型能源化利用	秸秆沼气工程原料适宜性评价
385	刘勍	男	2014—2017	毛克彪	农村与区域发展	农业大数据	大数据在农业领域的探索与应用研究
386	叶志标	男	2014—2017	李文娟	农村与区域发展	农村与区域发展	中国小麦空间格局演变及其驱动因素贡献份额研究
387	王海英	女	2014—2017	屈宝香	农村与区域发展	农业区域发展与规划	村级集体经济发展影响因素及问题研究
388	黄显雷	男	2014—2017	尹昌斌	农村与区域发展	农业环境政策	基于种养结合的畜禽养殖环境承载力评价研究
389	卢闯	男	2014—2017	李玉义	农业生态学	作物生态	玉米秸秆隔层对土壤溶液盐浓度与离子运动的影响
390	黄诚诚	男	2014—2017	王立刚	农业生态学	农田碳氮循环	东北黑土坡耕地水蚀条件下土壤有机碳分布及土壤呼吸的研究
391	江雨倩	女	2014—2017	李虎	农业生态学	农业环境生态	滴灌施肥对设施菜地土壤 N_2O 和 NO 排放的影响及其减排贡献

（续表）

序号	姓名	性别	在校时间	指导老师	专业	研究方向	论文题目
392	李生平	男	2014—2017	武雪萍	农业水土工程	负压灌溉对土壤水氮分布与利用的影响	负压灌溉供水特征及其对黄瓜水氮利用效率的影响
393	丁亚会	男	2014—2017	龙怀玉	农业资源利用	农业资源利用	两种材质渗水器负压渗水性能的比较研究
394	于冰	女	2014—2017	范分良	农业资源利用	肥料资源利用	长期不同施肥处理红壤对^{13}C标记玉米秸秆降解及关联微生物的影响
395	李伟	女	2014—2017	程宪国	农业资源利用	农业资源利用	转基因水稻水通道蛋白TsPIP1；1基因的盐胁迫应答机制
396	高圣超	男	2014—2017	沈德龙	农业资源利用	微生物与植物互作	接种大豆根瘤菌对东北黑土细菌群落影响及其调控作用
397	熊孜	女	2014—2017	李菊梅	农业资源利用	土壤污染修复	河北农田土壤重金属污染特征及风险评估研究——以镉、镍为例
398	韩天富	男	2014—2017	张会民	农业资源利用	土壤钾素循环与土壤培肥	酸化红壤施石灰后根际土壤钾素转化特征与机制
399	耿金剑	男	2014—2017	王春艳	气象学	气候资源与气候变化	不同措施对极早熟冷凉地区大豆生长发育和产量影响
400	赵雅雯	女	2014—2017	卢昌艾	土壤学	土壤肥力与培育	RothC模型在我国北方农田作物残体提升土壤有机碳中的应用
401	刘晓	男	2014—2017	张建峰	土壤学	土壤生态与修复	城市污泥发酵产物对沙质潮土土壤质量的影响
402	张彩文	女	2014—2017	张晓霞	土壤学	植物—微生物互作	不同基因型水稻内生细菌的群落结构及传播途径初探
403	王琼英	女	2014—2017	黄晨阳	微生物学	农业微生物资源与利用	市售食用菌鲜品外源细菌多样性研究及乳球菌快速检测方法的建立
404	吕翻洋	女	2014—2017	孙建光	微生物学	农业微生物资源	玉米根际及不同部位内生固氮菌分离及其多样性研究
405	周国朋	男	2014—2017	曹卫东	植物营养学	肥料资源利用	双季稻稻草与豆科绿肥联合还田下土壤碳、氮转化特征
406	李军	男	2014—2017	林治安	植物营养学	肥料资源利用	腐植酸对氮、磷肥增效减量效应研究
407	华玲玲	女	2014—2017	翟丽梅	植物营养学	农业面源污染防控	江汉平原灌排单元稻田磷素运移行为研究

（续表）

序号	姓名	性别	在校时间	指导老师	专业	研究方向	论文题目
408	张丹	女	2014—2016	刘宏斌	植物营养学	农田养分循环与环境	硕博连读
409	田中学	男	2014—2017	王旭	植物营养学	肥料资源利用	四种土壤调理剂对污染土壤镉行为的影响
410	张涛	男	2015—2018	王洪媛	农业资源利用	农业面源污染防控	猪粪处置方式及施用年限对土壤氮通量的影响
411	许猛	男	2015—2018	李燕婷	农业资源利用	新型肥料	复合氨基酸制剂对小白菜和棉花抗逆性的影响
412	龙禹桥	男	2015—2018	吴文斌	农业资源利用	农业土地资源遥感	耕地集约化与规模化利用格局变化及耦合特征
413	毛晓洁	女	2015—2018	孙建光	农业资源利用	微生物资源	松辽地区不同品种玉米内生固氮菌多样性比较及其促生特性研究
414	周璇	女	2015—2018	尧水红	农业资源利用	土壤微生物生态	外源腐解微生物对土壤微生物活性及群落结构的影响
415	任凤玲	女	2015—2018	孙楠	农业资源利用	土壤培肥与改良	施用有机肥我国典型农田土壤温室气体排放特征
416	范玲玲	女	2015—2018	杨鹏	农业资源利用	农业资源遥感	过去65年中国小麦种植时空格局变化及其驱动因素分析
417	郑涵	女	2015—2017	陈世宝	环境科学	农田重金属污染机制与修复	硕博连读
418	卢玉秋	女	2015—2019	范分良	环境科学	微生物生态学	微生物群落对作物生长及植物激素的影响
419	郭康莉	女	2015—2018	张建峰	环境科学	环境污染与修复	城市污泥发酵物连续施用对沙质潮土土壤质量的影响
420	章程	女	2015—2018	李兆君	环境科学	环境污染与修复	典型抗生素在土壤—植物中的迁移及其机制
421	唐雪娟	女	2015—2018	白可喻	草地资源利用与保护	草地生态	水氮管理对呼伦贝尔人工草地建植影响研究
422	胡玲梅	女	2015—2018	李建平	产业经济	公司治理与财务管理	农业综合开发亚行贷款项目实施评价研究
423	吕宸	女	2015—2018	张继宗	农村与区域发展	农村与区域发展	资料不详
424	冯欣	女	2015—2018	姜文来	农村与区域发展	水资源管理	农业水价利益相关者研究
425	宋梓璇	女	2015—2018	王迎春	农村与区域发展	农业资源利用	东北黑土区春玉米控释肥施用的生态环境效应研究
426	许鹏宇	男	2015—2018	吴永常	农村与区域发展	农业区域发展与规划	"支部+平台"促进村域经济发展的机制与效果研究
427	周扬帆	女	2015—2018	陈佑启	农村与区域发展	农业遥感应用	基于BP神经网络方法提取马铃薯空间分布研究

（续表）

序号	姓名	性别	在校时间	指导老师	专业	研究方向	论文题目
428	袁梦	女	2015—2018	易小燕	农业经济管理	农业经济理论与政策	粮食生产型家庭农场经营效率研究
429	莫际仙	女	2015—2019	高春雨	农业经济管理	农业经济理论与政策	基于 SD 模型的诸城市农业产业结构仿真优化研究
430	周绪晨	女	2015—2018	宋敏	农业经济管理	农业经济理论与政策	加入 UPOV 1991 文本对中国种业发展的影响研究
431	孙兆凯	男	2015—2018	张怀志	农业生态学	农业环境生态	不同土壤调控方法对生姜连作线虫群体数量的影响
432	岳焕然	男	2015—2018	李茂松	农业生态	农业防灾减灾	基于表型特征的玉米干旱识别
433	郭文茜	女	2015—2018	任建强	农业遥感	农业资源遥感	遥感和统计数据融合的冬小麦分布提取及其时空变化分析
434	刘航	女	2015—2018	黄青	农业遥感	农情遥感	黑龙江省大豆空间格局演变研究
435	张玉静	女	2015—2018	杨秀春	农业遥感	农业灾害遥感	呼伦贝尔草原物候遥感监测及其与气候因子的关系
436	韩家琪	男	2015—2018	毛克彪	农业遥感	农业定量遥感	基于大数据思维的干旱监测方法研究
437	覃诚	男	2015—2018	毕于运	区域发展	农业资源管理	中国秸秆禁烧管理与美国秸秆计划焚烧管理比较研究
438	仲格吉	女	2015—2018	王迪	区域发展	农业资源管理	空间相关性和变异性对农作物面积空间抽样效率的影响研究
439	张萌	女	2015—2018	罗其友	区域发展	农业区域发展	中国马铃薯价格波动分析
440	王琦琪	女	2015—2018	陈印军	区域发展	资源管理	东北黑土区玉米大豆轮作模式及比价研究
441	王慧颖	女	2015—2018	段英华	土壤学	土壤培肥与改良	长期不同施肥下我国典型农田土壤细菌和真菌群落的特征
442	姜赛平	女	2015—2018	徐爱国	土壤学	土壤资源与管理	海南岛土壤有机质时空变异特征及驱动因素研究
443	连慧姝	女	2015—2018	雷秋良	土壤学	流域氮磷循环与模拟	太湖平原水网区氮磷流失特征及污染负荷估算
444	曲潇琳	女	2015—2018	龙怀玉	土壤学	土壤分类与土壤地理	宁夏土壤发生发育特性及系统分类研究
445	王传杰	男	2015—2018	张文菊	土壤学	土壤培肥与改良	基于生态化学计量学的黑土 C∶N∶P 的演变特征
446	张佳佳	女	2015—2017	何萍	植物营养学	养分管理	硕博连读
447	王雪晴	女	2015—2018	易可可	植物营养学	植物营养生物学	水稻植株内外磷素供应状况及磷饥饿信号影响镉积累的分子生理机制研究

（续表）

序号	姓名	性别	在校时间	指导老师	专业	研究方向	论文题目
448	张静静	女	2015—2019	白由路	植物营养学	养分管理	γ分聚谷氨酸对夏玉米生长和养分吸收的影响及其机理研究
449	赵娟娟	女	2015—2017	张晓霞	微生物学	植物微生物互作	硕博连读
450	张妍	女	2015—2018	黄晨阳	微生物	农业微生物资源与利用	佛罗里达侧耳遗传连锁图谱构建及菌盖颜色性状的QTL定位
451	王宇洲	男	2015—2018	顾金刚	微生物	农业微生物资源	Trichoderma lentiforme AC-CC30425全基因组分析及中高温碱性脂肪酶的基因克隆与酶学性质研究
452	靖云阁	男	2015—2018	胡清秀	微生物	农业微生物资源与利用	白灵侧耳菌丝生理成熟期环境控制及生理指标测定
453	黎业	男	2016—2019	覃志豪	农村与区域发展	农业区域发展	区域农业抗旱减灾能力综合评估研究
454	向杰	男	2016—2019	顾金刚	微生物学	农业微生物资源与利用	耐盐非洲哈茨木霉胞外聚合物组成及功能研究
455	熊琴	女	2016—2018	张瑞福	微生物学	农业微生物资源与利用	硕博连读
456	赵霞	女	2016—2019	张晓霞	微生物学	农业微生物资源与利用	水稻种子内生细菌多样性分析及核心微生物组的研究
457	杨雪玲	女	2016—2019	王春艳	农业生态学	农业环境生态	纳米氧化铁、纳米氧化铁—黄腐酸对大豆养分吸收及生长的影响
458	谢海宽	男	2016—2019	李虎	农业生态学	农业生态系统管理	不同灌溉条件对典型设施菜地氮素损失的影响
459	张宏媛	女	2016—2019	李玉义	农业生态学	作物生态	基于CT技术秸秆隔层与亚表层培肥的水盐调控机制研究
460	冀拯宇	男	2016—2019	张建峰	环境科学	环境污染与修复	两种土壤改良剂对河套灌区盐碱土质量的影响
461	李俊改	女	2016—2019	王洪媛	环境科学	环境污染与修复	半量有机替代下化肥氮在农田中的去向及微生物响应特征
462	李影	女	2016—2019	雷秋良	环境科学	环境污染与修复	洱海流域氮磷输入输出特征及负荷估算的不确定性研究
463	孟楠	女	2016—2019	陈世宝	环境科学	重金属污染土壤修复	典型污灌区Cd超标农田的安全利用技术研究
464	孙硕	女	2016—2019	李菊梅	环境科学	环境污染与修复	土壤外源铅的老化与植物吸收铅差异性研究

（续表）

序号	姓名	性别	在校时间	指导老师	专业	研究方向	论文题目
465	丛聪	男	2016—2019	尧水红	土壤学	土壤物理	耕作方式及有机物还田对黑土坡耕地土壤物理性质和玉米生长的影响
466	徐丽萍	女	2016—2019	王旭	土壤学	土壤培肥与改良	UAN氮溶液配施脲酶抑制剂NBPT对土壤和玉米中氮的影响研究
467	李格	女	2016—2019	白由路	植物营养学	养分管理	华北地区夏玉米滴灌施肥的肥料效应研究
468	李艳玲	女	2016—2019	范分良	植物营养学	土壤植物互作	根际微生物群落对挥发性有机物和作物生长的影响
469	孙静悦	女	2016—2019	林治安	植物营养学	新型肥料	氧化/磺化腐植酸对中微量元素有效性的影响
470	张鑫	男	2016—2019	周卫	植物营养学	养分循环	秸秆还田下氮肥管理对土壤微生物学特性的影响
471	陈洁	女	2016—2019	梁国庆	植物营养学	养分循环	长期施肥对稻麦轮作土壤碳组分及微生物特征的影响
472	刘斌	男	2016—2019	史云	农业遥感	农业资源遥感	基于无人机遥感影像的农作物分类研究
473	梁社芳	女	2016—2018	杨鹏	农业遥感	农业资源遥感	硕博连读
474	段丁丁	男	2016—2019	何英彬	农业遥感	农业资源遥感	基于遥感信息和DSSAT—SUBSTOR模型数据同化的区域马铃薯产量估算
475	沈贝贝	女	2016—2019	辛晓平	农业遥感	农业资源遥感	基于CASA模型的呼伦贝尔草原NPP模拟与分析
476	项铭涛	女	2016—2019	吴文斌	农业遥感	农业资源遥感	耕地复种提升潜力研究
477	谭建灿	男	2016—2019	毛克彪	农业遥感	农业定量遥感	基于遥感数据的水源涵养关键参数反演方法研究
478	刘露	女	2016—2019	王红	农业经济管理	农村金融与保险	农户对多种农业保险产品的支付意愿研究
479	黄成珍	女	2016—2019	易可可	农业资源利用	植物营养生物学	化感物质对羟基苯甲酸通过调节活性氧积累抑制黄瓜根系生长
480	张银杰	女	2016—2019	王磊	农业资源利用	营养诊断	基于叶片光谱分析的玉米氮素营养诊断研究
481	黄升财	男	2016—2019	张树清	农业资源利用	新型肥料	水稻半矮化突变体的特征及其形成机理初步解析
482	王树会	女	2016—2019	孙楠	农业资源利用	土壤培肥与改良	施用有机肥情景下华北平原旱地温室气体（CO_2和N_2O）排放的空间分异特征

（续表）

序号	姓名	性别	在校时间	指导老师	专业	研究方向	论文题目
483	马　想	男	2016—2019	段英华	农业资源利用	土壤培肥与有机资源高效利用	我国典型农田土壤中有机物料的腐解特征及驱动因子
484	王齐齐	女	2016—2019	张文菊	农业资源利用	土壤肥力演变	长期不同培肥模式下典型潮土有机碳、氮矿化特征及其驱动因素
485	叶　豆	女	2016—2019	胡清秀	农业资源利用	农业微生物资源	杏鲍菇原基分化期光调控研究及转录组分析
486	孙鑫帅	女	2016—2019	尤　飞	农村与区域发展	农业产业融合发展研究	北京市休闲农业时空布局及影响因素研究
487	边歆韵	女	2016—2019	宋　敏	农村与区域发展	农村与区域发展	资料不详

十七、留学生名录

序号	姓名	性别	国籍	在校时间	专业	指导老师	论文题目	学位
1	MUHAMMAD ASLAM	男	巴基斯坦	2010.3—2013.1	土壤学	徐明岗	长期有机无机配施对中国典型农田土壤活性有机碳组分的影响	博士
2	MOHAMMAD EY-AKUB ALI	男	孟加拉国	2011.3—2014.6	土壤学	徐明岗	有机物料在中国典型土壤中的分解特征和机制	博士
3	NAREERUT SEERASARN	女	泰国	2011.8—2015.7	农业资源与环境经济学	尹昌斌	泰国和中国消费者对有机大米的态度和行为的交叉对比	博士
4	TALPUR KHALID HUSSAIN	男	巴基斯坦	2011.9—2014.6	土壤学	蔡典雄	华北平原水肥管理对小麦玉米水、氮利用效率的研究	博士
5	EMON RAHMAN	女	孟加拉国	2012.9—2015.7	微生物学	牛永春	瓜类植物内生真菌的物种多样性和促生活性初步研究	硕士
6	MOSTAFA YOUSSEF ABOUZAID RAD-WAN	男	埃及	2012.9—2015.7	农业区域发展	尹昌斌	影响农村发展的关键因素——基于中埃之间的比较	博士
7	HOUSSOU ASSA ALBERT	男	贝宁	2013.9—2016.6	土壤学	蔡典雄	华北平原小麦—玉米轮作下保护性耕作对土壤呼吸和土壤水分的影响	博士
8	MUHAMMAD SHAKIL HOSSAIN	男	孟加拉国	2013.9—2016.6	环境工程	李茂松	洪涝灾害对水稻生产的影响以及与孟加拉国气候变化（降水）的关系	硕士
9	APPIAH—GYAPONG JO-SEPH YAW	男	加纳	2013.9—2017.1	农业生态学	李茂松	干旱和半干旱地区维持作物生产的干旱适应技术研究	博士

（续表）

序号	姓名	性别	国籍	在校时间	专业	指导老师	论文题目	学位
10	MEMON MUHAM-MAD SULEMAN	男	巴基斯坦	2014.9—2017.6	土壤学	徐明岗	有机物不同添加方式对中国黑土有机碳动态及激发效应影响的机制	博士
11	ALI AKBAR	男	巴基斯坦	2015.9—2019.7	土壤学	徐明岗	潮土中氮素利用效率与土壤肥力的关系	博士
12	SAMIULLAH	男	巴基斯坦	2016.3—2019.7	植物营养学	何萍	生态集约化管理下玉米种植体系土壤微生物学响应机制	博士
13	FARHANA ALAM RIPA	女	孟加拉国	2016.9—2019.7	植物营养学	曹卫东	小麦内生菌及其功能研究	博士
14	WAQAS AHMED	男	巴基斯坦	2016.9—2019.7	土壤学	张会民	长期施肥与耕作管理对不同农业气候区稻田土壤磷组分的影响	博士
15	NAZIA RAIS	女	巴基斯坦	2016.9—2019.7	土壤学	张文菊	长期施肥条件下中国典型农田旱地土壤剖面活性有机碳库变化特征及其驱动因子	博士
16	KHALID HAMDAN MOHAMED IBRA-HIM	男	苏丹	2016.3—2020.7	土壤学	张淑香		博士
17	ZAINELABDEEN YOUSIF	男	苏丹	2016.3—2020.8	农业遥感	辛晓平		博士
18	AHMED IBRAHIM AHMED ALTOME	男	苏丹	2016.9—2020.8	农业遥感	辛晓平		博士
19	SYED ATIZAZ ALI SHAH	男	巴基斯坦	2016.9—2020.8	土壤学	徐明岗		博士
20	MUHAMMAD MOHSIN ABRAR	男	巴基斯坦	2016.9—2020.8	土壤学	徐明岗		博士
21	MD. HAFIZUR RAH-MAN	男	孟加拉国	2016.9—2020.8	微生物学	张金霞		博士
22	FARHEEN SO-LANGI	女	巴基斯坦	2017.3—2020.3	植物营养学	曹卫东		博士
23	BABAR HUSSAIN	男	巴基斯坦	2017.3—2020.3	土壤学	李菊梅		博士
24	MUHAMMAD AM-JAD BASHIR	男	巴基斯坦	2017.3—2020.3	农业生态学	刘宏斌		博士
25	AMAN ULLAH	男	巴基斯坦	2017.3—2020.3	土壤学	马义兵		博士
26	MUHAMMAD NADEEM ASHRAF	男	巴基斯坦	2017.3—2020.3	土壤学	徐明岗		博士
27	PATIENCE AFI SEGLAH	女	加纳	2017.9—2020.9	区域发展	毕于运		博士
28	NAZIA TAHIR	女	巴基斯坦	2017.9—2020.9	土壤学	李菊梅		博士

（续表）

序号	姓名	性别	国籍	在校时间	专业	指导老师	论文题目	学位
29	EBRAHIM AHMED EBRA-HIM SHEHATA	男	埃及	2017.9—2020.9	农业环境学	李兆君		博士
30	NUSSEIBA NOURELDEEN ABDALLA ES-MAEEL	女	苏丹	2017.9—2020.9	农业遥感	覃志豪		博士
31	TUHIN S M SHAMIM AHMED	男	孟加拉国	2017.9—2020.9	农业遥感	吴文斌		博士
32	AHMED ALI ABD ELRHMAN ALI	男	埃及	2017.9—2020.9	土壤学	武雪萍		博士
33	ADNAN MUSTAFA	男	巴基斯坦	2017.9—2020.9	土壤学	徐明岗		博士
34	AMADOU ABDOU-LAYE	男	尼日尔	2017.9—2020.9	植物营养学	易可可 范分良		博士
35	NALUN PAN-PLUEM	女	泰国	2017.9—2020.9	农业经济管理	尹昌斌		博士
36	LEONARD NTA-KIRUTIMANA	男	布隆迪	2017.9—2020.9	农业经济管理	尹昌斌		博士
37	MUHAMMAD QASWAR	男	巴基斯坦	2017.9—2020.9	土壤学	张会民		博士
38	BILAWAL ABBASI	男	巴基斯坦	2018.9—2021	农业遥感	覃志豪		博士
39	ASAD SHAH	男	巴基斯坦	2018.9—2021	土壤学	张会民		博士
40	TANVEER ABBAS	男	巴基斯坦	2018.9—2021.7	植物营养学	何　萍		博士
41	NANGIAL KHAN	男	巴基斯坦	2018.9—2021.9	植物营养学	曹卫东		博士
42	DAM QUOC KHANH	男	越南	2018.9—2021.9	土壤学	卢昌艾		博士
43	TSEGAYE GEME-CHU LEGESSE	男	埃塞俄比亚	2018.9—2021.9	农业生态学	邵长亮		博士
44	MD SHAHARIAR JA-MAN	男	孟加拉国	2018.9—2021.9	生态学	庾　强		博士
45	SEHRISH ALI	女	巴基斯坦	2018.9—2021.9	土壤学	张会民		博士
46	CHRISTIAN KOFI ANTHONIO	男	加纳	2018.9—2021.9	土壤学	张会民		博士
47	MUHAMMAD NU-MAN KHAN	男	巴基斯坦	2018.9—2021.9	土壤学	张会民		博士

（续表）

序号	姓名	性别	国籍	在校时间	专业	指导老师	论文题目	学位
48	LEHLOGONOLO ABNER MATELELE	男	南非	2018.9—2021.9	土壤学	张淑香 张会民		博士
49	GIRMA WOLDE FELEKE	男	埃塞俄比亚	2018.9—2021.9	土壤学	张文菊		博士
50	KYU KYU THIN	女	缅甸	2018.9—2021.9	微生物学	张晓霞		博士
51	TAOFEEK OLATUNBOSUN MURAINA	男	尼日利亚	2018—2021	农业生态学	庾强		博士
52	MAHBUBA JAMIL	女	孟加拉国	2019—2022	农业生态学	庾强		博士
53	MD ASHRAFUL ALAM	男	孟加拉国	2019—2022	土壤学	张会民		博士
54	Nano Alemu Daba	男	埃塞俄比亚	2019—2022	土壤学	张会民		博士
55	KIYA ADARE TADESSE	男	埃塞俄比亚	2019—2022	土壤学	张会民		博士
56	MUHAMMAD ABBAS	男	巴基斯坦	2019—2022	土壤学	张会民		博士
57	MBALA ERIC MUKEBA	男	刚果（金）	2019—2022	农业经济管理	尹昌斌		博士
58	NAFIU GARBA HAYATU	男	尼日利亚	2019.9—2020.6	土壤学	张会民 张淑香		博士

十八、获得国家奖学金研究生名录

序号	获奖年度	获奖人	专业	学位类别	导师	入学年份
1	2013	孙聪	环境科学	硕士	陈世宝	2011
2	2013	张盼弟	生态学	硕士	辛晓平	2011
3	2013	王美	植物营养	硕士	李书田	2011
4	2013	王磊	农业区域发展	博士	宋敏	2011
5	2013	李金亚	农业遥感	博士	徐斌	2011
6	2013	刘占军	植物营养	博士	周卫	2010
7	2014	宋文恩	环境科学	硕士	陈世宝	2012
8	2014	赵芬	农业遥感	硕士	徐斌	2012
9	2014	夏浪	农村与区域发展	硕士	毛克彪	2012
10	2014	谭杰扬	农村与区域发展	硕士	杨鹏	2012
11	2014	徐新鹏	植物营养	博士	何萍	2012
12	2014	张旭博	土壤学	博士	徐明岗	2012

（续表）

序号	获奖年度	获奖人	专业	学位类别	导师	入学年份
13	2014	刘利花	农业经济管理	博士	尹昌斌	2012
14	2015	蔡岸冬	土壤学	硕士	张文菊	2013
15	2015	曹祥会	植物营养学	硕士	雷秋良	2013
16	2015	崔超	土壤学	硕士	翟丽梅	2013
17	2015	韩亚恒	农业经济管理	硕士	刘现武	2013
18	2015	崔培媛	植物营养与肥料	博士	梁永超	2012
19	2015	周晶	微生物学	博士	李俊	2013
20	2016	刘元望	环境科学	硕士	李兆君	2014
21	2016	申格	农业遥感	硕士	杨秀春	2014
22	2016	刘彬	环境科学	硕士	陈世宝	2014
23	2016	华玲玲	植物营养学	硕士	翟丽梅	2014
24	2016	张倩	植物营养学	博士	周卫	2014
25	2016	李振旺	农业遥感	博士	辛晓平	2014
26	2016	胡琼	农业遥感	博士	唐华俊	2014
27	2017	张涛	农业资源利用	硕士	王洪媛	2015
28	2017	任凤玲	农业资源利用	硕士	孙楠	2015
29	2017	范玲玲	农业遥感	硕士	杨鹏	2015
30	2017	韩晓静	农业遥感	博士	李召良	2014
31	2017	张水勤	植物营养学	博士	赵秉强	2014
32	2018	李俊改	环境科学	硕士	王洪媛	2016
33	2018	项铭涛	农业遥感	硕士	吴文斌	2016
34	2018	张宏媛	农业生态	硕士	李玉义	2016
35	2018	刘元望	农业环境学	博士	李兆君	2017
36	2018	盖霞普	农业生态学	博士	任天志	2015
37	2019	邹茸	环境科学	硕士	范洪黎	2017
38	2019	张晓丽	农业生态	硕士	李玉义	2017
39	2019	黄显雷	农业经济管理	博士	尹昌斌	2018
40	2019	周国鹏	植物营养学	博士	曹卫东	2017

十九、获得优秀学位论文研究生名录

序号	获得年度	姓名	学位类型	论文题目	导师
1	2012	王萌	硕士	纳米修复剂对溶液中重金属的吸附机制及镉污染土壤修复效果	陈世宝

（续表）

序号	获得年度	姓名	学位类型	论文题目	导师
2	2012	丛日环	博士	小麦—玉米轮作体系长期施肥下农田土壤碳氮相互作用关系研究	徐明岗
3	2013	林蕾	硕士	基于不同终点测定土壤中锌的毒性阈值、预测模型及田间验证	陈世宝
4	2013	串丽敏	博士	基于产量反应和农学效率的小麦推荐施肥方法研究	何萍
5	2014	张伟	硕士	川东丘陵区耕地复种指数遥感反演研究	覃志豪
6	2014	姜桂英	博士	中国农田长期不同施肥的固碳潜力及预测	徐明岗
7	2015	夏浪	硕士	多途径的干旱监测方法研究	毛克彪
8	2015	赵芬	硕士	基于 CASA 模型的锡林郭勒盟草地净初级生产力遥感估算与验证	徐斌
9	2015	盖霞普	硕士	生物炭对土壤氮素固持转化影响的模拟研究	刘宏斌
10	2015	艾超	博士	长期施肥下根际碳氮转化与微生物多样性研究	周卫
11	2016	蔡岸冬	硕士	我国典型农田土壤固碳效率特征及影响因素	张文菊
12	2016	冯瑶	硕士	鸡粪堆肥过程中诺氟沙星削减规律及微生物分子生态学机制	李兆君
13	2016	张旭博	博士	中国农田土壤有机碳演变及其增产协同效应	徐明岗
14	2017	刘元望	硕士	庆大霉素降解菌筛选及其促进药渣堆肥残留降解机制研究	李兆君
15	2017	张倩	博士	长期施肥下稻麦轮作体系土壤团聚体碳氮转化特征	周卫
16	2018	胡琼	博士	基于时序 MODIS 影像的农作物遥感识别方法研究	唐华俊
17	2019	张宏媛	硕士	基于 CT 技术秸秆隔层与亚表层培肥的水盐调控机制研究	李玉义
18	2019	项铭涛	硕士	耕地复种提升潜力研究	吴文斌
19	2019	盖霞普	博士	华北平原不同有机物料投入对农田碳氮协同转化及环境效应研究	任天志

二十、20 万元以上大型仪器设备清单

序号	仪器设备名称	购置日期	价值（元）
1	土壤呼吸系统	2010.12.02	202 820.20
2	流动分析仪	2010.09.25	687 796.20
3	光合作用测量系统	2010.09.25	436 020.00
4	有机碳分析仪	2010.09.25	374 166.00
5	便携式地物波谱仪	2012.01.14	630 886.72
6	土壤检测分析系统	1998.10.09	433 348.00
7	GPS 磨土机	2001.12.31	275 680.00

（续表）

序号	仪器设备名称	购置日期	价值（元）
8	自动电位滴定仪	2008.12.30	363 632.40
9	大进样量元素分析仪	2008.12.30	590 778.58
10	能量平衡及涡流参数系统	2005.07.10	542 970.65
11	能量平衡及涡流参数系统	2005.07.10	542 970.65
12	能量平衡及涡流参数系统	2005.07.10	542 970.65
13	数据采集及中央控制系统	2005.07.10	542 970.65
14	三维湍流系统	2004.02.28	310 088.00
15	拖拉机	2015.12.18	284 547.00
16	土壤呼吸测定仪	2013.06.26	299 790.00
17	光合测定仪	2013.06.26	479 880.00
18	氧弹式量热仪	2013.06.26	299 850.00
19	全自动毛细管核酸电泳	2010.12.21	200 000.00
20	冷冻干燥系统	2010.12.21	246 000.00
21	全自动培养基制备器	2001.02.15	221 000.00
22	高效液相色谱仪	2004.01.05	370 762.25
23	原子吸收分光光度计	2003.12.31	395 951.50
24	光合作用测定仪	2002.12.31	351 200.00
25	高光谱	1995.06.24	521 362.99
26	高压气体基因枪	2005.12.19	237 845.38
27	生物显微镜	2009.12.31	214 044.00
28	原子吸收分光光度计	1999.12.31	284 210.92
29	磁珠提取纯化系统	2014.11.28	200 165.07
30	液氮罐	2014.01.13	211 160.00
31	脉冲电泳系统	2009.12.31	265 000.00
32	低温显微镜系统	2009.12.31	230 000.00
33	生物显微镜及显微图像分析系统	2002.09.11	367 833.51
34	冷冻干燥机	2002.09.11	203 442.45
35	其他实验仪器及装置	2002.07.29	217 594.47
36	其他试验箱及气候环境试验设备	2002.06.20	654 329.00
37	实时荧光基因扩增仪	2013.12.02	221 215.00
38	离子色谱仪	2015.12.01	600 000.00
39	液体闪烁分析仪	2008.05.29	401 128.67
40	水碳通量涡度相关测量系统	2010.12.21	390 000.00
41	连续流动分析仪	2010.12.21	559 390.00

（续表）

序号	仪器设备名称	购置日期	价值（元）
42	全自动凯氏定氮仪	2010. 12. 21	224 500. 00
43	全自动流动注射分析仪	2006. 12. 27	315 512. 43
44	气相色谱仪	2012. 12. 04	220 000. 00
45	酶标仪	2015. 08. 17	224 528. 00
46	农情信息视频会商系统	2013. 07. 26	540 003. 00
47	高效存储罐	2016. 11. 15	224 268. 00
48	高效存储罐	2016. 11. 15	224 268. 00
49	土壤碳通量自动测量系统设备	2014. 10. 14	293 800. 00
50	便携式光合作用测量系统	2011. 02. 28	300 000. 00
51	高精度红外定标黑体	2015. 06. 16	1 028 400. 00
52	红外光谱辐射计	2015. 06. 16	1 038 400. 00
53	荧光显微镜	2013. 01. 01	273 901. 73
54	实时荧光定量基因扩增仪	2006. 12. 27	331 664. 71
55	大气干湿沉降观测系统	2013. 06. 25	1 071 800. 00
56	土壤水热、溶质耦合运移观测系统	2013. 06. 25	383 000. 00
57	温室气体通量在线观测系统	2013. 06. 25	251 000. 00
58	实验台	2014. 12. 17	724 627. 00
59	光合仪	2014. 12. 17	489 000. 00
60	荧光分光光度计	2014. 12. 17	304 000. 00
61	全自动固相萃取仪	2014. 12. 17	360 000. 00
62	电热消解仪	2014. 12. 17	410 000. 00
63	微波消解仪	2014. 12. 17	290 000. 00
64	自动配液仪	2014. 12. 17	244 900. 00
65	自动配液仪	2014. 12. 17	244 900. 00
66	气相色谱仪	2014. 12. 17	329 000. 00
67	气相色谱仪	2014. 12. 17	329 000. 00
68	测汞仪	2014. 12. 17	362 800. 00
69	原子荧光光度计	2014. 12. 17	310 000. 00
70	全自动定氮仪	2014. 12. 17	222 700. 00
71	半自动定氮仪	2014. 12. 17	215 000. 00
72	连续流动分析仪	2014. 12. 17	340 000. 00
73	元素分析仪	2014. 12. 17	730 000. 00
74	原子荧光形态分析仪	2014. 12. 17	312 000. 00
75	超效液相色谱仪	2014. 12. 17	616 000. 00

（续表）

序号	仪器设备名称	购置日期	价值（元）
76	离子色谱仪	2014.12.17	805 000.00
77	ICP-MS	2014.12.17	1 302 000.00
78	气质联用仪	2008.07.03	765 999.99
79	液相色谱仪	2008.07.03	480 060.00
80	原子吸收光谱分析系统	2008.07.03	553 858.18
81	等离子体发射光谱仪	2008.07.03	783 060.40
82	连续流动注射仪	2008.05.29	454 005.00
83	数据接收系统	2009.12.14	210 000.00
84	氨基酸自动分析仪	2008.12.30	591 247.53
85	连续流动化学分析仪	2008.12.30	396 528.99
86	激光光谱元素分析仪	2015.12.01	1 379 700.00
87	气象监测系统	2008.05.28	250 204.00
88	便携式土壤呼吸—植物广和监测仪	2015.12.01	243 500.00
89	土壤粒径分析系统	2015.12.01	940 000.00
90	便携式 CH_4、CO_2、H_2O 分析仪	2015.12.01	698 000.00
91	便携式土壤呼吸—植物光合监测仪	2015.12.01	313 500.00
92	便携式土壤呼吸—植物光合监测仪	2015.12.01	313 500.00
93	全自动细菌鉴定系统	1999.12.31	321 276.97
94	气象色谱仪	2004.01.04	315 084.50
95	全自动定氮仪	2008.12.30	256 149.34
96	原子吸收分光光度计	2008.12.30	466 736.17
97	TOC 分析仪	2008.12.30	347 329.84
98	称重式蒸渗仪	2008.12.31	344 500.00
99	自动气象站	2008.10.20	444 455.00
100	脉冲电泳	2008.11.10	265 486.38
101	元素分析仪	2009.12.09	230 000.00
102	双通道流动注射仪	2008.08.07	310 000.00
103	原子吸收光谱仪	2008.08.07	203 000.00
104	气相色谱仪	2010.12.21	250 000.00
105	便携光合作用测定	2008.01.01	227 707.20
106	光合测定系统	2005.11.20	315 907.20
107	稳定同位素质谱仪	2015.12.01	2 512 000.00
108	顶空进样器	2014.12.17	270 000.00
109	全自动固相萃取	2014.12.17	280 000.00

（续表）

序号	仪器设备名称	购置日期	价值（元）
110	激光烧蚀进样系统	2014. 12. 17	900 000.00
111	红外显微成像系统	2014. 12. 17	760 000.00
112	X 射线衍射仪	2014. 12. 17	1 100 000.00
113	气候模拟箱	2014. 07. 02	280 000.00
114	固体核磁探头与配套前放	2013. 12. 17	487 500.00
115	固体核磁探头与配套前放	2013. 12. 17	487 500.00
116	原子吸收分光光度计	2012. 09. 26	536 000.00
117	连续流动分析仪	2012. 10. 08	551 000.00
118	总有机碳/总氮分析仪	2012. 10. 08	459 900.00
119	气相色谱仪	2012. 11. 16	243 000.00
120	电感耦合等离子体质谱仪	2012. 09. 29	1 430 000.00
121	核磁共振仪	2012. 01. 14	2 707 049.28
122	气质联用仪	2012. 01. 14	1 006 123.21
123	全自动酶免分析仪	2012. 01. 14	509 802.98
124	全自动定氮仪	2012. 01. 14	239 880.15
125	多功能酶标仪	2012. 01. 14	406 753.30
126	PLFA	2012. 01. 14	631 969.37
127	傅立叶红外光谱仪	2012. 01. 14	448 471.58
128	液质联用仪	2012. 01. 14	1 482 343.16
129	全自动菌种微生物鉴定系统	2008. 11. 10	211 952.69
130	高效液相色谱仪	2005. 12. 19	344 581.65
131	近红外品质分析仪	2006. 12. 27	447 975.42
132	便携式荧光仪	2014. 12. 02	318 800.00
133	连续流动分析仪	2010. 08. 05	406 000.00
134	植物光合测定仪	2015. 03. 18	497 555.09
135	原子吸收分光光度计	2015. 11. 16	497 668.24
136	流动注射分析仪	2015. 11. 23	481 765.40
137	全自动凯氏定氮仪	2015. 11. 23	440 979.67
138	离子色谱仪	2015. 11. 16	622 329.60
139	微生物鉴定系统	2015. 12. 03	613 071.81
140	超高效液相色谱仪	2015. 08. 09	503 006.90
141	倒置荧光显微镜	2015. 08. 20	415 263.57
142	荧光定量 PCR 仪	2015. 09. 23	409 400.30
143	土壤非饱和导水率测量系统	2015. 06. 12	510 207.41

（续表）

序号	仪器设备名称	购置日期	价值（元）
144	气相色谱仪	2015. 10. 26	445 474. 85
145	总有机碳分析仪	2015. 05. 15	381 421. 19
146	微波消解仪	2015. 05. 15	362 082. 68
147	高速冷冻离心机	2015. 05. 15	405 285. 73
148	（激光）多气体分析仪	2015. 12. 21	442 111. 18
149	土塘呼吸监测系统	2015. 12. 21	390 884. 71
150	流动注射分析仪	2015. 11. 23	481 765. 41
151	土壤氮循环监测系统	2013. 07. 12	420 000. 00
152	干湿沉降分析仪	2014. 10. 14	244 400. 00
153	总碳分析仪	2014. 10. 14	392 000. 00
154	气相色谱仪	2014. 05. 08	250 000. 00
155	气相色谱仪	2012. 12. 04	250 000. 00
156	气相色谱仪	2011. 07. 13	235 856. 00
157	测定仪	2008. 11. 10	432 734. 59
158	土壤氮循环监测系统	2009. 12. 24	259 000. 00
159	土壤呼吸测定设备	2009. 12. 24	326 000. 00
160	光连接设备	2014. 07. 15	1 411 000. 00
161	自动气象站	2009. 12. 31	230 964. 00
162	能量平衡仪	2009. 12. 31	279 993. 20
163	作物光谱分析系统	2009. 12. 31	261 860. 50
164	激光剖面仪	2009. 12. 31	364 000. 00
165	地面光谱测量系统	2009. 12. 31	325 000. 00
166	大孔径闪烁显热通量测量系统	2009. 12. 31	355 000. 00
167	波文比系统	2009. 12. 31	255 000. 00
168	涡度相关测量系统	2009. 12. 31	333 800. 00
169	农作物光合作用测定系统	2008. 12. 30	427 829. 35
170	土壤水分监测系统	2007. 12. 03	265 234. 00
171	电缆敷设	2015. 07. 20	442 681. 23
172	草地地基感测系统	2014. 09. 12	350 006. 00
173	多参数环境测量系统	2014. 08. 15	510 393. 59
174	全自动间断化学分析仪	2012. 01. 14	319 500. 00
175	自动气象站	2008. 07. 09	436 110. 00
176	便携式光合仪	2006. 12. 27	298 147. 72
177	定氮仪	2005. 06. 16	238 000. 00

（续表）

序号	仪器设备名称	购置日期	价值（元）
178	氨基酸自动分析仪	1995.12.28	929 600.00
179	等离子光谱仪	1995.12.28	954 500.00
180	测汞仪	2008.02.15	325 700.00
181	全自动流动分析仪	2010.12.21	428 000.00
182	土壤碳氮转化速率测量系统	2013.06.25	352 600.00
183	水碳通量涡度相关系统	2013.06.25	461 600.00
184	土壤水分及水势自动监测系统	2013.06.25	225 600.00
185	环境总有机碳监测系统	2013.06.26	399 880.00
186	农田碳氮循环监测系统	2013.06.26	573 870.00
187	光合测定系统	2012.01.14	301 278.00
188	蒸渗仪	2012.01.14	360 000.00
189	水质分析设备	2009.12.31	388 010.00
190	光合水分系统	2006.08.22	362 919.93
191	实验乳化装置	1999.12.31	1 321 305.00
192	氮监测系统	2006.08.22	321 269.09
193	水碳通量涡度相关测量系统	2009.12.31	455 850.00
194	全自动激光粒度分析仪	2009.12.31	476 110.00
195	移动式气体检测系统	2009.12.31	385 142.60
196	水碳通量涡度相关测量系统	2009.12.31	455 850.00
197	自动微生物快速检测系统	2015.12.01	1 298 000.00
198	气相色谱仪	2012.12.04	250 000.00
199	自动观测系统	2014.09.03	336 000.00
200	箱式配电所	2015.12.30	472 485.95
201	灭菌器	2015.12.01	270 500.00
202	二维液相升级系统	2016.02.24	365 986.74
203	水溶肥料配料除尘设备	2014.12.15	397 000.00
204	气象自动观测站	2013.05.13	208 000.00
205	农作物长势监测系统	2013.05.13	521 800.00
206	灌装机	2013.12.20	315 000.00
207	水平式袋包机	2013.12.21	220 000.00
208	喷浆造粒机	2010.12.31	202 300.00
209	生物反应器	2000.10.09	505 470.00
210	消解仪	2008.12.30	357 191.87
211	硫化造粒包衣机	2007.02.07	200 000.00

（续表）

序号	仪器设备名称	购置日期	价值（元）
212	肥料中试设备	2009.12.31	564 000.00
213	土壤二氧化碳同位素通量监测系统	2015.12.01	780 000.00
214	石墨炉原子分光光度计	2008.12.30	578 348.67
215	TOC/TN 分析仪	2006.12.27	268 590.07
216	热脱附系统	2008.12.30	679 474.48
217	激光颗粒分析仪	2008.12.30	425 941.61
218	气相色谱	2006.12.27	222 358.71
219	原子荧光光谱分析仪	2008.12.30	314 384.65
220	等离子光谱仪	2008.12.30	588 495.26
221	元素分析仪	2006.12.27	376 187.90
222	实时荧光定量 PCR 仪	2009.12.31	304 757.01
223	全自动菌种微生物鉴定软件	2006.11.29	371 656.00
224	气相色谱仪	2006.11.29	256 641.00
225	灭菌柜	2013.12.24	240 000.00
226	袋栽流水线生产设备	2013.12.24	328 000.00

第二篇　中国农业科学院土壤肥料研究所（1957—2003）

第一章 发展历程

一、成立发展（1957—1965 年）

1957 年 8 月 27 日，经国务院科学规划委员会（57）科字第 120 号文件批准，中国农业科学院土壤肥料研究所（简称"土肥所"）在原华北农业科学研究所农业化学系基础上正式组建成立，它是中国农业科学院首批建立的 5 个专业研究所之一，地址设在北京市西郊白祥庵 12 号（现中关村南大街 12 号）。

土肥所成立之初有职工 91 人，其中科技人员 69 人（研究员 5 人，副研究员 6 人，助研 11 人，初级职称 47 人），第一副所长高惠民，副所长冯兆林、张乃凤。设有办公室和土壤、耕作、肥料、微生物 4 个研究室。

土肥所成立之后，为迅速适应从一个地区性的研究机构建成全国性专业研究所的要求，除了抓机构建设和建立各项规章制度外，还重点抓人才培养、扩大研究领域和研究范围等项工作；派出一批青年科技人员分别前往东北、华东等大区农科所学习、进修，以开拓新的研究领域和了解其他地区的自然与农业生产情况；同时组织力量收集、了解全国盐碱土改良试验研究及肥料试验研究等情况，派出科研人员前往全国 12 个省（市、区）的 22 个县调研和选择实验基点，并制定 5 年研究规划和年度计划。

土肥所在成立之后的几年内，除继续进行原有一些科研工作外，研究领域和研究范围得到了迅速拓展。1958 年派出一批科研人员参加了全国第一次土壤普查工作，并作为主要技术力量参加全国土壤普查办公室组织的全国汇总工作，最终编著完成了"四图一志"。同年，受国务院委托，正式成立全国肥料试验网，开展全国化肥试验工作。为了总结土壤普查及土壤肥料科学研究成果，建立我国的"农业土壤学"和"肥料学"，向国庆十周年献礼，土肥所组织全国专家主编两本理论著作，即《中国农业土壤论文集》和《中国肥料概论》。

土肥所自成立以来始终重视在生产第一线从事科学研究，坚持科学研究为农业生产服务，在研究生产技术的基础上探求科学理论的研究方向，重视领导干部、科技人员和农民群众相结合，试验、示范和推广相结合，实验室、试验场和农村基点相结合的"三个三结合"的科研路线。在建所初期即设立了一批农村试验基点，派遣了大批科研人员在农村基点从事科学研究，如建所后除保留原华北农业科学研究所的部分基点外，于 1959 年设立了甘肃临洮、云南晋宁、北京通县基点，1960 年设立了湖南祁阳、河南新乡基点，这两个基点后来都发展成为实验站。

1960 年 2 月经中央批准，在土肥所微生物研究室基础上组建中国农业微生物研究所。但在各项业务工作蓬勃发展之际，国家因遭受严重自然灾害而发生经济困难。1960 年 12 月农业部下达了精简机构方案，中国农业科学院各直属研究所（室）进行大规模调整、迁移、合并、撤销。刚决定成立的农业微生物研究所仍归入土肥所，作为一个研究室。全所人员精简 64.99%，所址拟迁往河南新乡。

此次调整对土肥所的工作产生了巨大的影响，大批科研人员调离，科研课题中止，农村基点撤销。全所人数由 114 人减为 40 余人，研究项目由 25 个减为 10 个，研究内容由 65 个减为 27

个，农村基点由 8 个减为 3 个。1961 年中央发布了《关于自然科学研究机构当前工作的十四条意见》，要求恢复正常的科研秩序，因而搬迁和下放工作暂停。后来在周恩来总理的亲自批示下，从 1962 年起，中国农业科学院从全国各地调入 400 名科技人员充实已被极大削弱的科技队伍。土肥所因此迎来了新的发展时期，仅从 1962 年年底至 1963 年年底的一年多时间，土肥所的职工人数增加了 1 倍多，至"文化大革命"开始前（1966 年），全所职工人数由 1961 年年底的 60 余人增加至 210 人。研究机构也得到恢复与发展，1963 年恢复了被撤销的土壤耕作研究室，1965 年又成立了绿肥研究室。农村基点除保留原有的河北高碑店，河南新乡和湖南祁阳 3 个以外，1963 年又设立了北京中阿公社和永乐店农场 2 个基点，1965 年与作物所合作设立甘肃张掖万家墩基点（后并入西北试验站）。在这期间，《耕作与肥料》杂志于 1964 年 8 月创刊发行。全所各项工作都得到迅速发展，特别是新乡和祁阳 2 个基点完成了《豫北地区盐渍土棉麦保苗技术措施的研究》和《冬干鸭屎泥水稻"坐秋"及低产田改良的研究》两项成果，获得了国家发明奖一等奖。各新闻媒体纷纷报道，成为当时农业科研战线上的两面旗帜。

二、"文化大革命"运动下放（1966—1979 年）

1966 年开始的"文化大革命"使土肥所再一次遭受严重打击，业务工作全部停止，如开展不久的土壤肥力长期定位监测研究被污蔑为"从人到猿"的实验，从而被取消，使这项重要的工作被迫推迟了 20 余年。1970 年 8 月，根据国务院有关领导的指示，中国农业科学院除保留少量科技服务队以外，所有专业研究所全部下放，土肥所下放山东。1970 年 12 月，土肥所全体职工被迁至山东省德州地区齐河县的晏城农场交由德州地区领导。人员均按连队编制，任务是种好晏城农场的 3 600 亩耕地。不久，德州地区又决定将土肥所一半左右的职工划入德州地区农科所，剩余的职工分配给惠民地区、聊城及德州地区一些单位，后由于种种原因，除少数人分至德州的一些单位以外，大部分人于 1971 年 3 月并入德州地区农科所，并将多数人安排至德州地区所属 11 个县的 32 个大队蹲点，与农民实行"三同"，并进行部分农业技术服务工作。

1972 年春，在山东省科委的支持下，科研工作得到逐步恢复，成立了土壤、肥料、微生物、作物、植保、园林、分析 7 个研究室（组）和科研组、政工组、后勤组 3 个管理部门。原《耕作与肥料》杂志经批准内部复刊，更名为《土肥与科学种田选编》。此后陆续开始承担各类科研项目，并组织全国有关单位召开了一系列科研协作会议，如全国化肥网会议、全国固氮菌会议、全国盐碱地改良利用会议和北方绿肥科研协作会议等。

1973 年春，山东省决定将土肥所与德州地区农科所分开，以原建制更名为"山东省土壤肥料研究所"，由山东省农业科学院领导，地址仍在德州。此后，下设机构调整为土壤、肥料、微生物 3 个研究室和政工、科研、后勤 3 个管理组，农村基点开始向全省转移，陆续在兖州县倪村大队、滕县党村大队、临朐县吕家店大队、济宁县潘庄大队、胶县城南公社与胶南县逢猛孙大队设立农村基点，原湖南祁阳工作站也开始业务活动，还曾应中国农林科学院的要求，派技术人员到湖南韶山进行土壤调查工作。组织的各种全国性的会议和全国性协作网也逐渐增多，如 1974 年 1 月在北京友谊宾馆召开了全国土壤普查诊断科研协作会议，成立了由国家科委拨款资助，由土肥所主持的全国土壤普查诊断科研协作组；1975 年 10 月在福建莆田主持召开了全国肥料科学实验座谈会，制定了全国的肥料研究协作计划；1976 年 10 月在山东德州召开了大豆根瘤科研协作座谈会，制定了大豆根瘤菌科研协作计划；1977 年 8 月协助中国农林科学院在江苏新沂召开了全国绿肥科研协作会议，制定了绿肥科研发展规划和科研协作计划。在此期间《土肥与科学种田选编》杂志先后更名为《土肥与科学种田》和《土壤肥料》。为适应微生物制剂科研与开发的需要，1973 年还在所内建成了微生物中试车间。

1978 年 6 月，农林部从山东省收回土肥所，此后土肥所实行以部为主，部省双重领导的体制，恢复中国农业科学院土壤肥料研究所名称，并于同年 8 月在河北邯郸召开了"全国土壤肥料科研工作会议"，对我国土壤肥料科研工作现状进行了总结，制定了发展规划，并向有关领导部门提出了许多土壤肥料科学的意见与建议。《土壤肥料》杂志也于 1978 年 9 月经批准公开发行。1978 年 12 月，经国务院批准，土肥所按原建制迁回北京原址，直属中国农业科学院领导。经近一年的筹备，1979 年 11 月全所迁回北京。

从 1970 年 12 月至 1979 年 11 月下放山东的 9 年时间里，土肥所全体职工克服了生活条件恶劣、科研设备不足等许多困难，用自己的艰苦努力夺回了"文化大革命"造成的时间损失，创造了不平凡的业绩。从 1972 年开始，土肥所每年都制定研究计划，共完成各种科研项目 191 项，取得科技成果奖励 28 项。土肥所在这一期间还承担多项国际合作项目，派出援外专家，接待阿尔巴尼亚实习人员和朝鲜代表团来访等。由于成绩突出，在 1978 年召开的全国科学大会上，土肥所不仅获得了 8 项全国科学大会奖，还被评为先进集体，高惠民所长作为先进集体的代表出席了全国科学大会。

三、恢复壮大（1979—2003 年）

1979 年土肥所迁回北京后，迅速进入了发展的高潮。由于 1978 年国家将农业自然资源调查和农田基本建设等方面的研究列为重点科研项目，土肥所因而承担了大量国家级的重点课题，全国化肥试验网得到恢复和加强，全国绿肥试验网也有了专项经费，使科研经费有了保证。同时在上级领导的支持下，土肥所的办公与测试大楼于 1982 年竣工，并建成了投资 100 万美元的测试中心，温室、网室等实验设施也相继完善。在内部管理机制上，将原有 3 个研究室扩展为 6 个研究室（农业土壤、土壤耕作、土壤改良、化肥、有机肥绿肥、微生物），并建立了山东陵禹盐碱地区农业现代化实验站（后更名为山东德州盐碱土改良实验站）、湖南祁阳红壤改良实验站（后更名为中国农业科学院衡阳红壤实验站）和农业微生物菌种保藏管理中心，成立了土肥所第一届学术委员会，制定了大量管理规章制度。1985 年又将有机肥绿肥研究室分成有机肥研究室和农区草业研究室。在这一时期，土肥所还狠抓人才培养，包括连续举办各种外语培训班，恢复和提高科研人员的外语水平；调入一大批新一届的大学毕业生；相继申请获准了土壤、植物营养与施肥、微生物 3 个专业硕士点和植物营养与施肥专业的博士点，培养一大批博士和硕士研究生；派出一批科技人员出国进修与合作研究。因此，自 1980 年以来，土肥所呈现出一片欣欣向荣的景象。"六五"期间（1980—1985 年），全所共取得获奖科研成果 29 项，其中国家级奖励 2 项（以上成果土肥所均为第一申报单位，下同）。

"七五"期间（1986—1990 年），全所各项事业继续发展。职工总数在 1985 年达到历史上的最高峰，后因生物中心的独立和退休人员的增长，职工人数开始逐步下降，但科研工作仍然飞速发展。"七五"期间共取得获奖成果 31 项，其中国家级奖励 5 项，获奖数量及等级均处于全院前列。在"七五"末进行的全国农业科研单位综合实力评估中，土肥所位列全国第 18 位，同行业第 1 位。

"八五"以后（1991—1995 年），由于国家经济工作由计划经济向市场经济的转轨，科研形势发生很大变化。以前研究所主要靠事业经费维持运转，加上三项经费的补充，可以满足全所各项开支的需要。"八五"以来，事业费基本维持不动，三项经费增长缓慢，特别是因"七五"以来，土壤肥料科研未在国家科技攻关项目中单独列项，科研任务由过去的饱和而逐渐不足，但各项开支却大幅度上升。

适应新形势，维持土肥所运行与发展是"八五"以来的新任务。土肥所主要采取了以下几项措施。

1. 加强管理，形成一支精干、高效的科技队伍

制定和修订了大量管理规章制度，使各项工作做到有序运行。同时分别对科研、管理、科技

服务和后勤四个系列实行定岗定员，明确岗位责任，适当压缩人员，全所职工人数由 1990 年 282 人调整到 1996 年年底的 232 人，并根据今后的科研工作需要，将在职总人数控制在 220 人左右。

2. 调整基础研究、应用研究与科技开发的比例

针对土肥所情况，适当压缩了应用研究的比例，适当增加基础研究的比例，并使基础研究人员和经费逐步占到科技人员和科技经费的 20%～30%。1996 年全所这一比例已达到 23% 和 21.4%，基本实现了目标。1996 年申请建立农业部植物营养学重点实验室获得批准，也推动了基础研究的发展。全所的基础研究以植物营养元素在土壤中的行为以及植物的吸收，水肥、肥盐关系，营养元素与其他环境因素的关系，以及植物营养元素迁移、转化的微生物学与生物化学过程等为主，以土壤、肥料、微生物 3 个专业的合作研究，形成自己的研究特色。在水肥关系、肥盐关系，肥料养分流失及对环境的影响，钾、镁、钙、硫等元素在土壤中的形态、转化动力学以及对作物的营养吸收等方面取得了新进展。在应用技术研究上，仍以承担国家科技攻关项目与农业部、化工部重点科研项目为主，以土壤资源、土壤改良、土壤耕作与旱农技术，大、中、微量元素肥料施用技术，有机肥与绿肥、微生物资源利用、菌根与生物固氮技术等领域为主要研究对象。同时，全所采取措施，加大技术开发与技术服务的力度，逐步形成了微生物菌剂发酵工程、有机—无机复混肥料生产技术和以测试分析为主的技术服务三大支柱。并逐年加强新型肥料和土壤调理剂的开发性研究，以形成新的产业。"八五"期间全所的技术开发收入从不足 50 万元增加了 4 倍多，至 1996 年，技术开发收入已经超过了国家事业费拨款，成为土肥所最重要的经济来源，三项费用也达到了事业费水平。

3. 加强基础设施建设，形成比较健全的实验网络体系

在北京已获准立项建设新的实验楼近 3 000 平方米，正逐步完善部重点实验室的装备，在所外建成分布合理的实验基地，即北京昌平、山东陵县和湖南祁阳 3 个具备自有土地与实验设施的基地，为缺少试验地的陵县基地新购置了 167 亩土地。此外，洛阳旱农实验基地也获准立项建设，微生物制剂中试车间建设也在申请立项。通过一系列基本建设，逐步形成包括一个重点实验室、4 个实验基地和 1 个中试车间的实验体系。

4. 加强国际合作力度

"八五"以来陆续和加拿大、美国、澳大利亚、德国、芬兰等国家开展了合作研究，并与加拿大国际钾磷研究所、美国硫研究所等合作，召开数次国际性学术讨论会。"九五"期间，国际合作所获取的科研经费已超过全所科研三项费用的三分之一。

进入 20 世纪 90 年代，土肥所以开拓、求实、改革、开放的精神迎接挑战并获得丰硕成果。"八五"期间获奖成果为 32 项，其中国家级奖励 3 项。在"八五"末进行的全国农业科研单位综合实力第二次评估中，土肥所虽因国家减少了土壤方面的科研项目，导致科研经费等方面发生一定困难，位次略有下降，但仍名列第 49 位，进入全国百强研究所。"九五"期间，全所科技人员大力增加横向课题的争取与科技成果的转化，使得全所科研三项经费和技术开发收入都保持了继续增长的势头。随着国家增加了基础性工作的立项与资助，土肥所的科研经费有了较大幅度的增加，科研工作也迈上了一个新的台阶。2003 年 5 月，根据科技部、财政部、中编办《关于农业部等九个部门所属科研机构改革方案批复》（国科发政字〔2002〕356 号）及农业部和中国农业科学院关于科技体制改革的部署要求，土壤肥料研究所与农业自然资源和农业区划研究所合并组建中国农业科学院农业资源与农业区划研究所。

第二章 机构与管理

第一节 机构设置

1957 年建所时，根据《中国农业科学院专业所（室）方案及专业组织暂行通则（草案）》的规定，土肥所设置了 4 个研究室和 1 个办公室。4 个研究室是农业土壤研究室、土壤耕作研究室、肥料研究室、农业微生物研究室。办公室设行政管理、人事保卫、财务和计划资料 4 个办事组。

1958 年，成立了红旗微生物肥料厂。

1960 年 2 月，经上级批准，以土肥所微生物研究室为主，成立中国农业科学院农业微生物研究所。但尚未来得及实施，就遭遇精简下放。1960 年 12 月下达精简方案，农业微生物所仍并入土肥所，保留一个研究室；土壤耕作研究室也并入农业土壤研究室。机构保留 1 个办公室和 3 个研究室，人员精简 65%。

1962 年以后，随着全国经济形势的好转，土肥所逐步得到发展。1963 年恢复土壤耕作研究室，1964 年成立了中国农业科学院土肥所祁阳工作站和中国农业科学院新乡工作站（由土肥所派干部管理），1965 年成立绿肥研究室和政治处。

1970 年 12 月，土肥所下放搬迁至山东德州地区齐河县的晏城农场，机构按军队的连队编制，1971 年 3 月并入德州地区农科所。1972 年设置政工、科研、后勤 3 个办事组，土壤、肥料、微生物、植保、作物、园林和分析化验 7 个研究室（组）。1973 年在所内增设微生物实验车间。

1973 年春，土肥所更名为山东省土壤肥料研究所，隶属山东省农业科学院领导，1974 年正式与德州地区农业科学院分开，机构设有政工、科研、后勤 3 个办事组和土壤、肥料、微生物 3 个研究室。1978 年 6 月恢复中国农业科学院土壤肥料研究所名称，但 3 组 3 室的机构设置一直保留到所址迁回北京以后。

1980 年，建立了中国农业科学院祁阳红壤改良实验站（1983 年更名为中国农业科学院衡阳红壤实验站）和山东陵禹盐碱地区农业现代化实验站（1984 年更名为中国农业科学院德州盐碱土改良实验站），均交土肥所管理。同年，所内的研究室也由 3 个增加到 6 个，即农业土壤研究室、土壤耕作研究室、土壤改良研究室、化学肥料研究室、有机肥绿肥研究室、微生物研究室。1981 年院批准将根据国家科委（79）国字 535 号文件建立起来的中国农业微生物菌种保藏管理中心交由土肥所管理。

1983 年 11 月，中国农业科学院开始在土肥所筹建分子生物学研究室，由土肥所代管。1986 年 6 月正式从土肥所分出，成立中国农业科学院生物技术研究中心。

1985 年 8 月，中国农业科学院批准土肥所的机构设置是三处（办公室、科研开发处、党办人事处）、八室（农业土壤、土壤耕作、土壤改良、化肥、有机肥、农区草业、微生物、编译信息）、二中心（农业微生物菌种保藏管理中心、土壤肥料测试中心）和二站（衡阳站、德州站）。

国家化肥质量监督检验中心自 1985 年 6 月开始筹建，1986 年 12 月院批准中心的负责人员，

1987年4月通过原国家标准局组织的验收认证，7月15日国家经委以经质〔1987〕444号文件，批准为"国家化肥质量监督检验中心（北京）"，并颁发证书及印章。1989年10月，中心通过计量认证审查认可。

1987年10月，成立中共土肥所委员会办公室。

1989年6月，成立监察处，与人事处合署办公。

1992年1月，成立会计科。

1993年8月，成立土肥所综合档案室，归科研处领导。1994年初改属编译信息室领导，并于12月通过验收，成为农业部合格档案室。

1994年4月26日，经所务会讨论决定，有机肥室和农区草业室合并为有机肥绿肥研究室，土壤室与耕作室合并为土壤资源与管理研究室。

1994年10月，成立"中国植物营养与肥料学会"，挂靠土肥所，为此成立了学会办公室。

1995年，经批准成立"农业部微生物肥料质量监督检验测试中心"，1996年3月22日农业部颁发审查认可证书。

1996年11月30日，农业部批准在土肥所成立农业部植物营养学重点开放实验室。

至1996年年底，土肥所内设的机构有办公室、党委办公室、人事处、监察处、科研处、开发中心、会计科、学会办公室、编译信息室、土壤资源与管理研究室、土壤改良研究室、化学肥料研究室、有机肥绿肥研究室、土壤微生物研究室、中国农业科学院山东德州盐碱土改良实验站、中国农业科学院湖南衡阳红壤实验站、国家化肥质量监督检验中心、农业部微生物肥料质量监督检验测试中心、中国农业微生物菌种保藏管理中心、农业部植物营养学重点开放实验室。还有筹建中的中国农业科学院洛阳旱地农业实验基地。

1998年6月，土肥所成立农业信息研究室；1999年9月对内设机构进行调整，农业资源与管理研究室、土壤改良研究室合并成立土壤管理与农业生态研究室，化学肥料研究室和有机肥绿肥研究室合并成立植物营养与肥料研究室，土壤微生物研究室更名为农业微生物研究室。

2002年9月，成立应用技术研发室和农业水资源利用研究室；土壤资源与管理研究室更名为土壤与农业生态研究室、农业微生物研究室更名为微生物农业利用研究室，保留植物营养与肥料研究室、农业信息研究室。2002年7月，科研处和科技开发中心合并成立科技处，后勤服务管理职能从办公室剥离出来，成立后勤服务中心，主要负责物业开发、打字复印、报纸信件收发、环境卫生、安全保卫、水电暖及公共设施维修、车辆使用管理等。

截至2003年5月，土肥所内设机构有16个，其中管理机构有办公室、科技处、党委办公室、人事处、后勤服务中心。研究机构有土壤与农业生态研究室、植物营养与肥料研究室、农业水资源利用研究室、微生物农业利用研究室、信息农业研究室、应用技术研发室。质检中心有国家化肥质量监督检验中心、农业部微生物肥料质量监督检验测试中心。支撑机构有编辑信息室、中国农业科学院山东德州盐碱土改良实验站、中国农业科学院湖南衡阳红壤实验站。

第二节　行政管理

行政事务管理是科研工作顺利开展的保证，工作种类多、涉及面广。具体工作包括后勤事务性的管理、车辆管理、物资管理、房产管理、医疗保健、治安保卫、绿化卫生等方面。

负责行政管理的机构是办公室（1971—1985年称后勤组）。在不同时期，办公室的管理范围有较大差别。1965年以前，办公室是全所唯一的管理职能机构，行政、人事、科研、财务等方面的管理工作全部归属办公室。但仅就行政管理部分来说，因为许多职能由院直接管理，所以工作范围比现在要窄一些，诸如房产、汽车、绿化、医疗保健等都不在行政管理范围内。1965年成立政治处后，人事管理工作交由政治处负责。1972年所内管理机构设置后勤组、科研组和政工组。科研管理交由科研组（1985年后为科研处）负责，后勤组只负责行政管理和财务管理。1992年成立会计科以后，财务管理也从办公室系统划分出来，从此办公室只承担所内的行政管理工作。20世纪70年代以来，行政管理的工作范围却有所扩大，增加了房产、土地、医疗保健、绿化卫生、汽车等方面的管理工作，特别是1971—1979年下放山东期间，行政后勤机构达到了最大规模，成立了医务室、托儿所、食堂、汽车班等附属机构。1979年年底迁回北京之后，取消托儿所、食堂，但医务室一直保留到1996年。

一、后勤事务管理

后勤事务管理是一个单位中非常重要而又非常复杂的一项工作。长期以来，由于计划经济体制的决定，后勤事务管理一直实行着一种福利型的封闭管理模式。几十年来，所里的行政后勤部门本着这种全面管理与服务的原则，为科研、开发和职工生活做了大量的工作。特别是20世纪70年代，频繁的机构变动与搬迁，给全所上下造成极大的工作与生活上的困难，行政后勤部门在这个阶段采取了大量的服务措施，修建宿舍和办公用房，成立托儿所、食堂和医务室，打深井改善饮用水水质以及购买电影放映机定期放电影，以改善职工文化生活，等等。由于保证了职工生活与科研工作的基本需要，所以全所在极其困难的条件下基本上稳定住了科技队伍，没有发生严重的流失现象，同时还取得了大量的科技成果，并在全国科学大会上受到表彰。

自20世纪80年代以来，随着国家经济体制从计划经济向市场经济的逐步转轨，原有后勤管理模式的弊端暴露得越来越明显，如人、财、物资源得不到充分利用，工作效率不高，服务水平满足不了日益增长的需要，等等，给单位带来了越来越难以承受的经济负担。为此，自1987年以来，土肥所逐步在后勤管理上进行改革。首先是在便于计量的后勤服务班组试行了任务定额管理，实行有偿服务，以收抵支，在完成任务指标后，超额部分给予适当的奖励，如打字、复印、汽车、农场、招待所等，都取得了一定成效。1992年又进一步加大改革力度，取消了后勤服务岗位人员的年终平均奖金，根据各班组的工作量及创收能力，确定任务指标和收入提成比例。超额完成任务，超额部分加大提成比例，达不到定额则降低提成比例，同时对后勤服务质量也提出了要求。这一措施明显提高了土肥所后勤服务的创收能力与服务质量。1995年随着全所各项改革的深入发展，对后勤服务管理的有关条例又进行了修订，要求不仅要增收，而且要节支。修改内容主要是：将国家规定增加的职工福利性补贴的相当一部分从创收额中支出，同时对后勤服务创收，要认真计算成本，按纯收入计算奖励提成。

通过以上改革措施，将竞争机制、效益观念引入后勤服务管理。尽管改革的力度有待深入，但已明显看出效果，增强了后勤服务工作的活力，改善了后勤服务工作的质量，减少了事业费的开支。

二、财产和物资管理

财产和物资是一个单位正常开展工作的物质基础，是保证各项工作顺利进行的必要条件。因此，物资管理也是行政管理的重要工作之一。该项工作一直由办公室统一管理。1992年成立会计科后，由办公室和会计科共同管理，日常所需的物品由仓库保管员根据各研究室及课题组需要和库存情况提出采购计划，经办公室领导审批后，由采购人员统一购进、入库建账，然后发放。大型仪器设备如精密、贵重仪器均由课题组提出购置计划，经科研处及办公室审核，物资管理人员统一报院，由院主管部门向国内外有关厂商订货供应。改革开放以来，随着课题的独立核算，课题组经主管领导批准后也可根据科研课题的需要自购物资和中型以下仪器，但必须按国有资产管理的有关规定办理财产登记后方可报销。

鉴于1971—1979年土肥所下放山东，部分固定资产遭到严重破坏和流失。1990年专门组织有关人员对固定资产进行了全面清查，重新建卡登记，摸清了家底。尔后又参照有关规定先后制定了《固定资产管理办法》《劳保用品发放办法》《剧毒药品的储放规定》等，进一步规范管理，从而避免仪器设备的重复购置及固定资产的流失。

三、车辆管理

交通运输设备管理由办公室统一调配。鉴于车辆少的特点，日常出车安排，由办公室本着先科研后个人的原则予以落实。车辆维修保养和维修要求司机按规定执行，一般的保养由司机本人完成，要求小修不进厂，进厂维修需经主管领导审核批准。安全方面的事务由所交通安全领导小组直接管理，车管干部具体负责，先后制定了严格的管理制度，做到有奖有罚。多次被评为北下关地区和海淀区交通安全先进单位。

四、治安保卫

治安保卫工作也是办公室的日常工作之一。1980年起开始配备了兼职保卫干部，负责日常工作。本着"立足科研，服务科研"的指导思想，制定了一些规章制度，如安全保卫工作管理条例，门卫值班制度，科研大楼管理办法等。在硬件方面采取了一系列措施，一楼的门窗加固安装钢筋护栏。1995年又投资一万余元，安装了报警器，对重点部位进行防火防盗监控。

五、医疗卫生

医疗保健工作，由所医务室负责实施，进行一般疾病的治疗，同时还负责全所职工子女的计划免疫和计划生育的管理工作，并组织每两年一次的职工体检。自1996年所医务室取消后，办公室只负责职工医疗费的审核报销，组织职工体检工作。从1992年起，对医疗费的报销方法进行了改革，制定了管理和报销规定，后又进行过修订，为节约医疗费用的开支起到了良好的作用。环境卫生是单位的门面，反映单位的精神面貌。为此，划分了责任卫生区，安排专人负责，做到了有布置、有督促、有检查，大大改善了卫生状况。

第三节　科研管理

建所初期，土肥所没有设立专门的科研管理机构。科研管理工作由所长直接领导，有1~3名专职业务秘书承办。1972年设立科研生产组，科研管理工作有了专门管理机构。1980年土肥所迁回北京后仍保留科研组。1985年正式成立科研处，全面负责全所科研管理工作。科研处的主要职责是：贯彻党的科技方针、政策；制定和执行各项科研管理条例和制度；组织制定和实施科研规划、计划；检查科研项目执行情况；组织成果申请鉴定和申报奖励；成果宣传；研究生培养和学术交流；外事工作（接待、国际合作研究与学术交流）；会同财会部门进行科研经费管理；办理所学术委员会的日常工作；协助业务所长办理有关事宜。科研处设专人分管计划、成果、外事、研究生工作。

一、科研管理制度

早在1960年土肥所对试验研究工作就提出了"五定"的具体要求，即定方向、定任务、定人员、定设备、定制度。

1975年，制定了土壤肥料研究所《关于政治思想、科研生产和行政后勤工作上的规定》，提出了科学研究计划的制定必须坚持"两服务一结合"的方针及计划审核程序和编制要求。

1981 年，土肥所进一步制定了科研管理暂行办法，实验室管理暂行办法，温室管理暂行办法，对科研管理作了更详细的规定。

1982 年，制定了科技人员考核办法。

1992 年，土肥所制定了《土肥所岗位责任制实施办法》。其中，对科技岗位设置、岗位职责（包括研究室主任、实验站站长、中心主任、课题主持人，课题参加人的职责）、岗位待遇等都作出了明确的规定，并拟定了实施细则。

1995 年 12 月，制定了《中国农业科学院土壤肥料研究所科研课题管理办法》和《中国农业科学院土壤肥料研究所所长基金项目管理办法》，并经所务会审议通过。

2001 年，对 1992 年以来的《科研业务管理》方面的制度进行了梳理修订。

2002 年，修订和补充了有关科研管理、外事、开发、知识产权保护和研究生教育等方面的规章制度，如《知识产权保护与管理规定》《科技实体管理办法》《科技开发与产业化管理办法》等。起草了土肥所科技人员聘任办法和考核办法，初步提出研究室学科规划和岗位设置方案。

此外，科研处在成果管理、学位研究工作方面也都制定了相应管理办法。

二、科研规划

1962 年，根据国家农业科学技术发展十年规划，以高惠民为组长、张乃凤为副组长编制了本所 1963—1972 年科研规划。在 1963—1972 年农业科学规划"关于土壤、肥料方面重大科学技术问题的说明及主要研究项目"文件中指出，十年规划必须以提高土壤肥力为中心，重点围绕合理轮作耕作、扩种绿肥、发展化肥、改良低产土壤重大科学技术问题进行研究，并编制了 9 个重要科学技术问题研究项目说明书。

1973 年 5 月，提出了《1973—1980 年土壤肥料实验规划草案》，明确了在土壤方面要用地和养地相结合，抓好调查规划，改良利用和不断提高土壤肥力；在肥料方面要以经济有效施用为重点，抓好保肥增效，肥料合理结构和供求规划；在农业微生物方面以菌种选育和有效施用条件为主。

1978 年，受中国农业科学院委托，编写了《1978—1985 年土壤肥料科学发展规划（草稿）》，后经邯郸全国土壤肥料科研工作会议讨论修订。规划指出土肥工作者的战略任务是：发展科学、服务生产、培养干部。规划中包括土壤普查、高产稳产农田建设、低产田改良、耕作改制等 9 个重点科研项目。奋斗目标为"三年大治，打好基础，八年大提高，赶中有超"。

1982 年年底，着手讨论制定 1983—1990 年土肥所科研规划。

1990 年，土肥所制定了《科技发展十年规划》。提出新的目标是：将土肥所建成国家级的土壤肥料科学研究中心，能够承担国家级的重点科技攻关任务、重大的基础和应用基础研究任务以及重要的国际合作科研任务；能够组织领导全国性的大规模科研协作，产生大的科技成果。

2001 年，编制了土肥所农业科技"十五"计划和 2010 年发展规划。

三、科研计划管理

科研计划项目管理是科研管理的重要组成部分。以计划项目管理为中心，带动其他方面的管理。

建所以来，在科研计划管理上，基本实行的是三套计划和定期不定期的年中、年终执行情况检查制度。三套计划在 20 世纪 80 年代之前为课题任务书、年度设计书、作业计划书。"七五"之后为科技项目计划专项合同书（部分项目为课题任务书）、年度研究计划、作业计划。年度计划主要是反映本年度预期达到的目标、研究内容、拟采取的方法、步骤和设计；作业计划主要反映本年度的试验方案、试验处理、试验调查分析测试等，着重表明试验方法与工作量；年中检查，由所领导和科研管理人员深入基层了解和听取课题主持人的汇报。年终检查，主要是课题主持人在所里做研究进展报告，由所学术委员会作出评价，并于年终编写项目执行情况研究工作总结及年报。

1963年，中国农业科学院对过去试行的计划审编和检查制度作了修订，制定成全院研究计划管理制度，并颁发各所执行。从此，在研究计划的编审程序、检查和总结要求方面有了规范的管理办法。土肥所根据这一规定，所里制定出全所的研究计划大纲，研究室具体编写出本室承担项目的研究计划任务书、年度计划和作业计划，交科研管理部门审核，所长批准。

1963年，土肥所承担了1963—1972年全国农业科学技术发展十年规划项目，1964年进行清理调整，落实项目49项，确定了湖南祁阳片以防治鸭屎泥水稻"坐秋"为中心，河南新乡片以卤盐土棉麦保苗为中心，北京片以全面提高土壤肥力创造高产土壤为中心，形成三片会战基地。

下放山东（1970—1979年）期间，土肥所受农业部和山东省双重领导，承担两方面的研究任务，以当地生产问题为课题，在农村基点开展试验研究。

此外，1974—1983年，土肥所还承担了多项国家重点科研项目，如1974年开始主持由国家科委下达的"土壤普查与诊断"研究项目，1978年以后又根据国家108项重大科技项目中第一项"农业自然资源调查与农业区划"的要求，与农业部、中国科学院共同组织了全国第二次土壤普查。

搬回北京后，自1983年开始，国家设立了科技攻关项目。"六五"到"九五"期间国家科委、计委、农业部、化工部等部门都在不同渠道设立了重点及专项农业科研项目，并制定了相应的管理条例。此间，土肥所承担（主持或参与主持）了多项国家攻关及国家科委、农业部、化工部重点及专项课题。

"六五"期间，主持6项国家科技攻关专题。在黄淮海平原攻关项目中有：禹城河间浅平洼涝盐碱地综合治理综合发展体系的研究、陵县古黄河背河洼地综合治理综合开发模式研究、黄淮海中低产地区提高肥料效益和培肥土壤技术的研究、马颊河流域盐渍土水盐运动监测及预报的研究等4项专题。另外还有高浓度复（混）合肥料品种、应用技术的研究，磷钾肥科学施肥技术的研究2项国家科技攻关专题。

"七五"期间，主持8项国家科技攻关专题。继续在黄淮海平原中低产地区综合治理项目中承担的专题有：禹城河间浅平洼地综合治理配套技术研究、陵县洼涝盐渍土综合利用和综合配套技术研究、马颊河流域区域水盐运动监测预报技术研究、黄淮海平原大面积经济施肥和培肥技术的研究等。在旱地农业增产技术项目中承担的专项有：不同类型旱地山西屯留实验区农牧结合农林牧综合发展技术体系研究、不同类型旱农地区以提高水分利用率为中心的农作物增产技术体系研究等。在青海盐湖提钾和综合利用技术项目中主持盐湖钾肥施用技术研究专题，在胶磷矿技术开发项目中主持掺合肥料和施肥技术的研究专题。

"八五"期间，主持国家科技攻关5项专题。继续在黄淮海平原农业持续发展综合技术研究和北方旱区农业综合发展研究项目中主持禹城农业持续发展综合试验研究、盐渍生态环境的农业持续发展配套技术研究、黄淮海平原主要种植制度下作物高产优化施肥技术的研究、北方旱地农田水肥交互作用及耦合模式研究等专题。在南方红黄壤丘陵中、低产地区综合治理研究项目中，主持湘南红壤丘陵农业持续发展研究专题。除国家科技攻关专题外，还主持了总理基金项目"非豆科作物结瘤固氮研究"。

"八五"期间，土肥所还是农业部03重点项目"高产平衡施肥技术"的项目负责单位，协助农业部进行项目管理。

1996年，继续在"九五"国家攻关的区域治理项目中，主持5项国家科技攻关专题："禹城试验区资源节约型高产高效农业综合发展研究""鲁西北低平原环境调控与高效持续农业研究""黄淮海平原重点共性关键技术专题研究（黄淮海平原养分资源持续高效利用新技术系统研究与示范)""红壤带中南部丘陵区粮食与经济林果高效综合发展研究""主要类型旱地农田水肥耦合及高效利用技术研究"等。通过投标，中标承担了国家科技攻关重中之重项目——"五大农作物大面积高产综合技术研究与开发""主要畜禽规模化养殖及产业化研究与开发"中的"玉米高产施肥和提高化肥利用率技术""棉花专用肥及其施用技术的研制与开发"和"规模化蛋鸡场粪污处理利用技术"等研究题目。

2001—2003年间，土肥所主持"973"前期2项，即"中国农田养分非均衡化与土壤健康功能衰退研究"和"土壤质量演变规律与持续利用"；"863"计划课题3项，即"环境友好型高效纳米肥料研究与开发""农业节水标准化技术研究与开发""环境友好型肥料研制与产业化"；"十五"国家科技攻关计划5项，即"东南丘陵区中部持续高效农业发展模式与技术研究""黄淮海平原高效畜牧业发展模式与技术研究""黄淮海平原中低产区高效农业发展""无公害优质玉米生产关键技术集成与产业化开发""优质玉米品质与产量形成机理及高效施肥技术研究"；国家自然科学基金6项，即"北方主要类型旱区资源节约型农业技术的指标体系构建""坡耕地土壤季节性侵蚀的 Be-7/Cs-137/K-40 土综对比研究""酵母 DulexA 两杂交系统克隆结瘤素基因 ENOD40 的受体""小麦拒镉与非拒镉差异及其机理研究""不同衰老型玉米碳氮代谢的差异及其机理研究"和"缺钙导致苹果果实生理失调的机理"。

自"六五"到"十五"前期，各种科研项目的主管部门、组织部门制定了有关项目的管理办法，而且越来越规范。土肥所在计划管理中根据有关规定实行分类分层管理。分类采用基础研究、应用研究和试验发展分类标准进行划分；分层考虑课题来源部门的层次（国家、省部委、院、所）和课题归属科研计划的层次（项目、课题、专题、子专题），按照层次关系，认真执行课题组织部门、主持（或主管）部门制定的管理条例，并按项目层次的职责进行管理。根据课题类型不同提出不同的考核目标及有关要求。

为完善科研管理工作，1995年制定了《土肥所科研课题管理办法》，包括课题申请、计划编制、分级管理与职责、实施管理、成果鉴定、奖励申报、经费管理等。同年设立所青年科学基金，主要资助青年科技人员从事应用基础研究、亟须加强的新技术研究领域和能取得近期成果的开发性研究。同时，制定了《土肥所青年基金项目管理办法》和相应报表。

四、成果管理

成果管理的内容包括科技成果的预测、鉴定、登记、审查、申报、奖励、建档、宣传、保密、交流和推广应用。

1. 制定相应实验细则和管理规定

我国科技成果奖励制度实行的是分级和分类奖励办法。在不同时期，各级管理部门和奖励部门都制定了相应的管理规定及奖励条件和细则。因此，认真执行上级各有关单位的各项规定是搞好成果管理的前提。在此基础上根据上级文件精神，结合本所实际，制定了相应实验细则和管理规定。如1986年提出了《土肥所获奖项目奖励的分配意见》，1988年制定了《关于科技成果获奖项目发给二级奖励证明的规定》，规定中明确指出：直接参与项目的科研工作，并列入研究计划之内的本所和外所的科技人员均可发给二级奖励证明，办理二级奖励证明需由项目主持人提出名单，外单位人员须由本单位出具公函，证明其为项目完成人员，二级证明的发放对科研大协作起到了一定积极作用。1989年制定了《土壤肥料研究所科技成果管理若干规定》共十一条款。使科技成果管理工作得以进一步完善，实现管理制度化。

2. 对科技成果进行登记、编目和建立数据库

为加强获奖科技成果规范管理，在查阅档案、资料和调查的基础上，于 1986 年 6 月按年序编写了《1957—1986 年土肥所主持的获奖科技成果目录》，编入的获奖成果 61 项，其中重大获奖成果 24 项。以后又按获奖、未获奖类别及等级编出 1987—1996 年成果目录，共 53 项，其中获奖成果 40 项。1996 年获奖成果输入计算机，建立成果管理数据库。截至 2003 年土肥所以第一完成单位获院级以上科技成果奖励 111 项，其中获得国家发明奖一等奖 2 项，全国科学大会奖 8 项，国家科技进步奖 12 项，省部级奖 49 项，中国农业科学院奖 35 项，其他奖 5 项（详见附录）。

3. 组织成果鉴定和申报成果奖励

成果鉴定和申报奖励是成果管理的重要工作，是计划管理的延伸。土肥所在申报成果奖励时，采取学术委员会和科研处双重把关方式，每年召开学术委员会，对当年上报成果进行评审。评审采用主审员制度，评审不仅做出评审结论，写出评审意见，同时也提出修改意见，目的是把好申报成果材料的质量关。科研处协助学术委员会委员写好评审意见，指导主持人填好申报书，并对申报书及材料进行严格的形式审查，按期上报材料。

第四节　人事管理

一、机构与人员

建所初期，人事管理工作由所长领导下的专职人事秘书负责。1972 年以后由新成立的政工组负责人事管理，1985 年设立党办人事处，1987 年党办人事处分开成立党委办公室和人事处，自此有了专职从事人事管理的机构。

人事管理主要包括劳动工资、干部管理、科技干部管理、工人管理、合同制职工及临时工管理、离退休职工管理等。

按照上级有关文件精神，结合本所实际情况，陆续制定了《土肥所职工管理若干问题暂行规定》《关于职工退（离）休和返聘工作实施细则》以及《关于科技人员进修学习的规定》等规章制度，使人事管理更加规范化。

由于职工离、退休，毕业生分配以及调出调进等原因，全所职工队伍始终处于变动之中，虽然在较长的时间内，全所仅有 200 余名在职职工，但累计在所工作过的人数则为 740 人左右。建所 40 多年来，还经历了 1960 年精简和 1970 年下放两次大的人员变动，如何保持一支高水平的科技队伍和精干的行政后勤队伍是人事管理工作最主要的任务。

建所以来，土肥所始终根据业务工作的需要，对重点发展的领域和人员不足的室组，提出人员数量、学历等方面的要求，安排毕业生的接收，同时也根据编制的许可和工作的需要，适当调进一部分职工，以满足各项工作的需要。比较特殊的情况发生在 20 世纪 70 年代下放山东期间，为解决职工两地分居问题，曾陆续调进了 50 余人，其中一部分是专业对口的科技人员，有的后来成为本所技术骨干，也有部分专业不对口，但也都安排了适当的工作，并利用部分专业技术为土肥所开拓了新的研究领域，如安排部分学习机械、物理专业的技术人员成立仪器研制组，做出了很好的成绩。对少数实在难以发挥其特长的人员，回迁北京后也都允许他们调至其他更适合的单位。通过解决职工两地分居问题，使全所在较为困难的工作与生活条件下，保持了一支有较强实力的科技队伍，同时也保持了多数科研工作的连续性。

二、继续教育

在岗培训是提高职工素质的一个重要手段，但在不同时期考虑的出发点和采取的方法有所不

同。在中共十一届三中全会以前，主要考虑知识分子的思想改造和帮助青年科技人员熟悉农业生产，因而除组织职工下放农村劳动锻炼，参加四清等政治运动，到农村蹲点强调与农民"三同"等以外，从1963年开始，大学毕业生来所后，一般均应先到农村基点劳动一年。而在十一届三中全会以后，主要考虑提高职工的业务和外语水平，掌握国内外最新的理论和技术，因而着重安排职工参加各种外语或专业培训班，组织职工参加国内外各种专业会议，并大量派遣科技人员出国进修和考察。1978年至1996年年底，各种渠道出国开会与学习、考察的人员已超过百人。1997—2003年，通过在职攻读硕士和博士学位、出国学习进修、参加国内外学术活动、引导深入生产一线、设立所长基金、参与合作项目研究等渠道和方式，让年轻科技人员快速成长。

三、专业技术职务评审

专业技术职务评审及管理是科技干部管理的主要内容之一，此项工作体现了党对知识分子的关心，也关系对知识分子的切身利益。因此研究所严格按照上级文件规定的申报条件，同时考虑到各学科的发展和科研任务的顺利完成，在年终总结和个人报告的基础上，由所中级专业技术职务评审委员会公平地评审。自建所至1996年，土肥所进行了20余次评审工作，共评出正高级资格38人，实际聘任33人；副高级资格148人，实际聘任145人；中级190人，初级48人。1997—2003年土肥所进行了6次职称评审，共有20人晋升正高级职称、31人晋升副高级职称。

为了加强管理，土肥所为每个科技干部建立了考绩档案，每年从德、能、勤、绩四个方面进行全面考核，在考核的基础上择优聘任。

在20世纪80年代中期，土肥所有工人60余人，随着科研任务的增加，部分工人的岗位发生了变化。根据工作需要，经过严格考核，研究所从工人中选用、聘用科技干部和行政干部20余人，在此基础上任命了主任科员和副主任科员15人左右。另外，按照上级的有关文件精神，研究所组织了约30人次的工人考试升级。截至1996年年底，土肥所有工人技师2名，高级工8人，中级工4人，初级工7人。截至2002年12月，土肥所有工人9人。

土肥所历次专业技术职务评审情况

年月	正高级	副高级	中级	初级
1958	1	1		
1962	1	2		
1978	3	2		
1980			120	
1981. 1		16		
1981. 12			2	
1983. 6	1	5		
1986. 12	4	19	3	32
1987. 8	1	8		
1988. 2	1	11	16	
1988. 10	6	28	3	
1989. 12	2			
1990. 12			11	
1991. 5			2	

（续表）

年月	正高级	副高级	中级	初级
1991. 12			5	
1992. 3	7	27	11	15
1993. 3		6		
1993. 11	3	8	4	
1994. 8			4	
1995. 12	6	5	2	
1996. 12	2	8	7	1
1997	3	3		
1998	2	3		
1999	3	6		
2000	5	8	2	
2001	3	4	4	
2003	4	7	1	
27 次	58（资格 5 人）	177（资格 3 人）	197	48

四、劳动工资

做好工资管理工作能更好地贯彻按劳分配原则，从而调动广大职工的积极性，提高工作效率。建所至 1996 年年底，土肥所先后组织实施了 1956 年、1985 年和 1993 年三次新中国成立以来大的工资改革，特别是 1993 年工改，全所 317 人参加（包括离退休职工）年增资额 49 万元左右。除此之外，专业技术人员晋升职称，工人考工升级，干部晋升职务及职工获得各种奖励等等，土肥所均按有关规定调整工资。1997—2003 年，共有 524 人次晋升工资，其中 1999 年在职及离退休 226 人增加工资。2001 年在职人员 132 人调整工资标准，人均增加 135 元/月；离退休人员增加离退费人均 135 元/月。当年 10 月，在职人员调整工资标准 132 人，人均月工资增加 113 元；离退休人员增加离退休费 136 人，人均月增加 114 元。增加北京市生活补贴，在职 132 人，人均月增加 48 元；离退休 136 人，人均月增加 43 元。在职人员正常晋升工资 112 人，人均月工资增加 58 元。

五、离退休职工

随着建所时间越来越长，离、退休职工也越来越多。由于年龄结构的原因，进入 20 世纪 90 年代以后，离、退休职工人数快速增加，截至 1996 年年底，在世的离、退休职工有 137 人，另有退养职工 6 人，还有退休后由街道管理的职工 8 人。1997—2003 年间共计退休 64 人。这些离、退休职工大多在土肥所工作多年，为土肥所的发展做出了自己的贡献。因此，在他们退休时，按国家规定计算他们的离、退休工资，妥善地做好工作的交接。在他们退休以后，仍继续关心他们的生活，人事处设专人负责与离、退休职工联系，负责解决他们的困难，所里在给全体在职职工发放福利时，一般均同样发给离、退休职工，而在医药费报销上，则给予离、退休职工更多的补贴。对工作需要而本人身体条件又比较好的离、退休职工，允许返聘 3~5 年，继续从事科研工作。对于从事科技开发的离、退休职工，在收入提成上也实行比在职职工更优惠的比例。总之，对为土肥所发展做出贡献的老干部、老专家、老工人，尽可能关心他们的老年生活和工作，使他们老有所养、老有所为。

第五节　财务管理

财务工作是组织研究所财务活动和处理财务关系的一项经济管理工作。1957年建所至1991年，财务管理由办公室（后勤组）负责，1992年后由独立的财务科负责。

土肥所经费来源渠道有两个，一是财政拨款，二是创收。其中，财政拨款有三种形式，一是拨入的事业费，二是纵、横向的三项经费，三是专项拨款。在国家支持下，随着研究所的壮大和发展，经费来源逐年稳步增加。从建所到20世纪80年代，经费主要靠国家拨款，随着科技体制改革的不断深入，开发创收已成为土肥所必不可少的经费来源之一，土肥所已初步形成事业费、三项经费和开发创收各占总经费三分之一的格局。

建所至下放前（1957—1970年），财务归办公室管理，财务核算性质是差额补助，国家实行高度集中的计划经济管理，研究所很少有自主权，财务管理工作主要是把好审核关，做好收支核算，实事求是编制报表。

1971—1979年，土肥所下放山东，财务归后勤组管理。其中，1971—1973年土肥所与德州农科所合并，财务统一管理分别核算，事业经费由山东省财政拨款；1974—1978年土肥所归属山东省农业科学院，1978年重新回归中国农业科学院，但所址仍在德州，经费独立核算。下放期间管理体制多次变动，人员流动频繁，面对动荡局面，财务管理的重点在3个方面：①与地方处理好财务关系，在经费统一管理中保持独立性，土肥所设有主管会计和出纳，设置独立账号，及时结算与合并单位的经济往来。②针对人员变动大的特点，抓紧内部人员往来账的处理，严格执行前账不清后账不借的原则，为解决职工因私借款专设一笔预算外的职工互助费，作为职工临时因急事的个人借款，一般最多在一年之内从工资中扣还。③注意节约资金，由于研究所的变动，很容易造成浪费，特别是1978年以后酝酿回迁北京，财务管理上注意储备结余资金。由于以上三条措施，使土肥所回迁北京时顺利与地方研究所分离，而且又有一定的搬迁资金，保证土肥所及时顺利回迁北京。

1985年成立办公室，财务归办公室管理，办公室下设财务组，统一管理财务。20世纪80年代后期，科研会计制度进行改革，改革后的会计制度要实行成本核算，会计工作量成倍增加。面对上述形势，财务管理重点做了3方面工作：①开展增收节支，经所领导研究制定了收入提成奖励办法，鼓励职工通过技术转让或技术服务进行创收；在节支方面采取事业费支出按人定额的包干办法，对购买物品和出差建立多级审批制度。这些增收节支措施，保证了土肥所年终奖金顺利发放，每年创收也有一定增加。②全面进行固定资产清查。由于搬迁和基建，土肥所的固定资产和物资保管较为混乱，办公室决定设立固定资产清查小组。经过近一年时间的清查，重新调账并更正了账目，建立了固定资产明细卡片和材料分类账，做到了账物相符、账账相符。固定资产责任落实到使用人，保证了国有资产使用的安全。1990年，根据院部署，对财产、物资又进一步清查，按院要求建立了固定资产明细账，做到固定资产账与卡相符，建立固定资产个人管理手册，确保固定资产有专人负责；设计出固定资产从购置到报废处理手续一整套表格，制定了全所固定资产管理制度。第三项工作是会计电算化。土肥所会计电算化起步于1987年，1988年1月1日正式试运行。6个月之后，顺利地通过手工记账与计算机记账并行阶段，甩掉手工记账。同年8月，受院委托，土肥所承办了会计电算化培训班。土肥所顺利地成为中国农业科学院第一个通过农业电算化达标验收单位。

1992年1月成立了会计科，为所长领导下的独立财务机构。随着科技体制的进一步深化，科研单位面向激烈竞争的市场，经济效益成为研究所兴衰成败的关键，财务管理越来越受到重视。在财务管理方面实行下列措施：第一，集中与分散管理相结合的经费管理体制。表现为两方面，一方面财务活动集中管理。所内一切财务活动由会计科办理，只设一个银行账号，各小单位开发创收均交会计科。会计科在资金运用中，重视资金的时间价值，充分发挥其经济效果；集中的另一方面是集中经费管理，每年预算决算均由党政联席会讨论决定，并在所务会讨论通过。日常财务活动万元以上开支，要有两名所领导签字。在集中管理的同时发挥基层单位的积极性。在统一管理的前提下，明确经费的所有权和使用权，实行责权结合的归口分级控制和审批责任制。对集中管理的事业费以外的经费在管理上充分尊重经费负责人的自主权，财务上只根据的规章制度予以控制。课题和开发项目经费由主持人计划使用，千元以上支出由主持人申请，主管财务领导审批；千元以下由室处级领导审批。经费的分级管理充分调动了全体职工参与财务管理的积极性，又使研究所始终掌握经费主动权。第二，动态控制综合平衡。预算管理是经费管理的核心和出发点，由于科研活动在计划执行中有很大的不确定性，而且社会经济市场也在不断变化，在财务管理上，做到事先有预算，事中有监督和调整，事后有总结分析。在日常经费活动中，始终做到心中有数，无特殊情况不超计划支出，连年做到收支平衡略有节余。第三，稳中求放，在稳定前提下开展开发创收。主要表现为在对外联合上实行以技术投入的联合形式，避免了资金投入的巨大风险。在承包经营上实行定额管理办法，不搞大承包，避免了国有资产流失现象。因此土肥所的开发创收实现了连年稳步增长。第四，重视会计队伍建设。为财会人员提供培训学习机会，提高财会人员的政策与业务水平。经过培训考核，1996年年底，土肥所会计人员中有财会大专学历人员3名，财会中专学历人员2名。截至2003年合并时，财务人员有4人，其中本科学历高级会计师1人，大专学历助理会计师1人，中专学历助理会计师2人。财务科会计核算工作规范，从1987年开始事业费年终决算报表和三项经费报表连年获部、院奖励，1999年会计科得获1998年科学事业费决算报表二等奖，中国农业科学院一等奖，农业科研单位会计电算化验收院一等奖；2000年会计科获得1999年科学事业结算编审先进单位二等奖。会计科曾被评为所级先进集体。

第六节　科技开发管理

搞好科技开发，加速科技成果的转化，是科研单位的基本任务之一。1957年建所以来，各届所领导都十分重视开发工作，努力搞好土肥所科技成果的转化，使之更好地为农业生产服务。1985年，土肥所开始重视社会效益，成立了科技开发处，同时也将其作为本所的一个经济收入来源，以增强自身发展能力。

为推动微生物肥料的推广使用，1958年土肥所设立了菌肥厂进行微生物肥料的生产，后又建立了小球藻工厂，进行小球藻的开发研究与生产，直至三年经济困难期间，因机构精简而中止。20世纪60年代后，土肥所研制成功了土壤速测箱，并将全套技术无偿转给院仪器厂生产。在20世纪60年代，土肥所还在河南、湖南等地大面积推广了盐渍土棉麦保苗技术和冬干鸭屎田水稻"坐秋"的防治技术，取得很好的效果。

1970年下放山东以后，在人员尚未安顿的情况下，为解决齐河造纸厂黑液污染问题，土肥所派科研人员帮助齐河造纸厂利用黑液生产碱木素、白地霉、酵母菌等产品。在20世纪70年代全国农业微生物菌剂推广应用的高潮中，土肥所不但派遣大批科技人员投入了推广应用工作，而且还研究成功5406孢子粉的生产工艺，加速了5406的推广；同时土肥所建设了微生物车间，进一步抓好微生物菌剂的生产工艺改进与生产推广工作。此外，土肥所还在土壤普查与诊断，盐碱土改良，磷肥、钾肥、锌肥的推广，新仪器研制等方面进行了许多卓有成效的工作。

　　1985 年中共中央颁布了《关于科学技术体制改革的决定》，为适应新形势的要求，土肥所成立了科技开发处（后改为科技开发中心），加强科技开发工作的组织领导，同时逐步形成了一支专职和兼职相结合的科技开发队伍，既重视无偿的科技推广服务，取得社会效益，也开始重视有偿的技术转让与技术服务，为单位获取一定的经济效益。经过一段时间的努力，逐步形成了三个主要的支柱技术，①微生物发酵工程，可提供多种农田微生物优良菌种和配套的发酵工艺，如低成本黄胞胶生产技术，各种微生物肥料生产技术，螺旋藻生产技术及系列产品，赤霉素（九二〇）生产技术等；②有机—无机复混肥料的生产技术，如以畜禽废弃物为主要原料生产商品有机肥料的技术，通用和专用复混肥料的配方和生产技术，多元微肥的配方和生产技术等；③以测试分析和国内外委托试验为主要内容的技术服务。20 世纪 90 年代开始加强新型肥料和土壤调理剂的研制，以期形成新的科技开发拳头产品。

　　创办经济实体是科技开发工作的重要手段之一，但土肥所自成立至 2003 年一直处于探索阶段。1988 年土肥所成立了直达生物工程公司，虽几经调整人员和转换机制，但始终未取得良好效益。于 1995 年撤销。1994 年又曾以技术入股方式参与天农集团公司，但因公司主要股东的原因，公司于 1996 年解散。因而直到 1996 年年底，土肥所除衡阳红壤实验站在祁阳县注册有一个华陵公司外，全所无任何经济实体。1998 年 4 月 13 日，土肥所以技术入股（占股 12.5%）与北京陆海丰科技咨询服务中心、北京燕山石油化工公司研究院 2 家单位及陈锡德、叶志强个人组建成立北京丰润达高技术有限公司。2002 年 8 月土肥所以实资货币投资 50 万元参股院属公司北京中农福得绿色科技有限公司。2002 年 7 月 3 日，土肥所以 2 项发明专利成果评估作价与北京阳光中农科技有限责任公司共同投资创立北京中农新科生物科技有限公司，经营范围为研究、开发、生产和销售生物肥料、生物农药等农用生物制剂。

　　土肥所虽然加强了科技创收工作，但并未放弃无偿的技术推广与技术服务。自 20 世纪 80 年代以来，曾派出大批科技人员在第二次全国土壤普查中进行技术咨询和技术服务，足迹遍及除台港澳以外的全部省（市、自治区）；土肥所还在山东陵县、禹城、湖南祁阳等众多试验区或基点上建立了科技示范区，结合课题研究，在含氯化肥、北方钾肥、锌肥、硼肥、硫肥、旱农耕作技术、飞播牧草、大豆及牧草根瘤菌等众多方面进行大面积的技术推广，取得了较好的社会效益。

　　1996 年以来，土肥所逐步加强了科技成果的推广力度，收到了良好的效果。

　　在成果转化方面，山东陵县试区、禹城试区和湖南祁阳试区，分别开展了粮棉高产、培肥地力、节水灌溉及红壤丘陵综合开发利用等多项技术推广，参加了当地的农业开发工作，如发展冬季农业、观光农业、节水农业、立体农业等。①陵县试区与当地共建了冬季农业示范基地，禹城试区配合当地建设超高产示范田和观光农业区，祁阳试区在湘南推广红壤丘陵综合利用模式 60 万亩，产生经济效益近亿元。②土壤养分综合系统评价法与平衡施肥技术，1997 年在北方 12 个省（区）推广应用 1 900 万亩，新增产量 25 500 万千克，新增纯收益 28 050 万元。③在河北省推广了“秸秆还田”“夏玉米免耕覆盖”15 万亩，增加了产量，减少了焚烧秸秆造成的环境污染。④2001 年“利用农业废弃物生产无公害肥料技术中试与产业化示范、中国土壤肥料信息系统系列产品的推广及应用和多功能镁复合肥系列产品开发”三个项目获得科技部成果转化基金项目资助 140 万元。

　　在技术转让和技术服务方面，①土肥所根据市场需求和专业优势，大力推广微生物制剂的菌种供应与发酵工程，有机—无机复混肥料生产技术和测试分析技术服务，每年可收入 50 万~70 万元。②在测试仪器的研制、饲料添加剂的研制方面也有较大进展，均有新技术投入市场，取得一定收益。1998 年在以往专用肥料与生物肥料的基础上，进一步研究开发出具有产业化前景，可供技术转让或合作开发新的技术领域。主要有黑色液膜、水肥调理剂、复合生物多抗菌肥、复合酶饲料添加剂、果树和蔬菜专用高效钙肥、鸡粪脱水与除臭技术等。③土肥所原有专用肥与生物肥的开发技术也有较大的提高，以往专用肥的开发以提供配方为主，生物肥的开发以提供菌种为主，发展到已能基本做到从工艺设计、设备选型、指导安装、试生产，直至生产出合格产品的全过程服务，大大增强了研究所在国内开发同类产品的竞争能力。2000 年支持内蒙古、贵州两省（区）各上马了一个年产万吨的生物肥厂，在云南监制了一个过磷酸钙厂，有力支持了当地农业生产。2001 年作为技术依托单位，协助秦皇岛领先科技发展有限公司申报了国家计委的高技术产业化示范工程项目，年产 2 万吨豆科根瘤菌菌剂产业化示范工程。

技术宣传和科技兴农方面，利用各级各类博览会、咨询会和科技活动，解答群众咨询问题，发放科普书籍；1997 年在全国几十个省（市）举办各类培训班十余次，培训农技干部及农民技术人员 900 多人次。2000 年参加了中国农业科学院和河南南阳、唐河、山东禹城等地区的科技示范区或科技示范县与北京市科委组织的科技周宣传活动，以及北方技术市场组织的天津市、宝坻县的项目宣传、洽谈服务工作。全年参加项目洽谈会 16 次，带去了土肥所的新技术和新项目。2001 年参加各种技术交流、技术洽谈及其他技术服务活动 22 次，主要有贵州科技下乡活动，辽宁锦西北方农业科技博览交易会，第五届中国北方农业新品种、新技术展销会（辽宁锦州），第二届湖北老河口市技术交易会，中国东西部投资与技术交易对接会，河北香河高科技人才成果展示洽谈会，农业部及中国农业科学院科技示范县挂牌活动，甘肃酒泉农业科技节，河北省第五届人才技术交流交易洽谈会议，中德高技术论坛第二次会议，北京农业高新技术博览会，浙江省国际农业高新技术博览会、浙江宁波 2001 金秋科技投资洽谈会等。

在科技开发管理方面，土肥所主要强调统一组织和集中管理，制定了《土肥所科技开发推广管理暂行办法》，明确了所开发机构的职责，确定了科技成果转化的管理原则，强调本所科研成果的转让权归所，任何集体与个人不得私自转让，不得以所的设备条件为个人谋取利益。鉴于各技术项目由有关课题组掌握的实际情况，因此原则上以课题组为单位进行技术开发，同时也允许在岗人员从事非合同的技术活动和离退休人员参加开发活动。全部收入均纳入所账户，由会计科统一管理，参加科技开发人员给予一定比例的收入提成，不允许私设账户和账外现金交易。由于管理严格、规范，十几年来不仅调动了科技人员参加科技开发工作的积极性，而且未出现大的合同纠纷或经济违规现象，全所科技开发收入也得到了迅速增长。1986 年全所技术性收入为 9万元，相当于当年事业费收入的 7.19%，1990 年技术性收入达到 43.1 万元，相当于当年事业费收入的 26.82%，而到了"八五"结束的 1995 年，技术性收入为 209 万元，为当年事业费收入的 97.98%。1996 年继续发展，技术性收入达到 258.9 万元，为当年事业费收入的 116%，人均达到 1.3 万元，1997 年技术收入突破 300 万元，比 1996 年有较大幅度增长。1998 年科技开发收入达到 418 万元，比 1997 年增加 30%。1999 年开发收入再创历史新高，全年开发收入 500 万元。2000 年科技开发收入 430 万元。其中"九五"期间科技创收总计达 1 893.8 万元，为此从1996 年至 1999 年土肥所连续四年获得了财政部、农业部和国家科委授予的科技成果转化三等奖，奖金 20 万元/年。

第七节　档案管理

自建所以来，土肥所对档案工作一直是比较重视的，一直强调各专题试验研究材料应随时收集整理，并要求有专人负责。但在建所初期实行的是分散管理的办法，除综合性材料由所办公室集中保管外，专业学术性材料均由各室组分散保管，确定有负责保管人。

1965 年 5 月，根据上级指示精神，曾经成立档案清理工作小组，对解放以来的档案进行清理，但档案管理办法未予变更。

"文化大革命"对档案工作的冲击很大，由于管理工作瘫痪，加上多次搬迁，档案散失严重。在下放德州期间，随着科研秩序的逐渐恢复，于 1977 年 4 月重新制定了《科技档案立卷归档试行办法》（简称《办法》），强调了从 1977 年开始各课题均需建立档案，并有专人负责收集保存，《办法》还对立卷归档的范围与要求作出了明确的规定。

迁回北京后，土肥所各项工作走向正规。1981 年开始设立科技档案室，配备了专职档案员，开展科技档案收集、整理、归档、编目，提供服务等工作。1981 年 11 月 27 日制定了《中国农业科学院土肥所科技档案管理办法》，各课题组均指定了兼职档案员。但在这个时期，土肥所的档案工作仍是采用分散管理的办法，科技档案由科技档案室管理，文书档案由办公室管理，会计档案由会计室管理，科研管理档案由科研处管理。

1993 年 8 月 2 日，为进一步贯彻执行《中华人民共和国档案法》和有关法规，所办公会议决定，成立土肥所综合档案室，重新制定并正式颁布了《中国农业科学院土壤肥料研究所科技档案管理办法》《中国农业科学院土壤肥料研究所文书档案管理办法》《中国农业科学院土壤肥料研究所会计档案管理办法》，并开始将分散在各处室的档案材料按上述管理办法进行整理，移交档案室，由专职档案员统一立卷、统一管理、统一编目。同时对全部库存档案进行全面清点、整理，重新分类编目、登记，编制检索卡片和全引目录。此外，还进行了查重补漏工作，提高案卷质量。通过一年努力，达到了"农业部合格档案室"的标准与要求，于 1994 年 12 月 14 日通过了部级验收。

建所初期的档案，据 1965 年清理档案时统计，共形成科技档案 159 卷，后在"文化大革命"中遗失 53 卷，形成文书档案 54 卷（后遗失 4 卷）。"文化大革命"期间，由于多次搬迁与机构瘫痪，档案材料遭受严重损失，遗失、破损和霉变现象严重。从 1981 年开始，土肥所一方面抓新档案材料的立卷、保管工作，同时开始收集、整理 1980 年以前的旧档案工作。通过几年的努力，共清理分类装订科技档案 405 卷、文书档案 105 卷，并注销档案 156 卷（共 2 776 份材料），重新组卷档案 25 卷。

土肥所档案室共保存档案 2 000 余卷，分别有科研成果档案、文书档案、基建档案、奖状及证书等。为方便利用制作各种检索工具，有档案目录及各类检索卡片，并建立档案计算机管理，编目、检索。由于档案管理比较规范，档案开始在土肥所的科研工作和各项管理工作中发挥其应有的作用。

第三章　科学研究

第一节　土壤学研究

1957 年中国农业科学院土壤肥料研究所成立时，即设立有农业土壤研究室和土壤耕作研究室。1980 年研究室调整，保留农业土壤研究室、土壤耕作研究室，新成立土壤改良研究室；1994 年农业土壤研究室与土壤耕作研究室合并为土壤资源与管理研究室；1999 年土壤资源与管理研究室和土壤改良研究室合并为土壤管理与农业生态研究室，2002 年更名为土壤与农业生态研究室。

一、土壤资源

1. 第一次土壤普查

1958 年全国开展了第一次土壤普查，土肥所派出一批科技人员参与这一工作，并协助农业部和中国农业科学院组织了多次全国土壤普查的工作汇报会与学术交流会。针对第一次土壤普查单纯重视群众认土、改土经验，忽视现代科学理论的问题，冯兆林、徐叔华等专家多次通过撰写文章和会议发言，强调要将群众经验深化、提高，用现代科学理论对其进行总结。在土壤普查的汇总阶段，土肥所不仅派出科技人员参与汇总，并派出徐叔华研究员担任汇总工作的技术负责人。在徐叔华研究员的指导下，应用现代科学理论，对缺乏统一规程指导所得来的大量调查资料进行了科学整理，将群众经验与科学理论相结合，编制完成了"四图一志"，即《1∶250 万中国农业土壤图》《1∶400 万中国土地利用概图》《1∶400 万中国农业土壤肥力概图》《1∶400 万中国农业土壤改良分区概图》和《中国农业土壤志》。这次土壤普查基本查清了我国耕地土壤的肥力状况，推动了当时的深耕改土运动，使之发展成为首次全国性的农田基本建设高潮。

这次土壤普查推动了我国土壤科技队伍的建设与发展，也发展了我国的土壤科学理论与应用，特别是形成了新的农业土壤学研究领域。1962 年 1 月出版的由土肥所主持编写的《中国农业土壤学论文集》即是对这一新领域的阶段性总结。为了农业土壤学理论的建设，土肥所在这一时期曾投入较大科学力量进行扎实细致的研究工作，如在 1960 年开始实施分设于南北方（北京与湖南祁阳）的土壤肥力长期定位监测试验，1962 年组建大比例尺土壤调查与制图研究组，从点和面两个方面研究农业措施对土壤理化和生物性状的影响，总结农业土壤的发生与演变过程。土壤调查组在 1962—1965 年间曾进行多次不同目的、不同内容和不同比例的土壤调查与制图，如为农业发展规划服务的 1∶2 万北京红星公社土壤调查，为果树规划服务的 1∶2 000 北京和平公社沙子营地区土壤调查，为平整土地服务的 1∶5 000 北京树村农场土壤调查，为区域综合治理和盐碱土改良服务的 1∶5 000 河南新乡孟姜女河流域土壤调查以及在北京永乐店农场进行的盐斑地专项调查等。

2. 第二次土壤普查

1974 年 1 月，为进行全国第二次土壤普查做技术准备，由国家科委立项，由土肥所主持的全国土壤普查诊断科研协作组正式成立。此后，土肥所先后在山东胶县城南公社、湖南韶山综合场大队和山东省章丘县进行了不同比例尺与不同方法、内容的土壤普查试点研究，并指导了山东昌潍地区、烟台地区和湖南省韶山区的群众性土壤普查工作。通过协作研究，总结出一套以县、社、队为单位，以地块为基础，以生产问题为中心，以查明土壤障碍因素，拟订土壤利用和改良措施为指标，为科学种田和农田基本建设服务的土壤普查技术方法。研究了不同农区的地块划分、农化采样及速测方法，使之形成了一种将常规土壤调查与农化调查相结合的新技术。在保证科学性的基础上更加突出了土壤普查工作的生产性，即指导当前农业生产的作用。这项研究成果于1980年获农业部技术改进二等奖。鉴于第二次土壤普查的技术准备已经完成，1977年11月在协作组的工作会议上向国家提出了开展全国第二次土壤普查的建议，1978年10月农林部向国务院提交了正式报告，1979年4月国务院发文同意开展全国第二次土壤普查。总结提出的土壤普查技术被作为全国第二次土壤普查基础方法，在此基础上还编写了《全国第二次土壤普查暂行技术规程》。

全国第二次土壤普查工作开展以后，中国农业科学院作为普查工作的三个主持单位之一，土肥所投入了较大力量与农业部、中国科学院一起组织、指导全国土壤普查的开展。例如，主持起草技术规程、组织全国土壤普查试点与培训，参与各大区土壤普查技术顾问组的活动，到各省（市、自治区）指导野外调查与室内汇总，派遣技术人员支援西藏土壤普查工作以及进行各省（市、自治区）的土壤普查工作验收与成果鉴定等。在全国土壤普查办公室的资助下，土肥所组织全国土壤普查科研协作组，对土壤普查中存在的一些技术问题，重点是遥感技术应用及水稻土、红壤、盐碱土分类问题进行研究。总结提出了《航片在土壤普查中的应用技术要点》和《卫片在土壤普查中的应用技术要点》，推动了遥感技术在土壤普查中得到广泛应用，提高了这次土壤普查工作效率和技术精度。土壤分类的研究则解决了普查中的中国土壤分类系统制定的一些难题，完善了中国土壤分类系统的分类原则与指标。例如，土肥所进行的北方水稻土发育特性与分类研究，明确了北方水稻土具有与南方水稻土相同的发生过程与特征，完全可以采用与南方水稻土相同的以水型划分亚类的分类方法，而不应单独设置亚类，解决了我国水稻土分类中长期争议的问题。在土壤普查的汇总工作阶段，土肥所主持了图件的编制工作，编写了《中国1：100万分幅土壤图编绘规范》和《中国1：400万土壤系列图编绘规范》，完成了《1：100万中国土壤图集》《1：250万中国土壤图》《1：400万中国土壤系列图》（包括14种图）的编制与出版，为《中国土壤》一书编印《1：1 000万中国土壤图附图》。这些图幅中《1：100万中国土壤图集》《1：400万中国土壤系列图》中的部分图幅在我国均为首次完成。为了提高图件质量，编图组选取典型图幅进行样图试编，比较研究了不同制图综合与图面整饰的效果，提出了高标准的图斑面积、密度、形状的制图综合要求与方法，使图件达到了国际同类图件的高标准水平。同时还采取了突出农区土壤和有发生学意义的重要土壤的表达等技术手段，不仅提高了图件的科学性，也大大提高了图件的实用性。全国第二次土壤普查，由于广泛动员了全国的土壤科技力量，采用统一技术规程，加强技术培训与指导，取得了丰硕的成果，是我国土壤科技史上最重大的一项工作。土肥所也因在全国第二次土壤普查工作中做出贡献于1994年受到农业部表彰；土肥所4名科技人员因在全国第二次土壤普查工作成绩突出而被评为农业部先进工作者。土肥所参与工作的"北京通县土壤普查与区划""西藏自治区土地资源调查与利用研究"、主持的"航片卫片判读制图方法的比较研究"分别获得了1980年北京市科技进步奖二等奖、1996年国家科技进步奖二等奖和1982年山西省科技成果二等奖。

3. 土壤诊断

土壤诊断研究方面，筛选出了适合于北方石灰性土壤的诊断方法与诊断箱，提出了山东省小麦营养诊断的综合指标，并着重在山东省胶南县推广了小麦营养诊断技术，在5万亩应用面积上取得了小麦产量年递增 20% 左右的好成绩。协作组还提出了水稻发僵、水稻叶褐斑、棉花红叶茎枯、油菜疯花不实、水稻亚铁中毒、土壤湿害等的诊断方法与指标，编写了《土壤与作物营养诊断》一书，在全国 400 多个县不同程度地推广应用了这些营养诊断技术。

4. 遥感技术

土肥所是我国农业系统中最早关注遥感技术应用的单位。早在 1979 年就申请并获 FAO 批准，在北京市由 FAO 专家举办了我国农业系统第一次遥感技术讲习班。此后，土肥所陆续承担了多项国家科委和航天部下达的遥感技术应用研究项目。通过在湖南祁阳和山东德州地区、济宁地区、黄河三角洲等地对黑白航片、彩红外航片、MSS 卫片、TM 卫片和国土卫片的试点研究，总结提出了大量有关土壤类型、土地利用类型和草地类型的解释标志；完善了原有航、卫片应用于资源调查与制图的目视解释程序和方法；提出在原有工作程序中增加一个样区调查工作阶段，可将判读率提高到 90% 左右，达到较高的精度标准。根据对彩红外航片的应用研究，认为彩红外航片信息量大，可作为黑白全色片的更新换代片种。在对国产国土卫星影像与 MSS 及 TM 影像进行对比研究后，明确了国土卫星影像可以达到 TM 影像的解释精度，超过 MSS 影像的精度，但制图精度偏低，需进一步解决国土卫片的纠正问题。通过进行大量地物光谱测试研究及卫星影像计算机解释研究，表明近红外波段的反射率与土壤性质明显有关，但地物光谱特征的影响因素较多，同土异谱或同谱异土现象普遍，因而单独依据地物光谱特征进行的计算机解释，其解释精度不如可进行逻辑推理的目视解释，应通过地理信息系统的研究改进计算机解释技术，才能使其达到实际应用的要求。在这些研究工作中，土肥所完成的"低山丘陵区土壤航片判读程序、方法及精度控制标准"和"应用彩红外航片在盐碱地区进行土壤和土地利用现状判读制图方法的研究"获 1984 年中国农业科学院技术改进三等奖和 1988 年中国农业科学院科技进步奖二等奖；与北京农业大学、中国农业工程学院等单位合作完成的"黄淮海平原低产土壤的遥感调查""利用国土卫片和 TM 影像进行黄河三角洲地区滩涂资源、土地利用现状和草资源调查制图""黄河三角洲地区 1∶25 万遥感专题系列制图"和"国土卫片在黄河三角洲地区国土资源与环境调查的应用研究"分别获得了 1986 年农业部科技进步奖二等奖、1988 年农业部科技进步奖三等奖、国家测绘总局科技进步奖三等奖和 1995 年国家科技进步奖二等奖。

二、土壤改良与利用

1. 盐碱地改良与利用

20 世纪 50 年代开始土肥所科技人员就深入渤海湾沿岸滨海盐碱地区和冀、鲁、豫、晋等内陆盐碱地区进行调查研究，并在河北芦台农场、柏各庄农场，河南新乡、清丰，内蒙古后套，宁夏银川，山东德州等地相继建立了盐碱地改良与利用实验研究基地，开展盐碱土改良与利用研究。主要研究课题有"渤海湾北部盐碱地利用与改良"（1954—1960 年）、"渤海湾沿岸盐碱地改良利用与水旱轮作制度"（1954—1958 年）、"引黄灌区盐渍化的防治及改良利用的调查和农业技术改革研究"（1956—1960 年）、"豫北地区盐碱地性质和棉麦保苗措施与培肥地力研究"（1961—1964 年）、"盐碱地棉麦田开沟躲盐保苗增产技术"（1965—1970 年）、"盐碱土改良利用的研究"（1973—1979 年）、"黄淮海平原盐碱地综合治理研究"（1979—1985 年）、"黄淮海平原中、低产地区综合治理的研究"（1986—1990 年）、"黄淮海平原中、低产地区农业持续发展综合技术研究"（1990—1995 年）、"马颊河流域区域水盐运动监测预报分区方法"（1983—1985 年）、"黄河上中游盐渍土农业高效利用技术与模式的研究"（2009—2011 年）等国家重大研究项目。

1957 年以来，土肥所延续原华北农科所在天津军粮城和河北柏各庄进行的滨海盐土改良研究，研究提出的以种稻为中心的滨海盐土综合改良技术获得了巨大的成功。军粮城水旱轮作的棉花亩产达 173~187 千克籽棉，柏各庄开垦光板盐碱土种植的水稻，亩产也在 150 千克以上。在滨海盐碱土改良获得成功以后，从 1960 年开始，又将研究工作转移到面积更为广大的内陆盐碱土上来，在河南新乡建立了实验基点，开展内陆盐碱土改良利用研究。研究工作从探索新乡地区盐碱土周期性水盐运动规律入手，大力调查总结群众用土改土经验。根据内陆型盐渍土剖面盐分分布上重下轻呈"丁"字形的特点，通过对农民经验的总结应用，提出了"以冲沟躲盐巧种"为核心的冬耕晾垡、耙地造坷垃和伏耕晒垡、开沟蓄雨淋盐的一整套棉麦苗保苗增产技术措施，促进了当地棉麦增产。由于该项技术简单实用，特别适应于当时当地的自然条件与社会经济状况，因而很快在河南、河北、山东等地大面积推广应用，得到了中央和地方各级政府的重视。1964 年《人民日报》在第一版上发表了专题报道《盐碱上好庄稼》，其他报刊也多次予以报道。同年，在我国尚未建立成果奖励制度的情况下，国家科委专门为"豫北地区盐渍土棉麦保苗技术措施的研究"授予国家发明奖一等奖。

下放山东后，土肥所盐碱土改良与利用工作，主要是在山东省进行。先后在陵县、禹城和平原建立了 3 个实验区，并在商河、武城、夏津、齐河、德州市等多个农村基点上开展了试验研究。自 20 世纪 70 年代以来，盐碱土改良研究进入了"六五""七五""八五"国家重大科研攻关项目阶段。这一时期的盐碱土改良研究，注重农业措施与工程措施相结合，注重调控水盐运动和加速土壤脱盐，并取得了明显成效。

在禹城实验区进行了以井灌与沟排相结合为主体的综合改良盐碱土研究，提出了井灌井排综合改良盐碱地的技术措施。在井灌的基础上修建排沟工程，结合种植田菁绿肥和增施肥料培肥土壤，使土体明显脱盐，土壤理化性状明显改善，作物产量增加。几年来，禹城县为实行井灌沟排，新打机井 100 多眼，按"干、支、斗、农、毛"五级渠系建成排水系统；结合平整土地种植田菁绿肥；发展畜牧业，增施有机肥料，配合施用氮、磷化肥和改二年三熟制为一年二熟制等，使盐碱地面积逐年减少，粮食产量逐年提高。在实验区 14 万亩耕地上推广应用，粮食增产 30% 以上，1979 年在全县推广 40 多万亩。"井灌井排综合改良盐碱地"和"山东禹城县盐碱地综合治理示范推广"分别于 1978 年获全国科学大会奖和 1981 年中国农业科学院技术改进三等奖。

陵县实验区主要是开展深沟提灌提排综合治理涝洼盐碱地的研究。针对陵西古黄河背河槽形封闭洼地旱涝碱灾害严重，地下水位和矿化度高、土壤盐分重、肥力低、区域水盐无自排泄出路的特点，研究采用从马颊河提水灌溉、向河内扬水排涝，建设排灌系统，提出了"雨前预排，雨中抢排，雨后控排"的除涝排碱措施；结合改革耕作制度，扩种绿肥，增施有机肥，深耕改土，植树造林等技术，使陵西实验区初步建成"沟成网、田成方、粮食超纲要、棉花产量翻番"的旱涝保收粮棉生产基地。开展的内陆盐渍土培肥改土高产稳产技术研究，采用农林水综合措施，对旱、涝、盐碱、瘠薄综合治理，实行治水改土相结合，改土与培肥相结合。在水利工程的基础上，采取开沟集中施肥，一麦一肥（绿肥）、粮肥间作，改革种植制度，用地养地结合，秸秆直接还田或过腹还田，氮磷配合等项措施，培育淡化肥沃土层，较快地达到培肥改土高产，取得了明显效果。开展了陵西背河洼地的土壤、盐渍化、地下水位、水质、土地利用状况的实地详查，收集了气象、土壤水文地质和历年农业生产资料，编制了土壤、土壤质地、土体构型、土壤养分、潜水水位、水质、深浅井开采条件等图；综合分析了自然条件、经济条件和盐碱地改良的经验教训，采用二级分区法，即以微地貌，水文地质为依据划分成片，以土壤特征及治理措施为依据划分地块，进行旱、涝、碱、瘦分区和治理。"深沟提灌提排综合治理涝洼盐碱地的技术""内陆盐渍土培肥改土高产稳产技术的研究"和"山东陵县陵西背河洼地旱涝碱瘦综合治理区划"分别于 1978 年、1981 年和 1982 年获山东省科学大会奖、农业部技术改进三等奖和中国农业科学院技术改进四等奖。

抽咸补淡的研究工作是在平原县的三唐基点进行的。根据干旱半干旱地区冲积平原地下水质咸、潜水水位高、土体盐分重的特点，采用雨季来临前群井强排，将抽出来的高矿化度地下咸水，从地上的原用于灌溉的毛渠，将咸水进入农、支、干沟排走，使得地下水下降，腾出地下库容，可以接纳大量雨水，经2~3年雨季反复抽排，地下水明显淡化，土体盐分明显下降。为黄淮海盐碱地区，提出了"抽咸换淡与农业措施相结合改造模式"。

综合在德州地区的研究工作，根据鲁北平原内陆盐碱地旱、涝、碱、瘦并存的特点，提出的河间浅平洼地井灌井排、背河洼涝盐渍区提灌提排与深沟相结合、浅层咸水重盐渍区抽咸换淡等不同排灌体系，有效地控制了地下水位，加速了土体脱盐；同时实行"三肥"（有机肥、化肥和绿肥）结合，绿肥为主，增施磷肥，寓养地于用地之中以及改革耕作制度，平地深耕，建立农田林网等措施，改善了农田生态环境，提高土壤肥力，增加作物产量。"鲁北内陆平原盐碱地综合治理研究"1979年获得农业部技术改进一等奖。

20世纪80年代以来，土肥所迁回北京后，主要承担了国家科技攻关项目："黄淮海平原盐碱地综合治理研究"（1979—1985年）、"马颊河流域区域水盐运动监测预报分区方法"（1983—1985年）、"黄淮海平原中、低产地区综合治理研究"（1986—1990年）和"黄淮海平原中、低产地区农业持续发展综合技术研究"（1990—1995年）等。

在禹城实验区，主要开展了"山东省禹城实验区盐碱地综合治理和综合发展体系的研究"。建立了水盐运动地下模拟室和施肥培肥长期定位试验小区。提出了通过调控水盐平衡、加强井灌沟排的水利工程体系，限制地面灌溉，增加排盐量，降低地下水位；通过种植绿肥、增施有机肥和合理施用氮、磷化肥的施肥工程体系，促进土壤肥力的提高，保证充足养分供应，达到大幅度增产；通过发展农林牧综合技术的增产增收技术体系等，改善生态环境和农业生产条件，促进农业全面发展等。这些技术措施的应用使该地区的盐碱地面积减少了三分之二，粮食产量由100千克提高到500千克以上，棉花产量提高了1倍，总收入增加2~3倍。开展的"禹城实验区提高土地生产力和农业综合发展研究"，利用数值综合评价分级方法，将禹城全县农业土壤划分为3个生态区、9个亚区，提出了各生态区治理途径；分析了20多年来土壤肥力演变规律，提出了氮磷配合、有机—无机结合和合理耕作等3项主要途径，实现了作物产量与土壤肥力同步提高。以水分能量概念阐明了土壤肥、水相关机理；根据土壤水分动力学原理和SPAC系统理论，建立了土壤水分预报模型，指导科学灌溉；根据农学和生理学的理论，提出了以播期、密度和水肥管理为中心的小麦—玉米一体化高产栽培技术和麦棉高产关键技术，充分利用光、热能和土地资源；以生态学原理和系统工程学原理，建立了农业发展综合数学模型，开发研制了农业综合发展设计与规划决策支持系统。这些研究成果于1986年和1991年分别获农业部科技进步奖三等奖。

在陵县实验区，开展了"山东省陵县盐碱地综合治理技术示范推广"。在20世纪70年代工作的基础上，进一步总结推广采用深沟扬灌扬排体系，调控马颊河区域性水盐平衡。在旱季返盐和伏雨季节实行分段调控潜水位；在中度或重度盐碱地上推行开沟躲盐巧种、沟灌压盐、营养钵育苗、地膜覆盖、棉花保苗等措施；实行"三肥"（厩肥、绿肥、化肥）结合培肥改土，提高肥效，同时实行一肥一麦轮作改良重盐碱地；调整农业结构和种植业结构，增加林木覆盖率，发展畜牧业等措施，在陵县70万亩盐碱地和48万亩棉田、30万亩粮田应用。"马颊河流域区域水盐运动监测预报分区方法"的研究，以半湿润季风气候不同地学、不同土壤水文条件及水盐运动规律为理论依据，选用土体构型、土壤有机质、地下水埋深、矿化度为分区因子，以"四因子"对"基准剖面"土壤盐渍化影响率为分区参数，建立了四因子综合指标分级分类法，进行土壤潜在盐渍化监测预报分区，为防止土壤次生盐渍化提供依据和分区调控方案。应用此法进行了马颊河中、下游263万亩土壤潜在盐渍化监测预报分区，收到了明显的效益。研究发现：河灌沟排区1米土体的60~80厘米处有1个聚盐层，井灌井排区1~2米处有1个聚盐层。表明土壤盐分未能全部排入大海，大部分仍滞留在土壤中下层。为此提出了黄淮海平原"土壤潜在盐渍化"的观点。"洼涝盐碱土综合利用，综合配套技术研究"，针对黄淮海平原洼涝盐渍区生态环境和农业生产中的问题，以土壤资源开发利用、提高土地生产力为目标，遵循生态学原理，采用系统工程方法，提出了5项配套技术，即依据背河洼地及水资源特点，建立了排、引、滞、提的工程体系，有效控制旱、涝、盐碱危害；提出农牧培肥分区，培育"淡化肥沃层"，以肥调控水盐的技术；建立和完善了一套运用多项综合指标的丰产栽培技术；提高粗饲料利用率，发展草食动物的配套技术和建立了陵县农业经济的多种数学模型政策系统等；建立了农、果、牧、种、养、加多层次、多功能开发盐渍土资源的模式。这些研究于1986年、1989年、1990年和1991年分别获农业部科技进步奖三等奖及1985年和1991年中国农业科学院技术改进三等奖及科技进步奖一等奖。

土肥所作为主要完成单位之一的"黄淮海平原中低产地区综合治理的研究与开发"这一国家项目，历经20多年，先后建立了12个先导型农业综合实验区，为大规模综合治理与开发提供了先进、实用的配套技术。1993年获国家科技进步奖特等奖。

1996年以后，针对黄淮海平原土壤盐碱得到初步治理，但生态脆弱、作物产量低而不稳的情况，土肥所开展了"鲁西北低平原环境调控与高效持续农业研究"（1996—2000年），该研究以当地水、土资源高效利用为基础，探索区域农业持续发展的关键技术，具体包括：①非稳土壤生态环境抗逆技术，研究水胁迫环境中抗逆技术，研制、生产了棉花抗旱型种子包衣剂与一种磁性土壤调理剂；②引黄下游灌溉无保障区微咸水利用及节水灌溉综合技术，完善了小麦、玉米、棉花、大棚经济作物西瓜的微咸水灌溉制度和0~40厘米土壤盐分平衡的调控措施，提出了微咸水安全灌溉的五项指标；③冬闲田高效开发的棉—菜最佳模式选择与高效施肥技术，建立了多种棉-菜配套的种植体系；④非稳脆弱生态环境下，小麦、玉米、棉花高产与超高产关键技术。通过灌溉、密度、有机肥、氮肥、磷肥五因素五水平正交旋转试验，提出了小麦、玉米优化栽培方案。⑤研究提出盐碱土种植马铃薯技术。

2. 红（黄）壤及水稻土利用与改良

1960年春，研究所派遣科技人员到湖南祁阳官山坪建立农村实验基点，开展红（黄）壤低产田利用与改良的研究，1964年改为祁阳工作站，1980年改为中国农业科学院祁阳红壤改良实验站，1983年又改为中国农业科学院衡阳红壤实验站，成为我院、研究所在南方红（黄）壤地区农业发展的研究基地。

建点初期，主要在祁阳县黎家坪和文富市公社的官山坪、忠诚、和平、吉祥等大队开展有关调查，总结生产中存在的问题，开展有关课题研究。1960—1965年重点围绕红壤低产田改良利用开展研究，主要有：鸭屎泥田冬干水稻"坐秋"的原因及其防治方法的研究；冷浸田、黄夹泥田的性质及改良研究；黄泥田、红壤旱地和荒地土壤肥力演变定位观测以及不同农业土壤限制丰产的因素及提高土壤肥力的途径等。结果表明，鸭屎泥田水稻发生"坐秋"的主要原因是长期冬浸变为冬干，土壤脱水过程中磷素固结和冬干后形成坚实的泥团，秧根不易深入内部吸收养分，影响了稻根的生长和分布等有密切关系。总结提出了"冬干'坐秋'、'坐秋'施磷、磷肥治标、绿肥治本、一季改双季、晚稻超早稻"改良利用鸭屎泥田的一套技术措施。施肥磷肥、种植绿肥、扩种双季稻成为我国南方改良低产田，提高水稻产量，发展农业生产的重要途径。在短短的三四年时间内，使水稻产量翻了一番。这项研究成果引起各部门的重视，《人民日报》《新湖南报》均给予报道，并发表社论，湖南省委在官山坪召开现场会，省委书记亲自主持会议和实地考察，在全省大力推广官山坪低产田改良的经验。1964年获得国家发明奖一等奖。

1973年研究所恢复祁阳工作站的农村科学实验工作，在原有工作的基础上，开展了"湘南丘陵区水稻施肥制度和经济使用化肥"研究，提出了在双季稻绿肥种植制中，秧田多施磷钾肥，提高秧苗素质；早稻绿肥加面肥，根据叶色追氮肥；晚稻杂肥加化肥，穗期适施氮肥；增施钾肥，解决绿肥养分供应不平衡，保证水稻正常生长和在棉田施用钾肥防治棉花黄枯萎病等措施。"湘南红壤稻田高产稳产的综合研究"，基本上摸清了红壤稻田由低产变高产的规律，采取从培肥土壤入手，不断消除土壤低产因素，改革耕作制度和栽培技术，充分利用当地水热资源，为作物创造良好的生育条件，使水稻获得大面积丰收。此三项成果分别于1981年获农业部技术改进三等奖，1982年获农业部技术改进一等奖。综合总结的"低产田改良"技术获1978年湖南省科学大会奖；"种稻制度改革，晚稻超早稻""钾肥防治黄叶枯病"1975年、1976年获湖南省成果奖。

20世纪80年代以后，主要承担了农业部重点项目"南方红（黄）壤丘陵低产土壤综合利用改良"（1980—1985）和"南方红（黄）壤集约化农业配套技术研究"（1986—1990），国家科技攻关项目"南方红（黄）壤丘陵中、低产地区综合治理和农业持续发展的研究"（1991—1995）等。在20世纪六七十年代工作的基础上，1980年以来继续开展"红壤稻田持续高产的研究"，根据生产中存在的问题，进行了系统调查和分析，提出了随着氮磷化肥用量的增加，配合施用钾肥，调节土壤养分平衡，可以有效地提高水稻的抗性和结实率；研究土壤中有效锌的转化条件、硫、锌关系及磷、锌相互作用，提出了缺锌诊断技术和指标，以及施用锌肥防治水稻"僵苗"；并采取开沟起垄栽培，早插早管，增施钾、锌肥和含铁物质，改良深泥脚田和砷毒田等项措施，累计推广470多万亩（15亩＝1公顷。全书同），获得了很大的效益，1984年获国家科技进步奖三等奖。"深泥脚田水稻垄栽增产技术体系"的研究，根据这类土壤通气不良，理化性状变坏，造成根系缺氧，妨碍养分吸收，造成前期养分不足，影响稻苗早发，后期养分过剩，稻株疯长的特点，提出了垄栽增产技术体系，即开沟起垄，排除土壤表层内渍水，保持垄面湿润；配合施用钾、锌肥，提高稻苗素质；选用适宜的迟熟良种及早稻少耕、晚稻免耕等综合技术措施，改善土壤理化性状，提高土壤通透性能，增强水稻抗逆性，促进水稻增产。这一技术简便易行，效益高，属国内首创，1985年获农业部科技进步奖二等奖。"红壤丘陵区立体农作制度及配套技术"研究，提出了5项技术：①丘陵沟谷底部水田三熟高产技术，采用双季稻套种技术，解决了双季晚稻迟熟品种季节矛盾，保证水稻全年增产；②丘陵坡麓高岸田节水栽培技术，按水量供需平衡和作物耗水规律，提出三种多熟制种植方式，提高单位水效率；③丘陵下部旱地粮、经作物高产的土、肥、水调控和抗旱栽培技术，明确土壤干旱发生机率和干旱期，采取相应措施；④丘陵中部发展果、茶优质高产技术，推广早熟油桃品种和茶树营养调控及抗旱技术；⑤丘陵上部草、林、畜结合，发展优质牧草和山羊，实行林草结合，防止水土流失，改善生态环境。5项技术的推广应用使整个丘陵区形成山、水、田、土综合治理，粮、经、果、林、牧全面发展的立体农业新格局。1996年获国家计委、国家科委、财政部颁发的国家"八五"重大攻关成果和农业部科技进步奖三等奖。

1990—1996年与澳大利亚合作进行了"南方红壤地区牧草栽培利用"项目的研究，其总体目标是筛选出适宜于南方强酸、瘠薄的红壤上种植的牧草品种，进行建植和维持等栽培技术的研究，并利用这些牧草改善生态环境和发展草食家畜等。通过二期合作，选出优良牧草品种30多个，解决了红壤丘陵区缺乏当家牧草问题；提出了牧草规范化建植技术和牧草综合利用技术。

"九五""十五"时期，在国家自然科学基金、国际合作、国家科技攻关等项目支持下，开展了"红壤丘陵区立体农业模式中草被对防止土壤退化的作用研究""红壤带中南部丘陵区粮食与经济林果高效综合发展研究""中国南方红壤地区牧草与草食动物发展""中国中南部红壤区牧草管理"等研究工作。

三、土壤肥力

建所以后，土肥所即开展了土壤肥力的调查与研究工作。20 世纪 60 年代，主要在北京和湖南开展了深耕改土及其土壤肥力定位观察；北京二年三熟制农田土壤肥力变化规律定位研究；粮豆间作套种田土壤肥力定位研究和"以田养田"的研究；湖南祁阳黄夹泥田土壤肥力定位观察等。根据中央颁布的《全国农业发展纲要（草案）》和关于深耕和改良土壤的指示，土肥所科技人员深入生产实际，开展了以平整土地、增施有机肥、兴修水利、修筑梯田、黏土掺沙、沙土掺黏、放淤压沙等主要措施的深耕改土工作。明确了深翻深度以 25 ~ 35 厘米为宜，深耕要结合当地有机肥源、土壤肥力和劳动力情况来确定耕翻深度，有利于当年深耕改土，当年增产；肯定了肥沃活土层随着耕翻深度的增加而增厚，土壤容重变小、空隙度增大，蓄水保墒能力增强。由于改善了土壤的耕性，增强土壤保水保肥性能，冬小麦平均增产 14.3%，夏玉米平均增产 27.3%。

20 世纪 70 年代，主要开展了总结研究德州地区建设旱涝保收，高产稳产农田管理经验；高产土壤条件的研究；总结研究高产稳产田的土壤特征、肥力指标及其培肥途径；有机质提高土壤肥力的作用；"三肥"结构与低产土壤培肥研究；土壤酶与土壤生产性关系的研究等。

1977—1983 年，土肥所在华北地区对黄潮土、草甸土等土类进行了田间、小区和微区的定位培肥试验，用不同的有机肥料同化学肥料进行比较试验，研究其对土壤肥力性状的影响。结果表明：①施用麦秸秆以及猪粪作肥料的小麦产量每亩可达 400 千克以上，比单施化肥的效果明显；②施用有机肥料的土壤有机质有明显增加，对土壤理化性状带来系列影响；③施用麦秸秆和猪粪肥处理耕层土壤的水稳性团粒为 18.98% 作用，比化肥处理的 13.48% 有明显增加，相应的有机肥料处理的微团粒结构是疏松多孔，形成大量圆形或椭圆形的微团聚体，有利蓄水量高。而化肥对照处理的土体紧实、团粒结构和微团聚体都很少；④土壤中的氮磷含量随有机肥料的施用逐年增加。这些变化改善了土壤的水肥气热条件，提高抗旱保墒能力。为高产稳产打好基础。这些研究成果在黄潮土地区得到普遍推广应用，此项研究于 1983 年获中国农业科学院科技进步奖四等奖。

进入 20 世纪 80 年代，土肥所在土壤肥力研究方面主要开展了高产稳产田土壤肥力特征和培肥技术，土壤活性有机质与肥力，农业土壤肥力监测、调控及培肥途径，黄淮海平原不同耕作制度下土壤有机质平衡以及提高肥料效益和培肥技术等研究。开展的"培肥土壤和提高土壤肥力与作物产量的定位研究"和国家自然科学基金资助项目"肥沃土壤微形态结构研究"，采用长期定位试验的方法，同时在 6 种土壤、3 种肥力水平、11 种培肥措施、7 种作物上进行田间微区和盆栽相结合的培肥试验。明确了土壤经过有机物料连续培肥，可以提高土壤中有机质和氮磷钾与锌锰硼等元素含量；改善土壤物理性状与生物活性；有效地增加土壤有机—无机胶体的复合，形成理想的土壤结构体。凡是复合体较高的土壤，其微团聚体变成较大而稳定的粒状结构，土壤矿物颗粒被复合体所包裹，形成松软絮状或管状的超微形态特征。进一步研究表明，土壤微形态特征与土壤超微形态特征的观察与鉴别，是评价土壤肥力的重要方法。这些研究结果，从理论上丰富了农业土壤学的内容。1990 年获农业部科技进步奖三等奖。

与此同时，土肥所对土壤酶的作用及其同土壤肥力的关系进行了研究。先后对红壤（江西进贤）、潮土（山东德州）、紫色土（重庆）、黄壤（贵州贵阳）、水稻土（湖北武汉）、黄棕壤（江苏南京）、水稻土（江苏吴县）、紫色土（湖南祁阳）、石灰岩土（湖南祁阳）、红壤（湖南祁阳）、水稻土（北京）、褐土（北京）、棕壤（辽宁沈阳）、黑土（黑龙江哈尔滨）、栗钙土（山西大同）、白浆土（黑龙江富锦）等 12 种土的脲酶、蛋白酶、蔗糖酶、过氧化氢酶、磷酸酶和多酚氧化酶等酶活性进行测定研究。结果表明，所测定 6 种酶的活性有明显的土层分布，在 1

米土层内随土层的深度增加而呈梯形减弱，耕种地的酶活性强弱是：耕层>犁底层>心土层。土壤酶同土壤有机质含量呈显著相关。另外，土壤酶同土壤的全氮、水解氮、全磷、速效磷的含量有密切关系。黑土和潮土耕层的有机质和养分含量比较高，酶活性同这些土壤上种植的小麦玉米产量也呈显著正相关，这也表明酶活性同土壤有机质、土壤养分含量的三者关系非常密切。同时也表明酶活性既是衡量土壤生化的强度指标也是衡量土壤肥力高低的重要指标。该项研究于1984年获中国农业科学院科学技术改进四等奖。

1987年，由国家计委下达的国家重点工业性试验项目"全国土壤肥力和肥料效益长期监测基地建设"开始实施，在全国4个气候带，7个农业区，9个土壤类型上建立了北京昌平、吉林公主岭、新疆乌鲁木齐、陕西杨陵、河南郑州、重庆北碚、浙江杭州、湖南祁阳、广东广州九个土壤肥力和肥料效益长期监测基地和1个土壤肥力监测数据库，开展长期定位试验和监测土壤肥力与肥料效益的变化规律。基地于1990年建成运转，并于1999年被国家科技部批准为首批国家重点野外科学观察站。这些监测基地具有长远设想、全国布点、设施配套、统一规范的特点。以长期监测研究为核心的基础研究，并利用短期多次重显性效益来验证长期结果的规律性。监测基地的建成对掌握土壤肥力和肥料效益变化动态、及时向国家提供监测信息、寻求培肥地力和提高肥料利用率的对策以及评价土壤高产的潜力等方面发挥重要的作用。总结出的"土壤肥力和肥料效益长期监测研究"于1992年获中国农业科学院科技进步奖二等奖。"八五"期间，在长期土壤肥力和肥料效益监测基地上进行的"土壤氮素移动规律和氮肥合理施用关系研究"项目，在北京褐潮土、吉林黑土、河南潮土、陕西黄绵土、四川紫色土和浙江水稻土6个土壤肥力监测点上进行了31季小麦、玉米和水稻的施肥培肥试验。结果表明，施用氮肥20天后，NH_4-N主要集中在0~20厘米土层；而NO_3-N则主要集中在0~60厘米土层，且随灌水及降雨量的增加而下移，造成地下水污染。氮肥流失量从大到小的顺序为硝铵、尿素、碳铵、氯铵、氮肥加有机肥；氮肥利用率随施肥量的增加而降低；施用方法不同利用率也不同，其从高到低的顺序为层施、穴施、条施、混施；施氮肥增产显著，氮磷配合在北方可成倍增产。开展的"不同条件下土壤肥力演变规律的研究"项目，在广东水稻土（赤红壤母质）、浙江水稻土（湖海沉积物母质）、四川水稻土（紫色土母质）、湖南红壤、河南潮土、北京潮土、陕西壤土、吉林黑土和新疆灰漠土等9个监测点上进行83季作物田间试验。明确了有机—无机肥料配合施用，土壤肥力提高最为明显；秸秆和化肥配施，改善土壤物理性状效果最好；NPK和有机肥合理配施是培肥地力和作物增产的重要措施。这两项研究于1996年通过农业部验收。

到2002年，10余年的监测表明：施肥对土壤有机质影响明显。单施N或NPK的处理，6种土的活性有机质也都下降，而灰漠土下降最大，单施有机肥或有机无机配合施用。土壤总有机质，活性有机质和CMI都有不同程度增加，其中活性有机质增加明显。单纯施氮处理的氮肥的利用率为8%~20%，NP、NPK配合施用的氮素利用率可达25%~35%，而有机无机配合或无机肥加秸秆还田氮素利用率可达40%左右。此外，磷肥与钾肥的利用率以及施肥对作物的增产效果也表现出同样的规律，即平衡施肥优于单施，而有机无机配合的效果最佳。

四、土壤耕作与管理

建所初期，科研重点是集中在华北地区进行。研究内容包括：华北地区土壤水分运动周期性变化规律研究；华北地区轮作倒茬制度研究；我国北方牧草栽培技术研究；土壤耕作和深、浅耕研究等。明确了豆科作物与禾本科作物轮作换茬既能增加土壤中的氮素和有机质，改善土壤理化、生物性状，又能提高保水保肥性能；提高了采用伏耕和秋耕，配合耙、压、耱等措施，达到增加蓄积雨水，改善土壤水分条件的旱地轮作换茬措施及充分用地，积极养地，用养结合，寓养于用的科学论点；肯定了实行间、套种可以经济利用土地，充分发挥光能与季节的增产潜能，提高复种指数和单位面积的产量；以及利用盐碱地种植水稻，实行水旱轮作，经济有效地利用有限水源，既改良了盐碱地，又扩大了种植面积，发展多种作物，而且有利于消灭杂草，保证了水、旱两作双丰收。

研究华北地区"蓄、保、提、用"耕作法，提出了不同阶段采取不同的耕作措施，即伏雨前深耕（深松），破除犁底层，增水保墒，秋耕及时耙耱，合口保墒，播种前后镇压提墒等一套科学的蓄水保墒耕作体系。在晋南进行的少（免）耕与覆盖蓄水保墒研究，明确了夏休闲期间深耕深松和秸秆覆盖等措施对保水保土，培肥地力及增产的效果。"华北地区土壤水分运动规律"的研究表明，北方旱区以天然降水为主要水源，土壤水分状况受季风气候的影响，有明显的季节性变化，旱季、雨季区别鲜明，年际间和年内降水分配极不均匀等特点。并将华北地区土壤水分运动划分为：土壤水分的入渗蓄积、水分再分配和水分大量蒸发丢失三个阶段，制定了夏秋季翻耕增加水分入渗，秋冬季耕作保墒，春旱秋抗和春季覆盖保墒与耙地保墒等水分管理措施。1958年为配合中央关于"深耕和改良土壤"的指示，进行有关深耕的研究，证实了深耕可疏松土层，改善土壤结构，如增加土壤孔隙度3%～8%，提高土壤渗透性能一倍以上；同时提出了深耕必须配合增施有机肥料，以加速土壤熟化。

下放山东期间，土肥所主要围绕当地生产中存在的问题开展研究。开展了总结研究高产土壤棉麦套种的技术经验及其理论依据；总结研究高产小麦不倒伏的土壤条件与需水需肥规律；总结研究粮棉间套轮作复种改制，用地养地，高产稳产的典型经验及技术措施；总结研究以"三粮一肥（绿肥）"为中心高产吨粮田的耕作改制技术措施与途径；总结研究"三种三收"粮肥间作的技术措施与经验；总结研究精耕细作与机械化相结合，用地养地相结合，增产增收的耕作轮作制度及土壤生态变化等项目的研究。

"小麦高产不倒的土壤条件和肥水管理的研究"，根据当地实际情况，围绕小麦生长规律，提出合理追肥，适时适量浇水，特别是在小麦起身—拔节期，严格控制小麦下三节的生长速度，保证植株茎秆粗壮，达到高产不倒伏。1978年获山东省德州地区科学大会奖。在高产地区，小麦和春、夏玉米套种一年三收的种植方式中，研究提出了作物行间套种绿肥，实行"三粮两肥（绿肥）"种植制，这种种植方式，比原来的三种三收或两种两收明显增产。而且由于翻压了绿肥，土壤有机质含量有所提高，有机质品质得到改善，使紧结态腐殖质含量和比例增加，有机质氧化稳定系数提高，土壤中水稳性团粒增多，保水、保肥能力增强。总结出的"种植制度中绿肥培肥土壤的研究"于1980年获中国农业科学院技术改进四等奖。

"六五"期间主要开展了华北地区合理农业生态结构和耕作制度，土壤培肥途径，华北丘陵地区旱地农业耕作法及抗旱保墒培肥，旱地农业增产技术体系等方面的研究。

1980—1982年，在晋东南地区开展了协调和改善土壤水分状况为中心的"华北干旱半干旱地区土壤播前镇压提墒保苗增产技术"研究。根据土壤水分变化规律，采取播前压实暗土，使种子播在湿土层上，促进种子提早出苗；改变当地跑墒严重的旱地"热犁热种"方法为播前进行镇压提墒，为种子顺利出苗创造有利条件。此技术在沁县、屯留等重点县示范推广10多万亩，取得了明显效果，深受当地政府和群众的欢迎，1982年获中国农业科学院技术改进三等奖。1983年以来，在晋南的屯留、长子等县进行了冬小麦田夏休闲期间深松和深耕对蓄水保墒增产效果的研究。结果表明，不翻垡深耕的间隔深松耕比传统浅耕有效地打破犁底层，疏松了心土层，提高了降水的入渗量；采用秸秆覆盖，能有效地抑制土壤水分蒸发，防止地表板结，减轻地表径流，增加雨水入渗量。总结出的"北方旱农地区深松抑水蒸发，保墒耕作技术体系"于1988年获山西省科技进步奖三等奖；提出的"秸秆覆盖节水增产技术"，1991年经两部一委评估，确定为农业节水大面积推广项目。

1982年以来，针对北方旱地农业区和水土流失严重的山坡、农田及荒地，开展了土壤结构改良剂、保水剂、蒸发抑制剂等土壤水分保蓄技术的试验研究。肯定了土壤结构改良剂（BIT）在增加水稳性团聚体，春季增温和抑制地面蒸发，防止雨季径流冲刷，保持水土、提高种子出苗率等方面的效果。开展的"黄淮海地区农田土壤有机质平衡及增进平衡的措施"的研究，获得了该地区不同肥力和产量水平农田的土壤有机质年矿化率；各种秸秆、根茬、绿肥、粪肥的腐殖化系数；还田有机物所形成的"稳定性"有机质的分解速率以及定量有机物逐年还田时有机质的积累速率等有关参数，提出为保持农田有机质平衡每年需还田的有机物数量的估算方法及改善土壤有机质状况的预测方法以及低产农田培肥的基本途径等。5 年中在山东兖州累计推广 135 万亩，增产粮食 4 000 多万千克。1987 年获中国农业科学院科技进步奖二等奖。

"七五"至"十五"期间，主持和参加的项目有：①国家科技攻关项目：主持"七五"国家科技攻关项目"旱地农业增产技术研究"中的"不同类型旱农区以提高水分利用效率为中心的农作物增产技术体系研究"专题，参加"半湿润偏旱类型旱地实验区（屯留）农牧结合、农林牧综合发展技术体系研究""主要类型旱农地区农田水分状况及调控技术研究"等专题（1986—1990）；"八五"期间主持"北方旱区农业综合发展研究"项目中的"北方旱地农田水肥交互作用及其耦合模式研究"专题，参加"晋东豫西旱农地区农林牧综合发展研究""北方旱地农业水分平衡及提高作物生产力的研究"等专题（1991—1995 年）；"九五"期间，主持国家"九五"攻关专题"晋东豫西旱农地区农业持续发展研究""主要类型旱地农田水肥耦合及高效利用技术研究""中国南方岩溶山区土壤季节性侵蚀的 7Be 示踪研究"。②国家科技专项：主持总理基金项目"华北地区节水农业技术体系研究与示范"中的部分研究内容，"非稳环境持续农业限制因素演变及土壤生态环境保护抗逆技术"，科技部专项"城区建筑裸土固化新材料引进及筛选"，人事部"北方旱区坡耕地保持耕作技术体系研究"，水利部"北方地区农业生产结构与布局研究"以及中石化合作项目"农用乳化沥青的研究"，科技部社会公益项目"农业水资源利用与水环境监测重要技术研究"，农业部"高效节水农业应用研究开发基地建设"等。③国家自然科学基金：主持"北方主要类型旱区资源节约型农业技术的指标体系构建""坡耕地土壤季节性侵蚀的 Be/Cs-137/K-40 示踪对比研究""土水势影响氮溶质滞后迁移的机理研究"项目；④国际合作项目：主持"干旱半干旱地区小麦增产关键技术的引进"专题，"中比土壤学合作交流启动项目"，比利时政府项目"水土保持耕作技术研究""华北黄土养分流失控制与最佳利用"等项目；国家外专局项目：主持"土壤水肥调理剂"项目。⑤"863"计划项目：主持"农田节水标准化技术研究与产品开发""区域节水型农作制度与节水高效旱作保护性耕作技术研究""行走式多功能抗旱灌溉机具与成套设备研制及产业化开发"，以及市（省）院两级项目，包括北京市基金项目"北京市城市垃圾农业资源化利用研究""我国北方主要类型旱地农田水肥耦合高效利用综合技术体系""潮土的肥盐关系及其作物效应研究"等。

在国家各类科研项目支持下，土肥所在土壤耕作与管理领域取得重大进展，在国内外核心期刊上发表 100 多篇学术论文、出版 5 部专著，其中 SCI 论文 20 多篇。获得的重要科技成果如下。

1. 旱地作物增产技术研究

在我国北方有代表性地区，开展以提高降水保蓄率和水分利用率为中心的旱地农作物增产技术研究，并组装集成了不同旱地增产技术措施下的农作物增产体系。主要有：粮经饲结合种植制度；旱地农田蓄水保墒的土壤耕作制度；合理的施肥培肥制度；增施土壤结构剂以及推行规范化栽培技术等。累计推广 1 100 万亩，增产粮食 2.3 亿千克，1991 年此项目获农业部科技进步奖三等奖。1992 年"我国北方不同类型旱地农业综合增产技术研究"项目获得农业部科技进步奖二等奖。

2. 我国北方旱地农田水分高效利用应用基础研究

为探明旱地农田水分收入状况和水分生产潜力，首次提出了土水势滞后土壤水分有效性的观点，对我国不同类型旱农地区农田水分收支状况进行了定量分析和综合评价。采用理论计算与田间试验相结合的方法，确定了13种作物水分生产潜力值及相应的耗水系数；明确了我国北方旱农地区水分生产潜力的开发途径。通过调整农业结构，培肥地力，促进农田物质良性循环，抑制蒸发，减少径流等农田调控技术，提高了水分利用率。1992年总结出"主要类型旱农地区农田水分状况及其调控技术研究"，获农业部科技进步奖二等奖。此外，总结出的"旱农地区农田水分动态及调控措施"于1992年获中国农业科学院科技进步奖二等奖。特别是在黔中喀斯特区域侵蚀及环境保护方面，开展了大量针对性的水土保护应用基础研究，利用同位素示踪技术，研究出不同地形地貌系列水土流失方程，对减少喀斯特区域水土流失与保护生态环境发挥了主要作用，1998年获贵州省科学技术进步奖二等奖。

3. 旱地培肥增产应用基础研究

围绕北方培肥抗旱增产，开展了长期不同有机无机肥料配施正交试验，并进行了长期主要旱地粮食作物14种有机废弃物料（根、茎、秆）腐殖化系数和土壤矿化率试验，初步结论是：在我国北方半湿润偏旱区一年一作或两年三熟旱作地区，以及在年平均温度大于12~14℃条件下，一亩地作物秸秆应还田一亩（全量还田），有机无机肥施用量比应按1∶1实施（即1∶1战略）；施肥方法宜以秋施肥替代春施肥为好，提出了晋东南农作物秸秆资源综合利用模式；旱地玉米N吸收及其N利用率研究、旱地玉米秸秆还田及氮肥去向研究等数十篇旱地农田培肥增产应用基础理论论文在国内外核心期刊和联合国教科文组织《生命科学百科全书》中发表。1998年土肥所参与的"晋东豫西旱农类型区农林牧综合发展优化模式"获得农业部科学技术进步奖二等奖。

4. 旱地农田肥水耦合效应及机理研究

在半干旱偏旱、半干旱、半湿润偏旱三种类型区的7个省（市、自治区）13个县市分别组织了多点、多年的定位观测和田间试验，把旱地农田土壤—作物—大气作为统一系统，以协调水分、养分关系为核心，以小麦作为主要研究对象，开展了旱地农田水肥交互作用及耦合模式研究。从根系生态、生理及生化的角度，明确了"以肥调水""以水促肥"的机理，提出了根系活力综合评价指标。研究提出的不但可以"以肥调水"还可以"以水促肥"的观点，从另一角度明确了肥水关系；明确了麦田施肥有效的水分阈值、水分条件对养分代谢、吸收利用的作用以及提出了氮肥可以通过增大腾/发比和蒸腾速率来提高水分利用效率。在理论研究上提出了土壤水分（土水势吸湿特征曲线）影响土壤氮滞后迁移的理论，并提出旱农地区"以土蓄水，土中取水"技术体系，生产应用初见成效。在区域研究层面上开展了三大类型（半干旱区偏旱区、半干旱区和半湿润偏旱区）不同降水年型水肥耦合模拟长期定位试验研究，初步得出了在半干旱偏旱区和半干旱区，以磷钾肥为主，氮肥为辅，在半湿润偏旱区，以氮肥为主，增施磷钾肥的施肥方法。同时，模拟研究得出3大类型区氮磷钾与不同降水年（干旱年、正常年、丰润年）型水肥耦合模型，对于指导区域高效水肥利用，提供了指导性建议。旱地玉米N吸收及其N利用率研究、旱地玉米秸秆还田及氮肥去向、水肥耦合互作效应、旱地农田水肥关系及其调控等主要水肥耦合互作效应研究理论分别发表在《中国北方旱区农业研究》《干旱与农业》等书和国内外核心期刊上。2000年旱地农田肥水耦合效应及机理研究获得中国农业科学院科技进步奖二等奖。

5. 我国北方旱地保护性耕作技术研究

土肥所是国内最先开始"保护性耕作"研究的单位之一，从"六五"山西屯留少免耕单一试验，到"九五"期间主要干旱地区开展的保护性耕作体系的研究。经过多年多地定位试验以及各地多种技术模式试验示范，针对华北半湿润旱作区，确定了我国保护性耕作技术的5种主推技术模式：冬小麦保护性耕作技术路线为玉米青贮留茬→小麦免耕播种→田间管理→小麦机械收获；玉米摘穗收获→秸秆粉碎→小麦免耕播种→田间管理→小麦机械收获；玉米摘穗收获→秸秆粉碎→小麦少耕播种→田间管理→小麦机械收获；春玉米保护性耕作技术路线为玉米秋留茬→第二年春季免耕播种→化学除草→田间管理→玉米收获；玉米秋留茬→第二年春季轻耙或浅旋→播种→化学除草→田间管理→玉米收获。4 年累计完成保护性耕作推广任务 955 万亩，其中小麦—玉米一年两熟面积 592 万亩；春玉米面积 363 万亩。2003 年保护性耕作在项目区应用水平为小麦达到 39.8%，玉米达到 45.7%，核心技术覆盖率达到 42.7%。根据我国北方旱作区土壤瘠薄、侵蚀严重问题，开展了国产土壤调理剂研制与应用研究，为我国北方化学和生物覆盖耕作技术的推广和应用提供物质基础。1999 年起针对丘陵旱作区提出了旱地春作物改春施肥为秋施肥，改秋耕不翻压秸秆为秋耕翻压秸秆，改春播前地表不镇压为播前镇压的"三改"耕作制。提出的适用于半湿润偏旱区的两套春作农田和一套旱地麦田的保护耕作技术体系，在春作农田上可增产 13.9% 和 30.9%；水分利用率提高 0.1 和 0.18 千克/（毫米·亩），麦田在夏休闲期 2 米土体蓄水量增加 9.9~34.9 毫米，单位产量提高 12.1%~14.3%。1996 年"北方旱作各地三保丰产稳产综合耕作技术"成为国家科学技术委员会批准的国家级成果重点推广计划。

第二节　植物营养与肥料研究

1957 年中国农业科学院土壤肥料研究所成立以来，在不同历史时期，有肥料研究室（1957—1980 年）、绿肥研究室（1965—1972 年）、有机肥绿肥研究室/有机肥研究室（1980—1999 年）、化学肥料研究室（1980—1999 年）、植物营养与肥料研究室（1999—2004 年）从事植物营养与肥料研究工作。

一、大量营养元素肥料研究

1. 氮肥

氮是植物生活中具有特殊重要意义的营养元素，氮肥在我国农业中居于举足轻重的作用。

土肥所成立之初，肥料研究室就在芦台农场已有氨水和碳酸氢铵试验基础上，进一步开展大面积水稻田氨水、碳酸氢铵的田间对比试验和示范。肯定了氨水基施和硫酸铵的效果相近，氨水、碳酸氢铵作追肥也获得了良好效果。这一试验结果对农场生产起了很大作用，也引起附近农场的重视。1959 年土肥所向化工部提出在全国建设若干氨水、碳酸氢铵工厂的建议，为氨水和碳酸氢铵的推广，打下了良好的基础。

氮素损失是肥料施用中的一个大问题。为了提高氮素肥料利用率，从 20 世纪 60 年代开始，就进行这方面的研究。20 世纪 70 年代，经多年研究并应用 ^{15}N 等手段，初步探明了在有效磷缺乏而有效钾相对丰富土壤上，氮肥配施磷肥，可以显著提高氮素利用率。在春小麦试验表明，配施磷肥后氮素利用率由 35% 提高到 52%，而且其后茬（谷子）残留氮的利用率仍可达到 6%~13%。在施用技术上，研究解决了碳酸氢铵造粒深施，可明显提高氮的利用率。试验表明，稻田碳酸氢铵面上撒施，其氮素利用率只有 15.2%，而粒肥深施，氮素利用率可达到 54.7%；在旱地明确了氮肥作追肥，应结合灌水，以防止氮素挥发损失。

随着尿素化肥生产工艺的进步，尿素在我国农业生产中起到越来越重要的地位，研究尿素的合理施用技术，提高尿素肥料利用率成为迫切需要解决的问题。为此，从 20 世纪 80 年代初开始，着重开展了这方面的研究。

1980 年，研究尿素在石灰性土壤中的转化及其垂直分布，明确尿素使用不当会造成氮素损失。尿素施在土壤表面未水解前，主要是防止随水流失，水解以后则应防止土壤表面挥发。因此，适量灌水是十分必要的，一般保持土壤湿度不超过田间最大持水量的 70% 左右为宜。尿素基施肥或追肥，只要结合适量浇水，70% 尿素翻压入 10~30 厘米土层，在表土层下水解氨化，可以减少氨的挥发损失。

1982 年，研究磷肥对尿素氮在土壤中运转及利用率的影响，结果表明：单独施磷和对照相比，干物质积累均达到显著或极显著的差异。但是，后期由于严重缺氮，限制了蛋白质的合成，不能有效地转移到籽粒中去，籽实增产并不显著。单独施氮处理，秸秆和籽粒均未增产。在氮磷俱缺的土壤上，单独施氮就是浪费，施量越高，浪费越大。氮磷配合施用（1∶0.5）氮肥利用率提高 4~7 倍。

1984 年对 4 种氮肥在石灰性土壤上表面追肥时，当季小麦氮素吸收利用情况的研究表明，其利用率高低顺序为：硝铵>尿素>硫铵>碳铵；氮肥损失的顺序是：碳铵>硫铵>硝铵>尿素。并肯定了开沟深施作追肥（复土 6~7 厘米）比表施可明显提高利用率。碳铵提高 117%、硫铵提高 63%、尿素提高 33%。进一步说明追肥深施复土确定是提高氮素利用率和减少损失的有效措施。

为了解决氮肥深施的问题，1984—1988 年与北京农业工程大学和顺义县农业科学研究所合作研制了碳酸氢铵追肥深施机。通过 179 个试验，肯定了碳酸氢铵机械深施 6 厘米的肥效，每千克氮（N）比对照增产小麦 12.8 千克，玉米 13.1 千克，比表施多增产小麦 6.2 千克，玉米 5.5 千克；肥效相对提高分别为 93.6% 和 72.8%，比尿素表施相对提高分别为 34.0% 和 27.5%。在机械施用条件下，碳铵和尿素的肥效相当。示范推广面积达 119.59 万亩，共获经济效益 2 000.16 万元。此项成果 1987 年获化工部科技进步奖一等奖，1989 年获国家科技进步奖三等奖。

1989—1993 年土肥所与辽宁省昌图县农机修造三厂等单位联合进行 "2FT-I 型追肥机及其深追肥的中间试验"。提出了安全、高效的机械化侧深施肥技术，改进研制了用于旱作侧深施肥机具。这种施肥机具特点是：①施肥安全，避开了肥害位；②高效的侧深施肥位置，玉米种肥可施在种子侧深位 5.5 厘米，追肥可施在距玉米株侧 10~20 厘米，深 6 厘米，小麦株侧 10~15 厘米，深 6 厘米的安全位置上；③"垄作侧位施肥器"可排施粉状，小颗粒状化肥于垄上；④侧深施肥机具比手工侧深施氮肥利用率增加 25.9%，氮磷肥效相对提高 57%；比表施培土全生育期碳铵提高氮肥利用率 20.8%、尿素提高 11.4%。据山东陵县、北京顺义县、辽宁昌图县机具侧深施试验、示范 53 万亩，增产小麦 233.0 万千克、玉米 2 225.7 万千克、棉花 39.35 万千克，每亩省工 0.4~0.5 个，经济效益 1 166.8 万元。该项技术 "垄作侧位施肥器" 于 1993 年 6 月 13 日获中华人民共和国专利局实用新型专利证书；辽宁省昌图县农机厂及土肥所共同研制的 2BFX-I 型播种机于 1994 年 11 月 21 日被农业部农机化司选为化肥侧深施机具第一批推荐机型；1995 年 5 月被国家科委等五单位评为国家级新产品。

1991—1994 年由中国农业大学和土肥所等单位共同研制的全方位深施机适用旱作土地打破犁底层，显著改善土壤的蓄水保墒能力，有利于消除土壤障碍（如缺水旱地、土层瘠薄地、盐碱涝洼地、缓坡地）节约农业灌溉用水和草原更新。土肥所承担了这一项目的田间试验部分。该成果于 1996 年获农业部科技进步奖一等奖，1997 年获国家科技进步奖二等奖。

此外，还开展了冬小麦氮素诊断指标的研究，提出中等肥力偏上的土壤，丰产小麦的氮肥用量以每亩 15~22.5 千克尿素最为合适，最多不宜超 30 千克尿素。明确了小麦叶片全氮、植株硝态氮、糖分和土壤速效氮都可以作为小麦氮素营养诊断指标：冬前小麦叶片硝态氮（N）为 300~600 毫克/千克；小麦孕穗期植株糖分 1.6%~2.5% 为适宜；土壤速效氮（硝态氮+铵态氮）的适宜指标为：播前—拔节 30~40 毫克/千克，孕穗-抽穗 20~30 毫克/千克。

以上这些成果为氮肥合理施用，提高氮素利用率提供了科学依据。

氯化铵是联碱法生产纯碱的副产品，采用联碱法生产纯碱，不仅可以增加氮肥，而且可以消化废渣废液，减轻环境污染。随着联碱工业的迅速发展，氯化铵的产量也随之不断增长。为了解决氯化铵等含氯化肥的施用，1988—1994 年土肥所与西南农业大学共同主持了国家科委和化工部下达的含氯化肥科学施肥和机理的研究项目。在全国七大农区组成了协作网，围绕氯根问题开展工作。着重研究了我国土壤含氯状况和地域分布特点；连续施用含氯化肥土壤氯的积累量与残留率以及土壤酸化问题；作物耐氯能力的测定与分级；含氯化肥的肥效；安全高效施用技术等。7年共完成各类田间试验 1 168 个，盆栽试验 79 个，定位试验 42 个。取得了结果如下：

通过对全国 7 大农区近 2 000 个土壤和 87 个土壤剖面样本的测定，首次摸清了我国主要农区的土壤含氯水平与分布特点，明确了氯化铵和双氯化肥适宜使用的地区与土壤；首次对 31 种作物的耐氯能力划分为安全浓度、临界浓度、毒害浓度和致死浓度，并依据耐氯临界浓度划分成强耐氯作物，中等耐氯作物和弱耐氯作物，改变了所谓"忌氯"作物的传统概念；开展了作物氯根敏感期和氯化铵施用位置的研究，确定了冬小麦、春小麦和水稻的氯根敏感期，提出了含氯化肥的科学施肥技术；通过 42 个定位点检测查明，连续施氯土壤氯根积累和酸化有明显的地区性，西北旱地施氯残留率高达 50%～100%，华东、华中、西南和华南基本无积累。土壤酸化主要发生在中性和酸性土地区；对粮、棉、麻、油、糖料、果树、蔬菜等作物进行多点田间试验和定位检测结果，除果树外，施用氯化铵或双氯化肥的肥效与无氯化肥相当，在水稻和多数蔬菜上还稍好，适量合理施用对作物品质无不良影响。

这些研究成果累计示范面积 2 216.6 万亩，各种作物平均每亩增收 64.9 元，总收益达9.848 亿元。为含氯化肥在我国的合理施用提供了科学依据，得到国家科委和化工、农业等部门的重视。该研究成果获 1998 年国家科技进步奖二等奖。

2. 磷肥

建所以后，土肥所一直重视磷肥研究和应用。1960—1965 年，水稻"坐秋"是我国南方低产地区生产中的一个突出问题，云、贵、川、桂、湘均有分布。水稻"坐秋"类型很多，冬干鸭屎泥水稻"坐秋"是其中一种，长江以南分布面积较大，一般亩产 100 千克左右。为解决南方水稻低产问题，于 1960 年土肥所会同湖南省农业厅、农业科学院及湖南衡阳专区农业局，在湖南省祁阳县官山坪开展了鸭屎泥田水稻"坐秋"的研究。经几年研究，在总结农民经验的基础上，经过反复试验，找到合理施用磷肥，种植绿肥等一套措施，有效防止了水稻"坐秋"减产，基本上改变了当地的低产面貌。

为摸清磷肥在北方地区不同土壤、不同作物上的效果，推广磷肥的施用，1961 年开始在河北新城县高碑店及北京永乐店农场和北京中阿公社（即北京东郊农场）进行了磷肥肥效研究。证明了在缺磷的中、低肥力土壤上，小麦、玉米等作物施磷有不同程度的增产效果。在河北省新城县低肥力土壤上氮磷适当配合施用，可以促进根系发育，增强作物根系生理活动。为华北石灰性土壤地区合理施用磷肥提高产量提供了科学依据。

20 世纪 70 年代，土肥所下放山东期间，针对当时山东德州地区尚未普遍施用磷肥的现状，开展了磷肥试验、示范和推广工作。从而使磷肥在全地区的主要作物上得到普遍推广应用，磷肥由积压变成脱销，引起当地政府重视。全区先后建立了 3 个磷肥厂，对促进当地农业生产的发展，起到了积极作用。

为了解决磷肥固定，提高磷肥利用率，从 1974 年开始进行石灰性土壤中磷的固定和转化研究，初步摸清了不同土壤类型对磷肥的固定情况。

通过盆栽、室内模拟和大田试验，研究磷肥固定、衰减速率及轮作周期中磷肥分配，研究明确了在石灰性土壤上在总施磷量相等的情况下，每季都施用磷肥增产效果并不是最高。一年施一次磷肥或两年施一次磷肥比每季都施用一部分要好；两年施用一次又比每年施用的好。提高磷肥施用量并适当集中施用，可以减缓磷肥被土壤固定。土壤性质和类型不同对磷肥固定或"迟效化"的能力是不同的，施肥方法应取决于土壤性质。

20 世纪 80 年代，土肥所与河南、安徽省农业科学院土肥所和河北省廊坊地区农科所合作研究黄淮海中低产地区经济合理施用磷肥技术。针对当地土壤有机质不足，普遍缺氮，严重缺磷是影响作物增产的限制因子问题。为了有效地施用有限的磷肥，进行了多点连年的试验。就磷肥的增产效应，施用磷肥对土壤供磷能力的影响以及建议施磷量做了必要的基础性工作，为科学施用磷肥提供了依据。试验结果提出了适合该地区的经济施用磷肥的方法，并在较大范围内（近1 600亩）进行了示范、推广，取得了提高磷肥和氮肥肥效的显著效果。"黄淮海中低产地区经济合理施用磷肥技术"1985年获农业部科技进步奖三等奖。

20世纪70年代以来，为解决磷肥生产中存在磷矿石品位低，磷肥生产中副产品危害以及充分挖掘潜力，增加磷肥产量等问题，开展了以下系列工作并取得了良好的效果。

1972—1975年，开展磷矿粉有效施用技术的研究，并列入全国协作网。研究摸清了磷矿性质、土壤条件、施用方法和作物等有效施用条件，为缓解磷肥供求矛盾，开辟磷肥肥源提供依据。1978年获全国科学大会奖。

1975年与山东省济宁市磷肥厂合作进行稀硝酸分解磷矿粉，试制沉淀磷肥（磷酸氢二钙）及其肥效的研究。试验结果确证工艺可行性好，水稻施用此肥料肥效良好。1976年获山东省科委二等奖。

1980—1983年对含三氯乙醛废酸生产的磷肥研究。肯定了磷肥中含三氯乙醛不能超过万分之三，每亩每季作物施入的三氯乙醛量不能超过25克；指出正确使用三氯乙醛磷肥对农作物危害不大，受到了化工部门的重视。

1982—1993年对我国四川省独有、性质特殊、平均含全磷（P_2O_5）17%左右、储量高达7 500万吨以上的大型硫磷铝锶矿进行了研究。研制出了磷肥新品种——磷酸铝锶（磷波磷肥）。对其肥效、后效、利用率进行大量田间试验，肯定了这种肥料适宜石灰性、中性和酸性土壤上各种作物施用。共计试验、示范面积672.84亩，推广面积20多万亩，施用面积达百万亩以上。硫磷铝锶矿直接煅烧制磷肥的生产方法于1993年4月国家专利局正式授权。1990年4月获四川省首届专利技术（产品）展览会金奖；1990年11月获第二届国际专利及新技术新产品展览会金奖（广州）；1993年5月获中国新产品新技术博览会金奖。

1990—1996年本所主持进行了磷石膏在农业上应用的试验研究，参加单位有沈阳农业大学等。试验结果有：①改良碱土由pH值8.9下降到pH值8.2，在内蒙改良后春玉米出苗率由50%升至95%；②改良盐土使花生、大豆增产10%~15%，田菁增产50%；③磷石膏使大白菜干烧心病由80%降为15%，苹果苦痘病由80%下降为20%；④作为硫肥，用于江西水稻，每亩20~25千克，增产10%~25%；⑤明确了氟的限量指标：改良碱土，含氟应小于0.03%，用作硫肥含氟应小于0.3%。

3. 钾肥

我国对含钾肥料的研究早在中华人民共和国成立初期即已进行，但大量的化学钾肥研究工作是从20世纪70年代以后才进行的。70年代中期，土肥所进行山东省的土壤速效钾含量普查和钾肥肥效试验，发现了北方棕壤区的缺钾问题，并在此项研究的基础上，制定了钾素丰缺指标，将土壤速效钾分为5级：土壤速效钾（K）小于30毫克/千克为很低，30~70毫克/千克为低，70~100毫克/千克为中，100~150毫克/千克为高，大于150毫克/千克为很高。根据这个标准，全国土壤含钾量很低的有4 170万亩（占总耕地的2.8%），主要分布在华南地区，长江中下游和西南地区；含钾量低的有30 095万亩（占总耕地的20.2%），大部分分布在长江以南和北方的辽东、胶东、冀东一带；含钾量中等的有32 241万亩（占总耕地的21.6%），多数分布在黄淮海平原及长江中下游；含钾量高的有48 936万亩（占总耕地的32.8%）主要分布在西北地区、黄淮海平原、东北和北部高原也有一定面积；含钾量很高的有33 512万亩（占总耕地的22.5%），多分布在北部高原、东北和西北地区。

为推动国产钾肥的生产，缓解我国缺钾矛盾，改变钾肥主要依赖进口的矛盾。1981—1984

年土肥所与中国科学院南京土壤所以及广东、湖南、浙江省土肥所承担国家项目"盐湖钾肥的合理施用和农业评价"，研究国产青海盐湖钾肥在不同土壤上对主要作物的肥效。在7省54个县进行的多点田间试验表明，由青海盐湖卤水中提取的氯化钾比市售氯化钾（进口商品钾肥）含钾量稍低，含钠和水量稍高，但其肥效和施用等钾肥量与进口氯化钾相当。同时，通过4年8季或3年6季的定位试验证明，施用青海钾肥，土壤中钠、镁、氯残留很低，对土壤物理性质无不良影响，有开发利用价值。这项工作为青海钾肥的开发利用提供了依据。1996年国家批准进行二期技术改造工程，国产钾肥生产能力大幅度提升。1987年研究成果获国家科技进步奖三等奖。

1987—1990年开展了国家自然基金资助项目"我国主要土壤的供钾特征及钾素状况综合评价的研究"。从全国16个主要土类中选取25个土壤样本，应用土壤钾形态分级结果和热力学、动力学参数，结合生物试验结果，从土壤钾的形态与分布、供钾强度与容量、钾释放速率等方面对我国主要土壤供钾特征及钾素状况进行了综合评价和分级。此外，还研究了连续种植植物耗钾和施钾以及温度对土壤钾素状况的影响。研究的结果充实发展了土壤化学的理论和方法，对钾肥的调控，合理分配和施用具有很大的理论和现实意义，具有广泛的应用前景。该研究成果获1992年农业部科技进步奖二等奖。

为解决硫酸钾肥紧缺的矛盾，肥料室与有关单位协作研究固相法生产硫酸钾新技术。采用固相化学配位原理，选用钛白粉厂副产物硫酸亚铁和氯化钾为原料生产硫酸钾和副产品工业氧化铁及农用氯化铵。与国内外其他硫酸钾生产方法相比较，本技术具有生产成本低，对设备腐蚀小，整个生产过程基本无"三废"排出，达到清洁化生产要求等优点。1996年10月通过了农业部科技成果处主持的鉴定，并在浙江建厂生产。

20世纪80年代以来，北方土壤缺钾问题逐渐显现，在国家外经贸部、农业部支持下，土肥所联合山东、辽宁、河北、吉林、河南、黑龙江、天津和山西土壤肥料研究所，通过中国—加拿大政府间合作项目和国家自然科学基金项目，1985—1998年间建立了33个土壤钾素定位试验，开展土壤钾素形态和转化研究；进行1 350个涉及38种作物的田间试验和197个盆栽试验，研究钾与氮磷等元素平衡施用；采取8 500个土壤样品，评价不同土壤供钾能力。经6年联合攻关，研究发现：①随着作物产量提高和氮磷肥施用，土壤钾素耗竭，土壤缺钾和与氮磷失衡成为作物优质高产的主要限制因素；②北方土壤供钾能力不足的主要原因是缓效钾和矿物态钾向速效钾转化慢，供钾强度弱；③提出北方不同作物高产施钾临界值，适宜施钾量和合适的氮磷钾比例；④北方土壤自西向东供钾能力逐渐降低，固钾能力逐渐增强，存在明显地区性分布规律。据此研制了"北方土壤钾素地理信息系统"，并形成了"北方土壤供钾能力及钾肥高效施用技术"，明确了北方不同区域土壤供钾能力和钾肥有效施用条件，提出了不同区域作物高产施钾临界值。该成果1993—1995年推广4 425万亩，1996—1998年推广13 215万亩，累计产生经济效益37.63亿元。获1999年农业部科技进步奖一等奖和2000年国家科技进步奖二等奖。

4. 平衡施肥

"七五"期间，开展的"黄淮海平原主要作物施肥模型和施肥推荐系统"研究，采用二因素多水平回归设计，进行了小麦、玉米、棉花、水稻等主要作物田间肥料试验885个，11 921个小区。对所取得的大量数据，应用聚类分析、数学模型等进行综合分析，提出了该地区不同肥力水平下这几种作物施肥模型41个及相应条件下的最佳施肥方案和经济效益分析；提出了优化施肥应用条件的判别技术及校正因素参量，包括地力基础产量与常年产量和土壤养分含量相结合的推荐施肥模式，多因素动态聚类方法；提出了五个县级计算机施肥推荐咨询系统和与优化施肥相配套的土壤测试技术等。此技术推广应用面积216万亩，取得了显著增产、增收、节肥的效果。

1991—1995年承担了国家科技攻关项目"黄淮海平原主要种植制度下作物高产优化施肥技术"。利用引进居国际先进水平的美国ASI技术和设备，开展土壤养分综合系统评价方法和作物高产高效平衡施肥技术研究。在土壤养分状况评价和推荐施肥中，首次综合考虑各种元素的全面均衡供应；首次把土壤对 7 种营养元素的吸附固定能力作为评价土壤养分有效性和确定施肥量的重要参数；应用先进的联合浸提剂和系列化操作技术，使测土施肥工作效率达到国际先进水平。在土壤养分状况和肥料效应试验中，创造性地提出"最佳处理"设计。对每个元素的研究均是在其他元素调整在"最佳"平衡状况下进行，避免出现某些元素缺乏或过量的不良影响。首次研制建立了集统计分析、分类汇总、图表编辑、动态链接、打印报表、施肥推荐和检索查询等功能为一体的计算机数据管理系统。在大量土壤测试、吸附试验、盆栽试验、大田试验和示范的基础上，建立了适用于小麦、玉米、水稻等作物的测土推荐施肥模型，通过与所建数据管理系统的链接，形成了从土壤测试到施肥推荐功能齐全的测土推荐施肥咨询服务系统。

该项研究在河北省玉田县成功地应用，确定玉田县土壤中主要养分限制因子依次为氮、钾、磷、锌、锰和硫。通过平衡推荐施肥显著地提高了玉米、水稻、小麦、蔬菜等作物的产量和经济效益。并且根据试验，生产出适合当地条件的小麦、玉米、水稻及蔬菜专用肥，并在全国 20 几个省（市、自治区）推广应用。仅 1992—1995 年在山东、河南、河北、吉林、辽宁几省的小麦、玉米、棉花和水稻等作物上推广应用面积达 2 145 万亩。"土壤养分综合系统评价方法与平衡施肥技术"于 1996 年获农业部科技进步奖二等奖，1999 年获国家科技进步奖三等奖。

20 世纪 90 年代，国际上应用 3S 等信息技术形成精准农业研究热点和相关技术体系，土肥所科技人员于 1996 年引进精准农业研究的理念，在国家"948"项目、上海市科技兴农项目和国际合作项目支持下，在国内率先开展土壤养分精准管理和精准施肥研究。2000 年，协作组在全国 30 个省（市、自治区）建立 45 个土壤养分精准管理试验区，应用 3S 和土壤养分测试技术，分析土壤养分时空变异规律，构建土壤养分精准管理技术平台，形成适合分散经营的土壤养分精准分区管理理论和技术，在村、乡和县级规模的试验区验证，作物增产 10% ~ 15%，氮肥利用率提高 10 ~ 15 个百分点。在规模经营条件下，引进变量施肥自动控制部件及控制系统，研究出适用的变量施肥机具，为我国适度规模经营的精准变量施肥技术奠定了基础。

5. 复（混）肥

1983—1986 年土肥所组织有 11 个工业和农业单位参加的复（混）肥的协作研究组。在农业应用方面，研究了不同养分形态复（混）肥料品种的肥效机理和有效施用条件；不同土壤、作物施用复（混）肥的适宜用量、养分配比及施用技术。结果表明，尿素磷铵系、尿素重钙系、尿素普钙系的肥效较为稳定，各种土壤、作物均适宜施用。硝酸磷肥系在多数作物上的肥效略低于尿素磷铵系，其氮素利用率比尿素磷铵系低 6.5%。在旱田则受土壤速效磷含量影响，在缺磷土壤上其肥效比水溶性磷复肥低 10% ~ 20%，硝酸磷肥系适宜的五氧化二磷（P_2O_5）水溶率，对缺磷的石灰性土壤要求在 50% 以上，缺磷的中性和酸性土壤及吸磷能力强的作物为 30% 左右。氯磷铵系肥料与土壤 pH 值有关，在酸性土壤上要比尿素磷铵的肥效低 5% 左右，在中性和石灰性土壤上，其氮、磷利用率和田间增产效果相当或略高于尿素磷铵系。正常用量下，氯对作物无不良影响，过量氯会招致作物毒害，粮、棉、油、蔬菜等作物每亩施氯量应小于 40 千克，连续施用应小于 20 千克。生产和施用复（混）肥必须与推荐施肥相结合，可比习惯施肥增产 10% ~ 30%，作基肥施用省工效果好，一般比基施加追施增产 6% 以上。这些结果为复（混）肥的二次加工提供了依据，把推荐施肥和二次加工紧密结合起来，取得了较大的经济效益，三年总计应用面积达 1 673 万亩。"我国主要复（混）肥料品种的肥效机理和施肥技术"于 1989 年获农业部科技进步奖二等奖。

1986—1991 年由化工部下达的土肥所等 10 个单位参加的"掺合肥料施肥技术的研究"，是在"六五"期间完成的团粒型复肥攻关项目基础上开展的，旨在评价掺合肥料农艺性状，为我国混配肥的生产和施用提供科学依据。

该项目在我国主要土壤、作物上开展了掺合肥料的基础物料、养分形态、养分误差临界指标和施用技术的研究。结果表明，掺合肥料与等养分团粒型复肥肥效相当。掺合肥料养分分离时，其误差绝对值大于 2.5%（相对值少于 10%），不明显影响其肥效。

定位试验结果表明，尿素磷铵系和尿素普钙系适用于各种土壤和作物施用；氯磷氨系施于水田好于旱田，而硝酸磷铵系则反之。在我国南方及中部地区连续施用 3~4 年氯磷铵钾，未发现对作物的产量和品质有不良影响。在 0~40 厘米土层内的氯根积累量一般在 10% 以内，土壤 pH 值略有下降趋势。

按县级推荐施肥要求使用掺合肥料，可比习惯施肥增产 10%~20%，与团粒型二次加工工艺比较，每吨掺合肥料可节省成本费 25% 左右。4 年（1988—1991 年）推广应用面积 214 万亩，取得经济效益 6 020 万元。该项目于 1992 年获化工部科技进步奖二等奖。

1986—1990 年，土肥所还与郑州工学院共同承担国家科技攻关项目"钙镁磷肥改性复合肥料研究"及"钙镁磷肥改性复合肥料中间试验"。研制出的包裹复合肥料是以粒状尿素或硝酸铵等为核心，以钙镁磷肥或其他枸溶性磷肥为包裹层的一种新型复合肥。其包裹层可视土壤、作物情况加入钾肥、微肥及螯合剂、植物生长调节剂和农药等，适宜制成各种作物的专用型复合肥料。此种肥料不仅含有多种植物营养元素，而且对其核心的氮素还有一定的缓释作用，从而提高了氮的利用率，磷素也不易被土壤固定；肥料吸湿性小，不结块，粒度均匀，适宜在高温多雨地区或高温多雨季节对各种作物施用；无论是当季肥效或下季残效，均较肥料相同，养分相等的掺混或普通粒状复合肥料增产作用好。1991 年 12 月以"包裹型复合肥料研究"名称获化工部科技进步奖三等奖，并作为国家科技成果列入"国家科技成果重点推广计划（13-1-7-8）"。1990 年被国家科委、国家物价局、中国工商银行、中国物资部联合授予国家级新产品称号。产品除国内销售外，尚有小批量出口新加坡、马来西亚、澳大利亚、泰国等地。

1993—1996 年，土肥所还承担了国家教委项目"秦皇岛地区心血管病发病率与钙营养相关性研究"。初步明确了心血管病高发区与长期饮食中钙的含量偏低有关；发病率与土壤、饮水、植株、籽粒中钙含量呈显著负相关。用自发性高血压大白鼠（SHR）试验表明，增加饲料中钙含量可明显起到补钙作用；补钙延缓了 SHR 大白鼠血压上升；三种钙源（碳酸钙、乳酸钙和骨粉钙）中以有机的乳酸钙降压效果最好，无机碳酸钙效果差；大鼠体内缺钙并不能从血钙含量中体现出来。本项研究把植物营养、动物营养和人类健康联系起来，为探索植物营养研究新途径做出了有益的尝试。

二、中微量营养元素肥料研究

20 世纪 60 年代开始，土肥所张乃凤副所长主持开展了微量元素肥料的研究。先后进行了微量元素分析方法研究，开展了小麦、豌豆、玉米、水稻施硼和硼锰的盆栽和田间试验，同时探索了缺硼溶液培养技术和蕃茄等作物的缺硼症状。为进一步证明硼肥的效果，1963 年开始采用辽宁、内蒙古、吉林、湖南等地 6 个土样开展了硼素反应试验。结果表明，辽宁熊岳砂质棕壤种植蕃茄对硼的反应较为敏感，在 2 800 克土中基施 6.5 克，追施 2.5 克硼，蕃茄才能正常。湖南红壤豌豆施硼苗期生长较好，未施硼的处理，豌豆苗茎叶发黄。生长不良，这些研究为土肥所微量元素的研究打下了良好基础。

20 世纪 70 年代，针对当时生产中出现的一些问题，在山东省进行了土壤锌普查。对 111 个县（市）取土样 2 500 多个进行了土壤有效锌的分析化验，摸清了山东省土壤有效锌的丰缺和分布情况。明确了土壤有效锌含量低于 0.6 毫克/千克，主要分布于黄河两岸的黄河冲积物发育的潮土；土壤有效锌在 0.6~1.0 毫克/千克，主要分布在黄泛平原地区；土壤有效锌大于 1.0 毫克/千克的主要在胶东半岛及鲁中南地区。同时，通过大田试验，确认土壤有效锌含量 0.6 毫克/

千克为缺锌临界值。大田施锌示范面积达 281 万亩。该项研究结果，1980 年获农业部技术改进一等奖。

在山东省土壤速效锌普查的基础上，1981 年开始与山东省农业厅合作，进一步推广锌肥，截至 1984 年，在山东省共推广施用锌肥 1 050 万亩。据 1981—1983 年统计，共增产粮食 1.95 亿千克，棉花 46.5 万千克，花生 38.15 万千克，净增产值达 1 亿元以上。山东省土壤有效锌普查及锌肥使用技术的示范推广，1985 年获国家科技进步奖三等奖。

土肥所迁回北京后，1983 年承担了农牧渔业部农业局和化学工业部化肥司下达的"微量元素肥料经济有效施用技术试验示范"项目。由土肥所与湖北省农业科学院主持，华中农业大学等 12 个单位参加，组成微肥科研协作组。其中土肥所与吉林省农业科学院、陕西省农业科学院和北京市农林科学院共同完成的"北方玉米锌肥经济有效施用条件"的研究课题，对土壤缺锌临界指标、不同施用方法、不同用量、喷施方法及锌肥后效等开展研究。到 1985 年共完成田间试验 844 个，累计推广应用 3 566 万亩。明确了土壤有效锌含量 0.6 毫克/千克、玉米植株锌含量 20 毫克/千克为玉米缺锌临界值。基施硫酸锌每亩 1～2 千克，喷施浓度 0.2%，浸种浓度 0.02%～0.05%，浸种时间 6～8 小时，拌种以每千克种子 4～6 克硫酸锌，每亩基施 1 千克硫酸锌至少可以维持两年肥效。同时注意与氮肥和磷肥的配合，以每亩配合施用氮（N）7.5 千克，磷（P_2O_5）3.75～7.50 千克能充分发挥肥效。这一专题与玉米、水稻、棉花、油菜专题一起以"几种主要农作物锌、硼肥施用技术规范"于 1987 年获农业部科技进步奖二等奖，1989 年获国家科技进步奖三等奖。

1986—1990 年，主持和参加了农业部微量元素课题中的有关专题。土肥所主持的"主要微量元素对作物影响的研究"专题，主要进行了锌肥对小麦、芹菜生长发育、产量和品质的影响研究；参加湖北省农业科学院主持的"微肥施用技术和缺素诊断方法"专题，主要进行了小麦缺锌诊断指标及锌在土壤中的固定积累和锌肥后效研究，取得了如下结果：①小麦施用锌肥能促进生长发育，提高产量 8.6%，提高种子蛋白质含量 3.2%，提高氨基酸总量 4.8%；小麦各器官含锌量随着施锌量的增加而增加；不同小麦品种对锌肥反应有差异，其中"西安 8 号""烟农 15"等反应较好。②土壤有效锌含量以 0.6 毫克/千克为小麦缺锌临界值，小麦植株含锌量以 20 毫克/千克为缺锌临界值。正常小麦组织结构与缺锌小麦有明显差异。③草甸土施锌 3 个月，88% 的锌被土壤吸附固定，施锌 1 年，95% 的锌被吸附固定。施入土壤中的锌肥一般可维持肥效两年。"主要微量元素对作物的影响"1991 年获农业部科技进步奖三等奖，"微肥配合施用和缺素诊断方法"1993 年获农业部科技进步奖三等奖。

1991—1995 年，农业部下达的"高产平衡施肥技术"项目中的"中、微量元素肥料研究"课题，土肥所主持了"小麦—玉米及春玉米区高产粮、油、菜中量、微量元素组合的作物营养与肥料效应研究"专题，主要研究小麦—玉米硅、锌、锰配合施用的营养与效应和花椰菜、菜豆钙、硼、钼配合施用的营养与效应。硅、锌、锰配合施用，对小麦—玉米有明显增产作用，小麦增产 6.8%～12.8%，玉米增产 6.5%～12.2%。小麦茎秆抗折强度提高。提出土壤有效硅含量 227 毫克/千克作为小麦施硅肥的土壤诊断指标。1993—1994 年在北京、承德、济南的田间试验结果，菜豆喷施钙、硼、钼比对照增产 18.2%；1994 年在北京、济南的田间试验结果，花椰菜喷施钙、硼、钼比对照平均增产 9.7%；并且花椰菜维生素 C 总量有所增加。同时还参加了由湖北省农业科学院主持的专题，主要研究花椰菜、菜豆镁、硼、钼配合施用。明确了在华北石灰性土壤上，镁、硼、钼配合喷施，有利于花椰菜、菜豆的生长，花椰菜喷施镁、硼、钼比喷施硼、钼每亩增产 55.0 千克（北京通县）和 182.4 千克（山东济南），达显著和极显著水平。菜豆喷施镁、硼、钼比喷施硼、钼每亩增产 60.8 千克，有一定增加作用，比对照（只施氮、磷、钾）增产 238.3 千克，有极显著增产作用。镁对钼有促进吸收的作用。

在开展微量元素研究工作的同时，在国内率先将植物解剖结构技术应用于植物营养研究方面，利用水培方法研究了芹菜、玉米、小麦幼苗在正常和缺锌情况下，叶片解剖结构变化，锌素营养不足时，生长受到抑制，叶肉细胞收缩、细胞间隙增大，叶绿体减少，输导组织发育受到抑制，机械组织不发达；锌素过剩时，细胞结构被破坏，叶肉细胞严重收缩，叶绿体明显减少。肯定了缺素情况下，植物解剖结构也有明显变化，为植物营养与施肥研究开辟一条新途径。

随着大量元素与微量元素肥料施用的增加，中量营养元素的缺乏逐渐成为我国农业生产的重要问题和施肥技术提高的瓶颈。1993—2004 年，在国家自然科学基金、国际科学基金和国际合作项目的资助下，土肥所联合黑龙江土肥所、江西土肥所、吉林农业环境与资源研究中心、山东省烟台市土肥站、河南土肥所、西北农林科技大学、天津土肥所、中国农业科学院油料所共 10 家单位，对作物硫和钙营养的理论和应用技术进行了全面、系统和深入的研究，揭示了土壤硫素转化规律与生物有效性机理；探明了油菜、水稻、小麦、玉米、大豆和蔬菜等作物的硫素营养特性与作用机理；通过对硫肥有效施用条件的研究，向农业技术推广部门推出了水稻、小麦、玉米、大豆、油菜和蔬菜硫肥高效施用技术，推动了硫肥在我国农业中的广泛应用；研究探明了花生、苹果、桃和蔬菜等作物的钙素营养特性，揭示了花生荚果和苹果幼果钙素吸收特性与作用机理，所提出的果面营养概念、钙养分的非维管束吸收过程及高效补钙的技术理论具有原创性；建立了花生钙素营养新的诊断方法；提出了果树和蔬菜等作物高效补钙的新技术，有效地解决了果树和蔬菜的生理缺钙问题，推动了钙肥在全国果树、蔬菜和花生生产中的广泛应用。该成果获得 2004 年度北京市科学技术奖一等奖和 2005 年度国家科技进步奖二等奖。

与此同时，土肥所衡阳红壤实验站在工作中发现土壤表现出明显缺镁现象，为此，土肥所组织了湖南、广西等南方各地开展了大范围的土壤镁素调查与镁肥试验研究，明确了我国南方现已存在严重的缺镁现象，镁肥在农业生产中表现出良好的增产效果。研究还提出了水稻等主要农作物的镁肥施用量和施用方法，为此，南方红壤地区土壤镁素状况与镁肥施用技术成果获得 2001 年湖南省科技进步奖二等奖。

三、全国化肥试验网

全国化肥试验网是在中央领导同志和有关部门直接关怀下建立起来的。1957 年国务院副总理李富春指示，要在全国有组织地进行肥料试验和示范工作，以便找出不同地区、不同土壤、不同作物需要什么肥料、什么品种和最有效的施用技术，作为国家计划生产和合理施用的依据。根据这一指示，1957 年 8 月中国农业科学院召开了全国肥料工作会议，同年 11 月农业部发出了文件，正式建立了全国化肥试验网。

全国化肥试验网由中国农业科学院领导，全国（除台湾省外）各省（市、自治区）农业科学院土壤肥料研究所、中国农业科学院有关经济作物研究所和部分高等农业院校共 36 个单位参加。中国农业科学院土壤肥料研究所负责组织实施，由张乃凤负责设计。全国化肥试验网在 40 年的协作过程中做了大量工作，积累了丰富的经验，并逐步完善了管理体制和条例，已成为全国性的科研协作组织。

全国化肥试验网建立以来，在促进我国化肥由单一氮肥逐步向氮、磷、钾配合与平衡施肥的发展中发挥了重要作用，使我国化肥工业得到迅速发展。全国化肥生产（包括氮、磷、钾）由 1957 年的 15.1 万吨纯养分增加到 1995 年的 2 450 万吨。其主要成就：

全国化肥试验网的试验，首先于 20 世纪 50 年代末肯定了氮肥在各种土壤和作物上的普遍肥效；同时明确了不同氮肥品种适宜的土壤条件，主要作物的需肥规律和适宜的施肥时期，使氮肥迅速得到推广，促进了我国氮肥工业的发展。我国氮肥生产由 1957 年的 12.9 万吨（N）增加到 1995 年的 1 839.3 万吨（N），氮肥品种由单一的硫酸铵发展到包括氨水、碳酸氢铵、尿素、硝酸铵、氯化铵等品种，保证了农业持续发展。在施用技术上改氮肥表施为深施，有效地减少了氮肥损失，提高肥效 20%~30%。

20 世纪 60 年代，全国化肥试验网在磷肥试验和示范方面取得了很大成就。明确了磷肥有效施用条件，找出了不同土壤类型缺磷诊断指标。同时，还在我国南方一些低产田发现单施氮肥的稻苗易发生"坐秋"或"发僵"的缺磷症，氮、磷配合施用水稻显著增产。肯定了磷肥肥效与土壤速效磷有密切相关，一般速效磷（Olsen 法，P_2O_5）含量小于 10 毫克/千克为极缺磷；10~20 毫克/千克为中度缺磷；大于 20 毫克/千克施磷肥一般增产效果不显著。并总结出低产田施磷，豆科作物以磷增氮，禾本科作物氮磷配合以及磷肥做基肥或种肥集中施，水稻沾秧根等一套施用技术。大面积推广后，改变了 20 世纪 60 年代初期磷肥积压的状况，促进了磷肥工业的发展，我国磷肥由 1957 年的 2.2 万吨（P_2O_5）发展到 1995 年的 588.6 万吨（P_2O_5）。

20 世纪 70 年代，对钾肥研究取得了进展。首先在广东发现了作物缺钾症状，随后在广西、湖南、浙江等省的部分土壤上也表现出施钾肥有效。由南方各省协作试验结果表明，施用钾肥可以提高稻、麦、棉、油料、烟、麻产量 10%~30%，并能改善作物品质和提高作物抗逆、抗病能力。初步证明了土壤速效钾（K_2O）小于 100 毫克/千克、缓效钾（K_2O）小于 300 毫克/千克，施用钾肥对各种作物都有一定增产效果；土壤速效钾大于 150 毫克/千克、缓效钾大于 400 毫克/千克，施用钾肥一般不增产。钾肥施用量以每亩施氯化钾 5~10 千克的产量较好，经济效益最高。

进入 20 世纪 80 年代，我国化肥使用已由补充单一营养元素转入氮、磷、钾化肥配合施用阶段。全国化肥试验网于 1981—1983 年连续进行了 3 年的氮、磷、钾化肥肥效、适宜用量和配合比例试验，研究和编写了化肥区划，设置了一批肥料长期定位试验。1981—1983 年在 18 种作物上共完成田间试验 5 086 个。明确了我国化肥肥效仍然是氮肥>磷肥>钾肥；南方稻田氮磷肥肥效普遍下降，而钾肥肥效显著上升；北方氮肥肥效比较稳定，磷肥肥效略有上升，钾肥在多数地区的粮食作物上仍无明显增产效果。我国使用化肥中的氮、磷、钾养分比例确实失调，但是我国氮肥肥效一直高于磷钾化肥，应当在继续发展氮肥的基础上调整氮、磷、钾比例。初步预测，我国到 2000 年的化肥需求量大致为 3 000 万~3 200 万吨纯养分，氮、磷、钾比例需调整到 1：（0.4~0.5）：（0.2~0.3），南方以调整氮钾比为主，北方以调整氮磷比为主。

1978—1983 年进行了复合肥肥效和施用技术的研究，共取得田间试验结果 248 个，初步肯定了复合肥的增产效果。在其他条件一致的情况下，无论是氮磷二元复肥，还是氮磷钾三元复肥，与单质化肥配合施用的比较，只要养分种类、形态、用量和配比相同，则肥效相当。通过试验研究，还提出了施用复合肥料要因土因作物确定肥料种类、养分形态、用量和配比以及复合肥宜作基肥施用等技术。

土肥所主持的化肥区划是 1979 年由原国家农业委员会下达并列入农牧渔业部科研计划，是"农业自然资源和农业区划研究计划"中的一项重要内容。

全国化肥区划突出了化肥肥效规律，从提高经济效益出发，综合考虑土壤、作物及其他自然和经济因素，进行分区划片，提出不同地区氮磷钾化肥适宜的品种、数量、比例以及合理使用化肥的方向和途径，为国家有计划地安排化肥生产、分配和施用提供科学依据。

全国化肥区划分 8 个一级区，31 个二级区（亚区）。一级区反映不同地区化肥施用的现状和肥效特点，二级区根据化肥使用现状和今后农业发展方向，提出对化肥合理施用的要求。一级区按"地点+主要土类+氮肥用量+磷钾肥肥效"相结合的命名法。氮肥用量按每年每季作物每亩平均施氮量，划分为高量区（7.5 千克以上）、中量区（5~7.5 千克）、低量区（2.5~5 千克），极低量区（2.5 千克以下）。磷肥肥效按每千克 P_2O_5 增产粮食千克数，划分为高效区（4 千克以上）、中效区（2~4 千克）、低效区（2 千克以下）。钾肥肥效划分等级和标准与磷肥相同。二级区（亚区）按地名地貌+作物布局+化肥要求特点的命名法。对今后氮、磷、钾化肥的要求，分为增长区（需较大幅度增加用量）、补量区（需少量增加用量）、稳量区（基本保持现有用量）、减量区（降低现有用量）。

自1980年开始，全国化肥试验网先后组织在全国22个省（市、自治区）的主要土类上设置了肥料长期定位试验。据63个10年以上的肥料田间定位试验结果看出：①提出了我国大面积高产稳产的肥料结构，即每亩每季施氮肥（N）10~12千克，磷肥（P_2O_5）3~5千克，有机肥2 000千克左右，并根据土壤和作物施用适量钾肥；②磷肥肥效北方高于南方，钾肥肥效南方高于北方，这反映了我国土壤肥力状况，但在耕地高强度利用下，必须有氮磷钾化肥配合，才能获得高产稳产；③在石灰性潮土磷肥后效持久，12年累加利用率可达26.7%~66.4%，以每年施用或隔年施用适量磷肥比一次集中施用高量磷肥增产效果好；④有机肥与氮磷钾化肥配合，可进一步提高产量10%左右，并能显著改善土壤肥力状况。

全国化肥试验网建立近50年来，坚持长期协作研究，为国家有关部门宏观决策提出了一些好的建议，为指导农民科学施肥，促进农业生产的发展发挥了积极作用，因而取得了一批重大科研成果和巨大社会经济效益。其中土肥所20世纪70年代研究提出的"合理施用化肥及提高利用率的研究"获1978年全国科学大会奖，在"六五"期间研究总结的"我国氮磷钾化肥的肥效演变和提高增产效益的主要途径"获1985年农牧渔业部科技进步奖一等奖和1987年国家科技进步奖二等奖。"中国化肥区划"获1987年农业部科技进步奖二等奖。1980—1996年研究总结的"全国长期施肥的作物产量和土壤肥力变化规律"获1996年农业部科技进步奖三等奖。

进入20世纪90年代以后，全国化肥试验网的经费逐渐紧张以致终止，为了继续组织全国性的化肥肥效研究，土肥所利用我国与加拿大政府间的合作项目，"中国—加拿大钾肥农学发展第三期项目""中国农业持续发展中的养分管理与战略研究""中国贫困地区土壤养分管理"项目等，于1993—2005年引进经费3 000万加元，形成了31个省（市、自治区）45个单位参加的全国性协作网，在60多种作物上开展9 500多个田间试验和示范。测试90 000个土壤样品，出版50多种出版物，组织10次国际学术讨论会，选派130位年轻科技人员出国培训，一定程度上稳定和发展了我国土壤肥料研究队伍，在国内外植物营养与肥料界产生了重要影响。

协作网通过约9万个土壤样品的测试，明确了当时全国土壤养分状况，土壤活性有机质<1%的土壤占全部测试土壤的62%，25%的在1%和2%之间，47.9%土壤样品速效磷低于临界值，21.7%土壤样品速效磷处于中等偏低水平，55.2%的土壤样品速效钾低于临界值，15.6%的土壤样品速效钾处于中等偏低水平，30%的土壤样品的速效硫低于临界值12毫克/升，缺锌和严重缺锌的土壤占全部测试样品的63.3%。通过肥效试验发现，在小麦、玉米和水稻上，每千克肥料N平均增产10.5千克、9.6千克和11.5千克，每千克肥料P_2O_5平均增产8.6千克、9.1千克和10.4千克，每千克肥料K_2O分别平均增产7.3千克、9.2千克和7.7千克。肥料氮、磷、钾在小麦、玉米和水稻上的当季利用率分别为27.2%~43.8%，11.5%~14.9%和28.4%~31.6%。这些研究工作，一定程度上弥补了当时肥料领域研究的缺失，推动了土壤肥力和施肥领域的技术进步。

四、有机肥与绿肥

1. 有机肥

建所前后，土肥所即开展了适合北方地区的高温堆肥法的研究，采用以马粪液代替分离的"纯菌"获得成功，经推广应用，取得了良好效果，促进了农业生产的发展。建所初期，又相继开展了猪厩肥、人粪尿的保肥技术研究。1961年以后，在养猪积肥方面继续进行了调查研究，着重研究了猪厩肥腐解过程中肥分的变化规律。明确了猪厩肥腐解（在18~20℃条件下）46天的过程中，有三个阶段，第一阶段以细菌为最活跃，有效氮含量较多；第二阶段以真菌较活跃，水溶性磷转化很多，氮素积累少；第三阶段以放线菌为最活跃，对有效氮、磷转化都较有利。同时还发现猪厩肥中水溶性磷与水溶性氮在很多情况下呈反相关。

1964 年开展了京郊二年三作有机肥料合理分配及加土垫圈沤制圈肥研究。肯定施用有机肥有利于土壤保墒，改善土壤通气状况，增加植物需要的养分。但施入未腐熟有机肥的开始阶段，反而使土壤速效氮减少，但经过 60 天后，则土壤速效氮增加，有利作物生长。

1965 年土肥所在北京中阿公社（东郊农场）基点，对牛场积肥方法进行了调查研究，其结果表明，牛粪加草土各半为好。

20 世纪 70 年代下放山东期间，有机肥研究主要有：

对有机肥料的腐解进行了进一步研究。其结果：①以有机质易氧化百分率来衡量不同有机质的腐解活性，易氧化百分率比值越大，有机质腐解活性越大，比值越小，活性越小。不同有机物质的易氧化百分率：面粉>猪粪>田菁>桎麻>麦秸。不同肥力土壤有机质易氧化百分率：丰产田>一般田>瘠薄田；②以测定 CO_2 的释放强度来衡量同一类型土壤有机质分解速度：绿肥>秸秆>锯木，不同肥力土壤：高肥力>低肥力；③加入猪粪和混土能显著加速有机物消化速率；④以测定施用有机肥后的增值复合度来反映土壤有机质的增减：绿肥>稻草>锯木。

开展了腐殖酸类肥料的研究。明确了腐殖酸类肥料含有机质丰富，施用后可增加土壤有机质，改善土壤物理性状。腐殖酸铵有一定肥效，但高肥力土壤上施用效果不明显，严重缺磷的土壤必须同时施磷才有效；中、低产土壤配合施用一定量的氮肥和磷肥效果较好。喷施万分之一至万分之五腐殖酸钠有一定效果。

在山东、河北进行了多处秸秆还田试验。主要结果有：①每亩还田秸秆 500 千克，当季不增产或略有减产，第二茬作物开始有增产作用，第三茬增产更多；每亩秸秆还田 500 千克加尿素 10~20 千克，当季小麦增产 16%~21%，第二茬和第三茬仍有明显增产作用。②秸秆还田能增加土壤有机质。有机物腐解主要是土壤湿度和温度的影响，温度高、湿度大易腐解，温度低、湿度小不易腐解；C/N 比值为 80∶1 时，90 天消失率为 67%，C/N 比值为 30∶1 时，90 天消失率为 78%。

20 世纪 70 年代中期，在山东的禹城、夏津、莱阳，河北的吴桥、南皮、景县等地布置 310 多处有机肥试验，主要探索有机肥与化肥配合施用效果和有机氮的适宜配施比例等，根据调查总结及在山东莱阳开展的有机—无机肥配合施用定位试验结果看出：有机—无机配合施用能增加土壤有机质和磷钾含量，改善土壤理化性状，有明显的增产作用；有机氮与无机氮的比例 1∶（1~2）都有良好效果。并指出在我国化肥生产快速增加的情况下，仍应遵循有机肥与化肥配合施用的原则。

20 世纪 80 年代土肥所迁回北京以后，土肥所有机肥课题组主要开展了"城市垃圾农用控制标准"的研究和制定（1983—1986 年），通过大量调查分析，提出了重金属、大肠杆菌、有机质、氮、磷、钾、pH 值等 15 项标准限值。此外，对施用农用垃圾的土壤、作物、施用量等也作了规定。1987 年 10 月 5 日由国家环保局作为国家标准颁布（80 环规字第 292 号），标准号：GB8172-87，自 1988 年 2 月起在全国实行。这个标准的实施，能有效地防止蛔虫卵、大肠杆菌、有害重金属等对土壤、水资源、农产品的污染，保护城乡人民的健康。每年可减少堆放垃圾占地 4 000~5 000 亩，每年全国有相当于 3 000 万~4 200 万吨优质堆肥可供施用，全国可节约 15 万~25 万吨化肥。"城镇垃圾农用控制标准法"于 1988 年获农业部科技进步奖二等奖。

"七五"期间，承担农业部重点项目"有机肥料提高农作物品质的施用技术研究"，与湖北省农业科学院等单位合作，研究提出一套施肥技术，经示范和推广取得良好效果。使重化肥轻有机肥的倾向有所扭转，农产品品质因片面施用化肥引起下降的趋势得到了控制，化肥氮、磷、钾失调的突出矛盾因有机肥施用而有所缓解。本项技术与常规法施肥比较，可提高小麦、玉米蛋白质2%~3.5%，氨基酸2.5%~3.2%，面筋1.4%~1.6%；茶叶中的水溶性糖、茶生物碱，茶多酚等总计提高10%~20%；大蒜优质率增加20%~30%，叶菜类维生素C含量提高，硝酸盐下降；大豆粗脂肪提高0.56%；啤酒大麦胚乳粉状粒达60%；西瓜糖分增加1~2度等。此项研究改变了以前施肥只注重增加产量，未考虑农产品品质的缺陷，推动了施肥对改善农产品品质的研究。1994年"有机肥料对粮、油、菜、烟、茶等品质的改良效果"以第二完成单位获农业部科技进步奖二等奖。

1991—1995年课题组在1979年秸秆还田试验研究工作的基础上，进一步研究我国华北、西南、长江中游、江苏水旱轮作和浙江三熟地区的小麦、玉米和水稻秸秆的直接翻压和覆盖还田的技术规程。规程具体制定了不同地区的适宜条件、秸秆数量、粉碎程度、翻压时间和深度等。按规程要求进行秸秆还田，一般增产10%以上，且有改土培肥、改善农田生态环境效果，至1995年已推广2806万亩。"我国主要农区秸秆直接还田技术规程"于1996年获中国农业科学院科技进步奖二等奖。

1991—1996年12月在秸秆还田规程制定的同时，土肥所与江苏省农业科学院等单位共同协作，开展了商品有机肥料的研制，主要研究鸡粪、废骨、皮渣复合肥产业化。到1996年已生产出适用于园艺、果树、草坪、药材及粮棉为主的专用肥和通用肥品种，并建成年产5000吨的有机复合肥料工厂3个，直接效益达600万元，当年收回投资。应用面积达40余万亩。施用该肥料与化肥相比，在芹菜、生菜中维生素C提高20~30毫克/千克，硝酸态氮降低300~700毫克/千克，有机酸减少0.06%~0.96%。鸡粪、废骨、皮渣生产有机复合肥料完全有可能代替优质饼肥。该肥料含氨基酸总量达20克/千克，也是一类氨基酸肥料。"鸡粪、废骨、皮渣复合肥产业化研究及应用"是一项开创性研究，为工厂化生产有机—无机复合商品开创一条新路。1997年获农业部科技进步奖三等奖。

研制成功的商品有机肥中还包括从20世纪70年代开始到90年代完成的高浓度腐殖酸液肥，利用腐殖酸的增溶作用，可以在重量比1:1条件下，将50%的氮磷钾化肥溶解于50%水中，生产出养分总量达25%的全溶优质肥料，能作为保护地、大棚温室、设施农业、优质果蔬等经济作物的冲施肥料，增产效果显著。

20世纪90年代到21世纪初，我国农业从传统农业向现代农业发展。种植业的作物秸秆残茬、养殖业的畜禽粪便等废弃物成为了我国最大的有机肥资源，如果不合理处理，它也是中国城乡最重要的环境污染源。因此土肥所加强了废弃物合理开发利用过程中的一些关键技术的研究。

为解决大型畜禽养殖场畜禽粪尿的发酵腐熟问题，土肥所研制了连排式的高温堆肥发酵仓。一排12个发酵仓，每仓一次可堆肥原料40~50立方米。堆肥用鸡粪及玉米秸及麦秸，或大棚菜根废物，经粉碎后，按鸡粪与秸秆1:1，用装载机械分层堆集于发酵仓内。直接自然发酵，控制水分50%，碳氮比20:1，三四天即可获得60~70℃的高温，中途需翻捣一次，一月即可完成发酵。堆肥仓的底部有排污水道和塑料管的通气道，并同时配有小型鼓风机，加速堆肥完成。生产的堆肥氮磷钾总养分可达4.5%~6.8%，其中氮1.2%~2.5%，磷0.8%~1.8%，钾1.5%~2.5%，有机质含量40%~50%。

上述发酵仓为适应年产10万肉鸡的养殖场需求而设计，这种有机堆肥积造方式后来还在猪粪尿、牛粪尿、城市污泥上采用，规模可根据需求进行调整。这些堆肥特别适用于无土栽培和设施农业上，因此在大面积温室区推广效果更佳。

烘干鸡粪是商品有机肥中最早的也是最受欢迎的商品。但是鸡粪的脱水成本与恶臭问题长期困扰着生产企业。土肥所研究了采用热风炉脱水的方法，效率高、除臭好，而且对各种病菌、虫卵、杂草种子的杀灭效果好，肥料绝对安全。利用热风炉内400~500℃的高温，瞬间蒸发掉鸡粪中的大量水分，温度虽高，由于鸡粪在炉膛内的停留时间仅几十秒，因此只蒸发水，不燃烧鸡粪。最终形成水分含量低于10%的颗粒干燥鸡粪。一般总养分达10%左右，其中氮4%～5%，磷2.5%～3%，钾2%～3%。

2002—2004年，承担了科技部农业科技成果转化项目"利用农业废弃物生产无公害肥料技术中试与产业化示范"项目，通过项目实施，取得了以下成果：①确立了农业废弃物（作物秸秆、蔬菜瓜果废弃物和畜禽粪便）生产有机—无机缓释肥料的全套工艺和设备，其中包括作物秸秆前处理、规模化畜禽场粪便脱水工艺设备，槽式高温（68～72℃）连续快速（8～10天）发酵工艺设备，除臭工艺和除臭剂的生产技术，有机物料造粒粘结剂和有机—无机缓释肥料生产工艺和设备，并建立了质量评价指标体系（有机质含量，腐殖化系数，重金属Pb、Hg、Cd、Cr、As含量，有机无机N比例，N素24h水溶出率，缓释剂生物降解时间）；②采用"异粒变速"技术，生产掺混型胶结包膜缓/控释作物专用肥料，为发展新型肥料和提高化肥利用率提供了一套新路子；③与深圳、天津相关公司合作，分别建设了5万吨/年的示范生产线。

2. 绿肥

20世纪60年代初，在原华北农科所绿肥牧草研究基础上，成立了绿肥研究室，主要开展北方短期绿肥品种的筛选，短期豆科绿肥和豆类作物在种植制度中的间套种等研究。1965年在农业部和中国农业科学院的组织领导下，成立了全国绿肥试验网。进入20世纪80年代，为适应农业生产的新形势，绿肥研究室正式更名为农区草业研究室，拓宽了绿肥研究领域，为绿肥科研向纵深发展，打下了良好基础。

全国绿肥试验网成立初期，根据绿肥种类多，区域性强，绿肥发展不平衡的特点，绿肥的工作主要是开展分区协作形式，把全国分为6个区域协作区。有效地推动了各省绿肥研究工作和绿肥生产发展。"文化大革命"期间，全国绿肥试验网中断了活动。

20世纪70年代，土肥所绿肥研究主要是结合盐碱地改良，在山东德州地区的陵县、禹城开展了利用绿肥改良盐碱地及配套技术的研究。针对黄淮海地区盐碱涝洼面积大，土地瘠薄、肥料不足、耕作粗放等问题，研究提出了一季麦田复种夏绿肥田菁和一年二熟夏玉米地间套夏绿肥田菁或柽麻的技术。这一技术有效地改良低产田，使0～10厘米土层盐分下降了25%～64%，使一熟制小麦产量呈平均增产58%，一年二熟制小麦增产29%。在绿肥栽培技术上总结出了适宜的品种安排，适期早播，配施磷肥以及安排好合理的间套种带距等措施是提高产草量、充分发挥绿肥增产效益的关键。同时，还探索了绿肥的需肥和供肥规律，利用^{15}N标记绿肥研究有机氮的释放。明确了翻压绿肥后，前期能释放出较多的养分，为作物苗期生长提供足够养分。但是作物生长中后期，绿肥释放出的养分已不能满足其生殖生长的需要，因此必须追施氮肥，才能达到均衡供肥，达到高产的目的。这项成果在黄淮海地区的山东、河北、河南等省得到推广，1982年获农业部技术改进三等奖。

进入20世纪80年代，原农林部批示恢复了全国绿肥网的活动，1981年拨给专项活动经费，使全国绿肥试验网的工作走上了正轨。根据当时绿肥的发展形势，土肥所对全国绿肥试验网的组织活动形式进行了调整，由分区协作逐步改变成专题协作，使绿肥的研究工作向纵深发展。20世纪80年代以来，主要开展了以下几项研究。

1980—1986年进行了绿肥品种资源收集、整理、鉴定和编目的研究工作。针对我国绿肥种类很多，资源丰富，但是由于过去对绿肥资源研究工作重视不够，造成品种混杂散失严重。20世纪60年代初，土肥所绿肥室虽开展了一些工作，但不系统，且只局限于北方。为了做好这一基础性的研究工作，全国绿肥试验网先后组织15个省（市、自治区），对绿肥品种资源开展了系统研究，基本摸清了我国主要绿肥资源，并筛选出一批综合性好、丰产性强和有特殊功能的种质。例如，出苗期短，当年种植当年可收籽的早熟沙打旺；9个氢氰酸含量低的箭舌豌豆品种；

4 个半乳糖胶含量高的田菁品种等。为合理种植和利用绿肥，品种选育和建立良种繁育基地，提供优良种质和依据。1988 年获农业部科技进步奖三等奖。

在此基础上，"七五""八五"期间，土肥所绿肥资源研究工作参加了中国农业科学院品种资源研究所主持的国家科技攻关项目，经济作物种质资源繁种、鉴定和优异种质利用评价中的子专题—绿肥种质资源繁种编目入库，共计筛选出 760 多份优良种质的合格种子，送交国家种质库长期保存。

中国绿肥区划是由土肥所主持于 1980 年开始筹备，1981 年正式列为全国绿肥试验网的重点协作项目之一。组织全国各省（市、自治区）农业科学院和部分省农业厅从事绿肥工作的人员共同完成的。

中国绿肥区划较全面地论述了绿肥在我国农业生态系统中的地位和必须发展绿肥生产的原因，总结调整了发展绿肥生产的典型经验，从宏观实践和理论上为大力发展绿肥生产提供了依据。明确指出了解决我国农业现代化的肥料问题，应是在充分利用有机肥料的基础上，大力发展绿肥，积极地、合理地、经济地施用化学肥料。提出了绿肥种植利用的方式，除在人少地多地区可直接压青改土肥田外，应着重推行绿肥和饲料兼用，先作饲料，再以畜粪还田，从而达到用地养地相结合，种植业与养殖业相结合，这是经济合理地利用绿肥的可行途径，是农牧结合的物质基础。这个区划的完成为领导部门指导农业生产和决策提供了依据。1983 年获得农业部科技进步奖二等奖。

长期以来，我国农业生产中把种植绿肥作为提供养分，补给土壤有机质的重要措施。但国内外对绿肥能否提高土壤有机质的研究，由于试验条件，方法不尽相同，所得的结果也不一致，因而结论也大相径庭。为进一步探讨绿肥对土壤有机质的影响，取得符合中国实际情况的可信资料，"六五""七五"期间，土肥所绿肥研究室率先开展了绿肥影响土壤有机质研究和绿肥腐解规律的研究。同时，通过全国绿肥试验网组织全国 17 个省（市、自治区）22 种土壤上进行了绿肥培肥改土效益和有效条件的定位试验。近 10 年的研究结果表明，无论南方或北方，旱地或水田，连续 5 年翻压绿肥平均土壤有机质增加 0.1%~0.2%。土壤有机质含量在 1% 以下的低肥力土壤上，翻压绿肥后，有机质增长率较高，平均达 10% 以上，而有机质含量在 1% 以上的中、高肥力土壤，有机质含量增长率一般低于 10%。绿肥提高土壤有机质，受外界条件影响较大。耕作制、土壤肥力、翻压量、绿肥作物质地以及气候条件都影响绿肥有机物土壤中的矿化和积累。采取混播，适当推迟翻压，提高绿肥 C/N 比和产草量以及每年增加新鲜有机物等都是提高绿肥积累土壤有机质的有效措施，为我国合理利用绿肥提供了依据。此项研究成果 1989 年获中国农业科学院科技进步奖二等奖。

随着农业生产的发展，为寻找发展绿肥有效途径，提高绿肥经济效益，"七五"期间，组织 16 个省（市、自治区）在 21 个试验点，进行了 5 年联合试验，系统评价了我国主要绿肥种植利用方式，肯定了以发展粮肥、菜肥兼用，提高当季收益的经济型绿肥；以解决饲草为主，促进农区畜牧业发展的节粮型绿肥和以保持水土，改善农田生态环境为主的改土型绿肥等 3 种综合种植利用绿肥类型是适合我国国情的，并评选出我国农区 6 种优化种植模式。这些结果对发展绿肥，促进农区畜牧业和发展农林综合经济，改善农产品结构、提高和平衡土壤肥力等方面，具有十分重要的作用。1993 年研究成果获农业部科技进步奖三等奖。

"七五""八五"期间，土肥所开展了北方果园绿肥覆盖的研究，把种植绿肥和生草覆盖结合在一起，取得了明显的效果。为促进果园绿肥的发展，随着经济林园发展快的特点，通过全国绿肥网组织开展了果园发展绿肥的协作研究，解决种植绿肥与粮棉争地，发展果树与粮棉争肥的矛盾，实行以园养园。研究提出了果园种植覆盖绿肥的技术，把林园生草和覆盖两种方法融为一体，改善土壤生态环境和肥力，提高了果品产量和质量。研究成果摄制成"果园绿肥"录像带，多次在中央电视台播放，取得明显的效果。

"九五"期间，根据当时化肥用量迅速增加，绿肥种植面积急剧下降的状况，全国绿肥试验网主要以多途径、多品种种植绿肥，提高综合经济效益为中心，开展了农区绿肥饲草种植利用最佳模式及效益研究和多用途经济型绿肥品种资源筛选和开发等项目研究。

第三节　农业微生物研究

1957年，中国农业科学院土壤肥料研究所建所以来，先后有农业微生物研究室（1957年成立）和菌肥测试中心（1995成立），主要从事农业微生物研究工作。1981年，中国农业微生物菌种保藏管理中心（1979成立）交由该农业微生物研究室管理。

一、农业微生物资源

微生物菌种资源是科学技术研究、工农业生产及医疗领域都不可缺少的重要生物资源。为了充分挖掘、利用和保护我国丰富的微生物菌种资源，20世纪60年代末土肥所就建立了微生物菌种课题组，从事筛选农业微生物菌种，研究菌种的性能及用途，为国内外提供农业微生物菌种等工作。1972年开始，开展了菌种保藏和细菌分类的研究，对苏云金杆菌、放线菌等进行了性状鉴定以及电镜观察，血清试验，为进一步开展菌保工作打下了良好的基础。1979年国家科委成立"中国微生物菌种保藏管理委员会"，1980年"中国微生物菌种保藏管理委员会农业微生物菌种保藏管理中心"（ACCC）在土肥所开始建设。中心主要负责农业微生物菌种资源的收集、筛选、研究鉴定菌种特性、生产性能、利用途径和菌种保藏技术；长期保藏农业微生物资源；为国内外研究及农业微生物制剂生产单位提供农业微生物菌种；负责我国农业微生物菌种的国际交流；承担国家下达的科研任务以及承担技术培训、技术咨询、技术转让、横向协作研究及菌种冷冻干燥处理等业务。截至1996年共保存细菌、放线菌、酵母菌、丝状真菌和担子菌2 739株30 718份，其中斜面液体石蜡覆盖保藏2 437株，11 617份；真空冷冻干燥管保藏1 059株12 263份；冰箱保藏500株2 500份；斜面橡皮塞保藏723株4 338份。向有关科研、院校及生产单位供应菌种4.7万份，包括食用菌、根瘤菌、微生物肥料生产菌、饲料微生物、酵母菌、酶及维生素生产菌、农用抗菌素及杀虫剂生产菌。

在开展菌种保藏的同时，还承担了有关科研项目。1980—1982年，承担农业部重点项目"农用菌种的收集和鉴定"。对原系统收集的农业微生物菌种，包括土壤微生物、固氮微生物、饲料微生物、食用真菌、植物病原菌、生防微生物、农抗产生菌及其他有益的真菌、放线菌、细菌和病毒等重新进行鉴定核对，于1983年编写出版《中国菌种目录》（中文版）。1984年该研究成果获农业部技术改进二等奖。1991年又进一步将中心保藏的菌种，整理出包括细菌、放线菌、酵母菌、丝状真菌和担子菌（主要食用菌）等农用菌种15属310种1 389株，编写出版《中国农业菌种目录》（英文版）。1982—1986年，承担了农业部项目"农业微生物菌种的收集鉴定保藏和开发利用"中的"绿僵菌属真菌的收集和鉴定"课题，研究发现并命名了3个新种，填补了空白。收集保藏的菌种是国内最多最全的，同时还编写出版了全面介绍绿僵菌的新书——《绿僵菌的研究与应用》。1982—1988年，收集并鉴定了我国特有的快生型大豆根瘤菌57株，选出适宜于黄淮海地区推广的菌种，大面积应用于生产，1989年该项目获农业部科技进步奖三等奖。1985—1988年承担了国家自然科学基金项目"链霉菌类数据库的设计、建立及其应用"的研究，以医用和农用抗生素及其代谢产物的重要产生菌——链霉菌的分类和应用价值数据对象，建立计算机数据库，为我国开展链霉菌类研究和应用提供了先进手段，为其他微生物数据库建立提供了经验。1989年获中国农业科学院科技进步奖二等奖。1991—1995年，对柱花草、豌豆、锦鸡儿、小冠花、胡枝子、紫云英的根瘤菌进行了分离、鉴定和筛选，选出优良菌株，完善发酵工艺，生产出优质菌剂应用于生产。此外，还开展了中国农业科学院院长基金项日"提高冷冻干燥法保存丝状真菌和酵母菌的存活率"的研究，用冷冻干燥技术研究不同处理对丝状真菌和酵母菌存活率的影响，初步掌握了影响酵母菌存活率的各种因素，为提高冷冻干燥保藏技术的应用打下了基础；"食用菌种生产性状早期鉴定技术"的研究，用形态学、细胞学和生物化学方法对食用菌的重要生产性状、结实性、产量及抗逆性等进行了观察与测试，提出了一些早期鉴定指标，为食用菌的选育和鉴定、菌种保藏效果的检测提供了依据，有效地防止菌种的老化和退化；"耐酸大豆根瘤菌资源调查，菌种筛选及鉴定"的研究，从南方酸性土壤中分离得到了 179 株耐酸（pH 值 4.1~4.8）菌株，并对其生理生化特性进行了鉴定，证明了这类菌共生固氮能力较强，在南方具有广泛的应用前景；"农业微生物优良菌种的应用"研究，对 20 多个产多糖的优良菌株进行了生理生化鉴定，并对产生的胞外多糖的组分、发酵液中维生素和氨基酸分析和毒理试验，选出 3 株菌株进行了中间试验并将产品投入养虾试验；还选出了紫云英根瘤菌新菌种9 106 菌株，在广东、广西等地试验，提高产草量36%，并在生产上大面积推广应用。

1999 年，开始承担国家科技基础性工作"农业微生物资源收集、整理、鉴定与保藏"工作。2001 年又承担了农业部"948"项目"农业微生物模式菌资源的引进"。农业微生物资源研究的工作条件逐步得到明显改善。

2000 年，中心启动液氮保藏微生物菌种。2001 年、2002 年牵头中国农业、林业、医学、药用微生物菌种保藏管理中心共同承担国家基础性工作。

2001 年，中心完成对库藏资源系统调查，出版《中国农业菌种目录》（2001 年版），收录微生物菌种 2 292 株，其中细菌904 株，放线菌131 株，酵母221 株，小型丝状真菌445 株，大型真菌588 株。2002 年在北京首次举办农业微生物资源学术研讨会议，为成立中国微生物学会微生物资源专业委员会奠定了基础。2002 年中国农业微生物菌种保藏管理中心网站www. accc. org. cn（第一版）建成上线，并对外提供资源信息在线检索服务。

2003 年开始承担国家微生物资源平台项目的试点工作，联合农业、工业、医学、普通、林业、医学、兽医等国家级微生物菌种中心承担微生物菌种资源描述规范和微生物菌种资源收集整理与保藏技术规程研究制定工作，制定完成 15 个微生物菌种资源描述规范，8 个微生物菌种保藏管理技术规程。

二、根瘤菌研究

建所以来，土肥所农业微生物研究室在原有基础上开展了花生根瘤菌应用研究，保存了基本上能满足我国播种豆科作物（花生、大豆、绿豆、豆科牧草、豆科绿肥）所需的各种类型的优良菌种。由单一根瘤菌筛选到对我国根瘤菌资源调查、特性研究、遗传学亲缘关系、质粒等以及用血清学方法研究寄主相互竞争性、亲和性的生态学；并在豆科根瘤菌优良菌种选育、生产工艺和有效使用条件等方面进行了许多工作。

20 世纪 50 年代到 60 年代，研究成功了适合我国国情的菌剂生产工艺及使用方法，在我国华北地区的山东、河北、河南等省大面积推广应用，首次肯定了花生根瘤菌在我国的增产效果。据 1 392 个试验点资料统计，接种花生根瘤菌的增产幅度为12%~25%，从而确定了使用花生根瘤菌是提高我国花生产量的一项经济有效措施。使我国花生接种根瘤菌的面积和效果，居世界首位。"花生根瘤菌的选育和利用"获 1978 年全国科学大会奖。

20 世纪 70 年代，土肥所共生固氮的研究重点是针对鲁南和淮北一带的夏大豆。选育出夏大豆根瘤菌优良菌株"005"，其固氮效率、侵染能力及增产效果均优于美国商品菌株，特别适用于黄河流域及南方各省推广应用；同时还证明"005"血清型是一种新的血清型。1980 年此项成果获农业部技术改进三等奖。

根瘤菌固氮作用需要某些微量元素，施钼能促进其固氮。为了提高根瘤菌的效果，研究采用2%钼酸铵代替美国 Bruton 通常使用的钼酸钠加入到菌剂中，再增添少量的能量物质，可以抵消铵离子结瘤的抑制作用，增强菌剂中根瘤菌的增殖。试验表明，接种大豆根瘤菌，每毫克根瘤能固定氮素 0.01 毫克，而钼和根瘤菌混合拌种，则可固定氮素 0.11 毫克。1976 年，此项技术在山东菏泽、巨野、藤县、禹城等 12 个县几万亩夏大豆上推广应用，取得了明显的增产效果。花生根瘤菌的示范与推广也取得了显著效果。

根瘤菌选育工作中，通常要做接瘤试验，土肥所首先研究提出的采用塑料袋水培法和试管滤纸法进行接瘤研究。此方法简单、方便，便于观察结瘤过程的状况，在国内外得到了广泛应用。在根瘤菌生态研究中常常需要测定大量根瘤，而保存根瘤不变质是研究的首要条件。为此，1979年开始，土肥所研究采用简化的 50%甘油盐水保存待测根瘤，经 4 年的工作，共测定保存的根瘤9 939 个，29 756 个血清次，证实反应明显，结果稳定。此法较美国夏威夷大学 Padmanabhan 等提出的烘干保存法更为简便易行。

根瘤菌的血清学特性及其生态学有关特性研究，在 20 世纪 70 年代我国仍然是空白。自1975 年开始，土肥所开展了根瘤菌抗血清的制备，在大豆根瘤菌（快生型和慢生型）血清型分析，结瘤竞争，不同血清型大豆根瘤菌的侵染动态以及田间分布测定等方面做了大量研究工作。掌握了慢生型血清型 16 个、快生型血清型 14 个和超慢生型血清型 3 个。此项研究，填补了空白，奠定了我国大豆根瘤菌血清型和血清学技术的生态学研究基础。1987 年获农业部科技进步奖二等奖。

为配合我国退化草原改良中的飞机播种牧草工作的需要，承担了农业部重点项目"沙打旺、三叶草、苜蓿根瘤菌大面积推广应用"，筛选出沙打旺、三叶草、苜蓿等优良牧草根瘤菌种，并建立健全了牧草根瘤菌接种剂的生产和质量监督体系。研究出适合我国生产条件的种子丸衣化技术，并通过培训班在 27 个省（市、自治区）推广应用。该项技术 1986 年列入农业部推广计划，1991 年列入"八五"国家科技成果重点推广计划。1982—1995 年累计推广面积达 2 000 万亩，牧草增产显著，为解决我国大面积人工草地氮素缺乏问题发挥了重要作用。1985 年，"沙打旺根瘤菌选育及牧草种子丸衣化接种技术应用"获农业部科技进步奖三等奖；"沙打旺、三叶草、苜蓿根瘤菌大面积推广应用"于 1993 年获中国农业科学院科技进步奖二等奖。

1982 年以前，我国豆科牧草根瘤菌剂需要从国外进口。为了解决对根瘤菌的需要，土肥所与有关生产厂合作，定点生产根瘤菌剂，每年生产 50 吨，可供 100 多万亩豆科牧草拌种用；大豆根瘤菌剂生产量也逐年增加，1988 年年产 400 余吨。据统计，仅黑龙江省 1983—1985 年，就在 45 个市县 135 万亩大豆地使用根瘤菌，平均增产 12.3%，该成果通过省级鉴定，1987 年全省根瘤菌剂使用面积达 200 多万亩。我国不仅有根瘤菌菌剂定点生产厂，而且培训了一支应用根瘤菌的技术队伍，为我国豆科作物大面积推广应用根瘤菌打下了基础。此外，1981—1995 年，土肥所还分离出 22 种豆科牧草根瘤菌 500 多株。这些菌株大多是我国生产上急需的，其中大部分是国内首次分离出来的，有的是当时国内外尚未见报道，如扁蓄豆根瘤菌。

自 1982 年首次从我国分离出快生型大豆根瘤菌以来，土肥所先后从辽宁、广东、新疆、山西等 12 个省，57 个大豆品种中分离出 348 株快生型根瘤菌（中华根瘤菌）；同时还对大豆快生型共生体进行了资源、分类、血清型、质粒和共生特性进行了全面系统的研究，并发现了一个新的大豆根瘤菌群，其在 YMA 培养基上的生长代时超过 14 小时，最长的可达 40 小时。此菌群产碱能力强，细胞成分中碳、氮含量不同于另外两个类群，DNA 同源测定证明与各种根瘤菌同源率很低，是新的分类单元，称之为"超慢生型大豆根瘤菌"，1995 年定为慢生大豆根瘤菌属（*Bradyrhizobium*）的一个新种 *B. Liaoningense*，发表在国际系统细菌学杂志上。还从 5 个省分离到 25 株菌。"快生型大豆根瘤菌的研究"，1992 年获农业部科技进步奖二等奖。在快生大豆根瘤菌的生产应用方面也获得了良好的效果。在试验研究基础上选出了 2 株固氮好的菌株，与黑龙江省合江农业科学研究所合作，经 1986 年和 1987 两年 13 个点田间小区试验，平均比对照增产11.30%~15.18%，1988—1989 年在该省 20 个县 34 个点和 12 个大豆品种做田间中试，每亩比对照增产 11.8 千克，示范 80 万亩。该项成果获黑龙江省农业科技进步奖二等奖。

1996—2000 年，土肥所还承担了欧盟合作项目"中国花生根瘤菌资源多样性及其在农业持续发展中的意义"中的 6 项工作，包括：资源分离鉴定、聚类分析、不同寄主结瘤范围和抗逆性、固氮性能、遗传背景分析和田间固氮效应等，较系统地研究了我国不同生态条件下的花生根瘤菌的遗传多样性以及花生根瘤菌与其他慢生根瘤菌的系统发育关系。从 11 个省 19 个点 24 种土类 31 个品种中分离获得 148 个菌株，采用斜面、甘油管、冻干管 3 种方式保藏；基于多相分析证实了我国花生根瘤菌具有表型和遗传型的多样性，发现 23S rRNA 的 PCR-RFLP 比 16S rRNA 具更好的分辩能力，能在种的水平上将已知慢生根瘤菌种分开，结合运用 16S-23S IGS PCR-RFLP 对慢生根瘤菌的分类鉴定方面效果较好；菌株 2 689 等三个优良菌株在湖北、山西、吉林的田间试验接种效果显著，花生产量高出 10% 以上，且花生籽粒含氮量等质量也有提高，肯定了根瘤菌接种是可持续农业发展的一个重要措施。项目于 2001 年通过验收，获得高度评价。

2001 年开始参与生物固氮领域第一个国家"973"计划"高效生物固氮作用机理及其在农业中的应用"项目，承担根瘤菌资源筛选和产业应用基础研究。从全国 11 个省（市、自治区）土壤中分离纯化了蚕豆根瘤菌 72 株，基于多相分析证实了在我国蚕豆根瘤菌具有表型和遗传型的多样性，确认蚕豆根瘤菌为快生型豌豆根瘤菌蚕豆生物型，并发现存在耐盐、耐酸和耐碱的较好的潜在应用价值的菌株。同时，开展了花生和大豆根瘤菌耐盐工程菌株的构建及其生理特性研究，将与耐盐性密切相关的两个基因 betH（编码甘氨酸甜菜碱转运蛋白）和 betAB（编码甘氨酸甜菜碱合成蛋白）导入固氮性能优良但耐盐性较差的花生根瘤菌株 2 764 和大豆根瘤菌株 USDA 110 中，获得了 3 株耐盐性提高的工程菌株（2 764/betAB、2764/pSZ1.5、110/ pSZ1.5），它们的耐盐性提高了 50%，该研究为提高固氮性能优良的根瘤菌的耐盐特性提供了一条途径。

三、非豆科作物固氮和 VA 菌根研究

1. 非豆科作物固氮

20 世纪 80 年代，土肥所开展了非豆科根瘤固氮的研究，并得到了国家自然科学基金资助，1989 年此项目列为国家科委和农业部项目，1990 年 6 月列为总理基金项目。此项目由土肥所主持，组织全国 8 个科研单位组成非豆科作物固氮研究协作组。十多年，在扩大根瘤菌宿主范围和非豆科作物结瘤固氮方面做了大量探索性研究。证明了除 2，4-D 外，绿黄隆、豆科威等植物生长素及酶处理方法均能打破豆科专一性，从而可望能扩大根瘤菌的宿主范围。此法也能引导固氮微生物进入非豆科作物和愈伤组织，引入的根瘤菌能在非豆科作物（如小麦）上结瘤。取得了人工诱导根瘤菌进入非豆科作物结瘤共生固氮研究的重要进展。

对于诱发形成的非豆科作物根瘤能否固氮，一直未能确定。因为禾本科植物缺乏豆科植物特有的豆血红蛋白对固蛋酶的屏氧保护，即使根瘤菌导入诱导的瘤内，固氮酶仍不能表达固氮活性。20 世纪 80 年代末，国际上在田菁茎瘤中发现了新的根瘤菌种，其在自生条件下不需豆血红蛋白的屏氧保护也能固氮。1990 年土肥所相继与德国康斯坦茨大学和澳大利亚悉尼大学合作，采用这种固氮根瘤菌和固氮螺菌通过 2，4-D 诱导在小麦类根瘤中增殖，并测出有固氮酶活性，突破了禾本科植物不能和根瘤菌共生固氮的障碍，使人工诱发的非豆科作物根瘤表达固氮能力。但这种新的共生体系尚很不完善，仍处于探索阶段，离实际应用尚有漫长的道路。

为了澄清磁场是否能诱导非豆科植物结瘤固氮的问题，1987 年土肥所承担了国家计划委员

会的生物磁化效应的研究项目，开展了磁诱导与非豆科作物结瘤固氮关系的研究。6 年研究结果表明，磁化作用因剂量不同，对植物生长有促进作用，也有抑制作用，但不能诱发非豆科植物结瘤。所谓诱导的根瘤实际上是根结线虫形成的虫瘿。采用双接种技术发现，根结中虽有少量根瘤菌存在，但无固氮能力。经分离回接，无侵染能力。肯定了磁诱导非豆科作物接结瘤固氮无科学依据，澄清了非豆科植物固氮领域中的错误观点和认识。此成果获 1994 年农业部科技进步奖二等奖。

2. VA 菌根

VA 菌根研究是 20 世纪八九十年代农业微生物研究的一个热点问题。为此，土肥所于 1981 年成立了 VA 菌根研究组，开展 VA 菌根生物学特性和应用研究，并先后得到了国家自然科学基金和中国农业科学院院长基金资助。十多年的工作，在我国境内发现 VA 菌根内囊霉科的一个新记录种；提出利用转移 Ri T-DNA 根器官加快 VA 菌根的繁殖技术；首次明确了 VA 菌根对药用植物有效成分合成的影响；通过分析测定不同属种 VA 菌根真菌孢子和孢子果中氮、碳含量及N/C 比值，提出了用这些参数作为 VA 菌根真菌分类的一项辅助指标等。在菌根利用方面，肯定了 VA 菌根可直接利用磷矿粉和土壤中难溶性磷以及水分，接种菌根有利于干旱、缺磷红壤等土壤上作物的生长；VA 菌根和根瘤菌双接种可进一步提高豆科植物固氮能力；VA 菌根还可提高中草药有效成分、降低有害元素含量、减少植物耗水量。此外，研究采用培养池方法解决了 VA 菌根接种物的大量生产问题。在四川省农村就地生产 VA 菌根接种物，在多种农作物上应用，面积达万亩以上，效果明显，为 VA 菌根的应用展示了广阔的前景。这项研究填补了国内本领域的研究空白，受到了国内外同行学者的重视，对促进菌根学科研究在我国的开展起到了重要作用。

为推动我国菌根研究和应用，1982 年受中国微生物学会委托，主办了我国首届菌根学习班，1995 年又组织了农业系统的菌根学习班。1993 年国家自然基金资助项目"VA 菌根主要生物学特性及应用"获农业部科技进步奖一等奖，1995 年获国家科技进步奖三等奖。

1998—2001 年，承担上海市科技兴农重点攻关项目中有关 AM 菌根复合菌剂的研制与开发任务，筛选获得耐磷促生效果的 1 株 AM 菌根真菌，对西甜瓜具有良好的促生和抗病效果，研究成果通过上海科技成果鉴定。

四、微生物肥料和农用抗生素研发与管理

1. 微生物肥料研发

20 世纪 50 年代，土肥所微生物肥料主要是开展有机磷细菌、无机磷细菌、根瘤菌、固氮菌、钾细菌及固氮蓝藻等的应用研究，当时称为"细菌肥料"。1958 年列为《农业发展纲要》中的一项农业技术措施。1959 年土肥所根据全国农业微生物学技术座谈会的意见，起草了一个以有效活菌数为主的微生物肥料质量要求和检测方法，这是我国微生物肥料产品第一个约定俗成的标准，在我国菌肥生产和应用中发挥了一定作用。同时，土肥所还于 1958 年建成了"红旗细菌肥料厂"，生产混合细菌肥料，在生产中推广应用。

1973—1975 年，与山东大学合作，从煤矸石中分离出一株自养型氧化硫硫杆菌，能直接利用硫磺，对磷矿粉有较好分解作用。采用将磷矿粉与含硫物质混合并接种氧化硫硫杆菌，获得了解磷的效果。经山东潍县、淄博等地验证，增产幅度为 10%～15%。之后，为解决使用过程中大量堆制的困难，设计出酸化颗粒磷肥，并以煤矸石代替硫磺的方法，为菌溶磷肥的大面积应用提出了新途径。此项成果获 1978 年全国科学大会奖。

20 世纪 80 年代末 90 年代初，土肥所加强了微生物肥料的研究与开发，主要研究微生物肥料商品化和产业化必备条件以及使用方法和应用效果。先后与众多企业合作，研制、生产出多种微生物肥料，如复合微生物肥料、茎瘤根瘤菌剂、烟草专用微生物肥料等，在生产上大面积应

用，取得了良好的效果。

20 世纪 90 年代，对微生物肥料的作用和特点进行了研究。肯定了微生物肥料在改善土壤物理性状，提高土壤肥力，改善果品、蔬菜的品质以及在绿色食品生产和环境保护等方面的作用。中国绿色食品发展中心将微生物肥料列为绿色食品生产允许施用的肥料。

为了加强我国微生物肥料质量监督管理，受农业部委托 1992 年 4 月起草了我国第一部微生物肥料标准，并邀请有关专家进行讨论修改和广泛征求全国有关单位的意见，作了进一步的补充修订，1993 年 6 月在农业部农业司、质标司联合组织的微生物肥料行业标准审定会上获一致通过。认为这是我国微生物肥料领域的第一个标准，填补了国内空白。1994 年 5 月正式颁布为中华人民共和国农业行业标准（NY 227-94《微生物肥料》），予以实施。这个标准的颁布实施，对整顿我国微生物肥料市场，打击伪劣产品，保障微生物肥料的健康发展起到重要作用。

1998—2002 年，依托土肥所的农业部微生物肥料质量监督检验测试中心主持制定了 6 个微生物肥料产品的农业行业标准，分别是 2000 年颁布实施的 NY 410—2000《根瘤菌肥料》、NY 411—2000《固氮菌肥料》、NY 412—2000《磷细菌肥料》、NY 413—2000《硅酸盐细菌肥料》和 2002 年颁布实施的 NY 527—2002《光合细菌菌剂》、NY 609—2002《有机物料腐熟剂》。质检中心于 2001 年 12 月在北京组织召开了全国生物有机肥标准研讨会，会议对此类产品的名称和内涵、主要参数和指标、生物安全性控制、产品检测方法技术、行业管理等方面达成了共识，为生物有机肥标准的制定打下了基础。在此期间，质检中心提出了构建我国微生物肥料标准体系框架内容；通过承担农业部"948"项目"微生物肥料高新质检技术"（1999—2002 年）和国家科技基础性工作"生物肥料标准制定与升级"（2001—2002）项目，系统开展了生物肥料中新的产品指标与效果评价、检测方法、生产使用菌种的安全性指标以及生产技术规程等方面研究；2002 年 8 月，在北京召开的我国微生物肥料（农用微生物产品）标准体系建设专题研讨会上，提出了由通用标准、使用菌种安全标准、产品标准、方法标准和技术规程共 24 个标准组成的标准体系建设目标。

在微生物肥料机理研究方面，开展了微生物溶磷机理、耐盐、促生等多功能生物肥料关键技术研究与产品开发；主持承担的"新型复合微生物菌剂的研制与开发"项目于 2001 年通过上海农委验收和上海市科技成果鉴定。

2. 农用抗生素研发

1958 年，土肥所就开展了"5406"抗生菌制剂及其应用的研究，初步明确了其作用机理。从其分泌物中提取出不同赤霉素、吲哚乙酸和激动素的新的植物生长刺激素和两种不同性质的抗菌素。试验表明"5406"抗生菌既能提高土壤中氮、磷肥效和刺激作物生长，又能防止某些病害，并提出了三级扩大生产程序及使用方法。开展的放线菌抗菌素防治棉花枯萎病的研究，从500 个有效颉颃菌中选出了 1 013 菌株。经过多年盆栽和田间试验，肯定了其对防治棉花枯萎病、马铃薯晚疫病、水稻稻瘟病等病害和刺激作物生长均有明显效果。同时，土肥所还进行了内疗素、赤霉素与农抗 120 的研究，为 20 世纪 70 年代的大规模应用奠定了良好的基础。

内疗素是 1963 年从海南岛土壤中分离出来的一个菌种，经鉴定这种产生内疗素的菌种为放线菌新种—刺孢吸水链霉菌。其主要成分是放线酮，是一种对光、热、酸、碱都很稳定，内吸性强，抗真菌广谱，能防治多种植物病原真菌，具有高效低毒的农用抗菌素。同时还研制出了复方内疗素，可降低药害，提高疗效，广泛应用于红麻炭疽病、甘薯黑斑病、苹果腐烂病、橡胶溃疡病和白粉病、谷子黑穗病、黄瓜霜霉病等，取得了良好的效果，于 1978 年获全国科学大会奖。1971 年，土肥所在原有基础上进一步深入开展"农抗 120"的研究，鉴定出"农抗 120"的产生菌为刺孢吸水链霉菌北京变种（*Streptomyces hygrospinosus var. Beijingensis*）其主要成分为碱性水溶性核苷类抗生素，是国内外尚未见报道的一种新农用抗生素。"农抗 120"抗菌广谱，有效地防治西瓜、果树、蔬菜、花卉等的白粉病；瓜果、菜类的枯萎病和炭疽病；而且还具有刺激作物生长的增产效果。此外，还进行了"920"赤霉素的生产和应用研究，进行技术咨询，帮助生产厂家生产出合格的产品。并在河北新城县 8 万亩小麦喷施"920"，增产效果显著。

1973—1978 年，完成了赤松毛虫多角体病毒鉴定和应用研究。在山东沂南县进行大面积飞机喷洒病毒治虫示范及 10 多种林果害虫病毒鉴定，其中赤松毛虫新型质型多角体病毒（CPV）为国内外首次发现，赤松毛虫颗粒体病毒（GV）和青刺蛾颗粒体病毒（GV），为国内首次发现，此成果 1978 年获全国科学大会奖。

20 世纪 70 年代末，在山东开展的甘薯根腐病、小麦全蚀病的防治研究，采取选用优良抗病品种、推广适时早播等综合措施，遏制了甘薯根腐病的蔓延，收到了明显的效果，获 1978 年山东省科学大会奖。针对"鲁保一号"出现菌种退化的问题，研究筛选出高效稳定的 S_{22} 变异株，可有效地防治菟丝子对豆科植物的危害，1987 年获中国农业科学院科技进步奖一等奖。此外，还筛选出荧光假单胞杆菌，防治小麦全蚀病；利用杀螟杆菌和青虫菌液防治枣尺蠖、枣刺蛾。并研究出用工业菌剂为母剂的一步扩大培养法，操作简便，成本低廉，对推广"以菌治虫"起到了积极的推动作用。

五、土壤微生物研究

20 世纪 50 年代，利用土壤微生物提高土壤肥力，改善作物营养列入国家计划。土肥所从 1958 年开始，结合农业措施在不同耕作施肥条件下，开展了土壤微生物的分析研究。1959—1964 年组织 22 个省（市、自治区）的 30 个单位，采用统一设计、统一研究方法，在小麦、水稻、棉花等主要农作物上对土壤微生物进行了系统的长期定位观察。掌握了土壤微生物的活动规律，积累了丰富的资料。研究结果表明，经过 4 年轮作，小麦不同前茬土壤微生物活动与土壤肥力演变有明显而稳定的差异。绿肥茬土壤微生物的数量与作用强度比休闲茬和夏玉米茬高数倍到数十倍；小麦根际微生物变化也有相同趋势。

1981—1985 年，土肥所承担了国家科技攻关项目"环境背景值和环境容量研究"中的部分研究内容："北京草甸黑土利用固氮菌、固氮酶和尿酶作为指标检测重金属（Hg，Cd，Pb，Cr，Cu）和非金属（As）和矿物油毒性及其临界浓度的确定"。通过对土壤微生物和土壤酶效应的研究，揭示了不同污染物对土壤微生物类群和土壤酶产生不同影响。从中筛选出固氮菌、固氮酶和脲酶作为指标检测 Hg、Cd、Pb、Cr、Cu、As 和矿物油的毒性及其临界浓度，为控制土壤环境容量提供了科学依据。1982—1986 年承担了"土壤微生物生态及应用"项目中的"液氨施肥对土壤微生物和作物土传病的控制作用"课题，系统研究了液氨在土壤中的传递规律及其对土壤微生物的作用以及液氨对土壤中病原菌的熏杀作用。在此基础上提出了利用液氨肥效和药效的设计，把液氨施肥与控制土传病结合起来。此项措施对小麦全蚀病防治率为 64.2%，对棉花枯萎病的防治率为 38.4%。"污灌的土壤微生物效应"是国家科委 1983—1985 年重点科技攻关项目"北京市高碑店污水系统污染综合防治研究"的二级课题。研究结果表明，北京高碑店氧化塘二级处理水灌溉农田对土壤微生物生态无不良影响；筛选出两株细菌荧光假单胞菌及野菜黄单胞菌，能有效地去除污水中的难降解物——邻苯二甲酸二丁酯；证明了土壤中高浓度二氯乙烷、三氯甲烷在土壤中降解较快，而低浓度则降解慢，有残留以及细菌和酵母菌是土壤中三氯乙酸降解的主要影响因子。此成果为污水的综合处理，灌溉农田和制定污灌标准以及环境管理和规划等方面，提供了科学依据。

1984 年承担了国家自然科学基金项目"秸秆盖田养地增产技术的应用和改进"，提出了秸秆覆盖少耕，有利于保持水分、调节土温、增加土壤有机质和地表二氧化碳浓度，改善土壤中微生物活性。1985—1989 年在山东、河南等省累计推广面积 5 700 多亩，取得了明显的经济效益。

"以碳保氮的实施技术规范"于1990年获中国农业科学院科技进步奖二等奖。

六、食用菌研究

20世纪八九十年代，开展食用菌菌种生产性状早期鉴定技术研究，研究成果"食用菌菌种生产性状早期鉴定技术"获农业部1999年科技进步奖三等奖，为食用菌育种提供了性状预测的技术方法。

2000—2002年，制定国家标准《平菇菌种》（GB19172—2003）、农业部行业标准《食用菌菌种技术生产规程》（NY/T 528—2002），为海蛇药酒菌种技术体系建设奠定了基础。承担中国农业科学院西部开发项目"刺芹侧耳、姬松茸、茶薪菇等珍稀食用菌周年栽培技术模式研究"。

2001—2003年，系统开展食用菌品种鉴定鉴别技术研究，形成了拮抗、同工酶、分子指纹等系列技术，为阻遏假冒伪劣流入生产提供了技术手段，为农业部行业法规"食用菌菌种管理办法"的起草和实施提供了技术支撑。

七、其他方面

黄胞胶是由黄单胞杆菌产生的一种聚合物，具有良好的增稠性、乳化性、悬浮性、润滑性和流变性，有着广泛的用途。20世纪80年代以来，土肥所科研人员利用菌种诱变技术，培养出生产黄胞胶的优良菌种——黄单胞菌，并采用非醇法工艺生产黄胞胶，解决了后提取成本高的问题，降低生产了成本，为黄胞胶的生产和广泛应用开辟了新路。此成果迅速推向市场，广泛应用到石油、化工、轻工、食品等行业中，取得了明显的经济效益。该项技术获得了国家发明专利，1991年获河北省科技进步奖三等奖，1993年获国家发明三等奖。

20世纪60年代初，为扩大食物与营养来源，开展了小球藻的研究，建成了大型的小球藻温室，初步摸清了其培养的有效条件，但因成本高而难以进行实际应用，其后在"文化大革命"中温室被拆除，试验中止。20世纪70年代初配合稻田施肥开展了与满江红共生的鱼腥藻及念珠藻的研究，摸索出这些藻类的原生质体培养和细胞融合技术，同时还开展了固氮蓝藻、地耳、发菜等的固氮、放氢、耐旱性以及人工培养方法的研究，并完成了"我国地耳的分类鉴定和光合固氮效能"课题。20世纪70年代中期，土肥所开始收集螺旋藻藻种，并进行分离纯化培养；20世纪80年代，参加了农业部螺旋藻研究协作组和"七五"国家科技攻关项目"藻类蛋白的开发研究"，摸索出一套在我国条件下大面积培养螺旋藻的生产方法和技术，选育出适合我国大面积生产应用的优良藻种及特殊的中温性型藻种，1989年和1992年分别获农业部和中国科学院科技进步奖二等奖，并申请一项螺旋藻富硒技术专利。

此外，开展了饲料酵母生产技术的研究，总结出以薯类及玉米原料双菌株一步法生产单细胞蛋白的技术，1990年列入国家星火计划，在广东进行了50吨规模的中间试验，并申报了专利，1992年联合国技术开发署把该项技术推荐给发展中国家。开发出一种生物制剂——复合酶饲料添加剂，对家畜家禽提高消化吸收率，促进生长有明显作用，该产品由北京市畜牧局于1996年7月颁布为兽药地方标准。红色酵母是生物合成虾青素最有潜力的生物来源，土肥所筛选出了高产菌株，并进行了细胞培养条件及虾青素合成规律的研究。开展了一种免疫增强剂——"8301"银耳多糖产品的研制，进行了菌种性能测定，发酵条件及提取工艺探索，多糖产品提纯和理化性状及其单糖组分测定等。1988年还完成了榆耳的生物学特性及驯化研究，使弱寄生的榆耳首次栽培成功。

第四章 交流与合作

第一节 学术委员会

学术委员会是土肥所学术方面评议、咨询和参谋机构。

根据1985年《中国农业科学院研究所学术委员会试行章程》的规定，土肥所学术委员会的任务是：研究讨论本所科研工作的发展方向、任务和重大措施；审议本所的长远规划；评审本所的科技成果；评审本所科技人员的技术职称；审议人才推荐；协助所长做好业务考核工作；组织国内外有关专业的学术交流。

学术委员会委员由所长提名，所务会议讨论，报院批准。学术委员会设主任1人，副主任1~2人，委员10余人，所长不兼任学术委员会领导职务。所科研管理处为学术委员会的办事机构，科研管理处处长（或副处长）兼任学术秘书。每届学术委员会委员除本所有关专家外，还聘请有关单位的同行专家作为学术委员会委员。

土肥所第一届学术委员会成立于1982年。从第一届学术委员会起到第六届学术委员会，做了大量的工作。

一是对科研规划、重大计划进行讨论、审查并提出建议。例如，1995年对科研处提出的"九五"科研课题框架和"九五"建设性项目（实验室和基点建设）进行了讨论、审议。对"全国化肥试验网"和"全国绿肥试验网""九五"的研究工作安排，提出了修改意见。此外，在博士生导师资格评审、学科带头人推荐方面，所里均在听取学术委员会意见的基础上做出决定。

二是讨论推荐申报科技成果。土肥所申报的各级科技成果奖励都必须经过学术委员会评审推荐这一程序。自学术委员会成立以来，有近百项的申报成果奖励项目经过学术委员会讨论、评审、推荐。学术委员对科技报奖成果进行严格把关，从是否申报奖励到具体的申报内容等级及科技奖申请书的填写质量等方面进行认真审查，讨论后对成果作出评价，写出推荐意见（包括等级）。同时还对申请书的填写提出修改意见。这一工作程序，对提高报奖成果的质量，提高中奖率起到了积极作用。

三是评审基金项目。每年一度申请国家和北京市自然科学基金、院长基金、所长基金及其他有关科研项目，均需通过学术委员会推荐。学术委员按照不同基金的要求，从研究目标、研究内容、技术路线、已有工作基础和人员组成等方面进行认真审查，同时对认为可以申报的项目申报书提出修改意见。

四是开展学术交流，检查课题执行情况。所内每年定期不定期的举行1~2次科研课题进展情况学术交流会。主要目的是开展研究课题的学术交流和检查国家及部门有关重点课题执行情况，包括国家科技攻关项目及农业部、化工部重点项目、引进项目等。会议由学术委员会和所共同组织。专题（或题目）负责人首先就研究进展情况作学术报告，学术委员会委员及与会者从其研究内容、技术路线、研究结论等方面提出问题，报告人进行解答，最后学术委员会对课题执行情况作出评价，对改进研究工作提出建议。这项活动对顺利完成科研计划，提高研究水平，起到了积极的作用。

从建所到 2003 年共有六届学术委员会。

第一届学术委员会于 1982 年 1 月 7 日由院批准成立。主任委员为刘更另，副主任委员有陈尚谨、顾方乔，委员有杨景尧、叶和才、张乃凤、高惠民、闵九康、王守纯、李纯忠、李笃仁、林葆、焦彬、胡济生、陈廷伟、张马祥、黄照愿、刘怀旭，学术秘书为刘怀旭（兼）。

第二届学术委员会于 1985 年 12 月 6 日由院批准成立。主任委员为张乃凤，副主任委员为张世贤、李笃仁，1988 年 1 月 25 日经院批准，增补陈廷伟为副主任委员。委员有王守纯、毛达如、刘更另、江朝余、李纯忠、闵九康、陈福兴、杨景尧、林葆、金继运、范云六、胡济生、陶天申、焦彬、瞿晓坪，1988 年 1 月 25 日经院批准，增补黄照愿、陈礼智、叶柏龄、王维敏为委员，学术秘书由科研处负责人兼。

第三届学术委员会于 1989 年 3 月经院批准成立。主任委员为张乃凤，副主任委员为张世贤、汪洪刚，委员有毛达如、唐近春、林葆、黄照愿、黄鸿翔、朱大权、高绪科、魏由庆、李家康、金继运、陈礼智、张夫道、葛诚、叶柏龄、瞿晓坪、陈福兴，学术秘书为黄鸿翔（兼）。

第四届学术委员会于 1993 年 2 月经院批准成立。主任委员为李家康、名誉主任委员张乃凤，1994 年 4 月经院同意，由林葆任主任委员、李家康改任委员，副主任委员为唐近春、葛诚，委员有宁国赞、汪德水、李元芳、林葆、张夫道、张树勤、杨志福、陈礼智、陈福兴、金维续、金继运、段继贤、黄鸿翔、蒋光润、魏由庆、瞿晓坪，学术秘书为张树勤（兼）。

第五届学术委员会于 1997 年 9 月经院批准成立。主任委员为林葆，副主任委员为葛诚、金继运，委员有王旭、王敏、宁国赞、白占国、刘小秧、邢文英、汪德水、李家康、李志杰、张福锁、张维理、张夫道、金维续、段继贤、徐明岗、黄鸿翔，学术秘书为王旭（兼）。

第六届学术委员会于 2002 年经院批准成立。主任委员为梅旭荣，副主任委员为金继运、张维理，委员有白占国、蔡典雄、陈同斌、黄鸿翔、李晓林、梁业森、林葆、刘更另、刘荣乐、刘小秧、徐明岗、王旭、王敏、张夫道、赵林萍、周卫，学术秘书为赵林萍（兼）。

第二节　学术活动

组织开展学术活动是研究所的重要工作内容，是培养人才、交流信息、扩大社会影响和把握研究方向的重要手段，土肥所学术活动主要有下列几种形式。

一、学术报告

组织学术报告是经常性的学术活动内容。所内的学术报告包括青年科技人员的读书报告，中老年科技人员关于研究动态或研究成果的报告，参加国内外学术会议或调查、研究归来的科技人员关于国内外学术动态或工作报告等。此外还经常邀请来所访问的国内外知名专家作学术报告，以开拓视野，把握科研动向。

二、学术会议

1. 全国性学术会议

除积极支持本所科研人员参加国内外学术会议外，土肥所经常组织国内与国际学术会议。即使在下放山东降为德州地区农科所期间，也没有忘记在土壤肥料界的职责，利用原有协作关系，组织了多次全国性的学术会议，协调国内土壤肥料科研工作的开展。如 1972 年召开的全国固氮菌会议和全国盐碱土改良利用会议等。在召开的学术会议中，数量最多的是全国性科研协作的业务交流会议，如全国化肥试验网会议、全国绿肥试验网会议、全国土壤普查诊断会议等；也有的是关于学科规划方面的会议，如在我国改革开放转轨时期的 1978 年 8 月在河北邯郸召开的全国土壤肥料科研工作会议，有 28 个省（市、自治区）210 余人参加，会议提出了发展土壤肥料科研工作的建议，讨论修订了 1978—1985 年全国土壤肥料科学发展规划，对我国土壤肥料科技事业的发展起到了重要的作用。

2. 专业性学术会议

为把握学术动态，创导新学术方向而召开的专业性学术会议在土肥所组织的学术会议中也占有很大比重。例如，1982 年召开的土壤酶学术讨论会，1984 年召开的有机无机配合施用学术讨论会，1985 年召开的盐碱土改良利用与展望学术讨论会，1987 年召开的秸秆覆盖还田应用技术研讨会，1992 年召开的南方吨粮田地力建设和施肥效益学术讨论会，1996 年召开的提高肥料养分利用率学术研讨会都在国内产生了重要影响，有的会议建议受到中央领导的重视。此外，为给青年科技人员提供学术讲坛，加快青年科技人才的培养，于 1992 年召开了全国农业系统青年土肥科技工作者学术讨论会，并评选和奖励了青年优秀论文 57 篇。

3. 国际性学术会议

为搞好国外学术思想和方法的引进与交流，土肥所还与有关单位联合召开了多次国际性学术会议。例如，1988 年的国际平衡施肥学术讨论会，1993 年召开的国际硝酸磷肥学术讨论会和中国硫资源和硫肥需求的现状与展望国际学术讨论会，1995 年召开的中国农业发展中的肥料战略研讨会，1996 年召开的国际肥料与农业发展学术讨论会，1997 年 10 月召开的红壤地区牧草国际会议，1999 年 3 月召开的中日合作项目第二届交流年会。其中 1988 年的国际平衡施肥学术讨论会是土肥所首次为农业部筹备与组织的国际性会议，严济慈副委员长等国家领导人出席，会议对我国平衡施肥工作的发展起到了重要作用。

三、学术培训

举办各种培训班也是学术活动的重要内容。培训班有多种形式，一是为本所科技人员掌握良好科研方法、手段及知识更新而举办的所内培训班，如外语培训班、微机及网络培训班、科研方法培训班等；二是结合成果应用与推广举办专业性的培训班，这类培训班一般由课题组负责在应用推广地区进行；三是为提高基层农技单位人员的职业技能水平而举办的培训班，如分析测试、化肥与微生物肥料的质量标准与检测等；四是为推介新的学术思路与方法举办的全国性培训班，这类学习班经常请一些国外专家进行授课，如"生物固氮研究中应用气相色谱和免疫血清技术"讲习班、"施肥经济学"讲习班、"土壤水分运移"讲习班等。为宣传侯光炯教授的学术思想，土肥所还曾于 1977 年在成都举办了侯光炯教授农业土壤学理论讲习班，请侯光炯教授宣讲他的学术思想方法。

第三节　国际合作交流

一、出国访问进修

建所以来，派遣科技人员出国参加会议、考察及援外工作是土肥所积极参加国际合作与交流的重要方式。例如，1958 年张乃凤参加中国科学技术代表团访问苏联，讨论我国科技发展远景规划及中苏合作项目；1959 年高惠民、刘更另前往民主德国参加国际土壤耕作协作会议；1964 年高惠民以中国农业专家身份前往新独立的桑给巴尔帮助制定农业发展规划。1964 年土肥所还曾派王守纯等人参加了北京国际科学讨论会，并在会上报告了我国内陆盐渍土改良利用的成果。

"文化大革命"期间，对外交流大幅度减少，但在 1972 年派员随中国农业科学院代表团访问朝鲜。此外，还曾 4 次派遣科技人员前往索马里援助当地在盐碱地上发展水稻种植。

改革开放以来，对外交流日趋频繁，形式也更加多种多样。除每年接待大批国外的来访者以外，派遣科技人员出国开会、考察、进修以及合作研究也逐年增多。

在参加学术会议方面，不仅派遣科技人员前往美国、加拿大、菲律宾、泰国、印度、日本、以色列、俄罗斯、意大利、德国等国家或地区参加国际土壤学会代表大会、国际生物固氮研讨会、国际旱农会、国际水稻研讨会等多个学术会议，还与某些国际组织在中国联合召开了国际平衡施肥学术讨论会、国际硝酸磷肥学术讨论会、中国硫资源与硫肥需求的现状与展望国际学术讨论会、国际肥料与农业发展学术讨论会等国际性学术会议。例如，1994 年应国际磷钾肥研究所总裁的邀请，土肥所派金继运、吴荣贵赴美国亚特兰大参加高产土壤氮素管理和磷钾研究所工作会议；1997 年葛城、李俊参加了在巴黎举行的第 11 届国际固氮会议；1998 年李家康赴中国台湾参加了由中国土壤学会和台湾"中华土壤学会"举办的第二届海峡两岸土壤肥料学术交流研讨会；1998 年 3 月，宁国赞应日本农林水产省及日本农业生物资源研究所邀请，参加第五届日本 MAFF 基因资源国际会议，在大会上做了"中国根瘤菌资源及利用报告"；1999 年 10 月文石林赴菲律宾参加学术会议；2001 年 10 月林葆、黄鸿翔赴台湾参加第四届海峡两岸土壤肥料学术交流研讨会，黄鸿翔代表大陆科学家做了大会主学术报告。

出境访问、考察也是对外交流的重要内容，改革开放以来先后派遣数十人次前往瑞士、英国、德国、苏联、保加利亚、意大利、芬兰、比利时、荷兰、美国、加拿大、以色列、泰国、日本、印度尼西亚、缅甸及中国香港等国家与地区考察土肥科研体系、土壤普查、土壤肥力监测、可降解地膜、化肥质检、平衡施肥等。例如，1997 年 10—12 月徐明岗应澳大利亚热带农业研究中心专家的邀请，访问了昆士兰；2000 年李家康、金继运参加由 PPI/PPIC 资助，农业部政策法规司组团，赴加拿大、孟加拉国、泰国、马来西亚四国进行肥料政策考察。

出国进修学习以参加短期培训、攻读学位为主要内容，主要前往美国、德国、意大利、荷兰、苏联、加拿大、澳大利亚、埃及、日本、以色列、泰国和菲律宾，已有多人在国外获博士、硕士学位后返回，成为单位的业务骨干，如 2000 年张锐赴美国进行为期 6 个月的学习和学术交流。

二、国外学者来访

建所以来，对外科技交流始终是土肥所的重要业务工作内容。在建所初期，土肥所就曾承担大量外事接待任务，如接待罗马尼亚农林部副部长率领的代表团，朝鲜农业部长为首的农业代表团，匈牙利农业考察团，意大利比萨大学和佛罗伦萨大学的农化系教授，越南农林学院，农业研究院院长为首的农业考察团，古巴土地改革全国委员会代表团，越南农业部长为首的农业考察团，印度尼西亚国家研究部部长助理为首的科学代表团，日本亚细亚农业技术代表团，古巴科学院土壤研究所所长，印度尼西亚棉花专家等，还曾接受朝鲜实习生在土肥所实习一年。

"文化大革命"期间，对外交流大幅度减少，但在下放德州时也曾于 1971 年接待阿尔巴尼亚农业科技人员来所考察土壤分析方法及有关仪器设备，1972 年和 1978 年两次接待朝鲜农业科学家代表团来所访问。

改革开放以来，对外交流活动日益频繁，国家间的交流逐渐增多。例如，1994 年以色列农业研究组织驻华代表、联合国粮农组织亚太办事处肥料官员、泰国农业合作部土壤及肥料考察团来所进行访问；1997 年 4 月接待了亚欧技术专家 30 余人来土肥所讨论土壤肥力信息系统；1997 年 8 月日本农林水产省国际农业研究中心所长前朝休明等来京签署中日合作项目"环境型农业技术的评估与开发"合作备忘录；1997 年 11 月接待了美国硫研究所（TSI）的专家洽谈农业中硫素和硫肥使用的合作研究。1998 年 9 月美国华盛顿州立大学教授和加拿大旱农试验站教授访问土肥所和土肥所洛阳旱农基地，就"旱地农业保护耕作技术和施肥技术"专题进行了为期 4 天的讲座；1999 年 5 月日本农林水产省国际农业研究中心宝川博士到祁阳站从事合作研究；1999 年 5 月 24 日国际农业磋商小组成员约 70 人来所访问；2000 年接待了两批瑞士援助朝鲜扶贫项目组共七位朝鲜专家访问土肥所，就我国在水土保持、绿肥及耕作技术等领域交换了意见；2001 年 9 月英国洛桑实验站农业与环境系统 D. Powlson 教授等到土肥所讲学，就长期定位施肥和肥力监测、样品保存及数据管理等问题进行了交流研讨等。

三、国际合作研究

土肥所科研项目的合作主要为派遣科研人员前往美国、德国、澳大利亚、加拿大、比利时、菲律宾等多个国家与外国科学家共同开展生物固氮、土壤水肥运移、食用菌、牧草栽培、植物营养与施肥等方面的研究，同时接受合作项目的外国科学家来土肥所短期工作，例如两次接受联合国粮农组织委托为朝鲜培训土壤分析测试方面的科技人员，并派遣专家前往布隆迪参加援外项目。

土肥所自 1985 年开始与加拿大国际开发署（CIDA）、加拿大钾肥公司（Canpotex）以及加拿大钾磷研究所（PPI/PPIC）合作进行钾肥研究，1990 年钾磷所在土肥所设立了北京办事处，同年由钾磷所投资与土肥所合作建立了中加合作实验室。合作内容主要为农学研究，解决农业生产实际中存在的技术问题，为农业发展做出贡献。合作项目研究形成了测土推荐平衡施肥（BF）、土壤养分状况综合系统评价（SA）、最高产量研究（MYR）和最大经济效益产量（MEY）研究、3S 技术、土壤养分精准管理、生物篱坡地综合治理等技术。并结合中国农业生产实际，发展切实可行的技术体系。据不完全统计，20 年来，中加农学合作项目（1982—2002）共进行田间试验示范 5 000 个，涉及 40 多种作物。据试验资料，仅靠增施钾肥一项技术措施，使各种作物增产幅度为 11% ~ 63%，其中 3 种主要粮食作物水稻、玉米、小麦平均分别增产 15%、24% 和 25%。显示了通过合理施肥提高产量的巨大潜力。

1995 年，土肥所与英国约克大学、芬兰赫尔辛基大学等联合申报的"用生物技术手段进行中国根瘤菌的多样性评估、菌株改良、风险预测及在作物持续生产中的开发利用"项目获欧盟批准，开始了与欧盟的科技合作。1996 年，同澳大利亚开展"用于维持地力和发展牧草的圆叶决明品种的筛选"项目合作，同以色列开展"微咸水农田灌溉技术"项目合作以及进行了"北方旱地土壤供硫机理与肥料硫转化研究"（国际科学基金瑞典 C/2534-1）；1997 年派李俊赴芬兰赫尔辛基大学进行合作研究，参加欧盟项目"用生物技术手段进行中国根瘤菌的多样性评估、菌株改良、风险预测及在作物持续生产中的开发利用"汇报会，与日本进行了"可持续农业和环境保护技术的评估与开发"项目合作，与美国 IMC 公司进行了"中国土壤肥力信息系统"课题合作；1998 年中比国际合作项目"强化坡耕地水土保持耕作技术研究"获比利时弗拉芒政府批准，总经费 1 256 万比利时法郎。比利时政府也曾为土肥所与比利时根特大学的合作项目赠送价值约 6 万美元的仪器设备，建立了土壤物理实验室。为了与澳大利亚新英格兰大学合作项目的需要，土肥所购置土地建立了湖南冷水滩市孟公山实验区。1999 年派武淑霞赴日本国际农林水产业研究中心进行地理信息技术及遥感技术在农业中的应用方面的研究；1999 年开展了水稻土硫素行为及生物有效性研究（国际科技基金瑞典 C/2534-2），与加拿大开展"中国农业持续发展中的养分和肥料管理"项目合作，与日本进行"环境友好型施肥技术研究与开发"项目合作；2000 年与日本开展"电子束法脱硫产品的农业试验研究"；2001 年与澳大利亚合作研究"中国南方红壤地区牧草与草食动物发展"，与德国进行"蔬菜硫酸钾"项目合作；与加拿大进行"硫肥试验"项目合作；与韩国进行"高产优质作物生产中农业环境变化与保护"项目合作，与美国进行"我国若干省土壤硫素状况和硫肥肥效"项目合作；2002 年开展了水分胁迫下中国黄土地区土壤中锌的有效性及锌对作物抗旱性的影响研究（国际科学基金瑞典 C/2964-1）和不同衰老性玉米碳氮互作研究（国际科学基金瑞典 C/2965-1）。

通过国际合作研究，提高了土肥所的科研实力与科研水平，国际合作项目在土肥所科研项目中所占比重逐年提高。

第四节　中国植物营养与肥料学会

中国植物营养与肥料学会（Chinese Society of Plant Nutrition and Fertilizer Science, CSPNF）是我国植物营养与肥料科学技术工作者根据《社会团体登记管理条例》，经中华人民共和国民政部批准，依法成立的全国性一级学术性社会团体，是党和政府联系本学科科技工作者的纽带和发展农业生产与科学事业的助手。挂靠单位为中国农业科学院土壤肥料研究所。截至 2003 年年底，有团体会员 140 多个，个人会员 15 000 名。

学会的基本任务和宗旨是团结广大植物营养与肥料和相关学科的科技工作者，学习和运用辩证唯物主义，坚持实事求是科学态度，认真贯彻"百花齐放、百家争鸣"和"经济建设必须依靠科技进步，科技工作必须面向经济建设"的方针，开展学术交流和科技咨询，普及科学技术知识，倡导"献身、创新、求实、协作"精神，为繁荣和发展我国植物营养与肥料科学技术事业，提高和普及我国植物营养与肥料的科学技术水平，促进我国植物营养与肥料工作更好地为实现农业现代化建设服务做出应有的贡献。

学会常设办事机构有：学会办公室、咨询服务中心、《植物营养与肥料学报》编辑部。学会下设的分支组织，根据发展需要调整增减。截至 2003 年 5 月，学会共设有学术、教育、编译出版、科普开发、组织、青年 6 个工作委员会和土壤肥力与管理、矿质营养与化学肥料、有机肥与绿肥、肥料与环境、微生物与菌肥、根际营养与施肥、测试与诊断 7 个专业委员会。

中国植物营养与肥料学会，原系中国农学会土壤肥料研究会。1978 年筹备时称为中国农业土壤肥料学会，1982 年 2 月经国家科委批准在北京召开第一次会员代表大会，正式成立"中国农学会土壤肥料研究会"，会议选举产生第一届学会理事会，通过了会章。选举中国科学院学部委员（院士）陈华癸为理事长，叶和才、朱祖祥、张乃凤、陆发熹、沈梓培、杨景尧、姚归耕、高惠民为副理事长，刘更另为秘书长。选举王金平等 27 人为常务理事，马复祥等 78 人为理事。

1985 年 11 月，学会在湖北武汉召开第二次会员代表大会，选举陈华癸为理事长，毛达如、刘更另、华孟、朱祖祥、李学垣、杨国荣、杨景尧、张世贤、段炳源为副理事长，江朝余兼秘书长。选举王瑛等 29 人为常务理事，理事会由 80 人组成。本次代表大会成立 4 个工作委员会，即学术委员会、教育委员会、科普和开发委员会、编译出版委员会。成立土地资源与土壤调查、土壤改良、土壤肥力与植物营养、化学肥料、农区草业、有机肥、农业微生物、农业分析测试、水土保持、土壤环境生态和山区开发等 11 个专业委员会。

1990 年 5 月，学会在北京市召开第三次会员代表大会，选举刘更另为理事长，马毅杰、毛达如、甘晓松、林葆、张世贤和段炳源为副理事长，黄鸿翔任秘书长。选举马毅杰等 23 人为常务理事长，理事会由 55 人组成。增加组织工作委员会，根据全国第二次土壤普查工作的需要，设立 10 个专业委员会，即植物营养与土壤肥力、土壤资源与土壤普查、土壤管理、化学肥料、绿肥饲草、有机肥、农业微生物菌肥、农业分析测试与肥料质量监测、肥料与土壤环境条件和山区开发与水土保持专业委员会。

1993 年 9 月 2 日，经民政部批准，本学会从中国农学会正式分离出来成为独立的一级学会，更名为中国植物营养与肥料学会。宗旨是促进植物营养与肥料科技研究的开展，活动地域为全国，会址为北京，负责人为林葆。1994 年 9 月，学会主办的《植物营养与肥料学报》试刊第一期出版。

1994 年 10 月，学会在四川成都召开第四次会员代表大会，选举刘更另为理事长，马毅杰、毛达如、朱钟麟、李家康、林葆、张世贤为副理事长，黄鸿翔为秘书长。选举干学林等 36 人为常务理事，理事会由 104 人组成。学会设立 6 个工作委员会，即学术委员会、教育委员会、编译出版委员会、科普开发委员会、青年委员会和组织委员会。设立矿质营养与化学肥料、有机肥料与绿肥、肥料与环境、根际营养与施肥、土壤肥料与管理、山地开发与水土保护、微生物与菌肥和测试与诊断 8 个专业委员会，郭炳家任学会办公室主任。

1999 年 4 月，学会在广西桂林市召开第五次会员代表大会，选举林葆为理事长，毛达如、邢文英、朱钟麟、吴尔奇、李家康、张世贤为副理事长，李家康兼秘书长。选举 39 名常务理事和 149 名理事。专业委员会调整为 7 个，即土壤肥力与管理、矿质营养与化学肥料、有机肥与绿肥、肥料与环境、微生物与菌肥、根际营养与施肥、测试与诊断。

截至 2003 年，学会历经五届理事会，在有关部门关怀和挂靠单位的支持下，历届理事会为促进我国农业生产和植物营养与肥料学科的发展作出了重要贡献。中国植物营养与肥料学会自成立之日起，就发挥了群众学术团体的优势，开展国内外学术交流，普及科学技术知识，促进学科发展；对国家有关重大科学技术政策、法规和技术措施以及植物营养与肥料在科研、教学和生产中存在的问题，提出意见和对策建议，充分发挥了学会的桥梁和纽带作用。主要活动有：1986 年 7 月在北京召开"七五""八五"及 2000 年全国化肥需求量学术讨论会，在中国科学院院士陈华癸教授等一批有声望专家的参加下，结合我国国情，提出到 2000 年全国氮磷钾化肥的总需求量和氮磷钾比例的建议。

1987 年 3 月，由学会牵头，会同有关学会和单位，在北京举行非豆科作物固氮学术讨论会，与会专家指出，非豆科作物固氮是当前国内外研究的热点问题，应进一步深入讨论。

1990 年 5 月，在北京召开全国土壤肥料学术讨论会，有 30 个省（市、自治区）农业科学院土壤肥料研究所、农业高等院校等单位 120 多名专家、教授参加会议，交流了"七五"科研成果，探讨了今后的研究方向与目标，并向有关部门和单位提出"八五"植物营养与施肥科研选题的建议。

1991 年 7 月，在黑龙江省佳木斯市召开全国经济施肥和培肥技术学术讨论会，就配方施肥，有机、无机肥配施，绿肥种植，秸秆还田等改土培肥有效途径提出了有益的意见和建议。

1992—1993 年，先后召开第七届全国土壤微生物学术讨论会、全国高产高效农田建设和施肥效益学术讨论会、南方吨粮田地力建设和肥料效应学术讨论会、微生物肥料检测技术研讨会等。对"两高一优"农田地力建设和肥料效益以及微生物肥料检测技术国家标准提出意见和建设。

1994 年 10 月，在成都市会同中国土壤学会联合召开全国土壤肥料长期定位试验学术讨论会，肯定了作物高产、稳产、优质、高效必须要氮磷钾养分配合使用，并对今后加强长期定位研究的内容和研究方法提出了具体意见。

1995 年 4 月，在北京会同有关学会和单位联合召开"95"全国微生物肥料专业会议，总结了我国微生物肥料研究、生产、应用中的经验教训，并提出相应的对策和建议。

1996 年 4 月，在北京会同有关学会和单位联合召开提高肥料养分利用率学术讨论会，交流了国内外肥料产、供、用的情况，研讨提高肥料利用率的途径、方法等问题，并向国家提出关于大力提高化肥利用率和肥效的建议。1996 年 7 月国务院副总理姜春云对建议做了指示："建议很好，应当抓好落实工作。对配方施肥和深层施肥应加以强调。"

1997 年 8 月，在乌鲁木齐同新疆土壤肥料学会联合召开全国有机肥、绿肥学术讨论会。来自两个省（区）的 77 名代表参加会议，收到论文 5 篇。会议听取了新疆维吾尔自治区与新疆生产建设兵团发展有机肥与绿肥的经验介绍，参观了兵团农八师 148 团有机肥、绿肥改土和棉花高产现场。

1998 年 9 月，在北京举办旱地土壤管理与施肥技术学术讨论会，邀请加拿大、美国专家学者，就粪肥应用管理、减少重金属镉从土壤向植物中的转移、硫肥管理技术、免耕体系下肥料管理等进行讨论。

2000 年 11 月 16—18 日，学会与土肥所在昆明联合召开全国复混肥料高新技术产业化学术讨论会。来自全国 25 个省（市、自治区）的 129 名代表参加会议，17 位专家做专题报告。

2002 年 10 月 21—24 日，在深圳召开全国新型肥料与废弃物农用研讨及展示交流会。代表们建议中国植物营养与肥料学会应尽快筹备成立"新型肥料行业协会"。

在对外交流活动方面，先后派员到日本和原苏联等国家考察访问，并与美国、加拿大、澳大利亚、德国、日本等国家和亚太地区的专家学者建立了联系，加强协作和交流，增进了友谊。

1983 年 9 月，学会组团 5 人出访日本，就土壤肥料学科方面进行为期 21 天的学术交流活动；1987 年 9 月邀请美国土壤学会主席进行了土壤水分植物生长的学术交流；1988 年 11 月在北京召开了国际平衡施肥学术讨论会，针对实行配方施肥、建立和巩固长期定位试验、肥料效应和施肥对环境影响进行了探讨，提出了建议；1991 年 6 月派员出访苏联，进行了为期 15 天的科学考察活动；1993 年 6 月会同美国硫磺研究所等单位，在北京召开了中国硫资源和硫肥需求的现状及展望国际学术讨论会；1995 年 10 月在北京与农业部软科学委员会、加拿大磷钾研究所、美国硫酸钾镁协会共同举办了中国农业发展中的肥料战略研讨会，对肥料的发展战略、管理法规、质量监测等问题，提出了相应的对策和建议；1996 年 10 月在北京与加拿大磷钾研究所共同召开国际肥料与农业发展学术讨论会，对各类肥料在农业增产中的作用和提高肥料利用率等问题提出了对策和建议。通过国际学术交流，有力地推动了我国植物营养与肥料科学技术事业的发展。

第五节　学术期刊

一、《植物营养与肥料学报》

《植物营养与肥料学报》是中国植物营养与肥料学会主办、中国农业科学院土壤肥料研究所协办的全国性植物营养与肥料学科方面的专业性学术刊物（季刊）。该刊于 1994 年 9 月创刊，经由农业部申报，1996 年 1 月国家科委批准正式公开发行（批准文号：国科发信字〔1996〕028号）。该刊由植物营养与肥料学科方面的知名专家和分支学科带头人，老中青结合组成编委会，博士生导师林葆研究员任主编。

《植物营养与肥料学报》本着以促进我国植物营养与肥料事业的发展为宗旨，坚持科学性、理论性、实践性相结合的原则，主要报道本学科具有创见性的学术论文，新技术和新方法的研究报告、简报、文献评述和问题讨论等。其内容包括土壤、肥料和作物间的关系，养分变化和平衡，各种肥料（有机肥、绿肥、化肥和菌肥等）在土壤中的变化规律和配施原理；农作物遗传种质特性对养分的反应；作物根际营养；施肥与环境；施肥与农产品品质；农业生物学和生物化学应用；肥料新剂型、新品种的研制、应用及作用机理；本学科领域中新手段、新方法的研究以及与本学科相关联的边缘学科等。

《植物营养与肥料学报》自 1994 年出版发行以来，由于内容丰富，具有较高水平的科学性、理论性、实践性，编辑质量和论文水平不断提高，深受科研、教学单位和农林、化工、生产资料等领域的领导和技术推广部门以及广大植物营养与肥料科技工作者的热情支持和欢迎；国家和各省级图书馆、情报研究机构以及有关出版社也都纷纷订阅和要求交换。该刊物的出版对广泛开展国内和国际间的学术交流，引进先进的科学理论和技术信息，促进学科繁荣和我国农业的持续发展发挥了积极作用。也为广大青年科技工作者的培养和成长创造了良好条件。

二、《土壤肥料》

《土壤肥料》杂志创刊于 1964 年 8 月，原名《耕作与肥料》，双月刊，国内公开发行，当年出版 3 期。受"文化大革命"影响，于 1966 年出版 3 期后停刊。1972 年 4 月经上级同意后复刊，刊名更名为《土肥与科学种田选编》，仍为双月刊，当年出版 4 期。从 1973 年第一期开始改称为《土壤与科学种田》，1974 年第一期开始更名为《土壤肥料》后延续至今。1978 年 9 月29 日，国家科学技术委员会（78）国发字第 363 号文件批复同意《土壤肥料》杂志在国内公开发行。1979 年土肥所迁回北京后，北京市出版事业管理局于 1980 年 9 月 24 日，发给北京市期刊登记证，国际连续出版物数据系统中国国家中心于 1991 年 1 月 4 日发给《土壤肥料》杂志国际标准连续出版物号。

《土壤肥料》杂志以促进土肥科技交流、指导农业生产为基本任务，以本专业科学研究人员、技术推广人员、农业院校师生和农业行政干部为主要读者对象，坚持普及与提高相结合、百花齐放与百家争鸣的方针，把刊物办成交流科技成果、传播科技知识、推动农业生产和土壤肥料学科发展的工具。20 世纪 90 年代，为适应农业生产发展与土肥科技进步的新形势，《土壤肥料》杂志注意了扩大报道领域与读者范畴，开辟了专题综述、研究报告、国外科技、研究方法、分析方法、技术讲座、研究简报、小经验、小知识、信息窗、读者来信、会议报道、书讯等众多栏目，加强了为肥料生产、农资经销、环境保护、地质矿产等相关行业的有关人员服务，以及为正在努力学习科技知识、提高科学种田的农民服务。重视刊登土壤资源、土壤改良、土壤培肥、植物营养、化肥、有机肥、农业微生物肥料、各种新型肥料和土壤肥料分析测试等方面的新成果、新技术、新经验、新理论和国内外土壤肥料的最新发展动态。

《土壤肥料》杂志的历任主编为高惠民、林葆、黄鸿翔。创刊 40 多年来，由于坚持正确的办刊方针，《土壤肥料》杂志已成为土壤肥料专业的核心刊物，长期以来是国内发行量最大的土肥科技期刊，拥有众多的读者，20 世纪 90 年代后期随着计算机普及和互联网技术的发展，先后被《中国学术期刊（光盘版）》《中国知网》《万方数据—数字化期刊群》《维普资讯网》全文收录，通过光盘版发行和网络发布，正开始跨出国门。

第五章　人才队伍

第一节　职工概况

一、职工基本情况

1957 年 8 月，土肥所成立时共有职工 91 人，其中科技人员 69 人，行政干部 7 人、工人 15 人。此后人员逐步增多，到 1960 年年底，全所在职职工增加到 109 人，其中科技人员 77 人，1961 年因精简机构与人员，在职职工人数下降至 73 人。1963 年以后周恩来总理特批中国农业科学院增加编制，调入人员，加上国家经济形势好转，经济建设发展，因而职工人数又开始迅速发展，1962 年年底在职职工总数增至 91 人，1965 年年底增至 210 人，1968 年年底增至 230 人，后由于"文化大革命"期间的政治动荡，机构再一次受到冲击，1969 年年底在职职工人数迅速下降至 148 人。1970 年 12 月全所迁往山东，由于从原子能所、农经所及其他单位调入大批人员一同下放，迁往山东的在职职工人数为 225 人，其中科技人员 177 人。

1980 年 9 月，成立中国农业科学院山东陵禹盐碱地区农业现代化实验站（后更名为德州盐碱土改良实验站），恢复中国农业科学院祁阳红壤改良实验站（后更名为衡阳红壤实验站），编制分别为 21 人与 24 人，自此土肥所的职工分成京内与京外两部分，京外职工的户口与工资关系均在当地。

1980 年年底全所在职职工人数为 220 人，其中科技干部 169 人，此后逐步增加，1985 年达到历史最高峰，全所在职职工人数达 312 人，其中科技人员 227 人，行政干部 19 人，工人 66 人。此后随着退离休人员的不断增加，在职职工人数呈逐年下降趋势，到 1996 年全所在职职工人数已降至 230 人，其中科技人员 196 人（科技人员中有研究员 14 人、副研究员 66 人、助研 63 人、初级职称 51 人），行政干部 13 人，工人 21 人，另有退离休人员 105 人（包括退休到街道和退养人员共 11 人）。从学历结构上看，博士研究生 7 人、硕士研究生 42 人，大学本科生 107 人，大专及以下人员 36 人，大学本科以上占科技干部数的 81%。

从 1997 年开始，在职职工人数逐年下降，1997 年年初土肥在职职工人数 195 人，到 2003 年 4 月两所合并前土肥所在职职工人数下降至 148 人（不含祁阳和德州站）。这一时期人员变化较大，其中招录调入人员 62 人，退休人员 54 人，调出人员 10 人，离职 44 人。截至 2003 年 4 月，土肥所在职职工人数 148 人，有研究员 23 人、副研究员 46 人，具有博士学位人员 33 人、硕士学位人员 30 人。

二、科技队伍结构

土肥所的职工队伍 40 多年来尽管存在一些变化，但始终保持几个特点。

一是 1965—1996 年职工总数基本保持在 200 人以上，从 1997 年开始在职职工人数逐年减少，但科技人员一直保持在 80% 以上，形成了一支较为强大的土肥科技队伍。

二是土肥所的科技队伍始终拥有较好的梯队结构和一批优秀的学术带头人。在 20 世纪五六十年代，冯兆林、张乃凤、高惠民、徐叔华、陈尚谨、刘守初等老一辈科学家是科研工作的核心，带领一批中青年人形成了较有力的研究集体；20 世纪 70 年代，在张乃凤、高惠民、陈尚谨、王守纯、李笃仁、胡济生等少数老科学家的带领下，一大批 50 年代毕业的中青年人如林葆、梁德印、陈廷伟、汪洪钢等人已成为土肥所的科技骨干，一批 60 年代毕业的青年人也开始崭露头角；20 世纪 80 年代以来，老科学家相继退出科研第一线，全所以一批五六十年代毕业的科技骨干挑大梁，形成了科研工作的新高潮；进入 20 世纪 90 年代，新一代大学生也开始成长为科研骨干，形成以 60 年代毕业大学生为主体，新一代大学生显露锋芒的新局面。到 2003 年，始终保持有一支优秀的科技队伍，拥有国家级有突出贡献的中青年专家 3 人、农业部有突出贡献的中青年专家 7 人、享受国务院政府特殊津贴人员 62 人，仅此即可反映土肥所科技队伍的水平。

三是土肥所科技队伍不仅保持有较好的年龄与职称结构，也保持着良好的专业与地域来源结构，在土肥所的科技人员中，来自农业院校土壤农化专业的毕业生，来自农业院校农学、植保、微生物、生物物理、农田水利等其他专业的毕业生以及来自理工科院校的生物、地理、化学、水利、化工等专业的毕业生大体各占三分之一。不同专业的合作有利于科研水平的提高。在地域与学校来源上，部属重点农业院校如北京、南京、沈阳、华中、西南、西北等几所农业大学毕业生固然人数最多，但来自其他省市各类院校的学生也占有很高比例，除西南、西北个别省（区）以外，东中部各省农学院大多有毕业生在所工作，不同学校与地域来源的人员合作，也有利于优势的互补与思路的开拓，同样也是保持科研工作高水平的原因之一。

第二节　人才培育

人才培养是保持一支高水平科技队伍所必不可少的手段。土肥所建所以来，虽屡遭变动，但始终拥有一支强有力的科技队伍，这与土肥所历来重视人才培养有重要关系。

1957 年 8 月建所以后，为适应从地区性研究机构向全国性研究机构转变，土肥所立即派出了一大批青年科技人员前往各大区农业科学院调研与进修，扩大科技人员的知识面，学习与掌握更多的科研手段与方法。在 20 世纪五六十年代，毕业分配来所的大学生分配到课题组以后，课题组的老科学家不仅要指导青年人开展科研工作，还要指导青年人的业务学习，青年科技人员每年都要制定学习计划，并在年终报告其学习心得。此外，鉴于当时的政治形势，思想政治与人生观教育更是一种重要的培训内容，从 1963 年开始，新分配来所的大学毕业生都要到农村基点劳动实习一年，还曾几次组织科技人员下放农村劳动和参加四清等政治运动。高惠民所长对全所职工撰写的工作计划、业务报告、政治学习心得基本上每篇都要亲自审阅与批改，使全所形成了良好的学习风气。

"文化大革命"期间，过分重视思想改造，强调科技人员下乡"三同"，接受贫下中农再教育，业务学习有所削弱。但从 1972 年恢复科研工作以来，也采取了一定的业务学习措施，为解决下放德州、科技人员收集科技信息不便的问题，所里成立了规模空前的图书资料室，大量收集、翻译、转摘科技信息资料，还允许科技人员不定期前往北京查阅图书资料。每当有外单位的专家来所，所里都要请这些专家为土肥所科技人员作学术报告，土肥所还专门为西南农业大学侯光炯教授在成都举办了大型的学术讲座，宣传侯光炯教授的学术思想，并派遣了大批科技人员前往听课，学习侯光炯教授的土壤学理论与方法。

改革开放以来，由于专业技术队伍的断层现象日趋明显，土肥所人才培养的力度也逐步加大，制定并多次修改完善了青年科技人员业务进修管理办法，采取了多种形式促进青年科技人员迅速提高业务水平。十几年来主要做了以下几项工作。

一是外语培训。在科研工作逐步恢复以后，恢复和提高科技人员因"文化大革命"而荒废的外语水平就成了当务之急，因而从 1975 年就开始在所内开办外语短训班，一直延续到 20 世纪 80 年代初。在新一代大学生毕业来所以后，所内又作出规定，允许新来所工作的大学生公费脱产培训一次外语，时间为半年以内，这一规定一直坚持到 20 世纪 90 年代末，对提高科技人员外语水平起到了很好的作用。

二是业务进修。从 20 世纪 80 年代初开始，为适应改革开放带来的新学术观点和方法的大规模引进，土肥所制定了《科技人员在职学习的暂行规定》，鼓励科技人员加强知识更新。规定科技人员每年业务学习（指参加各种短期培训班等）时间不超过两个月或三年累计不超过六个月者，可由室组自行安排，超过者报所批准。凡因长期在基层工作，连续三年未参加业务学习的同志，由室、站安排他们脱产学习 6 个月左右。在规定的学习期限内，工资、奖励等一律照发。所内根据需要与可能，曾举办多次有关计算机及网络、科研方法论、施肥经济学等方面的培训。同时还大量安排科技人员参加外单位的培训与进修，如遥感、地理信息系统、生物技术等。还派遣科技人员参加国外举办的短期培训与学习，如参加国际水稻所、国际钾磷所、意大利蒙爱集团等举办的各种培训班。

三是攻读学位。1996 年土肥所开始实施在职人员申请学位的办法，当年有 6 人申请硕士学位。

派往国外攻读学位也是培养人才的一条途径。自 1982 年首批派出 4 人前往美国和德国攻读博士学位以来，至 1997 年累计公派出国留学已达 15 人，另还有大批自费留学人员。而到 2003 年公派出国留学人员达到几十人。

四是学术活动。经常举办各种学术报告、讲座与研讨活动，是培养人才的一个重要手段。研究所长期坚持每周半天的学术活动日，主要内容是请老科学家报告研究进展、归国人员报告国外动态、青年科技人员报告读书心得以及来访的国内外专家报告其研究成果，等等。这种学术活动虽有起伏，但始终坚持不断，每年均有数十次学术性报告。此外，土肥所还支持青年科技人员参加国内外的学术会议、考察与参加论文竞赛等活动，鼓励他们学习与进步。

五是申报各类人才培养计划。为落实党中央"科教兴国"战略，进一步在全社会造成"尊重知识、尊重人才"的风气，创造有利于中青年科技骨干人才脱颖而出的良好环境，1984 年 1 月 27 日中央组织部、中央宣传部、劳动人事部、财政部联合发出《优先提高有突出贡献的中青年科学、技术、管理专家生活待遇的通知》，自 1984 年开始推荐评选到 1998 年结束，土肥所有 3 人获得国家级有突出贡献的中青年专家称号。从 1987 年农业部开始推荐评选部级有突出贡献的中青年专家到 2002 年年底，土肥所有 7 人获得农业部"有突出贡献的中青年专家"称号。1997 年有 1 人入选农业部"神农计划"提名人。1997 年中国农业科学院实施跨世纪人才培养计划，土肥所有 5 人分别于 1997 年、1998 年入选中国农业科学院跨世纪人才培养计划。"十五"时期，中国农业科学院实施杰出人才培养计划，截至 2002 年年底，土肥所有 1 人入选中国农业科学院一级岗位杰出人才（张维理）、3 人入选二级岗位杰出人才（赵秉强、周卫、马义兵）。1990 年国家开始政府特殊津贴专家选拔工作，截至 2002 年年底，土肥所有享受政府特殊津贴专家 62 人。

六是安排工作实践。除上述几种方式外，还有最重要的一个人才培养方法，就是安排青年科技人员参加工作实践，使他们在实际工作中得到锻炼和提高。土肥所要求各个课题组尽可能进行课题分解，安排青年科技人员在主持人的指导下独立完成从制定实验方案一直到编写技术报告的全部工作过程，同时要求青年科技人员尽可能多到农村实验基点和温网室从事田间实验操作，锻炼提高他们的操作技能、实践经验和处理技术难题能力。

由于一贯重视人才培养，土肥所始终保持有良好的人才梯队，科研队伍稳定，在本专业领域始终保持着国内领先科研实力。

第三节 研究生教育

经国务院学位委员会批准，土肥所自 1981 年以来陆续设立了农业微生物、作物营养与施肥、土壤学 3 个硕士点，作物营养与施肥 1 个博士点。自 1979 年张乃凤与胡济生两位研究员首批招收 5 名硕士研究生开始到 2002 年年底，土肥所共计招收硕士研究生 103 人，其中 76 人获得硕士学位、在读硕士生 18 人，9 人中途出国或因其他原因退学。招收博士研究生 32 人，其中 22 人获得博士学位，在读博士生 8 人，2 人中途出国或退学。据不完全统计，截至 2002 年年底，土肥所有博士生导师 6 人，60 余人取得硕士生导师资格。

十几年来，土肥所培养的研究生大多已成为科研骨干，有的已成为学科带头人、硕士或博士生导师，在科研岗位上发挥着重要的作用。

第四节 博士后

1991 年中国农业科学院开始设立博士后流动站，土肥所于 1999 年开始招收博士后，自 1999 年至 2002 年年底，共招收 7 名博士后，详见下表。

姓名	性别	流动站名称	合作导师	进站时间	出站时间
白由路	男	农业资源与环境	金继运	1999.07	2001.08
史春余	男	农业资源与环境	张夫道	2001.04	2003.09
范丙全	男	生物学	姜瑞波	2001.10	2003.04
冀宏杰	男	农业资源与环境	张维理	2002.07	2004.11
李絮花	女	农业资源与环境	赵秉强	2002.10	2005.10
张树清	男	农业资源与环境	张夫道	2002.10	2004.10
贺冬仙	女	农业资源与环境	白由路	2002.05	2005.03

第六章　科研条件

第一节　基本建设

一、基础设施建设

建所初期，土肥所虽然是独立的核算单位，但办公用房、宿舍、交通与通讯设施等均由中国农业科学院统一分配管理。当时土肥所在旧大楼有办公用房不足 2 000 平方米，另在院内有若干平房，还有三间温室，一间网室，一座风干室，一座同位素实验室和一栋小球藻培养温室。1961年接收高碑店农场，拥有土地 100 余亩，1962 年建成标本楼一栋，全所总计房屋面积约 3 000平方米。

下放山东以后，从 1972 年在德州开始进行基本建设，盖了大量较为简易的办公及实验用房、宿舍、网室及微生物车间，建筑面积约 3 500 平方米，并陆续购置了吉普车和卡车。1979 年迁回北京后，原有房屋保留部分交德州试验站外，其余交给德州地区农科所，德州地区划给土地20 亩给土肥所德州站。

回北京时首先建设了部分简易住房和办公用房，同时由中国农业科学院调剂了部分办公与实验用房，使得搬迁工作顺利进行，全所科研工作未受到大的影响。在部院的支持下，土肥所开展了较大规模的基本建设工程，1982 年建成了 4 692 平方米的科研办公大楼，还建设了 600 平方米温室、1 000 平方米网室及 400 平方米的配套工作间，基本上满足了科研工作的需要。1982 年开始，中国农业科学院正式明确院内各单位的宿舍统一由院建设、分配与管理，因而土肥所建设的简易平房宿舍（700 平方米）交院管理，大部分职工根据院的统一安排，陆续搬进标准宿舍楼。此后，根据业务工作发展的需要，又陆续兴建了东配楼 1 006 平方米（1985 年），主楼与东配楼联结部分 358 平方米（1985 年），东小楼 300 平方米（1989 年），数据库 328 平方米（1991年），昌平基地生活及实验用房 961 平方米（1988 年）及风干室 400 平方米（1994 年）。此外还在德州实验站和衡阳实验站进行了一些基本建设。截至 1996 年年底，包括德州、衡阳两站及昌平基地在内，全所共有科研用房 9 000 平方米、职工住宅（只计两站及昌平基地）3 881 平方米、其他用房 4 515 平方米，总计建筑面积达 17 396 平方米。1995 年 8 月农业部批准作物育种试验楼建设项目立项，1997 年 5 月农业部批复作物育种试验楼初步设计及概算，同意建筑面积调整为 8 105 平方米，投资 1 982 万元，其中土肥所是 2 846 平方米。1996 年 9 月中国农业科学院洛阳旱地农业中试基地建设项目获批并下达第一批建设经费 50 万元，1998 年 5 月建成并通过验收。1998 年 5 月中国农业微生物菌种保藏管理中心获得农业部每年 10 万元运转费支持，6月禹城试验区获得 50 万元基地建设经费，用于实验楼和开发基地建设，建筑面积共 780 平方米。

二、交通工具

交通运输设备是科研单位不可缺少的工具，是科研、开发和职工生活的重要保证。"文化大革命"前车辆由院统一购置与管理。土肥所下放山东期间开始独立购置车辆，1979 年土肥所从山东迁回北京时有卡车一辆、吉普车一辆、小轿车一辆。随着科研、开发工作的进一步开展，根据所内需要和国家车辆配备的规定，从 1984 年起，先后购置和更新了小轿车、卡车和旅行车。最多时曾有各种机动车 8 辆，后因车辆报废等原因，到 1996 年土肥所尚有机动车 6 辆，其中小轿车 3 辆、旅行车 3 辆。此后，随着研究工作的需要与经济实力的增强，土肥所开始设计与装配了部分野外工作车辆，截至 2003 年，土肥所在京内有机动车 6 辆，德州站有 2 辆。

三、通信设施

通信设施是传递信息的重要工具。1982 年土肥所科研办公楼竣工后，在大楼内设立一台 120 门电话总机，使各室、处、中心配备了办公电话，并按有关规定安装了部分住宅电话。随着科研、开发、对外交流的发展，1989 年，土肥所投资近 30 万元，对老总机进行了更新，安装了一台 240 门纵横式总机，并新购置了 10 条中继线，大大改善了通信条件，也满足了部分职工自费安装住宅电话的要求。1996 年所内和两个实验站安装了传真机，建设了土肥所的国际互联网络的局域网，与中国科学院计算所专线联网，使大部分课题的计算机实现与 Internet 的联网。1998 年 3 月，中国农业科学院 6 891 局开通，土肥所电话总机撤销，全部改为直播电话。

四、仪器设备

仪器设备是科学研究的必要工具和首要条件，随着科学的进步和科研水平的提高，科研设备需要不断更新，及时充实、完善。建所以来，土肥所根据学科的发展及承担的科研任务先后购置了各类仪器设备。土肥所的大型仪器设备主要集中在土壤肥料测试中心（国家化肥质量监督检验中心）。1980—1982 年由农业部投资 100 万美元，用于购置仪器设备，以装备土壤肥料测试中心，主要有质谱仪、X-荧光仪、紫外分光光度计、原子吸收分光光度计、气液相色谱仪、等离子光谱仪等。同时各课题根据研究的需要及经费状况，争取专项资金或自筹资金购置了一批必需的仪器设备，使土肥所的仪器设备得到了充实和完善。1995 年土肥所又获得第 3 次世界银行贷款 30 万美元，对土壤肥料测试中心的部分大型仪器进行更新，并新购置 1 台氨基酸分析仪。另外，通过国内外合作研究配套了部分仪器，如通过与比利时开展合作研究建立了土壤物理实验室；和加拿大钾磷研究所合作建立了中—加合作土壤植物测试实验室，弥补了土肥所科研设备的不足。仪器设备的改善，提高了科研和开发的能力，为多出成果、出人才，提供了有利的条件，也为土肥所创造了较大的经济效益和社会效益。到 1996 年年底，土肥所万元以上仪器有 49 台，仪器设备总值 540.4 万元。1997 年后，国家化肥质量监督检验中心利用获得的 100 万元基础设施项目经费，先后添置了氨基酸前处理设备、自动稀释器、电子天平、恒温振荡器等实验设备。农业部微生物肥料质量监督检验测试中心利用 1999 年获得的 130 万元建设资金，添置了细菌全自动鉴定系统、培养自动灌装系统等，大大提高了测试能力。

第二节　试验场与农村基点

土肥所建所以来就特别重视"实验室、试验场和农村基点相结合"的科研方法。不同专业和不同时期在实验室、试验场和农村基点三方面的工作中有所侧重，如微生物的研究，实验室工作比重较大，而土壤、植物营养与施肥的研究，除实验室工作占有一定比例外，土壤研究在试验场的工作占有较大比重，而植物营养与施肥在农村基点的工作占有较大比重。在建所初期，农村基点的工作比较受重视，其后逐步加强试验场的建设与利用，下放山东期间，因试验场受到较大冲击，农村基点的研究成为主要手段。改革开放以后，实验条件逐步改善，三个方面的工作可以根据需要合理安排，但因农村家庭联产承包责任制的实施，农村四级农科网受到冲击，因而农村基点的工作逐渐缩小。土肥所加强了实验基地的建设，试验场的工作有所增加。

一、实验室与试验场

土肥所的实验室大体分成两级，所里始终保持一个分析测试中心，承担大批量和部分需要使用大型仪器的项目分析测试，各研究室则根据自己的研究内容，建有各种专业性的实验室。

试验场是中国农业科学院或所下属的拥有一定面积国有土地的以承担田间试验为主的农场，在研究所的工作任务分工中，主要承担长期田间试验，风险性较大的预备性试验，精密试验及规模大、设计复杂的试验任务。

试验场除在北京中国农业科学院本部拥有院农场的部分土地及温室、网室外还曾在湖南、河南、河北、山东及北京郊区建过5处试验场，1996年年底仍保有4处。土肥所河北高碑店农场为1961年划给，1968年撤销，曾拥有耕地100余亩。

河南新乡工作站由1960年设立的新乡基点发展而来，1964年成立工作站，还没来得及大规模建设，就遭遇"文化大革命"而撤销。

湖南衡阳红壤实验站原为1960年设立的祁阳官山坪农村基点，1964年改为祁阳工作站，1980年改为中国农业科学院祁阳红壤改良实验站，1983年正式定名为中国农业科学院衡阳红壤实验站。截至2003年，拥有衡阳生活区、祁阳县官山坪实验区和冷水滩市孟公山实验区3处。衡阳生活区占地20亩，建筑物面积1 227平方米，官山坪实验区有土地220亩，其中水田10亩、旱地40亩、茶园15亩、柑橘园32亩，其他果园20亩，办公室、实验室、宿舍、加工厂等建筑物面积2 691平方米，还建有网室、气象观测场、径流场等实验设施，布置有红壤肥力及肥料效应长期监测及其他长期试验6个。孟公山试验区有土地402.4亩，其中水田12亩，旱地40亩，建筑物472平方米。衡阳红壤实验站是土肥所在南方开展科学实验的主要基地，长期承担国家科技攻关与农业部重点科研项目，中澳科技合作项目等。国家"九五"科技攻关项目中的湘南试验区即由该站负责实施。

山东德州盐碱土改良实验站为土肥所从山东迁北京时设立，主要是继续原来在当地的一些科研项目。1980年正式成立中国农业科学院山东陵禹盐碱地区农业现代化实验站，1984年更名为中国农业科学院德州盐碱土改良实验站。截至2003年，拥有德州生活区、陵县实验区和禹城实验区。德州生活区占地14亩，有建筑物3 678平方米；陵县实验区占地214.3亩，其中有国有耕地167亩，建有长期试验小区、渗漏池、网室等田间实验设施，并拥有从以色列引进的现代化滴灌设备，实验及生活用房1 440平方米；禹城实验区长期租用土地50亩，建有长期实验小区、网室等田间实验设施及370平方米生活、实验用房。德州实验站长期承担国家科技攻关项目中有关盐碱土治理与农业持续发展方面的研究项目。

湖南衡阳红壤实验站与山东德州盐碱土改良实验站由于长期坚持在农村第一线进行科研工作，做出了显著成绩，因此一直受到党和国家各级领导的重视与关怀。1961年年底中南局书记陶铸视察了湖南衡阳红壤实验站的前身祁阳基点，1988年李鹏总理视察了山东德州盐碱土改良实验站禹城实验区，湖南、山东与农业部的李瑞山、王乐泉、何康等多位领导人也曾前往视察，并指导与支持实验站的工作。在陵县实验区建立20周年时，陵县县委、县政府在试验区为王守纯树碑建园，同时在北京土肥所门前树碑表彰。祁阳建立基点35周年时，祁阳县委、县政府也在站内树立了纪念碑进行表彰。

从"七五"开始，土肥所的科研人员已在豫西开展以节水农业为主的试验研究工作。根据我国旱地农业生产的需要，1998年经农业部批准，土肥所建立了洛阳实验站。该站拥有永久使用权土地30亩，建有综合实验楼，拥有土壤物理、土壤化学、作物生理实验室，建有折叠自动干旱棚，田间小区径流观测场等实验设施，是开展旱地节水农业理论与应用技术研究，开发、组装和集成旱地农业新技术体系以及国际合作、国内外学术交流与人才培养的中心与窗口。

昌平实验基地是在"七五"期间根据国家计委工业性试验项目"土壤肥力与肥料效应长期监测基地建设"项目的要求而建设的，占地 30 亩，其中耕地有 20 亩，布置有 12 个处理 12 个小区的长期试验 1 个，还建设网室 600 平方米、深度分别为 1.3 米和 2.0 米的渗漏池 40 个，以及 804 平方米实验室与生活设施。除承担土壤肥力与肥料效应的长期监测外，还可利用渗漏池研究养分元素在土壤中的迁移状况，因此曾承担多个自然科学基金与国际合作项目。

此外，土肥所在中国农业科学院农场内还有耕地 30 亩，由于肥力过高，代表性降低，截至 2003 年已较少部署土壤与肥料方面的试验，以承担绿肥繁种和地膜试验等受土壤肥力影响较小的试验为主。中国农业科学院内的网室 800 平方米、温室 580 平方米主要进行各种盆栽试验。

二、农村基点

农村基点是设在农村集体所有制土地上的固定实验点，承担一般性的田间试验及示范推广任务。在 20 世纪 70 年代及以前，农村基点一度是土肥所进行科学实验的最主要场所，科研人员常年在农村基点工作，与农民实行"三同"，做出了不平凡的业绩。随着联产承包责任制的实施与农村四级农科网的解散，农村基点的实验工作遭受较大困难，农村基点不再成为土肥所田间试验工作的主体，一部分工作逐渐转移至实验站进行，另一部分工作则委托基层农技单位实施，只有余下少部分工作仍坚持在农村基点进行。

建所初期，除保留了原华北农业科学研究所的北京顺义、河北柏各庄等部分基点外，还在全国各地选择新的基点。1959 年建立了云南晋宁、甘肃临洮、北京通县三个基点；1960 年建立了河南新乡和湖南祁阳两个基点；1961 年初建立了河北高碑店基点。随后因精简机构，农村基点也只保留河北高碑店、河南新乡和湖南祁阳三个；1962 年以后科研工作再次得到发展；1963 年设立了北京中阿公社和永乐店农场两个基点；1965 年设立了甘肃张掖基点。"文化大革命"中所有业务工作全部中断，除祁阳基点因改建为工作站，购有土地，建有房屋，始终有人常驻得以保存外，其余基点包括拥有 100 余亩土地的高碑店农场全部撤销。

下放山东期间，从 1971 年春天开始，就将绝大部分科技人员安排到德州地区所属各县的农村接受贫下中农再教育，共计 22 个基点。1972 年以后科研工作得到恢复，又开始在点上从事一些农业科研与推广工作，基点数也增加至 29 个，包括庆云县鲁家、齐家，乐陵县王双志、后仑、洼里，宁津县张斋，商河县五里庙、常庄，临邑县张家林，济阳县老赵家，齐河县周庄、袁辛，禹城县沈庄、南北庄，夏津县任宫庄，武城县邢庄、果里，平原县大芝坊、野庄，陵县小温庄、小高家、雨淋店、佟家寨、袁桥，德州市农丰、东关、七里铺、罗庄以及从果树所划归土肥所的五莲县芙蓉庄基点。

1974 年年初，因承担国家科委土壤普查与诊断的科研任务，土肥所开始在德州地区以外的胶南县逄猛孙大队和胶县城南公社设立农村基点。1974 年年底改为山东省土肥所，大大调减了设在德州地区的农村基点，而增加了设于山东省其他地区的基点。到 1976 年土肥所固定的基点调整为 10 个，即陵县盐碱地综合治理实验区（包括佟家寨和雨淋店）、禹城盐碱地综合治理实验区（包括南北庄、肖寺刘、常王、王子富）、平原县盐碱地综合治理实验区（三唐），陵县小高家大队、兖州县倪村大队、滕县党村大队、济宁县潘庄大队、临朐县吕家庙大队、胶南县逄猛孙大队、胶县城南公社。这些基点都有常驻的科研人员。此外，还有些未派常驻科研人员的基点，如陵县袁桥，德州市陈庄、七里庄及泗水县等。

1979 年土肥所迁回北京以后，在山东的各个农村基点逐渐撤销，余下的禹城与陵县基点也已发展成德州实验站的一部分。此后因形势与任务的变化，农村实验基点也发生了很大变化。一是由于农村联产承包责任制的实施，农村四级农科网逐渐消亡，在农村进行田间实验的条件比过去困难；二是研究工作的逐步深入发展，田间实验的数量和难度均有所增加，因而一些实验工作被转移到拥有国有土地的实验站进行。另外则广泛组织协作网，安排大量的田间试验交由基层农技单位实施，土肥所科技人员不定期前往实验点短期工作。原有的农村基点形式因不适应形势的发展，20世纪80年代后不再成为研究工作的主要场所，只有旱农项目设立的山西屯留试区、寿阳试区和河南孟津点，化肥网项目设立的河北辛集点等少数实验点类似于过去的农村基点，但其性质和内容也有一些变化。

第三节　图书资料

20世纪五六十年代，土肥所因位处中国农业科学院大院内，凡公开出版的图书与期刊可利用院图书馆的馆藏，因而仅设一个小型的资料室，收集国内未公开出版的内部技术资料。收集途径主要为交换及所内人员参加各种会议带回。资料室收集资料后，装订、编目、制作检索卡，提供科技人员借阅。

20世纪70年代下放山东德州期间，为解决科技人员查阅图书和资料的难题，1971年即成立了图书资料室，增加了人员，扩大了业务范围。

第一，增加了公开出版物的收藏，新增工具书和专业期刊。资料室多次派出人员前往北京、天津、济南等地采购大批书刊，特别是工具书与专业期刊。几年来从无到有，至1996年，新增图书14 000多册，共装订中文期刊2 747本，外文期刊978本。

第二，扩大科技资料的收集。除收集会议资料外，还扩大资料交换业务，与全国29个省（市、自治区）以及部分地、县建立了资料交换业务，交换各种资料16 000多份。

第三，加强信息服务。资料室编制两种不定期内部刊物，一种是《新到图书资料目录》，提供给各研究室、组，便于科技人员借阅利用，1975—1979年的5年内共出版46期。另一种是《国外土壤肥料参考资料》，组织本所科技人员编译国外土壤肥料科技文献，印发给本所及各省农业科学院的科技人员参考，从1977—1979年共出版了16期。

由于加强了图书资料工作，极大减少了土肥所在下放山东德州期间因交通不便，信息不灵给科研工作带来的不利影响、保证了科研工作的正常开展，在困难条件下取得较好的科研成绩。

1979年冬迁回北京以后，由于情况发生了变化，科技人员可以利用中国农业科学院图书馆丰富的馆藏文献，土肥所资料室的方向任务再一次进行了调整。逐步减少了书籍的采购量和期刊的订购种类，由于科技人员信息交流的途径迅速增加，内部资料的收集也逐年减少。资料室以提供工具书及常用专业书籍，常用专业性的中外文期刊为主，作为院图书馆的补充而存在。如收集一些院图书馆不收藏的、专业性很强的书刊，以及保藏一些科技人员最常用的专业书刊，方便科技人员随时翻阅，减少科技人员往来院图书馆的奔波。

截至2002年年底，所资料室共有中外文期刊合订本4 628本，其中中文期刊合订本2 823本，外文期刊合订本1 805本，中外文书籍8 899册，其中中文书籍6 639册，外文书籍2 260册。

第七章 党群组织

第一节 党组织

中国农业科学院土壤肥料研究所于 1957 年 8 月 27 日成立后即成立了党支部。以党支部为核心积极贯彻党的各项方针政策，开展建所后的各项工作。并在不同阶段按照上级要求组织学习和开展活动。所内未设专门政工机构，具体党务工作由人事秘书承担。

1965 年，中国农业科学院成立政治部，所内相应成立政治处，从事人事管理、党务及思想政治工作，组织全所职工的政治学习。先后发展 4 位同志入党。"文化大革命"开始后党组织基本处于瘫痪状态，1969 年 9 月开始整党建党，才恢复了党组织的正常工作。

1970 年 12 月，土肥所下放到山东省德州地区的晏城，1971 年 3 月又搬迁到德州，与山东德州地区农科所合并，成立"山东省德州地区农科所"。1972 年成立第一届党委会，李文玉为党委书记。

1973 年，山东省又把土肥所收归省农业科学院领导，改名为"山东省土壤肥料研究所"，党委改为"山东省土壤肥料研究所党委"，书记仍为李文玉，并重新成立政工组。1973—1976 年各项工作较为稳定，在所党委领导下带领全所职工克服困难创建科研条件，为当地、当前的生产服务，并承担了一定的科研任务。

1978 年，中国农业科学院收回土肥所，恢复"中国农业科学院土壤肥料研究所"名称，地址仍在山东德州。

1978 年 12 月，党的十一届三中全会做出了把全党工作重点转移到社会主义现代化建设上来的战略决策。土肥所各项工作揭开了新的一页。

1979 年年初，中国农业科学院决定土肥所迁回北京。所党委针对搬迁过程中科研、生活条件十分困难，问题较多，思想活跃的情况进行了妥善处理和安排，于 1979 年 4 月起就抽出部分同志回院盖房，解决职工住房和科研用房问题。至 1979 年 12 月土壤肥料研究所全部迁回北京。

1980 年起，党的工作逐渐恢复正常，所党委按要求组织党员学习党的有关文件，过组织生活并安排每周半天时间用于职工的政治学习。通过学习，党员、干部、职工提高了执行三中全会以来的路线、方针、政策的自觉性和实现"四化"的信心，为正确地贯彻十二大确定的开创社会主义现代化建设的宏伟纲领奠定了思想基础。

1984 年，所党委认真贯彻党中央关于整党的决定，强调整党的主要任务是统一思想，整顿作风，加强纪律、纯洁组织。通过整党肃清了"左"的思想流毒，端正了科研业务指导思想，进一步确定了全心全意为人民服务的宗旨，促进了改革和各项工作的深入开展。从 1981 年至 1984 年共发展党员 10 人。

1985 年 1 月，经中国农业科学院党组批准成立了第二届党委会。本届党委会处在新旧科研体制交替过程之中，由党委领导下的所长负责制逐渐转变为所长负责制，由党政分工到党政分开，由改造与加强思想政治工作到改进与加强思想政治工作。所党委针对中央一系列经济改革方针政策出台，组织党员及干部职工学习有关文件，认识到在社会主义初级阶段，只能以经济建设为中心，坚持四项基本原则，改变原有的僵化体制，才能充分发展生产力，使国家摆脱贫穷落后的状况，迅速兴旺发达。所党委抓住党要管党，从严治党，加强党的建设，严格组织纪律，建立了纪律检查委员会，并在各党支部配备一名纪检员。党委加强思想政治工作，认真贯彻党的方针，一方面对职工进行系统全面教育，另一方面对党员进行党性、党风、党纪教育，发挥先锋模范作用。加强了组织建设，壮大党员队伍，4 年共发展党员 23 名，变更党支部 2 次，由 1984 年底 2 个支部，1985 年为 5 个支部，到 1987 年扩建成 7 个支部。开展"争先创优"活动两次、有 3 人次被评为优秀党员（其中文安全被评为院级优秀党员 1 次，宁国赞被评为所级优秀党员 2 次）。

1989 年 2 月，经中国农业科学院党组批准，成立第三届党委会。本届党委会在思想建设方面针对国际、国内的政治形势，认真组织党员和职工学习有关文件，深刻地体会到我国自十一届三中全会以来坚持四项基本原则，改革开放政策的实际效果。根据中央文件精神，土肥所 76 名党员全部通过重新登记。党委根据整改计划，以加强党的自身建设为中心，坚持"三会一课"，搞好思想建设和组织建设，并于 1989 年 12 月成立了中国农业科学院思想政治工作研究会土肥所分会。组织职工进行"社会主义若干纲要"的学习。加强工会、共青团、统战工作，围绕课题的总结验收等科研任务，开展思想政治工作。1991 年开展民主评议党员，76 名党员参加评议，宁国赞被评为部级优秀党员。

1992 年 7 月，经中国农业科学院党组批准，成立第四届党委会。在思想建设方面，主要是在党员中开展党史教育和学习优秀共产党员典型，组织干部职工学习《邓小平文选》第三卷和一系列中央文件，并采取各种形式加深对社会主义市场经济体制的理解和认识，开展精神文明创建活动，认识到精神文明建设对党和国家的发展及民族振兴的重要性和深远意义，增强了市场观念竞争意识。在深化科技体制改革方面，党委会积极支持所长负责制，积极稳妥地进行土肥所科技体制改革，修改、制定规章制度，调动一切积极因素，搞好科研、开发、行政管理等各项工作。在组织建设方面先后发展 6 位同志入党。根据离退休党员增加的情况划分两个离退休人员支部，将原 7 个党支部改为 6 个党支部。在党内开展争先创优活动，努力发挥党支部战斗堡垒作用和党员模范带头作用。共评出部级先进党支部一个（第二党支部）、部优秀党员 1 人（谢承陶），部优秀党务工作者 1 名（刘继芳），院先进党支部 1 个（第二党支部），院优秀党务工作者 2 名（郭勤、金荔枝），院优秀党员 3 名（汪德水、谢应先、杨立萍）。

1999 年 10 月 28 日，土肥所召开全所党员大会，选举产生了第五届党委会。在思想建设方面，开展了"三讲"（讲学习、讲政治、讲正气）和"三个代表"学习教育活动，多种形式开展了革命传统教育和爱国主义、共产主义和集体主义思想教育活动。开展了崇尚科学、破除迷信的政治思想教育活动。在党建精神文明建设方面，建立了以党政主要领导为组长的"文明单位创建领导小组"，开展了标准党支部创建和党员争先创优活动，第二党支部获得中国农业科学院 2000—2001 年度先进基层党组织、徐明岗和蔡典雄获得中国农业科学院 2000—2001 年度优秀共产党员、周涌获得中国农业科学院 2000—2001 年度优秀党务工作者。在党风廉政建设方面，坚持以防为主，着眼教育，不断强化组织、制度和群众监督作用，定期召开处以上干部廉洁自律和党员领导干部民主生活会，进行自查自纠和相互帮助，使党员、领导干部进一步提高了反腐倡廉的自觉性。以制度创新推进党风廉政建设，建立透明的工作制度。在组织建设方面，对 7 个支部进行换届改选，产生了新的支部委员。2002 年 12 月，王雅儒、赵红梅补充为党委委员。截至 2003 年 5 月，土肥所京内有在职党员 61 人，离退休党员 46 人，德州站有在职党员 2 人，祁阳站有在职党员 7 人。

第二节　共青团

1957年建所后，即成立了团支部。围绕各项中心任务，开展工作，定期召开会议，分析团员和青年思想政治情况，并针对青年特点开展各种活动。

1979年，土肥所迁回北京后，团支部恢复了正常工作。在中国农业科学院团委和所党委的领导下，根据青年人活泼好动、思想活跃的特点积极开展各种活动，在思想教育方面曾开展过团员意识教育和民主评议活动，通过专题团日活动，进行合格团员登记，祭扫革命烈士墓，参观圆明园鸦片战争展览、卢沟桥抗日战争纪念馆，参加植树造林，义务献血等活动，并成立了土肥所青年志愿服务队，利用业务时间做好事、献爱心。照顾生病住院的老同志，还积极组织参与"四个一"爱心奉献活动，向贫困山区师生捐献钱、物、书籍。

在文体活动方面，多次组织团员青年游览名胜古迹，通过活动加强集体主义与爱国主义教育。与工会配合，多次举行棋类、球类比赛，多次组织联欢会、文艺表演等。

为了帮助青年科技人员牢固树立献身农业的思想，团支部与所科研处和中国植物营养与肥料学会紧密配合开展一些活动，对青年科技人员进行培养，并针对土肥所青年的现状，对如何开展青年工作和如何解决好青年问题进行了探讨并撰写论文。

土肥所历届团支部书记

起止时间	团支部书记	起止时间	团支部书记
1978—1980	吴育英	1990—1992	付高明
1980—1983	王　跃	1992—1994	曹卫东
1983—1985	王小彬	1994—1998	刘福来
1985—1988	蔡典雄	1998—2000	周　湧
1988—1989	张燕卿	2000—2003	刘培京
1989—1990	杨海顺		

第三节　工　会

1957年8月，成立土肥所后就有了工会组织，所一级的工会没有专职干部，工会主要是开展一些文体活动和发放职工的福利事项。

党的十一届三中全会以后，工会工作进入了新阶段，加强了党对工会工作的领导，推动了工会组织的改革和建设。自1981年起正式成立第一届工会至2003年共产生六届工会委员会。

土肥所工会在院工会和所党委领导下开展工作，特别在强化规范化管理、加强工会组织建设、培养"工会积极分子""优秀工会干部""优秀工会小组"等方面做了大量工作，促使工会工作进一步走向正轨。在职工中一方面开展立足本职建功立业活动，如评选"文明职工"活动；另一方面成立"职工之家"，创造条件丰富职工业余文化生活，组织职工加强体育锻炼，提高身体素质。土肥所在院、所举办的各类活动中取得了可喜的成绩，1993—1996年获奖达23项，土肥所工会自1985年以来至1996年连续被评为中国农业科学院工会先进单位，在1996年被评为"优秀职工之家"，计划生育工作至1996年连续13年荣获中国农业科学院先进单位。

1997—2002年，土肥所工会每年开展优秀工会积极分子和优秀工会干部评选活动，"职工之家"连续三年被中国农业科学院评为模范职工之家，1999—2002年土肥所获中国农业科学院1次计划生育工作达标单位，3次计划生育先进单位。在文体方面，1997年在中国农业科学院建院40周年文艺汇演时，节目"农业科学院亚克西""快乐的日子"舞蹈获优秀奖。1998年12月21日，在中国农业科学院庆祝十一届三中全会召开20周年文艺汇演演出的舞蹈获创作三等奖。1999年9月29日在中国农业科学院庆祝建国50周年活动中，土肥所混声小合唱获一等奖。1999年4月30日，在中国农业科学院工会举办的集体跳绳比赛中获二等奖；1999年12月29日，工会组织60人参加中国农业科学院工会举行的迎千禧年长跑活动。2000年9月，在中国农业科学院组织的羽毛球比赛中蝉联冠军。在2001年7月1日中国农业科学院第四届职工运动会上获团体总分第7名。

土肥所历届工会工作委员会组成名单

届序	主席	副主席	委员
届前（1957—1966）	赵质培（兼）		
第一届（1984—1985）	王培珠	宋世杰	张美荣、吴育英、杨京林、李慧荃、王晓琪
第二届（1985—1989.4）		宋世杰	吴育英、张美荣、王晓琪、刘小秧、周青、李雪雁
第三届（1989.4—1992.4）	未设主席和副主席，由孙传芳、李元芳负责		张美荣、吴育英、申淑玲、刘小秧、李雪雁
第四届（1992.4—1995）	朱学军	张美荣	王晓琪、周青、马晓彤、吴育英、申淑玲、刘小秧、金荔枝、王树忠
第五届（1995—1998.9）		刘继芳	申淑玲、吴育英、王树忠、刘小秧、张毅飞、金荔枝
第六届（1998.9—2003.5）	吴胜军（1999.11.9补选）	吴育英	申淑玲、王树忠、孙又宁、孙建光、李雪雁、李春花、周涌

1987年成立女工委员会由吴育英等7人组成，1996年组建土肥所妇委会，主任为申淑玲，副主任为吴育英。

第四节　民主党派

党的十一届三中全会以来，我国进入了以经济建设为中心的改革开放新时期，统一战线也进入了新的发展阶段。所党委按照"长期共存、互相监督、肝胆相照、荣辱与共"的方针，支持民主党派加强自身建设，注意推荐民主党派成员担任领导职务和政协委员。凡所内重大决策和活动都召开座谈会通报情况，所办公会议还吸收民主党派代表参加，征求意见发挥他们参政议政和在本单位发展建设中的作用。

土肥所在建所初期，只有张乃凤等少数民主党派成员。改革开放以来，民主党派有了一定发展，1996年有民主党派成员19人（其中，农工民主党8人、民革5人、民盟3人、九三学社2人、致公党1人）。至2002年12月，发展到23人（其中，九三学社9人、农工民主党5人、民革4人、民盟5人）。

土肥所民主党派成员曾涌现一批优秀人才，在老一辈的科学家中，张乃凤、陈尚谨是农工民主党成员，张乃凤还曾长期担任农工民主党中国农业科学院支部主委，1982—1987年担任山东省第五届政协常委，徐叔华是民盟盟员。20世纪90年代以来，黄鸿翔担任九三学社中国农业科学院支社（后为中国农业科学院委员会）主任委员，九三海淀区工委委员，九三海淀区区委副主委，九三中央农林委员会副主任，九三北京市委农林委员会副主任，北京市第八届、第九届政协委员（1993.3—2003.3），第十届、第十一届全国政协委员；沈桂琴担任农工民主党中国农业科学院支部主任委员和农工民主党北京市委科技委员会委员，宋世杰担任民革中国农业科学院支部副主任委员和民革海淀区工委委员，陈婉华于2002年11月担任民革北京市海淀区民革区工委5支部副主任委员。

第八章　人物介绍

第一节　历届所领导

一、历届所长

1957—2003 年，土肥所先后有高惠民、刘更另、江朝余、林葆、李家康、梅旭荣 6 人担任所长，下文按照任职所长先后顺序进行介绍。

高惠民　　所长

1957 年到中国农业科学院土壤肥料研究所工作
1957—1969 年任中国农业科学院土壤肥料研究所副所长（主持工作）
1979—1982 年任中国农业科学院土壤肥料研究所所长
1982 年退休

高惠民（1908—1985），男，河南省清丰县人，中共党员。1937 年毕业于北平大学农学院。1938—1946 年为冀鲁豫边区抗日政府干部，解放战争和中华人民共和国成立初期主要从事农业教育工作，先后担任北方大学农学院、华北大学农学院农学系主任、教授，北京农业大学农学系教授兼农村工作委员会主任，平原农学院和北京农机学院副院长等。1950 年 5 月加入中国共产党。1953 年调任华北农业科学研究所副所长。1957 年，中国农业科学院成立后，先后任中国农业科学院土壤肥料研究所副所长（主持工作）、所长，中国农业科学院分党组成员、副秘书长等职务。曾任中国农学会常务理事、中国农学会土壤肥料研究会副理事长、中国土壤学会理事等。1985 年 4 月在北京逝世。

担任中国农业科学院土肥所领导职务以来，不断探索科学研究为国民经济服务的途径与方法。始终把建立长期农村试验基点作为农业科学研究的重要基地，不断总结经验，提出了"三个三结合"的科研路线，为农业科研工作指出了正确的道路。在其主持下，中国农业科学院土肥所率先在湖南祁阳和河南新乡建立了长期农村科学实验基点。

在科研工作中，十分重视低产田的改良和土壤长期定位监测等工作。不断总结我国农业土壤学研究工作的经验，为推动中国农业土壤学的发展做出了巨大贡献。1962 年组织和邀请有关专家编写出版了《中国农业土壤学论文集》；1979 年与侯光炯教授共同主编了《中国农业土壤概论》，于 1982 年出版发行；1984 年主持编写了《农业土壤管理》一书，从农业生态、肥力平衡和光能利用的角度阐述了农业土壤管理中的理论和实践问题，揭示了土壤管理与农耕技术的关系及其基本概念。总结提出了三种结构和三种制度，丰富了我国农业土壤学的理论和技术，对促进我国土壤科学，加速农业现代化做出了贡献。1982年离休后仍时刻关心农业科学研究事业，为完成学术研究目标，日以继夜地工作，直到临终前几小时仍伏案撰写书稿，为我国土壤肥料学科的发展奋斗终身。

高惠民工作勤恳敬业、待人诚恳、知人善任、团结同志，以实事求是的坦率作风，为农业科学事业贡献毕生精力，深受广大科技人员的尊敬和爱戴。"文化大革命"中，虽受到严重迫害，但他不计个人得失，仍努力工作。在土肥所下放山东期间，他与全所职工一起团结奋战，克服种种困难，不但使土肥所为山东省的农业发展做出了较大的贡献而且为保护土肥所大部分科研人员不散失，为1979年回归北京，重建中国农业科学院土壤肥料研究所做出重要贡献。1978年作为先进集体的代表出席了全国科学大会，受到表彰。

刘更另　　所长

1959—1970年，1980—1985年在中国农业科学院土壤肥料研究所工作
1983—1984年任中国农业科学院土壤肥料研究所所长
1994年当选中国工程院院士

详见第一篇《资划所》，第九章《人物介绍》，第一节《院士》

江朝余　　所长

1957—1968年，1984—1986年在中国农业科学院土壤肥料研究所工作
1984—1986年任中国农业科学院土壤肥料研究所所长
1986年调出

江朝余，男，1933年出生，重庆市巴县人。1956年毕业于西北农学院农田水利系水利土壤改良专业，随后被分配到中国农业科学院，先后在土壤肥料研究所、作物品种资源研究所从事研究工作。1984—1986年任中国农业科学院土壤肥料研究所所长。曾任湖南祁阳低产田改良工作组组长、工作站副站长，土肥所办公室副主任，品种资源研究所种质储存研究室主任、副所长（正所级）、研究员；曾兼任中国农学会品种资源研究会副主任、中国农业科学院学术委员会委员、《作物品种资源》杂志编委，并应邀担任国际杂志《遗传资源与作物进化》编委。1981—1983年作为访问学者在美国农业部国家种子储藏实验室进行合作研究。

1960—1965年，在湖南省祁阳官山坪主持"冬干鸭屎泥水稻'坐秋'及中低产田改良研究"，使水稻亩产由140千克提高并稳定至340千克。1963年在湖南省约405万亩低产田推广其技术，增产稻谷2亿千克以上。1964年获国家技术发明一等奖、1978年获得湖南省科学大会奖。

"六五"期间主持"农作物品种资源长期贮藏理论与方法的研究"，主持建成由我国自行设计、全部采用国产设备的第一座现代化国家种质资源库。"七五"期间主持并参加国家重点科技攻关项目中的"种质资源配套技术措施"课题研究，完成了20万份种子入库任务，第一次实现了我国农作物种质资源的集中统一规范化管理。1995年筹备和主办了农作物种质资源研究与利用国际学术研讨会。发表学术论文 16 篇。

林葆　　所长

1960 年到中国农业科学院土壤肥料研究所工作
1987—1994 年任中国农业科学院土壤肥料研究所所长
2003 年转入中国农业科学院农业资源与农业区划研究所

　　林葆，男，1933 年 10 月出生，浙江省衢州市人，中共党员。1955 年毕业于南京农学院农学专业，1960 年毕业于苏联季米里亚捷夫农学院研究生院，获农业科学副博士学位，并于同年回国分配到中国农业科学院土壤肥料研究所工作。1986 年晋升研究员，1987 年 7 月至 1994 年 2 月任所长，1990 年被遴选为博士生导师。曾先后任化肥室主任、副所长、农业部科学技术委员会委员、中国农业科学院学术委员会委员、兼任中国植物营养与肥料学会常务副理事长和理事长、中国土壤学会常务理事和中国化工学会常务理事。1983 年起任国际水稻肥力与肥料评价网中方协调员、顾问，中加钾肥农学项目指导委员会成员。1990 年获得国家级"有突出贡献的中青年专家"称号，1991 年起享受政府特殊津贴。

　　20 世纪 60 年代从事土壤耕作和种植制度的研究，之后长期从事化学肥料方面的研究。主持全国化学肥料试验网，组织了 1981—1983 年全国范围的氮、磷、钾化肥肥效、适宜用量和比例试验，完成田间试验 5 086 个，是我国截至 20 世纪 80 年代最大规模的一次联合试验。所得结果成为各地配方施肥和生产复混肥的主要依据，三年内在全国各地应用推广约 2 亿亩，取得了良好的经济效益；首次提出了我国化肥区划的分区原则和依据，主持完成"全国化肥区划"，指出不同地区的化肥肥效和化肥需求量，从宏观上预测了我国 1995 年和 2000 年的化肥需求量和氮、磷、钾比例。还主持我国首批肥料长期定位试验，1978—1993 年，定位 10 年以上的实验点有 63 个。此外，与农机部门协作解决了我国大量生产的碳铵用机器深施追肥的问题，提高了碳铵的利用率和肥效。主持含氯化肥的全国协作研究，并研究了氯根对主要作物毒害的临界值和敏感期；主持硫酸磷肥的全国协作研究，并研究了其中适宜的水溶磷含量；通过肥料长期定位试验（从 1979 年开始），研究华北小麦、玉米有机肥和氮、磷、钾化肥配合施用以及对土壤肥力、环境条件的影响。其研究成果分别获得农业部科技进步一、二等奖，化工部科技进步奖一等奖，国家科技进步二、三等奖，均为第一或第二完成人。

　　发表论文 70 余篇，编著有《中国化肥区划》《中国肥料》《中国化肥使用研究》《化肥使用指南》等，担任《植物营养与肥料学报》主编。

李家康　　所长

1971 年到中国农业科学院土壤肥料研究所工作
1994—2001 年任中国农业科学院土壤肥料研究所所长
2001 年退休

李家康，男，1937 年 7 月出生，浙江奉化人，中共党员。1963 年毕业于浙江农业大学农学系，同年被分配到中国农业科学院作物育种栽培研究所，1971 年调入土壤肥料研究所工作。1991—2001 先后任中国农业科学院土壤肥料研究所副所长、所长，兼任农业部植物营养学重点开放实验室主任、国家化肥质量监督检验中心（北京）主任，中国土壤学会第八、九届副理事长、第十届顾问，中国植物营养与肥料学会副理事长等职，1991 年获农业部"有突出贡献的中青年专家"称号，1992 年起享受政府特殊津贴。

长期从事化学肥料应用研究，20 世纪 70 年代主要从事小麦、玉米高产施肥技术的研究，在国内首次提出作物高产需求增施钾肥。1980 年后参与主持"全国化肥试验网"工作；研究完成了"我国氮磷钾化肥的肥效演变和提高经济效益主要途径""中国化肥区划"，为我国化肥生产、分配和合理布局提供了重要科学依据，并为全国推行配方施肥和开发专用肥料奠定了技术基础。研究成果分别获得国家科技进步奖二等奖和农业部科技进步奖二等奖。

"六五""七五"期间，主持完成的国家科技攻关课题"高浓度复混肥品种、应用技术和二次加工技术"和"掺和肥料施肥技术"，针对我国化肥工业和资源特点，因地制宜地提出了复混肥生产工艺和原料路线以及主要复混肥品种的有效施用条件。研究成果"我国主要复（混）合肥料的肥效机理和施肥技术"成果于 1989 年获农业部科技进步奖二等奖，"掺和肥料施肥技术的研究"成果于 1992 年获化工部科技进步奖二等奖。

在主持化工部下达的"含氯化肥科学施肥和机理的研究"中，进行了我国主要土类土壤的含氯背景值调查，鉴定了主要作物耐氯能力，提出了安全施用氯化铵的方法，通过大面积示范应用，已基本消除了农民的"恐氯心理"，使氯化铵成为国内十分畅销的氮肥品种之一。研究成果"含氯化肥科学施肥和机理的研究"获 1997 年化工部科技进步奖一等奖、1998 年获国家科技进步奖二等奖。发表论文 30 多篇，合著科技书籍 5 部。

梅旭荣　　所长

2001 年 11 月到中国农业科学院土壤肥料研究所工作
2001—2003 年任中国农业科学院土壤肥料研究所所长
2003 年转入中国农业科学院农业资源与农业区划研究所

详见第一篇《资划所》，第九章《人物介绍》，第二节《历届所领导》

二、历届党委书记

1957—2003 年，土肥所先后有高惠民、耿锡栋、李文玉、刘更另、谢承桂、官昌祯、梁业森 7 人担任党支部或党委书记，下文按照任职党支部或党委书记先后顺序进行介绍。

高惠民 党委书记

1957 年到中国农业科学院土壤肥料研究所工作
1957—1969 年任中国农业科学院土壤肥料研究所党支部书记
1979—1982 年任中国农业科学院土壤肥料研究所党委书记
1982 年退休

详见第二篇《土肥所》，第八章《人物介绍》，第一节《历届所领导》

耿锡栋 党支部书记

1970 年到中国农业科学院土壤肥料研究所工作
1970 年任中国农业科学院土壤肥料研究所党支部书记
1970 年调出

耿锡栋，原名耿西栋，男，1916 年 3 月出生，山东省潍县人，中共党员。1937 年 12 月参加八路军鲁东游击队第七支队，1938 年 4 月随第七支队整编入第八支队，任第八支队机炮大队机枪中队（后改编为警卫连）班长，1939 年 1 月在山东省沂水县加入中国共产党。1939 年 2 月到山东抗日军政干部学校军训三个月，毕业后任八路军鲁东游击队第一支队第十二连副排长，同年 7 月调任第一支队教导队排长。1940 年 4 月，调往一支队四团三营七连任连长。1941 年 5 月，派往一旅教导大队学习，毕业后任四旅十一团团侦察参谋。

解放战争时期，任鲁中三分区（1945 年鲁中四分区改为三分区）司令部侦察股长，1946 年秋季任科长。1947 年秋至 1948 年春，深入敌占区交通线上捕捉俘虏，掌握敌情使部队有利地打击了敌人，曾立三、四等功各一次。1948 年 7 月，调往鲁中二分区任作战科长。1949 年 4 月，随第七兵团夜渡长江直取浙江杭州，5 月组成浙江省嘉兴军分区并任该分区作战科长，1950 年 1 月任参谋处副处长，1951 年任办公室主任兼机关总支书记，1951 年年底至 1952 年 6 月参加了三反整党，8 月调任军委防空司令部保密室主任。1953 年年初，任空军司令部气象室主任，1955 年 12 月被授予中校军衔。1957 年 3 月，任空军司令部气象室第二处长，1960 年 4 月任空军司令部气象部副部长。1957 年 6 月，被授予中国人民革命战争时期三级独立自由勋章和三级解放勋章各一枚。

1965 年 8 月，转业至中国农林科学院气象室工作，任气象室副主任。1970 年，调任中国农业科学院土壤肥料研究所党支部书记。1971 年年初至 1978 年 11 月，任中国农林科学院领导小组副组长。1978 年 5 月中国农业科学院和中国林业科学院恢复建制，1978 年 11 月任中国农业科学院农业科技情报研究所副所长，参与了情报所恢复建制后的主要领导工作。1980 年年初任情报所首届党委书记。1983 年 12 月离休。

李文玉　党委书记

1970 年到中国农业科学院土壤肥料研究所工作
1970—1980 年任中国农业科学院土壤肥料研究所党委书记
1980 年调出

李文玉，男，1923 年 5 月出生，山东省文登县人，中共党员。1941 年 7 月参加革命，同年加入中国共产党。

抗日战争时期，先后在山东省文登县青救会、山东省胶东招远县税务局和工商局、山东省胶东建塔委员会任宣传委员、稽征所所长、调统员、股长等职务，组织开展反扫荡、发动群众减租减息等工作，被评为工作模范受到嘉奖。

解放战争时期，在山东胶东军区政治部民运部、主任办公室、警卫团政治部任干事、处长、监理和宣传股长等职务。组织训练民兵、抢收抢种支援前线等工作，荣立四等功受到奖励，解放后荣获三级解放勋章一枚。

新中国成立后，任空军第一航空预科总队政治部宣传科科长、空军第八师政治部组织科科长和空军第二预备学校校务部副政委等职务。

1964 年从部队转业到农业部政治部组织处任处长，1966 年调到中国农业科学院工作，先后任政治部干部处处长。1970—1980 年任中国农业科学院土肥所党委书记、副所长，为保护土肥所大部分科研人员不散失，为 1979 年回归北京，重建中国农业科学院土壤肥料研究所做出重要贡献。1980 年 5 月调到中国农业科学院直属机关党委任副书记、农牧渔业部机关临时党委委员，1983 年离休，1984 年 4 月去世。

刘更另　党委书记

1959—1970 年，1980—1985 年在中国农业科学院土壤肥料研究所工作
1983—1984 年任中国农业科学院土壤肥料研究所党委书记
1994 年 5 月当选中国工程院院士

详见第一篇《资划所》，第九章《人物介绍》，第一节《院士》

谢承桂 党委书记

1984—1991 年在中国农业科学院土壤肥料研究所工作
1985—1992 年任中国农业科学院土壤肥料研究所党委书记
1991 年调出

谢承桂，女，1933 年 8 月出生，福建省古田人，中共党员。1951 年 7 月，参加军干校入伍，分配到上海第二军医大学医科大队学习。1955 年考入南京农学院农学系，1959 年毕业后分配到中国农业科学院工作。先后在中国农业科学院作物育种栽培研究所、中国农业科学院科研管理部、中国农业科学院土壤肥料研究所和科技文献信息中心工作，1985—1992 年任中国农业科学院土壤肥料研究所党委书记。曾任中国农业科学院科研管理部副主任、文献信息中心主任兼党委书记，兼任全国农业图书馆协会理事长、中国科技情报学会理事、中国科普作协农业委员会委员、《科普创作》和《中国农村科技》编委。享受政府特殊津贴。

大学毕业后，参加水稻远缘杂交的科学研究，之后主要从事科研管理工作。曾建立健全了院所两级科研管理制度，组织全国重大科技项目的协作攻关，组织学术交流和大型学术会议。20 世纪 70 年代组织稻、麦、棉、果、耕作改制等重大项目的全国攻关。是杂交水稻攻关的主要组织者之一，是袁隆平杂交水稻基金奖的首批获奖者。

20 世纪 80 年代初，发起并组织、参与了由全国 80 多位水稻专家参编的《中国稻作学》一书出版工作，为该书的第二作者，本书获中国农业科学院科技成果一等奖，被全国科协评为全国优秀图书，被编入《中国优秀图书要览》。在全国性报刊上发表关于杂交水稻、土壤肥料、情报信息等论文约 40 篇。在部队曾立三等功一次，获中国科普作协授予的"优秀科普工作者"称号。1994 年农业部授予"优秀妇女"荣誉称号。

官昌祯 党委书记

1987 年 5 月到中国农业科学院土壤肥料研究所工作
1994—1999 年任中国农业科学院土壤肥料研究所党委书记
1999 年 6 月退休

官昌祯，男，1937 年 4 月出生，湖北省荆门县人，中共党员。1962 年 8 月毕业于华中农学院农学系，同年分配到北京市公安局任青年农场、清河中学教员。1980 年 1 月到中国农业科学院蔬菜所工作，任党办副主任。1983 年 10 月至 1984 年 12 月在中国农业科学院党组秘书处工作，1984 年 12 月至 1987 年 5 月任中国农业科学院院办公室秘书处处长。1987 年 5 月到中国农业科学院土壤肥料研究所工作，先后任党委副书记、党委书记。1999 年 6 月退休。

长期以来主要从事行政和党务管理工作。行政管理方面，组织制定多项管理制度，促进了工作的制度化和规范化。党务工作方面。利用专家讲座、参观学习、收看录像、出版报等方式，贯彻落实党的各项方针政策，提高广大干部职工政治觉悟和思想觉悟；利用抗战胜利 50 周年、红军长征胜利60周年等重大节日活动对职工进行爱国主义、集体主义教育。利用违纪违法典型案例、党纪政纪条规知识竞赛等活动，开展党风廉政警示教育，加强党风廉政建设。通过争创文明处室和院级文明单位、合格"职工之家"、党支部创先争优等活动，开展群众性精神文明创建活动。

梁业森　　党委书记

1999年到中国农业科学院土壤肥料研究所工作
1999—2003年任中国农业科学院土壤肥料研究所党委书记
2003年转入中国农业科学院农业资源与农业区划研究所

详见第一篇《资划所》，第九章《人物介绍》，第三节《离退休研究员》

第二节　离退休研究员

1957—2003年，土肥所有44位研究员离休或退休，本节主要介绍离退休研究员的简历和学术成就。按照晋升研究员年份先后顺序介绍，若为同一年份晋升则按照姓氏拼音顺序排序。

冯兆林　　研究员

1957年到中国农业科学院土壤肥料研究所工作
1957年晋升研究员
1959年3月去世

冯兆林，1911年8月出生，河北省宁河县人。1936年6月毕业于南京金陵大学农学院，并留校任教。1938—1943年，担任中英庚款会研究员。1944—1947年在美国埃沃华大学学习，获农学博士学位。1947年回国担任北京农业大学副教授、教授。1951—1956年任中国科学院遗传栽培室主任兼任华北农业科学研究所牧草组组长、研究员。1957—1959年任中国农业科学院土壤肥料研究所副所长，兼任土壤耕作室主任。1959年3月因病医治无效，在北京逝世，享年49岁。

冯兆林在金陵大学担任助教时，在野外考察期间，提出了简便而准确测定土壤水分的方法，并写成论文发表在1939年美国土壤学杂志上。1944年在美国埃沃华大学读书时期，发表了多篇有科学价值的有关土壤水分和土壤团聚体的研究论文，如《土壤团聚体稳定性的鉴定》《土壤中扩散理论和毛管水规律的某些试验》等。

1951—1956年，主持"关于草田轮作制的研究""关于土壤水分与耕作保墒的研究"等多项研究项目。在试验研究基础上，提出豆科牧草能改良土壤、培肥地力，对农作物的增产效果好。1951年领团对永定河上游地区进行有关水土流失的考察；1954年受中国科学院竺可桢院长的委托去甘肃省天水一带地区考察水土流失现象。

1957—1959 年，主要从事土壤水分和耕作保墒方面的研究工作，主持的"土壤水分与耕作保墒的研究"课题，取得了突出成绩。长期在山西、内蒙古、河北、北京郊区和院内农场进行土壤水分动态的观察，探索华北地区土壤水分的运动规律，提出了改良华北地区耕作轮作制度的技术措施。他的主张和研究成果整理成论文发表在《土壤学报》和《中国农业增刊》等刊物。一部分文章发表在国外刊物上。用于测定土壤物理性质的全套分析方法和仪器设备等，全是亲自设计，亲自制作，达到了很高的技术水平。

1958 年春，参加全国群众性的土壤普查鉴定工作。曾在报刊上发表多篇文章，教育群众，懂得土壤普查的意义、对象、方法等。1958 年秋，应广东省农业厅的邀请，参加在广东省新会县召开的"全国群众性土壤普查鉴定现场会"，协助广东省汇总全省土壤普查资料，撰写了《广东省土壤志》，这是全国第一部省级土壤普查汇总专著，在全国颇有影响。同时深入到广东省的新会、四会、云浮、中山等县，总结农民"鉴别土壤肥瘦""深耕熟化土壤""犁冬晒白""改良咸酸田"等经验；还到广东省的惠阳、揭阳、潮阳、澄海、汕头等地区的田间、地头、农舍与农民座谈合理施用有机肥，充分利用地力、夺取农业高产的经验。

高惠民　　研究员

1957 年到中国农业科学院土壤肥料研究所工作
1957 年晋升研究员
1982 年离休

详见第二篇《土肥所》，第八章《人物介绍》，第一节《历届所领导》

徐叔华　　研究员

1957 年到中国农业科学院土壤肥料研究所工作
1957 年晋升研究员
1968 年去世

徐叔华，男，1913 年 5 月出生，湖北省京山县人。1933 年考入北平大学农学院，1935 年转入南京金陵大学，1938 年毕业留校任教。1940 年考取金陵大学农业研究所土壤系研究生，1942 年毕业，到四川省铭贤农学院担任讲师。1943 年到湖北省立农学院担任副教授。1945 年赴美国康奈尔大学和加利福尼亚盐碱土研究室实习，翌年回国，到武昌湖北省立农学院任教授。1947 年春，应邀来到华北农事试验场担任技正。全国解放后，先后在华北农业科学研究所和中国农业科学院土壤肥料研究所担任土壤研究室主任（1957—1968），并担任中国土壤学会理事，《土壤学报》编委等职。1968 年 9 月，在北京逝世。

　　徐叔华青年时代就开始盐碱土研究工作。从 1949 年 5 月开始，带领调查组，连续 3 年深入海滨调查盐碱土分布和形成原因，与调查小组成员走遍了河北省沿海一带。1950 年在河北省军粮城农场（今属天津市）、1956 年又在河北省柏各庄农场建立农村实验基点，进行滨海盐碱土的改良试验。研究总结的海滨盐土发育序列突破了苏联学者的理论。研究提出的以种稻为中心的滨海盐土改良综合技术措施也获得了巨大成功。军粮城水旱轮作的棉花亩产 173～187 千克，柏各庄光板盐碱地上种的水稻，亩产也在 150 千克以上。

　　撰写的《柏各庄盐碱地的改良与利用》《盐碱地之理论及其实施》《军粮城盐碱地之利用与改良》《渤海湾盐碱地调查报告总结》《中国农业土壤论文集》中的"低产土壤改良"等文章，在当时国内土壤学界产生很大影响。此后，在他主持下，王守纯等人在河南新乡进行的内陆盐碱土改良利用研究也取得了很大成绩，获得了国家发明奖一等奖。

　　徐叔华还参加了全国第一次土壤普查的组织和领导工作，并作为主要技术负责人，率领一批青年科技人员完成了全国汇总工作。应用现代土壤科学理论，对调查资料进行科学整理、将群众经验与科学理论相结合，编写完成了"四图一志"，即《1∶250 万中国农业土壤图》《1∶400 万中国土地利用概图》《1∶400 万中国农业土壤肥力概图》《1∶400 万中国农业土壤改良分区概图》《中国农业土壤志》，并拟订了我国第一个完整的农业土壤分类系统。

　　土壤普查之后，徐叔华致力于我国农业土壤理论的建设。1960 年就开始实施了分设于南北方的土壤肥力长期定位监测试验，又在 1962 年组建了大比例尺土壤调查与制图研究组，从点和面两个方面研究农业生产措施对土壤性状的影响，总结农业土壤的发生与演变过程，由于"文化大革命"的影响，这项重要研究被迫终止。

　　徐叔华长期主持土壤学科研工作，十分重视土壤学为生产服务，经常奔波于全国各地，亲自搞调查与蹲点的研究，多次为华北各省的农业生产提出指导性意见。

周建侯　　研究员

1957 年到中国农业科学院土壤肥料研究所工作
1957 年晋升研究员
1958 年退休
1973 年 12 月去世

　　周建侯，男，1886 年出生，四川广安人。1905 年公费留学日本。1909 年，考取日本第一高等学校公费，后转入日本东北帝国大学预科。1915 年就读于日本北海道帝国大学农学部农艺化学系，1918 年毕业并回国。1920 年起担任国立北京农业专门学校、国立北京农业大学、国立北平大学农学院教授，长期兼任农业化学系主任。1937 年 5—9 月，出任国立北平大学农学院院长。1937 年 9 月至 1938 年 4 月担任国立西安临时大学农学院院长。1938 年 4 月至 1938 年 7 月任国立西北联合大学农学院院长。1939—1949 年，在家乡泸县创办酒精代汽油制造厂，并曾兼课于国立西南农学院。1951 年 7 月出任华北农业科学研究所理化系主任。

　　在担任国立北京农业大学农业化学系主任期间，为该系的建设与发展奠定了良好基础，做出了开拓性的重要贡献，为中国培养了第一代土壤农业化学人才，其中有些成为中国早期的土壤农业化学与营养学家。农业化学单独设系，在中国以国立北京农业大学为最早，也为国立北京农业大学所特有。因而有"中国的李比希"誉称。编写《生物化学》《农艺化学概论》等讲义；翻译《植物与环境》《营养化学》《实验生命论》等著作。所发表论文散见于《中华农学会报》

《中华学艺社报》和国立北京农业专门学校主办的《新农业》以及国立北平大学农学院主办的《农学月刊》等刊物上。

张乃凤　　研究员

1957 年到中国农业科学院土壤肥料研究所工作
1958 年晋升研究员
2003 年转入中国农业科学院农业资源与农业区划研究所

张乃凤，男，1904 年 3 月出生，浙江省吴兴县人，农工民主党党员。1930 年毕业于美国康奈尔大学农学院获学士学位。1931 年获美国威士康星大学硕士学位。同年回国受聘于南京金陵大学任副教授、教授。1935 年任中央农业实验所技正，土壤肥料系主任。1944—1945 年在美国协助联合国善后救济总署编制中国战后善后救济化肥计划，同时考察了美国许多肥料研究机构。1946 年回国在农林部农业复兴委员会上海办事处工作。1950 年调到北京担任中央农业部参事。1952 年任华北农业科学研究所研究员，1957 年中国农业科学院成立后任土壤肥料研究所副所长。1986 年后任土壤肥料研究所顾问、学术委员会主任、中国农学会永久会员、中国化工学会会员、中国土壤学会名誉理事、中国土壤肥料研究会顾问、国际土壤学会会员。1990 年起享受政府特殊津贴。

60 余年一直从事化学肥料科学研究。1934—1937 年，系统研究我国土壤肥力和肥料应用。1936 年到安徽、江苏、山东、河北、河南、山西、陕西、湖南、江西等省布置氮、磷、钾田间试验，按照统一设计进行试验，是我国第一个将数理统计方法应用于农业田间试验的数据整理。抗日战争爆发后，中央农业实验所迁移到成都四川工作站，肥料田间试验继续深入扩大。这些实验研究结果写成论文《地力之测定》。

1957 年中央农业部召开全国肥料工作会，决定组织全国化肥试验网，并由张乃凤负责设计和组织实施。在其组织下，化肥试验网的研究工作得到了长期坚持与发展，内容从三要素的肥效试验发展到研究氮肥品种，氮、磷化肥的施用方法、施用时期等。这些研究阐明了我国土壤对氮、磷、钾化肥的肥效和需求程度；总结出一套合理施肥技术，提出了提高氮、磷、钾化肥增产效益措施；制定出我国化肥区划，预测我国 2000 年化肥需求量，为我国当时提高化肥增产效益指出宏观控制途径。化肥试验网的研究取得了多项成果，分别获得全国科学大会奖、农业部科技进步奖一等奖、国家科技进步奖二等奖。

早在 20 世纪 60 年代初，张乃凤就开始了微量元素肥料的研究。20 世纪 70 年代，主持了山东省速效锌的普查与锌肥使用技术的研究与示范课题，收集山东省 108 个县（市），土样 1 700多个，进行速效锌的化验分析，绘制出山东省速效锌分布图，并以长清县作试验点，研究锌肥的施用量、施用时期、喷施浓度等。随后在山东省全省推广应用，促进了山东农业生产，推动了全国锌肥的应用。这项研究成果获国家科技进步奖三等奖。张乃凤是中国农业科学院首批"作物营养与施肥"专业的博士生导师。

陈尚谨　　研究员

1957 年到中国农业科学院土壤肥料研究所工作
1962 年晋升研究员
1987 年退休

陈尚谨，男，1914 年 5 月 20 日出生，河北省新乐县人。1936—1942 年任母校燕京大学研究助理，1945—1949 年任中央农业实验所北平试验场技士。解放后先后在华北农业科学研究所、中国农业科学院土壤肥料研究所工作。1990 年起享受政府特殊津贴。

长期从事人、畜粪尿、堆肥积制和施用技术研究；开拓我国氯化物与硫酸盐化肥长期定位试验；倡导国产氨水和碳酸氢铵合理贮存及有效施用；揭示了鸭屎泥田水稻"坐秋"实质并提出综合防治措施；首次总结全国 1 000 多个磷矿粉肥及 1 682 个钾肥肥效试验报告。为发展我国有机肥料科学及化肥生产、供销分配与合理施用做出了贡献。

20 世纪 30 年代对华北农家肥料进行调查研究，特别对人、畜粪尿和堆肥化学成分、积制利用及增产效果等进行试验研究，并提出堆肥中二氧化碳和氨气的发生及测定新方法。有关论文发表于美国《土壤科学》杂志。20 世纪 40 年代关于铵基肥料中氮的损失的试验结果表明，氨损失与土壤水分、碳酸钙含量、温度及水分蒸发量、肥料种类和施用量有关；施肥后覆土可减少氨损失。人尿利用试验结果表明，人尿与硫酸铵增产效果相当甚至更好，并能提高农产品蛋白质含量。此外，对小麦、玉米、棉花、小米、蔬菜等作物进行了 10 年 14 茬长期连续施用氯化铵与氯化钾和施硫酸铵与硫酸钾的比较试验，表明产量无明显差异，土壤也无障害象征，为发展我国联碱工业及合理分配与施用含氯化肥提供了科学依据。

20 世纪 50 年代初，在华北 4 省 48 个县开展农村肥料调查，提出要广辟肥源，重视积肥保肥，大力推广使用人、畜粪尿及堆肥发酵。后堆制发酵处理被卫生防疫部门称为"粪便无公害化处理技术"。进行养猪积肥和猪粪尿利用的试验研究结果表明，猪粪尿是优质的农家肥。1951年开始氨水和碳铵的肥效及施用技术试验，结果表明，碳铵增产效果优于硫铵，氨水则略差于硫铵，施用时均应深施覆土。对碳铵的分解挥发速度和蒸汽压变化及贮存试验结果，碳铵在潮湿空气中分解快，氨气损失也较大，因而提出应加以密封和防潮的建议。全国化肥试验网成立以后，他参与具体的业务指导；参与《中国肥料概论》专著的编写和速测箱的研制等。

水稻"坐秋"是南方低产稻区突出的生产问题，经多年试验研究，证明主要是土壤秋冬干旱，土壤脱水，土壤有效磷缺乏，加上耕作粗放，施有机肥不足和土壤结构变坏影响水稻生长。通过试验，成功地总结出"冬干'坐秋'，'坐秋'施磷，磷肥治标，绿肥治本，氮磷结合，有机无机肥结合，农牧结合，改革耕作"的综合防治措施。该项研究 1964 年获国家发明奖一等奖。

20 世纪 70 年代主要研究化肥（特别是磷肥和钾肥）肥效演变规律和有效施用技术。20 世纪 80 年代继续从事磷素在土壤中固定、转化及合理施用理论研究。主持"黄淮海中低产地区科学施用磷肥示范推广研究"，1985 年该项研究获农业部科技进步奖三等奖。1987 年参加"碳铵深施机具及提高肥效措施"研究，获化工部科技进步奖一等奖、国家科技进步奖三等奖。

胡济生　　研究员

1957 年到中国农业科学院土壤肥料研究所工作

1978 年晋升研究员

1987 年退休

胡济生，男，生于 1918 年 12 月，四川省成都市人。1940 年毕业于金陵大学农学院，留校任助教。后转入广西农事试验场任技士，1943 年任重庆中央农业实验所土壤肥料系技佐，1945 年 10 月赴美国康奈尔大学农学院实习半年，1946 年以后任北平农事试验场技正。解放后历任华北农业科学研究所副研究员，中国农业科学院土壤肥料研究所微生物室主任、研究员。曾任国家自然科学基金委员会学科评审组成员，国家微生物菌种保藏委员会常务委员，中国土壤学会、中国微生物学会、中国生态学会的理事、常务理事、专业委员会主任等职务。

长期致力于土壤微生物科学的研究工作。20 世纪 50 年代初期，首先将根瘤菌应用于农业生产，研究成功了适合我国国情的菌剂生产程序及使用方法，在华北地区大面积推广应用花生根瘤菌，肯定了花生根瘤菌的增产效果，为我国根瘤菌的生产应用工作奠定了良好的基础。20 世纪 50 年代以来，一直倡导秸秆盖田减耕，以积累土壤有机质，保护土壤肥力，多次建议并组织土壤微生物研究室的科技人员从事秸秆盖田理论与技术的深入研究。

1980—1981 年，作为访问学者在美国联邦农业研究中心工作期间，首先发现与报道了"快生型大豆根瘤菌"。这一发现不仅具有微生物分类学上的理论价值，而且也有很大的实践意义。它反映了我国微生物资源的极大丰富和应用前景，它标志着大豆寄主与细菌的匹配关系应予仔细研究才能取得生产应用的良好效果。快生型大豆根瘤菌成为当时国内外瞩目的研究对象，国内的生产应用也取得了很大的成绩。

此外，在研究过程中曾创造了许多微生物培养、检测与应用的简便方法，如"巨大芽孢杆菌大缸培养法""大堆固氮菌培养法及其质量检查法""酒瓶法培养并测定豆科共生固氮效率法""开口法、液培法培养根瘤菌并检查质量法""简易测定豆科作物结瘤方法—塑料袋水培法""土壤微生物活动的简易测定法""大豆共生固氮的评价—固氮指数测定法"等。

主要获奖成果有：因阐明土壤微生物与肥力作用的问题，1956 年获苏联列宁农业科学院"米丘林百年纪念奖"；1978 年，"花生根瘤菌的选育与利用"获全国科学大会奖。参加研究的"大豆根瘤菌血清型鉴定和生态学特性"获得 1987 年农业部科技进步奖二等奖。

李笃仁　　研究员

1957 年到中国农业科学院土壤肥料研究所工作

1978 年晋升研究员

1987 年退休

李笃仁，男，生于 1921 年 8 月，河北省宁河县人。1943 年北京大学农学院农艺系毕业，

1943—1945 年在北平农事试验场任化学科技术员、技佐；1949—1957 年任华北农业科学研究所助理研究员，1957 年中国农业科学院成立后，在中国农业科学院土壤肥料研究所工作，任副研究员、研究员、耕作研究室主任。曾任中国土壤肥料研究会第一届理事，中国耕作制度研究会第一届副理事长。1983 年随土壤肥料考察团赴日本考察；1985 年 5 月出席中国国际旱农学术讨论会，并以"旱地农业保墒增产的技术与理论"为题在会上作了报告。1993 年 4 月在北京病逝。1990 年起享受政府特殊津贴。

半个世纪以来，一直从事耕作轮作科研工作，在提高土壤肥力，耕作轮作制度改革等研究方面造诣很深，成绩显著。坚持长期深入生产第一线，坚持理论与实际相联系，先后在山西、甘肃、河南、河北、山东、北京等地蹲点，开展科学研究工作，深受基层干部和群众的欢迎。

主持北京郊区牧草饲料作物栽培利用；北方抗旱保墒耕作技术；深耕效果；京郊轮作耕作制度；小麦高产的土壤条件；旱地农业耕作法；砂荒地种草养畜培肥地力等多项研究课题。在研究工作中，把我国精耕细作的优良传统和现代科学技术结合起来，提出具有我国特色的农林牧副渔全面发展，农工商综合经营的高产、稳产、优质、高效、低耗的农业生产技术体系；在关于多种耕作措施和轮作制与土壤熟化过程和肥力演变规律关系的研究中，认为土壤肥力是成土因素的综合产物，人为因素使之向着对农业生产有利的方向发展，应把土壤耕作纳入土壤管理学，种植制度、施肥制度、灌溉制度、耕作制度紧密结合。在旱农研究中，把土壤水分运动规律与土壤肥力结合起来，为抗旱保墒和"以水调肥"提供理论依据。提出的"蓄、保、提、用"耕作技术体系，对干旱地区农业生产起到很大作用。主持的"华北干旱、半干旱地区播前镇压保墒保苗增产技术"获中国农业科学院三等奖；"北方旱地蓄水保墒耕作技术体系"获山西省科技进步奖三等奖。

发表了《土壤镇压在农业生产上的意义》《华北地区土壤水分运动和抗旱保墒措施》《压实对土壤物理性质及作物出苗影响的研究》《土壤紧实度对作物根系生长的影响》《京郊轮作耕作制度研究》等论文 30 多篇。主编了《实用土壤肥料手册》一书，参加了《农业土壤管理》《中国农业土壤概论》《中国小麦栽培学》等书的编著。

王守纯　　研究员

1957 年到中国农业科学院土壤肥料研究所工作
1978 年晋升研究员
1987 年退休

　　王守纯，男，1918 年 6 月生，河北省乐亭县人。1944 年毕业于北京大学理学院化学系。1944—1945 年担任北平农事试验场技术员。1946—1949 年担任北平农事试验场技佐。解放后，担任华北农业科学研究所助理研究员。1957 年之后，先后担任中国农业科学院土壤肥料研究所助理研究员、副研究员、研究员，曾任河南新乡站站长，土壤改良室副主任、主任，中国农业科学院德州盐碱土改良实验站站长等职务。第三、第五、第六、第七届全国人大代表。出访过阿尔巴尼亚，参加了在北京召开的第一届亚非拉科学讨论会。1978 年出席全国科学大会，1982 年荣获农牧渔业部、财政部、人民日报等 6 个单位授予的为农业服务的先进表彰。1988 年 4 月在北京病逝。

20 世纪 50 年代初，参加了我国渤海湾北部盐碱土调查与改良利用研究。20 世纪 60 年代初，到河南省新乡地区建立科学研究基点，进行内陆盐碱土改良利用的研究。在摸清新乡地区盐碱土周期性水盐运动规律的基础上，根据内陆盐渍土剖面盐分分布上重下轻呈"丁"字形的特点，通过总结农民经验，提出"以冲沟躲盐巧种"为核心的冬耕晾垡，把耕地造坷垃和伏耕晒垡、开沟蓄水淋盐的一整套棉麦保苗改土增产技术措施，促进了当地棉麦增产。由于这项技术简单适用，特别适应于当时当地的自然条件与社会经济状况，因而很快在河南、河北、山东等地大面积推广应用，获得显著经济效益和社会效益，得到了中央和地方各级政府的重视。1964 年，《人民日报》在第一版发表专题报道《盐碱地上好庄稼》，其他报刊也刊登多篇报道文章，同年该项成果获得国家发明一等奖。在北京召开的第一届亚非拉科学讨论会上做了题为《豫北灌区盐碱土的特征和棉麦保苗技术》的学术报告，受到各国专家的赞扬。

20 世纪 70 年代，到山东继续从事盐碱土改良利用研究。由于国家经济实力已经大大增强，其决心探索一条农水结合彻底治理盐碱土的新路子。1974 年，在山东陵县西部的背河洼地，建立了深沟扬灌扬排与农业措施相结合综合治理盐碱地的万亩试验区，取得了明显成效。但这种治理工程标准高、占地多、工程量大。所以又建立了深浅排农田工程与农业措施相结合治理盐碱地第二试验区，将原农沟深度标准减少 0.5~1.0 米，同样达到改土要求，这种治理技术与原治理技术比较，占地面积减少 20%~30%，土方量减少 40%，农田工程用费减少 30%~40%。10 年的验证结果表明，旱涝得到控制，盐碱地大面积减少，作物产量成倍增长，土壤肥力得到提高，使陵县 64 万亩盐碱地迅速改变了面貌。此外，在其指导下，山东的禹城县、平原县等分别建立了井灌井排，浅沟与农业措施相结合试验区，"抽咸换淡"、咸淡混浇与农业措施相结合试验区，建立了多种农水结合综合治理的模式。这些措施在山东全省 1 300 万亩盐碱地上得到了迅速的推广应用。1978 年获全国科学大会奖和山东省科技大会奖；"鲁西北内陆平原盐碱地综合治理研究" 1980 年获农业部科技进步奖一等奖。1985 年，还参加了在山东省济南召开的"国际盐渍土改良利用学术讨论会"，在大会上宣读了《华北盐渍土改良应用中的农业措施》的论文，受到各国科学家的好评。

由于在盐碱土改良利用工作中的巨大贡献，中共陵县县委、陵县人民政府在他逝世三周年之际，在他长期工作的陵县试验区为他树立了一座汉白玉的纪念碑。宋平等中央领导为他题字，称他为"知识分子的楷模"。中央电视台、山东电视台以他为原型摄制七集电视连续剧《大地缘》。中国农业科学院党组做出决定，号召全院职工向王守纯学习。

陈廷伟　　研究员

1959 年到中国农业科学院土壤肥料研究所工作
1986 年晋升研究员
1996 年退休

陈廷伟，男，1929 年 5 月出生，江苏省盐城市人，中共党员。1954 年毕业于北京农业大学土壤农化系，1956—1958 年带职在华中农学院土壤微生物学副博士研究生班学习；1959 年 1 月开始任职于中国农业科学院土壤肥料研究所，曾任土壤微生物研究室副主任、主任，中国微生物学会第五届理事会理事等职务。1992 年起享受政府特殊津贴。

长期从事农业微生物学研究，在磷细菌、钾细菌对磷和钾矿物的分析能力、土壤微生物区系及固氮蓝藻、杀螟杆菌一步扩大法培养、多角体病毒防治松毛虫等方面有所建树。1982 年以来主持多项有关非豆科作物固氮新体系方面的研究课题，并与德国、澳大利亚科学家进行了合作，两次前往德国进行试验研究。首次证明了用 2，4-D 诱发小麦根瘤并接种 ORS571 根瘤菌可表达一定固氮酶活性，取得小麦结瘤固氮初步突破。

先后获得 1978 年全国科学大会奖，1984 年农业部技术改进三等奖，1986 年国家科委科技情报成果三等奖，1987 年农业部科技进步奖二等奖，1987 年"第二届全国优秀科普作品"一等奖，1990 年农业部科技进步奖二等奖，1991 年国家科委国家科技成果完成者证书。

发表论文 30 余篇，其中在国外学报发表论文 5 篇，发表科普作品 10 篇。参加了《中国农业百科全书·微生物卷》《现代学科大辞典》《农业微生物丛书》《中国肥料学》《生物固氮》《农业新技术革命》《中国农业科学四十年》等书的编写工作，主编《非豆科作物固氮研究进展》专著 1 部。

梁德印　　研究员

1957 年到中国农业科学院土壤肥料研究所工作
1987 年晋升研究员
1991 年退休

梁德印，男，1927 年 11 月出生，天津市人，中共党员。1953 年毕业于北京农业大学土壤农化系。1953—1957 年在华北农业科学研究所理化系工作，1957 年到中国农业科学院土壤肥料研究所工作。1986 年被聘为中国土壤学会第五届理事会植物营养专业委员会副主任委员。1992 年起享受政府特殊津贴。

1978—1988 年，曾先后参加在瑞士、西德、泰国、加拿大、秘鲁和北京召开的有关肥料方面的国际会议，在会议上曾做《中国化肥分配使用体系》《中国小型农业生产的施肥》和《中国主要作物施钾效应》等报告。1984 年曾随团赴意大利考察土壤肥料科研进展。长期从事作物施肥科研工作。1974—1977 年主持"山东省土壤钾素普查和钾肥肥效"试验，获山东省科学大会奖。1981—1984 年主持国家课题"盐湖钾肥的使用技术和农用评价"，获国家科技进步奖三等奖。1961 年参加重点著作《中国肥料概论》的编写并为主要定稿人之一。1978—1988 年先后在国内外学术刊物上发表了《钾肥对大豆生育和形态的影响》《棉花缺钾的解剖学特征观察》《中国经济作物施钾效应》《中国主要农作物钾肥增产作用》等文章。

黄照愿　　研究员

1963 年到中国农业科学院土壤肥料研究所工作
1988 年晋升研究员
1990 年离休

黄照愿，男，1930年3月出生，福建省南安县人，中共党员。1956年毕业于南京农学院土壤农化系。先后在中国科学院土壤调查队、南京土壤研究所、中国农业科学院土壤肥料研究所工作，历任副站长、室主任和副所长。1992年起享受政府特殊津贴。

1973—1975年赴非洲的索马里担任我国援外项目的专家，从事水稻、烟草种植中的土壤肥料科技工作。长期从事盐碱土改良科研工作。曾主持"五五"和"六五"期间的国家重点科研课题。在水盐动态模拟研究方面，提出了地下水蒸发、地下水矿化与土壤积盐的相关性与回归方程，该模型对盐碱化的预测预报有重要意义；强调盐碱土治理与生态环境治理相结合，建立盐碱地的良性农田生态，并总结了由井沟结合的水利工程体系、有机无机结合的培肥改土体系和农林牧结合的农业经济体系所构成的盐碱土综合治理配套技术。研究成果先后获得全国科学大会奖、农业部一等奖和三等奖、中国农业科学院三等奖各一项。并于1988年获得国务院的表彰、被授予二等奖。先后发表论文数十篇，并参加编写了《华北平原土壤》《华北平原土壤图》，主编或编辑了《黄淮海平原治理与农业开发》《实用土壤肥料手册》和《农业土壤管理》等学术著作。

李光锐　　研究员

1970年到中国农业科学院土壤肥料研究所工作
1988年晋升研究员
1987年离休

李光锐，男，1925年出生，陕西省南郑县人，中共党员。毕业于国立西北农学院土壤农化系，获学士学位。曾任中国农业科学院办公室土壤肥料组学术秘书，原子能农业利用研究所同位素研究室主任、土壤肥料研究所肥料研究室负责人等职。1992年起享受政府特殊津贴。

在20世纪60年代曾致力于碳和磷素营养的研究。研究水肥措施对冬小麦增产的作用，发现小麦以营养生长为主转入以生殖生长为主的关键时期是在抽穗前4天或更短的时间内，找出剑叶合成光合产物输往籽粒的过程、形式、速度和数量，丰富了小麦栽培营养生理内容，曾荣获国家科委的重要成果。20世纪70年代关于合理施用化肥提高利用率的研究曾获全国科学大会奖。20世纪80年代专攻提高氮肥利用率问题，以黄淮海广大中低产土壤为对象，反复论证了氮对磷的效应和磷对氮的效应，探明了国产主要化肥 NH_4^+ 和 $H_2PO_4^-$、HPO_4^{2-} 混施、植株根系吸收异价离子的两种养分间的交互作用关系，为国家发展氮磷复合肥提供了理论依据。探明氮肥各种损失途径及提高肥效的一系列技术措施，大面积提高旱地作物碳酸氢铵的肥效1倍左右，推广100多万亩。该项研究获国家科技进步奖三等奖和化工部科技进步奖一等奖。发表学术论文20余篇，参加了专著《中国肥料概论》的编著。

王维敏 研究员

1960—1963，1969 年到中国农业科学院土壤肥料研究所工作
1988 年晋升研究员
1991 年退休

王维敏，男，1930 年 2 月出生，河北省沧县人，中共党员。1952 年毕业于北京农业大学。1953 年 3 月至 1969 年 11 月先后在东北农科所、吉林省农业科学院、中国农业科学院土肥所及院机关工作。1969 年 11 月调回中国农业科学院土肥所工作，曾任土壤耕作研究室主任；兼任中国耕作制度研究会副理事长。1983—1984 年曾在美国华盛顿州立大学进行合作研究，1985 年、1986 年先后参与组织召开南京多熟种植国际学术讨论会和陕西杨陵旱地农业国际学术讨论会，1988 年曾参加在苏联召开的干旱半干旱地区农业发展及其环境和社会经济国际学术讨论会。1993 年起享受政府特殊津贴。

主要从事土壤耕作、种植制度、农田培肥及旱地农业等方面的研究。20 世纪 50 年代，研究指出了东北黑土上增施磷肥、氮磷配合的重要作用，提出了在轮作中实行深松、翻耕与耙茬播种相结合的耕作制度。1974—1976 年研究提出华北地区麦—棉套种的技术措施，1975—1978 年研究总结了小麦、玉米与豆科绿肥间作套种的适宜方式及套种绿肥的培肥增产作用。主持研究的"粮肥间作培肥地力机理""黄淮海地区农田有机质平衡及增进平衡的措施"均获得中国农业科学院科技进步奖。"七五"期间主持了国家科技攻关项目"北方旱地农业增产技术体系"1991年获农业部技术改进三等奖。在国内刊物发表论文 50 余篇，国外刊物发表论文 3 篇，参加编著《多熟种植》《中国耕作制度》两本专著，参加译校《农业土壤中的氮》《土壤生物化学》两本专著。

汪洪钢 研究员

1970 年到中国农业科学院土壤肥料研究所工作
1988 年晋升研究员
1990 年退休

汪洪钢，男，1930 年 8 月出生，安徽省祁门县人。1954 年毕业于北京大学生物系。1955—1970 年先后在北京大学、武汉大学和北京师范学院担任教学工作。1970 年调到中国农业科学院土壤肥料研究所工作。曾任中国微生物学会农业微生物专业委员会菌根学组组长。1996 年起享受政府特殊津贴。

20 世纪 70 年代，与山东省章丘县合作，采用辐射处理与花粉培养相结合的方法，育成"明香花育一号"水稻品种，1983 年获山东省济南市科技成果二等奖。1980 年以后，主要从事菌根的研究。首次在国内提出豆科植物是寄主植物、根瘤菌和菌根真菌三位一体的共生体。通过人工双接种即接种根瘤菌和菌根真菌，由于两种微生物互为有利的共生作用的结果能大幅度提高豆科作物的产量。接种有菌根的植物按制造 1 克干物质所需的用水量，只是未接种植株的二分之一。红壤上种植作物、接种菌根以后，能使磷的回收率提高 54 倍。该项研究工作对菌根学的发展做出了重要的贡献。在国际学术会议和全国性刊物上发表学术论文 20 余篇。

谢森祥　　研究员

1962 年到中国农业科学院土壤肥料研究所工作
1988 年晋升研究员
1991 年退休

谢森祥，男，1929 年 9 月出生，江西省鄱阳县人。1953 年毕业于南昌大学农学院，分配至中国科学院南京土壤研究所工作，1962 年调至中国农业科学院土肥所工作。1993 年起享受政府特殊津贴。

1953—1957 年，参加西北地区黄土考察，从事土壤水分定点观察和土壤侵蚀研究。1958 年参加江苏省苏州地区土壤普查和土壤志编写。1959—1962 年参加并主持水稻土耕性的研究工作，首次提出水稻土的结构形式不同于旱作土壤的观点。1963—1965 年在中国农业科学院土肥所从事涝洼地改制种稻、水旱轮作、水稻前茬利用等研究。1971—1982 年从事盐碱土改良研究。涉及盐化土壤种稻改良效果，种稻改良与土壤碱化的关系，淡水冲洗与咸水灌溉、盐土荒地改良等研究内容。1983—1987 年参加援外工作，在索马里弗诺力稻谷农场从事"赤道非洲盐碱土开垦利用可行性的研究"，提出了盐分海相起源、盐分相对稳定、种稻改碱、开垦—种植—撩荒等论点。1988 年以后从事地下微咸水的利用研究。提出了地下微咸水利用的三差—空间差、时间差、形态差观点。在从事以上研究过程中先后发表学术报告及研究论文 15 篇，编写出版了《索马里朱巴河流域土地开发利用与土壤改良》一书。

杨守春　　研究员

1963 年到中国农业科学院土壤肥料研究所工作
1988 年晋升研究员
1991 年退休

杨守春，男，1925 年 4 月出生，湖南常德人，中共党员。1954 年毕业于华中农学院土化系。曾任广西农业厅土地利用局土壤调查总队副总队长、中国农业科学院土肥所祁阳工作站副站长、土壤改良室副主任。1980 年和 1981 年到匈牙利和比利时考察，1983—1984 年在美国内布拉斯加大学从事合作研究。1992 年起享受政府特殊津贴。

1954—1962 年在广西进行了土地资源和低产土壤改良的调查研究，于 1957 年、1962 年获广西壮族自治区政府和科委的奖励。20 世纪 70 年代主要从事盐碱土改良研究。参加主持了禹城、陵县、平原 3 个实验区的研究工作，合作完成了黄淮海平原旱涝盐碱综合治理区划。其间，井灌井排、井沟结合综合治理盐碱地的研究，获全国科学大会奖；鲁北内陆盐碱地综合治理研究，获农业部技术改进一等奖。"七五"期间，主持了国家科技攻关项目中"黄淮海平原大面积经济施肥与培肥技术研究"专题。研究提出了黄淮海平原主要作物不同肥力条件下的施肥模型和最佳施肥方案，研制了县级计算机施肥咨询系统，提出了无机促有机、有机无机结合、用地养地结合的培肥土壤途径及多项有效技术。由于在黄淮海平原科学实验和开发中成绩突出，1988 年受到国务院表彰，获二等奖；并受到山东省政府的表彰，获一等奖。共发表论文 60 余篇，参加编写科技著作 5 部。

张马祥　　研究员

1962 年到中国农业科学院土壤肥料研究所工作
1988 年晋升研究员
1990 年离休

张马祥，男，1930 年 5 月出生，山西省沁县人，中共党员。1949—1953 年在北京农业大学土化系学习，1956 年北京农业大学土化系研究生毕业后，分配到东北农学院任教，1962 年调到中国农业科学院土壤肥料研究所工作。曾兼任北京市土壤学会第三届理事会常务理事、副秘书长。1982 年赴菲律宾出席国际种植制度学术讨论会并提交了论文。

长期研究盐碱土及红黄壤改良。20 世纪 60 年代和 70 年代，先后在河南和山东研究改良盐碱土的农业技术措施。"六五""七五"期间参加了农业部重点科研项目"南方红（黄）壤综合利用改良""南方红黄壤区域农业研究"。其研究成果先后获国家科学技术进步奖三等奖 1 项、农业部技术改进一等奖 1 项、科技进步奖二等奖 1 项。从 1987 年起参加了中、澳、美合作项目"中国南方红壤地区土壤管理和种草养畜"的研究工作。在从事以上研究过程中，撰写、发表的学术论文主要有《盐碱地小麦黄苗干尖的原因及其防治》《盐碱地棉花丰产经验》《湖南红壤稻田改良和培肥》《湖南红壤稻田高产稳产的综合研究》等。

高绪科　　研究员

1960 年到中国农业科学院土壤肥料研究所工作
1989 年晋升研究员
1993 年退休

高绪科，男，1932 年 11 月出生，山东省蓬莱县人，中共党员。1960 年 5 月毕业于苏联哈尔科夫农学院土壤农化系，并获优秀生称号。1960 年 9 月分配到中国农业科学院土壤肥料研究所工作。1972—1976 年间，受农业部和轻工业部委托，圆满完成阿尔巴尼亚玉米、烟草、单倍体及有机肥 4 个考察团的接待任务。1990 年和 1991 年两次赴苏联考察旱地农业和土壤肥料科研工作，并多次参加国内及国际学术讨论会。

主要从事土壤肥力、土壤耕作等方面的科研工作。20 世纪 60 年代在徐叔华教授领导下，开展了我国第一个设计严格的土壤肥力长期定位研究；20 世纪 70 年代主要进行间、套、轮作方面的研究，提出了鲁西南地区粮—粮和粮—肥间套复种的条件和技术要点；20 世纪 80 年代承担了农业部和国家的重点科研项目，在晋东南和晋东地区从事旱农地区的土壤耕作制度与土壤培肥、作物栽培方面的研究工作。与课题组其他同志一道完成了北方旱农地区农作物增产技术体系的研究，取得了重大进展。特别是在旱地农田保墒抗旱、保苗增产技术体系，旱地麦田深松蓄水保墒增产耕作技术体系方面做出了重大贡献。共获得中国农业科学院技术改进奖 2 项，市特等奖 1 项，部科技进步奖 2 项。发表学术论文和综述 70 余篇，翻译学术论文 10 余篇。参加编写《国外农业概况》等科技著作 4 部。

黄玉俊　　研究员

1957—1958，1962 年到中国农业科学院土壤肥料研究所工作
1989 年晋升研究员
1991 年离休

黄玉俊，男，1931 年 8 月出生，福建省仙游县人，中共党员。1954 年 7 月毕业于福建农学院农学系。先后在华北农业科学研究所、中国农业科学院农业气象研究室和中国农业科学院土壤肥料研究所工作。1993 年起享受政府特殊津贴。

1954—1958 年参加"开发渤海湾、建设渤海湾"研究组，从事渤海沿岸水旱轮作制度，小麦、大豆、水稻早直播与幼苗早长等作物的机械化栽培技术和土壤机械化耕作技术的研究。1960—1963 年参加考察整理华南热带作物速生高产的气象条件及其基地建设规划、西北长绒棉高产稳产的气象条件及其基地建设规划，主持华北干旱气候规律与防御措施的研究，获中国农业科学院技术进步奖。1963—1979 年主持高产稳产田土壤肥力特征和培肥途径的研究，获中国农业科学院技术改进奖，此外还主持、参加了高产麦田土壤条件与肥力指标的研究；小麦、棉花、花生等作物的高产栽培技术研究；麦、谷、玉米行间套种矮秆早熟豌豆栽培技术研究；棉花行间套种矮秆早熟绿豆栽培技术研究；秸秆快速堆沤及半腐熟秸秆还田培肥土壤研究等。1980—1991 年主持快速培肥土壤途径和提高土壤肥力的研究，获农业部科技进步奖；主持农业土壤肥力的研究监测调控与培肥途径的研究，获山东省科委授予的黄淮海平原研究与开发一等奖。

陈福兴　　研究员

1959 年到中国农业科学院土壤肥料研究所工作
1992 年晋升研究员
1995 年退休

　　陈福兴，男，1935 年 11 月出生，广东省化州县人，中共党员。1959 年毕业于西北农学院土壤农化系，同年分配到中国农业科学院土壤肥料研究所工作。曾任衡阳红壤实验站副站长、站长，所学术委员会委员。兼任湖南省农业厅省农业外资项目办技术委员会副主任，亚洲开发银行—红壤开发项目国内咨询专家组成员。1986 年、1988 年参加国际红壤旱地培肥管理和国际平衡施肥等学术讨论会。1987 年获农业部"有突出贡献的中青年专家"称号，1992 年起享受政府特殊津贴。

　　长期从事南方红壤低产田改良和植物营养与施肥的研究工作。1963—1970 年参加南方低产田改良，施用磷肥防治水稻"坐秋"，有机肥、绿肥改良"坐秋"田、发展双季稻绿肥制的研究，曾获国家科委奖和湖南科学大会奖。1971—1978 年主持山东省经济施用磷肥和研制沉淀硝酸磷肥生产工艺与施用技术工作，并研制成功沉淀硝酸磷肥，曾获山东省科技进步奖二等奖。"六五"期间主持农业部重点项目"南方红（黄）壤综合改良利用技术研究"，曾获农业部科学技术改进一等奖、农业部科技进步奖二等奖、国家科技进步奖三等奖。"七五"期间参加农业部重点项目"南方红壤区域农业研究"和国家计委工业性试验项目"国家土壤肥力和肥料效益监测基地"建设，曾获农业部科技进步奖三等奖。"八五"期间主持国家科技攻关项目"南方红壤丘陵低产地综合治理""湘南红壤丘陵区农业持续发展研究"专题。发表论文 40 余篇，著作有《磷肥施用技术问答》等。

葛诚　　研究员

1970 年到中国农业科学院土壤肥料研究所工作
1992 年晋升研究员
2000 年退休

　　葛诚，男，1940 年 9 月出生，江苏省高邮县人。1963 年 8 月，甘肃农业大学兽医系毕业后，分配至中国农业科学院西北畜牧兽医研究所工作，1970 年调入中国农业科学院土壤肥料研究所工作。曾任所学术委员会副主任，中国微生物学会理事兼农业微生物专业委员会副主任、主任，中国植物营养与肥料学会理事兼农业微生物及菌肥专业委员会副主任，中国土壤学会土壤生物和生物化学专业委员会委员，中国生态学会微生物生态专业委员会常务委员。1980 年赴澳大利亚参加中澳生物固氮讲习班，1989—1990 年赴法国参加大豆根瘤菌生态学合作研究。1995—2000 年期间担任农业部微生物肥料质量监督检验测试中心常务副主任。1993 年起享受政府特殊津贴。

　　长期从事生物固氮研究。主要进行根瘤菌的资源、共生、侵染、结瘤竞争、生理生化、质粒、生态、血清学的研究工作。先后参加国家科委、农业部有关生物固氮课题工作，先后主持国家自然科学基金关于大豆根瘤菌方面的课题。主持的课题分别获 1987 年和 1991 年农业部科技进步奖二等奖，并获中国农业科学院科技进步奖和黑龙江省农业科技进步奖 4 项。在我国首先开展以免疫学和血清学为基础的根瘤菌生态学研究，鉴定出慢生大豆根瘤菌血清型 16 个，快生大豆根瘤菌血清型 14 个，超慢生大豆根瘤菌血清型 3 个，并对其在中国的自然分布做了大量调查，发现其分布地理规律。主持的中国快生大豆根瘤菌研究，不仅阐明了在中国的分布，与中国大豆品种的共生效应、结瘤竞争、质粒图、细胞成分分析而且修正了国外学者的一些不妥结论。主持筹备和建立农业部微生物肥料质量监督检验测试中心，主持有关微生物肥料品种的标准制定工作，先后在有关科技刊物上发表论文 50 余篇。

金维续　　研究员

1962 年到中国农业科学院土壤肥料研究所工作

1992 年晋升研究员

1999 年退休

金维续，男，1939 年 1 月出生，四川省广安县人，中共党员。1959 年毕业于四川大学有机化学专业，后分配到上海科学技术学校工作。1962 年，调到中国农业科学院土壤肥料研究所工作。曾任有机肥研究室主任、有机肥绿肥研究室主任，兼任中国环境卫生协会理事及专家委员会委员，中国降解塑料研究会常务理事，北京土壤学会理事，中国农业环境保护学会专业杂志编委，联合国粮农组织亚太地区有机生物肥料网中方代表。1980 年以来，曾赴印度、瑞士、泰国、意大利、马来西亚、美国、以色列、斯里兰卡参加国际学术交流，并于 1988 年赴法国农业科学院阿维尼翁土壤研究所参加合作研究。1993 年起享受政府特殊津贴。

主持和参加了农业部"六五""七五""八五"有机肥料重点课题研究，城市垃圾农用标准研究；1986 年以来，开展了降解塑料膜研究；1991 年主持国家计委下达的降解塑料膜的攻关项目，负责有关农田应用的效果鉴定。开展了有机肥料改进研究，控制释放肥料研究的商品化内容，并形成了产品在市场上试销。曾获部（省）级二等奖、三等奖 2 项。共发表学术论文近 60 篇，其中英文 8 篇，出版专著《中国有机肥料》。

李家康　　研究员

1971 年到中国农业科学院土壤肥料研究所工作

1992 年晋升研究员

2001 年退休

详见第二篇《土肥所》，第八章《人物介绍》，第一节《历届所领导》

王少仁　　研究员

1957—1960，1980 年到中国农业科学院土壤肥料研究所工作

1992 年晋升研究员

1991 年离休

王少仁，男，1931 年 11 月出生，河南省巩县人，中共党员。1948 年 10 月参加中国人民解放军。1956 年 8 月毕业于西南农业大学土化系，分配至中国农业科学院筹备组。1960 年 8 月赴西藏自

治区农科所工作。1977年9月调重庆市农校任教。1980年7月调回中国农业科学院土肥所工作。是西藏系统开展肥料研究最早的两人之一，国家民族事务委员会、国家劳动人事部和中国科学技术协会联合授予在少数民族地区长期从事科技工作荣誉证书。1992年起享受政府特殊津贴。

1986年与郑州工学院共同主持国家"七五"项目"钙镁磷肥改性复合肥料中间试验与肥效研究"专题。1991年以"包裹型复合肥料的研究"获化工部科技进步奖三等奖。1982年参加"黄淮海中低产地区经济合理施用磷肥技术"研究，1985年获农牧渔业部科技进步奖三等奖。1982年对四川省的硫磷铝锶矿制磷酸铝锶肥进行研究获得成功，1992年工业年生产能力达6.5万吨。"硫磷铝锶矿制磷肥生产方法"获国家专利，本专利技术获四川省、中国（北京）和国际（广州）新技术新产品展览会3个金奖。1990年主持完成四川省基础应用课题"锶在土壤中的迁移和对生物链的影响"。发表论文50多篇，代表性论文有《拉萨河流域的地力与西藏青稞氮肥施用》《包裹复肥的肥效及其氮磷利用》《硫磷铝锶矿用作磷肥的研究》《钙镁磷肥在石灰性土壤上的肥效变化及其原因探讨》《含磷化肥的α和β比放射性及其对农业土壤的影响》等。参加编著《现代科技百科综述》《磷酸铝锶与磷肥施用》等。

朱大权　　研究员

1970年到中国农业科学院土壤肥料研究所工作
1992年晋升研究员
1991年退休

朱大权，男，1931年9月出生，天津市宝坻县人。1954年7月毕业于沈阳农学院土壤系。1954年7月至1955年7月在东北农学院俄文班学习，1955年7月至1957年11月在农业部农业宣传总局工作，1957年11月至1970年12月在中国农业科学院情报室工作，1970年12月调到中国农业科学院土肥所工作。曾参加联合国遥感用于土地利用规划讨论会、国际土壤学会第13次会议及赴比利时进行学术访问。

主要从事土壤遥感调查技术、不同遥感信息源的应用及地物波谱测试研究。先后参加与主持了"全国第二次土壤普查科研协作""黄淮海平原低产土壤遥感调查""三北防护林平泉公共试验区综合遥感""黄河三角洲草资源遥感调查""鲁西北盐碱土地区土壤与土地利用遥感调查与制图""湘南低山丘陵区土壤航片判读方法""遥感试验场基本数据收集、地物波谱测试及遥感基础试验"等研究。完善了航卫片判读制图方法，对环境条件多变地区，提出以中小地貌为单元进行小面积样区详查而后建标判读的程序和航卫片分别判读至土属及亚类的精度不得低于85%；根据影象特征，建立了多种土壤与其环境条件之间的相互和可供参比的定性判读依据；实测与积累了不同土壤与植被的波谱，充实了不同地物波谱识别的内容；提出西北黄土高原某些土壤的波谱特征和黄河三角洲不同时期堆积体土壤形成与演变规律，指出其与微地貌和植被的对应关系；参加建立和完成我国第一个遥感基础研究体系和以统一格式注录的遥感数据库，实现远距离检索和共享，可供多部门进行多项遥感试验。曾获部级科技进步奖1次。发表论文有《低山丘陵区土壤航片判读研究》等。参加编著《遥感基础试验与应用》等。

陈礼智　研究员

1962 年到中国农业科学院土壤肥料研究所工作
1993 年晋升研究员
1997 年退休

　　陈礼智，男，1937 年 10 月出生，福建省泉州市人。1960 年毕业于华东师范大学生物系，同年分配到中国农业科学院工作，1962 年调到土壤肥料研究所从事绿肥研究，曾任绿肥研究室主任。1993 年起享受政府特殊津贴。

　　在绿肥改良低产田的研究中，提出了盐碱涝洼地田菁的种植利用技术，肯定了绿肥改良盐碱地的效果，是改良盐碱地的重要生物措施。通过绿肥培肥改土的研究，找出了不同土类、肥力和水分温度等因素对绿肥矿化的影响，摸清了绿肥养分释放规律和研究方法，肯定了豆科绿肥积累有机质的作用和条件，为绿肥合理利用提供依据。在绿肥种植制度研究中，总结出节粮型、经济型和改土型 3 种绿肥利用类型 6 种种植模式。获全国科学大会奖 1 项，农业部技术改进二等奖 2 项，科技进步奖三等奖 1 项，中国农业科学院科技进步奖二等奖 1 项，安徽省重大成果奖 1 项，山东省黄淮海平原研究和开发二等奖 1 项。1987 年以来，先后在国际持续农业学术讨论会、国际平衡施肥学术讨论会、国际水稻研究会议和第一届国际作物科学大会等会上做学术报告。1989—1990 年，作为特邀研究员在国际水稻研究所开展水稻绿肥豆类种植制度的合作研究。共发表论文 30 余篇，其中在国外发表 6 篇。参加了《中国绿肥》《中国肥料》《中国大百科全书·农业卷》《中国农业大百科全书·农作物卷》等著作的编写。

李纯忠　研究员

1957 年到中国农业科学院土壤肥料研究所工作
1993 年晋升研究员
1994 年退休

　　李纯忠，男，1934 年 2 月出生，四川省江安县人。1956 年西南农学院土壤农化系毕业后，分配到中国农业科学院土壤肥料研究所工作。曾任农业土壤研究室主任，中国土壤肥料研究会土壤肥力与培肥专业委员会副主任委员。1982 年 6—7 月赴美国对美国土壤进行专题考察研究。1990 年起享受政府特殊津贴。

　　20 世纪 60 年代在湖南省祁阳县官山坪农村科学试验基点对改良水稻"坐秋"低产田进行连续 7 年试验研究，课题组成功揭示了"坐秋"田低产的原因，是冬水田冬干以后土壤铁磷引起，总结出了"冬干'坐秋'、'坐秋'施磷、磷肥治标、绿肥治本、发展双季稻、晚稻超早稻"等一系列改土增产措施，研究结果获得国家发明奖一等奖。先后主持和参加土壤普查、土壤诊断、名优特产土宜、土壤肥力监测等研究。获农业部技术改进二、三等奖、湖南省科学大会奖、山西省科技成果二等奖、河北省农业厅科技成果三等奖、中国农业科学院科技进步奖二等奖等 12 个科技成果。参加了《中国农业土壤专题论文集》《中国农业土壤概论》的撰写工作，主编了《土壤诊断》《农田土壤监测》两书。主要的学术论文有《冬干鸭屎泥水稻"坐秋"及低产田改良的研究》《吨粮田地力建设和施肥》等。

谢承陶　　研究员

1963 年到中国农业科学院土壤肥料研究所工作
1993 年晋升研究员
1998 年退休

　　谢承陶，男，1938 年 7 月出生，河南省商丘县人。中共党员。1963 年毕业于北京农业大学农学系，同年分配到中国农业科学院土壤肥料研究所工作。曾任山东禹城市科技副市长，1992 年起享受政府特殊津贴。

　　多年来一直在河南、山东和中国农业科学院基点、实验区、驻点从事盐碱土改良，中低产田综合治理及农业持续发展等研究工作。长期主持部（省）和国家科技攻关专题。研究提出了关于盐碱土发生演变的土壤、水分、肥力、盐分及生物各因素之间的相互作用，综合平衡的土壤生态学观点；提出了以土壤生态建设为中心的农田工程建设、农田生态建设和土壤肥力建设相结合的综合治理技术；研究阐明了增加土壤有机质，提高中低产土壤内循环调节功能的培肥改良原理；阐明了以蓄、保、供、节为中心的土壤培肥节水作用及效果；采用数值化综合评价分级方法，进行区域农业土壤生态分区；提出土壤、水、肥、生物平衡的农田生态体系的稳定性，农、林、牧协调发展的农业结构体系的合理性及高产、优质、高效农业持续发展的调控技术体系的可行性等是农业持续发展的三个主体环节。曾获国家科技进步奖特等奖，农业部科技进步奖特等奖及一、三等奖共 6 项；并受到国务院、山东省以及中央电视台、山东广播电视台等的嘉奖和表彰。在国内外学术刊物和学术会议公开发表论文报告 30 余篇。主编《盐渍土改良原理与作物抗性》，参加编著学术著作 6 部。

叶柏龄　　研究员

1957 年到中国农业科学院土壤肥料研究所工作
1993 年晋升研究员
1992 年退休

　　叶柏龄，男，1932 年 9 月出生，广东省茂名市人。1956 年毕业于华中农业大学农业微生物专业，同年分配到中国农业科学院土肥所工作。曾任中国农业微生物菌种保藏管理中心主任、中国科学院老专家北京科专工程技术研究所总工程师，北京市京港生物制品有限公司高级顾问，国家经贸委产学研计划、"山东万吨级新型对虾饲料生产线"技术总负责。1984 年参加曼谷第 5 届国际菌种收集与保藏会议，1988 年参加华盛顿第 6 届国际菌种基因库会议。1993 年起享受政府特殊津贴。

　　长期从事微生物菌种及发酵工程研究工作，在农用抗菌素研究与应用、饲料添加剂的生产与应用、微生物杀虫杀菌剂的研制、单细胞蛋白研究与应用、中国农用菌种的收集鉴定与保藏方面均有贡献。"内疗素的研制与应用"获国家科学大会奖；"新农抗120及生产菌的分离鉴定、生产工艺和应用"获国家科技进步奖三等奖；"中国农用菌种的收集与鉴定"获农业部科技进步奖二等奖；"蜂蜜啤酒的研制"获河南省科技进步奖三等奖；"薯类和玉米原料一步法生产单细胞蛋白"通过国家级鉴定，发给鉴定证书并批准为我国发明专利，本专利产品属优质饲料蛋白，可作为水产特种饲料及普通饲料的主蛋白源。代表性作品有《中国农业菌种的收集与鉴定》《1013抗菌素防治植物病害和刺激植物生长的研究》《内疗素的分离、提纯及其理化和生物活性的研究》《甘薯原料一步法生产单细胞蛋白的研究》《绿僵菌属的三个新种》等，共发表论文50余篇。

褚天铎　　研究员

1971年到中国农业科学院土壤肥料研究所工作
1995年晋升研究员
1997年退休

　　褚天铎，男，1937年12月出生，北京市人。1960年毕业于北京大学生物学系，分配至中国农业科学院果树研究所工作，1971年调到中国农业科学院土壤肥料研究所工作。曾任化肥研究室主任，北京市土壤学会理事，北京市微量元素学会常务理事，1993年、1994年国家科学技术委员会《国家级科技成果重点推广计划》指南项目评审专家。1993年被评为有突出贡献的科学家，1993年起享受政府特殊津贴。

　　1970年前从事苹果幼树花芽分化研究，1970年后一直从事作物微量、中量元素营养研究。曾参加"山东省土壤速效锌普查和锌肥肥效的研究"，获农牧渔业部1980年技术改进一等奖；"六五"期间作为主要完成人参加上述成果的示范推广，该项工作1985年获国家科技进步奖三等奖；参加主持"微量元素肥料经济有效施用技术的研究"，根据研究内容制定出"几种主要作物锌、硼肥施用技术规范"，该规范获农业部科技进步奖二等奖；主持农业部"七五"重点课题"微肥研究"，其中"微量元素对作物的影响"1991年获农业部科技进步奖三等奖。曾担任农业部"八五"重点课题"中、微量元素肥料研究"主持人。在研究工作中将植物实验形态和比较解剖的方法引入研究作物营养与施肥问题，开辟了除化学分析以外研究作物营养状况的另一条途径。发表了《钾肥对作物维管组织发育的影响》《枣疯病的形态发生及解剖特点》《玉米缺锌的形态解剖表现》《锌对芹菜影响的研究》等论文。编写了《微量元素肥料的作用与应用》《土壤资源利用与科学施肥》等著作。

程桂荪　　研究员

1962年到中国农业科学院土壤肥料研究所工作
1995年晋升研究员
1998年退休

　　程桂荪，女，1938 年 11 月出生，浙江省金华市人。1962 年毕业于复旦大学生物系微生物专业，分配到中国农业科学院土壤肥料研究所工作。1981—1983 年赴瑞士以访问学者的身份进修两年多，在瑞士联邦研究所进行"土壤微生物对土壤中农药残留物的降解作用""农药对土壤中有益微生物的影响"等研究。曾兼任中国农业生态学会理事。1981 年赴瑞士参加了欧洲七国环境保护会议，1982 年赴前西德参加了欧洲 VA 菌根会议，1986 年在北京参加了中日应用微生物学会议。1991 年评为中国农业科学院优秀留学回国人员，1992 年评为中国农业科学院"三八"红旗手，1993 年评为农业部先进妇女。1993 年起享受政府特殊津贴。

　　主持了"六五"国家科技攻关项目子课题"污灌的土壤微生物效应"、国家自然科学基金项目"污染物对土壤微生物的影响及微生物对其降解作用"、农业部环保重点项目"塑料地膜污染农田防治机制的研究"、国家级火炬计划项目"黄胞胶生产的新方法"。"黄胞胶生产的新方法"获国家级发明三等奖、河北省科技进步奖三等奖、北京市建国四十周年百项贡献奖、北京国际发明展金奖，获得国家专利权并转化成生产力；"塑料地膜污染农田防治机制的研究"获农业部科技进步奖三等奖。发表论文 30 余篇，参加了《土壤生物化学》《经济发展与环境》《当代世界农业》的翻译和写作。

蒋光润　　研究员

1962 年到中国农业科学院土壤肥料研究所工作
1995 年晋升研究员
1995 年退休

　　蒋光润，男，1935 年 8 月出生，四川省蓬溪县人。1958 年西南师范学院地理系毕业后留校任教，1962 年 11 月调到中国农业科学院土壤肥料研究所工作，1984—1987 年参加援藏工作，1995—1998 年任山东乐陵市科技副市长（挂职）。1993 年起享受政府特殊津贴。

　　先后从事盐碱土改良与农业遥感技术研究，合作主持"遥感试验场基本数据收集、地物波谱测试及遥感基础试验"课题，参加了"全国航卫应用于土壤普查技术的协作研究"和国家科委下达的"遥感技术用于黄淮海地区土壤资源调查判读制图及盐渍化监测"试验研究协作攻关重点项目，研究成果"应用彩红外航片在盐碱土地区进行土壤和土地利用现状判读制图方法的研究"获中国农业科学院科技进步奖二等奖。1984—1987 年参加援藏土壤普查工作，参加完成的"西藏自治区土地资源调查与利用研究"成果 1995 年获西藏自治区科技进步奖特等奖，"鲁北内陆平原盐碱地综合治理研究"1980 年获农业部技术改进一等奖，"低山丘陵区土壤航片判读程序方法及精度控制标准"1984 年获中国农业科学院技术改进三等奖，"通县土壤普查与区划"1980 年获北京市科技进步奖二等奖。"卫星遥感资料用于黄海平原低产土壤调查与制图的研究"获农业部科技进步奖二等奖。发表论文有《盐渍化土壤的彩红外片判读及其精度研究》《湘南低山丘陵区土壤航片判读研究》《鲁北平原盐渍化土壤的红外片判读研究》等。

刘庆城　　研究员

1960 年到中国农业科学院土壤肥料研究所工作
1995 年晋升研究员
1994 年退休

　　刘庆城，男，1931 年 11 月出生，江苏省江浦人。1952—1953 年在北京大学生物系学习，1953—1954 年因病休学，1955—1960 年在北京大学生物系学习，1960 年毕业后到中国农业科学院土肥所工作。1993 年起享受政府特殊津贴。

　　长期从事生物化学、土壤微生物研究，微生物转化磷矿粉研究获全国科学大会奖，真菌免疫及识别技术研究获中国农业科学院科技进步奖二等奖，磁诱导与非豆科作物结瘤固氮关系研究获农业部科技进步奖二等奖，磁场对固氮酶活性调控效应研究通过农业部成果鉴定，氨基酸肥效作用与利用胱氨酸废液生产氨基酸肥料研究通过农业部成果鉴定。先后发表论文 30 余篇，著有《非豆科作物结瘤固氮的研究》《氨基酸肥效与氨基酸肥料的研究》等。

钱侯音　　研究员

1970 年到中国农业科学院土壤肥料研究所工作
1995 年晋升研究员
1998 年退休

　　钱侯音，女，1938 年 3 月出生，浙江省宁波人。1962 年毕业于武汉大学化学系。曾在北京化学纤维学院任教。1970 年调入中国农业科学院土壤肥料研究所工作。曾任国家化肥质量监督检验中心（北京）常务副主任，中国农学会农业分析测试分会副主任委员，产品质量监督检测研究会理事。1991 年获农业部"振兴农业"先进个人奖。

　　从事研究的"山东省钾素含量状况与钾肥肥效"获 1978 年山东省科学大会奖；"山东省土壤速效锌普查与锌肥使用技术的研究"获 1980 年农业部技术改进一等奖。主持全国肥料质量监督抽查，主持肥料、植物生长调节剂及土壤调理剂检验登记工作，并对市场肥料的伪劣产品进行揭露，维护国家、农民及企业的合法权益。除进行管理工作外，还从事分析技术研究。发表的论文有《硫磷铝锶矿中锶的测定》《原子吸收光谱在农业中的应用》《原子吸收光谱法》（译文）。

魏由庆　　研究员

1963 年到中国农业科学院土壤肥料研究所工作
1995 年晋升研究员
1998 年退休

　　魏由庆，男，1938 年 8 月生，湖南省常德县人，中共党员。1963 年毕业于北京农业大学土壤农业化学系。曾任中国农业科学院土壤肥料研究所土壤改良研究室副主任、主任，中国农业科学院山东德州盐碱土改良实验站站长，山东省陵县科技副县长，中国农学会土壤肥料研究会理事。1992 年起享受政府特殊津贴。

　　长期致力于低产土壤的资源利用与改良工作。20 世纪 60 年代从事南方红壤改良。20 世纪 70 年代以来，在西北和黄淮海地区从事盐渍土资源综合利用与综合治理的研究、示范、推广工作。参加了"黄淮海平原旱涝盐碱综合治理区划研究"，其中"陵县古黄河背河洼地的典型区划"1982 年获中国农业科学院技术改进四等奖；参加主持了"鲁西北内陆盐碱地综合治理技术研究"，1980 年获农业部科技进步奖一等奖；"六五"主持"马颊河流域水盐运动监测预报研究"，1989 年获农业部科技进步奖三等奖；"七五"主持"洼涝盐渍土综合利用和综合配套技术研究"，1992 年获中国农业科学院科技进步奖一等奖；"八五"主持"盐渍生态环境的农业持续发展配套技术研究"。"黄淮海平原中低产地区综合治理与农业开发"1992 年获农业部科技进步奖特等奖，1993 年又获国家科技进步奖特等奖。科技成果在鲁西北地区广泛应用。1988 年获黄淮海平原农业开发优秀科技人员二等奖，受到国务院的表彰与奖励，同年又获山东省黄淮海平原农业研究与开发一等奖，1993 年山东省德州行署授予"科技明星"称号并予以奖励。发表论文 40 余篇，参加编（译）著作 3 部。

陈永安　　研究员

1960 年到中国农业科学院土壤肥料研究所工作
1996 年晋升研究员
1996 年退休

　　陈永安，男，1936 年 8 月出生，江苏省南通市人，中共党员。1959 年毕业于北京农业大学土壤农业化学系，1960 年到中国农业科学院土肥所工作。1991 年获农业部"有突出贡献的中青年专家"称号，1992 年获国家级"有突出贡献的中青年专家"。1992 年起享受政府特殊津贴。

　　长期从事红壤改良、利用等研究工作。解决了我国南方冬干鸭屎泥田水稻"坐秋"问题，在湖南省推广 405 万亩，后在广西、云南等南方五省推广应用。1963 年《人民日报》发表社论《一条农业科学实验的正确道路》指出："冬干鸭屎泥田水稻'坐秋'问题是我国农业生产中迫切需要解决的重大问题，解决这个问题对我国农业增产有着重大的现实意义"；继而提出了双季稻绿肥制度下的施肥技术，解决了绿肥田水稻空壳率高的问题。主持"八五"国家科技攻关

"湘南红壤丘陵农业持续发展研究"专题，根据红壤丘陵特点对稻田、旱土、林地进行分层治理研究，提出了红壤丘陵立体农作制度及配套技术，形成粮经果牧全面持续发展的新格局。还主持农业部"南方红（黄）壤山丘地区改良和合理利用研究""南方红（黄）壤集约化农业配套技术研究"等课题。

研究成果先后获国家发明奖一等奖（冬干鸭屎泥水稻"坐秋"及低产田改良的研究）与科技进步奖三等奖各 1 项，农业部一等奖 1 项，二等奖 2 项、三等奖 1 项，湖南省成果奖 3 项。发表《冬干鸭屎泥田水稻"坐秋"及低产田改良研究》《红壤旱地肥力变化及有效施肥技术》等论文 20 多篇。主编《红壤丘陵区农业发展研究》一书。

汪德水　　研究员

1963 年到中国农业科学院土壤肥料研究所工作
1996 年晋升研究员
1999 年退休

汪德水，男，1939 年 7 月出生，河北省蠡县人，中共党员。1963 年毕业于河北农业大学土壤农化系。1986—1994 年先后任土壤耕作研究室副主任、主任，1994 年任土壤资源与管理研究室主任，1999 年任土壤资源与农田生态研究室主任。中国耕作制度研究会理事兼副秘书长，中国土壤学会土壤物理专业委员会委员，北京市土壤学会理事，中国植物营养与肥料学会土壤肥力与管理专业委员会主任，中国农业科学院节水农业综合研究中心专家委员会委员。

20 世纪 70 年代以前从事土壤耕作制度研究。主要是利用耕作措施，调节土壤松紧状况，达到水、肥、气、热平衡创建"土壤水库"，蓄水、保水、提水、用水，提高水分利用效率。20 世纪 80 年代以来，承担"旱地农业增产技术研究"，利用蓄水保墒耕作及覆盖技术，保土保水，提高降水保蓄率；增施肥料，提高土壤肥力，"以水促肥""以肥调水"；调结构，农林牧合理布局，综合配套栽培技术。"八五"期间，主持国家科技攻关专题"旱地农田水肥交互作用及耦合模式研究"；"九五"期间，继续参加主持国家科技攻关专题"旱地农田肥水耦合高效利用技术研究"。研究指出，肥和水是农业生产的重要物质资源，水是肥效发挥的关键，肥是打开水土系统生产效能的钥匙，肥水耦合效应是作物高产、优质、高效的必由之路，是在现有条件下，不增加施肥数量获得最大经济效益、生态效益、社会效益的一门科学技术，具有实用价值。这个问题的解决可使平衡施肥更加科学合理，是提高肥料利用率、水分利用效率及因不合理施肥、灌水造成的土壤和水体污染，避免水肥流失，使生态环境得到良性循环。

先后获得省、部和院级奖励 11 项，其中农业部科技进步奖二等奖 2 项，山西省科技进步奖二等奖 1 项，发表论文 70 余篇。参加编写和编审《中国小麦学》《中国北方旱地农业综合发展与对策》等专著 11 部，编著出版《旱地农田肥水关系原理及调控技术》《旱地农田肥水协同效应与耦合模式》等著作。《旱地土壤中的肥水激励机制》论文收入《"八五"国家农业科技攻关论文选萃》一书；《我国耕地面临的挑战与对策》论文被 1994 年农业科技要闻收录。

此外，1980 年 10 月至 1984 年 1 月参加了农业部中农公司与阿拉伯利比亚布隆迪农业公司签订的"布隆迪鲁卡拉姆地区农牧综合考察与规划设计"项目区的土壤调查、养分分析、土壤图绘制与适宜作物种植规划。1999 年 9 月参加了中国科学院、中国工程院两院院士西北农业考察。2003 年 9 月作为国家中长期科技发展规划战略研究农业科技问题专题（04—05B 课题）的唯一常驻代表参与日常材料的修改、处理与汇总汇报工作。

刘立新　　研究员

1965 年到中国农业科学院土壤肥料研究所工作
1998 年晋升研究员
2000 年退休

　　刘立新，男，1940 年 2 月出生，辽宁沈阳人。1965 年 7 月北京大学生物系植物生理专业毕业后分配到中国农业科学院作物育种栽培研究所工作，当年 9 月调入土肥所工作。1984 年赴加拿大参加"国际硫素讨论会"并在会上做了有关磷肥施用方面的学术报告。1992 年起享受政府特殊津贴。

　　长期从事植物营养与施肥领域研究，先后主持或合作主持"2FT-1 型追肥机及深施技术中间试验""含氯化肥科学施肥和机理的研究""塑料大棚蔬菜专用肥的研究"等课题。"合理施化肥及提高化肥利用率的研究"获山东省委、省革委及国家科学大会奖；"黄淮海中低产地区经济合理施用磷肥技术"获农牧渔业部科技进步奖三等奖；"磷钾肥科学施用技术的研究"通过国家科委、计委、经委和财政部的成果鉴定；"旱作碳酸氢铵深施机具及提高肥效技术措施的研究"获化工部科技进步奖一等奖、国家科技进步奖三等奖；"含氯化肥科学施肥和机理的研究"获化工部科技进步奖一等奖、国家科技进步奖二等奖。"全方位深松机研制"获国家科技进步奖二等奖。"用 2FT-1 型追肥机深施碳铵、尿素技术与肥效"和"在石灰性土壤上磷肥肥效演变的研究和施磷的建议"发表在《中国农业科学》，在《土壤肥料》等杂志发表论文 10 余篇。参与《微量营养元素》翻译，《土壤肥料》丛书编写。

苏益三　　研究员

1963—1969 年，1979 年到中国农业科学院土壤肥料研究所工作
1998 年晋升研究员
1999 年退休

　　苏益三，男，1939 年 10 月出生，河北省昌黎县人，中共党员。1963 年 9 月河北农业大学土化专业毕业后分配到土肥所工作，1970—1979 年调往本院棉花所工作，1979 年调回土肥所工作。1985 年起先后任科技开发中心副主任、主任。1991 年获国家科委技术市场管理资格证书。1993 年起享受政府特殊津贴。

　　1963 年 9 月至 1966 年 9 月在新乡工作站工作，整理撰写绿肥田菁对土壤肥力影响文章；参加"盐碱地棉麦保苗技术的研究"课题，参加科教片《盐碱地上巧种麦》脚本审查（代王守纯）；在沁阳县做高温堆肥实验成功并在全县推广。

　　1980—1985 年参加"盐湖钾肥的合理施肥和农业评价"研究，1985 年获农业部科技进步奖二等奖（主要完成人），1988年获国家科技进步奖三等奖（完成人）。参加"硝酸磷肥和硝酸铵肥对蔬菜品质和产量的影响"课题研究并通过农业部鉴定。

1985年9月至1999年年底主持技术开发工作。14年间土肥所开发收入连续较快稳定增长。1986年收入9万元，相当当年事业费的7.19%；1990年43.1万元，相当当年事业费的26.82%；1995年开发收入209万元，相当事业费的97.93%；1996年开发收入258.9万元，相当事业费的116%，1999年创历史新高收入达500万元。1996—1999年研究所连续四年获得农业部、财政部、国家科委授予的科技成果转化三等奖（第一完成人），每年奖励20万元。参加"玉田县的丰收计划"项目，获河北省农业厅三等奖。编写主审《撒可富农业服务手册》一书。

李元芳　　研究员

1964年到中国农业科学院土壤肥料研究所工作
1999年晋升研究员
1998年退休

李元芳，男，1938年11月生于上海，江苏省南通人，中共党员。1964年山东大学生物系毕业后来所工作。曾任农业部微生物肥料质量监督检验中心副主任及技术负责人，农业微生物研究室副主任、主任，曾在北京微生物学会、中国草原学会、中国土壤肥料学会任职。1996年获我国微生物肥料发明专利证书。1989年被农业部和中国民航评为先进工作者，1993年评为中国农业科学院先进工作者。1996年评为北京市先进科普工作者。1993年起享受政府特殊津贴。

长期从事细菌肥料机理与应用技术方面的研究。主持我国第一部微生物肥料质量标准NY 227-94《微生物肥料标准》，主持我国第一部生产绿色产品的肥料使用法则NY/T 394-2000《绿色食品肥料使用准则》。主持农业部重点科研项目-SF复合微生物肥料生态学特性与作用机理的研究等。"花生根瘤菌选育和应用研究"获1978年全国科学大会奖；"大豆根瘤菌血清型鉴定和生态学特征"获农业部科技进步奖二等奖；"豆科牧草根瘤菌选育和应用研究种子丸衣化技术的研究"获农业部科技进步奖三等奖；"大豆根瘤菌选育和应用的研究"获中国农业科学院科技进步奖三等奖；共发表论文50余篇。

林继雄　　研究员

1969年到中国农业科学院土壤肥料研究所工作
2000年晋升研究员
2001年退休

林继雄，男，1940年8月出生，福建省闽候县人，中共党员。1966年北京大学生物系毕业后到中国农业科学院原子能所工作，1969 年调入土壤肥料研究所工作。曾任植物营养与肥料研究室主任，1993 年起享受政府特殊津贴。

长期从事农业化学方面研究，曾主持或合作主持"硝酸磷肥肥效鉴定和施肥技术的试验示范""我国南方硝酸磷肥肥效和施用技术研究""高产高效施肥综合配套技术研究示范"等课题。主持或参加完成的研究成果"合理施用化肥及提高利用率的研究"获全国科学大会奖，"我国氮磷钾化肥的肥效演变和提高增产效益的主要途径"获国家科技进步奖二等奖，"中国化肥区划"获农业部科技进步奖二等奖，"山东省化肥区划"获农业部技术改进二等奖，"我国主要复混合肥料品种的肥效机理和施用技术"获农业部科技进步奖二等奖，"全国长期施肥的作物产量和土壤肥力变化规律"获农业部科技进步奖三等奖，"含氯化肥科学施肥和机理研究"获化工部科技进步奖一等奖、国家科技进步奖二等奖，"沉淀硝酸磷肥的研制及施用技术"获山东省科学大会奖，"复混合肥二次加工肥效机理和施用技术"获国家科委表扬。发表论文近 20 篇，著作有《化肥使用手册》《怎样科学用化肥》《科学施用化肥》《新兴化肥的使用》等。

宁国赞　　研究员

1967 到中国农业科学院土壤肥料研究所工作
2000 年晋升研究员
2001 年退休

宁国赞，男，1941 年 5 月出生，广西玉林市人，中共党员。1967 年武汉大学生物系毕业后分配到中国农业科学院土肥所工作，曾任农业微生物研究室副主任、中国农业微生物菌种保藏管理中心主任，农业部微生物肥料质量监测检验测试中心副主任。曾任中国微生物学会、中国草原学会理事。1993 年起享受政府特殊津贴。

主要从事生物固氮及豆科牧草根瘤菌菌种选育及应用研究。先后主持"大力推广菌肥（5406、根瘤菌、磷细菌）研究解决关键技术""机械包裹牧草种子丸衣化原料配方的研究""六种豆科牧草根瘤菌广谱型优良选育及应用研究""固氮微生物菌种收集鉴定与保藏的研究""农业微生物资源收集整理保藏""豆科牧草根瘤菌菌种选育及应用的研究"等课题研究，合作主持"根瘤菌肥料、固氮菌肥料、解磷细菌肥料、硅酸盐菌肥料、复合微生物肥料国家标准的制定"等课题。研究成果"沙打旺根瘤菌选育及牧草种子丸衣化接种技术应用"获农业部科技进步奖三等奖，"大豆根瘤菌血清型鉴定和生态学特性"获农业部科技进步奖二等奖，"沙打旺、三叶草、苜蓿根瘤菌大面积推广应用"获中国农业科学院科技进步奖二等奖，"高效大豆根瘤菌'005 菌株'的选育及应用"获中国农业科学院技术改进三等奖，"根瘤菌简易保存技术"获中国农业科学院技术改进四等奖，"桂花草根瘤菌剂生产及应用"获广东省技术推广三等奖。发表论文 60 余篇，著作有《中国农业菌科目录》《豆科根瘤菌及应用技术》等。

南春波　　研究员

1981 年到中国农业科学院土壤肥料研究所工作
2001 年晋升研究员
2001 年退休

　　南春波，男，满族，1941 年 6 月出生，辽宁省新宾县人，中共党员。1965 年大连理工大学原子能化学专业毕业，1981 年北京大学稳定同位素化学专业研究生毕业获理学硕士学位。1965 年 9 月至 1978 年 10 月，先后在化工部青海光明化工厂、河南省宜阳化肥厂从事国防化工工作。1978 年 10 月至 1981 年 10 月攻读硕士研究生，师从世界著名化学家、中国科学院院士张青莲教授，完成的纯氧化氘密度测定值被公认为世界最好测试结果之一，此成果发表在《中国科学》和中国化学会主编的《中国化学五十年》。1981 年 10 月到中国农业科学院土肥所工作，参与筹建国家化肥质量监督检验中心（北京），曾任该中心办公室主任、检测室主任、标准计量室主任。曾兼任《植物营养与肥料学报》编委和中国农业科学院研究生院兼职副教授。

　　主要从事土壤、肥料和植物的分析，特别是流动注射分析在农业分析上应用的研究，同时还研制开发相关仪器并获两项国家专利；参加了标准物质——西藏土壤、茶叶和茶树叶的定值测定，分别获中国科学院科技进步奖二等奖和三等奖（二级证书）；是国家行业标准"土壤 pH 测定"和"液体肥料密度的测定"的主要起草人和实验者之一；研究和推广法定的量与单位，为肥料标准规范使用量和单位做出贡献；退休后，在 BGA 土壤调理剂推广应用、能谱机理探索以及生产标准化、规范化等方面发挥了重要作用。发表论文 20 余篇。

第九章 大事记

1957 年

8 月 27 日，根据国务院科学规划委员会（57）科字第 120 号文，批准成立中国农业科学院土壤肥料研究所。确定在华北农业科学研究所农化系土壤肥料研究室和土壤耕作研究室基础上组建。全所成立肥料、农业土壤（包括土壤调查、土壤改良、农田灌溉）、土壤耕作（包括土壤物理、土壤耕作及轮作等）和农业微生物 4 个研究室和所办公室（负责管理日常行政工作）。任命高惠民、张乃凤、冯兆林为副所长；张乃凤兼任肥料室主任，冯兆林兼任土壤耕作室主任，徐叔华为农业土壤研究室主任，胡济生为农业微生物室副主任。

1957 年 10 月 21 日至 1958 年 1 月 18 日，张乃凤副所长参加"中国访苏科学技术代表团农业顾问组"赴莫斯科与苏联科学家讨论我国 1956—1957 年科学技术发展远景规划及中苏合作项目。

1958 年

2 月，制定中国农业科学院土壤肥料研究所 1958 年试验研究计划纲要。确定农业土壤研究室主要研究内容有：农耕地土壤调查、土壤改良与利用及灌溉与次生盐渍化土壤的防治等。肥料研究室着重解决各种肥料的肥效，有机肥堆制，保存和使用方法以及适合各种肥料的有效条件。土壤耕作研究室主要研究创造为作物提供理想的土壤环境。农业微生物研究室以土壤微生物为重点，逐步开展其他农业微生物的应用。

本年春，根据国务院副总理、国家计委主任李富春同志 1957 年关于"要在全国有组织地进行肥料试验和示范工作，以便找出不同地区、不同土壤、不同作物需要什么肥料、什么品种和最有效的施用技术，作为国家计划生产、分配和合理施用的依据"的指示，建立了全国化肥试验网，在全国 25 省（市、自治区）200 多个点进行三要素肥效试验。同时，任命商钦为土肥所副所长，梁勇为办公室副主任，晋升张乃凤为研究员，尹莘耘为副研究员。

4 月初，全所抽调三分之二科技人员，分别参加低产区、高产区和山区的综合科学工作队，深入到华北、西北、东北和华南等 12 个省的 22 个县建立农村点。土肥所除坚持在河北芦台柏各庄，山西杨中、解虞、长治和内蒙古固阳设点外，又增设了山西阳高基点。

8 月，制定土肥所跃进计划，向国庆十周年献礼，确定成立细菌肥料厂，生产细菌肥料和抗生菌肥料。

10 月，参加在广东省召开的全国土壤普查鉴定工作现场会，交流了土壤普查的工作经验。

12 月，制定 1959 年重点工作纲要，明确以"土壤普查"为纲，摸清土壤的底子，揭开肥料和微生物的秘密，研究因土施肥，因地进行土壤改良利用，迅速提高肥力、保证获得高产。

1959 年

2月，组织有关科技人员编写《土壤肥料和农业微生物丛书》，共 13 册，普及科学基础知识。

4月5—12日，由中国农业科学院主持，土肥所具体组织召开了 15 省（市）土壤普查工作汇报会，交流了如何结合生产和土壤识别分类的经验。

5月，国家主席刘少奇来土肥所视察。

5月，组织科技人员到甘肃临洮、云南晋宁、北京通县三地建立新的农村基点。

8月，在哈尔滨市召开了全国土壤普查鉴定和深耕改土学术会议。

8月26—30日，高惠民、刘更另奉派前往民主德国参加国际土壤耕作协作会议和民主德国召开的土壤耕作学术会议。

11月，进行机构调整，将原有的 4 个研究室 1 个办公室调整为农业土壤调查研究室（设农业土壤调查组和定位观测组），土壤耕作研究室（设耕作组、土壤改良组、轮作换茬组），肥料研究室（设有机肥料组和无机肥料组），农业微生物研究室（设土壤微生物组和抗菌素、刺激素组），分析室（设土壤农化、土壤物理和土壤微生物分析 3 个组），所办公室（设秘书组、人事保卫组、研究计划资料组等）。

1960 年

2月，经中央批准，拟在土肥所微生物室基础上组建中国农业科学院农业微生物研究所。

3月，组织科技人员分赴河南新乡和湖南祁阳建立低产田改良基点。

3月底至4月中旬，在青岛召开全国土壤肥料学术讨论会，总结全国土壤肥料的研究成就和经验，讨论了 1960 年研究计划，审查修订了《中国农业土壤论文集》和《中国肥料概论》。

12月，农业部下达精简机构方案，拟成立的微生物所仍归回土肥所，全所人员精简64.88%，所址拟迁往河南新乡。

1961 年

4月，提出了"缩短战线，保证六分之五是提高工作效率和研究质量的有效措施"。研究项目从原来的 25 个精简为 10 个，研究内容从 65 个减为 27 个，农村基点也由原来的 8 个减为 3 个。为了保证科研任务的完成，确定了一条龙的工作方法，组成耕作轮作、土壤改良、肥料 3 个综合研究组，在湖南、河南、北京 3 个农村基点采取研究室、试验场、农村基点的密切结合的方法开展工作，并实行了"三包"（包项目、包成果、包质量）、"四定"（定人、定地、定措施、定指标）等措施，以保证研究任务的顺利实施。

本年春，原农业部高碑店农场划归土肥所，成立了高碑店基点。

11月，中共中央中南局第一书记陶铸同志、中共湖南省委第一书记张平化等同志亲临祁阳基点检查、了解工作，并作了具体指示。

1962 年

1月，土肥所主持编写的《中国农业土壤论文集》一书，由上海科技出版社出版发行。

3月，拟定并经所务会通过了《土肥所研究人员业务进修办法》和《研究时间的若干办法》，以提高研究工作质量和科学水平，出成果，出人才。

本年度，决定提升陈尚谨为研究员；王守纯、李笃仁为副研究员。并任命陈尚谨为肥料研究室副主任。

4月，对科研工作中实行的"五定"制度（定方向、定任务、定人员、定设备、定制度）进行初步总结，写出了《关于在试验研究工作中进行五定的初步意见》，进一步明确了本所研究工作的方向和任务。

本年度，为充分反映我国土壤研究和土壤普查工作的成就决定建立土壤标本室，向全国征集土壤剖面和申请建立土壤标本楼。

本年度，确定在肥料研究室内成立绿肥研究组，开展绿肥研究工作。由办公室副主任梁勇兼任该组负责人。

6月，由土肥所编写的《中国肥料概论》由上海科技出版社出版发行。

10月，周恩来总理指出，"农业科学研究机构精简过了头"，亲自批给中国农业科学院400名编制。土肥所从1962年10月开始至1963年夏，共调入科技人员30余人。

1963 年

3月，在北京召开了全国化肥试验网研究工作会议，总结化肥试验网工作和确定下一阶段的任务。

4月，确定新建北京东郊中阿公社基点，使全所农村基点增至5个。

7月底至8月初，召开了农村基点组长汇报会，张维城副院长和朱则民副院长参加了会议，张维城副院长还向全所职工做了总结性报告。会议确定增设北京通县永乐店农场基点，由肥料研究室负责。

8月，徐叔华、张乃凤当选为中国土壤学会第三届理事会理事。

10月，为贯彻新大学生需参加农业实践的决定，全所共有20多名大学生分别到永乐店基点和祁阳基点劳动并参加科研实践活动。同时还抽出部分科技人员下放河南新乡劳动锻炼。

1964 年

1月23日，清理调整了《十年农业科学技术发展规划》，确定以祁阳、新乡和北京3片为会战的基地。并在现有工作基础上，建立祁阳和新乡两个农村试验工作站。

8月，张乃凤、徐叔华、王守纯、穆从如参加了在北京举行的国际学术讨论会，王守纯、穆从如在会上报告了我国内陆盐渍土改良利用的成果。

8月25日，《耕作与肥料》杂志创刊，本年度出版3期。

11月，新乡盐渍土改良和祁阳低产田改良成果获得国家发明奖一等奖，科学技术研究报告《豫北地区盐渍土棉麦保苗技术措施的研究》和《冬干鸭屎泥水稻"坐秋"及低产田改良的研究》由中国科技情报所出版发行。

11月26日，根据所务会议精神，决定调整部分科技人员充实到有关基点和工作站，并计划到山东，西南和西北建立新点。

1965 年

3 月 5 日，在全国农业科学实验工作会议上，土肥所代表做了发言，其间还邀请到会的土壤肥料科学工作者座谈了在 1965 年前后大办样板田的新形势下，土壤肥料工作者如何革命化的问题。

5 月，中共湖南省委在祁阳官山坪召开低产田改良现场会，省委书记李瑞山主持了会议，各地、县领导和干部 120 多人参加。

5 月 21 日，根据中国农业科学院领导对解放以来的档案进行清理的指示精神，成立了档案清理工作小组。各科研专题组及行政部门均有专人负责收集、整理档案材料。

12 月 25—28 日，经农业部批准决定成立全国绿肥试验网，并将全国按行政区划分为 6 个协作区，在北京召开了首次全国绿肥研究协作区负责单位联席会议。会议分析了当时绿肥生产的大好形势，着重讨论和交流了各协作区的研究重点和具体活动计划。

1966 年

1 月，召开 1965 年全年工作总结会议，各站、点、室全体同志参加了会议，共计 120 余人，要求在肯定成绩的基础上，大胆找出差距，为今后进一步革命化找出方向，为制定 1966 年工作计划打下基础。

1970 年

8 月，根据国务院副总理纪登奎的指示，进行农业科学院、林科院体制改革，下放一大批专业所。土肥所确定下放山东。

12 月底，土肥所全所职工下放到山东省德州地区齐河县晏城农场劳动。李文玉为革委会主任兼党委书记。所机构按连队编制。

1971 年

3 月，中国农业科学院土肥所迁到德州市，与山东德州地区农科所合并，定名为山东省德州地区农科所。

本年度，全所科技人员与德州农科所的人员一起先后在德州地区的陵县、禹城、德州市等 11 个县的 32 个大队蹲点，实行与农民同吃同住同劳动，结合当地实际情况，推广农业技术，为当地生产服务。

1972 年

3 月，继续组织全所 60% 以上科技人员到当地农村、工厂蹲点，开展农业科技普及推广工作。并派出人员参加德州地委组织的改貌战斗队。

4 月，原《耕作与肥料》杂志经上级批准内部复刊，由高惠民任主编，定名为《土肥与科学种田选编》。

一度中断的科研工作逐步恢复正常。所机构逐步得到健全。成立了土壤室、肥料室、微生物室、植保组、园林组、作物室、分析室和科研组、政工组、后勤组。

8月底9月初，为促进农业微生物工作的深入开展，由土肥所主持，在德州召开全国固氮菌会议，明确了今后开展协作的内容。

9月中旬，在山东德州召开全国盐碱地改良利用会议，总结以前工作，制定协作计划。

1973 年

本年春，山东省革委会以（73）革生字第205号文通知，决定土肥所按原下放建制改名为山东省土壤肥料研究所，任务为面向山东省，归属山东省农业科学院领导。

本年度，为适应农用微生物工作的发展，建成了微生物实验室和微生物中试车间。

本年度，《土肥与科学种田选编》改名为《土肥与科学种田》。

8月18—29日，由土肥所主持在河北省邯郸市召开了全国改革耕作制度科技协作会议，出席这次会议的有全国各省（市、自治区）的代表150多人。就当前土壤、耕作制等问题开展了讨论，明确了方向，为今后土肥工作全面正常开展打下了基础。

1974 年

1月，在北京友谊宾馆召开会议，成立了由土肥所主持的全国土壤普查诊断科研协作组，承担国家科委立项的重点科研项目。

2月，在山东全省建立10个基点16个联系点，并恢复祁阳官山坪工作站的工作。

3月11—16日，由山东省科技办公室主持，在陵县召开了盐碱地改良利用经验交流会，总结交流了经验，参观了土肥所的部分试验区和基点，初步组成全省盐碱地改良利用科学实验网，并落实了这个实验网的科研协作计划方案。

12月，山东省土肥所按原下放建制和德州地区农科所正式分开。机构设置改为土壤室、肥料室、微生物室和政工组、科研组、后勤组。

1975 年

本年春，建成600平方米的土壤和肥料实验室，保证土肥所与德州地区农科所分开后的基本工作条件。

10月，应中国农业科学院的邀请，土肥所派出一个调查组前往湖南韶山进行土壤调查与规划。

10月底，由山东省土肥所主持全国肥料科学实验座谈会在福建省莆田召开。会议制定了1976年全国肥料科学实验协作计划。

11月20日，土肥所革委会公布《关于政治思想、科研生产和行政后勤工作的规定（草案）》，附件有《图书资料借阅办法（草稿）》和《食堂管理办法（草稿）》，使管理工作逐步走向制度化、正常化。

1976 年

本年春，根据当前的科研任务和生产情况，确定了土肥所的固定基点为10个，即禹城盐碱地综合治理试验区、陵县盐碱地综合治理实验区、平原县盐碱地综合治理实验区、陵县高家大队、兖州县倪村大队、滕县党村大队、胶南县逢猛孙大队、临朐县吕家店大队、济宁县潘庄大队、胶县城南公社。

6月25日，为适应新形势的发展，所党委决定"建立兖州县城关公社土肥所倪村工作站"，以耕作改制为中心，开展各项研究工作。

7月1—25日，受山东省科技办、山东省农林局委托，土肥所和诸城县革委会一起在诸城举办土壤普查与诊断培训班，统一全省土壤普查与诊断的方法和标准。

10月26—30日，在山东德州召开了大豆根瘤菌科研协作座谈会，会议交流了以大豆根瘤菌为主的菌肥科研工作的经验，制定了以大豆根瘤菌为主的科研协作计划。

11月，土肥所编写的《土壤诊断速测技术》，由人民教育出版社发行。

1977 年

本年春，为了给科研人员阅读国外土壤肥料文献资料提供方便，资料室将有关译文编印成不定期内部刊物《国外土壤肥料参考资料》。

本年度，为完善管理，保证科研工作的顺利进行，土肥所制定了一系列规章制度。公布了《行政管理工作方面的暂行办法》和《科技档案立卷归档试行办法》等。

8月25日至9月3日，中国农林科学院（1970年，原农林口单位下放后合并成立）在江苏省新沂县召开了全国绿肥科研协作会议。会议总结交流了绿肥科研、生产的成果和经验，讨论制定了1978—1985年绿肥科研发展规划和1978—1980年绿肥科研协作计划。全国绿肥试验网工作逐步恢复正常。

11月21日至12月2日，土肥所在北京通县主持召开了全国土壤普查、诊断与高产土壤科研协作会议，正式向国家建议"恢复全国土壤普查办公室，有步骤开展全国第二次土壤普查""健全、充实各级土肥科技机构，在县一级分批建立土壤诊断站""积极引进国外先进仪器设备"3项建议。农林部以（77）农林（农）字第82文件转发了这次会议的综合简报。

1978 年

3月，在全国科学大会上，土肥所被评为"在我国科学技术工作中作出贡献"的先进集体，得到表彰。共有8项成果获全国科学大会奖。高惠民所长代表土肥所参加了大会。

王守纯、李笃仁、胡济生晋升为研究员，林葆、梁德印、陈廷伟、吴大忻晋升为副研究员。

6月，农林部（1970年6月设）和山东省分别派出代表，对山东省土肥所归属进行交接，确定土肥所实行以部为主，农林部和山东省双重领导；土肥所220名职工全部由山东省农业科学院交中国农业科学院列入编制。

8月19—31日，中国农业科学院在河北省邯郸召开了全国土壤肥料科研工作会议，参加会议的有210人。会议总结交流了土壤肥料科研的重大成果和经验，进行了学术报告和国外科研动态介绍，讨论修改了1978—1985年全国土壤肥料科学发展规划，制定了1979年科研计划，并对加强土壤肥料科研工作提出了许多好的意见和建议。与此同时，土肥所还派科技人员代表中国农业科学院参加了首届全国农业区划会议，参与制定了开展全国农业区划与全套1∶100万自然资源图幅的规划。

9月，在北京通县召开了土壤普查部分试点县汇报会，农林部朱荣副部长在会上作总结讲话。

9月29日，《土肥与科学种田》更名为《土壤肥料》公开发行。

10月下旬　农林部在北京昌平召开了全国土壤普查工作会议，正式讨论制定开展全国土壤普查的方案，杨立功部长在会上讲了话。会后以（78）农林（农）字第81号文件向国务院提交正式报告。

12月，经国务院批准，将1970年下放到山东德州地区的土壤肥料研究所按原建制迁回北京原址，直属中国农业科学院领导。

1979 年

1月26日，农林部（79）农林（农）字第9号文件，向国务院说明土壤普查若干情况时，表示本年度计划从国外引进3套土壤测试设备，安排给中国农业科学院土肥所等单位。

4月23日，国务院发出国发（1979）111号文件，同意开展第二次土壤普查。

5月8日，经农业部党组同意，高惠民任土肥所所长；李文玉、张乃凤、张乃中、陈庆祥、闵九康任副所长。

6月4日，国家农委国农（79）办字40号文件决定设立全国土壤普查办公室，主任、副主任由农业部、农垦部、林业部、水利部、农业部畜牧总局、中国农业科学院土肥所各派一名司局级干部兼任，同时由上述单位指定熟悉业务的同志参加日常工作。

本年夏，土肥所主办"生物固氮研究中应用气相色谱和免疫血清"两项技术讲习班，来自全国18个省（市、自治区）26个研究单位近40名代表参加。

7月，国家科委、中国科学院在北京联合主持召开第一次全国微生物菌种保藏管理工作会议，决定成立中国微生物菌种保藏管理委员会，并分设7个中心，其中委托中国农业科学院负责建立农业微生物菌种保藏管理中心，负责全国农业微生物的收集、鉴定、保藏、供应、编目和对外交流等项工作。

7月9—23日，在北京召开了全国第二次土壤普查技术顾问组长会议。顾问组为第二次土壤普查的技术咨询机构，土肥所高惠民被聘为全国顾问组组长，张乃凤被聘为华北区顾问组副组长，李纯忠、黄鸿翔被聘为顾问。

10月17日，中国农业科学院院党组讨论通过，高惠民任土肥所党委书记，张乃忠任副书记。

11月，土肥所全部职工从德州搬迁回北京原址。所机构设置仍为政工组、科研组、后勤组、土壤室、肥料室、微生物室。

1980 年

3月17—22日，在北京主持了全国生物固氮应用研究经验交流会。

6月，中国农业科学院决定建立中国农业微生物菌种保藏管理中心，并制定了中心的初步设想。

8月20日，刘更另任土肥所副所长。

8月22日，土肥所进行机构调整，将原来3个研究室（土壤、肥料、微生物）调整为6个室（农业土壤室、土壤改良室、土壤耕作室、化肥室、有机肥绿肥室、土壤微生物室）。

9月初，在北京召开了全国化肥试验网会议。

9月底，经中国农业科学院院务会议研究，同意在现有基础上建立中国农业科学院山东陵禹盐碱地区农业现代化实验站，恢复、充实中国农业科学院祁阳红壤改良实验站，确定了两站的任务、体制、人员编制。同时任命王守纯兼陵禹盐碱地区农业现代化实验站站长，任命刘更另兼祁阳红壤改良实验站站长。

1981 年

3月2—7日，由土肥所主持召开的黄淮海地区耕作轮作科研协作会在北京举行。

3月26—30日，由土肥所主持召开的"全国绿肥试验网大区负责单位扩大会议"在苏州举行。

5月13—18日，由土肥所主持的"全国化肥试验网"南方钾肥科研协作座谈会在湖南长沙召开。

8月10—16日，由土肥所主持的"农业土壤肥料研究工作座谈会"在河北省昌黎举行。

8月20—28日，由土肥所主持的"有机肥料专题讨论会"在山东莱阳和平度召开。

9月3日，经国家农委、农业部批准，在湖南祁阳官山坪建立中国农业科学院祁阳红壤改良实验站，行政、业务、人事、财务等归土肥所代管，党的工作、政治工作由衡阳地委领导。

11月27日，为了进一步整顿土肥所工作秩序，提高工作效率，制定了《科研管理暂行办法》《科技档案管理暂行办法》《图书资料管理暂行办法》《实验室管理暂行办法》《温网室、风干室管理暂行办法》等17项管理制度。

1982 年

1月7日，经中国农业科学院同意，成立了土肥所第一届学术委员会。由主任委员刘更另，副主任委员陈尚谨、顾方乔、学术秘书刘怀旭及14名委员组成。

2月，侯光炯、高惠民任主编的《中国农业土壤概论》由农业出版社出版发行。

2月7日，祁阳红壤改良实验站被湖南省人民政府授予"先进集体"称号。

2月中旬，中国农学会土壤肥料研究会在北京正式成立。会议选举华中农学院院长陈华癸教授为第一届理事会理事长，土肥所张乃凤、高惠民为副理事长，刘更另任秘书长，研究会挂靠中国农业科学院土肥所。

4月6—11日，由土肥所主持的"全国航卫片土壤普查"科研协作会议在杭州举行，农业部和17个省（市、自治区）所属土壤普查领导机构、科研、学校等单位参加了会议。

5月28日，梁勇被任命为土肥所副所长。

6月20日，土肥所实验（测试中心）楼竣工。

9月2—10日，土肥所主持的"全国化肥试验网工作会议"在安徽省歙县召开。

9月16—18日，举行中国农业科学院土壤肥料研究所实验（测试中心）楼落成大会。大会由鲍贯洛副院长主持，何康副部长和金善宝名誉院长为落成典礼剪了彩，何康同志做了报告。高惠民所长向代表们汇报了测试中心筹建情况。

11月12—17日，由中国农学会土壤肥料研究会主持的土壤酶学术讨论会在杭州召开。

11—12月，中国农学会土壤肥料研究会主持召开了有机肥料学术讨论会、土壤理化分析学术交流会、生物固氮应用研究学术讨论会等一系列学术会议。

1983 年

1月13日，公布试行所务会和学术委员会多次研究审查制定的《科技人员考核暂行办法》。

1月21日，经中国科协批准，中国农学会土壤肥料研究会邀请部分土肥科学家在人民大会堂举行座谈会。

2月7日，刘更另任土肥所所长兼党委书记。

3月30—31日，中国农学会土壤肥料研究会在北京召开复合肥料学术讨论会。

4月5—9日，由中国农学会土壤肥料研究会主持的"全国盐渍土水盐运动学术讨论会"在北京举行。

6月22日，土肥所祁阳红壤改良实验站站址改在衡阳市，定名为"中国农业科学院衡阳红壤改良实验站"，原祁阳站改作该站实验区。

刘更另晋升为研究员，汪洪钢等5人晋升为副研究员。

8月21日至9月初，由中国农学会土壤肥料研究会和陕西省水利水土保持厅主持的全国水土保持耕作学术讨论会在延安召开；全国秸秆盖田现场学术讨论会在山东滕县召开。

10—11月，由土肥所中国农业微生物菌种保藏管理中心编写的《中国农业菌种目录》由轻工业出版社出版发行；化肥研究室负责编写的《化肥实用指南》由农业出版社出版发行。

11月，开始筹建分子生物学研究室。

11月8—15日，全国绿肥试验网工作会议在南京召开。

12月25—27日，土肥所与湖北省农业科学院土肥所联合召开的微量元素肥料试验示范协作会议在北京举行。

1984 年

1月，衡阳红壤改良实验站被国家经委、国家科委、农牧渔业部（1982年设）、林业部授予"科技推广作出优异成绩先进集体"称号。

本年度，经中国农业科学院党组会议研究，任命谢承桂同志为土肥所副书记、副所长。

2月8日，中国农业科学院山东陵禹盐碱地区农业现代化实验站更名为"中国农业科学院德州盐碱土改良实验站"下设两个实验区，即陵县实验区和禹城实验区。

8月22—25日，土肥所与中国农学会土壤肥料研究会联合召开了土肥学界部分归国学者座谈会。

9月，土肥所组织编写的《农业中的微量营养元素》一书由农业出版社出版发行。

11—12月，由中国土壤学会农化专业委员会和中国农学会土壤肥料研究会联合召开的"合理施肥——有机、无机肥料配合施用学术讨论会"在桂林举行；土壤肥料研究会主持的"南方红壤利用学术讨论会"在昆明召开。

12月29日，江朝余任土肥所所长，谢承桂任土肥所党委书记。

1985 年

3—5月，中国农学会土壤肥料研究会在北京召开了盐碱土改良利用与展望学术讨论会；在四川江油县与四川省水利电力厅联合召开了全国梯田学术讨论会。

6月，开始在分析测试中心基础上筹建我国第一批国家级产品质量监督检验测试中心之一的化肥质检中心。

7月，由土肥所土壤调查组负责编写的《全国第二次土壤普查土壤遥感技术研究论文集》由湖北科技出版社出版发行。

7月19日，中国农业科学院人事局通知土肥所实行所长负责制，同时要建立健全民主管理制度和各种责任制。

8月30日，土肥所进行机构调整，决定分为七室两中心两实验站，即农业土壤室、土壤耕作室、土壤改良室、有机肥室、农区草业室、化肥室、微生物室，菌种保藏中心、土壤肥料测试中心，德州盐碱土改良实验站、衡阳红壤改良实验站。

9月6—12日，由中国农业科学院组织，土肥所主持召开的全国化肥试验网会议在武汉举行。

11月10—15日，中国农学会土壤肥料研究会第二次代表大会暨1985年学术年会土壤肥料科研工作经验交流会在武昌举行。张乃凤为理事会学术顾问，陈华癸连任理事长，土肥所刘更另任副理事长。

12月6日，由中国农业科学院批准成立了由张乃凤任主任委员，张世贤、李笃仁任副主任委员，共18人组成的土肥所第二届学术委员会。

1986 年

1月，经中国农业科学院审定批准土肥所专业技术职务评审组由11人组成，江朝余任组长、林葆任副组长。

2月，由全国绿肥试验网组织编写的《中国绿肥》一书由农业出版社出版发行。

5月15日，"黄淮海平原中低产地区综合治理和增产技术""磷钾肥料科学施用技术研究"等"六五"科技攻关项目获国家科委、国家计委、国家经委、财政部表彰。

6月16日，分子生物学研究室从土肥所分出，组建中国农业科学院生物技术研究中心。

7月2—7日，中国农业科学院在北京召开全国绿肥试验网工作会议。

7月8—10日，受农牧渔业部委托，中国农学会土壤肥料研究会在北京召开"七五""八五"及2000年全国化肥需求量学术讨论会。

9月6—10日，中国农学会土壤肥料研究会召开的农区种草用草学术讨论会暨中国土壤肥料研究会农区草业专业委员会成立大会在甘肃酒泉市举行。

10月16日至11月13日，应农牧渔业部邀请，联合国粮农组织计算机顾问 Dr. Frank Cope 来土肥所工作3周，为土肥所安装计算机应用软件，并举办了"电子计算机在土壤肥料科研中应用"培训班。

11月，全国化肥试验网负责编写的《中国化肥区划》一书由中国农业科技出版社出版发行。

11月26日，经中国农业科学院党组研究并经农牧渔业部同意，林葆代行土肥所所长，文安全任副所长。

12月，陈廷伟、林葆、范云六、江朝余晋升为研究员，王应求等19位同志晋升为副研究员。

本年度，中国农业科学院人事局批复，同意林葆（代所长、研究员）兼任国家化肥质量监督检验中心主任；瞿晓坪（测试中心副主任　副研）和朱海舟（测试中心主任、助研）兼任副主任。

1987 年

1月15日，由于土肥所专业技术职务评审组江朝余、焦彬、范云六调出，增补陈廷伟、金维续、李家康加入评审组，组长为林葆、副组长为谢承桂。

3月10日，中国农学会土壤肥料研究会、北京土壤学会、北京微生物学会在中国农业科学院联合召开非豆科作物固氮学术交流会。

3月21日至4月7日，中国农业科学院教委会和中国农学会土壤肥料研究会在湖南祁阳官山坪中国农业科学院衡阳红壤改良实验站举办了土壤化学植物营养研讨班。

4月1—4日，由中国农学会土壤肥料研究会和土肥所主持的秸秆覆盖还田应用技术研讨会议召开。

4月10日，土肥所办公会讨论通过《关于科技开发收入的暂行分配办法》，以鼓励科技人员从事有关科技开发工作，加速科技成果转化。

4月，国家化肥质量监督检验中心通过国家标准局组织的验收认证。

5月21日，官昌祯任土肥所党委副书记。

5月21—26日，由中国土壤学会主持。土肥所参加的全国豆科—根瘤菌共生固氮学术讨论会在成都举行，这是一次为纪念世界根瘤菌研究100周年和庆贺我国老一辈学者开拓根瘤菌研究领域50周年盛会。

7月10日，林葆任土肥所所长。

7月25日，国家经委以经质（1987）444号文件批准成立国家化肥质量监督检验中心（北京），并颁发证书（国质监认字〔011号〕）和印章。

8月，梁德印晋升为研究员，闵九康等八位同志晋升为副研究员。

10月，土肥所党办人事处分成党委办公室和人事处两个处级单位。

1988 年

1月25日，经中国农业科学院批准，增补陈廷伟为土肥所第二届学术委员会副主任委员，陈礼智、黄照愿、叶柏龄、王维敏为委员。

2月，王维敏晋升为研究员，关松荫等11位同志晋升为副研究员。

3月，土肥所有机肥料研究室负责编制的中华人民共和国国家标准《城镇垃圾农用控制标准》（GB 8172—87）由中国标准出版社出版发行。

5月，国务委员陈俊生到土肥所禹城试验区视察。

6月，国务院总理李鹏到土肥所禹城试验区视察。

7月11日，土肥所第二届专业技术职务评审委员会组成。主任为林葆，副主任为黄照愿，成员共11人。

7月15—16日，在北京召开了有机肥料工作座谈会。

7月27日，国务院表彰一批开发建设黄淮海平原成绩突出的优秀科技人员。土肥所王守纯（荣誉级）、黄照愿、谢承陶、魏由庆、杨守春、王应求（以上5人为二级）受到表彰。

8月16—21日，中国农学会土壤肥料研究会主持的全国第三届土壤酶学术讨论会在贵阳召开。

10月，谢森祥、杨守春、黄照愿、张马祥、汪洪钢、李光锐晋升为研究员，郭炳家等28位同志晋升为副研究员。

11月7—11日，由农业部主持、土肥所筹备与组织的国际平衡施肥学术讨论会在北京举行。有15个国家和地区的代表参加了会议。出版的中英文版论文集于1989年12月正式发行。

11月11—17日，由土肥所主持的全国经济林园绿肥研讨会在浙江省奉化市召开。

11月25日，山东省人民政府表彰奖励黄淮海农业科技开发先进个人，土肥所黄玉俊、杨秀华、张树勤、张振山、王守纯、王应求、谢承陶、黄照愿、杨守春、魏由庆10人获一等奖，杨守信、熊锦香、闵九康、陈礼智、李笃仁、马卫萍、孙传芳、李志杰、左余宝、林治安、高峻岭、许建新、关振声、刘思义、刘菊生、曾木祥、安文钰、孙昭荣、杨珍基、谢森祥、唐继伟

21 人获二等奖。

1989 年

3 月，经中国农业科学院批准，成立了由张乃凤任主任委员，张世贤、汪洪钢任副主任委员，黄鸿翔兼学术秘书，共 19 人组成的土肥所第三届学术委员会。

5 月 17—21 日，由中国农学会土壤肥料研究会和山东省水资源与水土保持工作领导小组联合召开的"全国水土保持山区开发战略研讨会"在烟台举行。

10 月，农业微生物室非豆科固氮研究组负责编写的《非豆科作物固氮研究进展》由中国农业科技出版社出版发行。

10 月，国家化肥质量监督检验中心通过计量认证审查。11 月获（89）量认（国）字（V0280）号计量认证合格证书。

11 月，土肥所编写的《实用土壤肥料手册》由中国农业科技出版社出版发行。

本年度，谢承桂、黄玉俊、高绪科晋升为研究员。

1990 年

6 月 2 日，中国农学会土壤肥料研究会在北京召开第三届会员代表大会，选举成立第三届理事会，中国农业科学院刘更另当选理事长，土肥所林葆当选为常务副理事长，黄鸿翔为秘书长。

6 月，陈廷伟随同李鹏总理到河南视察，在听取关于非豆科固氮研究工作进展后，李鹏批准土肥所承担总理基金项目"非豆科结瘤固氮研究"。

1991 年

1 月 29 日，土肥所参加的"秸秆覆盖节水增产技术"经全国农业节水技术评估会确定为农业节水面积推广项目。

2 月 25 日至 3 月 1 日，受农业部委托由土肥所主持的磷石膏农用途径及其机理科研协作会在北京召开。

3 月，全国土壤肥力和肥料效益监测基地通过国家验收。

3 月，由土肥所盐改室经济施肥和土壤培肥专题组编写的《黄淮海平原主要作物优化施肥和土壤培肥技术》由中国农业科技出版社出版发行。

3 月，《中国有机肥料》由农业出版社出版发行。

5 月 12 日，举行陵县盐碱改良实验区建站 25 年庆祝活动。陵县县委和县人民政府为表彰土肥所和已故著名土壤学家王守纯在改良盐碱地和改变陵县面貌所取得的成绩，分别在山东陵县试验站内和北京中国农业科学院内树立纪念碑。

5 月 15 日，为表彰王守纯深入农村、改良盐碱地的成就，举行了王守纯事迹报告会，中国农业科学院党组书记沈桂芳宣布了院党组《关于在全院深入开展向王守纯同志学习的决定》，农业部副部长洪绂曾出席会议并讲话。

7 月 26—29 日，由中国农学会土壤肥料研究会和黑龙江省国营农场总局联合主持的全国经济施肥和培肥技术学术讨论会在黑龙江红兴隆农场管理局召开。

8 月，邹家华副总理来土肥所视察可降解地膜的研究工作。

12 月 20 日，林葆连任土肥所所长，黄鸿翔、李家康任副所长。

1992 年

1月，经土肥所研究决定成立会计科。任命王斌为会计科科长兼主管会计，吴育英为会计科副科长。

2月21日，经群众推选，产生第三届专业技术职务评审委员会，共有21名委员，林葆任主任，黄鸿翔任副主任。

3月，陈福兴、黄鸿翔、朱大权、金维续、李家康、葛诚、王少仁晋升为研究员，宋世杰等27位同志晋升为副研究员。

4月，农业部授予土肥所陈永安、刘新保、李家康1992年度部级有突出贡献的中青年科学、技术管理专家称号。

5月4—10日，全国化肥试验网工作会议在南昌召开。

6月4—7日，由中国农学会土壤肥料研究会、中国农业科学院教委会、农业部全国土肥总站联合举办的首届全国农业系统青年土肥科技工作者学术讨论会在广州召开，评选青年优秀论文58篇，其中一等奖3篇，二等奖6篇，三等奖19篇，优秀论文奖29篇。

8月，土肥所被农业部评为全国农业科研单位综合科研能力优秀单位，名列全国第18位，同类专业所第1位。

8月，经所务会通过的《土肥所科技开发推广管理暂行办法》，从1992年8月10日起开始实施。

10月23—26日，由中国农业科学院、农业部全国土肥总站和中国农学会土壤肥料研究会联合召开的南方吨粮田地力建设和施肥效益学术讨论会在嘉兴举行。

1993 年

2月22日，所办公会通过《科技开发推广管理暂行办法的补充意见》，从1993年4月开始执行。

2月，经中国农业科学院批准，成立了由李家康任主任委员，唐近春、葛诚任副主任委员，张树勤兼学术秘书，共19人组成的土肥所第四届学术委员会。

3月4日，土肥所获"1992年度中国农业科学院先进女工委员会"称号。

3月，土肥所女工委员会获中国农业科学院"首届女职工美化生活作品展览组织奖"。

5月6—7日，由农业部农业司、中国农业科学院土肥所和挪威电化公司共同组织的国际硝酸磷肥学术讨论会在北京召开，并出版了国际硝酸磷肥学术讨论会论文集。

5月28日，土肥所获连续十年计划生育工作先进集体。

6月15—17日，由美国硫磺研究院、中国硫酸工业协会和中国农学会土壤肥料研究会联合主办的中国硫资源和硫肥需求的现状和展望国际学术讨论会在北京举行，来自12个国家121位代表出席了会议。

7月20日，中共中央书记处书记温家宝来土肥所视察工作。

8月2日，经所办公会研究，成立土肥所综合档案室，重新修订并正式公布了《中国农业科学院土壤肥料研究所科技档案管理办法》《中国农业科学院土壤肥料研究所文书档案管理办法》《中国农业科学院土壤肥料研究所会计档案管理办法》等规章制度。

9月2日，经民政部批准、土壤肥料研究会从中国农学会分离出来，成为独立的一级学会，更名为"中国植物营养与肥料学会"。

11月，谢承陶、陈礼智、金继运、叶柏龄、李纯忠晋升为研究员，南春波等 14 位同志晋升为副研究员。

1994 年

2月2日，农业部批准土肥所 31 人享受政府特殊津贴待遇。

2月5日，中国农业科学院党组任命李家康为土肥所所长，官昌祯为土肥所党委书记，黄鸿翔、朱学军为土肥所副所长。

3月31日，由中国农业科学院主持，土肥所承办的张乃凤先生 90 华诞祝寿会在土肥所举行。农业部副部长洪绂曾，农工民主党北京市主任委员、北京市政协副主席祝谌予，鲍文奎院士，庄巧生院士等领导同志与来宾参加了祝寿会。土肥所为表彰张乃凤先生的学术成就，编写了《张乃凤先生九十寿辰纪念文集》，由中国农业科技出版社出版。

4月，经中国农业科学院学术委员会批准，土肥所第四届学术委员会由林葆任主任委员。唐近春、葛诚任副主任委员，张树勤兼任学术秘书。

4月26日，所务会讨论通过决定，有机肥室与农区草业研究室合并为有机肥绿肥研究室，耕作室与土壤室合并为土壤资源与管理研究室。

4月29日，成立土肥所文明单位创建领导小组，组长为李家康，副组长为官昌祯、朱学军。

10月6日，由国务院学位办、国家教委和农业部共同组成的博士点评估小组来所对"植物营养与施肥"专业博士点进行检查与评估，对土肥所的博士生培养工作表示满意，顺利通过。

10月15—20日，在成都召开"中国植物营养与肥料学会"成立大会。中国农业科学院刘更另院士任理事长，土肥所林葆任常务副理事长，李家康为副理事长，黄鸿翔任秘书长。

11月1日，农业部召开全国第二次土壤普查总结表彰大会。土肥所因《在全国第二次土壤普查工作中做出重大贡献》而受到表彰。土肥所张乃凤、黄鸿翔、赵克齐、蒋光润 4 位同志被评为先进工作者。

11月29日，所务会通过《土肥所公管住房和出国人员住房暂行管理办法》《土肥所关于职工管理若干问题的暂行规定》《关于科研、开发岗位条例的若干修改意见》3 项规章制度。

由土肥所主编的《中国肥料》一书，由上海科学技术出版社出版发行。

12月12日，土肥所综合档案室通过验收，成为农业部合格档案室。

12月27日，农业部批复在土肥所建立农业部农业微生物肥料质量监督检验测试中心。

1995 年

1月4日，姜春云副总理，由农业部刘江部长、国家科委韩德乾副主任、中国农业科学院吕飞杰院长等陪同来土肥所视察工作。

1月8—12日，在全国引进工作 15 年展览会上，土肥所参展项目"中国—加拿大农学合作项目十二年"获农业部唯一的一等奖。

3月9日，中国植物营养与肥料学会与中国硫酸工业协会，美国硫酸研究所联合在北京召开国际硫肥学术讨论会。

4月24—27日，由中国科协主办，中国科协信息中心，中国微生物学会农业微生物专业委员会、中国植物营养与肥料学会微生物与菌肥专业委员会，中国土壤学会土壤生物与生物化学专业委员会，中国绿色食品发展中心共同承办了"95 全国微生物肥料专业会议"。

4月31日至5月16日，土肥所受农业部和联合国粮农组织北京办事处委托，对朝鲜土壤肥料学习团一行 5 人进行了技术培训。

5 月 13 日，农业部发布由土肥所农业微生物室起草的我国第一部微生物肥料农业行业标准 NY 227-94，并于 5 月 30 日正式实施。

6 月 1 日，土肥所党委组织党、团员向"希望工程"捐款 2 375 元。资助易县 5 个贫困儿童重返校园。

6 月 5 日，为弘扬科技人员艰苦奋斗、敬业创业精神，在祁阳县举行了中国农业科学院衡阳红壤实验站建站 35 周年站庆活动。中国农业科学院党组高历生副书记、许越先副院长主持了有关活动，农业部和省地县有关方面负责人共 100 多人到会，何康、曾志、陈耀邦、洪绂曾、韩德乾等发来贺信、贺电。祁阳县委、县政府为该站建立了纪念碑。《红壤丘陵区农业发展研究》一书，由中国农业科技出版社出版发行。

6 月 20 日，经中国农业科学院研究同意，李家康兼任农业部微生物肥料质量监督检验测试中心主任，葛诚任常务副主任，宁国赞、李元芳任副主任。

7 月 1 日，土肥所刘小秧被评为中国农业科学院"十佳青年"，受到院直属机关党委、人事局表彰。

7 月 10 日，经中国农业科学院学术委员会批准，金继运、张维理两同志被选拔为院跨世纪学科带头人。

8 月 8 日，国家化肥质量监督检验中心被评为农业部全国农业质量监督先进集体，钱侯音、王敏被评为先进工作者；瞿晓坪被国家技术监督局评为有突出成绩的计量工作者。

10 月，山东省省委书记赵志浩等省领导视察土肥所禹城试验区。

国庆节期间，山东电视台在新闻联播节目中，以"种植希望的人们"为题对禹城试验区连续作了 4 次报道；11 月中旬中央电视台在新闻联播节目中也对禹城试验区的事迹作了报道。

10 月 10 日，中国植物营养与肥料学会与农业部软科学委员会、加拿大钾磷研究所联合在北京召开了中国农业发展中的肥料战略研讨会。

10 月 10 日，总理基金项目"非豆科作物结瘤固氮研究"通过验收。

11 月中旬，土肥所成就展览正式展出。展出版面分土肥所概况、科技队伍、科研设施、实验网点、科研项目、科研成果、国际交流、科技开发、党的建设和精神文明建设共 9 方面内容。

12 月 26—28 日，经国家技术监督局批准，农业部对微生物肥料质量监督检验测试中心进行正式验收，并顺利通过。

12 月下旬，国家化肥质量监督检验中心利用农业部进行贷款引进的 8 套大型仪器安装调试完毕，投入正常运转。

12 月 29 日，所务会讨论通过《中国农业科学院土壤肥料研究所科研课题管理办法》《中国农业科学院土壤肥料研究所所长基金项目管理办法》《中国农业科学院土壤肥料研究所有关职工离退休若干问题的暂行办法》《中国农业科学院土壤肥料研究所财务管理条例》《中国农业科学院土壤肥料研究所公管住房和出国人员住房管理的暂行规定》《中国农业科学院土壤肥料研究所所务会议制度》《中国农业科学院土壤肥料研究所办公会议制度》《中国农业科学院土壤肥料研究所党政联席会议制度》等规章制度。

1996 年

3 月 2 日，农业部农科发〔1996〕5 号文正式授权土肥所农业部微生物肥料质量监督检验测试中心进行微生物肥料的产品质量监督检验工作，并颁发了审查认可证书和工作印章，开始受理微生物肥料检验登记工作。

4月6日，在北京市土壤学会第七次代表大会上，土肥所副所长黄鸿翔当选第七届理事会理事长，张夫道、王旭当选常务理事，汪德水、刘小秧当选理事，王旭兼任副秘书长。

5月3日，土肥所副所长黄鸿翔被聘为特邀国家土地监察专员，由邹家华副总理颁发了证书。

5月10—11日，中国植物营养与肥料学会，中国化工学会在土肥所联合召开提高肥料养分利用率学术研讨会并向国务院领导同志提出"关于大力提高化肥利用率和肥效"的建议。姜春云副总理于1996年7月10日批示，"建议很好，应当抓好落实的工作，对测土配方施肥和深层施肥，应加以强调"。

6月，土肥所率先成功进行了计算机局域网第二期联网工作，并为此召开了计算机网络在农业中的应用演示会。

7月16日，任命刘继芳为业务所长助理，吴胜军为行政所长助理。

8月23—25日，中国植物营养与肥料学会根际营养与施肥专业委员会、青年工作委员会和中国土壤学会土壤植物营养专业委员会在北京召开了植物根际与营养遗传研讨会。

8月28日，禹城试验区举办建区30周年隆重庆祝活动。

9月9日，中国农业科学院洛阳旱农中试基地，经批准由土肥所负责筹建，并下达1996年第一批建设费50万元。

9月，周卫主持的项目"北方旱地土壤供硫潜力与机理研究"获得国际青年科学基金资助。

10月15—18日，中国植物营养与肥料学会、农业部国际合作司、加拿大钾磷研究所共同召开国际肥料与农业发展学术讨论会，并提出了"合理施肥促进农业持续发展"的建议。

10月30日，农业部发布第二次全国农业研究机构研究开发能力综合评估结果，土肥所名列第49名，进入百强单位。

11月30日，农业部发布第三轮重点开放实验室评选和命名结果，土肥所申报的"植物营养与养分循环"实验室被正式命名为农业部植物营养学重点开放实验室。

12月，汪德水、陈永安被批准聘为研究员，孙又宁等8同志聘为副研究员。

1997 年

1月，中澳合作项目"维持土壤肥力的牧草——圆叶决明的筛选"启动，项目由澳大利亚ACIAR资助，执行期两年。

1月11日，"盐渍化地区淡化肥沃层培育的机理与综合技术"和"鸡粪、废骨、皮渣复合肥产业化研究"两项成果获1997年农业部科技进步奖三等奖。

3月，刘小秧入选农业部"神农计划"首批提名人。

3月12日，土肥所任命朱传璞为党委办公室主任兼处级纪检员。

4月13日，在河南洛阳与洛阳市农科所签订在洛阳市农林科学院建设中国农业科学院洛阳旱农中试基地协议。

5月5—8日，中国植物营养与肥料学会土壤肥力与管理专业委员会在北京召开97全国土壤调理剂和肥料新品种、新剂型研讨及产品展示会。

5月，金继运、张维理被评为中国农业科学院首批跨世纪学科带头人。农业部微生物肥料质量监督检验测试中心微生物肥料产品检验登记进行首次评审，30个企业的35个产品有7个企业的8种产品通过评审，同意临时登记。经土肥所党政联席会研究决定，任命王旭（女）任国家化肥质量监督检测中心副主任，王敏任国家化肥质量监督检测中心副主任，徐明岗任湖南祁阳站站长。

6月，微生物肥料和生物除草剂的研究和开发课题获批立项，这是农业部支持的第一个微生物肥料研究项目。

8月，刘小秧被评为1997年农业部有突出贡献的中青年专家。

8月13—15日，中国植物营养与肥料学会根际营养与施肥专业委员会同中国微生物学会、中国土壤学会和中国林学会在中国农业大学联合召开第七届全国菌根学术讨论会。

8月19—22日，中国植物营养与肥料学会有机肥与绿肥专业委员会与新疆土壤肥料学会在乌鲁木齐市共同召开全国有机肥绿肥学术讨论会。

9月，根据中国农业科学院《关于土肥所组建第五届学术委员会的批复》，第五届学术委员会由林葆、葛诚、金继运、王旭、王敏、宁国赞、白占国、刘小秧、邢文英、汪德水、李家康、李志杰、张福锁、张维理、张夫道、金维续、段继贤、徐明岗、黄鸿翔19人组成，林葆任主任，葛诚、金继运任副主任，王旭兼任学术秘书。

9月9日，金继运家庭获得全国"五好文明家庭"标兵户。

10月，农业部微生物肥料质量监督检验测试中心受农业部委托，开始产品质量检验。

10月15日，李家康获得"中华农业科教基金"农业科研贡献奖。

10月20日，土肥所获得农业部、财政部和国家科委1996年科技成果转化三等奖，奖金20万元。

10月23日，"含氯化肥科学施肥与机理研究"成果获化工部科技进步奖一等奖。

10月29日，王晓琪获卫生部、中国红十字总会颁发的无偿献血金质奖杯。

12月，金继运、王晓琪被评为中国农业科学院"十佳文明职工"。会计科获得农业部计算机达标一等奖。全所职工（含离退休人员）增加工资及补贴。

1998 年

1月15日，中美合作项目"中国土壤肥力信息系统"在北京签订合同。

3月11日，经中国农业科学院高级专业技术职务评审委员会评审，张夫道、苏益三、刘立新晋升为研究员，徐晶、周卫、刘继芳晋升为副研究员。

3月12日，刘继芳调任新疆农业科学院副院长。

3月24日，经土肥所党政联席会研究决定，吴育英任土肥所专职工会副主席。

5月11日，中国农业科学院洛阳旱农试验基地竣工通过验收并投入使用。

6月11日，李家康主持完成的"含氯化肥科学施肥和机理的研究"成果获国家科技进步奖二等奖。

6月，禹城试验区获得50万元基地建设费用于实验楼和开发基地建设，建筑面积780平方米。

7月，国家化肥质量监督检验中心通过国家质量技术监督局组织的国家产品质量监督检验中心、国家计量和国家及实验室"三合一"认证。

7月27日，经土肥所党政联席会议研究决定，林继雄任化肥室主任，周卫任化肥室副主任（兼农业部植物营养学重点开放实验室副主任），白占国任土壤资源与管理研究室副主任（兼中国农业科学院洛阳旱农试验基地主任），王旭任国家化肥质量监督检验中心常务副主任和化肥测试中心主任（免去科研处副处长职务），王敏任化肥测试中心副主任，免去李元芳农业部微生物肥料监督检验测试中心副主任职务，张维理任信息农业研究室主任。

8月9—11日，中国植物营养与肥料学会与中国土壤学会在兰州市联合召开全国农业持续发展的土壤——植物营养与施肥学术讨论会。

9 月 10 日，土肥所召开首届职代会，所工会改选成立第六届工会委员会。

9 月 16 日，"北方主要类型旱区资源节约型农业技术的指标体系构建"项目获得国家自然科学基金资助。

10 月 19 日，土肥所获农业部、财政部、科技部 1997 年科技成果转化三等奖，奖金 20 万元。

10 月 21 日，"北京地区施肥对地下水污染的影响及减缓污染技术的研究"课题获得北京市自然科学基金资助。

11 月 16 日，土肥所与作物研究所合建的试验楼（土肥所建筑面积为 2 810 平方米）通过质检站验收。

11 月 20 日，中比国际合作项目"强化坡耕地水土保持耕作技术研究"获比利时弗拉芒政府批准立项，总经费 1 256 万比利时法郎。

12 月，北京市微生物学会换届暨学术报告会在土肥所举行，并将农业微生物专业委员会挂靠在土肥所。

12 月 10 日，周卫申请的"水稻土硫素行为与生物有效性"获瑞典国际科学基金资助。

12 月 14 日，引进国际先进技术项目"区域性农资及农作信息化合理关键技术引进及应用"和"精准农业技术体系"获农业部和财政部批准立项。

12 月 14 日，土肥所在北京组织召开高吸水性树脂（保水剂）农业应用座谈会。

1999 年

1 月 6 日，土肥所合作研究成果"豆科柱花根瘤菌菌剂生产及应用技术"获广东省农业技术推广三等奖，获奖人宁国赞等。

1 月 20—24 日，中国植物营养与肥料学会青年委员会在杭州召开 21 世纪农业与植物营养研究中青年科学工作者研讨会，围绕 21 世纪农业发展与植物营养科学策略进行交流研讨。

3 月 10 日，经中国农业科学院专业技术职务评审委员会评审，张维理、李元芳晋升为研究员，梁鸣早、张锐、吴胜军晋升为副研究员。

3 月 12 日，经土肥所党政联席会研究决定，任命赵林萍为科研处副处长。

4 月 6—10 日，在广西桂林召开的中国植物营养与肥料学会第五届代表大会上，林葆当选为理事长、李家康当选为副理事长兼秘书长，黄鸿翔、金继运当选为常务理事，葛诚、张夫道、王旭、白占国、周卫当选为理事，陈礼智、郭炳家被聘为副秘书长，蔡典雄、张夫道、葛诚、王旭分别聘为土壤肥力与管理、有机肥与绿肥、微生物与菌肥、测试与诊断专业委员会主任。

4 月 20 日，张夫道、万曦、王小彬获得非教育系统留学回国人员资助 8.5 万元。

4 月，金继运主持完成的"土壤养分综合系统评价法与平衡施肥技术"成果获国家科技进步奖三等奖。

5 月 14 日，经中国农业科学院批准，梁业森、蔡典雄、周卫、赵林萍增补为土肥所学术委员会委员，赵林萍兼任秘书。

5 月 22 日，"烟草专用复合（混合）微生物肥料研究与开发"通过烟草专卖局鉴定。

5 月 24 日，国家农业磋商小组成员约 70 人到土肥所访问。

7 月，中比合作项目"强化坡耕地水土保持耕作技术研究"启动实施，中比联合建设的坡耕地径流测试试验场在河南洛阳宋庄建成并投入使用。

8 月，在职职工及离退休人员 308 人调整工资标准，每年增加 50 余万元。

9 月 15 日，土肥所获农业部、财政部、科学技术部 1998 年度科技成果转化三等奖，奖金 20 万元。

10月8日，宁国赞获得中国草原学会《中国草地》刊物优秀作者奖。

10月15日，《豆科根瘤菌及其应用技术》著作获河南省优秀图书二等奖。

10月28日，在全体党员大会上，选举产生土肥所第五届党委会和第四届纪律检查委员会，梁业森、李家康、吴胜军、宁国赞、金继运、朱传璞、杨立萍7人当选党委委员。梁业森、朱传璞、王兴当选纪律检查委员会委员。11月2日，在第五届党委第一次会上，梁业森当选党委书记。11月3日，在第四届纪律检查委员会第一次会上，梁业森当选纪委书记。

10月，"红壤丘陵区牧草综合栽培与利用技术"通过湖南省鉴定。

11月9日，吴胜军补选兼任工会主席。

11月，根据中国农业科学院人事局文件《关于同意土肥所机构调整的批复》（农科院人干字〔1999〕117号），研究机构调整为：植物营养与肥料研究室、土壤管理与农业生态研究室、农业微生物研究室、信息农业研究室、农业部微生物肥料质检中心、国家化肥质量监督检验中心、中国农业科学院湖南祁阳红壤改良实验站和中国农业科学院山东德州盐碱土改良实验站。

11月，经考核任命7名处级干部，张保华任办公室主任、王斌任办公室副主任、杨立萍任人事处处长、王兴任人事处副处长、蔡典雄任土壤管理与农业生态研究室主任，姜瑞波任农业微生物研究室副主任，李俊任农业部微生物肥料质检中心副主任。"北方土壤供钾能力及钾肥高效施用技术研究"获农业部科技进步奖一等奖，"食用菌菌种生产性状早期鉴定技术"获农业部科技进步奖三等奖。

12月1日，王敦敏被批准享受司局级待遇。

12月1日，经土肥所党委会研究同意，7个党支部进行换届改选，支部书记分别由曾木祥、周湧、周卫、吴胜军、陈庆祥、黄玉俊、李元芳担任。

12月7日，会计科获得1998年科学事业费决算报表二等奖，中国农业科学院一等奖。

2000 年

2月，"水分胁迫下中国黄土地区土壤中锌的有效性""不同衰老型玉米碳氮互作研究"2项国际青年基金项目获得立项。

3月，经中国农业科学院高级专业技术职务评审委员会评审，蔡典雄、林继雄、宁国赞晋升为研究员，程明芳、冯瑞华、李俊、梁国庆、文石林、赵林萍晋升为副研究员。

5月，国家科技攻关专题禹城试验区"资源节约型高产高效农业综合发展研究"、陵县试验区"鲁西北低平原环境调控与高效持续农业研究"、引进国际先进技术项目"微咸水灌溉技术"通过农业部验收。

6月26日，红壤地区农业持续发展与农业结构调整学术研讨会暨祁阳站成立40周年庆祝大会在祁阳站召开，中国农业科学院副院长张奉伦出席会议。

7月，国家化肥质量监督检验中心通过中国实验室国家认可委员会组织的实验室监督评审，同时完成对6个肥料参数、3个土壤方法参数及22个植物项目的计量认证和实验室国家认证。土肥所主持完成的"北方土壤供钾能力及钾肥高效施用技术研究"成果获得国家科技进步奖二等奖。国家科技攻关专题"湘南红壤丘陵区粮食与经济林果牧高效综合发展研究"通过验收。

8月，"土壤有机氯的生物修复"获得北京市自然科学基金资助。

9月12—15日，中国植物营养与肥料学会和中国土壤学会联合召开第七届全国青年土壤暨第二届全国青年植物营养科学工作者学术讨论会。

9月14日，经人事处和党委办公室共同考核，所党政联席会议研究决定，商铁兰任科技开发中心副主任。

9月，引进国际先进技术"提高肥料利用率的新型树脂膜土壤测试技术"课题通过农业部验收。

10月21日，土肥所获农业部、科技部、财政部1999年度科技成果转化三等奖，奖金20万元。

10月，"红壤镁素状况及镁肥施用技术"通过湖南省科委鉴定。

10月，"不同衰老型玉米碳氮代谢的差异及其机理研究""小麦拒镉与非拒镉差异的机理研究"获得国家自然科学基金资助。

11月16—18日，中国植物营养与肥料学会在云南昆明市召开全国复混肥高新技术产业化学术研讨会。

11月，国家科技攻关专题"主要类型旱地农田水肥耦合及高效利用技术研究""禹城试验区资源节约型高产高效农业综合发展研究""鲁西北平原环境调控与高效持续农业研究""黄淮海平原重点关键技术"通过验收。"玉米高产施肥的营养生理基础与提高化肥利用率技术研究"通过吉林省科委鉴定。

11月24日，土肥所完成网络升级，新配置的思科交换机实现了局域网百兆到桌面，出口通过光纤连接到中国科技网。

12月4日，经土肥所党委办公室和人事处共同考核，所党政联席会议研究及农业部质量办公室资格审查决定，任命李俊为农业部微生物肥料质量监督检验测试中心常务副主任（正处级），沈德龙为中心副主任。

12月16日，"红壤丘陵区牧草栽培与综合利用技术"成果获湖南省科技进步奖三等奖。

12月，"农业微生物菌种资源收集、整理、保存""中国土壤生物演化及安全预警系统"项目获准立项，经费分别为100万元、230万元。

2001 年

2月，经中国农业科学院高级专业技术职务评审委员会评审，姜瑞波、刘荣乐、南春波、徐明岗、白由路晋升为研究员，何萍、杨俐苹、李书田、卢昌艾、邢文刚、王伯仁、杨立萍、李志宏晋升为副研究员。农业微生物菌种收集、整理、保藏及农业国土资源数据库两个项目通过科技部验收。科技部、财政部、经贸委授予徐明岗国家"九五"攻关先进个人称号。

4月，"中国土壤肥料信息系统及其在养分资源管理中的应用"获中国农业科学院科技成果一等奖。"南方红壤地区土壤镁素状况及镁肥施用技术"获中国农业科学院科技成果二等奖、湖南省科技进步奖二等奖。

4月28日，中国农业科学院党组到土肥所宣布领导班子，梁业森任党委书记兼副所长、刘继芳任副书记兼副所长、吴胜军任副所长、刘荣乐任所长助理。免去李家康所长职务、黄鸿翔副所长职务。

5月，石油化工部项目"农用乳化沥青研究"获准立项，执行时间为2001—2003年。

5月26日至6月20日，应瑞士联邦援助朝鲜民主主义人民共和国项目负责人 Hans Peter Mueller 教授的要求，朝鲜 An Dae Hggon、kim song sn 和 Ri cholHn 到土肥所进行为期4周的培训。培训期间赴德州、祁阳及洛阳试验站进行相关考察。

6月20—22日，农业部微生物肥料质量监督检验测试中心通过农业部五年一次的双认证复查评审。

7月，引进国际先进技术项目"农业微生物模式菌"获准立项，"亚表层渗灌防堵节水系统研究"通过农业部鉴定，中澳国际合作项目"华南红壤地区牧草与食动物发展"正式启动。

9月，全国农业引智推广项目"稻田一次性种肥同位施用技术"和中德合作项目"中国北方集约化农业地区环境战略"获准立项，引进国际先进技术项目"精准农业技术体系"通过农业部验收，国家自然科学基金项目"缺钙导致苹果果实生理失调的机理——着重钙和钙信使方面"获准立项。

10月20日，衡阳红壤实验站、国家土壤肥力与肥料效益监测站网被科技部授予国家重点野外台站（试点）。

10月26日至11月4日，应中华土壤肥料学会邀请，林葆、黄鸿翔赴中国台湾参加第四届海峡两岸土壤肥料学术交流研讨会。黄鸿翔做了大会报告、林葆做了分组会议报告。

11月20日，国家化肥质量监督检验中心通过中国实验室国家认可委的监督评审。

11月20—22日，中国植物营养与肥料学会在广西南宁召开第五届二次理事会扩大会暨学术讨论会。围绕西部大开发战略和农业结构调整中的土壤肥料问题进行学术研讨，并与加拿大钾磷研究所共同举办中国磷肥应用与展望学术研讨会，会上增补梁业森为学会常务理事。

11月，国家重大基础研究计划快速反应项目"中国土壤养分非均衡化与土壤健康功能衰退研究"获准立项。

11月22日，中国农业科学院党组任命梅旭荣任土肥所所长兼党委副书记。

12月，"农田节水标准化技术研究与产品开发""环境友好型肥料研制与产业化""纳米肥料关键性技术研究"获"863"计划资助。"数字土壤资源与农田质量预警"获科技部公益类项目资助。"农业、医、药微生物收集整理与保藏"获基础性工作项目资助。"禹城旱作农业示范区建设"项目通过农业部验收。"威恩圆叶决明""迈尔斯罗顿豆"由第四届全国牧草品种审定委员会第二次品种审定会议通过。上海科技兴农重点攻关项目"新型复合微生物菌剂的研制与开发""稻麦秸秆综合利用技术"通过上海市科委鉴定。

本年度，刘荣乐评为农业部有突出贡献的中青年专家，张维理获政府特殊津贴，张保华被评为中国农业科学院安全保卫工作先进个人。人事处在院人事劳资统计工作中获2001年先进单位，会计科获2001年中国农业科学院决算二等奖。土肥所被评为2001年度计划生育工作先进单位。周青被评为2001年度计划生育先进个人。

2002 年

1月8日，在中国农业科学院妇委会表彰大会上，张维理获院巾帼建功标兵、李雪雁获院优秀妇女干部、土肥所妇委会获院优秀妇委会、梁业森获院妇女之友。

1月18日，土肥所农田节水技术创新与节水生化制剂中试基地建设项目获得批复。

3月，经中国农业科学院高级专业技术职务评审委员会评审通过，白占国、李志杰、张金霞晋升为研究员，单秀芝、沈德龙、田昌玉、周法永晋升为副研究员。

6月12日，土肥所与（香港）阳光生物科技投资有限公司共同合资组建"北京中农新科生物科技有限公司"，该公司在中关村科技园区注册为高新技术企业，注册资本金为1818万元。土肥所以无形资产作价818.1万元，占总股本45%。

7月，中国农业科学院党组任命张维理为土肥所副所长。

7月，土肥所第二支部获中国农业科学院2000—2001年度先进党支部，徐明岗、蔡典雄获中国农业科学院优秀共产党员，周湧获得优秀党务工作者。

7月，土肥所对职能部门进行调整，科研处和开发中心合并成立科技处，后勤服务职能从办公室分离出来成立后勤服务中心（正处级）。调整后所职能管理机构仍为4个，即办公室、科技处、党委办公室、人事处，后勤服务中心为服务机构。郭同军任办公室主任、王秀芳任办公室副主任，赵秉强任科技处处长、赵林萍和周涌任科技处副处长，王雅儒任党委办公室主任、徐晓慧任党委办公室副主任，赵红梅任人事处副处长（主持工作），张保华任后勤服务中心主任、工斌任后勤服务中心副主任；免去朱传璞党委办公室主任职务，保留正处级待遇；免去商铁兰科技开发中心副主任职务，保留副处级待遇。

8月22日，根据湖南省科学技术厅湘科函字〔2002〕61号文件批复，中国农业科学院衡阳红壤实验站列为湖南省红壤农业试验站示范基地。

8月30日，根据土肥所《关于冯晓辉等同志的职务任免通知》（农科土人〔2002〕13号），冯晓辉任财务科科长、蟳新任财务科副科长，免去王斌财务科科长职务。

9月20日，根据中国农业科学院人事局《关于土肥所调整研究机构的批复》（农科人干字〔2002〕66号），农业微生物研究室更名为微生物农业利用研究室、土壤管理与农业生态研究室更名为土壤与农业生态研究室，成立农业水资源利用研究室、应用技术研发室（创业中心）和编辑信息室，农业部微生物肥料质检中心增挂中国农业科学院土壤肥料研究所菌肥测试中心牌子，国家化肥质量监督检验中心（增挂中国农业科学院土壤肥料研究所土壤肥料测试中心牌子，其他研究室（植物营养与肥料研究室、信息农业研究室）不变。

11月5日，根据土肥所《关于徐明岗等十三位同志职务任免的通知》（农科土〔2002〕23号），徐明岗任土壤与农业生态研究室主任、白由路任植物营养与肥料研究室副主任（主持工作）、张维理兼任信息农业研究室主任、姜瑞波任微生物农业利用研究室主任、蔡典雄任农业水资源利用研究室主任（免去土壤室主任职务），王敏任应用技术研发室主任，李俊任菌肥测试中心主任、沈德龙任菌肥测试中心副主任，王旭任化肥测试中心主任、封朝晖任化肥测试中心副主任。免去刘小秧农业微生物研究室副主任职务（保留副处级待遇），免去周卫植物营养与肥料研究室副主任职务，免去白占国土壤管理与农田生态研究室副主任职务。

11月，根据中国农业科学院人事局《关于调整土肥所专业技术职务评审委员会的请示》的批复，土肥所专业技术职务评审委员会由21人组成，主任委员为梅旭荣，副主任委员为梁业森、张维理，委员有王旭、王敏、白由路、刘小秧、刘更另、刘荣乐、李俊、李志杰、吴胜军、林葆、张夫道、张维理、金继运、赵红梅、赵秉强、姜瑞波、徐明岗、梁业森、梅旭荣、黄鸿翔、蔡典雄。秘书长为赵红梅

11月，根据中国农业科学院《关于推荐土壤肥料研究所第六届学术委员会委员的请示》的批复，土肥所第六届学术委员会由19人组成，主任委员为梅旭荣，副主任委员为金继运、张维理，委员有白占国、蔡典雄、陈同斌、黄鸿翔、李晓林、梁业森、林葆、刘更另、刘荣乐、刘小秧、徐明岗、王旭、王敏、张夫道、赵林萍、周卫，赵林萍任学术秘书。

2003 年

3月，经中国农业科学院高级专业技术职务评审委员会评审通过，曾希柏、王旭、吴荣贵、周卫晋升为研究员，程宪国、范洪黎、封朝晖、黄绍文、刘宏斌、汪洪晋升为副研究员。

5月14日，中国农业科学院组织召开会议，宣布新整合的"中国农业科学院农业资源与农业区划研究所"领导班子。中国农业科学院院长翟虎渠、院党组副书记王红谊、副院长刘旭、院人事局副局长高士军及新整合的区划所领导班子成员，土肥所、区划所中层以上领导参加了会议。院党组副书记王红谊宣布唐华俊等6人的任职决定。唐华俊任农业资源与农业区划研究所所长，梅旭荣任党委书记兼副所长，梁业森任党委副书记，王道龙任党委副书记兼副所长，张海林、张维理任副所长。

附　　录

一、职工名录

（一）京内职工名录

序号	姓名	性别	工作时间	去向
1	板野新夫	男	1957—1960	回国
2	陈克增	男	1957—1961	调出
3	陈玲爱	女	1957—1961	调出
4	陈尚谨	男	1957—1987	退休
5	陈淑筠	女	1957—1961	调出
6	陈顺天	男	1957—1960	调出
7	陈廷伟	男	1957—1996	退休
8	陈文荃	女	1957—1969	调出
9	陈玉焕	男	1957—1961	调出
10	陈玉明	男	1957—1969	调出
11	陈裕盛	男	1957—1958	调出
12	丁已任	男	1957—1961	调出
13	冯兆林	男	1957—1959	去世
14	富萝君	女	1957—1960	调出
15	甘扬声	男	1957—1975	调出
16	高惠民	男	1957—1982	离休
17	关巧清	女	1957—1958	调出
18	郭毓德	女	1957—1987	退休
19	何德星	女	1957—1961	调出
20	胡济生	男	1957—1987	退休
21	胡瑞光	男	1957—1959	调出
22	黄不凡	男	1957—1986	调出
23	黄少贤	男	1957—1961，1962—1983	调出
24	黄玉俊	男	1957—1958，1962—1991	离休
25	江朝余	男	1957—1968，1985—1986	调出

（续表）

序号	姓名	性别	工作时间	去向
26	缴玉植	男	1957—1987	退休
27	晋德馨	男	1957—1958	调出
28	蓝锐祥	男	1957—1958	调出
29	李常铨	男	1957—1960	调出
30	李纯忠	男	1957—1994	退休
31	李笃仁	男	1957—1987	退休
32	李钦榜	男	1957—1960	调出
33	李青云	女	1957—1960	调出
34	李少勤	女	1957—1961	调出
35	李淑筠	女	1957—1968	调出
36	梁德印	男	1957—1991	退休
37	林翔英	女	1957—1958	调出
38	刘昌智	男	1957—1961	调出
39	刘怀旭	男	1957—1969，1980—1990	退休
40	刘守初	男	1957—1975	去世
41	刘以福	男	1957—1961	调出
42	刘占春	男	1957—1969	调出
43	卢宝如	男	1957—1961	调出
44	罗学义	男	1957—1958	调出
45	马诗清	女	1957—1975	退休
46	马燕茹	女	1957—1969	调出
47	宁守铭	男	1957—1961	调出
48	盘珠祁	男	1957—1958	退休
49	齐福群	男	1957—1960	调出
50	乔生辉	男	1957—1961	调出
51	秦东垒	男	1957—1960	调出
52	冉启玙	男	1957—1958	调出
53	孙允福	男	1957—1968	调出
54	谭伯勋	男	1957—1958	调出
55	谭超夏	男	1957—1979	调出
56	谭正英	女	1957—1961，1970—1987	退休
57	唐梁楠	男	1957—1961	调出
58	王兰英	女	1957—1968，1980—1987	退休
59	王　庆	男	1957—1968	调出

（续表）

序号	姓名	性别	工作时间	去向
60	王少仁	男	1957—1960，1980—1991	离休
61	王守纯	男	1957—1987	退休
62	王守敦	男	1957—1958	调出
63	王文泰	男	1957—1969	调出
64	王应求	男	1957—1990	退休
65	邬继阁	男	1957—1992	退休
66	吴乐民	男	1957—1960	调出
67	吴祖堂	男	1957—1960	调出
68	谢德龄	女	1957—1992	调出
69	谢寿长	男	1957—1972	调出
70	徐叔华	男	1957—1968	去世
71	徐　正	男	1957—1960	调出
72	杨文涛	男	1957—1960	调出
73	杨秀华	女	1957—1989	退休
74	杨永棠	男	1957—1961	退职
75	叶柏龄	男	1957—1992	退休
76	张明训	男	1957—1960	调出
77	张乃凤	男	1957—2003	资划所
78	张启昭	女	1957—1974	去世
79	张绍丽	女	1957—1978	调出
80	张毓钟	女	1957—1958	调出
81	赵文泉	男	1957—1969	调出
82	赵振英	男	1957—1960	调出
83	赵质培	男	1957—1969	调出
84	种继福	男	1957—1969	调出
85	周承先	女	1957—1974，1983—1989	退休
86	周建侯	男	1957—1958	退休
87	周平贞	女	1957—1961	调出
88	周淑华	女	1957—1973	调出
89	周玉荣	男	1957—1970	调出
90	朱家菊	男	1957—1958	退职
91	曾建光	男	1957—1958	开除
92	陈子英	男	1958—1974	调出
93	迟　斌	女	1958—1961	调出

（续表）

序号	姓名	性别	工作时间	去向
94	丁保顺	男	1958—1960	调出
95	冯　儒	女	1958—1960	调出
96	郝文海	男	1958—1968	调出
97	梁　勇	男	1958—1968，1982—1986	离休
98	马兰清	女	1958—1960	调出
99	商　钦	男	1958—1960	调出
100	谭婉香	女	1958—1961	调出
101	徐素芝	女	1958—1960	调出
102	尹莘耘	男	1958—1970	调出
103	卞兆玺	男	1959—1961	调出
104	蔡振元	男	1959—1961	退职
105	陈福兴	男	1959—1995	退休
106	陈修荆	男	1959—1960	调出
107	崔　化	男	1959—1961	调出
108	丁建英	男	1959—1960	调出
109	冯世禄	男	1959—1960	调出
110	耿成杰	男	1959—1961	调出
111	胡彦明	男	1959—1961	调出
112	贾存财	男	1959—1961	调出
113	贾占田	男	1959—1960	开除
114	李成勋	男	1959—1960	调出
115	李占虎	男	1959—1969	调出
116	刘更另	男	1959—1970，1980—1985	调出
117	刘娴秋	女	1959—1968	调出
118	穆从如	女	1959—1975	调出
119	任文何	男	1959—1960	调出
120	商志英	男	1959—1960	调出
121	王兴泉	男	1959—1961	退职
122	王志敏	男	1959—1961	调出
123	吴海潮	男	1959—1960	去世
124	武绍文	男	1959—1961	调出
125	禹寿功	男	1959—1960	调出
126	陈林康	男	1960	调出
127	陈永安	男	1960—1996	退休

（续表）

序号	姓名	性别	工作时间	去向
128	崔秀芳	女	1960	调出
129	杜芳林	女	1960—1969	调出
130	冯思坤	男	1960—1961	调出
131	高绪科	男	1960—1993	退休
132	顾春阳	女	1960—1961	调出
133	郝晓荣	女	1960	调出
134	贺微仙	女	1960—1969	调出
135	黄吉荣	男	1960—1961	调出
136	姜伏初	男	1960—1961	调出
137	金　敏	女	1960	调出
138	李运春	男	1960—1961	调出
139	连侨思	女	1960—1973	调出
140	廖瑞章	男	1960—1997	退休
141	林镒如	男	1960—1961	调出
142	林　葆	男	1960—2003	资划所
143	刘庆城	男	1960—1994	退休
144	罗文材	男	1960—1961	调出
145	王　恺	男	1960—1980，1982	离休
146	王瑞新	女	1960—1961	调出
147	王文贤	女	1960	调出
148	王维敏	男	1960—1963，1969—1991	退休
149	吴观以	女	1960—1998	退休
150	肖国壮	男	1960—1969	调出
151	胥礼禄	男	1960—1969	调出
152	荀培琪	女	1960—1969	调出
153	严文淦	男	1960—1961	调出
154	杨　清	男	1960—1972，1980—1994	退休
155	尹梅华	女	1960—1961	调出
156	翟世恩	男	1960—1961	调出
157	张美庆	女	1960—1969	调出
158	张燕影	女	1960	调出
159	张玉兰	女	1960—1969	调出
160	张玉芝	女	1960—1963	调出
161	张云德	男	1960—1969	调出

（续表）

序号	姓名	性别	工作时间	去向
162	黄 芳	女	1961—1969	调出
163	黄增奎	男	1961—1982	调出
164	杨雨富	男	1961—1969	调出
165	张彤玲	女	1961—1969	调出
166	张仲斌	男	1961—1979	调出
167	朱如沅	男	1961—1969	调出
168	蔡 良	男	1962—1999	退休
169	蔡淑卿	男	1962—1969	调出
170	曾江海	男	1962—1970	调出
171	陈礼智	男	1962—1997	退休
172	程桂荪	女	1962—1998	退休
173	戴蕙珍	女	1962—1969	调出
174	董慕新	女	1962—1969	调出
175	甘晓松	女	1962—1968	调出
176	关妙姬	男	1962—1989	退休
177	关松荫	男	1962—1993	退休
178	关振声	男	1962—1997	退休
179	郭金如	男	1962—1976，1981—1990	退休
180	何观雄	男	1962—1965	调出
181	洪汉臣	男	1962—1968	调出
182	黄鸿翔	男	1962—2003	资划所
183	蒋光润	男	1962—1995	退休
184	焦 彬	男	1962—1970，1980—1986	调出
185	金桃根	男	1962—1965	调出
186	金维续	男	1962—1999	退休
187	李慧荃	女	1962—1997	退休
188	李廷轩	男	1962—1996	退休
189	林声远	男	1962—1969	调出
190	刘寄陵	男	1962—1984	调出
191	刘义华	女	1962—1963	去世
192	齐国光	男	1962—1997	退休
193	祁 明	女	1962—1969，1982—1989	退休
194	钱可敬	男	1962—1969	调出
195	邱桂英	女	1962—1969	调出

（续表）

序号	姓名	性别	工作时间	去向
196	阮俊峰	男	1962—1997	退休
197	王莲池	女	1962—1990	退休
198	王淑惠	女	1962—1989	退休
199	王永杰	女	1962—1969	调出
200	王涌清	男	1962—1986	调出
201	吴瑞武	男	1962—1969	调出
202	谢森祥	男	1962—1991	退休
203	熊大爻	男	1962—1978	调出
204	徐玲玫	女	1962—1996	退休
205	姚瑞林	男	1962—1991	退休
206	要明伦	男	1962—1964	调出
207	余永年	女	1962—1997	退休
208	张傑明	男	1962—1963	调出
209	张均康	男	1962—1969	调出
210	张马祥	男	1963—1990	离休
211	章士炎	男	1962—1969	调出
212	赵克齐	男	1962—1993	退休
213	周自勤	男	1962—1985	去世
214	柏学亮	男	1963—1971	调出
215	曹洪禄	男	1963—1969	调出
216	戴仁瑛	女	1963—1969	调出
217	干静娥	女	1963—1997	退休
218	葛珠福	女	1963—1969	调出
219	顾弼成	男	1963—1969	调出
220	郭炳家	男	1963—1994	退休
221	郭殿瑞	男	1963—1974	调出
222	胡崇烈	男	1963—1969	调出
223	黄秉生	男	1963—1969	调出
224	黄贵鹤	男	1963—1969	调出
225	黄照愿	男	1963—1990	退休
226	江金陵	男	1963—1973	调出
227	姜孝礼	男	1963—1972	调出
228	金基道	男	1963—1969	调出
229	李秀玉	女	1963—1969	调出

（续表）

序号	姓名	性别	工作时间	去向
230	梁丽糯	女	1963—1969	调出
231	林永年	男	1963—1969	调出
232	罗保权	男	1963—1973	调出
233	孟昭鹏	男	1963—1986	调出
234	倪楚芳	女	1963—1984	调出
235	苏益三	男	1963—1969，1979—1999	调出，退休
236	汪德水	男	1963—1999	退休
237	汪良才	男	1963—1969	调出
238	王世旭	男	1963—1969	调出
239	王薇芝	女	1963—1969	调出
240	韦日清	男	1963—1969	调出
241	魏由庆	男	1963—1998	退休
242	温庭玉	男	1963—1969	调出
243	吴大伦	男	1963—1969	调出
244	吴肖菊	女	1963—1972	调出
245	肖兆如	女	1963—1969	调出
246	谢承陶	男	1963—1998	退休
247	谢向荣	男	1963—1976	调出
248	谢应先	男	1963—1998	退休
249	熊锦香	女	1963—1989	退休
250	徐可明	男	1963—1969，1984—1996	退休
251	徐美德	女	1963—1991	退休
252	严慧峻	女	1963—2000	退休
253	杨守春	男	1963—1991	退休
254	杨守信	男	1963—1998	退休
255	姚允寅	男	1963—1969	调出
256	俞水泉	男	1963—1969	调出
257	张定国	男	1963—1969	调出
258	赵仁昌	男	1963—1969	调出
259	赵衍瑞	男	1963—1969	调出
260	郑炜萱	男	1963—1972	调出
261	周修冲	男	1963—1980	调出
262	陈俊英	女	1964—1969	调出
263	陈婉华	女	1964—2001	退休

（续表）

序号	姓名	性别	工作时间	去向
264	杜添兴	男	1964—1969	调出
265	李健宝	男	1964—1999	退休
266	李元芳	男	1964—1998	退休
267	凌桂珍	女	1964—1969	调出
268	向洪宜	男	1964—1972	调出
269	张镜清	女	1964—1995	退休
270	张树勤	女	1964—1998	退休
271	陈法杨	男	1965—1969	调出
272	陈觉全	男	1965—1969	调出
273	陈锦明	女	1965—1979	调出
274	陈培森	女	1965—1995	退休
275	郭好礼	男	1965—1980，1982—2000	退休
276	何宗宇	女	1965—1973，1982—1999	退休
277	李家义	男	1965—1969	调出
278	梁 峰	男	1965—1969	调出
279	梁绍芬	女	1965—1999	退休
280	刘立新	男	1965—2000	退休
281	刘世民	男	1965—1969	调出
282	闵九康	男	1965—1992	调出
283	牛瑛杰	男	1965—1969	调出
284	瞿晓坪	女	1965—1996	退休
285	桑金隆	男	1965—1979	调出
286	沈启武	女	1965—1969	调出
287	沈玉芝	女	1965—1982	调出
288	宋景芝	男	1965—1969	调出
289	田子成	男	1965—1979	调出
290	王隽英	女	1965—2000	退休
291	王明珍	女	1965—1969	调出
292	王月恒	男	1965—1969	调出
293	王尊杨	男	1965—1969	调出
294	吴亚东	男	1965—1984	去世
295	吴宜璋	女	1965—1979	调出
296	夏毓荣	女	1965—1969	调出
297	向 华	女	1965—1990	退休

（续表）

序号	姓名	性别	工作时间	去向
298	谢乾华	男	1965—1969	调出
299	徐庆云	男	1965—1969	调出
300	徐天惠	男	1965—1971	调出
301	张佩芬	女	1965—1968	调出
302	张淑珍	女	1965—1969，1981—1999	退休
303	张同顺	男	1965—1973	调出
304	赵增仁	男	1965—1969	调出
305	高明寿	男	1966—1975	调出
306	陶天申	男	1966—1977，1980—1986	调出
307	王瑞华	女	1966—1968	调出
308	杨珍基	男	1966—1987	退休
309	张大弟	男	1966—1979	调出
310	张玉良	男	1966—1969	调出
311	曹仁林	男	1967—1970	调出
312	曾木祥	男	1967—2003	资划所
313	常碧影	女	1967—1970	调出
314	单文云	女	1967—1971	调出
315	邓启荣	男	1967—1970	调出
316	郭永兰	女	1967—1999	退休
317	韩东亮	男	1967—1989	调出
318	季希明	男	1967—1971	调出
319	蒋纪英	女	1967—1968	调出
320	靳庆生	男	1967—1970	调出
321	刘宝增	男	1967—1970	调出
322	宁国赞	男	1967—2001	退休
323	尚忠秀	女	1967—1970	调出
324	师玉兰	女	1967—1970	调出
325	王传跃	男	1967—1970	调出
326	王开元	男	1967—1978	调出
327	王兴国	男	1967—1970	调出
328	张夫道	男	1967—2003	资划所
329	张景芝	女	1967—1970	调出
330	张仁勇	男	1967—1971	调出
331	赵玉田	男	1967—1970	调出

（续表）

序号	姓名	性别	工作时间	去向
332	朱万宝	男	1967—1980	调出
333	唐文华	男	1969—1982	调出
334	张　蓉	女	1969—1972，1980—1999	调出，退休
335	朱海舟	男	1969—1995	退休
336	白　磊	女	1970—1982	调出
337	白宗英	女	1970—1978	调出
338	陈伟梅	女	1970—1973	调出
339	程鸣之	男	1970—1975	调出
340	丁泽济	男	1970—1974	调出
341	段道怀	男	1970—1978	调出
342	樊　惠	女	1970—2002	退休
343	高桂英	女	1970—1982	调出
344	高金兰	女	1970—1995	退休
345	高照远	男	1970—1997	退休
346	高祖全	男	1970—1979	调出
347	葛　诚	男	1970—2000	退休
348	耿锡栋	男	1970	调出
349	何宝来	男	1970—1982	离休
350	胡文林	男	1970—1986	调出
351	黄继仁	男	1970—1974	调出
352	黄　敏	女	1970—1975	退休
353	黄婉文	女	1970—1972	调出
354	黄源益	男	1970—1982	调出
355	姜仁超	男	1970—1980	去世
356	孔祥实	男	1970—1980	调出
357	李光锐	男	1970—1987	离休
358	李家康	男	1970—2001	退休
359	李建廷	男	1970—1986	调出
360	李京寅	女	1970—1981	调出
361	李文仪	女	1970—1979	调出
362	李文玉	男	1970—1980	调出
363	李秀英	女	1970—1990	退休
364	李秀云	女	1970—1980	调出
365	厉为民	男	1970—1980	调出

（续表）

序号	姓名	性别	工作时间	去向
366	林传铭	男	1970—1982	调出
367	刘桂英	女	1970—1971，1979—1988	调出
368	刘洪奎	男	1970—1975	退休
369	刘惠琴	男	1970—2001	退休
370	刘菊生	女	1970—1996	退休
371	刘　磊	男	1970—1971	调出
372	刘　强	女	1970—1971	调出
373	刘庆龄	男	1970—1980	调出
374	刘思义	女	1970—1999	退休
375	刘新保	男	1970—1998	退休
376	刘秀奇	女	1970—1994	退休
377	刘玉媛	女	1970—1999	退休
378	柳玉兰	女	1970—1980	调出
379	罗秋云	女	1970—1989	退休
380	吕笑容	女	1970—1972	调出
381	聂桂兰	女	1970—1996	退休
382	庞志申	男	1970—1981	调出
383	齐　雷	男	1970—1973	调出
384	钱侯音	女	1970—1998	退休
385	邱　东	男	1970—1980	调出
386	任中石	男	1970—1983	退休
387	沈桂琴	女	1970—2002	退休
388	苏同进	男	1970—1973	调出
389	孙传芳	男	1970—1991	调出
390	孙振东	男	1970—1979	调出
391	陶辛秋	男	1970—1978	调出
392	汪洪钢	男	1970—1990	退休
393	王　莉	女	1970—1973	调出
394	王松柿	男	1970—1972	调出
395	王文山	男	1970—1994	退休
396	王小平	女	1970—1996	退休
397	王晓琪	女	1970—1997	退休
398	王钟润	男	1970—1971	调出
399	温庆英	女	1970—1990	退休

（续表）

序号	姓名	性别	工作时间	去向
400	吴大忻	男	1970—1980	调出
401	吴惠英	女	1970—1971，1979—1983	调出
402	吴秀芳	女	1970—1986	调出
403	吴育英	女	1970—2003	资划所
404	武桂珍	女	1970—1996	退休
405	武兆瑞	男	1970—1983	调出
406	徐　胜	女	1970—1987	退休
407	徐新宇	男	1970—1995	退休
408	许玉兰	女	1970—1997	退休
409	杨锦明	男	1970—1971	调出
410	杨绪兰	女	1970—1976	调出
411	杨予巽	男	1970—1971	调出
412	杨志谦	男	1970—1974	调出
413	姚造华	女	1970—1999	退休
414	岳莹玉	女	1970—1977，1980—1986	调出
415	张光毅	男	1970—1971	调出
416	张美荣	女	1970—1994	退休
417	张　宁	男	1970—1972，1979—1996	退休
418	张文群	女	1970—2000	退休
419	张玉梅	女	1970—1990	退休
420	赵蔚藩	男	1970—1999	退休
421	赵学贤	男	1970—1982	调出
422	郑连桂	男	1970—1972	调出
423	周　山	男	1970—1980	调出
424	周填芝	女	1970—1974	调出
425	朱春荣	男	1970—1984	调出
426	朱大权	男	1970—1991	退休
427	朱克勤	女	1970—1983	退休
428	朱学军	男	1970—1996	退休
429	柏慧华	女	1971—1989	退休
430	褚天铎	男	1971—1997	退休
431	董玉文	男	1971—1972，1979—1980	调出
432	郭　勤	女	1971—2002	退休
433	李鸿钧	男	1971—1995	退休

（续表）

序号	姓名	性别	工作时间	去向
434	李世仁	女	1971—1992	退休
435	林继雄	男	1969—2001	退休
436	马俊元	男	1971—1980	调出
437	饶求超	男	1971—1973	调出
438	宋世杰	男	1971—1996	退休
439	孙昭荣	女	1971—1997	退休
440	王 岩	女	1971—1993	退休
441	文安全	男	1971—1992	退休
442	吴玉兰	女	1971—1989	去世
443	杨德坤	女	1971—1980	调出
444	杨 林	女	1971—1973	调出
445	赵振亚	男	1971—1983	调出
446	郑玲娟	女	1971—1973	调出
447	周春生	男	1971—1996	退休
448	常树俊	女	1973—1992	退休
449	管南珠	女	1973—1999	退休
450	刘艳萍	女	1973—1996	退休
451	孙玉兰	女	1973—1996	退休
452	王保昕	男	1973—1987	调出
453	王素芬	女	1973—1980	调出
454	张玉洁	女	1973—2003	资划所
455	张子平	男	1973—2001	退休
456	张宗德	男	1973—1975	调出
457	关云霞	女	1975—1983	调出
458	孟祥水	男	1975—1986	调出
459	荣文友	男	1975—1980	去世
460	吴祖坤	女	1975—1987	退休
461	都森烈	男	1976—1979	调出
462	范宗理	男	1976—1979	调出
463	钱吉祥	男	1976—2003	资划所
464	王 跃	男	1976—1994	调出
465	左雪梅	女	1976—2003	资划所
466	李圭峰	女	1977—1979	调出
467	刘占廷	男	1977—1990	退休

（续表）

序号	姓名	性别	工作时间	去向
468	史秀琴	女	1977—1997	离职
469	宋维春	女	1977—1979	调出
470	杨延臣	男	1977—1983	调出
471	赵进禄	男	1977—1981	调出
472	郑惠君	男	1977—1985	去世
473	鲍德心	男	1978—1985	调出
474	陈庆祥	男	1978—1986	离休
475	金继运	男	1978—2003	资划所
476	李淑勤	女	1978—1981	调出
477	刘士安	男	1978—2003	资划所
478	刘淑霓	女	1978—1989	去世
479	申淑玲	女	1978—2003	资划所
480	陶 成	男	1978—2003	资划所
481	王昌庆	男	1978—1981	调出
482	王培珠	男	1978—1992	退休
483	王英杰	男	1978—1983	调出
484	吴新立	女	1978—1983	调出
485	杨秀君	男	1978—1979	调出
486	苑福浩	男	1978—1979	调出
487	张乃中	男	1978—1982	离休
488	张振山	男	1978—2003	资划所
489	周 青	女	1978—2003	资划所
490	耿俊明	女	1979—1999	退休
491	顾 丽	女	1979—1997	离职
492	姜瑞波	女	1979—2003	资划所
493	李柏芳	女	1979—1980	调出
494	李梅曦	女	1979—1999	调出
495	李小平	女	1979—2003	资划所
496	秦亚平	男	1979—1984	调出
497	王 斌	女	1979—2003	资划所
498	王占华	男	1979—2003	资划所
499	徐志坤	男	1979—1983	调出
500	杨京林	男	1979—1999	调出
501	张佩芳	女	1979—2003	资划所

（续表）

序号	姓名	性别	工作时间	去向
502	张 跃	男	1979—2003	资划所
503	赵学蕴	女	1979—2002	退休
504	赵宗菊	女	1979—1989	去世
505	周淑惠	女	1979—1987	退休
506	陈子明	男	1980—1995	退休
507	金荔枝	女	1980—1996	退休
508	祁 弘	女	1980—1990	退休
509	荣向农	男	1980—2003	资划所
510	夏培桢	女	1980—1996	退休
511	杨秀云	女	1980—2003	资划所
512	杨 铮	女	1980—1986	调出
513	陈艳桃	女	1981—1982	调出
514	刘大成	男	1981—1999	调出
515	刘子芳	男	1981—1983	调出
516	南春波	男	1981—2001	退休
517	王爱民	男	1981—2003	资划所
518	王敦敏	男	1981—1987	离休
519	王树忠	男	1981—2003	资划所
520	张文泉	男	1981—2003	资划所
521	蔡典雄	男	1982—2003	资划所
522	曾令文	男	1982—1999	离职
523	陈月英	女	1982—1986	调出
524	高景全	男	1982—1984	退休
525	胡连生	男	1982—2003	资划所
526	黄岩玲	女	1982—1999	离职
527	康玉林	男	1982—1990	调出
528	李仁生	男	1982—1997	离职
529	李儒学	男	1982—1990	退休
530	李雪燕	女	1982—2003	资划所
531	刘清萍	女	1982—1999	离职
532	刘小秧	男	1982—2003	资划所
533	刘兆伟	男	1982—1999	调出
534	刘正光	男	1982—1983	调出
535	商铁兰	女	1982—2003	资划所

（续表）

序号	姓名	性别	工作时间	去向
536	孙又宁	女	1982—2003	资划所
537	王小彬	女	1982—2003	资划所
538	吴荣贵	男	1982—2003	资划所
539	谢远照	男	1982—1985	调出
540	于代冠	男	1982—1999	离职
541	张俭玉	女	1982—1990	退休
542	张维理	女	1982—2003	资划所
543	张维卿	女	1982—2002	退休
544	张　夏	男	1982—1999	离职
545	张　岩	女	1982—2003	资划所
546	范云六	女	1983—1986	调出
547	李思经	女	1983—1987	调出
548	梁国庆	男	1983—2003	资划所
549	廖可庆	男	1983—1984	调出
550	刘秀玲	女	1983—2003	资划所
551	刘智刚	男	1983—2003	资划所
552	马秀德	男	1983—1991	去世
553	聂　伟	男	1983—1987	退休
554	王长胜	男	1983—1990	调出
555	武红巾	女	1983	调出
556	陈寄宛	女	1984—1988	调出
557	陈瑞春	男	1984—1986	调出
558	陈维荣	女	1984—1999	调出
559	冯晓辉	女	1984—2003	资划所
560	高淑琴	女	1984—2003	资划所
561	耿　钧	男	1984—1986	调出
562	郭三堆	男	1984—1986	调出
563	李春花	女	1984—2003	资划所
564	李　溶	女	1984—1999	离职
565	陶　杰	男	1984—1986	调出
566	王　敏	女	1984—2003	资划所
567	王　兴	男	1984—2003	资划所
568	王雪松	男	1984—1986	调出
569	王璋瑜	男	1984—1986	调出

（续表）

序号	姓名	性别	工作时间	去向
570	吴胜军	男	1984—2003	资划所
571	谢承桂	女	1984—1991	调出
572	徐 晶	女	1984—2003	资划所
573	杨东高	男	1984—1998	退休
574	杨海顺	男	1984—1999	调出
575	杨南昌	男	1984—1999	调出
576	尹世明	男	1984—1986	调出
577	张金华	男	1984—1999	调出
578	曹 恭	男	1985—1993	调出
579	程明芳	男	1985—2003	资划所
580	丁 红	女	1985—1999	调出
581	傅高明	男	1985—1999	离职
582	高道华	男	1985—1999	调出
583	高广领	女	1985—1999	离职
584	高素端	女	1985—1999	调出
585	高 仪	女	1985—1992	去世
586	韩 凯	男	1985—1999	调出
587	洪朝阳	女	1985—1986	调出
588	黄荣安	男	1985—1986	调出
589	骆传好	男	1985—1999	调出
590	王 河	男	1985—1986	调出
591	王丽霞	女	1985—2003	资划所
592	王 宪	男	1985—1986	调出
593	伍宁丰	女	1985—1986	调出
594	夏正连	男	1985—1999	调出
595	肖瑞芹	女	1985—2003	资划所
596	谢友伦	男	1985—1994	调出
597	杨 虹	女	1985—1986	调出
598	张燕卿	男	1985—1991	调出
599	白新学	男	1987—1999	调出
600	陈双喆	女	1987—1990	离职
601	邓春贵	男	1987—2003	资划所
602	官昌祯	男	1987—1999	退休
603	沈富林	男	1987—1999	调出

（续表）

序号	姓名	性别	工作时间	去向
604	宋永林	男	1987—1992，1995—2003	资划所
605	王泽良	男	1987—1998	离职
606	吴南君	男	1987—1994	调出
607	杨志谦	男	1987—1999	调出
608	袁　栋	男	1987—1992	调出
609	张金霞	女	1987—2003	资划所
610	张　锐	女	1987—2003	资划所
611	章友生	男	1987—1999	调出
612	韩桂梅	女	1989—2003	资划所
613	黄新江	男	1989—1999	调出
614	刘渊君	女	1989—1999	调出
615	孙建光	男	1989—1999	调出
616	王　旭	女	1989—2003	资划所
617	姚晓晔	女	1989—1999	调出
618	张保华	男	1989—2003	资划所
619	曹卫东	男	1990—2003	资划所
620	程宪国	男	1990—1999，2002—2003	资划所
621	崔　阵	男	1990—1999	调出
622	冯瑞华	女	1990—2003	资划所
623	李凤桐	女	1990—2003	资划所
624	梁鸣早	女	1990—2003	资划所
625	刘洪玲	女	1990—2003	资划所
626	马晓彤	女	1990—2003	资划所
627	彭　渤	女	1990—1994	调出
628	王　滔	男	1990—1994	调出
629	陈美亿	女	1991—1999	调出
630	高　松	男	1991—1992	调出
631	李书田	男	1991—2003	资划所
632	刘继芳	男	1991—2002	调出
633	杨俐苹	女	1991—2003	资划所
634	游有文	男	1991—1999	调出
635	范洪黎	女	1992—2003	资划所
636	刘福来	男	1992—1999	离职
637	刘天育	女	1992—1999	调出

（续表）

序号	姓名	性别	工作时间	去向
638	邵 凌	女	1992—1999	调出
639	王 瑾	女	1992—2000	调出
640	吴 薇	女	1992—1999	离职
641	杨立萍	女	1992—2002	调出
642	螳 新	男	1992—2003	资划所
643	张志田	男	1992—1999	调出
644	赵林萍	女	1992—2003	资划所
645	窦富根	男	1993—2000	调出
646	李 俊	男	1993—2003	资划所
647	李 勇	男	1993—1994	调出
648	曲秋皓	女	1993—2001	辞职
649	田哲旭	男	1993—1999	调出
650	谢晓红	女	1993—2003	资划所
651	徐晓芹	女	1993—2003	资划所
652	袁锋明	男	1993—1999	调出
653	周 湧	男	1993—2003	资划所
654	姜 睿	女	1994—2003	资划所
655	金 轲	男	1994—2003	资划所
656	刘燕青	女	1994	调出
657	帅修富	男	1994—1999	调出
658	王 涛	男	1994—1995	离职
659	张毅飞	男	1994—2003	资划所
660	秦瑞君	男	1995—1999	调出
661	单秀枝	女	1995—2003	资划所
662	周 卫	男	1995—2003	资划所
663	白占国	男	1996—2003	资划所
664	曹凤明	女	1996—2003	资划所
665	黄绍文	男	1996—2003	资划所
666	李 力	男	1996—2003	资划所
667	刘荣乐	男	1996—2003	资划所
668	万 曦	女	1996—2003	资划所
669	徐明岗	男	1996—2003	资划所
670	徐晓慧	女	1996—2003	资划所
671	朱传璞	女	1996—2003	资划所

（续表）

序号	姓名	性别	工作时间	去向
672	江　旭	女	1997—2003	资划所
673	廖超子	女	1997—2001	调出
674	刘　蜜	男	1997—2003	资划所
675	汪　洪	男	1997—2003	资划所
676	邹　焱	男	1997—2000	调出
677	封朝晖	女	1998—2003	资划所
678	关大伟	男	1998—2003	资划所
679	何　萍	女	1998—2003	资划所
680	李秀英	女	1998—2003	资划所
681	刘红芳	女	1998—2003	资划所
682	刘培京	男	1998—2003	资划所
683	卢昌艾	男	1998—2003	资划所
684	阮志勇	男	1998—2003	资划所
685	武淑霞	女	1998—2003	资划所
686	徐爱国	女	1998—2003	资划所
687	张淑香	女	1998—2003	资划所
688	姜　昕	女	1999—2003	资划所
689	李　影	女	1999—2003	资划所
690	梁业森	男	1999—2003	资划所
691	逄焕成	男	1999—2003	资划所
692	沈德龙	男	1999—2003	资划所
693	闫　湘	女	1999—2003	资划所
694	周法永	男	1999—2003	资划所
695	顾金刚	男	2000—2003	资划所
696	姜　诚	男	2000—2001	调出
697	李世贵	男	2000—2003	资划所
698	刘建安	男	2000—2002	调出
699	龙怀玉	男	2000—2003	资划所
700	张　骏	男	2000—2003	资划所
701	张晓霞	女	2000—2003	资划所
702	赵秉强	男	2000—2003	资划所
703	白由路	男	2001—2003	资划所
704	陈慧君	男	2001—2003	资划所
705	雷秋良	男	2001—2003	资划所

（续表）

序号	姓名	性别	工作时间	去向
706	李菊梅	女	2001—2003	资划所
707	刘宏斌	男	2001—2003	资划所
708	梅旭荣	男	2001—2003	资划所
709	王雅儒	女	2001—2003	资划所
710	吴会军	男	2001—2003	资划所
711	杨小红	女	2001—2003	资划所
712	曾希柏	男	2001—2003	资划所
713	郭同军	男	2002—2003	资划所
714	胡文新	男	2002—2003	资划所
715	黄晨阳	男	2002—2003	资划所
716	李丹丹	女	2002—2003	资划所
717	李燕婷	女	2002—2003	资划所
718	李志宏	男	2002—2003	资划所
719	梁会云	女	2002—2003	资划所
720	万　敏	女	2002—2003	资划所
721	王秀芳	女	2002—2003	资划所
722	徐　芳	女	2002—2003	资划所
723	杨正礼	男	2002—2003	资划所
724	张成娥	女	2002—2003	资划所
725	张建君	女	2002—2003	资划所
726	张云贵	男	2002—2003	资划所
727	赵红梅	女	2002—2003	资划所
728	查　燕	女	2002—2003	资划所
729	陈世宝	男	2003	资划所
730	范丙全	男	2003	资划所
731	李桂花	女	2003	资划所
732	孙　楠	女	2003	资划所
733	韦东普	女	2003	资划所
734	杨俊诚	男	2003	资划所
735	张建峰	男	2003	资划所

（二）德州站职工名录

序号	姓名	性别	工作时间	去向
1	解永和	男	1975—1991	退休、去世
2	安文钰	男	1976—2003	资划所德州站
3	何俊龙	男	1976—2001	退休
4	李洪德	男	1976—1979	调出
5	鲁保华	女	1976—2003	资划所德州站
6	殷光兰	女	1978—2003	资划所德州站
7	焦宪仪	男	1980—1994	退休、去世
8	马卫萍	女	1980—2003	资划所
9	商惠琴	女	1980—1987	退休
10	宋长顺	男	1980—1983	调出
11	张东平	男	1980—1983	调出
12	张贵道	男	1980—1983	调出
13	赵连奎	男	1980—1983	调出
14	赵其惠	男	1980—1983	调出
15	高峻岭	男	1982—1997	调出
16	李志杰	男	1982—2003	资划所德州站
17	林治安	男	1982—2003	资划所德州站
18	许建新	男	1982—2003	资划所德州站
19	左余宝	男	1982—2003	资划所德州站
20	马玉俊	男	1983—1985	调出
21	宗良纲	男	1983—1984	调出
22	张小宁	男	1984—1985	调出
23	戚　剑	男	1985—2003	资划所德州站
24	唐继伟	男	1985—2003	资划所德州站
25	田昌玉	男	1985—2003	资划所德州站
26	王来清	男	1985—2003	资划所德州站
27	魏　勇	女	1985—1997	调出
28	邢文刚	男	1985—2001	调出
29	张雪瑶	女	1985—2003	资划所德州站
30	温海涛	男	1992—2003	资划所德州站

（三）衡阳站职工名录

序号	姓名	性别	工作时间	去向
1	贺正瑚	男	1965—1971，1980—1998	退休
2	李安平	男	1980—1983	调出
3	李孟秋	男	1980—1992	调出
4	吕玉朝	男	1980—1983	调出
5	伍梅元	男	1980—2003	资划所祁阳站
6	陈典豪	男	1981—1998	退休
7	黄佳良	男	1981—2003	资划所祁阳站
8	蒋华斗	男	1981—2003	资划所祁阳站
9	潘顺秋	女	1981—1995	调出
10	秦道珠	男	1981—2003	资划所祁阳站
11	唐振平	女	1981—1998	退休
12	王育英	女	1981—1994	去世
13	魏长欢	男	1981—1992，1995—2003	资划所祁阳站
14	谢良商	男	1982—1995	调出
15	朱正芳	男	1982—1983	调出
16	陈 傲	男	1983—1988	调出
17	申华平	女	1983—2003	资划所祁阳站
18	谢慧英	女	1983—2003	资划所祁阳站
19	高菊生	男	1984—2003	资划所祁阳站
20	文石林	男	1984—2003	资划所祁阳站
21	黄平娜	女	1985—2003	资划所祁阳站
22	赖炳铭	男	1985—1986	调出
23	刘国平	男	1985—1987	调出
24	申家昭	男	1985—1988	退休
25	肖 勇	男	1985—1986	调出
26	张久权	男	1985—1999	离职
27	张叔权	男	1985—1986	调出
28	徐卫真	女	1986—1988	调出
29	王伯仁	男	1987—2003	资划所祁阳站
30	奉明端	男	1988—2003	资划所祁阳站
31	秦 琳	男	1989—2003	资划所祁阳站
32	邹长明	男	1990—2001	调出
33	李冬初	男	2001—2003	资划所祁阳站

二、历届所领导名录

（一）历届所长、副所长名录

职务	姓名	任职时间	职务	姓名	任职时间
			副所长	高惠民（主持工作）	1957—1969
			副所长	冯兆林	1957—1959
			副所长	张乃凤	1957—1985
所长	高惠民	1979—1982	副所长	商　钦	1958—1960
			副所长	王　恺	1960—1982
			副所长	陈庆祥	1979—1985
			副所长	张乃中	1979—1982
			副所长	刘更另	1980—1983
所长	刘更另	1983—1984	副所长	梁　勇	1982—1985
			副所长	林　葆	1984—1987
所长	江朝余	1984—1986	副所长	闵九康	1984—1986
			副所长	谢承桂	1984—1991
			副所长	文安全	1986—1991
所长	林　葆	1987—1994	副所长	黄照愿	1987—1991
			副所长	黄鸿翔	1991—2001
			副所长	李家康	1991—1994
			副所长	朱学军	1991—1996
所长	李家康	1994—2001	副所长	吴胜军	1999—2003
			副所长	梁业森	1999—2003
所长	梅旭荣	2002—2003	副所长	张维理	2002—2003

（二）历届党委书记、副书记和委员名录

届序	时间	书记	副书记	委员	任职时间
党支部时期	1957—1972	高惠民		李青云、赵质培、陈子英、梁　勇	1957—1965
			王　恺	赵质培、陈子英、梁勇、高明寿	1965—1972
第一届	1972—1985	李文玉	徐炳星	高惠民、郭炳家、闵九康、柏慧华、杨守信、何宗宇	1972年山东德州地区农科所党委
				高惠民、郭炳家、闵九康、柏慧华、杨守信	1973年山东省土壤肥料研究所党委
		高惠民	张乃忠	郭炳家、闵九康、柏慧华、杨守信	1979年中国农业科学院土肥所党委
		刘更另	张乃忠	郭炳家、闵九康、柏慧华、杨守信	1980—1984
			谢承桂	郭炳家、闵九康、柏慧华、杨守信	1984—1985

（续表）

届序	时间	书记	副书记	委员	任职时间
第二届	1985.01—1989.02	谢承桂		宁国赞、文安全、林 葆	1985—1987
			官昌祯	宁国赞、文安全、林 葆	1987—1989
第三届	1989.02—1992.07	谢承桂	官昌祯	林 葆、宁国赞、文安全	1989.02—1992.07
第四届	1992.07—1999.10		官昌祯	林 葆、宁国赞、徐可明、谢承陶	1992.07—1994
		官昌祯		林 葆、宁国赞、徐可明、谢承陶	1994—1999.10
第五届	1999.10—2003.05	梁业森		宁国赞、朱传璞、杨立萍、吴胜军、李家康、金继运	1999.10—2002.12
			梅旭荣	吴胜军、宁国赞、李家康、朱传璞、杨立萍、金继运	2001.11—2002.12
				朱传璞、吴胜军、李家康、金继运、王雅儒、赵红梅	2002.12—2003.05

（三）历届纪律检查委员会名录

届序	时间	书记	副书记	委员
第一届	1985—1989	谢承桂（兼任）		
第二届	1989.03—1992.09	官昌祯（兼任）	王培珠	李小平
第三届	1992.09—1994.10	官昌祯（兼任）	金荔枝	王小平
第四届	1999.10—2003.05	梁业森（兼任）		朱传璞、王 兴

三、研究员及副研究员名录

（一）研究员名录

序号	姓名	职称	任职时间
1	冯兆林	研究员	1957
2	高惠民	研究员	1957
3	徐淑华	研究员	1957
4	周建侯	研究员	1957
5	板野新夫	研究员	1957
6	张乃凤	研究员	1958
7	陈尚谨	研究员	1962

（续表）

序号	姓名	职称	任职时间
8	胡济生	研究员	1978
9	李笃仁	研究员	1978
10	王守纯	研究员	1978
11	刘更另	研究员	1983.06
12	陈廷伟	研究员	1986.12
13	范云六	研究员	1986.12
14	江朝余	研究员	1986.12
15	林　葆	研究员	1986.12
16	梁德印	研究员	1987.08
17	王维敏	研究员	1988.02
18	黄照愿	研究员	1988.10
19	李光锐	研究员	1988.10
20	汪洪钢	研究员	1988.10
21	谢森祥	研究员	1988.10
22	杨守春	研究员	1988.10
23	张马祥	研究员	1988.10
24	高绪科	研究员	1989.12
25	黄玉俊	研究员	1989.12
26	谢承桂	研究员	1989.12
27	陈福兴	研究员	1992.03
28	葛　诚	研究员	1992.03
29	黄鸿翔	研究员	1992.03
30	金维续	研究员	1992.03
31	李家康	研究员	1992.03
32	王少仁	研究员	1992.03
33	朱大权	研究员	1992.03
34	陈礼智	研究员	1993.11
35	金继运	研究员	1993.11
36	李纯忠	研究员	1993.11
37	谢承陶	研究员	1993.11
38	叶柏龄	研究员	1993.11
39	程桂荪	研究员	1995.12
40	褚天铎	研究员	1995.12
41	蒋光润	研究员	1995.12

（续表）

序号	姓名	职称	任职时间
42	刘庆城	研究员	1995.12
43	钱侯音	研究员	1995.12
44	魏由庆	研究员	1995.12
45	陈永安	研究员	1996.12
46	汪德水	研究员	1996.12
47	刘立新	研究员	1998.03
48	苏益三	研究员	1998.03
49	张夫道	研究员	1998.03
50	李元芳	研究员	1999.03
51	张维理	研究员	1999.03
52	蔡典雄	研究员	2000.03
53	林继雄	研究员	2000.03
54	梅旭荣	研究员	2000.03
55	宁国赞	研究员	2000.03
56	赵秉强	研究员	2000.04
57	张成娥	研究员	2000.12
58	白由路	研究员	2001.02
59	姜瑞波	研究员	2001.02
60	刘荣乐	研究员	2001.02
61	南春波	研究员	2001.02
62	徐明岗	研究员	2001.02
63	杨俊诚	研究员	2001.03
64	白占国	研究员	2002.01
65	李志杰	研究员	2002.01
66	张金霞	研究员	2002.01
67	王 旭	研究员	2003.01
68	吴荣贵	研究员	2003.01
69	周 卫	研究员	2003.01
70	曾希柏	研究员	2003.01

（二）副研究员名录

序号	姓名	职称	任职时间
1	刘守初	副研究员	1957

（续表）

序号	姓名	职称	任职时间
2	盘珠祁	副研究员	1957
3	谭超夏	副研究员	1957
4	尹莘耘	副研究员	1958
5	吴大忻	副研究员	1978
6	关妙姬	副研究员	1981.01
7	郭毓德	副研究员	1981.01
8	黄少贤	副研究员	1981.01
9	焦　彬	副研究员	1981.01
10	陶天申	副研究员	1981.01
11	谢德龄	副研究员	1981.01
12	姚瑞林	副研究员	1981.01
13	刘怀旭	副研究员	1981.10
14	聂　伟	副研究员	1981.10
15	黄不凡	副研究员	1983.06
16	徐美德	副研究员	1983.06
17	徐新宇	副研究员	1983.06
18	胡文林	副研究员	1986.12
19	廖瑞章	副研究员	1986.12
20	齐国光	副研究员	1986.12
21	瞿晓坪	副研究员	1986.12
22	王淑惠	副研究员	1986.12
23	王应求	副研究员	1986.12
24	杨珍基	副研究员	1986.12
25	周承先	副研究员	1986.12
26	闵九康	副研究员	1987.08
27	祁　明	副研究员	1987.08
28	杨秀华	副研究员	1987.08
29	赵克齐	副研究员	1987.08
30	朱海舟	副研究员	1987.08
31	陈子明	副研究员	1988.02
32	关松荫	副研究员	1988.02
33	谭正英	副研究员	1988.02
34	吴祖坤	副研究员	1988.02
35	熊锦香	副研究员	1988.02

（续表）

序号	姓名	职称	任职时间
36	张镜清	副研究员	1988.02
37	朱学军	副研究员	1988.02
38	陈培森	副研究员	1988.10
39	高昭远	副研究员	1988.10
40	关振声	副研究员	1988.10
41	郭炳家	副研究员	1988.10
42	郭金如	副研究员	1988.10
43	李慧荃	副研究员	1988.10
44	刘菊生	副研究员	1988.10
45	刘新保	副研究员	1988.10
46	沈桂琴	副研究员	1988.10
47	孙传芳	副研究员	1988.10
48	孙昭荣	副研究员	1988.10
49	王隽英	副研究员	1988.10
50	王文山	副研究员	1988.10
51	王小平	副研究员	1988.10
52	文安全	副研究员	1988.10
53	吴观以	副研究员	1988.10
54	夏培桢	副研究员	1988.10
55	谢应先	副研究员	1988.10
56	徐玲玫	副研究员	1988.10
57	杨　清	副研究员	1988.10
58	张　宁	副研究员	1988.10
59	张　蓉	副研究员	1988.10
60	张树勤	副研究员	1988.10
61	张玉梅	副研究员	1988.10
62	周春生	副研究员	1988.10
63	蔡　良	副研究员	1992.03
64	曾木祥	副研究员	1992.03
65	陈婉华	副研究员	1992.03
66	刘思义	副研究员	1992.03
67	樊　惠	副研究员	1992.03
68	干静娥	副研究员	1992.03
69	宋世杰	副研究员	1992.03

（续表）

序号	姓名	职称	任职时间
70	官昌祯	副研究员	1992.03
71	郭　勤	副研究员	1992.03
72	姚造华	副研究员	1992.03
73	余永年	副研究员	1992.03
74	郭好礼	副研究员	1992.03
75	郭永兰	副研究员	1992.03
76	李健宝	副研究员	1992.03
77	梁绍芬	副研究员	1992.03
78	刘惠琴	副研究员	1992.03
79	徐可明	副研究员	1992.03
80	许玉兰	副研究员	1992.03
81	严慧峻	副研究员	1992.03
82	张淑珍	副研究员	1992.03
83	赵蔚藩	副研究员	1992.03
84	赵学蕴	副研究员	1992.03
85	陈典豪	副研究员	1993.11
86	高峻岭	副研究员	1993.11
87	何宗宇	副研究员	1993.11
88	李鸿钧	副研究员	1993.11
89	刘小秧	副研究员	1993.11
90	向　华	副研究员	1993.11
91	杨守信	副研究员	1993.11
92	张文群	副研究员	1993.11
93	张玉洁	副研究员	1993.11
94	左余宝	副研究员	1995.12
95	李小平	副研究员	1995.12
96	林治安	副研究员	1995.12
97	王　敏	副研究员	1995.12
98	谢良商	副研究员	1995.12
99	李春花	副研究员	1996.12
100	商铁兰	副研究员	1996.12
101	申淑玲	副研究员	1996.12
102	孙又宁	副研究员	1996.12
103	王小彬	副研究员	1996.12

（续表）

序号	姓名	职称	任职时间
104	许建新	副研究员	1996.12
105	邹长明	副研究员	1996.12
106	范丙全	副研究员	1997.08
107	刘继芳	副研究员	1998.03
108	徐 晶	副研究员	1998.03
109	张淑香	副研究员	1998.06
110	逄焕成	副研究员	1998.12
111	梁鸣早	副研究员	1999.03
112	吴胜军	副研究员	1999.03
113	张 锐	副研究员	1999.03
114	程明芳	副研究员	2000.03
115	冯瑞华	副研究员	2000.03
116	李 俊	副研究员	2000.03
117	梁国庆	副研究员	2000.03
118	文石林	副研究员	2000.03
119	赵林萍	副研究员	2000.03
120	何 萍	副研究员	2001.02
121	李书田	副研究员	2001.02
122	李志宏	副研究员	2001.02
123	卢昌艾	副研究员	2001.02
124	王伯仁	副研究员	2001.02
125	邢文刚	副研究员	2001.02
126	杨立萍	副研究员	2001.02
127	杨俐苹	副研究员	2001.02
128	赵红梅	副研究员	2001.03
129	田昌玉	副研究员	2002.01
130	单秀枝	副研究员	2002.01
131	沈德龙	副研究员	2002.01
132	周法永	副研究员	2002.01
133	程宪国	副研究员	2003.01
134	范洪黎	副研究员	2003.01
135	封朝晖	副研究员	2003.01
136	黄绍文	副研究员	2003.01
137	刘宏斌	副研究员	2003.01
138	汪 洪	副研究员	2003.01

四、获得省部级（含）以上人才名录

人才类别	批准单位	获得年度	人才姓名
享受政府特殊津贴专家	国务院	1990	张乃凤、陈尚谨、李纯忠、李笃仁
		1991	林葆
		1992	陈福兴、陈永安、胡济生、陈廷伟、黄照愿、李光锐、李家康、梁德印、刘立新、刘新保、王少仁、王淑惠、王应求、魏由庆、吴观以、杨守春、姚瑞林、谢承陶、金继运、梁业森
		1993	葛诚、徐玲玫、苏益三、夏培桢、林继雄、杨清、蒋光润、金维续、叶柏龄、宋世杰、樊惠、齐国光、赵克齐、张宁、曾木祥、程桂荪、褚天铎、黄玉俊、梁绍芬、宁国赞、李元芳、杨守信、陈子明、陈礼智、刘庆城、郭好礼、黄鸿翔、姜瑞波、谢森祥、王维敏
		1994	吴祖坤、陈婉华
		1995	刘小秧
		1996	汪洪钢
		1997	杨俊诚、李慧荃
		2000	张维理
国家级有突出贡献的中青年专家	人事部	1990	林葆
		1992	陈永安
		1998	梁业森
农业部"神农计划"入选者	农业部	1997	刘小秧
农业部有突出贡献的中青年专家	农业部	1987	陈福兴
		1991	刘新保、李家康、陈永安
		1992	梁业森
		1994	金继运
		1997	刘小秧

五、获得省部级（含）以上先进工作者名录

授予年份	先进/荣誉称号	受表彰人
1985	北京市统战系统四化服务先进个人代表	张乃凤
1988	农业部表彰"支援西藏土壤普查"成绩显著	蒋光润
1988	国务院表彰"长期坚持参加黄淮海平原农业开发并做出优异成绩"科技人员，荣誉奖	王守纯
1988	国务院表彰"长期坚持参加黄淮海平原农业开发并做出优异成绩"科技人员，二等奖	王应求、杨守春、黄照愿、谢承陶、魏由庆

（续表）

授予年份	先进/荣誉称号	受表彰人
1988	山东省人民政府表彰奖励黄淮海平原农业科技开发先进个人，一等奖	黄玉俊、杨秀华、张树勤、张振山、王守纯、王应求、谢承陶、黄照愿、杨守春、魏由庆
1988	山东省人民政府表彰奖励黄淮海平原农业科技开发先进个人，二等奖	杨守信、熊锦香、闵九康、陈礼智、李笃仁、马卫萍、孙传芳、李志杰、左余宝、林治安、高峻岭、许建新、关振声、刘思义、刘菊生、曾木祥、安文钰、孙昭荣、杨珍基、谢森祥、唐继伟
1989	农业部有机肥工作先进集体	金维续、王小平、曾木祥、张夫道、郭勤、赵学蕴
1989	农业部草业工作先进集体	农区草业研究室（陈礼智、王隽英、张淑珍、郭永兰、夏正连、吴胜军）
1989	农业部、中国民航总局飞播牧草先进工作者	宁国赞、李元芳
1989	"黄淮海平原大面积经济施肥与培肥技术研究"国家计委、国家科委、财政部"七五"科技攻关先进集体	杨守春、孙昭荣、刘菊生、刘秀奇、张振山、闵九康、沈桂芹、袁栋、高淑琴、熊锦香、程明芳、林治安
1989	盐湖钾肥施用研究组青海省盐湖提钾和利用项目领导小组"七五"科技攻关先进集体	梁德印、徐美德、王晓琪、陈培森、金继运、高广岭、高道华
1990	农业部科技推广年活动先进个人	高昭远、陈庆沐
1990	化工部、河北省人民政府表彰为"冀县农化服务中心"创建和发展做出贡献	林葆、李家康、张宁
1991	中国科协先进工作者	郭炳家
1991	西藏自治区农委援藏先进工作者	蒋光润
1991	卫生部、中国红十字会 公民无偿献血银质奖章	王晓琪
1992	农业部"振兴农业"工作先进个人	钱侯音
1994	农业部第二次全国土壤普查先进工作者	张乃凤、黄鸿翔、赵克齐、蒋光润
1995	农业部职工之友	谢承陶
1995	农业部优秀工会干部	张美荣
1995	全国农业质量监督工作先进工作者	王敏、钱侯音
1995	国家技术监督局有突出成绩的计量工作者	瞿晓坪
1996	农业部系统全国农业科技成果管理先进个人	张树勤
1996	农业部优秀党务工作者	刘继芳

（续表）

授予年份	先进/荣誉称号	受表彰人
1996	国家计委、国家科委、财政部"八五"科技攻关先进个人	严慧峻
1997	卫生部、中国红十字总会无偿献血金质奖杯	王晓琪
1997	全国"五好文明家庭"	金继运家庭
1997	"中华农业科教基金"农业科研贡献奖	李家康
2000	1999年农业部优秀工会干部	吴育英
2001	科技部、财政部、经贸委"九五"科技攻关先进个人	徐明岗

六、获得集体荣誉及奖励目录

授予时间	荣誉及奖励称号	受表彰单位
1978	全国科学大会奖——表扬在我国科学技术工作中做出贡献的先进集体	土肥所
1978	山东省科学大会奖——向科学技术现代化进军中做出显著成绩	土肥所
1982	湖南省人民政府授予先进集体	祁阳红壤改良实验站
1984	国家经委、科委、农业部、林业部授予科技推广做出优异成绩先进集体	祁阳红壤改良实验站
1985	中国农业科学院计划生育先进集体	土肥所
1986	中国农业科学院计划生育先进集体	土肥所
1986	受到国家科委、经委、计委、财政部"六五"攻关表彰	磷钾肥料科学施肥技术研究课题组
1986	受到国家科委、经委、计委、财政部"六五"攻关表彰	黄淮海平原中低产地区综合治理和增产技术课题组
1987	中国农业科学院社会治安综合治理先进集体	土肥所
1988	中国农业科学院计划生育先进集体	土肥所
1988	被青海省科委评为先进集体	盐湖钾肥施用技术专题组
1989	被农业部评为有机肥工作先进集体	有机肥研究室、草业研究室
1989	被国家计委、国家科委、财政部评为"七五"科技攻关先进集体	黄淮海平原大面积经济施肥与培肥土壤技术研究专题组
1989	被青海省盐湖提钾和利用项目领导小组评为"七五"科技攻关先进集体	盐湖钾肥施用技术专题组
1989	"低成本黄胞胶的生产方法"获北京发明展览会优秀发明合同奖，北京市科委迎接新中国成立40周年百项科技贡献项目	土肥所
1989	中国农业科学院计划生育先进集体	土肥所
1989	海淀区交通安全先进单位、北下关地区交通安全先进单位	土肥所

（续表）

授予时间	荣誉及奖励称号	受表彰单位
1990	中国农业科学院计划生育先进单位	土肥所
1990	亚运会精神文明综合治理先进集体	土肥所
1990	中国农业科学院事业费决算报表一等奖	土肥所
1991	中国农业科学院计划生育先进单位	土肥所
1991	被国家计委、国家科委、财政部评为"七五"科技攻关先进集体	旱农地区农作物增产技术专题组，稀土在农林业、农牧业上的应用专题组
1992	中国农业科学院工会先进集体、交通安全先进集体及海淀区交通安全先进集体	土肥所
1993	连续十年计划生育工作成绩显著，被评为中国农业科学院先进集体	土肥所
1993	海淀区交通安全先进单位	土肥所
1993	中国农业科学院计划生育先进集体，妇女工作先进集体	土肥所
1994	在全国第二次土壤普查工作中做出重大贡献受到农业部表彰	土肥所
1994	中国农业科学院计划生育先进集体、工会先进职工之家	土肥所
1995	计划生育十年以上先进集体	土肥所
1995	被农业部评为全国农业质量监督先进集体	国家化肥质量监督检验中心
1995	"有机—无机复混肥生产技术"，获中国第二届农业博览会最佳交易项目奖	土肥所
1996	获国家计委、国家科委和财政部"八五"国家科技攻关工作表彰	禹城试验区农业持续发展综合试验研究课题组，湘南试验区红壤丘陵农业持续发展研究课题组
1996	中国农业科学院模范职工之家	土肥所工会
1997	中国农业科学院先进党支部	土肥所第二支部
1997	农业部、科技部、财政部1996年度农业部直属科研单位科技成果转化三等奖	土肥所
1998	农业部、科技部、财政部1997年度农业部直属科研单位科技成果转化三等奖	土肥所
1999	中国农业科学院计划生育工作达标单位	土肥所
1999	农业部、科技部、财政部1998年度农业部直属科研单位科技成果转化三等奖	土肥所
2000	农业部、科技部、财政部1999年度农业部直属科研单位科技成果转化三等奖	土肥所
2000	中国农业科学院计划生育工作先进单位	土肥所
2000	中国农业科学院优秀工会工作奖	土肥所
2000	1999年科学事业结算编审先进单位二等奖	土肥所会计科
2001	中国农业科学院人事劳资统计工作先进单位	土肥所人事处

（续表）

授予时间	荣誉及奖励称号	受表彰单位
2001	中国农业科学院事业费决算二等奖	土肥所会计科
2001	中国农业科学院计划生育工作先进单位	土肥所

七、历届人大代表、党代表与政协委员名录

会议类别	代表类别	姓名	任职时间
第三、五、六、七届全国人民代表大会	人大代表	王守纯	1964—1975 1978—1993
山东省第五届政治协商会议	政协常委	张乃凤	1973—1978
北京市第八、九届政治协商会议	政协委员	黄鸿翔	1993—2003

八、担任全国性学会理事及以上职务人员名录

序号	姓名	学会任职
1	张乃凤	中国土壤学会建国前第一、第二届监事，新中国成立后第二、第三届理事，第四届常务理事，第五、第六、第七届顾问；中国农学会土壤肥料研究会（从第四届开始更名为中国植物营养与肥料学会，下同）第一届副理事长，第二、第三、第四届顾问
2	徐叔华	中国土壤学会新中国成立前第三、第四届理事，新中国成立后第一、第二、第三届理事
3	高惠民	中国土壤学会（未注明建国前后者皆为新中国成立后，下同）第四届理事；中国农学会土壤肥料研究会第一届副理事长
4	胡济生	中国土壤学会第四、第五届理事；中国农学会土壤肥料研究会第一、第二届理事
5	刘更另	中国土壤学会第五、第六、第七、第八届常务理事；中国农学会土壤肥料研究会第一届常务理事、秘书长，第二届副理事长，第三届理事长。中国植物营养与肥料学会第四届理事会理事长
6	林葆	中国土壤学会第五届理事，第六、第七、第八届常务理事。中国农学会土壤肥料研究会第二届常务理事，第三届常务副理事长。中国化工学会理事。中国植物营养与肥料学会第四届常务副理事长、第五届理事会理事长，中国土壤学会第九届理事会常务理事
7	闵九康	中国土壤学会第五、第六届理事、副秘书长，第七届理事；中国农学会土壤肥料研究会第一、第二届理事
8	金继运	中国土壤学会第六届理事，第七、第八届理事、副秘书长；中国植物营养与肥料学会第四届、第五届理事会常务理事，中国土壤学会第九届理事会常务理事
9	黄鸿翔	中国土壤学会第七、第八、第九届理事；中国农学会土壤肥料研究会第三届常务理事、秘书长，中国植物营养与肥料学会第四届常务理事兼秘书长、第五届理事会常务理事
10	李家康	中国土壤学会第八、第九届副理事长；中国植物营养与肥料学会第四届副理事长、第五届理事会副理事长兼秘书长，中国农学会理事

（续表）

序号	姓名	学会任职
11	焦 彬	中国农学会土壤肥料研究会第一届常务理事、副秘书长，第二、第三届常务理事。中国植物营养与肥料学会第四届常务理事
12	江朝余	中国农学会土壤肥料研究会第二届常务理事、秘书长
13	陈礼智	中国农学会土壤肥料研究会第三届理事，中国植物营养与肥料学会第四届常务理事、副秘书长
14	郭炳家	中国农学会土壤肥料研究会第三届理事、副秘书长，中国植物营养与肥料学会第四届理事兼副秘书长、第五届理事会副秘书长
15	葛 诚	中国农学会土壤肥料研究会第三届理事，中国微生物学会第七届理事会常务理事，中国植物营养与肥料学会第四届、第五届理事会理事
16	魏由庆	中国农学会土壤肥料研究会第三届理事
17	钱侯音	中国植物营养与肥料学会第四届理事
18	张维理	中国土壤学会第九届理事会理事
19	徐明岗	中国土壤学会第九届理事会理事
20	李 俊	中国微生物学会第七届理事会理事
21	张夫道	中国植物营养与肥料学会第五届理事会理事
22	王 旭（女）	中国植物营养与肥料学会第五届理事会理事
23	白占国	中国植物营养与肥料学会第五届理事会理事
24	周 卫	中国植物营养与肥料学会第五届理事会理事
25	梁业森	中国植物营养与肥料学会第五届理事会常务理事

九、获奖科技成果目录

（一）第一完成单位获奖成果目录

时间	成果名称	获奖类别及等级	主要完成人
1964	冬干鸭屎泥水稻坐秋及低产田改良的研究	国家发明奖一等奖	江朝余、陈永安、李纯忠、杜芳林、陈尚谨、郭毓德
1964	豫北地区盐渍土棉麦保苗技术措施的研究	国家发明奖一等奖	王守纯、穆从如
1975	种稻制度改革—晚稻超早稻	湖南省成果奖	刘更另、陈永安、熊锦香、王月恒
1976	施肥制度钾肥防黄叶枯病	湖南省成果奖	刘更另、陈永安、王月恒、熊锦香
1978	井灌井排综合改良盐碱地	全国科学大会奖	王守纯、杨守春、黄照愿、朱大权、陈礼智、孙昭荣、张文群
1978	LF-1 型离子自动分析仪	全国科学大会奖	胡文林、李建廷、林传铭
1978	花生根瘤菌的选育和利用	全国科学大会奖	胡济生、周平贞、赵质培、周承先、陈淑筠
1978	5406 孢子粉抗生菌肥	全国科学大会奖	姚瑞林、李廷轩、陈婉华、徐可明
1978	磷矿粉的微生物分解	全国科学大会奖	姚瑞林、刘庆城、陈婉华、李廷轩

（续表）

时间	成果名称	获奖类别及等级	主要完成人
1978	森林害虫多角体病毒的研究和应用	全国科学大会奖	陈廷伟、徐玲玫、黄源溢、陈婉华
1978	内疗素的研究和利用	全国科学大会奖	郭好礼、廖瑞章、叶柏龄、陶天申、关妙姬、高昭远、段道怀、倪楚芳、徐可明
1978	合理施用化肥及提高利用率的研究	全国科学大会奖	李光锐、陈尚谨、梁德印、陈福兴、李家康、吴祖坤、沈育芝、林继雄、郭毓德、刘立新、陈培森、张玉梅
1978	深沟提灌提排综合治理涝洼盐碱地的技术和效果	山东省科学大会奖	王守纯、谢承陶、张树勤、王应求
1978	山东省土壤钾素状况和钾肥肥效	山东省科学大会奖	梁德印、徐美德、王淑惠、黄增奎、王莲池、李文仪、王晓琪、黄鸿翔、吴秀芳、厉为民、钱侯音
1978	甘薯根腐病防治研究	山东省科学大会奖	唐文华、刘庆城、许玉兰、张玉洁
1978	SD-1 型酸度电导自动测量仪	山东省科学大会奖	胡文林、李建廷、林传铭、赵蔚蕃、申淑玲
1978	沉淀硝酸磷肥的研制及施用技术	山东省科学大会奖	陈福兴、蔡　良、林继雄
1978	低产田改良	湖南省科学大会奖	江朝余、刘更另、杜芳林、陈福兴、陈永安
1978	德州地区磷肥肥效和经济施用方法	德州地区科学大会奖	陈尚谨
1978	磷钾化肥配合施用改善瓜果品质	德州地区科学大会奖	陶辛秋、褚天铎、文安全、宋世杰、王晓琪、孙昭荣、李世仁、吴秀芳、王莲池、黄增奎
1978	种植夏绿肥是改良盐碱地的一项有效措施	德州地区科学大会奖	杨守信、陈礼智
1978	小麦高产不倒的土壤条件和肥水管理	德州地区科学大会奖	李笃仁、黄少贤
1978	一步法生产细菌农药及其效果	德州地区科学大会奖	陈廷伟、徐玲玫、陈婉华
1979	高效大豆根瘤菌"005 菌株"的选育及应用	中国农业科学院技术改进三等奖	胡济生、宁国赞、葛　诚、李元芳、樊　惠、李京寅、聂桂兰
1980	鲁北内陆平原盐碱地综合治理研究	农业部技术改进一等奖	王守纯、杨守春、谢承陶、魏由庆、王应求、张树勤、蒋光润、孙昭荣、朱大权、韩东亮、王涌清、严慧峻、刘菊生、刘秀奇、张文群
1980	山东省土壤速效锌普查和使用锌肥的研究	农业部技术改进一等奖	张乃凤、王淑惠、张大弟、刘新保、钱侯音、李文仪、吴秀芳、褚天铎
1980	土壤普查方法与技术的研究	农业部技术改进二等奖	黄鸿翔、赵克齐、齐国光、周春生、朱大权
1980	土壤诊断技术和方法的研究	中国农业科学院技术改进三等奖	张大弟、李纯忠、刘新保、孟昭鹏、李鸿钧、宋世杰、姚造华、孙振东
1980	应用复方内疗素防治黄瓜霜霉病、白粉病	中国农业科学院技术改进四等奖	廖瑞章、郭好礼、段道怀

（续表）

时间	成果名称	获奖类别及等级	主要完成人
1980	种植制度中绿肥培肥土壤的研究	中国农业科学院技术改进四等奖	王维敏、高绪科、张镜清、汪德水、黄不凡、王文山、张美荣、庞志申
1981	湘南丘陵区水稻施肥制度和经济使用化肥	中国农业科学院技术改进三等奖	刘更另、陈永安、陈福兴、熊锦香、王月恒、武桂珍
1981	黄潮土培肥技术的研究	中国农业科学院技术改进四等奖	黄玉俊、李笃仁、闵九康、杨秀华、黄少贤、阮峻峰、刘思义、张文群
1982	山东省化肥区划	农业部技术改进二等奖	张乃凤、林葆、李家康、沈育芝、林继雄、张宁、吴祖坤、武桂珍
1982	航空像片土壤判读制图方法的比较研究	山西省科技成果二等奖	李纯忠、齐国光、朱大权、秦亚平、张文群
1982	内陆盐渍土培肥改土高产稳产技术程序的研究	中国农业科学院技术改进三等奖	王守纯、谢承陶、王应求、韩东亮、张树勤、孙昭荣、刘秀奇、杨守信、孙传芳、严慧峻
1982	山东省陵县西背河洼地旱涝碱瘦综合治理区划	中国农业科学院技术改进四等奖	杨守春、魏由庆、张宁、张树勤、王应求、刘思义
1982	山东省土壤速效锌普查及锌肥使用技术的示范推广	山东省技术改进二等奖	张乃凤、王淑惠、刘新保、褚天铎、吴秀芳、李世仁
1983	湘南红壤稻田高产稳产的综合研究	农业部技术改进一等奖	刘更另、陈福兴、陈永安、张马祥
1983	中国农业菌种的收集与鉴定	农业部技术改进二等奖	叶柏龄、梁绍芬、岳莹玉、李健宝、关妙姬、姜瑞波、郭好礼、周承先、陶天申、赵质培
1983	华北干旱半干旱地区土壤播前镇压提墒保墒增产技术研究	中国农业科学院技术改进三等奖	李笃仁、高绪科、汪德水、王小彬
1984	中国绿肥区划	农业部技术改进二等奖	焦彬、宋世杰、孙传芳
1984	华北低产地区田青的种植和利用	中国农业科学院技术改进三等奖	陈礼智、王隽英、孙传芳、郭永兰、朱万宝、杨守信
1984	山东省禹城县盐碱地综合治理技术示范推广	中国农业科学院技术改进三等奖	黄照愿、熊锦香、李志杰、张贵道、林治安、唐继伟
1984	柽麻枯萎病防治留种技术研究	中国农业科学院技术改进三等奖	焦彬、陈礼智、唐文华
1984	加速提高土壤有机质和磷钾量的措施	中国农业科学院技术改进三等奖	金维续、余永年、王小平、张夫道、曾木祥、杨珍基、赵学蕴
1984	低山丘陵区土壤航片判读程序方法及精度控制标准	中国农业科学院技术改进三等奖	黄鸿翔、李纯忠、朱大权、蒋光润、周春生、赵克齐、张文群
1984	几种酶活性的研究	中国农业科学院技术改进四等奖	闵九康、关松荫、沈桂琴、孟昭鹏、姚造华
1984	根瘤菌简易保存技术	中国农业科学院技术改进四等奖	葛诚、李元芳、宁国赞、樊惠、徐玲玫
1985	红壤稻田持续高产的研究	国家科技进步奖三等奖	刘更另、陈福兴、陈永安、张马祥
1985	山东省土壤速效锌普查及锌肥使用技术的示范推广	国家科技进步奖三等奖	张乃凤、王淑惠、刘新保、褚天铎、吴秀芳、李世仁

（续表）

时间	成果名称	获奖类别及等级	主要完成人
1985	深泥脚田水稻垄栽增产技术体系	农业部科技进步奖二等奖	陈福兴、刘更另、张马祥、陈永安、秦道珠、魏长欢、谢良商、吕玉潮
1985	沙打旺根瘤菌选育及牧草种子丸衣化接种技术应用	农业部科技进步奖三等奖	宁国赞、李元芳、黄岩玲、于代冠
1985	黄淮海中低产地区经济合理施用磷肥技术	农业部科技进步奖三等奖	陈尚谨、刘立新、杨　铮、王少仁、吴荣贵、张桂兰
1985	秸秆盖田的生物效应及其应用效果	中国农业科学院技术改进三等奖	胡济生、徐新宇、向　华、张玉梅、李仁生、范宗理
1985	有机无机肥配合对改善蔬菜及小麦、玉米品质的作用	中国农业科学院技术改进三等奖	金维续、张夫道、王小平、赵学蕴、曾木祥、余永年
1985	山东省陵县盐碱地综合治理技术示范推广	中国农业科学院技术改进三等奖	王守纯、王应求、谢承陶、张树勤、严慧峻、刘菊生、谢森祥、魏由庆、韩东亮
1986	真菌免疫技术的研究	中国农业科学院技术改进二等奖	刘庆城、许玉兰
1987	我国氮磷钾化肥的肥效演变和提高增产效益的主要途径	国家科技进步奖二等奖	张乃凤、林　葆、李家康、吴祖坤、林继雄
1987	盐湖钾肥的合理施用和农业评价	国家科技进步奖三等奖	梁德印
1987	新农用抗菌素120及其产生菌的分离、鉴定生产工艺和应用	国家科技进步奖三等奖	谢德龄、倪楚芳、吴观以、叶柏龄
1987	中国化肥区划	农业部科技进步奖二等奖	张乃凤、林　葆、李家康、吴祖坤、林继雄、郭金如、张　宁
1987	大豆根瘤菌血清型鉴定和生态学特性	农业部科技进步奖二等奖	葛　诚、樊　惠、徐玲玫、李元芳、胡济生、宁国赞、陈廷伟、许玉兰
1987	山东省禹城实验区盐碱地综合治理和综合发展体系的研究	农业部科技进步奖三等奖	黄照愿、熊锦香、李志杰、林治安、张贵道、唐继伟
1987	"鲁保一号菌"的变异性趋势及高效稳定变异株 S_{22} 选育	中国农业科学院科技进步奖一等奖	高昭远、干静娥、温庆英、俞大绂
1988	《城镇垃圾农用控制标准》的研制	农业部科技进步奖二等奖	金维续、曾木祥、王小平、郭　勤、赵学蕴、张夫道、余永年
1988	全国绿肥品种资源整理、鉴定研究和编目	农业部科技进步奖三等奖	焦　彬、孙传芳、张淑珍
1988	黄淮海地区农田土壤有机质平衡及增进平衡的措施	中国农业科学院科技进步奖二等奖	王维敏、张镜清、王文山、张美荣
1988	应用彩红外航片在盐碱土地区进行土壤和土地利用现状判读制图方法的研究	中国农业科学院科技进步奖二等奖	黄鸿翔、朱大权、蒋光润、张文群、齐国光
1988	PC1500袖珍计算机土壤肥料应用程序包	中国农业科学院科技进步奖二等奖	胡文林、张　宁、李小平、刘菊生
1989	几种主要农作物锌、硼肥施用技术规范	国家科技进步奖三等奖	刘新保、杨　清
1989	旱作碳酸氢铵深施机具及提高肥效技术措施的研究	国家科技进步奖三等奖	林　葆、刘立新、李光锐

（续表）

时间	成果名称	获奖类别及等级	主要完成人
1989	我国主要复（混）合肥料品种的肥效机理和施肥技术	农业部科技进步奖二等奖	李家康、林继雄、吴荣贵
1989	马颊河流域区域水盐运动监测预报分区方法	农业部科技进步奖三等奖	魏由庆、刘思义、王应求、梁国庆、邢文刚
1989	绿肥提高土壤有机质的作用及其有效条件	中国农业科学院科技进步奖二等奖	陈礼智、王隽英、郭永兰、张淑珍、孙传芳、焦彬
1989	链霉素数据库的设计、建立及其应用	中国农业科学院科技进步奖二等奖	陶天申、胡文林、周承先、骆传好、岳莹玉
1990	培肥土壤和提高土壤肥力与作物产量的定位研究	农业部科技进步奖三等奖	黄玉俊、杨秀华
1990	快生型大豆根瘤菌资源的收集、生物学特性鉴定及其大田增产效果	农业部科技进步奖三等奖	梁绍芬、姜瑞波、关妙姬
1990	秸秆盖田养地增产技术的应用与改进	中国农业科学院科技进步奖二等奖	徐新宇、张玉梅、胡济生
1991	禹城试验区提高土地生产力和农业综合发展研究	农业部科技进步奖三等奖	谢承陶、杨守信、李志杰、林治安、唐继伟、熊锦香、张文群、田昌玉、张雪瑶、章友生
1991	主要微量元素对作物的影响	农业部科技进步奖三等奖	褚天铎、刘新保、张燕卿
1991	我国北方旱农地区农作物增产技术体系研究	农业部科技进步奖三等奖	王维敏、高绪科
1991	黄淮海平原主要作物施肥模型和施肥推荐系统	农业部科技进步奖三等奖	杨守春、孙昭荣、刘菊生、刘秀奇、陈同斌、张振山
1991	洼涝盐渍土综合利用和综合配套技术	中国农业科学院科技进步奖一等奖	魏由庆、严慧峻、高竣岭、左余宝、许建新、许志坤、马卫萍、张锐、安文钰、邢文刚
1992	我国主要土壤的供钾特征及钾素状况综合评价	农业部科技进步奖二等奖	金继运、张乃凤、高广岭、王莲池、王泽良
1992	中华大豆根瘤菌的资源、分类、血清学、质粒和共生特性	农业部科技进步奖二等奖	葛诚、徐玲玫、樊惠、冯瑞华、崔阵
1992	掺合肥料施肥技术的研究	化工部科技进步奖二等奖	李家康
1992	塑料地膜污染农田防治机制的研究	农业部科技进步奖三等奖	程桂荪、刘小秧、金维续、刘渊君、高松
1992	国家土肥长期监测基地建设的技术体系研究	中国农业科学院科技进步奖二等奖	刘更另、李纯忠、陈子明
1993	低成本黄胞胶的生产方法	国家发明三等奖	程桂荪、刘小秧
1993	不同农区绿肥种植利用和效益	农业部科技进步奖三等奖	陈礼智、张淑珍
1993	沙打旺、三叶草、苜蓿根瘤菌大面积推广应用	中国农业科学院科技进步奖二等奖	宁国赞、刘惠琴、白新学、李元芳、黄延玲、马晓彤

（续表）

时间	成果名称	获奖类别及等级	主要完成人
1994	磁诱导与非豆科作物结瘤固氮关系的研究	农业部科技进步奖二等奖	刘庆城、许玉兰、张玉洁
1995	VA菌根主要生物学特性及应用	国家科技进步奖三等奖	汪洪钢、李慧荃、吴观以
1996	土壤养分综合系统评价法与平衡施肥技术	农业部科技进步奖二等奖	金继运、张　宁、梁鸣早、杨俐苹、林　葆、吴荣贵、程明芳、王泽良、黄绍文
1996	红壤丘陵立体农作制度及配套技术	农业部科技进步奖三等奖	陈福兴、陈永安、邹长明、谢良商、秦道珠、陈典豪
1996	全国长期施肥的作物产量和土壤肥力变化规律	农业部科技进步奖三等奖	林　葆、林继雄、李家康
1996	我国主要农区秸秆直接还田技术规程	中国农业科学院科技进步奖二等奖	曾木祥、赵学蕴
1997	鸡粪、废骨、皮渣复合肥产业化研究及应用	农业部科技进步奖三等奖	赵学蕴、金维续、牛培立、成万刚、洪双年、李智军、洪卫年、李明芬、曾木祥、张中林、夏荣堂、金志荣、董海生、张小更、宋燕军
1997	盐渍化地区"淡化肥沃层"培育的机理与综合技术	农业部科技进步奖三等奖	严慧峻、高峻岭、张　锐、刘继芳、许建新、魏由庆、左余宝、单秀枝、祁士君、马卫萍、殷光兰、王来清、安文钰、马　朝、阮峻峰
1997	含氯化肥科学施肥和机理研究	化工部科技进步奖一等奖	李家康、毛炳衡、傅孟嘉、刘立新、金安世、祝其胜、林继雄、庄莲娟、金绍龄
1998	含氯化肥科学施肥和机理研究	国家科技进步奖二等奖	李家康、毛炳衡、傅孟嘉、刘立新、金安世、祝其胜、林继雄、庄莲娟、金绍龄
1999	土壤养分综合系统评价法与平衡施肥技术	国家科技进步奖三等奖	金继运、张　宁、梁鸣早、杨俐苹、林　葆、赵国峰、吴荣贵、黄明印、程明芳、王连林、王泽良、高继明、黄绍文、杨全庆
1999	食用菌菌种生产性状早期鉴定技术	农业部科技进步奖三等奖	张金霞、左雪梅
1999	北方土壤供钾能力及钾肥高效施用技术研究	农业部科技进步奖一等奖	金继运、刘荣乐、程明芳、吴荣贵、杨俐苹、梁鸣早、黄绍文
2000	北方土壤供钾能力及钾肥高效施用技术研究	国家科技进步奖二等奖	金继运、刘荣乐、程明芳、张漱茗、雷永振、邢　竹、吴荣贵、吴　巍、杨俐苹、孙克刚、梁鸣早、李玉影、黄绍文、周艺敏、白大鹏
2000	红壤丘陵区牧草栽培与综合利用技术	湖南省科技进步奖三等奖	徐明岗、黄鸿翔、文石林、危长宽、黄平娜、王宝理、刘子勇、侯向阳、秦道珠、陈福兴、黄黎明、朱更瑞、高菊生、王伯仁、邹长明

（续表）

时间	成果名称	获奖类别及等级	主要完成人
2000	旱地农田肥水耦合效应及机理研究	中国农业科学院科技进步奖二等奖	汪德水、邹邦基、吕殿青、李生秀、张岁岐、陈新平、程宪国、卢明远、戴万红、李世清、陈利军、李晓林、李秧秧、周湧、金轲
2001	南方红壤地区土壤镁素状况及镁肥施用技术	湖南省科技进步奖二等奖	徐明岗、黄鸿翔、陈福兴、汪洪
2001	南方红壤地区土壤镁素状况及镁肥施用技术	中国农业科学院科技成果二等奖	徐明岗、黄鸿翔、文石林、黄平娜、秦道珠、陈福兴、高菊生、王伯仁、邹长明
2001	中国土壤肥料信息系统及其在养分资源管理中的应用	中国农业科学院科技成果一等奖	张维理、梁鸣早、卢昌艾、李志宏、武淑霞、徐爱国、龙怀玉、张认连、高贤彪、同延安、谭宏伟、高增芳、孙笑梅、王鸿艳、张祖承
2002	农业废弃物资源化利用技术	中国农业科学院科技成果二等奖	张夫道、韩捷、窦富根、张骏、赵秉强、邹焱、汪寅虎、陈谊、凌霞芬、国清金、张玉华、田吉林、史吉平、史春平、张俊清、吕卫光、郭倩、谭琦、汪昭月、杭怡琼、康鸿明

（二）部分参加完成获奖成果目录

时间	获奖题目	获奖类别	获奖单位	完成人
1980	通县土壤普查与区划	北京市科技成果二等奖	北京市土肥所、南土所、土肥所	齐国光、赵克齐、黄鸿翔、蒋光润
1980	2000年我国农牧业科学技术发展预测	国家科委科技情报成果三等奖	中国农业科学院情报所等	黄鸿翔
1983	2000年我国农牧业科学技术发展预测	中国农业科学院技术改进三等奖	中国农业科学院情报所等	黄鸿翔
1984	2000年我国农牧业科学技术发展预测	农业部技术改进二等奖	中国农业科学院情报所等	黄鸿翔
1986	黄淮海平原低产土壤的遥感调查	农业部科技进步奖二等奖	北京农大、土肥所	赵克齐
1988	利用"国土"卫片和TM影像进行黄河三角州地区滩涂资源、土地利用现状和草资源调查制图	农业部科技进步奖三等奖	北京农大、土肥所	黄鸿翔、赵克齐、朱大权、周春生、张金华
1988	黄河三角洲地区1：25万遥感系列制图	国家测绘总局科技进步奖三等奖	国家测绘总局科研所、土肥所、中科院植物所	黄鸿翔
1989	有机肥料营养作用的机理研究	国家教委二等奖	浙江农大、土肥所	张夫道

（续表）

时间	获奖题目	获奖类别	获奖单位	完成人
1990	三北防护林公共实验区的遥感综合调查技术研究	林业部科技进步奖一等奖	林科院	朱大权
1990	螺旋藻的大量培养技术和应用	农业部科技进步奖二等奖	江苏农业科学院、土肥所	谢应先、陈婉华
1990	保水剂在农业上的应用研究与效果	中国农业科学院科技进步奖二等奖	作物所、土肥所	李元芳
1992	螺旋藻优良藻种选育	中国科学院科技进步奖二等奖	中国科学院、土肥所	谢应先、陈婉华
1993	黄淮海平原中低产土壤综合治理研究与开发	国家科技进步奖特等奖	北京农大、土肥所	谢承陶、魏由庆
1993	花生根瘤菌和组合新剂型与接种技术	农业部科技进步奖三等奖	油料所、土肥所	李健宝、姚瑞林
1993	微肥配合施用和缺素诊断方法	农业部科技进步奖三等奖	湖北省农业科学院、土肥所	杨　清、李春花
1993	赤霉素细胞分裂素的研制和推广应用	河北省星火二等奖	河北生物制品厂、土肥所	高昭远、干静娥
1993 1995	国土卫片在黄河三角洲地区国土资源与环境调查中的应用研究	航天部科技进步奖一等奖 国家科技进步奖二等奖	中科院遥感所等	黄鸿翔、朱大权、赵克齐、周春生、张金华
1994	有机肥对粮油菜烟茶等品质的改良效果	农业部科技进步奖二等奖	湖北省农业科学院土肥所、土肥所	金维续、曾木祥、赵学蕴
1994	光降解地膜的农业效果及质检指标	农业部科技进步奖三等奖	农业部技术推广总站、土肥所	金维续、张文群
1994	晋东南旱地作物高效增产技术体系及应用基础研究	山西省科技应用二等奖	山西谷子所、土肥所	张镜清
1994	农用钾矿资源开发应用研究	地矿部科技进步奖四等奖	地质矿产部地质力学研究所、土肥所	姚造华
1995	西藏自治区土地资源调查与利用研究	西藏自治区科技进步奖特等奖	西藏自治区土管局	蒋光润
1995	主要蔬菜中量、微量元素营养及其配合施用的研究	辽宁省科技进步奖三等奖	沈阳农大、土肥所	李春花
1996	全放位深松机研制	农业部科技进步奖一等奖	土肥所参加	刘立新
1997	茎瘤固氮根瘤菌剂对非豆科作物应用效果	山西省科技进步奖二等奖	山西省生物研究所、土肥所	谢应先、陈婉华、陈廷伟
1997	华北地区节水型农业体系研究与示范	国家科技进步奖三等奖	中国农业科学院灌溉所、土肥所	沈桂琴、李鸿钧、张镜清、蔡典雄、荣向农、张美荣
1997	全放位深松机研制	国家科技进步奖二等奖	土肥所参加	刘立新

（续表）

时间	获奖题目	获奖类别	获奖单位	完成人
1997	高产粮、棉、菜中量、微量元素组合的作物营养与效应研究	农业部科技进步奖三等奖	湖北农业科学院土肥所、土肥所	杨清、李春花
1998	含稀土的复合肥料	化工部科技进步奖二等奖	土肥所参加	徐新宇、张玉梅
1999	豆科柱花根瘤菌菌剂生产及应用技术	广东省农业技术推广三等奖	土肥所参加	宁国赞
1999	可持续农业发展中土壤—作物—肥料系统钾资源、特征及高效经济	河南省科技进步奖二等奖	土肥所参加	黄绍文、程明芳
1998	北方晋东豫西旱农类型区农林牧综合发展优化模式	农业部科技进步奖二等奖	中国农业科学院气象所、土肥所	蔡典雄
2000	南方红黄壤丘陵中低产地区综合整治与农业持续发展	四川省科技进步奖二等奖	土肥所参加	陈福兴

十、主要著作目录

序号	著作名称	编著（译）者	出版时间	出版社
1	怎样积肥保肥和施肥	张乃凤、陈尚谨、马复祥	1958.07	农业出版社
2	耕作学基础（上册）（中等农业学校参考书）	朱大权译	1958.09	农业出版社
3	土法制造细菌肥料和抗生菌肥料	土肥所	1958.09	科学普及出版社
4	氢离子浓度的意义和测定法	板野新夫	1958.09	农业出版社
5	赤霉素	板野新夫、甘扬声	1958.11	农业出版社
6	肥料研究	土肥所	1958.12	农业出版社
7	各种肥料的三要素含量及其分析法	乔生辉	1959.02	农业出版社
8	深耕改土经验（土壤肥料丛书之二）	土肥所农业土壤室	1959.02	农业出版社
9	农田灌溉（土壤肥料丛书之三）	土肥所农业土壤室	1959.02	农业出版社
10	土壤物理简易测定法（土壤肥料丛书之四）	刘昌智等	1959.02	农业出版社
11	找肥和用肥（土壤肥料丛书之六）	土肥所农业土壤室	1959.02	农业出版社
12	土化肥鉴定（土壤肥料丛书之七）	土肥所肥料研究室	1959.02	农业出版社
13	农业微生物基本知识（农业微生物丛书之一）	陈子英	1959.02	农业出版社

（续表）

序号	著作名称	编著（译）者	出版时间	出版社
14	根瘤菌（农业微生物丛书之二）	陈淑筠、赵质培	1959.02	农业出版社
15	固氮菌（农业微生物丛书之三）	胡济生	1959.02	农业出版社
16	磷细菌（农业微生物丛书之四）	陈廷伟、谢德龄	1959.02	农业出版社
17	钾细菌（农业微生物丛书之五）	陈廷伟	1959.02	农业出版社
18	抗生菌肥料（农业微生物丛书之六）	尹莘耘、谢德龄	1959.02	农业出版社
19	微生物与饲料（农业微生物丛书）	胡济生、周平贞	1959.02	农业出版社
20	赤霉素（农业微生物丛书之十）	甘扬声、何德星	1959.02	农业出版社
21	揭开土壤秘密 改造利用土壤	土肥所、农业部土地利用局	1959.03	农业出版社
22	高温速成堆肥	刘守初、马复祥	1959.04	农业出版社
23	摸清土壤底细充分发挥土壤的增产潜力	农业部土地利用局、土肥所	1959.06	农业出版社
24	人粪尿的保存和利用	陈尚谨、马复祥	1960.04	农业出版社
25	中国农业土壤论文集	土肥所、中国农业土壤编著委员会	1962.01	上海科学技术出版社
26	中国肥料概论	土肥所	1962.06	上海科学技术出版社
27	科学技术研究报告：豫北地区盐渍土棉麦保苗技术措施的研究	王守纯、穆从如	1964.11	中国科技情报所出版部
28	冬干鸭屎泥水稻"坐秋"及低产田改良的研究	江朝余等	1964.12	中国科技情报所出版部
29	紫云英栽培技术、低产田改良、磷肥施用问答等科普丛书	土肥所、祁阳站	1965	湖南人民出版社
30	抗生菌肥料及其应用	尹莘耘	1966.04	农业出版社
31	制造"5406"菌肥的几种新方法	山东德州土肥所	1972	农业出版社
32	土壤诊断速测技术	山东省土肥所土壤诊断室	1976.11	人民教育出版社
33	土壤基础知识	山东省土肥所土壤室	1977.07	山东人民出版社
34	土壤和作物营养诊断速测方法	全国土壤普查、土壤诊断研究协作组	1977.12	农业出版社
35	土壤肥料分析	山东省土壤肥料研究所	1978.04	农业出版社
36	根瘤菌肥料	山东省土肥所微生物室	1978.05	农业出版社

（续表）

序号	著作名称	编著（译）者	出版时间	出版社
37	土壤诊断	土肥所土壤室	1980.04	科学出版社
38	中国农业土壤概论	侯光炯、高惠民	1982.01	农业出版社
39	常用化肥施用技术	土肥所	1982.03	农业出版社
40	化肥实用指南	土肥所	1983.11	农业出版社
41	化学在农业和生理学上的应用	刘更另	1983.12	农业出版社
42	农业中的微量营养元素	张乃凤等译	1984.09	农业出版社
43	土壤生物化学	王维敏等译	1984.12	农业出版社
44	土壤详图编制和应用	齐国光译	1984.12	农业出版社
45	绿肥	焦彬等	1985.02	农业出版社
46	全国第二次土壤普查土壤遥感技术研究论文集	全国土壤普查科研协作组航片专题组	1985.05	湖北科学技术出版社
47	中国绿肥区划	土肥所、全国绿肥试验网	1985.12	贵州人民出版社
48	中国绿肥	焦彬等	1986.02	农业出版社
49	新兴化肥的使用	林继雄、刘新保	1986	农业出版社
50	中国化肥区划	土肥所	1986.11	中国农业科技出版社
51	土壤肥料	刘怀旭	1987.07	安徽科学技术出版社
52	化肥实用指南	林葆、李家康等	1987.12	农业出版社
53	中华人民共和国国家标准城镇垃圾农用控制标准（GB 8172-87）	土肥所有机肥研究室	1988.03	中国标准出版社
54	科学施用化肥	林继雄	1988.12	农业出版社
55	农业土壤管理	高惠民	1988.12	中国农业科技出版社
56	中国化肥使用研究	林葆	1989.02	北京科学技术出版社
57	中华人民共和国国家标准土壤碳酸盐、全钾和全磷测定法	朱海舟	1989.06	中国标准出版社
58	非豆科作物固氮研究进展	陈廷伟	1989.10，1994.10再版	中国农业科技出版社
59	农业土壤中的氮	闵九康等译	1989.11	科学出版社
60	实用土壤肥料手册	李笃仁、黄照愿	1989.11	中国农业科技出版社
61	国际平衡施肥学术讨论会论文集（中、英文版）	土肥所	1989.12	农业出版社
62	农业生产模型—气候、土壤和作物	杨守春等译	1990.06	中国农业科技出版社
63	草菇、金针菇、猴头菌（菜蓝子工程丛书）	向华	1990.09	农业出版社

（续表）

序号	著作名称	编著（译）者	出版时间	出版社
64	化肥合理施用技术	李家康	1990.10	科普出版社
65	绿僵菌的研究与应用	郭好礼等	1990.12	中国农业科技出版社
66	黄淮海平原主要作物优化施肥和土壤培肥技术	杨守春	1991.03	中国农业科技出版社
67	中国有机肥料	刘更另、金维续	1991.03	农业出版社
68	索马里朱巴河流域土地开发利用与土壤改良	谢森祥	1991.09	气象出版社
69	中国农业菌种目录（中、英文版）	中国农业微生物菌种保藏管理中心	1991.01	中国农业科技出版社
70	土壤钾素和钾肥研究——中加合作钾肥项目第五次年会论文集	农业部科技司、土肥所、加拿大钾磷所北京办事处	1992.09	中国农业科技出版社
71	土壤养分状况系统研究法	加拿大钾磷所北京办事处	1992.09	中国农业科技出版社
72	绿肥在持续农业中的地位和利用—中国绿肥研究论文集	陈礼智、王隽英等	1992.12	辽宁大学出版社
73	土肥测试技术与配方施肥	朱海舟、陈培森等	1993.01	北京科学技术出版社
74	化肥施用手册	林继雄、李家康	1993.03	农业出版社
75	盐渍土改良原理与作物抗性	谢承陶	1993.06	中国农业科技出版社
76	中国红壤与牧草—中国南方红壤区牧草开发国际研讨会论文集（中、英文版）	张马祥、刘荣乐	1993.08	中国农业科技出版社
77	微量元素肥料的作用与应用	褚天铎、杨清等	1993.11	四川科学技术出版社
78	农田土壤监测	李纯忠等	1994.03	河北科技出版社
79	张乃凤先生九十寿辰纪念文集	土肥所	1994.03	中国农业科技出版社
80	施肥与环境学术讨论会论文集	土肥所、加拿大钾磷所北京办事处	1994.05	中国农业科技出版社
81	施肥与环境	加拿大钾磷所北京办事处译校	1994.05	中国农业科技出版社
82	中国北方旱地农业技术	王维敏	1994.08	中国农业出版社
83	北方土壤钾素和钾肥效益	土肥所、加拿大钾磷所北京办事处	1994.08	中国农业科技出版社
84	国际硝酸磷肥学术讨论会论文集（中、英文版）	土肥所、挪威海德鲁集团公司农业公司	1994.09	中国农业科技出版社
85	中国肥料	土肥所	1994.11	上海科学技术出版社
86	1：100万中华人民共和国土壤图集	全国土壤普查办公室、黄鸿翔	1995.05	西安地图出版社
87	红壤丘陵区农业发展研究	中国农业科学院红壤实验站	1995.06	中国农业科技出版社

（续表）

序号	著作名称	编著（译）者	出版时间	出版社
88	土壤养分状况系统研究法学术讨论会论文集	金继运	1995.09	中国农业科技出版社
89	旱地农田肥水关系原理与调控技术	汪德水	1995.10	中国农业科技出版社
90	磷酸铝锶与磷肥施用问题	王少仁、夏培桢	1995.11	中国农业科技出版社
91	现代农业中的植物营养与施肥——94'全国植物营养与肥料学术年会论文选集	中国植物营养与肥料学会	1995.12	中国农业科技出版社
92	蔬菜缺钾的识别	土肥所蔬菜施肥课题组	1996.04	中国农业科技出版社
93	长期施肥的作物产量和土壤肥力的变化	林　葆、林继雄、李家康	1996.04	中国农业科技出版社
94	1：250万中国土壤图	全国土壤普查办公室、黄鸿翔	1996.05	西安地图出版社
95	1：400万中国土壤系列图	全国土壤普查办公室、黄鸿翔	1996.05	西安地图出版社
96	微生物肥料的生产应用及其发展	葛　诚	1996.07	中国农业科技出版社
97	氮素产量环境	陈子明	1996	中国农业科技出版社
98	土壤肥力与肥料	金继运、刘荣乐	1996	中国农业科技出版社
99	怎么科学使用化肥	林继雄	1996	农村读物出版社
100	豆科根瘤菌及其应用技术	宁国赞	1998	中原农民出版社
101	红壤丘陵区牧草栽培与利用	徐明岗、张久权、文石林	1998	中国农业科技出版社
102	蚯蚓养殖技术与开发利用	杨珍基、谭正英	1999.01	中国农业出版社
103	第二次绿色革命：21世纪的农业	刘荣乐	1999.07	科学技术文献出版社
104	食用菌生产技术	张金霞	1999	中国标准出版社
105	肥料与农业发展：国际学术讨论会论文集	林　葆、李家康	1999	中国农业科技出版社
106	旱地农田肥水协同效应与耦合模式	汪德水	1999	气象出版社
107	微生物肥料生产应用基础	葛　诚	2000.01	中国农业科技出版社
108	土壤养分运移	徐明岗、姚其华、吕家珑	2000	中国农业科技出版社
109	红壤丘陵区农业综合发展研究	徐明岗、黄鸿翔	2000	中国农业科技出版社
110	新编食用菌生产技术手册	张金霞	2000.09	中国农业出版社
111	中国种植业大观，食用菌卷	高卫东、张金霞	2001	中国农业科技出版社
112	精准农业与土壤养分管理	金继运、白由路	2001.09	中国大地出版社
113	中国农业菌种目录：2001年版	姜瑞波主编	2001.12	中国农业科技出版社
114	食用菌菌种生产与鉴别	张金霞	2002.01	中国农业出版社

（续表）

序号	著作名称	编著（译）者	出版时间	出版社
115	化肥科学使用指南	褚天铎	2002	金盾出版社
116	农业科技信息概论	张玉梅	2002	中国农业科技出版社
117	化肥与无公害农业	林　葆	2003	中国农业出版社

十一、主要科研课题目录

序号	课题来源	课题名称	课题主持人	起止时间
1	十二年规划	研究并制定不同地区主要作物的轮作制度	冯兆林	1956—1960
2	十二年规划	研究确定化肥的效果和全国主要农区所需化肥品种	陈尚谨	1957—1960
3	十二年规划	有机、无机肥料的调制方法及提高土壤肥力作用	张乃凤、陈尚谨	1957—1960
4	十二年规划	盐碱土改良利用的研究	徐叔华	1957—1960
5	十二年规划	研究灌区灌溉制度及防止灌区盐渍化措施	徐叔华	1957—1962
6	十二年规划	研究农业土壤发生规律与性质、制定定向改良土壤措施	徐叔华、王守纯	1958—1960
7	十二年规划	研究微生物对土壤物质及植物根系的影响	刘守初	1958—1962
8	国家科委	完成耕地土壤普查及研究低产田土壤改良和防止灌区土壤盐渍化	徐叔华	1960
9	国家科委	研究以养猪积肥为主的有机肥积制方法	梁　勇、乔生辉	1960
10	国家科委	研究不同地区、不同土壤主要作物合理施用有机无机肥技术	梁德印、陈尚谨	1960
11	国家科委	总结研究我国主要农业区现有的土壤耕作制和轮作制度	李笃仁、高惠民	1960—1961
12	十二年科学规划中心问题	研究湖南水稻土和河北盐碱土有机和无机肥料配合施用技术	陈尚谨	1961
13	十二年科学规划中心问题	研究混合细菌肥料的生产技术及增产作用	陈廷伟	1961
14	十二年科学规划中心问题	研究黄土、两合土、胶泥土深耕后效及安排	李笃仁	1961—1962
15	十二年科学规划中心问题	研究猪厩腐解过程中肥分变化规律及保肥方法	刘更另	1961—1962
16	十二年科学规划中心问题	研究赤霉素的固体生产方法及增产作用	胡济生	1961—1962
17	十二年科学规划中心问题	研究微量元素硼、锰对水稻、玉米、小麦的肥效及其使用方法	张乃凤	1961—1963

（续表）

序号	课题来源	课题名称	课题主持人	起止时间
18	十二年科学规划中心问题	总结研究改盐斑地的方法及其理论依据	徐叔华、王守纯	1961—1963
19	十二年科学规划中心问题	研究北京地区小麦、玉米轮作制度	高惠民、谭超夏	1961—1963
20	十二年科学规划中心问题	土壤肥力定位观测	徐叔华	1961—1963
21	十二年科学规划中心问题	总结研究低产水稻田和小麦丰产田化学肥料的有效施用	陈尚谨	1961—1963
22	十二年科学规划中心问题	研究5406等抗生素菌的特性及作用	尹莘耘	1961—1963
23	十二年科学规划中心问题	总结研究冬小麦前后茬对土壤肥力的影响	高惠民	1961—1964
24	十二年科学规划中心问题	研究土壤和根际微生物对作物活性及地力的影响	陈子英	1962
25	十二年科学规划中心问题	轮作中种植豆科绿肥对提高土壤肥力作物产量作用	梁　勇	1962—1963
26	十二年科学规划中心问题	深浅耕在轮作中的安排与作用	孙　渠、李笃仁	1963
27	十二年科学规划中心问题	农业土壤评测（大比例尺土壤调查与利用）研究	徐叔华	1963—1964
28	十二年科学规划中心问题	研究华北地区主要轮作制中配置绿肥技术增产效果	林　山	1963—1965
29	十二年科学规划中心问题	内吸抗菌素的筛选及其防治作物疑难性病害的研究	尹莘耘	1963—1965
30	十二年科学规划中心问题	黑黄土、黄泥土肥力演变定位研究	徐叔华	1963—1966
31	十二年科学规划中心问题	研究华北地区不同土壤肥力和轮作下，有机无机肥料配合施用技术及施肥方案	陈尚谨、刘守初	1963—1966
32	十二年科学规划中心问题	微量元素硼锰钼对玉米、水稻、小麦等作物生长发育的作用及其适应地区	张乃凤	1963—1966
33	十二年科学规划中心问题	豆科作物根瘤菌共生氮应用	胡济生	1963—1966
34	十二年科学规划中心问题	研究黄土、盐土与稻田土壤微生物活动特性及其利用途径和措施	陈子英	1963—1966
35	十二年科学规划中心问题	湘南丘陵区鸭屎泥冷浸田及低产旱土改良利用措施	刘更另、江朝余	1963—1966
36	十二年科学规划中心问题	总结研究卤盐土棉麦保苗、壮苗稳产高产技术措施及其理论依据	王守纯	1964—1966
37	十二年科学规划中心问题	总结研究盐碱地种好绿肥的技术	王守纯、郭炳家	1964—1966

（续表）

序号	课题来源	课题名称	课题主持人	起止时间
38	十二年科学规划中心问题	研究保定地区栽培绿肥、半绿肥的轮作技术与增产培肥的效果	陈尚谨、陈子英	1964—1966
39	十年规划	研究轮作改制中生产平衡和肥力平衡的演变规律、提出提高土壤肥力的轮作制	高惠民	1963—1964
40	十年规划	调查总结不同有机肥料开辟肥源的途径，研究提高效果的方法	刘守初	1963—1964
41	十年规划	研究小麦及前茬土壤微生物的活动及其在土壤肥力演变中的作用	陈子英	1963—1964
42	十年规划	秸秆还田的理论和应用	胡济生	1963—1964
43	十年规划	北京地区土壤需磷程度的研究	张乃凤	1963—1964
44	十年规划	总结研究冀中平原洼涝地保苗高产的耕作技术	陈尚谨、陈子英	1965
45	十年规划	研究旱涝碱薄地区培肥土壤，增加复种的技术措施	徐叔华、焦　彬	1965
46	十年规划	研究改造旱涝碱薄样板田的全苗壮苗增产技术	徐叔华、甘晓松	1965
47	十年规划	京郊高肥力黄土水稻玉米蹲苗高产耕作施肥技术	李笃仁	1965
48	十年规划	选育根瘤菌高效菌种及改进菌剂制作技术	胡济生	1965
49	十年规划	提高有机肥料效果加强有益微生物活动及其作用	刘守初	1965
50	十年规划	总结研究牛皮碱土保苗、壮苗、稳产高产技术措施及其理论依据	王守纯	1965—1966
51	十年规划	研究华北高产区、低产区化学肥料经济施用技术	陈尚谨	1965—1966
52	十年规划	京郊地区复种改制稳产高产与培肥地力的研究	李笃仁	1965—1966
53	十年规划	研究华北黄土中土壤微生物活动对氮素损失和积累的影响及有效利用技术措施	陈子英	1965—1966
54	十年规划	研究华北地区稳产与高产栽培保墒的技术与效果	陈尚谨、陈子英	1966
55	十年规划	京郊永乐店盐渍地全苗壮苗改土培肥技术措施研究	徐叔华、焦　彬	1966
56	十年规划	总结研究华北地区不同轮作制度下绿肥套种保苗高产栽培技术	焦　彬、徐叔华	1966
57	十年规划	北京地区水浇地早春作物冬灌保墒保苗，夏播作物抗旱防涝耕作技术研究	李笃仁	1966
58	农业部、山东省	盐碱地改良利用的研究	王守纯	1972—1975

（续表）

序号	课题来源	课题名称	课题主持人	起止时间
59	农业部、山东省	绿肥在不同轮作制度中栽培利用和新品种选育	杨守信、张增俭、吴宜璋	1973—1975
60	农业部、山东省	高效固氮菌种的选育和新碳源的利用	胡济生、徐新宇	1973—1975
61	国家科委、农业部	群众性土壤普查、诊断技术、分析仪器和方法研究	黄鸿翔、张大弟、李纯忠、胡文林	1974—1978
62	农业部、山东省	总结研究棉麦套种双高产的技术措施	王维敏、高绪科	1975—1976
63	山东省	利用绿肥改良盐碱地试验研究	杨守信	1972
64	山东省	大力推广菌肥（5406、根瘤菌、磷细菌）研究解决关键技术	胡济生、宁国赞	1972—1975
65	山东省	农用抗菌素的示范推广和农新菌种筛选研究（内疗素棉花黄枯萎病抗生素）	郭好礼、叶柏龄	1972—1975
66	山东省	推广和研究利用细菌农药防治作物主要害虫（杀螟杆菌，高效杀虫菌种，防花生线虫）	陈廷伟	1972—1975
67	山东省	研究盐碱土改良剂和探索微生物改良盐碱土的途径		1973
68	山东省	德州西瓜的研究	褚天铎	1973—1974
69	山东省	提高氮肥肥效技术及防止碳酸氢铵肥分损失的方法	李光锐、郭毓德	1973—1975
70	山东省	研究磷肥施用技术、后效、磷矿粉施用条件和提高肥效的方法	陈尚谨、陈福兴	1973—1975
71	山东省	研究不同土壤施用钾肥对作物产量和品质的影响	张乃凤、梁德印	1973—1975
72	山东省	综合利用造纸黑液和工业余热生产磷肥	张夫道	1974
73	山东省	总结研究高产土壤棉麦套种的技术经验及理论依据	汪德水	1974
74	山东省	土壤肥料科学实验仪器的研究和试制	胡文林	1974
75	山东省	总结研究高产麦田的水肥管理	李笃仁、黄玉俊	1974—1975
76	山东省	总结研究高产稳产田土壤指标肥力特征及培肥途径	李笃仁、黄玉俊	1974—1975
77	国家、农业部	土壤普查规划技术与农业土壤分类分区的研究	李纯忠、黄鸿翔	1979—1980
78	国家、农业部	高产稳产土壤的肥力特性和培肥技术的研究	黄玉俊	1979—1980
79	国家、农业部	绿肥资源评价区划及其改土培肥效能的研究	焦彬、陈礼智	1980—1985
80	国家科委	绿肥在不同轮作制度中栽培利用技术的研究	杨守信、陈礼智	1976

（续表）

序号	课题来源	课题名称	课题主持人	起止时间
81	国家科委	研究以养猪积肥为中心，开辟肥源，饲料来源途径	金维续	1976—1977
82	国家科委	高效固氮生物的筛选和应用	胡济生	1979—1980
83	农业部	钾肥和微量元素的肥效和施用技术的研究	梁德印、王淑惠	1976—1977
84	农业部	土壤肥料分析仪器的试制	胡文林	1977—1980
85	农业部	有机肥料中有机质的积累，消耗及活性的研究	金维续	1978—1980
86	农业部	钾肥的肥效和施用技术研究	徐美德、梁德印	1978—1980
87	农业部	微量元素（锌）的肥效和施用技术的研究	张乃凤、王淑惠	1978—1980
88	农业部	作物高产需肥规律、肥料合理配比和施肥技术研究	张乃凤、林　葆、李家康	1979—1980
89	农业部	总结研究精耕细作与机械化相结合用地与养地相结合增产增收的耕作轮作制度及土壤生态变化	李笃仁、王维敏	1979—1980
90	农业部	黄淮海地区盐碱地综合治理的研究	王守纯、杨守春	1979—1982
91	农业部	南方红壤丘陵低产土壤综合利用的研究	刘更另、张马祥、陈福兴	1980—1983
92	农业部	化肥区划研究	张乃凤、林　葆、李家康	1980—1985
93	农业部、山东省	总结研究综合治理盐碱地高产稳产技术措施及科学依据（盐碱土改良利用研究）	王守纯、杨守春	1976—1978
94	农业部、山东省	总结研究三种三收粮肥间作套种的技术措施	王维敏、高绪科	1976—1978
95	农业部、山东省	高产稳产田培肥途径和肥力特征的研究	李笃仁、黄玉俊	1976—1980
96	农业部、山东省	绿肥新品种选育	焦　彬、杨守信	1977—1980
97	山东省	沼气利用的研究	张夫道	1976—1977
98	山东省	新型杀虫微生物的筛选和应用研究	陈廷伟	1976—1979
99	山东省	提高氮磷化肥利用率的研究	吴祖坤、陈尚谨、李家康、朱海舟、陈福兴	1976—1980
100	国家科技攻关	遥感技术在黄淮海平原土壤调查中的应用研究	黄鸿翔、朱大权	1983—1985
101	国家科技攻关	黄淮海中低产地区提高肥料效益和培肥土壤技术	闵九康、杨守春	1983—1985
102	国家科技攻关	陵县实验区古黄河背河洼地综合治理综合发展研究	王守纯、谢承陶、王应求	1983—1985

（续表）

序号	课题来源	课题名称	课题主持人	起止时间
103	国家科技攻关	禹城河间浅平洼地盐碱地综合治理综合发展的研究	黄照愿	1983—1985
104	国家科技攻关	马颊河流域盐渍土水盐运动监测及预报的研究	魏由庆	1983—1985
105	国家科技攻关	磷钾肥科学施肥技术的研究	陈尚谨、梁德印	1983—1985
106	国家科技攻关	盐湖钾肥的合理利用与农业评价	梁德印、徐美德	1982—1984
107	国家科技攻关	污染对土壤生态影响及微生物对有机毒物降解规律	程桂荪	1985—1987
108	国家科委	生物固氮新资源及其应用的研究	胡济生、陈廷伟	1981—1985
109	国家科委	应用电子计算机开展配方施肥技术的研究	张乃凤、林　葆、张　宁、吴祖坤	1983—1985
110	国家科委	高浓度复（混）合肥料品种和施用技术的研究	陈尚谨、梁德印、李家康	1983—1986
111	国家科委	土壤污染物对土壤微生物、土壤酶和植物的生态效应及临界含量的影响	廖瑞章	1984—1985
112	国家经委	土壤肥料大批量样品前处理成套设备革新研究	朱海舟	1984—1986
113	国家经委	引进菌种开发研究及新技术应用	叶柏龄、郭好礼	1984—1990
114	农业部	研究有机肥城市垃圾处理和蚯蚓在改土增产，提高经济效益和环保作用	金维续、杨珍基	1981—1982
115	农业部	提高化肥利用率及化肥合理施用技术的研究	陈尚谨、林　葆、李光锐、梁德印	1981—1982
116	农业部	华北地区合理农业生态结构和耕作制度研究	李笃仁、王维敏	1981—1982
117	农业部	遥感技术在土壤普查应用中的研究	李纯忠、黄鸿翔、朱大权	1981—1985
118	农业部	土壤基层分类指标的研究	黄鸿翔、赵克齐	1981—1985
119	农业部	全国化肥试验网	张乃凤、林　葆、张　宁、吴祖坤、李家康	1983—1984
120	农业部	全国绿肥试验网	焦　彬、陈礼智	1983—1984
121	农业部	华北丘陵地区旱地农业耕作法及其抗旱保墒培肥	李笃仁	1983—1985
122	农业部	有机肥料对改善作物品质及培肥改土的作用	金维续	1983—1985
123	农业部	全国农业微生物菌种资源的研究、收集、鉴定、编目和保藏	叶柏龄、关妙姬、周承先	1983—1985
124	农业部	黄淮海中低产地区科学施用磷肥试验示范推广	陈尚谨	1983—1985
125	农业部	南方红（黄）壤山丘地区改良和合理利用研究	刘更另、张马祥、陈福兴、陈永安	1984—1985

（续表）

序号	课题来源	课题名称	课题主持人	起止时间
126	农业部	城市垃圾农用有效条件控制途径及蚯蚓养殖和蚯蚓粪肥效的研究	金维续	1984—1985
127	农业部	微量元素肥料经济有效施用技术研究	王淑惠	1984—1985
128	农业部	土壤碳酸盐测定标准	朱海舟	1984—1986
129	农业部	"鲁保一号菌"菌种的退化和应用研究	高昭远	1984—1986
130	农业部	稀有金属及其副产品农用效应的研究	徐新宇	1985—1987
131	化工部	旱作地区粉状碳酸氢铵深施机具及提高肥效技术措施的研究	陈尚瑾、林　葆、李光锐	1984—1986
132	国家自然科学基金	土壤有机质积累与微生物效应的研究	胡济生、徐新宇	1985—1987
133	国家自然科学基金	固氮蓝藻及固氮细胞工程开辟生物固氮新资源研究	陈廷伟、汪洪钢	1985—1990
134	中国农业科学院	农业土壤肥力监测、调控及培肥途径的研究	黄玉俊、刘更另、闵九康	1981—1985
135	中国农业科学院	菌根真菌与根瘤菌的相互关系及其对豆科寄生植物生长的影响	汪洪钢	1985—1986
136	中国科学院基金	微生物菌种数据库的研究	陶天申	1985—1987
137	"七五"国家攻关	定西水土保持耕作法的研究	聂　伟	1986—1988
138	"七五"国家攻关	污灌对土壤酶活性的研究	闵九康、沈桂琴	1986—1988
139	"七五"国家攻关	禹城河间浅平洼地综合治理配套技术研究	谢承陶、杨守信	1986—1990
140	"七五"国家攻关	区域水盐运动规律和水盐监测预报技术研究	王应求、魏由庆	1986—1990
141	"七五"国家攻关	陵县洼涝盐渍土综合利用和综合配套技术研究	魏由庆、许志坤	1986—1990
142	"七五"国家攻关	黄淮海平原大面积经济施肥和培肥技术的研究	杨守春	1986—1990
143	"七五"国家攻关	不同类型旱农地区以提高水分利用率为中心的农作物增产技术体系的研究	王维敏、李笃仁、高绪科	1986—1990
144	"七五"国家攻关	主要类型旱农地区农田水分状况及其调控技术研究	汪德水	1986—1990
145	"七五"国家攻关	绿肥作物品种资源繁种及主要农艺性状鉴定	焦　彬、孙传芳、陈礼智、张淑珍	1986—1990
146	"七五"国家攻关	花生耐性高效菌种选育、新剂型生产与现代接种技术的研究	姚瑞林	1986—1990
147	"七五"国家攻关	钛化合物在粮食、瓜果及牧草生产上应用技术研究	张玉梅	1987—1989
148	"七五"国家攻关	稀土在牧草生产中应用效果及技术的研究	徐新宇、李元芳	1987—1989
149	"七五"国家攻关	优良藻种的选育和培养条件研究	谢应先	1987—1990

（续表）

序号	课题来源	课题名称	课题主持人	起止时间
150	"七五"国家攻关	遥感试验场基本数据的收集、地物、波谱特性数据库及遥感基础试验	朱大权、蒋光润	1987—1990
151	"七五"国家攻关	紫色土中重金属的土壤微生物、土壤酶效应	廖瑞章	1987—1990
152	"七五"国家攻关	施肥专家系统	杨守春、胡文林	1987—1990
153	"七五"国家攻关	2FT-1 型追肥机及深施技术中间试验	刘立新	1988—1993
154	"七五"国家攻关	盐湖钾肥施用技术	梁德印、徐美德	1987—1988
155	"七五"国家攻关	掺合肥料和施肥技术研究	李家康、吴祖坤	1987—1990
156	"七五"国家攻关	钙镁磷肥改性复合肥料肥效的研究	王少仁	1987—1990
157	国家计委	全国土壤肥力和肥料效益长期监测点建设——北京褐潮土土壤肥力肥料效益长期检测点建设	刘更另、李纯忠、陈子明	1987—1990
158	国家计委	全国土壤肥力和肥料效益长期监测点建设——全国土壤肥力和肥料效益数据库和标本室建设	陈子明、周春生、姚造华	1987—1990
159	国家计委	亚热带红壤土壤肥力肥料效益监测点建设（湖南祁阳）	刘更另、陈福兴	1987—1990
160	国家计委	生物的磁化效应研究	刘庆城	1987—1991
161	国家科委	全国农业菌种资源收集鉴定保藏及其经济价值评定	叶柏龄、关妙姬、周承先	1986—1987
162	农业部	利用国土卫星影像进行黄河三角洲地区草资源调查与制图的研究	黄鸿翔、朱大权、赵克齐	1986—1987
163	农业部	土壤中钾的存在形态和土壤供钾能力的研究	金继运	1986—1987
164	农业部	农用垃圾标准的研究	金维续、曾木祥	1986—1987
165	农业部	利用固氮菌为指标确定土壤重金属毒性研究	廖瑞章	1986—1987
166	农业部	机械包裹牧草种子丸衣化原料配方的研究	宁国赞、徐新宇	1986—1988
167	农业部	稀土元素在牧草生产上的应用研究	李元芳	1986—1988
168	农业部	石灰性土壤有效锌标准分析方法研究	钱侯音	1986—1990
169	农业部	硝酸磷肥肥效鉴定和施肥技术的试验示范	林　葆、林继雄	1986—1990
170	农业部	南方红（黄）壤集约化农业配套技术研究	刘更另、张马祥、陈福兴、陈永安	1986—1990
171	农业部	豆科牧草根瘤菌菌种选育及应用研究	宁国赞	1986—1990
172	农业部	主要微量元素对作物影响的研究	刘新保、王淑惠、褚天铎	1986—1990
173	农业部	微肥施用技术和缺素诊断方法	杨　清、褚天铎、祁　明	1986—1990

（续表）

序号	课题来源	课题名称	课题主持人	起止时间
174	农业部	锌肥中有毒物质极限量的研究	杨　清	1986—1990
175	农业部	提高农作物品质施肥技术	金维续、王小平	1986—1990
176	农业部	有机肥养分在土壤生态系统中的循环	金维续	1986—1990
177	农业部	全国绿肥试验网——不同农业区域绿肥的种植结构和栽培利用技术研究	焦　彬、陈礼智	1986—1990
178	农业部	经济林园及丘陵坡地覆盖绿肥种植和利用技术研究	文安全、王隽英	1986—1990
179	农业部	重要绿肥种类及品种鉴定整理和区域试验	孙传芳	1986—1990
180	农业部	绿肥对土壤有机质及理化性状影响定位试验	陈礼智、焦　彬	1986—1990
181	农业部	名优特产土宜和施肥提高产品品质的研究	李纯忠	1987
182	农业部	有关例图及全国土壤普查资料的收集与整理	黄鸿翔、赵克齐	1987
183	农业部	有机污染物的微生物降解	程桂荪	1987—1988
184	农业部	土壤肥料试验程序包	胡文林	1987—1989
185	国家环保局	生物废物调查与铬渣标准	金维续	1986—1987
186	化工部	微量元素配合施用技术研究	王淑惠、刘新保	1986—1988
187	化工部	尿素在土壤中的去向及脲酶抑制剂效果的研究	关松荫	1987—1990
188	化工部	含氯化肥科学施肥和机理的研究	林　葆、李家康、刘立新	1989—1990
189	四川省	硫磷铝锶肥效及锶放射活性的研究	王少仁、夏培桢	1988
190	国家自然科学基金	鲁保一号菌的遗传学和实用	高昭远	1987—1989
191	国家自然科学基金	肥沃土壤微形态研究	黄玉俊	1987—1989
192	国家自然科学基金	土壤中钾的存在形态、代换平衡及其有效性的研究	张乃凤、金继运	1987—1989
193	国家自然科学基金	开拓生物固氮新资源新体系研究	陈廷伟	1987—1990
194	国家自然科学基金	土壤有机质积累及微生物效应的研究	胡济生	1987—1990
195	国家自然科学基金	VA菌根真菌的纯培养及应用研究	汪洪钢	1987—1991
196	中国农业科学院	全国化肥试验网——我国农田肥料效应和土壤肥力演变定位监测	林　葆、林继雄	1986—1990
197	中国农业科学院	我国主要农作物分区推荐施肥方案的研究	李家康、吴祖坤	1986—1990
198	中国农业科学院	电子计算机在合理施肥中应用的研究	张　宁	1986—1990
	中国农业科学院重点课题	中国北方土壤供钾能力及钾肥高效施用技术	金继运	1986—1999
199	中国农业科学院	北方水稻土分类原则与依据的研究	黄鸿翔、赵克齐	1988—1990

（续表）

序号	课题来源	课题名称	课题主持人	起止时间
200	国际合作	中国北方耕作体制下钾的循环和土壤供钾能力研究	金继运	1986—1991
201	国际合作	长期肥力试验	李家康	1988
202	国际合作	中国水稻农作制度	张马祥、陈福兴	1988—1990
203	国际合作	我国主要烟草产区施用硫酸钾对烟草产量和品质的影响	梁德印、徐美德	1988—1990
204	中国科学院科学基金	中国快生型大豆根瘤菌的资源调查及其特性的研究	葛诚	1986—1990
205	国家标准	农业土壤粒度测定	南春波	1989—1992
206	国家标准	农业土壤 pH 测定	南春波	1989—1992
207	"八五"攻关	北方旱地农田水分平衡及提高作物生产力研究	高绪科	1991—1995
208	"八五"攻关	烟草、糖料及牧草绿肥等种质资源繁种和主要性状鉴定	张淑珍、陈礼智	1991—1995
209	"八五"攻关	禹城农业持续发展综合试验研究	谢承陶、李志杰	1991—1995
210	"八五"攻关	陵县盐渍生态区环境农业持续发展配套技术研究	魏由庆	1991—1995
211	"八五"攻关	黄淮海平原主要种植制度下作物高产优化施肥技术	林葆、金继运	1991—1995
212	"八五"攻关	晋东豫西半湿润偏旱农林牧持续发展研究	汪德水、高绪科、蔡典雄	1991—1995
213	"八五"攻关	北方旱区农田水肥交互作用及其耦合模式研究	汪德水、曹恭	1991—1995
214	"八五"攻关	湘南红壤丘陵农业持续发展研究	陈福兴、陈永安	1991—1995
215	"八五"攻关	可控降解地膜的研究开发	金维续	1991—1995
216	国家科委	含氯化肥定位研究	林葆	1991—1994
217	国家科委	根瘤菌肥料、固氮菌肥料、解磷细菌肥料、硅酸盐菌肥料、复合微生物肥料国家标准的制定	葛诚、宁国赞、李元芳	1993—1994
218	国家计委	东北大豆丰产优质种质的拓宽与改良	徐玲玫	1990—1994
219	国家计委	稀土复合肥料肥效验证及其机理的研究	徐新宇	1991—1995
220	国家计委	干法制磷（复）肥的施肥技术和解磷机理的研究	陈子明、姚造华	1991—1995
221	总理基金	河南清丰节水增产低耗土壤施肥与培肥地力、提高水分利用率的研究	沈桂琴、李鸿钧	1991—1993
222	总理基金	河北廊坊蓄水保墒、培肥地力提高水分利用率研究	张镜清	1991—1993
223	总理基金	非豆科作物结瘤固氮研究	陈廷伟、谢应先、陈婉华	1991—1995

（续表）

序号	课题来源	课题名称	课题主持人	起止时间
224	火炬计划	黄胞胶的工业化生产（非醇法）	程桂荪	1991—1995
225	农业部	农田污染生物净化技术光降解地膜时控机制	程桂荪	1991
226	农业部	中国农业菌种目录	郭好礼、宁国赞	1991
227	农业部	我国南方硝酸磷肥肥效和施用技术研究	林　葆、林继雄	1991
228	农业部	国内外降解地膜产品的农用鉴定试验	金维续、张文群	1991—1992
229	农业部	化学肥料肥效试验、鉴定规程	李家康	1991—1993
230	农业部	有机肥料再循环及利用技术的研究	金维续	1991—1995
231	农业部	秸秆、畜禽粪再循环研究	金维续	1991—1995
232	农业部	秸秆还田技术规程制订及商品有机肥料研制	曾木祥、赵学蕴	1991—1995
233	农业部	小麦、玉米及春小麦区高产粮、油、菜中量、微量元素组合的作物营养与效应研究	褚天铎	1991—1995
234	农业部	花椰菜、菜豆中、微量元素优化组合研究	杨　清、李春花	1991—1995
235	农业部	北京褐潮土土壤肥力演变规律研究	陈子明、周春生	1991—1995
236	农业部	全国土壤肥力监测信息管理系统	姚造华、李小平、陈子明	1991—1995
237	农业部	土壤氮素移动规律和氮肥合理施用关系的研究	陈子明、姚造华	1991—1995
238	农业部	六种豆科牧草根瘤菌广谱型优良选育及应用研究	宁国赞、刘惠琴	1991—1995
239	农业部	农用磷石膏长期定位试验	蔡　良	1991—1996
240	农业部	微生物肥料检测体系的建立	葛　诚	1992—1994
241	农业部	光降解地膜试验示范	金维续、张文群	1993
242	农业部	利用胱氨酸生产中的废液开发氨基酸肥料的研究	刘庆城	1993—1995
243	化工部	中浓度专用复合肥料研制与推广应用技术	黄照愿、李家康	1991—1993
244	化工部	固氮微生物菌种收集鉴定与保藏的研究	宁国赞	1991—1993
245	化工部	含氯化肥科学施肥及其机理研究	林　葆、李家康、刘立新	1991—1995
246	化工部	长效复合肥研制与开发研究	关松荫	1991—1995
247	化工部	塑料大棚蔬菜专用肥的研究	刘立新	1994—1996
248	教委人事部	优化控制技术在提高农产品品质上的应用	张维理	1992—1997

（续表）

序号	课题来源	课题名称	课题主持人	起止时间
249	教委人事部	生命元素对人、畜地方病的影响及其调节作用研究	张夫道	1993—1995
250	烟草专卖局	烟草专用复合（混合）微生物肥料研究与开发	姜瑞波	1995—1998
251	国家自然科学基金	大豆的三类共生体及其变化规律的研究	葛　诚	1990—1993
252	国家自然科学基金	我国东南沿海区域 VA 真菌资源调查	吴观以、李慧荃	1991—1992
253	国家自然科学基金	VA 菌根对药用植物有效成分影响的研究	李慧荃	1991—1993
254	国家自然科学基金	磁场对固氮酶活性调控效应的研究	许玉兰	1992—1994
255	国家自然科学基金	北方土壤钾素形态转化动力学的研究	金继运、王泽良	1994—1996
256	国家自然科学基金	鲁保一号防菟丝子的机理及毒素利用的可能性研究	高照远	1994—1996
257	国家自然科学基金	紫色土区植物根系强化土壤渗透及抗冲性动态机制	李　勇	1994—1996
258	国家自然科学基金	流域侵蚀与湖泊沉淀耦合关系研究	白占国	1994—1997
259	国家自然科学基金	土水势影响氮溶质滞后迁移的机理研究	蔡典雄	1995—1997
260	北京市自然科学基金	养分渗漏池中氮素积累和流失及其对作物增产和环境的影响	陈子明	1991—1994
261	中国农业科学院	绿肥品种资源筛选和评价，绿肥在高效施肥体系中地位和技术	王隽英、郭永兰、张淑珍	1991—1995
262	中国农业科学院	肥料效应和土壤肥力演变定位监测、持续高产农业中施肥技术及提高肥效相关因子的研究	林继雄、李家康	1991—1995
263	国际合作	中国北方几种种植制度下最高产量研究	金继运	1991—1992
264	国际合作	北方特定耕作制度下钾的循环	金继运	1991—1992
265	国际合作	中国水稻农作制的研究	陈福兴	1992—1993
266	国际合作	国际土壤肥力和长期稻作试验网	李家康	1992—1995
267	国际合作	硝酸钙肥料对蔬菜、苹果和花生产量和品质的作用	林　葆	1992—1995
268	国际合作	施用硫酸钾肥提高几种经济作物产量和品质的研究	梁德印	1993
269	国际合作	中国中南部红壤区牧草管理	黄鸿翔、谢良商	1993—1997
270	国际合作	土壤养分状况系统研究法及其在推荐施肥中的作用	金继运	1993—1998

（续表）

序号	课题来源	课题名称	课题主持人	起止时间
271	国际合作	中国北方种植制度下钾的循环和土壤供钾能力研究	金继运	1993—1998
	国际合作—中国加拿大	北方土壤钾素状况及钾肥合理施用	金继运、刘荣乐	1993-1998
272	国际合作	硫酸钾在梨树、葡萄和蔬菜上应用效果的研究	李家康	1994—1995
273	国家标准	农业土壤中速效钾的测定方法	李鸿钧、申淑玲	1991—1995
274	"九五"攻关项目	玉米高产施肥和提高化肥利用率技术	金继运	1996—2000
275	"九五"攻关项目	提高棉田肥力技术体系和棉花高产高效施肥系统的研究与示范	金继运	1996—2000
276	"九五"攻关项目	棉花复合专用肥研制与示范	李家康	1996—2000
277	"九五"攻关项目	禹城试验区资源节约型高产高效农业综合发展研究	林治安、谢承陶	1996—2000
278	"九五"攻关项目	鲁西北低平原环境调控与高效持续农业研究	李志杰、魏由庆	1996—2000
279	"九五"攻关项目	黄淮海平原重点共性关键技术专题研究	金继运、李宝国	1996—2000
280	"九五"攻关项目	红壤带中南部丘陵区粮食与经济林果高效综合发展研究	徐明岗、黄鸿翔	1996—2000
281	"九五"攻关项目	晋东豫西旱农地区农业持续发展研究	王小彬	1996—2000
282	"九五"攻关项目	主要类型旱地农田水肥耦合及高效利用技术研究	蔡典雄、汪德水	1996—2000
284	北京市自然科学基金	北京地区施肥对地下水污染的影响及减缓污染对策和技术的研究	张维理、梁鸣早	1998—2000
285	"863"课题	生物固氮工程菌田间效应鉴定	张玉洁、葛　诚	1996—2000
286	"863"课题	土壤肥料信息应用系统的开发	张维理、卢昌艾	1998—2000
287	"973"项目子课题	土壤质量演变规律与持续利用—土壤质量变化的预测与预警	金继运	1999—2004
288	科技部	我国主要学科领域野外试验站监测与数据质量管理标准研究	张夫道	1999—2000
289	科技部	农业国土资源数据库	张维理、黄鸿翔	1999—2000
290	科技部	微生物资源收集、整理、保存	宁国赞	1999—2000
291	科技部专项	精准化平衡施肥技术	张维理	2000—2004
292	科技部台站	国家土壤肥力与肥料效益监测网	张夫道、赵秉强	1999
293	科技部台站	红壤农业综合实验站	徐明岗	2000
294	科技部台站	土壤肥力监测基地	张夫道	2000
295	国家自然科学基金	有机肥分解产物与几种中、微量元素的螯合机制及调控	张夫道	1996—1998

（续表）

序号	课题来源	课题名称	课题主持人	起止时间
296	国家自然科学基金	中国南方岩溶山区土壤季节性侵蚀的^{7}Be示踪研究	白占国	1996—1998
297	国家自然科学基金	高产优质蔬菜氮磷钾养分供应动态化的研究	张维理	1996—1999
298	国家自然科学基金	红壤丘陵区立体农业模式中草被对防治土壤退化的作用研究	黄鸿翔	1996—1999
299	国家自然科学基金	苹果幼果直接吸钙机理与调控研究	周　卫	1997—1999
300	国家自然科学基金	不同盐分及其配比对土壤磷生物有效性影响机制的研究	张　锐	1997—1999
301	国家自然科学基金	土壤—植物体系中钙降低镉毒害机理研究	周　卫	1997—1999
302	国家自然科学基金	中国（南方）豆科植物根瘤菌资源和分类研究	孙建光	1998—2000
303	国家自然科学基金	北方主要类型旱区资源节约型农业技术的指标体系构建	汪德水	1999—2001
304	国家自然科学基金	坡耕地土壤季节性侵蚀的^{7}Be，^{137}Cs和^{40}K示踪对比研究	白占国	2000—2002
305	国家自然科学基金	酵母DuplexA两杂交系统克隆结瘤素基因ENOD40的受体	万　曦	2000—2002
306	北京市自然科学基金	产虾青素高效菌株的选育及环境因素对其他代谢调控的研究	曲秋皓	2000—2001
307	农业部	我国温带半湿润区旱地土壤氮素损失途径及提高氮肥利用率技术的研究	张夫道	1996—2000
308	农业部	土壤养分限制因子及提高大、中、微量元素效益的物化技术研究	李春花、褚天铎	1996—2000
309	农业部	高产高效施肥综合配套技术研究示范	林继雄、赵林萍	1996—2000
311	农业部	农业科研管理与信息网络化	李小平、梁鸣早	1996—1997
312	农业部	全国土壤肥力与肥料效益监测网信息管理研究	袁锋明	1996—2000
313	农业部	微生物肥料和生物除草剂研究和开发	刘小秧	1996—2000
	农业部	提高微生物肥料应用效果的关键技术研究	刘小秧	1996—2000
315	农业部	不同耕作制度下主要农区土壤肥力、肥料效益演化规律	张夫道	1996—2000
316	农业部	施肥对环境的影响研究	张维理、徐明岗	1996—2000
317	农业部	土壤肥力与施肥效益监测新技术	梁国庆	1996—1998
318	农业部引进项目	提高肥料利用率的新型树脂膜土壤测试技术	金继运、程明芳、杨俐苹	1996—1999
319	农业部引进项目	微咸水农田灌溉技术	邢文刚、魏由庆、刘继芳	1996—1999

（续表）

序号	课题来源	课题名称	课题主持人	起止时间
320	农业部	中国土壤肥料信息系统	张维理、金继运、梁鸣早	1997—1999
321	农业部	全国基本农田保护区化肥流失污染状况调查与对策研究	张维理	1998—1999
322	农业部	我国化肥需求预测研究	李家康	1999—2000
323	农业部科技质标司	固相法生产硫酸钾工厂化及使用技术	张夫道	1997—2000
324	农业部行业标准	土壤调理剂——保水剂	王　旭	2000—2001
325	农业部行业标准	大量元素叶面肥	王　旭	2000—2001
326	农业部行业标准	光合细菌菌剂	姜　昕	2000—2001
327	农业部行业标准	秸秆腐熟剂	沈德龙	2000—2001
328	农业部行业标准	食用菌菌种繁育技术规程	张金霞	2000—2001
329	农业部行业标准	食用菌菌种生产技术规程	张金霞	2000—2001
330	农业部行业标准	微生物肥料	李　俊	2000—2001
331	农业部行业标准	复合微生物肥料	沈德龙	2000—2001
332	农业部行业标准	硅肥	李春花	2000—2001
333	农业部行业标准	土壤中有效态锌、锰、铁、铜含量的测定	王　敏	2000—2001
334	农业部行业标准	液体肥料密度的测定	王　敏	2000—2001
335	农业部行业标准	有机肥料中大肠杆菌值的测定	葛　诚	2000—2001
336	农业部行业标准	有机肥料中蛔虫卵死亡率的测定	姜　昕	2000—2001
337	农业部行业标准	蔬菜中硝酸盐限量标准	张维理	2000—2001
338	人事部留学基金	北方旱区坡耕地保持耕作技术体系研究	王小彬	2000—2001
339	国家计委	磷石膏氟限量指标的研究	李家康、蔡　良	1995—1997
340	国家外专局	土壤水肥调理剂	王小彬	1999—2000
341	国家外专局	土壤养分评价与平衡施肥	金继运	1999—2000
342	国家烟草局专项	烟草平衡施肥技术与推广	张维理	2000—2004
343	人事部	山西省天镇县低产土壤综合开发研究	林　葆	1996—1998
344	中国农业科学院	我国主要种植区氮肥有效用量与环境影响的研究	林继雄、李家康	1996—2000
345	中国农业科学院	肥料长期定位试验研究	林　葆、林继雄	1996—2000
346	中国农业科学院	农区绿肥饲草优良品种筛选和高产栽培技术研究	郭永兰	1996—2000
347	中国农业科学院	多用途绿肥筛选和利用	张淑珍	1996—2000
348	中国农业科学院	富钾绿肥资源开发利用机理研究	王隽英、曹卫东	1996—2000
349	中国农业科学院	红壤丘陵区牧草引种、栽培与利用技术	徐明岗	1990—1999

（续表）

序号	课题来源	课题名称	课题主持人	起止时间
350	中国农业科学院	植物硫、钙和镁素的营养机理与应用研究	林　葆	1993—2000
351	中国农业科学院	水田长期施用含 SO_4^{2-} 和 Cl^- 类肥料对土壤理化性质及水稻生长发育的影响	邹长明	1997
352	中国农业科学院	中国土壤肥料信息系统	张维理	1997—1999
353	中国农业科学院	持续农业中土壤活性有机质的变化与应用	张久权、徐明岗	1998—2001
354	中国农业科学院	红壤丘陵区豆科牧草栽培与综合利用技术	徐明岗	1999—2000
355	中国农业科学院	我国北方主要类型旱地农田水肥耦合高效利用综合技术体系	蔡典雄	1999—2001
356	国际合作	肥水耦合及高效利用技术研究	蔡典雄	1996—1997
357	国际合作	土壤硫素状况与硫肥施用	林　葆	1996—1998
358	国际合作	用于维持地力和发展牧草的园叶决明品种的筛选	黄鸿翔、徐明岗	1996—1998
359	国际合作	北方旱地土壤供硫机理与肥料硫转化研究	周　卫	1996—1998
360	国际合作—欧盟合作项目	中国花生根瘤菌资源多样性鉴定和接种在持续农业中的作用	葛　诚、李　俊	1996—2000
361	国际合作	硫酸钾对蔬菜的增产与改善品质的效应	李家康	1996—2000
362	国际合作	中比土壤学合作交流启动项目	蔡典雄	1997
363	国际合作—日本	环境友好型施肥技术研究与开发	黄鸿翔	1997—2003
364	国际合作	中国土壤肥力信息系统	张维理、金继运、梁鸣早	1997—1999
365	国际合作—国际基金瑞典	中国贵州高原流域侵蚀对湖泊水质及沉淀物的影响研究	白占国	1997—2000
366	国际合作	可持续农业和环境保护技术的评估与开发	黄鸿翔	1997—2003
367	国际合作—中英合作项目	湖泊沉积物中记录的西藏高原隆起及环境变化	白占国	1998—2000
368	国际合作—中比政府间项目	强化坡耕地水土保持耕作技术体系研究	蔡典雄	1998—2002
369	国际合作	中国农业持续发展中的养分和肥料管理	金继运、张维理、刘荣乐	1999—2004
370	国际合作	电子束法脱硫产品的农业试验研究	林　葆	2000—2002
371	国际合作—国际基金瑞典	水分胁迫下中国黄土地区土壤中锌的有效性及锌对作物抗旱性的影响	汪　洪	2000—2002
372	国际合作—国际基金瑞典	不同衰老型玉米碳氮互作研究	何　萍	2000—2002

（续表）

序号	课题来源	课题名称	课题主持人	起止时间
373	国际合作—国际基金瑞典	水稻土硫素行为及生物有效性	周　卫、汪　洪、李书田	1999—2001
374	国际合作	我国若干省的土壤硫素状况及硫肥应用研究	林　葆、李书田	1999—2000
375	国际合作—中比合作项目	强化坡耕地水土保持技术研究	蔡典雄	1999—2002
376	国际合作—德国	中国持续农业的肥料与环境策略	张维理	2000—2005
377	"948" 项目	干旱半干旱地区小麦增产关键技术的引进	蔡典雄	1997—2000
378	"948" 项目	区域性农资及农作信息化管理关键技术的引进及应用	张维理、梁鸣早	1998—2001
379	"948" 项目	精确农业技术体系	金继运、张维理	1998—2001
380	"948" 项目	微生物肥料高新质检技术	葛　诚、李　俊、樊　惠	1999—2003
381	"948" 项目	技术引进项目数据管理及网络化软件与技术引进	梁鸣早	2000—2002
382	上海市专项	秸秆生产农（畜）用包装制品和容器的研究	张夫道	1998—2001
383	上海市专项	秸秆工厂化生产有机—无机作物专用肥	张夫道	1998—2001
384	上海市专项	新型复合微生物菌剂的研制与开发	李　俊、葛　诚	1998—2000
385	中国农业科学院院长基金	氨基酸肥效作用研究	许玉兰	1994—1996
386	中国农业科学院院长基金	秸秆还田技术规程的推广应用	曾木祥	1996—1997
387	中国农业科学院院长基金	耐酸大豆根瘤菌生物学特性研究	宁国赞	1996—1998
388	中国农业科学院院长基金	土壤微生物氮量对土壤氮素状况的协调作用	帅修富、沈桂琴	1996—1998
389	中国农业科学院院长基金	我国南方主要类型红壤供镁特征及镁释放动力学研究	游有文、陈福兴	1997—1999
390	中国农业科学院院长基金	我国南方红壤中活性有机质的变化及应用研究	徐明岗	1998—2001
391	"973" 前期	中国农田养分非均衡化与土壤健康功能衰退研究	赵秉强	2002—2003
392	"863" 计划	农田节水标准化技术研究与产品开发	梅旭荣	2001—2003
393	"863" 计划	环境友好型肥料研制与产业化	赵秉强	2001—2003
394	"863" 计划	环境友好型高效纳米肥料研究与开发	张夫道	2001—2003
395	"948" 项目	农业微生物模式菌	姜瑞波	2001—2003
396	"948" 项目	新型根控、长效氮肥与施用技术	张淑香	2001—2004

（续表）

序号	课题来源	课题名称	课题主持人	起止时间
397	国家科技攻关	黄淮海平原中低产区高效农业发展	金继运	2001—2003
398	国家科技攻关	东南丘陵区中部持续高效农业发展模式与技术研究	徐明岗	2001—2003
399	国家科技攻关	黄淮海平原高效畜牧业发展模式与技术研究	梁业森	2001—2003
400	国家科技攻关	无公害优质玉米生产关键技术集成	赵秉强	2001—2003
401	国家科技攻关	优质玉米品质与产量形成机理及高效施肥技术研究	金继运、黄绍文	2001—2003
402	国家自然科学基金	小麦"拒镉"与"非拒镉"差异的机理研究	周 卫	2001—2003
403	国家自然科学基金	不同衰老型玉米碳氮代射的差异及其机理研究	何 萍	2001—2003
404	国家自然科学基金	缺钙导致苹果果实生理失调的机理	周 卫	2002—2004
405	北京市科学基金	土壤中有机氯污染的生物修复及其制剂的研究	逄焕成	2001—2002
406	科技部成果转化资金	利用农业废弃物生产无公害肥料技术中试与产业化示范	张夫道	2002—2004
407	科技部成果转化资金	中国土壤肥料信息系统系列产品的推广及应用	张维理	2002—2004
408	科技部成果转化资金	多功能镁复合肥系列产品开发	徐明岗	2002—2005
409	科技部基础性专项	土壤生物资源演化及预警预测	张夫道	2001—2002
410	科技部基础性专项	微生物肥料标准体系	李 俊	2001—2002
411	科技部基础性专项	西部资源环境监测	赵秉强	2001—2002
412	科技部基础性专项	数字土壤资源与农田质量预警	张维理	2002
413	科技部台站	典型生态系统野外定位监测与数据共享研究	赵秉强	2002
414	科技部专项	农业微生物资源收集整理保藏	宁国赞	2001
415	科技部专项	城区建筑裸土固化新材料引进及筛选	蔡典雄	2001—2002
416	科技部专项	农业微生物资源收集整理保藏	姜瑞波	2002
417	农业部专项	太湖农业面源污染调查	张维理	2001—2002
418	农业部专项	德国等农业与环境政策调研	张维理	2001—2002
419	农业部专项	优质豆科牧草高产栽培技术应用示范	徐明岗	2001—2002
420	农业部专项	大豆重迎茬专用肥	张淑香	2002—2003
421	农业部行业标准	食用菌菌种选育技术规范	张金霞	2001—2002

（续表）

序号	课题来源	课题名称	课题主持人	起止时间
422	农业部行业标准	肥料中铬含量的测定	王　敏	2001—2003
423	农业部行业标准	复混肥料中缩二脲含量的测定	王　敏	2001—2004
424	农业部行业标准	微生物肥料生产技术规范	沈德龙	2001—2005
425	农业部行业标准	肥料中硝酸盐的测定	孙又宁	2001—2006
426	人事部留学基金	植物早期结瘤素基因 ENOD40 的受体基因的克隆及结构研究	万　曦	2001
427	人事部留学基金	中量元素镁、硫、钙效果及使用技术研究	张夫道	2000—2002
428	国际合作—澳大利亚	中国南方红壤地区牧草与草食动物发展	徐明岗	2001—2003
429	国际合作—德国	蔬菜硫酸钾	李家康	2001—2003
430	国际合作—韩国	高产优质作物生产中农业环境变化与保护	徐明岗	2001—2003
431	国际合作—加拿大	硫肥试验	林　葆	2001—2003
432	国际合作—美国	我国若干省土壤硫素状况和硫肥肥效	李书田	2001—2003
433	世界银行	青海省世行扶贫项目	张维理	2001—2002
434	外专局	红壤生态牧草扩繁	徐明岗	2001—2002
435	中国农业科学院西部开发	刺芹侧耳、姬松茸、茶薪菇等珍稀食用菌周年栽培技术模式研究	张金霞	2001—2002
436	中国农业科学院西部开发	盐土改良新技术在安西县的示范推广	徐明岗、张　锐	2001—2002
437	山东农大	施用元素硫和秸秆对稻田硫挥发的影响	周　卫	2001—2003
438	中石化专项	农用乳化沥青的研究	蔡典雄	2001—2003
439	天津市攻关	不同耕作措施对坡耕地土壤侵蚀影响的^{7}Be，^{137}Cs 示踪研究	张淑香	2002
440	地方项目	硝态氮肥对作物品质的影响	林　葆	2002—2003
441	上海市专项	精确农业技术研究	金继运	2002—2006

十二、毕业博士研究生名录

序号	姓名	性别	在校时间	指导老师	专业	研究方向	论文题目
1	陈同斌	男	1987—1990	刘更另	土壤学	土壤化学与植物营养	土壤中砷的吸附特点及其与水稻生长发育的关系
2	姚　政	男	1987—1991	刘更另	作物营养与施肥	土壤环境	土壤吸附金属阳离子的行为及机制研究

（续表）

序号	姓名	性别	在校时间	指导老师	专业	研究方向	论文题目
3	陈铭	男	1987—1991	刘更另	土壤化学与植物营养	植物营养	湘南第四纪红壤阴离子吸附与植物营养
4	魏良稠	男	1988—1991	刘更另	作物营养与施肥	作物营养	资料不详
5	薛泰麟	男	1989—1992	刘更另	作物营养与施肥	微量元素	硒的植物生理功能研究
6	刘国栋	男	1990—1993	刘更另	作物营养与施肥	作物营养	水稻基因型与钾素营养
7	谢开云	男	1992—1995	刘更另	植物营养学	肥料与植物营养	植物阴离子营养的研究
8	周卫	男	1992—1995	林葆	作物营养与施肥	中、微量元素	花生钙素营养机制及棕壤中钙有效性的研究
9	陈思根	男	1993—1996	刘更另	作物营养与施肥	作物营养	资料不详
10	王庆仁	男	1993—1996	林葆	作物营养与施肥	中、微量营养元素	甘蓝型冬油菜硫素营养的研究
11	李晓齐	女	1993—1996	林葆 张维理	作物营养与施肥	植物营养学与品质模拟	钾及氮钾互作对作物品质影响的模拟研究
12	杨文婕	女	1991—1994	刘更另	作物营养与施肥	微量元素营养	植物中砷和硒的吸收及生理功能研究
13	何萍	女	1995—1998	金继运	植物营养学	植物营养学生理	氮钾营养对春玉米（Zea mays L.）源库动态与叶片衰老的影响
14	梁国庆	男	1995—1998	林葆	作物营养与施肥	长期定位施肥	长期施肥对石灰性潮土磷形态的影响及外源磷在土壤中的转化
15	史吉平	男	1995—1998	林葆	作物营养与施肥	土壤肥力	长期定位施肥对土壤有机质及部分中、微量营养元素的影响
16	李书田	男	1996—1999	林葆	作物营养与施肥	中、微量营养元素	土壤硫素转化及其对植物的有效性研究
17	关义新	男	1996—1999	林葆	作物营养与施肥	作物高产生理与施肥	光氮平衡对玉米生理特性及群体质量的影响
18	曹卫东	男	1997—2000	金继运	植物营养学	植物营养学遗传	小麦苗期氮、磷、钾吸收和利用的数量性状位点研究
19	姜诚	男	1997—2000	金继运	植物营养学	精准农业中的土壤养分管理	土壤养分空间变异规律及管理技术的研究
20	范丙全	男	1998—2001	金继运 葛诚	植物营养学	土壤磷的生物活化	北方石灰性土壤中青霉素P8活化难溶磷的作用和机理研究
21	黄绍文	男	1998—2001	金继运	植物营养学	精确农业中土壤中养分管理	土壤养分空间变异与分区管理技术研究
22	刘宏斌	男	1999—2002	林葆 张维理	植物营养学	施肥与环境	施肥对北京农田硝态氮累积与地下水污染的影响
23	汪洪	男	1999—2002	金继运	植物营养学	微量元素	不同土壤水分状况下锌对玉米生长、养分吸收、生理特性及细胞超微结构的影响

（续表）

序号	姓名	性别	在校时间	指导老师	专业	研究方向	论文题目
24	程明芳	男	1998—2002	金继运	植物营养学	土壤养分的植物有效性	离子交换树脂膜提取土壤养分技术研究
25	武淑霞	女	2000—2005	林葆　张维理	植物营养学	施肥与环境	我国农村畜禽养殖业氮碳磷排放变化特征及其对农业面源污染的影响
26	张俊清	男	2000—2003	张夫道	植物营养学	土壤生态环境	长期施肥对我国主要土壤有机氮磷形态与分布的影响
27	林英华	女	2001—2003	张夫道	植物营养学	土壤生态环境	长期施肥对农田土壤动物群落影响及安全评价
28	何绪生	男	2001—2004	张夫道	植物营养	新型肥料研究	保水型包膜尿素肥料的研制及评价
29	温洋	女	2002—2005	金继运	植物营养学	牧草作物营养	磷钾营养对紫花苜蓿产量和品质的影响及相关机理研究
30	杜连凤	女	2002—2005	张维理	植物营养学	施肥与环境	长江三角洲地区菜地系统氮肥利用与土壤质量变异研究
31	刘秀梅	女	2002—2005	张夫道	植物营养学	新型肥料	纳米—亚微米级复合材料性能及土壤植物营养效应
32	王宏庭	男	2002—2005	金继运	植物营养学	土壤养分精准管理	农田养分信息化管理模式研究及应用

十三、毕业硕士研究生名录

序号	姓名	性别	在校时间	指导老师	专业	研究方向	论文题目
1	金继运	男	1979—1981	张乃凤	农业化学	微量元素及在农业中的应用	石灰性土壤中速效钼的研究
2	康玉林	男	1979—1982	张乃凤	农业化学	微量元素及在农业中的应用	土壤中不同形态锌的分级及其与作物体内含锌量的关系
3	张维理	女	1979—1982	张乃凤	农业化学	微量元素及在农业中的应用	石灰性土壤上锰肥效益及土壤有效锰测定方法的研究
4	李仁生	男	1979—1982	胡济生	作物营养与施肥	生物固氮在农业上的应用	应用^{32}P示踪研究蚯蚓对磷的活化
5	杨虹	女	1979—1982	胡济生	土壤微生物	生物固氮在农业上的应用	大豆根瘤菌抗干性及保护剂的研究
6	池宝亮	男	1981—1985	王守纯	土壤学	盐渍土壤与改良	陵西背河洼地土体构型与土壤水盐入渗运动关系的研究
7	高素端	女	1981—1985	刘更另	土壤学	农业土壤生态	土壤中砷对植物的影响——湖南常宁砷毒田的研究
8	姚政	男	1981—1984	刘更另	土壤学	农业土壤生态	垄栽、肥力因素和水稻生长
9	高广领	女	1982—1985	刘更另	土壤学	农业土壤生态	不同植物对钾的吸收和积累

（续表）

序号	姓名	性别	在校时间	指导老师	专业	研究方向	论文题目
10	刘爱国	男	1982—1985	王守纯 黄照应	土壤学	盐碱土改良	灌溉水质对石灰性土壤碱化影响的研究
11	梁运祥	男	1982—1985	胡济生	土壤微生物学	生物固氮	硝酸钾和尿素对花生结瘤和固氮的影响及根瘤菌与菌根大田接种试验
12	夏正连	男	1982—1985	焦彬	作物营养与施肥	绿肥资源及利用	施用绿肥对土壤有效磷的影响
13	曹恭	男	1981—1985	李笃仁	土壤学	土壤有机质与土壤水分的关系	有机肥施后短期内对土壤保水力的影响
14	周宏斌	男	1982—1985	陈廷伟	土壤学	生物固氮	资料不详
15	李永安	男	1983—1986	李笃仁	土壤学	土壤物理	土壤压实对土壤物理条件及作物根系发育的影响
16	刘荣乐	男	1983—1986	张马祥	土壤学	土壤改良学	湘南丘陵红壤水分动态的研究
17	刘家才	男	1984—1987	刘更另	土壤学	土壤和植物营养	土壤肥料和农作物品质
18	章有生	男	1984—1987	聂伟	土壤学	黄土高原土壤水和保土耕作法	陇中黄土高原丘陵沟壑区旱坡地水分动态及调控措施的研究
19	陈同斌	男	1984—1987	杨守春	土壤学	农业化学	土壤养分测试的相关研究与小麦氮磷肥料效应
20	马宏厅	男	1984—1987	闵九康	作物营养与施肥	植物营养与施肥	我国北方土壤中脲酶、转化酶和磷酸酶性质的研究
21	华韦	女	1984-1987	范云六	作物遗传育种	信息缺失	资料不详
22	王峰	男	1984	范云六	作物遗传育种	信息缺失	资料不详
23	战杭军	男	1984	陈廷伟	农业微生物	信息缺失	资料不详
24	吴南君	男	1984—1987	叶柏龄	农业微生物	发酵微生物	甘薯原料一步法生产单细胞蛋白（SCP）的研究
25	薛泰麟	男	1985—1988	闵九康	作物营养与施肥	植物营养学与土壤肥力及施肥之间的关系	土壤脲酶特性及尿素合理施用的理论研究
26	汤天佳	男	1985	刘更另	作物营养与施肥	信息不详	资料不详
27	罗长富	男	1985—1988	焦彬	作物营养与施肥	绿肥品种资源	栽培稗草吸肥特性及施肥效应的研究
28	沈富林	男	1985—1988	刘更另	土壤学	土壤物理	湘南红壤区几种土壤水热状况的研究
29	黄新江	男	1985—1988	刘更另	土壤学	土壤生态	湘南红壤丘陵区自然植被恢复的特点及其对某些土壤条件的影响
30	李絮花	男	1985—1988	刘更另	土壤学	植物营养	施用硫酸根和氯根类肥料对水稻生长的影响
31	杨志谦	男	1985—1988	王维敏	土壤学	土壤培肥	秸秆还田与施肥牛粪对土壤碳、氮的影响

（续表）

序号	姓名	性别	在校时间	指导老师	专业	研究方向	论文题目
32	张　锐	女	1985—1988	黄玉俊 侯光炯	土壤学	土壤肥力	不同培肥耕作措施对土壤代谢势和生理功能的影响
33	王小彬	女	1985—1988	高绪科	土壤学	土壤耕作	旱地农业中作物水肥效应的研究
34	于代冠	男	1985—1988	陈廷伟	农业微生物	生物固氮	2，4-D诱导小麦根瘤及引导根瘤菌进入小麦根瘤细胞的技术
35	冯瑞华	女	1985—1988	胡济生 葛　诚	农业微生物	生物固氮	山西省快生型大豆根瘤菌的资源调查和鉴定
36	魏改堂	男	1985—1988	汪洪钢	农业微生物	VA菌根与植物营养学	泡囊—丛枝（VA）菌根真菌对药用植物紫苏、荆芥和曼陀罗的生长、营养吸收及有效成分的影响
37	冯云峰	男	1986—1989	刘更另	土壤学	土壤生态	红壤丘陵区植被次生演替的初步研究
38	吴荣贵	男	1986—1989	林　葆	作物营养与施肥	科学施肥	不同水溶磷含量的硝酸磷肥肥效研究
39	程宪国	男	1987—1990	王维敏	土壤学	土壤培肥	磷肥施用及其配合措施的效应分析与磷的有效性研究
40	甘寿文	男	1987—1990	刘更另	土壤学	植物营养	硝酸态氮肥与铵态氮肥对水稻生长发育的影响
41	谢开云	男	1987—1990	刘更另	土壤学	红壤生土熟化	红壤丘陵区几种生土熟化过程中养分变化特征
42	喻　勇	男	1987—1990	葛　诚	农业微生物	生物固氮	不同来源的快生型大豆根瘤菌的质粒、血清学、理化和共生特性研究
43	王泽良	男	1988—1991	金继运 林　葆	作物营养与施肥	连续使用化肥对作物产量品质及环境条件下的影响	土壤养分限制因子系统研究
44	李书田	男	1988—1991	林　葆	作物营养与施肥	连续使用化肥对作物产量品质及环境条件下的影响	作物对氯离子毒害敏感期的研究
45	高道华	男	1988—1991	梁德印	作物营养与施肥	连续使用化肥对作物产量品质及环境条件下的影响	施钾对夏玉米养分吸收、干物质累积以及某些生物形态特征的影响
46	张　清	女	1988—1991	葛　诚	农业微生物	生物固氮	黄芪属根瘤菌的特性鉴定
47	韩　凯	男	1988—1991	陈廷伟	农业微生物	生物固氮	2，4-D诱导小麦结瘤固氮的研究
48	程明芳	男	1989—1992	金继运 林　葆	作物营养与施肥	土壤养分管理	不同土壤对钾的吸附特征及供钾能力的研究
49	张志田	男	1989—1992	高绪科	土壤学	土壤物理	旱地农田覆盖的保墒效应研究

（续表）

序号	姓名	性别	在校时间	指导老师	专业	研究方向	论文题目
50	陈美亿	女	1989—1992	林葆	作物营养与施肥	信息不详	锌、锰、铜对冬小麦营养效应的研究
51	袁锋明	男	1990—1993	陈子明	土壤学	信息不详	褐潮土上氮的转化、移动及其去向
52	李俊	男	1990—1993	葛诚	农业微生物	生物固氮	超慢生大豆根瘤菌 DNA 同源性分析及大豆三类共生体部分生理生化特性研究
53	石伟	女	1991—1994	谢承陶	土壤学	土壤改良	有机质对土壤水分运动的影响
54	单秀枝	女	1992—1995	魏由庆	土壤学	盐碱土改良	土壤有机质含量对水动力学参数的影响及水盐数值模拟研究
55	秦瑞君	男	1992—1995	陈福兴	土壤学	红壤改良	湘南丘陵红壤铅毒及有机物改良效果
56	张中林	男	1992—1995	金维续	作物营养与施肥	有机肥在无土栽培中的应用	商品有机肥在无土基质中的养分释放规律及长效作用
57	黄绍文	男	1993—1996	金继运	作物营养与施肥	土壤中营养元素形态及植物有效性	北方一些土壤供钾能力与固钾特性研究
58	白银娟	女	1994—1997	汪德水	土壤学	水肥耦合	资料不详
59	游有文	男	1994—1997	黄鸿翔	土壤学	土壤中营养元素形态及植物有效性	湘南地区几种主要土壤钾、钙、镁供应能力的研究
60	汪洪	男	1994—1997	褚天铎	作物营养与施肥	中、微量营养元素	北京郊区潮土镁素释放特点及缺镁菜豆结构和生理的变化
61	程晓梅	女	1994—1997	张夫道	植物营养学与施肥	中、微量营养元素	蔬菜吸钙特性及钙与心血管疾病发病率的相关性研究
62	王凤忠	男	1995—1998	宁国赞	微生物学	土壤微生物学	弗氏中华根瘤菌生物学特性及耐酸机理的初步研究
63	杨俐苹	女	1995—1998	金继运	作物营养与施肥	土壤养分管理	不同地形及种植条件下土壤养分变异及合理取样研究
64	王艳丽	女	1996—1999	陈婉华	微生物	螺旋藻	螺旋藻多糖的药理作用及提高多糖含量的初步研究
65	李蓓	女	1996—1999	蔡典雄	土壤学	土壤水肥管理	不同水分胁迫状况对春小麦干物质累加和产量影响的研究
66	曲秋皓	女	1996—1999	宁国赞	微生物	微生物遗传育种	红色酵母原生质体融合选育虾青素高产菌株的研究
67	谢方森	男	1997—2000	蔡典雄	土壤学	土壤水肥管理	水肥结合的作物生长模拟模型
68	刘健	男	1997—2000	宁国赞	微生物学	微生物肥料作用机理	微生物肥料作用机理的初步研究

（续表）

序号	姓名	性别	在校时间	指导老师	专业	研究方向	论文题目
69	窦富根	男	1997—2000	张夫道	植物营养学	有机肥料产业化	规模化畜禽场粪便处理产业化关键技术研究
70	黄庆海	男	1997—2000	张夫道	植物营养学	土壤肥力与肥料效益监测	长期施肥对红壤性水稻土磷素积累与化学行为的影响
71	杨贵明	男	1997—2000	张夫道	植物营养学	植物营养学遗传	不同基因型桑树的氮营养效率差异研究
72	孙克刚	男	1997—2000	张夫道	植物营养学	土壤养分管理	长期施肥对三种土壤有机质及营养元素状况的影响研究
73	付明鑫	男	1997—2000	金继运	植物营养学	土壤中营养元素形态及植物有效性	新疆主要棉区土壤钾素状况及其对棉花的有效性
74	王洪庭	男	1997—2000	金继运	植物营养学	土壤中营养元素形态及植物有效性	山西省几种典型土壤的供钾特性及植物有效性研究
75	张新生	男	1998—2001	周卫	植物营养学	植物营养学生理	苹果幼苗喷钙的采后生理效应及其机理
76	吴会军	男	1998—2001	蔡典雄	土壤学	土壤管理	豫西黄土坡耕地保护耕作对水土保持作用的研究
77	于荣	女	1998—2001	徐明岗	土壤学	土壤化学	长期施肥土壤活性有机碳的变化及其与土壤性质的关系
78	赖涛	男	1998—2001	张夫道	植物营养学	土壤肥力与肥料效益监测	红壤性水稻土有机氮转化与平衡研究
79	高质	男	1998—2001	周卫	植物营养学	植物营养学生理	锌素营养对春玉米源库特性与生理代谢的影响
80	万敏	女	1999—2002	周卫	植物营养学	植物营养学生理	高镉积累型和低镉积累型小麦镉吸收、运转与分子分布特征
81	朱莉	女	1999—2001	蔡典雄	土壤学	土壤管理	北京春玉米地肥水条件与作物生长关系研究
82	左强	男	2000—2003	张维理	植物营养学	信息不详	资料不详
83	曲环	女	2000—2003	赵秉强	作物栽培	种植制度与农业生态学	长期施肥对作物品质的影响（与山东农业大学联合培养）
84	林青慧	女	2001—2004	张维理	植物营养学	施肥与环境	黄浦江上游水源保护区不同农田种植模式的环境效应研究
85	陈见晖	男	2001—2003	周卫	植物营养学	植物营养学生理	硕博连读
86	张认连	女	2001—2004	张维理	植物营养学	信息技术在植物营养学领域的应用	模拟降雨研究水网地区农田氮磷的流失
87	王茹芳	女	2001—2004	张夫道	植物营养学	新型肥料	纳米材料胶结包膜型缓/控释肥生物学效应研究
88	雷宝坤	男	2001—2004	张维理	植物营养学	施肥与环境	滇池流域施肥对作物产量、品质的影响及其环境风险
89	李建伟	男	2001—2004	赵秉强	植物营养学	信息不详	资料不详

（续表）

序号	姓名	性别	在校时间	指导老师	专业	研究方向	论文题目
90	路敏琦	女	2002—2005	李 俊	微生物学	生物固氮	我国蚕豆根瘤菌的多相分类与系统发育研究
91	李明新	男	2002—2005	冯瑞华	微生物	新型农用微生物制剂的基础	土壤中溶无机磷细菌的分离、鉴定及阴沟肠杆菌溶无机磷基因的克隆
92	王 磊	男	2002—2004	白由路	植物营养学	精准农业中的养分管理	硕博连读
93	张 青	女	2002—2004	徐明岗	土壤学	土壤化学	改良剂对镉锌复合污染土壤修复作用及机理研究
94	梅 勇	男	2002—2004	杨俊诚	生物物理	农业生态环境	耐盐饲料芸薹修复盐碱荒地的作用与其盐胁迫下的营养生理
95	李 力	男	2002—2004	李 俊	微生物	微生物生态	武川县退耕还林还草评价与对策研究
96	范洪黎	女	2002—2004	周 卫	植物营养学	营养生理	硕博连读
97	曹凤明	女	2002—2007	沈德龙 李 俊	微生物	农业微生物分类、鉴定	芽孢杆菌 PCR 鉴定方法的建立和应用
98	阮志勇	男	2002—2006	姜瑞波	微生物	环境微生物	石油降解菌株的筛选、鉴定及其石油降解特性的初步研究
99	王中伟	男	2002—2006	张夫道	植物营养学	纳米名贵中草药	资料不详
100	王玉军	男	2002—2008	张夫道	植物营养学	新型肥料研究与产业开发	酒精糟液污泥处理与有机复混缓释肥料研究
101	彭 畅	男	2002—2006	张夫道	植物营养学	土壤肥力	长期施肥条件下黑土有机碳库和氮库变化研究
102	于淑芳	女	2002—2006	张夫道	植物营养学	作物营养与施肥	设施黄瓜养分需求规律与肥料施用研究

第三篇　中国农业科学院农业自然资源和农业区划研究所（1979—2003）

第一章　发展历程

1978 年党中央召开了全国科学大会，制定了《1978—1985 年全国科学技术发展纲要》108 项，将农业自然资源调查和农业区划列为第一项。1979 年 2 月 12 日，国务院批转国家农委、国家科委、农林部、中国科学院《关于开展农业自然资源和农业区划的报告》（国务院〔1979〕36 号）指出，开展农业自然资源和农业区划研究是合理开发利用农业资源、发展农业生产、建立科学管理、实现农业现代化的重要基础工作，决定在"国务院建立全国农业自然资源和农业区划委员会""在中国农业科学院成立农业自然资源和农业区划研究所"，负责收集农业自然资源和农业区划资料、开展综合研究。1979 年 3 月，中国农业科学院成立农业自然资源和农业区划研究所筹备组。1979 年 4 月 21 日，中国农业科学院（79）（农区划）字第 100 号文件指出："根据国务院国发（1979）36 号文件决定，我院新建农业自然资源和农业区划研究所是王任重副总理 1979 年 4 月 6 日批示同意的。"1979 年 4 月 27 日，中国农业科学院（79）农科院（办）字第 102 号文件关于我院成立《农业自然资源和农业区划研究所的通知》指出："该所已经正式办公，办公地点暂设在中国农业科学院大楼西侧平房内。"1979 年 5 月 14 日，中国农业科学院（79）农科院（办）字第 120 号文通知，即日起启用"中国农业科学院农业自然资源和农业区划研究所"印章，中国农业科学院农业自然资源和农业区划研究所（简称"区划所"）正式成立。

一、筹建阶段

1979 年 3 月至 1980 年年底，为区划所筹建阶段。任务是边筹建，边开展工作。主要负责人先后有高惠民、温仲由、李明堂。筹建初期办公机构主要有办公室，人事、资料由专人管理，之后建立了农业区划研究室和遥感组，1980 年筹建《农业区划》编辑部，1981 年年初成立资料室。此阶段的主要工作如下。

1. 调集工作人员

1979 年主要由院内各单位抽调人员，1980 年主要从京外和院外单位调入人员。1979 年末在编工作人员 23 人（其中科技人员 14 人），1980 年末增加到 44 人。

2. 建立办公机构

成立办公室，主要管理后勤工作，购置了专用设备和一般设备、办公用品，购置设备价值 25 万元，在中国农业科学院西门建设简易办公平房 470 平方米。1979 年事业费 30 万元，1980 年各项经费 31 万元。

3. 开展研究工作

成立研究机构农业区划研究室和遥感组。农业区划研究室主要工作是利用 1977 年全国分县农业基础资料，整理分析全国 9 个一级区和 38 个二级区分区数据，并参加《全国综合农业区划》部分章节的编写。为编制《全国农业经济地图集》收集和整理资料，编制《全国农业地图集》工作底图。此外，还有 3 人参加"海南岛热带农业自然资源和农业区划"课题调研，1 人参加南疆棉花基地考察。遥感组开展了利用遥感技术和卫片进行全国土地资源调查和农业波谱分析研究。

4. 创办《农业区划》刊物

1980 年 9 月《农业区划》创刊，为不定期内部出版刊物。当年出版 3 期，刊登了 1980 年召开的全国第二次农业资源调查和农业区划会议资料和遥感等方面的文章 26 篇。

5. 征集农业资源区划资料

1979 年已征集各种资料 1 200 份，到 1980 年年末又有增加。

二、初创阶段

1981—1985 年为区划所初创阶段。1981—1983 年，由徐矾任党委书记兼所长，温仲由、杨美英任副所长，各项工作逐步走上正轨。1983 年 12 月，徐矾离休，李应中任党委书记兼所长，温仲由、杨美英、于学礼任副所长。1985 年初，所领导班子调整，李应中任所长，于学礼任党委书记兼副所长、杨美英任副所长。1985 年 9 月 29 日，史孝石调入任副所长。此阶段主要工作如下。

1. 初步健全机构，明确方向任务

1985 年，已建立的管理机构有办公室、党办人事处、科研处。科研辅助部门有制图室、期刊室、资料室。研究机构有农业区划研究室、农业资源研究室、新技术应用研究室。1985 年年末，全所在编人员 87 人，其中科技人员 71 人（高级及中级职称人员 36 人）。

1985 年 5 月 24 日，在中国农业科学院《关于下达院属各单位方向任务的通知》[（85）农科院（科）字第 173 号] 中明确了区划所的方向任务，即以农业自然资源和农业区划为主要研究对象，面向全国开展资源经济、区域性开发、商品基地选建等研究，为国家和部门制定农业发展规划和决策提供依据。具体包括：①农业自然资源评价、监测、预测及其开发研究。②农业区划和区域发展、商品基地选建研究。③收集、整理、保存农业自然资源和农业区划资料，建立全国农业区划资料库、数据库，开展咨询服务。④组织重点科技项目协作，开展国内外学术交流，制图、编辑出版专业刊物。

2. 全面开展科研工作

这一时期，区划所共承担研究课题 16 个，其中，部、院课题 12 个。截至 1985 年，已获农牧渔业部技术改进二等奖 3 项，技术进步奖三等奖 1 项；全国农业区划委员会一、二、三等奖各 1 项；中国农业科学院技术改进二等奖 2 项，三等奖 3 项。

3. 健全各项规章制度

1981—1983 年，逐步建立各项规章制度。1984 年 12 月提出区划所的改革方案，对全所方向任务、领导体制、组织机构及课题组责任制、成果评价、人员考核和晋升、奖励、聘任等 7 个方面提出具体方案。1985 年制定各项管理办法，主要包括科研管理、科研成果管理、计划管理、科研仪器设备管理、科技服务管理等暂行办法。所学术委员会试行章程，干部任免、职工培训、聘任、考核制度，图书、资料购买管理办法等各项制度于 1985 年开始试行。

1985 年 2 月，成立以李应中为主任、杨美英为副主任的学术委员会。其主要任务是：审议本所科研规划、计划，重点课题的开题报告；评价所内重要科研成果和学术论文，提出奖励的意见和建议；评定科技人员的技术职称，提出所内外学术交流和科技活动的建议等。

4. 举办国内学术交流研讨

（1）全国农业资源和区划研究工作座谈会。1981 年 8 月 24 日至 9 月 3 日，全国农业资源和区划研究工作座谈会在北京召开，这是区划所成立后主持召开的第一次全国区划所所长座谈会，出席会议的有全国 16 个省（市、自治区）区划所（区划办）的负责人，国家农委何康副主任出席会议并讲话，徐矾所长做了会议总结。

（2）全国畜牧业区划经验交流会。1982 年 10 月 15—23 日，全国畜牧业区划经验交流会在北京召开，这是区划所协助农牧渔业部畜牧局在北京召开的重要会议，来自全国 29 个省（市、自治区）畜牧（农业）厅（局）、省区划办、28 个县和国家计委农业区划局等单位的 110 位代表出席会议，区划所徐矶所长出席会议。

（3）全国种植业区划工作经验交流会。1983 年 11 月 3—9 日，全国种植业区划工作经验交流会在郑州召开，这是由农牧渔业部农业局主持、区划所协办的一次重要会议，来自 26 个省（市、自治区）农业部门、农业科学院专家、部分县的代表共 157 人参加会议，区划所杨美英副所长等 7 人参加了会议。

（4）组织举办"农业系统工程""灰色系统"等学习班，在所内举办多次学术讨论会。

5. 开展国际学术交流与合作

1981 年 11 月至 1982 年 8 月，选派刘秀印、耿廉、许照耀随中国农业科学院代表团赴罗马尼亚参加计算机学习培训。选派贺多芬、杨美英、梁佩谦、王舜卿、唐华俊等人分别赴美国、澳大利亚、马里、比利时开展合作研究、学术交流、项目规划和学习。

6. 其他工作

（1）开始建设农业资源区划数据库。受国家计委区划局委托，从 1984 年 11 月起，收集各省农业资源和区划数据，并研究该系统指标体系。1985 年 8 月提出信息系统和动态监测总体方案，开始建设农业资源和区划数据库。

（2）筹建全国农业区划委员会资料库。1985 年区划所仅有平房 1 446 平方米，1985 年国家计委批准建设 7 160 平方米资料库及办公用房，1985 年内完成了工程勘探、图纸设计、材料准备、设备采购和定货等工作。

（3）出版《农业区划》刊物，整理、征集资料。截至 1985 年年底，《农业区划》刊物出版 34 期，约 258 万字，成为区划系统唯一国家级指导性和学术性相结合的刊物。资料室整理征集各种资料近 2 万种，编印出 3 套目录，建立了 300 多个单位资料交换关系。

三、发展阶段

1986—1995 年为区划所发展阶段。这一时间，李应中任所长、于学礼任党委书记兼副所长（1987 年 9 月调出），杨美英、史孝石（1988 年 7 月调出）、唐华俊、梁业森先后任副所长。

1. 加强领导班子，健全机构

这一期间所行政班子得到加强，进一步健全了所务会议、所办公会议和学术委员会等例会制度。除原有 4 个管理机构和 3 个业务机构外，所内研究机构设置作了较大调整。1989 年设立种植业布局研究室、畜牧业布局研究室，1994 年设立持续农业与农村发展研究室。1990 年新技术应用研究室更名为农业资源信息室、1993 年更名为农业信息和遥感研究室、1995 年更名为农业遥感应用研究室，同时挂牌国家遥感中心农业应用部。截至 1995 年年底，全所已有 6 个研究室，在编人员 79 人，其中科技人员 67 人（高级职称 21 人）。

2. 科研工作蓬勃发展

1986 年国务院 8 号文件要求农业资源区划工作重点转移到区域规划、区域开发方面来。区划所提出，今后应以农业资源综合开发利用为主要研究内容，面向全国、立足区域，并根据这一指导思想，征求各方面意见，制定了"七五"发展规划。

1986 年 2 月，所内实行课题招标，以调动科研人员的积极性。由所长公布课题要求，由个人申请并做开题报告，所学术委员会评标，中标者按所里规定自由组成课题组。1986 年 3 月 13 日，公布"七五"9 项课题中的 7 项课题 8 个主持人名单，并在一周内组成课题组。"七五""八五"课题原则上均采取所长招标，自由组合形式。

"七五"期间，全所共承担 36 项课题。其中，国家科技攻关子专题 3 项，国家自然科学基金 2 项，农业部司（局、中心）课题 17 项，国家科委星火计划 1 项，国际合作研究 1 项。获国家科技进步二、三等奖各 1 项，部级科技进步奖二等奖 4 项、三等奖 1 项，院级奖 3 项，获全国农业区划委员会优秀成果一等奖 1 项、三等奖 2 项。

"八五"期间，区划所科研工作稳步开展，全所共承担课题 28 项。共获得部级科技进步奖三等奖 3 项，院级科技进步奖一等奖 2 项、二等奖 2 项。

3. 开展对外学术交流

（1）外国专家来访。1986 年 8 月 26 日至 9 月 1 日，美国加州大学耿旭教授来所进行学术交流；1987 年 9 月和 1990 年 9 月，美国密西根州立大学资源开发系教授舒尔亭克两次来所进行学术交流；1987 年，比利时根特大学赛斯教授来所讲课；1987 年，波兰土地和乡村规划考察团来访；1989 年 6 月 2 日，波兰地理学家、世界地理学会主席柯斯特洛维茨基来所访问；1990 年 8 月 23 日，美国自然资源利用考察组来所考察；1995 年 6 月 22 日，比利时根特大学土地资源系主任 Ericvanrant 教授来所做学术报告；1995 年 11 月 27 日，比利时安特卫普大学 Iv. Luc Dhrse 教授来所做学术报告等。

（2）人员出访。1986 年 10 月 27 日至 11 月 16 日，寇有观到波兰考察；1988 年 9 月 16—28 日，李应中率团到波兰进行考察；1990 年 12 月，杨美英、陈锦旺等赴菲律宾考察；1991 年 1 月 14—17 日，李应中参加荷兰莱顿大学的学术讨论会；1994 年和 1995 年，覃志豪、朱建国分别到以色列进行短期研究；1995 年 12 月至 1996 年 2 月，叶立明赴比利时根特大学培训；1995 年 11 月，唐华俊赴美国圣路易斯市参加"模糊理论在土壤科学中的应用"研讨会，并宣读学术论文；1995 年春，李文娟在伦敦召开的学术讨论会上宣读论文。另外，徐波、张浩、杜勇、齐晓明、王新宇等先后出国开展合作研究或学习。

4. 举办国内学术研讨会

1987 年 1 月，组织召开第二次全国农业区划所长会议。

1989 年 4 月 3 日，为纪念农业区划工作全面开展十周年，区划所配合全国农业资源区划委员会办公室在中南海礼堂举行大型农业区划学术报告会。会后在区划所举办全国农业区划全面开展十周年成果展览会。

1990 年 11 月 6—9 日，组织召开第三次全国农业区划所长会议。

1995 年 6 月 9 日，以区划所为主召开中国粮食供需前景学术讨论会，来自北京大学、中国社会科学院等单位的 10 多位专家做了学术报告，《中国农业资源与区划》出了专刊。

5. 其他工作

（1）抓基本建设，改善科研条件。1987 年底，国家计委批建的 7 160 平方米资料库及办公用房基本竣工，1988 年 303 平方米报告厅完工，基建工程结束，1988 年初搬入新大楼办公。1995 年农业部资源区划司批准并投资在新建办公大楼加层 652 平方米。1991 年建成气象卫星地面接收站，主要接收 NOAA 气象卫星发送的遥感信息，为农业部门进行农业自然资源动态监测、自然灾害监测、农作物长势监测与产量预报服务。这一时期购置了 VAX 小型计算机和 SUN 工作站及 29 台微机，价值 121 万元；机械、印刷、投影设备 21 件，价值 31.5 万元；光学仪器 36 件，价值 60 万元；遥感设备 25 件，价值 83.3 万元，汽车 3 辆。

（2）建立资料库和数据库。资料库负责收集、整理、保存国家、省、县级农业资源和农业区划资料、统计资料和专业图书。1986 年研制微机文献数据检索系统，文献检索数据库存有 2.2 万条资料题录，基本汇集了全国 1979 年以来农业资源调查和农业区划成果资料。1990 年，完成建立国家级农业资源与区划数据库的研究和县级农业资源数据国家汇总研究，建立了完善的农业资源环境信息系统。

（3）主办期刊公开发行。《农业区划》从 1987 年开始由内部发行改为公开发行。1990 年后开始向国外发行，并列入全国科技论文统计源期刊，"七五"期间年发行量在 4 500 份左右。从 1994 年第 1 期起更名为《中国农业资源与区划》，到 1995 年年底，出刊 95 期。1989 年 3 月，创办《农业信息探索》杂志，1990 年 12 月《农业信息探索》第 4 期起，改试刊为正式季刊内部发行，1993 年初批准公开发行，到 1995 年出刊 26 期。

（4）健全完善规章制度。1988 年上半年，全所逐步形成以考勤考绩为主的干部管理制度，科研计划、科研管理、成果管理、财务管理、档案管理、保密制度、办公室各项管理办法经 1991 年、1992 年、1994 年不断修订，到 1995 年已有一套完善的以课题管理为中心的内部管理制度，全所各项工作有章可循。

四、新的起步

1996—2003 年，区划所发展开始了新的起步。1996 年 7 月，中国农业科学院党组任命唐华俊为所长、梁业森为党委书记兼副所长、张海林为副所长的区划所领导班子。9 月选举了以梁业森为书记的党委会。1998 年 8 月，王道龙调入任副所长、党委副书记。1999 年 5 月梁业森调出本所到土肥所任党委书记。

1. 健全机构，制定发展规划

1996 年内完成新老班子更迭，并相继健全所长碰头会、所办公会、所务会等行政例会制度，调整和充实了所学术委员会。1996 年（96）农科院（科）字第 501 号文批复，同意区划所成立以陈庆沐为主任，梁业森、王尔大为副主任，由 13 人组成的第三届学术委员会。1996 年 7—9 月新领导班子先后组织 3 次不同层次人员参加的座谈会，召开 2 次所学术委员会会议，在调研基础上编制了"九五"规划。规划强调"抓住机遇、深化改革、开创'九五'新辉煌，大步跨向 21 世纪"，并将遥感及地理信息系统应用研究、农业资源高效持续利用研究、农业区域发展研究确定为区划所科技优先发展领域。1998 年 12 月，调整组成以陈庆沐为主任，由 15 人组成的第四届学术委员会。2000 年 6 月调整组成以唐华俊为主任，王道龙为副主任，由 15 人组成的第五届学术委员会。

1996 年年底成立后勤服务中心，负责所内的打字、复印、汽车、收发等服务性工作。早前成立的印刷厂和泰科公司实行独立核算承包运营。

1997 年 7 月，将持续农业与农村发展研究室和农业资源环境研究室合并为农业资源环境和持续农业研究室，将种植业布局研究室和畜牧业布局研究室合并为农牧业布局研究室。1997 年 10 月山区室整建制并入区划所。至此所内有农业资源环境与持续农业、农业区域发展、农业遥感应用、农牧业布局、山区等五个研究室。

1998 年，资料室与期刊室合并成立期刊资料室。

所管理部门有办公室、党委办公室、人事处、科研处、开发处（1997 年 10 月设立）、会计科 6 个处科室。调整充实了精神文明建设领导小组，职称评定委员会等组织机构，改善了民主决策程序，进一步完善和修订了各项规章制度。1997 年已有完善的《行政例会制度》《科研工作暂行管理办法》等制度 14 种，1998 年进一步充实完善。1998 年 10 月，办公室、党委办公室、人事处对内合署办公。

2. 加强管理，科研工作取得新进展

新一届所领导班子成立后，首先花大力气抓各项课题的申请和落实，主要包括：①集中力量，争取国家科技攻关项目，在"九五""十五"国家科技攻关领域发挥应有的作用；②发动科技人员，分别走访各部委，了解信息争取课题；③组织科研人员，申报国家自然科学基金、国家社会科学基金、农业部软科学基金、中国农业科学院院长基金等项目，争取课题；④争取国际合作课题。

1996—1998 年，区划所申请到国家"九五"科技攻关专题 3 项、子专题 13 项，国家自然科学基金重大项目 1 项（中国东部农业生态系统在全球变化条件下的调控途径和措施），国家自然科学基金和社会科学基金项目 11 项，"863"计划课题 1 项，农业部软科学、丰收计划、农业部畜牧司、优质农产品开发服务中心、国家民委课题 10 项，农业部资源区划司课题 8 项，中国农业科学院院长基金 2 项，国际合作课题 4 项。获农业部科技进步奖三等奖 3 项；部级全国农业区划委员会科技成果一、二、三等奖各 1 项；中国农业科学院科技进步奖一等奖 1 项、二等奖 1 项。

1999—2000 年，区划所新增各类课题 36 项，截至 2000 年，区划所有在研课题 72 项。其中，国家"九五"科技攻关专题 2 项、子专题 16 项，"863"计划课题 1 项，国家自然科学基金和国家社会科学基金 6 项，国际合作项目 7 项，部委和其他项目 39 项。全年科研合同到位总经费 562 万元，科研人员人均科研经费 10 多万元。在成果方面，获奖 5 项，其中北京市科技进步奖 3 项，中国农业科学院科学技术成果奖 2 项。

2001—2002 年，区划所新增各类课题 42 项。截至 2002 年，全所有在研课题 63 项。其中，"973"计划课题 1 项，"863"计划课题 1 项，国家"十五"科技攻关课题 7 项，国家级星火计划课题 1 项，科技部基础性工作和社会公益性专项 10 项，国家自然科学基金和国家社会科学基金项目 2 项，国际合作项目 2 项，部委和其他项目 39 项。全年科研合同到位总经费 990 万元，科研人员人均科研经费 20 多万元。在科研成果方面，组织成果鉴定 2 项，获中国农业科学院科学技术成果二等奖 2 项，北京市科技进步奖三等奖 2 项，农业部科技成果转化奖三等奖 1 项。

3. 加强科技队伍建设，不断充实科技力量

1997 年 5 月，李博院士调到区划所工作。1997 年 10 月中国农业科学院党组决定将院山区研究室整建制并入区划所，区划所科技队伍进一步壮大。到 1997 年年底，所内在职职工总数 85 人，其中专业科技人员 73 人，高级职称 29 人，中级职称 27 人。按学历分大专 12 人，大学本科 33 人，研究生以上 28 人，其中博士以上 8 人。到 2003 年 5 月，区划所在职职工 72 人，其中正高级职称 10 人，副高级职称 26 人。具有博士学位 18 人，具有硕士学位 12 人。中国农业科学院二级岗位杰出人才 5 人，农业部有突出贡献的中青年专家 3 人。

根据出成果、出效益、出人才的原则，区划所新一届领导班子继续将人才培养重点放在年轻科技人员身上。①注重培养提高在职人员，1996—2003 年间共推荐在职攻读博士、硕士学位 11 人，先后选派 10 名科技人员到国外开展合作研究或进修学习。②加强人才引进，1998 年以来，区划所接收 4 名博士后、5 位博士到所工作，调入院跨世纪学科带头人 1 人，同时聘请了一批客座研究员和专家顾问。③派出去请进来，1998—2002 年，先后派出 58 人次到国外开展合作研究、学术交流或进修学习，先后邀请意大利、比利时、美国等国专家来所开展合作研究和学术交流。④压担子，让年轻人担任课题主持人。截至 1998 年 45 岁以下的课题主持人占全所课题主持人的 80% 左右，截至 2002 年年底，45 岁以下的课题主持人占到了 95% 左右。

4. 加强国际合作与交流

1996 年先后有十几个外国和国际研究机构的官员和学者来所访问。举办了 4 次外国专家主讲的知识讲座。有 8 人次赴印度、日本、比利时、以色列、新西兰等国进行讲学、合作研究和参加国际学术会议。落实了与比利时有关方面的合作项目。

1997 年与日本国际农林水产业研究中心签订中日 1997—2003 年合作研究协议书。邀请比利时根特大学和荷兰瓦赫宁根农业大学专家来所讲学，选派 3 人到比利时、1 人到美国进行合作研究，3 人分别参加了菲律宾、韩国、中国香港的有关学术会议，1 人前往比利时攻读学位。

1997 年 8 月 21—31 日，由中国可持续发展研究会可持续农业专业委员会、联合国开发计划署等主办，区划所等单位承办的 97 北京可持续农业技术国际研讨会在北京召开，来自中国、美

国、英国等 8 个国家的 110 人参加了会议，区划所唐华俊、梁业森等 10 人参加会议，唐华俊等在会上宣读了论文。

1998 年先后邀请荷兰、比利时、意大利、日本、美国专家来所讲学，进行学术交流。先后选派 2 人赴日本，1 人赴荷兰，2 人赴意大利，2 人赴法国、比利时进行短期合作研究，与荷兰瓦赫宁根农业大学开始进行课题合作研究，与日本农林水产省环境研究所就高精度卫星应用进行合作研究。

1999—2003 年 5 月，先后有美国、比利时、意大利、瑞典、法国、日本、越南、澳大利亚及国际组织成员等 60 余位专家到区划所开展项目合作和学术交流，选派 40 多人次赴比利时、法国、德国、英国、瑞典、美国、南非、墨西哥、日本、泰国、印度、缅甸、越南等国参加国际学术研讨会或访问考察。承办了第三次利用地方资源发展畜牧业生产国际会议和 APEC 可持续农业发展研讨与技术培训国际会议；与比利时根特大学在北京和成都联合举办两期中国农业远程职业教育培训班。组织召开了中法遥感估产合作项目第四次圆桌会议和中日遥感与 GIS 农业应用国际研讨会；与日本联合主办了典型地区粮食平衡、流通与资源环境管理研讨会。启动了中美合作全球氮循环研究，与日本东京大学签订了《草地生产力与草地退化遥感监测合作协议》，与瑞典于默奥大学开展了合作研究。中荷合作"中国土地利用变化及其影响建模分析"项目完成预期研究。还聘请美国加州大学耿旭教授和浦瑞良博士为区划所客座研究员。

5. 其他工作

（1）科研条件显著改善。1998 年 10 月，区划所与中国地质科学院联合组建了"国土资源农业研究中心"，这对区划所的发展及提高在全国的科研地位起到重要的作用。1998 年，河北燕山科学试验站正式建成。2000 年，EOS-MODIS 卫星接收处理系统获批建站，2002 年 5 月通过农业部和中国农业科学院共同组织的验收。MODIS 卫星接收处理系统投入使用，为促进农业遥感应用工作的发展奠定了重要能力基础。2002 年，农业部资源遥感与数字农业重点开放实验室被农业部批准成立，该重点实验室对全面提升科研能力和科研条件，扩大对外影响和争取重大科研课题等具有重大意义。

（2）科技开发进展加快。1985—1995 年，区划所在承担科研项目的同时，承担了少量市县地区委托的咨询开发项目，如"山东潍坊莱州湾地区资源调查与分层开发规划""延边州综合规划"等。1996 年 11 月经国家计委批准，区划所成为工程咨询甲级资质单位，并颁发工程咨询资质证书（甲级），可承担全国范围内农业（资源开发）项目的规划咨询、编制建议书、编制可研报告、管理咨询（投产后咨询）等服务。工程咨询单位甲级资质的获得，为区划所科技开发工作快速发展提供了保证条件。1997 年 10 月，为适应我国农业及农村经济快速发展的需要，成立了开发处。截至 2003 年，区划所先后承担科技开发咨询项目 37 项，代表性项目有："锦州市农业发展规划""滨州市农业发展规划""延庆县优质农产品基地规划""西藏农牧业优势产业发展规划""阜新市经济转型农业示范区规划""常州市农业发展战略研究""锦州华顺公司绵羊产业化项目建议书和可研报告""湖南省农业科学院创新体系建设可研报告"等。

（3）办好期刊和资料库。1998 年初，《中国农业资源与区划》编委会进行调整，编委人员进一步年轻化。2003 年 3 月编委会进行换届，新任年轻编委超过三分之一，进一步优化编委队伍，充分发挥编委会专家成员在刊物审稿、撰稿等方面的作用，刊物质量和影响力不断提升。1996—2003 年 5 月间，共出版 45 期。1998 年 3 月 26 日，由《中国农业资源与区划》编辑部组织、以全国农业区划委员会办公室等 5 家单位名义联合主办了主要农产品供需前景结构优化研讨会。1998 年 10 月 15 日，区划所和其他 3 家单位联合召开了长江中上游地区农业资源利用与生态环境保护研讨会。会后，《中国农业资源与区划》出了专刊。

《农业信息探索》1989 年创刊，为季刊，2000 年 10 月更名为《中国农业信息探索》，同时变更为双月刊。随着刊物质量的不断提高，得到广大作者和读者的认可，订阅量不断增加。为更好地为广大读者服务，提高刊物的知名度，2002 年 9 月，期刊更名为《中国农业信息》，刊期变更为月刊，缩短发行周期，满足广大农民和农业科技工作者对农业信息的需求，刊物影响力不断提高。1997—2003 年，共编辑出版 55 期。

2002 年，承办《农业科研经济管理》刊物的编辑与发行工作。

资料库经过近 20 年建设，到 1998 年已有图书 6 000 册（包括 1949 年以来国民经济及农业统计资料 1 500 多册），资料 2.4 万种，数量 10 万多册。中文期刊 1 777 册合订本，外刊 274 册。2001 年购买统计资料 43 册，图书 300 余种，入库新资料 440 余册。2002 年收集补充农业区划资料 5 000 余册。

1997 年 5 月，资料室开始承接全所各类档案的管理，至 1998 年年末已建档案 1 890 卷，1999 年各类档案资料案卷总数 1 956 卷，2001—2002 年入库各类档案 800 余卷。

第二章 机构与管理

第一节 机构设置

一、机构沿革

1979年3月至1980年年底，区划所筹备初期，办公机构主要有办公室，人事、资料、科研管理等工作归办公室管理，设专人负责。财务工作归院财务处统一管理。研究机构设立农业区划研究室和遥感组。

1980年，筹建《农业区划》编辑部，1981年正式成立编辑部。

1981年年初，成立资料室。4月，成立农业资源研究室。

1982年，遥感组撤销，研究人员并入农业资源研究室。

1983年6月，成立制图室。

1984年年初，成立科研管理处，同年成立农业信息课题组。

1985年，成立党委办公室和人事处。在农业信息课题组基础上成立新技术应用研究室。

1986年，成立"作物布局和商品基地"课题组。8月，建立印刷厂，归制图室管理。

1987年，《农业区划》编辑部更名为期刊室。

1988年，新技术应用研究室更名为农业资源信息室。

1989年3月，在作物布局和商品基地课题组基础上成立种植业布局研究室，同期成立畜牧业布局研究室。

1990年，农业区划研究室更名为区域农业研究室。

1992年6月，成立财务科；8月，成立北京泰科土地开发技术公司。

1993年，农业资源信息研究室更名为农业信息和遥感研究室。

1994年，农业资源研究室扩建为农业资源环境研究室和持续农业与农村发展研究室。

1995年，农业信息和遥感研究室更名为农业遥感应用研究室，同时挂牌国家遥感中心农业应用部。同年撤销制图室，保留印刷厂，实行独立核算。

1996年12月，北京泰科土地开发技术公司更名为北京中农泰科农业技术开发公司。年底，成立后勤服务中心，负责所内打字、复印、汽车、收发等服务工作。

1997年7月，持续农业与农村发展研究室和农业资源环境研究室合并为农业资源环境与持续农业研究室，种植业布局研究室和畜牧业布局研究室合并为农牧业布局研究室。区域农业研究室更名为区域发展研究室。8月，中国农业科学院机构调整，将成立于1990年的山区研究室整建制并入区划所。

1997年10月，成立开发处，负责科技开发、产业开发和物业开发的组织与管理工作。

1998年6月，区划所与河北省科委共同建设的河北省燕山科学试验站正式建成投入使用。

1998年10月，办公室、党委办公室、人事处合署办公。同月，区划所与中国地质科学院联合组建的"国土资源农业利用中心"正式成立。

1999年，为加强科研和开发工作管理，期刊室与资料室合并为期刊资料室并在该室实行定额补贴、以收抵支、节余归己，超支不补的运行机制。

2000年7月，依托农业遥感应用研究室注册成立北京天元经纬科技发展有限公司，注册资本90万元，其中企业法人持股56.11%，自然人股东49人合计持股43.89%。

2002年上半年，区划所为加强食用菌技术研究，加快食用菌产业发展，经所办公会、所务会研究决定，成立食用菌研究开发中心。11月7日，农业部资源遥感与数字农业重点开放实验室获农业部批准依托区划所建设。

截至2003年5月，区划所职能和服务部门有办公室、党委办公室、人事处、科研管理处、开发处、财务科、后勤服务中心。研究部门有农业资源环境与持续农业研究室、农业遥感应用研究室、农牧业布局研究室、区域发展研究室、山区研究室。科辅部门有期刊资料室。

二、议事机构

区划所建所不久就建立所办公会、所务会议事制度。1982年2月，区划所党委获院批准成立后健全了党委会议事制度。1985年2月，健全了学术委员会制度。

（一）所务会

所务委员会为研究所的决策机构、行政工作例会，一般每月召开1次，有特殊情况时，可酌情及时召开。会议由所长或副所长主持。党委书记、所学术委员会正副主任、职能部门正副处长（主任）、各研究室正副主任、所工会主席等参加，也可根据会议内容指定有关人员参加。

所务会主要讨论、研究、审议决定的事项有：①传达讨论、执行中央的有关方针、政策及部、院的有关重大决定；②研究讨论本所中长期科研发展规划、年度工作计划并听取执行情况的汇报；③研究本所的机构设置和人员编制；④讨论通过全所性的思想建设、组织建设及规章制度建设方案，研究决定职工的奖惩等事项。

会议的议题由主管部门提出，办公室主任汇总、所长确定，会议的准备、记录、会议纪要以及决定事项的催办由办公室负责。

参加所务会议的人员如下：

1979—1980年，有高惠民、温仲由、李明堂、朱振年、杨美英、唐志发、但启常、杜剑虹。

1981—1985年，有徐矾、李应中、于学礼、温仲由、杨美英、朱振年、苏迅、魏顺义、祁秀芳、唐志发、陈庆沐、寇有观、陈锦旺、万贵、李树文、但启常、王国庆。

1986—1996年，有李应中、于学礼、杨美英、史孝石、唐华俊、梁业森、祁秀芳、魏顺义、付金玉、陈庆沐、陈锦旺、朱忠玉、李文娟、万贵、李树文、刘玉兰、寇有观、陈尔东。

1996—2003年，有唐华俊、梁业森、张海林、王道龙、魏顺义、祁秀芳、付金玉、杨宏、王尔大、陈印军、陈庆沐、马忠玉、任天志、李文娟、罗其友、周清波、刘国栋、李树文、刘玉兰、曹尔辰、王东阳。

（二）所办公会

所办公会是处理本所日常业务、行政工作的例会，一般每半月召开一次，特殊情况可酌情召开，会议由所长或副所长主持。正副所长、党委书记、职能部门的正副处长（主任）参加，也可根据会议内容指定有关人员参加。

所办公会议研究和决定的事项有：①安排落实和检查所务会议有关决议的执行情况；②研究讨论全所性重大工作，向所务会议提出建议；③讨论决定研究所年度经费预算方案、重大维修计划和基本建设计划；④研究讨论决定各业务主管部门提出的有关全所性的工作方案以及其他重要事项；⑤布置、协调职能部门具体业务工作、决定处理日常工作中的紧急事项；⑥审定 2 万元以上的大额经费开支计划。

会议的议题收集、准备、记录，会议纪要的整理及议定事项的催办由所办公室负责。

参加所办公会的人员如下：

1979—1980 年，有高惠民、温仲由、李明堂、杨美英、朱振年、唐志发、杜剑虹、但启常。

1981—1985 年，有徐矶、李应中、温仲由、杨美英、于学礼、朱振年、苏迅、魏顺义、杜剑虹、祁秀芳、付金玉。

1986—1996 年，有李应中、于学礼、杨美英、史孝石、唐华俊、梁业森、魏顺义、祁秀芳、付金玉、李文娟。

1996 年 7 月至 2003 年，有唐华俊、梁业森、张海林、王道龙、魏顺义、祁秀芳、付金玉、杨宏、曹尔辰、王东阳。

（三）学术委员会

学术委员会主要是审议本所研究规划、计划、重点课题的开题报告；评议所内科研成果和学术论文，提出奖励的意见和建议；提出所内学术交流和科技活动的建议；研究讨论院所领导交办的其他有关学术问题。从建所至 2003 年共组建五届学术委员会。

第一届学术委员会于 1985 年 2 月建立，组成人员有李应中、杨美英、陈锦旺、汤之怡、于学礼、温仲由、李树文、特邀研究员陈述彭等 8 人。李应中任主任委员，杨美英任副主任委员，付金玉任学术秘书。

第二届学术委员会于 1987 年成立，根据中国农业科学院（87）农科院（科）字第 153 号文批复，组成人员有陈锦旺、汤之怡、严玉白、朱忠玉、寇有观、梁业森、陈庆沐、杨美英、李应中等 9 人。陈锦旺任主任委员，汤之怡任副主任委员。

第三届学术委员会于 1996 年成立，根据中国农业科学院（96）农科院（科）字第 501 号文批复，组成人员有陈庆沐、梁业森、王尔大、唐华俊、李应中、朱忠玉、李树文、陈尔东、李文娟、马忠玉、周清波、覃志豪、任天志等 13 人。陈庆沐任主任委员，梁业森、王尔大任副主任委员。

第四届学术委员会于 1998 年成立，根据 1998 年 12 月 9 日区划字（1998）24 号文件，组成人员有陈庆沐、唐华俊、梁业森、刘更另、刘国栋、李树文、陈佑启、马忠玉、王尔大、周清波、陈印军、任天志、王道龙、罗其友、王东阳 15 人。陈庆沐任主任委员，梁业森、王尔大任副主任委员，王东阳兼学术秘书。

第五届学术委员会于 2000 年成立，根据中国农业科学院〔2000〕208 号文件批复，组成人员有唐华俊、王道龙、王东阳、刘更另、刘国栋、周清波、陈佑启、陈印军、马忠玉、任天志、罗其友、姜文来、卢欣石、邱建军、马兴林 15 人，唐华俊任主任委员，王道龙任副主任委员，王东阳兼学术秘书。

第二节　行政管理

办公室是协助所领导处理日常工作的办事机构，也是行政管理的职能部门。具体职能包括：承担所务会议、所办公会议的会务工作及决定事项的催办；承担研究所有关文秘工作，负责文件的收发及文印；负责全所事业费的预算与决算的编制；协同有关部门，对事业费、科研立项费用的使用及开发费用的收支进行管理；负责全所基建，物资及大项修缮工作的计划安排，并组织实施；全所固定资产管理；对职工住房分配及日常交通车辆、安全保卫、电话、水电暖、卫生、绿化及医务、职工献血、小修缮等工作进行管理。

1996 年年底，区划所成立后勤服务中心，将安全保卫、电话、水电暖维修、卫生、绿化、医务、职工献血、小修缮及打字复印、汽车管理使用、收发管理等服务职能调整到后勤服务中心。1997年，成立开发处，将基建修缮、维修服务等职能调整到开发处。

1980—1985年朱振年任办公室副主任，1984—1988年苏迅任办公室副主任，1985—1998年魏顺义先后任办公室副主任和主任。1998—2003年杨宏兼办公室主任。办公室工作人员先后有：张彦荣、何明华、李英华、付金玉、高德邡、唐肇玉、杨虎、朱志强、刘佳（男）、杜莉莉、尹光玉、苏胜娣、曾其明、尚平、牛淑玲、李霞。

第三节　科研管理

一、机构与职责

科研管理处是全所科研工作的管理部门，也是区划所学术委员会日常办事机构，其职责是组织编制全所科研长远规划，编制年度研究计划；组织重大科研项目的争取与协调，审查科研项目设计书；督促检查科研计划的执行；组织科研成果的鉴定、评审、申报和奖励工作及编目、登记、汇编；会同有关部门，对研究经费的使用进行监管；负责组织国际、国内学术交流、讲学、合作研究及国外先进技术项目引进工作；与人事部门共同负责留学生、进修生及访问学者的选派、管理工作；负责编制研究生招生计划、协助导师对研究生培养、管理；负责本所硕士、博士生导师遴选工作；负责检查指导科技档案的收集、管理、统计、归档；负责科研需用的大型、精密仪器设备的申报、调配与管理，协助所人事处对科研人员进行考核。1999年后，创刊于1997年的《科技工作简报》由科研处负责编辑制作，每一季度出版一期，内容包括科研、科技开发、合作交流、人事、党建与精神文明等方面的工作。

1982年年底以前科研管理工作归属办公室，由付金玉负责。1983年11月科研管理工作从办公室独立出来，由付金玉、祁秀芳负责。1984年初正式成立科研管理处，付金玉任副处长，工作人员有苏胜娣；1985—1987年李树文任科研处副处长（负责全面工作），付金玉任副处长，工作人员有苏胜娣；1987年李树文调出科研处，1990年付金玉任处长，1996年苏胜娣调出科研处，1997年周颖到科研处工作，1997年付金玉退休，1998年苏胜娣调回科研处，王东阳调入任科研处处长。1998年年底工作人员有王东阳、苏胜娣、周颖。2000年任命苏胜娣为科研处副处长，周颖调出，孟秀华调到科研处工作。2002年王东阳调出本所，2002年8月任命任天志为科研处处长。到2003年5月前，科研处工作人有任天志、苏胜娣、孟秀华。

二、科研规划

1986年国务院8号文件要求农业资源区划工作重点转移到区域规划、区域开发方面来。区划所提出，今后应以农业资源综合开发利用为主要研究内容，面向全国，立足区域。研究所根据这一指导思想，征求各方面意见，制定"七五"发展规划。1996年7—9月，区划所第三届学术委员会先后召开两次会议，在调研基础上编制了"九五"和2010年规划，规划强调"抓住机遇、深化改革，开创'九五'新辉煌，大步跨向21世纪"，并将遥感及地理信息系统应用研究、农业资源高效持续利用研究、农业区域发展研究确定为区划所科技优先发展领域，同时提出了支撑条件和对策措施。

三、科研计划管理

区划所建所初期（1979—1981），主要科研工作是利用1977年全国分县农业基础资料整理分析全国9个一级区和38个二级区分区数据，并参加《全国综合农业区划》部分章节的编写。

为《全国农业经济地图集》编制收集和整理资料，编制《全国农业地图集》工作底图。开展利用遥感技术和卫片进行全国土地资源调查和农业波谱分析研究。

"六五"时期，区划所共承担课题16项，其中农业部（1982年改组为农牧渔业部）7项，国家计划2项，国家科技攻关子课题1项，院级3项，其他3项。内容涉及主要农作物和农业资源波谱特性的测定分析和遥感解译、土地资源动态监测、农业信息研究等。

"七五"时期，区划所承担了36项课题，其中国家科技攻关子课题3项，国家自然科学基金2项，农牧渔业部（1988年改组为农业部）司、局、中心课题17项，国家科委星火计划1项，国际合作研究项目1项，其他12项。1986年2月，区划所在所内实行课题招标制度，以调动科研人员的积极性。由所长公布课题要求，个人申请作开题报告，所学术委员会评标，中标者按照所里规定自由组成课题组。

"八五"时期，区划所继续采取所长招标、自由组合课题组形式，科研工作有序开展。共承担课题28项，其中国家科技攻关子课题7项，国家自然科学基金项目5项，农业部司局项目11项，国家科委项目1项，院级2项，其他2项。内容涉及农业资源环境、环境气象卫星监测研究、网点县农业资源动态监测等。

"九五"时期，区划所高度重视课题申报与落实，一是集中力量争取国家攻关项目，在"九五"国家科技攻关领域发挥应有的作用；二是发动科技人员，分别走访各部委，了解信息，争取课题；三是发动科研人员申报国家自然科学基金、国家社会科学基金、中国农业科学院院长基金等项目；四是积极争取国际合作课题。"九五"期间，承担国家"九五"科技攻关专题3项，子专题17项，课题2项；国家自然科学基金重大项目1项，面上项目6项，社科基金2项；"863"项目1项，农业部软科学、丰收计划、农业部畜牧司、优质农产品开发服务中心、国家民委课题10项，农业部资源区划司课题8项，院长基金2项，国际合作课题4项。

2001—2003年，区划所科研工作继续有序开展，多渠道多层次争取课题。共承担"十五"国家科技攻关专题3项，国家科技攻关子专题4项，"863"计划课题1项，"863"计划子课题2项，"973"计划子专题1项，国家自然科学基金1项，科技部基础性工作专项5项，科技部社会公益性研究专项8项，国家星火计划1项，国家级科技成果重点推广计划1项。

四、成果管理

区划所成果管理主要包括：科研成果鉴定、科技成果奖励、学术论文和学术著作、专利、科技推广及成果宣传等管理。1979—2002年，研究所共获得国家、省部级及院级科技成果奖励57项，其中：国家科技进步奖2项，农业部及北京市科技进步奖23项，农业部技术改进奖3项，全国农业区划委员会和农业部优秀科技成果奖9项，中国农业科学院奖20项。据不完全统计，公开发表学术论文777篇、主编著作62部，组织鉴定成果多项，获发明或实用新型专利多项。1999年，根据中国农业科学院科技局统一安排，研究所将获奖的各类成果输入计算机数据库进行管理，并按档案管理要求建档归档。

五、科研管理制度

1985年，区划所为规范课题任务、科研成果、科技计划、科研仪器设备和科技服务管理，制定了科研管理、科研成果管理、科技计划管理、科研仪器设备管理、科技服务管理等暂行办法，制定了区划所学术委员会试行章程。1991年、1992年、1994年又根据区划所工作实际和发展需求对以上制度进行了修订完善，确定了区划所的奋斗目标和任务。至2003年，区划所科研管理制度有《科研工作暂行管理办法》（含科研计划、科研经费使用、科技成果等）《科研基金管理暂行办法》等一套完善的以课题管理为中心的制度。

第四节　人事管理

人事处是全所干部管理、劳动工资管理和职工培训管理的职能部门，也是区划所技术职称评定委员会的办事机构。人事处的职责包括：负责所管干部的考核、任免、调配、行政监察、奖惩及出国人员政审；负责新增人员计划的制定与分配；负责全所劳动与工资计划的编制；职工提级、工资和劳保、福利工作的管理；职工教育与培训工作的管理；组织落实科技干部技术职称和工人技师职称的考核、评定事项；负责全所离退休人员的管理工作；负责所管人员的人事档案管理。

1979 年建所初期，人事管理工作职能在办公室，1979—1982 年 7 月由杜剑虹负责；1982 年 8 月至 1985 年由苏迅负责。1985 年人事管理从办公室剥离出来成立人事处，1985—1997 年祁秀芳任副处长、处长；1997—2003 年杨宏任处长。

人事处工作人员先后有：杜剑虹、苏迅、祁秀芳、杨宏、白丽梅。

第五节　财务管理

一、机构与职责

1979—1983 年，区划所财务工作归中国农业科学院财务处统一管理，1984 年区划所财务单列，在海淀农行设账号，实行经济独立核算，行政上归所办公室领导。1984 年 10—12 月财务会计是杨虎，出纳是尹光玉。1985 年 1 月至 1992 年 5 月财务会计由唐肇玉担任，出纳由尹光玉担任。

1992 年 6 月，区划所成立财务科，1992 年院人事局人便字 11 号函，同意区划所任命尹光玉为财务科科长，负责本所财务工作。1992 年 6 月至 1997 年 8 月，财务会计由尹光玉担任，出纳由杜莉莉担任。

1997 年 9 月，财务会计由尹光玉、罗文担任，出纳由杜莉莉担任。1992—1997 年，财务科由办公室分管，1997 年以后由所长直接分管。

2000 年 11 月，罗文担任财务科科长。

1989 年以前，李英华负责区划所印刷厂财务工作，1989—1992 年，唐肇玉、李英华负责区划所印刷厂财务工作。

1992 年 6 月，尹光玉兼管，王凤英具体负责印刷厂财务工作。

1992 年 10 月，尹光玉兼泰科公司会计，出纳由杜莉莉担任，并于 1993 年 10 月至 1995 年 10 月兼万顺公司财务管理工作。1989 年兼管所印刷厂会计账薄的登记、记账凭证的审核工作，1997 年 8 月兼区划学会的财务管理。

二、财务核算

区划所成立初期，单位取得的收入较为单一，随着研究所科研业务范围不断扩大，资金来源逐步多样化，资金量也不断增加。区划所资金来源包括国家拨入的事业费、科技三项经费和专项经费及所创收收入。其中创收收入占总收入来源的 50% 以上，确保了所里资金正常运转和职工收入逐年稳步增加。所财务科除完成日常报销、财务核算、纳税申报、工资发放、报销药费等工作外，还承担着所办公司、招待所、印刷厂和中国农业资源与区划学会等财务管理工作。

1998 年 9 月，完成 1985—1996 年度财务记账凭证、总账、明细账、现金、银行账、会计报表的整理、编目等工作，向所综合档案室移交会计档案 549 卷。

区划所成立初期，由于核算内容较为单一，经费主要以财政拨款为主，财务核算主要以手工记账为主。随着电算化改革的推进，区划所财务记账由手工记账逐步转变为以计算机作为主要工具，完成财务核算工作。区划所财务科于 1997—1998 年进行了财务电算化初始设置等准备工作，对财务人员进行了培训，1998 年 4 月通过了中国农业科学院计财处会计标准化管理验收，1999 年正式使用财务电算化管理。1999 年财务科配合资产管理部门开展了固定资产清查工作，摸清家底，对盘盈盘亏资产按规定进行了处置。

第六节　科技开发管理

一、机构与职责

1996 年 11 月，经国家计委批准，区划所成为工程咨询甲级资质单位，并颁发工程咨询资质证书（甲级），可承担全国范围内农业与资源开发项目的规划咨询、编制建议书、编制可研报告、管理咨询与投产后咨询等服务。工程咨询单位甲级资质的获得，为区划所科技开发工作快速发展提供了保证条件。

为适应我国农业及农村经济快速发展需要，加强科技开发工作统一组织和集中管理，区划所根据 1997 年 10 月 27 日中国农业科学院人干字（1997）13 号文件"同意组建开发处"的批复，成立开发处。

开发处的主要任务和职责包括：①负责编制全所开发工作年度计划和长远规划、督促检查计划的执行；②负责技术开发、转让、咨询服务、技术培训、中介等技术服务工作并组织实施；③负责所独立核算的经济实体的监管及其他开发工作的合同管理；④会同有关部门对开发工作的经费使用及收益分配进行监管；对开发工作中的单位或个人提出奖惩意见；⑤负责对外开发工作的接洽、谈判、签订合同协议；协调、处理合同执行中发生的争议。

1997 年，开发处成立之初由魏顺义兼管，1998 年 8 月，院人事局批准魏顺义担任开发处处长，工作人员有唐肇玉，2002 年，信军调入开发处工作。

区划所的开发工作内容主要包括：农业工程咨询、物业开发、产业开发及科技产品开发等。

二、农业工程咨询

农业工程咨询主要是依托研究所工程咨询单位甲级资质和人才技术优势，开展规划咨询、编写建议书、评估咨询等工作。

1985—1996 年，区划所在承担科研项目同时，也承担部分市县地区委托的农业工程咨询开发项目，如"山东潍坊莱州湾地区资源调查与分层开发规划""延边州综合规划"等，这些项目直接由课题组完成。

1996—2003 年，承担的农业工程咨询项目主要有：贵州、云南、广西扶贫项目评估，新疆棉花基地评估，黑龙江农垦系统增产 100 亿商品粮基地项目评估，宁夏引黄灌区农业和农村发展规划，北京万通实业股份公司怀柔经济开发区农业开发规划，河南省渑池县农业发展规划，河南省博爱县农业发展规划，辽宁省锦州市农业发展规划，北京市延庆县优质农产品基地规划，山东省滨州市农业可持续发展规划，辽宁省锦州市华顺公司绵羊产业化项目可行性研究，西藏农牧业优势产业发展规划，阜新市经济转型农业示范区规划，常州市农业发展战略研究，湖南省农业科学院创新体系建设可研报告编制等 41 项。详情见下表。

1996—2003 年农业工程咨询项目

序号	项目名称	委托单位	委托内容	日期	主持人
1	海南海水养殖苗种基地	北京希埃希公司	论证	1996	李应中
2	宁夏引黄灌渠	院科技局	规划	1996	王舜卿
3	怀柔民营经济开发规划	北京万通公司	规划	1997	陈尔东
4	博爱县农业发展规划	博爱县农业局	规划	1997	王舜卿
5	渑池县农业发展规划	国家质检局	规划	1997	陈尔东
6	柬埔寨农业开发	华兴公司	建议书	1998	王舜卿
7	高档花卉反季节蔬菜开发	中泰实业公司	建议书	1998	任天志
8	锦州市农业发展规划	锦州市科委	规划	1998	王舜卿
9	滨州市农业发展规划	滨州市科委	规划	1998	陈尔东
10	华顺公司绵羊产业化	锦州市华顺公司	可研	1998	梁业森
11	延庆县优质农产品基地规划	延庆县科委	规划	1998	汤之怡
12	安次中华圣桃园	中煤公司	可研	1998	魏顺义
13	高科技农业生态示范园	北海海玉农业公司	建议书	1999	李应中
14	植酸酶产业化示范	江西民星公司	可研	1999	卢欣石
15	牧草及高档肉牛产业化	大庆管理局农场	可研	1999	卢欣石
16	乌兰布和沙漠生态环境建设	北京柏莱斯实业公司	建议书、可研	2000	卢欣石
17	国家星火都市农业科技示范园区	星火巨龙科技投资公司	建议书	2000	王东阳
18	北京市朝阳农场规划	朝阳农场	规划	2000	朱建国
19	武进市魏村镇新华村规划	常恒集团公司	规划	2000	李应中
20	安西县极旱荒漠灌区农业科技示范区	安西县农业开发办	可研	2000	卢欣石
21	贵州省农业结构调整规划	贵州省农业厅	规划	2000	陈尔东 罗其友
22	国家星火都市农业科技示范园区	星火巨龙科技投资公司	可研	2000—2003	朱建国
23	遵义农业高科技示范区	红花岗区农工部	建议书、可研	2000	曾希柏
24	常州市农业发展战略研究	常州市农业区划办	研究	2000	毕于运
25	林芝地区天然林保护工程	眉山工程勘察院	方案	2000	徐 斌
26	南充市现代农业实验区	南充市政府	规划	2001	罗其友
27	青海农业科技示范园	青海科技厅	规划	2001	唐华俊 卢欣石
28	巴彦县农业发展规划	巴彦县政府	规划	2001	陈尔东
29	衡水湖国家级湿地保护区规划	中国林科院生态环境与保护所	修改统稿	2001	朱建国
30	贵州铜仁地区农业科技园区	贵州铜仁地区行署	规划	2001	吴永常

（续表）

序号	项目名称	委托单位	委托内容	日期	主持人
31	内蒙古红武农牧业科技园区	内蒙古红武公司	规划	2001	朱建国
32	天津市津南区农业科技园区发展规划	天津市津南区农业高新技术开发区管委会	规划	2001	魏顺义 朱建国
33	铜山汉王玫瑰产业化基地建设项目可行性论证	徐州铜山科技园委	可研	2001—2002	朱建国
34	河南许昌国家农业科技园区		可研	2001	吴永常
35	天津市津南国家农业科技园区产业化经营研究	天津市重大项目	研究	2002	王东阳
36	西藏农牧业优势产业发展规划	农业部援藏办公室	规划	2002	唐华俊 邱建军
37	阜新市经济转型农业社会化服务体系规划	阜新市计委	规划	2002	毕于运
38	陕西渭南国家农业科技园区总体规划		规划	2002	吴永常
39	国家星火都市农业科技示范区项目可行性论证	深圳星火巨龙科技投资公司	论证	2003	魏顺义 朱建国
40	北京市房山区窦店都市型农业科技园区	房山区窦店镇政府	规划	2003	陈尔东
41	贵州铜仁国家农业园区总体规划和实施方案		规划	2003	吴永常

三、物业开发

物业开发开始于 1988 年，在国家政策许可和科研用房满足的前提条件下，主要依托区划所物业资源对外进行出租出借，每年有一定的收入，这笔收入大大缓解了区划所的资金紧张局面。

四、产业开发

产业开发主要是成立产业实体从事开发工作，产业实体有农科区划印刷厂、中农泰科公司、北京龙安泰康科技有限公司（见资划所公司介绍）和北京天元经纬科技发展有限公司等独立核算实体。

（一）农科区划印刷厂

1986 年 8 月 20 日注册登记正式建厂，由中国农业科学院行文，经新闻出版局、海淀区公安局和工商局批准发给营业执照，注册资本 68 万元，区划所出全资。法人代表为万贵，归区划所制图室管理。1990 年从丰润县印刷厂雇用 2 名工人，丰润厂派陈国华副厂长协助工作，当年分给该厂 1.3 万元利润。1992 年转给区划所万贵承包，1998 年后由甘金淇负责。经营范围：中国农业科学院系统期刊书籍照相制版、印刷装订、黑白照片的冲印、放大、彩色照片的放大。

1986 年 6 月至 1989 年 6 月没有开展对外业务，主要承担中国农业科学院内部印刷任务。1989 年 6 月正式对外营业，常年印刷期刊 15~20 种，报纸 1~2 种，还有书籍及其他零星任务。1998 年主要承担 15 种期刊和 1 份报纸的印刷任务，总印数约 15 万册，全年印院报 7.2 万份和 8

种书以及其他零星任务。

设备有全张照相机 1 台，对开制版机 1 台，对开拷贝机 1 台，对开印刷机 1 台，四开滨田印刷机 1 台，烫背机 1 台，电动订书机 1 台，对开切纸机 1 台。

营业收入：1991 年后每年营业收入 60 万～80 万元，印刷厂干部、工人工资和福利性开支，以及材料、辅料等均由印刷厂支付，每年上缴所利润 5 万元，累计上交所 40 万元。平均每年余 2 万元左右，作为周转资金，用于扩大再生产。2002 年企业经营停止，工商执照被吊销。

（二）中农泰科公司

1992 年 9 月至 1996 年 12 月为北京泰科土地开发技术公司，法人代表为周志刚，注册资金 30 万元，主要承担北京市昌平县、通县土地管理局"土地资源详查"工作。利用 GIS 技术完成两县土地详查，编绘 1∶1 万、1∶1.5 万"土地利用现状图"和"土地利用权属现状图"，分析汇总各类土地面积。其中，通县土地管理局土地资源详查项目获国家土地局三等奖。

1996 年 12 月更名为北京中农泰科农业技术开发公司，法人代表为严兵，注册资金 30 万元，经营范围：技术开发、技术服务；零售、代销一般农作物种子及自育杂种、苗木、花卉、文化体育用品、土产品、农业机械、电子计算机及外围设备、仪器仪表及开发后的产品等。与全国十几个省、市 40 多家种子企业有业务联系，1997 年销售收入 54 万元，毛利润 17.3 万元，1998 年销售收入 107 万元，毛利润 32 万元。同时，公司加强新品种的开发，有新品种白菜、西芹等推向市场，连续两年通过北京市、河北省种子管理部门组织的新品种区试，形成种子繁育、质检、清选、包装、销售到咨询服务的一整套体系，公司有 16 个品种走向市场。2003 年企业经营停止，工商执照被吊销。

（三）北京天元经纬科技发展有限公司

依托区划所农业遥感应用研究室成立，2000 年 7 月 28 日在北京市工商行政管理局海淀分局注册，注册资本 90 万元，其中，企业法人持股 56.11%，自然人股东 49 人（所在职职工）合计持股 43.89%。注册地址：北京市海淀区白石桥路 30 号 3 区区划所 318 室（后更改为北京市海淀区中关村南大街 12 号）。经营范围：技术开发、转让、咨询、培训、服务；数据处理，资源调查，农业工程项目咨询，制造销售计算机软硬件及外围设备，信息咨询（除中介服务）。2002 年，公司以其技术实力和良好的经营信用，成为 2002 年度国家科技部资助的北京市十家企业之一，获得资助资金 50 万元。公司人员分配机制按照企业化管理。随着国家对农业科技体制改革的新要求和区划所被确定为国家公益性非营利科研事业单位，2005 年 7 月全体股东大会决议注销公司，2006 年 3 月，完成公司注销手续。

五、科技产品开发

科技产品开发主要依托山区研究室研发，从 1995 年起，先后研发出几个市场前景广阔的科技产品和科技成果，主要包括：①食用菌菌种保藏和栽培技术。培育了多个纯度高、生命力强、产量高的优良菌种供应食用菌生产市场。保藏的菌种达 30 多种，涉及生产中常见的和珍稀食用菌；②灵芝系列产品，包括灵芝孢子粉、灵芝、灵片、灵芝精粉。形成一整套人工栽培技术和孢子粉高效采集方法，并拥有几个生产上高产优质的灵芝菌种；③食用菌有机硒粉开发。通过食用菌栽培基质中补充硒元素，开发研究出食用菌有机硒系列产品，如富硒蛋白粉、富硒灵芝粉、富硒平菇等；④绿色食品之王——螺旋藻；⑤乳酸钙粉和 AD 乳酸钙粉；⑥有机硒粉。

第七节　后勤服务管理

1996 年之前，区划所后勤服务职能在办公室，1996 年年底成立后勤服务中心，主要承担所内安全保卫、电话、水电暖、卫生、绿化及医务、职工献血、小修缮及打字复印、汽车管理和使用、报刊收发、职工献血、计划生育管理等服务性工作。

1996—1999 年由朱志强负责，1999—2003 年，由曹尔辰兼管后勤服务中心工作。

工作人员有：朱志强、尚平、何明华、牛淑玲、曾其明、李霞。

第三章　科学研究

第一节　农业资源环境与持续农业研究

一、研究机构

1981 年 4 月，区划所成立农业资源研究室，1994 年区划所党委决定将农业资源研究室扩建为农业资源环境研究室和持续农业与农村发展研究室，1997 年 7 月为便于工作和精简机构，对外仍保留持续农业与农村发展研究室，而对内将农业资源环境研究室与可持续农业与农村发展研究室合并重组为农业资源环境与持续农业研究室。

曾在本室工作过的人员有：陈锦旺、林寄生、张弩、薛志士、邝婵娟、朱忠玉、李树文、王广智、周延仕、林仁惠、寇有观、萧钺、彭德福、严玉白、梁佩谦、解全恭、陈尔东、苏胜娣、祁秀芳、王京华、陈印军、关喆、朱建国、覃志豪、严兵、杨瑞珍、毕于运、孙庆元、阎晓雪、黄小清、周志刚、马忠玉、尹昌斌、王尔大、姜文来、吴永常、胡志全。

二、研究方向

农业资源环境与持续农业研究室以农业资源环境为研究重点，从资源环境出发，研究农业水、土、气、生等资源评价；农业资源持续高效化利用；农业生态环境保护；农业发展与人口、资源、环境的相互关系；农业资源环境及湿地资源保护立法；农业可持续发展理论与规划研究等。

三、承担的研究任务

（一）1980—1981 年主要研究工作

1980—1981 年，重点围绕国家重大研究项目"农业自然资源调查与农业区划"进行了全国大江南北的农业自然资源与农业生态环境调查工作，先后赴全国南北 20 多个省（市）进行调查，完成调查研究报告 50 余篇。

（二）1982—1990 年主要研究工作

1982—1990 年，重点围绕区域农业资源利用与生态环境保护，加强了区域性研究，并在 1982—1985 年期间开展了农业遥感应用研究工作，主要研究任务如下。

1983 年，承担农业部土地局项目"利用 1∶5 万地形图调查全国耕地面积"，重点以 1∶5 万地形图为基础，采用网格方法对全国各区耕地面积进行判读，以确定耕地面积在土地面积构成中的比例，再以土地总面积折算出耕地面积。研究成果通过了专家鉴定，并获 1984 年度中国农业科学院技术改进三等奖。主持人：彭德福；参加者近 50 人。

1982—1985 年，承担国家计委农业区划局课题"亚热带丘陵山区农业资源综合利用研究"，完成研究报告 60 多篇。在此项目研究基础上完成的"怀化市农村经济结构调整的研究"于 1986 年获中国农业科学院技术改进二等奖；研究成果通过专家鉴定，于 1987 年获中国农业科学院科技进步奖一等奖。第一承担单位：中国农业科学院农业自然资源和农业区划研究所，主持人：徐矶、陈锦旺。主要参加单位：浙江、湖南、福建三省区划所，江西、湖北两省区划办及福建长泰县、浦城县、浙江富阳县、江西奉新县、龙南县、湖南怀化市、双峰县、道县、湖北南漳县农业区划办；课题参加人员共 100 余人，本所主要参加人员有：陈锦旺、林寄生、林仁惠、周延仕、彭德福、陈印军、严兵、杨瑞珍、毕于运。

1983 年，承担中国科协研究课题"黄河黑山峡水利工程生态环境影响评价"，该研究重点分析了宁、蒙、陕引黄灌区长期引黄灌溉对当地生态环境产生的影响，为黑山峡水利工程在考虑生态环境效益方面提供参考。1986 年获中国农业科学院技术改进二等奖。主持人：陈锦旺；参加人员：彭德福、朱建国、关喆、王京华、杨瑞珍、祁秀芳。

1986—1987 年，承担农业部农业区划局课题"我国东南丘陵山区农业优势资源潜力研究"，重点分析了东南丘陵山区几大主要生物资源优势及开发利用潜力，完成研究报告 5 篇。承担者：陈锦旺、梁佩谦、周延仕、陈印军。

1986—1987 年，承担中国农业科学院院长基金项目"土地资源评价方法研究"，重点研究了土地资源生态经济综合评价方法及指标体系。主持人：孙庆元；参加人：杨瑞珍、周志刚。

1986—1987 年，承担中国农业科学院课题"武陵山区农业发展战略研究"，重点分析了武陵山区资源与特点、农业生产现状与发展前景，提出武陵山区总体发展思路、战略步骤及重点和持续发展对策。承担者：陈锦旺、周延仕、陈印军。

1987—1988 年，承担农业部农业发展战略研究中心课题"我国中低产田分布及粮食增产潜力研究"，重点分析了全国及八大区中低产田分布、类型、特点、增产潜力及开发利用对策，研究成果于 1989 年获农业部科技进步奖三等奖。第一承担单位：中国农业科学院农业自然资源和农业区划研究所，主持人：陈锦旺。参加单位：农业部土壤肥料总站。主要参加者：严玉白、梁佩谦、周延仕、陈印军、毕于运等 14 人。

1988 年，承担中国农业科学院院长基金课题"农地级差地租的研究"，重点研究了农地级差地租的定位、定量问题。主持人：孙庆元；参加人：杨瑞珍、周志刚、黄小清。

1988—1989 年，承担国家科委"七五"国家科技攻关子专题"三峡地区种植业开发规划研究"，重点分析了三峡地区资源环境特点，研究分析了种植业发展的方向、重点及开发途径与措施。主持人：陈锦旺；参加人：陈印军、周延仕。

1986—1990 年，承担农业部农业资源区划管理司课题"滇黔桂岩溶地区农村经济开发研究"，李应中、毕于运撰写的"滇黔桂岩溶地区农村经济开发战略"于 1995 年 10 月获全国人大环境与资源保护委员会主办的全国首次土地资源开发与保护理论研讨会优秀论文奖。参加单位：中国农业科学院农业自然资源和农业区划研究所及云南、贵州、广西三省（区）区划办；第一完成人：严玉白；主要承担者 15 人。其中，"滇黔桂岩溶地区农业地域类型分区及农村经济发展战略研究"子专题由中国农业科学院农业自然资源和农业区划研究所主持，主持人：严玉白；参加人：陈尔东、毕于运、解全恭、阎晓雪。

1988—1990 年，承担"七五"国家科技攻关子专题"三峡工程防洪问题和综合利用效益——三峡地区种植业开发规划研究"，重点分析了三峡地区农业资源优势、农业发展的障碍因素，提出农业发展的方向、重点与对策。其研究成果通过验收和专家鉴定。主持人：陈锦旺；参加人：陈印军。

1988—1992 年，承担中国农业科学院院长基金课题"我国东南沿海各省低山丘陵区发展创汇农产品研究"，重点分析了东南沿海省区低山丘陵发展创汇农业的主要特色产品种类与特色。

主持人：陈锦旺；参加人：陈印军。

（三）1990 年后的主要研究工作

1988—1992 年，承担农业部农业资源区划管理司课题"中国耕地资源及其开发利用"，重点分析了我国实有耕地资源的数量、不同层次不同区域耕地资源开发潜力、开发模式、开发重点和开发措施，研究成果于 1994 年获中国农业科学院科技进步奖一等奖。第一承担单位：中国农业科学院农业自然资源和农业区划研究所，主持人：杨美英、梁佩谦、王广智；参加单位：农业部全国土壤肥料站；主要承担者：杨美英、梁佩谦、王广智、毕于运、杨瑞珍、覃志豪等 14 人。

1991—1995 年，承担"八五"国家科技攻关专题"湘南红壤丘陵农业持续发展研究"子课题"湘南农业资源环境与立体农业发展研究"，重点对湘南农业资源环境进行系统性分析，提出立体农业发展方向及高效立体农业发展模式，为实现湘南农业持续高效发展提供了科学依据。该研究成果作为"湘南红壤丘陵农业持续发展研究"专题的部分内容，获 1996 年农业部科技进步奖三等奖，并于 1996 年 10 月获国家"八五"科技攻关重大科技成果奖励（原土肥所主持申报）。主持人：陈锦旺；主要参加人：陈印军。

1991—1995 年，承担"八五"国家科技攻关专题"红黄壤地区农业持续发展战略研究"子课题"红黄壤地区农业资源环境特点、优势及农业发展前景研究"，重点系统分析了红黄壤地区及三大地域农业资源环境，提出了红黄壤地区农业发展方向、发展重点及持续发展之策略。陈印军撰写的《四川人地关系日趋紧张的原因及对策》于 1995 年 5 月获农业部青年优秀论文二等奖。主持人：陈锦旺；主要参加人：陈印军、黄小清。

1992 年，承担国务院发展研究中心主持的"重点产业群研究"课题之专题"中国农业及农村经济发展研究"，重点分析了中国农村经济发展状况、存在问题、发展方向及对策。主持人：陈锦旺；参加人：陈印军、覃志豪。

1992—1994 年，承担农业部农业资源区划管理司课题"中国耕地资源永续利用之研究"，重点分析了我国耕地资源数量和质量等变化对农业可持续发展之影响、耕地资源永续利用的战略地位、作用、潜力、模式、战略抉择、养分平衡及重大农田生态环境问题，研究成果于 1996 年获部级农业区划科学技术成果二等奖。主持人：杨美英、毕于运、梁佩谦、马忠玉；主要完成人：毕于运、杨瑞珍、梁佩谦、杨美英、马忠玉等 9 人。

1993—1995 年，承担农业部农业资源区划管理司和国家社会科学基金共同资助课题"中国区域农村经济差异性与均衡性剖析"，重点分析了中国及八大区农村发展的地域差异性特征、农村经济发展条件、发展方向等，提出了农村经济的均衡发展对策，研究成果于 1998 年获农业部科技进步奖三等奖。第一承担单位：中国农业科学院农业自然资源和农业区划研究所；主持人：李应中、覃志豪；参加单位：全国农业区划委员会办公室；主要完成人：李应中、覃志豪、黄小清、尹昌斌等 12 人。

1993—1994 年，承担国家社会科学基金课题"农民的心理行为感应机制及其对商品农业发展类型的影响"，重点分析了由计划经济向市场经济转变过程中，农民心理行为的转变模式，提出了正确引导农民走向市场的心理选择。主持人：覃志豪；主要承担者共 5 人。

1994—1995 年，承担农业部农业资源区划管理司课题"长江流域农业持续发展战略研究"，重点系统分析了长江流域农业资源环境特点、农业发展态势及发展前景，提出了长江流域农业发展方向及持续发展之对策。陈印军执笔的"四川人地关系日趋紧张的原因及对策"一文于 1995 年 5 月获农业部青年优秀论文二等奖。第一承担单位：中国农业科学院农业自然资源和农业区划研究所；参加单位：全国农业区划委员会办公室及上海、浙江、江苏、安徽、江西、湖南、湖北和四川八省市区划办；总课题主持人：李应中等；参加者共 50 余人。区划所课题组主持人：陈印军，参加人：黄小清。

1994—1995 年，承担农业部软科学基金课题"我国不同区域农业比较优势研究"，重点分析了我国不同区域农业比较优势，划分了不同区域类型，提出了未来的发展道路选择。主持人：李应中、黄小清；参加人：覃志豪、尹昌斌。

1994—1996 年，承担全国农业区划委员会办公室课题"中国农业后备资源"研究，重点剖析了全国及九大区"四低"（中低产耕地、低产林地、低产园地、低产养殖水面）、"四荒"（荒山、荒地、荒滩、荒水）资源的类型、特点及分布，提出了后备土地资源开发利用之策略。主持人：梁佩谦；主要参加人：毕于运、杨瑞珍、陈印军、杨美英。

1994—1996 年，承担国家自然科学基金课题"农业综合生产能力的形成机制及其量化测算模型研究"。主持人：覃志豪；主要参加人：黄小清、尹昌斌等。

1995 年，承担北京市政府课题"北京山区经济发展研究"，重点分析了北京市山区资源环境特点及经济发展模式，提出了未来发展道路的对策选择。主要参加人：李应中、黄小清、尹昌斌。

1995—1996 年，承担农业部农业资源区划管理司课题"农业资源综合管理立法研究"课题，重点分析了农业资源管理中存在的问题，提出了采取综合管理的思路和立法措施等。第一承担单位：中国农业科学院农业自然资源和农业区划研究所；主持人：覃志豪、李思荣（农业部资源区划管理司）；参加单位：全国农业区划委员会办公室；主要参加人：陶陶、尹昌斌。

1996 年，承担中国农业科学院院长基金课题"长江流域粮食持续发展战略研究"，重点系统分析了长江流域新中国成立以来粮食生产发展态势及变动规律、粮食生产与相关要素之间的相互关系、未来粮食发展前景，提出了确保长江流域粮食生产持续发展之策略，研究成果于 1998 年获中国农业科学院科技进步奖二等奖。主持人：陈印军；参加人：尹昌斌、黄小清。

1996—2000 年，承担国家"九五"科技攻关子专题"红黄壤地区农业资源高效利用与粮食生产持续发展"研究，重点剖析红黄壤地区农业资源环境特点、粮食生产发展规律，提出资源持续高效利用与粮食生产持续发展之策略。其中"红黄壤地区粮食生产持续发展战略研究"通过专家鉴定，于 1999 年获农业部科技进步奖三等奖。尹昌斌撰写的《中国未来耕地占用的数量分析》，于 1997 年 11 月获农业技术经济学会征文三等奖。该研究部分成果作为专题研究成果的组成部分，于 1999 年获教育部科技进步奖三等奖（南京农业大学组织申报）。第一承担单位：中国农业科学院农业自然资源和农业区划研究所；主持人：唐华俊、陈印军；参加单位：中国科学院综考会；主要参加人：毕于运、尹昌斌等 6 人。

1996 年 6 月至 1997 年 12 月，承担中国农业科学院国际合作基金课题"农业自然资源经济价值评价方法与应用研究"。王尔大撰写的《21 世纪中国农业自然资源与环境面临的挑战及对策》，于 1996 年获中国农业科学院青年科技工作者 21 世纪农业科技研讨会优秀论文二等奖。主持人：王尔大。

1996 年 6 月至 1998 年 12 月，承担国家哲学社会科学基金委员会课题"中国湿地资源开发与环境保护研究"，该研究以三江平原湿地为例，分析湿地开发带来的社会效益、经济效益及对生态环境造成的影响，研究湿地开发与保护的适度规模，建立开发与保护的临界理论模型。主持人：李应中、朱建国；参加人：尹昌斌、姜文来、黄小清。

1997 年 1 月至 1998 年 12 月，承担中国农业科学院院长基金课题"均衡代际转移条件下农业水资源价值量动态监测研究"，主要探讨水资源价值模型、水资源价值量动态监测及其如何将水资源纳入到国民经济核算体系之中。主持人：姜文来；课题参加者 3 人。

1997 年，承担农业部软科学项目"'九五'和 2010 年我国饲料前景预测研究"，主持人：王尔大；参加人：任天志、周旭英。

1998—1999 年，承担国家"九五"科技攻关子专题"持续高效示范区资源环境评价"。主持人：陈印军。

1998—1999年，承担农业部发展计划司课题"我国农业生态环境质量评价方法研究"。主要承担人：王道龙、张小川、朱建国、辛晓平。

1998—2000年，承担国家自然科学基金项目"野生动物资源经济价值评价"。主持人：王尔大。

1998年1月至2000年12月，承担农业部课题"我国重点生态脆弱区农业资源可持续利用研究"。主持人：王道龙、吴晓春、毕于运。

1999年1月至2000年12月，承担水利部北方地区水资源总体规划项目专题"北方地区农业生产结构与布局研究"，对我国北方地区农业生产结构与布局现状、北方地区农业生产结构与布局变化趋势、社会经济发展对北方地区农业需求，以及北方地区农业生产结构与区域布局变化对水资源及环境的影响等进行系统分析，同时对我国20种农作物生产现状与未来发展态势，以及国外7个国家的农业生产结构变化情况进行系统分析，在此基础上对未来我国北方农业生产结构与布局进行预测与展望。主持人：许越先、陈印军；参加单位：中国农业科学院农业自然资源和农业区划研究所、科技文献信息中心、灌溉所、农经所，中科院地理所。

1999年1月至2001年5月，承担国家林业局野生动植物保护司课题"中国湿地保护立法研究"，实地调查了我国三江平原、洞庭湖、内蒙古东部高原湖区、黄河三角洲、辽河口及鸭绿江口、海南东寨港等部分典型湿地地区湿地资源现状及面临的问题，收集了包括黄河流域、长江流域、沿海地区、江浙地区及两湖地区湿地的资料，全面分析了我国近几十年中湿地资源在国家经济建设中起到的作用，以及因开发利用而出现的湿地资源破环、生态环境污染等诸多问题，系统分析了我国现行法律在湿地保护利用及管理方面存在的制度缺陷，收集翻译包括美国、英国、日本、加拿大等国家在湿地保护方面的法律文献，提出了中国湿地保护的法律制度设计，出版了《中国湿地保护立法研究》一书。主持人：朱建国、王曦（武汉大学）；参加人：姜文来、陶陶、尹昌斌、李昕（中国农业科学院监察局）、李广兵（武汉大学）等。

2000—2001年，承担"西部地区优势资源与特色农业开发研究"。主持人：王道龙；参加人：吴永常、罗其友、毕于运。

2000—2002年，承担科技部（公益）子课题"中国科技期刊评价体系及评价系统"。主持人：尹昌斌、李建平。

2000年7月至2002年11月，承担农业部科教司课题"《农业野生植物保护办法》调研、起草"。在广泛调查研究的基础上，起草了《农业野生植物保护办法》和《保护办法》释义，制作了农业野生植物《采集申请表》《采集审批表》《采集许可证》《进出口申请表》《进出口审批表》。《农业野生植物保护办法》2002年9月由农业部正式颁布实施。主持人：朱建国；参加人：陶陶。

2001—2002年，承担中国农业科学院西部大开发领导小组办公室委托课题"我国西部地区特色农业发展研究"，通过广泛调研，掌握了西部地区具有开发前景的主要的特色农业资源品种及其区域分布情况，了解了各地特色农业发展模式、发展经验和存在问题，以及特色农业地位与发展前景，提出未来西部地区不同区域（西北地区、西南地区、青藏高原区，以及主要省区）特色农业发展方向、发展模式、技术对策、政策措施等建议。主持人：钱克明（农经所）、陈印军；参加人：吴敬学（农经所）、杨瑞珍、毛世平（农经所）、尹昌斌、王瑞玲、王明利（农经所）。

2001年1月至2003年12月，承担国家科技攻关计划重点课题"区域农业协调持续发展战略研究"子课题"长江中下游地区农业持续发展战略研究"。主持人：陈印军、尹昌斌；参加人：杨瑞珍、侯向阳、张燕卿。

2001年3月至2002年2月，承担农业部计划司2001年重点课题"我国不同类型区农业结构调整研究"。深入剖析了我国不同类型区（东部沿海经济发达区、大城市郊区、传统农区、西部生态脆弱区）农业结构调整过程中存在的矛盾和面临的问题，从不同类型区的实际出发，系统地提出了农业结构调整的方向、重点和对策。承担单位：农业部发展计划司、中国农业科学院区划所；本所主持人：王道龙、杨瑞珍；本所主要参加人：罗其友、姜文来、毕于运、吴永常、陶陶、杨鹏。

2001年8月至2002年12月，承担水利部重大课题"北方重点省区农业结构与布局研究"，对北京、河北、山东、陕西、宁夏、甘肃、青海、新疆等北方8个省（市、自治区）的农业生产结构与布局进行了系统分析，并在此基础上提出各省农业结构调整的思路与调整重点。主持人：陈印军。

2001年10月至2002年12月，承担中国农业科学院土壤肥料研究所主持的2001年度科技部科研院所社会公益项目"数字土壤资源与农田质量预警"课题之专题任务"农田质量预警研究"，分析了国内外农田质量预警研究进展及技术路线，提出了我国农田质量预警方案设计思路。主持人：陈印军。

2001年11月至2002年12月，承担国家"十五"科技攻关课题"西部农村科技传播与普及体系研究"，通过对西部地区农村科技传播与普及体系的现状与问题、农村劳动者素质提高及农业、农村经济发展和科技成果转化对科技传播与普及体系的需求，以及我国东部、中部、西部地区农村科技传播与普及体系新模式的广泛调研和系统性分析，提出适合于西部地区区情的农村科技传播与普及模式和健全农村科技传播与普及体系之对策建议，研究成果于2004年获北京市科技进步奖三等奖。主持人：王喆（中国农村技术开发中心）、陈印军；参加人：杨瑞珍、尹昌斌、于双民（中国农村技术开发中心）、曾希柏、张燕卿。

2001年12月至2003年12月，承担农业部科教司课题"《农业环境保护条例》调研、起草"。主要针对我国农村与农业生产面临的逐渐加重的环境污染问题，以及国家环境保护法律制度针对农村环境保护管理方面的缺陷，通过广泛的农村环境污染问题的调查研究和对各地颁行的地方性农业环保条例执行情况及存在问题的分析，提出我国农业环境保护法律制度框架。主持人：朱建国；参加人：李广兵（武汉大学）等。

2001—2003年，承担国家科技攻关项目"区域农业协调持续发展战略研究"子课题"西南地区农业持续发展战略研究"。主持人：毕于运。

2002年1月至2003年12月，承担国家科技攻关计划子课题"中国农业（粮棉）综合生产能力分析决策支持系统研究"，建立了中国农业（粮棉）综合生产能力分析决策支持系统。主持人：胡志全。

2002年，承担国家科技攻关计划课题"可持续发展实验区（示范区）指标体系研究"。主持人：王道龙、吴永常。

2002年，承担国家科技攻关计划课题"渭河滩涂综合开发利用与生态环境保护示范"，研究成果获陕西省科学技术奖三等奖。主持人：王道龙；主要完成人：吴永常等。

2002年12至2004年12月，主持国家科技攻关计划课题"城镇产业转型、重组的对策与生态产业建设示范"，围绕优化经济结构、促进资源利用方式转变、加快生态产业发展和提高中小企业竞争能力等内容，集成环保、能源、生态农业等方面的技术，开展城镇产业转型、重组的对策与生态产业建设研究与示范。主持人：王道龙、陈印军；参加人：吴永常、任天志、邱建军、张士功。

2003年1月至2003年12月，主持科技部社会公益研究专项"中国区域农业结构调整评估决策支持系统研究"，为克服各地农业结构调整中存在的趋同性、短视性与局域性现象，提高区域农业结构调整的科学性与有序性，以保障区域农业高效可持续发展，特开展中国区域农业结构调整评估决策支持系统研究。主要内容包括：区域农业结构调整评估决策支持系统总体框架设计、区域农业结构基础数据库开发、构建区域农业结构评估指标体系、工具模块的设计与开发、区域农业结构调整决策支持系统模块设计、建立区域农业结构调整备选方案及其实施的保障体系。主持人：王道龙、陈印军；参加人：吴永常、尹昌斌、胡志全、杨瑞珍、郭淑敏、褚庆全、袁璋、王瑞玲。

2003 年 1 月至 2003 年 12 月，承担农业部科教司课题"农村可再生能源建设与技术支撑"。主持人：毕于运。

2003 年，承担农业部科教司项目"全国沼气适宜性分析与沼气发展区划"，主持人：毕于运；参加人：周旭英、胡志全、高春雨。

2003 年 1 月至 2004 年 12 月，承担农业部发展计划司课题"中西部地区农民增收的途径与对策研究"，重点分析了中西部农民收入增长情况和特点，影响农民收入的主要因素，农民在农业内部与农业外部的增收途径与潜力，增加农民收入的基本思路，实施的对策措施与政策建议等。主持人：王道龙、张小川、杨瑞珍。

2003—2005 年，承担水利水电规划设计总院项目"中国农业生产结构与区域布局研究"，主持人：陈印军；参加人：杨瑞珍、罗其友。

四、参加的研究任务

1988—1990 年，参加"七五"国家科技攻关子专题"三峡地区总体开发规划研究"，重点分析了三峡地区农业资源优势、农业发展的障碍因素，提出农业发展的方向、重点与对策，其研究成果通过了验收和专家鉴定。参加者：陈锦旺、陈印军。

1991—1995 年，参加中国农业科学院土壤肥料研究所主持的"八五"国家科技攻关专题"湘南红壤丘陵农业持续发展研究"，其研究成果获 1996 年度农业部科技进步奖三等奖，同时获国家"八五"科技攻关重大科技成果奖励。参加者：陈锦旺、陈印军。

1991—1995 年，参加中国农业科学院主持的"八五"国家科技攻关专题"南方红黄壤丘陵中低产地区综合整治与农业持续发展研究"，其研究成果获 2000 年四川省科技进步奖二等奖和 2002 年国家科技进步奖二等奖。主要参加者：陈锦旺、陈印军、黄小清。

1992 年，参加国务院发展研究中心主持的"重点产业群研究"课题，重点分析了中国农村经济发展状况、存在问题、发展方向及对策。参加人：陈印军、陈锦旺、覃志豪。

1995—1996 年，参加国家科委"中国农业科学技术政策"的编制工作，主要负责编制东北、华北、华东和华中四大区农业科技政策，分析了四大区农业资源环境及农村经济发展特点、农业发展对科技的需求、农业科技发展的方向、发展重点，以及实现农业科技突破的主措施，研究成果公开出版。参加人：陈印军。

1996—2000 年，参加南京农业大学主持的"九五"国家重点科技攻关计划"红黄壤不同类型区高产高效种植制度与冬季农业开发关键技术"研究课题，其研究成果获教育部 1999 年科技进步奖三等奖。主要参加者：陈印军、尹昌斌、毕于运。

2002 年，参加科技部国家科技攻关计划课题"中国食品安全发展战略研究"。参加人：吴永常。

五、科研成果

农业资源环境与持续农业研究室先后获得多项科技奖励，具体如下。

"用成数抽样理论与地貌类型分区概算全国耕地面积的研究"获 1984 年度中国农业科学院

技术改进三等奖。获奖人：彭德福。

"怀化市农村经济结构调整的研究"获 1986 年中国农业科学院技术改进二等奖，主要完成人：林仁惠、杨瑞珍。

"黄河黑山峡河段开发对灌区农业生态的影响"获 1986 年中国农业科学院技术改进二等奖。主要完成人：陈锦旺、彭德福、王京华、朱建国、关喆。

"闽、浙、赣、湘、鄂亚热带丘陵山区农业资源综合利用研究"获 1987 年中国农业科学院科技进步奖一等奖。主要完成人：陈锦旺、林仁惠、周延仕、陈印军、杨瑞珍、严兵。

"我国中低产田分布及粮食增产潜力研究"获 1989 年度农业部科技进步奖三等奖。主要完成人：陈锦旺、严玉白、梁佩谦、周延仕、陈印军、毕于运、陈尔东、阎晓雪。

"中国耕地资源及其开发利用"获 1994 年中国农业科学院科技进步奖一等奖。主要完成人：杨美英、梁佩谦、王广智、毕于运、覃志豪、杨瑞珍。

"中国耕地资源永续利用之研究"获 1996 年度全国农业区划科学技术成果二等奖。主要完成人：毕于运、杨瑞珍、梁佩谦、马忠玉、杨美英、王道龙、杨桂霞。

"地区差异与均衡发展"获 1998 年农业部科技进步奖三等奖。主要完成人：李应中、覃志豪、黄小清、尹昌斌、陶陶、罗其友、李艳丽。

"长江流域粮食生产优势·问题·潜力·对策"获 1998 年中国农业科学院科技进步奖二等奖。主要完成人：李应中、陈印军、尹昌斌、黄小清。

"红黄壤地区粮食生产持续发展战略研究"获 1999 年农业部科技进步奖三等奖。主要完成人：唐华俊、陈印军、毕于运、尹昌斌。

"渭河滩涂综合开发利用与生态环境保护示范"获 2003 年陕西省科学技术奖三等奖。主要完成人：王道龙、吴永常。

第二节　持续农业与农村发展研究

一、研究机构

1991 年 4 月，联合国粮农组织在荷兰召开国际农业与环境会议，通过"可持续农业与农村发展"的《登博斯宣言》。我国政府对农业可持续发展十分重视，区划所于 1994 年设立可持续农业与农村发展研究室，唐华俊兼任主任。1997 年 7 月为便于工作和精简机构，对外仍保留可持续农业与农村发展研究室，而对内将可持续农业与农村发展研究室和农业资源环境研究室合并重组为农业资源环境与持续农业研究室。

曾在本室工作过的人员有：马忠玉、杨瑞珍、毕于运、吴永常。

二、研究方向

持续农业与农村发展研究主要围绕"农业可持续性"这一中心展开。力求为我国农业生产与农村的可持续发展提供宏观决策依据与可持续理论基础。主要研究方向包括：农业生产系统与资源利用管理系统的模拟与优化研究、农业可持续发展规划及其理论研究、参与式研究与发展方法的探索与研究、贫困地区农户可持续生产系统的设计与决策理论及其实践研究、资源退化的机理及其产量损失模拟研究。

三、承担的研究任务

1996—1998 年，承担国家教委项目"中国人地关系地域系统调控理论研究"。主持人：马忠玉；参加人：吴永常。

1996—2000 年，承担国家科委"九五"重点攻关项目"中国可持续农业与农村发展研究"子专题"我国区域水土资源可持续利用与管理研究"。主持人：马忠玉；参加人：吴永常、邱建军。

1996—2000 年，承担国家科委"九五"重点科技攻关项目子专题"我国海洋资源可持续利用及其生产力预测研究"。主持人：马忠玉。

1998—1999 年，承担国家计委、国土资源部课题"中国荒地资源异地开发现状与政策对策研究"。主持人：马忠玉；参加单位：农业部农业资源区划管理司、黑龙江省土地局等单位。

1998—1999 年，承担国家"九五"科技攻关项目子专题"中国可持续发展态势分析"。主持人：马忠玉。

承担国家科委"九五"重点科技攻关项目"中国农业资源综合人口承载量研究"子专题"我国不同农业生态区主要粮食作物品种性状分析与预测"。主持人：马忠玉；参加人：吴永常。

1997—2000 年，承担 UNDP 国际合作项目"Rural Poverty Alleviation and Sustainable Development in Guizhou Province"。中方首席主持人：马忠玉。

1998—2000 年，承担 UNDP 国际合作项目"Capacity building for Local Agenda 21's In China"。中方首席主持人：马忠玉。

1999—2001 年，承担 LEAD International 与海林市共同资助的"海林市生态旅游发展总体规划与培训"。主持人：马忠玉。

1999—2001 年，承担海林市政府委托项目"海林市绿色有机食品发展总体规划"。主持人：马忠玉。

2000 年，承担上海实业集团项目"上海市崇明岛现代农业与观光发展规划"。主持人：马忠玉。

2001 年，承担金健米业（上市公司）委托项目"金健米业发展战略研究"。主持人：马忠玉。

2001—2002 年，承担金健米业（上市公司）委托项目"金健北方基地发展规划"。主持人：马忠玉。

第三节　农业遥感应用研究

一、研究机构

1979 年区划所成立时即成立遥感组，1982 年底遥感组撤销，1984 年成立农业信息课题组，1985 年成立新技术应用研究室，1988 年更名为农业资源信息研究室，1993 年更名为农业信息和遥感研究室，1995 年更名为农业遥感应用研究室，同时挂牌国家遥感中心农业应用部。

曾在本室工作过的人员有：贺多芬、彭德福、祁秀芳、吕耀昌、刘东、寇有观、萧钵、王京华、申屠军、范道胜、曹尔辰、禾军、陈尔东、杨桂霞、朱建国、杜勇、黄雪辉、阎贺尊、王东宁、王秀山、张浩、唐华俊、周清波、郭明新、刘佳、陈佑启、徐斌、叶立明、吴文斌、陈仲新、缪建明、孟秀华、辛晓平、杨鹏、王利民、邹金秋。

二、研究方向

农业遥感应用研究主要包括：利用遥感（RS）、地理信息系统（GIS）和全球定位系统（GPS）等技术，研发农业资源环境监测技术方法和信息系统（含数据库、图形库、图像库、模型方法库以及专家系统），进行农业自然资源和农业灾害动态快速监测，开展农业资源环境及灾害评估，为相关决策部门提供辅助决策支持。

农业遥感应用研究室和国家遥感中心农业应用部的主要任务是：①配合国家遥感中心制定全国农业遥感科学技术发展政策和规划，参与国内外重大农业遥感项目立项、研究和评估；②进行农业自然资源与环境的动态监测与评估，包括草原植被长势监测和产草量预测，以及草畜平衡评估等；③进行全国耕地变化的遥感动态监测；④进行海况遥感测报。

三、承担的研究任务

1980—1982 年，承担中国农业科学院重点科技项目"遥感技术在农业上的应用—农业资源和农作物的动态监测"。研究内容包括 3 部分：①主要农作物和农业资源波谱特性的测定分析和遥感信息解译，由寇有观、吕耀昌、萧钵负责；②土地资源动态监测，由彭德福负责；③用遥感信息进行作物长势和自然灾害的监测和作物估产的研究，由贺多芬、寇有观负责。共有 7 人参加该项研究。

1984 年，主持农业部农业局农情处"农业信息"研究课题，开展农业信息标准化以及双季晚稻和冬小麦的产量分析研究，双季晚稻与冬小麦产量分析结果均上报农业局农情处，预报值与实际产量接近。主持人：寇有观；参加人：萧钵、王京华、申屠军、范道胜。

1985—1990 年，主持农业部农业资源区划管理司项目"农业资源和区划信息系统研究"，研究建立全国农业资源区划数据库、模型库等，该项目获全国农业区划委员会、农业部优秀科技成果一等奖和中国农业科学院科技进步奖二等奖。主持人：寇有观（1985—1990 年）、陈尔东（1988—1990 年）；参加人：萧钵、曹尔辰、王京华、申屠军、范道胜、禾军、杜勇、黄雪辉、杨桂霞、张浩、杨联欢、张小川。

1989 年，承担农业部农业资源区划管理司课题"关于建立 NOAA 卫星地面接收站的可行性研究"，研究结果被农业部农业资源区划管理司采纳，并立即决定建站。主持人：萧钵；参加人：朱建国、曹尔辰。

1990—1992 年，承担农业部农业资源区划管理司课题"农业资源、环境气象卫星监测系统研究"，研究内容包括：确定农业资源、环境气象卫星监测系统所应具备的功能、性能和指标；写出合同与技术协议；配合研制单位研制；进行机房建设与天线基础施工；测定方位，安装天线；配合调试并试运行等。主持人：萧钵；参加人：朱建国、阎贺尊、王东宁、王秀山。

1991—1995 年，承担国家"八五"科技攻关课题"商丘试验区节水农业持续发展研究"专题中的子专题"商丘县农业资源农村经济数据库和宏观农业研究"，在建成数据库的基础上，完成了"新区位形势下的商丘农业"研究报告和商丘农业信息系统。主持人：陈尔东；参加人：曹尔辰、杨桂霞。

1991—1995 年，承担农业部农业资源区划管理司课题"网点县农业资源动态监测"。主持人：陈尔东（1991—1992 年）、曹尔辰（1993—1995 年）；参加人：杨桂霞、叶立明、唐华俊、申屠军。

1993—1994 年 7 月，承担农业部农业资源区划管理司课题"气象卫星数据在农业、环境动态监测中的应用"。主持人：萧钵；参加人：朱建国、王东宁、王秀山、阎贺尊、周清波。

1993—1994 年，主持中国农业科学院院长基金课题"利用 NOAA 卫星遥感数据监测旱情的研究"。主持人：萧钵；参加人：朱建国、王东宁、王秀山。

1995 年，主持农业部农业资源区划管理司课题"业务化旱情监测系统的研建"。主持人：萧钵；参加人：朱建国、王东宁、王秀山。

1995 年 2 月至 1996 年 2 月，主持中国农业科学院院长基金课题"冬小麦长势、播面和产量的业务化遥感动态监测系统研究"，主要研究内容包括：确定遥感监测冬小麦的典型区域；用地面典型抽样方法，确定适合该地区的植被指数模式；进行土地背景影响及大气噪声订正；用 GIS 建立该区域地理和环境因子数据库；建立冬小麦长势监测和产量估测模型；建立业务化的冬小麦生长发育信息遥感动态监测系统。主持人：周清波；参加人：王东宁、王秀山、陈尔东。

1994 年 8 月至 1997 年 12 月，主持农业部农业资源区划管理司课题"气象卫星数据在农业资源和环境中的应用"，主要研究内容：NOAA 卫星数据的常规接收、处理和保存；NOAA—AVHRR 数据的深加工处理（如辐射订正、投影变换和几何精校正等）；森林、草原火灾的动态监测；冬小麦、玉米旱情监测；冬小麦长势监测。主持人：周清波；参加人：萧铗、王秀山、郭明新、杨桂霞、刘佳、曹尔辰、陈佑启。

1996—1998 年，主持国家"九五"重点科技攻关"3S"项目"遥感、地理信息系统、全球定位系统技术的综合应用研究"中"省级资源环境信息服务示范工程研究与运行"专题。主持人：唐华俊；参加人：周清波、赵锐、吴予林、王世新、陆登槐。

1996—2000 年，承担国家"九五"重点科技攻关专题"省级资源环境信息服务体系示范工程研究与运行"。主持人：唐华俊；参加人：周清波、陈佑启。

1996—1998 年，主持"省级资源环境信息服务示范工程研究"子专题，主要研究内容：省级资源环境与信息服务系统用户需求调查；示范省资源环境信息服务系统总体方案设计。主持人：周清波、江南；参加人：萧铗、郭明新、杨桂霞、王秀山、曹尔辰、吴文斌。

1996—1998 年，主持"江苏省资源环境信息服务示范运行系统"子专题。主持人：江南、周清波。

1996—1998 年，主持"华北地区农用及未利用地层面数据构建与更新"子专题。主持人：萧铗；参加人：王秀山、郭明新、刘佳、吴文斌。

1996—2000 年，主持"县级基本资源与环境动态监测技术系统示范工程"子专题，主要研究内容：全国县级基本资源与环境区划；基本资源持续利用目标体系；基本资源持续利用环境分析；基本资源持续利用模式；基本资源持续利用决策分析。主持人：唐华俊、陈佑启；参加人：周清波、陈尔东、刘佳、杨瑞珍、罗其友、吴文斌。

1996—2000 年，主持"乐至县基本资源与环境持续利用研究"子专题。主要研究内容：建立乐至县 1∶1 万的土地资源及社会环境本底数据库；全数字人工交互解译乐至县 TM 图像，确定土地利用变化区域；用 GPS 准确定位乐至县土地利用变化地块；建立乐至县土地资源管理系统。主持人：唐华俊、陈佑启、周清波；参加人：陈尔东、刘佳、杨瑞珍、罗其友。

1996 年 1 月至 2000 年 12 月，主持中国、比利时政府间合作项目"中国不同气候带土地资源可持续利用模式研究"。主要成果：出版著作《土地生产潜力方法论比较研究》，发表论文 10 余篇。主持人：唐华俊、陈佑启；参加人：叶立明、罗其友、陶陶、曾希柏。

1997—2000 年，主持国家"863"计划课题"成像光谱仪技术农用识别能力试验与评价"。
主要研究内容：建立北京顺义县 1∶1 万土地利用本底数据库；全数字人机交互 TM 图像解译；建立北京市 1∶10 万土地利用现状数值化图件；成像光谱仪的农用识别能力评价。主持人：周清波、杨联欢；参加人：刘佳、萧铗、陈佑启、吴文斌。

1997 年，承担农业部农业资源区划管理司"全国农业区划资源调查土地资源数据库"的整理出版工作，该数据集是全国农业区划资源调查的重要成果之一，由农业部农业资源区划管理司复印作为内部资料出版。主持人：陈尔东；参加人：杨桂霞。

1997 年 9 月至 1998 年 8 月，承担农业部农业资源区划管理司课题"全国农业资源信息系统建设"。主持人：陈尔东；参加人：杨桂霞、曹尔辰、郭明新。

1997—1999 年，承担国家"九五"科技攻关项目"农业资源高效利用技术政策体系研究"，主持人：唐华俊、陈尔东；参加人：尹昌斌、陶陶。

1998 年，主持农业部农业资源区划管理司课题"冬小麦玉米长势和旱情遥感动态监测"课题。主要研究内容：我国冬小麦主产区冬小麦长势遥感动态监测；黄淮海地区旱情遥感动态监测；NOAA 卫星资料接收、处理与保存。主持人：周清波、萧钵；参加人：刘佳、杨桂霞、王秀山、郭明新、吴文斌。

1998 年 1 月至 1999 年 12 月，承担中国农业科学院院长基金课题"我国东中西部地区耕地减少去向比较研究"。主持人：曹尔辰；参加人：陈尔东、叶立明。

1998 年 1 月至 2000 年 12 月，承担中国农业科学院院长基金课题"全球变化与农业生态系统相互作用预研究"。主持人：唐华俊、徐斌；参加人：周清波、林小泉、陈佑启、杨桂霞、辛晓平。

1998 年，承担国家自然科学基金重点项目专题二"农业和农村经济可持续发展指标体系研究"。主持人：陈佑启。

1998 年 5 月至 1999 年 12 月，承担中国、荷兰合作项目"中国土地利用及其变化"。主持人：陈佑启；参加人：杨桂霞。

1998 年 3 月至 1999 年 2 月，承担农业部农业资源区划管理司课题"全国农业资源数据库建设"。主持人：陈尔东；参加人：杨桂霞、刘佳、徐斌。

1998 年 10 月至 2001 年，承担中日合作意向项目"在全球变暖下采用高分辨率卫星数据预测粮食变化"。主持人：周清波、陈佑启；参加人：刘佳、吴文斌。

1998 年 1 月至 2000 年 12 月，承担北京市科委项目"北京市房山区土地利用规划与环境保护系统研究"。主持人：陈佑启；参加人：杨桂霞。

1998—2000 年，承担国家"九五"科技攻关子专题"利川县及毗邻地区草地畜牧业综合发展景观生态研究"。主持人：徐斌、李向林（外单位）；参加人：辛晓平、刘佳、陈庆沐。

1998—2002 年，承担国家自然科学基金重大项目"中国东部农业生态系统在全球变化条件下的调控途径和措施"。主持人：唐华俊、徐斌、杨持（外单位）；参加人：周清波、陈佑启、辛晓平、陈仲新。

1998—2000 年，承担国家"九五"科技攻关子专题"草山草坡的群落生态学及草畜关系过程研究"。主持人：辛晓平。

1998—2003 年，承担农业部发展计划司"全国冬小麦面积和总产变化率遥感动态测产"。主持人：周清波；参加人：萧钵、刘佳、王秀山、辛晓平、吴文斌、陈尔东、陈仲新。

1998—2002 年，承担中国—日本合作项目"采用高精度卫星预测中国粮食产量变化"。主持人：周清波、陈佑启；参加人：刘佳、吴文斌。

1998—2000 年，承担国家"863"计划课题"对地观测技术农业应用试验示范系统集成及运行机制研究"。主持人：唐华俊、周清波；参加人：陈佑启、王秀山、陈仲新、吴文斌、刘佳、杨桂霞。

1999 年，承担国家"九五"科技攻关子专题"生态环境背景层面温度湿度数据层面建设"。主持人：徐斌、周清波；参加人：陈仲新、辛晓平、刘佳、王秀山、曾希柏。

2002—2004 年，承担农业部畜牧司（草地建设）项目"阿鲁科尔庆旗沙化土地植被恢复和重建关键技术示范总体设计"，主持人：徐斌；参加人：周旭英、毕于运、杨瑞珍。

2000—2002 年，承担农业部科教司项目"冬牧 70 黑麦种养殖与农业结构调整技术示范"，主持人：王道龙、徐斌；参加人：毕于运、周旭英、马兴林、吴永常、苏胜娣。

四、参加的研究任务

1980—1985 年，参加国家计委农业区划委员会办公室组织、测绘所主持的项目"利用遥感技术进行全国土地资源调查制图的研究"，该成果获"六五"国家科技攻关奖，参加人：寇有观、彭德福、祁秀芳，3 人均获获奖证书。

1982 年，参加"全国农业（土地详查）用图规划"的制定（国家计委、测绘总局、农业部）。参加人：寇有观。

1986—1989 年，参加"中国资源一号卫星应用系统研究"，参加人：寇有观、萧钺。

1985—1990 年，参加湖南省遥感中心和中国科学院地理所共同主持的"七五"国家科技攻关"江河险情信息系统研究"课题中的"洞庭湖—荆江地区资源与环境信息系统研究"专题，该成果获中国科学院二等奖，萧钺、薛玲娜获二级证书。参加人：萧钺、薛玲娜、寇有观。

1990 年，参加"七五"国家科技攻关项目"资源和环境信息系统"分类体系中的"中国农业资源分类研究"，完成《中国农业资源分类研究》报告。参加人：寇有观、萧钺、朱建国、阎贺尊。

1988—1990 年，参加美籍华人耿旭（美国加利福尼亚大学）教授主持的"环太平洋地区天气对粮食生产的影响及其与国际贸易的关系"课题。中方主持人：李应中；中方参加人：萧钺、杜勇。

1991—1993 年，参加延边朝鲜族自治州区域综合开发规划研究，该项目为中韩合作研究项目，由国家科委科技促进发展研究中心主持，区划所承担农业综合发展规划研究部分，提交了13 万字的延边州农业综合发展研究报告。该成果汇编书名为《延边面向未来的抉择》，1995 年由中国大百科全书出版社出版。主持人：陈尔东；参加人：徐波、叶立明、王新宇、申屠军、曹尔辰、杨桂霞。

1994—1995 年，参加地质矿产部重点项目"运用遥感手段对亚欧大陆桥（中国段）进行生态环境综合评价"，负责"地理信息系统支持的郑州—潼关段生态环境综合评价"子专题。主持人：陈李艮、寇有观、萧钺；参加人：王东宁、周清波、王秀山。

1996 年 1 月至 1998 年 12 月，参加北京市房屋土地管理局课题"北京市土地利用现状调查与土地利用战略研究"，陈佑启作为参加人承担"北京市土地资源的人口承载力研究"专题，以副主编出版《北京土地资源》。

1996 年，承担国家科委农村司"星火计划十年总结"工作，向国家科委农村司提交了"星火计划十年"总结报告约 12 万字。该课题由区划所与国家科委科技促进发展研究中心共同承担，由区划所主笔完成。主持人：陶陶；参加人：陈尔东。

1996 年，承担国家民委"南昆铁路沿线区域经济发展对策研究"，在对南昆铁路沿线区域进行详尽调查的基础上，完成 10 万字的南昆铁路沿线区域经济发展对策研究报告。主持人：李应中；参加人：陈尔东、毕于运。

五、研究成果

"九五"以来，农业遥感应用研究室先后获得北京市科技进步奖 3 项、中国农业科学院科技成果奖 3 项。其中，全国冬小麦遥感、估产业务运行系统获 2000 年中国农业科学院科技成果奖一等奖、北京市科技进步奖二等奖；省级资源环境信息服务示范研究与应用获 2001 中国农业科学院科技成果一等奖、获 2002 年北京市科技进步奖三等奖；中国土地资源可持续利用的理论与实践获 2001 年北京市科学技术进步奖二等奖；基于网络的中国牧草适宜性选择及生产管理智能信息系统获 2002 年中国农业科学院科技成果奖二等奖。

第四节　区域发展研究

一、研究机构

1979 年建所时，即成立农业区划研究室。1990 年农业区划研究室更名为区域农业研究室，1997 年更名为区域发展研究室。

曾在本室工作过的人员有：唐志发、李树文、陈庆沐、王舜卿、薛志士、宫连英、李英华、唐华俊、郝晓辉、朱建国、徐波、陶陶、李茂松、林仁惠、罗其友、李文娟、李虹、禾军、李宝栋、邝婵娟、黄诗铿、覃志豪、屈宝香、齐晓明、严兵、王新宇、蒋工颖、张玚、王素云、李敏、钟永安、梁振华、韩元钦、殷学美、马素兰、叶立明、马兴林、梁佩谦、童灏华、王广智、陈国胜、柏宏、李京、朱忠玉、梁业森、李育慧、束伟星、关喆、周旭英、汤之怡、解全恭、郭金如、严玉白、张彦荣、李建平、唐曲、姜文来。

二、研究方向

研究方向包括农业分区、区域发展和基础理论三部分。①农业分区。根据一定分区标准与原则，采用一定方法，划分不同属性的农业区域或类型区，主要包括农业自然分区、农业部门分区、综合农业分区以及农村经济区划等；②区域发展。研究区域发展战略、农业区域开发规划、区域开发项目可行性论证、农业商品基地和开发试验区的选建等；③基础理论。研究农业区域的形成、区域发展、区际联系、农业区域划分的指标与方法。

三、承担的研究任务

1983—1985 年，承担国家科技攻关项目"黄淮海平原中低产地区综合治理和综合发展"中的"作物布局和农业生产结构研究"，1985 年该成果通过验收和鉴定。主持人：陈庆沐（原主持人唐志发、李敏）；参加人员 12 人。

1980—1982 年，承担中国农业科学院重点课题——编制《中国农业经济地图集》，1983 年中定稿交付印刷，1985 年通过鉴定。主持人：唐志发、万贵；参加人员 6 人。

1982 年，承担《农业区划资料摘编》，主持人：王舜卿。

1983—1985 年，承担县级农业区划方法论研究。主持人：王舜卿；参加人员 13 人。

1982—1984 年，承担"农业资源与区划展览"中的农业区划部分展览内容设计、制作，获全国农业区划委员会一等奖。主持人：王舜卿、李树文、陈国胜。

1986—1990 年，承担"区域农村经济规划的理论与方法研究"。主持人：王舜卿；参加人员 8 人。

1985 年，承担非洲马里人民共和国政府"巴京达农场项目"论证，该项工作得到联合国计划署、联合国驻巴马科代表处和马里人民共和国青年部的好评，获得联合国计划署奖励。主持人：王舜卿。

1984—1986 年，承担农牧渔业部"六五"重点课题"北方旱地农业类型分区及其评价"研究，主持人：李树文；参加人员 16 人。

1986 年，合作承担中国国际经济技术交流中心课题"改善临朐县贫困状况的项目可行性论证"，主持人：罗其友。

1986—1990 年，承担国家科技攻关项目"黄淮海平原中低产地区综合治理与农业开发"中的"黄淮海平原农牧结合研究"子专题，该课题于 1990 年通过验收、鉴定。主持人：陈庆沐；

参加人：黄诗铿、严兵、徐波、马素兰。

1989—1992年，承担国家自然科学基金课题"农业资源经济空龄结构优化研究"，课题于1992年通过验收鉴定。主持人：林仁惠；参加人员2人。

1986—1988年，承担国家"七五"科技攻关子专题"晋东南实验区屯留县旱地农业发展战略研究"，主持人：薛志士；参加人员5人。

1988—1990年，承担国家"七五"科技攻关子专题"晋东南实验区长治市旱地农业发展战略研究"，主持人：薛志士；参加人：宫连英、罗其友、陶陶。

1985—1986年，合作承担"山东潍仿莱州湾地区资源调查与分层开发规划研究"主持人：王广智；参加人：薛志士、覃志豪、李文娟、蒋工颖、马素兰。

1993—1994年，合作承担农业部和中华社科基金项目"中国农村经济发展地域差异性和空间均衡性研究"。主持人：罗其友、陶陶。

1991—1995年，承担国家科技攻关项目"黄淮海平原中低产地区农业持续发展综合技术研究"中的"黄淮海平原农牧结合模式及关键技术研究"专题，课题于1995年通过验收。主持人：陈庆沐、李应中；参加人员5人。

1991—1992年，承担黄河水利委员会"黄河流域水资源经济模型研究"项目中的农业专题研究。薛志士、罗其友主持"黄河流域农业生产函数研究"专题。薛志士、宫连英主持"黄河流域旱地生产条件和生产潜力"专题。陈庆沐主持"黄河流域农业生产结构及其调整预测"专题。邝婵娟主持"黄河流域粮食产销区域平衡与对策"专题，四份研究报告于1992年通过项目专家组验收。

1993—1995年，与地质科学院生物地化中心合作承担国家科学技术委员会"区域地球化学在农业和生命科学上的应用"项目中的"黄淮海平原有关微量元素的背景及应用研究"，课题于1995年通过验收。主持人：陈庆沐；参加人员2人。

1990—1991年，承担"黄河流域水土资源农业利用研究"。该项成果于1992年获中国农业科学院科技进步奖二等奖。主持人：薛志士、宫连英、罗其友、陶陶；参加人员5人。

1991—1994年，承担国家"八五"科技攻关项目子专题"旱农试区寿阳县持续农业结构优化研究"，该课题于1995年9月通过专家鉴定。主持人：薛志士；参加人员3人。

1995—1997年，与中国科学院生态环境中心合作承担国家自然科学基金项目"乐陵金丝小枣的生态环境地质特征与背景研究"中的"资源环境背景研究"，该课题于1998年通过国家自然科学基金委验收。主持人：陈庆沐。

1997—1999年，承担"贵州省水城县不同海拔高寒区冬闲田引种冬牧70黑麦可行性研究"，引种获成功，1998年春召开现场会。主持人：陈庆沐；参加人员1名；同时还承担中国农业科学院河南省唐河县科技示范县"利用冬闲田开发青绿饲料可行途径研究"，与县科委合作成效显著，1998年受县政府表彰和奖励。主持人：陈庆沐，参加人员1人。

1997—1998年，承担农业部农业资源区划管理司"国家农业区域开发治理实验区总结"工作，提交三个试验区工作总结报告。主持人：陈庆沐；参加人员1人。

1993—1997年，承担国家自然科学基金"八五"重大项目"华北平原节水农业应用基础研究"第五课题的第三专题"华北平原节水农业分区及综合节水模式研究"。主持人：李应中、陈锦旺、薛志士、罗其友；参加人：宫连英、陶陶。

1996—2000年，承担国家"九五"科技攻关项目"主要类型旱农区农业资源可持续利用研究"。主持人：罗其友、姜文来；参加人员3人。

1996—2000年，合作承担国家"九五"重中之重攻关项目的"国家基本资源与环境遥感动态信息服务体系的建设"课题中的"县级基本资源与环境持续利用研究"子专题，和"乐至县基本资源与环境持续利用研究"子专题，主持人：罗其友。

1997—1999 年，合作承担国家"九五"科技攻关项目中的"农业资源高效利用的技术政策体系"。主持人：陶陶。

1996—2001 年，合作承担中比政府间合作项目"中国不同气候带土地资源可持续利用模式研究"。主持人：罗其友、陶陶。

1996—1998 年，合作承担中国农业科学院科研基金项目"均衡代际转移条件下农业水资源价值量动态监测研究"。主持人：罗其友。

1997—1999 年，承担国家社会科学基金项目"我国国有资源性资产流失机理及其治理式研究"，主要研究国有资源性资产流失机理及其治理模式。主持人：姜文来；参加人：杨瑞珍、罗其友。

1998—1999 年，承担中华农业科教基金项目"我国农业生产区域差异、比较优势与发展战略研究"。主持人：唐华俊、罗其友。

1998—2000 年，承担中国农业科学院"九五"重点课题"中国主要农区基本资源高效持续利用及其技术支持体系研究"。主持人：唐华俊、罗其友。

1998—2000 年，承担国家自然科学基金项目"均衡代际转移条件下水资源环境耦合价值量化模型研究"。主持人：姜文来；参加人：罗其友、杨瑞珍。

1998—1999 年，承担中美国际合作中国氮循环研究。主持人：陈庆沐、陶陶。

1998—2000 年，承担中国工程院项目"中国可持续发展水资源战略研究"专题"节水型农业结构与布局研究"。承担人：罗其友、陈庆沐、宫连英、陶陶。

1999 年，承担农业部软科学项目"农业水资源利用与节水农业发展对策研究"。主持人：姜文来；参加人：罗其友、宫连英、陶陶、杨瑞珍、王东阳。

2000 年，承担农业部软科学项目"西部地区可持续旱作农业发展途径研究"。主持人：罗其友；参加人：姜文来、邱建军、陶陶、宫连英。

2000 年，承担 ITTO 国际合作项目"森林涵养水源价值量核等研究"。主持人：姜文来。

2000—2002 年，合作承担农业部发展计划司项目"农业区域结构优化研究"。主持人：唐华俊、王道龙、罗其友；参加人：陶陶、毕于运、姜文来、朱建国、杨瑞珍、杨鹏、陈佑启。

2001—2003 年，承担国家科技攻关项目"区域农业协调持续发展战略研究（农牧交错带生态环境建设与农业协调发展）"。主持人：罗其友。

2001—2002 年，承担科技部（公益）水电院子课题项目"首都圈水资源保障研究"。主持人：姜文来。

2001—2002 年，合作承担农业部发展计划司项目"面向 WTO 的中国出口农产品基地建设研究"。主持人：唐华俊、罗其友；参加人：唐曲、袁义勇、周旭英、陶陶、姜文来、吴永常、杨瑞珍、尹昌斌、毕于运、邱建军。

2001—2002 年，合作承担科技部（基础性）项目"农村科技推广信息库"。主持人：王东阳；参加人：邱建军、陶陶、吴永常。

2001 年，承担中国工程院项目"西北水资源"。主持人：姜文来。

2001 年，承担农业部发展计划司项目"WTO 框架下的农产品贸易政策研究"。主持人：罗其友。

2002 年，承担科技部（公益）课题"流域水资源可持续利用研究（石羊河流民勤盆地）"；主持人：姜文来。

2002 年，承担农业部发展计划司项目"优势农产品区域布局总体规划研究"。主持人：罗其友。

2002 年，承担农业部计划司项目"节水型农业水价研究"。主持人：姜文来。

2002 年，合作承担农业部发展计划司项目"沿海地区农业比较优势与农村经济增长方式调研"；主持人：王道龙、罗其友。

2002—2005 年，承担"863"计划子课题"区域节水型种植结构优化研究"。主持人：罗其友；参加人：姜文来、陶陶、唐曲、李建平。

2003 年，承担农业部软科学项目"中外优势农产品产业带形成机制比较研究"。主持人：李建平。

2003—2004 年，承担农业部发展计划司项目"世界十大目标市场分析研究"。主持人：李建平；参加人：罗其友、唐曲、陶陶、姜文来。

四、参加的研究任务

1979 年 7 月，全国农业区划委员会组织一批科技人员开始《中国综合农业区划》的研究和编写工作，1980 年 5 月完成初稿，1981 年修改定稿，同年 11 月由农业出版社出版。参加编写及资料统计的人员有：朱忠玉、温仲由、唐志发、薛志士等人。该成果于 1982 年获全国农业区划委员会成果一等奖，1985 年获国家科技进步奖一等奖。

1980 年 5—9 月，参加"海南岛热带农业自然资源调查农业区划"研究工作。朱忠玉、梁佩谦、陈国胜分别参加了海南岛综合农业区划以及海南岛气候区划和乐东县农业自然资源和区划的考察和研究成果"海南岛农业区划报告集"和"乐至县农业区划报告集"的编写。1985 年由广州地理所编，科学出版社出版《海南岛热带农业自然资源与区划》。《海南岛农业区划报告集》1985 年获全国农业区划委员会成果三等奖。

1982 年 10 月至 1985 年 10 月，参加中国农业科学院主持的中央书记处农村政策研究室和中国农村发展研究中心重点课题"中国粮食和经济作物发展综合研究"，研究成果形成四集 170 万字的研究报告。1989 年 5 月由农村读物出版社出版专著《中国粮食和经济作物发展问题》。本所主要承担综合报告部分内容和小麦、大豆、茶叶社会需求和生产量及实现 2000 年预测指标应采取的措施和分区发展的论证。1985 年国务院农村发展研究中心授予该成果一等奖，1987 年获国家科技进步奖二等奖，本所参加人均获二级证书。参加人：严玉白、张玓、梁振华、王广智、朱忠玉。

1984 年，参加中国农业科学院牛若峰主持的国务院技术经济研究中心"2000 年中国"研究的子课题"2000 年中国农业"，该总课题获 1989 年国家科技进步奖一等奖。本所参加人获国务院发展研究中心的证书。参加人：严玉白、张玓、梁振华。

1984—1986 年，与国家计委经济研究所合作承担"我国西部地区农村经济发展研究"，该项成果 1991 年获全国农业区划委员会、农业部优秀成果二等奖。承担人：宫连英。

1984 年，合作承担国家计委农业区划司的"十六个县市农村产业结构调整和劳动力转移调查研究"，该成果 1985 年获全国农业区划委员会、农业部优秀成果二等奖。承担人：罗其友。

1986—1990 年，合作承担"七五"科技攻关项目"我国北方不同类型旱地农业增产技术研究"，研究成果获农业部科技进步奖二等奖。承担人：薛志士、宫连英、陶陶、李茂松、罗其友、张弩、蒋工颖。

1986—1987 年，参加由中国农业科学院农田灌溉研究所主持的"缓解华北地区农业用水紧缺对策"课题，参加人员 4 人，经调查研究提交了《农业生产结构调整研究报告》。

1988 年，合作承担中国国际工程咨询公司的"黄河上游水电开发与地区经济发展"考察，撰写了"区域农业开发"研究报告，承担人：李应中、陈庆沐、薛志士、罗其友。

1991 年，合作承担亚洲开发银行技术援助项目 TA—1356"中国西南部分省区乡村综合发展"咨询项目，承担人：陶陶。

1991 年，合作承担中国国际工程咨询公司的"全国灌溉排水研究"，撰写了《我国农业后备资源——荒地、滩涂、中低产田开发利用》报告。承担人：薛志士、宫连英、罗其友。

1991—1995 年，合作承担国家"八五"科技攻关专题"晋东豫西旱农类型农林牧综合发展优化模式研究"。承担人：薛志士、罗其友、宫连英、陶陶。

1994 年，合作承担中国国际工程咨询公司委托的"节水农业专题研究"。承担人：罗其友；主笔完成的《借鉴以色列节水农业经验为我国到本世纪末增产 1 000 千克粮食作出贡献》报告，发表在《投资决策咨询》（NO. 27. 1994）上，国家计委内参《经济消息》（NO. 15. 1995）全文转载了该报告。

五、科研成果

区域农业发展研究室先后获得多项科技奖励，具体如下。

1999 年，主持完成的"节水农业宏观决策基础研究"获北京市科技进步奖二等奖。完成人：薛志士、罗其友、宫连英、陶陶、李应中、陈锦旺。

1999 年，主持完成的"可持续发展条件下水资源价值研究"获得中国农业科学院科技成果奖一等奖。完成人：姜文来、罗其友、杨瑞珍、宫连英、李昕、陶陶。

2000 年，主持完成的"可持续发展条件下水资源价值研究"获得北京市科技进步奖二等奖。完成人：姜文来、罗其友、杨瑞珍、宫连英、李昕、陶陶。

2000 年，主持完成的"旱地农业决策基础研究"获得中国农业科学院科学技术进步奖二等奖。完成人：罗其友、姜文来、宫连英、陶陶、杨瑞珍、杨建设。

2001 年，主持完成的"基于比较优势的种植业区域结构优化战略"获得北京市科技进步奖三等奖。完成人：唐华俊、罗其友、尹昌斌、李建平、屈宝香、姜文来、陶陶、杨鹏、汪三贵。

2001 年，主持完成的"农业水资源利用与节水农业发展对策研究"获 1999—2000 年度农业部软科学二等奖，完成人：姜文来、罗其友等。

2002 年，主持完成的"生态价值评估技术理论与方法研究"获得中国农业科学院科技成果二等奖。完成人：姜文来等。

2002 年，主持完成的"生态价值评价技术理论与方法研究"获得北京市科技进步奖三等奖，完成人：姜文来、罗其友、杨瑞珍。

2003 年，主持完成的"可持续发展条件下资源资产理论与实践研究"获得中国农业科学院科技成果二等奖。完成人：姜文来、杨瑞珍、罗其友、陶陶、唐曲、李建平、雷波。

第五节　农牧业布局研究

一、研究机构

20 世纪 80 年代初，区划所部分科研人员参加了"中国种植业布局"课题研究，为适应科研需要，1984 年成立商品粮基地课题组，1986 年成立"作物布局和商品基地"课题组，1989 年 3 月成立种植业布局研究室。1997 年 7 月为便于工作和精简机构，将种植业布局研究室和畜牧业布局研究室合并成立农牧业布局研究室，但对外仍保留种植业布局研究室。

曾在本室工作过的人员有：汤之怡、朱忠玉、李文娟、邝婵娟、王素云、禾军、李虹、王舜卿、屈宝香、任天志、周旭英、马兴林、刘振华、白可喻、梁业森、邱建军、王立刚。

二、研究方向

1997 年前，农牧业布局研究内容包括：我国种植业结构和布局的理论与实践；种植业布局领域的重大问题；市场经济条件下种植业和主要作物布局的发展影响因素、市场分析、发展趋势和政策技术措施。1997 年后，农牧业布局研究室除上述研究方向外，还有畜牧业资源的合理、持续高效利用，畜牧业区划、规划、区域性开发，畜牧业的生产力配置和布局，畜牧业产业化生产及其本领域中的其他重大问题，农牧结合的理论与实践等。

三、承担的研究任务

1981 年 3 月至 1982 年 12 月，承担"中国种植业区划"，该课题根据《1978—1985 年全国科学技术发展规划纲要》第一项任务，由国家农委、农业部下达给中国农业科学院的重点研究课题。由中国农业科学院农业自然资源和农业区划研究所主持组成研究编写组，有 13 个研究所参加，课题主持人何光文、信乃诠，实际工作由杨美英主持。课题主要参加人有 14 人，本所有朱忠玉、唐志发、严玉白、汤之怡、梁振华、张玓、王广智、殷学美。

1984 年 1 月至 1984 年 12 月，承担"全国农业商品生产基地（粮食部分）选建研究"课题，本研究根据 1984 年农牧渔业部重点科研计划 01 项及农牧渔业部农业局文件（84）农（农基）第 91 号通知精神成立课题组。主持人：朱忠玉；参加人：严玉白、薛志士、王广智、邝婵娟、汤之怡、王素云。

1986 年 3 月至 1988 年 2 月，承担全国农业区划委员会办公室委托课题"我国粮食产需区域平衡研究"。主持人：汤之怡、朱忠玉。1986 年参加人有邝婵娟、王素云、覃志豪、李文娟、李虹，1987 年 3 月起禾军参加课题工作。

1988 年 4—12 月，承担农业部农业发展战略研究中心和农业部计划司委托课题"我国农牧渔业商品基地规划研究"。参加单位有农业部计划司、农业局、畜牧局、水产司、农垦局；主持人：汤之怡；参加人：邝婵娟、王素云、覃志豪、李文娟、禾军。

1988 年 3 月至 1989 年 11 月，承担农业部农业资源区划管理司课题"我国食糖产需平衡和糖业布局"。主持人：汤之怡、朱忠玉；完成成果主持人：朱忠玉；参加人：邝婵娟、王素云、禾军、覃志豪、汤之怡、李文娟。

1988 年 3 月至 1990 年 12 月，承担农业部农业资源区划管理司委托课题"我国食用植物油料（脂）产需平衡与布局"，由种植业布局室组成课题组主持该项研究，商业部中国植物油公司、农业部农业司参加协作。前期主持人：汤之怡；后期主持人：李文娟；第一完成人：李文娟；参加人：覃志豪、禾军、汤之怡。

1991 年 1 月至 1992 年年底，承担农业部农业资源区划管理司委托课题"中国农产品专业化生产与区域发展研究"，该课题由中国农业科学院农业自然资源和农业区划研究所主持、国内贸易部规划调节司和农业部综合计划司参加协作。主持人：朱忠玉、李文娟；参加人：邝婵娟、王素云、王舜卿、禾军。

1992 年 1 月至 1994 年 12 月，承担国家自然科学基金委员会项目"中国种植业布局的理论与实践"。该项目由中国农业科学院农业自然资源和农业区划研究所牵头，组织中国科学院地理所，中国农业科学院麻类所、果树所、研究生院，中国农业博物馆等单位 11 人组成项目研究组。主持人：朱忠玉；本所参加人：邝婵娟、王舜卿、覃志豪、杨桂霞。

1992 年 1 月至 1994 年 12 月，承担中国农业科学院院长基金课题"中国棉花产需平衡研究"中国纺织总会规划发展部参加协作，主要研究中国棉花产需平衡问题。主持人：李文娟；参加人：禾军、王素云。

　　1993 年 1 月至 1995 年 12 月，承担国家自然科学基金项目"现代商品农业与环境资源之间的冲突与协调发展模式研究"。主持人：李文娟；参加人：屈宝香、尹昌斌。

　　1994 年 1 月至 1995 年 1 月，承担农业部农村改革与发展对策调研"百题"中的课题"粮食供求如何实现区域相对平衡"。主持人：邝婵娟；参加人：朱忠玉、王素云、禾军。

　　1996 年 5—12 月，承担农业部软科学委员会委托课题"黄淮海棉区增产棉花的对策研究"。主持人：李文娟；参加人：禾军、屈宝香、任天志。

　　1995 年 7 月至 1997 年 3 月，承担全国农业区划委员会办公室课题"我国副食品市场需求与'菜篮子工程'布局"，与农业部农业资源区划管理司共同组成课题组开展研究。主持人：梁业森、李仁宝、崔明、朱忠玉；本所参加人：周旭英、王舜卿、邝婵娟、王素云、刘振华。

　　1996 年 11 月至 1997 年 12 月，与农业部优质农产品开发服务中心共同主持农业部优质农产品开发服务中心课题"我国北方粳稻资源调查和开发研究"。主持人：邝婵娟、朱忠玉；参加人：禾军、屈宝香、王素云。

　　1997 年 1—12 月，区划所主持、山东棉花生产技术指导站协作农业部软科学委员会"棉花流通体制改革实施方案研究"招标项目。主持人：李文娟；参加人：屈宝香、禾军。

　　1997 年 4 月至 2002 年，与日本国际农林水产业研究中心合作承担"典型地区粮食平衡、流通与资源环境管理"项目，1997 年 8 月 14 日由唐华俊所长和日本农林水产业研究中心前野休明所长签订共同研究协议备忘录，就总体研究方案、仪器设备购置、研究经费预算以及研究内容等达成共识，研究工作于 1998 年开始。以贵州、山东两省作为典型地区开展研究。主持人：唐华俊、任天志；参加人：屈宝香、周旭英、马兴林、尹昌斌。

　　1997 年 1—12 月，承担农业部农业司、农业资源区划司课题"长江流域双低油菜带产业化开发研究"。主持人：梁业森、李文娟；参加人：禾军、屈宝香。

　　1997 年，承担农业部农业资源区划司课题"我国农业主导产业带与产业化开发"，主持人：梁业森、李文娟；参加人：屈宝香、禾军、朱建国。

　　1998 年，承担农业部优质农产品开发服务中心项目"中国南方粮食结构优化"。主持人：屈宝香；参加人：邝婵娟、刘振华、薛志士、朱忠玉。

　　1998 年 4 月至 1999 年 4 月，区划所和农业部优质农产品开发服务中心、农业部种植业管理司粮油处、国家计委农经司共同主持农业部优质农产品开发服务中心课题"中国南方粮食结构优化"。本所主持人：屈宝香、邝婵娟；参加人：刘振华、薛志士、朱忠玉。

　　承担农业部发展计划司课题"区域性主导农产品基地规划研究"。主持人：禾军、王道龙；参加人：王素云、王舜卿、邱建军。

　　1999—2001 年，承担国家社会科学基金项目"内蒙古地区草地畜牧业可持续发展的生态经济学研究"。主持人：白可喻。

　　1999—2000 年，承担农业部优质农产品开发服务中心项目"我国粮食加工业发展研究"，主持人：屈宝香、邝婵娟；参加人：刘振华、周旭英、李文娟。

　　1999—2000 年，承担国家"九五"科技攻关专题"渭河滩涂综合开发利用与生态环境保护示范"。主持人：王道龙；参加人：王舜卿、邱建军、吴永常。

　　1996—2000 年，承担国家"九五"科技攻关子专题"黄淮海平原农牧结合主导产业化建设技术支持体系"。主持人：梁业森、任天志；参加人：马兴林、周旭英、刘振华、白可喻。

　　承担国家"九五"科技攻关子专题"农牧结合生态系统中作物持续高产的土壤环境建设"。主持人：马兴林。

　　2000 年，承担农业部种植业司课题"中国粮食总量平衡及区域布局调整研究"。主持人：王道龙、屈宝香；参加人：周旭英、马兴林、邝婵娟，朱忠玉、张华。

2002—2003 年，承担国家科技攻关项目"地方科技发展战略研究"。主持人：王道龙、邱建军、任天志；参加人：屈宝香，尹昌斌。

2001—2004 年，承担国家科技攻关项目"生态农业技术体系研究与示范（中南地区无公害蔬菜生产关键技术）"。主持人：邱建军；参加人：张士功。

2001—2003 年，承担国际环境基金"运用 DNDC 模型估算农业土壤碳排放"。主持人：邱建军；参加人：张士功、王立刚。

2001 年，承担教育部项目"华北高产粮区农业生态系统碳氮平衡研究"。主持人：邱建军。

2001—2003 年，承担中国农业科学院项目"中国水资源污染调查与评价"。主持人：屈宝香；参加人：任天志。

2001—2002 年，承担农业部种植业司项目"黄淮海地区种植结构调整与水资源关系研究"。主持人：王道龙；参加人：屈宝香、张华。

2002—2003 年，承担中国工程院项目"燕山地区水土资源与农业发展战略"。主持人：邱建军；参加人：张士功。

2002 年，承担农业部种植业司项目"专用玉米优势区域发展规划"。主持人：任天志；参加人：屈宝香、周旭英、张士功。

2002—2003 年，承担农业部种植业司项目"优质稻米优势区域发展规划"。主持人：屈宝香；参加人：任天志、周旭英、于慧梅。

2001—2002 年，主持全国农业区划委员会办公室项目"优质专用农产品区划研究"。主持人：禾军。

2002 年，主持全国农业区划委员会办公室项目"基地化动态监测"。主持人：禾军。

2002—2003 年，主持农业部项目"中国农区水体污染的评价对策研究"。主持人：张士功；参加人：任天志。

承担农业部软科学项目"提高我国渔民产业竞争力对策研究"。主持人：禾军。

2002 年，主持农业资源区划项目"东北地区大豆玉米转化利用研究"。主持人：禾军。

2002—2003 年，主持中国农业科学院项目"948"项目后续示范推广。主持人：王道龙、周旭英；参加人：任天志。

2002—2003 年，主持农业部发展计划司项目"世界农产品资源与贸易的地理格局研究"。主持人：禾军；参加人：牛淑玲、曾其明。

2002—2004 年，主持农业部优质农产品开发服务中心项目"中国西部有机特色农业发展战略研究"。主持人：屈宝香、张华；参加人：王立刚、苏胜娣、于慧梅。

2003 年，承担农业部种植业司项目"中国农区饲草业发展战略研究"。主持人：王道龙、屈宝香；参加人：周旭英、王立刚、白可喻、苏胜娣、张华、于慧梅。

四、参加的研究任务

1988—1990 年，参加中国农业科学院主持的"中国中长期食物发展战略研究"项目，有关科研、教育和政府部门 148 名研究人员和实际工作者参加，研究形成《中国中长期食物发展战略研究》丛书 12 分册，1991 年由农业出版社公开出版。主持人：卢良恕、刘志澄等 8 人；本所参加人：朱忠玉、邝婵娟、王素云，负责"不同地区食物发展"的研究，与农业部信息中心、中国农业科学院农经所协作完成《不同地区食物发展前景》专著。该项研究 1992 年获农业部科技进步奖一等奖，1993 年获国家科技进步奖二等奖。本所 3 人获二级证书。

1989—1990 年，参加中国商业经济学会牵头课题"东北和内蒙古四省（自治区）玉米发展趋势及对策研究"。主持人：王兴让；本所邝婵娟、王素云参加该课题，主要负责第一分题玉米生产的研究报告，该项研究1993年获国内贸易部商业社会科学优秀研究成果一等奖。

1996年1月至1997年3月，参加农业部农村经济研究中心主持课题"南粮北调向北粮南运转变历史回顾研究"，1997年3月完成研究报告，本所邝婵娟参加总报告的编写，并撰写了专题报告《新中国成立以来我国粮食流量流向变化》，朱忠玉撰写了专题报告《粮食生产区域变化与粮食流向演变》。主持人：缪建平。

1996年8月至1997年6月，参加中国农业科学院主持的宁夏回族自治区政府课题"宁夏回族自治区沿黄农村和农业经济发展战略规划"。主持人：许越先、安晓宁；本所王舜卿参加项目研究，负责土地开发、种植业发展战略规划两部分内容编写。

第六节　畜牧业布局研究

一、研究机构

畜牧业布局研究曾是从事畜牧业生产力布局研究的课题组，1989年在该课题组基础上成立畜牧业布局研究室，1997年7月为便于工作和精简机构，将种植业布局研究室和畜牧业布局研究室合并成立农牧业布局研究室，但对外仍保留畜牧业布局研究室。

曾在本室工作过的人员有：徐矶、于学礼、梁业森、李育慧、束伟星、周旭英、关喆、张玙、任天志、马兴林、刘振华、白可喻。

二、研究方向

畜牧业布局研究力求为我国的畜牧业发展，从宏观决策方面提供科学依据，从微观生产实践方面提供技术指导。研究方向包括：①畜牧业资源的合理、持续高效利用；②畜牧业区划、规划、区域性开发；③畜牧业的生产力配置和布局；④畜牧业产业化生产及其本领域中的其他重大问题；⑤农牧结合的理论与实践。

三、承担的研究任务

1981年年初至1982年年底，承担农业部（农牧渔业部）畜牧总局课题"中国畜牧业综合区划"。主持单位为农业部畜牧总局和中国农业科学院，负责单位区划所和我院畜牧研究所。徐矶主持，全国18个单位的23人参加了本课题研究。本所参加人：梁业森、李敏、童灏华。

1981年7月至1983年12月，承担农业部（农牧渔业部）畜牧总局和"三北"防护林地区农业区划办公室根据《1979—1988全国科学技术发展规划纲要（草案）》中01号重点项目联合下达的课题"三北防护林地区畜牧业综合区划"。主持人：徐矶、刘震乙，13个单位参加，研究人员21人。本所参加人：梁业森。

1985年1月至1987年12月，承担农牧渔业部计划司区划办公室委托课题"中国饲料区划"。主持人：于学礼、梁业森；参加单位5个，参加人员15人。本所参加人：李育慧、束伟星、周旭英、张玙。

1988—1990年，承担中国农业科学院院长基金"我国饲料生产发展对策的研究"。主持人：梁业森；参加人：关喆、李育慧、周旭英。

1988—1990年，承担农业部农业资源区划管理司课题"2000年饲料生产与畜禽结构研究"。主持人：梁业森；参加单位3个，参加人员6人。本所参加人：关喆、李育慧、周旭英。

1991—1995年，承担农业部农业资源区划管理司课题"中国不同地区农牧结合模式与前景"。主持人：梁业森；参加单位5个，参加人员10人。本所参加人：周旭英、关喆、李育慧。

1992—1997 年，承担农业部畜牧兽医司课题"非常规饲料资源的开发与利用"，主持人：梁业森、周旭英；参加单位 4 个，主要完成人 10 人。

1994 年 1 月至 1996 年 12 月，承担农业部农业资源区划管理司课题"我国主要农产品市场分析与生产布局"。主持人：梁业森、李仁宝和李文娟；参加人：屈宝香、周旭英、禾军等11 人。

1996—2000 年，承担国家"九五"科技攻关项目"黄淮海平原农牧结合主导工程产业化建设技术支持体系研究"。主持人：梁业森、任天志；参加人：马兴林、周旭英、刘振华。

1996—1998 年，承担"九五"国家重点攻关计划项目"黄淮海平原综合治理与高效持续农业发展"子专题"黄淮海平原区饲料与畜产品供求规律研究"。主持人：任天志、周旭英；参加人：梁业森、马兴林、刘振华。

1996—1998 年，承担"九五"国家重点攻关计划项目"黄淮海平原农牧结合主导工程产业建设技术支持体系研究"子专题"黄淮海低平原区肉牛产业化生产建设示范与支持体系研究"。主持人：梁业森、马兴林；参加人：任天志、周旭英、刘振华。

1996 年至 1998 年年底，承担全国农牧渔业丰收计划项目"一年一熟小麦玉米间套作技术"。主持人：任天志；本所参加人：马兴林、禾军。

1997 年，承担农业部畜牧兽医司课题"大中城市畜产品市场调查"。主持人：梁业森、周旭英；参加人：任天志、马兴林、刘振华。

1997—1999 年，承担国家社会科学基金项目"中国农业可持续发展评价指标体系与测算方法的研究"。主持人：任天志；参加人：马兴林、周旭英。

1999—2001 年，承担农业部畜牧兽医司课题"非常规饲料图谱"。主持人：梁业森、周旭英；参加人：马兴林、白可喻。

四、参加的研究任务

参加农业部郭庭双主持的"秸秆养畜示范推广"项目。主要参加单位 10 个，主要完成人 18 人；本所参加人：梁业森、周旭英。

1989—1992 年，参加农业部主持的"菜篮子工程总体规划"项目。参加人：梁业森、李育慧、周旭英、关喆。

1990—1993 年，参加农业发展研究中心主持的"发展肉蛋奶商品生产、保证城市稳定供应"。参加人：梁业森。

1995—1997 年，参加中国农业科学院畜牧研究所主持的"三新饲料配方系统"。参加人：梁业森、周旭英。

第七节　山区开发与治理研究

一、研究机构

1986 年 5 月，中国国土学会、中国农学会组织对武陵山区考察，于光远、石山、刘更另等人参加考察。1988 年年底、1989 年年初关注我国山区研究与开发的一些知名人士一致认为，我国山区面积很大，约占国土面积的 70%，且主要是集中在南方。山区多为少数民族聚居的革命老区，自然资源丰富、生产潜力很大，开发意义重大。因此，这些同志提出建立一个山区研究机构来承担山区科学研究任务，这个建议得到何康、卢良恕、刘志澄等领导同志的支持。1989 年 3月 27 日筹备小组以中国农业科学院名义向农业部、国家科委提交了《关于建立中国南方山区研究所的请示》（89 农科院办第 141 号），请示中表明，"中国南方山区研究所"为民办科研单位，挂靠在中国农业科学院，但该建议未获批准。

1990 年 1 月 20 日，中国农业科学院党组《关于建立中国农业科学院山区研究的通知》（90 农科院发字第 2 号）决定成立"中国农业科学院山区研究室"。文件中明确"中国农业科学院山区研究室"为中国农业科学院下属的一个独立正处级事业单位，暂定编制 10 人，由院内部调整解决，地址设在中国农业科学院内。同年 2 月山区研究室正式开展工作，并挂靠在院人事局。5 月 18 日，中国农业科学院向农业部递交《关于建立"中国农业科学院山区研究室"的请示》，请示阐述了建立山区研究室的目的意义，农业部领导何康、杨钟、边疆、万宝瑞等表示支持。

1997 年 8 月 29 日，为适应科技体制改革和学科发展需要，经院党组研究决定，中国农业科学院山区研究室整建制并入中国农业科学院农业自然资源和农业区划研究所，作为该所一个研究室（农科院党组〔1997〕45 号），"在对外业务联系的必要情况下，可以使用'中国农业科学院山区研究室'的名称"开展工作。

山区研究室早期由刘更另负责，曾在该室工作过的人员有：吴远彬、孙富臣、甘寿文、时建中、谢开云、李增玉、苍荣、刘国栋、曾希柏、木克热木、胡清秀、张士功、邱建军。曾希柏（1996 年）、邱建军（1997）曾在该室做博士后研究。

甘寿文曾于 1996—1998 年任湖南省永洲市冷水滩区科技副区长、1999—2001 年 3 月任山东省邹城市科技副市长；孙富臣曾于 1998—2000 年任山东省滨州市科技副市长。

二、研究方向

山区开发与治理研究主要包括以下研究内容：①总结山区农业发展规律，开展山区基础性研究；②研究山区种植业和养殖业生产技术，研究不同山区农业产业化方法和途径，并提出切实可行的措施和建议。同时把现有科研成果推广到山区，将试验、示范、推广、培训一体化；③调查研究山区农业自然资源，制定保护、利用和开发方案，研究利用和开发山区农业自然资源的综合技术；④研究山区农业的可持续发展规律，并提出不同类型山区农业可持续发展的技术措施，为国家开发建设山区提供科学依据；⑤承担国家或地方有关山区经济的科研任务，组织协调有关山区研究的协作任务和经验交流；⑥参加国际山区研究网络，承担有关山区研究的国际合作项目，加强国际交流和合作。

三、承担的研究任务

1991—1994 年，主持国家自然科学基金项目"矿质元素在红壤植被恢复中的循环"，主持人：刘更另；参加人：甘寿文、杨文婕、谢开云。项目研究成果汇编成论文集《矿质微量元素与食物链》，于 1994 年 6 月由中国农业科技出版社出版，主编为刘更另。

1991—1995 年，主持国家"八五"科技攻关项目子专题"红黄壤地区农业持续发展研究"，该项目通过验收，其成果汇编成两册论文集《红黄壤地区农业持续发展研究》，分别于 1994 年和 1995 年由中国农业科技出版社出版，1996 年获得农业部科技进步奖三等奖。主持人：刘更另；参加人：甘寿文、谢开云。

1991—1995 年，山区研究室与河北省迁西县科委共同主持河北省"八五"攻关项目"燕山暖温带湿润区片麻岩山区农业综合发展"。该课题执行期间在"树花人工驯化栽培研究""板栗专用肥研制""小尾寒山羊舍饲半舍饲研究"获得成功，并迅速形成产业，取得良好的经济效益，分别获得河北省科技进步奖二等奖、三等奖和唐山市科技进步奖一等奖。该项目研究成果汇编《燕山片麻岩山区农业综合开发》于 1995 年 8 月由中国农业科技出版社出版。课题主持人：刘更另、王世远；参加人：谢开云、甘寿文、刘彦、纪天保、孙富臣、苍荣、时建中等。

1996—1997 年，主持中国工程院项目"小麦种质高效利用土壤磷素与耐干旱的关系研究"。主持人：刘更另、刘国栋；参加人：张士功、曾希柏、邱建军、苍荣。

1996—1998 年，主持中国工程院咨询项目"新疆棉区建设的战略问题"。项目主要从气候、环境、投入、技术和政策等方面研究新疆棉区的几个战略问题，并写成"科学建设新疆棉区"一文在《作物学报》上发表。主持人：刘更另；参加人：刘国栋、李贵华、邱建军、任继周等。

1996—1998 年，主持武陵山区扶贫项目"黔江地区马铃薯种薯基地建设"。主持人：甘寿文。

1996—1999 年，承担国家"九五"科技攻关项目子专题"南方草山草坡资源高效利用的技术对策研究"。主持人：刘国栋；参加人：曾希柏、苍荣、刘更另。

1996—1999 年，主持国家自然科学基金重点项目子专题"我国东南部红壤地区土壤退化的时空变化机理及其调控对策研究"。主持人：刘国栋；参加人：曾希柏、甘寿文、刘更另。

1996—2000 年，主持国家"九五"科技攻关项目"红壤地区水土流失类型与季节性干旱防治技术对策研究"子课题"红壤地区主要水土流失类型的治理与开发模式及关键性技术研究"。主持人：刘国栋；参加人：曾希柏、甘寿文、刘更另。

1996—2000 年，主持"九五"国家科技攻关计划子课题"肥料资源高效利用及新辟肥源的技术对策研究"。主持人：曾希柏；参加人：胡清秀、苍荣等。

1997—1999 年，主持国家"九五"科技攻关项目"农业资源高效利用与管理技术"子专题"红黄壤地区草山草坡资源高效利用的技术对策研究"。主持人：刘国栋；参加人：曾希柏、苍荣、徐明岗、刘更另。

1997—2000 年，主持河北省科委项目"燕山东段农业特色产业开发研究"。主持人：刘更另；参加人：刘国栋、胡清秀、向华、孙富臣。

1997—1998 年，主持中国博士后科学基金项目"不同植被刈割期对红壤性质及微生物特性的影响研究"。主持人：曾希柏。

1998—2000 年，主持国家自然科学基金项目"小麦种质高效利用土壤磷素与耐干旱关系及机理研究"。主持人：刘更另、刘国栋；参加人：张士功、曾希柏、邱建军、苍荣等。

1998—1999 年，主持贵州省水城县委托项目"鸡枞菌驯化栽培研究"。主持人：胡清秀；参加人：向华、刘国栋、曾希柏。

1999—2000 年，主持科技部应急课题"持续高效农业技术研究与示范"。主持人：曾希柏；参加人：胡清秀、苍荣、张士功等。

1999—2000 年，主持常州市政府委托项目"常州市农业发展战略研究"。主持人：曾希柏；参加人：胡清秀、张士功。

2001—2006 年，主持农业部"948"项目"引进 ASET 新技术提高作物磷素等养分的利用效率"。主持人：刘国栋；参加人：张士功、苍荣等。

2001—2003 年，主持农业部"丰收计划"项目"我国东南沿海地区'稻菇畜'结合可持续发展创汇农业示范及推广"，该项目于 2003 年通过农业部科教司组织的验收鉴定。主持人：王道龙、胡清秀；参加人：苍荣、周旭英、曾希柏等。

2002—2006 年，主持科技部科技基础性专项"我国山区菌物资源的保护和利用"。主持人：胡清秀；参加人：邱建军、吴永常、苍荣等。

四、参加的研究任务

1991—1995 年，参加中国科学院南京土壤所承担的国家"八五"科技攻关项目"红壤退化机理及防治措施研究"，该课题获得国家科技进步奖三等奖。参加人：刘更另、甘寿文、谢开云。

1991—1995 年，参加中国农业科学院土肥所主持的国家"八五"科技攻关项目"湘南红黄壤地区耕作制度及配套措施的研究"，该课题获得 1996 年农业部科技进步奖三等奖。参加人：甘寿文、谢开云。

1996—1999 年，参加中国水稻所主持的国家"九五"科技攻关项目"水稻耐低钾育种技术研究"，刘国栋为第二主持人，张士功参加。

1996—2000 年，参加中国农业科学院灌溉所承担的国家"九五"科技攻关项目"节水灌溉与农业综合技术研究"，参加人：曾希柏。

1996—2000 年，参加中国科学院南京土壤研究所主持的"九五"国家科技攻关课题"红壤地区水土流失类型与季节性干旱防治技术对策研究"，参加人：曾希柏。

2000 年，刘国栋、甘寿文和邱建军参加编写国情系列丛书（编委会主任：徐冠华）《中国山情——靠山、养山、富山》，该书由姚昌恬主编，2003 年 1 月由开明出版社出版。

参加中比合作项目"中国不同气候带土地资源可持续利用研究"，北京市社科基金项目"利用高新技术改造传统农业的理论与模式研究"和"现代农业科技园区规划、技术体系及其应用研究"等。

第四章　交流与合作

第一节　学术交流

组织开展学术交流活动是区划所的重要工作内容，是培养人才、交流信息、扩大社会影响和把握研究方向的重要手段。区划所学术活动主要有全国区划所所长座谈会议和专业性学术会议。

一、全国区划所所长会议

（一）第一次全国区划所（室）所长座谈会

根据国家农委负责同志意见，经中国农业科学院批准，1981 年 8 月 24 日至 9 月 3 日在北京召开农业资源和区划所研究工作座谈会。参加会议人员有：国家农委区划办公室副主任张肇鑫，农业部土地利用局工程师曹富有，四川省自然资源研究所副处长刘志培，新疆农业科学院农业现代化研究组（所）副所长曹德荣，山西农业科学院农业自然资源和农业区划研究所所长刘杰和办公室负责人温志强，浙江省农业自然资源和农业区划研究所副所长方宪章，湖南省农业自然资源和农业区划综合研究所副所长段正吾，辽宁省区划所所长赫蒂、副所长王丕章，青海省农牧综合区划研究所顾志水，贵州省农业科学院助研曾广恂，贵州省山地资源研究所龚德慎，吉林省农业科学院土肥所区划室主任李鼎，河北省农业区划所副所长焦振华，山东省区划所副所长崔澧，安徽省农业科学院区划所科长范贤之，陕西省农业科学院农业经济研究所助研高居谦，福建省农业区划办公室陈仕，河南省农业科学院农业自然资源和农业区划研究所副所长刘义才，天津市农业科学院区划研究室农艺师孙嘉鳞，中国农业科学院农业自然资源和农业区划研究所所长徐矶、副所长杨美英。

国家农委副主任何康、中国农业科学院副院长何光文到会讲话。国家农委区划办公室副主任张肇鑫亲临会议指导。中国农业科学院农业自然资源和农业区划研究所所长徐矶主持会议并致开幕词。会议学习讨论了中央领导同志关于农业资源和农业区划工作的讲话，国家农委关于《我国农业的特点、发展方向和布局》的汇报提纲摘要，《关于开展发展战略研究的通知》《论现代科学技术政策的研究》《国外咨询研究机构》等。四川、湖南、陕西、贵州、河南、山西和辽宁 7 个研究单位代表在会上发言。会议着重讨论了农业资源和农业区划研究方向、任务和方法，农业资源和区划研究的"六五"规划和"七五"设想，协作研究项目等。

与会代表提出如下建议：①建议各级农委、科委和计委关心和重视农业资源和农业区划的研究，加强对这项工作的领导。②搜集资料是开展农业资源和区划研究的基础工作，请各级农委、科委和计委疏通渠道、创造良好的情报资料交流条件。③在力所能及的情况下，希望各级农委、科委和计委要有计划地、逐步改善科研条件，解决研究人员的办公、住宿、野外工作待遇、劳保福利和必要的仪器设备。④建议各级农委和科委对现有科技人员有计划地进行培训，创造条件培训进修或出国考察研究等。

（二）第二次全国区划所（室）所长座谈会

1987 年 1 月，第二次全国区划所（室）所长座谈会在连云港市与全国第三次农业区划工作预备会议同时召开。会议期间参加大会活动，总结区划工作经验，特别是资源综合评价分析、区域开发、区域规划以及农村产业结构布局调整、商品基地选建和项目论证等方面的经验。各研究所（室）互通情况、交流经验，围绕“七五”时期农业区划工作的重点，商议科研协作和区划理论研究方面等问题。

（三）第三次全国区划所（室）所长座谈会

1990 年 11 月 6—9 日，第三次全国农业自然资源和区划所所长座谈会在北京召开。会议由中国农业科学院农业自然资源和农业区划研究所主持，来自全国 17 个省（市、自治区）区划研究所（室）的共 24 位负责人参加了会议，他们是：全国农业区划委员会办公室副主任向涛、助理工程师张小川；中国农业科学院农业自然资源和农业区划研究所所长李应中，副所长杨美英；吉林省农业区划所副所长周庆良；辽宁省农业区划所所长李林，副所长姜炳新；内蒙古自然资源研究所副所长雍世鹏；河北省农业区划办公室农艺师王雪迎；山西省综考所所长何少斌；陕西省区划所副所长冯宝荣，室主任王青；青海省农牧区划研究所所长陆大恭、助研霍修顺；山东省区划所所长徐桂楠；安徽省农业区划所所长胡庆长；湖北省区划所副所长刘妙龙；浙江省农业区划所所长丁贤劼；江西省农业资源研究室工程师周畅、王志彪；福建省农业区划所所长陈仕、室主任张希茂；北京市农业区划所高级农经师王和；黑龙江省区划所所长杨丕庚；湖南省农业区划所所长段正吾。中国农业科学院副院长甘晓松、全国农业区划委员会办公室副主任向涛到会讲话。国家自然科学基金委员会地学部主任郭庭彬在会上介绍了国家自然科学基金的情况及申报程序等。会议学习了国务委员陈俊生在第三次全国农业区划工作会议上的讲话。17 个区划所（室）在会上交流了工作经验，并围绕如何办好区划所展开了讨论；商讨了“八五”科研计划。通过讨论，大家认为：必须进一步明确和落实区划所的性质、任务；提高研究人员素质；加强协作，解决“找米下锅”的现象；加强基础理论研究；创造条件，改善研究手段；加强对各级区划所的领导。

（四）第四次全国区划所（室）所长座谈会

1994 年 8 月 24—26 日，第四次全国农业区划所所长座谈会在北京召开。来自全国 16 个区划所（室）共 21 位代表参加了会议，他们是：农业部资源区划管理司处长李思荣；中国农业科学院农业自然资源和农业区划研究所所长李应中，副所长梁业森；河南省农业科学院农经所所长冯荣；青海省农牧综合区划所所长达明星；湖北省农业区划所所长刘妙龙；黑龙江省农业区划所所长杨丕庚；山东省农业区划所所长徐桂楠；新疆农业科学院现代化所所长黄训芳；浙江省农业科学院区划所所长丁贤劼；福建省农业区划所副所长黄跃东；河北省农业区划研究室高级农艺师李绍诚，工程师张国良；吉林省农业区划所所长温立本；陕西省农业区划所所长王雅鹏，助研王青；湖南省农业经济和区划所副所长刘芳青；江西省农业区划办公室符金文；山西省农业资源综合考察研究所所长姚明亭，助研赵荣先；安徽省农业区划所副所长舒一礼；中国农业科学院农业自然资源和农业区划研究所副研究员佟艳杰。中国农业科学院副院长梁克用、农业部区划司司长张巧玲到会讲话，中国农业科学院农业自然资源和农业区划研究所所长李应中传达“全国农业资源区划工作会议”精神并介绍了“中国 21 世纪议程”。与会代表交流了“八五”期间工作情况和“九五”工作设想，探讨了农业区划研究如何积极参与“中国 21 世纪议程”和适应市场经济的需要。

（五）第五次全国区划所（室）所长座谈会

2000 年 7 月 19—21 日，全国农业资源区划研究所所长座谈会在北京召开。全国农业区划委员会办公室、中国农业科学院农业自然资源和农业区划研究所以及来自全国 17 个省（市、自治区）的农业区划所（办）的领导共计 30 余人参加了会议。会议由中国农业科学院农业自然资源和农业区划研究所所长唐华俊、副所长王道龙分别主持，唐华俊所长介绍了国家科技体制改革的形势和有关情况，以及国家区划所在改革、科研、开发、能力条件建设等方面的情况；科研处处长王东阳、开发处处长魏顺义分别介绍了国家科技基础性工作和"十五"科技攻关领域及成立"全国农业资源与区域发展研究咨询中心"的初步意见。

全国农业区划委员会办公室副主任李伟方、农业部资源区划处处长吴晓春出席会议并讲话。与会代表分别介绍了本单位在新形势下，通过改革求发展，通过联合显优势，通过搞活出效益的经验、做法和体会，就联合开展科技咨询的有关问题进行了讨论。

为适应新形势发展的需要，充分发挥全国各省（市、自治区）农业区划所（办）在资源、人才、研究条件等方面的优势，加强横向联合，加快科研体制改革的步伐，增强科技创新和科技开发能力，更好地服务于我国农业和农村经济发展，促进农业资源持续高效利用和可持续发展，与会代表一致同意建立"全国农业资源与区域发展研究咨询中心"，并原则通过了《全国农业资源与区域发展研究咨询中心章程》。办公地址设在中国农业科学院农业自然资源和农业区划研究所。"中心"实行理事会管理体制，理事会由"中心"各成员单位负责人组成，设理事长一名，副理事长若干名，秘书长一名。会议选举中国农业科学院农业自然资源和农业区划研究所所长唐华俊为"中心"理事长，副理事长由"中心"各成员单位负责人担任，魏顺义为"中心"秘书长。与会人员一致同意建立全国农业区划所所长联席会议制度。

二、重要学术研讨活动

（一）全国畜牧业区划经验交流会

1982 年 10 月 15—23 日，全国畜牧业区划经验交流会在北京召开。这是区划所协助农业部畜牧局召开的一次重要会议，来自全国 29 个省（市、自治区）畜牧（农业）厅（局）、省区划办、28 个县和国家计委农业区划局等单位的 110 位代表参加了会议，中国农业科学院农业自然资源和农业区划研究所徐矶所长出席会议。14 名代表在会上发了言，送交材料 71 种，会议讨论修订了区划所起草的《县级畜牧业资源调查及区划工作细则》和《省级畜牧业区划工作要点》，这次会议推动了全国省、县级畜牧业区划的开展，到 1985 年全国大部分省、县完成了畜牧业区划工作。

（二）全国种植业区划工作经验交流会

1983 年 11 月 3—9 日，全国种植业区划工作经验交流会在郑州市召开。会议由农牧渔业部农业局主办、区划所协办，来自全国 26 个省（市、自治区）农业部门、中国农业科学院专家、部分县的代表共 157 人参加会议，区划所杨美英副所长等 7 人参加了会议。会议之前的 7 月 28 日至 8 月 3 日，在西安召开了 8 省代表参加的会议，讨论了区划所起草的"全国县级种植业区划工作要点"，为会议进行了准备。

这次会议总结交流了种植业区划工作的经验，会上 7 个省（市），9 个县的代表，有关研究所代表做了专题发言，会议重点讨论了"全国县级种植业区划工作要点"，经修改后农牧渔业部于 1983 年 12 月 3 日以（83）农（农）字第 181 号文下发，供各地参照试行。这次会议对推动全国种植业区划起到了重要作用，到 1985 年全国大部分省、县已完成种植业区划工作。

（三）纪念农业区划全面开展十周年学术报告会

1989 年 4 月 3 日，为纪念全国农业区划全面开展十周年，区划所配合全国农业区划委员会办公室在中南海礼堂举行农业区划学术报告会，陈俊生、杜润生、周立三等做了报告。会后在区划所举办了"全国农业区划全面开展十周年"成果展览会，陈俊生、杜润生、何康、刘中一写了贺信和题词，何康和区划界领导及专家参观了展览。展览会展示了全国农业资源和区划的主要成果和资料，同时展示全国农业自然资源和区划文献检索库和全国资源区划数据库计算机检索系统并对自动绘图仪进行演示。

（四）中国粮食供需前景学术讨论会

1995 年 6 月 9 日，以区划所为主联合全国农业区划委员会办公室、中国农业资源与区划学会召开了中国粮食供需前景学术讨论会。北京大学教授林毅夫、中国农业科学院刘志澄研究员、国内贸易部商业经济所吴硕研究员、中国社科院社会学研究所陆学艺研究员、中国农业科学院农经所黄佩民研究员、作物所佟屏亚研究员、区划所李应中研究员、中国社科院世界经济政治所徐更生研究员、农业部农村经济研究中心姚监复研究员等在会上做了学术报告，杜润生同志出席会议。会议报道刊登在 1995 年 6 月 12 日《人民日报》上，会后《中国农业资源与区划》1995 年第 3 期出了专刊，发表了会议纪要和九位专家的论文。

（五）主要农产品供需前景和结构优化研讨会

1998 年 3 月 26 日，由全国农业区划委员会办公室、《新华社》国内部、《农民日报》社、中国农业科学院农业自然资源和农业区划研究所、《中国农业资源与区划》编辑部、中国可持续发展研究会可持续农业专业委员会主办的主要农产品供需前景和结构优化研讨会在区划所召开。农业部副部长路明出席会议，并就"农产品必须面向市场组织生产"做了报告。中国社科院陆学艺研究员，中央政策研究室艾云航研究员，农业部农村经济研究中心柯炳生、姚监复研究员，农业部信息中心张桐研究员，北京农业大学谭向勇教授，国家粮食储备局洪凯歌处长，中国人民大学孔祥智副教授，中国农业科学院农业自然资源和农业区划研究所梁业森研究员在会上做了学术报告，与会专家提出"关于优化农业结构，大力提高农产品质量的建议"。1998 年第 3 期《中国农业资源与区划》发表了讨论会论文。

（六）长江中上游地区农业资源利用与生态环境保护研讨会

1998 年 10 月 15 日，由中国农业科学院农业自然资源和农业区划研究所、中国 21 世纪议程管理中心、农业部发展计划司、中国可持续发展研究会可持续农业专业委员会联合组织的"长江中上游地区农业资源利用与生态环境保护研讨会"在区划所召开。中国工程院院士李文华、刘更另、卢耀如、关君蔚和清华大学教授惠士博、农业部农村经济研究中心研究员姚监复、中国社科院研究员宋宗水、中国林科院研究员李昌哲、中国农业科学院农业自然资源和农业区划研究所研究员李应中、中国水科院高级工程师程晓陶、中国人民大学农经系主任唐忠、国家环保总局庄国泰处长等出席会议，并在会上做了学术报告。会议提出了《关于加强长江中上游地区农业资源合理利用和生态环境建设的建议》，会后《中国农业资源与区划》1998 第 6 期出了专刊。

（七）农业资源区划工作二十周年研讨会

1999 年 6 月 28 日，由全国农业区划委员会办公室、中国农业科学院农业自然资源和农业区划研究所、中国农业资源与区划学会共同主办的农业资源高效利用与持续发展暨纪念农业资源区划工作二十周年研讨会在区划所召开，农业部常务副部长万宝瑞，农业部原部长、原全国农业区划委员会常务副主任何康，中国工程院原副院长卢良恕院士、石玉林院士，中国农业科学院副院长朱德蔚，农业部有关司局的领导，中国科学院、中国农业科学院、中国农业大学、国家行政学院、农业部农研中心以及全国农业区划委员会办公室、中国农业科学院农业自然资源和农业区划研究所、中国农业资源与区划学会的有关领导和专家学者 100 余人出席会议。

会议由全国农业区划委员会办公室主任、农业部发展计划司司长薛亮主持，万宝瑞副部长在会上做了题为"充分认识农业发展新阶段，实施我国跨世纪农业可持续发展"的重要讲话。讲话从五个方面论述了我国农业发展进入新阶段的特征，提出了跨世纪农业可持续发展面临的制约性因素和五项措施，对新形势下的农业资源区划工作提出了希望和要求。与会专家分别对农业资源区划二十年工作进行了回顾与展望，并围绕"农业资源高效利用与农业可持续发展"主题进行了研讨。全国农业区划委员会办公室主任薛亮做了总结发言，回顾了农业资源区划工作二十年来取得的成绩，指出了今后农业资源区划工作的发展方向、任务和重点。

第二节　国际合作交流

一、出国访问、进修、合作研究

"六五"期间，区划所贺多芬作为访问学者出访美国进行农业遥感的合作研究；王舜卿赴马里进行巴京达农场项目规划；刘秀印、耿廉、许照耀 3 人赴罗马尼亚学习电子计算机技术 8 个月；唐华俊由经贸部经费资助前往比利时根特大学攻读学位；1984 年 11 月 8 日至 12 月 2 日杨美英、梁佩谦赴澳大利亚进行考察和学术交流。

"七五"期间，寇有观随农业部区划局考察团赴波兰就农业遥感、资源管理、环境保护等方面进行考察。李应中率 5 人代表团对波兰地籍管理与区域规划进行考察；杨美英、陈锦旺、黄小清等 5 人赴菲律宾考察山区资源开发利用。

"八五"期间，区划所参与国际交流逐步频繁与深入。李应中参加荷兰莱顿大学举办的中国农业和乡村发展第二次欧洲学术讨论会，并宣读了"中国粮食和经济作物基地选择"论文；覃志豪赴以色列就以色列农村经济专题进行短期合作研究；朱建国赴以色列就农业资源开发与保护方面进行短期合作研究；叶立明赴比利时根特大学进行培训；唐华俊赴美国圣路易斯市参加模糊理论在土壤科学中的应用研讨会并在会上就"全球模糊理论在土地适宜评价中的应用"作综述性发言；李文娟赴伦敦参加"欧洲第四次中国农业与农村发展研讨会"并宣读论文，李文娟还到新西兰进行合作研究一年。

"九五"期间，区划所主动参与国际合作与交流，先后派出多名科研人员赴印度、日本、比利时、以色列、新西兰等国进行进修、合作研究和参加国际学术会议。如唐华俊参加并主持在美国 Texas 农工大学举办的农业与可持续发展大型研讨会、在法国举办的世界土壤科学大会，并做了"定量土地评价进展"报告，赴比利时进行合作项目研究；尹昌斌和任天志分别赴日本进行中日合作课题短期研究；陈佑启赴荷兰进行中荷合作课题研究；杨桂霞赴意大利进行一年的合作研究；任天志赴意大利进行有关课题的短期合作研究；李博先生赴匈牙利出席草地国际学术会议；周清波与陈佑启赴日本筑波参加第六届发展中国家与地区关于 GIS 在农业与环境问题应用的国际研讨会；陈佑启赴比利时根特大学土地资源系从事合作研究，并参加在荷兰瓦赫宁根举行的土地利用与土地利用变化国际研讨会；周清波随全国地方遥感协会和全国农业区划委员会办公室组织的农业遥感应用代表团赴法国图鲁兹（Toulouse）进行了一个月的农业遥感应用考察与培训。

"十五"初期，区划所积极参与国际交流与合作，先后派出多名科研人员赴美国、日本、比利时、泰国、越南等国参加国际学术会议、进修学习，开展合作研究等，内容涉及农业遥感、农业生态系统、土壤资源、粮食安全等方面。如：2001 年 1 月，唐华俊赴日本参加中日合作项目中期评估会，并做了《中国农业资源现状及农产品供求展望》的学术报告；2001 年 3 月，唐华俊对比利时根特大学进行访问，并应比利时皇家科学院的邀请，做了题为《中国的持续农业、土地利用变化与食物安全》的学术报告；2001 年 6 月，王道龙一行 4 人赴日本参加 2001 年亚洲地理信息系统大会；2001 年 5 月，王道龙等人赴美国麻省的 AE 公司及其技术支持部麻省大学生物系就"948"项目"引进 ASET 新技术提高作物磷素等养分的利用效率"进行实地考察；2001年 7 月，刘国栋赴德国参加第 14 届国际植物营养研讨会；2002 年 1 月，唐华俊赴比利时访问，对中比合作项目"中国农业远程教育"进行总结；2002 年 8 月，唐华俊参加第 17 届世界土壤科学大会；2003 年 1 月，唐华俊随中国农业部代表团赴日本参加中日政府间下一步合作项目研讨会。

二、国外学者来所访问、学术交流

"七五"时期，区划所先后两次接待美国加州大学戴维斯农学院耿旭教授来所开展学术交流，并达成 1988—1990 年中美合作研究课题"环太平洋地区天气对粮食生产的影响及其与国际贸易的关系"；美国密西根州立大学资源开发系教授舒尔亭克分别于 1987 年、1990 年两次来所进行学术交流，1990 年来所时舒尔亭克教授就"农业资源信息系统"做了 6 天专题讲座，来自全国 24 个省（市、自治区）区划办、区划所和京内单位及本所共 80 多人参加听课；比利时根特大学赛斯教授来所讲授土地资源评价，京外区划所（区划办）13 人，京内有关单位 2 人，本所 19 人，共 34 人参加了学习。

"八五"时期，区划所邀请多所国际高校的专家学者来所进行学术报告，如比利时根特大学土地资源系主任 Eric Van Rant 教授来所做了"模拟土地生产潜力—土地适宜性评价新趋势"的学术报告；比利时安特卫普大学 Ir. LucDhrse 教授来所做了"欧洲农业"学术报告。

"九五"时期，先后接待比利时根特大学、英国北安普顿大学、英国赫尔大学环境科学与管理技术学院、世界银行代表团、日本筑波大学、澳大利亚国际农业研究中心、荷兰农业代表团、法国 SCOT 公司、美国科罗拉多州立大学、美国新罕布什尔大学地球海洋空间科学研究所、日本农林水产技术会议事物局、日本农林水产省国际农林水产业研究中心等单位的官员和学者。邀请比利时根特大学、荷兰瓦赫宁根农业大学等高校以及澳大利亚等国家或地区的专家学者进行专题学术交流、学术报告或讲座。如 1998 年 12 月，比利时根特大学教授应邀在所进行了为期 9 天的学术访问，期间就 GIS 技术在农业资源管理中应用的最新进展、空间统计及其应用，分别举办了专题学术讲座。

"十五"初期，邀请国外知名专家学者来所进行学术交流及知识培训等，如邀请比利时专家分别在北京和四川南充举办中比合作项目"中国农业远程职业教育"培训班，聘请美国加州大学耿旭教授、美国加州大学伯克利分校环境科学、政策与管理系高级研究员浦瑞良博士为区划所客座研究员，接待日本国际农林水产业研究中心、美国德克萨斯农工大学、美国加州大学、美国加州伯克利大学、美国密苏里大学、日本东京大学的专家；2001 年 5 月，美国新罕布什尔大学李长生教授到所就"虚拟的农业生态系统：DNDC 模型的发展及应用"为科研人员做学术报告；2001 年 9 月，美国专家一行 4 人就水资源营养化治理问题来所进行访问、考察交流；2002 年 5 月，美国加州大学耿旭先生到所访问，就双方合作的"948"项目"微生物工程治理水污染技术的引进"及"华北地区水资源管理问题"进行了交流探讨。

三、在华举办国际会议

（一）97 北京可持续农业技术国际研讨会

1997 年 8 月 21—31 日，由中国可持续发展研究会可持续农业专业委员会、联合国开发计划署等主办，区划所等单位承办的"97"北京可持续农业技术国际研讨会在北京召开。会议有外方代表 23 人，分别来自美国、英国、印度、比利时等 7 个国家的大学、研究机构和联合国开发计划署、联合国粮食组织。国家科委副主任韩德乾、农业部副部长张延喜等在会上讲话。中国方面代表有 90 名。我所 10 人参加了会议，唐华俊、王道龙、马忠玉、吴永常、陈佑启、叶立明、罗其友、姜文来等发表论文。1998 年中国农业科技出版社出版《"97"北京可持续农业技术国际研讨会论文集》。

（二）空间技术应用促进农业可持续发展国际研讨会

1999 年 9 月，为响应联合国对推动空间技术在可持续农业中的应用的倡议，促进国内外学者、专家的合作和技术交流，大力推进空间技术应用，加快农业的可持续性发展，空间技术应用促进农业可持续发展国际研讨会在北京召开。会议由国家科技部和农业部主办，区划所承办，主要议题包括：空间应用技术在农业土地利用、农作物监测、农业环境退化的监测与防治、农业灾害的监测与减灾、用于资源节约型农业生产的空间技术进展、用于农林牧副渔业的空间通信与导航技术、农业可持续发展信息网络以及相关教育培训等方面的应用。

（三）典型地区粮食平衡、流通与资源环境管理研讨会

1999 年 8 月 10 日，区划所和日本国际农林水产业研究中心在北京联合召开典型地区粮食平衡、流通与资源环境管理研讨会，农业部国际合作司、政策法规司、农村经济中心、中国农业科学院国产局、农经所、区划所等 10 个单位 18 位专家，日本 3 位专家共 21 人出席会议。区划所所长唐华俊主持会议并介绍了中日合作项目来源、背景及研究工作开展情况，并对项目的目标、意义及中国未来人口、耕地、粮食产量、口粮需求、粮食需求比重等趋势做了深入探讨和论述。日本国际农林水产业研究中心北京事务所所长池上彰英，中国农业科学院国际合作与产业发展局钱克明副局长，农业部国际合作司亚非处王维琴处长、政策法规司综合处刘剑文处长，中国农业科学院农经所所长朱希刚等到会并发言。

（四）第三次利用地方资源发展畜牧业生产国际会议

1999 年 10 月 7—9 日，区划所和四川省畜牧局联合承办了第三次利用地方资源发展畜牧业生产国际会议。加拿大、澳大利亚、意大利、芬兰、日本、马来西亚、蒙古、越南、埃及等 15 个国家的专家和 30 个省（市、自治区）畜牧局的代表以及各地畜牧龙头企业的场长、经理共计 150 多人参加会议。唐华俊主持会议并做了"中国畜牧业生产、消费现状及其在食物安全中的地位和作用"的报告。

（五）中日遥感与 GIS 农业应用国际研讨会

2001 年 10 月 17—19 日，区划所在北京组织召开中日遥感与 GIS 农业应用国际研讨会，会议就中日政府间合作项目"利用高精度卫星遥感进行粮食作物产量及其变化的研究"的研究进展、研究成果进行学术交流与讨论。参加项目研究的有关单位专家学者以及来自中国、日本遥感与 GIS 应用相关研究机构与大学的代表共 30 多人参加了会议。

（六）APEC 可持续农业发展研讨和技术培训国际研讨会

2002 年 11 月 19—26 日，由农业部发展计划司、农业部国际合作司主办，中国农业科学院农业自然资源和农业区划研究所承办的可持续农业发展研讨和技术培训国际研讨会（ATC02/2002），在北京召开。来自美国、智利、日本、韩国、马来西亚、越南、中国、中国香港、中国台北等 9 个亚太经合组织成员体的 80 多人参加了会议。会议旨在促进亚太经合组织各成员体的农业可持续发展，加强 APEC 成员在农业可持续发展技术方面的合作与交流，共享农业和农村经济发展技术。

农业部国际合作司李正东副司长主持会议、发展计划司司长薛亮致开幕词。大会执行主席、中国农业科学院农业自然资源和农业区划研究所所长唐华俊做总结发言。会议期间，马来西亚、日本、智利、越南、韩国等 APEC 成员代表和中国农业科学院院长翟虎渠、中国农业大学校长陈章良就农业可持续发展政策、农业可持续发展技术（如空间技术、仿真模型等）、可持续农业发展的综合农业自然资源管理、农业环境污染与保护、基于生态安全的农业可持续发展能力的评价

等议题做了专题发言。

（七）中日合作项目第二届学术报告会

2003 年 3 月 21 日，由中国农业科学院农业自然资源和农业区划研究所、农业部农村经济研究中心（RCRE）和日本国际农林水产业研究中心（JIRCAS）共同举办的中日合作项目第二届学术报告会，即中国农业结构调整和可持续发展研讨会在北京召开。会议旨在预测中国粮食需求变化，研究中国主要粮食资源的持续生产及利用技术，确立中国农业可持续发展与食物供求间的稳定关系。会议就食物供求的计量分析、环境与农业、农业问题与食物供求以及典型地区农业结构调整等四大主题分别进行了报告和讨论。

四、国际合作项目

建所以来，区划所积极与有关国家及国际组织建立合作关系，不断与国际研究前沿对接，提高自身科研水平与国际影响力。1984 年与澳大利亚进行区域规划协作研究。1996 年落实了中国与比利时合作项目"中国不同气候带土地资源持续利用与模式研究"（1996—2001 年）。1997 年与日本农林水产研究所签订了《中国—日本 1997—2003 年合作研究协议书》。1998 年 3 月与荷兰瓦赫宁根农业大学签订了"土地利用变化"研究项目。1998 年 9 月与日本农林水产省环境研究所签订"高精度卫星应用"研究项目。2000 年 1 月，王道龙副所长与日本东京大学空间信息科学研究中心柴崎亮介教授就中日合作项目"基于 GIS 的 EPIC（Erosion Productivity Impact Calculator）农业生产力预测模型在中国的应用研究"达成协议。主要合作项目如下。

（一）中国土地资源可持续利用理论与实践

本项目以可持续理论为指导，采用作物田间试验、系统动态模拟和数理统计分析相结合方法，研究土地利用系统的可持续性、土地资源可持续利用区域划分、土地利用的趋势模型、土地资源可持续利用战略等内容，是比利时援助合作项目。

执行期间：1996—2001 年。

经费：外方出资 50 万美元，中方配套资金 50 万元。

国外合作单位：比利时根特大学。

研究成果：本项目构建了土地资源可持续利用的评价指标体系，对我国土地利用现状的可持续性作了系统评价；建立了土地资源可持续利用分区指标与方法，完成了我国土地资源可持续利用区域划分，设计了区域土地利用结构优化方向与途径；创建了土地利用变化趋势模拟模型，预测了 1991—2010 年我国 6 种土地利用类型的变化及其空间分布；针对土地资源基本态势特征，提出了我国土地资源可持续利用总体战略及其实施的保障措施；选择典型地区进行实证研究，建立了各具地方特色的土地资源可持续利用模式。本项目 2002 年获北京市科学技术二等奖。

（二）典型地区粮食平衡、流通与资源环境管理

本项目依据中国当时粮食供求现状，并在综合考虑经济发展的基础上，选择典型地区开展粮食盈余、粮食短缺、粮食平衡研究。研究内容包括：主要地区影响食物消费模式与趋势的动因分析，主要地区食物供求预测，粮食流通、贮藏与运输案例研究，有效控制区域粮食平衡的模型设计，运用 GIS 及其他分析方法进行水与耕地资源管理的研究，农业发展与环境变化关系的案例研究。

执行时间：1997 年至 2004 年 3 月。

经费：外方 140 万元，中方配套经费 72 万元。

外方合作单位：日本国际农林水产业研究中心。

研究成果：本项目主要就山东和贵州两省的地区食物供求、粮食流通、农产品生产与消费模

型、农业结构调整效力模型、水与耕地资源管理及农业发展与环境变化关系等进行了研究。主要成果包括：两省基本情况报告；建立两省基础资料数据库并绘制出相关图件；山东、贵州两省农业生产与食物消费调研报告；两省农业发展与资源环境关系和食物生产调研报告；两省粮食生产、消费与流通情况调研报告；中国农作物多样化发展报告；我国粮食区域流通历史回顾报告；两省农业生产与资源环境变化关系研究报告；两省农户粮食生产、消费及经营情况调研报告，贵州省化肥投入对粮食产量作用报告；典型地区农业环境对粮食生产的影响分析报告；制作两省的分县农村经济分布图，并作了相关分析；建立了贵州食物生产与消费的预测模型；完成贵州、山东两省 400 余份农户粮食问题综合问卷调研及初步分析报告。召开两届中日学术研讨会，出版相关专著两部，发表相关论文 80 多篇。

（三）利用高精度卫星遥感进行粮食作物产量及其变化的研究

本项目合作目的是开发预测亚洲季风区主要农作物产量的先进方法。研究内容包括：利用遥感资料进行农作物面积与产量分析，土地利用的变化及其与环境的相互关系，农业可持续发展的 GIS 建模。

执行年限：1998—2001 年。

经费：外方 800 万日元，中方配套经费 20 万元。

外方合作单位：日本国家农业环境科学研究所。

研究成果：根据本项目合同要求完成了江苏锡山市的本底数据库建设，该数据库主要包括社会与经济统计数据库、土地利用数据库、农作物生产情况数据库、畜牧业生产情况数据库、农业生产管理数据库。完成了锡山市 1∶10 万的土地利用图和农作物分布图图形库建设。此外，还分别对由日方提供的遥感数据包括 TM、JERS-1 等进行了时段的解译，取得了与此相关的成套数据与资料。通过双方的交流与合作，我方就农作物遥感的技术与方法进行了研究，建立了较为成功的水稻遥感估产模型。

第三节　中国农业资源与区划学会

中国农业资源与区划学会成立于 1980 年，是中国农学会农业经济学会下设的农业区划研究会，即三级学会；1987 年升为中国农学会下设的农业区划分科学会，即二级学会；1991 年 12 月 25 日，经民政部批准注册登记为中国农业资源与区划学会，即一级学会。2001 年 1 月 20 日，根据民政部有关整顿社团组织与重新登记的指示，中国农业资源与区划学会经整顿后获得民政部批准重新登记。挂靠单位为中国农业科学院农业自然资源和农业区划研究所。

截至 2003 年 5 月，中国农业资源与区划学会历经 3 届理事会。1992 年 8 月成立第一届理事会，选举何康理事长，向涛、张肇鑫、张仲威、石玉林、李应中为副理事长，向涛兼秘书长。1997 年 2 月成立第二届理事会，选举何康连任理事长，李晶宜、李仁宝、石玉林、张仲威、向涛、张巧玲、唐华俊为副理事长，李仁宝兼秘书长。2001 年 1 月，成立第三届理事会，选举唐华俊为理事长，石玉林、刘更另、任继周、许越先、李晶宜、向涛、王道龙为副理事长，王道龙兼任秘书长。

中国农业资源与区划学会成立以来，团结带领广大农业资源区划届科技工作者，坚持为科技工作者服务、为创新驱动发展服务、为提高全民科学素质服务、为党和政府科学决策服务的职责定位，开展农业资源、农业区划和区域开发的理论及其实用技术方法研究和学术交流；开展科技咨询服务，参与农业区划开发和重大投资项目的前期论证、综合评估和有关政策、法规的研究和制定，以及农业区域开发综合实验区的工作；配合有关部门举办培训班、研讨班、展览会，普及农业资源与区划科学知识和科学成果，开展表彰奖励与推荐人才活动等；对促进我国农业资源区划事业大发展做出了重要贡献。

第四节　学术期刊

1980 年，区划所正式筹建《农业区划》编辑部，1981 年成立《农业区划》编辑部，承担《农业区划》杂志的编辑出版和发行任务。1980—1986 年，《农业区划》共出版 40 期，协助全国农业区划委员会办公室整理、编辑《农业区划工作情况与研究》（4~6 期），为全国农业区划委员会办公室、全国农业区划、农业计划研究会编辑印刷《农业区划与农业计划论文集》。1987 年《农业区划》编辑部更名为期刊室。1988 年期刊室受农业部农业司和中国农学会农业信息分科学会委托，创办《农业信息探索》并于 1989 年 3 月创刊。1999 年期刊室与资料室合并成立期刊资料室。1980—2003 年，先后有但启常、佟艳洁、刘东、邝婵娟、解全恭、李宝栋、李树文、朱建国、陈京香、李英华、张华、周颖、李艳丽、于慧梅等在期刊资料室工作。

一、《中国农业资源与区划》

1979 年底，筹备全国第二次农业区划工作会议的同时，开始酝酿创立《农业区划》期刊。1980 年初，区划所正式筹建《农业区划》杂志，由但启常具体负责。走访有关领导专家教授，听取对办刊的想法和意见。1980 年 9 月 1 日，由但启常编辑的《农业区划》第一期正式创刊出版，赵朴初先生题写刊名。

经各方协调，确定《农业区划》杂志由中国农业科学院区划所主办。主要刊登党和国家有关农业资源调查和农业区划方面的方针政策，报道有关的科研成果与动态，交流工作经验，开展学术讨论，普及农业区划知识以及介绍国外有关资料。鉴于调查数字的保密性和办刊条件的限制，暂定《农业区划》为不定期的内部刊物。1980 年度共出版三期，发行量为 3 000 册。1981 年主办单位改为全国农业区划委员会办公室，编辑部仍设在中国农业科学院农业自然资源和农业区划研究所内。经全国农业区划委员会何康副主任批示同意，1984 年 4 月 16 日《农业区划》杂志改由中国农业科学院农业自然资源和农业区划研究所和全国农业区划委员会办公室共同主办，并成立由李应中任主编的编委会。编委成员有：张巧玲、向涛、蒋建平、姚监复、龚绍文、刘巽浩、但启常。1986 年发行量达 18 000 册。1986 年 5 月 6 日经中宣部中宣发函（86）086 号文批准，由国家科委 5 月 21 日（86）国科函 026 号批转，《农业区划》杂志从 1987 年正式公开发行。明确规定了《农业区划》杂志为双月刊，16 开本，64 页。其办刊宗旨为学术性与指导性相结合，报道内容包括农业资源调查、农业区划和农业规划等方面的学术论文、专题综述、成果应用、调查报告、问题讨论、基础知识、国内外学术动态及其边缘学科文章，还有与之有关的方针、政策方面的重要讲话与指示，阶段工作汇报与经验总结等。1987 年 9 月《农业区划》的办刊宗旨进一步订正为指导性与学术性相结合，自然科学与社会科学相结合的综合性刊物。主要宣传国家有关农业资源开发利用和保护，农村区域开发和治理，商品生产基地建设等方面的方针政策以及有关领导的重要讲话和指示；介绍开展农业资源调查和农业区划工作，进行区域开发和区域规划，调整农村产业结构布局等方面的经验，报道农业资源、农业区划、区域开发论证、农村经济发展战略等方面的科技成果以及国内外的理论研究动态和先进技术，普及有关基础知识。

1989 年 4 月，为纪念农业区划工作全面开展十周年，陈俊生、杜润生、何康、刘中一等领导同志亲自撰写了贺信、专论和题词；王先进、骆继宾、卢良恕、吴中伦、周立三、沈煜清等领导和专家，都撰写了稿件。《农业区划》出版纪念专刊。同年，国家科委确定《农业区划》杂志列入我国科技论文统计用期刊。

1990 年，中国出版对外贸易总公司决定向国外宣传和发行《农业区划》杂志。

1991 年，《农业区划》杂志被中国科学院文献情报中心和中国科学院地理科学情报网主办的《中国地理科学文摘》选为摘录期刊之一。

1994 年，《农业区划》杂志更名为《中国农业资源与区划》，办刊宗旨、刊期等内容不变。主办单位改由中国农业科学院农业自然资源和农业区划研究所、全国农业区划委员会办公室和中国农业资源与区划学会 3 家共同主办。与此同时，调整了编委会的构成，增设了由何康、杜润生、卢良恕、周立三、陈述彭、邓静中组成的顾问组；主编李应中，副主编先后为向涛、李仁宝；编委的代表面增宽，并实施了编排格式标准化。

1995 年 6 月 9 日，以《中国农业资源与区划》编辑部、中国农业科学院农业自然资源和农业区划研究所、全国农业区划委员会办公室、中国农业资源与区划学会 4 家名义联合主办召开了中国粮食供需前景讨论会。《中国农业资源与区划》杂志 1995 年第三期专栏刊出。《人民日报》于 1995 年 6 月 12 日第五版也做了会议报道。

1996 年 9 月 27 日，《中国农业资源与区划》与清华大学光盘国家工程研究中心学术电子出版物编辑部签订期刊合作出版协议书。11 月，《中国农业资源与区划》编辑部参加中国科学技术期刊编辑学会，成为团体会员。

1998 年 1 月，《中国农业资源与区划》编委会进行调整。顾问组在原有成员基础上，增补石玉林、李博、刘更另 3 位院士。主编唐华俊、副主编陈凤荣、李仁宝、李树文，编委的阵营更加广泛和扩大，共有 22 位不同部门的领导和专家担任。同年 2 月，期刊室协助全国农业区划委员会办公室在陕西省西安市召开全国农业资源区划宣传信息工作座谈会，会后发表了纪要，刊登在《中国农业资源与区划》1998 年第 2 期上。

1998 年 3 月 26 日，以《中国农业资源与区划》编辑部、农业部农业资源区划管理司、中国农业科学院农业自然资源和农业区划研究所、新华通讯社国内部、《农民日报》社、中国可持续发展研究会可持续农业专业委员会共同主办的名义，召开主要农产品供需前景与结构优化研讨会。农业部路明副部长、中国农业科学院许越先副院长出席会议，中国社会科学院、中央政研室、农业部农村经济研究中心，农业部信息中心，中国农业科学院农经所，农业部体改司，中国农业大学研究生院，中国农业科学院农业自然资源和农业区划研究所等单位专家及《新华社》《人民日报》《中央电视台》《农民日报》的新闻记者参加了会议。会后，《人民日报》和《农民日报》都做了报道。《中国农业资源与区划》1998 年第三期专栏刊出专家的发言。

1998 年 10 月 15 日，由《中国农业资源与区划》编辑部组织，中国农业科学院农业自然资源和农业区划研究所、农业部发展计划司、中国 21 世纪议程管理中心和中国可持续发展研究会可持续农业专业委员会联合召开长江中上游地区农业资源利用与生态环境保护研讨会。来自中国科学院、中国农业科学院、中国水科院、中国林科院、地科院等单位的院士和专家进行了研讨，《中国农业资源与区划》1998 年第 6 期专栏刊出了专家的发言。《光明日报》《农民日报》作了报道。从 1980 年创刊至 1998 年年底总计出刊 113 期，约 900 万字。内容包括：方针政策、领导讲话、经验交流、问题讨论、学术交流、调查研究、农业规划、区域开发、发展战略、农村经济、农业计划、理论探讨、技术方法、资源利用、商品基地建设、动态监测、持续农业、农业产业化、成果应用、市场经济与农业区划、国内外动态等栏目。如创刊号刊登全国农业资源调查和农业区划第二次会议的重要文章，有万里、张平化、何康等领导同志重要讲话。1983 年第 6 期，刊登万里、王震等中央领导 1985 年 10 月 27 日在《全国农业资源、区划展览》开幕式上重要指示。1986 年第 1 期刊登有胡耀邦总书记视察河南灵宝县的题词。1990 年第 5 期刊登全国农业区划第三次会议上陈俊生、何康、刘中一、项怀诚、杨振怀等领导同志讲话。1997 年第 2 期，刊登洪绂曾、何康等领导讲话等。

二、《中国农业信息》

1988年4月，李树文前往农业部农业司农情处接受创办《农业信息探索》刊物任务。1989年3月《农业信息探索》杂志第1期正式创刊出版。由于受经验、稿源及办刊条件限制，暂定为试刊。由农业部农业司副司长罗文聘任主编，赵汉阶、寇有观、李树文为副主编。定为季刊，16开本，48页。其办刊宗旨为指导性与学术性、生产实践与理论研究、普及与提高为一体的专业读物。主要宣传农业信息的方针、政策；介绍农业信息工作经验；开展农业信息理论研究；推进农业信息标准化、规范化进程；传递国内外最新农业信息；普及有关基础知识。设有理论探讨、经验交流、工作研究、信息开发、献计献策、咨询服务、知识连载、争鸣园地、市场信息桥等栏目。面向广大农业信息工作者、科技干部、各级领导和院校师生。主办单位为中国农学会农业信息分科学会。

1990年6月，协助中国农学会农业信息分科学会组织了"我热爱农情信息'迅马杯'征文活动"。同年12月《农业信息探索》第4期获内部准印证，改试刊为正式刊物内部发行。

1991年3月，"我热爱农情信息'迅马杯'征文活动"揭晓，共收到全国16个省（市），121篇推荐稿件。经过评审，评出一等获奖征文1篇，二等获奖征文6篇，三等获奖征文11篇，优秀征文22篇。同年，协助中国农学会农业信息分科学会筹备农情信息研讨会，并于11月25—28日在珠海市举行。研讨会的优秀论文，陆续发表在《农业信息探索》的各期刊物上。

1993年，《农业信息探索》杂志获准公开发行。陈耀邦副部长为《农业信息探索》杂志的公开发行撰写了贺词。自此，《农业信息探索》杂志确定由中国农学会农业信息分科学会和农业部农业司共同主办。主编：罗文聘，副主编：赵汉阶、李树文。同年3月27日，农业部农业司在郑州市召开《农业信息探索》通讯员座谈会，会议就如何办好刊物，提高质量，扩大发行的改进措施进行研究。1993年4月13日，农业司专门印发了"关于落实郑州会议有关事项函"。

1996年7月，《农业信息探索》编辑部参加中国期刊协会经济期刊联合会并成为团体会员，9月12日，参加农业部新技术和名优新产品推广协作网。

1996年9月27日，《农业信息探索》与清华大学光盘国家工程研究中心学术电子出版物编辑部签订期刊合作出版协议书。

1997年，《农业信息探索》杂志正式改刊期为双月刊。从创刊到1998年年底共出刊44期，约232万字。

2000年8月，《农业信息探索》更名为《中国农业信息快讯》。主办单位由农业部种植业管理司变更为中国农业科学院农业自然资源和农业区划研究所。2001年，《中国农业信息快讯》由双月刊变更为月刊。2002年《中国农业信息快讯》更名为《中国农业信息》。

三、奖励与荣誉

1990年，《农业区划》编辑部获全国农业区划委员会"全国农业资源调查和农业区划工作先进集体"。

2002年，《中国农业资源与区划》获全国优秀农业期刊二等奖，《中国农业信息快讯》获全国优秀农业期刊三等奖。

1985年，但启常获"全国农业区划工作先进工作者"称号，1985年12月获贵州省人民政府授予的"贵州省农业区划作出重大贡献"荣誉称号，1987年获"中国农业科学院荣誉编辑"称号。

1990年，李树文获全国农业区划委员会"全国农业资源调查和农业区划先进工作者"荣誉称号。1997年当选中国农学会农业信息分科学会常务理事。

　　佟艳洁于1987年获中国农业科学院优秀编辑荣誉称号，1990年参加"河北省农村庭院资源与开发对策研究"项目获全国农业区划委员会"全国农业资源调查和农业区划优秀科技成果"二等奖，1996年参加"吉林省农业资源数据库"项目获农业部"部级农业资源区划科学技术成果奖"三等奖。2002年获"全国优秀农业期刊工作者"荣誉称号。

第五章 人才队伍

第一节 职工概况

1979 年区划所成立后，主要从中国农业科学院内各单位抽调人员，当时在编工作人员 23 人，其中科技人员 14 人。1980 年主要从京外和院外单位调入人员，在编人员增加到 44 人。到 1985 年年末，全所在编人员 87 人，其中科技人员 71 人，具有高中级职称人员 36 人。到 1995 年年底，全所在职职工 79 人，其中科技人员 67 人（高级职称 21 人）。

1997 年 8 月，中国农业科学院党组决定将山区研究室整建制并入区划所，到 1997 年年底，区划所在职职工总数 85 人，其中专业科技人员 73 人，高级职称 29 人，中级职称 27 人。具有大专学历人员 12 人、大学本科学历 33 人，硕士研究生及以上学历人员 28 人（其中博士以上 8 人）。

从 1998 年开始，在职职工人数呈现小幅变化，1998 年年底区划所在职职工人数 85 人，到 2003 年 4 月，区划所在职职工人数下降至 72 人。这一时期人员变化主要是，招录调入人员 23 人，调出及其他人员 11 人，除名（含出国辞职）13 人，退休人员 10 人。期间共评聘研究员 15 人，副研究员 20 人。截至 2003 年 4 月，区划所在职人员中有研究员 10 人、副研究员 26 人，具有博士学位人员 18 人、硕士学位人员 12 人。

第二节 人才培育

区划所重视人才培养与引进，在发展过程中注重加强科技队伍建设，不断充实科技力量，提高人才队伍素质和科研创新能力。

一、在职人员学习深造与进修

建所初期，区划所派出贺多芬、刘秀印、耿廉、许照耀、杨美英、梁佩谦、王舜卿、唐华俊等人分别赴美国、罗马尼亚、澳大利亚、马里、比利时开展合作研究、学术交流、项目规划或学习。组织举办"农业系统工程""灰色系统"等学习班，提高科技人员业务水平。1994 和 1995 年分别派覃志豪、朱建国到以色列进行短期研究，1995 年 12 月至 1996 年 2 月派叶立明赴比利时根特大学培训。另外，派徐波、张浩、杜勇、齐晓明、王新宇等先后出国合作研究或学习。1996—2002 年先后遴选 7 人（罗其友、屈宝香、周旭英、陈印军、毕于运、杨瑞珍、吴文斌）在职攻读硕士学位，选派 4 人攻读博士学位（覃志豪、李文娟、叶立明、刘振华）。2000 年前后，选派 10 余人（杨桂霞、尹昌斌、任天志、邱建军、辛晓平、屈宝香、陈佑启、徐斌、缪建民、吴文斌）赴意大利、日本、美国、英国等进修学习。

二、人才引进

1997 年引进李博院士到所工作、调入 1 名院跨世纪人才到所工作（1998 年）。1997—2002

年 7 年间，先后接收 4 位博士后、招录或调入 5 位博士、4 位硕士到所工作，招收博士后 3 人。截至 2003 年，先后聘请北京大学、中国农业大学、北京师范大学、美国新罕布什尔大学、美国加州大学、美国加州大学伯克利分校等科研机构和高等学府的 37 位知名专家担任客座研究员。

三、派出去请进来

建所初期，区划所选派多位科技人员赴美国、罗马尼亚、澳大利亚、马里、比利时、以色列、印度、日本、新西兰、荷兰、意大利、法国、英国、波兰、菲律宾等国开展进修学习、合作研究或学术交流；先后邀请美国、澳大利亚等 10 余国专家到所开展合作研究与学术交流。1998—2002 年，区划所先后派出 58 人次到国外开展合作研究、学术交流或进修学习。先后邀请意大利、比利时、美国等国专家来所开展合作研究和学术交流。

四、培养拔尖人才

1998 年，区划所推荐梁业森申报国家级有突出贡献中青年专家并获得称号。1987—2003 年，区划所推荐申报农业部有突出贡献的中青年专家并有 5 人（梁业森、朱忠玉、于学礼、唐华俊、覃志豪）获得称号。1999 年唐华俊入选农业部"神农计划"提名人。"九五"时期，中国农业科学院实施跨世纪人才培养计划，区划所有 3 人分别于 1997 年（唐华俊、马忠玉）和 1999 年（刘国栋）入选中国农业科学院跨世纪人才培养计划。"十五"时期，中国农业科学院实施杰出人才培养计划，区划所有 5 人入选院二级岗位杰出人才（周清波、徐斌、覃志豪、姜文来、宋敏）。1990 年国家开始政府特殊津贴专家选拔工作，截至 2003 年，区划所有 11 人享受国务院政府特殊津贴。

五、促进青年人才成长

1998 年 45 岁以下的课题主持人占全所课题主持人的 80% 左右，具有博士学位的 14 人，占科研人员的 31%。2003 年 45 岁以下的课题主持人占到 95% 左右。

第三节　研究生教育

区划所招收硕士研究生始于 1984 年，自 1984 年李应中研究员首批招收硕士研究生至 2002 年底，区划所共招收 26 名硕士研究生，25 人获得硕士学位。1984 年、1985 年、1992 年、1994 年 4 年共招收 4 名硕士研究生，从 1997 年起区划所开始连续每年招收硕士研究生，2000 年起招生规模逐渐扩大，1997—2002 年共招收硕士研究生 22 人，学科专业涉及农业经济管理、农业系统工程、作物遗传育种、草原科学、环境工程、农业生态学、生态学、植物营养学、草原生态等。

区划所招收博士研究生始于 2001 年，2001—2002 年共计招收 6 名博士研究生，5 人获得博士学位。学科专业涉及农业经济管理、土壤学等。

截至 2002 年 12 月，区划所有硕士和博士研究生导师 22 人。

第四节　博士后

1991 年中国农业科学院开始设立博士后流动站，区划所于 1996 年开始招收博士后，自 1996 年至 2002 年年底，区划所共招收 3 名博士后，具体情况见下表。

1996—2003 年在站博士后名单

姓名	性别	流动站名称	合作导师	进站时间	出站时间
曾希柏	男	农业资源与环境	刘更另	1996.07	1998.05
邱建军	男	农业资源与环境	刘更另	1997.06	1999.03
辛晓平	女	农林经济管理	李　博、唐华俊	1998.06	2000.05

第六章　科研条件

第一节　基本建设

一、资料库及办公用房建设

1979 年区划所成立时，为解决办公用房问题，中国农业科学院曾向农业部以中国农业科学院（农区划）字第 142 号文上报区划所建设计划书。当年 7 月农业部以（79）农业（计）字第 164 号文批复，同意区划所建设科研、辅助及生活用房 8 800 平方米，总投资 200 万元，其中 40 万元为仪器设备费，但此批复未实施。

为解决科研、办公用房当务之急，区划所多方筹集资金，于 1979—1980 年在中国农业科学院西门北侧，先后新建砖混结构平房 2 栋约 350 平方米，轻型木板活动房 5 栋约 360 平方米，初步解决科研办公用房问题。

1984 年，得到国家计委、全国农业区划委员会和全国农业区划委员会办公室的大力支持，国家计委于 1984 年 5 月 30 日以计农（1984）1050 号文件批准在中国农业科学院建设全国农业自然资源和农业区划资料库，建筑面积 7 160 平方米，总投资为 450 万元，用于搜集、整理、保存全国农业自然资源调查和农业区划成果，并对这些成果资料进行分析、研究，为决策部门提供咨询服务，同时该资料库对全国各区划部门开放，从而为区划所科研、办公提供了用房。资料库建设进程如下：

1984 年 6 月 26 日，北京市建委批准规划设计；

1984 年 12 月至 1985 年 4 月，北京市规划设计院完成初步设计；

1986 年 5 月，北京市城市规划局颁发建设许可证；

1986 年 7 月，破土动工，由北京市海淀第二建筑工程公司中国农业科学院施工队施工；

1987 年 12 月 25 日，竣工验收；

1988 年春节前夕，全所迁入使用；资料库总建筑面积 7 313 平方米，总投资 500 万元，资料库内有 2 000 平方米书库，300 平方米报告厅。

1988 年 12 月 23 日，通过北京市海淀区建筑工程质量监督站复验合格；

1995 年，农业部资源区划司批准投资大楼加层 652 平方米。

二、卫星地面站建设

1989 年 8 月 17 日，全国农业区划委员会办公室、农业部农业资源区划管理司和区划所共同达成关于建设全国农业区划委员会气象卫星接收系统的协议，农业部当年下达 60 万元建站经费，主要设备由南京大桥机器厂和北京邮电学院共同开发研制，1991 年年底完成设备安装，1992 年年初设备调试成功投入运转。2000 年 EOS-MODIS 卫星接收处理系统获批建站，2002 年 5 月通过农业部和中国农业科学院共同组织的验收。MODIS 卫星接收处理系统投入使用，为促进农业遥感应用工作的发展奠定了重要能力基础。

三、卫星接收站用房建设

1993 年 10 月，区划所向中国农业科学院提出建设卫星接收站用房申请并获批准，建筑面积 800 平方米，投资 80 万元。1993 年 11 月农业部下达卫星接收站用房投资计划，1994 年 5 月 27 日中国农业科学院下达拨款通知，1994 年 7 月 7 日北京市规划局下达规划和实施通知，1994 年 11 月 12 日正式动工建设，由北京海淀第二建筑工程公司中国农业科学院施工队施工，1995 年 3 月 20 日竣工验收，实际完成 652 平方米。

四、印刷车间用房建设

1996 年 3 月经中国农业科学院批准，区划所自筹资金建设 110 平方米印刷车间用房，同年 9 月竣工验收。

五、资料库内部改造

1997 年，区划所自筹资金，将资料库 2~3 层，4~5 层进行合并改造，使原仅有 2.2 米的层高改为 4.4 米，提高了其使用效率。另外还筹资 10 万多元，将资料库东侧的汽车库改造为两层楼（200 平方米），用于物业开发，每年可创收 20 多万元。借用位于生物防治研究所东侧的车库暂放车辆。

第二节　试验基地

一、湖南省冷水滩孟公山试验区

湖南省冷水滩孟公山试验区于 1990 年开始建设，占地 30 多公顷，建筑面积 500 多平方米，能进行多种田间试验的基点。

二、燕山科学试验站

燕山科学试验站建于 1996 年，该站经中国工程院院士、中国农业科学院研究员刘更另建议和河北省政府批准，由河北省科技厅、唐山市科技局、迁西县人民政府与中国农业科学院农业自然资源和农业区划研究所联合兴建，位于河北省唐山市迁西县境内，建站目标：集野外观测、科学试验、成果展示、技术咨询、人才培养等于一体的综合性野外科学试验站。1998 年 5 月试验站建成，该站拥有实验用房建筑面积 1 000 多平方米，试验用地 10 多公顷，可进行多种田间试验和室内初步处理与化验分析工作。

三、呼伦贝尔野外研究基地

呼伦贝尔野外研究基地建于 1997 年，该站是在李博院士及时任所长唐华俊倡议下，依托中国农业科学院农业自然资源和农业区划研究所建设，其前身为"八五"科技攻关项目"北方草地畜牧业动态监测研究"建立的半定位观测样条，研究历史可以追溯到 1956 年北京大学李继侗院士开展的谢尔塔拉种畜场的植被调查。

四、密云科学试验站

密云科学试验站建于 1998 年，该站经中国工程院院士、中国农业科学院研究员刘更另建议和北京市政府批准，依托中国农业科学院农业自然资源和农业区划研究所建设。

第三节　制图室

一、机构沿革

1979 年，农业部（79）农业（计）字第 164 号关于区划所建设计划任务书批复中同意除 3 个研究室外附设制图室和资料库。1980 年起区划所开始进行全国农业经济地图集编制的研究，由农业区划研究室有关人员进行资料收集和编制底图等工作。1983 年 6 月制图室成立，主要为农业科研提供制图服务，并适当开展课题研究。1984 年 4 月万贵任副主任，成员有万贵、朱明兰、李京 3 人，后增加曾其明、李云鹏、许美瑜。1985 年朱明兰调出，又增加尚平、高德邝、牛淑玲、甘金淇。王东宁、王京华在制图室工作，加上临时工，人员最多时达 12~13 人。1986 年设立印刷厂，制图室人员分为制图和印刷两部分对外服务。1988 年 8 月万贵任制图室主任。1992 年所实行改革，制图和印刷分别独立核算，制图室由甘金淇牵头，实行全额承包，人员有甘金淇、许美瑜、曾其明、牛淑玲。1995 年年初许美瑜退休，制图室撤销。

二、主要工作

1. 提供精确、详尽的农业科研用地理底图

（1）编制、印刷、内部出版各种中国地理底图。主要有 1∶400 万双全张彩色、1∶600 万全张彩色、1∶900 万对开单色、1∶1 250 万有地级界线、1∶1 250 万有县级界线的地理底图，并建立 1∶600 万中国分省图形数据库。

（2）编制印刷 1∶400 万及 1∶600 万"黄淮海地区"分县地理底图，建立 1∶200 万黄淮海平原县级图形数据库。

（3）编制 1∶300 万"中国热带、亚热带地区地理底图"和编印 1∶400 万"红黄壤地区"地理底图和"滇、黔、桂地区地理底图"。

上述地理底图除供院内各所采用外，中国科学院、农业部、林业部及国土局等 10 余家单位均采用。

2. 农业科研课题制图

（1）本所工作。①编制《中国综合农业区划》附图；《全国种植业区划》系列图；《全国畜牧业综合区划》附图。②为"黄淮海平原综合治理和作物布局"课题提供分县人均粮、人均耕地等地图数十幅，并制作了黄淮海平原农业地图集。③为热带、亚热带丘陵山区和红黄壤地区课题编制地势类型图、土壤利用改良区划和气候图、农业分区图等。分类整理统计红黄壤地区名优特产资源目录并撰文分析。④为"中国耕地资源及其开发利用"课题在 1∶100 万土地资源图上对平耕地、涝洼耕地、缓坡耕地、陡坡耕地分县量算面积，统计数据，编制全国平原耕地、涝洼地、坡耕地分布图和《中国耕地资源及其开发利用》附图等。⑤为"我国粮食产需区域平衡研究"课题编制粮食余缺区分布等五幅彩色附图，为商品粮基地布局、我国中低产田增产潜力及综合开发利用研究、中国饲料区划、滇黔桂"三岩"课题、棉花、油料产需平衡等课题编制附图。

（2）本院及其他农业领域工作。为气象所编制世界气象要素图 200 多幅，中国南方丘陵地区气候图；为土肥所编制中国北方旱地作物分区图、垦利县牧草资源分布图；为院科研部编制"全国科技普查资料汇编"统计图表 20 余幅，为院扶贫办绘制"武陵山区图"；为院研究生院硕士论文编制附图若干幅；此外还为品资所、植保所、柑桔所等单位绘图若干幅。并用遥感图象编

制"昌平县土地利用图"。在《江西土壤》中负责地图的出版工作。

3. 农业部和中国农业科学院汇报用图

（1）为农业部"黄淮海发展规划汇报会"和中国农业科学院"黄淮海新闻发布会"编制两套黄淮海地区挂图，包括作物分布、低产土壤分布、中低产田改造、农业开发规划、科研基地分布图等，为会议召开和部争取世界银行贷款提供了形象、直观的地图。

（2）为农业区划十周年成就制作挂图，为本所制作"中国综合农业区划"挂图。为接待台湾学者访问编制若干挂图。

（3）为农业部计划司、资源区划司制作全国商品粮基地县分布、全国"三荒"资源分布、中低产田及其障碍因素类型分布，耕地粮食生产力水平等图数十幅。

4. 课题研究

1980—1983年，唐志发、万贵主持中国农业科学院课题"中国农业经济地图集"。本图是解放后30多年来，我国第一本系统地用地图形式反映我国农业地域分异规律和不同地区农业经济特征图集，包括序图4幅，生产条件图12幅，农业经济现状图9幅，种植业现状图49幅，畜牧业分布图12幅，获1984年农业部科技进步奖三等奖。

1984—1986年，万贵、王广智主持"莱州湾地区资源调查与分层开发规划研究"课题，制图室与农业资源研究室贺多芬等合作负责采用遥感技术查清资源，并编制了1:5万山东省潍坊市三北地区土地利用图等。该成果获1990年农业部科技进步奖二等奖。

参加畜牧所主持的"全国微量元素硒含量的分布调查研究"课题，万贵负责具体编制"中国饲料、牧草中含硒量分布图"（1:600万，中国农业科技出版社，1985年出版）部分。该总成果获1985年国家科技进步奖二等奖。

参加农业部农业发展研究中心主持的"我国近中期农业区域开发规划研究"课题，主要承担搜集、整理、分析黄淮海平原、松辽平原、三江平原、宁夏黄灌区等十大片农业区域行政区划、农业生态环境以及影响农业生产障碍因素荒地、中低产田等文献、地图和统计资料，编制各种比例尺的图件约40余幅，为十大片农业综合开发规划前期方案的论证提供了依据。本课题获1989年农业部科技进步奖一等奖。

参加中国科学院地理所主持的"资源与环境全国宏观检索与分析信息系统"课题，主要承担"全国自然环境信息系统"中全国水系流域分区系统、流域划分、河流定名、定属性编码；在ARC/INFO地理信息系统中建立全国水系、地形、国界线数据库的前、后期工作；负责全国土壤、植被与水系、地形在系统中逻辑关系协调的处理工作。

协作完成《京津地区生态环境地图集》《中国旅游图集》《中国自然灾害地图集》《黄河流域地图集》《中国名优特产品图集》等工作。

第四节　资料室

一、机构沿革

区划所成立之初，就派专人负责收集资料工作，先后有但启常、邝婵娟、宋鹏举、杜莉莉、黄平香、张彦荣等人参加资料收集工作。1981年初资料室成立，由王国庆负责（1984—1987年11月任资料室副主任），在此期间有黄平香、李霞、陈京香、刘佳（男）、杜莉莉、王凤兰、刘玉兰、柏宏在本室工作。1987年10月王国庆退休。1988年8月刘玉兰任资料室副主任，1990年9月任资料室主任。1993年之后，人员逐步减少。到1998年年底人员有刘玉兰、柏宏、杨光、李艳丽4人。1999年2月资料室与期刊室合并成立期刊资料室。

二、主要工作

农业资源调查和农业区划资料征集和管理。资料库经过近20年建设，到1998年已有图书6 000册（包括1949年以来国民经济及农业统计资料1 500多册），资料2.4万种，数量10万多册。中文刊物60多种，外文刊物10种。中文期刊1 777册合订本，外刊274册。2001年购买统计资料43册，图书300余种，入库新资料440余册。2002年收集补充农业区划资料5 000余册。

（一）农业区划资料

1. 收集资料及资料库建设

在广辟资料来源基础上，选择收藏与本所科研方向一致的有关资料及参考书籍。重点收集全国农业区划工作中的科研成果、各类资源调查和农业区划报告、地区性农业发展总体规划、资源开发可行性论证报告及来自农业部的"农业信息分析与研究""农村信息文稿"等中国农业信息网特供资料。

1986年开始研制微机文献数据库检索系统，1988年建成并通过专家组鉴定，1989年获中国农业科学院科技进步奖二等奖。参加人员：刘玉兰、王国庆、黄平香、柏宏、李霞、杜莉莉。农业资源与农业区划文献检索数据库内存2.2万条记录。包括中央单位、省级、地（市）和县级资料。可通过地名、题名、专业主题词、分类号、作者姓名等多途径检索。

2. 资料内容与学科分类

以农业经济类目居多，主要包括：农业区域规划与生产布局、农业资源类型与评价、农村生态环境保护，国土资源调查与整治、农业名特优稀资源与产品，农村劳动力与农业人口、劳动力转移问题研究，农业投资项目可行性论证报告，有关种植业、林业、畜牧业、渔业、副业生产等农业部门经济，农产品加工业，农村生产服务业等研究报告等。

农业资源调查与农业区划报告为全国农业区划资源调查的书面资料。是广大农业战线上工作人员的科技成果。许多资料受到国家各级部门奖励。其中，有区划所科技人员参加与主持的成果"中国综合农业区划""全国农业气候资源和农业气候区划"及其系列成果已获国家科技进步奖一等奖；"我国粮食产需区域平衡研究"获国家科技进步奖二等奖；"中国饲料区划"获国家科技进步奖三等奖。还有许多资料科技成果获得部级奖励。

农业区划资料从专业类别上可分六类，即综合自然区划、农业自然条件区划、农业部门区划、农业技术措施区划、综合农业区划、农业经济调查。六类区划下又可分各种专业区划，主要有：农业地貌区划，农业气候区划，土壤区划，植被区划，农业水文地质区划，自然保护区区划，种植业区划（粮食作物、饲料作物、经济作物、园艺作物等及其商品生产基地建设区划），林业区划，畜牧业区划，渔业区划，工副业区划，乡镇建设区划，各类农业生态区划，农业机械化区划，肥料区划，土壤改良区划，农业水利化区划，作物良种区划，动植物保护区划，农村能源区划，水土保持区划，农田建设区划，全国、省级、地区级、县级综合农业区划，农业经济条件区划（农村人口、农村经济调查）等多种区划。以上农业区划资料不仅有专业性，还有明显的地区性。

3. 农业区划资料管理

（1）力求搜集齐全，多方面广泛收集。通过与各省（市、自治区）农业区划办公室资料库交换资料，获取全国各地各类资料达70%左右。其中少量购买。其次收集国内刊物上的有关文章，做出题录供科研人员参考。还通过复印、购买软盘、光盘以求学术性资料。

（2）资料鉴定与查重。库藏同种资料3~5册，通过计算机文献题录检索题名或查找手工题录卡片进行查重。

（3）登记盖章，进行财产登记。以资料登记号为序，入库上架保存。

（4）资料编目。将登记过的资料，按其学科性质类别，依据《中国图书资料分类法》《农业科学叙词表》《汉语主题词表》等多种专业主题词表标引分类号及主题词。为文献检索系统做好前处理工作。《资料目录》是读者查找资料的工具。区划所分为学科分类目录及地区目录、字头目录三种。自1980年起每年出版一期农业资源和《农业区划资料目录》。书本式目录少则几百条多则几千条题录，分发各处室，便于查阅资料。《目录》也是交流资料的交换物。自1989年农业区划文献机检系统研制成功，由微机数据库自行编目、打印成册。同时可提供专题目录及提供各类检索。

（5）把经过标引的资料题录卡，输入资料检索数据库，书本资料按编号顺序入库上架。架位依上至下、自左向右排列；为节约人力和架位，采用自然数依次排号，顺序排列。此为管理上最后一道工序。

（6）资料借阅服务。读者可通过查阅资料题录卡片：分类卡、地区卡及微机检索，多途径查找资料。机检查阅速度快、准确、节省读者查资料时间。

4. 编辑《农业资源区划主题词表》

为方便利用各类词表，选择其中使用频率高的主题词重组一本《农业资源区划主题词表》。在《中国图书馆图书法》的基础上重组一本《农业资源区划分类词表》。为整编资料工作中的标引工具书。

5. 编辑《1979—1995年中国农业资源区划资料总目录》

1994年年底在农业部区划司主持与资助下，编辑《1979—1995年中国农业资源区划资料总目录》并于1998年由气象出版社出版。全书有分类目录、正文资料题录（18 084条文献著录）及主题索引表三部分。此项工作对1979年以来农业资源调查和农业区划工作中各方面的科技成果，做了全面汇集并加强了各省市农业区划资料库工作的规范化管理。

（二）档案管理

为加强档案安全规范管理，从1997年开始，全所各类档案由资料室集中统一管理，设专人负责。全所档案分为：科研课题成果档案，期刊编辑部中"农业资源与区划"及"农业信息探索"档案，财务会计档案；科研文书、人事文书、办公文书档案，农业部农业资源区划管理司来自全国农业区划报奖资料成果等多种档案。根据中国农业科学院档案处关于档案管理规范要求，对全部档案进行梳理重整，开展了建档、存库、登记、编目、写卡、标引、输入数据库等一系列工作，1998年年底，区划所档案室通过部、院二级验收，达到合格档案室标准。至1998年年末已建档案1 890卷，1999年各类档案资料案卷总数1 956卷。2001—2002年入库各类档案800余卷。

（三）图书、统计资料、阅览室工作

区划所资料室存有各类图书5 900多册，外文图书100多册，粮农组织图书600多册，来自各省（市、区）历年农业、农村经济、国际国内市场贸易、物价等方面的统计资料1 555册及中国农村经济统计资料软盘及打印本。可提供1949—2002年各类统计数据，为科研工作提供可靠的数据资料。阅览室可向广大科研人员提供各类自然科学及社会科学期刊70多种，各类报纸10多种。阅览室为科研工作提供有参考价值的文章数百篇题录，还代售所内及农业部农业资源区划管理司的科研成果图书。

三、荣誉和奖励

1984年，资料室被推荐为中国国土（自然）资源情报网副网长单位；

1984年，王国庆被中国农业科学院聘为中国农业图书馆管委会委员；

1985年，资料室被推选为农牧渔业部、中国农业科学院直属科技事业单位情报网副网长单位；

1985年，获全国农业区划委员会办公室授予的全国农业区划先进单位称号；

1991年，获全国农业区划委员会办公室授予的全国农业区划先进工作单位称号。

第七章　党群组织

第一节　党组织

区划所成立之初即建立临时党支部，从 1982 年开始成立党委，1985 年设立党委办公室，负责处理党委日常工作。截至 2003 年共选举产生五届党委会。

党委会的中心工作主要包括：①以党在社会主义初级阶段的基本路线统一全体党员特别是领导干部的思想和行动，保证监督党和国家的各项方针、政策在本单位的贯彻执行；②从严治党，加强党的思想建设、作风建设和组织建设，不断提高党员的素质，充分发挥党组织的战斗堡垒作用和党员的先锋模范作用；③按照党章和《关于党内政治生活若干准则》的规定，对党员特别是党员领导干部实行有效的监督；④紧密结合科研、改革等工作实际，配合所长做好职工的思想政治工作，抓好精神文明建设；⑤做好统一战线工作；⑥党、群干部的任免和调动，由党委提出，征求行政领导和人事部门的意见，按干部管理权限审批，由党委任免，配合所长做好业务行政干部的考核，对处（室）级干部的任免提出意见和建议；⑦贯彻"坚持标准、保证质量、改善结构、慎重发展"的方针，做好发展党员工作，并加强对预备党员的教育和考察；⑧对工会、共青团等群众组织实行政治领导；⑨承担上级党组织交办的任务。

一、历届党组织

1. 临时党支部（1979.10—1982.2）

1979 年 5 月建所初期，区划所有温仲由、杜剑虹、唐志发、杨美英、朱振年、焦彬、贺多芬 7 名党员。1979 年 10 月 23 日，中国农业科学院政治部发文，同意区划所成立临时党支部，温仲由任支部副书记，杜剑虹、唐志发为委员。这一阶段工作重点主要是引进人才健全组织，加强党员的思想教育，落实党的各项科技政策、干部政策。

2. 第一届党委（1982.2—1984.12）

1981 年 7 月，临时党支部向院提出建立党委会的申请，经院直属机关党委批准后，于 1981 年 12 月进行了党委选举工作，推选徐矾为党委书记，温仲由为副书记，杨美英、唐志发、杜剑虹为委员。

1982 年 2 月 24 日，中国农业科学院（82）农科院直党字第 2 号文批复，同意建立中共区划所委员会，徐矾任书记，温仲由任副书记，杨美英、唐志发、杜剑虹为委员。截至 1982 年 7 月，区划所有党员 21 人。1983 年 12 月，徐矾离休，党委会进行了调整和增补。1983 年 12 月 23 日，院直属机关党委发函同意李应中任书记，温仲由任副书记，增补于学礼、苏迅为党委委员。

3. 第二届党委（1984.12—1987.3）

1984 年 4 月，区划所选举产生第二届党委会，李应中为书记，于学礼为副书记，杨美英、温仲由（1986 年调出）、苏迅为委员。1984 年 12 月，中国农业科学院农发字（1984）268 号文任命于学礼为党委书记。截至 1985 年 12 月，区划所有 23 名党员。本届党委期间，徐矾被评为

1984—1985 年度院级优秀党员。1985 年进行了整党工作，所党委坚持民主集中制的原则，集中精力，从组织上、思想上、作风上抓好党的自身建设，坚持党要管党、从严治党，始终把充分发挥共产党员的先锋模范作用、教育党员立足本职工作、为我国科研事业建功立业作为党建工作的重点。

4. 第三届党委（1987.3—1990.10）

1987 年 3 月，区划所选举产生第三届党委会。1987 年 3 月 21 日，中国农业科学院（87）农科院直党字第 7 号文批复，同意党委会由于学礼、李应中、祁秀芳、杨美英、马素兰（1989 年调离）、万贵、魏顺义 7 人组成，于学礼任党委书记（1987 年 9 月调离）。截至 1990 年 8 月，区划所有 27 名党员。第三届党委期间，朱志强被评为 1988—1989 年度院级优秀党员。

思想建设方面，第三届党委针对国际国内形势，认真学习党中央的有关文件，提高思想认识，澄清模糊观念并结合 1989 年 "6·4" 政治风波中的言行，开展批评与自我批评活动。1990 年党员重新登记，1990 年 7 月党员全部通过登记。之后所党委制定了加强党委班子思想作风建设的九条规定，党委会、支委会、党员大会以及所领导干部民主生活会、党员民主生活会、民主评议党员和理论中心组学习活动逐步规范化、制度化。

5. 第四届党委（1990.10—1994.7）

1990 年 7 月，区划所选举产生第四届党委。1990 年 10 月 23 日，中国农业科学院直属机关党委文件（〔1990〕直党字第 21 号）批复，同意党委会由李应中、杨美英、万贵、魏顺义、祁秀芳、李文娟、曹尔辰 7 人组成，李应中任党委书记。第四届党委期间，梁佩谦被评为 1990—1991 年度院级优秀党员，李树文被评为 1992—1993 年度院级优秀党员。

6. 第五届党委（1994.7—2003.5）

1994 年 7 月，区划所第四届党委届满，选出以李应中为书记，唐华俊、梁业森、祁秀芳、魏顺义、曹尔辰、李文娟为委员的党委会，但上报院直属机关党委后未批复。1996 年 7 月 18 日，中国农业科学院（96）农科院发字第 33 号文任命梁业森为区划所党委书记兼副所长。1996 年 9 月 9 日，中国农业科学院直党委直党字（1996）21 号文通知区划所党委重新进行选举。1996 年 9 月 11 日，区划所重新进行党委选举。1996 年 9 月 20 日，院直党字（1996）23 号文批复，同意区划所党委会由梁业森、唐华俊、张海林、祁秀芳、魏顺义、曹尔辰、李文娟 7 人组成，梁业森任党委书记。1997 年 8 月祁秀芳调离，1997 年 11 月补选杨宏为党委委员。1999 年 3 月，中国农业科学院党组任命王道龙为党委副书记，免去梁业森党委书记职务，1999 年 5 月梁业森调出。因李文娟常年出国，1999 年 6 月增选姜文来为党委委员。1995 年 12 月，区划所有 24 名党员。1998 年 12 月，区划所有 34 名党员。截至 2002 年 12 月，区划所有 41 名党员（其中，在职 28 人、离退休 13 人）。这届党委期间，梁业森被评为 1994—1995 年度院级优秀党员，姜文来被评为 1996—1997 年度院级优秀党员，陈庆沐被评为 1998—1999 年度院级优秀党员，陈印军被评为 2000—2001 年度院级优秀党员，邱建军被评为 2002—2003 年度院级优秀党员，王道龙被评为 2000—2001 年度院级优秀党务工作者，白丽梅被评为 2002—2003 年度院级优秀党务工作者。

第五届党委坚持以邓小平理论和江泽民 "三个代表" 重要思想为指导，进一步贯彻落实党的十五届五中全会精神，坚持从严治党，强化管理，创新形式，注重实效。1999 年 7—9 月，按照党中央的部署和农业部、中国农业科学院党组安排，在处级以上党政领导班子和领导干部中，开展了 "讲学习、讲政治、讲正气" 为主要内容的党性党风教育。所党委制定了 "三讲" 实施方案、成立了领导小组。按思想发动，学习提高；自我剖析，听取意见；交流思想，开展批评；认真整改，巩固成果四个阶段进行 "三讲" 工作。开展了 "三讲" 教育 "回头看" 活动，落实中央关于 "三讲" 教育的指示精神。1999 年 7—9 月，党办曹尔辰副主任参加了中国农业科学院三讲巡视组，前往院油料研究所和麻类研究所进行"三讲"巡视。2001—2003 年，组织党员干部开展学习江泽民"七一讲话"、学习党的"十六大"精神、学习"三个代表"重要思想等活动。

1979 年以来，区划所有两名党员因不同错误分别受到留党察看和开除党籍处分。

7. 中共区划所历届支部委员会

1984—2003 年中共区划所历届支部委员会

起止年限	第一支部	第二支部	第三支部
1984—1987.3	苏　迅、林仁惠、王舜卿	万　贵	无
1987.3—1990	苏　迅、曹尔辰、陈庆沐	万　贵、王广智、李茂松	无
1990—1997.1	曹尔辰、申屠军、陈庆沐	万　贵、李树文、闫贺尊	无
1997.1—2000.3	曹尔辰、陈庆沐、王尔大	魏顺义、李树文、任天志	无
2000.3—2003.5	曹尔辰、邱建军、姜文来	魏顺义、徐　斌、张　华	陈庆沐、白丽梅

二、党委办公室

区划所成立之初，党务工作由负责人事工作人员兼管。1985 年成立党委办公室和人事处，祁秀芳任党委办公室副主任、人事处副处长，1990 年任主任、处长。1997 年 8 月祁秀芳调离，曹尔辰负责党委办公室工作。1998 年 10 月，办公室、党委办公室、人事处对内合署办公。1999 年 1 月曹尔辰任党委办公室副主任，2002 年 1 月任党委办公室主任。党委办公室是所党委处理日常工作的办事机关，是党务管理的职能部门。主要职责包括：①承担所党委的文秘工作，负责有关文件的收发及党委决议的文印工作；②负责党委会的会务工作及决定事项的落实、催办；③根据党委会的决定，安排党员、职工的政治学习和活动；④负责党员活动经费的管理和使用。⑤指导、协调工、青、妇等群众组织开展活动。

三、党员队伍发展和构成

1979—2003 年，区划所发展党员共 23 名。先后有陈锦旺（1984 年 9 月）、王广智（1984 年 11 月）、陈庆沐（1985 年 10 月）、李树文（1986 年 1 月）、宫连英（1986 年 6 月）、黄诗铿（1986 年 8 月）、张弩（1987 年 1 月）、严玉白（1987 年 1 月）、梁佩谦（1988 年 9 月）、梁业森（1992 年 10 月）、陈印军（1992 年 10 月）、黄小清（1992 年 10 月）、苍荣（1999 年 12 月）、苏胜娣（1999 年 12 月）、周旭英（1999 年 12 月）、王东阳（2001 年 12 月）、周清波（2001 年 12 月）、杨瑞珍（2002 年 12 月）、张士功（2003 年 12 月）、牛淑玲（2003 年 12 月）、陈佑启（2003 年 12 月）、李艳丽（2003 年 12 月）、周颖（2003 年 12 月）等加入党组织。

1979—2003 年，先后在区划所工作过的党员有：温仲由、杨美英、于学礼、朱振年、杜剑虹、焦彬、贺多芬、唐志发、范小健、祁秀芳、张彦荣、朱明兰、陆燕琴、李明堂、林寄生、许照耀、陈国胜、耿廉、李启俊、卢俊玉、刘秀印、万贵、王舜卿、朱志强、林仁惠、徐矶、苏迅、汤之怡、黄德林、李应中、李茂松、魏顺义、曹尔辰、王广智、陈锦旺、申屠军、马素兰、陈庆沐、李文娟、史孝石、黄诗铿、李树文、严玉白、宫连英、张弩、王东宁、梁佩谦、张浩、齐晓明、闫贺尊、马忠玉、陈印军、陈章全、唐华俊、梁业森、黄小清、姜文来、刘振华、张海林、王尔大、张华、杨宏、任天志、白丽梅、胡清秀、曾希柏、王道龙、邱建军、解小慧、吴文斌、徐斌、缪建明、卢欣石、苍荣、苏胜娣、周旭英、杨鹏、李建平、王东阳、周清波、杨瑞珍、张士功、牛淑玲、陈佑启、李艳丽、周颖。

第二节　共青团

区划所于20世纪80年代成立团支部。成立以来，举办多项活动，如参加部团委举办的培训班；发展团员、组织青年植树造林、绿化祖国；参加各项比赛；举行退团欢送仪式，组织旅游活动，进行团员意识教育和团员民主评议活动等。其中，1985年男、女乒乓球队获院团体冠军，成员有徐波、李育慧、高德邬、郝晓辉、苏胜娣、曾其明、陈京香。杜勇、黄雪辉获得桥牌比赛单人赛冠军。参加农业部第三届青年优秀论文竞赛及中国农业科学院第二届青年优秀论文竞赛，共有6名青年团员获二、三等奖及鼓励奖。1996年参加农业部、国家计生委等四部委组织的"青年志愿者活动"，尹昌斌、屈宝香荣获优秀调查员称号。1985年、1992年、1994年、1996年、1998年分别有6人次获院团委颁发的优秀团干部称号，分别是黄诗铿、严兵、杨光、黄雪辉、尹昌斌、杨光。发展团员有王东、缪军、李霞。

1982—2003年历届团支部成员

起止年限	团支部成员
1982—1983年	关　喆、陈印军、刘　东
1984年	李茂松、黄诗铿、徐　波
1985—1986年	李育慧、严　兵、黄诗铿
1987—1991年	申屠军、周旭英、杜　勇、牛淑玲
1991年	杨　光、黄雪辉、黄小清
1992—1994年	杨　光、尹昌斌、王新宇
1995—1999年	杨　光、尹昌斌
2000—2003年	吴文斌、唐　曲

第三节　群众组织

一、工会

1979年区划所成立工会，当时主要在关心职工生活方面做了些工作。1986年以后，工会组织进行了调整，逐渐健全，分工明确，活动多样化，全面履行了工会的四项社会职能。另外，还组织职工开展一些文体活动、节日联欢活动，如元旦、春节联欢会、趣味运动会等。

1999年以来，区划所工会积极组织开展多种形式的文体活动。先后组织了庆祝建国50周年活动，参加院工会组织的迎千禧2 000米长跑和庆澳门回归、贺千禧之年活动，组队参加院工会举办的第五届羽毛球团体赛，组队代表农业部参加"中央国家机关庆祝建国51周年、迎接新世纪职工文艺汇演"，组队参加院举办的"走进新时代"革命歌曲演唱会，演唱了《保卫黄河》，参加院工会组织的元旦庆祝、跨越世纪之门长跑、跳绳、带球接力等比赛活动。为加强职工间的交流，举办交谊舞初级培训班。还组织职工开展送温暖活动，积极向贫困山区捐款捐物等。

另外，区划所工会每年举办优秀职工表彰大会、五好文明家庭评选活动，2002年杨宏家庭被国家中直机关评选为"五好文明家庭"。

历届工会委员如下：

1981—1985 年，万贵、陈庆沐、李京、黄平香、尚平、祁秀芳

1986—1991 年，万贵、宫连英、苏胜娣、严兵、毕于运、唐肇玉

1992—1996 年，万贵、宫连英、苏胜娣、毕于运、尚平、杨光、严兵

1996—1999 年，梁业森、宫连英、苏胜娣、姜文来、尹昌斌、尹光玉、杨光

2000—2003 年，王道龙、宫连英、苏胜娣、姜文来、尹光玉、李艳丽

二、妇委会

区划所妇女工作委员会（妇委会）成立于 1997 年，全体女职工民主选举产生了苏胜娣任主任、屈宝香和杜莉莉为委员的妇委会。妇委会成立以来，成立了"职工之家"，组织多次象棋、围棋、乒乓球、歌咏、演讲、交谊舞等比赛。积极为妇女同志在科研项目、成果申报上创造条件，给予关心和帮助。以"自尊、自信、自立、自强"为主题组织女职工召开座谈会，提高妇女同志的自信心。每年组织献爱心活动，号召广大女职工发扬"扶贫济困"优良传统，为贫困母亲们捐款捐物。

组织推荐妇女同志申报各级荣誉奖励，2002 年杨宏家庭被国家中直机关评选为"五好文明家庭"、所妇委会被中国农业科学院评为"先进基层妇女组织"、屈宝香荣获院"活动标兵"称号、王道龙被院评为"妇女之友、"苏胜娣被院评为"先进妇女干部"。

妇委会还承担全所计划生育管理工作，主要包括育龄职工生育信息登记、独生子女费及节日慰问费发放、组织交纳青少年平安保险等。

三、职代会

1998 年 12 月 4 日，区划所召开第一届职工代表大会，通过民主选举产生了第一届职代会代表，唐华俊、梁业森、张海林、王道龙、陈庆沐、杨宏、曹尔辰、宫连英、魏顺义、苏胜娣、杨光、陈印军、朱建国、李艳丽、苍荣、曾希柏、姜文来、尹光玉、严兵、牛淑玲、屈宝香、李树文、陈佑启、马兴林、徐斌、尹昌斌共 26 名职工为第一届职工代表大会代表。

此次会议制定了《区划所职工代表大会条例（暂行）》，征集了 40 项提案，通过审议向大会提交了 18 项议案，有关部门就部分议案给予了答复，审议并通过了唐华俊所长所作的区划所 1998 年度工作报告。

中国农业科学院机关党委副书记陈贵亭、工会主席李淑勤出席大会，分别代表机关党委和院工会对所职代会的成立表示祝贺，并对今后各项工作中发挥好职代会的监督作用提出了希望和建议。

第四节　民主党派

1984 年以来，区划所先后有 7 位职工加入民主党派。其中，九三学社有佟艳洁（1987 年 7 月加入）、马兴林（2000 年 1 月加入）、屈宝香（2002 年 11 月加入）；中国民主同盟有王国庆（1984 年 6 月加入）、萧钵（2000 年 4 月加入）；中国致公党有黄平香、许美瑜。

1987 年王国庆退休、1993 年黄平香退休、1995 年许美瑜退休、1999 年萧钵退休，2001 年马兴林调出。

截至 2002 年 12 月底，区划所共有民主党派 6 人，4 人为退休人员，2 名在职人员（屈宝香、佟艳洁）。

第五节　侨　联

1986 年 2 月 4 日，农牧渔业部在中国农业科学院召开归国华侨联合会成立大会，区划所邝婵娟、黄平香、许美瑜、尹光玉、陈锦旺参加大会。随后区划所成立侨联小组，黄平香、许美瑜、邝婵娟先后担任组长。

截至 2002 年年底，区划所归国华侨有陈锦旺、黄平香，侨眷有邝婵娟、梁佩谦、王素云、薛志士、许美瑜、曾其明、尹光玉、杨美英。

第八章　人物介绍

第一节　历届所领导

一、历届所长

1979—2003 年，区划所先后有徐矶、李应中、唐华俊等 3 人担任所长，下文按照任职所长先后顺序进行介绍。

徐矶　　所长

1981 年 4 月到中国农业科学院农业自然资源和农业区划研究所工作
1981—1983 年任中国农业科学院农业自然资源和农业区划研究所所长
1984 年 1 月离休

徐矶，男，1914 年 11 月出生，江苏省常熟人，中共党员。中国农业科学院农业自然资源和农业区划研究所第一任党委书记、所长。

1936 年进国立中央大学农学院畜牧兽医系读书。1939 年加入中国共产党，1940 年奉中共川康特委之命调到延安，后一直在根据地工作。1949 年南京解放，参加接管国民党政府农林部门。1950—1954 年任华东农林水利部畜产处副处长，华东农林部畜牧兽医处处长，华东农林水利局农业处处长。1955—1957 年任中央农业部办公厅国际技术合作处副处长，中央农业部对外联络局一处处长。1957—1967 年任中国农业科学院畜牧研究所副处长。1970—1971 年任青海省畜牧兽医科学研究所革命委员会主任。1972—1979 年任青海省畜牧局副局长，党核心小组副组长。1981 年 4 月调到中国农业科学院农业自然资源和农业区划研究所任所党委书记兼所长，1984 年 1 月离休，2003 年 3 月 17 日病逝。

在区划所任职期间，介绍新兴交叉学科和宏观研究知识，帮助科研干部根据自己才能留所或离所，稳定科研队伍；根据国家农委何康副主任指示，调查有关省区划所情况及问题，召开农业资源和区划研究所座谈会共同草拟了《农业资源和农业区划研究所的方向、任务和方法》，报农委区划委员会批转。座谈会后，到各省推动建立区划所，并打通省（市、自治区）所和区划办的关系；组建本所农业资源研究室，加强制图室，筹建新技术研究室（遥感、计算机和数据库），充实办公室（包括科研计划和财务管理）。主编《农业区划》杂志。

主要从事畜牧业研究。1982 年组织各省畜牧专家，完成《中国畜牧业综合区划》，获农牧渔业部技术改进二等奖。1983 年组织内蒙古农牧学院师生完成《三北防护林地区畜牧业综合区划》，获农牧渔业部技术改进二等奖。1985 年获全国农业区划委员会先进工作者称号。从 1992 年 10 月起享受政府特殊津贴。离休后主编《当代中国的畜牧业》一书，获农业部老有所为精英奖。

李应中　　所长

1983 年到中国农业科学院农业自然资源和农业区划研究所工作
1983—1996 年任中国农业科学院农业自然资源和农业区划研究所所长
1997 年 3 月退休

李应中，男，1934 年 9 月 2 日出生，河北省昌黎县人，中共党员。中国农业科学院农业自然资源和农业区划研究所第二任党委书记、所长。

1953 年毕业于河北省昌黎农校，1958 年毕业于北京农业大学农业经济与管理专业，毕业后在北京农业大学农业经济系任教，1978 年调到中国农业科学院工作，任中国农业科学院农业经济研究所副所长，1983 年任中国农业科学院农业自然资源和农业区划研究所所长、党委书记，兼任国家科委特邀评委、北京市政府顾问团成员、中国国际工程咨询公司专家、中国农业资源与区划学会副理事长、中国国土经济学会常务理事、欧洲—中国农村问题研究联络组成员，曾到波兰考察赴荷兰参加中国农村经济问题国际讨论会。曾任《中国农业资源与区划》主编。

主要从事农业经济和农业区划方面的研究，主持国家科技攻关项目"黄淮海中低产田改造经济效益研究""农牧结合研究"。曾是国家科委攻关专家组成员；主持部委和自然科学基金项目"农村区域经济均衡性和差异性分析""长江中下游粮食问题研究""中国湿地开发与保护研究""农业区划理论方法研究"等，主持中美合作项目"环太平洋天气对粮食生产的影响"课题，曾获农业部科技进步奖三等奖 3 项，中国农业科学院科技进步一、二等奖各 1 项，发表论文 50 多篇，主编《中国农业区划学》。

唐华俊　　所长

1982 年到中国农业科学院农业自然资源和农业区划研究所工作
1996—2003 年任中国农业科学院农业自然资源和农业区划研究所所长
2003 年转入中国农业科学院农业资源与农业区划研究所

详见第一篇《资划所》，第八章《人物介绍》，第一节《院士》

二、历届党委书记

1979—2003 年，区划所先后有徐矶、李应中、于学礼、梁业森 4 人担任党委书记，下面按照任职党委书记先后顺序进行介绍。

徐矶　党委书记

1981 年 4 月到中国农业科学院农业自然资源和农业区划研究所工作
1981—1983 年任中国农业科学院农业自然资源和农业区划研究所党委书记
1984 年 1 月离休

详见第三篇《区划所》，第八章《人物介绍》，第一节《历届所领导》

李应中　党委书记

1983 年到中国农业科学院农业自然资源和农业区划研究所工作
1983—1984 年、1987—1996 年任中国农业科学院农业自然资源和农业区划研究所党委书记
1997 年 3 月退休

详见第三篇《区划所》，第八章《人物介绍》，第一节《历届所领导》

于学礼　党委书记

1983 年 6 月到中国农业科学院农业自然资源和农业区划研究所工作
1984—1987 年任中国农业科学院农业自然资源和农业区划研究所党委书记
1987 年调出

于学礼，男，1937 年 11 月出生，山西省大同市人，中共党员。中国农业科学院农业自然资源和农业区划研究所第三任党委书记。

1963 年毕业于北京农业大学农业经济系。1983 年 6 月至 1987 年 10 月，先后任中国农业科学院农业自然资源和农业区划研究所副所长、党委副书记、党委书记。曾任中国农业科学院农业经济研究所党委书记兼副所长、中国农业科学院人事局副局长、中国农业科学院国际合作与产业发展局副局长。

任职期间，对区划所的科研管理、科技队伍建设、科技开发等方面的工作，做过许多有益的探索，为区划所发展做出了重要贡献。1992 年获农业部有突出贡献的中青年专家称号，同年享受政府特殊津贴。

主要从事畜牧经济、农村区域可持续发展相关研究。参加或主持过多项有关畜牧经济、农业区域和持续农业等方面的研究课题，其主持研究的"中国饲料区划"课题，在对我国饲料资源评价的基础上，得出全国及不同地区的饲料供需状况，进而提出了我国饲料资源开发利用与饲料生产的发展方向、措施和对策，建立了我国饲料区划的分区体系。为饲料资源的区域性开发和畜牧业持续发展，提供了科学依据。该研究成果 1988 年获农业部科技进步奖二等奖，1990 年获国家科技进步奖三等奖。发表论文近 20 篇，出版专著 1 部。

梁业森　　党委书记

1982 年 2 月到中国农业科学院农业自然资源和农业区划研究所工作
1996—1999 年任中国农业科学院农业自然资源和农业区划研究所党委书记
1999 年调出

详见第一篇《资划所》，第九章《人物介绍》，第三节《离退休研究员》

第二节　离退休研究员

1979—2003 年，区划所有 13 位研究员离休或退休，本节主要介绍离退休研究员的简历和学术成就。按照晋升研究员年份先后顺序介绍，若为同一年份晋升则按照姓氏拼音顺序排序。

李博　　教授

1997—1998 年在中国农业科学院农业自然资源和农业区划研究所工作
1983 年 5 月晋升教授
1998 年 5 月殉职

详见第一篇《资划所》，第九章《人物介绍》，第一节《院士》

徐矶　研究员

1981 年 4 月到中国农业科学院农业自然资源和农业区划研究所工作
1983 年晋升研究员
1984 年 1 月离休

详见第三篇《区划所》，第八章《人物介绍》，第一节《历届所领导》

李应中　研究员

1983 年到中国农业科学院农业自然资源和农业区划研究所工作
1989 年晋升研究员
1997 年 3 月退休

详见第三篇《区划所》，第八章《人物介绍》，第一节《历届所领导》

汤之怡　研究员

1980 年到中国农业科学院农业自然资源和农业区划研究所工作
1989 年晋升研究员
1990 年退休

汤之怡，男，1930 年 4 月出生，湖南浏阳人，中共党员。1955 年 1 月毕业于北京农业大学农学系，分配到农业部国营农场管理局，同年 3 月调到新疆维吾尔自治区农业厅工作。1980 年调到中国农业科学院农业自然资源和农业区划研究所工作，曾任所学术委员会副主任。1991 年享受政府特殊津贴。

在新疆工作期间，主持的"乌拉乌苏丰产样板"小麦丰产获地区三等奖；"昌吉县农业区划试点"获新疆维吾尔自治区科技成果四等奖。主要从事生产布局、农业专业区划、农作物产需平衡及基地建设等方面的研究，获奖科研成果 6 项。主持的"我国粮食产需区域平衡研究"获农业部科技进步奖二等奖和国家科技进步奖二等奖；"我国农牧渔业商品基地建设规划研究"获农业部科技进步奖二等奖；"我国食用植物油料（脂）产需平衡和布局研究"获农业部科技进步奖三等奖；"我国食糖产需平衡和糖业布局"获全国农业区划委员会、农业部优秀科技成果三等奖；"中国种植业区划研究"获农业部技术改进二等奖；"全国农业商品基地选建研究"获中国农业科学院技术改进一等奖。

发表论文 6 篇，参加撰写著作 4 部，代表性著作有《中国种植业区划》《中国粮食之研究》等。

杨美英　　研究员

1979—1980 年，1981—1995 年在中国农业科学院农业自然资源和农业区划研究所工作

1989 年 12 月晋升研究员

1995 年退休

　　杨美英，女，1934 年 7 月 28 日出生，四川成都人，中共党员。1955 年毕业于西南农学院农业经济系。此后分配到中国农业科学院工作。先后任中国农业科学院农业经济研究所业务秘书、研究室副主任，农业气象研究所副书记、研究所负责人。1981 年起任中国农业科学院农业自然资源和农业区划研究所副所长。兼任中国农业资源与区划学会副秘书长、国家民族事务委员会民族问题研究中心研究员等职务。1984 年参加中国、澳大利亚区域规划学术交流讨论会，并担任中方主席。1993 年起享受政府特殊津贴。

　　主要从事农业资源开发、专业区划、生产力布局、农业现代化等领域的研究。主持完成的"中国种植业区划研究"1984 年获农牧渔业部技术改进二等奖，全国区划成果一等奖；"中国耕地资源及其开发利用"获中国农业科学院科技进步奖一等奖，"中国耕地资源及其永续利用"获部级农业资源区划科技成果二等奖。作为主要参加者完成的"中国农业现代化问题研究"1982 年获中国农业科学院三等奖；主持"我国不同区域耕地资源分层开发模式研究"并参加中国农业科学院科研部组织的"现代化农业基础资源的剖析与技术对策研究"。在国内外发表论文约 20 篇，作为主编副主编、编委，参加编写的著作有《中国种植业区划》等 15 部。

陈锦旺　　研究员

1980 年到中国农业科学院农业自然资源和农业区划研究所工作

1992 年晋升研究员

1994 年退休

　　陈锦旺，男，1934 年 3 月出生，广东新会人，中共党员。1959 年毕业于清华大学。1959—1980 年在中国农业科学院农田灌溉研究所从事科研等工作。1980 年到中国农业科学院农业自然资源和农业区划研究所从事科研工作。曾任农业资源研究室主任、所学术委员会主任。1993 年起享受政府特殊津贴。

　　在灌溉所工作期间，主持和参加了渗流理论和灌溉排水研究，农村电气化研究，黄淮海地区水利土壤改良研究，水利水电工程结构研究与规划、设计、施工；非匀质土渗流规律与排水，薄拱坝坝顶溢流结构，水电站高压隧洞素砼衬砌结构力学等研究。多项科研和设计成果应用于水利水电建设，获得较好的经济效益。

　　在区划所工作期间，主要从事农业资源开发利用和管理的宏观研究。开展课题研究 10 余项，其中有 4 项专题属国家"七五"和"八五"重点攻关课题，3 项为省部级大型研究课题。有 5 项科研成果获省部级和中国农业科学院科技进步奖。主持的"我国中低产田分布及粮食增产潜力"获 1989 年农业部科技进步奖三等奖，"红壤丘陵立体农作制度及配套技术"获 1996 年农业部科技进步奖三等奖，"闽、浙、赣、湘、鄂亚热带丘陵山区农业资源综合利用"获中国农业科学院科技进步奖一等奖，"黄河黑山峡河段灌区开发方案"获宁夏回族自治区科技进步奖一等奖，"南方五省亚热带丘陵山区农业资源综合利用"获中国农业科学院科技进步奖一等奖。发表论文20 多篇，参加撰写著书 3 部。

朱忠玉　　研究员

1980 年到中国农业科学院农业自然资源和农业区划研究所工作
1992 年晋升研究员
1996 年退休

朱忠玉，男，1936 年 11 月出生，江苏武进人。1959 年毕业于南京大学地理系，1959—1970年在中国科学院综合考察委员会工作，任考察队业务秘书，1980 年起在中国农业科学院农业自然资源和农业区划研究所工作，先后任种植业布局研究室副主任、主任。兼任中国科学院《自然资源》刊物编委，曾任北京地理学会理事，农业部农业发展战略研究中心研究员。1992 年获农业部"有突出贡献的中青年专家"称号，1992 年起享受政府特殊津贴。

主要从事种植业布局、区划、农产品产需平衡方面的研究工作。主持和参加课题研究 10 多项，获奖 9 项。主持完成的"我国粮食产需区域平衡研究"获农业部科技进步奖二等奖和国家科技进步奖二等奖，"中国副食品市场需求与菜篮子工程布局"获农业部科技进步奖三等奖，"我国食糖产需平衡和糖业布局"获全国农业区划委员会和农业部优秀科技成果三等奖，"中国种植业布局的理论与实践"获部级农业区划科学技术成果三等奖，"全国商品粮基地选建研究"获中国农业科学院技术改进三等奖，"中国农产品专业化生产和区域发展研究"获中国农业科学院科技进步奖一等奖。参加的"中国种植业区划研究"获农业部技术改进二等奖和全国农业区划委员会科技成果一等奖，"中国综合农业区划""海南岛综合农业区划"分别获全国农业区划委员会一等奖、三等奖，"我国粮食和经济作物发展综合研究"获国家科技进步奖二等奖，"我国中长期食物发展战略研究"获国家科技进步奖二等奖。发表论文 40 余篇，代表性论文有《我国农业自然资源分区特点与种植业布局》《中国种植业区划研究》等。主编和参加编写著书 19部，主编《中国种植业布局理论与实践》《中国副食品市场需求和菜篮子工程布局》等著作5 部。

李树文　　研究员

1981 年到中国农业科学院农业自然资源和农业区划研究所工作
1993 年晋升研究员
1999 年退休

　　李树文，男，1939年8月出生，天津市人，中共党员。1961年7月毕业于北京林学院林业系，1961—1981年在河北省林业研究所工作，1981年起在中国农业科学院农业自然资源和农业区划研究所工作，曾任农业区划研究室副主任、科研处副处长、编辑部主任，《中国农业资源与区划》副主编、兼任《农业信息探索》副主编，中国农学会农业信息分科学会常务理事。1993年起享受政府特殊津贴。

　　早年主持"河北省坝上农田防护林营造技术的研究"获河北省科技成果四等奖和国家科委与国家农委颁发的科技成果推广奖。20世纪80年代开始，从事农业宏观研究，主持"北方旱地农业类型分区及其评价"攻关协作课题，研究成果获农业部科技进步奖二等奖。参加中美干旱地区沙漠化学术讨论会并发表了《中国北方旱地农业演变史》论文。1987年主持编辑部工作以来，协助中国农学会农业信息分科学会创办了《农业信息探索》刊物，为提高《中国农业资源与区划》《农业信息探索》两份公开发行刊物的学术理论性和编排格式规范化、标准化做了积极努力，取得比较显著成绩。发表论文20余篇，代表性论文有《河北森林的历史变迁》《北方旱地农业类型及发展对策》等。参编学术专著有《河北森林》《中国农业之发展》《中国农业区划学》《中国农业资源与区划》。

陈庆沐　　研究员

1982年到中国农业科学院农业自然资源和农业区划研究所工作
1995年晋升研究员
2000年退休

　　陈庆沐，男，1940年出生，北京市人，中共党员。1963年毕业于北京农业大学土化系。1963—1982年在中国科学院地质所和地球化学所工作，从事环境科学研究。1982年起在中国农业科学院农业自然资源和农业区划研究所工作，曾任农业区划研究室主任、所学术委员会主任。1993年起享受政府特殊津贴。

　　1983—1995年主持"六五""七五""八五"黄淮海国家科技攻关项目中的"作物布局与农业生产结构""农牧结合"和"农牧结合的模式及关键技术"研究专题。"七五""农牧结合研究"于1991年获农业部科技进步奖三等奖，为第一完成人。在1990年全国农业科技推广年活动中，获农业部先进个人称号。与中国科学院生态环境中心合作完成国家自然科学基金项目"乐陵金丝小枣的生态环境地质特征与背景研究"。参加国家科委的"区域地球化学在农业和生命科学的应用"项目中"黄淮海平原有关微量元素的背景应用研究"。1998年承担中美合作项目"全球氮循环研究"。发表论文20多篇，代表性论文为《利用冬闲田种草，促进畜牧业再发展》《乐陵枣区土壤原生矿物组成及其生态效益》。参与编著《黄淮海平原治理与农业开发》等著作4部。

薛志士　研究员

1979 年到中国农业科学院农业自然资源和农业区划研究所工作
1996 年晋升研究员
1997 年退休

　　薛志士，男，1936 年 11 月生，福建漳浦人。1959 年华南农学院毕业后留校任教，1962 年到中国农业科学院科研管理部工作，1979 年调入中国农业科学院农业自然资源和农业区划研究所。

　　主持国家科技攻关项目"晋东南实验区屯留县旱地农业发展战略研究""晋东南长治市旱地农业发展战略研究""寿阳县农林牧优化结构研究"，国家自然科学基金重大项目"华北平原节水农业分区及综合节水模式研究"，黄河流域水土资源农业利用研究。参加国家科技攻关课题"我国北方不同类型旱地农业综合增产技术研究""晋东豫西旱农地区（寿阳）农林牧综合发展研究""山东潍坊莱州湾地区资源调查与分层开发规划研究"。获得研究成果 7 项，其中农业部科技进步奖二等奖 2 项，中国农业科学院科技进步奖二等奖 3 项，中国农业科学院技术进步奖三等奖 1 项，全国农业区划委员会区划一等奖 1 项。研究成果为有关部门在旱农地区的农业发展战略、农业结构优化以及节水农业等方面的宏观决策提供了科学依据。公开发表论文 30 多篇，出版著作《节水农业宏观决策基础研究》等 8 部。

萧　钵　研究员

1980 年到中国农业科学院农业自然资源和农业区划研究所工作
1996 年晋升研究员
1999 年退休

　　萧钵，1939 年 11 月出生，江西省永新县人，中国民主同盟盟员。1958—1963 年在北京农业大学农业气象专业学习，1963—1972 年 3 月在中国科学院新疆分院水土生物综合所、地质地理所、新疆地质大队工作，1972—1980 年在中国科学院兰州冰川冻土所工作，1980 年 5 月起在中国农业科学院农业自然资源和农业区划研究所工作。曾任北京地理学会两届理事（1988—1996）。中国农业工程学会农业遥感专业委员会委员，1997 年任中国地质灾害研究会地质灾害经济专业委员会委员。

　　曾参加环太平洋地区天气—产量关系方面的国际合作研究。参加"农业遥感"、国家科技攻关"3S"项目中"省级示范系统"子专题以及"863"计划项目中"成像光谱仪技术农用识别能力试验与评价"等项目。主持关于"建立 NOAA 卫星地面接收站的可行性研究""气象卫星监测农业资源环境系统研究和应用研究""旱情监测研究"以及"3S"中的"华北地区农用地层面构建与更新"子专题等项目。参加项目"农业遥感研究"1985 年获中国农业科学院三等奖；"建立国家级农业资源与区划资源数据库研究"1991 年获农业部全国农业区划委员会优秀科技成果一等奖；"黄河中下游区域地理信息系统的建立与应用研究"1993年获中国科学院二等奖；"县级农业资源区划数据国家汇总研究"1993年获中国农业科学院二等奖。主持建成NOAA卫星地面接收站，为农业遥感应用奠定了基础。公开发表论文35篇，出版《农业遥感》等11部著作。

邝婵娟　研究员

1979年到中国农业科学院农业自然资源和农业区划研究所工作
1997年晋升研究员
1997年退休

邝婵娟，女，1937年10月出生，广东台山人。1960年毕业于华南农学院蚕桑系。曾任中国纺织品出口公司北京分公司技术员，1979年调到中国农业科学院农业自然资源和农业区划研究所工作，曾任《农业区划》杂志编辑。1992年起享受政府特殊津贴。

自1984年起一直从事农业宏观研究。研究核心是"我国粮食产需平衡"与"菜篮子工程布局"课题。参加和主持课题15项。获奖成果10项。"我国粮食产需区域平衡研究"和"我国中长期食物发展战略研究"于1989年、1993年获国家科技进步奖二等奖，1989年、1998年分别获农业部科技进步二等和三等奖各1项，1993年获国内贸易部商业社会科学优秀研究成果一等奖，1985年、1993年、1994年分别获中国农业科学院科技进步三、二、一等奖各1项，1991年、1996年获全国农业区划委员会优秀科技成果三等奖2项。公开发表论文有《我国粮食生产布局方向与粮食带》《我国蔬菜商品生产基地发展模式》等40余篇。合著和主编专著有《中国农产品专业化生产和区域发展研究》《中国北方粳稻资源调查与开发》《中国副食品市场需求和"菜篮子工程"布局》等12部。

陈尔东　研究员

1986到中国农业科学院农业自然资源和农业区划研究所工作
1999年晋升研究员
1999年退休

陈尔东，男，1939年出生，湖南长沙人。1962年毕业于武汉水利电力学院农田水利工程系，同年分配到中国农业科学院农田灌溉研究所工作，1986年调到中国农业科学院农业自然资源和农业区划研究所。1988年任农业资源信息研究室（农业遥感室前身）副主任，1990—1993年任研究室主任。1990年获农业部、全国"农业区划委员会先进工作者"称号。

先后主持研究课题、开发规划项目多项。主要有"全国县级农业资源区划资料数据国家汇总研究""全国农业资源农村经济信息动态监测研究"，"八五"国家科技攻关课题"商丘试验区节水农业持续发展研究""南昆铁路沿线区域经济发展对策研究""全国农业资源数据库建设"以及"贵州省农业结构调整规划""吉林省延边州农业综合发展规划""河南省渑池县农业发展规划""山东省滨州市农业可持续发展规划""黑龙江省巴彦县农业规划"等。主持的"全国县级农业资源区划资料数据国家汇总研究"获农业部、全国农业区划委员会优秀科技成果一等奖和中国农业科学院科学技术进步奖二等奖。发表论文 5 篇，撰写规划报告 20余篇。

第九章 大事记

1979 年

2月12日，国务院发出国发〔1979〕36号文，国务院批转国家农委、国家科委、农林部、中国科学院《关于开展农业自然资源调查和农业区划的报告》，决定在中国农业科学院成立农业自然资源和农业区划研究所。

3月，中国农业科学院成立以高惠民、温仲由为领导的中国农业科学院农业自然资源和农业区划研究所筹备组。

4月，全国农业资源调查与农业区划会议在北京召开，中国农业科学院何光文、信乃诠出席会议。会议制定了《全国农业资源调查和农业区划1979—1985年科研计划》。区划所筹备组人员旁听了会议。

4月27日，中国农业科学院（79）农科院（办）字第102号文件指出，农业自然资源和农业区划研究所已经正式开始办公。

5月14日，（79）农科院（办）字第120号文通知，即日起启用"中国农业科学院农业自然资源和农业区划研究所"印章。

6月4日，农科院（农区划）字第142号文，向国家农委、农业部报送"农业自然资源和农业区划研究所建所方案及基建计划任务书"，提出拟设以下研究室和部门：①农业自然资源研究室；②农业区划研究室；③新技术应用研究室；④制图室；⑤资料库；⑥所长办公室。人员编制为150人。

农业部文件（79）农业（计）字第164号文批复，同意该所机构设置，总人员编制为150人。房屋总建筑面积核定为8 800平方米。总投资在200万元以内。

年内，组建办公室、农业区划研究室和遥感组，负责人分别为朱振年、唐志发、贺多芬。并征集和收集资料约1 200份。

年内，主要在院内各单位抽调人员，到1979年年末在编人员有23人。

秋季，已有大部分科研人员协助全国农业区划委员会办公室组织的"全国综合农业区划"编写组进行农业分区数据整理、计算等工作。

年内，派贺多芬、彭德福、梁佩谦、寇有观、李京、刘东6人参加在北京农业大学举办的遥感学习班。

1980 年

1月，农业部党组任命温仲由为区划所副所长。

年初，但启常筹建《农业区划》刊物的出版。9月1日《农业区划》第一期出版，年内出版3期。

5月19日，（80）农科人字第54号文任命李明堂为区划所副所长（同年8月7日调蜜蜂所）。中国农业科学院人事局（80）农科（人）字第80号文，任命朱振年为区划所办公室副主任、唐志发为农业区划研究室副主任。

开始分析整理全国1978年分县农业基础资料，编制全国农业经济图集的底图等。

夏季，贺多芬、彭德福等在黑龙江宁安县利用卫片和航片进行土地资源调查和农作物波谱测试。

6—10月，朱忠玉、梁佩谦、陈国胜参加了海南岛农业自然资源调查和农业区划考察研究工作。

7月28—30日，全国农业资源调查和农业区划第二次会议在北京召开，温仲由副所长等参加了会议，本所部分人员听取了万里、张平化等领导的重要讲话。

年内，为解决办公用房急需，在院西门旁新建砖混结构平房2栋，约350平方米。

1981 年

2月，资料室正式成立，负责人为王国庆。

3月27日至4月8日，受国家农委区划办公室委托，邀请吉林、河南、陕西省农业科学院、辽宁省区划所和河北遵化、安徽宿县、湖南宁乡县区划办代表座谈。讨论《县级综合农业区划工作要点》《县级综合农业区划的若干问题》《农业经济调查工作要点》3个讨论稿，提出了修改意见。

4月1日，农业部党组农业发（1981）第20号文和4月4日（81）农科院（党）字第11号文，任命徐矾为区划所党委书记、所长。

4月，成立农业资源研究室，负责人为陈锦旺。当年分为农业生态现状调查和中国农业特产资源调查两个课题组到南北方各省调查。

4月12—25日，国家农委接待美国计算机及遥感在农业上应用考察组，本所3位同志参加接待。

5月11日，农业部党组农业发（1981）第40号文和（81）农科院党字第21号文，任命杨美英为区划所副所长。

徐矾、杨美英开始主持农业部课题"中国畜牧业综合区划""中国种植业区划"，李敏、童灝华、唐志发、汤之怡、朱忠玉等10人参加了调研。

8月24日至9月3日，在北京召开首次"全国区划所长工作座谈会"，徐矾主持，中国农业科学院何光文副院长，国家农委副主任何康、全国农业区划委员会办公室主任张肇鑫到会讲话。会后草拟了给国家农委的报告。

9月，郭金如参加黄淮海平原综合治理和农林牧合理布局的科学考察。

10月21日，徐矾所长参加国家农委召开的重点地区农业发展战略研究工作座谈会。

11月，刘秀印、耿廉、许照耀3人赴罗马尼亚学习电子计算机。

11月2日，农业部（81）农业（人）字第207号文，陈锦旺晋升副研究员。

年底前，由唐志发主持的院课题《全国农业经济地图集》提出样图初稿。

1982 年

3月23日，韩元钦、汤之怡、殷学美、王舜卿、王素云、王国庆、黄平香、王凤兰、张彦荣、张弩、张玓晋升助理研究员。但启常定为编辑，万贵晋升为工程师。

进行"中国种植业区划""中国畜牧业综合区划"等 7 项课题研究，前两项课题在年内基本完成。

7 月，受国家农委区划办委托，筹办在北京农展馆举行的综合农业区划等展览，李树文、王舜卿、陈国胜参加，10 月底筹办工作基本完成。

10 月 15—23 日，协助农牧渔业部在北京召开全国畜牧业区划经验交流会，徐矶所长出席会议。

1983 年

5 月 10 日，区划所制定一系列制度，包括公文、函件、职工请假、后勤管理制度、保密制度等，经所务会议通过公布执行，所内管理工作逐步规范化。

6 月，制图室成立，万贵任副主任。

开始试行岗位责任制。科研经费开始下放到各室（组），各（室）组有一定的自主权。

6 月 7 日，农业部党组农发字（1983）第 145 号文，任命于学礼为区划所副所长。

11 月 3—9 日，由农牧渔业部主持，区划所协助的全国种植业区划工作经验交流会在郑州召开，杨美英副所长等 7 人参加了会议。

11 月 16 日，农牧渔业部党组农发字（1983）第 300 号文和（83）农科院（党）字第 122 号文，任命李应中为区划所党委书记。12 月 23 日，农牧渔业部党组农发字（1983）347 号文和（83）农科院（党）字第 149 号文，任命李应中兼区划所所长。

美国加州大学耿旭教授首次来所进行学术交流。

进行国家科技攻关课题"合理调整黄淮海平原中低产地区作物布局、种植制度与农业生产结构研究"等 7 项课题研究。

"中国种植业区划""中国畜牧业综合区划"两项成果获农业部技术改进二等奖。

1984 年

年初，拟定"聘请兼职研究人员管理试行办法"，特聘中国科学院学部委员陈述彭研究员为"农业信息课题"特约研究员和顾问，并带研究生。

5 月 30 日，国家计委发文批准在中国农业科学院建设全国农业自然资源和农业区划资料库，建筑面积 7 160 平方米。当年 12 月开始由北京市规划设计院设计。

5 月 8—12 日，在苏州市召开中澳农业区域学术讨论会，杨美英副所长担任中方主席。杨美英、梁佩谦、王舜卿出席会议并宣读了 3 篇论文。

6 月，区划所向中国农业科学院研究生院报告招收硕士研究生计划，当年李应中招收第一位硕士研究生。

8 月 29 日，区划所拟定"七五"科研发展规划。①地区农业资源综合开发利用及生态经济效益研究；②农业合理布局及未来发展预测研究；③农业区划、农业资源基础理论与方法研究；④情报资料研究。

10—12 月，中国科协组织学术访问团赴澳大利亚进行农业区域规划学术交流及考察。杨美英任副团长，梁佩谦参加了考察。杨美英宣读了《中国实现农业机械化的道路》，梁佩谦宣读了《中国干旱地区农业发展问题》论文。

12 月，举办农业系统工程学习班，全所科研人员参加了学习。

当年，开展了"北方旱地类型分区划类及其评价研究"等 6 个课题研究。

8月和12月，《中国种植业区划》《中国畜牧业综合区划》由农业出版社出版。

《中国农业经济地图集》获1984年度农业部科技进步奖三等奖，"'三北'防护林地区畜牧业综合区划"获1984年农业部技术改进二等奖。

"用成数抽样理论与地貌类型分区概算全国耕地面积研究""全国农业商品生产基地（粮食部分）选建研究""农业遥感研究"3项成果获1984年度中国农业科学院技术改进三等奖。

12月，拟定《中国农业科学院农业自然资源和农业区划研究所改革方案》（讨论稿）。对区划所研究方向、任务、领导体制、组织机构、课题责任制、人员考核和晋升等方面提出具体办法与规定。

12月29日，农发字（1984）268号文，任命于学礼为区划所党委书记。

1985 年

2月，成立以李应中为主任，杨美英为副主任和8名委员组成的学术委员会。

3月，邀请华中工学院邓聚龙教授举办"灰色系统"学习班，所内和有关省区划所共50人参加学习。

4月25日，区划所（85）（区）字第5号文，祁秀芳任党委办公室副主任兼人事处副处长；魏顺义任行政办公室副主任；付金玉任科研处副处长；陈庆沐任农业区划研究室副主任；王舜卿任农业区划研究室副主任；朱忠玉任农业资源研究室副主任；寇有观任新技术研究室副主任。

5月，中国农业科学院下达农业区划所的方向、任务。指出以农业自然资源和农业区划为主要研究对象。面向全国，开展资源经济、区域性开发、商品基地选建等研究，为国家和部门制定农业发展规划和决策提供依据。

9月18日，全国农业区划委员会办公室公布1979年以来全国农业区划委员会成果奖励项目名单，区划所主持的"中国种植业区划"系列成果获一等奖，参加的"中国综合农业区划""全国农业资源区划展览"获一等奖，主持的"中国畜牧业综合区划"获二等奖。

9月29日，（85）农科发字第117号文，任命史孝石为区划所副所长。

10—11月，王舜卿赴马里承担巴京达农场项目规划任务。

12月19日，区划所召开学术报告会，李树文、寇有观、陈锦旺等8人做了学术报告。

当年，提出"黄淮海平原中低产地区农业结构布局与种植制度研究"等9项课题为重点研究课题。

当年，区划所提出各项管理办法，包括科研管理、干部任免等11项管理办法和制度。

1986 年

1月，中国农业科学院表彰"六五"期间科学研究和撰写著作、论文成绩突出的科技人员，区划所有：李应中、徐矶、万贵、杨美英、王素云、王广智、朱忠玉、严玉白、汤之怡、张玓、寇有观、萧钵、李宝栋。

实行课题招标，首先公布7项课题，有23人参加课题投标，2月13日，本所评审小组确定陈锦旺、陈庆沐等8人为中标者，中标者自由组成课题组。

2月20日，1986年第一期《农业区划》公布全国农业区划工作先进单位，区划所有《中国种植业区划》研究编写组和资料库。全国农业区划先进工作者有但启常、徐矶。

8月25日至9月1日，美国加州大学耿旭教授来华进行学术交流，在区划所做了"农作物产量与天气变化关系模型"的学术报告。

10 月 27 日至 11 月 16 日，寇有观参加农牧渔业部区划局组织的代表团赴波兰进行农业遥感、资源管理等方面考察。

12 月，实行技术职务聘任制，进行全所高、中、初级技术职务评审。全所评出副高级职务 12 名，中级职务 4 名，初级职务 22 名。

"西南三岩地区农业发展研究""我国粮食产需区域平衡"等 7 项课题在我国南北方全面开展调研工作。

"怀化市农村经济结构调整的研究""黄河黑山峡河段开发对灌区农业生态的影响"成果获 1986 年度中国农业科学院技术改进二等奖。

1987 年

1 月，在连云港市召开全国第二次农业区划所长座谈会。

1 月，《农业区划》期刊，由内部发行改为面向全国公开发行。

4 月 5 日，中国农业科学院发文批复同意成立区划所第二届学术委员会。主任为陈锦旺，副主任为汤之怡；委员 7 名，秘书 1 名。

7 月 31 日，中国农业科学院下达第一批院长基金课题，区划所有 5 个课题获得资助。

7 月，美国加州大学耿旭教授来所进行学术交流，并达成 1988—1990 年中美合作研究课题协议。

8 月 21—25 日，中国农学会农业区划分科学会成立大会在北京召开。会议选举李应中为分科学会副主任委员，杨美英为副秘书长。

9 月 28 日，区划所培养的第一个硕士研究生黄小清被中国农业科学院授予硕士学位。

9 月，美国密西根州立大学资源开发系教授舒尔亭克来所进行学术交流。

9 月 18 日，(87) 农科发字第 85 号文，免去于学礼农业自然资源和农业区划研究所党委书记、副所长职务。

9 月 18—29 日，受全国农业区划委员会办公室委托在区划所举办"全国农业区划开发项目可行性研究"培训班，各省区划办、区划所及本所有关人员 77 人参加学习。

11 月 14—28 日，比利时根特大学赛斯教授来所进行学术交流，就"土地资源评价"专题进行了 8 天讲座，所内外 40 名学员参加学习。

12 月 23 日，7 160 平方米办公楼全面竣工，验收合格。

"北方旱地农业类型分区及其评价"获农业部科技进步奖二等奖；"闽、浙、赣、湘、鄂亚热带丘陵山区农业资源综合利用研究"获 1987 年中国农业科学院科技进步奖一等奖。

开始进行"我国中低产田增产潜力及综合开发利用研究"等 13 项课题研究。

1988 年

年初，全所搬入新建 6 层大楼办公，其中资料库 3 000 平方米，办公用房 4 000 平方米，计算机房 200 平方米。

年初，全国农业区划委员会资料库工作取得很大进展。用微机检索文献数据系统研制成功，库内存有 2.2 万条资料题录，并通过专家鉴定。

5—8 月，修订了一系列管理制度和办法。

6 月，在办公大楼 5~6 层新设招待所开业，有 80 个床位，当年接待 1 000 多位客人，增加了区划所收入。

8月27日，（88）农业（区）字第10号文通知，陈锦旺任农业资源室主任，免去原农业资源室副主任职务；万贵任制图室主任，免去原制图室副主任职务；李树文任编辑部主任，免去原副主任职务；苏迅任行政办公室正处级调研员，免去原副主任职务；陈尔东任农业资源信息室副主任；刘玉兰任资料室副主任。

9月16—28日，李应中率领农业部区划局等单位共5人赴波兰进行地籍管理与区域规划考察。

当年，寇有观、萧铁编著的《农业遥感》一书，由农业出版社出版。

当年，"我国粮食产需区域平衡研究"获农业部科技进步奖二等奖。

当年，全所承担新设和延续课题22个，新设课题有农业部委托的"我国农牧渔业商品基地规划研究""2000年饲料生产与畜禽结构研究"等。

1989 年

1月，农业部党组农业发（1980）4号文，任命温仲由为区划所副所长。

3月，受农业部农业司和中国农学会信息分科学会委托，期刊室负责《农业信息探索》杂志创刊。

3月15日，（89）农区划（区）字第2号文，李应中晋升研究员，邝婵娟、刘玉兰、周延仕晋升副研究员，黄诗铿、陈印军、孙庆元晋升助理研究员。

3月21日，（89）农区划（区）字第10号文通知，梁业森任畜牧业布局研究室副主任，李文娟任种植业布局研究室副主任。

4月3日，为纪念全国农业区划全面开展十周年，区划所配合全国农业区划委员会办公室在中南海礼堂举行农业区划学术报告会。会后在所内举办"全国农业区划全面开展十周年"成果展览会。陈俊生、杜润生、何康、刘中一写了贺信和题词。

5月，（89）农区划（区）字第4号文，覃志豪、杨瑞珍、严兵晋升助理研究员。

6月2日，波兰地理学家、世界地理学会主席木可斯特洛维斯基来区划所考察。

11月，于学礼、梁业森等编著的《中国饲料区划》由农业出版社出版。《中国饲料区划》获农业部1989年科技进步奖二等奖。

当年，"我国粮食产需区域平衡研究"成果获1989年国家科技进步奖二等奖。

当年，"我国农牧渔业商品基地建设规划研究"成果获1989年农业部科技进步奖二等奖；"我国中低产田分布及粮食增产潜力研究"成果获1989年农业部科技进步奖三等奖。

当年，"晋东南实验区屯留县旱地农业发展战略"成果和"农业自然资源与农业区划文献资料电子计算机输入与检索系统研究"获中国农业科学院科技进步奖二等奖。

当年，全所承担16个课题。其中，国家科技攻关课题3项，国家自然科学基金课题2项，农业部区划司课题7项，院长基金课题2项，国际合作研究课题1项，其他课题1项。其中，新设课题有"中国耕地资源及其开发利用""农村资源经济空龄结构优化研究"等。

1990 年

1月，区划所举行大型学术报告会，23位同志宣读了论文，所学术委员会进行综合评比，评出一等奖1名，二等奖2名，三等奖2名。

1月，全国农业区划委员会办公室公布全国农业资源和农业区划工作先进集体名单，其中，有本所《农业区划》编辑部和全国农业区划委员会资料库。先进工作者有李树文、陈尔东。

本年度，区划所承担延续和新增课题 13 项。

农业区划研究室更名为区域农业研究室，新技术应用研究室更名为农业资源信息研究室。

3 月 26 日，中国农业科学院（人）字（1990）第 149 号文，汤之怡、杨美英晋升研究员。

8 月 27—30 日，在北京召开全国农业区划第三次工作会议，国务院副总理田纪云接见了全体代表，国务委员陈俊生等做了重要讲话。李应中等出席会议，区划所大部分科研人员听取了陈俊生同志的讲话。

8 月 31 日，美国农业部经济研究局中国科科长段志煌率领美国自然资源考察组一行 5 人，来所考察。

9 月 3—9 日，美国密执安州立大学舒尔亭克教授来所讲学一周，各省（市、自治区）区划办、区划所和本所科研人员共 80 余人参加学习。

9 月 28 日，区划所任命陈庆沐任农业区域研究室主任，朱忠玉任种植业布局研究室主任，陈尔东任农业资源信息研究室主任，刘玉兰任资料室主任，魏顺义任办公室主任，付金玉任科研处处长，祁秀芳任党委办公室主任、人事处处长，免去王舜卿农业区域研究室副主任职务。

11 月 6—9 日，区划所主持召开全国第三次区划所所长座谈会，有 24 名代表参加。会后形成纪要，由全国农业区划委员会批转各地执行。

12 月，陈庆沐获农业部"全国农业科技推广年活动中做出贡献的先进个人"称号。

12 月底，区划所举行第二次学术报告会，有 9 人做了学术报告，评出二等奖 1 名，三等奖 2 名。

当年，《农业区划》杂志开始向国外发行，并被列入全国科技论文统计期刊。

当年，完成建立国家级农业自然资源与区划数据库的研究和县级农业资源数据国家汇总研究，并建立了数据库、图形库、模型库等。

当年，"中国饲料区划"成果，获国家科技进步奖三等奖。

当年，"潍坊市莱州湾地区遥感应用与分层开发规划研究"获农业部科技进步奖二等奖。

当年，"建立国家级农业资源与区划资料数据库研究"获全国农业区划委员会、农业部优秀成果一等奖。"我国食糖产需平衡和糖业布局""区域农村经济规划的理论与方法"两成果获全国农业区划委员会、农业部优秀成果三等奖。

1991 年

1 月 14—17 日，李应中参加荷兰莱顿大学举行的中国农业和乡村发展第二次欧洲学术讨论会并在会上宣读了论文。

2 月，拟定了"八五"期间规划和 2000 年设想大纲。

对"七五"期间工作成绩突出的个人，经群众投票和所评议小组评议，推选出 2 名先进工作者和 15 名各类优秀人员，召开全所大会进行表彰。

2 月 1 日，农科（人技）字（1991）第 11 号文，罗其友、严兵、毕于运、李育慧、徐波、李文娟晋升助理研究员。

9 月，中国农业科学院举行表彰大会，表彰"七五"期间先进课题组和先进工作者。作物布局和商品基地研究组评为先进课题组，李应中评为先进工作者。

10 月，农业部文件通知，汤之怡自 1991 年起享受政府特殊津贴。

当年，落实"八五"课题 14 项。其中，有"黄淮海平原农牧结合的模式及关键技术研究"等国家科技攻关子课题 6 项。

当年，"黄淮海平原农牧结合研究"获农业部科技进步奖三等奖。

当年，李文娟等编著的《我国食用植物油料（脂）产需平衡和布局》、梁业森等编著的《2000年饲料生产与畜禽结构研究》、徐矾主编的《当代中国畜牧业》3部著作，分别由中国商业出版社、中国农业科技出版社、当代中国出版社出版。

当年，气象卫星地面接收站基本建成，主要任务是接收NOAA气象卫星发送的遥感信息，为农业部门服务。

1992 年

1月22日，重组专业技术职务评审委员会。李应中为评委会主任，杨美英、陈锦旺为副主任，共有15名委员组成。

4月27日，农业部文件（1992）农（人）字第33号文，朱忠玉、梁业森获得1992年度部级有突出贡献的中青年专家。

5月28日，农（职办）字（1992）第5号文，申屠军、杨瑞珍、周旭英晋升助理研究员。

6月30日，中国农业科学院人事局农科院（人）便字第011号文，同意区划所成立财务科，尹光玉任财务科科长。

6月，区划所与昌平县土地管理局签订编制《昌平土地利用总体规划》协议。

7月11日，农科院（人）字（1992）第291号文，朱忠玉、陈锦旺晋升研究员，林仁惠、宫连英、王素云、陈尔东、梁业森晋升副研究员。

8月3—5日，农业资源与区划学科发展战略研讨会在北京召开，李应中、杨美英等9人参加了研讨会，发表论文3篇。会议对区划学科名称、研究对策、学科性质、研究内容、理论方法等进行了讨论。李应中主持并做了会议总结。

8月16日，成立"北京泰科土地开发技术公司"。

8月28—31日，中国农业资源与区划学会在北京召开成立大学暨学术讨论会。李应中当选副理事长，杨美英当选副秘书长。

10月10—11日，市场经济与农业区划研究学术交流会在北京召开，全国部分省和在京代表24人参加了会议，交流论文16篇，李应中等参加会议并做发言。

当年，"我国食用植物油料（脂）产需平衡和布局"获农业部科技进步奖三等奖。

当年，先后接待联合国粮农组织等十多个团组来所。11月，杨美英、陈锦旺、黄小清等5人组成考察组赴菲律宾考察。

当年，有17项研究课题，新增课题有"我国不同气候带耕地永续利用与农业持续发展研究"等3项；"农业资源经济空龄结构优化研究"等5项课题结题。

当年，杨美英等编著的《中国耕地资源及其开发利用》，林仁惠等编著的《农业资源经济空龄结构优化研究》，薛志士等编著的《黄河流域水土资源农业利用研究》3部著作公开出版发行。

当年，李文娟获得1992年"农业部十佳青年"称号。

1993 年

1月5日，农业部发文通知，李应中、徐矾、朱忠玉、梁业森、邝婵娟从1992年10月起享受政府特殊津贴。

3月，提出《区划所进一步改革（试行）补充意见》。

9月10—11日，市场经济与农业区划研究学术交流会召开，区划所大部分科研人员参加，李应中等14位科研人员做了学术报告。

11 月 19 日，区划所（93）农区划（区）字第 6 号决定，唐华俊任农业资源信息室主任，免去陈尔东农业资源信息室主任职务；免去万贵制图室主任职务。

当年，"县级农业资源数据国家汇总研究""黄河流域水土资源农业利用研究"两项成果获中国农业科学院科技进步奖二等奖。

当年，唐华俊编著的《土地适宜性模糊评价方法与中国不同气候带玉米、小麦的土地生产潜力模型研究》和《土地评价管理和作物生产潜力计算方式》由比利时根特大学出版社出版。朱忠玉、李文娟等编著的《中国农产品专业化生产和区域发展研究》由中国农业科技出版社出版。

当年，承担和主持课题 19 项。其中，国家科技攻关课题、子课题 6 项，国家自然科学基金 3 项，国家社会科学基金 2 项，农业部及有关部委课题 6 项，中国农业科学院院长基金 1 项。

当年，《农业信息探索》获准公开发行，每季末出版。

1994 年

2 月 5 日，中国农业科学院（94）农科发字第 11 号任免通知，李应中连任农业自然资源和农业区划所所长，唐华俊任副所长，梁业森任副所长；免去杨美英副所长职务，保留副所级待遇。

2 月，《农业区划》更名为《中国农业资源与区划》。

3 月，中国农业科学院人事局通知，杨美英、陈锦旺、陈庆沐、王素云、李树文从 1993 年起享受政府特殊津贴。

3 月 21 日，"区划所改革方案"经所务会议通过，重点是深化人事、科研、行政管理等方面的改革，包括各种管理办法和 6 个附件，开始在全所执行。

4 月 6 日，（94）农科（人技）字第 136 号文，李树文晋升研究员，覃志豪、佟艳洁、关喆、马忠玉、李文娟晋升副研究员。

5 月 16 日，（94）农区发字第 12 号，马忠玉任持续农业与农村发展研究室副主任。

8 月 24—26 日，第四次全国区划所长座谈会在北京召开，参加会议的有全国 16 个区划所（室）共 21 位代表。

当年，全所共开展 26 项课题研究，较 1993 年增加 1/2。其中，国家科技攻关子课题 5 项，国家自然科学基金课题 4 项，国家社会科学基金 2 项，农业部课题 12 项，院长基金课题 3 项。

当年，为开展资源环境和农业可持续发展研究，区划所新设"持续农业与农村发展研究室"，由唐华俊兼主任，马忠玉任副主任。原"农业资源研究室"更名为"农业资源环境研究室"，陈锦旺任主任。

当年，先后接待日本 WEDOS 遥感代表团，美国农业部农业经济代表团，粮农组织持续农业代表团，美国密西根大学农学院院长，意大利米兰大学资源环境系主任。马忠玉赴英国开展合作研究 1 年，覃志豪赴以色列开展合作研究 4 个月，唐华俊赴荷兰参加资源持续管理国际会议。

当年，"农业资源经济空龄结构优化研究"获农业部科技进步奖三等奖，"我国耕地资源及其开发利用""中国农产品专业化生产和区域发展研究"获中国农业科学院科技进步奖一等奖。

当年，梁业森等编著的《中国不同地区农牧结合模式与前景》、唐华俊等编著的《土地评价方法》分别由中国农业科技出版社和比利时根特大学出版社出版。

1995 年

3月，李文娟赴伦敦参加欧洲第四次中国农业与农村发展研讨会并宣读了论文；同年到新西兰进行合作研究 1 年。

4月，国家科委批文，同意区划所为国家遥感中心农业应用部。农业信息和遥感室更名为农业遥感应用研究室，同时挂牌国家遥感中心农业应用部。

6月9日，举办中国粮食供需前景学术讨论会。杜润生同志到会，林毅夫等 7 位专家做了专题发言，《人民日报》《光明日报》进行了报道。

10月20日，中国农业科学院人事局发文，组建以李应中为主任，唐华俊、梁业森为副主任，有 15 名委员组成的中级专业技术职务评委会。

11月2日，农业部农人发（1995）49 号文，覃志豪获得农业部有突出贡献的中青年专家称号。

11月，唐华俊赴美国圣路易斯市参加模糊理论在土壤科学中应用研讨会并做了综述性发言。

当年，农业部发文，覃志豪、李文娟从 1995 年起享受政府特殊津贴。

当年，毕于运等编著的《中国耕地》、朱忠玉等编著的《中国种植业布局的理论与实践》、覃志豪等编著的《地区差异与均衡发展》3 部著作由中国农业科技出版社出版。唐华俊参与编著的《主要作物对土壤环境条件要求》由比利时根特大学出版。

当年，先后接待美国科学院代表团、意大利外交发展部代表团、英国曼彻斯特大学、日本国家农业环境研究所、比利时根特大学、比利时安特卫普大学、比利时驻华使馆、巴基斯坦驻华使馆等官员和学者 20 多人次。区划所与比利时根特大学共同获得由比利时政府资助的合作项目。包括①根特大学 3 位留学生到本所进行为期 2 个月的合作研究，比利时 2 位教授来所进行短期学术访问并做学术报告；②派 3 位学者赴比利时根特大学进行短期学术交流，派 3 位科研人员赴比利时进行 3 个月的合作研究；③商定从 1996—2001 年中比合作开展"中国不同气候带土地资源持续利用模式研究"项目研究。

当年，区划所有研究课题 22 项。其中，国家科技攻关课题 4 项，国家自然科学基金课题 3 项，国家教委课题 1 项，农业部课题 11 项，院长基金 3 项。研究人员人均经费 1.7 万元左右。

1996 年

1月11日，区划所（96）农业区发字第 1 号，周清波任农业遥感应用研究室副主任、陈印军任农业资源环境研究室副主任。

1月23日，中国农业科学院（96）农科院（人字）第 39 号文，陈庆沐晋升研究员，陈印军、周清波、曹尔辰、罗其友、任天志、陈佑启、王凤兰晋升副研究员。

7月18日，中国农业科学院（96）农科院发字第 33 号文，唐华俊任农业自然资源和农业区划研究所所长；梁业森任党委书记兼副所长，张海林任副所长；免去李应中所长兼党委书记职务。

8月26日，中国农业科学院发文同意区划所成立新一届学术委员会。陈庆沐为学术委员会主任，梁业森、王尔大为副主任，委员有 13 人组成。

9月27日，区划所经 3 个月讨论和修改，编制完成《农业科技计划和 2010 年规划》。指导思想是"抓住机遇、深化改革，开创'九五'新辉煌，大步跨向 21 世纪"。将遥感及地理信息系统应用研究、农业资源高效持续利用研究、农业区域发展研究确定为区划所优先发展领域。

当年，区划所共主持承担 17 项课题。其中，国家科技攻关课题 5 项、国家自然科学基金课题 2 项、国家社会科学基金课题 1 项、国家教委课题 1 项、农业部区划司课题 2 项、农业部丰收计划课题 1 项、农业部软科学课题 1 项、国际合作课题 1 项、中国科学院课题 1 项、国家民委课题 1 项、中国农业科学院院长基金课题 1 项。

当年，"中国不同地区农牧结合与前景研究"获农业部科技进步奖三等奖。

当年，"中国不同地区农牧结合模式与前景""2000 年饲料生产与畜禽结构研究"获部级资源区划成果一等奖，"中国耕地资源永续利用之研究"获部级资源区划成果二等奖，"中国种植业布局的理论与实践"获部级资源区划成果三等奖。

当年，区划所对中级专业技术职务评委会进行调整，唐华俊任主任，梁业森、陈庆沐任副主任，有 15 名委员组成。

当年，接待了比利时根特大学、英国北安普顿大学、英国赫尔大学、世界银行代表团、日本筑波大学、澳大利亚国际农业研究中心、荷兰农业代表团、香港森野集团、美国科罗拉多州立大学、美国新罕布什尔大学地球海洋空间研究所、比利时驻华使馆等单位的官员和学者 20 多人次。举办了 4 次外国专家主讲的讲座。

当年，区划所先后派出 8 人次赴印度、日本、比利时、以色列、新西兰等国进行合作研究和参加国际学术会议。

当年，李文娟等编著的《中国棉花产需平衡研究》、梁业森等编著的《非常规饲料资源的开发利用》、覃志豪编著的《以色列农业发展：农业产出的定量分析》（中、英文各 1 本）由中国纺织出版社、中国农业科技出版社公开出版。

当年，唐华俊获得 1996 年"中国农业科学院优秀青年"称号。

1997 年

年初，经全所职工讨论，所务会议通过，制定出有关管理规章制度，包括《行政例会制度》《科研工作暂行管理办法》等 14 项规章制度，并制定出细则，自 3 月 1 日开始执行。

5 月 9 日，农科院人字〔1997〕307 号文，关于公布院首批跨世纪学科带头人名单的通知，唐华俊、马忠玉、王东阳 3 人入选。

5 月，中国农业科学院发文，中国科学院院士李博教授到区划所工作。

5 月 13 日，中国农业科学院人事局农科院人干字〔1997〕89 号文通知，李文娟任所长助理（正处级）。

7 月，持续农业与农村发展研究室和农业资源环境研究室合并为农业资源环境与持续农业研究室，种植业布局研究室和畜牧业布局研究室合并为农牧业布局研究室。

7 月 25 日，(97) 农区字第 20 号通知，罗其友任区域发展研究室副主任，任天志任农牧业布局研究室副主任。

8 月 21—31 日，协助农业部区划司承办的 97 北京可持续农业技术国际研讨会在北京举行，来自中、英、美、比、澳等国专家学者共 110 人参加会议。唐华俊、梁业森等 10 人参加了会议，并宣读多篇论文。

8 月 29 日，中国农业科学院党组决定，中国农业科学院山区研究室整建制并入区划所，作为区划所一个研究室。

9 月 2 日，中国农业科学院人事局农科院人干字〔1997〕125 号任免通知，杨宏任人事处处长；免去祁秀芳人事处处长兼党委办公室主任职务。

10 月 22 日，中国农业科学院发文同意调整中级专业技术职务评审委员会。主任为唐华俊，副主任为梁业森、陈庆沐，委员共 15 名。11 月 25 日，院批准增补李博、刘更另、刘国栋为中级专业技术职务评审委员会委员。

10 月 27 日，中国农业科学院人事局批准，同意区划所组建开发处。

12 月 24 日，农科院人字〔1997〕112 号文，薛志士、萧钺晋升研究员，朱建国、祁秀芳、王尔大、唐华俊晋升副研究员。

当年，邀请美国科罗拉多州立大学农业与资源经济系教授来所讲学、邀请比利时根特大学、美国艾奥瓦州立大学、荷兰瓦赫宁根农业大学专家来所讲学；与日本国际农林水产业研究中心签订中日 1997—2003 年合作研究协议书。

当年，选派周清波等 3 人赴比利时，王尔大赴美国开展合作研究。王尔大、唐华俊、李博分别参加了菲律宾、韩国、中国香港的有关学术会议。

当年，出版专著 5 部，有李应中等编著的《中国农业区划学》，梁业森、李文娟等编著的《我国主要农产品市场分析与生产布局》，李应中、唐华俊等编著的《中国农业资源与区划》，唐华俊等编著的《土地生产潜力方法论比较研究》，屈宝香等编著的《冲突与协调——现代商品农业中的资源环境问题》。

当年，甘寿文获得 1997 年"中国农业科学院文明职工"称号。

当年，区划所有在研课题 52 项（其中，山区室 6 项），包括应用基础研究 12 项，应用研究 31 项，开发研究 9 项。其中，国家科技攻关专题 3 项、子专题 12 项，"863"计划课题 1 项，国家自然科学基金和国家社会科学基金项目 7 项。中日合作课题启动，有国际合作课题 3 项。

1998 年

1 月 7 日，《中国农业资源与区划》杂志第二届编委会成立，唐华俊任主编，何康等 9 位老领导和院士任顾问，由 26 位编委组成。

1 月 13—16 日，唐华俊应邀参加并主持在美国得克萨斯农工大举办的农业与可持续发展大型研讨会。

年初，国家教委正式批准授予与其他两单位共享两个硕士点：生态学专业和环境工程专业。

2 月 9 日，区划所就发展方向定位、优势领域发挥、研究水平提高和优秀人才培养等未来发展问题组织有关人员进行讨论，明确"综合性、战略性、咨询性、公益性"是本所的定位；"农业资源可持续利用与生态环境保护""RS、GIS 和 GPS 在农业领域中的综合应用""农牧业生产布局、规划与区域发展"是本所挑战未来的研究领域。

3 月 26 日，全国农业区划委员会办公室、中国可持续发展研究会可持续农业专业委员会、《新华社》国内部、《农民日报》社与区划所联合举办主要农产品供需前景和结构优化研讨会。会后向有关领导提交了《关于优化农业结构、大力提高农产品质量的若干建议》的报告。

3 月，区划所与荷兰瓦赫宁根农业大学签订"土地利用变化"研究项目。4 月 20 日至 5 月 18 日，邀请该校 P. H. Verburg 博士来所，就土地利用变化及其影响（CLUEMODEL）专题进行交流访问，探讨该模型在中国应用等领域的合作研究。

4 月，农科院人字〔1998〕276 号文，梁业森、邝婵娟晋升研究员，陶陶、周旭英、姜文来、曾希柏、付金玉晋升副研究员。

5 月 21 日，我国著名生态学家、中国科学院院士、区划所研究员，内蒙古大学教授李博先生在匈牙利出席草地国际学术会议期间不幸逝世，享年 69 岁。

6 月 1 日，区划所与河北省科委共建的河北省燕山科学试验站建成。位于迁西县境内，有 3 个大型试验室和 1 500 亩山地实验区，可承担农、林、牧、水产、食用菌等多项试验。

7月3日，（98）农科区划字第08号任职通知，周清波任农业遥感应用研究室主任，陈佑启任农业遥感应用研究室副主任。

8月14日，中国农业科学院人事局农科人干字〔1998〕91号任免备案通知，魏顺义任区划所开发处处长，免去办公室主任职务；杨宏兼任区划所办公室主任。

8月26日，中国农业科学院党组发〔1998〕45号文，王道龙任区划所副所长。

8月27日，中共滨州地委组织部同意，滨州市聘任孙富臣为科技副市长。

8月，国家自然科学基金委员会批准区划所主持国家自然科学基金重大项目"中国东部陆地农业生态系统与全球变化相互作用机理研究"中的06课题"我国东部农业生态系统在全球变化条件下持续发展的调控途径"。

夏季，全所职工全力支援长江抗洪救灾工作，人均捐款300多元，编写了《灾后自救知识读本》，参与制作了减灾自救的广播和电视节目等。

9月，"中国主要农产品市场分析与'菜篮子工程'布局""地区差异与均衡发展—中国区域农村经济问题剖析"获农业部科技进步奖三等奖。

9月，区划所与日本农林水产省环境研究所签订"高精度卫星应用"合作研究项目。

9月下旬，区划所局域网与中国农业科学院局域网正式连通并投入使用。

10月6日，区划所与中国地质科学院联合组建的"国土资源农业利用研究中心"正式成立。

10月15日，中国农业科学院农业自然资源和农业区划研究所、农业部发展计划司、中国21世纪议程管理中心、中国可持续发展研究会可持续农业专业委员会共同组织召开长江中上游地区农业资源合理利用和生态环境保护学术讨论会，中国科学院、中国林科院、中国水科院、中国农业科学院、地科院十几名专家和领导出席会议并发表多篇论文。

12月4日，区划所召开首届职工代表大会。

12月13—22日，区划所邀请比利时根特大学 Narc Van Meirvenne 教授到所就 GIS 在农业资源管理中应用的最新进展、空间统计分析及其应用等做专题讲座及学术报告。

12月10日，综合档案室通过部、院两级验收，成为"农业部合格档案室"。

12月，"非常规饲料资源的开发与利用"获中国农业科学院科技进步奖一等奖，"长江流域粮食生产优势·问题·潜力·对策""节水农业宏观决策基础研究"获中国农业科学院科技进步奖二等奖。

当年，公开出版《可持续农业和农村发展研究新进展》英文版论文集和《水资源价值论》《中国副食品市场需求与'菜篮子工程'布局》《节水农业宏观决策基础研究》《长江流域'双低'油菜带产业化开发现状与前景》等专著8部。

当年，陈印军获得1998年"中国农业科学院文明职工"称号，罗其友获得"中国农业科学院十佳青年"称号。

当年，区划所有各类课题53项，包括延续课题34项，新增课题19项。新增课题中有国际合作课题2项，国家科技攻关课题1项，国家自然科学基金重大项目1项，国家自然科学基金课题4项，农业部课题8项，其他项目3项，科研人员人均经费4万多元。课题数和人均经费是建所以来最多的一年。

1999 年

1月2—20日，区划所邀请比利时根特大学 Gitte Callaert 教授来所就两国间开展的合作项目进行学术交流与考察。

1月5—15日，区划所邀请比利时安特卫普大学教授 Lucd' Haese、Waiter Decleir 来所进行学术交流。

1月，中国农业科学院公布第五次青年优秀论文评选结果，辛晓平、罗其友、毕于运、周清波获论文二等奖；周清波、陈印军获优秀论文图表奖。

1月19日，农科区划字〔1999〕1号文决定，从1999年2月起，期刊室与资料室合并成立"期刊资料室"，李树文任主任。

1月27日，农科人干字〔1999〕9号文通知，曹尔辰任党委办公室副主任。

2月3日，区划所聘请何康、洪绂曾等老部长，卢良恕、沈国舫、吴传钧、石玉林、李文华、辛德惠、陈述彭、张新时、李伯衡9位两院院士和其他专家共24人为区划所专家顾问组成员；聘请王长耀、郭焕成、史培军、张壬午等34名专家、教授为客座研究员。

2月3日，区划所邀请专家顾问组成员进行座谈，专家们就区划所的定位问题、优势学科及总体发展问题，提出许多建设性意见和建议。

2月9日，《中国农业资源与区划》杂志编委会议在北京召开。调整了新的编委会，唐华俊任主编，孟向洁、李仁宝、李树文任副主编，编委会由24名委员组成。

2月14日，农科区划字〔1999〕5号文，聘任张华为"期刊资料室"副主任。

3月11—14日，中国农业科学院召开四届一次学术委员会会议，唐华俊、马忠玉为中国农业科学院新一届学术委员会委员。

3月11日，农科院人字〔1999〕99号文通知，刘国栋入选院跨世纪学科带头人。

3月15日，路明副部长来所考察农业遥感应用研究室。

3月22日，农科院党组〔1999〕14号文决定，王道龙任区划所党委副书记，免去梁业森党委书记兼副所长职务。

4月起，中美合作"全球氮循环研究"项目启动，5月26日与美方科学家进行第一次学术交流。

4月1日起，执行修改后的《科研课题管理办法》等14种规章制度，新制定了《所内按岗聘任专业技术职务暂行办法》《文明处室条例》等规章制度。

4月12日，农科人事〔1999〕36号文通知，王东阳任科研处处长。

5月24日，"国际农业研究磋商小组"80余位外国专家到区划所参观。

5月24日，农科人字〔1999〕185号文，唐华俊、马忠玉晋升研究员；杨瑞珍、毕于运、邱建军、甘寿文晋升副研究员；宋鹏飞、张华、白可喻、吴永常晋升助理研究员职务；周颖、牛淑玲、陈京香、甘金淇、白丽梅晋升研究实习员。

6月9日，区划所召开党委会议，对精神文明建设领导小组和理论学习中心组组成人员进行调整，调整后的精神文明建设领导小组组长为王道龙，副组长为唐华俊、张海林，成员有杨宏、魏顺义、曹尔辰（兼秘书）、王东阳、陈庆沐、李树文、陈印军、任天志、周清波、刘国栋。调整后的理论学习中心组组长为王道龙，成员有唐华俊、张海林、魏顺义、杨宏、曹尔辰（兼秘书）、陈庆沐、李树文、任天志、王东阳。

6月，《农业资源可持续利用与区域发展研究（1998）》由中国农业科技出版社出版。

6月1—15日，中日合作项目"采用高分辨率卫星在全球变暖条件下进行粮食预测"启动，2位日本专家来所并进行野外考察。

6月，中荷合作项目"中国土地利用变化及其影响建模分析"完成预期研究内容。

6月28日，由全国农业区划委员会办公室、中国农业科学院农业自然资源和农业区划研究所、中国农业资源与区划学会共同主办的农业资源高效利用与持续发展暨纪念农业资源区划工作二十周年研讨会在区划所举行。农业部常务副部长万宝瑞、农业部原部长何康、全国农业区划委员会办公室主任薛亮、中国工程院院士卢良恕和石玉林、中国农业科学院朱德蔚副院长及有关单位领导专家和学者共 100 余人出席会议。

7 月 1 日起，区划所调整在职职工工资标准和相应增加离退休人员离退休费。从 10 月 1 日起在职职工正常晋升一级工资，适当增加离退休人员离退休费。

8 月 18—20 日，唐华俊和周清波赴深圳参加第二届中国地理信息系统协会年会。唐华俊当选第二届中国地理信息系统协会常务理事，这是农业系统在该协会唯一一位常务理事。

8 月 26 日，湖北省委第一书记贾志杰率湖北省武汉市有关领导 10 余人到区划所参观考察。

9 月 9 日，区划所党委会研究决定，授予山区研究室、区域发展研究室、农业资源环境与持续农业研究室"文明处室"称号，并给予表彰和奖励。

9 月 29 日，区划所召开联欢会，庆祝新中国成立 50 周年，所领导、全体在职职工和部分离退休老干部出席联欢会。

11 月 5 日，中国农业科学院精神文明单位建设委员会到区划所进行文明单位建设验收。

当年，区划所共获得各种奖励 7 项，即农业部"新中国 50 周年农业和农村经济成就展"优秀奖，农业部"科学事业费决算评比先进单位"二等奖，中国农业科学院"人事劳资统计先进单位"，中国农业科学院"创安优秀单位"，中国农业科学院"计划生育工作达标单位"，中国农业科学院"精神文明单位"，中国农业科学院"重点科研单位"。

当年，徐斌、周清波、朱建国、陈印军、苍荣、屈宝香、佟艳洁、陈庆沐、苏胜娣、唐肇玉、罗文、杨宏获 1999 年度考核"优秀"等级。徐斌、陈印军、屈宝香、唐肇玉、罗文评为 1999 年所级"先进职工"；王东阳评选为"中国农业科学院文明职工"。在院所局级领导干部考核中，唐华俊所长被评为"优秀"等级。

2000 年

年初，经中国农业科学院第五届学位评定委员会评审，区划所 2001 年上岗博士生导师为刘更另、唐华俊。

1 月 13 日，中国农业科学院《关于公布 1999 年度农业部"神农计划"入选的通知》（农科院人字〔2000〕13 号文），区划所唐华俊入选。

2 月 28 日，农区人字〔2000〕2 号，罗文晋升会计师。

3 月 6 日，中国农业科学院人事局农科人干字〔2000〕13 号文，批准区划所王东阳等 4 人的任职备案，王东阳、杨宏任区划所所长助理，苏胜娣任区划所科研处副处长，白丽梅任区划所副处级监察员。

3 月 30 日，区划所唐华俊所长、周清波主任和陈仲新向农业部部长陈耀邦、常务副部长万宝瑞、发展计划司司长薛亮、副司长李伟方等领导汇报 2000 年全国冬小麦遥感估产情况。

3 月，区划所将 2 个党支部调整为 3 个，第一支部由办公室、资源室、区域室和山区室的 13 名党员组成，第二支部由开发处、科研处、期刊资料室、布局室和遥感室的 14 名党员组成，第三支部主要由离退休职工和少数在职党员共 10 名党员组成。支部调整后，分别进行换届选举，曹尔辰、邱建军、姜文来为第一支部支委，魏顺义、张华、徐斌为第二支部支委，陈庆沐、白丽梅为第三支部支委。

5 月 8 日，农科院人字〔2000〕131 号文通知，王道龙、陈尔东、周清波晋升为研究员，马兴林、屈宝香、辛晓平晋升为副研究员。

当年，根据中国农业科学院〔2000〕208 号文件批复，区划所学术委员会调整如下：主任为唐华俊，副主任为王道龙，秘书为王东阳，委员有刘更另、刘国栋、周清波、陈佑启、陈印军、马忠玉、任天志、罗其友、姜文来、卢欣石、邱建军、马兴林。

5月26日，区划所召开首届职代会第三次会议，在京的所领导和职代会代表出席会议。

7月19—21日，全国农业资源区划研究所所长座谈会在北京召开。

7月，《农业信息探索》获得科技部和新闻出版署批准，更名为《中国农业信息快讯》月刊。创刊号于2000年10月出版。

9月12日，区划所18位女同志组成的合唱队代表农业部参加"中央国家机关庆祝建国51周年，迎接新世纪职工文艺汇演"。演唱的《如花的名字》获创作奖和三等奖；获"农业部迎接新世纪演唱会"优秀节目三等奖。

10月27日，农科区划人字〔2000〕23号文，陈印军任农业资源环境与持续农业研究室主任，罗其友任区域发展研究室主任；免去王尔大农业资源环境与持续农业研究室主任职务，免去马忠玉农业资源环境与持续农业研究室副主任职务，免去李文娟农牧业布局研究室副主任职务。

11月2日，农科人干便字〔2000〕第19号文，同意罗文任财务科科长，免去尹光玉财务科科长职务，保留正科级待遇。

2000年度考核"优秀"等级职工有：张海林、姜文来、毕于运、王舜卿、刘国栋、杨桂霞、陈仲新、尹光玉、曹尔辰、孟秀华、张华。2000年度所级"先进职工"有姜文来、毕于运、孙富臣、张华、孟秀华。

12月19日，文明处室评审小组评出2000年度研究所"文明处室"，遥感室、党办人事处、科研处、区域室、期刊资料室、山区室获得2000年度研究所"文明处室"称号。

11月10日，区划所女职工参加院妇委会、院工会组织的"喜迎新世纪女职工趣味运动会"。并获滚轮、托球全体第二名。

当年，区划所获得多项荣誉。区划所获院"人事劳资统计先进单位"、院"科学事业费决算编审先进单位"获二等奖、院"2000年度计划生育达标单位"。苏胜娣获"计划生育先进个人"。吴永常在院工会举办的第6届象棋比赛中获亚军。

本年度，唐华俊获得政府特殊津贴专家。

2001 年

2月23日，区划所学术委员会召开会议，对申报2001年北京市科技进步奖和中国农业科学院科技成果奖进行审查，对2002年上岗博士生导师进行评议，推荐刘更另、唐华俊及新增博士研究生导师王道龙、周清波、王东阳招收2002年博士研究生。

3月15日，农科人字〔2001〕78号文通知，陈印军、王东阳晋升研究员，陈仲新、禾军、杨桂霞晋升副研究员。经中级专业技术职务评审委员会评审通过，张士功晋升助理研究员。

3月19日，全国农业区划委员会办公室副主任李伟方、农业部发展计划司资源区划处处长吴晓春、副处长张小川、刘海启与区划所科研人员一起就新世纪新阶段农业资源区划工作思路和重点等问题进行座谈讨论。

4月27日，经所内聘专业技术职务评审委员会评议，刘国栋内聘研究员，聘期从2001年5月至2003年4月；陈佑启内聘研究员，聘期从2001年5月至2003年4月；魏顺义内聘高级工程师，聘期同开发处长任期相同。

6月22—28日，区划所党员和入党积极分子共28人分两批前往天津参观平津战役纪念馆。

6月27日，区划所党委召开党员和入党积极分子座谈会，纪念中国共产党成立80周年。

7月1日，在中国农业科学院举行的第四届职工运动会上，苍荣取得女子丙组手榴弹投准13环成绩获得银牌并破院记录；周颖取得女子甲组跳高比赛第5名；杨宏取得女子丙组60米短跑比赛第6名；刘佳取得女子甲组铅球比赛第7名。

12月，姜文来、罗其友主持的"农业水资源利用与节水农业发展对策研究"获农业部软科学委员会1999—2000年度优秀成果二等奖。

2002 年

1月24日，农科人干字〔2002〕09号文通知，曹尔辰任党委办公室主任，白丽梅任人事处副处长。

1月28日，农科区划人字〔2002〕2号文，任天志任农牧业布局研究室主任，邱建军任农牧业布局研究室副主任；刘国栋任山区研究室主任；吴永常任农业资源环境与持续农业研究室副主任；姜文来任区域发展研究室副主任；张华任期刊资料室主任，李艳丽任期刊资料室副主任。

2月，经各处室考核推荐，所考核领导小组认定，徐斌、王秀山、任天志、姜文来、朱建国、胡清秀、佟艳洁、杜莉莉、牛淑玲、王道龙、杨宏等为2001年度考核优秀等级职工；徐斌、姜文来、佟艳洁、王道龙、杨宏等为2001年度所级"先进职工"。

3月28日，刘旭副院长到区划所调研指导工作。

3月21日，农科人字〔2002〕89号文通知，陈佑启、罗其友、任天志晋升研究员，胡清秀、苏胜娣、魏顺义、杨宏晋升副研究员。经所中级专业技术职务评审委员会评审通过，孟秀华、李艳丽晋升助理研究员。

3月8日，在中国农业科学院举行的庆祝"三八"国际劳动妇女节大会上，杨宏家庭被国家中直机关评为"五好文明家庭"、所妇委会被院评为先进基层妇女组织、屈宝香获院"巾帼建功标兵"、王道龙评为妇女之友、苏胜娣评为先进妇女干部。

5月30日，农业部部长杜青林、常务副部长韩长斌，部党组成员、办公厅主任于永维带领有关司局领导到区划所考察农业遥感应用工作。

6月5日，农业部科教司牛盾司长一行在中国农业科学院副院长刘旭、屈冬玉等陪同下，到区划所检查指导工作。

6月20日，农业部老部长石山、吕清、刘培植、刘堪、刘锡庚、宋树友、杜子瑞、孟宪德在农业部老干部局领导陪同下到区划所参观指导工作。

6月18日，区划所主办的《中国农业资源与区划》获全国优秀农业期刊二等奖，《中国农业信息快讯》获全国优秀农业期刊三等奖。佟艳洁获"全国优秀农业期刊工作者"称号。

8月13日，农科人干字〔2002〕54号文通知，任天志任科研处处长兼农牧业布局室主任。

11月19—26日，由农业部发展计划司、农业部国际合作司主办，区划所承办的APEC可持续农业发展研讨和技术培训国际研讨会在北京友谊宾馆召开。

12月19日，院直属机关党委发文对评选的文明单位进行表彰，区划所榜上有名。刘佳（女）评为院级文明职工受到表彰。

2003 年

1月，经所办公会、所务会评议通过，陈印军、杨瑞珍、罗其友、曹尔辰、刘佳（女）、周清波、张士功、周旭英、邱建军、佟艳洁、苏胜娣、罗文为2002年度考核"优秀"等级。邱建军、罗其友、刘佳（女）、苏胜娣、陈印军为2002年度所级"先进职工"。

当年，唐华俊主持的"省级资源环境信息服务示范研究与应用"、姜文来主持的"生态价值评估技术理论与方法研究"获2002年度北京市科学技术三等奖。

3月5日，农科院人〔2003〕63号文通知，姜文来、刘国栋、徐斌晋升研究员；刘佳

（女）、吴永常、尹昌斌、于慧梅晋升副研究员；经所中级专业技术职务评审委员会评审通过，周颖、白丽梅、牛淑玲、陈京香、曾其明晋升助理研究员。

当年，根据区划所《按岗聘任专业技术职务暂行办法》，经所内聘专业技术职务评审委员会评议通过，周旭英内聘研究员，聘期2002年12月6日至2004年4月30日；邱建军内聘研究员，聘期2003年1月至2003年12月；张华内聘副编审，聘期2002年12月6日至2004年12月6日。

当年，经九三学社第十一届中央委员会第一次主席会议研究通过，屈宝香同志被任命为九三学社中央农林委员会委员。

3月17日，区划所第一任党委书记兼所长徐矶，因病在北京逝世，享年89岁。

4月21日，区划所召开会议，唐华俊所长传达农业部和中国农业科学院有关预防控制非典型肺炎紧急会议精神，并根据具体情况采取一些紧急措施。

5月14日，中国农业科学院组织召开会议，宣布新整合的"中国农业科学院农业资源与农业区划研究所"领导班子。中国农业科学院院长翟虎渠、院党组副书记王红谊、副院长刘旭、院人事局副局长高士军及新整合的区划所领导班子成员，土肥所、区划所中层以上领导参加了会议。院党组副书记王红谊宣布唐华俊等6人的任职决定。唐华俊任农业资源与农业区划研究所所长，梅旭荣任党委书记兼副所长，梁业森任党委副书记，王道龙任党委副书记兼副所长，张海林、张维理任副所长。

当年，魏顺义获中国农业科学院"2002年度科技开发与产业发展先进个人"。

附　录

一、职工名录

序号	姓名	性别	工作时间	去向
1	杨美英	女	1979—1980，1981—1995	退休
2	柏　宏	男	1979—2003	资划所
3	陈国胜	男	1979—1983	调离
4	但启常	女	1979—1987	退休
5	杜剑虹	女	1979—1985	离休
6	杜莉莉	女	1979—2003	资划所
7	范小健	男	1979—1980	调离
8	高惠民	男	1979	调离
9	郭金如	男	1979—1981	调离
10	何明华	女	1979—2003	资划所
11	贺多芬	女	1979—1983	调离
12	焦　彬	男	1979	调离
13	邝婵娟	女	1979—1997	退休
14	李　京	女	1979—1987	调离
15	梁佩谦	男	1979—1993	退休
16	刘　东	男	1979—1986	调离
17	陆燕琴	女	1979	调离
18	彭德福	男	1979—1984	调离
19	祁秀芳	女	1979—1997	调离
20	宋鹏举	女	1979	调离
21	唐志发	男	1979—1984	调离
22	温仲由	男	1979—1986	调离
23	薛志士	男	1979—1997	退休
24	朱明兰	女	1979—1984	调离
25	朱振年	男	1979—1985	离休
26	陈锦旺	男	1980—1994	退休

（续表）

序号	姓名	性别	工作时间	去向
27	付金玉	女	1980—1997	退休
28	高德邠	男	1980—1988	调离
29	耿 廉	男	1980—1982	调离
30	黄平香	女	1980—1993	退休
31	解全恭	男	1980—1993	退休
32	寇有观	男	1980—1990	调离
33	李明堂	男	1980	调离
34	李启俊	男	1980—1981	去世
35	李英华	女	1980—1996	退休
36	林寄生	女	1980—1983	调离
37	刘秀印	男	1980—1982	调离
38	卢俊玉	女	1980	调离
39	吕耀昌	男	1980—1983	调离
40	苏胜娣	女	1980—2003	资划所
41	童灏华	男	1980—1983	调离
42	王凤兰	女	1980—1995	退休
43	王广智	男	1980—1990	调离
44	王美琴	女	1980	调离
45	王素云	女	1980—1997	退休
46	萧 钬	女	1980—1999	退休
47	许照耀	男	1980—1982	调离
48	张 玽	女	1980—1987	离休
49	张 弩	男	1980—1987	离休
50	张彦荣	女	1980—1989	去世
51	周延仕	男	1980—1989	去世
52	朱忠玉	男	1980—1996	退休
53	韩元钦	男	1981—1982	调离
54	李 敏	女	1981—1983	调离
55	李树文	男	1981—1999	退休
56	林仁惠	男	1981—1994	调离
57	汤之怡	男	1981—1990	退休
58	佟艳洁	女	1981—2003	资划所
59	万 贵	男	1981—1995	退休
60	王国庆	女	1981—1987	退休

（续表）

序号	姓名	性别	工作时间	去向
61	王舜卿	男	1981—2001	退休
62	徐　矶	男	1981—1983	离休
63	殷学美	女	1981—1982	调离
64	钟永安	男	1981—1983	调离
65	朱志强	男	1981—2003	资划所
66	陈庆沐	男	1982—2000	退休
67	陈印军	男	1982—2003	资划所
68	关　喆	男	1982—1994	调离
69	郝晓辉	男	1982—1988	调离
70	梁业森	男	1982—1999	调离
71	刘玉兰	女	1982—1999	退休
72	苏　迅	男	1982—1989	离休
73	唐华俊	男	1982—2003	资划所
74	王京华	女	1982—1990	调离
75	徐　波	男	1982—1996	离职
76	朱建国	男	1982—2003	资划所
77	陈京香	女	1983—2003	资划所
78	宫连英	女	1983—2000	退休
79	黄德林	男	1983	调离
80	黄诗铿	男	1983—1991	调离
81	李应中	男	1983—1997	退休
82	梁振华	女	1983—1984	调离
83	刘　佳	男	1983—1995	离职
84	覃志豪	男	1983—2003	资划所
85	严　兵	男	1983—2003	资划所
86	严玉白	男	1983—1990	去世
87	杨瑞珍	女	1983—2003	资划所
88	尹光玉	女	1983—2003	资划所
89	于学礼	男	1983—1987	调离
90	毕于运	男	1984—2003	资划所
91	曹尔辰	男	1984—2003	资划所
92	曾其明	女	1984—2003	资划所
93	范道胜	女	1984—1988	调离
94	禾　军	女	1984—2003	资划所

（续表）

序号	姓名	性别	工作时间	去向
95	李茂松	男	1984—1988	调离
96	李育慧	男	1984—1993	调离
97	李云鹏	男	1984—1989	调离
98	罗其友	男	1984—2003	资划所
99	尚平	男	1984—2003	资划所
100	束伟星	男	1984—1986	调离
101	唐肇玉	女	1984—2002	退休
102	陶陶	男	1984—2003	资划所
103	魏顺义	男	1984—2003	资划所
104	许美瑜	女	1984—1995	退休
105	杨虎	男	1984—1987	调离
106	左新宇	男	1984—1992	离职
107	陈尔东	男	1985—1999	退休
108	甘金淇	男	1985—2003	资划所
109	蒋工颖	女	1985—1988	调离
110	李宝栋	男	1985—1988	调离
111	李虹	女	1985—1996	离职
112	李文娟	女	1985—2003	资划所
113	李霞	女	1985—2003	资划所
114	马素兰	女	1985—1989	调离
115	牛淑玲	女	1985—2003	资划所
116	申屠军	男	1985—1996	调离
117	史孝石	男	1985—1988	调离
118	孙庆元	男	1985—1991	调离
119	阎晓雪	女	1985—1989	调离
120	周旭英	女	1985—2003	资划所
121	杜勇	男	1986—1996	离职
122	黄雪辉	男	1987—1996	调离
123	黄小清	男	1988—1996	离职
124	屈宝香	女	1988—2003	资划所
125	杨桂霞	女	1988—2003	资划所
126	周志刚	男	1988—1996	离职
127	王东宁	女	1989—1995	调离
128	王凤英	女	1989—2003	资划所

（续表）

序号	姓名	性别	工作时间	去向
129	李艳丽	女	1990—2003	资划所
130	齐晓明	男	1990—1991	出国
131	王新宇	男	1990—1995	出国
132	阎贺尊	男	1990—1996	调离
133	杨　光	女	1990—1999	离职
134	叶立明	男	1990—2003	资划所
135	张　浩	男	1990—1996	离职
136	陈章全	男	1992—1995	调离
137	马兴林	男	1992—2001	调离
138	马忠玉	男	1992—2001	调离
139	王秀山	男	1992—2003	资划所
140	吴　珺	女	1993—1994	调离
141	尹昌斌	男	1993—2003	资划所
142	周清波	男	1993—2003	资划所
143	陈佑启	男	1995—2003	资划所
144	姜文来	男	1995—2003	资划所
145	任天志	男	1995—2003	资划所
146	王尔大	男	1995—2003	资划所
147	郭明新	男	1996—1997	调离
148	刘振华	男	1996—2000	离职
149	吴永常	男	1996—2003	资划所
150	张海林	男	1996—2003	资划所
151	白丽梅	女	1997—2003	资划所
152	苍　荣	女	1997—2003	资划所
153	甘寿文	男	1997—2003	资划所
154	胡清秀	女	1997—2003	资划所
155	解小慧	男	1997—1998	调离
156	李　博	男	1997—1998	去世
157	刘国栋	男	1997—2003	资划所
158	刘　佳	女	1997—2003	资划所
159	罗　文	女	1997—2003	资划所
160	宋鹏飞	男	1997—2001	离职
161	孙富臣	男	1997—2003	资划所
162	杨　宏	女	1997—2003	资划所

（续表）

序号	姓名	性别	工作时间	去向
163	张崇霞	女	1997—2003	资划所
164	张 华	女	1997—2003	资划所
165	张士功	男	1997—2003	资划所
166	周 颖	女	1997—2003	资划所
167	白可喻	女	1998—2003	资划所
168	曾希柏	男	1998—2001	调离
169	王道龙	男	1998—2003	资划所
170	王东阳	男	1998—2002	调离
171	吴文斌	男	1998—2003	资划所
172	徐 斌	男	1998—2003	资划所
173	陈仲新	男	1999—2003	资划所
174	卢欣石	男	1999—2000	调离
175	孟秀华	女	1999—2003	资划所
176	缪建明	男	1999—2003	资划所
177	邱建军	男	1999—2003	资划所
178	于慧梅	女	1999—2003	资划所
179	辛晓平	女	2000—2003	资划所
180	杨 鹏	男	2000—2003	资划所
181	胡志全	男	2001—2003	资划所
182	李建平	男	2001—2003	资划所
183	唐 曲	女	2001—2003	资划所
184	王立刚	男	2002—2003	资划所
185	王利民	男	2002—2003	资划所
186	信 军	男	2002—2003	资划所
187	邹金秋	男	2002—2003	资划所

二、历届所领导名录

（一）历届所长、副所长名录

职务	姓名	任职时间	职务	姓名	任职时间
所长	徐 矶	1981.04—1983.12	副所长	温仲由	1980.01—1986
			副所长	李明堂	1980.05—1980.08

（续表）

职务	姓名	任职时间	职务	姓名	任职时间
所长	李应中	1983.12—1996.07	副所长	杨美英	1981.05—1994.02
			副所长	于学礼	1983.06—1987.09
			副所长	史孝石	1985.09—1988.07
			副所长	唐华俊	1994.02—1996.07
所长	唐华俊	1996.07—2003.05	副所长	梁业森	1994.02—1999.03
			副所长	张海林	1996.07—2003.05
			副所长	王道龙	1998.08—2003.05

（二）历届党委书记、副书记和委员名录

届序	起止时间	书记	任职时间	副书记	任职时间	党委委员
临时党支部	1979.10—1982.02	徐　矶	1981.04—1982.02	温仲由	1979.10—1982.02	杜剑虹、唐志发
第一届	1982.02—1984.12	徐　矶	1982.02-1983.12	温仲由	1982.02—1983.12	杨美英、唐志发、杜剑虹
		李应中	1983.11—1984.12	温仲由	1983.12—1984.04	杨美英、于学礼、唐志发、苏　迅、杜剑虹
				于学礼	1984.04—1984.12	
第二届	1984.12—1987.03	于学礼	1984.12—1987.03			李应中、杨美英、温仲由、苏　迅
第三届	1987.03—1990.10	于学礼	1987.03—1987.09			李应中、杨美英、祁秀芳、马素兰、万　贵、魏顺义
第四届	1990.10—1994.07	李应中	1990.10—1994.07			杨美英、万　贵、魏顺义、祁秀芳、李文娟、曹尔辰
第五届	1994.07—2003.05	李应中	1994.07—1996.07	上报院直属机关党委未批复		唐华俊、梁业森、祁秀芳、魏顺义、曹尔辰、李文娟
		梁业森	1996.07—1999.03	王道龙	1999.03—2003.05	唐华俊、张海林、祁秀芳、魏顺义、曹尔辰、李文娟、杨　宏、姜文来

三、历届处级机构负责人名录

（一）历届职能和科辅部门负责人名录

部门名称	职务	姓名	任职时间
办公室 （1979.03—2003.06）	主任	魏顺义	1990.09—1998.08
	主任	杨　宏	1998.08—2003.06
	副主任	朱振年	1979—1985
	副主任	苏　迅	1984—1988.08
	副主任	魏顺义	1985.04—1990.09
党委办公室、人事处 （1985—1998.10） 办公室、党委办公室、 人事处合署办公 （1998.10—2003.06）	主任（处长）	祁秀芳	1990.09—1997.09
	主任（处长）	杨　宏	1997.09—2003.06
	主任	曹尔辰	2001.01—2003.06
	副主任（副处长）	祁秀芳	1985.04—1990.09
	副主任	曹尔辰	1999.01—2001.01
	副处长	白丽梅	2002.01—2003.06
科研管理处 （1984.01—2003.06）	处长	付金玉	1990.09—1997.04
	处长	王东阳	1999.04—2002.02
	处长	任天志	2002.08—2003.06
	副处长	李树文（主持工作）	1985—1987
	副处长	付金玉	1985.04—1990.09
	副处长	苏胜娣	2000.03—2003.06
开发处 （1997.10—2003.06）	主任	魏顺义	1998.08—2003.06
财务科 （1992.06—2003.06）	科长	尹光玉	1992.06—2000.11
	科长	罗　文	2000.11—2003
制图室 （1983.06—1995）	主任	万　贵	1988.08—1993.11
	副主任	万　贵	1984.04—1988.08
期刊室（编辑部） （1981—1999.02）	主任	李树文	1988.08—1999.02
	副主任	李树文	1987.11—1988.08
资料室 （1981—1999.02）	主任	刘玉兰	1990.09—1999.02
	副主任	王国庆	1984—1987.11
	副主任	刘玉兰	1988.08—1990.09

（续表）

部门名称	职务	姓名	任职时间
期刊资料室 （1999.02—2004.07）	主任	李树文	1999.02—1999.08
		张　华	2002.01—2004.07
	副主任	张　华	1999.02—2002.01
		李艳丽	2002.01—2003.12
后勤服务中心 （1996.12—2003.06）	主任	曹尔辰（兼）	1999—2003.06

（二）历届研究机构负责人名录

部门名称	职务	姓名	任职时间
农业资源研究室 （1981.04—1994） 农业资源环境研究室 （1994—1997.07） 农业资源环境与持续农业研究室 （1997.07—2004.07）	负责人	陈锦旺	1981.04—1985
		林寄生	1981.04—1983
	主任	陈锦旺	1988.08—1995.12
		王尔大	1996.03—1997.10
		陈印军	2000.10—2004.07
	副主任	陈锦旺	1984—1988.08
		朱忠玉	1985.04—1989.03
		陈印军	1996.01—2000.09
		马忠玉	1997.07—2000.10
		吴永常	2002.01—2004.07
持续农业与农村发展研究室 （1994—1997.07）	主任	唐华俊（兼）	1994.05—1997.07
	副主任	马忠玉	1994.05—1997.07
遥感组（1979—1982） 农业信息课题组 （1984—1985） 新技术应用研究室 （1985—1988） 农业资源信息研究室 （1988—1993） 农业信息和遥感研究室 （1993—1995） 农业遥感应用研究室 （1995—2004.07）	负责人	贺多芬	1980—1983
	主任	陈尔东	1990.09—1993.11
	主任	唐华俊	1993.11—1998.07
	主任	周清波	1998.07—2004.05
	副主任	寇有观	1985—1990
	副主任	陈尔东	1988.08—1990.09
	副主任	周清波	1996.01—1998.07
	副主任	陈佑启	1998.07—2004.05
农业区划研究室 （1979—1990） 区域农业研究室 （1990—1997） 区域发展研究室 （1997—2004.07）	主任	陈庆沐	1990.09—2000.02
		罗其友	2000.10—2004.07
	副主任	唐志发	1980—1984
		李树文	1984—1985
		陈庆沐	1985—1990.09
		王舜卿	1985—1990.09
		罗其友	1997.07—2000.10
		姜文来	2002.01—2004.07

（续表）

部门名称	职务	姓名	任职时间
商品粮基地课题组 （1984—1986） 作物布局和商品基地研究组 （1986—1989） 种植业布局研究室 （1989.03—1997.07）	主任	朱忠玉	1990.09—1996.12
	副主任	李文娟	1989.03—2000
		朱忠玉	1989.03—1990.09
		任天志	1996.07—1997.07
农牧业布局研究室 （1997.07—2004.07）	主任	任天志	2002.01—2004.07
	副主任	任天志	1997.07—2002.01
		邱建军	2002.01—2004.07
畜牧业布局研究室 （1989.03—1997.07）	主任	梁业森	1994—1997.07
	副主任	梁业森	1989.03—1994
山区研究室 （1990—2004.07）	负责人	刘更另	1990—1997
	主任	刘国栋	2002.01—2004.07
	副主任	刘国栋	1997.08—2002.01
	副主任	苍　荣	1997.08—2003.08

四、研究员及副研究员名录

（一）研究员名录

序号	姓名	职称	任职时间
1	李　博	教授	1983.05
2	徐　矶	研究员	1983.06
3	李应中	研究员	1989.03
4	汤之怡	研究员	1989.12
5	杨美英	研究员	1989.12
6	陈锦旺	研究员	1992.03
7	朱忠玉	研究员	1992.03
8	李树文	研究员	1993.03
9	陈庆沐	研究员	1995.12
10	卢欣石	研究员	1995.12
11	萧　钵	研究员	1996.12
12	薛志士	研究员	1996.12
13	邝婵娟	研究员	1998.03
14	梁业森	研究员	1998.03
15	马忠玉	研究员	1999.03
16	唐华俊	研究员	1999.03

（续表）

序号	姓名	职称	任职时间
17	陈尔东	研究员	2000.03
18	王道龙	研究员	2000.03
19	周清波	研究员	2000.03
20	陈印军	研究员	2001.02
21	王东阳	研究员	2001.02
22	陈佑启	研究员	2002.01
23	罗其友	研究员	2002.01
24	任天志	研究员	2002.01
25	姜文来	研究员	2003.01
26	刘国栋	研究员	2003.01
27	徐　斌	研究员	2003.01

（二）副研究员名录

序号	姓名	职称	任职时间
1	唐志发	副研究员	1983
2	梁佩谦	副研究员	1986.12
3	王广智	副研究员	1986.12
4	王国庆	副研究员	1986.12
5	许美瑜	副研究员	1986.12
6	严玉白	副研究员	1986.12
7	张　玓	副研究员	1986.12
8	但启常	副编审	1986.12
9	周延仕	副研究员	1987.03
10	王舜卿	副研究员	1988.02
11	张　弩	副研究员	1988.02
12	万　贵	副研究员	1988.03
13	刘玉兰	副研究员	1988.10
14	宫连英	副研究员	1992.03
15	林仁惠	副研究员	1992.03
16	王素云	副研究员	1992.03
17	王凤兰	副研究员	1993.03
18	关　喆	副研究员	1993.11
19	李文娟	副研究员	1993.11

（续表）

序号	姓名	职称	任职时间
20	覃志豪	副研究员	1993.11
21	佟艳洁	副研究员	1993.11
22	曹尔辰	副研究员	1995.12
23	祁秀芳	副研究员	1996.12
24	王尔大	副研究员	1996.12
25	朱建国	副研究员	1996.12
26	曾希柏	副研究员	1998.03
27	付金玉	副研究员	1998.03
28	陶 陶	副研究员	1998.03
29	周旭英	副研究员	1998.03
30	王利民	副研究员	1998.04
31	毕于运	副研究员	1999.03
32	甘寿文	副研究员	1999.03
33	邱建军	副研究员	1999.03
34	杨瑞珍	副研究员	1999.03
35	马兴林	副研究员	2000.03
36	屈宝香	副研究员	2000.03
37	辛晓平	副研究员	2000.03
38	陈仲新	副研究员	2001.02
39	禾 军	副研究员	2001.02
40	杨桂霞	副研究员	2001.02
41	胡清秀	副研究员	2002.01
42	苏胜娣	副研究员	2002.01
43	魏顺义	副研究员	2002.01
44	杨 宏	副研究员	2002.01
45	刘 佳（女）	副研究员	2003.01
46	吴永常	副研究员	2003.01
47	尹昌斌	副研究员	2003.01
48	于慧梅	副研究员	2003.01

五、获得省部级（含）以上人才名录

人才类别	批准单位	获得年度	人才姓名
享受政府特殊津贴专家	国务院	1991	汤之怡
		1992	徐　矶、邝婵娟、李应中、朱忠玉、梁业森
		1993	杨美英、陈锦旺、陈庆沐、王素云、李树文
		1995	覃志豪、李文娟
		2000	唐华俊
国家级有突出贡献的中青年专家	人事部	1998	梁业森
农业部"神农计划"入选者	农业部	1999	唐华俊
农业部有突出贡献的中青年专家	农业部	1992	朱忠玉、梁业森
		1995	覃志豪
		2003	唐华俊

六、获得省部级（含）以上先进工作者名录

授予年份	先进/荣誉称号	受表彰人
1986	全国农业区划先进工作者	但启常、徐　矶
1990	全国农业资源和农业区划工作先进工作者	李树文、陈尔东
1990	全国农业科技推广年活动中作出贡献的先进个人	陈庆沐
1992	农业部十佳青年	李文娟
2002	国家中直机关五好文明家庭	杨宏家庭
2002	全国优秀农业期刊工作者	佟艳洁

七、获得集体荣誉及奖励目录

授予时间	荣誉及奖励名称	受表彰单位
1986	全国农业区划工作先进单位	《中国种植业区划》研究编写组和资料库
1990	全国农业资源和农业区划工作先进集体	《农业区划》编辑部
1990	全国农业资源和农业区划工作先进集体	全国农业区划委员会资料库
1991	中国农业科学院"七五"期间先进课题组	作物布局和商品基地研究组
1999	农业部"新中国50周年农业和农村经济成就展"优秀奖	区划所
1999	农业部"科学事业费决算评比先进单位"二等奖	区划所
1999	中国农业科学院"计划生育工作达标单位"	区划所
1999	中国农业科学院精神文明单位	区划所

（续表）

授予时间	荣誉及奖励名称	受表彰单位
1999	中国农业科学院重点科研单位	区划所
2000	中国农业科学院人事劳资统计先进单位	区划所
2000	中国农业科学院科学事业费决算编审先进单位，二等奖	区划所
2000	中国农业科学院 2000 年度计划生育达标单位	区划所
2002	中国农业科学院先进基层妇女组织	所妇委会
2002	全国优秀农业期刊二等奖	《中国农业资源与区划》
2002	全国优秀农业期刊三等奖	《中国农业信息快讯》

八、获奖科技成果目录

序号	获奖成果名称	获奖类别及等级	获奖年份	主要完成人
1	中国种植业区划	农业部技术改进二等奖	1983	杨美英、朱忠玉、唐志发、严玉白、汤之怡、张 玓、王广智、梁振华、殷学美
2	中国畜牧业综合区划	农业部技术改进二等奖	1983	徐 矶、梁业森
3	中国农业经济地图集	农业部科技进步奖三等奖	1984	唐志发、万 贵、柏 宏、王素云、李 京、朱明兰、李云鹏
4	"三北"防护林地区畜牧业综合区划	农业部技术改进二等奖	1984	徐 矶、梁业森
5	用成数抽样理论与地貌类型分区概算全国耕地面积的研究	中国农业科学院技术改进三等奖	1984	彭德福
6	全国农业商品生产基地（粮食部分）选建研究	中国农业科学院技术改进三等奖	1984	朱忠玉、严玉白、邝婵娟、薛志士、汤之怡、王素云
7	农业遥感研究	中国农业科学院技术改进三等奖	1984	寇有观、萧 钵
8	中国种植业区划	全国农业区划委员会成果一等奖	1985	杨美英、朱忠玉、唐志发、严玉白、汤之怡、张 玓、王广智、梁振华、殷学美
9	中国畜牧业综合区划	全国农业区划委员会成果二等奖	1985	徐 矶、梁业森
10	县级农业区划方法论研究	全国农业区划委员会成果三等奖	1985	王舜卿、温仲由、梁佩谦、郝晓辉、解全恭
11	黄河黑山峡河段开发对灌区农业生态的影响	中国农业科学院技术改进二等奖	1986	陈锦旺、彭德福、王京华、朱建国、关 喆
12	怀化市农村经济结构调整的研究	中国农业科学院技术改进二等奖	1986	林仁惠、杨瑞珍
13	北方旱地农业类型分区及其评价	农业部科技进步奖二等奖	1987	本成果为集体奖，未排完成人名单

（续表）

序号	获奖成果名称	获奖类别及等级	获奖年份	主要完成人
14	闽浙赣湘鄂亚热带丘陵山区农业资源综合利用研究	中国农业科学院科技进步奖一等奖	1987	本成果为集体奖，未排完成人名单
15	我国粮食产需区域平衡研究	国家科技进步奖二等奖	1989	汤之怡、朱忠玉、邝婵娟、王素云、覃志豪、李文娟、李　虹、禾　军
16	我国农牧渔业商品基地建设规划研究	农业部科技进步奖二等奖	1989	汤之怡、邝婵娟、王素云、覃志豪、李文娟、禾　军
17	我国中低产田分布及粮食增产潜力研究	农业部科技进步奖三等奖	1989	陈锦旺、严玉白、梁佩谦、周延仕、陈印军、毕于运、陈尔东、阎晓雪
18	晋东南实验区屯留县旱地农业发展战略研究	中国农业科学院科技进步奖二等奖	1989	薛志士、宫连英、陶　陶、李茂松、罗其友
19	农业自然资源与农业区划文献资料电子计算机输入与检索系统研究	中国农业科学院科技进步奖二等奖	1989	刘玉兰、王国庆、黄平香、柏　宏、李　霞
20	中国饲料区划	国家科技进步奖三等奖	1990	于学礼、梁业森、李育慧、束伟星、周旭英
21	潍坊市莱州湾地区遥感应用与分层开发规划研究	农业部科技进步奖二等奖	1990	王广智、万　贵、贺多芬、孙庆元、覃志豪、李文娟、蒋工颖、马素兰、薛志士
22	建立国家级农业资源与区划资料数据库研究	全国农业区划委员会农业部优秀成果一等奖	1990	寇有观、陈尔东、萧　钛、曹尔辰、申屠军、范道胜、禾　军、王京华、杜　勇、杨桂霞、黄雪辉、张　浩
23	我国食糖产需平衡和糖业布局	全国农业区划委员会农业部优秀成果三等奖	1990	朱忠玉、邝婵娟、王素云、禾　军、覃志豪、汤之怡、李文娟
24	区域农村经济规划的理论与方法	全国农业区划委员会农业部优秀成果三等奖	1990	王舜卿、林仁惠、屈宝香、郝晓辉
25	黄淮海平原农牧结合研究	农业部科技进步奖三等奖	1991	陈庆沐、黄诗铿、严　兵、徐　波、马素兰
26	我国食用植物油料（脂）产需平衡和布局	农业部科技进步奖三等奖	1992	李文娟、覃志豪、禾　军、汤之怡
27	黄河流域水土资源农业利用研究	中国农业科学院科技进步奖二等奖	1993	薛志士、宫连英、罗其友、陶　陶、邝婵娟
28	县级农业资源区划数据国家汇总研究	中国农业科学院科技进步奖二等奖	1993	寇有观、陈尔东、萧　钛、曹尔辰、申屠军
29	农业资源经济空龄结构优化研究	农业部科技进步奖三等奖	1994	林仁惠、齐晓明、屈宝香、黄雪辉
30	中国耕地资源及其开发利用	中国农业科学院科技进步奖一等奖	1994	杨美英、梁佩谦、王广智、毕于运、覃志豪、杨瑞珍
31	中国农产品专业化生产和区域发展研究	中国农业科学院科技进步奖一等奖	1994	朱忠玉、李文娟、邝婵娟、王素云、王舜卿、禾　军

（续表）

序号	获奖成果名称	获奖类别及等级	获奖年份	主要完成人
32	中国不同地区农牧结合模式与前景	农业部科技进步奖三等奖	1996	梁业森、周旭英、李育慧、关　喆、李应中、叶立明
33	中国不同地区农牧结合模式与前景和2000年饲料生产与畜禽结构研究	部级农业区划科学技术成果一等奖	1996	梁业森、周旭英、李育慧、关　喆、李应中、叶立明
34	中国耕地资源永续利用之研究	部级农业区划科学技术成果二等奖	1996	毕于运、杨瑞珍、梁佩谦、马忠玉、杨美英、王道龙、杨桂霞
35	中国种植业布局的理论与实践	部级农业区划科学技术成果三等奖	1996	朱忠玉、邝婵娟、王舜卿、覃志豪、王现军、杨桂霞
36	地区差异与均衡发展—中国区域农村经济问题剖析	农业部科技进步奖三等奖	1998	李应中、覃志豪、黄小清、尹昌斌、陶　陶、罗其友、李艳丽
37	中国主要农产品市场分析与菜篮子工程布局	农业部科技进步奖三等奖	1998	梁业森、朱忠玉、李文娟、周旭英、王舜卿、屈宝香、禾　军、邝婵娟、王素云、刘振华
38	非常规饲料资源的开发与利用	中国农业科学院科技进步奖一等奖	1998	梁业森、周旭英
39	长江流域粮食生产优势·问题·潜力·对策	中国农业科学院科技进步奖二等奖	1998	李应中、陈印军、尹昌斌、黄小清
40	节水农业宏观决策基础研究	中国农业科学院科技进步奖二等奖	1998	薛志士、罗其友、宫连英、陶　陶、李应中、陈锦旺
41	节水农业宏观决策基础研究	北京市科技进步奖二等奖	1999	薛志士、罗其友、宫连英、陶　陶、李应中、陈锦旺
42	非常规饲料资源的开发与利用研究	北京市科技进步奖三等奖	1999	梁业森、郭庭双、刘以连、周旭英、杨振海、康　威、马兴林、周德禹、朱建民、刘俊峰、荣海林
43	现代商品农业与环境资源之间的冲突与协调发展模式研究	农业部科技进步奖三等奖	1999	屈宝香、尹昌斌、张可云、李文娟
44	中国耕地资源及其开发利用	农业部科技进步奖三等奖	1999	杨美英、唐近春、梁佩谦、章士炎、王广智、毕于运、覃志豪、杨瑞珍、李尚兰、龚绍文、杨献荣、隋鹏飞、李　荣、刘寄陵
45	中国红黄壤地区粮食生产持续发展战略研究	农业部科技进步奖三等奖	1999	唐华俊、陈印军、尹昌斌、毕于运、候向阳、黄诗铿、柯建国、肖　平
46	可持续发展条件下水资源价值研究	中国农业科学院科技成果奖一等奖	1999	姜文来、罗其友、杨瑞珍、宫连英、李　昕、陶　陶
47	可持续发展条件下水资源价值研究	北京市科技进步奖二等奖	2000	姜文来、罗其友、杨瑞珍、宫连英、李　昕、陶　陶

（续表）

序号	获奖成果名称	获奖类别及等级	获奖年份	主要完成人
48	全国冬小麦遥感估产业务运行系统	北京市科技进步奖二等奖	2000	周清波、刘海启、刘　佳、陈仲新、辛晓平、王秀山、吴文斌、吴晓春、杨　鹏、陈佑启、缪建明、杨桂霞、裴志远、湛洪举、马众模
49	中国南方粮食结构优化研究	北京市科技进步奖三等奖	2000	屈宝香、梁成英、俞东平、吴宏耀、高东顺、刘振华、蔡汉雄、丘志舅、翁定河、孙　健、郭子平、张　宁、黄河清、方有松、郭永生
50	全国冬小麦遥感估产业务运行系统	中国农业科学院科技成果奖一等奖	2000	周清波、刘海启、刘　佳、陈仲新、辛晓平、王秀山、吴文斌、吴晓春、杨　鹏、陈佑启、缪建明、杨桂霞、裴志远、湛洪举、马众模
51	旱地农业决策基础研究	中国农业科学院科技成果奖二等奖	2000	罗其友、姜文来、宫连英、陶　陶、杨瑞珍、杨建设
52	中国土地资源可持续利用的理论与实践	北京市科技进步奖二等奖	2001	唐华俊、陈佑启、曾希柏、罗其友、陶　陶
53	基于比较优势的种植业区域结构优化战略	北京市科技进步奖三等奖	2001	唐华俊、罗其友、尹昌斌、李建平、屈宝香、姜文来、陶　陶、杨　鹏、汪三贵
54	省级资源环境信息服务示范研究与应用	中国农业科学院科技成果奖一等奖	2001	唐华俊、徐　斌、陈仲新、江　南、杨桂霞、马众模、周清波、辛晓平、刘　佳、王秀山、吴文斌、赵桂林、缪建明、王善秀、杨　鹏
55	省级资源环境信息服务示范研究与应用	北京市科学技术奖三等奖	2002	唐华俊、徐　斌、陈仲新、杨桂霞、周清波、辛晓平
56	生态价值评估技术理论与方法研究	北京市科学技术奖三等奖	2002	姜文来、罗其友、杨瑞珍
57	基于网络的中国牧草适宜性选择及生产管理智能信息系统	中国农业科学院科技成果奖二等奖	2002	辛晓平、王道龙、缪建明、刘　佳、吴文斌、杨桂霞、王秀山、徐　斌、周清波、陈仲新、杨　鹏、陈佑启

九、主要著作目录

序号	著作名称	编著（译）者	出版时间	出版社
1	中国种植业区划	本书编写组	1984	农业出版社
2	中国畜牧业综合区划	中国畜牧业综合区划研究组	1984	农业出版社
3	县级农业区划方法论研究	王舜卿、温仲由、梁佩谦等	1986	中国农业科技出版社

（续表）

序号	著作名称	编著（译）者	出版时间	出版社
4	中国农作物种植区划论文集	编写组	1987	科学出版社
5	农业遥感	寇有观、萧 钺	1988	农业出版社
6	中国饲料区划	于学礼、梁业森等14人	1989	农业出版社
7	我国食用植物油（脂）产需平衡和布局	李文娟、禾 军、覃志豪等10人	1991	中国商业出版社
8	2000年饲料生产与畜禽结构研究	梁业森等6人	1991	中国农业科技出版社
9	当代中国的畜牧业	徐 矶、李易方	1991	当代中国出版社
10	中国耕地资源及其开发利用	杨美英、梁佩谦等14人	1992	测绘出版社
11	农业资源经济空龄结构优化研究	林仁惠等7人	1992	中国国际广播出版社
12	黄河流域水土资源农业利用研究	薛志士、宫连英、罗其友、陶陶等7人	1992	中国科学技术出版社
13	中国农产品专业化生产和区域发展研究	朱忠玉、李文娟等9人	1993	中国农业科技出版社
14	Land Suitbility Assessment and Mapping based on Fuzy set Theory and Modeling of Land Production of Maize and Winter Wheat in Different AEZ of China（土地适宜性模糊评价方法与中国不同气候带玉米、小麦的土地生产潜力模型研究）	唐华俊	1993	比利时根特大学出版社
15	Land Evaluation Part Ⅰ principles（土地评价原理和作物生产潜力计算方法）	范兰斯林（比）、唐华俊、德巴费叶（比）、赛斯（比）	1993	比利时根特大学出版社
16	中国不同地区农牧结合模式与前景	梁业森等10人	1994	中国农业科技出版社
17	Land Evaluation Part Ⅱ methods（土地评价方法）	范兰斯林（比）、唐华俊、德巴费叶（比）、赛斯（比）	1994	比利时根特大学出版社
18	Land Evaluation Part Ⅲ Requirement（主要作物对土壤环境条件要求）	范兰斯林（比）、唐华俊、德巴费叶（比）、赛斯（比）	1995	比利时根特大学出版社
19	中国耕地	毕于运、杨瑞珍、梁佩谦等9人	1995	中国农业科技出版社
20	中国种植业布局的理论与实践	朱忠玉等11人	1995	中国农业科技出版社
21	地区差异与均衡发展——中国区域农村经济问题剖析	覃志豪等12人	1995	中国农业科技出版社
22	中国棉花产需平衡研究	李文娟等7人	1996	中国纺织出版社
23	非常规饲料资源的开发与利用	梁业森、刘以连、周旭英	1996	中国农业出版社
24	以色列农业发展（中、英文各1本）	覃志豪	1996	中国农业科技出版社
25	长江流域粮食生产——优势·问题·潜力·对策	陈印军、尹昌斌	1997	中国农业科技出版社

（续表）

序号	著作名称	编著（译）者	出版时间	出版社
26	我国主要农产品市场分析与生产布局	梁业森、李文娟等11人	1997	中国农业科技出版社
27	中国农业区划学	李应中等15人	1997	中国农业科技出版社
28	土地生产潜力方法论比较研究	唐华俊、叶立明等5人	1997	中国农业科技出版社
29	冲突与协调—现代商品农业中的资源环境问题	屈宝香、尹昌斌、张可云、李文娟	1997	中国农业科技出版社
30	中国农业资源与区划	张巧玲、李应中、李仁宝、唐华俊等24人	1997	中国农业科技出版社
31	中国农业资源区划资料目录	刘玉兰、柏　宏、李艳丽等5人	1998	气象出版社
32	中国副食品市场需求与"菜篮子工程"布局	梁业森、朱忠玉等11人	1998	气象出版社
33	节水农业宏观决策基础研究	薛志士、罗其友、宫连英、陶　陶	1998	气象出版社
34	长江流域"双低"油菜带产业化开发现状与前景	禾军、屈宝香等14人	1998	中国人口出版社
35	灾后自救知识读本	甘寿文等11人	1998	科学普及出版社
36	水资源价值论	姜文来	1998	科学出版社
37	可持续农业和农村发展研究进展（英文）	李晶宜、唐华俊、王道龙主编	1998	中国农业科技出版社
38	河南省渑池县农业发展规划	陈尔东等22人	1998	中国农业科技出版社
39	中国北方粳稻资源调查与开发	邝婵娟、陈畅飞、朱忠玉	1998	气象出版社
40	中国农业科学院农业自然资源和农业区划研究所所志（1979—1999）	唐华俊	1999	区划所
41	旱地农业决策基础研究	罗其友、姜文来、宫连英、陶　陶	1999	气象出版社
42	农业资源区划工作二十周年论文集	朱忠玉等	1999	中国农业科技出版社
43	农业资源可持续利用与区域发展研究（1998）	唐华俊	1999	中国农业科技出版社
44	生态价值论	李金昌、姜文来等	1999	重庆大学出版社
45	湿地	姜文来	1999	气象出版社
46	中国南方粮食结构优化研究	农业部优质农产品开发服务中心和区划所	1999	气象出版社
47	中国土地资源可持续利用的理论与实践	唐华俊	2000	中国农业科技出版社
48	演变中的食物消费—中国典型地区分析	唐华俊、小山修	2000	气象出版社
49	农业资源利用与区域可持续发展研究（1999）	唐华俊	2000	中国农业科技出版社

（续表）

序号	著作名称	编著（译）者	出版时间	出版社
50	农业资源高效利用与可持续发展：纪念农业资源区划工作20周年文集	薛 亮、唐华俊、张巧玲	2000	中国农业科技出版社
51	优质食用菌栽培技术	胡清秀	2001	中国农业科技出版社
52	贵州省农业结构调整规划	区划所、贵州省	2001	中国农业科技出版社
53	中国农业资源与区划志	薛亮、唐华俊、中国农业资源与区划学会	2001	中国人口出版社
54	农业资源利用与区域可持续发展研究（2000）	唐华俊	2001	中国农业科技出版社
55	农业资源利用与区域可持续发展研究（2001）	唐华俊	2002	中国人口出版社
56	遥感技术在农业资源管理中的应用	陈佑启	2002	中国农业科技出版社
57	农业资源利用与区域可持续发展研究（2002）	唐华俊	2003	中国农业科技出版社
58	资源资产论	姜文来、杨瑞珍	2003	科学出版社
59	食物供求农业结构调整可持续发展	唐华俊	2003	气象出版社
60	西部农村科技传播与普及体系研究	陈印军、杨瑞珍	2003	中国农业科技出版社
61	Sustainable Agricultural Development: Our Common Goal	唐华俊、任天志、陈佑启	2003	气象出版社
62	中国土地资源及农业利用	唐华俊、Eric Van Ranst	2003	气象出版社

十、部分公开发表论文目录

序号	论文名称	刊物名称	时间（期号）	作者
1	农作物反射波谱特性及遥感土地资源信息解译	中国农业科学	1983	寇有观、萧 钵
2	浙江省山地丘陵区植被类型在遥感中解译	中国草原	1983	寇有观
3	我国西部山区太阳辐射与高山冰雪消融	自然资源	1983	寇有观
4	我国亚热带丘陵山区的农业气候资源的基本特点	气象知识	1983	萧 钵
5	威宁县飞播牧草建设人工草地的经济效益评价	四川草原	1983	于学礼
6	斯里兰卡引进外资发展农牧业的基本做法	外国经济管理	1983	于学礼
7	我国热带、南亚热带地区农作物发展方向和合理布局探讨	农业技术经济	1983	朱忠玉

（续表）

序号	论文名称	刊物名称	时间（期号）	作者
8	主要农作物和农业资源的波谱特性研究及其遥感信息解译	科学技术文献出版社	1984	寇有观
9	巴林右旗投资的经济效果评价	农业投资效果	1984	于学礼
10	我国东南丘陵山区农业生态建设的途径	红旗杂志	1984	陈锦旺、林仁惠
11	经济效果问题	农业技术经济	1984	李应中
12	关于调整粮食作物结构布局的初步探讨	中国农业科学	1984	杨美英、严玉白
13	湘鄂丘陵山区水土流失危害严重	水土保持学报	1984	张弩
14	中国农业区划中遥感信息应用概况（中、英文版）	国际学术会议论文集	1985	寇有观
15	农村经济结构的演变及其原因	农经理论研究	1985	林仁惠
16	关于中国农业生产布局问题的探讨	效益与管理	1985	杨美英、薛志士
17	我国粮食转化和种植业结构调整对策	农业经济丛刊	1985	朱忠玉等
18	中澳农业区域规划协作	世界农业	1985	梁佩谦
19	澳大利亚农业地域分工	世界农业	1985	梁佩谦
20	关于东北地区粮食和经济作物发展预测	预测	1986（5）	张玓
21	对农业区域规划的认识	农业区划	1986（2）	毕于运
22	对怀化地区山地丘陵生态建设的探讨	农业区划	1986（5）	杨瑞珍
23	黄淮海平原以粮食为主的农业商品生产基地的研究	中国农业科学	1986（5）	王素云
24	我国北方旱区农业区划方案指标体系和依据的评价	农业区划	1986（6）	朱建国
25	灰色系统软件编制思想	灰色系统论文集	1986	曹尔辰
26	运用线性规则方法确立宁夏同心县农林牧最佳生态经济结构模式的探讨	农业区划	1986（5）	关喆
27	论我国茶业的发展	茶业通报	1987（9）	王广智
28	物候与遥感解译	遥感信息	1987（3）	萧钚
29	农业资源区划数据库的研究	农业区划	1987（6）	萧钚
30	缓解华北地区农业用水紧缺对策的探讨	灌溉排水	1987（6）	陈庆沐、黄诗铿
31	"三西"地区农业投资建设成效及值得注意的问题	农业区划	1987（5）	罗其友、张弩
32	我国商品粮基地建设的展望	经济研究参考资料	1987（13）	朱忠玉、邝婵娟、王素云
33	我国粮食产需区域平衡的初步研究	农业区划	1987（2）	课题组
34	中国种植业区划研究（中英文各1册）	中国农业科学院建院30周年专刊	1987.9	朱忠玉
35	提高我国蚕茧质量的对策	陕西蚕业	1987（4）	薛志士、邝婵娟
36	浅谈农业区划研究所的学科建设	农业区划	1987（1）	李应中

（续表）

序号	论文名称	刊物名称	时间（期号）	作者
37	浅谈贫困山区的脱贫致富问题	农业区划	1987（1）	于学礼
38	加强农业资源调查和农业区划资料管理的意见	农业区划	1987（3）	资料库
39	农业资源综合评价中的一种数学方法	农业区划	1987（4）	覃志豪
40	农业区划部门加强宏观总体研究的意义和措施	农业区划	1987（3）	申屠军
41	小城镇发展研究	平原大学学报	1987.7	申屠军
42	以美国陆地卫星 5 号 TM 图像数据进行 1∶5 万地形图修测中多数据拟合的精度分析	北京地区 1987 年摄影测量与遥感专业学术年会论文汇编	1987	万　贵
43	"模糊聚类"在农业类型区划分中的应用尝试	农业区划	1987（3）	朱建国
44	我国苎麻生产与贸易的发展趋势及其对策	农业区划	1987（1）	陈锦旺、梁佩谦
45	我国饲料生产存在问题及发展潜力	中国村镇百业信息报《畜禽刊》	1988.2.1	李育慧
46	饲料生产的挑战及其对策	农民日报	1988.7.19	周旭英、李育慧、梁业森
47	我国牧草品种资源及其栽培概况	中国村镇百业信息报《畜禽刊》	1988.7.11	周旭英
48	喜温豆科牧草—大翼豆	中国村镇百业信息报《畜禽刊》	1988.7.11	周旭英
49	喜温湿速牧草	中国村镇百业信息报《畜禽刊》	1988.7.25	周旭英
50	喜温湿豆科牧豆—大结豆	中国村镇百业信息报《畜禽刊》	1988.8.8	周旭英
51	热带亚热带牧草—非洲狗尾草	中国村镇百业信息报《畜禽刊》	1988.10.24	周旭英
52	莱州湾地区分层开发综合利用的探讨	农业区划	1988（2）	王广智等
53	陶庄"耕地种草养畜"项目效益评价	农业区划	1988（1）	李茂松、罗其友
54	我国水土资源的评述和开发研究	农牧情报研究	1988（2）	王广智
55	莱州湾南岸地区分层开发规划研究	山东农业管理干部学院学报	1988（4）	王广智
56	黄淮海平原本世纪末增产 250 亿千克粮食的探讨	中国农学会通报	1988（3）	陈庆沐
57	中国农业科学院农业自然资源和农业区划研究所在前进	农业区划	1988（5）	佟艳洁
58	农业资源评价方法	农业区划	1988（3）	覃志豪
59	河北省古代的森林分布和自然灾害	论文选集	1988.9	李树文

（续表）

序号	论文名称	刊物名称	时间（期号）	作者
60	土地经营规模的变动趋势及其区域性策略	农业区划	1988（3）	黄小清
61	"单利动态"经济效益计算方法初探	农业区划	1988（5）	李应中
62	综合治理水土流失，开发建设岩溶地区	中国水土保持	1988（2）	毕于运
63	我国沙棘资源的开发和利用	农业情报研究	1988	宫连英
64	中国饲料、牧草中含硒量分布图评价	地图	1988（2）	许美瑜
65	农业地域分异规律的属性和性质浅析	农业区划	1988（3）	朱建国
66	资源经济学发展沿革与农业区划发展方向	农业区划	1988（4）	黄小清
67	黄淮海平原界限修订商榷	农业区划	1988（6）	黄诗铿
68	加强中、低产田的治理促进粮食生产稳定发展	农业区划	1988（5）	陈印军
69	简阳县改造中低产田提高经济效益研究	农业区划	1988（1）	杨美英
70	阿司匹林在小麦抗盐方面的应用	莱阳农学院学报（增刊）	1988	张士功等
71	饲料工业生产存在的问题	农业科技通讯	1989（6）	李育慧
72	饼粕饲料资源的开发利用及前景探讨	饲料世界	1989（1）	李育慧
73	我国饲料工业面临的困境	饲料世界	1989（2）	李育慧
74	加速南方草山草坡的开发利用	农业科技通讯	1989（1）	周旭英、梁业森、李育慧等
75	充分利用农副产品或废弃物作为代用饲料	农业区划	1989（3）	梁业森
76	黄淮海平原粮食生产发展中值得注意的两个问题	农业区划	1989（1）	陈庆沐等
77	黄淮海平原综合治理中的农牧结合问题	百科知识	1989（5）	陈庆沐、严兵、黄诗铿
78	浅谈如何提高刊物质量	农业区划与农业现代化	1989（1）	佟艳洁
79	土地潜力评价	农业区划	1989（3）	马素兰
80	土地质量评价	农业区划	1989（2）	李茂松
81	资源经济学的发展沿革与农业区划研究	农业区划	1989（5）	黄小清、周志刚
82	农用土地级差地租的研究方法	自然·社会·区域发展	1989	周志刚
83	自然资源系统分析评价模型	自然资源	1989（3）	周志刚
84	土地评论中的经济分析方法	农业区划	1989（5）	罗其友
85	开发黄河上游水资源建立农业商品基地	农业区划	1989（6）	薛志士等
86	土地评价方法概述	农业区划	1989（1）	李文娟
87	农地级差收入研究	农业区划	1989（6）	周志刚等

（续表）

序号	论文名称	刊物名称	时间（期号）	作者
88	土地适宜性评价	农业区划	1989（4）	严 兵
89	我国耕地质量量化研究	数量经济·技术经济研究	1989（3）	申屠军
90	对十年区域开发的回顾	地域研究与开发	1989（3）	申屠军
91	我国土地资源质量及容量评价	开发研究	1989（2）	申屠军
92	决策科学化重要手段——开拓前进中的农业区划	农业区划	1989（5）	杨美英、李应中
93	农用土地质量标准化模型	黄土高原综合治理开发模型集	1990	周志刚
94	农业土地利用的土地评价	农业区划	1990（1）	徐 波
95	比利时的农牧业生产服务体系	农业区划	1990（4）	徐 波
96	我国甜菜生产及糖业布局初探	甜菜糖业	1990（2）	禾 军、李文娟、朱忠玉
97	我国糖业发展方向和布局探讨	自然资源	1990（4）	朱忠玉、邝婵娟、李文娟
98	我国油料商品生产基地的选建	中国油料	1990（3）	李文娟
99	我国粮食产需区域平衡研究	农业经济问题	1990（6）	种植业布局室
100	我国食糖产需平衡与布局的几个战略问题	农业区划	1990（2）	课题组
101	我国食物发展分区综合报告	中国食物分区发展问题探讨	1990.11	朱忠玉、邝婵娟
102	西北地区粮食生产发展对策	农牧情报研究	1990（2）	薛志士、邝婵娟
103	应用 J·kostrowicki 分类法确定屯留县农业类型	农业区划	1990（6）	罗其友
104	我国农村地域转化初探	地域研究与开发	1990（1）	申屠军
105	应用微机及 CDS 情报检索软件建立农业资源与农业区划资料文献库	利用微机建立农业数据库研讨会论文集	1990	刘玉兰
106	试谈农业区划研究如何多出成果	农业区划	1990（2）	付金玉
107	区域农村经济规划的几个问题	农业区划	1990（6）	王舜卿
108	Soil Spectral Reflectance of the Loess Plateau	ASIAN—PACIFIC Remote Sensing Journal	1990.8	闫贺尊
109	中国种植业资源	中国农业自然资源与利用	1990	杨美英
110	土地人口承载力研究方法与模式简述	农业技术经济	1990（4）	王凤兰
111	我国土地资源人口承载能力研究的进展	农业区划	1990（6）	王凤兰
112	中国种植业区划	中国农业自然资源和农业区划简编	1991	杨美英

（续表）

序号	论文名称	刊物名称	时间（期号）	作者
113	四十年来东北地区耕作制度的演变与评价	农业经济	1991（5）	任天志
114	我国90年代商品粮基地布局建设探讨	粮食经济研究	1991（2）	邝婵娟、朱忠玉
115	中国粮食产需区域平衡及对策	科技导报	1991（4）	李文娟、朱忠玉
116	Land Suitability classification based on fuzzy set theory	Pedologie 学报	1991（3）	唐华俊
117	我国蛋白质饲料资源的开发对策	农业区划	1991（4）	梁业森、李育慧、关喆
118	农业区划学科理论体系雏形探讨	农业区划	1991（4）	马忠玉
119	开发滇黔桂岩溶地区活跃农村经济	农业区划	1991（6）	三岩课题组
120	林业资源经济的动态分析	农业区划	1991（6）	齐晓明
121	浅谈调整畜群结构	农业区划	1991（5）	梁业森、周旭英、李育慧
122	国内外农牧结合发展动态	农业区划	1991（2）	徐波、陈庆沐、严兵等
123	黄淮海平原农牧结合形式分析	农业区划	1991（3）	陈庆沐、徐波、严兵等
124	我国粮棉油糖生产地区布局和区域开发	农业区划	1991（4）	种植业布局室
125	克氏农业类型划分方法介绍	农业区划	1991（4）	毕于运、罗其友、屈宝香
126	中国灾害性天气与粮食波动	农业区划	1991（2）	李应中、张浩、萧钵
127	我国中低产田的开发治理	农业区划	1991（2）	陈印军
128	1989年度网点县耕地监测结果分析	农业区划	1991（5）	陈尔东、黄雪辉、杨桂霞
129	今后我国粮食的主要问题是饲料	农业区划	1991（6）	马忠玉等3人
130	我国西部地区食物生产、消费特点与发展对策	国际食物营养和社会发展学术讨论会论文集	1991.3	朱忠玉
131	NOAA卫星遥感信息在资源环境监测中的作用	农业遥感论文集	1991	萧钵
132	洞庭湖荆江地区地理信息系统中农业模型库的研建	洞庭湖荆江地区资源与环境信息系统论文集	1991	萧钵
133	洞庭湖荆江地区地理信息系统中农业模型库的研究	洞庭湖荆江地区资源与环境信息系统论文集	1991	萧钵
134	洞庭湖区各市、县的模糊聚类分析及综合经济评价	洞庭湖荆江地区资源与环境信息系统论文集	1991	萧钵

（续表）

序号	论文名称	刊物名称	时间（期号）	作者
135	现代人文地理学新趋势之一	新编中国经济地理教学参考论文集	1991	覃志豪
136	The potential l for Sustainable Agricultural Development in Sub–trop–ical areas of SouthChina	荷兰莱顿国际会议论文集	1991	唐华俊
137	浅谈我国蛋白质饲料资源开发对策	中国畜牧业经济研究	1991	梁业森、周旭英、关　喆等
138	浅谈农业资源的时空开发	国土开发与整治	1992（4）	屈宝香
139	对农业资源开发的新认识	首都经济	1992（6）	屈宝香
140	我国农业自然资源分区特点与种植业布局	自然资源	1992（6）	朱忠玉
141	湘鄂赣农业资源与专业化区域化方向	长江流域资源与环境	1992（1）	邝婵娟
142	试论中国的玉米带与肉蛋奶	粮食经济研究	1992（1）	邝婵娟、薛志士
143	Testin of Fuzzy Set Theory in Land Suitability Assessment for Rainfed Grain Maize Production	Pedologie 学报	1992（2）	唐华俊
144	An Approach to Predict Land Production Potential for Irrigated and Rainfed Winter Wheat	Soil Technology 学报	1992（5）	唐华俊
145	河南省黄淮海平原农业综合开发调查报告	农业区划	1992（1）	李应中
146	中国玉米带建设探讨	农业区划	1992（1）	邝婵娟
147	规划目标的制定与修正	农业区划	1992（1）	王舜卿、王京华
148	论三峡地区粮食生产发展	农业区划	1992（5）	陈印军、陈锦旺
149	浅议三峡地区的农业开发	农业区划	1992（6）	陈印军、陈锦旺
150	对持续农业的几点认识	农业区划	1992（3）	黄小清
151	搞好农业区划促进农业上新台阶	内江商业经济	1992（2）	杨美英
152	对生态农业和持续农业几点认识	农业区划	1992（5）	佟艳洁
153	萎缩、停滞的台湾农业	农业区划	1992（3）	李应中
154	持续农业国内外发展的动态	农业区划	1992（4）	王凤兰
155	我国西部食物发展及对策研究	西部地区资源开发与发展战略研究	1992.7	朱忠玉
156	Modelling Production of Irrigated Maize Considering Management and Environmental Conditions	比利时国际会议论文集	1992	唐华俊
157	Land use Suitability Assessment for Irrigated Maize based on Fuzz Set Theory	比利时国际会议论文集	1992	唐华俊
158	未来气候变化对环境与社会经济的可能影响	地球表层研究	1992（1）	周清波

（续表）

序号	论文名称	刊物名称	时间（期号）	作者
159	黄海淮地区农牧结合的模式与效益	农业技术经济	1993（3）	梁业森、关喆等
160	西南农区农牧结合的现状与前景	农业技术经济	1993（5）	周旭英、梁业森等
161	黄河流域农业水资源优化配置问题分析	农业技术经济	1993（4）	宫连英、罗其友、薛志士
162	我国耕地资源开发利用的措施	中国耕地	1993（5）	梁佩谦、毕于运、杨瑞珍
163	集约持续农业——中国与发展中国家的重要抉择	世界农业	1993（9）	任天志
164	县城集镇系统及其结构	地理学与国土环境	1993（1）	陈佑启
165	火山喷发对辐射传输影响的研究	地理研究	1993（3）	周清波
166	农业资源经济空龄结构基本功能雏议	农业现代化研究	1993（1）	屈宝香、林仁惠、齐晓明
167	我国农产品专业化生产的基本特征和发展对策	国土开发与整治	1993（2）	王舜卿、朱忠玉
168	长江上游川云贵三省农业自然资源利用方向和发展对策	自然资源	1993（6）	朱忠玉
169	发展中国大豆带构思	粮食经济研究	1993（4）	邝婵娟
170	开发三峡资源振兴地区经济	自然资源	1993（2）	陈印军
171	中国食用植物油产消十大趋势	地域研究与开发	1993（2）	李文娟
172	我国棉花生产专业化地带的特点及发展	农牧情报研究	1993（4）	王素云
173	国内外持续农业研究的评述	农业现代化研究	1993（4）	马忠玉
174	我国耕地退化的现状、原因及建议	中国土地	1993（8）	杨瑞珍
175	我国耕地资源现状剖析	农业技术经济	1993（1）	杨美英、梁佩谦等
176	Elaboration of a Geographic Database on Soil Properties Necessary for the Management and Protection of the ebv. in the EC.	荷兰 Wageningen 国际会议论文集	1993	唐华俊
177	我国农业资源与区划	21 世纪中国农业科技展望	1993	杨美英
178	Effects of Irrigation Water Supply Varation on Limited Resource Farms in Comejos County, Colorado	Water Resource Research	1993 年 29 卷第 2 期	王尔大
179	关于中低产田几种主要划分方法的评价	农业区划	1993（1）	毕于运
180	秸秆养牛势在必行	农业区划	1993（3）	梁业森
181	三元种植结构浅议	农业区划	1993（2）	梁业森
182	从农户调查资料看我国农户经济发展区域变化及差异	农业区划	1993（3）	李应中、申屠军

（续表）

序号	论文名称	刊物名称	时间（期号）	作者
183	试论社会主义市场经济条件下的农产品专业化生产	农业区划	1993（4）	李文娟
184	论社会主义市场经济与农业区划研究	农业区划	1993（6）	李应中
185	农产品区域化、专业化分区的原则与指标	农业区划	1993（5）	王舜卿
186	中国农产品专业化生产的概念及类型	农业区划	1993（6）	李文娟
187	亦论持续农业	农业区划	1993（4）	马忠玉
188	农业环节传递函数的确定	农业区划	1993（2）	曹尔辰
189	搞好农业区划期刊题录为科研工作服务	农业区划	1993（4）	王凤兰
190	浅谈北方旱地农业及其发展对策	农业信息探索	1993（2）	李树文
191	华南区农业生产与专业化区域化方向	热带地理	1993（4）	邝婵娟
192	Fuzzy Set theory – a new Concept in land suitability assessment	荷兰国际会议论文集	1993	唐华俊
193	Economics of Composting Feedlot Manure	Colorado Agricaltural Extension	1993.4	王尔大
194	Economic Impacts of Water Scarcity and Beef Feed lot Manure Regulations in Eastern Colorado	American AgResearch Network	1993.5	王尔大
195	我国农产品专业化生产初探	地理学与农业持续发展	1993.10	朱忠玉
196	"替代"还是"发展"——当代农业思潮之争	中国农学会通报	1993（4）	任天志
197	论黄河中下游粮食产消平衡	粮食纵横	1993（1）	王素云
198	农业空龄结构综合评价的内容与标准的探讨	江西农业经济	1993（5）	林仁惠
199	从动物性食物的需求看饲用玉米消费	粮食纵横	1993（4）	王素云
200	杂种小麦粒重形成过程中内源激素的变化	杂种小麦研究进展	1993.12	马兴林
201	小麦穗分化同内源吲哚乙酸及细胞分裂素类物质关系的研究	第一届全国青年作物栽培作物生理学术会论文集	1993.2	马兴林
202	黄河流域旱地粮食增产潜力分析	农业技术经济	1994（4）	宫连英等
203	中国农村经济运行效率的区域差异与对策	农业技术经济	1994（6）	罗其友等
204	我国涝洼耕地资源开发利用	经济地理	1994（1）	梁佩谦
205	一个靠集约种植起家的农业持续发展典型——扶沟模式	作物杂志	1994（2）	任天志
206	我国对外贸易的区域发展战略	经济地理	1994（2）	陈佑启
207	我国土地资源的合理利用研究	中国土地科学	1994（4）	陈佑启

（续表）

序号	论文名称	刊物名称	时间（期号）	作者
208	我国持续农业与农村发展研究——兼论黄淮海平原农业和农村发展	农业现代化研究	1994（5）	陈佑启
209	合肥地区 1736—1991 年冬季平均气温序列的重建	地理学报	1994（4）	周清波
210	农业生产与资源危机	国土开发与整治	1994（2）	屈宝香
211	农业中的化肥使用与环境影响	环境保护	1994（8）	屈宝香
212	谈谈地膜污染	环保科技	1994（4）	屈宝香
213	东北三省主要商品农产品的发展与对策	农牧情报研究	1994（3）	王舜卿
214	区划工作四十年回顾与未来重任	农业区划与农业现代化	1994（1）	杨美英
215	社会主义市场经济体制的一项基础工作	中国农业资源与区划	1994（6）	杨美英
216	长江中上游川鄂湘三省玉米资源及生产发展方向	长江流域资源与环境	1994（1）	邝婵娟
217	浅谈我国棉花供求平衡和布局	中国棉花	1994（9）	禾　军
218	浅谈黄淮海平原目前"秸秆养牛"中存在的问题及解决办法	农牧情报研究	1994（1）	陈庆沐、马兴林、梁业森
219	黄河流域农业水资源优化配置	干旱区资源与环境	1994（2）	罗其友等
220	我国农村经济运行效率及其区域差异分析	经济研究	1994（8）	罗其友
221	论黄河流域节水农业	农牧产品开发	1994（1）	薛志士等
222	持续农业与生态农业	世界农业	1994（10）	杨瑞珍
223	我国耕地水土流失及其防治措施	水土保持通报	1994（2）	杨瑞珍
224	黄土高原区不同层次耕地资源及其利用模式	干旱区资源与环境	1994（3）	杨瑞珍
225	我国坡耕地资源及其利用模式	自然资源	1994（1）	杨瑞珍
226	利用海南冬季优势，积极发展冬季农业	自然资源学报	1994（2）	陈印军
227	湘、赣、川三省农业生产的优势、潜力、问题及对策	中国农业资源与区划	1994（4）	陈印军
228	市场经济与土地资源的合理利用	94 海峡两岸土地学术研讨会论文集	1994.9	陈佑启
229	我国农村经济发展的地区差异、原因与对策	农业经济问题	1994（12）	覃志豪等
230	中国棉花产需状况及发展对策	中国棉花	1994（2）	王素云
231	开发棉花冬闲田发展冬牧草	中国农业资源与区划	1994（3）	陈庆沐
232	从生态位观点评价棉区三元种植结构	中国农业资源与区划	1994（6）	陈庆沐、马兴林、唐华俊等
233	从《中国 21 世纪议程》谈起	中国农业资源与区划	1994（6）	李应中
234	关于农村经济区划若干问题的探讨	中国农业资源与区划	1994（4）	李应中、黄小清

（续表）

序号	论文名称	刊物名称	时间（期号）	作者
235	开发利用北方冬闲田，种植冬牧 70 黑麦草	中国农业资源与区划	1994（3）	李应中
236	我国粮食再增 5000 万吨的区域开发战略	中国农业资源与区划	1994（5）	朱忠玉、邝婵娟
237	专业化是我国农业发展的必然趋势	中国农业资源与区划	1994（1）	王舜卿
238	广东"优质高产高效"农业之发展	中国农业资源与区划	1994（2）	陈印军
239	1989—1991 年我国不同经济带耕地变化分析	中国农业资源与区划	1994（1）	陈尔东、黄雪辉、杨桂霞
240	黄土高原不同层次耕地资源及利用模式	中国农业资源与区划	1994（3）	杨瑞珍
241	1989—1992 年农业用地结构调整趋势分析	中国农业资源与区划	1994（6）	陈尔东、杨桂霞
242	中国农村居民收入的区域分布格局	中国农业资源与区划	1994（6）	黄小清
243	我国棉花种植中存在的问题分析	农业信息探索	1994（3）	曹尔辰
244	我国农户生产性费用投入的特点及其变化趋势	中国农业资源与区划	1994（6）	曹尔辰
245	加强刊物工作、开创新局面	中国农业资源与区划	1994（3）	李树文
246	对市场经济中粮食问题的思考	农业信息探索	1994（3）	佟艳洁
247	1994 年棉花生产形势及应采取的对策	农业信息探索	1994（3）	李文娟、王素云、禾军
248	利用棉花冬闲田种植冬牧 70 黑麦初步研究	北京农学院学报	1994（1）	马兴林
249	Fuzzy Set Approach for Land Suitability Assessment and Sustainable Land Management	意大利米兰国际会议论文集	1994	唐华俊
250	Physical Suitability Assessment of Rubber Cultivation in Peninsular Thailand using Fuzzy Logic	墨西哥国际会议论文集	1994	唐华俊
251	对我国耕作学科进一步发展的思考	高等农业教育	1994（3）	任天志
252	生长调节剂对冬小麦分蘖发生和衰亡的影响及其对内源激素的调节	小麦产量行程的栽培技术原理论文集	1994.11	马兴林
253	当前秸秆养牛的意义、问题和解决办法	完善社会主义畜产品市场经济体制论文集	1994	梁业森
254	北京地区城市燃煤的温度的效应	地球表层科学进展	1994	周清波
255	中国棉花集中生产带划分探讨	中国棉花	1995（11）	王素云
256	黄淮海棉产区棉花生产及其布局的演变	中国棉花	1995（12）	王素云
257	我国农业经济实力测度及动态特征	农业经济问题	1995（6）	尹昌斌
258	水资源耦合价值研究	自然资源	1995（2）	姜文来
259	水资源价值和价格研究	水利水电科技进展	1995（1）	姜文来
260	水资源财富代际转移研究	经济地理	1995（4）	姜文来

序号	论文名称	刊物名称	时间（期号）	作者
261	国有自然资产流失初探	中国人口·资源与环境	1995（4）	姜文来
262	三峡地区农业自然资源特点及开发利用策略	长江流域资源与环境	1995（1）	陈印军
263	四川人地关系日趋紧张的原因对策	自然资源学报	1995（4）	陈印军
264	我国粮食形势不容乐观	中国农村观察	1995（5）	陈印军
265	中国耕地的持续利用	经济地理	1995（4）	李应中、毕于运、杨瑞珍等
266	用灰色系统 GM（1.1）模型预测棉花生产	棉花学报	1995（2）	禾　军
267	农业持续发展的区域政策调控	中国软科学	1995（10）	罗其友
268	节水型农业与粮食持续增长	干旱地区农业环境	1995（3）	罗其友
269	以色列的节水型农业	世界农业	1995（7）	罗其友
270	黄河流域农业持续发展中的生态环境问题	干旱区研究	1995（1）	罗其友
271	棉花冬闲田种植牧草的增产效益	作物杂志	1995（3）	马兴林、陈庆沐
272	我国粮食增产因素分析与区域布局	农业技术经济	1995（4）	邝婵娟、朱忠玉
273	华东沿江沿海农业商品生产特点和发展前景	华东农业发展研究	1995（2）	朱忠玉
274	中国烟草布局的特点及发展趋势	地域研究与开发	1995（2）	朱忠玉
275	我国水产品集中生产地带与发展前景	自然资源	1995（1）	朱忠玉
276	浅议现代商品农业面临的生态危机	农业区划与农业现代化	1995（1）	屈宝香
277	浅论农药的应用对农业生态系统的作用与影响	农业系统科学综合研究	1995（3）	屈宝香
278	城乡交错带名辨	地理学与国土研究	1995（1）	陈佑启
279	中国农业（农村）现代化与持续化指标体系的研究	农业现代化研究	1995（5）	任天志
280	德国再生工业原料植物的开发与利用	世界农业	1995（2）	任天志
281	世界农业思潮与我国农业的技术对策	科技导报	1995（9）	任天志
282	旱农试区寿阳县持续农业结构研究	农业技术经济	1995（4）	薛志士等
283	我国粮食供需区域平衡的对策研究	农业经济	1995（10）	朱忠玉
284	Application of Fuzzy Logic to Land Suitablility for Rubber production in Peninsular Thailand	GEODERMA 学报	1995（12）	唐华俊
285	Economics of Widespread Manure Application Irrigated Crops：Raw and Composted Feedlot Manure in Eastern Colorado	American Journal of Alternative Agr.	1995.4	王尔大

（续表）

序号	论文名称	刊物名称	时间（期号）	作者
286	关于我国湿地的开发与保护问题	中国农业资源与区划	1995（1）	李应中、梁佩谦、朱建国
287	饲用作物品种——冬麦 70 黑麦	农业信息探索	1995（1）	马兴林、陈庆沐
288	我国红黄壤地区土地资源特点及开发利用	中国农业资源与区划	1995（6）	陈印军
289	我国耕地数量的第四次大滑坡	中国农业资源与区划	1995（3）	毕于运、杨瑞珍、梁佩谦
290	我国农村经济实力地区差异分析	中国农业资源与区划	1995（5）	尹昌斌
291	黄淮海平原冬麦生产投入产出的关联分析	中国农业资源与区划	1995（1）	朱建国
292	我国的农牧结合模式	中国农业资源与区划	1995（2）	梁业森、周旭英
293	论农牧结合的实质与功能	中国农业资源与区划	1995（1）	梁业森、周旭英
294	我国肉类生产与消费动态分析	中国农业资源与区划	1995（6）	梁业森、周旭英
295	建设节水型农业、促进粮食持续增长	中国农业资源与区划	1995（6）	罗其友、宫连英、陶　陶
296	利用冬闲田种草、促进畜牧业再发展	中国农业资源与区划	1995（5）	陈庆沐、马兴林
297	我国粮食产销前景分析与对策	中国农业资源与区划	1995（3）	李应中
298	农牧结合与中国农业持续发展	中国农业资源与区划	1995（4）	李应中
299	我国粮食产销基本平衡	市场报	1995.10.20	李应中
300	中国烤烟布局的特点和发展趋势	中国农业资源与区划	1995（1）	朱忠玉、王现军
301	农业持续发展与耕地永续利用	中国农业资源与区划	1995（4）	杨美英、梁佩谦
302	专家系统和决策支持系统的异同及其应用	中国农业资源与区划	1995（3）	唐华俊
303	谈开发利用秸秆资源发展养牛业	当代资源与经济增长论文集	1995	梁业森、周旭英等
304	华北平原节水农业方法论研究	华北平原节水农业应用基础研究进展论文集	1995	罗其友等
305	我国粮食生产特点与生产布局方向	南京经济学院学报	1995（2）	邝婵娟
306	长江干流地区粮食持续发展战略	跨世纪持续发展学术讨论会论文集	1995.11	李应中、陈印军
307	红黄壤地区东南沿海浙闽粤琼四省区域农业优势研究	中国红黄壤地区农业持续发展国际对策研讨会论文集	1995	黄小清
308	红黄壤地区土地资源特点及开发利用对策	中国红黄壤地区农业持续发展国际对策研讨会论文集	1995	陈印军、唐华俊
309	废弃物资源化发展与农业资源环境保护及其研究进展	新疆环境保护	1995	屈宝香
310	大型水利工程 EIA 理论与实践研究	重庆环境科学	1995	姜文来

序号	论文名称	刊物名称	时间（期号）	作者
311	持续农业与生态农业的区别与联系	江西农业经济	1995	杨瑞珍
312	19 世纪上半叶的一次气候突变	自然科学进展	1995（3）	周清波
313	Strategy for a Sustainable Agricultural Development in the Red-yellow Soil Areas of China With Special Reference to Land Resources	国际会议论文集	1995	陈印军、唐华俊
314	Analysis of the Productivity of paddy Rice Land use Systeams in the Red Soil Area of Yong Feng County	国际会议论文集	1995	唐华俊、陈印军
315	Application of the fuzzy set Theory to Agro-ecological Suitability Assessment for Some annual Crops in China	国际会议论文集	1995	唐华俊
316	我国粮食"北粮南下"的动态与宏观调控	中国农业资源与区划	1995（6）	邝婵娟、朱忠玉
317	发展节水型农业促进粮食持续增长	中国农业资源与区划	1995（6）	罗其友、宫连英、陶　陶
318	水资源财富损失模型研究	中国的环境学从理论到实践	1995	姜文来
319	美国土地开发利用的趋势与发展管理战略	中国土地科学	1996（2）	马忠玉
320	适度消费与粮食替代战略	农民日报	1996.2.5	马忠玉、李应中
321	我国动物性下脚料资源的开发利用	饲料研究	1996（3）	周旭英
322	稳定农业必须稳定耕地	中国土地	1995（5）	杨瑞珍、毕于运
323	我国低产林地的初步研究	中国林业	1996（3）	杨瑞珍、毕于运
324	中国的耕地沙化及防止技术措施	中国沙漠	1996（1）	杨瑞珍、毕于运
325	中国农垦区生态环境退化的现状、原因及对策	农业环境与发展	1996（2）	杨瑞珍
326	黄土高原"低荒"资源的成因及其开发对策	资源开发与市场	1996（3）	杨瑞珍
327	中国"四低"资源的现状及其开发潜力	自然资源	1996（5）	杨瑞珍、梁佩谦、毕于运
328	我国盐碱化耕地的防治	干旱区资源与环境	1996（3）	杨瑞珍、毕于运
329	我国水资源价值研究的现状与展望	地理学与国土研究	1996（1）	姜文来
330	我国可耕地资源资产评估的理论与方法探讨	地理学与国土研究	1996（1）	黄小清
331	建设节水型农业的思考	中国软科学	1996（3）	罗其友
332	海峡两岸农业比较优势的研究	台湾农业情况	1996	杨瑞珍
333	贵州省遵义县农民收入调查报告	农业经济	1996（3）	姜文来
334	从世界农业思潮看中国农业的现代化与自然化选择	沈阳农业大学学报	1996（1）	任天志

（续表）

序号	论文名称	刊物名称	时间（期号）	作者
335	实现种植业向"三元结构"的战略转变	中华合作时报	1996.3.5	任天志、李应中
336	中国湿地研究现状综述	中国农业资源与区划	1996（2）	朱建国、李应中
337	试论中国种植业布局思想	中国农业资源与区划	1996（2）	王舜卿
338	粮食生产潜力区域布局探讨	农业技术经济	1996（5）	禾 军
339	中国种植业发展回顾与布局思想研究	地理学与国土研究	1996（2）	王舜卿
340	我国大豆面积下降的原因及发展前景	粮油市场报	1996.5.7	王舜卿
341	城乡交错带：特殊的地域与功能	北京规划建设	1996（3）	陈佑启
342	新的地域与功能：城乡交错带	中国农业资源与区划	1996（3）	陈佑启
343	我国农产品市场面临的问题和调控措施	中国农业资源与区划	1996（5）	梁业森
344	谈黔桂岩溶地区资源、人口、环境分析与对策	中国农业资源与区划	1996（5）	李应中、毕于运
345	我国粮食生产消费与平衡的格局没有改变	瞭望周刊	1996（51）	李应中
346	猪肉肉质特性生物化学研究进展	国外畜牧科技	1996（6）	刘振华
347	我国耕地资源保护的问题及对策	地理学与国土研究	1996（2）	杨瑞珍
348	论中国耕地资源永续利用的战略地位与作用	地域研究与开发	1996（2）	杨瑞珍
349	农产品专业化生产是我国农业发展的必由之路	地域研究与开发	1996（4）	朱忠玉
350	开发土地资源建设大中城市"菜篮子工程"	中国农业资源与区划	1996（5）	朱忠玉、邝婵娟
351	1994年网点县耕地监测分析	中国农业资源与区划	1996（5）	杨桂霞、陈尔东、曹尔辰
352	试论棉花基地建设与棉纺工业布局的协调发展	江西棉花	1996（6）	屈宝香
353	棉花基地与棉纺工业协调发展综述	中国棉花加工	1996（4）	屈宝香
354	陇东走出旱作农业新路子	光明日报	1996.11.30	屈宝香
355	中国农村经济区域划分研究	中国农业资源与区划	1996（3）	覃志豪、尹昌斌
356	我国经济发展与耕地占用	管理世界	1996（5）	尹昌斌等
357	世界农业思潮与中国农业的现代化和自然化选择	中国人口·资源与环境	1996（2）	任天志
358	发展玉米生产是我国增加粮食产量的一个有效途径	中国科学院院刊	1996（3）	任天志等
359	Corn Production: Important Way to Security in Grain and for Age	Bulletin of the Chinese Academy of Sciences	1996	任天志
360	调整扶贫战略，探索新的扶贫模式	中国农业资源与区划	1996（3）	李应中
361	南昆铁路开通与沿线区域经济的发展	中国软科学	1996（6）	李应中

（续表）

序号	论文名称	刊物名称	时间（期号）	作者
362	我国粮食产销紧平衡的格局没有改变	中国农业资源与区划	1996（6）	李应中
363	适合冀鲁低平原地区猪饲料配方研究	农业信息探索	1996（4）	马兴林等
364	Manipulating Agricultural Systems in Order to Meet Human Dietgry Requirement, Acase study from China	Journal of Sustainable Agriculture	1996（8）	马忠玉等
365	利用高等真菌优化小麦秸秆做饲料的技术	农业信息探索	1996（4）	马兴林等
366	国家对中西部地区开发政策倾斜	农业信息探索	1996（4）	佟艳洁
367	棉花冬闲田种植冬牧70黑麦对土地有机质的影响	农业信息探索	1996（2）	马兴林等
368	提高冬羔羊成活率的措施	农业信息探索	1996（3）	马兴林
369	优质高档肉牛的饲养技术	农业信息探索	1996（3）	马兴林
370	可持续发展决策和评价中的代际公平问题研究	中国人口·资源与环境	1996（3）	姜文来
371	水资源价值与南水北调（中线）工程研究	中国青年学者论环境	1996	姜文来
372	国有自然资产流失的初步研究	国土与自然资源研究	1996（3）	姜文来等
373	南水北调中线工程几点思考	经济地理	1996（3）	姜文来等
374	陵县实行农牧结合几种主要模式的比较	中国农业资源与区划	1996（4）	马兴林、陈庆沐
375	利用棉花冬闲田种植冬牧70黑麦牧草研究	河北农业技术师范学院学报	1996（3）	马兴林
376	我国耕地资源永续利用的战略抉择	国土与自然资源研究	1996（4）	李应中、毕于运等
377	农民收入与GNP	农业经济参考	1997（95）	杨瑞珍
378	畜产品供求发展与对策研究	中国农业资源与区划	1997（1）	周旭英、梁业森
379	我国禽蛋生产与消费研究	当代畜牧	1997（1）	周旭英等
380	我国蛋类供求发展趋势分析	当代畜牧	1997（3）	周旭英等
381	发展节粮型畜牧业的几点建议	农村养殖技术	1997（3）	周旭英等
382	陇东兴起旱作农业	中国农村	1997（1）	屈宝香
383	1995年度网点县耕地监测分析	中国农业资源与区划	1997（3）	曹尔辰
384	国内外棉花市场现状及其对我国棉纺的影响	中国棉花	1997（2）	屈宝香
385	庆阳发展旱作节水农业效益显著	农民日报	1997（4）	屈宝香
386	我国"四低"土地资源的成因及其改造措施	干旱区资源与环境	1997（1）	杨瑞珍
387	谷物：饲料粮还是口粮	粮经纵横	1997（3）	杨瑞珍
388	农民生活消费的市场贡献	经济改革与发展	1997（4）	杨瑞珍
389	农民收入新论	调研世界	1997（4）	杨瑞珍

序号	论文名称	刊物名称	时间（期号）	作者
390	农民收入升降与国民经济可持续发展的正负效应	中国软科学	1997（4）	杨瑞珍
391	城乡交错带土地利用模式探讨	中国土地科学	1997（4）	陈佑启
392	冬小麦分蘖衰亡过程中内源激素作用的研究	作物学报	1997（2）	马兴林
393	贵州省岩溶地区的生态环境问题及治理	中国农业资源与区划	1997（4）	毕于运
394	我国棉纺工业发展趋势	中国棉花加工	1997（5）	屈宝香
395	黄淮海棉区的战略地位难以替代	中国棉花	1997（4）	禾 军
396	对我国农区农牧结合的若干思考	农业现代化研究	1997（6）	马兴林
397	农业自然资源综合管理初探	自然资源	1997（1）	陶 陶
398	节水型农业模式及其区域选择	农业现代化研究	1997（5）	罗其友
399	节水农业分区指标系统初步研究	农业现代化研究	1997（1）	罗其友等
400	经济发达地区粮食持续发展之路	中国农村经济	1997（1）	陈印军
401	浅谈乡镇淀粉生产及副产物综合利用	农牧产品开发	1997（5）	张 华
402	吉林省农业信息工作正在阔步前进	农业信息探索	1997（6）	张 华
403	新疆依靠科技，粮食、棉花连续20年丰收	农业信息探索	1997（6）	张 华
404	浙江省实行粮食生产目标管理	农业信息探索	1997（6）	张 华
405	棉花生产管理系统研究进展及应用	棉花学报	1997（5）	邱建军
406	城乡交错带土地资源可持续利用对策研究	中国青年农业科学学术年报	1997.9	陈佑启
407	铁路干线——城镇形成和发展的重要条件	沿海新潮	1997（5）	陈佑启
408	水资源市场初步研究	中国人口·资源与环境（专刊）	1997	姜文来
409	水资源资产均衡代际转移研究	自然资源	1997（2）	姜文来
410	湿地资源可持续环境影响评价研究	中国环境科学	1997（5）	姜文来
411	湿地资源环境影响评价研究	重庆环境科学	1997（5）	姜文来
412	我国湿地资源开发生态环境问题及其对策	中国土地科学	1997（4）	姜文来
413	解决秸秆焚烧需靠科技	科技日报	1997.8.19	陈印军
414	依靠科技进步促进东南沿海地区粮食生产持续发展	农业技术经济	1997（3）	陈印军
415	我国糖业生产区域布局	农牧产品开发	1997（1）	邝婵娟
416	我国蔬菜商品生产基地发展模式	农牧产品开发	1997（2）	邝婵娟
417	我国稻谷生产空间配置研究	农牧产品开发	1997（7）	邝婵娟

（续表）

序号	论文名称	刊物名称	时间（期号）	作者
418	Optimizing the External Energy input into Farmland Ecosystems：A case Strudy from Ningxin，China	Agricultural Systems	1997（2-3）	马忠玉
419	论中国农业持续发展及其研究中的若干问题	自然资源学报	1997（2）	马忠玉
420	持续农业概念、特征及其研究对象的探讨与澄清	生态农业研究	1997（2）	马忠玉
421	农牧结合若干理论问题与当前中国农牧结合内容探讨	古今农业	1997（1）	马忠玉
422	西欧的综合农业评述	农业环境与发展	1997（2）	马忠玉
423	中国可持续农业和农村发展试验示范区建设	中国人口·资源与环境	1997（4）	吴永常、王道龙、马忠玉
424	Principle and Methods to Establish Controlled Release System of P Sourcein Liquid Phase for Screening Wheat	Chinese Agricultural Sciences	1997.9	刘国栋等
425	Mechanisms for Efficient Utilization of Phosphate by Wheat and a New Screening Method for Efficient Genotypes	Plant Nutrition for Sustainable Food Production and Environment	1997（1）	刘国栋等
426	水稻种子含钾量的基因型差异	中国水稻科学	1997（3）	刘国栋、刘更另
427	中国肉类市场分析研究	当代畜牧	1998（1）	周旭英、梁业森
428	我国肉类生产和消费的地区布局研究	当代畜牧	1998（4）	周旭英、梁业森
429	不同因素对棉花增产的贡献率分析	西北农业大学学报	1998（4）	吴永常、王东阳
430	水资源时空价值流研究	中国环境科学（增刊）	1998	姜文来
431	污染对水资源财富损失估算研究	地理学与国土研究	1998（1）	姜文来
432	我国湿地生态环境管理亟待解决的问题	中国人口·资源与环境	1998（2）	姜文来
433	水资源价值模型评价研究	地球科学进展	1998（2）	姜文来
434	长江流域粮食生产的几大特点与几点建议	中国农业资源与区划	1998（5）	陈印军等
435	我国东南沿海地区粮食生产发展的出路在科技	中国农业资源与区划	1998（1）	陈印军
436	中国粮食产需平衡动态分析及调控建议	中国农业资源与区划	1998（3）	邝婵娟等
437	西南岩溶基本特征与资源、环境、社会、经济综述	中国岩溶	1998（2）	毕于运
438	光照条件对土壤—植物系统氮素状况影响的研究	应用生态学报	1998（2）	曾希柏等
439	土壤肥力状况对莴笋光合特征及产量影响的研究	土壤学报	1998（2）	曾希柏等
440	筛选磷高效小麦种质的磷源液相控制释放系统建立的原理和方法	中国农业科学	1997（2）	刘国栋、李振声

（续表）

序号	论文名称	刊物名称	时间（期号）	作者
441	低磷胁迫下小麦地上部某些性状的基因型差异	土壤学报	1998（2）	刘国栋、李振声
442	小麦不同磷效率基因型的子母盆栽试验	作物学报	1998（1）	刘国栋、李振声
443	卫星遥感在我国土地资源调查中的作用	中国航天	1998（4）	萧　钋
444	二十一世纪我国粮食形势展望	科技日报	1998.3.14	李应中
445	对北京市乡镇企业发展的建议	中国农业资源与区划	1998（3）	李应中
446	粮食形势分析与跨世纪我国农业的展望	农业信息探索	1998（2）	李应中
447	三江平原开发历史回顾	国土与自然资源研究	1998（1）	朱建国
448	中国湿地资源开发与环境保护研究	湿地通讯	1998（3）	朱建国
449	中国未来耕地非农占用的数量分析	农业技术经济	1998（1）	尹昌斌
450	从可持续发展看我国农民土地利用行为的影响因素	农业现代化研究	1998（3）	陈佑启
451	城市边缘区土地利用的演变过程与布局模式	国外城市规划	1998（1）	陈佑启
452	我国猪肉生产与消费研究	当代畜牧	1998（6）	周旭英、梁业森
453	用TM图像建顺义县土地利用现状本底数据	中国农业资源与区划	1998（5）	萧　钋、刘　佳、郭明新
454	旱农区域资源可持续利用模式评价指标	干旱区资源与环境	1998（3）	罗其友、姜文来
455	节水农业水价控制	干旱区资源与环境	1998（2）	罗其友
456	旱情监测与业务化运行	中国农业资源与区划	1998（5）	萧　钋等
457	GPS技术在土地资源动态监测中的应用	中国农业资源与区划	1998（3）	周清波、唐华俊等
458	省级基本资源环境信息服务示范系统	农业信息探索	1998（6）	周清波、唐华俊等
459	冬季农业—红黄壤地区农业可持续发展之策	中国农业资源与区划	1998（4）	陈印军、唐华俊
460	加强坡地综合整治，增强长江防洪能力	中国农业资源与区划	1998（6）	陈印军、毕于运
461	改善生态环境，增强长江流域防洪抗灾能力	农业信息探索	1998（5）	陈印军等
462	硝酸钙对小麦幼苗生长过程中盐害的缓解作用	麦类作物	1998（5）	张士功等
463	水杨酸对小麦种子萌发和幼苗生长过程中盐害的缓解作用	中国农业科学	1998（4）	张士功等
464	水杨酸酸、阿司匹林对盐份胁迫条件下小麦幼苗体内 Na^+、K^+ 和 Cl^- 的含量及其分布的影响	北京农业科学	1998（5）	张士功等
465	甜菜碱对小麦幼苗生长过程中盐害的缓解作用	北京农业科学	1998（3）	张士功等

（续表）

序号	论文名称	刊物名称	时间（期号）	作者
466	硝酸钙对小麦萌发过程中盐害的缓解作用	作物研究	1998（3）	张士功等
467	水杨酸和阿司匹林对小麦幼苗生长过程中盐害的缓解作用	西北植物学报	1998（4）	张士功等
468	甜菜碱提高小麦幼苗抗盐性的研究初探	作物栽培生理研究论文集	1998.7	张士功等
469	土壤退化及其恢复重建对策	科技导报	1998（11）	曾希柏
470	水灾之后抢种	金土地	1998（9）	甘寿文
471	水灾之后话农业减灾	中国减灾报	1998.9.15	甘寿文
472	秋种马铃薯，南方灾区好选择	农民日报	1998.8.21	甘寿文
473	灾后补种秋大豆	农民日报	1998.14	张士功、刘国栋、甘寿文
474	搞好生产自救灾后抢种豇豆	中国绿色时报	1998.9.8	张士功
475	怎样种好萝卜芽菜	农民日报	1998.9.17	孙富臣、张士功
476	充分利用野菜防治肠道疾病	农民之友报	1998.9.17	张士功
477	盐分胁迫下 6-BA 对小麦离子吸收和分配的作用	作物栽培生理研究论文集	1998.7	张士功等
478	新疆棉花生产发展中的开荒与改造中低产田	中国农业资源与区划	1998（3）	邱建军、张　华
479	在新疆棉区运用 COSSYM 模型进行优化决策研究	两高一优农业及农业产业化论文集	1998.8	邱建军等
480	COSSYM 模型在新疆棉区的有效化研究	棉花学报	1998（3）	邱建军等
481	新疆棉花品种气候区划的订正及风险棉区发展对策研究	中国农业气象	1998（4）	邱建军等
482	在新疆棉区运用 COSSYM 模型进行水肥合理调控研究	中国棉花	1998（11）	邱建军等
483	应用 COSSYM 模型分析棉田推行节水灌溉	新疆农业科学	1998（5）	邱建军等
484	新疆棉花单产潜力预测研究	干旱地区农业研究	1998（3）	邱建军等
485	新疆棉花高产生长模拟模型研究	中国农业科学	1998（4）	邱建军、肖荧南
486	新疆棉花生产持续发展面临的问题及策略	甘肃社会科学	1998（2）	邱建军、王建武
487	新疆棉花生产成绩虽喜人问题不容忽视	经济参考报	1998.7.2	邱建军
488	我国棉花生产的历史分析及发展战略	开发研究	1998（4）	邱建军等
489	Effect from Horizontally Dividing the Root System of Wheat Plants Having Different Phosphorus Efficiencies	Journal of Plant Nutrition	1998 年 21 卷第 12 期	刘国栋等
490	营养体农业与我国南方草山草坡的高效开发和利用	"98" 国际山区资源开发与保护研讨会论文集	1998.10	刘国栋等

（续表）

序号	论文名称	刊物名称	时间（期号）	作者
491	籼稻不同基因型对钾、钠的反应	植物营养与肥料学报	1998（4）	刘国栋、刘更另
492	植物营养学研究的最新进展	植物营养与肥料学报	1998（4）	刘国栋
493	植物营养学研究的新进展	世界农业	1998（11）	刘国栋
494	灾区农业五大救治措施	科技日报	1998.9.22	刘国栋、甘寿文、曾希柏
495	我国农产品市场超常波动透视	瞭望	1998（38）	李应中
496	农业避灾工程	科技日报	1998.9.24	李应中
497	灾后农业的恢复和中国农业的振兴	中国农业资源与区划	1998（6）	李应中
498	我国北方粳稻的发展前景与对策	中国稻米	1998（4）	邝婵娟等
499	我国35个城市副食品消费特点和"菜篮子工程"发展趋势	农业经济	1998（5）	朱忠玉
500	东北内蒙古粳稻开发及发展对策	农牧产品开发	1998（5）	朱忠玉
501	红黄壤地区粮食生产的区域比较优势测度	农业技术经济	1998（5）	尹昌斌
502	南方双季稻产区玉米难以成主角	农民日报	1998.10.22	陈印军
503	环境资源综合管理的基本思路	中国人口·资源与环境	1998（2）	尹昌斌
504	我国耕地非农占用及其发展趋势分析	经济理论与经济管理	1998（1）	尹昌斌
505	农民负担实证分析及减负对策	经济理论与经济管理	1998（6）	尹昌斌
506	农业自然资源和农业区划的遥感应用	遥感应用回顾与效益分析论文集	1998.8	萧钵
507	冬小麦分蘖发生过程中内源激素作用研究	作物学报	1998（6）	马兴林
508	水资源价值对水利工程经济评价影响研究	水科学进展	1999（4）	姜文来
509	我国资源核算演变历程问题及展望	国土与自然资源研究	1999（4）	姜文来、龚良发
510	资源水利理论基础初探	中国水利	1999（10）	姜文来
511	氯化钠胁迫下硝酸钙对小麦幼苗体内ATP含量的影响	现代化农业	1999（10）	张士功、高吉寅、宋景芝
512	生物肥料与我国农业可持续发展	科技导报	1999（8）	曾希柏、刘国栋
513	畜产品供求规律研究	资源科学	1999（4）	周旭英、梁业森、任天志等
514	湘南红壤地区水土流失及其防治对策	中国水土保持	1999（7）	曾希柏、刘国栋
515	现代可持续发展资源价值观体系研究	农业现代化研究	1999（3）	姜文来
516	中国土地占用八大问题	资源科学	1999（2）	毕于运
517	对我国南方双季稻主产区粮食生产结构调整的思考	中国农业科技导报	1999（1）	陈印军、唐华俊、尹昌斌

（续表）

序号	论文名称	刊物名称	时间（期号）	作者
518	化肥施用和秸秆还田对红壤磷吸附性能的影响研究	土壤与环境	1999（1）	曾希柏、刘更另
519	可持续农业——21世纪中国农业发展的必由之路	农业部北京农垦管理干部学院学报	1999（1）	唐华俊
520	土壤的退化及其恢复重建	中国农村科技	1999（2）	曾希柏
521	面向21世纪我国土地资源的可持续利用战略	中国软科学	1999（11）	陈佑启
522	我国南方粮食产需矛盾剖析	中国粮食经济	1999（7）	邝婵娟
523	对调整南方早稻生产的思考	中国粮食经济	1999（7）	陈印军
524	农业基本资源可持续利用的区域调控研究	经济地理	1999（3）	罗其友、唐华俊、陈尔东等
525	21世纪节水农业持续推进的战略思考	农业技术经济	1999（3）	罗其友
526	北方旱区农业资源可持续利用问题分析	农牧产品开发	1999（3）	宫连英
527	农业基本资源可持续利用区域战略	中国软科学	1999（3）	罗其友、唐华俊、陈尔东等
528	我国农业水土资源可持续利用战略	中国农业资源与区划	1999（1）	唐华俊、罗其友、毕于运等
529	红黄壤地区粮食生产波动性分析	农业技术经济	1999（1）	陈印军、尹昌斌
530	北方旱区农业资源可持续利用决策模型研究	干旱地区农业研究	1999（1）	罗其友
531	种养结合经济效益剖析——山东省禹城市小付村农户调查报告	中国农业资源与区划	1999（6）	崔海燕、白可喻
532	我国专用小麦发展综述	农业信息探索	1999（6）	屈宝香、俞东平、邝婵娟
533	减轻旱灾危害的设想和对策	农业信息探索	1999（6）	萧钹
534	食品工业专用粮供求形势分析	中国粮食经济	1999（12）	屈宝香
535	对我国农产品市场超常波动的思考	中国农业资源与区划	1999（5）	李应中
536	新亚欧大陆桥郑州—潼关段生态环境综合评价	中国农业资源与区划	1999（5）	萧钹、寇有观、王东宁等
537	我国种植业区域格局变化分析	农业信息探索	1999（5）	陈印军
538	遥感技术在农业资源区划中的应用与展望	中国农业资源与区划	1999（4）	唐华俊
539	1999年全国冬小麦遥感估产项目完成	中国农业资源与区划	1999（4）	周清波
540	转变观念加强饲用早籼稻的综合开发	农业信息探索	1999（4）	陈印军
541	如何解决我国南方双季稻主产区早稻积压和饲料粮短缺的问题	科技导报	1999（8）	陈印军、尹昌斌
542	发挥红黄壤地区冬季资源优势、大力发展冬种农业	资源科学	1999（4）	陈印军、唐华俊、侯向阳

（续表）

序号	论文名称	刊物名称	时间（期号）	作者
543	农业资源高效利用技术评估	中国农业资源与区划	1999（3）	陈尔东、陶陶、唐华俊等
544	农业环境问题不容乐观——在"六五"世界环境日座谈会上的发言	中国农业资源与区划	1999（3）	李应中
545	抓基础明主导兴龙头调结构建基地	农业信息探索	1999（3）	陈印军
546	论长江流域"双低"油菜带产业化开发	农业技术经济	1999（3）	禾军
547	对解决南方双季稻主产区早稻积压和饲料粮短缺问题的思考	中国软科学	1999（5）	陈印军、尹昌斌
548	鸡腿蘑可人工栽培	北京农业	1999（5）	胡清秀
549	论保护农业环境与农业可持续发展	中国农业资源与区划	1999（2）	王道龙、羊文超
550	农业部编制完成《中国21世纪议程农业行动计划》	中国农业资源与区划	1999（2）	王道龙
551	耕地总体质量提高重于面积增减数量平衡	农业信息探索	1999（2）	陈印军、黄诗铿
552	长江流域粮食生产发展的分析	中国农业资源与区划	1999（1）	陈印军、尹昌斌、李应中
553	新时期新疆棉区生产发展的对策研究	中国农业资源与区划	1999（1）	邱建军、张华等
554	保护耕地就是保护我国经济和社会发展的大局	农业信息探索	1999（1）	陈印军、黄诗铿
555	南方红黄壤地区粮食生产波动性特征与对策建议	农业信息探索	1999（1）	陈印军、尹昌斌
556	自然资源开发利用度预警分析	中国人口·资源与环境	1999（3）	尹昌斌等
557	建立自然资源开发利用预警系统	生态经济	1999（5）	尹昌斌等
558	水资源价值初论	中国水利	1999（7）	姜文来
559	乡镇淀粉工业存在的问题及优化模式的确定	农业环境与发展	1999（1）	张华、吴文良
560	放牧强度对新麦草土壤氮素分配及其季节动态的影响	草地学报	1999（4）	白可喻等
561	加强西部农业大开发必须转变观念	中国人口·资源与环境	2000（2）	陈印军
562	长江中下游地区农业科技发展之战略	中国农业科技导报	2000（4）	陈印军、侯向阳、高旺盛
563	建国以来中国实有耕地面积增减变化分析	资源科学	2000（2）	毕于运、郑振源
564	国内外有机食品发展状况及我国有机食品发展问题和对策	中国食物与营养	2000（6）	张华、张士功、邱建军
565	我国湿地资源可持续利用的根本出路	国土与自然资源研究	2000（4）	朱建国、姜文来、李应中

（续表）

序号	论文名称	刊物名称	时间（期号）	作者
566	水权及其作用探讨	中国水利	2000（12）	姜文来
567	21 世纪中国水资源安全战略研究	中国水利	2000（8）	姜文来
568	区域农业资源可持续利用系统评价模型	经济地理	2000（3）	姜文来、罗其友
569	SO_4^{2-} 和 Cl^- 对稻田土壤养分及其吸附解吸特性的影响	植物营养与肥料学报	2000（2）	曾希柏、刘更另
570	红壤酸化及其防治	土壤通报	2000（3）	曾希柏
571	中国湿地资源立法管理问题思考	中国土地科学	2000（1）	朱建国
572	持续农业中的土壤生物指标研究	中国农业科学	2000（1）	任天志
573	刈割对植被组成及土壤有关性质的影响	应用生态学报	2000（1）	曾希柏、刘更另
574	关于自然资源资产化管理的几个问题	资源科学	2000（1）	姜文来
575	21 世纪中国水资源持续利用对策探讨	国土经济	2000（2）	姜文来
576	我国耕地利用变化及其对粮食生产的影响	农业工程学报	2000（6）	陈佑启
577	基于 GIS 的中国土地利用变化及其影响模型	生态科学	2000（3）	陈佑启、PeterH. Verburg
578	国有土地资产流失的机理及防治对策	中国软科学	2000（9）	杨瑞珍、姜文来
579	西部开发：农业如何开发？	调研世界	2000（9）	唐华俊
580	我国土地利用变化及其对粮食生产影响的建模分析	中国土地科学	2000（4）	陈佑启、PeterH. Verburg、唐华俊等
581	论农村生态系统与经济的可持续发展	中国软科学	2000（8）	陈佑启
582	中国土地利用变化及其影响的空间建模分析	地理科学进展	2000（2）	陈佑启、PeterH. Verburg、徐　斌
583	中国土地利用/土地覆盖的多尺度空间分布特征分析	地理科学	2000（3）	陈佑启、PeterH. Verburg
584	智能花盆	吉林蔬菜	2000（3）	刘国栋
585	21 世纪北方旱地农业战略问题	中国软科学	2000（4）	罗其友
586	美国 GOSSYM 棉花生长模拟模型研究进展	世界农业	2000（4）	邱建军、肖荧南
587	农业基本资源与环境区域划分研究	资源科学	2000（2）	罗其友、唐华俊
588	对中国耕地面积增减数量平衡的思考	资源科学	2000（2）	陈印军、黄诗铿
589	21 世纪我国农业资源配置战略	农业现代化研究	2000（1）	罗其友
590	我国牛肉生产与需求情况分析	当代畜牧	2000（1）	周旭英、梁业森、刘振华等
591	长江中上游地区水土流失及其治理	中国人口·资源与环境	2000（S2）	王道龙、毕于运、陈印军
592	西部大开发与贵州农业结构调整战略	中国农业资源与区划	2000（6）	唐华俊、陈尔东、罗其友等

（续表）

序号	论文名称	刊物名称	时间（期号）	作者
593	内蒙古草地资源的现状与持续利用对策	中国农业资源与区划	2000（6）	白可喻、彭秀芬
594	放牧强度对新麦草人工草地植物地下部分生物量及其氮素含量动态的影响	中国草地	2000（2）	白可喻、韩建国、王培等
595	亚热带山地可持续农业生态——经济带划分	中国农业资源与区划	2000（6）	李向林、辛晓平、杨鹏
596	浅谈中国棉花生产结构调整与基地建设	中国棉花	2000（11）	邱建军、禾军
597	西部农业开发应转变十大观念	中国农业资源与区划	2000（5）	陈印军、罗旭
598	防治荒漠化——我国西部大开发的"瓶颈"问题	中国农业资源与区划	2000（5）	张士功、邱建军、张华
599	试论城乡交错带土地利用的形成演变机制	中国农业资源与区划	2000（5）	陈佑启
600	国外主导农产品区域化专业化生产经营	中国农业资源与区划	2000（5）	邱建军、禾军
601	21世纪农业和农村发展的大趋向——评《可持续农业的内涵与运作》	中国农业资源与区划	2000（5）	王道龙
602	常熟农业园发展模式	中国农业信息快讯	2000（8）	李应中
603	坡耕地梯化——西部农业基础设施建设的重点	中国农业资源与区划	2000（4）	唐华俊、毕于运
604	中国农业科学院农业自然资源和农业区划研究所积极投身于西部大开发	中国农业资源与区划	2000（4）	王东阳
605	内蒙古草原带防沙治沙现状、分区和对策	中国农业资源与区划	2000（4）	卢欣石、何琪
606	恢复演替中草地斑块动态及尺度转换分析	生态学报	2000（4）	辛晓平、徐斌、单保庆等
607	贴近读者服务农业——《中国农业信息快讯》创刊号献词	农业信息探索	2000（7）	王道龙
608	农村急需经济人	农业信息探索	2000（6）	李应中
609	试论我国食品工业用粮消费与产业化经营	粮食问题研究	2000（3）	屈宝香
610	西部大开发，农业如何开发？	中国农业资源与区划	2000（3）	唐华俊、罗其友
611	"温氏模式"与农业产业化	中国农业资源与区划	2000（3）	李应中
612	21世纪我国农业生产面临的问题	农业信息探索	2000（5）	邱建军、李哲敏、张华
613	加入世贸组织与农业结构调整——关于张家港市在新形势下调整农业结构的调查	农业信息探索	2000（4）	李应中
614	西部地区农业大开发所面对的主要问题及科技需求	农业信息探索	2000（4）	陈印军、戴小枫
615	我国糖料作物生产与食糖产销形势分析	农业信息探索	2000（4）	萧钛、禾军、王素云

（续表）

序号	论文名称	刊物名称	时间（期号）	作者
616	加入 WTO 对中国农业发展的利弊评述与对策	中国农业资源与区划	2000（2）	李应中
617	"三北"风沙区生态建设与综合治理	中国农业资源与区划	2000（2）	徐　斌、王道龙、辛晓平
618	食用菌与我国可持续农业发展	中国农业资源与区划	2000（2）	胡清秀、曾希柏
619	红黄壤地区基础单产与粮食发展相关研究	中国农业资源与区划	2000（2）	陈印军、唐华俊、尹昌斌等
620	作物遥感估产中自动分类方法研究进展与展望	中国农业资源与区划	2000（2）	杨　鹏、唐华俊、刘　佳
621	农用化学品对农业生态环境的影响及其防治	科技导报	2000（4）	曾希柏、陈同斌
622	未来资源、环境、社会经济与全球变化	中国农业资源与区划	2000（1）	周清波、徐　斌、王秀山
623	促进经济、社会与人口、资源、环境协调发展	中国农业资源与区划	2000（1）	王道龙、羊文超
624	科尔沁沙地典型区景观要素动态过程研究	中国农业资源与区划	2000（1）	徐　斌、赵永平
625	我国盐渍土资源及其综合治理	中国农业资源与区划	2000（1）	张士功、邱建军、张　华
626	试论专用小麦产业化发展	中国粮食经济	2000（2）	屈宝香
627	2000 年新疆粮棉协调发展的种植业线性规划	资源科学	2000（1）	邱建军、肖荧南、辛德惠
628	农业专家对西部农业开发的建议	中国农业资源与区划	2000	佟艳洁
629	放牧和围封条件下羊草碱化草地中斑块分布格局研究	植物生态学报	2000（6）	辛晓平、杨正宇、田新智等
630	全国冬小麦面积变化遥感监测抽样外推方法的研究	农业工程学报	2000（5）	陈仲新、刘海启、周清波等
631	西部大开发与粮食优质化	中国食物与营养	2000（4）	张士功、李哲敏
632	植物营养与作物育种	作物杂志	2000（3）	刘国栋、肖世和
633	西南地区农业跨越式发展战略	中国农业资源与区划	2001（4）	唐华俊
634	团结广大会员为开拓农业资源区划事业做出新贡献	中国农业资源与区划	2001（5）	唐华俊
635	基于比较优势的种植业区域结构调整	中国农业资源与区划	2001（5）	唐华俊
636	我国营养体产业与种植业结构调整	中国农业资源与区划	2001（6）	王道龙
637	在西部大开发中加强旱作农业的战略地位	中国农业资源与区划	2001（1）	徐　斌
638	用 NOAA 图像监测冬小麦长势的方法研究	中国农业资源与区划	2001（2）	吴文斌
639	土地利用变更调查特点分析	中国农业资源与区划	2001（3）	缪建明

序号	论文名称	刊物名称	时间（期号）	作者
640	西藏中部地区种植业生产现状与发展对策	中国农业资源与区划	2001（1）	马兴林
641	农业水资源增殖研究	中国农业资源与区划	2001（2）	姜文来
642	西部地区农业形势、问题与对策	中国农业资源与区划	2001（3）	陈印军
643	农业结构调整所面临的形势与对策	中国农业资源与区划	2001（5）	陈印军
644	我国畜牧业比重区域格局变化及对策	中国农业资源与区划	2001（3）	毕于运
645	增加农民收入的途径与政策	中国农业资源与区划	2001（2）	杨瑞珍
646	东部沿海经济发达地区农民增收问题——以江苏省常州市为例	中国农业资源与区划	2001（4）	李应中
647	我国农业科技园区建设及发展建议	中国农业资源与区划	2001（3）	曾希柏
648	我国省级农业资源信息管理的现状和发展设想	中国农业资源与区划	2001（1）	曹尔辰
649	我国食用菌产业的发展现状及建议	中国农业资源与区划	2001（6）	胡清秀
650	酸雨对我国生态环境的危害及防治对策	中国农业资源与区划	2001（1）	张士功
651	云南省农业发展现状及其区域发展战略研究	中国农业资源与区划	2001（4）	张士功
652	碱化草地群落恢复演替空间格局动态分析	生态学报	2001（6）	辛晓平
653	论我国西部大开发战略中的旅游开发与贫困消除	自然资源学报	2001（2）	马忠玉
654	植物营养元素——Ni	植物营养与肥料学报	2001（1）	刘国栋
655	白灵侧耳栽培技术研究	食用菌学报	2001（4）	胡清秀
656	鸡枞菌研究现状	食用菌学报	2001（1）	胡清秀
657	建设我国节水高效农业的战略对策	中国人口·资源与环境	2001（3）	王道龙
658	国际上土地利用/土地覆盖变化研究的新进展	经济地理	2001（1）	陈佑启
659	我国可持续农业评价指标体系建设的有关问题	中国软科学	2001（1）	陈佑启
660	生态区评价香山科学会议召开	地球信息科学	2001（2）	陈仲新
661	吉林省粮食产业发展之我见	粮食问题研究	2001（5）	屈宝香
662	从粮食购销政策看我国玉米区域流通格局变化	中国粮食经济	2001（7）	屈宝香
663	中国农作物多样化发展综述	中国人口·资源与环境	2001（S1）	屈宝香
664	粮食加工业的产业化发展	中国食品工业	2001（2）	屈宝香
665	中国奶业现状与发展前景	当代畜牧	2001（2）	周旭英
666	我国饲料用粮需求与生产布局调整	中国畜牧杂志	2001（2）	周旭英

序号	论文名称	刊物名称	时间（期号）	作者
667	中国草业现状及发展前景	当代畜牧	2001（6）	周旭英
668	农业水土资源高效持续配置战略	资源科学	2001（2）	罗其友
669	农业水资源管理机制研究	农业现代化研究	2001（2）	姜文来
670	中国 21 世纪水资源安全对策研究	水科学进展	2001（1）	姜文来
671	关于水资源价值三个问题	水发展研究	2001（1）	姜文来
672	在种植业结构调整中应走出三元结构的误区	农业信息探索	2001（2）	陈印军
673	农业结构调整应走出优质高效的误区	中国农业信息快讯	2001（6）	陈印军
674	关于许昌市农业科技园区建设的若干设想	中国农业科技导报	2001（3）	吴永常
675	论旅游开发与消除贫困	中国软科学	2001（1）	马忠玉
676	对调整南方早稻生产的建议	科学中国人	2001（2）	陈印军
677	中国主要贸易伙伴农产品进出口政策	中国农业信息快讯	2001（10）	李应中
678	分析优势，调整结构，提高我国农产品国际市场竞争力——加入 WTO 与中国农业综述之二	中国农业信息快讯	2001（11）	李应中
679	DNA 芯片技术及其农业应用	科技导报	2001（6）	刘国栋
680	发展贵州特色农产品产业的几点思考	中国人口·资源与环境	2001（S 1）	曾希柏
681	灵芝与灵芝孢子粉的抗癌作用	中国食物与营养	2001（3）	胡清秀
682	加强食用菌安全生产提高产品质量	食用菌（增刊）	2001	胡清秀
683	入世对我国小麦生产的影响及对策研究	农业技术经济	2001（1）	张士功
684	植物营养与作物抗旱性	植物学通报	2001（1）	张士功
685	我国优质专用小麦国产化与基地建设	科技导报	2001（1）	张士功
686	我国优质专用小麦的发展现状及其对策研究	中国食物与营养	2001（1）	张士功
687	我国大豆生产和贸易现状及新形势下的发展对策研究	现代化农业	2001（8）	张士功
688	华阴市渔业生产现状及发展对策	中国渔业经济	2001（4）	张士功
689	渗透胁迫和缺磷对小麦幼苗生长的影响	植物生理学通讯	2001（2）	张士功
690	我国大豆生产与基地建设	中国农业科技导报	2001（1）	张士功
691	世贸组织与我国大豆生产：现状、问题和对策	国际贸易问题	2001（1）	张士功
692	加入 WTO 对我国玉米生产的影响及其对策	农业现代化研究	2001（1）	张士功
693	从不同视角看中国乳业的发展	中国农垦经济	2001（5）	王东阳
694	山东省滨州市农业可持续发展对策	山东农业大学学报（自然科学版）	2001（2）	吴文斌

（续表）

序号	论文名称	刊物名称	时间（期号）	作者
695	Projecting The Change Of Terrestrial Eco-system Service ValueIn China with AGIS—Based Model	Proceedings of Asia GIS 2001	2001（6）	陈仲新
696	农业科技园区产业化中的集团化运行模式及其发展	中国农业科技园区建设与发展	2001	曾希柏
697	印度加入 WTO 后农业产生的变化及若干启示	中国农业资源与区划	2002（3）	唐华俊
698	发挥优势、全面提高我国农产品国际竞争力	中国农业资源与区划	2002（6）	唐华俊
699	如何有效调整我国不同类型地区的农业结构	中国农业资源与区划	2002（6）	王道龙
700	加入 WTO 后的我国玉米市场前景分析	中国农业资源与区划	2002（6）	屈宝香
701	区域比较优势理论在农业布局中的应用	中国农业资源与区划	2002（6）	罗其友
702	新疆与中亚五国资源和市场比较优势初步研究	中国农业资源与区划	2002（1）	邱建军
703	调整治沙方略，抑制沙尘暴危害	中国农业资源与区划	2002（4）	陈印军
704	论农田质量预警	中国农业资源与区划	2002（5）	陈印军
705	加入 WTO 后长江中游稻谷主产区发展对策	中国农业资源与区划	2002（6）	尹昌斌
706	我国农业结构调整的四大方略	中国农业资源与区划	2002（5）	杨瑞珍
707	科学技术与 21 世纪山区建设	中国农业资源与区划	2002（5）	刘国栋
708	放牧和刈割条件下草山草坡群落空间异质性分析	应用生态学报	2002（4）	辛晓平
709	基于模拟模型的棉花生产管理系统研究	农业工程学报	2002（6）	邱建军
710	中国二熟制耕作区粮食生产现状、潜力与对策	中国生态农业学报	2002（3）	胡志全
711	籼稻耐低钾基因型的筛选	作物学报	2002（2）	刘国栋
712	ASET—研究植物营养的高新技术	植物营养与肥料学报	2002（3）	刘国栋
713	籼型杂交稻耐低钾基因型的筛选	中国农业科学	2002（9）	刘国栋
714	低磷和干旱胁迫对小麦生长发育影响的研究初探	西北植物学报	2002（3）	张士功
715	中国主要粮食作物单产变化趋势及中长期预测	中国农业资源与区划	2002（1）	吴永常
716	Combining Remote Sensing and Ground Census Data to Develop New Maps of the Distribution of Rice Agriculture in China	Global Biogeochemical Cycles	2002（4）	邱建军
717	Reduced Methane Emissions from Large-scale Changes in Water Management of China's Rice Paddies during 1980—2000	Geophysical Research Letters	2002（20）	邱建军

（续表）

序号	论文名称	刊物名称	时间（期号）	作者
718	我国中西部生态脆弱带坡耕地水土流失及其坡耕梯化	中国人口·资源与环境	2002（5）	王道龙
719	农业遥感又添利器——对地观测系统（EOS）中分辨率成像光谱仪（MODIS）接收和处理系统	农业科研经济管理	2002（1）	周清波
720	植物群落和物种多样性动态过程及物种丧失机制放牧试验	生态科学	2002（1）	徐　斌
721	入世后我国玉米产业面临的机遇和挑战	农业科研经济管理	2002（3）	萧　钬
722	黄淮海平原地区夏玉米农田土壤呼吸的动态研究	土壤肥料	2002（6）	王立刚
723	WTO框架下我国传统农区农业结构调整	农业现代化研究	2002（5）	罗其友
724	水价和水市场	国土资源	2002（2）	姜文来
725	水资源管理趋势探讨	国土资源	2002（7）	姜文来
726	WTO条件下的农业水价调整研究	海河水利	2002（4）	姜文来
727	节水高效农业发展重大措施探讨	海河水利	2002（6）	姜文来
728	我国畜产品比较优势和国际竞争力的实证分析	管理世界	2002（1）	李建平
729	北京农业结构调整方向与应注意的问题	中国农业科技导报	2002（3）	陈印军
730	解决农牧民的生存与增收问题是抑制沙尘暴的关键	农业经济问题	2002（8）	陈印军
731	北方地区农业生产中存在的三大难题	中国水利	2002（3）	陈印军
732	黄淮海区耕作制度演变特征及发展对策研究	中国农业科技导报	2002（6）	胡志全
733	论不同类型区农业结构调整	中国软科学	2002（8）	杨瑞珍
734	农业区域结构调整的基本思路与重点	中国农业科技导报	2002（6）	杨瑞珍
735	农民增收缓慢动因透视	中国农业信息快讯	2002（5）	李应中
736	中国和发达国家农产品国际贸易依存度比较	中国农业信息	2002（12）	李应中
737	国际山区年世界在行动	林业科技管理	2002（1）	刘国栋
738	发展城郊型山区特色农业促进资源优势向经济优势的快速转变	中国农业科技导报	2002（1）	张士功
739	华阴市畜牧业生产的现状及发展对策研究	中国人口·资源与环境	2002（5）	张士功
740	发展西部特色农业促进资源优势向经济优势快速转变	中国人口·资源与环境	2002（6）	张士功
741	Modeling of Productivity of Grassland in Northern China and Its Application for Impact Assessment of Climate Change	Study on the prioresses and impact of landuse change in China	2002	辛晓平

（续表）

序号	论文名称	刊物名称	时间（期号）	作者
742	对吉林省粮食产业发展的思考	世纪中国发展战略研究报告	2002.12	屈宝香
743	我国畜产品供求前景分析	2002中国青年农业科学学术年报	2002（6）	周旭英
744	中国农业耕地土壤碳平衡与碳排放研究	中国青年农业科学学术年报	2002.6	邱建军
745	全球经济一体化时代的农业可持续发展问题聚焦	沈阳农业大学学报（社会科学版）	2002（3）	任天志
746	开发青藏高原四大重点产业	中国特产报	2002	陈印军
747	农业科技园区管理体制与运行机制	农村实用工程技术：温室园艺	2002（10）	曾希柏
748	北方农牧交错带耕地土壤有机碳储量变化模拟研究——以内蒙古自治区为例	中国生态农业学报	2003（4）	邱建军
749	宜昌百里荒草山草坡群落物种分布的空间趋势分析	生态学报	2003（8）	辛晓平
750	森林涵养水源的价值核算研究	水土保持学报	2003（3）	姜文来
751	西部地区特色农业优势、问题与对策	中国农业资源与区划	2003（1）	陈印军
752	西部地区资源利用与环境保护中的问题与建议	中国农业资源与区划	2003（4）	陈印军
753	农业功能统筹战略问题	中国农业资源与区划	2003（6）	罗其友
754	黄淮海地区种植业结构调整与水资源关系研究	中国农业资源与区划	2003（5）	屈宝香
755	中国专用小麦区划研究	中国农业资源与区划	2003（5）	禾　军
756	西部农村科技传播与普及体系建设的思路与对策	中国农业资源与区划	2003（1）	杨瑞珍
757	西部地区农村科技需求调查问卷结果分析	中国农业资源与区划	2003（2）	杨瑞珍
758	"非典"对农民收入的影响及应对措施	中国农业资源与区划	2003（4）	杨瑞珍
759	长江中下游地区稻田改制的倾向与动力——来自农户调查的实证分析	中国农业资源与区划	2003（2）	尹昌斌
760	Combining Remote Sensing and Ground Census Data to Develop New Maps of the Distribution of Cropland in China	Geocar to International	2003	邱建军
761	论西部地区农村科技传播与普及体系建设	中国软科学	2003（4）	陈印军
762	我国东中西部种植业结构与布局现状、问题及对策	中国农业科技导报	2003（3）	陈印军
763	青藏高原特色农业发展的四大重点产业	中国农业信息	2003（1）	陈印军
764	我国区域农业发展方向与重点	中国农业信息	2003（9）	陈印军

（续表）

序号	论文名称	刊物名称	时间（期号）	作者
765	利用国际市场挖掘我国猪肉产品的出口潜力	动物科学与动物医学	2003（5）	周旭英
766	西藏白绒山羊产业现状与未来发展	当代畜牧	2003（9）	周旭英
767	透析地区现状展望奶业前景	动物科学与动物医学	2003（9）	周旭英
768	调整中国粮食生产区域布局的基本思路与措施	中国农业信息	2003（12）	周旭英
769	农牧交错带可持续发展产业配置及其支撑体系	农业现代化研究	2003（4）	罗其友
770	农业水价承载力研究	中国水利	2003（11）	姜文来
771	节水高效农业发展重大措施探讨	节水灌溉	2003（1）	姜文来
772	WTO框架下西部农村科技传播与普及体系发展的探讨	农业科研经济管理	2003（3）	杨瑞珍
773	刍议京津唐地区发展水稻旱作问题	中国农业科技导报	2003（1）	张士功
774	我国粮食区域流通、贸易与产业发展对策建议	中国粮食经济	2003（8）	屈宝香
775	高产粮区农业生态系统土壤碳氮循环的模拟研究——以河北省曲周县为例	中国农业大学学报	2003（S1）	王立刚
776	谈加强西部地区农民可持续发展能力建设	食物供求·农业结构调整·可持续发展	2003	任天志
777	在西部农村科技传播与普及中应重视的问题	农业科研经济管理	2003（4）	陈印军、杨瑞珍

十一、主要科研课题目录

序号	课题来源	课题名称	主持人	起止时间
1	农业部	中国畜牧业综合区划	徐　矶	1981—1982
2	农业部	中国种植业区划	杨美英	1981—1982
3	农业部	"三北"防护林地区畜牧业综合区划	徐　矶、刘震乙	1981—1983
4	中国农业科学院	全国农业经济地图集编制	唐志发、万　贵	1981—1982
5	中国农业科学院	遥感技术在土壤普查中应用研究	贺多芬	1981—1982
6	中国农业科学院	主要农作物和农业资源的波谱特性测定分析及其遥感信息解译	寇有观	1981—1982
7	国家计委区划局	县级农业区划方法论研究	王舜卿、梁佩谦	1981—1985
8	国家计委区划局	亚热带丘陵山区农业资源综合利用研究	陈锦旺	1982—1985
9	农牧渔业部土地局	利用1∶5万地形图调查全国耕地面积	彭德福	1983

（续表）

序号	课题来源	课题名称	主持人	起止时间
10	中国科协	黄河黑山峡水利工程生态环境影响评价	陈锦旺	1983
11	国家"六五"攻关子课题	黄淮海平原中低产地区综合治理和综合开发——作物布局和农业生产结构研究	陈庆沐、唐志发	1983—1985
12	农牧渔业部	全国农业商品生产基地（粮食部分）选建研究	朱忠玉	1984
13	农牧渔业部	北方旱地农业类型分区及其评价	李树文	1984—1985
14	农牧渔业部区划局	莱州湾地区资源调查与分层开发规划研究	万　贵、王广智	1984—1986
15	农牧渔业部	中国饲料区划	于学礼、梁业森	1985—1987
16	国家"七五"攻关子课题	黄淮海平原中低产地区综合治理与农业开发——黄淮海平原农牧结合研究	陈庆沐	1985—1990
17	农牧渔业部区划司	农业资源和区划信息系统研究	寇有观、陈尔东	1985—1990
18	农牧渔业部区划司	我国粮食产需区域平衡研究	汤之怡、朱忠玉	1986—1987
19	农牧渔业部区划司	农业自然资源与农业区划文献资料电子计算机输入与检索系统研究	刘玉兰、王国庆	1986—1987
20	国家"七五"攻关子课题	我国北方不同类型旱地农业增产技术研究——晋东南实验区屯留县旱地农业发展战略研究	薛志士	1986—1988
21	中国农业科学院院长基金	农业自然资源的评价和开发研究	李应中	1986—1988
22	农牧渔业部区划司	农业区域规划方法论研究	王舜卿	1986—1989
23	农牧渔业部区划司	西南三岩地区农业发展研究	严玉白	1986—1989
24	中美合作项目	环太平洋地区天气对粮食生产的影响及其与国际贸易的关系	李应中	1986—1990
25	中国农业科学院	武陵山区农业发展研究	陈锦旺	1986—1987
26	中国农业科学院	土地利用综合经济生态评价研究	孙庆元	1986—1988
27	农牧渔业部	我国中低产田增产潜力及综合开发利用研究	陈锦旺	1987—1988
28	中国农业科学院院长基金	我国亚热带丘陵山区农业资源开发利用潜力的研究	陈锦旺	1987—1988
29	中国农业科学院院长基金	农业区域发展战略研究	杨美英	1987—1989
30	中国农业科学院院长基金	我国饲料生产发展对策研究	于学礼、梁业森	1987—1989
31	农业部	我国农牧渔业商品基地规划研究	路绍生、汤之怡	1988
32	农业部区划司	2000 年饲料生产与畜禽结构研究	梁业森	1988—1989
33	农业部区划司	我国食糖产需平衡和糖业布局	朱忠玉、汤之怡	1988—1989

（续表）

序号	课题来源	课题名称	主持人	起止时间
34	国家自然科学基金子课题	中国中长期食物发展战略研究—不同地区食物发展前景	朱忠玉	1988—1990
35	农业部区划司	我国食用植物油料（脂）产需平衡与布局	李文娟、汤之怡	1988—1990
36	中国农业科学院院长基金	农地级差地租的研究	孙庆元	1988—1989
37	中国农业科学院院长基金	三江平原、松嫩平原农业资源开发利用研究		1988—1990
38	中国农业科学院院长基金	我国东南沿海各省低山丘陵区发展创汇农产品研究	陈锦旺	1988—1990
39	国家"七五"攻关子课题	晋东南实验区长治市旱地农业发展战略研究	薛志士	1989—1990
40	国家"七五"攻关子课题	三峡工程防洪问题和综合利用效益—三峡地区种植业开发规划研究	陈锦旺	1989—1990
41	农业部区划司	关于建立 NOAA 卫星地面站的可行性研究	萧钵	1989
42	农业部区划司	中国耕地资源及其开发利用	杨美英、梁佩谦、王广智	1989—1991
43	国家自然科学基金	农村资源经济空龄结构优化研究	林仁惠	1989—1992
44	中国农业科学院院长基金	农业区域开发项目评估论证方法	李应中	1990—1992
45	农业部区划司	气象卫星遥感数据在农业资源环境动态监测中应用	萧钵	1990—1995
46	国家"八五"攻关子专题	商丘试验区节水农业持续发展信息系统研究	陈尔东	1991—1993
47	国家"八五"攻关子课题	晋东豫西旱农地区（寿阳）农林牧优化结构研究	薛志士	1991—1994
48	国家"八五"攻关子课题	黄淮海平原农牧结合的模式及关键技术研究	李应中、陈庆沐	1991—1995
49	国家"八五"攻关子课题	红黄壤地区农业持续发展战略研究和湘南红黄壤丘陵区立体农业研究	陈锦旺	1991—1995
50	国家"八五"攻关子课题	孙家洼村盐渍土资源利用农牧果结合农业持续发展模式	马兴林	1991—1995
51	国家"八五"攻关子课题	洼涝盐渍土资源综合利用发展配套技术研究（陵县试区）	陈庆沐	1991—1995
52	国家科委科技发展研究中心	延边朝鲜族自治州农业综合发展规划	李应中、陈尔东	1991—1992
53	农业部区划司	中国农产品专业化生产与区域发展研究	朱忠玉、李文娟	1991—1992
54	农业部区划司	网点县农业资源动态监测	陈尔东、曹尔辰	1991—1992；1993—1995
55	农业部区划司	中国不同地区农牧结合模式与前景	梁业森	1991—1993

（续表）

序号	课题来源	课题名称	主持人	起止时间
56	国家攻关子专题、农业部区划司	我国耕地永续利用之研究	毕于运、杨美英、梁佩谦、马忠玉	1992—1994
57	国家自然科学基金	中国种植业布局的理论与实践	朱忠玉	1992—1994
58	农业部畜牧司	非常规饲料资源的开发利用	梁业森	1992—1995
59	中国农业科学院院长基金	中国棉花产需平衡研究	李文娟	1992—1994
60	农业部区划司	中国区域农村经济发展的地域差异性和均衡性剖析	李应中、覃志豪	1993—1995
61	国家社会科学基金	农民的心理行为感应机制及其对商品农业发展类型的影响	覃志豪	1993—1994
62	国家自然科学基金	现代商品农业与资源环境之间的冲突与协调发展模式研究	李文娟、屈宝香	1993—1995
63	国家自然科学基金	华北平原节水农业分区及综合节水模式研究	薛志士、罗其友	1993—1997
64	农业部软科学	不同区域农业优势比较分析	李应中	1994
65	农业部软科学	粮食供求如何实现区域相对平衡	邝婵娟	1994
66	农业部区划司	长江流域农业持续发展战略研究	李应中、陈印军	1994—1995
67	农业部区划司	我国主要农产品市场分析与生产布局	梁业森、李文娟	1994—1996
68	国家自然科学基金	农业综合生产能力的形成机制及其量化测算模型研究	覃志豪	1994—1996
69	中国农业科学院院长基金	气象卫星遥感信息监测旱情的研究	萧钋	1994—1995
70	国家教委	中国小麦玉米生产力评价风险分析及对策	唐华俊	1995—1996
71	农业部区划司	农业资源综合管理立法研究	覃志豪	1995—1996
72	农业部区划司	中国农业后备资源	梁佩谦	1995—1996
73	农业部区划司	我国副食品市场需求与"菜篮子工程"布局	梁业森、朱忠玉	1995—1997
74	国家"九五"攻关子专题	华北地区农用未利用地层面数据构建与更新	萧钋	1996—1998
75	国家"九五"攻关子专题	黄淮海低平原区肉牛产业化建设示范与技术体系研究	梁业森、马兴林	1996—1998
76	国家"九五"攻关子专题	黄淮海平原饲料与畜产品供求规律研究	任天志、周旭英	1996—1998
77	国家"九五"攻关子专题	省级资源环境信息服务示范工程研究	唐华俊、周清波	1996—1998
78	国家"九五"攻关子专题	红黄壤地区水土流失类型与季节性干旱防治技术对策研究—主要水土流失类型的治理与开发模式及关键技术研究	刘国栋	1996—1999

（续表）

序号	课题来源	课题名称	主持人	起止时间
79	国家自然科学基金	三种典型红壤 15 年来不同措施下土壤化学性质的变化	刘国栋	1996—1999
80	国家"九五"攻关专题	中国持续农业和农村发展研究	唐华俊、王道龙	1996—2000
81	国家"九五"攻关专题	耐不良土壤因子新材料研究	刘国栋	1996—2000
82	国家"九五"攻关子专题	黄淮海平原农牧结合主导工程产业化建设技术支持体系研究	梁业森、任天志	1996—2000
83	国家"九五"攻关子专题	省级资源环境信息服务体系示范工程研究与运行	唐华俊	1996—2000
84	国家"九五"攻关子专题	红黄壤地区农业资源高效利用与粮食生产持续发展研究	唐华俊、陈印军	1996—2000
85	国家"九五"攻关子专题	乐至县基本资源与环境持续利用研究	唐华俊、周清波	1996—2000
86	国家"九五"攻关子专题	我国不同生态区域主要作物品种性状预测研究	马忠玉	1996—2000
87	国家"九五"攻关子专题	县级基本资源与环境动态监测技术系统示范工程	唐华俊、周清波	1996—2000
88	国家"九五"攻关子专题	主要类型旱农区农业资源可持续利用研究	罗其友	1996—2000
89	国家教委	人地关系地域系统结构调控研究	马忠玉	1996—1998
90	国家民委	南昆铁路沿线区域经济发展战略与对策	李应中	1996
91	农业部软科学	黄淮海棉区增产棉花的对策研究	李文娟	1996
92	农业部优质农产品服务中心	我国北方粳稻产区资源调查和开发研究	邝婵娟、朱忠玉	1996—1997
93	国家社会科学基金	中国湿地资源开发与环境保护研究	李应中、朱建国	1996—1998
94	农业部科技司	一年一熟区小麦玉米间套作技术	任天志	1996—1998
95	中国工程院	新疆棉区建设的战略问题	刘更另	1996—1998
96	中国农业科学院院长基金	农业自然资源经济价值评价方法与应用研究	王尔大	1996—1998
97	中国农业科学院院长基金	长江流域粮食持续发展战略研究	陈印军	1996—1997
98	中比合作项目	中国不同气候带土地资源持续利用模式研究	唐华俊、陈佑启	1996—2001
99	国家"863"计划	成像光谱仪技术农用识别能力试验与评价	周清波	1997—1998
100	国家"九五"攻关子专题	南方红黄壤地区草山草坡资源高效利用技术对策研究	刘国栋	1997—1999
101	国家"九五"攻关子专题	区域水土资源可持续利用与管理研究	马忠玉	1997—2000

（续表）

序号	课题来源	课题名称	主持人	起止时间
102	国家"九五"攻关专题	农业资源高效利用技术政策体系研究	唐华俊、陈尔东	1997—1999
103	国家社会科学基金	我国农业可持续发展评价指标体系与测算方法的研究	任天志	1997—1999
104	国家社会科学基金	我国国有资源性资产流失机理及其治理模式研究	姜文来	1998—2000
105	农业部畜牧司	大中城市畜产品市场调查与分析研究	梁业森、周旭英	1997
106	农业部区划司	国家农业区域开发治理实验区总结	陈庆沐	1997
107	农业部区划司	我国农业主导产业布局与产业化开发建设方案	梁业森、李文娟	1997
108	农业部区划司	农业区划调查土地资源数据集	陈尔东	1997—1998
109	农业部区划司	全国农业资源信息系统建设	陈尔东	1997—1998
110	农业部区划司、农业司	长江流域"双低"油菜带产业化开发研究	禾军	1997—1998
111	农业部软科学	"九五"和2010年我国饲料前景预测研究	王尔大	1997
112	农业部软科学	棉花流通体制改革实施方案研究	李文娟	1997
113	中国农业科学院院长基金	均衡代际转移条件下农业水资源价值量动态监测研究	姜文来	1997—1998
114	中国农业科学院院长基金	全球变化与农业生态系统相互作用预研究	唐华俊、徐斌	1997—1998
115	中国博士后科学基金	不同植被刈割期对红壤性质及微生物特性的影响研究	曾希柏	1997—1998
116	中日合作项目	典型地区粮食平衡、流通与资源环境管理	唐华俊、任天志	1997—2003
117	河北省科委	燕山地区特色农业研究	刘更另、刘国栋	1997—1998
118	河南唐河县	利用冬闲田开发青绿饲料可行途径研究	陈庆沐	1997—1999
119	贵州水城县	不同高寒区冬闲田引种冬牧70黑麦可行途径研究	陈庆沐	1997—1999
120	国家"863"计划	对地观测技术农业应用试验示范系统集成及运行机制研究	唐华俊、周清波	1998—2000
121	国家"九五"攻关子专题	我国农村可持续发展战略研究	王东阳	1998—1999
122	国家"九五"攻关子专题	利川县及毗邻地区草地畜牧业综合发展景观生态研究	徐斌、李向林	1998—2000
123	国家"九五"攻关子专题	持续高效示范区资源环境评价	陈印军	1998—1999
124	国家"九五"攻关子专题	草山草坡的群落生态学及草畜关系过程研究	辛晓平	1998—2000

（续表）

序号	课题来源	课题名称	主持人	起止时间
125	国家自然科学基金	均衡代际转移条件下水资源环境耦合价值量化模型研究	姜文来	1998—2000
126	国家自然科学基金	农业与农村经济可持续发展指标体系研究	陈佑启	1998—2000
127	国家自然科学基金	野生动物资源经济价值评价	王尔大	1998—2000
128	国家自然科学基金	小麦高效利用土壤磷素与耐旱关系及其机理的研究	刘国栋	1998—2000
129	国家自然科学基金重大项目	中国东部农业生态系统在全球变化条件下的调控途径和措施	唐华俊、徐　斌	1998—2002
130	农业部	新中国成立50周年农业及农村经济成就展——区域农业发展及生产条件和生态建议筹展	王道龙、朱建国	1998—1999
131	农业部发展计划司	全国农业资源数据库建设	刘　佳	1998—1999
132	农业部畜牧兽医司	中小城市畜产品消费调查	梁业森	1998
133	农业部发展计划司	我国农业生态环境质量评价方法研究	王道龙、张小川、朱建国	1998—1999
134	农业部发展计划司	中国农业和农村可持续发展评价指标体系研究	王道龙、吴晓春、张小川	1998—2000
135	农业部发展计划司	全国冬小麦面积和总产变化率遥感动态测产	周清波	1998—2003
136	农业部优质农产品服务中心	中国南方粮食结构优化	屈宝香、邝婵娟	1998—1999
137	全国农业区划委员会办公室	我国主要生态脆弱区农业资源可持续利用研究	王道龙、吴晓春、毕于运、辛晓平	1998—2000
138	中国农业科学院院长基金	我国东、中、西部地区耕地减少去向比较研究	曹尔辰	1998—1999
139	中国工程院	农业需水及节水高效农业的建设	唐华俊、王东阳	1998—2000
140	中国农业科学院重点课题	中国主要农区基本资源高效持续利用及其技术支持体系研究	唐华俊、罗其友	1998—2000
141	中华农业科教基金	我国农业生产的区域差异比较优势与发展战略研究	唐华俊、罗其友	1998—1999
142	中荷合作项目	中国土地利用及其变化	陈佑启	1998—1999
143	中美合作项目	全球变化条件下中美氮循环评价	唐华俊、陈庆沐	1998—1999
144	中日合作	采用高分辨率卫星预测中国粮食产量变化	周清波、陈佑启	1998—2002
145	北京市科委	北京房山区土地利用规划与环境保护系统研究	陈佑启	1998—2000
146	贵州水城县	鸡枞菌人工驯化研究	胡清秀	1998—1999

（续表）

序号	课题来源	课题名称	主持人	起止时间
147	国家"九五"攻关专题	中国21世纪议程实施能力建设与可持续发展适用新技术研究—渭河滩涂综合开发利用与生态环境保护示范	王道龙	1999—2000
148	国家"九五"攻关子专题	生态环境背景层面温度湿度数据层面建设	徐 斌、周清波	1999—2000
149	国家"九五"攻关子专题	肥料资源高效利用及新辟肥源的技术对策研究	曾希柏	1999—2000
150	国家"九五"攻关子专题	有机肥利用—农牧结合生态系统中作物持续高产的土壤环境建设	马兴林	1999—2000
151	国家林业局	中国湿地资源保护立法研究	朱建国	1999—2000
152	国家社会科学基金	内蒙古地区草地畜牧业可持续发展的生态经济学研究	白可喻	1999—2001
153	科技部	持续高效农业技术研究与示范	曾希柏	1999—2000
154	科技部基础性专项	科技基础性工作战略对策研究—种质资源和标本工作的战略对策研究	王东阳	1999—2000
155	科技部基础性专项	农村与社会发展管理信息系统	王东阳	1999—2001
156	科技部农村发展司	星火培训规划	王东阳	1999—2000
157	农业部畜牧兽医司	非常规饲料图谱	梁业森、周旭英	1999—2001
158	农业部发展计划司	未来中国农业发展之路电视片	王道龙、吴晓春、孙 杰	1999—2000
159	农业部发展计划司	我国主要农作物遥感估产抽样外推模型研究	陈仲新	1999—2000
160	农业部发展计划司	营养体农业与种植业结构调整技术对策研究	刘国栋、吴晓春	1999—2000
161	农业部发展计划司	区域性主导农产品基地化规划研究	禾 军、吴晓春、王道龙	1999—2000
162	农业部发展计划司	我国四大生态脆弱区生态环境建设与农业可持续发展研究	王东阳	1999
163	农业部发展计划司	我国不同区域农业和农村产业结构调整与优化研究	王东阳	1999
164	农业部软科学	农业水资源利用与节水农业发展对策研究	姜文来	1999
165	农业部优质农产品服务中心	我国粮食加工业发展研究	屈宝香、邝婵娟	1999
166	全国农业区划委员会办公室	实验区验收和典型模式总结	王道龙、吴晓春	1999—2000
167	全国农业区划委员会办公室	纪念农业资源区划20周年成就宣传及学术研讨	唐华俊、孟向洁、王道龙、吴晓春	1999—2000
168	全国农业区划委员会办公室	编印农业资源持续高效利用实验区成果集、图片集	王道龙、吴晓春	1999—2000

（续表）

序号	课题来源	课题名称	主持人	起止时间
169	水利部专项	北方地区农业生产结构与布局研究	陈印军	1999—2001
170	中国农业科学院"九五"重点课题	"3S"技术在农业基本资源可持续利用	周清波、陈佑启	1999—2000
171	中美合作项目	氮循环研究	唐华俊、陈庆沐	1999
172	"948"项目	引进ASET新技术提高作物磷素等养分的利用效率	刘国栋、王道龙、苏胜娣	2000—2006
173	科技部公益子课题	中国科技期刊评价体系及评价系统	尹昌斌、李建平	2000—2002
174	科技部专项	红枣系列产品开发技术评价研究	王东阳	2000—2001
175	农业部	中国可持续农业与农村发展评价指标体系与方法研究	王道龙	2000
176	农业部	野生植物保护条例实施细则	朱建国	2000
177	农业部发展计划司	"十五"农业可持续发展重大问题研究	王道龙	2000
178	农业部发展计划司	2000年河北南部、河南北部、江西鄱阳湖地区冬小麦面积遥感监测	刘佳、杨桂霞	2000
179	农业部发展计划司	2000年全国玉米遥感估产	周清波、陈佑启	2000
180	农业部科教司	《农业野生植物保护办法》调研起草	朱建国	2000—2002
181	农业部专项	冬牧70黑麦种养殖与农业结构调整技术示范	王道龙、徐斌	2000—2002
182	农业部软科学	西部地区可持续旱作农业发展途径研究	罗其友	2000
183	农业部种植业司	中国粮食总量平衡及区域布局调整研究	屈宝香	2000
184	农业部专项	新疆棉花优质化布局研究	王道龙、毕于运	2000—2001
185	农业部专项	西部地区优势资源与特色农业开发研究	王道龙	2000—2001
186	农业部专项	编写《中国农业资源状况报告》	唐华俊	2000—2001
187	农业部专项	我国北方不同地区牧草品种选择布局研究	辛晓平	2000—2001
188	农业部专项	我国北方草原区耕地和草地资源变化遥感监测	徐斌、陈仲新、辛晓平	2000—2001
189	农业部专项	中国农业可持续发展研究	王道龙	2000—2001
190	农业部专项	农业区域结构优化研究	唐华俊、王道龙、罗其友	2000—2002
191	星火计划	农村信息化网络设计思路与方案研究	王东阳	2000—2001
192	引进国外人才项目	用ASET评价小麦磷高效种质新技术的引进	刘国栋	2000

（续表）

序号	课题来源	课题名称	主持人	起止时间
193	中日合作项目	基于 GIS 的 EPIC 农业生产力预测模型在中国的应用研究	王道龙、徐　斌	2000—2001
194	ITTO 国际合作	森林涵养水源价值量核等研究	姜文来	2000—2002
195	北京柏莱斯实业有限责任公司	乌兰布和沙区生态环境建设	卢欣石	2000
196	北京市科委生产力推广中心	内蒙古锡盟肉产品产业化战略研究	卢欣石	2000
197	常恒集团公司	新华村现代农业园区	李应中	2000
198	贵州省农业厅	贵州省农业结构调整规划	陈尔东	2000
199	哈密	节水园艺高新技术示范		2000
200	内蒙阿旗	生态农业综合开发	卢欣石	2000
201	曲沃	优质高效农业综合开发		2000
202	新疆现代所	优质棉出口基地	李应中	2000
203	遵义市红花岗区政府	红花岗农业高科技园区	曾希柏	2000
204	国家"十五"攻关	区域农业协调持续发展战略研究——农牧交错带生态环境建设与农业协调发展	罗其友	2001—2003
205	国家"十五"攻关	区域农业协调持续发展战略研究——西南地区农业持续发展战略研究	毕于运	2001—2003
206	国家"十五"攻关	区域农业协调持续发展战略研究——长江中下游地区农业持续发展战略研究	陈印军	2001—2003
207	国家"十五"攻关	西部开发科技行动——西部农村科技传播与普及体系研究	陈印军	2001—2003
208	国家"十五"攻关	首都圈水资源保障研究相关问题研究	姜文来	2001—2002
209	国家"十五"攻关	生态农业技术体系研究与示范——中南地区无公害蔬菜生产关键技术	邱建军	2001—2004
210	"948"项目	高光谱农作物识别长势分析与信息处理系统	陈仲新	2001—2003
211	"948"项目	微生物工程治理水污染技术的引进	王道龙、任天志	2001—2004
212	"973"计划	草原和农牧交错带生态重建机理及生产——生态示范研究	辛晓平	2001—2005
213	科技部专项	国家公益性研究管理数据库	唐华俊、陈佑启	2001—2002
214	科技部专项	农村科技推广信息库	王东阳	2001—2002
215	科技部专项	农作物及林业产量测估技术研究	周清波	2001—2002
216	国际环境基金	运用 DNDC 模型估算农业土壤碳排放	邱建军	2001—2003
217	社会公益项目	数字土壤资源与农田质量预警——农田质量预警研究	陈印军	2001—2002

（续表）

序号	课题来源	课题名称	主持人	起止时间
218	教育部项目	华北高产粮区农业生态系统碳氮平衡研究	邱建军	2001
219	教育部留学基金	西部农业空间信息服务体系与应用示范	唐华俊	2001—2002
220	农业部发展计划司	WTO 框架下的农产品贸易政策研究	罗其友	2001—2003
221	农业部丰收计划	我国东南沿海地区稻菇畜结合可持续发展创汇农业示范及推广	胡清秀	2001—2003
222	农业部行业标准	中国农村可持续发展评价指标体系	吴永常	2001
223	农业部科教司	《农业环境保护条例》调研、起草	朱建国	2001—2003
224	农业部专项	2001 年全国玉米遥感业务化监测	周清波	2001
225	农业部专项	50 年来中国农业科学技术发展概览	王东阳	2001
226	农业部专项	农业环保条例	朱建国	2001
227	农业部专项	全国冬小麦遥感估产业务运行	周清波	2001
228	农业部专项	省级农业资源数据库内容设计与（省级农业资源报告）编写提纲	毕于运	2001
229	农业部专项	我国农业结构的空间差异与区域布局研究	陈仲新	2001
230	农业部专项	我国农业投入政策研究	王道龙	2001
231	农业部专项	西部地区特色茶叶专用品种区域及种植管理研究	吴永常	2001
232	农业部专项	中国新阶段可持续农业发展对策研究	吴永常	2001
233	农业部专项	2002 年全国冬小麦遥感业务化监测	周清波	2001—2002
234	农业部专项	黄淮海地区种植结构调整与水资源关系研究	王道龙、屈宝香	2001—2002
235	农业部专项	京津唐地区水稻旱栽技术的研究	刘更另	2001—2002
236	农业部专项	面向 WTO 的中国出口农产品基地建设研究	唐华俊、罗其友	2001—2002
237	农业部专项	全国农业资源空间信息系统	陈仲新	2001—2002
238	农业部专项	我国北方草原区农业资源动态变化遥感监测	徐　斌	2001—2002
239	农业部专项	我国不同类型区农业结构调整研究	杨瑞珍	2001—2002
240	农业部专项	我国节水农业信息网及管理系统建设	王道龙	2001—2002
241	农业部专项	我国节水农业遥感监测系统技术支撑设施建设	王道龙	2001—2002
242	农业部专项	优质专用农产品区划研究	禾　军	2001—2002

（续表）

序号	课题来源	课题名称	主持人	起止时间
243	水利部课题	北方重点省区农业结构与布局研究	陈印军	2001—2002
244	中国农业科学院西部开发	我国西部地区特色农业发展研究	陈印军	2001—2002
245	中国农业科学院	中国水资源污染调查与评价	屈宝香、任天志	2001—2003
246	中国农业科学院西部开发	冬闲田种植冬牧 70 黑麦高效养畜技术应用与示范	毕于运	2001—2002
247	中国工程院	西北水资源	姜文来	2001
248	中日合作	中国北方沙尘暴发生和时空分布研究	辛晓平	2001
249	地方项目	巴彦县农业发展规划	陈尔东、邱建军	2001
250	地方项目	贵州铜仁地区农业科技园区规划	吴永常	2001
251	地方项目	国家星火都市农业科技示范园区	朱建国	2001
252	地方项目	海藻产业化项目	魏顺义	2001
253	地方项目	南充市现代农业实验区规划	罗其友	2001
254	地方项目	内蒙古红武农牧业科技园区规划	朱建国	2001
255	地方项目	盘锦市盘山县草莓产业化生产基地建设	魏顺义	2001
256	地方项目	青海省农业科技示范园区规划	唐华俊、卢欣石	2001
257	地方项目	天津宁河县农业高科技蔬菜产业园区建设	朱建国	2001
258	地方项目	徐州玫瑰产业化	朱建国	2001
259	国家"十五"攻关	地方科技发展战略研究	王道龙、邱建军、任天志	2002—2003
260	国家"十五"攻关	城镇产业转型、重组的对策与生态产业建设示范	王道龙、陈印军	2002—2004
261	科技部公益课题	流域水资源可持续利用研究——石羊河流民勤盆地	姜文来	2002
262	国家"十五"攻关子课题	中国农业（粮棉）综合生产能力分析决策支持系统研究	胡志全	2002—2003
263	科技部基础性专项	我国山区菌物资源的保护和利用	胡清秀	2002—2006
264	科技部公益研究专项	中国区域农业结构调整评估决策支持系统研究	王道龙、陈印军	2002—2003
265	农业部	中国农区水体污染的评价对策研究	张士功、任天志	2002—2003
266	农业部发展计划司	2002 年全国玉米遥感监测	周清波	2002
267	农业部发展计划司	沿海地区农业比较优势与农村经济增长方式调研	王道龙、罗其友	2002
268	农业部发展计划司	优势农产品区域布局总体规划研究	罗其友	2002
269	农业部发展计划司	世界农产品资源与贸易的地理格局研究	禾 军	2002—2003

（续表）

序号	课题来源	课题名称	主持人	起止时间
270	农业部发展计划司	节水型农业水价研究	姜文来	2002
271	农业部软科学	提高我国渔民产业竞争力对策研究	禾 军	2002
272	农业部优质农产品服务中心	中国西部有机特色农业发展战略研究	屈宝香、张 华	2002—2004
273	农业部种植业司	专用玉米优势区域发展规划	任天志	2002
274	农业部种植业司	优质稻米优势区域发展规划	屈宝香	2002—2003
275	中国工程院	燕山地区水土资源与农业发展战略	邱建军	2002—2003
276	中国农业科学院	"948"项目后续示范推广	王道龙、周旭英	2002—2003
277	农业部发展计划司	东北地区大豆玉米转化利用研究	禾 军	2002
278	全国农业区划委员会办公室	基地化动态监测	禾 军	2002

十二、导师名录

序号	姓名	学历	学位	所学专业	专业技术职务	导师类别	备注
1	刘更另	研究生	博士	农业科学	研究员	博导	
2	唐华俊	研究生	博士	资源管理	研究员	博导	
3	卢欣石	研究生	博士	草原	研究员	博导	2000 年调出
4	王道龙	研究生	硕士	气象	研究员	博导	
5	周清波	研究生	博士	气象	研究员	博导	
6	王东阳	研究生	博士	作物栽培	研究员	博导	2002 年调出
7	任天志	研究生	博士	农学	研究员	博导	
8	陈锦旺	大学	学士	水利工程	研究员	硕导	
9	陈印军	大学	学士	自然地理	研究员	硕导	
10	陈佑启	研究生	博士	农学	研究员	硕导	
11	陈仲新	研究生	博士	植物生态	副研究员	硕导	
12	侯向阳	研究生	博士	生态学	研究员	硕导	挂靠
13	胡清秀	研究生	硕士	森林保护	副研究员	硕导	
14	姜文来	研究生	博士	资源环境	研究员	硕导	
15	梁业森	大学	学士	畜牧	研究员	硕导	1999 调出
16	刘国栋	研究生	博士	农学	研究员	硕导	
17	罗其友	大学	学士	农经	研究员	硕导	
18	马忠玉	研究生	博士	农学	研究员	硕导	2001 年调出
19	邱建军	研究生	博士	土壤	副研究员	硕导	
20	辛晓平	研究生	博士	植物生态	副研究员	硕导	

序号	姓名	学历	学位	所学专业	专业技术职务	导师类别	备注
21	徐　斌	研究生	博士	生态	研究员	硕导	
22	杨美英	大学	学士	农业经济	研究员	硕导	

十三、毕业博士研究生名录

序号	姓名	性别	在校时间	指导老师	专业	研究方向	论文题目
1	刘　英	女	2001—2004	唐华俊	农业经济管理	农业资源利用	资料不详
2	张士功	男	2001—2005	刘更另 唐华俊	土壤学	土地利用	耕地资源与粮食安全
3	李建平	男	2002—2006	唐华俊	农业经济管理	农业区域发展	自由贸易协定（FTA）下的中国—东盟及中国—智利农产品贸易发展研究
4	谢双红	女	2002—2005	唐华俊	农业经济管理	资源经济与管理	北方牧区草畜平衡与草原管理研究
5	曹建如	男	2002—2007	唐华俊	农业经济管理	农业资源管理	旱作农业技术的经济、生态与社会效益评价研究——以河北省为例
6	麻茵萍	女	2002—2005	唐华俊	农业经济管理	资源经济与管理	农产品电子商务公共政策研究

十四、毕业硕士研究生名录

序号	姓名	性别	在校时间	指导老师	专业	研究方向	论文题目
1	黄小清	男	1984—1987	李应中	农业经济管理	农业资源经济	土地经营规模的变动趋势及其区域性策略
2	薛玲娜	女	1985—1988	李应中	农业系统工程	土地信息系统	洞庭湖区东部土地信息系统的设计与应用实验
3	王现军	男	1992—1995	朱忠玉	农业经济管理	农业布局	中国烟草布局及其发展趋势
4	李汉英	女	1994—1996	陈锦旺	农业经济管理	农业资源利用	广西、云南、贵州区域农业比较优势
5	崔海燕	女	1997—2000	梁业森	农业经济管理	畜牧经济	黄淮海平原农牧结合的经济效益研究
6	刘俊丽	女	1997—2000	卢欣石	草原科学	草原生态	新疆紫花苜蓿亮氨酸氨基肽酶、酯酶、过氧化物酶多态性及抗病（褐斑）、抗寒特性的研究
7	杨　鹏	男	1998—2000	唐华俊	环境工程	遥感应用	应用陆地卫星 TM 影像进行玉米面积自动提取方法研究

（续表）

序号	姓名	性别	在校时间	指导老师	专业	研究方向	论文题目
8	张洪温	男	1998—2001	马忠玉	农业经济管理	农业可持续发展	中国海洋渔业资源生产能力及其可持续发展对策研究
9	刘振虎	男	1998—2001	卢欣石 王代军	草业科学	草地生态及草坪管理	几种草坪草 NaCl 胁迫反应及其耐盐机制的分析研究
10	刘 杰	女	1999—2002	任天志 姜文来 马兴林	农业生态学	农田生态与农作制度水资源可持续利用	农业灌溉用水管理及其使用权转让补偿研究
11	吴晓天	男	2000—2003	徐 斌	生态学	资源生态遥感	草地沙化遥感监测方法研究及应用
12	窦玉青	男	2000—2003	刘国栋 王树声	植物营养	烤烟营养与品质	不同肥料配合对烤烟营养和烟叶品质的影响
13	曹甲伟	男	2000—2003	王东阳	农业经济管理	农业可持续发展	小康阶段我国安全人均粮食占有量研究
14	韦文珊	女	2000—2003	王道龙 吴永常	生态学	农业资源利用	我国特色农业评价方法研究
15	袁义勇	男	2000—2003	唐华俊 罗其友	农业经济管理	区域发展	中国玉米的价格竞争力研究
16	耿永飞	男	2001—2004	唐华俊	环境工程	环境资源评价	资料不详
17	何英彬	男	2001—2004	陈佑启	环境工程	土地利用与规划	基于 GIS 的环境问题尺度推绎研究——以黄土高原延河地区为例
18	邓 辉	男	2001—2004	周清波	环境工程	遥感应用	基于 MODIS 数据的大区域土壤水分遥感监测研究
19	王瑞玲	女	2002—2005	陈印军	生态学	农业可持续发展	农田土壤环境质量预警
20	高春雨	男	2002—2005	王道龙	生态学	资源可持续利用	西北地区生态家园模式研究
21	张宏斌	男	2002—2005	唐华俊	环境工程	草地遥感	硕博连读
22	高明杰	男	2002—2005	罗其友	农业经济管理	区域发展	区域节水型种植结构优化研究
23	黄旭锋	男	2002—2004	王东阳	农业经济管理	农业可持续发展	我国蚕茧价格波动与宏观调控措施分析
24	雷 波	男	2002—2005	姜文来	农业经济管理	资源持续利用	我国北方旱作区旱作节水农业综合效益评价研究
25	袁 平	男	2002—2005	徐 斌	农业经济管理	区域经济发展与评价	基于生态足迹模型的县级区域可持续发展评价
26	张志如	男	2002—2007	徐 斌	草原生态	牧草栽培与育种	林西县苜蓿人工草地建植关健技术试验研究

十五、历届专业技术职务评审委员会

1979—1983 年，中级专业技术职务评审委员会成员由温仲由、杨美英、徐矶、杜剑虹、唐志发、李敏等人组成。

1984—1989 年，中级专业技术职务评审委员会成员由李应中、温仲由、杨美英、于学礼、史孝石、祁秀芳、陈锦旺等人组成。

1989—1991年，中级专业技术职务评审委员会成员由李应中、杨美英、严玉白、朱忠玉、陈锦旺、李树文、祁秀芳等人组成。

1992年1月22日，根据（92）农（区）字第1号文，区划所组建中级专业技术职务评审委员会。李应中为主任委员，杨美英、陈锦旺为副主任委员，委员有朱忠玉、李树文、陈庆沐、万贵、薛志士、刘玉兰、陈尔东、梁业森、李文娟、徐波、付金玉、祁秀芳。

1995年10月20日，根据农业科人评便字第23号文，区划所组建中级专业技术职务评审委员会。主任委员为李应中，副主任委员为唐华俊、梁业森，委员有陈锦旺、朱忠玉、李树文、陈庆沐、薛志士、陈尔东、刘玉兰、李文娟、马忠玉、祁秀芳、付金玉、周清波。

1996年8月20日，根据（96）农区（人字）第9号文，区划所调整中级专业技术职务评审委员会。主任委员为唐华俊，副主任委员为梁业森、陈庆沐，委员有李应中、朱忠玉、李树文、薛志士、陈尔东、刘玉兰、马忠玉、周清波、张海林、祁秀芳、付金玉、王尔大。

1997年10月22日，根据农科人科学（1997）136号文，区划所调整中级专业技术职务评审委员会。主任委员为唐华俊，副主任委员为梁业森、陈庆沐，委员有李树文、萧钺、罗其友、任天志、王舜卿、陈尔东、马忠玉、周清波、张海林、杨宏、付金玉、王尔大。（1997年11月25日院批准增补李博、刘更另、刘国栋为委员）。

1998年12月29日，根据农业科人便字第28号文，区划所调整中级专业技术职务评审委员会。主任委员为唐华俊，副主任委员为梁业森、陈庆沐，委员有刘更另、李树文、萧钺、罗其友、王舜卿、陈尔东、马忠玉、周清波、刘国栋、王道龙、张海林、杨宏（秘书长）。

2000年1月12日，根据农业科人便字第87号文，区划所调整中级专业技术职务评审委员会。主任委员为唐华俊，副主任委员为王道龙、陈庆沐，委员有刘更另、卢欣石、马忠玉、罗其友、王舜卿、周清波、刘国栋、陈印军、王东阳、姜文来、张海林、杨宏（秘书长）。

2000年11月21日，根据农科职改（2000）4号文，区划所调整中级专业技术职务评审委员会。主任委员为唐华俊，副主任委员为王道龙，委员有卢良恕、刘更另、刘志澄、信乃诠、林尔达、周清波、王东阳、罗其友、王舜卿、刘国栋、陈印军、张海林、杨宏（秘书长）。

2000年12月26日，根据农科职改（2000）25号文，区划所中级专业技术职务评委会临时聘请专家曾希柏、陶陶、曹尔辰。

2001年，根据农科职改（2001）5号文，区划所调整中级专业技术职务评审委员会。主任委员为唐华俊，副主任委员为王道龙，委员有刘更另、王东阳、周清波、陈印军、佟艳洁、姜文来、周旭英、屈宝香、陶陶、毕于运、甘寿文、邱建军、陈仲新、曹尔辰、张海林。秘书长为杨宏、白丽梅。

2002年，根据农科职改（2002）5号文，区划所调整中级专业技术职务评审委员会。主任委员为唐华俊，副主任委员为王道龙，委员有刘更另、任天志、周清波、陈印军、陈佑启、罗其友、陶陶、佟艳洁、杨宏、毕于运、甘寿文、邱建军、陈仲新、曹尔辰、张海林。秘书长为杨宏、白丽梅。

编 后 记

为回顾研究所的发展历史，总结经验，发扬成绩，进一步推进研究所创新文化建设，经 2017 年 3 月 15 日所长办公会研究决定，以纪念研究所 60 周年为契机，启动研究所所志编撰工作。2020 年 3 月 16 日所长办公会研究决定，将研究所所志编撰时间断限由原来确定的 1957—2016 年调整为 1957—2019 年。

本次所志编纂工作从 2017 年 3 月到 2021 年 1 月，历时 3 年多时间，其间经历两次所领导班子调整，管理机构人员也有所变动，导致所志编撰工作时断时续。编纂组成员克服重重困难，查阅大量历史档案，咨询有关人员，搜集整理资料，到撰写、编排，付出了艰辛的劳动；研究所各管理部门积极配合，提供了大量翔实的资料和数据。总体上，所志编纂工作经历三个阶段：第一阶段是制定编写大纲，征求意见和反复讨论定稿；第二阶段是查阅档案、文献资料和调查访问，广泛收集资料，并进行整理和考证；第三阶段是撰稿、改稿和统稿，最后定稿付印。关于本次所志编纂工作，做以下几点说明。

1. 关于编纂原则。本次所志编纂工作坚持以史料为依据，本着叙而不论的原则，力求真实、客观、准确、系统地记述研究所发展的历史和现状，直述其事其人，不作评论。

2. 关于时间断限。本所志时间断限上及 1957 年土肥所成立，下至 2019 年年底。根据研究所的发展历史，本所志以 2003 年 5 月合并重组为时间点按照三篇编纂，2003 年 5 月以后为资划所所志，起止时间为 2003 年 5 月到 2019 年 12 月；2003 年 5 月以前分两篇，一篇为土肥所所志，起止时间为 1957 年 8 月到 2003 年 5 月，另一篇为区划所所志，起止时间为 1979 年 2 月到 2003 年 5 月。时间记述的原则是日无考记月，月无考记年，年无考记年代。

3. 关于所志架构。全志由序、概述、正文及编后记组成。正文分三篇：第一篇为中国农业科学院农业资源与农业区划研究所（2003—2019）；第二篇为中国农业科学院土壤肥料研究所（1957—2003）；第三篇为中国农业科学院农业自然资源和农业区划研究所（1979—2003）。正文之所以按三篇编撰，主要基于尊重历史，资划所新组建近 18 年，土肥所历史有 46 年，区划所也有 24 年历史，研究所在不同发展阶段各具特色。正文三篇章节结构力求一致，每篇均由发展历程、机构与管理、科学研究与产出、科技开发与成果转化、交流与合作、人才队伍、科研条件、党群组织、人物介绍、大事记和附录构成。

4. 关于资料来源。鉴于 1997 年土肥所成立 40 周年时曾编纂过《中国农业科学院土壤肥料研究所所志（1957—1996）》，1999 年区划所成立 20 周年时曾编纂过《中国农业科学院农业自然资源和农业区划研究所所志（1979—1999）》，此次所志编纂时，除保留原有所志内容外，还将土肥所 1997 年至 2003 年 4 月、区划所 2000 年至 2003 年 4 月开展的主要工作内容补充到相应所志当中，使其完整成篇。

5. 因本所志记述的内容时间跨度大、横断面范围广，以及两所合并相关人员分散到不同岗位或退休，人员变动大，掌握资料有限，遗漏和错误在所难免，敬请读者不吝指正。

6. 本所志在编纂过程中，得到有关上级和所领导、所职能管理部门、研究室、科辅部门及广大职工的大力支持和帮助，在此一并致以衷心的感谢！

所志编纂组

2021 年 1 月